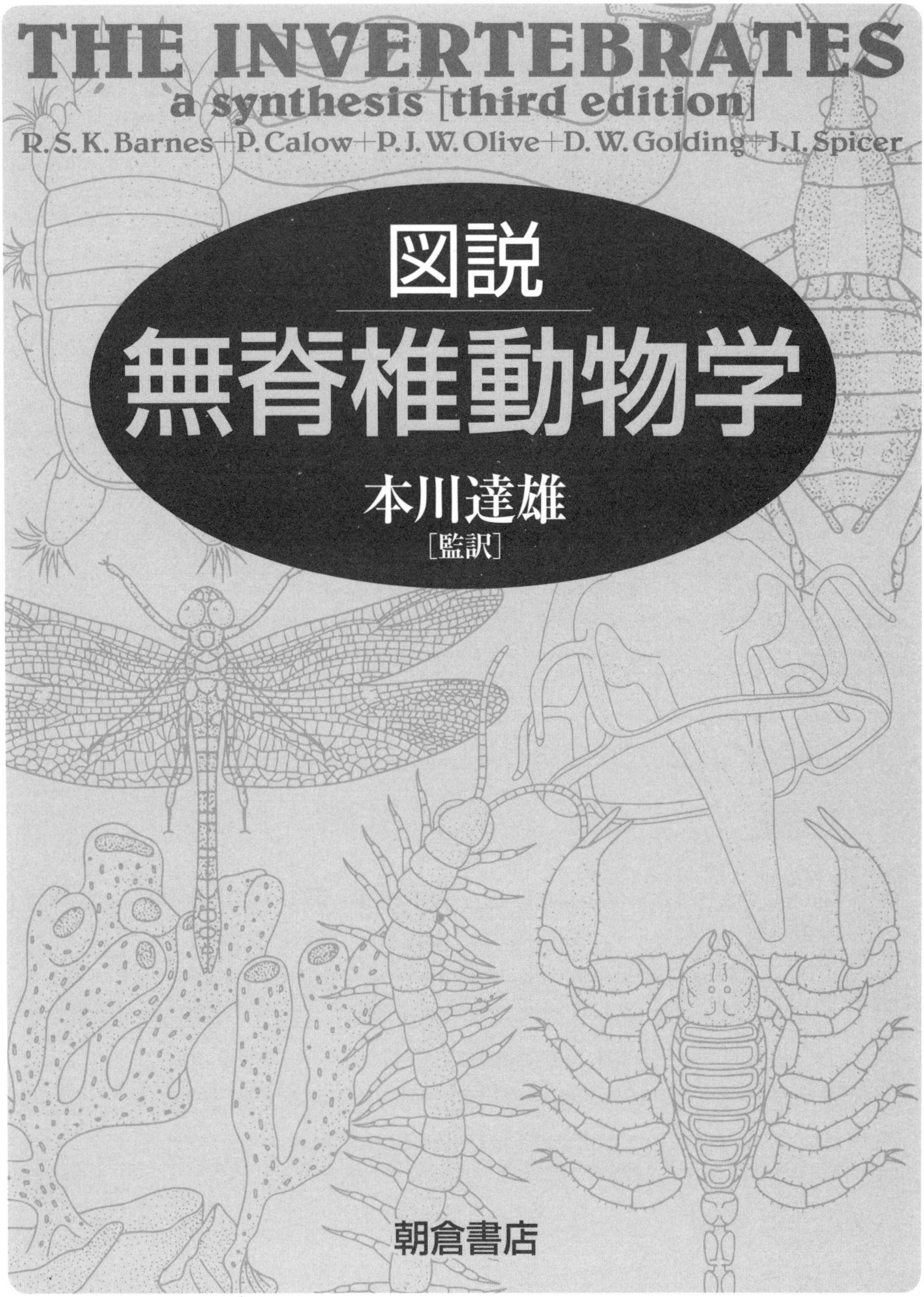

THE INVERTEBRATES

a synthesis [third edition]

R. S. K. Barnes + P. Calow + P. J. W. Olive + D. W. Golding + J. I. Spicer

図説
無脊椎動物学

本川達雄 [監訳]

朝倉書店

The Invertebrates:
a synthesis

[third edition]

R.S.K. Barnes
P. Calow
P.J.W. Olive
D.W. Golding
J.I. Spicer

This edition is published by arrangement with
Blackwell Publishing Ltd.
Translated by **Asakura Publishing Co.** from the
orginal English language version.
Responsibility of the accuracy of the translation rests
solely with the **Asakura Publishing Co.** and is not the
responsibility of **Blackwell Publishing Ltd.**

序

初版の序

「無脊椎動物」という名のついた教科書がいくつか出版されている．そこにさらにもう1つ付け加えるのだから，なぜそうするのかの理由を述べねばならないだろう．

今ある教科書は2つのタイプのどちらかに分類できる．1つは，バーンズ（Barnes, R. D.）の『無脊椎動物学』（Saunders, 1987年）に代表されるように，動物を各門ごとにすべてとりあげていく，分類学的なやり方のもの．

他方は，バリントン（Barrington, E. J.W）．の『無脊椎動物の構造と機能』（Nelson, 1979年）のように機能的なアプローチをとるもの．これは無脊椎動物の解剖学的・生理的「システム」（呼吸，移動運動，協調など）を，それらがよく調べられている動物群を例としてみていくものである．

教科書がこうだから，大学での無脊椎動物の授業も，どの教科書を採用するかで，どちらかのスタイルにならざるを得ない．

しかし一般的にいえば，この25年間で，とくに，動物のさまざまなグループについて教える時間は非常に減った．理由の1つは，新しく発展してきた分野に時間を割くためであり，また，古典的な動物学の時代に比べて，生物の広がりと多様性（どれだけさまざまな生物がいて，それがどう異なっているか）を体系的に眺める学問は，人気がなくなったこともある．その結果，今ある教科書では，2つのタイプの教科書両方を採用したら必要以上に情報がありすぎ，学生たちは細かい事実の海に溺れて，木を見て森を見ずということになってしまう．また，1冊だけを採用しても事態は変わらない．

そこで，1冊の中で無脊椎動物の広がり・多様性と，いろいろな機能系の両方について，大学の授業で実際必要なものをカバーする本をつくろうと努力した．だから，われわれのおもな問題は，何を入れるかではなく，何を省くかであった．そこで動物のグループや機能のそれぞれについて本質的な特徴を吟味し，それに重点を置いた．

生物学のどんな分野を理解するためであっても，進化の過程が中心的役割を果たすと，われわれは強く信じている．そう思って今の教科書を見渡してみると，動物を静的で機械的実在としてしか扱っていない．動物が進化で変わる動的なものだ，という描き方があまりにも少なすぎるのである．そこで，可能な限り進化的アプローチをとった．つまり，現在と過去の選択圧と，選択的有利性，この2つの背景があるからこそ，今の無脊椎動物の多様性と機能があるのだということを描こうと試みた．このことは，本書にどの事項を採用するかにも影響している．本書は既存の本の単なる要約版ではない．無脊椎動物学の本質を，新しく批判的に見抜いた本だとわれわれは信じている．

すでに指摘したとおり，ここ10年ごとに動物学の授業は，個々の動物について扱うことが少なくなりつづけている．そういう状況だからこそ，動物学教育において無脊椎動物の広い知識が，やはり必要なのだということを，この場でちょっとふれておくことは，悪くないと思う．

今日，われわれがもっている生物過程一般に関する理解の多くは，無脊椎動物の研究から得られたものなのである．遺伝学におけるショウジョウバエ，神経生理学におけるイカのことを指摘するだけで，これは十分にわかってもらえるだろう．

にもかかわらず，動物の門のうち，詳しく研究されたものは，まことに少ない．種というレベルでみるならもっと割合が少なくなる．だからわれわれの知識は，無脊椎動物全体のパターンや過程の多様性を，真に反映しているわけではない．将来，たくさんの普遍的法則性が，今まで無視されてきた動物群の研究からもたらされるとわれわれは信じている．また，（普遍性のみではなく）生物の多様性を認めることなしには，生物学一般を見通すことはできない．そして今日の知識が，ほんのわずかな偏った例から得られているものだという正しい認識をも，身につけることはできないのである．

本書は3人の著者の共同作業の結果である．実務作業としては，各章（やその一部）の最初の原稿は，誰か1人がまず書き，それを皆で議論し批判して改めていった．だからすべて3人の共同責任である（第16章以外）．ただし本というものは著者のみでできるものではない．書いている間に，たくさんの方々が助けてくれたし，我慢してくれた．ゴールディング（David Golding）は第16章を書いてくれたのであり，とくに感謝する．クライトン（Helen Creighton）はフォスタースミス（Bob Foster-Smith）やキングストン（Peter Kingston）とともにすばらしい図を描いてくれた．同僚の幾人かは原稿を読んで下さった．ベネットクラーク（Henry Bennet-Clark）はすべてを読んでくれた．一部を読んでくれたのは以下の方々である．ベイン（Brian Bayne），コーエン（Jack Cohen），コンウェイ・モリス（Simon Conway Morris），クローガン（Peter Croghan），ジャゴス（Mustafa Djamgoz），ジョージ（David George），ギブス（Peter Gibbs），ヒューズ（Roger Hughes），ミラー（Peter Miller），ニューベリー（Todd Newberry），ニコルス（David Nichols），レイランド（John Ryland），シード（Ray Seed），タイラー（Seth Tyler），ウィルマー（Pat Willmer）．皆さんの親切に感謝する．他に多くの方々が個々の情報や意見を寄せてくれた．これらの方々の努力により，事実の間違いや不適切な表現が直されたが，それでも非正統的な意見や不正確さが，まったく残っていないなどと思ったら，それは期待しすぎである．それに，われわれが批判を必ずしも受け入れたわけでもないし….

ブラックウェル科学出版社のキャンベル（Robert Campbell）とロリソン（Simon Rallison）は，文献複写を手伝ってくれ，助言をくれ，持ち上げてもくれ，事務的なことでも助けてくれた．われわれは彼らの鉄の拳とベルベットの手袋に多くを負っている．われわれ著者が家族に負っている負債は，このたぐいの仕事にあるだけの「余暇」をつぎ込んだ人のみわかるものである．

図のほとんどは，すでに出版された科学の文献の中のものを元にして描き直したものである．出典は「さらに学びたい人へ」にあげたものを除き，それぞれの図の説明中に書いておいた．

第2版の序

初版の好評に喜んでいる．あまたある無脊椎動物の教科書とは違う切り口の本書が，世の要望を満たしたのだと感じている．ただし初版の経験から，本の判型を新しいものにした．また，必要なところは新しい知識に差し替えた．原生生物に関しては，前の版では単に原生動物として扱っていたが，さまざま原生生物のグループに関する節を付け加え，拡大した．

第 3 版の序

第 2 版が出版されてから，いくつかの分野で学問がおおいに進んだ．とくに無脊椎動物の類縁関係を理解するうえでの，分子の配列のデータが目覚ましく増えたのである．また，新しいタイプの動物も発見され記載されつづけている．この版では，これらの新しい知識を取り入れるため，いくつかの章を全面的に書き改めた．

しかし全体としての構成・スタイル・視点は以前のものを踏襲している．本書は他の無脊椎動物学の教科書とは違った切り口をもっており，これを変える必要はないと思うからである．

ゴールディングは第 16 章を引き続き書いてくれた．スパイサーは以前の版でキャロウが書いたところを，本版のために書き直してくれた．このことに対し感謝する．

バーンズ R. S. K. Barnes
キャロウ P. Calow
オリブ P. J. W. Olive

監　訳

本川達雄（もとかわ たつお）　東京工業大学大学院生命理工学研究科

訳（翻訳順）

本川達雄（もとかわ たつお）　東京工業大学大学院生命理工学研究科（1，2，14 章）

前田龍一郎（まえだ りゅういちろう）　帯広畜産大学基礎獣医学研究部門（3，13 章）

岩本裕之（いわもと ひろゆき）　高輝度光科学研究センター（4，15 章）

山田　章（やまだ あきら）　情報通信研究機構未来 ICT 研究センター（5，10，11，12 章）

藤田敏彦（ふじた としひこ）　国立科学博物館動物研究部（6，7，8，17 章）

最上善広（もがみ よしひろ）　お茶の水女子大学大学院人間文化創成科学研究科（9，16 章）

目　　次

第1部　進化的序説

第2部　無脊椎動物の各門

第1部　進化的序説　Evolutionary Introduction

本書では無脊椎動物の，多様性を第2部で，機能生物学を第3部でみていくことにする．その際，底流に流れている考えがある．それが進化である．進化のうえでの圧力と利益とが，動物の過去において影響し，今でも影響しており，今われわれが目にしている無脊椎動物を形づくりつづけてきたのだという考えである．そこでまず，すべてに浸透しているこの進化という思想について簡単に述べておきたい．

「進化」とは，単に「変化」を意味する言葉である．変化は2つの違ったアプローチで解析することができる．過程 process とパターン pattern の2つである．

① 変化が観察されたら，その変化に対して，最終的にその原因となった過程がある．

② 時を通して起こったさまざまな変化が，全体としてパターン（もしくは一連の配列）を示す．

この過程とパターンの2つは，一般的にいえば，原因とその結果や，機構とその発露のような，互いに関係しているものである．

進化の事実を示したのはチャールズ・ダーウィン（Charles Darwin）だとは世間でよく知られていることだが，現実には，彼がやったのは，自然選択という機構を提案したことだった．彼以前にも，進化的な変化が起こるのではないかと示唆されていたのだが，進化を説明するもっともらしい機構（つまり上で述べた過程）を提案したのがダーウィンだったのだ．

無脊椎動物の門について描かれた進化の木（「系統樹」とよばれ，これが上のパターンに対応するもの）と自然選択の過程とは互いに関連している．しかし現実には，選択の過程を研究している集団遺伝学者と，系統樹を研究している分類学者の間には深い溝と意見の隔たりが存在する．分類学者とは系統上のパターンを分類し，種より上のレベルでの新しい分類群がどのように生まれるのかの説明を探しだそうとしている人たちである．

本書では，この2つの分野を別々に取り扱うことにする．選択を，変化の機構とみなすのが第1章（この立場は「進化の特殊理論」Special Theory of Evolution とよばれることがある）である．ただし，この章は本書全体の序としての役割ももっている．第2章は，無脊椎動物グループ間の系統的な関係（「進化の一般理論」General Theory of Evolution や，多様性のパターンと，時間を通しての多様化について取り扱う．このようにおもに別々には扱うのだが，適当だと思われるところでは，他の章で扱う主題の一部も紹介することがある（たとえば，無脊椎動物の綱や門がどのようにできてくるのかというような，議論の多い問題について）．

第 1 章

はじめに：基礎的なアプローチと原理

Basic Approach and Principles

1.1　なぜ無脊椎動物を？

本書は無脊椎動物 invertebrates に関するものである．無脊椎動物とは「背骨をもたない動物」であるが，こんな定義の仕方は異例のものである．ある特定の特徴をもっていることで定義せずにないことで定義しているわけで，これは，もっているものが標準タイプであり，その標準からはずれていることを暗に意味している．だからもし，そんな標準（典型）がなかったとしたら，この定義は意味をもたなくなる．

たとえば，アリストテレスが動物を有血動物と無血動物とに 2 分したとき，血をもっているのが動物の典型だという暗黙の前提があった．進化の中で，生命は完璧な動物へと向かうように方向づけられてきたと彼は信じていた（完璧さの中には血をもつということが含まれている）．この考えを，彼は生きものたちの階層的分類にもちこんだ．これは「自然の階梯」（自然のはしご，Scala naturae）とよばれ，血をもたない状態からはしごを登って進んで行って，血をもったゴールへとたどりつくのだった（表 1.1）．

同様なことがラマルク（Lamarck，獲得形質で有名）にもみられる．彼は『無脊椎動物の分類』（“*Systèm des Animaux sans Vertèbres*”，1801）の中で最初に無脊椎動物を脊椎動物から分けたが，この際にも，脊椎動物が典型だという暗黙の前提があった．これには，彼が独特の進化理論をもっていたことがあると思われる．ラマルクは，獲得された形質が，遺伝されて子孫に伝えられるだろうという進化理論を仮定したが，その際，彼は生き残るという基準のみではなく，動物は，より高等なある形へと進歩するものだという基準をも含む原理に従って，獲得形質が遺伝すると考えた（脊椎動物と人間とは，この高等な形に最も近い代表例である）．

近代になり，動物学は「ゴールへ向かって進む進化」という概念（目的論）を捨てた．だが，脊椎動物と無脊椎動物の区別は，まだ生き残っている．こんな区別は自然なものではまったくないし，はっきりとした境目のある区別でもない．すなわち無脊椎動物と脊椎動物の区別とは，多くの門を含むもの（無脊椎動物）と，1 つの門の一部でしかないもの（脊椎動物）とを分ける区分法なのである（脊椎動物は脊索動物門に属しているが，この門の中には，真の脊柱をもたないいくつかのグループがあり，こ

表 1.1　アリストテレスの「自然のはしご」

胎生		1 ヒト	有血質
		2 有毛四足動物（陸の哺乳類）	
		3 クジラ類（海棲哺乳類）	
卵生	完全な卵	4 鳥類	
		5 有鱗四足動物と無足類（爬虫類と両生類）	
	不完全な卵	6 魚類	
		7 軟体類（頭足類）	無血質
		8 殻皮類（甲殻類）	
蛆生		9 昆虫類	
生殖力のある粘液や，出芽，もしくは自然発生により生じる		10 甲皮類（頭足類以外の軟体動物）	
自然発生により生じる		11 植虫類	

れは無脊椎動物に入れられる)．無脊椎動物とは，そんな分け方なのである．それにもかかわらず，まだこの区別が残っていて，代々の学生たちに影響を与えつづけているのだ．驚くべきことである．

ただし，無脊椎動物学と脊椎動物学との区別が続いているのには，ほかにおもな理由が2つある．第1には歴史的なもの．ラマルクが先例をつくり，それがいったん動物学にアプローチする方法として確立されると，それからはずれるのは困難だったという理由である．2番目の，そしてより影響の大きなものは，われわれ自身が背骨をもっているという理由である．脊椎動物のほうが，その分類学上の地位が与える値よりも，ずっと注目に値するのだという感覚を，われわれはまだもっているのである．

本書では，無脊椎動物の生物学を集中して学ぶわけで，つまりはこの区別をしつづけるのだが，それはゴールへ向かう進化という哲学に賛成しているわけではまったくない．無脊椎動物と脊椎動物との間に，生物学的に根本的な違いがあるとみなしているわけでもない．現実主義の立場から，こうするのである．

われわれは以下のことを示そうと思う．

1. すべての生物は，構造と機能に関する基本的特徴を多数共有している．
2. これらの基本的特徴，つまり主旋律（主題）をもとにして，大きく変わった変奏曲がかなでられる．つまり変異したものが生じてくる．そして共通の変異を共有しているものが門とよばれる．
3. これらの変異は進化してきたものであり，それゆえ，共通の子孫として，変わる前のものと関連づけられるべきものである．
4. それぞれの大きな主題の制約の範囲内で，自然選択により，生態的な状況に適応した動物が生まれてきた（これらの小進化の過程が，2. や 3. で記した大進化の変化をどの程度説明できるかは，いくぶん議論のあるところだが，これに関しては本章で，後ほど戻ってくる)．

これらの論点を検討する際，検討する材料の範囲をなんらかの仕方で限定してしまうと都合がよいので，歴史的な先例に基づいて範囲を決めることにする．

無脊椎動物は 2.～4. に掲げた論点を検討する際に，最大の多様性をわれわれに提供してくれるのだが，これをする前に，生き物に共通な基本的特徴（1. に掲げた点）とはどんなものか，生き物は生きていないものとどのように異なるのか，そして生き物はいかに生まれたかを知っておく必要がある．つぎにつづく数節の目的がこれである．

1.2 生き物の性質

1.2.1 導　入

基礎的な化学のレベルでは，地球に自然に存在する 92 の元素のうち，生き物の中に見いだされるのは，その 1/3 以下である（表 1.2)．痕跡程度より多いものはたった 11 である．酸素 (O_2) を除いて，最もふつうにみられる元素類は，地殻中で最も多いものたちではない．ほとんどの動物の 75% 内外は水であり，残りの乾燥重量の 50% は炭素，それに少々，ケイ素が存在する場合がある．それに対して地殻の場合，ケイ素は 27.7% をも占め，炭素はたった 0.03% にすぎない．

生物中に見いだされる元素数が限られているにもかかわらず，生き物がもつ分子は，構造的にも機能的にも，大変に幅が広い．これは，紐状や環状のさまざまな分子をつくれるという点で，炭素がすべての元素中，傑出したものだからで，これに近い2番手にはケイ素がくるのみである．このような炭素をもとにした分子の積み木が生体の構成単位となっている．単位として，糖・アミノ酸・脂肪酸・ヌクレオチドがあり，これらの積み木がそれぞれつながって多糖類・タンパク質・脂質・核酸をつくる．自由に存在する有機化合物で，こんな複雑なものは，無生物系ではめったにお目にかかれない．

しかし，生物と無生物の間の，もっと甚深な違いの1つは，有機物を組織していく，そのやり方である．生物の系では，高分子が膜をつくっており，これが重要．秩序だった代謝という過程の中で，高分子たちが一緒に反応するのだが，この，でたらめではない高分子の集合の多くのものを，この膜がさらに結びつけているのである．この膜で包まれたパッケージが，すなわち細胞である．細胞が多数で多細胞生物の個体をつくり，そしてここでの文脈に従っていえば，高度に秩序立って組織された，構造的機

表 1.2　生き物の中でみられる元素

元　素	記号	おおよその原子量（ダルトン）	地殻でのおおよその割合（%重量）
生き物の中で最も多い元素（＞90%）			
水素	H	1	0.14
炭素	C	12	0.03
窒素	N	14	＜0.01
酸素	O	16	46.6
生き物の中でつぎに多い元素			
ナトリウム	Na	23	2.8
マグネシウム	Mg	24	2.1
リン	P	31	0.07
イオウ	S	32	0.03
塩素	Cl	35	0.01
カリウム	K	39	2.6
カルシウム	Ca	40	3.6
存在するがふつうは痕跡程度の量（全体で＜0.01%）			
鉄	Fe	56	5.0
フッ素	F	19	0.07
ケイ素	Si	28	27.7
バナジウム	V	51	0.01
クロム	Cr	52	0.01
マンガン	Mn	55	0.1
コバルト	Co	59	＜0.01
ニッケル	Ni	59	＜0.01
銅	Cu	64	0.01
ヒ素	As	75	＜0.01
亜鉛	Zn	65	＜0.01
セレン	Se	79	＜0.01
モリブデン	Mo	96	＜0.01
スズ	Sn	119	＜0.01
ヨウ素	I	127	＜0.01

能的ユニットへと集められるのである．このような秩序，組織，複雑性が存在し，それが存続しつづけるということが，生物の特別な特徴なのであり，これは時には神秘的とさえみなされ，かつて長いこと神秘的な生命力によって創造され保たれているものだと考えられてきたものなのである．一方，無生物の世界においては，秩序と組織は不安定である（このことは物理学において熱力学の第2法則としてまとめられている）．エントロピー（無秩序さ）は，すべての反応と過程において，どんどん増加するものである．

しかし，今やわれわれは知っているのだが，生物のシステムのもつ秩序と組織は，このシステムすべてに共通する，神秘的ではない，2つの特徴から生まれてくるのである．この2つは生物学の基本原理を理解するうえで鍵になるものであり，以下の形で，これから折にふれ言及することになる．

1. 生物はプログラムされている．
2. これらのプログラムは，実際にはたらくシステムやサブシステムを特定する（システムは物質とエネルギーの入力に関して開かれている）．

1.2.2　プログラム

遺伝のプログラムは，最も基本的なレベルで，タンパク質の性質を制御する．つまり，タンパク質をつくっているアミノ酸の種類と並ぶ順番を制御している．動物でよくみられるアミノ酸は20種類だけだが，たった100個アミノ酸が並んでいる鎖でも（タンパク質として小さいもの），原理的には20^{100}の形をとるのが可能！　これでタンパク質の大いなる多様性が説明できるわけだ．タンパク質のあるものは酵素となって生体中のすべての代謝過程を制御し，他のものは構成要素となって細胞や個体をつくりあげる．

このプログラムそれ自身は，DNAの中に，ヌクレオチドの順番として記号化されて書かれている．ヌクレオチドには，4種の異なるものがある（アデニン，チミン，グアニン，シトシン）．アミノ酸は20種類だから，ヌクレオチドとアミノ酸とが1対1の対応になるのでは済まない．ヌクレオチド3個（もしくはそれ以上）の組合せのみが，アミノ酸の違いをカバーするに十分な数の組合せ（$4^3=64$）を与えられる計算になるが，確かに3つ組の記号が普遍的であることがみつかったのである．こうだと組合せは現実のアミノ酸数より40ほど多くなるのだが，これは重複（あるアミノ酸1個に対して1個以上の3つ組みの記号がある場合）や区切りの記号があることで説明される．

ただし，DNAからタンパク質へと直接翻訳されるわけではない．情報はまずRNAに書き換えられる（RNAはDNAに似ているが，チミンがウラシルに変わっている）．この過程は転写とよばれ，転写されたRNAは伝達人（伝令）としてはたらく．そのため，このRNAは伝令RNA（メッセンジャーRNA，mRNA）とよばれる．この伝令は，記号化された情報を，核膜を横切ってリボソームまで運び，そこで情報がアミノ酸の順番へと翻訳され，タンパク質がつくられる．

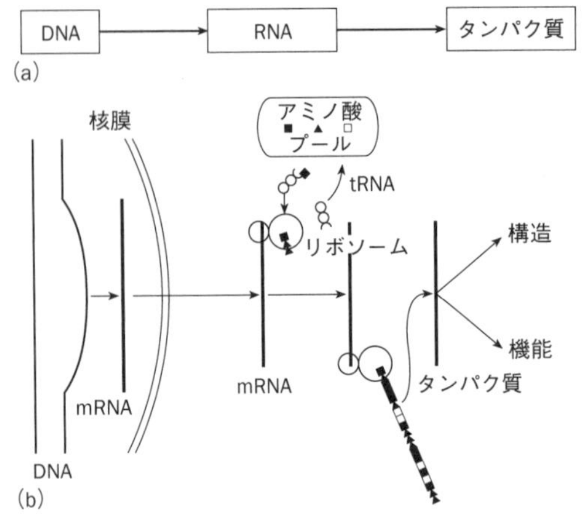

図 1.1　タンパク質合成の分子的基礎（説明は本文を参照）

別のRNAもある．転位RNA（tRNA）で，これはアミノ酸をリボソームまで運び，そこでそのアミノ酸を，製造途中のタンパク質の正しい場所に置いてやるはたらきをしている．この，リボソーム上で起こる過程は，翻訳と名づけられている．DNA中に記号化されている情報から，タンパク質の分子が構成されていく複雑な過程を，図1.1に図式化しておいた．

1.2.3　開いた系であること

生物の秩序だったシステムは，ずっと下がった高分子のレベルまで，つねに「エントロピーの攻撃」にさらされており，こうして無秩序になってしまったシステムは，遺伝的プログラムに書き込まれている設計書に従ってとりかえられるようになっている．こういうことが可能なのは，秩序だった生（なま）の材料を取り入れ，無秩序になった材料（排泄物）とエネルギー（おもに熱）を外に出すことを，つねにしつづけている限りにおいてである．だから生物や中の細胞は，開放系でなければならない．たとえ成長していない動物においても，細胞や分子の絶えざる入れ替えが起こる必要がある．このことをシェーンハイマー（Schoenheimer）は彼の本『生体構成成分の動的状況』（“*The Dynamic State of Body Constituents*”）（1946）の中で体の動的な定常状態 dynamic steady-state として記述したのだった．

1.2.4　複製をつくることにより存続しつづける系においては，自然選択による進化は逃れられない結末である

個体もまた，遺伝的プログラムに従って置き換えられる．これが生殖である．生殖においては，両親の遺伝的プログラム（ゲノム）のすべて（もしくは一部分）をもった伝達小体 propagule が親から分離する（伝達小体には多細胞のものも単細胞のものもある）．

多細胞の伝達小体は単細胞のものより，当然，両親のゲノムのほぼ完全な複製を含んでおり，多細胞の伝達小体が関与する生殖の過程は，無性生殖や栄養生殖とよばれる．

単細胞の伝達小体（配偶子）は，ほとんどの場合，両親のゲノムの一部の複製しか含んでおらず，完全なゲノムを回復して発生がさらに進むためには，他の配偶子と融合（受精）しなければならない．これが有性生殖である．

われわれは生殖のため，ゲノムを複製するシステムをもっているのである．しかし，ゲノムはつねに忠実に複製されるとは限らない．無性生殖においてさえ，突然変異 mutation が変異 variation を導入する．それに加うるに，有性生殖においては，減数分裂に伴う「カードを切り混ぜる」過程と，受精に伴う混合とによって，両親と子孫との間に，かなりの違いが導入される．遺伝的プログラムの変異は，表現形として形と機能の変異を導き，これが逆に，生物が環境と相互作用するやり方に影響し，結局，生存できる確率と生殖率に影響を与える．だから，生物が生活している環境中での，生存と生産力を最も増進する（つまりは最も適応している）プログラムが，最もよくみられるものになるだろう．さらに，世界が有限であって生活に必要な資源が限られているとすれば，これらのプログラムが，適応において劣る他のプログラムを置き換える傾向をもつことになるだろう．このことを単純な形で要約したのが，自然選択 natural selection による進化の過程であり，これをはっきりと最初に述べたのがチャールズ・ダーウィンによる『種の起源』（“*Origin of Species*”）（1859）だった．この過程を記述するために，彼はハーバート・スペンサー（Herbert Spencer）から「最適者の生存」というキャッチコピーを借りてきた．しかし，上の記述で明らかなよ

うに，適応度 fitness とは遺伝子によって決定されたある傾向が，1つの集団の中で広がっていく能力を他のものと比べたのであって，これには生存だけではなく繁殖力も含んでいるのである．

1.3　生命の起源

生きているシステムの最も基礎となる性質は，プログラムされた複製と生殖の過程によって，秩序立って組織された状態をとりつづけられることである．この組織化が起これば，自然選択による進化は，それに伴って自動的に生じるものなのである．

では，そのような組織化されたシステムはどうやって生まれてきたのだろうか？　この疑問を解くために，生物自身をつくっている有機分子（p. 4）がどのように生じたのかを発見しても，それは答えの一部を与えるにすぎない．有機分子が自己を複製するシステムへと組織されるには，どんな可能な道があったのかを，さらに想像する必要があるからである．

生体をつくっている（炭素に基礎を置く）分子は，とてもユニークで特別なものだから，こんなものは生命だけが合成可能だと，昔は考えられていた．だから化合物は，有機物 organic（＝生物 organism から）と無機物とに分けられていたのである．この区分への最初の突破口がウェーラー（Wöhler）により開かれた（1832）．彼はシアン酸アンモニウムという無機物の分子を，単に加熱することによって非常に単純な有機物である尿素を合成した．これが契機となり，生命の化学を，合理的かつ科学的に取り扱うことがはじまり，これが現代の生化学と分子生物学の基礎となった．ただし，尿素の合成を意のままにできるようになっても，生命のシステムが誕生するのに必要だったと思われる多糖類・脂質・タンパク質・核酸が自然に生じてくることとは，相当距離のあることなのである．

1.3.1　生命誕生以前の，有機高分子の合成

初期の地球の大気について，確からしいことはほとんどわかっていない．大気はおそらく惑星からガスが出てくることで形成されただろうから，火山から出る混合ガスとよく似ていたと思われる．この基礎に立つと，初期の大気に O_2 が含まれていないことは，ほぼ確実だった（第11章を参照）．今や実験的に示されているが，そのような条件の下で，稲妻・衝撃波・紫外線照射（O_2 がないので，日光から紫外の波長を吸収してしまうオゾンがなく，紫外線は有効）・熱い火山灰など，ほとんどどんなエネルギー源となるものによってでも，さまざまな「有機物」の単量体が合成される，つまり前生物的合成 prebiotic synthesis（生物が生まれる前の化学合成）される道が開かれただろう．糖・アミノ酸・脂質，そしてヌクレオチドさえもが，こうしてできてきただろう．適当な条件が与えられれば，たとえば無機のポリリン酸が高濃度にあったなら，これらを結合して長い鎖の形にして，たとえばポリヌクレオチドやポリペプチドを形成することが可能である．これらすべての物質は，初期の海の中で濃度が高まり，有名な「原始のスープ」を形成したのだという考えは，広く受け入れられている．

この前生物的世界においても，ある種の選択があったに違いない．なぜなら，最も迅速に重合できた分子や最も安定な分子が，最もありふれたものになっただろうから．しかし，それぞれの重合体の形成は互いに無関係だったので，変化のテンポはそれほど早くはなく，また，非常に「冒険的」にもなり得なかった．遺伝的記憶に基づく建設はみられなかった．

いったんある重合体ができあがってしまうと，これらは他の重合体形成へ影響を与えることができる．とりわけポリヌクレオチドは，重合の鋳型としてはたらくことにより，ヌクレオチドの並び順を特定する能力をもつ．もし1つのポリヌクレオチドが，自身の構成要素に対して鋳型としてはたらき，そのようにしてつくられたものが，つぎに元になったものの鋳型としてはたらくなら，一種の遺伝的な記憶によってリンクされた系統 lineage ができることになる．こんなことをするポリヌクレオチドは，他のものより非常に効率よく数が増える．つまり選択上優位に立つ．

この鋳型のシステムは間違いをおかしやすいものだったろうから，新しいポリヌクレオチドが「突然変異」によって形成された．合成のための構成材料はたぶん数が限られていただろうから，これをめぐってポリヌクレオチド間に競争が起こったろう．このような初期の自分で複製する重合体は，DNA で

はなく，小さなRNAだったとされている．理由は，デオキシリボヌクレオシド（ヌクレオチドの前駆体）は，リボヌクレオシドより合成するのが難しいことと，RNAが現在のタンパク質合成において中心的役割を果たしていることによる．広く受け入れられている仮説では（ただし，皆が信じているわけではないが），初期の自分で複製する重合体は小さなRNAであり，RNA分子は遺伝子としてはたらくとともに触媒としても作用しただろうと示唆されている．

ただし，生命の初期の進化について，この「RNAワールド」のシナリオを描いている人々にとって，まだいくつかの重大な疑問点がある．すなわち，いかにして最初のRNA分子ができたのか，そしてこのRNAが触媒としてどうやってはたらいたかは最も簡単な代謝系においてさえわかっていないのである．

生体分子が非生物的に出現し，そうしてできたものが原始のスープの中で互いに作用しあって「前駆的細胞」ができたのだという説とは違う考えが，最近いろいろと出てきた．たとえば，前駆的細胞は鉱物の表面（たとえば黄鉄鉱）にもともとは付着していた簡単な生化学的複合体から進化したと考える人たちもいる．

1.3.2 細胞の起源と進化

図1.1にまとめられているような系へと向かうつぎの段階について想像することは，さらに難しい．上で述べたような自発的な複製は，常温では遅いし間違う率も高かったに違いない．

複製酵素（複製を触媒するタンパク質）と提携することにより，この過程のスピードが上がっただろう．これがいったいどうやってはじまったのか定かではないが，いったんはじまってしまえば都合がよかった．

さらに，鋳型と複製酵素を一緒に包み込むと，何か利点があっただろう．そうすればこの2つの連絡から生じる有利さを独占でき，競争相手のちょっとだけ違っている鋳型は，この利益にあずかれないことになるからである．細胞はこのようにして生まれ，遺伝子型と表現形の区別が，ここで生じはじめることになる．原始的な細胞において，遺伝子型と表現形との間の協働がうまくいって複製の速度と複製の信頼性を高めるものが，他のものより，より早く広がるように選択がはたらいたであろう．正確に特定するのは困難だが，このような「協働」と選択の中で，DNAが（さまざまな形のRNAと同様に）関与する複雑な系が生まれ出て，洗練された．

最初の細胞は小さくて内部構造も簡単で，ちょうど現生の細菌のようなものであり，原核生物 prokaryote とよばれるものだった．

ある細胞では，さらに遺伝情報を包み込む膜が生じ，これにはたぶん利点があった．遺伝的な損傷をより受けにくくなっただろうからである．原真核生物 protoeukaryote とよばれるこれらの細胞はまた，たぶんより後になって，細胞質に存在する細胞小器官を獲得した．細胞小器官の中で顕著なものはミトコンドリアであるが，これは形や大きさのうえでも，自分自身のDNAをもつことや，2つに分裂することにおいても，自由生活をしている原核生物とよく似ている．ミトコンドリアは，小さな原核生物（現生の *Paracoccus* のような）と，より大きな，核をもった原真核生物との共生により生じたと今では考えられている．酸素を使う代謝に使われるすべての装置がミトコンドリア内部にあることは，真核細胞を壊すことにより示すことができる．だから，こうした共生が起こったとすれば，それは初期のシアノバクテリア（ラン藻）の光合成のはたらきにより地球の大気中にO_2が蓄積したことに伴っての進化だった．

1.3.3 生命の自然発生が，なぜいつでも起こらないのだろうか？

もし，大きな生体分子と細胞とが，かつて生じたのなら，なぜこうしたことがずっと引きつづき起こらなかったのだろうかと考えるのは，筋の通った疑問である．いったんできてしまったら，生きているものたち自身が，こうなるには不向きな環境をつくり出したのだというのが，おそらく答えとなるだろう．たとえばO_2．これは生命の生産物であるが，これがいったん形成されると，生物をつくっている有機物の構成要素を破壊してしまうだろう．O_2の存在下では，単独で存在している有機高分子は，酸化により単純な無機物へと分解される．だからいったんO_2が多くなると，「原始のスープ」中の有機物は，そのまま保たれることはできなかった．そのうえ「スープ」中の複雑な有機物は，おそらく初期の生物にとってすばらしい栄養源だったろうから，それらはおそらく食われるか，つくられるより早く分解されたと思われる．

1.4　生体の組織化のレベル

生理的過程の全体性 totality を考えてみると，過程が（原生生物のように，3.1 節）1 個の細胞中にぐしゃっと詰め込まれてしまうと，多細胞生物のようにたくさんの細胞中に分かれて入っているときに比べて，効率的にはたらけたとは考えにくい．多細胞状態は，化学反応のために，より多くの空間を提供し，機能を区分けして細胞の間で仕事の分担をする．ということは，少なくともその区画内では生理的な衝突が最小化され得ることを意味している．それゆえ，多細胞性が進化してくる（たとえば動物界が生まれ出る）ことに有利にはたらく，かなりの選択圧がはたらいたと思われる．

次章において，無脊椎動物の門の主要な特徴を要約し，それらの門の間の類縁関係と進化について推測する．また，いろいろな組織化 organization の可能な方向について描いていくが，このような組織化が，多細胞動物の生理的潜在能力を次第に開花させていったのである．どのような方向があるか，例をあげれば，つぎのようになる．

1. 細胞分化の進化．
2. 組織 tissue 中で，同じタイプの細胞の空間的局在化と，そうなったものを器官 organ（共通の機能のためにはたらく細胞の集まり）へと組織化する．
3. 貫通腸 through-gut の進化．これによって，腸の異なる部位がより特殊化することが可能になった．
4. 体液の詰まった体腔 body cavity の発達．これにより，① 腸や他の器官（たとえば心臓）が，体壁の筋肉とは独立にはたらけるようになり，② 栄養素を拡散によって配ることが容易になり，③ 体腔が静水力学的骨格を提供することによって（10.4 節），より効率のよい移動運動が可能となった．
5. 栄養素と呼吸ガスを組織に配分するための特定のシステムの進化．これにより，これらの産物を拡散に頼って配ることにより生じるサイズ上の制約から逃れることができた（第 11 章参照）．
6. 四肢の進化．これにより，とりわけ陸と空での移動運動のかなりの可能性が開けた．

ある同一の組織化のレベルの中においてなら，自然選択が，機能をどう改善していったのかをみるのはいとも簡単である．しかし，あるレベルからつぎのレベルへと大きく移ることは，自然選択が原因なのだろうか？　小さな変化が起こって生理的機能が改善して適応度を増し，また小さな変化が起こって，というように，小さな変化が連続して起こり，あるレベルからつぎのレベルへと，じわじわと移るのだろうか？　それとも，自然選択よりは，むしろ偶然と発生上の機会とが関与して，あるレベルからつぎのレベルへと「量子的に」ジャンプするのだろうか？

この 2 つの選択肢は，それぞれ漸進仮説 gradualist hypothesis と断続平衡仮説 punctuated equilibrium hypothesis とよばれている．無脊椎動物の進化においては，確かに，断続した過程であるという証拠がいくつか存在する（第 2 章）．しかし，断続はふつう地質学的な時間（つまり数百万年で表されるもの）で計られるため，断続もやはり自然選択の影響の下で部分的に変わり得る．選択圧は時間とともに相当に変わり，これが進化のテンポをかなり変えるということはありそうなことである．それゆえ，進化の断続したパターンはダーウィン的な機構を排除しない．これは，進化生物学において熱い議論が戦わされた分野だった（論争の詳細と進化一般へのすばらしい導入に関しては，Ridley，1996 や Futuyma，1998 を参照）．この点に関し，本書でも後ほど帰ってくることにする．

1.5　展　　望

本章では，生きたシステムの基本的特徴とわれわれがみなすものについて簡単に概要を述べた．その特徴とは，

組織化されたシステムであり，それは，プログラム・複製・存続のための開放性，に依存する．

この特徴から，ほぼそのまま論理的に導き出せる動物のシステムの特徴はつぎのようになる．

動物のシステムは，環境から資源を食物として得，得たものを，生存と繁殖とを増進するように使う．

動物の組織化としていろいろなレベルのものが進化してきた．そしてこれらの系統的な制約の範囲内で自然選択がはたらき，資源の獲得の過程と利用の過程での適応をもたらした．次章において，これらの組織化のレベルについて予備的に概要を述べた後に，さらに第2部において詳述する．これは第3部でとりあげる無脊椎動物の行動パターンと生理についての，より深い考察の舞台を準備することになる．第3部では，無脊椎動物の個々の機能の面に集中してみていくことにする．

ということで，第2部では動物を門ごとにみていくやり方をとり，第3部では，門の垣根を越えて無脊椎動物に機能の面で迫る．それゆえ読者諸氏は，第2部の系統的なアプローチを集中して勉強して，第3部のほうは，さらに情報が欲しいときの情報源として使うようにするか，第3部の無脊椎動物の機能生物学を中心に勉強して，第2部は3部で言及される分類群への「索引」として使うか，どちらかのやり方を，おとりになるかもしれない．そういう使い方ができるようにもつくってあるが，じつは第2部と第3部は統合されており，無脊椎動物の，欠けるところのない全体的な理解を第2部と第3部を通して与えるように目指した．

1.6 さらに学びたい人へ（参考文献）

Cox, T. 1990. Origin of the chemical elements. *New Sci.*, Feb 3, 1–4.

Des Marais, D.J. & Walter, M.R. 1999. Astrobiology: Exploring the origins, evolution and distribution of life in the universe. *Annu. Rev. Ecol. Syst.*, **30**, 397–420.

Edwards, M.R. 1998. From a soup or a seed? Pyritic metabolic complexes in the origin of life. *Trends Ecol. Evol.*, **13**, 178–181.

Garland, T. & Carter, P.A. 1994. Evolutionary physiology. *Annu. Rev. Physiol.*, **56**, 579–621.

Gibbs, A.G. 1999. Laboratory selection for the comparative physiologist. *J. exp. Biol.*, **202**, 2709–2718.

Lewin, B. 1998. *Genes VI*. Oxford University Press, Oxford.

Futuyma, D.J. 1998. *Evolutionary Biology*, 3rd edn. Sinauer Associates Inc., Sunderland Massachusetts.

Kirchner, M. & Gerhart, J. 1998. Evolvability. *Proc. Natl. Acad. Sci. USA*, **95**, 8420–8427.

Maynard Smith, J. 1986. *The Problems of Biology*. Oxford University Press, Oxford.

Morris, S.C. 1998. Early metazoan evolution. Reconciling paleontology and molecular biology. *Am. Zool.*, **38**, 867–877.

Pigliucci, M. 1996. How organisms respond to environmental changes: from phenotypes to molecules (and vice versa). *Trends Ecol. Evol.*, **11**, 168–173.

Ridley, M. 1996. *Evolution*, 2nd edn. Blackwell Science, Massachusetts.

Schmitt, J. 1999. Introduction: Experimental approaches to testing adaptation. *Am. Nat.* (suppl.) 154: S1–S3.

Schopf, J.W. (Ed.) 1992. *Major Events in the History of Life*. Jones & Bartlett, Boston.

Schopf, J.W. 1994. The early evolution of life – solution to Darwin's dilemma. *Trends Ecol. Evol.*, **9**, 375–377.

Sibley, R.M. & Calow, P. 1986. *Physiological Ecology of Animals: An Evolutionary Approach*. Blackwell Science, Oxford.

Smith, D.C. & Douglas, A.E. 1987. *The Biology of Symbiosis*. Edward Arnold, London.

第 2 章

進化の歴史と無脊椎動物の系統学

Evolutionary History and Phylogeny of the Invertebrates

今いる動物たちは，過去の進化の産物なのである．過去の歴史や，その過去が，今いる動物の構造・生態・生活様式に課している制約について，ある程度知らなければ，現在の生物学を十分に理解することはできない．本章では，進化の歴史と動物界の多様化（その起源を含む）の，主たる特徴について述べる．

ここ 10～15 年の間に，分子配列（遺伝子配列）の研究や分岐分析が，広い範囲の種を用いて行われるにつれて，主要な動物群間の類縁関係についての知識は，革命的に変化した．関連のまったくわからないところやあいまいなところは，まだ確かにあるのだが，今や，広く動物全体をおおう図式が浮かびあがりつつある．本章では，この図を，過去にはたらいてきた選択圧と，当時の生物がその圧に対して示したであろう反応とを背景として，その中に置くことにしたい．また，化石記録が多様化と絶滅の本質について何を語ってくれるかを強調したいと思う．

ご注意願いたいのだが，本章では第 2 部で記載されている解剖学的特徴のいくつかについて，どうしてもふれざるを得なかった．各動物群を詳細に取り扱う前に，全体の概要を与えておくほうが，より適切だと思ったからである．こうすると，構造や概念のいくつかは，後ほど詳しく出てくるのでそれをみてもらわなければいけなくなるのだが，それでもこうしたほうがよいと判断した．ただし，そういうケースは必要最低限に抑えてある．もう 1 つ注意しておきたいのは，この本は，進化や分岐論や分子配列解析の教科書ではないということである．本書では，これらの学問から得られた結果をもとにして，それらを統合したものを示している．これは，最も包括的で情報の多いものだとわれわれは思っている．どのようなやり方でこれが得られ，その理論的基礎とはどんなものかについての詳細は，章末の「さらに学びたい人へ」に文献をあげておいたので，ご自分でそれをみていただくということで了承願いたい．

2.1 導　　入

多細胞生物は，動物界のほかに菌界や植物界でみられるが，これらは皆，単細胞の真核生物である原生生物の系統の子孫であることは間違いない．起源において菌と動物とは互いに近い関係にあるとされ，この結論は近年の研究により，ますます正しそうになってきている．

ところが，最初の動物が（動物たちだったかもしれないが），どんなものだったかという話になると，ずっとわからなくなってくる．化石記録に現れるほとんどの動物群は，約 5 億 5000 万年前のカンブリア紀に「十分にできあがって」いて，それがどの門に属するか同定可能なものとして登場してくる．これらの動物には，三葉虫，棘皮動物，腕足動物，軟体動物，脊索動物という，解剖学的にじつに複雑で他とははっきりと違ったタイプのものを含んでいるのである．

より以前の先カンブリア代の動物化石はそれほど多くはないが，刺胞動物や体節をもった動物が存在する可能性はある．ただし，エディアカラの化石（代表的な先カンブリア代の化石，図 2.1）のいくつかが現生の動物群に似ていても，それは単にみかけだけかもしれない．これら先カンブリア代のあるもの（もしくはすべて）は，われわれがふつう思っているような意味での動物ではないのではないかという議論まである．だから化石記録は，いろいろな動物門の起源と初期の多様化を理解するうえでは助けにならない．助けになるとすれば，これら昔の出来事が，先カンブリア代に起きた（たぶん少なくとも今から約 10 億年前）に違いないという点だけである．動物の起源がいつ頃かについては，今，熱い議論がなされている．ちなみに生命そのものの起源は 35 億年前まで遡る．

最初の多細胞動物は，おそらくは ① 小さな，② 体が比較的少数の細胞からできており（細胞の種類もきわめて限られていた），③ 硬い部分は一切もっていなかった．このようなものが化石として保存されることは，ありそうもない．硬い殻や板や骨格をもった生物が，化石として圧倒的に残りやすいからである．だから化石記録が，動物の祖先を明らかに

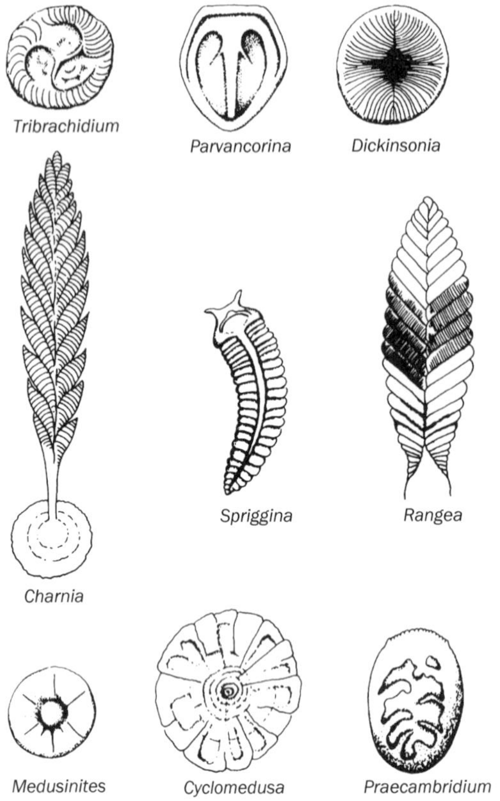

図 2.1 先カンブリア代のエディアカラの動物たち (Glaessner & Wade, 1966)

するうえで役立つと期待するのは非現実的なのである．そこで動物学者は，現在生きている，異なった動物たちや原生生物の示す特徴のみに基づいて議論することを余儀なくされてきた．このような議論をする際，注意すべきことは，今いる生物は，どの生物群であれすべて，その最初のものが登場してから10億年程度隔たっており（いくつかの群ではさらに長い期間），この間に生化学的・生理学的・発生学的・解剖学的など，さまざまな変化が起こっている可能性があることである．

現在生き残っている動物の中には，まぎれもなく，ものすごく単純な体の構造をもつものがいる．（多細胞生物の祖先形と思われているものと，ちょうど同じように）体がほんの数個の細胞でできており，（もしくは）細胞の種類もごく少数しかない．そしてほとんどの動物にみられる器官系（たとえば血液系や体腔）の多くを欠いているかもしれない．これらの動物は，祖先となったグループの子孫であって，何億年も体制を変えずに保ってきたものだ，とみなしうるかもしれない．確かに，今でも生き残っているいくつかの種（しばしば「生きた化石」とよばれる）は，長いものでは500万年も前に生きていたものと，おおざっぱに眺めるなら，どうみてもまったく同じにみえるのである．とするとあるものは，もっと長い年月，変わらずにとどまってきたのかもしれない．もしそういう見方が唯一の可能な解釈ならば，祖先の状態がどのようなものだったかを調べることはずっと簡単になる．

ところが別の見方もあるのである．発生の過程において，動物は比較的単純なものからより複雑なものへと形を変える．だから幼い時期や幼生期は単純な体制をもつ．正常の発生においては，性的成熟に達するのは（比較的複雑な）成体の時期に達してからであるが，体の構造がまだ幼形なのに成熟がはじまる現象（幼形進化 paedomorphosis）がよく知られており，これはさまざまな生態的状況の下では，選択上，有利な現象である．この現象は今でも起こっており，プランクトンネットで海産動物の幼生を捕まえてみると，発達中の生殖巣をもっているものがたくさんみられる（場合によっては機能中のものもある）（2.5節を参照）．他のタイプの動物の幼生期に驚くほど似ている動物群がいくつか知られており，これらは幼形進化によって生じたと考えられている．だから，体が単純だということは，もともとそうだったという場合もあれば，2次的に生じた場合，つまり単純な動物が，より複雑なものから生じる場合があるのである．だから祖先から子孫へという方向性を読みとることは簡単ではなく，おのおののケースごとに，骨の折れる議論をしなければならない．

古典的なやり方で動物相互の類縁関係を論じる場合には，解剖学的に共通の性質に基づいて関係を考えていった．分類の手順は，つぎのようであった．よく似ている構造をもったすべての生物を，同じグループ（タクソン taxon，複数はタクサ taxa）としてまとめるのがそのやり方で，本質的に似た種の集合を1つのタクソンとしてまとめ，別の似た種の集合を別のタクソンとし，というように，それぞれタクソンを決めていった．このようにして，異なった形態の生物が，異なるタクソン中に置かれた．つぎにいくつかのタクソンが，やはり解剖学的類似に基づいてグループにまとめられ，そうしたグループが，またまとめられてと，つぎつぎとより包括的な区分の中に置かれていった．根本的な類似性は類縁性に比例するだろうから，こうして得られた結果は進化上の類縁を反映すると仮定された．

このようなアプローチは，本質的に2つの問題を含んでいる．

第1に，進化の時間の中で起こった形態的変化の度合いは，その変化を起こすのにかかった時間に比例してはいない（2.5節を参照）．たとえよく似ていたとしても，2つのグループは遠い昔に互いに分かれたのだが，それ以来祖先的な形態をほとんど変えずに保ってきたのかもしれない（上でふれた生きた化石のように）．また，たとえたいへん異なっていても，それらは比較的最近に，あるグループが他のものから分かれて，非常に違う成体の構造を獲得したのかもしれない（たとえば幼形進化を介して）．

第2番目の点は，解剖学上の類似は，あざむくものにもなり得ることである．共通にみられる構造が，それらの動物のいちばん最近の共通祖先から受け継いだという事実を反映していることももちろんあるだろう．しかし，収斂 convergence の結果だったという可能性もある．収斂とは共通の選択圧への応答として，類縁関係のない生物に，似た解剖学的応答が進化することである．とりわけ，問題の状況に適応する際の応答の種類が限られる場合に収斂がみられる．

別の可能性もある．共通の祖先から実際の構造としては受け継いでいないが，似たような状況の下では同じ反応を示す遺伝的能力を受け継いでいる場合，似た解剖学的特徴が2つの生物に平行して現れてくることがある．例をあげれば，ヒラムシ・昆虫・脊椎動物のように非常に多様性の高い動物では，じつによく似たまとまりになった遺伝子群をもち，この遺伝子群が，体の前後軸にそって直線的に並ぶ構造を，特定する．これらのことがあるため，類似度はかならずしも類縁性に比例しないのである．

このような問題を回避するために，2つの最新技術が広く用いられている．1つは分岐論の方法で，これは，全体としての解剖学的類似性や非類似性とは無関係に，生物の系統の，進化上の枝分かれの順序を定めようとするものである．要点のみを述べれば，ある解剖学的（もしくは他の）特徴が，祖先的（原始的）な形質の状態なのか，子孫的（派生的）な形質の状態なのかを確定し，そして，あるグループの生物たちだけが共有している子孫的形質の状態を同定することによって，枝分かれの順序を決める．そのような共有された子孫的形質の状態を集めていき，それらを進化的な枝分かれのパターンを描くように配置する（祖先的状態と子孫的状態の逆転も，もちろん認めながら）．

もう1つの最新技術は，ある分子の要素の配列がどの程度似ているかに基づいて，分子の系統を構築するものである（たとえば分子としてリボソームRNAのサブユニットを使うなら，要素はヌクレオチド）．この方法は，ある仮定を置いている．それは，突然変異は，分子のどの場所でもほとんど一定の割合で起こり，それゆえ正確な分子構造においてみられる分子間の差異と，進化上枝分かれしてから経過した時間の長さとの間には，関係があるとする仮定である．

これらのどちらの方法も，誤りをまったく犯さないというわけではない．たとえば平行進化により同じ特徴が複数回登場すれば，分岐分析では間違った結果になる可能性があるし，「分子時計」（問題にしているある分子内に変化の蓄積する速度は，グループ内でもグループ間でも一定だという考え）は，ある分子系統が暗示しているほどは一定ではないかもしれない．さらに，多くの分岐分析の正確な方法は，非の打ちどころがないわけではないし（Jenner & Schram, 1999），異なった分子から得られた配列データは違った結果を与えうる．それにもかかわらず，どちらの方法とも，生物のいろいろな段階 grade（体の構造がどの程度のレベルなのか）間の区別や，クレード clade（個別の系統）間の区別をつけようとするときや，ある特徴が共通の祖先から受け継いだのではなく収斂的に進化した特徴なのだと同定しようとするときには，かけがえのないものであり，これは証明済みである．

これらの解析によってもたらされた大変革の例として，体節のある蠕虫（segmented worm）と体節のある節足動物とは，体節を共有しているから類縁性が近いと思われてきたが，本当はそうではないのだということがある．また，節足動物と触手冠をもつ動物たちが緊密な関係をもつことも，これらの解析からわかってきた．本章の残りの部分では，これらのアプローチに大いに頼るが，分岐分析と分子の比較はいつも一致するとは限らないし，いくつか不確実な部分も残ることは注意すべきである．また，すべての動物群において分子解析が行われているわけでもない．

2.2　最も単純な動物たち

2.2.1　多細胞性の進化

原生生物から，多細胞の動物や他の生物が進化するには，理論的には3つの道筋が可能である．

第1は，違ったタイプの原生生物が共生して，合成された多細胞生物を形づくる．真核細胞が異なった原核生物の共生によって誕生したとされるし，藻類と菌類が手を組んで地衣類が生まれ出た（図2.2(a)）と考えられているが，それらと同様のやり方である．

第2に，原生生物の1個体が無性生殖し，それが分裂後も離れずにとどまり，中間の群体の段階（図2.2(b)）を経て多細胞性が生じる．ここでは個々の原生生物の個体は，多細胞生物を構成している1つの細胞に対応するだろうし，原生生物たちはまさに「1個の細胞 unicellular」とみなしうる．

第3に，多核の原生生物が体内の仕切の膜を進化させ，1つひとつの核のまわりを膜で包み，おのおのの核のはたらく範囲を，体内のある部分にのみ限定し，そうすることにより内部が仕切られた状態になる（図2.2(c)）．もし多細胞性がこの道筋でできたとすると，どの多細胞 multicellular 生物も，まさに字義どおり「建物が区画式の cellular（小部屋に区切られた）」ものとみなされ，元になった原生生物は単細胞というよりは「区画に分かれていない acellular」ものだとみたほうがよい．

これら多細胞生物の生成機構として可能な3つのうち，最初のものには（図2.2(a)），遺伝学上の難しい問題がある．遺伝的に異なる元になった原生生物が，いかにして1つの生殖できる多細胞生物へと統合するのだろうか？　地衣類はほんの2，3の異なる生物が共生して複合体を構成しているのだが，この場合でさえ，共生生物たちは別々に生殖して，再度一緒になって新しい群体をつくるのである．真核の原生生物のいくつかで，これらが2つの独立の存在である真核生物が合体して生じたという証拠があるにはあるが，こういうケースはまれにしか起こらないようだ．

可能な3番目の道筋（図2.2(c)）に関していえば，今いる原生生物では内部の区画化はみられないから，過去にそれが起こったかもしれないと示唆する証拠は，現生のものからは見いだせない．しかしいっておかねばならないが，もし多細胞生物の祖先のような原生生物が今もいて，それが区画化を部分的や完全に行っていたら，おそらく多細胞生物とみなされるだろうから，定義上，こういう証拠が原生生物にはみつからなくなるわけである．だからこの3番目のやり方も可能性は残る．だが2番目の機構の支持者が多い．

多くの原生生物は，無性的に分裂して群体をつくることが知られており（図2.3），それは原核生物である細菌の多くでも同様である．そうしてつくられた群体のあるものでは，異なる細胞のタイプへの分化がみられる．それゆえ，2番目の機構（図2.2(b)）を多くの生物学者が支持している．単細胞の原生生物が群体を経由して，たぶんこんなふうに多細胞生物を形成しただろうと思わせるしるしが豊富にある．多細胞という段階とは，結局，元にな

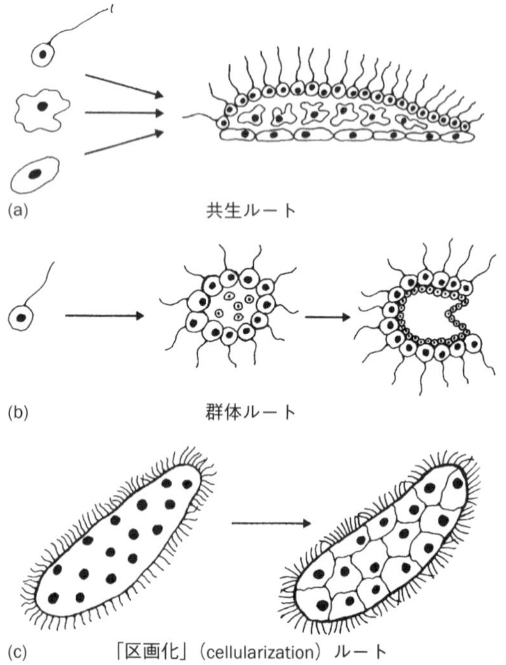

図2.2　動物における多細胞性が，原生生物の中から進化してきた道筋（ルート）として可能性のあるもの（説明は本文を参照）

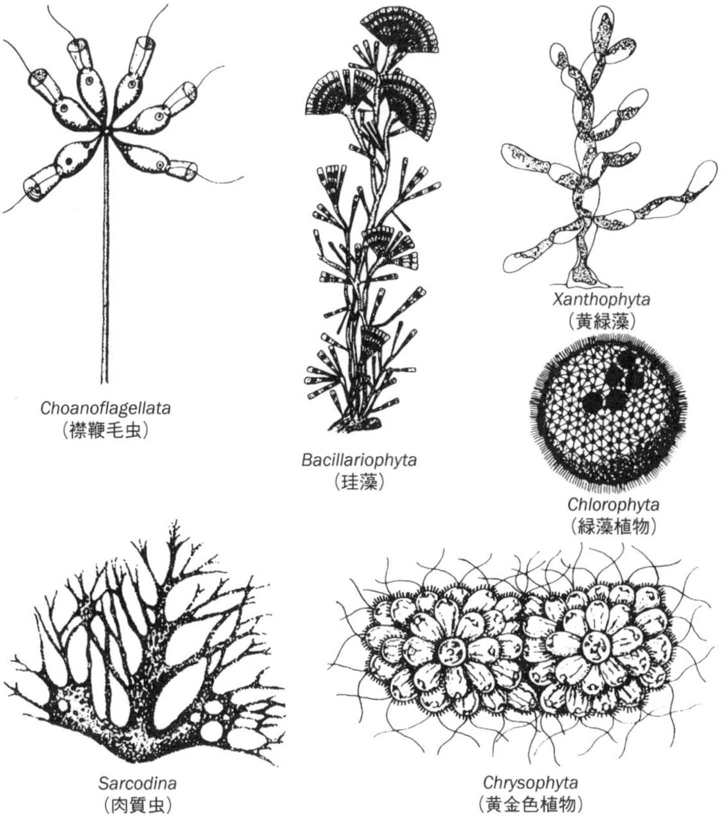

図 2.3　さまざまな門に属する群体性の原生生物（出典はさまざま）

った接合子 zygote（やそれが分裂してできたもの）において，体細胞分裂（無性的な分裂）が繰り返し起こって形成されたものである．

実際，群体性の原生生物と多細胞生物とを区別するのは，けっこう難しい．古典的に多細胞だとみなされた生物のすべてで，その構成している細胞間にさかんな協調がみられるわけではないし，ついさっき述べたように，細胞分化は，多細胞生物にだけ限られているわけではない．多細胞と単細胞の区別は，しばしば伝統や都合に基づいてなされているようである．ある分類体系では 27 の原生生物の門が立てられているが，そのうちの 16 が群体を形成する種を含み，3 つのものでは，門のすべての種や一部の種の組織化のレベルが，もはや多細胞のレベルに入ってしまっている．多細胞動物へ進化したもの以外にも，原生生物を元にした真核生物の多細胞化が，15 回以上起こった可能性があるのである．

ということは，動物の場合でも，何度も違った原生生物から進化した可能性があるわけだが，実際には，すべての動物は，① 多くの細胞学的や生化学的性質を共有しているし（たとえば，コラーゲンをはじめとする細胞外基質や細胞接着の分子を合成する能力や，細胞間の結合としての，隔壁のある結合や「密着した」結合の存在），② すべてのものが複相の接合子から胞胚という幼生期を経て発生する（無性生殖で接合子をつくる 2 次的機構のあるものは除く，第 14 章参照）という共通点をもつ．さらに共通点をあげれば，③ すべての動物が原生生物の 1 つのグループである襟鞭毛虫 choanoflagellate の特徴を共有しており（Box 3.1 を参照）（襟鞭毛虫には個体性のものも群体性のものもいる），それゆえ多くの研究者が，動物の祖先はこの襟鞭毛虫という従属栄養の海産原生生物の仲間のものだった可能性が高いと考えている．多細胞性がそのような群体性の襟鞭毛虫から起こったとしても，起こったのは，動物において一度だったのか何回も起こったのかは，また別の，そしてほとんど解けていない問題である．今のところ，何度か起こった可能性はあるように思える．この可能性を許容するようにしながらも，すべての動物が1つの生物（これ自身も動物）由来の子孫になるように配置する（すなわち単系統であるようにする）ために，何人かの動物学者は動物界に襟鞭毛虫を含めている．こうすると，動物とは，もはや多細胞生物だけで構成されているグループではないといい渡すことになるにもかかわらず，こうする人たちもいるのである．

しかしながら，このシナリオの大筋の別の読み方もあり，それでは襟鞭毛虫をカイメンから2次的に由来したものの位置に置く（2.2.2項）．しかしこうすれば襟鞭毛虫のもつ動物的な特徴をうまく説明できるかもしれないが，これが本当だとすると，動物の祖先となった原生生物は襟鞭毛虫ではないのだから，それがどんなものだったのかを，また探しはじめなければならない．

動物の系統樹のごく根元に近いところから，いくつかの動物群が分かれている．群体性の襟鞭毛虫の中の異なる系統から，多細胞性が何度か別々に進化したとすると，それを示す候補者としては，根元に近いものほど可能性が高くなる．とりわけ，根元に近い動物たちは，体の建築様式の根本的なパターンがものすごく違っているから，別々に多細胞化したことを示す候補になりうるのである．これらの根元に近い動物たちについて，1つひとつ，この節の残りの部分でみていくことにしよう．

2.2.2　海綿動物

海綿動物 sponge はすべての動物中で，多細胞動物というよりは原生生物の群体とみなされるものに最も近い存在である．事実，カイメンの細胞の中で最も特徴的なタイプである襟細胞 choanocyte は，自由生活性の祖先形の襟鞭毛虫と実質上同じであり，本質的に同じやり方で餌をとっている（図2.4）．カイメンの個々の細胞1個が，体を構成している唯一の必須のサブユニットなのである．このことは，ある種のカイメンでは，体を完全にばらばらにしても，体を再構築することができることからわかる．

海綿動物は組織化 organization の段階としては，細胞段階 cellular grade の動物として記されてきた．これは，放射動物が組織段階 tissue grade であり（2.2.3項を参照），左右相称動物たちが器官段階 organ grade である（2.2.4項と2.3節を参照）のとはよい対照をなしている．にもかかわらず，海綿動物は胞胚から発生し，動物タイプの細胞の生化学をもっているのである．

海綿動物の体のつくりの特異性としては，

- 基本的な相称性 symmetry をもたない．
- 本質的に，体は分泌された基質 matrix をとりまく単層の細胞から形成される．実際においては，全体として1本の管をつくっており，その管の内側を裏打ちする細胞と管の外側をおおう細胞の間に分化がある．
- 神経系がない．
- 細胞が集まって明確な組織をつくることはない（器官はいうまでもなくつくらない）．

この構造はじつに独特なものなので，この体制 body plan から，どの動物であれ，他の現生のものが出てくるのは不可能である．このことにより，ある人たちは海綿動物を，初期に多細胞化しようとして成功しなかった「試み」とみなし，侮蔑的な感じを込めて，袋小路に入り込んだグループというよび方をしている（絶滅した古杯類 Archaeocyatha に関してはこの限りではない）．これは，カイメンに対して公平な態度とはいえない．彼らは海の動物の中できわめて成功したグループであり，現生種の数は，たとえば棘皮動物よりも多くて環形動物とほぼ同数であり，カンブリア紀以来ずっと海の動物相の顕著な部分でありつづけているのである．彼らの疑

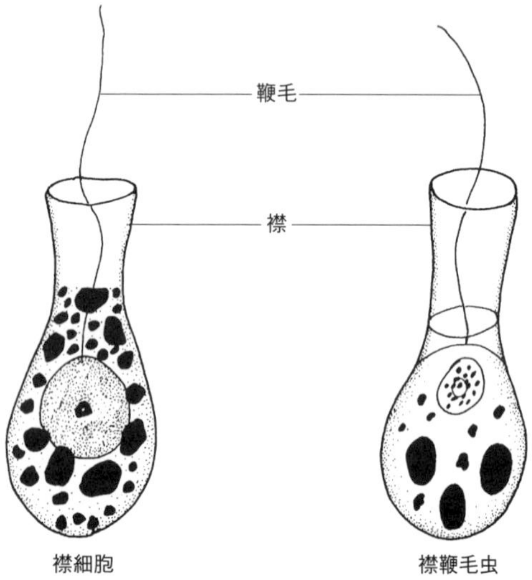

図 2.4　カイメンの襟細胞と原生生物の襟鞭毛虫との間の形態的類似

いようもない単純さは，相称性や協調や他の動物のような体の複雑さを進化させる，なんらかの能力がなかった結果なのだと考える必要はない．彼らは確かに動物らしくない生活様式をもっているが，単純さは，そういう生活への適応だと考えるべきものである．

彼らは，ものにくっついた固着性であり，管状の配管系の排泄口の部分を除き，まったく動くことのない濾過摂食者である．実際，分泌された基質の内部にある骨格系の機能は，運動を阻止し，体に剛性を与えるためのものである．このことは，他のすべての動物の骨格系が，運動の基礎となる機能をもつこととは，著しい対照をなしている．襟細胞の鞭毛が打つことにより（打つといっても組織されてはいない打ち方だが），外界の水が管のシステム（つまりは体全体）を通って流れる．もし管が硬くなかったら，水圧を局所的に減少させると，それにより，より多くの水を取り入れることにはならずに管がくびれてしまうだろう．だからカイメンの体が運動のできないようにできているのだと認めてしまうと，たとえば，神経系などはたらく場面がないのだから，もっていても選択上の利点がないのは確かである．動けなくて神経がないなら捕食者に感づいて逃げることはできないが，まずい化学物質や骨格に針状や繊維状のものをもつようにして，ちょうど植物がやっているように体を捕食者から守っている．同様の視点に立てば，より組織化された動物たちがもっている他のどの系であれ，カイメンにとっては，効率や生存率を高めるとは思えないのである．

海綿動物が比較的初期に登場した動物だと考えることも，また必要ない．彼らの登場は（確かにたくさん登場してくるのだが），化石記録でみると，たとえば体節をもった動物より，時期的に後である．彼らが他の動物群より後に，海綿動物と非常によく似た群体性の襟鞭毛虫類から進化した可能性はある（もちろん，よく似たといってしまえば，最初から進化的類縁関係をその方向で読みとることになってしまっているのだが）．

それゆえ，海綿動物は進化の不良品なのではなく，別の方向に進化した動物なのである．

2.2.3　放射動物

放射動物 Radiata は，しばしば腔腸動物とよばれ，刺胞動物と有櫛動物を含むが，彼らは海綿動物同様，きわめて個性的で袋小路のグループだと，一般にはみなされている（普遍的にみなされているというわけではないが）．彼らが他の門の祖先とはならなかったと仮定することもできるが，これは，やはり海綿動物の場合と同じで，以下のことを別のいい方で述べたにすぎない．放射動物の一般的な体制はとてもうまくいっており，この基本を変えても，より成功することにはならなかっただろうから，他のものへ変わることはなかったのだ．

放射動物の一般的な体制は以下のとおりである．

- 基本的に放射相称．
- 本質的に，体は分泌された基質をとりまく単層の細胞から形成される．実際においては，全体として１本の管をつくっており，その管の内側を裏打ちする細胞と管の外側をおおう細胞の間に分化がある．
- 裸の神経細胞からなる神経系が，神経網 nerve net として組織され，これが管の内腔を完全にとりまいている（神経網は１個，もしくは複数個ある）．
- 筋細胞としてもはたらく独立の細胞があり，これは収縮性の繊維を含んでいて，このような細胞たちが全体として環状筋や縦走筋としてはたらく．
- 細胞は一緒になって明確な組織をつくるけれど，器官は形成しない．

これに加えて刺胞動物には，刺細胞 cnidocyte をもつという共有された子孫的特徴がある．刺細胞は刺胞 nematocyst という細胞小器官を細胞内に含む（図 2.5）．有櫛動物の場合は，ある程度刺細胞に似た膠胞 colloblast が共有派生形質である．このような細胞や細胞小器官は，このグループ以外，2，3 の原生生物のグループにおいてのみ知られており（図 2.5），その１つである粘液胞子虫類 Myxospora が（Box 3.1 を参照），刺胞動物に寄生して退化してしまったのが，たぶん刺細胞の起源だと思われる．［訳注：4.15.2 項の訳注を参照.］

放射動物には相称性があり，海綿動物にはないが，それでも放射動物の体の形は，基本的に海綿動物の形と同様であることははっきりしている．すなわち，単純な空洞（腔）を中央にもつコップ状や管状の単純な形をしており，ときにはこれが平たくな

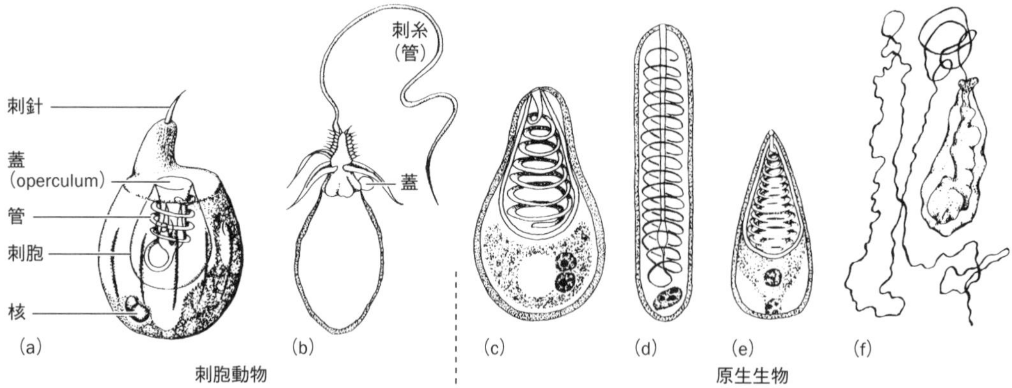

図 2.5 刺胞動物(放射動物),原生生物の粘液胞子虫 myxospora,微胞子虫類 microspora にみられる刺胞様の細胞小器官.(a) 未発射の刺胞が入っている刺細胞,(b) 発射された刺胞,(c) 未発射の細胞小器官をもつ粘液胞子虫の胞子,(d, e) 微胞子虫の胞子の未発射の細胞小器官をもつものと,(f) 発射されたもの(Hyman, 1940 および Calkins, 1926 および Wenyon, 1926 ほか).

ったり長く伸びたりしている.中央の腔は1個の開口部を通して外界とつながっており,腔の中には外界の水が入っている.管は実質上単層の細胞であって,この細胞層が分泌された基質を完全にかこんでおり,細胞層は,外側をおおっている層と内側を裏打ちしている層とに分化している.

しかし海綿動物とはっきりと異なる点は,放射動物は動くことができ,大きな粒子(すなわち小動物)を食べるところである.水中の小動物を捕まえる際,刺胞動物の場合は,触手に含まれる刺細胞を使う.触手とは体壁が管状に伸び出したもので,これが中央の腔の開口部をとりまくように何本も並んでいる.

コップ状や管状の形をした体をもつことと,2つの細胞層(外側と内側の細胞層)をもった状態とは,系統学という学問がはじまってすぐに注目された.初期の系統学者は,この「二胚葉 diploblastic」状態は,動物発生学でみられる原腸胚の段階と同じものであると指摘したのである.ほとんどの動物の幼生の発生においては,二胚葉の原腸胚は,もう1つの胚葉 germ layer である中胚葉を形成して三胚葉となる.そのため,放射動物は二胚葉状態に永久にとどまっている残存生物なのであり,これが,左右相称で三胚葉の,すべての動物門の元になった祖先形だとみなされた.そして,動物進化の3段階はつぎのように想像されたのである.

① 細胞がつくる中空のボール状の段階(発生における胞胚の段階と等価).群体性の鞭毛虫類のいくつかが,こういう形をとっている.
② これがなんらかの理由で二重の壁をもつコップ状(=原腸胚=放射動物)になり,さらに
③ 中胚葉が進化したときに,三胚葉動物ができた.

この,発生学との類似に基づく議論は,当時としては,きわめて巧妙なものだっただろうし,今でもブラステア-ガストレア-トロカエア説(図 2.18)として一部生き残っている(ブラステア blastea は祖胞動物ともよび,胞胚 blastura から名づけられたもの.ガストレア gastraea は祖腸動物ともよび,原腸胚 gastrula に由来する名).しかし,発生学上の胚葉を,成体のみかけだけ似ている細胞と等価なものにみなしうるのだという考えを,支持できる証拠は,どうやってもない.発生学の用語である「二胚葉性」や「三胚葉性」を,成体の形態学で用いるべきではないし,またしばしばなされるのだが,放射動物の内側の細胞層を「内胚葉」,外側の細胞層を「外胚葉」などとよぶべきではない.

刺胞動物にはポリプとクラゲの2つの形があり,1つの種は一方の形,または両方の形をとるだろう.ポリプ polyp とは,管状の体が細長くなって基盤に付着し,1つある開口部とそれをとりまく触手が上の水柱へと突き出す形である.クラゲ medusa は,平たく皿形になり,自由生活をし,開口部と触手とが皿の下方に向くようになった形である.

ユニット(モジュール)でできた群体を形成する刺胞動物もいる.無性生殖によりつくられたポリプが(ときどきはクラゲの場合もある)出芽して分か

れるが，完全には分かれずに組織が他のユニットと接触を保ち，群体となる．そのようなユニットすべては遺伝的にまったく同じものだから，ユニット内での多型 polymorphism が可能である．たとえばあるユニットは摂食や防御に特殊化し，他のものは生殖に特殊化する．いくつかの刺胞動物では，1つの群体中で個々のポリプを特殊化させ，クラゲはそのままに保つことにより，器官系と等価のものを進化させた．他のほとんどの動物がもつ器官系に対応するものへと，違う道筋を通ってたどりついたのである．

ほとんどの最近の系統学では，刺胞動物は動物の系統樹の根元から分かれた枝とされている（襟鞭毛虫のレベルだけが例外で，そのほうがもっと根元に近い）．刺胞動物は海綿動物や左右相称動物とは，直接の類縁関係はないかもしれない．

それにもかかわらず動物学者の中には，いくつかの刺胞動物のもつプラヌラという種を広く分散させるための幼生の段階を，ヒラムシやヒラムシ様の動物たちの祖先だとみなしている．プラヌラは自由遊泳し，摂食せず，中空ではない胞胚であり，放射相称で長軸に沿って細長くなっている．

他の動物学者は，刺胞動物の花虫亜門から，大きな体腔をもつ比較的大型の蠕虫が進化し，この体腔動物から幼形進化によってヒラムシと，それに類縁がありそうなグループが由来したのだと考えている（2.4 節を参照）．

現生の刺胞動物のほとんどすべてが肉食であり，藻類を消化できるものはまったくいないという点は注目に値する（共生している光合成生物に，栄養を一部またはすべて頼っているものは存在するが）．先カンブリア代の後期の海で，刺胞動物の存在がはっきりと認められるが，それはおそらく，餌である動物プランクトンが進化してきたことの結果であろう．ここでもまた，刺胞動物の成功は，（彼らの起源がそうだとはいわないとしても）他の動物群の登場よりも後のことであった．

有櫛動物は，よりわからないものであり，刺胞動物と類縁関係があるかないかわからない．最新の系統学では，彼らはやはり系統樹の根元から枝分かれしているが，他のどれと近縁かに関しては，非常に広いさまざまな動物群との関係が議論されている．

2.2.4 ヒラムシ

現生の扁形動物門 Platyhelminthes（ヒラムシ flatworm）はたくさんの比較的複雑な種を含んでいる．海産の自由生活をしているものであり，中には，知られている限り最も単純な左右相称動物がいくつか存在する．ヒラムシの基本的体制は以下のとおり．

- 左右相称で，はっきりとした頭と尾をもち，背中側表面と腹側表面の区別がある．
- 中空でない（中実の）体をもち，体は2つ以上の細胞層からできている（2つよりずっと多いことがよくある）．
- 1つの神経系があり，これは鞘をもった長軸方向に走る神経索 nerve cords をもつ．
- 組織と器官の存在．

これは他のほとんどすべての動物と同じ基本体制である（2.3 節を参照）．しかしながら，2.3 節でみていく動物群と比較すると，すべてのヒラムシには，貫通腸がなく，循環系がなく，腸の腔を除いてどんな体腔もない．ほとんどのタイプのヒラムシのもつ共有された派生的特徴として，精子が2本の鞭毛（それも 9+1 の軸糸をもつ鞭毛）をもっているため，進化の本流である左右相称動物たちからはずれた位置に置かれるが，無腸類 acoel の多くのものは（図 2.6），標準的な 9+2 軸糸の鞭毛を1本もつ．無腸類はまた，他の多くのヒラムシより，かなりの程度単純で（たとえば恒久的な口や腸を欠く），また組織や器官系の分化程度も貧弱である．こういう構造は，左右相称動物の祖先形に，想像可能な限り最も近いものである．しかし上で述べたように，ある人たちは，この単純さは幼形進化による2次的な結果であり，すべてのヒラムシは比較的複雑な蠕虫から由来したと考えている．

個体性の海綿動物と，個体性や群体性の放射動物は，非常に大きな体のサイズにまで達することができる．これは，体の大きさにかかわらず，個々の細胞が外界と直接に接しているからである．外層の細胞は動物をとりまいている水と接しているし，内層の細胞は管の中の水と接しており，それゆえ，排泄物・呼吸のガス・食物の拡散は，全体の大きさには影響を受けない．

ヒラムシのような中身の詰まったものでは，そうはいかない．循環系をもたないため，ヒラムシは体

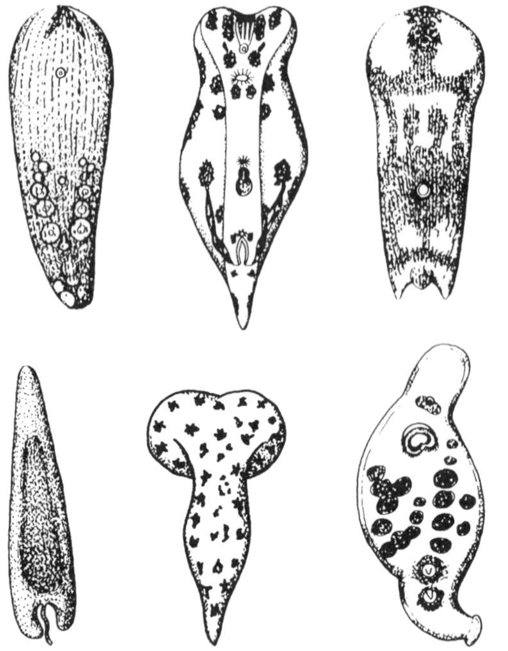

図 2.6　無腸類の体の形（Hyman, 1951）

の縦・横・高さのどれか少なくとも1つの次元を小さく保つ必要がある．こうして体が必要とするサービスを，拡散によって提供しつづけることが可能な範囲内に，体の大きさをおさえておかなければならない．比較的小さな種はまた，水の表面を，上皮に生えている繊毛を用いて這う．繊毛の駆動力もまた拡散同様，ある大きさ以上の動物では効果がない．しかしながら，さらに別の器官系を進化させれば，より大きくなれ，また別の移動運動法を採用することが可能になるだろう．だから無腸類に似たある動物が，左右相称動物の祖先だったとしたならば，より大きな体をもつと有利になるという自然選択上の利点が圧力となって，この祖先動物に，ヒラムシが定義上欠いているが，ヒラムシ由来の子孫動物の可能性のある他の動物ならもっているような器官系が進化したかもしれないのである．

放射動物の場合と同様，比較的大きなヒラムシは，ほとんどのものが肉食性であり，比較的小型の種は細菌や従属栄養の原生生物を食べている．これはきわめて逆説的に思えるかもしれない．動物の祖先形に非常によく似たものは何だろうかと現生の動物中を探していって，その筆頭候補者にあげた2つのものが，他の動物を食う消費者なのである（より一般的ないい方をすれば非光合成生物を食うものたち．細胞内共生によって光合成をしているものを除く）．

この逆説は，じつは誤解から生じている．誤解は，すべての生物は植物か動物かであるとする旧式の見方から，一部由来している．主たる生産者は植物だから，動物より先に植物が登場する必要があると考えてしまうわけである．ところが（今や植物の概念が変わり）細菌・原生生物・菌類は動物でも植物でもないと考えられている．さらに誤解の原因の一部は，生態系における食物連鎖の基本形が，今われわれのまわりで行われているもの（つまり植物 → 植食動物 → 肉食動物）だとする考えにも由来している．この惑星上では，光合成がほとんどのエネルギー固定の源であるのははっきりとしているのだが，陸生の無脊椎動物で植物材料を実際に消化できるものはほとんどいない（陸生の脊椎動物ならもっと少ない）．ほとんどのものが，細菌と従属栄養の原生生物や菌類によって処理されてはじめて，植物材料から栄養を得ることができる．処理は食物連鎖の分解者を介するか，動物の腸にすむ一群の微生物を介している（第9章を参照）．おそらく細菌と原生生物とが祖先動物の食物だったろう．そして，より大型の子孫は，この祖先の食物をそのまま食べつづけるか，より大きな個別の食物を食べるように変わったのだろう．細菌や原生生物の助けを借りずに植物を消化できるようになるのは，動物にとってまれなことであり，そのまれな場合も大部分が，果実のように，動物が消費してくれるようにと植物によって生産された構造に基礎を置いているのである．

2.2.5　板形動物

板形動物 Placozoa は，ほんのわずかの種しか知られていない．みかけも行動も，平たくて鞭毛をもった大型の（直径3mmまで）アメーバのようである．その体は，

- 相称性をもたない．
- 分泌された基質をとりかこむ単層の細胞によりつくられている．全体として事実上1枚の板を形づくっており，上面の細胞と下面の細胞とに分化している．
- 神経系をもたない．
- 組織や器官をもたない．

板形動物はどの方向にも動き，形を変え（こうで

きるのは，一部は，基質中にある繊維細胞のおかげである)，原生生物を食べながら表面を滑っていくことができる．彼らは他のどの動物よりもDNAが少ない．

この不可解で知られることの少ない動物の起源として，ありそうなことは，カイメンの幼形進化か刺胞動物の幼生ではないかと思われるが，これらについてはほとんど知られておらず，襟鞭毛虫の祖先から独立に進化した可能性もある．

2.2.6 菱形動物

菱形動物 Rhombozoa は微小な蠕虫形 veriform のもので，軟体動物頭足綱の排泄器官にいる内部寄生虫である．その体は，

- らせん対称．
- 1個の細長い軸細胞 axial cell をとりまく1層の細胞からできている．
- 神経系をもたない．
- 組織や器官をもたない．

1個の軸細胞（生殖細胞）を外側からとりまいている細胞層は繊毛をもった細胞であり，数は最大30個程度だから，菱形動物は他のどの動物よりも少ない数の細胞でできていることになる．リボソームRNAに基づけば，全動物中最も原始的なものである．繊毛細胞と蠕虫様の体形から，ある人々は，菱形動物はヒラムシの中から起こったもので，極端に単純な体は，寄生や共生の結果を示唆すると考えている．多くの扁形動物は，事実，寄生性であり，そのようなもののすべては（生殖系と生活環は単純ではないが，それ以外）解剖学的には2次的に単純化されている（たとえば感覚器官をもった頭がないところ)．しかしこれら寄生性の扁形動物のどれも，単純化においては，菱形動物の足下にも及ばない．菱形動物とヒラムシとは，繊毛と蠕虫様の体をもつという共通点しかなく，これらは多くの動物に共通の特徴なのである．菱形動物のもつ相称性，奇妙な細胞の構築（それには生殖用の伝達小体が軸細胞の内部で発生することを含む)，そしてきわめて個性的な生活環は，ヒラムシであれ他の動物たちであれ，これに対応するものはない．そして，ヒラムシを祖先とするシナリオは，他のどんな可能なシナリオと比べても，より可能性が高いとは思われない．菱形動物が他の蠕虫類と類縁関係がないとするなら，起源はおそらく繊毛をもった原生生物の中に求めなければならないだろうが，起源に関する情報は，この小さな得体の知れないグループについてまだ得られていない．ところがじつは，Hox遺伝子のデータは扁形動物との親近性を示唆しているのである．

菱形動物は軟体動物頭足綱の体内におり，他の場所にはいない．この事実は動物進化の比較的遅くなってから菱形動物が起こったことを強く示唆している．そして他のどんなタイプの動物も彼らから生じてこなかったと思われる．

2.2.7 結　論

上で取り扱った5つの動物群は，すべて体のつくりが単純だが，根本的に異なる相称性と異なる種類の基本建築様式をもとにして体が組織されている．5つのすべてが原生生物の中に祖先があると主張できるが，そのうち3つ（ヒラムシ・板形動物・菱形動物）は2次的に単純化したものだとすることも可能である．どちらであれ，ヒラムシだけが，他の左右相称のグループと同じ種類の体の建築様式を共有しており，たとえヒラムシ様の動物がそれらの祖先でなかったとしても，他の左右相称のグループとヒラムシは類縁関係をもっているのである．現在ある証拠に基づけば，他の左右相称動物の祖先が無腸類のヒラムシのようなものだということは，ありそうに思える．ただし刺胞動物起源ということも排除はできないが．

後の議論と関係してくるので，ここでヒラムシの発生のいくつかの特徴についてふれておく．扁形動物は雌雄同体で，ほとんどのものがらせん卵割（卵割面が胞胚の極を通る軸から傾いている）をして胞胚となり，決定性発生 detereminate development であり（細胞の運命は胞胚の早い時期に定められる；通常その定まる時期とは，配偶子の無性的分裂でつくられた細胞が，わずか4個の時期)，そして中胚葉は胞胚の4d細胞から形成される（第15章を参照)．それに対して，同じ扁形動物でも無腸類は，二放射 biradial 相称（巻末の用語解説を参照）の卵割を示し，非決定性発生 indetereminate development であり（細胞の運命が発生の比較的後期に定められる)，そして中胚葉は幼生の内胚葉から形成される．

2.3 左右相称の動物たち

一般には，左右相称動物には7つほどの主要な進化上の系統があると認められている（加えて，現在の知識ではどこにも入れられない門が1つある）．これらは，それぞれ「上門」superphylum を代表しているとみなされうる．2.1節で述べたことからすると，これらの7つの主要な組分けは，解剖学の言葉で定義するのが困難な可能性があるだろう．彼らのアイデンティティは分子配列のデータか，1つかいくつかのユニークな共有された子孫的特徴によって露わになるものだったのかもしれない．本書の第2部では，われわれは，古典的な形態学的アプローチを採用して，似た構造をもつ動物すべてをまとめて取り扱うつもりである．しかし本節では，その同じ動物たちを，彼らの系統の文脈において紹介し，つぎに2.4節でその7つの組分け同士がどんな類縁関係にあるだろうかについて議論するつもりである．

7つの組分けのうちの6つは，蠕虫と記載できる動物たちを含んでいる．蠕虫 worm とは脚がなく体が軟らかくて幅よりも長さが長い（幅のほぼ2～3倍以上ある）ものである．それゆえおもに，もたないということをもとに定義されたグループなのである．つまり彼らは脚がなく，外骨格も殻ももたず…ということから想像されるように，蠕虫とは自然なグループを形づくるものではない．多くの系統の体系で仮定されているように，祖先の動物が蠕虫様のものだったとするなら，その蠕虫形 veriform の祖先から，多様な蠕虫たちが進化するだろうということになるし，これらの蠕虫のいくつかのものから，ついには蠕虫ではないものが生まれてくるだろうということになる．しかし，上ですでに指摘したように，順番を逆方向に読んで，蠕虫でないものから，蠕虫の少なくともいくつかのものが由来したと考える人たちもいる．

2.3.1 無体腔 acoelomate の蠕虫

顎口動物 Gnathostomula と，またほぼ間違いなく腹毛動物 Gastrotricha も，体の形は基本的にはヒラムシと同様であるが，彼らを扁形動物門の中に含ませるわけにはいかない特殊化した点を進化させた．顎口動物は繊毛が1本だけ生えた表皮細胞をもつこと（この特徴はいくつかの腹毛動物でもやはりみられ，触手冠動物や新口動物においてもみられる）と，咽頭に顎があること，という子孫的特徴を共有している．腹毛動物は貫通腸と，脱皮しない2層からなる特有のクチクラを進化させた．クチクラの外層は，薄いカバーの中にある1本の繊毛をおおっている．腹毛動物がどれと近縁なのかは議論の多いところであり，顎口動物に関する情報はほとんどない．

2.3.2 トロカータ trochatans（シンデルマータ syndermatans）

輪形動物 Rotifera（ワムシ）と鉤頭動物 Acanthocephala とは，表皮中に存在する細胞内のクチクラ，という子孫的な特徴を共有している．寄生性で2次的に腸を失った鉤頭動物は，輪形動物由来らしいことはきわめてはっきりしている．鉤頭動物とヒルガタワムシ類 bdelloid rotifer は，垂棍 lemniscus とよばれる表皮の折れ込みと，個別タイプの吻を1つもつという共通点をもっているから，そう考えられるのである．動物の中ではワムシのみが，コラーゲンを合成する能力に欠けるようにみえる．

輪形動物も鉤頭動物も，体の内部に体液の詰まったスペース（腔）をもっており，これはこれからとりあげる左右相称動物のすべてがもっている特徴である（今までとりあげたものにはない）．そのような腔はいろいろと違った形をとり，また発生学的な起源も異なっている．おそらく蠕虫形動物のいくつか別々の系統で独立に進化してきたのであろう．しかしおおまかにいえば，腔は3つの一般的な発生のタイプに区別される（図2.7）．

①「偽体腔」pseudocoel．これは消えずに残っている胞胚腔 blastocoel から形成されることがよくあり（ふつう胞胚中の腔は原腸陥入の際にほとんど消えてしまう），ときどきは血管系をつくる．このような血管系の膨んだ部分は「血体腔」haemocoel とよばれる．

②「裂体腔」schizocoel．中胚葉の塊の内部が空洞化することにより形成される．

③「腸体腔」enterocoel．原腸（幼生の腸）から袋状にふくれ出たものとして形成される．

そのような体の内部の空間は，大きくて静水力学

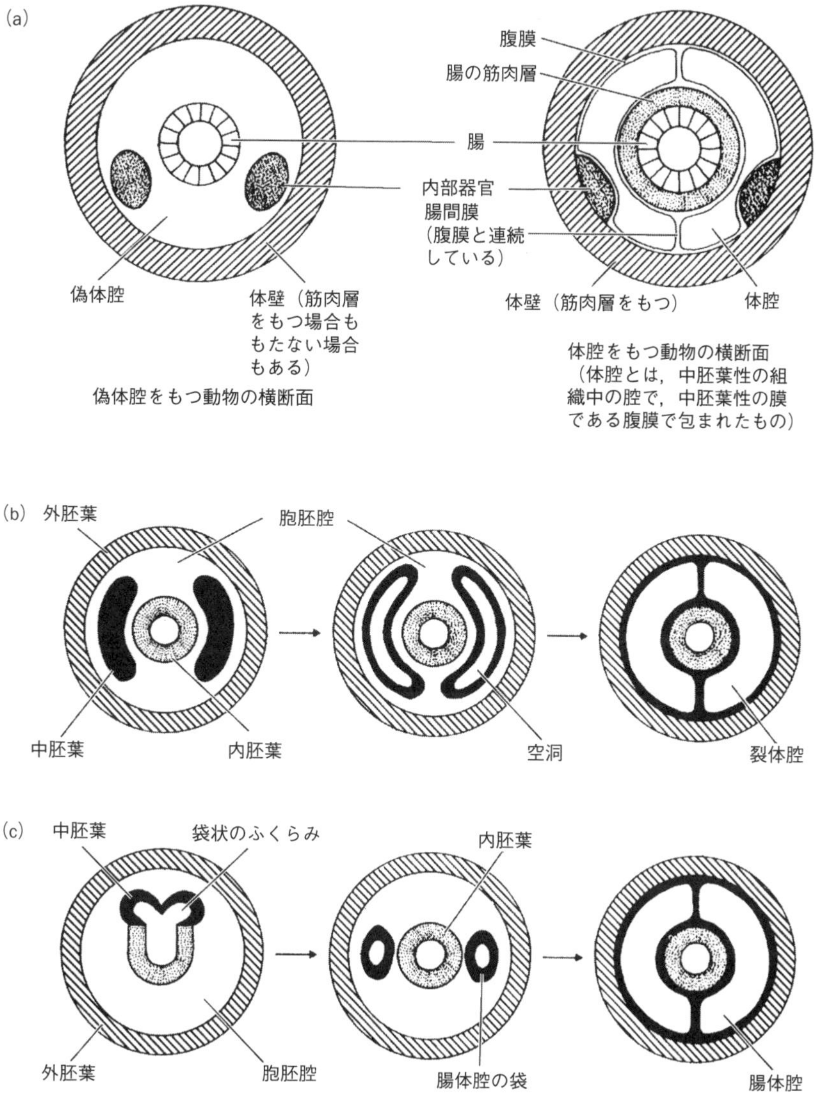

図 2.7　動物の体の腔所 body cavity
(a) 偽体腔 と 体腔 の違い，(b) 裂体腔の発生学的形成，(c) 腸体腔の発生学的形成.

的骨格（静水骨格）を形成することもあるし，小さくて，ある器官内部の腔や，器官（たとえば心臓）を納めている腔にのみ限定されることもあるだろう．発生の途中つかの間に現れる腔もある．「体腔」coelom をつくる場合には，裂体腔性か腸体腔性かのどちらかの方法をとる．いずれの場合も，体腔は中胚葉性の組織の内部の腔であり，これは中胚葉性の膜である腹膜 peritoneum で特徴的にくるまれている．ただしこの腹膜という縁どりは，いくつかの系統ではみられない．みられない系統のもの（たとえば多くの環形動物，触手冠動物，棘皮動物）は，この点を除けば体腔動物 coelomate とよんでよいものたちである．トロカータでは，体内の空所は偽体腔である．

腹毛動物のクチクラは細胞外のものであり，（トロカータのような）細胞内のクチクラはもっていないが，彼らは無体腔の蠕虫とトロカータとの間の架け橋となるかもしれない．ただし，違った類縁関係にする系統体系も提出されている．

2.3.3 円形動物 nemathelminth (袋形動物 aschelminth) の蠕虫

以下にあげる門は多数の特徴を共有している．鰓曳動物門 Priapula，動吻動物門 Kinorhyncha，胴甲動物門 Loricifera，線形動物門 Nematoda，類線形動物門 Nematomorpha．共有する特徴は以下のとおり．

① 脱皮するクチクラがあり，それと対応して，表皮には繊毛がない．
② 1個の偽体腔をもち，いくつかの動物においては，それは小さくなって細胞間にみられる網目状の隙間となる場合がある．
③ 他とは違った咽頭と体壁の構築様式．
④ 体の終末端（もしくはその近く）が肛門になっている貫通腸．
⑤ 無性的な繁殖がみられず，失った体の部分を再生する顕著な能力がない．
⑥ 生活史の中で幼生の段階がない（幼形は成体と形態が異なることもあるが）．
⑦ 血管系の欠如（体腔がこの役割を果たすかもしれないが）．
⑧ 決定性発生．非常に早い時期に予定生殖細胞が分化し，中胚葉が胞胚口の縁から形成される．
⑨ 性が分かれている．
⑩ 非対称な卵割（放射卵割でもらせん卵割でもない）．
⑪ 交尾による体内受精．
⑫ 浸透圧調節や排出にかかわる原腎管のシステムの存在．
⑬ 体から突き出て末端が小さな乳頭突起（flos-cula とよばれる）になっている感覚器官．
⑭ 小さいサイズ（寄生性のいくつかのものを除いて）．
⑮ 咽頭をとりまく襟の形の脳．
⑯ 生活史のある段階で，少なくともいくつかの種では，体の前部が特殊化し，偽体腔の圧力によって力強く外転して飛び出し，縦走筋によって引っ込められるようになる．この「陥入吻」introvert が外転した際に観察すると，たくさんの突起が，放射相称でいくつもの環のように並んだものをもっていることがわかる．この突起は「冠棘」scalid とよばれ，クチクラでできた表皮の突起であり，さまざまな形のものがある（たとえば，棘状・棍棒状・鉤針状・うろこ状・羽毛のようなものまである）．これらは感覚・貫通・食物の捕獲の機能をもつ．
⑰ いくつかの仲間では，針をそなえた末端の口錐 terminal mouth cone をもつという共有した点がある．

このグループの中でどれが基本的な動物なのかに関しては意見が分かれており，可能性として2つある．腹毛動物は線形動物といくつかの類似点を実際に共有しており，彼らが，脱皮するクチクラも体腔ももたない蠕虫類との架け橋となるかもしれない．他方，鰓曳動物は円形動物の中では比較的体が大きくて体外受精するという点で例外的である．彼らの体腔は，より大きな蠕虫のもつ真体腔に近いかもしれない．また，体外受精は一般に祖先的動物の状態だとされているから，いく人かの学者は鰓曳動物を祖先的段階に近いものとみなし，他の円形動物は，鰓曳動物という，より大きな真体腔をもつ蠕虫から幼形進化によって生まれてきたと考えている．

円形動物の多くは体の小さな種で，海底の堆積物の間隙や他の生物の体内にすんでいる．これらの種では（同じくらい小さなトロカータでも同様だが）しばしばユーテリー eutely がみられる．ユーテリーとは，細胞の数が，（種によって定まっている）あるレベルまで発生によって達したら，その後は数が増えない状態のことである．以後の成長は，細胞のサイズが増大することによってのみ起こる．確かに円形動物のいくつかの特徴は，これら，小さくて間隙にすんでいる種を代表するものであり，類縁関係を示すというよりは，このライフスタイルへの収斂もしくは平行適応だとみなされてきた．偽体腔状態もそのような特徴の1つである．しかし陥入吻は，きわめて特徴的な共有されている子孫的な性質である．

祖先がそもそも繊毛を欠きクチクラでおおわれていたので，移動運動は新奇なやり方で行われる．つまり，陥入吻をもつ種では，この陥入吻という体の前部を外転させて伸ばし，そうしてから縦走筋を収縮させて体を陥入吻のほうへ引き寄せる．この際，陥入吻の射出は環状筋の収縮によって体内の圧力が高まることによる．

線形動物のほとんどすべてのものと，すべての類線形動物の成虫は，陥入吻も環状筋も欠いている．彼らの移動運動は，縦走筋の収縮と短くなれない体とのカップリングによりもたらされる．これは脚をもたない脊椎動物と，効果としては同じシステムである．長さが変わらない体の中で，縦走筋が収縮すると，体が背腹方向にCやS字形に曲がってまわりの水などを打ち，これが連続して繰り返される（脊椎動物も背骨があるため体は曲がるが短くはなれない．ただし体は背腹ではなく横に曲がる）．

動吻動物の注目すべきところは，クチクラを含む体壁全体が13～14の体節に分かれているところである．しかし，彼らの移動運動は陥入吻の使用だけに頼っているようにみえる．

2.3.4　真正トロコゾアに属する蠕虫と軟体動物

真正トロコゾア（トロコフォア幼生動物群）Eutrochozoaに属する類似点のまったくないさまざまな門（紐形動物門Nemertea，軟体動物門Mollusca，星口動物門Sipuncula，ユムシ動物門Echiura，環形動物門Annelida，有鬚（ゆうしゅ）動物門Pogonophora，外肛動物門Ectoprocta，有輪動物門Cycliophora）は，分子配列データがなければ，ひとまとまりのものだとはとても考えられないだろう．

だが彼らは実際に，4つの発生学的な特徴を共有しているのである．そのうちの2つは，ほとんどの扁形動物（つまり無腸類以外の扁形動物）にもみられるものである．すなわち，胞胚を形成する際，細胞はらせんに分裂すること，そしてこれらの細胞の運命は16細胞期に決定される（このときに，4d細胞が中胚葉になることも決まる）こと．加うるに，彼らの幼生はトロコフォアtrochophore（担輪子）であり，また体腔の大きいほう（または小さなほう）は，2，3の例外を除き裂体腔的に形成されるもので，これらは，大きないくつかの静水力学的骨格系と考えられているが，その中に，ある器官が収納される空間を形づくっている．さらに，典型的なものには血管系が存在し，同様に，貫通腸，排泄器官としての腎管metanephridiumをもち，体表の少なくとも一部分は繊毛の列でおおわれ，性別は分かれている（2次的な雌雄同体も広くみられる）．無腸類以外の扁形動物（小鎖状類は例外の可能性はある）が真正トロコゾアと類似性をもつということは，分子配列のデータから確かめられている．

以上あげたように，これらの動物門は多数の共通の特徴をもっているが，成体の形態に関しては，たいへん変化に富む．

体腔もじつに変化に富んでいる．①あるもの（軟体動物と紐形動物）は基本的に無体腔動物であり，体液の詰まった裂体腔的な体腔は，1個の器官と関連してのみ存在する．つまり紐形動物では口の近くに開く腔であり，この中には長い（クジラをとるための銛のような形の）「吻」を収納している．この吻は円形動物の陥入吻のように，静水圧によって発射され，縦走筋により引き込むことができるようになっている．吻は，子孫的な共有形質の捕食器官として蠕虫に共通してみられるものだが，この紐形動物の吻は他のものとは違って，腸の一部や体の前部の特化した部分ではない．これは蠕虫の吻の中では珍しい．②他のもの（ユムシ動物，星口動物，環形動物，有鬚動物）は大きな裂体腔の静水力学的骨格をもっている．③外肛動物の体腔は偽体腔である．

体節性に関しても変化に富む．ほとんどのもの（紐形動物，軟体動物，外肛動物，ユムシ動物，星口動物）は単体節性であり，体節に分かれている形跡はまったくみられないが，他のものたち（たとえば，環形動物や有鬚動物）は体節に分かれている．外肛動物はおそらくこの集団の周辺に属するもので，有輪動物がこの仲間に入れられているのは，外肛動物との類縁があるかもしれないという理由だけからである．

有鬚動物の体の大部分は，たった3つの体節でできている（ただし後部の小さな固着器官holdfast域は30個までの体節を含んでいるが）．

他方，環形動物においては，ほぼ同じ大きさの体節が1列につながっている．体節の列は，体の先端の口前葉prostomiumと後端の肛節pygidiumにはさまれており，肛節の前部から出芽して分離することにより体節が形成される．各体節は分離した機能ユニットを構成し，原始的には，体節はそれの前後どちらの体節からも隔壁によって隔離されており，1対の分かれた体腔と，排泄器官である腎管（図2.8を参照）をはじめ，体の器官の構成要素すべてをその中に含んでいる．このような配置をもつと，体の形を局所的に大きく変形させられるようになり，おかげで力強く掘ることができる．具体的に述べると，いくつかの体節で，その中の縦走筋が収縮し，そして環状筋が弛緩すると，これらの体節の直径が増して，虫を穴の壁面にアンカーさせる．そうしておいて，体の他の部分の環状筋が収縮し，そしてそこの縦走筋が弛緩すると，そこの部分を伸長させて前進することが可能となる．体壁から突き出たキチン質の剛毛をもっており，これがうまくアンカーすることを助けている．剛毛をもつ特徴は，有鬚動物や体節をもたないユムシ動物にもあり，この3つの門は特別に強い類縁関係にあることを示唆している．確かに分子の証拠は，有鬚動物が本当は高度に修飾された多毛綱の環形動物であることを示唆している．

真正トロコゾアのグループのものは，1つを除いてすべてが蠕虫かそれらしい形を保っているが，その例外が軟体動物である．軟体動物の共有している子孫的な特徴として歯舌がある．これは口腔中に存在し，これで硬い岩の表面から藻類などの食物を削りとる．

軟体動物はまた，体表面の多くをおおう炭酸カルシウムの沈殿物（貝殻）によっても特徴づけられる．多くの動物が，そのような防御用の材料を沈殿させることが可能ではあるが，軟体動物を除いてすべての場合，そのような防御は固着性か移動しない生活様式と対になっている．つまり，彼らは管や箱の中に自分自身を包み込んでいるのである．ところが軟体動物は，防御と運動性とを同時に達成した．彼らは鎧を着ながら這う（泳ぐものもいる）．イメ

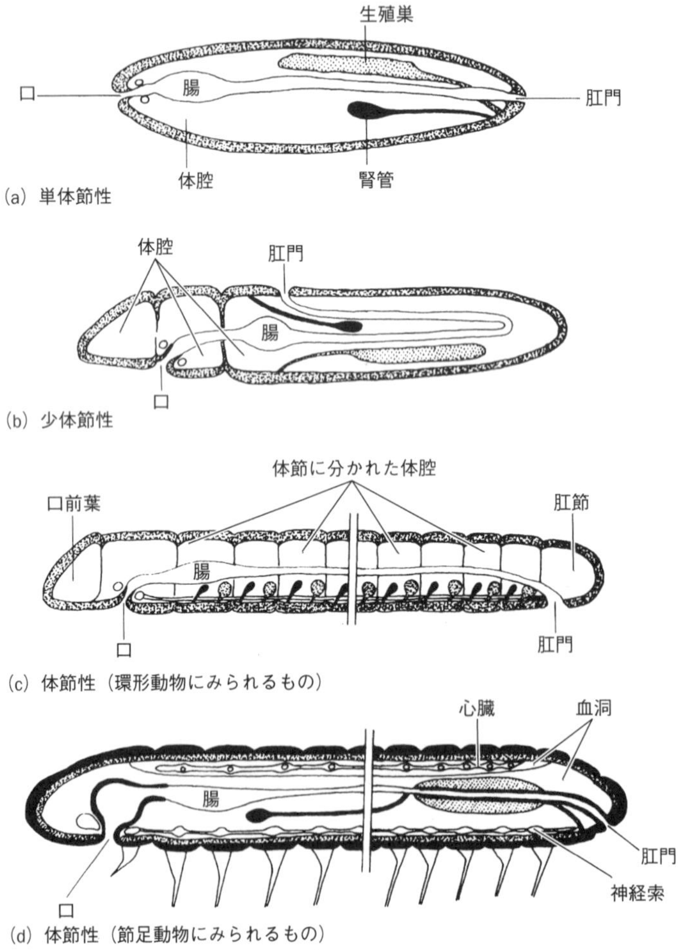

図 2.8 蠕虫形をしているが根本的に異なった体制（縦断面の模式図）

ージとしては，貝殻で背面をおおわれたヒラムシ状の動物を思い描けばよいだろう．背面のみが捕食者に対して露出されている面であり，その面を炭酸カルシウム製の骨片や板でおおう．腹面のほうには広く平らな移動用の足をもつ．とはいえ，背面は，まわりの水に露出した唯一の面でもあるのだから，たとえば，環境との間のガス交換の場でもあった．だから，背面の防御のおおいが発達すると，それと歩調を合わせて，（ガス交換などのために）皮膚のどこかの部分を工夫して非常に表面積を増加させたシステムをつくらねばならず，また同時に呼吸ガスを各組織へと分配して回収する循環系をも発達させざるを得なかったに違いない．軟体動物の1対になった鰓は，独立して別々になったタイプのもの「櫛鰓」ctenidium である．これは外套腔に入っており，貝殻の保護の下にある．絶滅したいろいろなグループ（Hyolitha, Wiwaxiida, Halikieriida；図2.21を参照）でも，選択圧に対して，軟体動物と同様のやり方で体をおおうと好都合になるような反応を示したようにみえる．削りとる歯舌・貝殻（これは脱水に抵抗することにも使える）・外套腔（これの壁には血管が分布して肺を形成する）の3点セットは，陸上生活ができるように軟体動物を前もって適応させた．彼らは真正トロコゾア中，最も成功したものである．環形動物も大陸に植民したが，彼らは静水力学的骨格と浸透性の高い皮膚をもっているために，すめるところは（水にぬれた場所とはあからさまにいわないまでも）湿った場所に限定されている．

軟体動物の姉妹群は星口動物のように思われる．星口動物は蠕虫様の動物であるが，軟体動物にも蠕虫様のものがいる．すなわち軟体動物の中でも殻をもたない2群のもの（ケハダウミヒモ綱とカセミミズ綱）は，細長くてきわめて蠕虫様であり，よく発達した体壁筋をもち，またキチン質のクチクラ中に埋め込まれた1個1個ばらばらの骨片からできている防御用のおおいをもっており，彼らは蠕虫形をしていた軟体動物の祖先形に近いものとみなされてきた．ただしここでもまた，彼らが，殻をもつ非蠕虫様のものから2次的に単純化し幼形進化によって出てきたという見方があることは，いうまでもないだろう．

2.3.5 汎節足動物：節足動物と葉足動物

節足動物 arthropod と葉足動物 lobopod は「汎節足動物」panarthropod として1つにまとめられる．彼らは脚をもつ無脊椎動物であり，記載されたすべての動物種の75%ほどを占めている．彼らすべてはまた，脱皮するクチクラと，血体腔が大部分である体腔をもつという性質を共有している．節足動物は2つの点で，単体節性の血体腔をもった蠕虫とは本質的に異なっている．①つぎつぎと前後に繰り返す脚をもっていること．②体が，関節のある硬い外骨格でおおわれていること．ちょっと見には，これらはたいへんに異なる点にみえるだろうが，じつはそれほど主要な違いではない．

2つの点のうち，脚のほうが外骨格より先に進化したようである．現生の汎節足動物の中のあるもの（すなわち，葉足動物の有爪動物 Onychophora と緩歩動物 Tardigrada）が，なんとなく蠕虫様のものであり，彼らは，腹側もしくは腹の近い側に，関節のない脚をもっているのである．彼らの体腔は偽体腔か血体腔であり，静水力学的骨格としてはたらいている．有爪動物は屈曲性のあるキチン質のクチクラによっておおわれているが，一方の緩歩動物はクチクラ製の板を外側にもつ．それゆえ，このような前もって存在していたクチクラが，一部頑強になり，①そういう部分が，いかにして体を完全におおっていったのか（もちろん体をすっぽりおおうとなると，つぎつぎに繰り返している板——たとえば，円形動物中の動吻動物でみられるようなもの——のさまざまな組の間や脚の異なった部分の間に関節をもつことが必要である），②そうなってから，そのおおいが，もともとの静水力学的骨格の代わりに硬い骨格としてどんな風に使われるようになっていったのかという，全体の過程を頭に思い描くのは，比較的容易である．節足動物において，静水力学的骨格がまだ使われている場合もある．脚の屈曲の際，脚を伸ばすのは静水圧で伸ばし，曲げるほうだけが外骨格/筋肉系によってなされている例がみられる．

葉足動物と節足動物の体節性はそれゆえ，環形動物のもの（上を参照）とは本質的に異なるが，動吻動物や脊椎動物のものとは同じ形式である．つまり，1対の脚と，脚に関連する骨格・筋・神経・血管という要素が，単体節性の（区画に分かれていない）体に沿って，つぎつぎと繰り返している（図2.8を参照）（脊椎動物の場合には「脚」を泳ぐ原動力を発生する「筋肉の塊」と読みかえればよい）．しかし以下の共通点もある．環形動物の体節も節足動物のものも，体節は，最前部（節足動物では先節acron）と最後部（尾節telson）にはさまれて，鎖のように1列につながって並んでおり，発生の間（もしくは一生の間），体節は尾節の前に付け加えられていく．新しくつくられた体節の脚は，フルサイズに発達するまでいくらか時間がかかるので，体の後端には部分的にしか発達していない脚や肢芽がみられることがある．

葉足動物はカンブリア紀に多様なものがたくさんいたことが，今や知られており（たとえば図2.20(g)），そして節足動物自身はすみやかにいろいろなタイプのものに発散したようにみえ（図2.9，2.10），その多くはなんともはや奇怪なものたちである．ただし多数のカンブリア紀の節足動物の

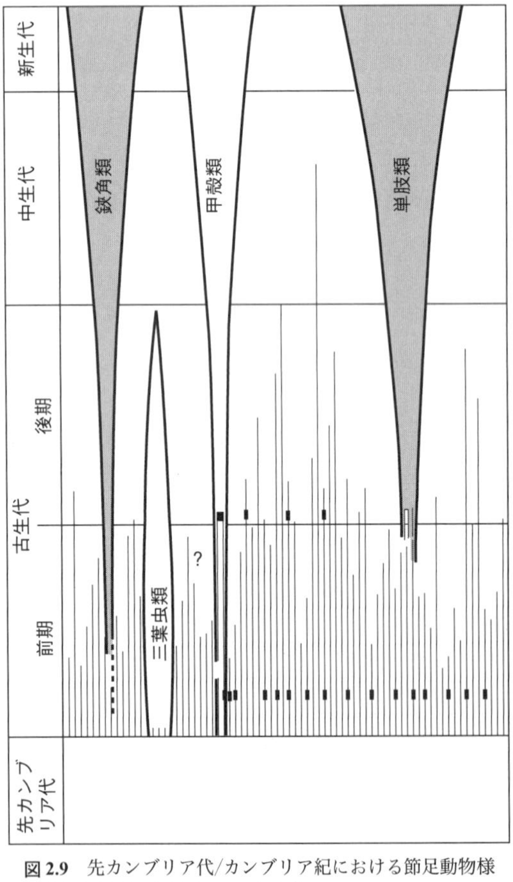

図2.9 先カンブリア代/カンブリア紀における節足動物様の動物の放散（Whittington, 1979）

中で，この期間をずっと生き延びたのはほんのわずかしかおらず，デボン紀を越して生き延びたのはたった5グループだけだった．このうちの三葉虫は少なくとも3億年生き延びたがペルム紀末に絶滅してしまったから，残って今日生きているのは，たった4つのグループ，すなわち鋏角動物門Chelicerata，甲殻動物門Crustacea，単肢動物門Uniramiaに入れられる多足動物亜門myriapodと六脚動物亜門hexapodである．

この4つすべては，クチクラ製の外骨格と関節のある脚をもっているので，節足動物であることははっきりしているが，数多くの違いがある．とくに付属肢の性質と形（触角の有無，顎，その他）・呼吸と排泄の器官・発生の仕方において違いを示す．それゆえ，気管系の発達は収斂的に進んだようにみえ，また複眼とマルピーギ管の進化も収斂ではないかと議論されてきた．それにもかかわらず多くの人々が彼らを単一の節足動物としてまとめるだろうし，彼らがあるレベルにおいて類縁をもった集合であることに疑問の余地はない．しかしながら，彼らすべてが，自身が節足動物だった1つの動物から由来したかどうかは別の問題である．これは，襟鞭毛虫類と祖先動物に存在するかもしれない関係と似ていないこともない話である（2.2.1項）．節足動物に属する複数の門はおそらく，分子解析で群としてまとまってくる葉足動物たちから起こってきただろうが，同一の葉足動物からと限る必要はない．

汎節足動物でさえ，自然の群ではないかもしれない．配列データによれば，このグループに円形動物のいくつかもまた入っているのだから（たとえば図2.13）．だから葉足動物を節足動物中に含めることは，単一系統群をつくる手順としても認められないものかもしれない．

図式は最近，さらに紛糾してきた．分子と遺伝子配列のデータによると，今まで単肢動物としてまとまっていた多足類と六脚類とが，形態学上はじつによく似ているにもかかわらず，お互い同士よりは，それぞれが別の節足動物のグループに近い関係になるかもしれないのである．この議論に立脚すれば，多足類は鋏角動物と関係づけられ，六脚類の昆虫は甲殻動物と関係づけられ（ただしある解析だと，昆虫と線形動物の関係より近いわけではない），多足類＋鋏角動物というグループは，他の節足動物と比

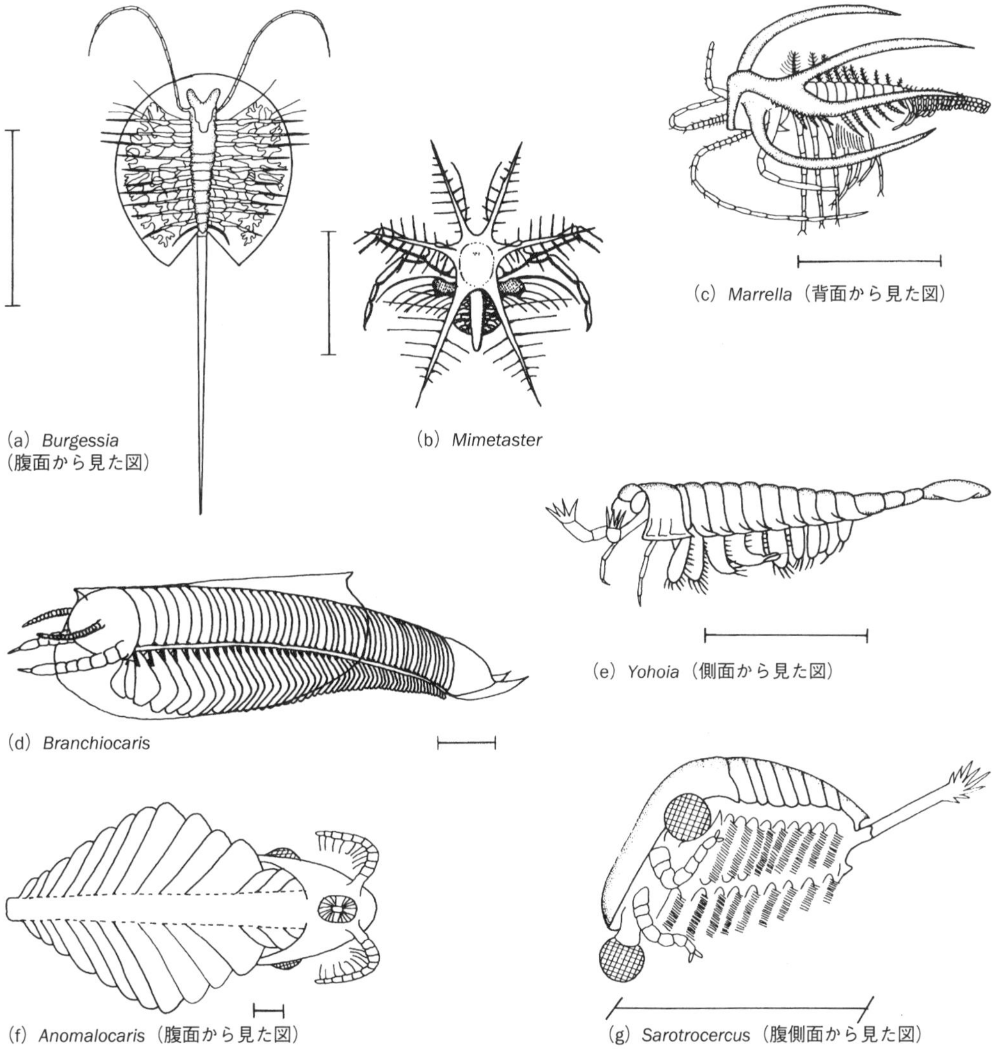

図 2.10　節足動物様の動物で，三葉虫類・鋏角類・甲殻類・単肢類以外の系統に属するもの．*Mimetaster* はデボン紀，それ以外はカンブリア紀（Manton & Anderson, 1979 および Whittington, 1985）．スケールは 1 cm.

較的類縁関係が遠いことになる．分子によるこれらの結果は，分岐分類による解析と意見がぶつかりあうようにみえる．分岐分類学的には，節足動物（多様なカンブリア紀の形を含む）は単系統群である．ただし不運なことに分岐分類のこの結論は，節足動物だけを含んで外群として適切でないもの（たとえば環形動物）をとっているか，そうでなければ，節足動物の他に 2，3 の葉足動物のグループだけを含み円形動物を含まないというデータを使うと，その使ったデータから自動的に出てくることが，残念なほどあまりにありすぎるのである．

蠕虫様の寄生虫である舌形動物は，葉足動物に属する門たちと長いこと結びつけられてきた．こうすると彼らの解剖学がじつに適切に反映されるのだが，いまやこの解剖学的な類似は 2 次的なものであり，彼らはじつのところ，退化した甲殻動物鰓尾綱である可能性が非常に高くなっている．

現生の節足動物の系統すべての祖先形の動物たちは（彼らの起源が何であれ）おそらく，たくさんの体節をもち，各体節には 1 対の付属肢がある細長い底生の動物で，鋏角動物と甲殻動物の祖先形のものは海にすみ，昆虫（多足類が同様ではないとしても）の祖先のものは陸生だった．すべての節足動物のクレード clade（完系統）に属する多くの構成員は，この細長くのびた祖先の形を保ち，体のいろいろな部分やそこに結びついている付属肢をさまざまな程度に分化させて頭と胴をつくった（場合によっては頭部・胸部・腹部，前腹部・後腹部など）．しかしながら多くの子孫の系統は，体節の数を（失うことや融合により）大きく減らし，脚の対の数はさらに大きく減らした（幼形の節足動物の後端の体節は不完全に発達した脚をもっていることはすでに述べた）．これらの子孫クレードたちの起源，たとえば海や淡水にプランクトンとしてすんでいたり砂の間隙にすむ顎脚亜門の甲殻動物の起源と，単肢動物の昆虫の起源は，幼形進化を通してだと示唆されてきた．たとえば，顎脚亜門中の橈脚綱は，体が大きくて細長く伸びた底生の甲殻動物が祖先であって，それの幼形進化的な幼生なのだと示唆されてきたのである．

2.3.6 触手冠動物

伝統的には，触手冠動物 Lophophorata に属する3つの門（箒虫動物 Phorona，腕足動物 Brachiopoda，苔虫動物 Bryozoa）は，密接な関係をもつとみなされてきた．あまりに関係が深いので，人によっては触手冠動物門として一緒の門にまとめるかもしれない．伝統的にはまた，触手冠動物は，上で取り扱った2.3.1〜2.3.5項のグループと，次項2.3.7で扱われる新口動物とをつなぐリンクだともみなされてきた．箒虫動物と腕足動物とは，今でもきわめて近い類縁関係にあるとみなされている．ただし，苔虫動物がこれらと密接な関係があるかは，昔からも議論のあったところであり，同様，苔虫動物と新口動物との関係も，分子配列のデータから（またそれほど強くはないが分岐分析からも）疑問に思われている．

今までみてきた動物群は旧口動物 protostome，つまり幼生の原口 blastopore が彼らの口を形づくるものだった．この点は，触手冠動物でも同じであり，また，キチンが分泌されて管状の剛毛を形成するという点でも，触手冠動物は旧口動物と共通点がある．ただし，旧口動物のグループは，（無腸類ではない）扁形動物と共通の発生学的特徴をもっており，すなわち，胞胚の細胞のらせん卵割（もしくは非常に修飾されたらせん卵割だとみなされうるもの）・決定的卵割・裂体腔的な体腔の発生（体腔をもつ場合），という一揃いの特徴をもつ傾向を示すのだが，箒虫動物と腕足動物では，新口動物と同様，放射卵割・非決定的卵割・腸体腔的体腔（図2.7を参照）なのである．さらに，箒虫動物と腕足動物は，新口動物のフサカツギ（翼鰓綱）のように，少体節性で3つの部分にだけ分かれた体をもつ（図2.8）．つまり，体の前部は小さい前体 prosome がある（これは腕足類にはない）；つぎにより大きな中体 mesosome があり，これは腸体腔であり，触手冠を静水力学的に支えている；後部に大きな後体 metasome があって，この中に，ほぼすべての体の器官が入っている．これら3つの部分は隔壁で仕切られている．特徴的な触手冠は，体壁がのび出してできた，1組の中空で繊毛が生えている触手様のもので，口をとりまいており，濾過摂食に使われる．3つの（もしくは2つの）体節中の腸体腔同士は，隔壁にあいた穴を介して互いにつながっている．

ほかに新口動物との共通点をあげれば，① 幼生が，上流の食物を集めるシステム upstream food-collection system をもっており，これは繊毛を1本もつ細胞でできた口のまわりの帯で，変態の際には，触手冠の腕の，やはり繊毛を1本もつ細胞へと変形すること，② 中体にある脳，③ 中胚葉が幼生の内胚葉から由来すること，が共通点である．もし触手冠動物が，新口動物と本当のところは類縁関係がないとしたなら，ここにあげた類似点のリストは収斂の結果となるわけで，収斂のリストとしてはきわめて印象的なものとなってしまう，とだけいっておこう．

苔虫動物が問題の多い位置にある理由の一部は，幼生の構造と成体の構造との間に連続性がないことによる．幼生の組織は変態の間に壊れ，たとえば体腔は新たに形成される．そうであっても（箒虫動物や腕足動物とちょうど同じように）苔虫動物は2つか3つに分かれた体をもち，中体の部分の体腔によって支えられた触手冠をもっている．

箒虫動物は小さくて管の中にすんでいる蠕虫で，触手冠は実質上末端部にある．それに対して，腕足動物は大きい2枚の殻で体がおおわれている．この殻は石灰質かリン酸塩でできており，軟体動物二枚貝類の殻と等価であるが，貝の場合は体の両側面をおおい，腕足動物では体の背面と腹面とをおおって

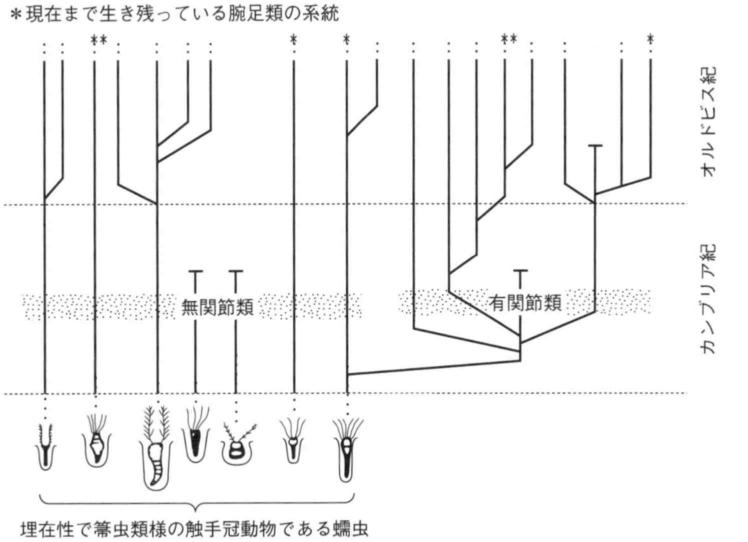

図 2.11　腕足動物は，先カンブリア代/カンブリア紀に，さまざまな箒虫動物様の蠕虫が，「腕足動物化」brachiopodization の波を示すことによってできてきたのではないかという，腕足動物の多系統起源説（Wright, 1979）．

いる．一般的には蠕虫から非蠕虫へと進化的が進むという基礎に立つならば，箒虫動物から腕足動物が出てきた，それもたぶん多系統的に（2 つ以上の先祖型から）生まれたのだと一般的に考えられてきた(図 2.11)．別のシナリオとしては，箒虫動物は腕足動物の幼形進化したものだというものがあり，これはより最近になって出てきた議論である．

現生の箒虫動物には，無性的に出芽によって増えられるものがいくつかいるが，苔虫動物においては，このやり方のほうが標準的である．苔虫動物では，互いに連結されたモジュール（基本単位，苔虫では「個虫」zooid とよばれる）が群体を形成する．群体は元になった個虫と，それから無性的に出芽によってつくられた子孫とでできたものであり，ときには何千という個虫からなる群体もみられる．個虫は，しばしば多型を示す．群体のモジュールをつくっている個虫は，そのごく近縁の個体性のものと比べて，ずっと体が小さいのがふつうであり（サンゴのポリプとイソギンチャクを比べよ，もしくは群体性と個体性のホヤを比較せよ），それは触手冠動物のグループでも成り立つ．苔虫動物は群体性のものであり，個虫はそれぞれが，石灰質の箱か管かゼラチン質の基質の中に入って体はすっぽりとおおわれている．例外は開口部で，そこから触手冠が伸び出ることができる．苔虫の個虫は，箒虫や腕足類の個体と比べて，ずっと小さい（もしこれらのグループが類縁をもたなければ，こういう比較は意味がないが）．

2.3.7　新口動物

上でも述べたが，新口動物は，旧口動物に属する門の動物たちと違って，放射卵割・非決定的発生・腸体腔的な体腔形成を示す．そしてもちろん彼らは新口動物的である．つまり，幼生の胞胚口が（肛門となるかもしれないが）口を形成せず，口は後から新たにつくられた 2 次的な開口部である．それらの特徴に加え，新口動物は繊毛由来の光感覚器をもち，リン酸塩の蓄えとしてクレアチンリン酸を使い，キチンをもたない，という点で大部分の旧口動物と違っている．解剖学的に基本となる型を示しているとみなせるグループのものたちはまた，体が 3 つに分かれた少体節性の体制をもち（それら 3 つの体の各区画は，それぞれ 1 対の腸体腔をもつ），生殖巣は体腔を縁どっている一時的な細胞の集まりからつくられ，散在した上皮下神経系，繊毛を 1 本もつ細胞からなる上皮，出芽や分裂によって無性的に増える能力，という特徴をもつ．

新口動物に含まれる 3 つの門（半索動物 Hemichordata，棘皮動物 Echinodermata，脊索動物 Chordata）は，それゆえ，数多くの特徴を共有しており互いに密接に結ばれた１つのグループを形成しているが，逆説的なことに，彼ら３つの互いの関係は，比較的少ししかわかっていない．

触手冠動物のいくつか（またはすべてのもの）を，大まかに新口動物に結びつけてみなすとするなら，このひとまとめのグループの起源は明らかなように思われる．つまり，触手冠をもった翼鰓（フサカツギ）綱（半索動物）は，箒虫動物と基本構造においてじつによく似ているのである．これら２つの間にみられる主要な違いとしては，フサカツギの触手冠は口のまわりをとりまくのではなく，口から離れる方向にふわっと広がっていること，幼生の胞胚口が口をつくらないこと，前体部区画が大きくて移動運動に使われること，くらいしかない．かつて考えられていたように，フサカツギ類が触手冠動物の門たちと密接な類縁関係はもっていないとたとえ考えたとしても，彼らは元になった新口動物の原型がどんなものだったのかのモデルを提供できるだろう．フサカツギ類のあるものは，いくつかの新口動物の系統で重要な役割を果たす特徴をもっている．つまり，体壁を貫通した２個の孔が，外界と咽頭の内腔とをつないでいる．口から入った水流は，これらの孔を通して外に出て行くことができ，こうして一定方向の流れがつくられる．触手冠の触手によって捕獲された食物は，口からこの水流とともに咽頭部に運ばれてくるが，水だけが孔から体外に去り，食物粒子はさらに腸へと降りていく．この孔のシステムは，触手冠をもたない蠕虫様の半索動物である腸鰓（ギボシムシ）綱や，脊索動物に属する無脊椎動物や，脊椎動物では大いに発達し，懸濁物を摂食するための内部フィルターや，ガス交換のための内部の鰓を格納するものとしてはたらいている．このシステムは，いくつかの絶滅した棘皮動物にも存在した可能性がある（図 2.12）．

懸濁物食は，すべての新口動物のクレードの特質のようにみえる（いくつかの腹毛動物は，収斂により同等の咽頭孔を進化させた）．

棘皮動物は進化の初期に，ほぼ放射相称の球のような体を採用した（これは固着という生活様式と関連したものである）．おもにこのために，棘皮動物はみかけ上，半索動物とはまったく似ていないのだが，棘皮動物はその体腔に，半索動物の３つに分かれた基本的な体の構成のしるしを，はっきりと保持

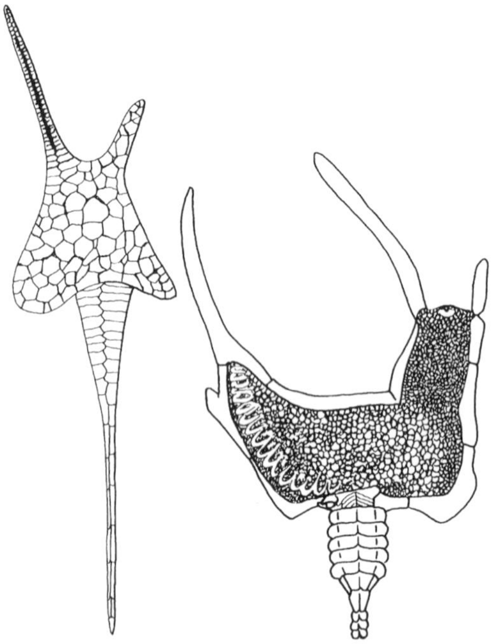

図 2.12 棘皮動物の平形類 Homalozoa（Clarkson, 1986）．これは脊索動物の祖先か？

しているのである．すなわち，棘皮動物の

① 前体部の腸体腔のうちの一方が軸洞 axial sinus を形成し，
② もう一方は，中体部の体腔の１つとともに水管系を形成し，
③ 後体部の２つの腸体腔は主体腔を形成する．

棘皮動物は，カンブリア紀になってはっきりと認識できる形で登場した数多くの最初の動物門の中の１つである．ただし初期のものは，現生のこのグループを特徴づける５回の相称性（５放射相称性）を，皆が示していたわけではない．祖先の体制については純粋に推測に属することであるが，その中のよりありそうなシナリオでは，彼らは固着性の翼鰓綱のような懸濁物食者から由来し，その動物の触手冠の腕とそれを支える水圧ではたらく中体部の体腔が，放射状の管のシステムと摂食のための足へと発達した（後の自由生活をするクレードでは，この足は管足のシステムへと転換された）ということになっている．

すべての新口動物のもつ共通の特徴のほかに，棘皮動物は脊索動物と共通点をもつ．すなわち，真皮中にあるカルシウムを基本とする硬くて中胚葉性の保護システムである．それゆえ驚くことではないの

だが，脊索動物が他の新口動物のグループに由来するという考えのあるものでは，棘皮動物を起源の点に近い位置に置いている（図 2.12）．しかし，半索動物から棘皮動物への移行と同様，そのような示唆された案はすべて，中間段階と思われるものがみあたらないという問題に突き当たる．現生のどの種も中間段階に似た適切なものとはならず，また化石記録も助けにならない．なぜなら，脊索動物が最初に現れたのは，棘皮動物とほぼ同時なのだから．脊索動物が半索動物と棘皮動物とに明瞭な親近性をもつにもかかわらず，彼らはきわめて独特で孤立したグループであり，その祖先はわかっていない．分子配列のデータはどれも皆，半索動物の 2 つのグループは互いに類縁関係があることを示唆し（いくつかの分岐分析は違った見方をするが），また現生の半索動物は棘皮動物の姉妹群であることを示唆している．この 2 つの門は，さらに一緒になって脊索動物の姉妹群となっている．

2.3.8　毛顎動物

毛顎動物 chaetognath は謎である．この透明で体が軟らかいプランクトンである蠕虫は，初期発生については典型的な新口動物のようにみえ，さらに彼らは 3 つに分かれた体制をもつ．つまり頭・胴・尾（肛門の後ろにあり移動運動に使われる）であり，3 つは隔壁で区切られている．体腔のいくつかは腸体腔的に現れる．

ただし，尾の 2 つの体腔は胴の 1 対のふくらみから 2 次的に生じたものであるし，成体においては体腔は中胚葉の裏打ちを欠いている．さらに，体はクチクラでおおわれ，口のまわりの棘はキチンを含み，そして生殖細胞は発生の非常に早い時期に分化する――これらすべては新口動物のものではない特徴である．

ほかに毛顎動物を入れるよりよい場所がないため，彼らは伝統的に新口動物に入れられてきた．これは，分子や分岐の証拠によって支持されない．しかし今日までのところ，その同じ証拠によると，円形動物との可能性を除いて，他の大きなグループとの親近性は示さないのである．

2.4　上門間の相互関係

皆が賛成するわけではないだろうが，もし無体腔類 acoelomate に属するもの，トロカータ，円形動物，真正トロコゾア，汎節足動物，触手冠動物，そして新口動物の，それぞれが，互いに血縁関係のある左右相称動物のグループの 1 つずつを代表しているとしたら（毛顎動物は所属位置不明とする），それらのグループ同士は互いにどう関係するのだろうかという疑問が残る．伝統的には，トロカータと円形動物とが，共通の偽体腔状態やユーテリー（2.3.3 項）などにより関係があるとみなされてきた．また，真正トロコゾアと汎節足動物に，ともに体節性と裂体腔がみられるところから，彼らが関連をもつとされた．そして触手冠動物と新口動物が関係をもつという議論は上に記した．

最近の分子と分岐分析の研究と hox 遺伝子に関係する研究は，伝統的な見方とは対照的な 4 つの結論へと向かう傾向をもつ（分子と分岐の研究結果が

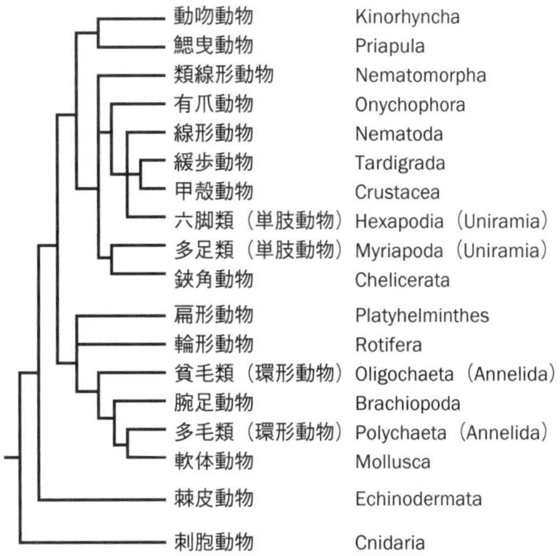

図 2.13　18S リボソーム RNA の配列データに基づいて Aguinaldo ほか（1997）により示唆された系統関係．以下の点に注目していただきたい．(a) 脱皮動物の中で，ある線形動物は汎節足動物の系統の中に入る，(b) 同じ節足動物間でも，多足類と鋏角動物のグループと，六脚類と甲殻動物のグループの間の類縁関係は，後者と線形動物や緩歩動物との間にみられる関係より，類縁関係が遠いし，甲殻動物自身は，鋏角動物よりも，葉足動物の緩歩動物により近い類縁関係をもつ，(c) トロカータの輪形動物は輪冠動物とともに群をつくる，(d) 多毛類の環形動物は，貧毛類の環形動物とよりは，軟体動物や腕足動物とより類縁が近い（Aguinaldo ら，1997 の図 2 と 3）．

かならずしも同じ体系にたどりつくわけではないが).

① 新口動物は大変孤立したグループで，すべての旧口動物と異なる．放射卵割・非決定性発生・内胚葉からの中胚葉の形成は，たぶん無体腔的な左右相称の祖先から直接受け継いだ，祖先的な状態なのであろう．これら3つの状態に近づいたような状態を，無体腔の扁形動物がやはり共有していることは先に記した．

② (一生のうち少なくとも一度は) 脱皮するクチクラをもった2つのグループ，すなわち，円形動物の蠕虫と，汎節足動物は，互いに類縁関係があり，脱皮動物 Ecdysozoa として同じクレードに統合することができる．だからたとえば，環形動物と節足動物との類縁関係は遠い．

③ 同様に，真正トロコゾアと触手冠動物は互いに類縁関係をもち，輪冠動物クレード Lophotrochozoa clade として統合することができる．

④ 扁形動物は3つのたいへん異なるクレードからなっている．小鎖状類 catenulid，無腸類 acoela，それ以外 (Rhabditophora) の3つである．そのうちの無腸類 (コンボルタ類) は，すべての他の左右相称のクレードと姉妹群を形成しそうだし，小鎖状類 (カテヌラ類) は旧口動物の姉妹群かもしれない．それに対して，Rhabditophora の扁形動物は真正トロコゾアの構成員として統合される．

トロカータは分子の研究の際にとりあげられることがほとんどないのだが，いくつかの研究ではワム

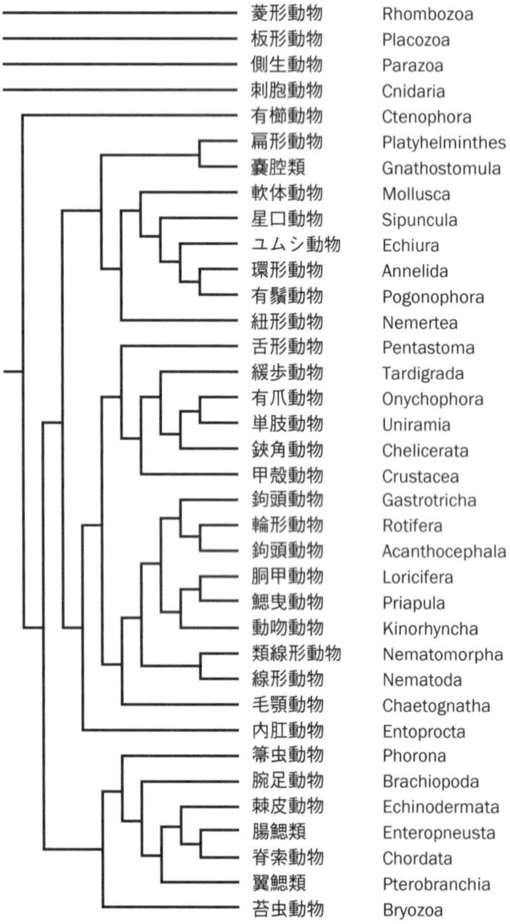

図 2.14 分岐分析に基づく動物の系統．これは形態と発生に関する141の独立なデータの組を用いて分析したものである (Eernisse ら，1992の図2b と4)．この解析でも脱皮動物のクレードが現れることに注目せよ．腸鰓類と翼鰓類とは半索動物のグループである．

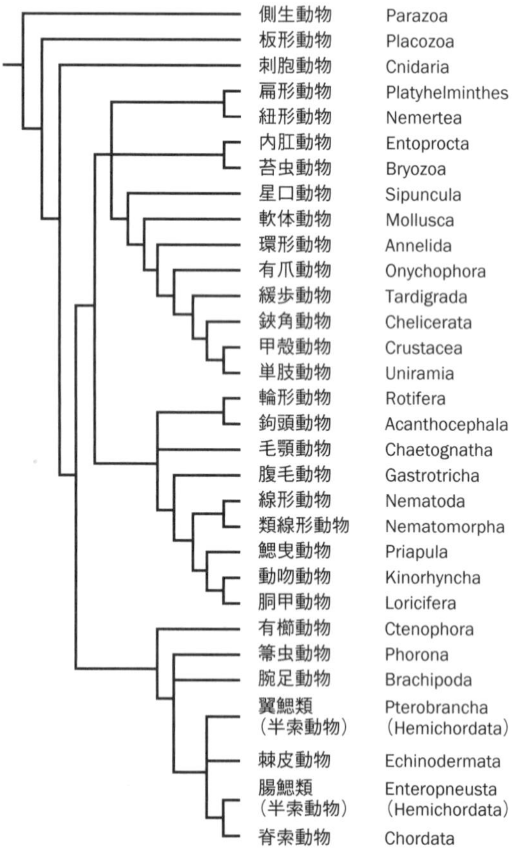

図 2.15 Nielsen (1995) による，分岐分析に基づく動物の系統．この図では，有鬚動物・ユムシ動物・顎口動物は環形動物に含まれ，舌形動物は甲殻動物に含まれる．

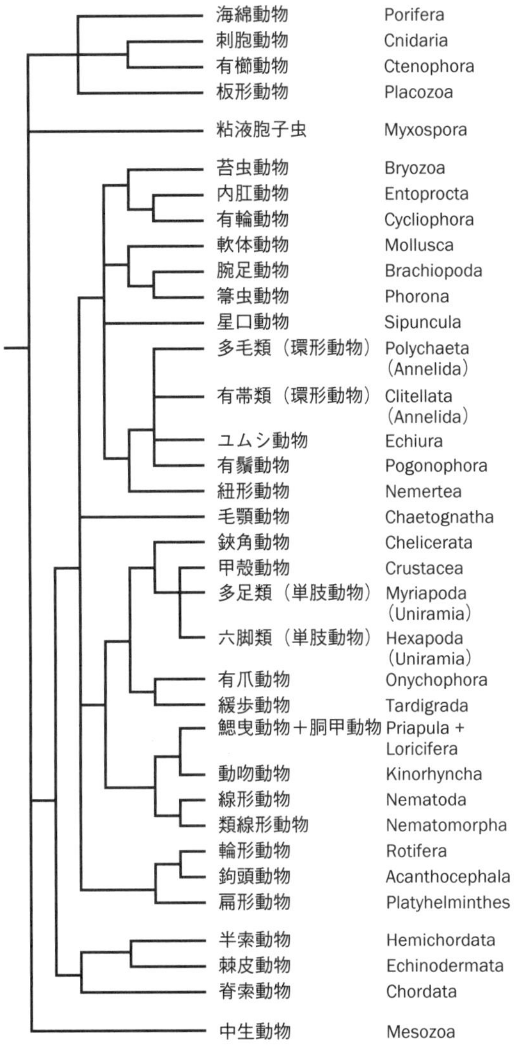

図 2.16 Cavalier-Smith（1998）の統合による動物の系統関係

シを冠輪動物の中に納めている．

最近の 4 つの分岐系統学と分子系統学を図 2.13～2.16 にあげ，そして統合したものを図 2.17 に示した．

これらの系統学では，海綿動物，刺胞動物，有櫛動物，板形動物，（そして中生動物も？）は左右相称のグループとはかけ離れた類縁関係しかないという点で共通している．ただし，根本の幹となった動物がどんな性質であり，どんな生活のものだったかについての意見の相違は残っている．大きく分けて 3 つの仮説が生き残っている．

① ここで基本的なことだけ述べれば，祖先となった左右相称動物は，海底の砂の上にすんでいた小さな扁形動物様の種であった．そのような底生の祖先から，つぎに他の旧口動物と新口動物とが由来してきた．

②「ブラステアーガストレアートロカエア説」．これは Haechel（1874）にまで遡るもので，その現代版は図 2.18 のようなものになっている．祖先動物は放射相称をしたプランクトンとして生活する襟鞭毛虫の群体であり，いろいろな左右相称のグループは，プランクトンの祖先から進化の比較的後になって生まれた．

③ この仮説は幼形進化を強調するもので，やはり Lankester（1875）と Sedgwick（1884）以来の長い系譜をもつものである．この「原始体腔動物説」archicoelomate theory（図 2.19）においては，祖先形は，現生の刺胞動物花虫類の群体性で底生のものに似たもので，そのような動物から，直接，底生で少体節性の腸体腔のグループ（現生の半索動物翼鰓類のようなもの）が生じ，これが無体腔か偽体腔の幼生をもっていたとする．だから祖先となった左右相称動物は，比較的複雑で体節や体腔をもっており，このグループから扁形動物・円形動物・軟体動物などが幼形進化により起こってきた．

これら 3 つのシナリオどれもが，それぞれが形成されつつある系統学の広い図式の範囲内で小さな修正を受ける可能性があるが，この 3 つのどれを選ぶかは，まだおもに個人の趣味の問題なのである．

これだけ合意の基準を広くとっていても，いくつか不確実な部分が残る．

① 輪形動物は（そして輪形動物を通して鉤頭動物も），真正トロコゾアのあるグループの幼形進化的幼生なのだろうか？

② 多足類が，単肢動物の六脚類に似ている点は，すべて収斂の結果なのだろうか？

③ 同様に，翼鰓類の新口動物が，触手冠動物の門たちと，全体の構造も微細な構造においてもこれほどよく似ているのはなぜなのか？

④ 毛顎動物と最も近縁なものは何か？

⑤ そして，菱形動物はどこに類縁関係を求めればよいのだろう？

⑥ 節足動物に含まれる門たちは，葉足動物の異

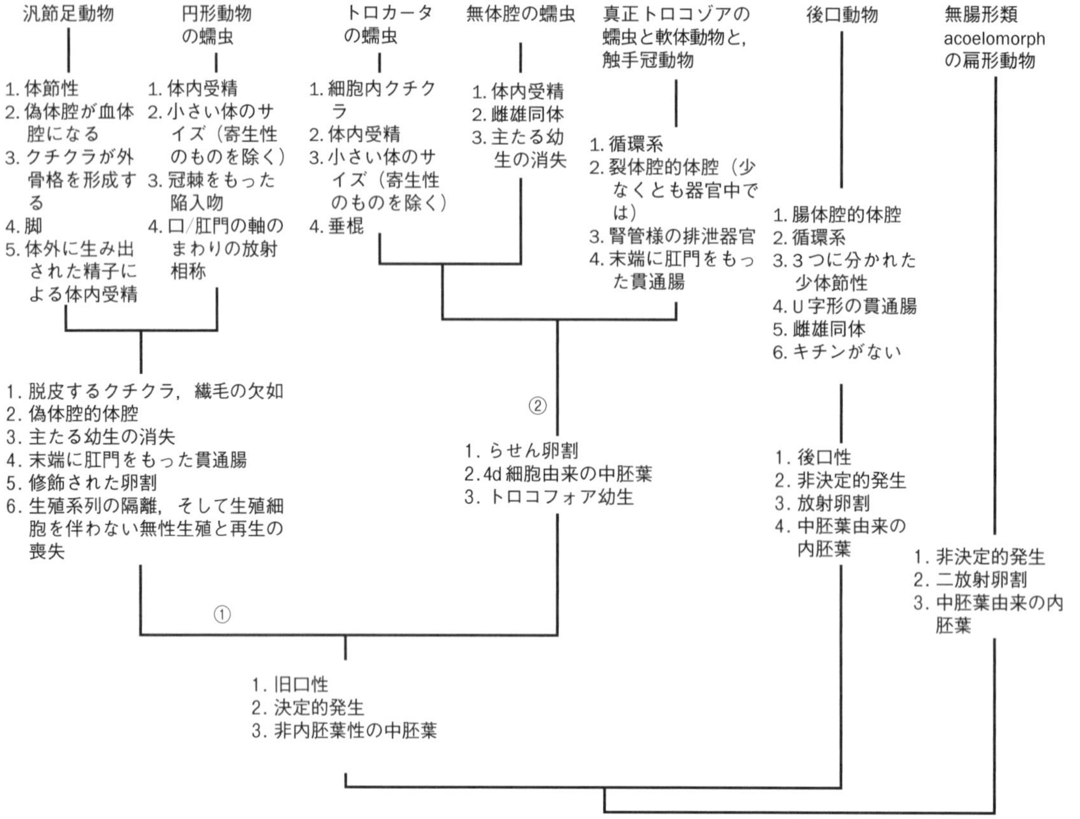

図 2.17 左右相称動物内の一般的なパターンのまとめ
ここに述べてあるように，さまざまなクレードは特徴的な，主要な2次的特殊化を示す（少なくともそのクレードの原始的なものでは）．毛顎動物は謎なので除いてある．いくつかの無体腔蠕虫（とくにカテヌラ類ヒラムシ）と腹毛動物の位置は，現時点では不確かであり，前者は旧口動物クレードから，後者は輪冠動物クレードから，それぞれのクレードの根元から分かれ落ちたものかもしれない．結節点①が脱皮動物，②が輪冠動物である．この図式では，祖先形として考えられているものは，底生で，扁形動物様で，中実の体をもち，腸は行き止まりの単純なもので，性は分かれており，体外受精であった．図 2.18，2.19 と比べてみよ．

なったグループの子孫なのか？

⑦ 冠輪動物の起源は何か？　たとえば，halkieriid（図 2.21(h)）は環形動物の祖先・軟体動物の祖先・腕足動物の祖先に近いと主張されており（Conway Morris, 1988 を参照），確かに環形動物門・軟体動物門・腕足動物門は密接な類縁関係をもつグループのようにみえるのだが，halkieriid から腕足動物への移行は，現在のところ私には，どうにも可能性のない中間形の存在に頼っているように思えるのである．つまり，触手冠が本当に這う足に由来したのだろうか，そしてまたそんなことが起こったとしてそれが純粋に幼生における適応だったのだろうか，という疑問が起こる中間形なのである．

2.5　動物群の起源，放散，絶滅

今いる動物たちは，30～40 ほどの門の中に入れることができる．門の定義の仕方は2つある．

① 門は，互いに類縁関係があるようにみえる生物のグループとして実用的に定義される．そのように決められたグループ同士の関係は議論の余地のあるものである．

② 門は，おもなクレードとして定義される．分岐分析か分子分析により露わになった一般的な親近性の枠組みの中という以外は，クレードの起源は不確かなものである．

ここまでの節では，上でほのめかしたような一般的な親近性のパターンの跡を追いかけたのだけれど

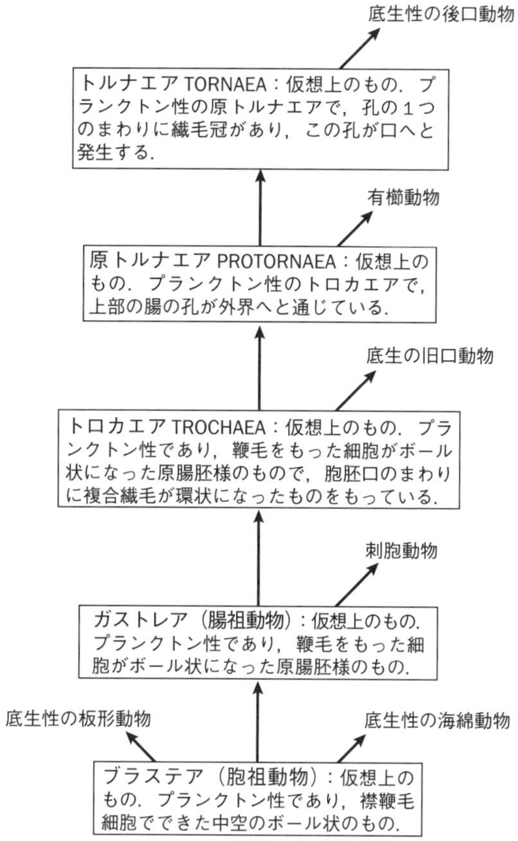

図 2.18　ブラステア-ガストレア-トロカエア仮説（たとえば Nielsen,1985,1995 がこれを論じている）

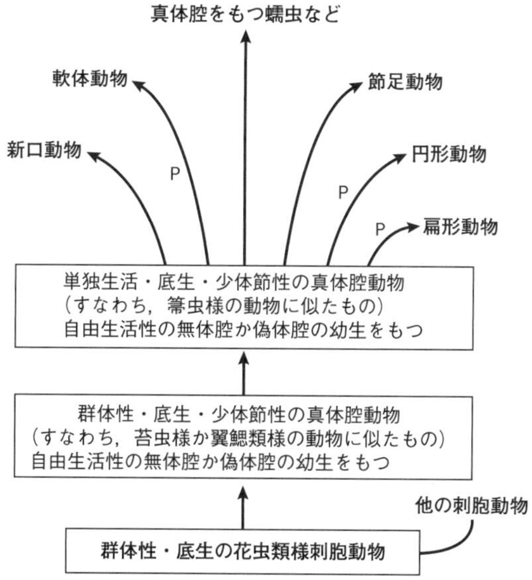

図 2.19　原始体腔動物 archicoelomate 仮説（たとえば Rieger, 1986 がこれについて論じている）．p は幼形進化．

も，ずばりといってしまえば，門という地位はわれわれの無知を告白しているものである（いくつかの場合，たとえば舌形動物門と有鬚動物門の例では，門は，個々の種がたいへん独特で形態的にはっきりと違っていて，それにもかかわらず，祖先が共通であることは結構確からしい種たちを，一緒に収納するものとして使うことが可能である）．

現在知られている門の数は 3 ダースほどある．進化の分岐の長くゆっくりとした過程の結末として今日，多様性が絶頂に達して 3 ダースにもなり，それをわれわれがみているのだ，というわけではない．2.1 節で述べたように，かなりの例外があるが，現生の動物門のすべてはカンブリア紀にすでに存在しており，動物におけるクレードの放散は先カンブリア代に起こったということはありそうなことに思える．だがこうだとすると，謎というほかないことが出てくるのである．

化石記録から得られる証拠は，ふつう，動物は，時間をかけてゆっくりと変化するというものである．一連の化石があり，その中で，はじめにあった形が，その系列の最後のものでは解剖学的に変わってしまい，違う種に属するものとして分類される（異なる「時種」chronospeceis とよばれる）．このような系列の例がいくつか知られている．時種として変わるのに必要な時間は，広くいろいろな無脊椎動物についてみると，平均，千万年の桁（10^7）である．さて，違った属の間では，（同じ属の中の）2 つの種の間よりも，まあ 10 倍似ていないだろうと仮定する．さらに，違った科の間では，（同じ科の）2 つの属間よりも 10 倍程度似ていないだろうと仮定する，というように，分類の階層を，目，綱，門と上がっていく．祖先となった時種が，子孫の時種に転換するのに必要な形態的な変化の平均的な速度をもとにして，掛け算をどんどんしていけば，2 つの元になった兄弟の生物が，それらを違った門に入れることができるほど互いにかけ離れていくのに，10^{12} 年（1 兆年）以上必要だろうと計算できる．もし最初の動物（または動物たち）が，祖先の襟鞭毛虫から約 10 億年前に進化したとするなら（そうらしいと思われているのだが），上の計算に基づくと，彼らは将来，数兆年たってはじめて異なった門へと分岐すべきことになる．ところがもう今日までに，この祖先からの子孫は，たとえば甲虫のさまざまな科がそうであるように，互いにきちんと異なっているのである．計算に使った数字は確かに恣意的なものであり，下手に数字をいじくりまわすのは助けにはならない．新種が進化するのに要する時間も，「違い係数」も，どちらも半分にしようと思えばできるだろうが，それでも新しい門は数十億年たたないと現れるべきでない計算になる．それなのに現実には，門への分岐は最長で5億年内に成し遂げられたのであり（たぶんもっと短い），そしてこの期間の終わりには，すでに今日彼らが異なっていると同様に異なっていたのである．

上に述べたシナリオに，どこかおかしい点があるのは，じつにはっきりしている．それがどこかといえば，進化上の変化のすべてが，個々の無脊椎動物の時種中の化石記録に記録されたものと同じように，ゆっくりしているわけではない，という点でなければならない．形態のうえで，素早い変化が起こる期間がいくつかあり，それらは非常に急速に起こったため，中間段階のものが化石になることをまぬがれたのである．これらの出来事のいくつかは，比較的小さな集団中で起こったのかもしれない（進化的変化の速度は，集団サイズに，だいたい反比例する）．そうだとすると，化石として保存される可能性はますます低くなる．幼形進化（上を参照）は，成体の形の変化をすばやく引き起こす可能性のある，もう1つのものである．それは理論上，1世代とそのつぎの世代の間で成し遂げられ得る．親の家系の構成員（これらは祖先的生活史を，その後も変えずにつづけていく）とは，異なる目や綱に入れられる終身幼生化した子孫が生じるほどの大きな変化を，わずか数年のうちに引き起こす．いいかえれば，通常の動物学でまだ使われている分類学上の区分は，形態学上の違いに基づいており，共通の祖先が新しいかどうかに基づいてはいない．後者に基づくようにしようと，分岐分類学（2.1節を参照）が現状を矯正すべく努めているのだが，2つのやり方を両立させることはできないと，ここで述べておくのは重要である．分類の体系としては

① 構造が分類上の位置から推測できるようにと，似た生物（似た生物のみ）を各タクソン中に入れることに基づく分類体系か，

② 単系統のグループだけを各分類ユニットの中に入れることに基づく分類体系（この場合，似た動物たちが異なったタクソンに入れられたり，似ていないものが同じグループに入る可能性がある）か，

のどちらかなのである．分岐学的に分析をやりなおせば，ふつうに使われている今ある門も綱も（その他のものも），有効なものとして残るのはほとんどないだろう（図2.20を参照）．

これら突発的な急速な変化は，はじまりの1つの型から，種・属・科（もしくは目さえも）のレベルでの，多くの多様性が生成することと，しばしば関連してきたのである．そのような「適応放散」adaptive radiationはまた地質的時間の短い期間に起こるようにみえ，そして，いくつかの新しい型の動物が，1つの原型から比較的すみやかに進化することは，①1つの集団の中での変化（小進化）を制御している過程は，分類学的に新しいものや変種をつくる（大進化）過程とは，質的に異なるのだという考えを引き起こし，②小進化と大進化で，出来事が起こる速度は，量的に異なっているという理論を生み出した（1.4節と17.4節を参照）．

先カンブリア代とカンブリア紀の，大規模な放散で生み出されたクレードのすべてのものが，今いる無脊椎動物の中に代表者を残しているわけではな

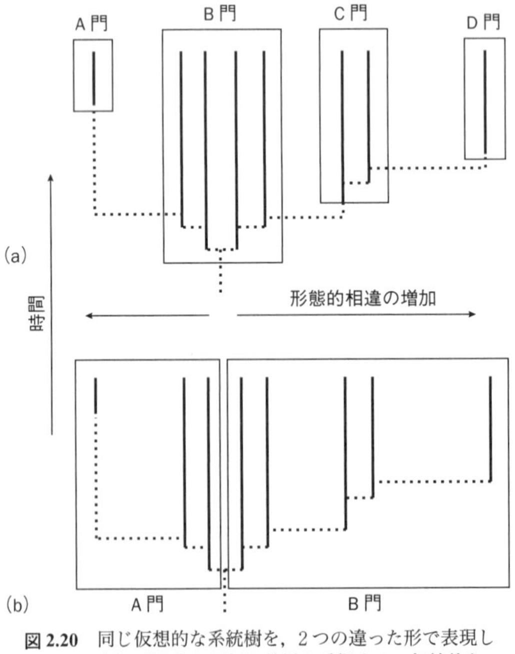

図 2.20 同じ仮想的な系統樹を，2つの違った形で表現してある．(a) 形態的な類似と差異を重視する，伝統的な線にのっとった分類，(b) 分岐分析の原理に従った分類．

い．いくつかは化石で知られているだけである．そんな例として，古杯類や三葉虫類，それに，節足動物の放散の結果生まれた20ほどのグループ（いくつかは図2.10に描いておいた）がある．しかし，化石だけで知られている門は驚くほど少ないのである．そういう絶滅した門のほとんどのもののもつ特徴は，硬い部分をもっている点であり，この特徴は，比較的遅くに，いくつかの系統において登場したものである．(ということはもっと古い，硬い部分をもたなかったたくさんのものは，化石として残らなかったことを意味するだろうから）化石記録は，過去の動物多様性について間違った印象を与えているのかもしれない．間違いだということが劇的に強調されている例がある．先カンブリア代のエディアカラの地層（図2.1）や，カンブリア紀のバージェス頁岩層（それと同時代のグリーンランドや中国の地層）中には，新奇なタイプの，体の軟らかい動物たちがみつかっている．彼らの数の多さと多様さをみれば，まさにこのことが劇的に強く感じられるのだ．こういう動物が保存されているところは，今までほんの少ししか知られていない．その少しをみてもこうなのである（図2.21)．

現生種を含む門の中の20なにがしかのものは，少数の種しか含まず（おのおの500種以下)，「小さな門」minor phylaとしばしばよばれる．それらは1つの例外を除いて「上の法則を証明している」のである．つまり，それらは軟らかい体をもっているのだが，化石記録をまったく残さないか残してもわずかなのである（例外は腕足動物で，現生種は350種ほどだが，25000の化石の形のものが彼らの外側を包む硬い殻から知られている)．これらの小さなクレードたちが，こんな少数の種しか含んでいないのに，これほどの長い間存続できたという事実を説明しようとしてつぎのような考えが示唆されてきた．こういうことが確率的にありえそうなのは，かつては似たような（つまり体の軟らかい）クレードがもっとたくさんあったのだが，それ以来絶滅してきたのだ，という場合だけである．それゆえ絶滅門として知られているものは，化石となる構造があったために記録として残った，少数の非典型的な抽出標本なのである．先カンブリア代とカンブリア紀の動物相について，われわれが知っていることは，たぶん絶滅したクレードたちの氷山の一角にすぎないだろう．

だとすると，見取り図としては，体が軟らかく，おそらくは蠕虫形をした動物の大規模な放散がカンブリア紀中期以前に起こり，もしかしたら数百という別々のクレードを生み出したというものになる（ただし別の見解として，Conway Morris, 1998を参照)．これらのクレードのほとんどはわずかの種しか含んでおらず，おそらく大半のものは，痕跡も現生種も残さずに絶滅しただろう（しかし，たぶん毛顎動物の祖先は，絶滅したが子孫を残した．2.3.8節を参照)．いくつかの系統は，防御や骨格としての硬い要素を進化させた．このような系統については，われわれはかなりの知識をもっている．硬い要素をもった種の，ほぼ12%が今までにみつかって記載されただろうと推定されている．

いくつかのクレードは，放散してたくさんの種と門内での多くの多様性を生み出した．今日10の門が，それぞれ10000以上の現生種をもっている．これに加えるに，腕足動物と棘皮動物が，このレベルの種多様性にかつては達していた．しかし彼らは現在では，総計でこれよりも少ないレベルにまで数を減らしてしまっている．これら12がいわゆる「主要な門」major phylaを形成している．

いくつかのクレードが，地質学的時間の長い期間にわたって，高いレベルの種の豊富さを保っているにもかかわらず，どの門であれ，1つの門内の同じ種のグループによってこれが達成されたということは，ふつうはない．つぎの期間には，門内の違った構成員（目や綱）が優勢となり，かつて優勢だったいくつかのサブグループはいまや絶滅し，他のものにとって代わられてしまっている．さまざまなサブグループが交代につぎつぎに放散してきた．このことは，いまや絶滅してしまった軟体動物のアンモナイト類によって図示できるが（図2.22)，同じ図は，腕足動物・棘皮動物・(頭足類以外の）軟体動物・脊椎動物・そしてよい化石記録のあるどのグループでも，みられるものである．どうも直感に反するのだが，1つのグループの動物が，他のものにとって代わられる際に，競争的排除によってそれが起こったということはないようにみえる（軟体動物の二枚貝と腕足動物の相互作用が，例外の可能性があるが)．そうではなく，1つのタイプの動物が最初に絶滅し，そしてその後になってはじめて（たぶん

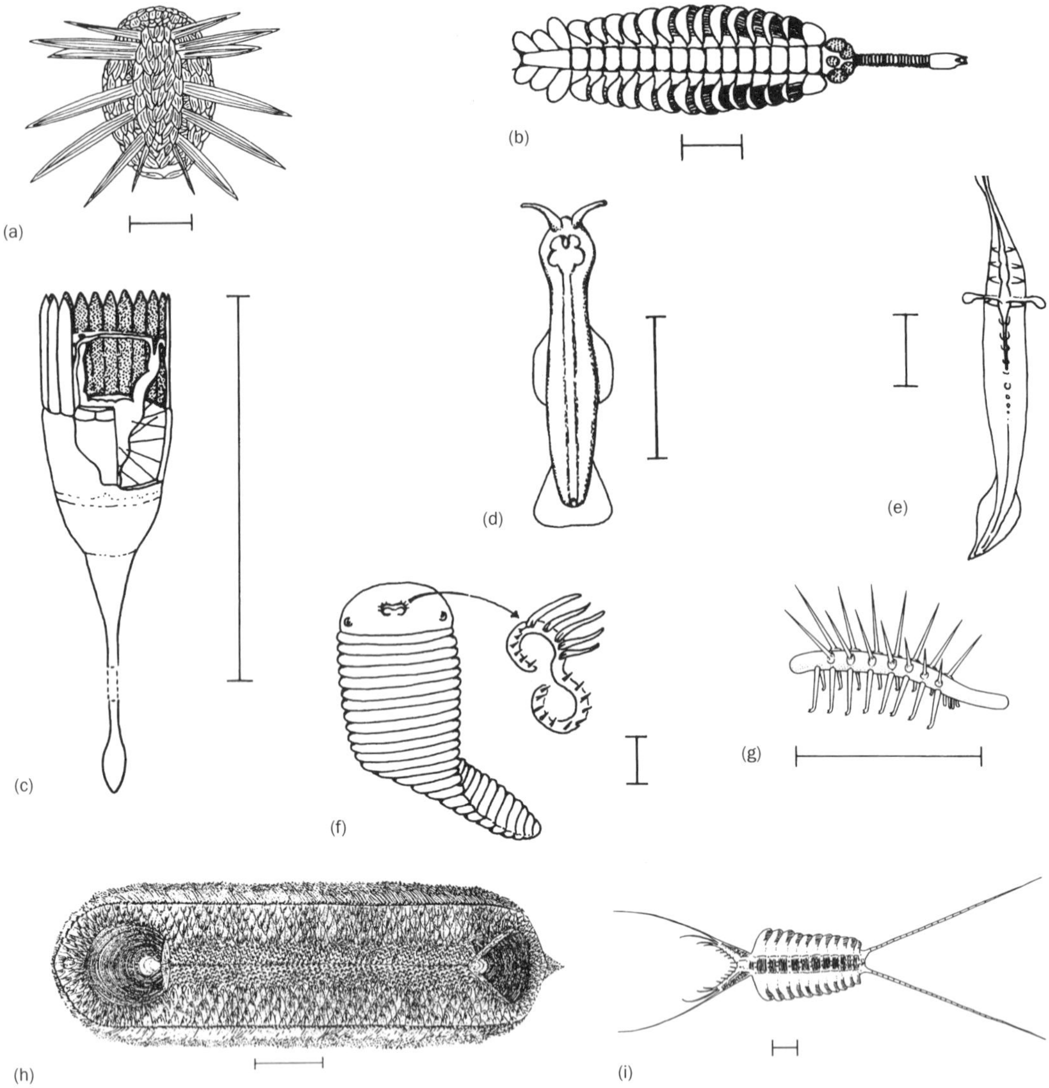

図 2.21 絶滅した動物．ほとんどが体の軟らかい動物たちで，このうちのいくつかのものは，既知の門に属させるのが非常に困難なもの．ただし *Hallucigenia*（g）と *Kerygmachela*（i）は葉足類である．(a) *Wiwaxia*（カンブリア紀），(b) *Opabinia*（カンブリア紀），(c) *Dinomischus*（カンブリア紀），(d) *Amiskwia*（カンブリア紀），(e) *Tullimonstrum*（石炭紀），(f) *Odontogriphus*（カンブリア紀），(g) *Hallucigenia*（カンブリア紀），(h) *Halkieria*（カンブリア紀），(i) *Kerygmachela*（カンブリア紀）．いくつかの出典による．スケールは 1 cm.

生態的真空状態の下に)，それを置き換えるものが，それまで優勢だったグループやサブグループが消滅して空いた生態的ニッチを満たすために放散した(図 2.22 を吟味せよ)．数多くの種へとすばやく放散したら，そのつぎにはもっと長い進化的停滞がくるようにあたかもみえ，その停滞は，そのグループが，今度は数が劇的に減少するか絶滅を経験するまで続き，結局，他のもので置き換えられてしまう．

たぶんそれと同等だろうが，解剖学的に複雑な動物が，形態学的により簡単なものを，一緒にいる生息場所から追い出すということは，現代の生態学的研究の証拠からしてほとんどない．たとえば体節をもった節足動物や環形動物は，今でも海の堆積物の同じ小区画の中に，星口動物や鰓曳動物という「原始的な」体節をもたないものたちと共存しており，競争的排除が起こっている兆候はまったくみられないのである．たとえば，ペーター・ホゥ (Peter Hoeg) の小説『ボーダーライナーズ』(“*Border-*

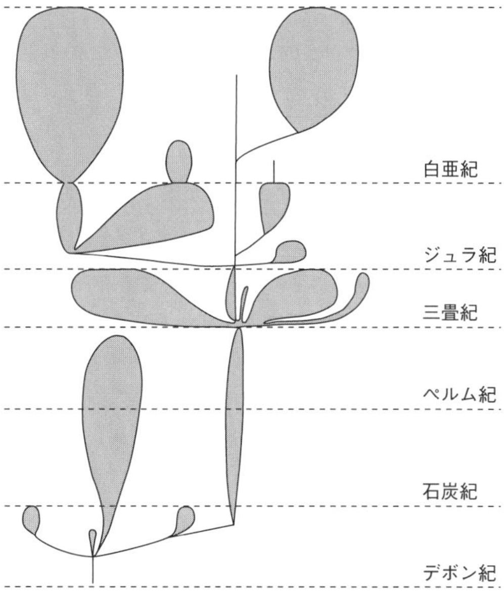

図 2.22 アンモナイトの系統樹．デボン紀から，白亜紀の終わりに彼らが絶滅するまでのもの．放散・絶滅・1つのサブグループが別のサブグループにとって代わられる様子がみてとれる．

liners", 1994）の中で代弁されているが「単純で原始的な生物から複雑で高度に発達したものへと登っていく」というのが通俗的な進化の概念なのにもかかわらず，以上のような事実があるのだから，カイメン，クラゲ，ヒラムシのような単純な動物たちが，より複雑な昆虫や哺乳類より構造的になんらかの点で劣っているとみなしたい誘惑は，避けるべきものである．先カンブリア代からこのかた生まれてきた数多くの動物のクレードは，すべて，多かれ少なかれ皆同じように古い，昔からある体制 body plan のどれかなのである．これらの体制は，並べてみると，適応していること（すなわち適応度 fitness）がどんどん増していく一連の系列を形づくるのではない（もちろん，その系列の頂点にわれわれ自身が置かれる）．別のいい方をすれば，すべての真核生物は原核生物の細菌の中から生まれ，これら先カンブリア代の原核生物の子孫たちのあるものが，いまやカシの木であり，人間であり，そして巨大なイカなのであるが，これらは決して原核生物にとって代わったわけではない．細菌はいまでも多くのタイプの生息場所で成功裏に優位を占めている．彼らがわれわれを必要とするよりも，もっとずっと，われわれのほうが彼らを必要としているのが事実なのだ！

さまざまなタイプの動物たちが，おおむね時を同じくして絶滅した．ニッチでみても生息場所のタイプでみても，広い範囲で，さまざまな動物たちが絶滅したのである．この同時絶滅がどの程度の規模だったかは議論のあるところだが，大量絶滅は過去のいろいろな時点，とくにオルドビス紀，ペルム紀，三畳紀，白亜紀の，いずれも終わりに向かっての時期に起こったようにみえ（図 2.23），だいたい 2600 万年ごとに絶滅が起こるのだと主張されている．

ペルム紀末期（ほぼ 2 億 2500 万年前）に起こったものでは，当時の海にすんでいた動物の科の過半数が絶滅した．種でみれば，たぶん当時の種の 80～95% が絶滅しただろう．従来優勢だったクレードが完全に消え去った．その中には，鋏角動物の仲間のウミサソリ（広翼類 eurypterid）や三葉虫類がいた．

ペルム紀と，もっと前のオルドビス紀の絶滅により，歴史的にみて，世界の海の動物相として 3 つの対照的なものが生じた．

① カンブリア―オルドビス紀のものは，三葉虫やその他の絶滅した節足動物のクレード・無関節綱の腕足動物・単板綱の軟体動物，により優占されていた．

② このつぎのものはペルム紀の末まで続いたが，

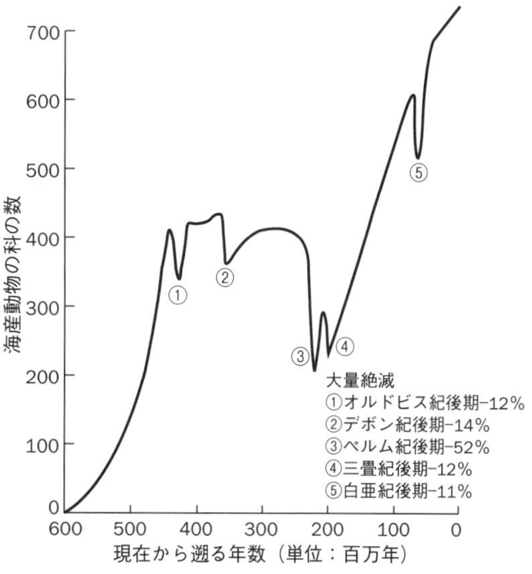

図 2.23 過去の違う期間にいた海産動物の科の数．何度も大量絶滅が起こったことがみてとれる（Valentine & Moores,1974 ほか）．

そこでは殻をもった頭足綱・ウミユリ綱の棘皮動物・有関節綱の腕足動物・狭喉綱 stenolaeme に属する苔虫動物が，最もたくさんみられた化石となるものたちだった．

③ しかしながら，中生代のはじめから，海は基本的には現代と同じ景観を示すようになった．これは，腹足綱や二枚貝綱や鞘形亜綱（イカ・タコ）の軟体動物・軟甲綱の甲殻動物・ウニ綱の棘皮動物・裸喉綱の苔虫動物・そして脊椎動物，によって特徴づけられるものである．

大量絶滅の原因は不明だが，海面の高さの大きな変動と，かなりよい関連性がある．そして海面の変動は，氷期の相または大陸の運動，そして/または，活発な火山活動の期間（その際，塵と，毒としてはたらく可能性のあるガスが大気へと放出された）によっておそらくもたらされたであろう．しかしながら絶滅に関しては，宇宙の力や出来事と関連づける数多くの憶測が提出されてきた．これらには，通俗的なもの，科学的なもの，どちらもあるし，宇宙の力や出来事にも，さまざまなものが考えられている．現在入手可能な証拠によれば，海の動物相を置き換えてしまった3つの大絶滅では，どの場合でも，まず最初，浅い大陸棚において絶滅が確立する．つまり，海が陸棚の上へと侵入し，海はその後，陸棚から後退していき，この間に，比較的深い海を除いて，動物たちは倒れていくのであった．主要なクレードの絶滅はそれゆえ，大いに確率論的な要素をもつようにみえる．そして，それを置き換えたグループがどんなものかについても，同様である．死に絶えたクレードは，なんらかの点で劣った体制をもっていたからではなく，環境が激変したために死んだのである．大きな絶滅を，たまたま生き延びたわずかのグループがいたが，その構成員のすんでいた場所は，最初のうちは飽和とはほど遠いものであり，そこでは選択圧が下がっていただろうし(少なくとも，選択圧の中のいくつかのものについては)，手に入るたくさんの空いたニッチがあった．このような状況下で，1つの基礎になった動物を土台として，それから適応放散が起こったのである．放散は，生息場所がもう一度飽和に近づいていくまでは，速やかに進むと思っていいだろう．飽和に近づけば，選択圧が前よりずっと強くかかるだろう．そこで，選択が，各放散の間につくられた多様性の量を制限し，それにより拡大期が終わる．つぎに，各クレードの中の，これらの選ばれて生き残った系統が，つぎの絶滅相が環境によって引き起こされるまで，その期間の優占的な動物となった．そして絶滅が起こり，程度が大きいか小さいかはあるが，またこの全サイクルを繰り返しはじめるのだった．

それゆえ，動物の生の歴史は，一貫した物語ではなく，脈絡のない挿話（エピソード）ばかりでつづられているのは，疑いないように思える．その挿話の1つには，現在われわれが生きている挿話も含まれているし，各挿話は，拡張していくクレードと衰退していくクレードの，混合によってタイプ分けされる．これらのグループのあるものは，わずかしか種を含んでいないにもかかわらず，偶然の結果，長い間，なんとかつづくことができただろう．他のものは，今は重要ではないが，つぎの絶滅の相がきたら，その後には，数も多様性も増す機会があるかもしれない．つぎの絶滅は，人間によって引き起こされるかもしれないが．

それゆえ，この進化という劇において，上演品目を決定し，最初の配役を用意し，最後の幕を下ろすのは，偶然なのである．一方，選択は，空いた役を，オーディションを行って誰に割り振るかを決め，台本や役を引きつづき調整するのを監督している．

2.6 生物多様性

ときがたつにつれ，いくつか（たぶんたくさん）のものが絶滅してしまい，先カンブリア代/カンブリア紀に最初に確立されたクレードの数が少なくなってきた．ただし，生き残っているクレードの中の子孫系統の数，そしてとりわけ今日生きている動物の種の数は，たぶんかつてよりずっと多いだろう．現在，世界の海は比較的分割されており，地理的にも面積的にも浅い陸棚の海が多く，海洋は深海底まで酸素が供給されているが，こういう状況はいつもみられていたわけではなかった．たとえば白亜紀には，ほぼ100 m以深の海は無酸素状態だった（そして，この部分は大きな体積を占めていた）．だから海棲の種でみると，現在は過去のどんな時期と比べても，多様さが少ないと信じる理由はない．生物多様性 Biodiversity の見積もりがいろいろなされているが，そのほとんどにおいて，現在の海の動物相は，今まででいちばん豊富なものに格付けされているのである．

ただし，現生の種がものすごい数を含んでいるのは，ほとんどすべてが，陸上の征服を反映した結果である．陸の征服の活動は，シルル-デボン紀にはじまり，石炭紀に強力になった．これはちょっと驚くことなのだが，この植民は，潮間帯の海岸を登っていき，そこから陸へ，という経路をとるものがほとんどだったようにみえる．ところが考えてみれば，水生の生物にとって，「海 → 汽水 → 川（→湖）→ 湿地 → 陸」という経路のほうが簡単そうに思える．しかし，この水の経路をとらなかったのである．また陸に上がる際，ほとんどの無脊椎動物は，体に含まれる水の比率は高いままにして，体を乾燥に耐えられるようにするというやり方をとり，逆に含水率を下げるということはしなかった（水の経路を使ったものもないわけではない．脊椎動物と，いくつかの軟体動物が，そのおもなものである）．淡水への侵入のほうは，陸への侵入のあとで，陸の条件にすでに適応した1組の動物たちによって成し遂げられたのがほとんどである．小さな間隙にすむ動物たち（線形動物，緩歩動物，輪形動物など）は，土壌や有機質の粒子をとりまいている水のフィルム中に生きており，これから去ることは決してなかった．だから彼らが陸生だとはいっても，じつは水生であり，陸生だといえるのは，彼らの水の生息地が陸にも存在するという意味においてのみのことである．どの水のフィルムも一時的なものだから，環境がときどき蒸発乾燥したら，その間は活動を一時中止した状態に入る能力が，彼らには必要となった．

陸とは，海に比べて，分散に対する障壁がより多いところである．陸で成功したものは比較的少数のクレードしかないのに，障壁のおかげで，これらのクレード内で，大規模な種分化が起こった（同じ理由により，海でも，底生生物のほうが漂遊生物より，ずっと数が多い）．陸生の多くの種は，1つのタイプのものが，場所が変わるとちょっと違う別のものに置き換わっているという，地理的な改造版なのである．陸の鋏角動物と，単肢動物（とりわけ六脚類の昆虫）は，種の数では，いまやこの星の支配的な無脊椎動物である（図2.24）．この3億5000万年の間，属や種レベルでの生物多様性の焦点は，祖先の海から，陸へと移り去ったのであった．

図2.24のような図は，現在の知識を反映したものである．しかし，今生きている動物の真の多様性について，たぶんわれわれはまったくの無知なのである．陸上のものについてでさえこうであり，いやおそらく，とりわけ陸上のものについて無知なのかもしれない．記載された動物の種数は100万の桁だが，これは全体のごくわずかの部分かもしれないのだ．

ある見積もり計算によると，熱帯雨林にいる節足動物の種の総計は3000万台になる．この計算はつぎのデータに基づいている．① ある範囲内に生えている熱帯雨林の1つのタイプの木の，その樹冠にいる甲虫の種数，② 甲虫の宿主特異性の平均値，③ 雨林の木の種数，④ 樹冠にすんでいる甲虫総数の（樹冠にすむ節足動物中での）比率，⑤ その樹

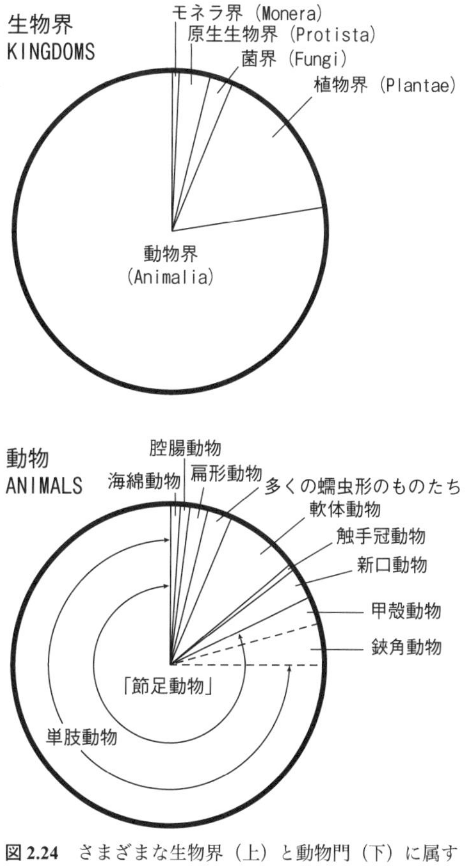

図 2.24　さまざまな生物界（上）と動物門（下）に属する現生種の数の割合（Barnes, 1998 中のデータより）．

冠にすむ節足動物の総数の（雨林の節足動物中での）比率．これは *Luehea* 属の木のたった19例にすむ1200種の甲虫からの外挿であるのは確かなのだが，他のやり方による陸上の種の豊富さの見積もりからも，やはり総計は5000万に達すると示唆されている．

現在，雨林はものすごい早さで破壊されている．このことは，われわれが今日までに同定した数よりも，さらに多数の知られていない動物種が，この数十年の間に人間の活動によって絶滅へと追い込まれたということを意味しており，このことを思うと，じつに壊滅的なことだという思いに沈む．そして多くの「既知種」は，実際には2，3の保存された標本に基づいてなされた，ある原記載だけから知られているものなのである．

われわれはまた，海の種の豊富さの見積もりを改めなければならなくなってきている．とくに，海底の堆積物の間隙にすむ種についてがそうで，上でやったのと同様な外挿をセンチュウ（線形動物）をもとにしたものがある．海底の限られた範囲からの2，3の標本を使ったセンチュウの種の豊富さに基づくと，センチュウの種数は100万から1億の間だろうと示唆されている．

われわれは，100年前に生きていた動物種の0.001％よりずっと少ないものの生物学については，適度の知識をもっているし，また，それより少数については，かなりの理解をしているのは確かなことである．0.001％以下でしかないという事実から最低限学ぶべきことは，無脊椎動物の生物学に関して一般化する際には，注意深くならなければいけないということである．

2.7 さらに学びたい人へ（参考文献）

Aguinaldo, A.M.A., Turbeville, J.M., Linford, L.S., Rivera, M.C., Garey, J.R., Raff, R.A. & Lake, J.A. 1997. Evidence for a clade of nematodes, arthropods and other moulting animals. *Nature (Lond)*, **387**, 489–493.

Barnes, R.S.K. (Ed.) 1998. *The Diversity of Living Organisms*. Blackwell Science, Oxford.

Bergström, J. 1989. The origin of animal phyla and the new phylum Procoelomata. *Lethaia*, **22**, 259–269.

Bryce, D. 1986. *Evolution and the New Phylogeny*. Llanerch, Dyfed.

Cavalier-Smith, T. 1998. A revised six-kingdom system of life. *Biol. Rev.*, **73**, 203–266.

Clarkson, E.N.K. 1986. *Invertebrate Palaeontology and Evolution*, 2nd edn. Allen & Unwin, London.

Cohen, J. & Massey, B.D. 1983. Larvae and the origins of major phyla. *Biol. J. Linn. Soc., Lond.*, **19**, 321–328.

Conway Morris, S. 1998. *The Crucible of Creation. The Burgess Shale and the Rise of Animals*. Oxford University Press, Oxford.

Conway Morris, S., George, J.D., Gibson, R. & Platt, H.M. (Eds) 1985. *The Origins and Relationships of Lower Invertebrates*. Clarendon Press, Oxford.

Eernisse, D.J., Albert, J.S. & Anderson, F.E. 1992. Annelida and Arthropoda are not sister taxa: a phylogenetic analysis of Spiralian Metazoan morphology. *System. Biol.*, **41**, 305–330.

Glaessner, M.F. 1984. *The Dawn of Animal Life*. Cambridge University Press, Cambridge.

Goldsmith, D. 1985. *Nemesis. The Death Star and Other Theories of Mass Extinction*. Walker, New York.

Haeckel, E. 1874. The gastraea theory, the phylogenetic classification of the Animal Kingdom and the homology of the germ-lamellae. *Quart. J. Microsc. Sci.*, **14**, 142–165; 223–247.

Halanych, K.M., Bacheller, J.D., Aguinaldo, A.M.A., Liva, S.M., Hillis, D.M. & Lake, J.A. 1995. Evidence from 18S ribosomal DNA that the lophophorates are protostome animals. *Science, New York*, **267**, 1641–1643.

Hanson, E.D. 1977. *The Origin and Early Evolution of Animals*. Wesley University Press, Middleton, Connecticut.

House, M.R. (Ed.) 1979. *The Origin of Major Invertebrate Groups*. Academic Press, London.

Jenner, R.A. & Schram, F.R. 1999. The grand game of metazoan

Lankester, E.R. 1875. On the invaginate planula, a diploblastic phase of *Paludina vivipara*. *Quart. J. Microsc. Sci.*, **15**, 159–166.

Manton, S.M. & Anderson, D.T. 1979. Polyphyly and the evolution of arthropods. In: M.R. House (Ed.) *The Origin of Major Invertebrate Groups*, pp. 269–321. Academic Press, London.

McKerrow, W.S. (Ed.) 1978. *The Ecology of Fossils*. Duckworth, London.

Moore, J. & Willmer, P. 1997. Convergent evolution in invertebrates. *Biol. Rev.*, **72**, 1–60.

Nielsen, C. 1985. Animal phylogeny in the light of the trochaea theory. *Biol. J. Linn. Soc., Lond.*, **25**, 243–299.

Nielsen, C. 1995. *Animal Evolution. Interrelationships of the Living Phyla*. Oxford University Press, Oxford.

Raff, R.A. 1996. *The Shape of Life. Genes, Development, and the Evolution of Animal Form*. University of Chicago Press, Chicago & London.

Rieger, R.M. 1986. Über den Ursprung der Bilateria: die Bedeutung der Ultrastrukturforschung für ein neues Verstehen der Metazoenevolution. *Verh. Deutsch. Zool. Ges.*, **79**, 31–50.

Rosa, R.de, Grenier, J.K., Andreeva, T., Cook, C.E., Adoutte, A., Akam, M., Carroll, S.B. & Balavoine, G. 1999. *Hox* genes in brachiopods and priapulids and protostome evolution. *Nature (Lond)*, **399**, 772–776.

Ruiz-Trillo, I., Riutort, M., Littlewood, D.T.J., Herniou, E.A. & Baguna, J. 1999. Acoel flatworms: earliest extant bilateral metazoans, not members of the Platyhelminthes. *Science, New York*, **283**, 1919–1923.

Salvini-Plawen, L. von 1988. Annelida and Mollusca – a prospectus. *Microfauna Marina*, **4**, 383–396.

Scientific American 1982. *The Fossil Record and Evolution*. Freeman, San Francisco.

Sedgwick, A. 1884. On the nature of metameric segmentation and some other morphological questions. *Quart. J. Microsc. Sci.*, **24**, 43–82.

Sleigh, M.A. 1979. Radiation of the eukaryote Protista. In: M.R. House (Ed.) *The Origin of Major Invertebrate Groups*, pp. 23–53. Academic Press, London.

Thomson, K.S. 1988. *Morphogenesis and Evolution*. Oxford University Press, New York.

Trueman, E.R. & Clarke, M.R. (Ed.) 1985. *The Mollusca* (Vol. 10). *Evolution*. Academic Press, Orlando.

Valentine, J.W. (Ed.) 1985. *Phanerozoic Diversity Patterns*. Princeton University Press, Princeton, New Jersey.

Valentine, J.W. 1989. Bilaterians of the Precambrian–Cambrian transition and the annelid–arthropod relationship. *Proc. Nat. Acad. Sci., U.S.A.*, **86**, 2272–2275.

Whittington, H.B. 1985. *The Burgess Shale*. Yale University Press, New Haven.

Willmer, P. 1990. *Invertebrate Relationships*. Cambridge University Press, Cambridge.（邦訳．P. ウィルマー「無脊椎動物の進化」蒼樹書房）

第2部　無脊椎動物の各門 The Invertebrate Phyla

この第2部では，既知の今生きている無脊椎動物門すべてについて，綱のレベルまで簡潔に描いていくことにする．

こうして体系だってすべてを取り扱うが，他の多くの無脊椎動物学の教科書ほどに詳しくは記述しなかった．異なるタイプの動物たちのさまざまな解剖学的特徴のすべてを記述するよりもむしろ，各グループの本質的な特徴のみを精選しようと試みたからである．その門や綱の特異性をつくり出したり，進化上での成功や生態的意味に寄与する特徴のみを選りすぐって述べた．これらは学生たちがぜひとも親しんでおかねばならない特徴である．また，各門同士を比較診断できるような特徴のリストを用意した．

さらにこの第2部では，無脊椎動物の体制（ボディープラン）の多様性を強調した．主要な動物門を取り扱った場所でこのことがよくわかると思う．それゆえ，すべてのグループを同等に扱かった．つまり無脊椎動物のすべての綱を同程度の詳しさで扱い，たとえある門が多くの種を含んでいるからといって，より詳しく書くことはしなかった．これは第3部のシステムを基礎にした章とは異なるやり方である．第3部ではやり方をかえ，より大きくてよりよく知られており，より重要なグループに関するものを取り扱う（何が重要かは議論の余地もあろうが）．

各門ごとに，目のレベルまでの大枠の分類の図式を与えてある．そしてこれらの目のすべて（もしくはほとんど）の代表者の体の形がどれだけ多様かを示す絵を，各門（場合によっては綱）ごとに描いた．

この第2部において門や綱などとして認めたものは，基本的にはバーンズの『生物の多様性』（“*The Diversity of Living Organisms*（Blackwell Science, Oxford）” Barnes, 1998）と同じものである．もしかしたら新しい動物のタイプが今もってみつかりつつあるのが気になるかもしれない．この20年間でも，新しい2つの門（胴甲動物と有輪動物）がみつかってきたし，よく知られた門においても，2つの新しい綱（甲殻動物門のムカデエビ Remipedia と，棘皮動物門のシャリンヒトデ Concentricycloidea）が記載された．それゆえ本書は1999年の時点での動物の綱すべてを網羅しているが，この地球上に存在するすべてのおもなタイプの動物がもうみつかってしまったのだと信じる理由はどこにもない．まだあまりよく知られていない生息場所（たとえば深海や砂の間隙など）が調べられるにつれ，新しい（そして時々は根本的に異なった）動物たちが初めてみられるようになることは，ありそうなことである．だから生物の範囲と多様性はここまでだ，と確定する言葉が発されるのは，まだずっと先のことになるだろう（事実，本書の校正刷りを読んでいる最中に，微顎虫門 Micrognathozoa という新しい動物のグループが記載された［訳注：これ以降，門や綱レベルの新しいものはない．目レベルでは昆虫のカカトアルキ目 Mantophasmatodea がある．］）．

第3章

動物の多細胞化へ向けた多彩な経路

Protozoa-Bilateria

“原生動物” ‘The Protozoa’
側生動物：海綿動物門と合胞体門 Parazoa：Porifera and Symplasma
平板動物：平板動物門 Phagocytellozoa：Placozoa
放射動物：刺胞動物門と有櫛動物門 Radiata：Cnidaria and Ctenophora
中生動物：菱形動物門 Mesozoa：Rhombozoa
左右相称動物：扁形動物門 Bilateria：Platyhelminthes

この章でとりあげる動物群は，第2章において原生生物界に属するものから直接由来したと主張できるかもしれないと示唆したものが主となっており，それらは体の組織や構造または相称性が根本的に異なっている．それらはおそらくいずれも同じタイプの原生生物の祖先である襟鞭毛虫を起源とするだろうが，互いに独立に進化して多細胞生物の状態に達した，複数の平行線として眺めることができるだろう．そのような5つの進化の系統は，現在異なる上門にたどりついており，そのうちの1つが（第4〜8章で述べる）左右相称性の扁形動物に代表される動物である．

3.1 “原生動物”

1970年代初頭まで，すべての生物は2つの生物界のうちどちらかに位置づけられるのが慣例だった．もし，ある生物が光合成をする，もしくは土壌で生育するなら，それは「植物」と分類された．逆に，その生物が光合成をせず自由に移動するのなら，それは「動物」となった．ある生物が，原核生物か真核生物か否か，または単細胞か多細胞であるかどうかは，この生命の分類の大原則においては考慮されなかった．この分類の中では，多細胞植物は後生植物という1つのグループをつくり，一方で単細胞の光合成生物は，原生植物 Protophyta もしくは藻類（さまざまな原核生物をも含むカテゴリー）とよばれた．同様に，多細胞の動物は後生動物に，単細胞の動物は原生動物 Protozoa に含まれた．

この二界説は，明らかにいくつかの欠点を抱えており，とくに以下の2点が重大である．1つ目は，それはどんな系統学的2分法をも真に反映していないということである．たとえばこの説では，シアノバクテリア，珪藻，紅藻，キノコ類，針葉樹はすべて同じ自然のグループに属するのに対し，アメーバ，腸鞭毛虫，海綿動物，棘皮動物は別のグループに属することになるが，この分け方を支持する根拠はまったくない．もし，分類の目的が単に実用性を求めるものならば，そのような不自然さはとくに重要な問題にはならないのかもしれず，二界説は，今もってわかりやすくて便利なものかもしれないが，生物を人為的に互いが排他的になるように2つに分けたものでしかない．しかし2番目の欠点とは，動物・植物というどちらかのカテゴリーに，それほど簡単に分けられるものなのかという問題である．一見，とても近い生物の集団（例：ユーグレナ鞭毛虫）の中で，同じ属に含まれるいくつかの種はみかけ上植物ということになり，また他の種は動物となり，さらに他の種は同時にどちらでもありうるのである．いくつかの渦鞭毛藻類は，栄養素のうち5%を光合成によって得ており，残りの95%は従属栄養的な物質の消化によって賄われている．さらに，多くの鞭毛虫は，24時間暗がりにじっとしているだけで，属する界そのものが変わってしまう可能性をもっているのである！　二界説とは系統関係を反映もしていなければ実用的な分類表でもまったくない．なぜなら，多くの生物は「動物」であり，また多くは「植物」ではあろうが，また，多くのものがどちらでもないからである．

過去30年の間，より正確に系統を反映し，かつあいまいでないことを目指した別の基礎分類法が徐々に信奉者を獲得し，今や広く使われるようになった．この分類法も生物の基本的な2分法を前提としているが，それは原核生物上界と真核生物上界とを分けるところであり，真核生物はさらに4つの界に細分されている．つまり単細胞グループ（原生生物界），植物界，菌界，動物界である（図3.1）．それゆえ原生生物界は以前の藻類と原生動物を含み，もはや藻類も原生動物も正式な分類学的地位を失って，「貝」や「ミミズ」といった一般的な名称でしかない．そしててっとり早く言えば，「原生動物」はもはや正式なものでも便利なグループ分けだとも考えられていない．原生生物界の最新の分類では27〜45の門があり，その中には1988年に記載だけされ追加された1つの門と，門のレベルに分類されると証明されるであろう未分類の3〜6のグループも含まれる（Corliss, 1984 ; Sleigh, 1989など）．比較的議論が落ち着いている体系を表3.1に示す．そこにあげられた42のグループの中で，半分以上は間違いなく非光合成であり，またそのうちの17はかつて動物の分類に入るとみなされていたものである．さらに，他の14の門は植物学者と動物学者の両方から主張されて異なる名前を与えられており（表3.2），いくつかの生物の分類において二重に図示された（例：Parker, 1982）．Box 3.1では，かつて「原生動物」に分類された原生生物グループをさらに詳細に記載する．

「原生動物的な原生生物」の大部分は，系統学的には無脊椎動物から離れており，多細胞動物に特有の性質は兼ねそなえていない．これらのもつ共有の特徴のうち，色素体の欠落のような共通した否定的性質は，「真菌様の原生生物」および真菌自身に広

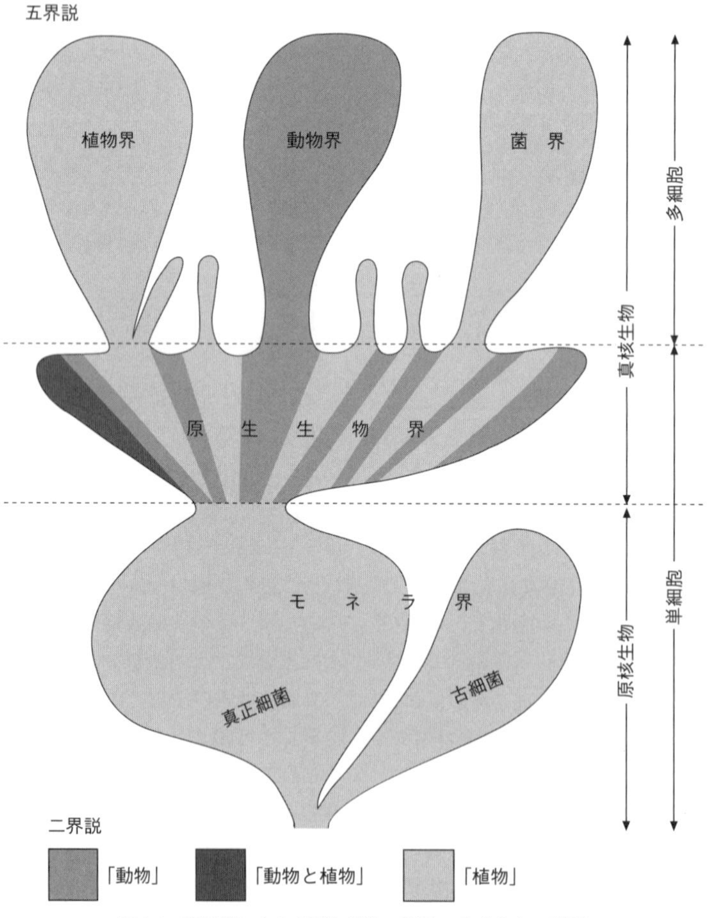

図 3.1 五界説による分類と植物・動物の2分法との関係

表 3.1 現生の原生生物の諸門

カリオブラステア門 Karyoblastea（=Pelobiontea）1 種*
アメーバ動物門 Amoebozoa（=根足虫門 Rhizopoda）5000 種*
ヘテロロボサ門 Heterolobosa 40 種*
真正動菌門 Eumycetozoa 600 種*
顆粒状根足虫門 Granuloreticulosa（=有孔虫門 Foraminifera）6000 種
クセノフィオフォラ門 Xenophyophora 40 種*
ネコブカビ門 Plasmodiophora 40 種*
卵菌門 Oomycota 800 種
サカゲツボカビ門 Hyphochytridiomycota 25 種
ツボカビ門 Chytridiomycota 900 種
緑色植物門 Chlorophyta 3000 種
プラシノ植物門 Prasinophyta 250 種
車軸藻植物門 Charophyta 100 種
接合藻植物門 Conjugatophyta（= Gamophyta，=ホシミドロ藻植物門 Zygnematophyta）5000 種
灰色植物門 Glaucophyta 10 種
ユーグレナ植物門 Euglenophyta 1000 種*
キネトプラスト門 Kinetoplasta 600 種*
Stephanopogonomorpha 門（=偽繊毛虫門 Pseudociliata）5 種*
紅藻植物門 Rhodophyta 4250 種
Hemimastigophora 門 2 種*
クリプト植物門 Cryptophyta 200 種
襟鞭毛虫門 Choanoflagellata 150 種*
黄金色植物門 Chrysophyta 650 種
ハプト植物門 Haptophyta（=プリムネシウム植物門 Prymnesiophyta）450 種
珪藻植物門 Bacillariophyta 10000 種
黄緑色植物門 Xanthophyta 650 種
真正眼点植物門 Eustigmatophyta 12 種
褐藻植物門 Phaeophyta 1600 種
Proteromonada 門 50 種*
ビコソエカ門 Bicosoecidea 40 種*
ラフィド植物門 Raphidiophyta 30 種
ラビリンツラ門 Labyrinthomorpha 35 種*
メタモナーダ門 Metamonada 200 種*
パラバサリア門 Parabasalia 1750 種*
オパリナ門 Opalinata 300 種*
有軸仮足虫門 Actinopoda 4200 種*
渦鞭毛植物門 Dinophyta 2000 種*
繊毛虫門 Ciliophora 8000 種*
胞子虫門 Sporozoa（=アピコンプレクサ門 Apicomplexa）5000 種*
微胞子虫門 Microspora 800 種*
アセトスポラ門 Ascetospora（=Haplospora 門）25 種*
粘液胞子虫門 Myxospora（=ミクソゾア Myxozoa）1200 種*

*印は Box 3.1 で取り上げたもの．

く保持されており，一方，肯定的特徴は，光合成グループを含むすべての真核生物においてのみ共通に観察される．定義から考えれば，非光合成の生物を含めた原生生物と，動物などの真核生物界の間の違いは，当然のことながら後者は多細胞からなり，一方で原生生物は単細胞であって個体もしくは群体性であることになる．単細胞だということは，個々の原生生物の細胞は，同時に，移動・消化・浸透圧調節，生殖などのような，生存と増殖に必要な機能をすべて果たすことができるわけである．他方，細胞が分化した動物では，これらの機能も他の機能も，通常は別個の組織や器官となっている異なる特化した細胞集団によって行われる．しかし，このような細胞集団の違いは純粋に表現型によるものである．1 個体の多細胞動物を構成しているさまざまな細胞のすべては，たった 1 個の細胞（通常は二倍体）に

表 3.2 同じ原生生物の植物学的および動物学的命名の対照表

植物学	動物学
粘菌 Myxomycetes	Mycetozoans
オオヒゲマワリ Volvocales	Phytomonads
クリプト植物 Cryptophytes	Cryptomonads
黄金色植物 Chrysophytes	Chrysomonads
硅質鞭毛植物 Dictyochales	Silicoflagellates
ハプト植物 Haptophytes	Haptomonads
円石藻 Coccosphaerales	Coccolithophorids
黄緑色植物 Xanthophytes	Heterochlorids
ラフィド植物 Raphidiophytes	Chloromonads
渦鞭毛植物 Dinophytes	渦鞭毛虫 Dinoflagellates
プラシノ植物 Prasinophytes	Prasinomonads
Craspedophytes	襟鞭毛虫 Chaonoflagellates

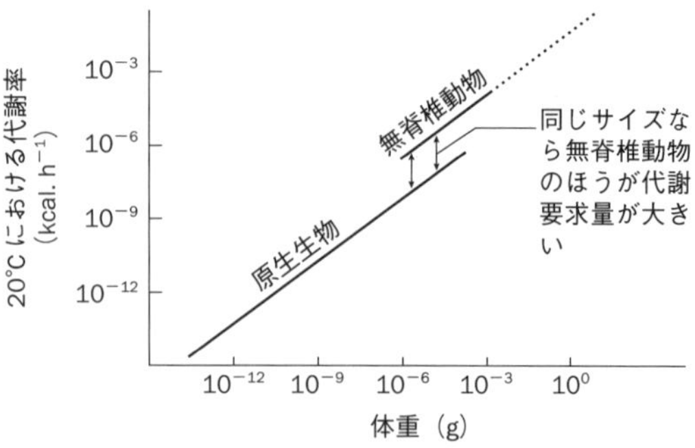

図 3.2 原生生物と無脊椎動物における安静時の代謝率と体のサイズの関係．同じサイズなら多細胞生物の要求量が多いことを示す（Schmidt-Nielsen, 1984）．

由来している．だから遺伝的には個々の原生動物と同様に全能性をもっている．いくつかの個別の細胞は，海綿動物の遊走細胞のように未分化のまま存在し，生涯を通じて必要なときに特化した細胞に分化できるよう，予備的な細胞として維持されている．

当然のことながら，原生生物のサイズは動物と比較すると一般に極めて小さいが，それはいつもそうであるとは限らない．数千もの細胞で構成されていて触手冠動物や節足動物や脊索動物のような体の複雑さをもっているものでも，その大きさはもっとも長い部分でも 1 mm 以下のものがけっこういる．さらに，偽体腔動物グループに含まれるほとんどの種は，2 mm 以下の大きさである．その一方で，ある種の繊毛の生えた原生生物（繊毛虫門）の細胞の大きさは 5 cm もあり，またあるクセノフィオフォラ門のものは直径が 25 cm にもなることもある．群体をつくらない原生生物が，大型化が有利になる選択圧（9.1 節を参照）に対応しうる唯一の方法は，細胞のサイズ自体を大きくすることであり，それに伴い時として倍数体化や多核化がみられ，細胞質流動から細胞内循環システムの形成が起きる．ある意味，原生生物において大型化というのは比較的容易に達成される．なぜなら，単細胞生物における基礎代謝要求量は，重量あたりで比べると，多細胞の場合に比べるとより少ないからである（図 3.2）．

結局，以前まで原生動物門もしくは原生動物亜界を構成するとみなされていた生物は，多様な原生生物の寄せ集めであり，そのおのおのがある見方をすれば動物の構成細胞の 1 つと等価であり，また別の見方をすれば動物 1 個体と等価である．しかし，この「等価」という言葉の使い方が重要である．現存する原生生物は，さまざまな多細胞生物よりも，長く別々の進化の歴史をもっているのであり，どれか特定の動物のグループと直接関係していると示唆する構造単位を保持しているのは襟鞭毛虫門だけなのである（第 2 章）．

3.2 側生動物上門（海綿動物）

3.2.1 導 入

海綿動物は，動物界の中で最も動物らしからぬものである．典型的な動物との体の違いは，① 相称性のある系はまったくもっておらず，したがって背面と腹面の違いもなく，前後や口側と反口側という極性もない，② 神経や筋肉細胞を欠く，③ 体は組織や器官からなっておらず，個々の細胞から構成されており，あるグループのカイメンでは細胞はシンシチウム（合胞体）のシートになっている．組織化レベル（体がどの程度組織だっているかのレベル）で考えると，海綿動物は細胞だけのレベルの動物だとみなすことができる．

海綿動物の体は基本的に，一方の端が閉じ，他端が開いている円筒か袋状の形態をしている（図 3.3）．体の支持は，散在する繊維状のコラーゲンによるが，多くの種では，コラーゲン繊維に加えて，骨格系，もしくは頑丈なコラーゲン性の海綿繊維 spongin か，これら 3 つの組み合わせによって，体は支えられている．これらの体を支えるものたちは中膠（ちゅうこう）mesohyl（カイメン内部にあるタンパク性のゲル状の基質）の中に存在する．骨格系は炭酸カルシウムか二酸化ケイ素の骨片でできており，ほんの

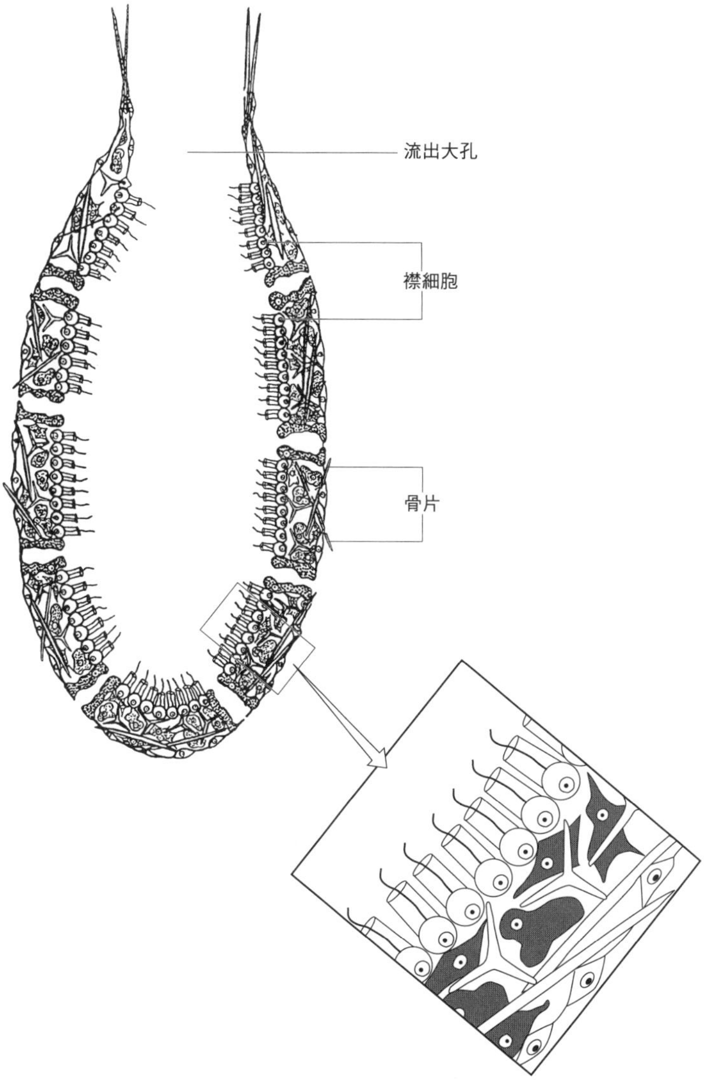

図 3.3　単純なカイメンを，管に沿って縦に切った断面の模式図（Hyman, 1940）

緩くしか組織化されていないことが多い．生きた部分のほとんどは，円筒状の体の内表面のまわりにシート状になって存在する．外表面のあたりにも細胞が存在してはいるが，ここにどの程度あるかは，かなりのばらつきがある．中膠の中にも何種類かの細胞がみられる（たとえば多分化能をもった「原始細胞」archaeocyte）．カイメンは水を円筒の壁を通して流れさせるが，その原動力は，ベルヌーイの定理によるか，鞭毛の波打ち運動による．内表面の細胞層は，特別な襟細胞（もしくはそれと同等のシンシチウムをなす要素）がずらりと並んでできており，これらの襟細胞が鞭毛を１本ずつもっているのである．水は，つぎに中央の空洞である海綿腔 spongocoel（房 atrium）を通り，円筒形の体の開口部である流出大孔から外へと出て行く．襟細胞の襟は微絨毛でできていて，これが鞭毛をとりかこんでおり（図 2.4 を参照），水の流れから食物を濾過するのに役立っている．海綿動物は懸濁物食者である（以下で述べる最近発見された例外を除く）．

海綿動物を体の組織化レベルでは「細胞レベルだ」というと，なんか侮蔑しているようにとられかねない．つまり，カイメンは器官や神経系，そして「まともな動物」のもつ相称性を発達させることができなかったのだ，という響きがするだろう．しか

Box 3.1 原生生物の中でより動物に似ている門

原生生物のさまざまな門を記載するには，本書のような教科書で取り扱える範囲を越えたずっと複雑な細胞学的特徴によることが多い．したがって以下の記述は正式なものではなく，そのグループの大部分に適用可能な概略的スケッチである．

カリオブラステア門

（ミトコンドリア，収縮胞，小胞体やゴルジ体などの）細胞小器官を欠き，無糸分裂をする巨大な多核のアメーバ（最長5 mm）．中心体や染色体はみられない．メタン細菌を含む内共生細菌が細胞質に存在する．低酸素条件下にある淡水池の堆積物中に生息し，細菌や光合成性原生生物を食べる．（1本の鞭毛をもつがミトコンドリアとゴルジ体を欠いた）自由生活性のアメーバも，このグループに属する可能性がある．

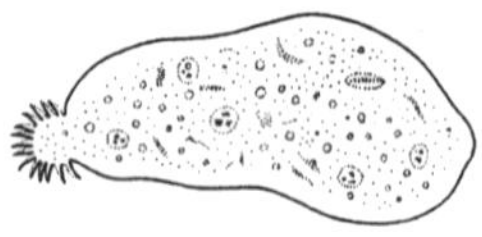

アメーバ動物門

鞭毛とそれに関連した細胞小器官を欠いた，無性生殖性の単細胞アメーバの大きなグループ．活発な偽足をもち，その形状は広くなったり（葉状）細かくなったりする（糸状）．偽足は枝分かれはするが，吻合せず，また微小管骨格はもたない．いくつかの種は，キチン質またはそれぞれの生育環境で利用可能な粒子状の材料から構成される殻testをもつ．おもな生育場所は海，淡水や土壌であり，また共生や寄生を通じて他の生物中にも存在する．

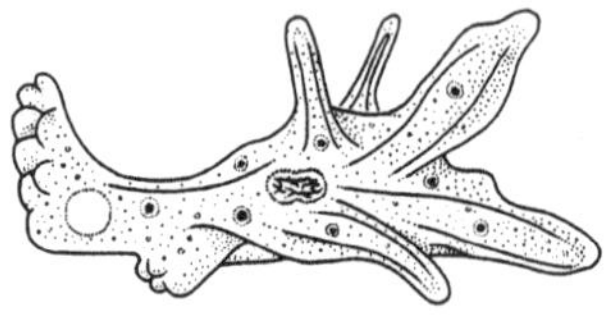

ヘテロロボサ門

無性生殖性かつ単核のアメーバの小さなグループで，葉状の偽足をもつ．淡水または湿地中，糞や腐敗植物上などに生息する．本門中の「細胞性粘菌」（アクラシス類）においては，個体が小数集まって偽変形体をつくり，それが細胞でできた柄と，その上に個々のアメーバを包みこんだ胞子をもつ子実体をつくることができる．胞子からは，適切な条件下において再びアメーバが現れ，別々に生命活動を再開する．単細胞

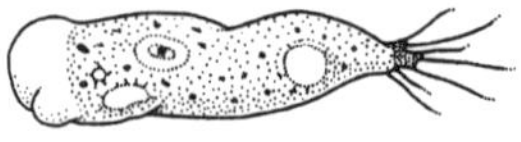

で単核の鞭毛性アメーバ，いわば「鞭毛アメーバ」ともよぶべきいくぶん類似したグループは，1対の鞭毛を可逆的に形成することができ，これらは細胞性粘菌の仲間に入れられている．少なくとも1つの種は人間に寄生することが可能で，アメーバ性髄膜脳炎を引き起こす．

真正動菌門

これらの「真性粘菌」類は，アメーバ様の原生動物であり，つぎのような複雑な生活環をもつ．単細胞のアメーバは，(a) 1対の鞭毛をつくり（そして失い），ついで2つのそのようなアメーバが融合し，有糸分裂を伴って，多核で固着性の大きな変形体を形成する．その長さは数mにもなる．もしくは，(b) 集団をなしてともに流動する細胞性の「ナメクジ」のような偽変形体を形成する．これらの変形体や偽変形体上に子実体がつくられる．子実体は，大部分が無細胞性でセルロースからできた柄の上にできるか，直接変形体上に形成され，子実体中には多数の単核で半数体の胞子が含まれている．これらの胞子は発芽して，（糸状の偽足または鞭毛による貪食能をもった）単細胞のアメーバとなる．この真性粘菌は，細菌，他の原生生物（同種も含む）や真菌を捕食し，さまざまな環境に生息する．とくに，土壌中や植物の死骸によくみられる．

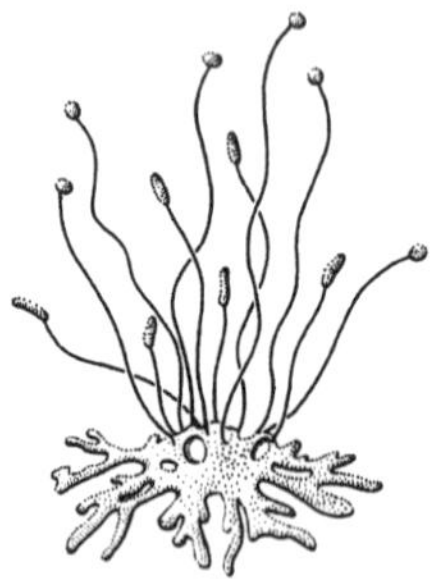

顆粒状根足虫門

アメーバ状の原生生物であり，1つもしくは多数の部屋に区切られた有機質の殻を分泌する．殻の中には，炭酸カルシウムが分泌されたり，砂粒のような環境からとりこんだ物質がためこまれていることがある．殻の穴を通じて，細長くて食作用のある動く偽足が伸びる．この偽足は，吻合して複雑な網を形成する．「有孔虫」の殻は直径1 cm以上になるものがあ

Box 3.1 （つづき）

り，偽足の網は数 cm 規模で広がるものもいる．いくつかの種は光合成をする共生生物を含むが，他の種は完全に捕食性であり，餌のサイズは線虫類から小型甲殻類にまで及ぶ．

多くの場合，無性生殖によりつくられる単核で半数体の世代と，有性生殖によってできる多核の倍数体の世代が交代する．ほとんどすべての種が海洋性で，プランクトンのものも底生のものもある．

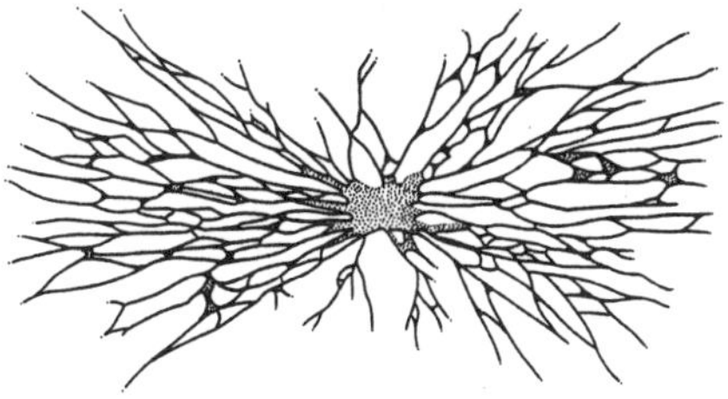

クセノフィオフォラ門

巨大かつ底生性の海洋性アメーバとして知られており――知られているといってもわずかだが――そのほとんどは深海に生息している．それらの本体は硫酸バリウムの結晶を含む多核の変形体であり，異物（海綿骨針，有孔虫の殻や自身の糞塊など）が含まれた枝分かれした殻に包まれている．ほとんどのものは最大の部分の長さが 10 cm 以下であるが，ある種では 25 cm に達する．餌はほとんど偽足によって得ていると考えられている．

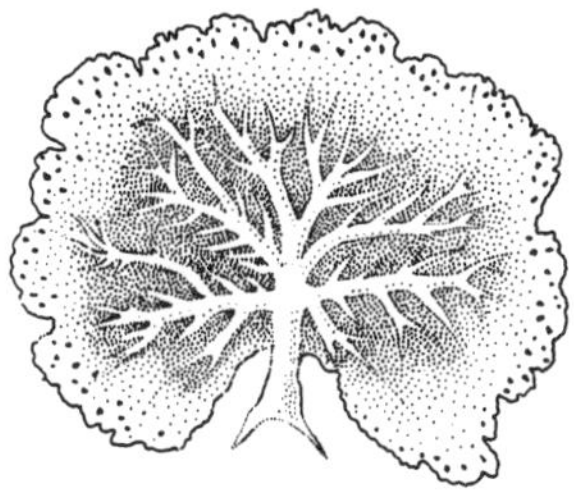

ネコブカビ門

真菌と植物に寄生する絶対細胞内寄生者であり，摂食性の変形体として細胞内に存在する．ここから生み出される鞭毛をもつ 1 対の胞子が融合し，再び宿主に感染する．形成された嚢胞は長期間にわたって休眠する．これらの種は，キャベツの根こぶ病やトマトの粉状そうか病を引き起こす．

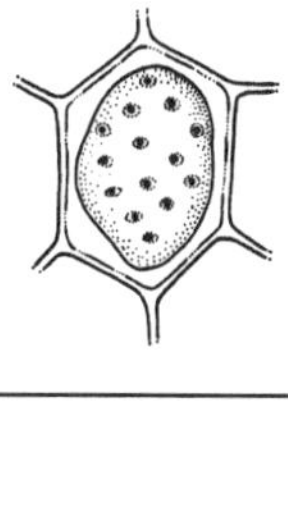

ユーグレナ植物門

無性生殖性，単体性（個体が単独で生活する），かつ自由生活性の原生生物で，緑色葉緑体を含むものと含まないものがある（葉緑体は三重の膜をもつ特殊なもの）．前方を向いた大きな鞭毛を用いて移動する．小さな 2 次的な鞭毛もみられ，ともに前部のくぼみから突き出ている．いくつかの種ではこの 2 本の鞭毛は同じ長さである．また，他のものでは 2 本以上ある．細胞の表面は頑丈な外皮 pellicle でおおわれているが，セルロースの細胞壁は存在しない．ほとんどは淡水に生息するが，あるものは海洋性であり，少数は寄生性である．少数のものは群体を形成し，あるものは基盤に接着する．

キネトプラスト門

小型，無性生殖性，単体性の原生生物である．ユーグレナ植物と同様に，前方のくぼみから生じる 1 本か 2 本の鞭毛をもつ．細胞の表面は裸で，おおわれてはいない．ミトコンドリアを 1 つだけもち，それは極端に長く，輪もしくは網状に枝分かれした糸のように細胞全体に広がっている．いくつかの種は自由生活性で水生であるが，ほとんどは動物か植物に寄生性しており，人間における睡眠病，シャーガス症，カラ・アザールなどの病原となる．いくつかは群体を形成し，基盤に固着して生活しているものもある．

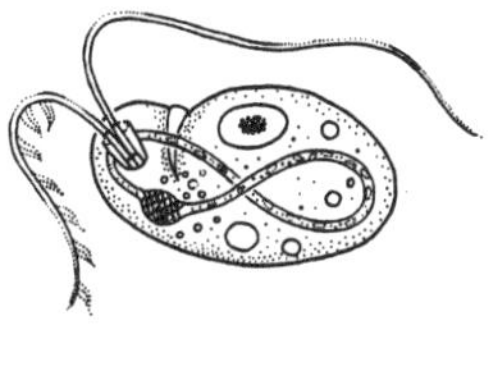

Stephanopogonomorpha 門

無性生殖性で，海底の砂の隙間に生息する自由生活性の原生生物．体表に短い鞭毛が多数はえているが，密にというよりはまばらに並んで体表に約 12 列に配置されている．繊毛虫類と似ているが，はっきりと異なるのは，本門では 2 個から 16 個の核がすべて似ているという点である．光合成性の原生生物を餌として

Box 3.1 （つづき）

捕食しているようである．

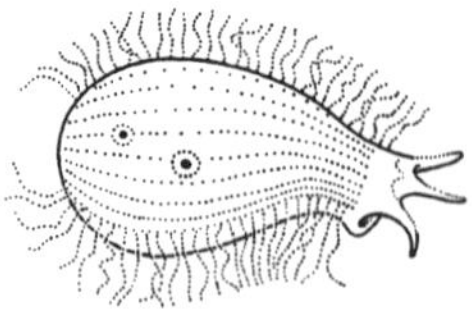

Hemimastigophora 門

1988年に一度だけ記載されたほとんど知られていないグループで，オーストラリアとチリの土壌中から発見された一種におもに基づいている．サイズは小型で単核の鞭毛虫で，約12本の繊毛様の鞭毛が，若干らせんを描いて1列に並んでおり，この列が，体の反対側に1列ずつ並んでいる．

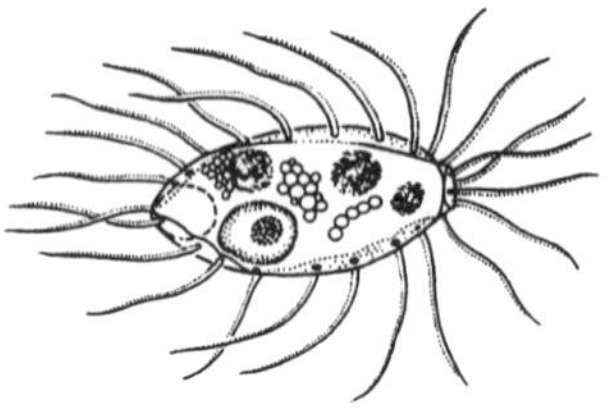

襟鞭毛虫門

自由遊泳性か付着性，単体性か群体の鞭毛虫．海綿動物の襟細胞と非常によく似ている（2.2.2項と3.2.2項を参照）．すなわち両者とも1本の引っこめることのできる鞭毛をもち，その鞭毛は小さな糸状仮足もしくは微絨毛の輪によってかこまれ，これらは細菌捕捉用の濾過摂食システムを形成している．襟鞭毛虫は通常，分泌された膜状またはゼラチン状の鞘，もしくはケイ酸を含む骨格の被甲 loricaの中で生息している．すべての水環境でみられ，「プランクトンの中できわめてよくみられるため，食餌栄養性（摂食性）のものとしては地球上最も数の多い生物かもしれない」とされてきた．

Proteromonada 門

あまりよくわかっていない小型の鞭毛虫であり，細胞表面から直接出ている1本もしくは1対の鞭毛をもつ．いくつかの種は水生で自由生活性である一方，あるものは群体を形成し，またあるものは脊椎動物の腸に寄生し飲作用により食物を取り込む．

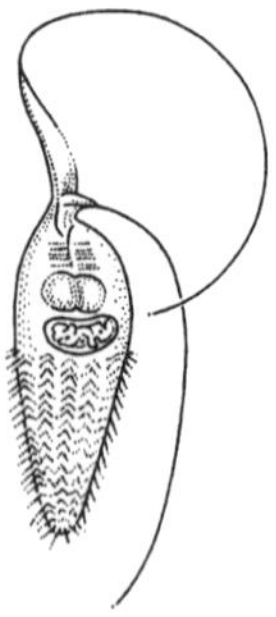

ビコソエカ門

自由生活性で小型の水生鞭毛虫で，前部のくぼみから生じる2本の鞭毛をもつ．コップ状の被甲を分泌し，鞭毛のうち，より後方のものを用いて自身がその被甲中に付着し，前方の鞭毛は食物を集める．ほとんどの種は単細胞だが，少数ながら群体も存在する．

ラビリンツラ門

群体性で，紡錘形（ある種では楕円形）をした非アメーバ性の原生生物であり，吻合した粘液でできた軌道の中を動く．この粘液は，特徴的な細胞小器官である sagenetosomeから分泌され体外細胞質を含む．体外細胞質にはアクチン繊維があり，これが細胞の滑走運動の一端を担っている可能性がある．生活環には，

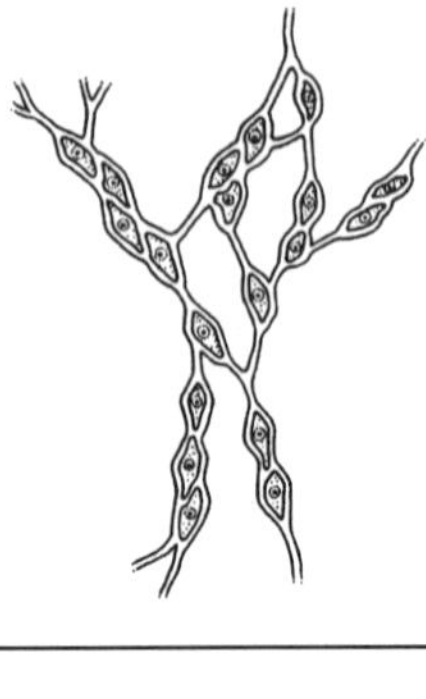

Box 3.1 （つづき）

鞭毛を1本もつ半数体の胞子期が存在する．この「粘液の網」とも呼べる生物は，ほとんどが海生の腐食栄養型であり，アマモや海藻の上で育つ．

メタモナーダ門

摂食性で単体性であり，片利共生，共生もしくは寄生生物である．わけても昆虫などの動物の腸内に生息する．ミトコンドリアとゴルジ体を欠く．1つもしくは複数の「核鞭毛糸」karyomastigont をもつ．これは繊維の複雑な集合体であり，核および1対か2対の鞭毛と一緒になっている．こうなったものが「軸桿」axostyle とさらに一緒になっていることがある．軸桿とは微小管が並んだシート状の構造物で，湾曲しており，やはり一緒にある核を包みこんでいて，細胞の末端まで伸びているものである．少数の種が自由生活性である（しかし，これらにおいても，ミトコンドリアは欠いたまま）．

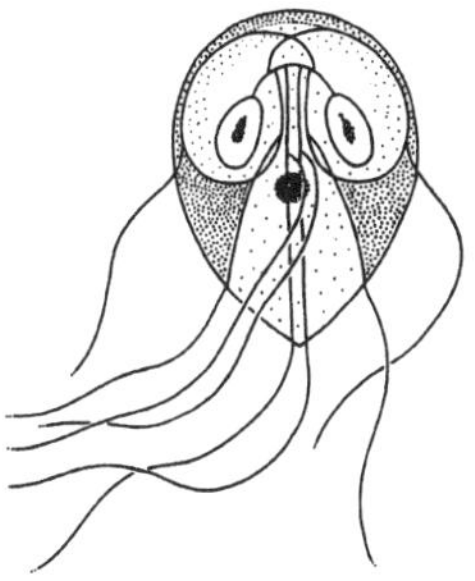

パラバサリア門

パラバサリアは，数百個の核鞭毛糸をもち，ミトコンドリアを欠くという点でメタモナーダといくぶん似ている．どちらもとくに木を消化する昆虫の腸に共生もしくは寄生する生物である．しかし，細胞分裂と紡錘体の形式は互いに異なり，また，鞭毛の基底小体 basal body とゴルジ装置が結合して，この鞭毛虫に名前を与えることになった「副基体」parabasal body を形成する点においても異なる．4本〜数千本の鞭毛（核鞭毛糸あたり2〜16本）が前部に存在する．多くのものがスピロヘータを共生細菌としてもっている．

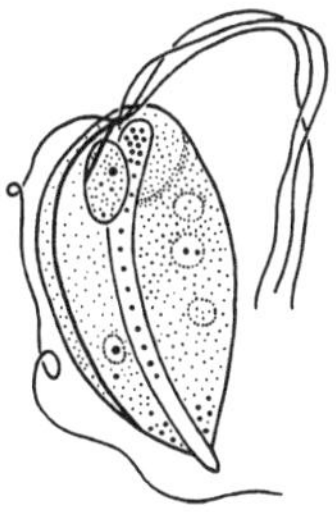

オパリナ門

一見繊毛虫のような，扁平で単体性の鞭毛虫で，水生の変温脊椎動物（とくに両生類）の腸の中に生息し，宿主から自己の外皮を通じて食物を吸収する．2〜数百個の似た核をもち，斜めの列に沿って膨大な数の短い鞭毛が体を走り，成長に伴って特別な増殖部位から新しい鞭毛列が加えられる．有性生殖をすることが知られており，配偶子は単核で，複数の鞭毛をもつ

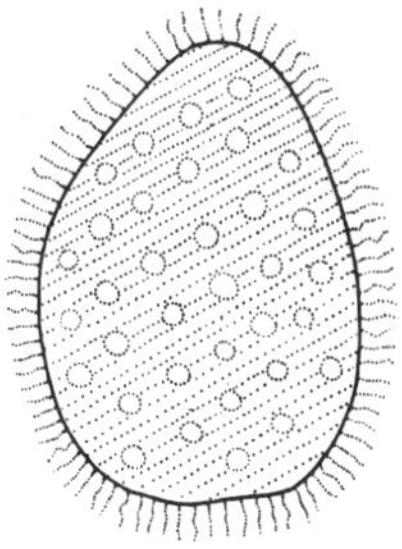

有軸仮足虫門

大きな分類群だが，雑多な系統の集まりであることはほぼ確実．球対称のアメーバであり，たくさんの細かい粘着性の偽足をもつという特徴がある．それぞれの偽足は「軸糸」とよばれる細胞内微小管骨格によって支えられており，軸糸は細胞の中央から放射状に幾何学模様を描く．多くのものは体が大きく，無機的な内骨格系をもつ．すなわち硫酸ストロンチウムの骨片が放射状に伸びたもの，または二酸化ケイ素でできた（中央に配置されたたくさん孔のあいた）球状の殻（そこから放射状にのびた部分をもつものやもたないものもある），などの形の骨格をもつ．これらの「放散虫」，「太陽虫」および「棘針類」acantharians は，基本的にプランクトン性であり，かつ捕食者であるが，光合成を行う生物を体内に共生させているものも多い．この仲間のあるものは，海底の基盤に固着して生活する．

Box 3.1 （つづき）

渦鞭毛植物門

運動性または非運動性，有殻もしくは無殻，おもに単体性で光合成をする原生生物である．この生物の染色体はつねに凝縮している．2本の鞭毛のうち1本は細胞のまわりに沿った溝の中にあり，もう1本は自由な空間に存在する．光合成するものがほとんどであるが，いくつかの種では特徴的な褐色葉緑体を欠き，すでに食物になったものを摂食したり腐生（腐らせて食べる）したりする．いくつかは他の原生生物または動物に寄生しており，またある種は「褐虫藻」となる（9.2.7項を参照）．いくつかの種は刺胞様の細胞小器官をもつ（2.2.3項を参照）．ほとんどの種は半数体で，海洋性のプランクトンである．いくつかは基盤付着性であり，少数ながら群体を形成するものがある．

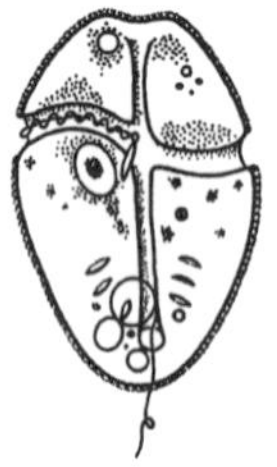

繊毛虫門

「繊毛虫」は，体に沿ってきわめて整然と列をなして生えている繊毛を使って移動する（成長過程でその列の数は不変）．食物の取込みにもまた，しばしば繊毛を用いる．その際，繊毛はまとまって，触手様または膜様の細胞小器官を形成する．各細胞は2種類の核をもつ．1つは二倍体の「小核」で，減数分裂が可能である．もう1つは倍数体で体細胞性の「大核」であり，たいていは無糸分裂により増殖する．生殖は，接合過程における減数分裂により生成された半数体の核の相互交換によりなされる．種数が多く多様性に富んだこのグループは，自由生活性または付着性，単体性もしくは群体性，捕食性または寄生性，濾過摂食または共生生物により養ってもらうやり方のいずれをもとりうる．

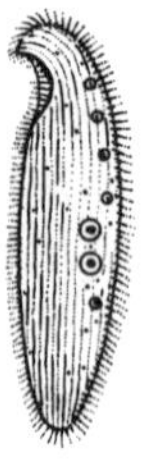

胞子虫門

寄生性の原生生物で，複雑な生活環をもつ．半数体と二倍体の世代を交互に繰り返し，少なくともある時期には，（宿主細胞への侵入もしくは接着に使われる細胞小器官である）先端複合体 apical complex をもつ．また一時期において細胞壁に特別な微小孔をもち，これは食物の取込みに使われる．その生活環において，多分裂を行う段階がいくつかある．ミトコンドリアを欠くと思われる．いくつかの種の雄性配偶子を除けば，鞭毛はない．胞子虫類は，他の原生生物やさまざまな生息域に存在する多くの動物のグループに寄生する．人間における赤痢やマラリアなどの疾患の原因となる．

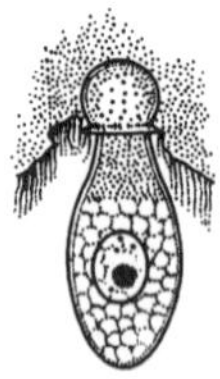

微胞子虫門

ミトコンドリアと鞭毛を欠く細胞内寄生虫で，小型でキチン質の単細胞性の胞子を形成する．胞子は1本の外転可能な繊維状の構造物（極管）をもち，これは刺胞動物の刺胞と似ている（2.2.3項と3.4.2項を参照）．外転して発射されると，その管を通して胞子の原形質が飛び出し，宿主細胞に注入される．その後，通常それは変形体へと発生し，そしてまた多数の胞子が小胞内に形成される．微胞子虫は，おもに他の原生生物，無脊椎動物および魚類に感染する．

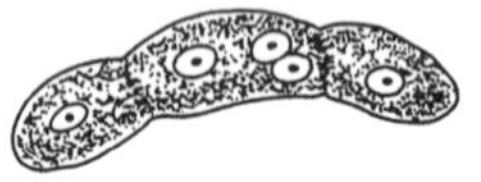

アセトスポラ門

おもに海洋性の無脊椎動物（とくに環形動物と軟体動物）に寄生する小さなグループであり，鞭毛を欠く．単細胞もしくは多細胞の胞子の複合体を形成するが，それらには外転可能でコイル状の刺胞様の繊維はない．アセトスポラ類の単核の胞子の原形質は，耐性の胞子の先端の孔（その孔はそれ以外のときは隔膜または小蓋によって閉じられている）を通って外へと逃れ出，ついで，それは細胞外の変形体へと発生する．

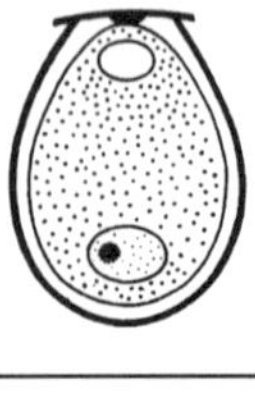

Box 3.1 （つづき）

粘液胞子虫門（＝ミクソゾア門）

大きな分類群で，変形体をもつ寄生生物．一般的には二倍体と考えられている．鞭毛を欠き，多細胞性の胞子を形成する．胞子は1～数個の嚢をもち，各嚢は外転可能なコイル状の繊維を含んでいる．この繊維は，嚢を宿主の組織へ固定する役割を果たすが，胞子の原形質はこの繊維を通ってではなく嚢の弁から外へ出る．胞子は，変形体の中で，膜によって分離されてそこで分化した部分で形成される．つまりいくつかの細胞が他の細胞の中で内部分裂によりできてくるのである（3.5節を参照）．胞子細胞はいくつかのタイプへと分化すること，また胞子嚢が刺胞動物の刺胞と

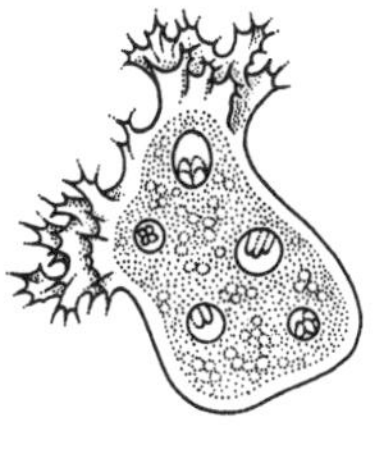

（その発生様式を含めて）きわめてよく似ているという理由から（2.2.3項と3.4.2項を参照），粘液胞子虫は（多細胞性の）刺胞動物から進化したとする説がある（3.4節と4.15.2項を参照）．

し第2章で強調したように，カイメンの体の単純さは，真の多細胞動物への進化におけるなんらかの失敗を示すものではなく，カイメン独自の生活様式に直接高度に適応した結果なのである．カイメンの構造上の，何にもまして重要な特徴は，（個々の細胞レベルでの動きを除き）まったく動くことができないことである．ただし彼らも流出大孔をふさぐことはでき，流出大孔をとりかこむいくつかの細胞（ミオサイト myocyte）はアクチンとミオシンをもっており収縮が可能である．したがって流出大孔の口径を小さくすることにより，たとえば不要な物質の侵入などを防ぐことができる．カイメンはそれゆえ，一方の側の低い水圧を利用して，水が管を通って流れていくようになっている金属製の管でできた構造物と同等で，その生物版といってよい．襟細胞によって構成されている濾過摂食用の管がカイメンなのである．1匹のカイメンの中では，静止した動物に対して環境のほうが動くのであり，これは普通の動物とはちょうど逆になっている．陰圧になっても体がへしゃげないからこそ，このような仕組みが可能なのである．それを可能にする骨片や繊維は，骨片が造骨細胞，繊維は海綿繊維形成細胞 spongocyte によって分泌される．これらの細胞は原始細胞とよばれるカイメンの基本的なタイプの細胞から分化する．

懸濁液から濾過できる食物の量は，襟細胞で構成されている内表面の広さに依存する．この広さを増すために当然とるべき方法は，折りたたんでしわをつけることである．最も単純なカイメンは，試験管みたいに単純な円筒のままの状態にとどまっている（図3.4に示したアスコン型 asconoid）．しかし多くのものでは，単に海綿腔を裏打ちするかわりに，

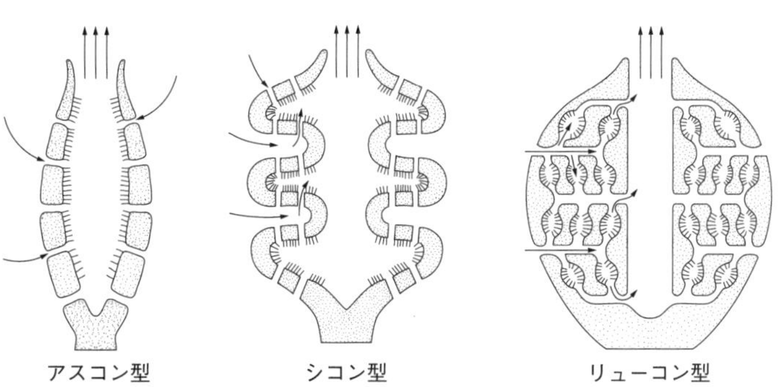

図3.4 海綿動物の3種類の体の複雑さ．これは本質的には管の壁の折りたたみにより形成される．アスコン型では，襟細胞が海綿腔の内側の壁を裏うちしている．その他の2つの型では，壁の中にある空洞の内側を裏うちするように並んでいる．すなわちシコン型では壁中の水路，リューコン型では壁のポケットの内側を襟細胞が裏うちしているのである．

壁が複雑に折りたたまれて，水路は袋状になり，その内面を襟細胞層が裏打ちするように並ぶ（図3.4のシコン型 syconoid やリューコン型 leuconoid）．円筒形のひだが増えるにつれ，海綿腔の体積が減少し，リューコン型では海綿腔は水路（溝）でつながった一連の室になり，これらのほかには腔のない中味のつまった体になっている．カイメンのサイズが大きくなるに従い，流出大孔の数もまた増加することがある．

多くのカイメンは一定の体形というものをもっておらず，形もサイズも外界の水の流れやまわりに他の固着生物がいるかどうかなどにより変わる．この点では，カイメンは他のモジュール型動物群体（個体が基本単位 module となり，これが集まってできた群体）と似ている．カイメンのどこがモジュール構造なのかは，一見してはわかりにくいが，カイメンは実際のところ，ほんのわずかのタイプの細胞が分裂してできた娘細胞が集まっている群体なのである．細胞のタイプの可変性は特筆すべきであり，個々の細胞は脱分化してアメーバ状になり，他のタイプの細胞に再分化する．たとえば襟細胞は卵や精子に再分化する．この能力を生かして，いくつかのカイメンはバラバラになった数個の細胞から群体全体を再生することができ，また（淡水のものでは）越冬用の小さな休止芽体をつくり出せる．

完全に固着性なので，カイメンは捕食者の格好の標的となるように思えるが，ちょっとした攻撃には（多くの陸上植物と同様）比較的平気である．その理由は，カイメンはまずい味の物質や有毒の化合物をもつこと．そして通常，体のバイオマスのほとんどをゴム状や鋭い針状の骨格という形にしていることによる．こんな骨格ばかりの体では，一口，口に入れたとしても，その中で消化可能なものの比率が低い（だから食べる手間に比べて見返りが少ない）のみならず，実際に摂取しようとしても，グラスファイバーやゴムの塊を食べるようなものかもしれず，捕食者をげんなりさせるだろう．

最近の細胞学的研究から，海綿動物は，細胞性のカイメンと，シンシチウム（合胞体）のカイメンという，2つのまったく異なるタイプに分けられることが明らかになった．それらを本書では異なる門（海綿動物門と合胞体門）として取り扱う．

3.2.2 海綿動物門 Porifera（細胞性海綿）

a. 語　源

ラテン語：porus＝孔，ferre＝もつ

b. 判別に役立つ特徴・特別な特徴

1. 体にはいかなる相称性もない（しばしば「群体」は特徴的な形をとるが）．
2. 体は本質的に2層の細胞層をもち，器官や，はっきりとした組織はない．2つの層の間にはゼラチン状でタンパク質を含む中膠（間充織ゲル）があり，この中に，全能性をもつアメーバ細胞などの自由に動き回れる細胞が入っている．
3. 腸はもっていない．襟細胞でできている内側の細胞層が食物粒子をとらえてとりこむ．
4. 中味のつまった塊状の体であり，この中心に1個の海綿腔，もしくは，水路（溝）と室とが連なったものがある．特別な小孔細胞 porocyte の中にあいた「流入小孔」ostium とよばれる微細な孔が連なっており，水はこれらを通して中央の腔や部屋へと導かれ，そして1個か数個のより大きな開口部である「流出大孔」oscula から外へと排出される．流出大孔はミオサイトの収縮により閉じることができる．
5. 個々の襟細胞は1本の鞭毛をもっている．これらの鞭毛は勝手にばらばらに打つが，これがこのシステムを通して水の流れを起こす原動力となる．そして襟細胞が，微絨毛でできた襟を用いて食物粒子を集める．
6. 淡水産の種では，原生生物のように収縮胞をもつ．
7. 筋細胞や神経細胞をもたない．
8. 多くは雌雄同体．精子は食物と同様の方式でとりこまれる．幼生の段階がある．しばしば無性生殖を行う．
9. 細胞のタイプは数種類しかない．
10. 固着性で動かない動物であり，内部に繊維状のコラーゲンでできた骨格をもつ．この骨格はふつう，無機物でできた骨片や有機物でできた海綿繊維によって補強されており，体を動かないようにしたり食われにくくするのに役立っている．
11. 底生の濾過摂食者で水生（主に海生）．

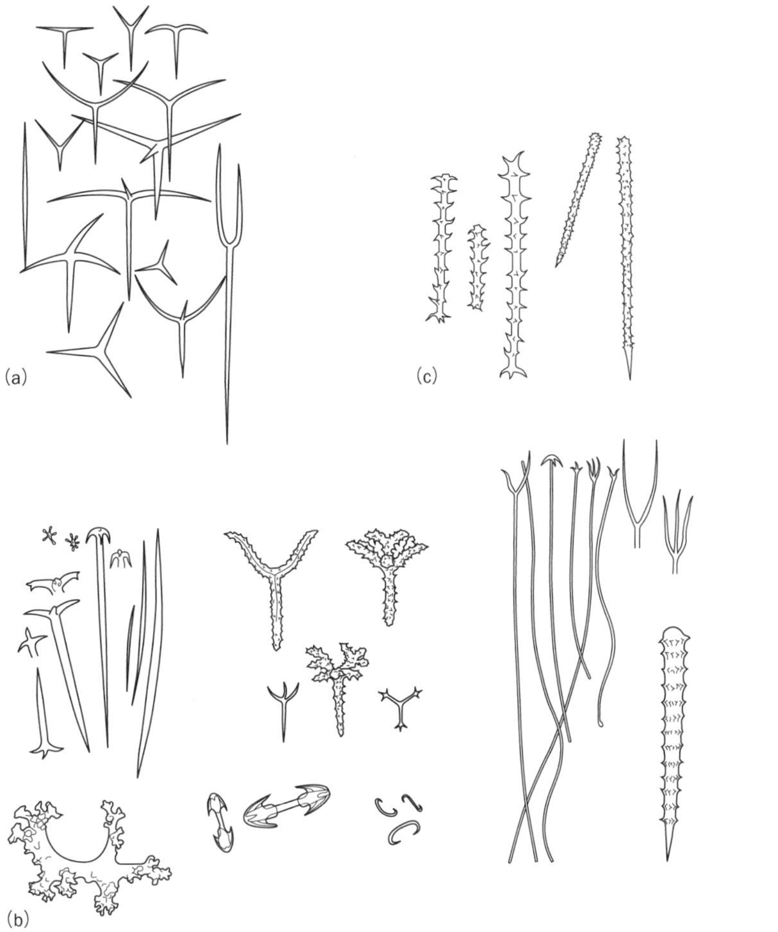

図 3.5　海綿動物の骨片のいろいろ．(a) 石灰海綿，(b) ケイ酸普通海綿，(c) 硬骨海綿（各種文献より）．

海綿動物には，個々の細胞がシンシチウムをつくらないものと，体の外縁部が1層の扁平細胞でおおわれているものがある．骨格系は散らばっているコラーゲン繊維のほかにふつう，石灰質やケイ質の骨片（図 3.5）か，または海綿繊維で構成されている（両方とももつ場合もある）．体形は管状の小さな「個体」から，内部にたくさんの水路と室をもち，多数の流出大孔のある大きくて不定形の塊状のものまで，いろいろと変化に富む．どの形のものであれ，水は壁にある小孔細胞という特徴的な細胞中に形成される小さな孔を通って体内へと入る．

c.　分　類

1万種が存在し，2〜3の綱と 20〜22 の目に分類される．

（i）　石灰質綱 Calcarea

海生種のみ．骨片は2〜4方向にとがっており（図 3.5 a），それらは方解石かアラレ石（どちらも炭酸カルシウムの結晶）でできた石灰質のカイメンである．ある1つの目（ソラシア目，現生のものは1種のみ）では，室が1列に連なった体形をしており，一番古い室はアラレ石の沈殿した塊で充たされている．また他の目では，ぶ厚い石灰の板（鱗）がみられるが，それ以外の目は，典型的なカイメンの形をしており，比較的小型（<10 cm 高）で浅いところに生息している（図 3.6 をみよ）．アスコン型，シコン型，リューコン型のすべての型のものがみられる．

（ii）　普通海綿綱 Demospongiae

この綱は，現生カイメン種のおよそ 95% を含んでいる（図 3.7 を参照）．骨格系は非石灰質だがたいへん多様化しており，この綱はこの骨格系により特徴づけられる．骨格系は散在するコラーゲン繊維でできており，繊維はふつう，角質のタンパク質で

綱	目
石灰海綿綱 Calcarea	クラトリナ目 Clathrinida ロイケッタ目 Leucettida アミカイメン目 Leucosoleniida 毛壷海綿（ツボカイメン）目 Sycettida ペトロビオナ目 Inozoida ソラシア目 Sphinctozoida
普通海綿綱 Demospongiae	同骨海綿（メリカイメン）目 Homosclerophorida 有星海綿（ホシカイメン）目 Choristida 螺旋海綿（トウナスカイメン）目 Spirophorida 石海綿（イシカイメン）目 Lithistida 硬海綿（オオパンカイメン）目 Hadromerida 中軸海綿目 Axinellida アゲラス目 Agelasida 磯海綿（イソカイメン）目 Halichondrida 多骨海綿（コボネカイメン）目 Poecilosclerida 岩海綿（イワカイメン）目 Petrosiida 単骨海綿（ザラカイメン）目 Haplosclerida Verongiida 目 網角質海綿（モクヨクカイメン）目 Dictyoceratida 樹状角質海綿（エダカイメン）目 Dendroceratida
硬骨海綿綱 Sclerospongiae	ケラトポレラ目 Ceratoporellida 床板海綿（アカントカエテテス）目 Tabulospongida

図 3.6 石灰海綿綱の体形（各種文献より）

ある海綿繊維や時としてケイ質の骨片で補強されている．骨片（図 3.5 b）は全体もしくは一部分が繊維中に埋め込まれている（このケイ質の骨片は 3.2.3 項の合胞体門のものとは異なり，6 放射状ではない）．1 つの例外を除いて，すべてのものは水路と室の複雑な構造（水溝系）をもち，大きなサイ

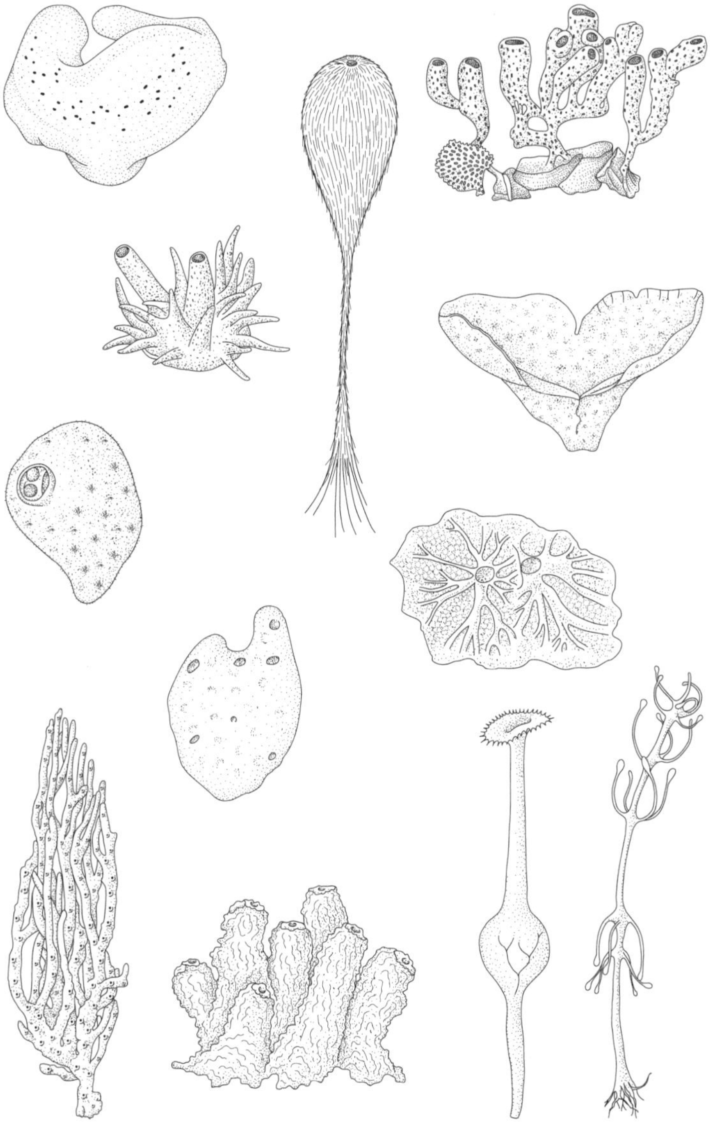

図 3.7　普通海綿綱の体形（各種文献より）

ズになるものもある（高さ 1 m 以上）. おもに海生だが，淡水にも約 150 種存在する（淡水産カイメンは本綱のみ）.

1995 年に変わったカイメンが報告された. これは襟細胞も海綿動物に特徴的な水溝系ももっておらず，一見，刺胞動物ヒドロ虫（3.4.2.c(i)）のようにみえる. このカイメンは，体から伸び出た繊維状のもので小さな甲殻動物をつかまえる. 繊維は鉤形の骨片をもち，それで獲物にひっつく. 捕らえられた動物は遊走細胞によりおおわれ，消化される.

(iii)　硬骨海綿綱 Sclerospongiae

リューコン型の硬骨海綿は群体としての塊を 2 つの異なる部分にもっている（図 3.8）. すなわち①上部の薄い生きている層（普通海綿綱と同等な構造をもつ）と，②それとは分かれている基部の炭酸カルシウムの大量の塊である（この塊は床板海綿目では方解石，他の目ではアラレ石の結晶形のもの）. このカイメンはサンゴ礁の洞窟や海底のトンネルに生息し，よくサンゴと見まちがえられる. 硬骨海綿は，普通海綿綱の中の多系統の構成員であると幾人かの研究者は考えており，最近の分子の証拠から

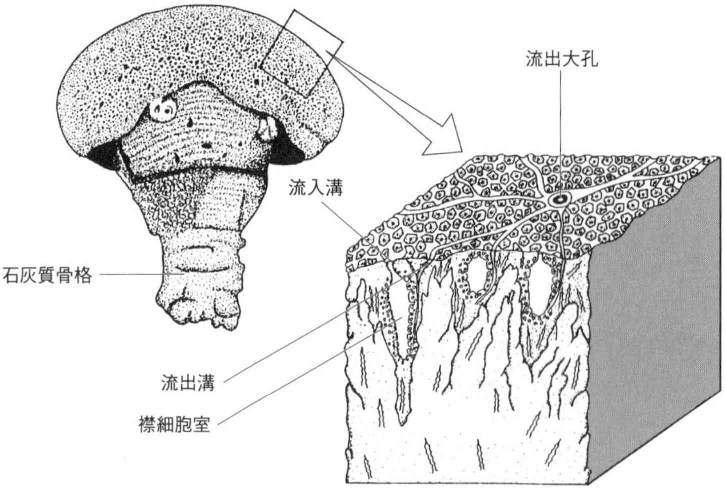

図 3.8 硬骨海綿綱の一種（Bergquist, 1978）

も，床板海綿目は，やはり普通海綿綱の硬海綿目に含まれるべきであり，また少なくともケラトポレラ目のいくつかも同様に普通海綿綱アゲラス目に入れるべきことが示唆されている．

3.2.3 合胞体門 Synplasma（合胞体海綿）

a. 語　源

ギリシャ語：syn＝共に，plasma＝形

b. 判別に役立つ特徴・特別な特徴

1. 体にはいかなる相称性も存在しない（「群体」は普通，特徴的でみかけは放射相称の形をとるが）．
2. 体は本質的に細胞がシンシチウム（合胞体）になっている2層の細胞層をもち，器官やはっきりとした組織はもたない．2層といっても外側の細胞層は紐状でしかないが，この2層の間にゼラチン状でタンパク質でできた中膠があり，中膠の中に全能性をもつアメーバ細胞などの自由に動き回れる細胞が入っている．
3. 腸はない．内側の細胞層であるシンシチウムになった襟細胞層が食物をとらえてとりこむ．
4. シコン型かリューコン型．釣り鐘の形をした室が並んで1層になったものが，中央の1つの腔をとりかこんでいる．水は外側のシンシチウムの細胞層中にある一連の不規則な隙間を通って中央の腔へと導かれ，1個ある流出大孔から排出される．
5. シンシチウムになった襟細胞要素には核はなく，鞭毛をもっている．鞭毛同士が協調的に打って水溝系を流れる水を動かす原動力となる．微絨毛でできた襟が食物粒子を集める．
6. 筋細胞や神経細胞はない．
7. 多くは雌雄同体．精子は食物と似たような方法でとりこまれる．幼生期をもつ．頻繁に無性生殖で増える．
8. 細胞のタイプは数種類しかない．
9. 固着性で動かない動物である．繊維状コラーゲンが二酸化ケイ素の骨片で補強された骨格基質を内部にもち，これが外部から力が加わっても変形しないようにしていると同時に，食われにくくもしている．
10. 海生で底生の濾過摂食者である．

この仲間は古来，ガラス海綿（ケイ質海綿）類とよばれてきた．同じ海綿という名でよばれてきたが，前項でふれた細胞性海綿とは，大きく異なる点がいくつかある．最も顕著な相違点は以下の通り．①細胞がシンシチウムのシートの形をとっていること（このシンシチウムの層にすぐ接している薄い中膠中のアメーバ細胞までもがそうである）．②襟シンシチウム（襟細胞本体が癒合したようなもの）の襟には核がなく，その鞭毛は協調して打つ．③体の外表面はシンシチウムの紐が網状になったものでおおわれているにすぎない．

この仲間の大部分は，きちんとした形をもち，ふつう花瓶形をしている．骨格系は6方向にとがった

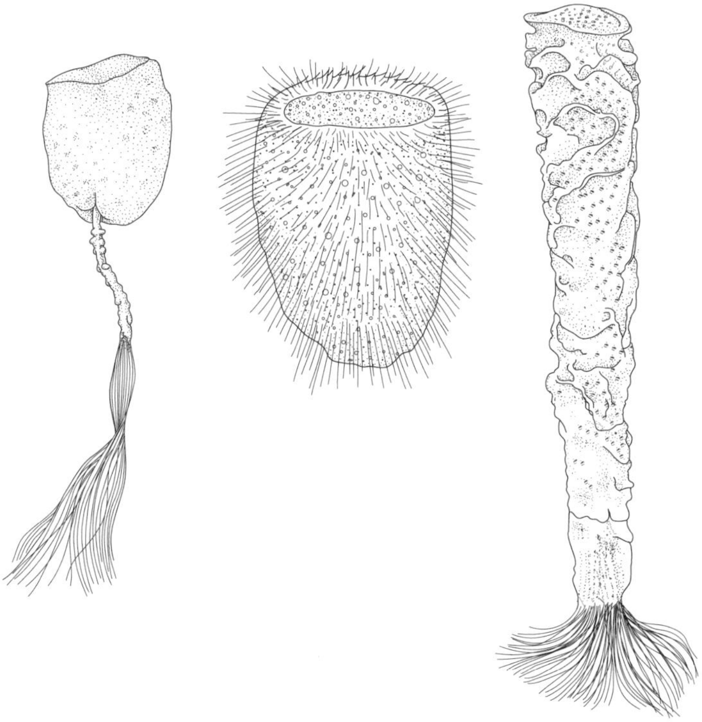

図 3.9　六放海綿綱の体形（Barnes, 1998）

二酸化ケイ素の骨片（3 軸 6 放射相称の骨片，違う形の場合もある）によって大部分が占められており，骨片はしばしば融合して硬い骨の塊となる（図 3.9）．場合によっては，このような骨片の融合して網状になったものが 1 個の流出大孔の上を屋根のようにおおうことがある．またある種では，基部近くの骨片が，細い根が並んだ芝生のような構造になり，カイメンはこれで軟らかい堆積物の積もった海底でも，しっかりと体を固定できる．海綿動物門では，水は小孔細胞中の孔を通って入ってくるが（3.2.2 節），合胞体門ではこれと異なり，水は，外側のシンシチウムの網中の不規則な隙間を通って入ってくる．つぎに水は，釣鐘形の鞭毛室（これが並んで 1 層の層をつくっている）へと入る．鞭毛室の壁は襟シンシチウムでできている．すべての種が海生．ほとんどのものは深海（>500 m）にのみ生息する．

c.　分　類

約 500 種が知られており，これらは皆，1 つの綱（六放海綿綱）にまとめられる．4 つの目に分けられている．すなわち，両盤目 Amphidiscosida，六放目 Hexactinosida，リクニスコシダ目 Lychniscosida，カイロウドウケツ目 Lyssacinosida である．

3.3　ファゴシテロゾア上門 Phagocytellozoa

3.3.1　導　入

ファゴシテロゾアは，唯一つの門（平板動物門）に属する唯一の種が知られているにすぎない．体は単純な 2 層の細胞層からできており，その間にゼラチン質の基質が存在する．これはカイメンのつくり（そして放射動物のつくり）と本質的に似通っている．平板動物にはどんな相称性もなく，また組織も器官も神経細胞も筋細胞もないが，これもまた海綿動物に似た点である．ただし，カイメンの体は中が中空の管状で固着生活をしているが，平板動物の場合，中味の詰まった平たい巨大なアメーバの形をしており，アメーバ同様，仮足のようなものをのばして体の輪郭を変え，どの方向へも動いて行くことができる．

3.3.2 平板動物門 Placozoa

a. 語 源

ギリシャ語：plakos＝平らな，zoon＝動物

b. 判別に役立つ特徴・特別な特徴（図 3.10）

1. いかなる相称性を示す系ももっておらず，アメーバのように形を変えることができる.
2. はっきりした組織や器官をもたない.
3. いかなる体腔や消化のための腔ももたない.
4. いかなる神経による統御系ももたない.
5. 平板状の体で，その面内のどの方向にも動くことが可能.
6. 鞭毛細胞が並んで1層になったものが，液のつまった中膠 mesohyl を外側からくるんおり，中膠の中には星状の繊維細胞がネットワークをなしたものが入っている.
7. 海産.

体は平たい円盤状をしており，その上面には1層の薄い扁平細胞の層があり，扁平細胞の多くは1本の鞭毛をもっている．一方，下面の細胞層は厚く，2タイプの細胞で構成されている．すなわち鞭毛をもつ円柱状の細胞が敷き詰められており，その間のところどころに鞭毛のない腺細胞がちりばめられている(図 3.11)．さまざまな原生生物を餌とする．腺細胞（分泌細胞）が酵素を分泌して餌にかけて体の外で部分的に消化し，次いで同じ分泌細胞が消化産物を吸収する．平板動物は滑るように移動するが，これにかかわるのが下面の鞭毛細胞である．一方，体の形を変える運動は（これが平板動物を巨大なアメーバに似ていると感じさせるが），中膠の中にある繊維細胞が協調して収縮と弛緩することによる．

分裂も出芽もどちらも行い，こうして無性的に増えることは，ごくふつうにみられる．有性生殖も行うが，これについても，またその後の胚の発生についても，ほとんどわかっていない．卵はおそらく下面の細胞層由来であり，たぶん中膠中に蓄えられるのだろう．精子は，平板動物を飼っておいた水の中にいたものが報告されているが，精子形成や受精が観察されたことは，いまだない．

体には4タイプの細胞しかなく，それゆえ最も単純な多細胞生物である．しかし細胞数は数千個，体は直径 3 mm にまで大きくなることができる．この細胞は他のいかなる動物の細胞より，含まれている DNA 量が少ない．量はバクテリアと同程度であり，染色体も微少で 1 μm 以下の長さしかない．ほぼ1世紀の間，平板動物は海綿もしくは刺胞動物の何かのプラヌラ様幼生だと思われてきた．1960 年代後半になって，これらは性的に成熟した段階に達しうることが発見され，1971 年にこの動物のために新しい門が創設されたのである．

平板動物が記録されるのは，最も多く海水槽からであり，自然界では潮間帯でみつかっている．おそらく海にかなり広く分布しているのだろうが，見過ごしやすいのだと思われる．

c. 分 類

ただ一種（もしかしたら2種）が今までに記載されている．この門は，ときどき，ファゴシテロゾア亜界 Phagocytellozoa という別の亜界に置かれる(この動物は通常，食作用 phagocytosis を食物摂取の手段として使わないので，この名がついたのは不運なことである)．

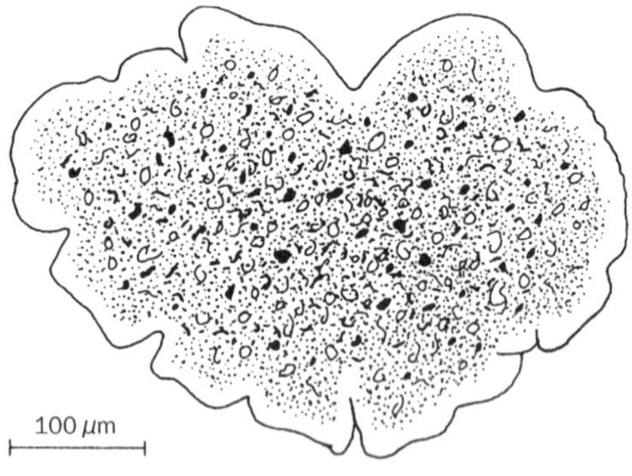

図 3.10 平板動物の一般的外観（Barnes, 1980）

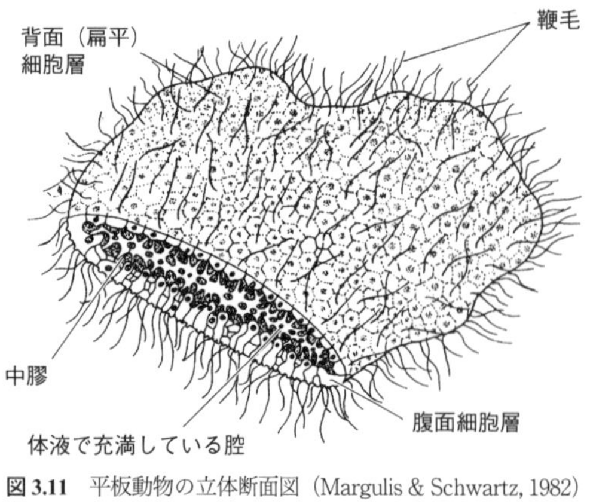

図 3.11 平板動物の立体断面図（Margulis & Schwartz, 1982）

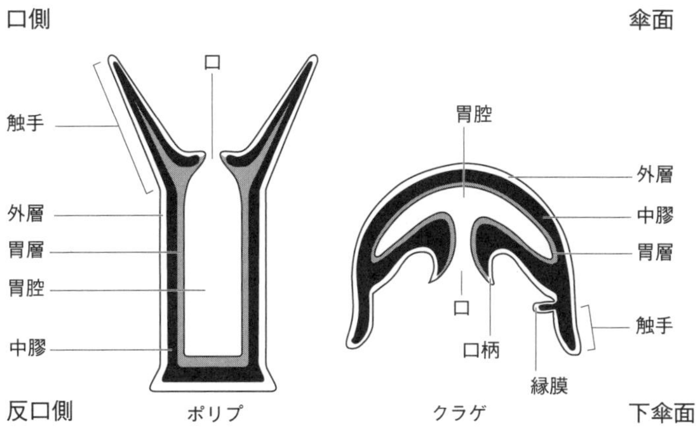

図 3.12 刺胞動物の 2 つの体形（Fingerman, 1976）

3.4 放射動物上門 Radiata

3.4.1 導 入

放射動物（しばしば腔腸動物とも呼ばれる）は，上で述べた側生動物やファゴシテロゾア同様，たった 2 層の細胞層から体ができている．これらの細胞層が，ゼラチン状の基質（この上門では中膠 mesogloea と名づけられている）を真ん中にして，両側からはさみこむようになっている．このサンドイッチ構造は，カイメンと同様，円筒状の体の壁を形づくっている．円筒の一端は閉じている（もしくはほとんど閉じている）．しかし海綿動物や平板動物とは違い，そしてやはり他の動物とも違うところは，① 体は放射相称である（たぶん，最初は 4 放射だっただろう），② 器官系はないが真の組織はあり，また筋細胞として特化した細胞もある．③ 神経として特化した細胞があり，この神経は裸で鞘をもっておらず，1 つもしくは複数のネットワークをつくって円筒の体のすみずみまで分布している．ただし神経索は構成しない．体がどの程度組織だっているかという観点に立つと，放射動物は組織レベルの動物だとよばれてきた．放射動物は運動可能であり，その運動により，動物をとらえて食べる．円筒状の体の腔（腔腸 coelenteron）はこの目的のために腸としてはたらき，特別な細胞小器官（刺胞など）を発射することにより餌をとらえる（これは防御のためにも使われる）．

本書では放射動物上門として，2 つの門を一緒にまとめた（これはよく行われているやり方である）．門の 1 つは刺胞動物で，これを入れるのは議論の余地はない．しかしもう 1 つの門である有櫛動物を入れるかどうかには問題が残る．放射動物として一緒にまとめるのは，ほとんど便宜上のことだが，こうしないと，有櫛動物を系統樹のどの位置に置くべきかは，やはり議論が生じ，無体腔の蠕虫と類縁性がありはしまいかとか，新口動物との類縁性はどうかとか，いろいろと議論されている．

3.4.2 刺胞（しほう）動物門 Cnidaria（ヒドロ虫，クラゲ，イソギンチャク，サンゴ）

a. 語 源

ギリシャ語：knide＝イラクサ（植物で葉に棘があり，刺さると炎症を起こす）

b. 判別に役立つ特徴・特別な特徴（図 3.12）

1. 体は放射相称*.
2. 体は本質的に 2 層の細胞層でできている．これら両側にある細胞層の間にゼラチン状の中膠 mesogloea** があり，中膠の中には細胞が入っている場合もいない場合もある．
3. 体は伸びた管か平たくなった管状で，一端が開いている．管の中央の腔は，腔腸もしくは胃水管腔 gastrovascular cavity とよばれる．開いたほうの端は伸び出して，口（であり肛門でもある）をとりまく一連の触手となる．組織をもつが，はっきりした器官はない．
4. 個々に独立の筋細胞としてもはたらく細胞を

* ［訳注：ただし 4.15.2 項の訳注を参照.］

** ［訳注：同じ中膠という訳語が当てられているが，海綿動物の mesohyl とは異なる.］

もち，各細胞層の基部に神経（裸のもの）のネットワークがある．

5. 体形には2つある．1つは伸びた「ポリプ」polypで，口と反対側で基盤に固着し，口と触手は最上部にある．もう1つは「クラゲ」medusaで，平たい皿や傘の形をしており，泳ぎ，口は下面中央にある．多くのものでは，生活環の中でこれら2つの形が交互に現れ，ポリプのときに無性生殖し，クラゲで有性生殖をする．他のものでは，どちらかの形が退化しているかまったく現れない．
6. ポリプはしばしば互いにつながってモジュール型群体を形成する．1つの群体内のポリプは同型もしくは多型．
7. 細胞内に，特徴的な刺胞（もしくは刺胞様の）細胞小器官をもつ．刺胞とはコイル状に巻いていてしばしば先端に銛をもつ糸で，力強く外転して発射でき，攻撃や防御に使われる（まれには移動運動や管をつくるのにも用いられる）．
8. キチンや炭酸カルシウムでできた構造を，体外や体内に分泌してつくることがよくみられ，これが体の支持や防御に使われる．
9. 雌雄異体もしくは雌雄同体．ふつうは体外受精で，発生はプラヌラ planula 幼生を経る．
10. クラゲは脈打つことを繰り返して泳ぐ．この運動は，弾力のある中膠がバネとして働き，これを，筋細胞が引っ張って振動することにより起こる．ポリプは普通は固着性であるが，ある程度は移動運動ができ，この際には胃腔中の水が静水力学的骨格（静水骨格）として使われる．
11. ほとんどすべてのものが肉食．ただし光合成する共生藻を細胞内にもち，これに栄養の一部やすべてを頼っているものもいる．
12. 水生で，ほとんどが海生．漂泳性か固着性．

刺胞動物は放射動物の中で，多様な1グループを形成しており，非常に単純な体形にもかかわらず，高度に複雑なレベルにまで達することができる．これは，互いに連結したモジュール構造をなすユニットが，繰り返し無性的に増えることによってつくられることによる．ユニットにかなりの多型現象がみられることも，しばしばこの高度の複雑性にあずかっている．こうしてできた1個の群体中に，摂食，生殖，運動，防御，その他，特別の役割に特化したモジュール構造のユニットをもつことができるのである．これら特化したユニットは，ある意味では，他のほとんどの生物の器官に相当するものである．群体（ときには個体）は炭酸カルシウムやキチン（もしくはそれ相当のもの）でできた外部の殻（萼 calyx）をつくることがあり，これは体の支持や防御にはたらく．炭酸カルシウムの殻をもつ仲間は一般にサンゴとよばれ，礁をつくるため，生態学的にも地質学的にも非常に重要な仲間である．ただし刺胞動物における本当の意味での骨格系とは，中膠，もしくは胃腔中の水である．

1層の外側の上皮である外層と，1層の内側の胃層が，ゼラチン質の中膠を両側からはさみこんでい

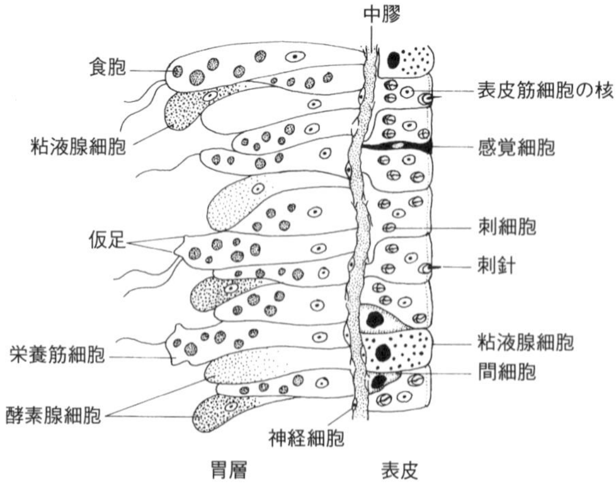

図 3.13 ヒドロ虫の体壁の縦断面：Box 3.2 を参照（Barnes, 1980）

Box 3.2　ヒドラ：よく知られているが非典型的なヒドロ虫

よくみかけるし，いる場所にはたくさんいるため，「ヒドラ」(ヤマトヒドラ，グリーンヒドラ，エヒドラ）というこの小さなポリプは，刺胞動物ヒドロ虫の例として，しばしば教材に使われる．これはいくつかの意味で，不幸なことである．なぜならヒドラは多くの点で普通ではないからである．つまり，① 海生ではなく淡水生，② 群体性ではなく単体性，③ (分泌してつくる外側の殻である）莢を，まったくもっていない，④ 生活環は，クラゲ段階を完全に欠いている，⑤ ポリプ段階は多型を示さない，⑥ プラヌラ幼生の段階がない．

たいへん親しまれていることと，少なくとも細胞レベルの構造では典型的なヒドロ虫類なので，刺胞動物の基本的な細胞のタイプの性質を示すための重宝な例としては，ヒドラは役に立つだろう．

表　皮

表皮は以下のものを含む．

1．表皮筋細胞

これは「表面をおおっている」細胞で，柱状（ときには扁平）をしている．個々の細胞の基部からは，2本（もしくは多数）の細長い部分が体の口—反口軸の方向に伸び出しており，この中に収縮性の筋繊維が入っている．それゆえこの細胞は縦走筋としても，外側の表皮としても働くものである．

2．間細胞

大きな核と少量の細胞質をもつことで見分けられる．この細胞は必要に応じて他のタイプの細胞に分化できる．細胞の回転率はとにかく早い．

3．刺細胞（図 3.14 と本文をみよ）

ヒドラにおいては（どのヒドロ虫類でも，鉢虫類でもそうだが)，1本の硬い繊毛様の構造（刺針 cnidocil）をもち，これは引き金の役目を果たす．細胞膜の透過性が変化して，急速に水がとりこまれることにより，刺胞の発射が起こり，刺糸が，力強く反転しながら刺胞という細胞小器官から（そして細胞からも）出ていく．ヒドラのもつすべての刺胞は毒を注入するタイプで，刺胞は蓋 operculum でおおわれている．しかしながら花虫亜門の中には，別のタイプの刺細胞をもつものがいる．花虫類の刺細胞は蓋と刺針を欠くのが特徴で，蓋のかわりに3つの部分に分かれた垂れ蓋 flap と，刺針のかわりに繊毛錐 ciliary cone という，同等の機能を果たすものをもっている．別のタイプといえば，花虫亜門砂巾着綱のもつ「螺刺胞」spirocyst がある．これは発射されると粘着性の網を形成し，獲物をとらえたり，基盤に付着するのに用いられる．また，花巾着目の粘着性の「褶刺胞」ptychocyst は管をつくるのに使われる．

4．粘液腺細胞

この細胞から分泌される粘液は，接着や餌の捕獲や防御に使われる．

5．神経細胞

これらはふつう方向性はないが，第 16 章で記載されている多極性ニューロンと等価のものである．互いにシナプス結合をつくることにより，表皮の基部に不規則なネットワークをつくる．また，受容器細胞ともシナプス結合をつくる．受容器細胞はその長軸が表皮の表面と垂直方向に向いており，細かい「毛」として表皮から突き出している．いくつかのヒドロ虫は2つの表皮神経網をもつ．刺胞動物では，表皮にも胃層にも神経網をもつのものがほとんどであるが，神経網が2つある場合，ふつう，一方は早く伝える経路になっている．

6．卵と精子

繁殖期になると，表皮にある間細胞が卵と精子に分化する．表皮にある精子の塊（すなわち「精巣」）は乳頭 nipple を介して外界へと開き，精子はそこから外へ逃れ出るが，一方，各「卵巣」中には，1個の卵とそれに伴っている複数の栄養細胞が入っている．卵はその場所で受精し，いくつかの例では，そうしてできてきた胚はキチンでできたカプセル中に包まれている．表皮性の「生殖巣」はヒドロ虫類に典型的なものではあるが，ヒドラのもつこのような生殖システムは，刺胞動物の中では大変にかわったものである．なぜなら，① 刺胞動物の正統的なやり方は体外受精だし，② ヒドロ虫のポリプは，ほとんどのものが無性的にだけ増えるものであり，また，③ 花虫亜門と鉢虫綱の「生殖巣」は胃層に存在するものなのである．

中　膠

ヒドラの中膠はたいへんに薄く，中に細胞が入っていない．それに対して他のいろいろな刺胞動物においては（とりわけクラゲ型のものと花虫亜門では)，中膠はより厚くより繊維質であり，花虫亜門では中に細胞がある．

胃　層

ヒドラの胃層は比較的単純な管状の裏張りの層を形成し，胃水管腔を裏打ちしている．一方，ヒドロ虫以外の刺胞動物の場合，胃層は胃腔中へと伸び出す「隔膜」(septum もしくは mesentery）を形成する．隔膜は口—反口面に突き出した一連のひだであり，各ひだは中膠により支えられている．胃層は以下のタイプの細胞をもつ．

Box 3.2　（つづき）

1．栄養筋細胞
これは食物粒子を飲み込んで細胞内で消化する．鞭毛をもっており，これが食物を，胃水管系の腔の中を通して動かしていき，腔中を攪拌する．また細胞の基部は，口—反口軸と直角に伸び出しており，伸び出た部分に収縮性の筋繊維が入っている．それゆえ環状筋としてはたらく．
2．酵素腺細胞
これはタンパク質分解酵素を分泌し，細胞外消化にはたらく．
3．粘液腺細胞
これはおもに口の近くにあり，表皮の粘液腺細胞と似ている．
4．神経細胞
胃層の神経細胞は表皮のものと似ており，表皮のものもそうだが，これもやはり中膠に隣接している．ヒドラではいくぶん数が少ないが，他の刺胞動物ではずっと多量に存在している．
5．刺細胞
多くの刺胞動物では胃層に刺細胞がみられるが，ヒドラにはない．
6．共生藻
グリーンヒドラや，他の多くの刺胞動物のポリプ，それにいくつかのクラゲでは，胃層の細胞中に，単細胞の光合成する共生生物が入っている．淡水産のヒドラの場合には緑藻の「動物性クロレラ」zoochlorellaが共生し，海産の刺胞動物の場合には渦鞭毛藻の褐虫藻（第9章をみよ）が共生する．いくつかの種では，表皮の細胞中や，中膠中にすら，これらの共生藻がみられる．

る（図3.13とBox 3.2）．こういうたった2層だけの細胞層でつくられている組織レベルの基本構造は，海綿動物のものと根本的に異なっているわけではない．海綿動物同様，この3層が一緒になって，一端が開いている管状の体の壁をつくっている．しかし刺胞動物は海綿動物と異なり，神経網によって協調するように制御された筋細胞があり，これが骨格系と一緒にはたらくことにより，運動が可能になっている．これは，海綿動物とは根本的に異なる生活を可能にする．管の開口部は一方の端に1個のみ存在し，これが口である．口のまわりの体壁は伸び出して，動きかつしっかりとした多数の触手tentacleとなり，これらは口のまわりを1重の輪（多重のこともある）になってとりまく．触手は餌をとらえるのに使え，とらえた獲物は管の腔へと運び入れられ消化される．この門に特異的な細胞である刺細胞cnidocyteが，餌動物を身動きできないようにする．刺細胞の中には，細胞小器官である刺胞nematocystが入っている．これはコイル状に巻いた糸の形をしており（図3.14），引き金が引かれると，刺胞は力強く外転して伸びていく（刺細胞の高い浸透圧によって水が流入することにより，内圧が高まって発射される）．こうして伸びた刺胞は，獲物に毒を注射するのがふつうだが，ものによっては接着物質を分泌するものや，また，餌にからみつくものまである．いったん刺胞が発射されると，その刺細胞は吸収され，新しいものが分化してくる．

刺胞動物はポリプとクラゲの2つの体形のどちらか一方か，両方をとる．両方とる場合には，典型的には生活環の中で交互に両者が交代し，体形の交代に伴い，生殖の仕方も交代する．有性生殖によって，繊毛が生えた小さな中味のつまった幼生がつくられ，それが発生して最後には底生のポリプとなる．ポリプは管状で，反口側で基盤に固着しており，上のほう（水柱のほう）に向いて口と触手をもつ．ポリプは無性生殖で増え，別のポリプをつくったり，プランクトン性のクラゲ世代をつくったりする．増えたポリプは，親とは独立の生活をするようになる場合と，モジュール型群体を形成する場合がある．クラゲは皿や傘の形をとり，皿や傘のリズミカルな収縮によって泳ぐ．ほとんどのクラゲは口と触手を下方に向けている．クラゲ世代は生殖腺を発達させて有性生殖を行い（図3.15），こうして生活環が一回りする．生活環から，2つの世代のどちらか一方がなくなったものもおり，クラゲ世代を失ったものでは，ポリプが無性生殖するのみならず生殖腺も発達させる．ただし，ここで示した基本的な生活史には，さまざまな変異がみられる．

c．分　類

通例，2つの亜門（水母亜門と花虫亜門）が認められる．水母亜門では生活史の中でクラゲが現れ，これがしばしばおもな体形である．花虫亜門はクラ

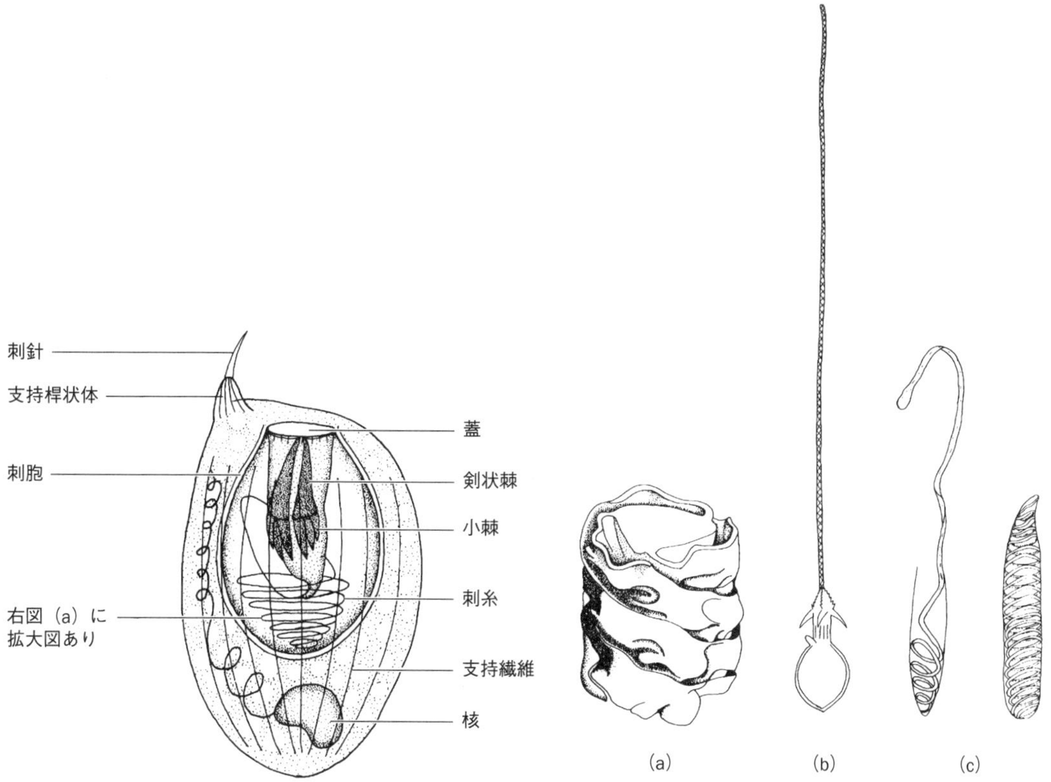

図 3.14　刺細胞（左）と刺胞の形状．（a）発射前の刺糸にはひだが寄っている，（b）発射後の刺糸，（c）イソギンチャクの螺刺胞の発射したもの（左）と未発射のもの（複数から引用）（図 2.5 も参照）．

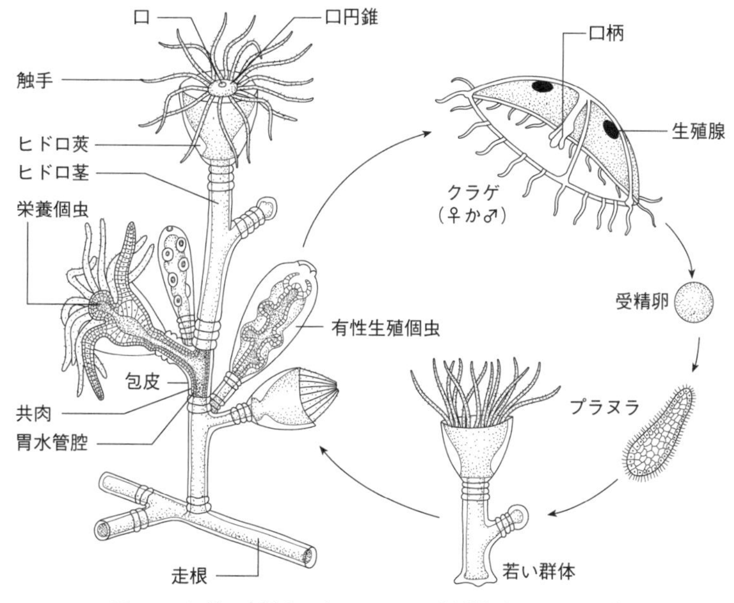

図 3.15　ヒドロ虫綱オベリア *Obelia* の生活環（Barnes, 1980）

亜門	綱	目
水母亜門 Medusozoa	ヒドロ虫綱 Hydrozoa	淡水水母（マミズクラゲ）目 Limnomedusae
		レングクラゲ（ラインギア）目 Laingiomedusae
		剛水母（ツヅミクラゲ）目 Narcomedusae
		硬水母（ツリガネクラゲ）目 Trachymedusae
		アクチヌラ目 Actinulida
		無鞘（ハナクラゲ）目 Anthoathecata
		有鞘（ヤワクラゲ）目 Leptothecata
		管水母（クダクラゲ）目 Siphonophora
	鉢虫綱 Scyphozoa	十文字水母（ジュウモンジクラゲ）目 Stauromedusae
		冠水母（カンムリクラゲ）目 Coronatae
		旗口水母（ミズクラゲ）目 Semaeostomeae
		根口水母（ビゼンクラゲ）目 Rhizostomeae
	箱虫綱 Cubozoa	立方水母（アンドンクラゲ）目 Cubomedusae
花虫亜門 Anthozoa	海鶏頭綱 Alcyonaria	原始八放珊瑚（ハイメイア）目 Protoalcyonaria
		根生（ウミヅタ）目 Stolonifera
		小枝（コエダ）目 Telestacea
		腸軸（ノシヤギ）目 Gastraxonacea
		海楊（ヤギ）目 Gorgonacea
		青珊瑚（アオサンゴ）目 Coenothecalia
		海鶏頭（ウミトサカ）目 Alcyonacea
		海鰓（ウミエラ）目 Pennatulacea
	砂巾着綱 Zoantharia	磯巾着（イソギンチャク）目 Actiniaria
		砂巾着（スナギンチャク）目 Zoanthinaria
		石珊瑚（イシサンゴ）目 Scleractinia
		骨無珊瑚（ホネナシサンゴ）目 Corallimorpharia
		襞巾着（ヒダギンチャク）目 Ptychodactiaria
		角珊瑚（ツノサンゴ）目 Antipatharia
		花巾着（ハナギンチャク）目 Ceriantharia

ゲを欠いており，ポリプは大きく（1 m にまでなることがある）相対的に複雑である．じつは，花虫類はみかけはポリプにみえるけれども，本当は固着したクラゲが起源となっている可能性がある．刺胞動物には5綱，28目，およそ10000種のものがいる．

（i） ヒドロ虫綱 Hydrozoa

海生と淡水生のヒドロ虫綱は，ヒドロポリプとヒドロクラゲよりなっている（図3.16）．これら2つの段階は，生活史の中で，特徴的に交互に交代する．ただし一方が退化したりなくなっている場合もある．ヒドロ虫類は① 表皮性の生殖巣と，② 細胞を含んでいない中膠と，③ 刺細胞が表皮（外層）にのみ存在することにより特徴づけられる．ヒドロポリプは相対的に単純で，胃腔内は仕切られておらず（他のものでは胃層が伸び出たもので仕切られている），ふつう，多型を示すモジュール型群体をつくる（われわれにおなじみのヒドラは，この点では例外的なもの——Box 3.2 をみよ）．多くのものでは群体全体が莢の中に入っており，この莢はキチンでできているが，炭酸カルシウムで補強されることもある．クラゲはポリプ段階のものに付着したままでいることがしばしばあり，その状態で，プラヌラではなく，より発生の進んだアクチヌラ actinula 幼生をつくり出すことがある（図3.17）．アクチヌラはポリプのようだがプランクトン性である．いくつかの目の「クラゲ」は自由生活のアクチヌラ幼生に起源がありそうで，また，アクチヌラ目の「ポリプ」は固着性のアクチヌラ幼生に起源があると思われる．真のクラゲはふつう小さくて，傘のへりから内側へと棚のように張り出した縁膜 velum をもっている．漂泳性のクダクラゲの群体はヒドロ虫類の中でも最も多型に富んでおり，1つの中に，ポリプもクラゲも，いくつかの型があり，こんなものを見ると，モジュール型群体というよりも，これは「個体」だ，と主張したくなる（図3.18 をみよ）．

（ii） 鉢虫綱 Scyphozoa

鉢虫綱，すなわち「クラゲ」は200種おり，すべてが海生である．生活環の中でクラゲが主たる相で

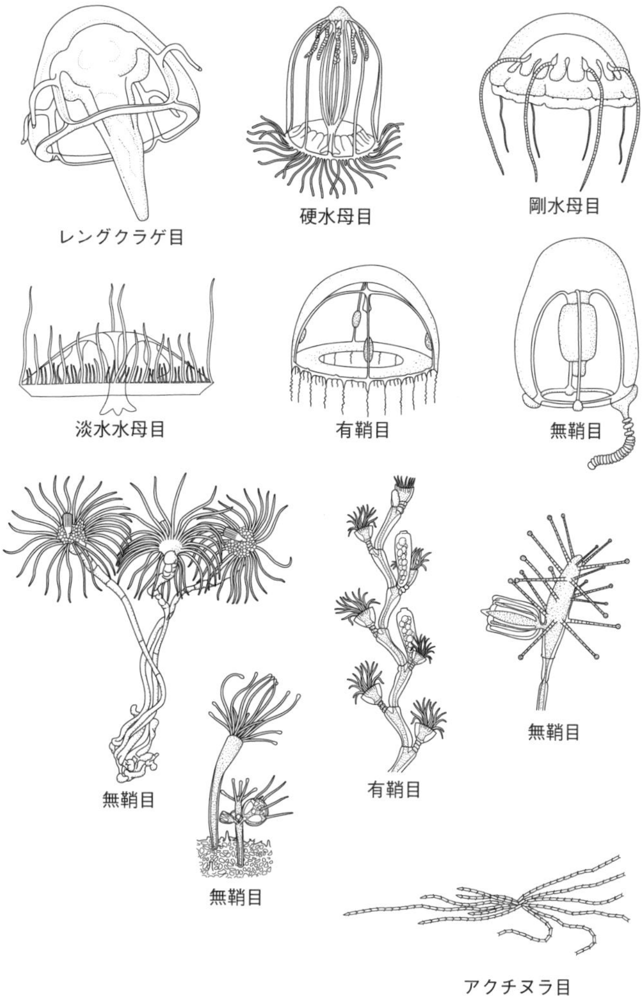

図 3.16　ヒドロ虫綱のクラゲとポリプ（引用元は複数）

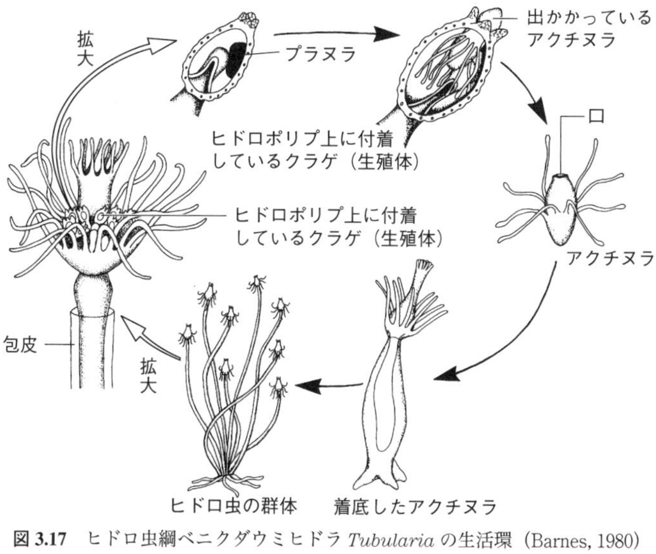

図 3.17　ヒドロ虫綱ベニクダウミヒドラ *Tubularia* の生活環（Barnes, 1980）

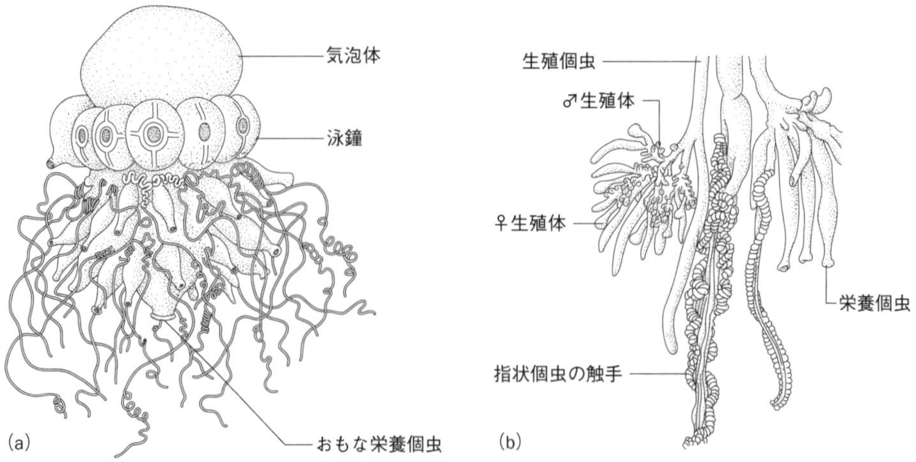

図 3.18　クダクラゲのモジュール型群体．(a) 全群体，(b) 多様なモジュールの細部（Barnes, 1998）.

図 3.19　鉢虫綱．(a) 成体の形状，(b) 典型的な生活環（引用元は複数）

あり（図 3.19 a），ポリプ相（「スキフラ」）は小さくて短命か存在しない．ポリプがある場合は，その胃腔は 4 枚の隔膜で仕切られている．ポリプは口―反口の軸に垂直に分裂（「横分体形成」）して，「エフィラ」とよばれる幼体のクラゲをつくりだす（図 3.19 b）．このようにして 1 つのポリプから多数のクラゲが生じてくる．成体のクラゲはたいへん大きくなることができ，直径 2 m 以上で触手は 70 m にも達するものがいる．ヒドロ虫類のクラゲとは違い，よく発達した中膠には細胞が入っており，生殖巣は胃層にあり，縁膜はもたず，口はしばしば長く伸びて口腕となっている．刺細胞が外層にも胃層にもある点でもヒドロ虫と異なっている．ほとんどのクラゲはプランクトンの主要な捕食者であるが，いくつかのものは濾過摂食者であり，また光合成する共生者に栄養を頼っているものもいる．かわったものには，基盤に反口側で固着していてポリプのようにふるまうもの（ジュウモンジクラゲの仲間）がおり，また，生活史にクラゲがみられずにスキフラが有性生殖する種までいる．

(iii)　箱虫綱 Cubozoa

箱虫綱は 15 種知られており，ほとんどが熱帯の海産である．やはりクラゲであるが，それはヒドロ虫綱のクラゲと鉢虫綱のクラゲの中間といえるようなものである．つまり縁膜があり刺胞の種類もヒドロ虫に似ているが，厚い中膠と胃層の生殖巣をもつ点では鉢虫に似ている．ポリプの相はヒドロ虫のあるもののアクチニア幼生に似ており，知られているかぎりでは，直接小さなクラゲへと変態する（つまり横分体形成はしない）．クラゲの段階は箱形で（断面が四角く，側面が平ら），だから箱虫の名がある．触手は 1 本か，箱の底面の角に 1 本ずつ生えている（図 3.20）．よく発達した目を，触手にも，またクラゲの周辺部にももつ場合があり，その数は 24 個にもなることがある．目には角膜，レンズ，多層の網膜が完備している．少なくともいくつかの種は交尾する．泳いでいて箱虫にさわると，刺胞によりたいへんな苦痛を味わわされる．人を殺すこともあるため，悪名の高いのがこの仲間である．

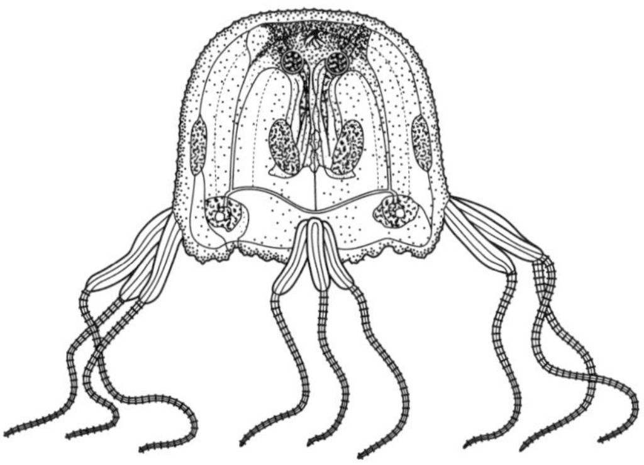

図 3.20　箱虫綱（Barnes, 1998）［訳注：これはミツデリッポウクラゲ *Tripedalia cystophora* の成体．この箱虫は変態してすぐは「箱」の角に 1 本ずつ触手をもつが，成長すると各触手が 3 本に分かれる．］

(iv)　海鶏頭綱（うみとさか） Alcyonaria

海鶏頭綱は海生の花虫亜門．モジュール型群体（個虫は多型ではないのがふつう）をつくる．体内に支持系をもち，それは角質の素材でできているか，炭酸カルシウム製の骨片が融合したり単独であったりするものでできている．これらは中膠の中にあるアメーバ細胞が分泌したものである．どのポリプも隣のものとくっついており，互いに交信が可能である．ポリプは 8 本の触手をもち（側面に小突起のある羽状触手 pinnate tentacle である），腔腸は 8 枚の隔膜で長軸方向（口―基盤方向に）仕切られている．そのためこの仲間は「八放サンゴ」ともよばれる．隔膜は内側の体壁（胃層＋中膠）が腔腸の内へと伸び出したものである．他の花虫類と同様，中膠は厚くて内部に細胞をもち，刺細胞は胃層にも表皮にもあり，生殖巣は胃層にでき，筒袖のような咽頭が口から胃腔の中へと，胃腔の半分の長さを超えるまで伸びている．海鶏頭類では，この袖には繊毛のはえた 1 本の溝（管溝 siphonogriph）があり，これが胃腔へと向かう水流を起こす．クダサンゴ，アオサンゴ，宝石のサンゴ，ウミエラ，ヤギは皆，海鶏頭綱である（図 3.21）．

海鶏頭綱は刺胞動物の中の標準的な捕食者として，解剖学的に立派に適応しているようにみえるにもかかわらず，浅海のものには刺胞がほとんど発達しておらず，食べ物の多く（ある種ではすべて）を，自己の細胞内に共生している「褐虫藻」とよばれる藻類から得ている．この藻はシンビオディニウム *Symbiodinium* という渦鞭毛藻であり，これが光合成をする．その光合成産物により養ってもらっているのである．ただしこういう海鶏頭類も，海水に溶けている有機物を吸収し，またプランクトン性のバクテリアを食べることもできる．

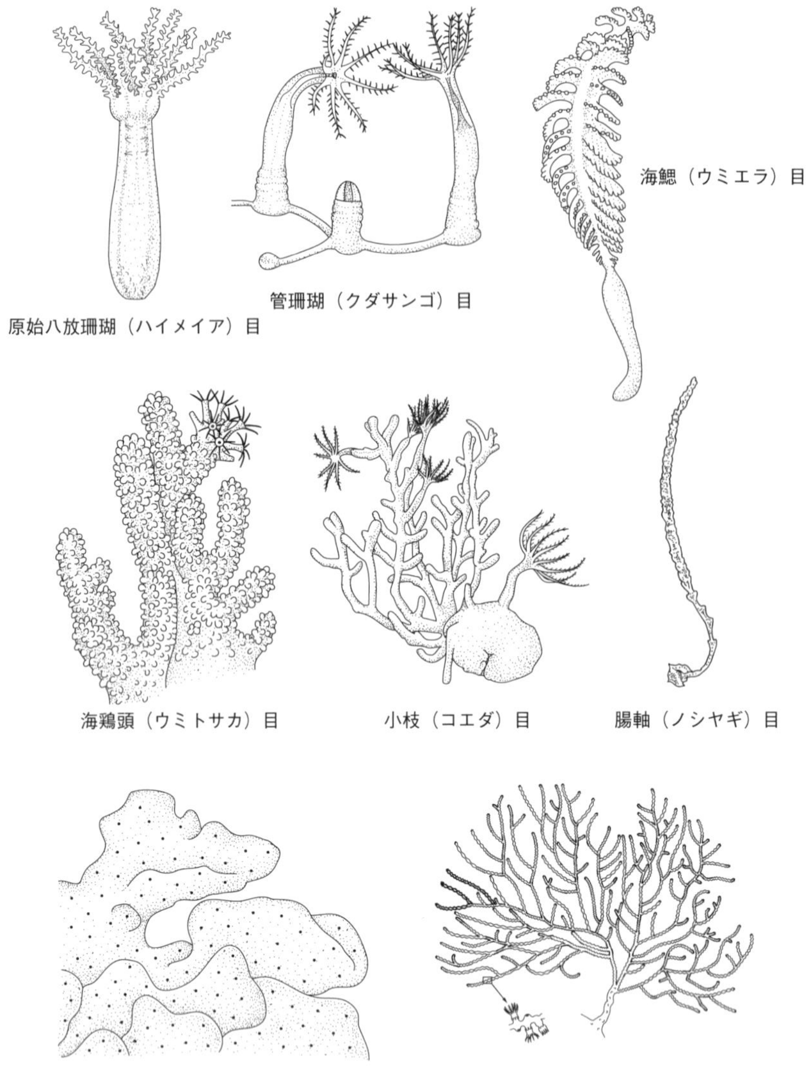

図 3.21 海鶏頭綱の形態（引用元は複数）

（v） 砂巾着(すなぎんちゃく)綱 Zoantharia

砂巾着綱（図 3.22）は海生の花虫亜門．単体性のものもモジュール型群体性（ポリプに多型はない）のものもいる．彼らには体の外側に，体を支持する石のコップを分泌してその中に入っているもの(たとえばイシサンゴ，図 3.23）も，分泌しないもの（たとえばイソギンチャク）もいる．単体性のものでも，無性生殖を頻繁に行うため，クローンがよくみられる．多数の触手をもつが，海鶏頭綱とは対照的に，羽毛状ではなく単純な形の触手で，数は 6 の倍数である．胃腔を仕切っている長軸方向に走る対になった隔壁の数も 6 の倍数である．それゆえこの仲間は「六放サンゴ」という名でよばれることもある．隔壁は体壁の内側の層（胃層＋中膠）が胃腔の中へと伸び出したものである．ただし以下の点では他の花虫亜門（海鶏頭綱）と同様である——中膠は厚くて中に細胞を含んでおり，刺細胞は胃層にも表皮にもあり，生殖巣は胃層にでき，袖のような咽頭が口から胃腔の半分の位置よりもさらに下まで伸びている．砂巾着類では，この袖は繊毛の生えた溝（管溝）を 1～2 本もっており，これが胃腔への水流をつくる．管溝は 2 本が普通であり，この管溝と，スリットのような袖，隔壁の配置が，この仲間の放射相称の体に，かなりの程度の左右相称性を与えて

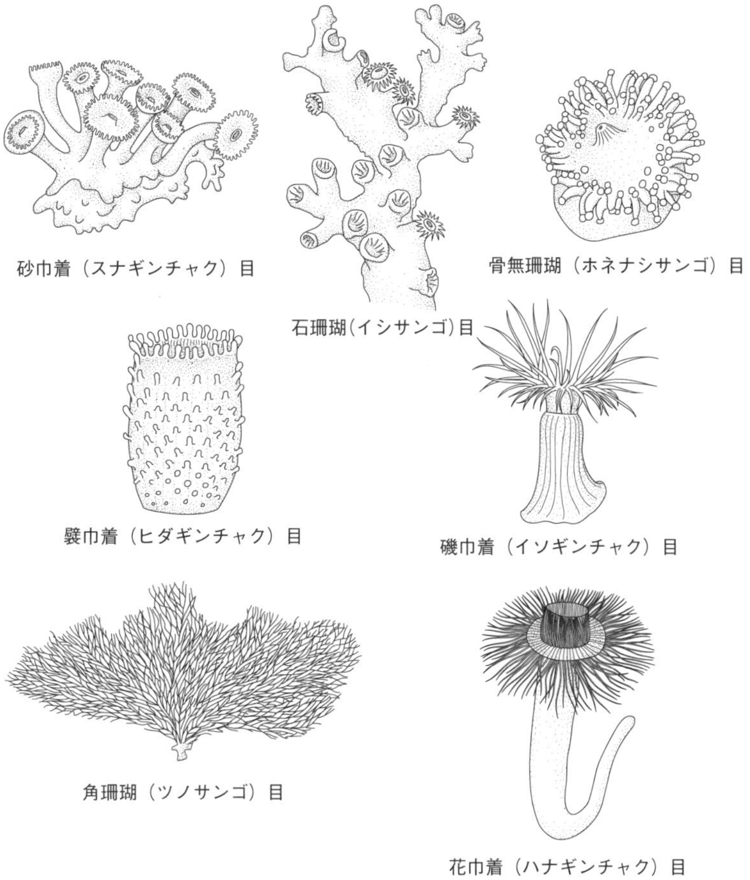

図 3.22 砂巾着綱の形状（引用元は複数）

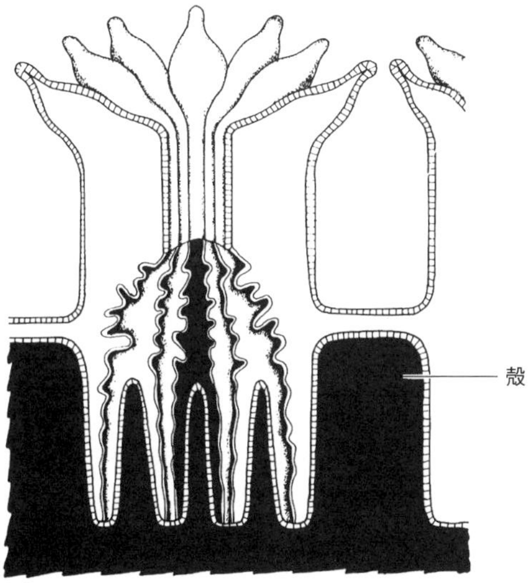

図 3.23 体外に分泌してつくった殻の内に入っている石珊瑚の断面の模式図（Hyman, 1940）

いる．

深海にすむサンゴに触手のないものが 1 種知られているが，これの胃腔の壁には非常に多数の孔（径 1～2 μm）が開いていて外と通じている．この孔のおかげで，この動物は貫通腸をもつことになり，カイメンとまさに同様に濾過摂食をする（ただしカイメンとは逆で，水は大きな孔である口から入って小さい孔から出て行く）．また，多くの浅海性の砂巾着綱では，海鶏頭綱と似たやり方で，細胞内にもっている褐虫藻からほとんどの栄養を得ている（p. 75 と第 9 章をみよ）．また，溶けている有機物 (DOM) やプランクトン性のバクテリアを摂取することもできる．ただし，彼らにとって動物プランクトンを捕食するほうが比較的重要であり，深海に住む種では，これがふつうの栄養摂取法である．浅海性の種にも，そのようなものがいる（たとえば何種類かのイソギンチャク）．しかしながらサンゴ礁のサンゴでは，栄養要求量の平均しておよそ 70% は共生している褐虫藻から得，20％が捕食によって，10％がDOMとバクテリアから得ている．

この綱の中の2つの目（花巾着と角珊瑚）を一緒にして独自の綱（ハナギンチャク・カラマツ綱 Ceriantipatharia）として扱われることがあり，これらは，筋肉・隔膜・触手の配置が比較的単純であることから他の綱と区別できる．この中の単体性でイソギンチャク様のもの（花巾着）は，刺胞のような細胞小器官である襞刺胞 ptychocyst の糸を発射し（Box 3.2 参照），それらの糸と分泌した粘液とで管をつくる．群体性のもの（角珊瑚）は樹状の体の中心を走るキチン製の軸骨格をもつ．これは海鶏頭綱のいくつかがもつものとちょっと似ているが，これを分泌するのは表皮（外層）であるところが異なる（この点では砂巾着綱と同じ）．ただし他の砂巾着類とは異なり，褐虫藻をもたず，栄養は捕食のみによる．

3.4.3 有櫛（ゆうしつ）動物門 Ctenophora （テマリクラゲやクシクラゲ）

a. 語　源

ギリシャ語：ktenos＝櫛，phoros＝もっている

b. 判別に役立つ特徴・特別な特徴

1. 体は放射相称，または二放射相称であり，顕著に平べったいものもいる．
2. 体は2層の細胞層でできている．これらの細胞層の中間に厚いゼラチン状の中膠があり，この中には細胞が入っている．
3. 体は通常，球形か卵形．時々それらがどの面かで平べったくなっているものもおり，極端なものでは帯状になっている．体壁が中央の腔(胃水管腔)を包み込んでおり，この腔は口といくつかの「肛門」の孔で外界と通じている．組織はあるが，はっきりとした器官はない．
4. 筋細胞があり，裸の神経細胞のネットワークをもつ．
5. 体はクラゲ様であり，しばしば2本の触手をもつが，触手は口の近くに生えているわけではなく，鞘の中に入っており，非常に伸び縮みできる．口から反口側へ走る8列の櫛板（くしいた）をもつ．これは繊毛が癒合して板状になったものである．口を上方に向けて生活している．
6. 触手には，ねばりつく糸を発射する膠胞（こうほう） colloblast（粘着細胞）があるが，刺胞はない．
7. 雌雄同体で体外受精．決定的発生であり，二放射卵割後，幼生期を経て発生する．無性生殖は1つの目（クシヒラムシ目）でのみみられる．
8. 運動はふつう，櫛板が互いに協調して打つことによる．
9. 捕食性．海生で漂泳性だが，底生のものもいる．

大部分のクシクラゲは透明なゼラチン質の壊れやすい体をもつ海洋プランクトンであり，発光するが，底生のものもいくつかあり，固着性のものも1種いる（これは革のような肌触りの体をしている）．クシクラゲは，少なくともうわべ上は刺胞動物のクラゲに対応するものにみえる（クシクラゲにポリプの段階に対応するものはない）．卵形のものがほと

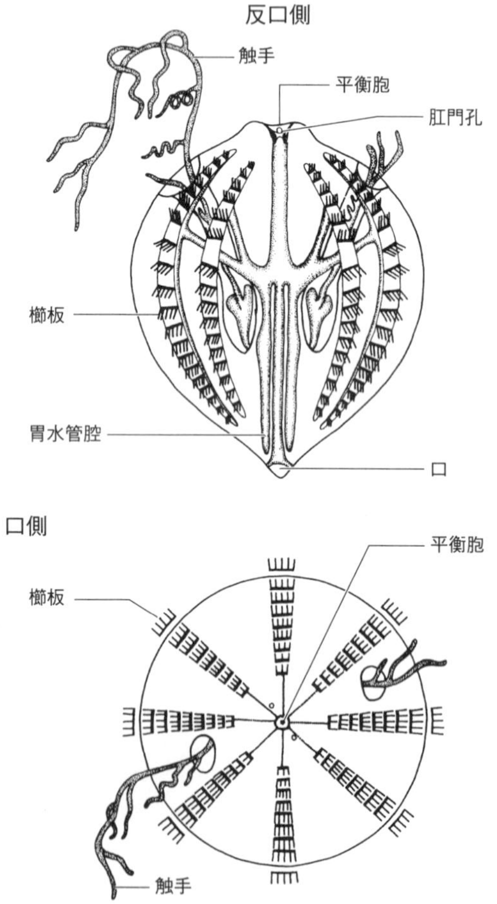

図 3.24　典型的な有櫛動物を側面から見たもの（上）と反口側から見たもの（Buchsbaum, 1951）．［訳注：クシクラゲの図は，（刺胞動物のクラゲに合わせて）口を下に描かれることが多いが，口を上に向けて生活していることに注意.］

んどだが，かなりいろいろな形のものがいる．平たい葉や帯の形のものもいくつかいるが（図 3.26），種によって平たくなるのに，口と反口の面が近づいてぺちゃんこになったものも，側面（触手の生えた面）が近づいたものも，触手の面と垂直な面のものもいる．つまり 3 つのどの面でも平らになるのである．帯状の種は最長 2 m にまでなるものもいる．

クシクラゲが，他のどんな刺胞動物とも違っていることを示す，もっともはっきりして特異的な特徴は「櫛板」である．これは長い繊毛が癒合してできた板である．板は口と反口を結ぶ軸を横切る方向に板の長い面が向いていおり，この板が，口から反口側へと体の表面に沿って一列に並んでいる．このような列を 8 列，クシクラゲはもっている．櫛板は泳ぐうえでのおもな手段である．板はばらばらに打つのではなく，反口極から始まって口側へと伝わっていく継時波 metachronal wave を示して打つ．ふつう，口を前にして泳ぐ．櫛板の協調運動は，神経網が局所的に密になっていることと頂上部にある感覚器によって達成されている．

クシクラゲは典型的な放射動物の体のつくりをしている．すなわち 2 層の細胞層の間に中膠がサンドイッチ状にはさまっており，散在する神経網をもっている．ただし刺胞動物と比べて，いくつかの進んだ特徴がある．枝分かれした腸は，盲管ではなく，一連の「肛門」の孔を介して外界と通じている（腸を外界とつなぐ孔は，少なくとも 1 つの刺胞動物ではみつかっているが——3.4.2.c(v) をみよ）．この肛門の孔は，肛門とはよばれているが，肛門の機能はもたず，たぶん，食物をとりこんだ際に胃水管系中の水が出ていく孔としてだけはたらくようだ．刺胞動物とのさらなる違いは，厚い中膠が筋繊維と間充織細胞を含んでいる点と，表皮下筋肉層をもつ場合がある点である．これらの筋細胞と，細胞を含む中膠とは，真に中胚葉由来であるという議論があり，その議論に基づいてクシクラゲを左右相称動物のいろいろな門に入れる試みがなされてきた．刺胞動物と異なるもう 1 つの点は，刺細胞/刺胞の系をもっていないことである（1 種だけもつものがいるが，これは刺胞動物を餌として食べて獲得したものである）．

c. 分　類

クシクラゲは採集しようとすると壊れやすく，そのために，この仲間に関する知識が不完全であるのは間違いのないところである．現在のところ 100 ほどの既知種がおり，2 綱 7 目に分類されている．

（i）　有触手綱 Tentaculata

この綱はクシクラゲの大部分を含んでおり，1 対の大きい円柱形で羽状の触手をもつことにより他と区別できる．触手は長く伸び，また収縮もでき，繊毛のはえた奥の深い触手鞘の中に入っている．この

綱	目
有触手綱 Tentaculata	風船水母（フウセンクラゲ）目 Cydippida
	扁櫛（クシヒラムシ）目 Platyctida
	兜水母（カブトクラゲ）目 Lobata
	南兜水母（ガネシャ）目 Ganeshida
	海蓴櫛水母（タラッソカリケ）目 Thalassocalycida
	帯水母（オビクラゲ）目 Cestida
無触手綱 Nuda	瓜水母（ウリクラゲ）目 Beroida

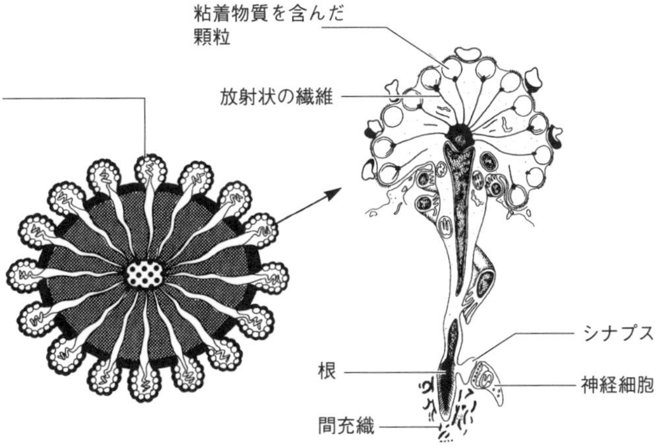

図 3.25　クシクラゲの触手の断面（左）と膠胞の拡大図（さまざまな文献より）

1対の触手により有触手綱のものは2放射相称となる．触手は伸びると体の何十倍もの長さになるが，特別な細胞（膠胞 colloblast や投げ縄細胞 lasso cell とよばれる，図3.25）をもっており，これが発射されると粘着物質を分泌して獲物をとらえる．獲物はまた，粘液でおおわれているか筋肉質の袖状突起によってもとらえられるかもしれない．ときどき，触手は2次的に退化して小さかったり実質上ないに等しいこともある．体の形はきわめて変化に富んでおり（図3.26），体の形と触手の形と発生が，目の分類の基礎として使われる．底生のものもおり，これらは，口のあたりを一時的もしくは恒久的に外転し，その部分に生えている繊毛を使って海底を這い回る．帯の形の種は，体を波打たせて泳ぐことができる．

（ii） 無触手綱 Nuda

無触手綱に属するものは，生活史のどの段階においても触手を欠いており（図3.27），広くてしなやかな口の部分と大きな腸で食べ物（おもに他のクシクラゲ）を丸呑みにする．ちょうど口の入ったところに「巨大繊毛」（この1つ1つは，数千本の軸糸が1つの膜で包まれたもの）があり，これが歯の役

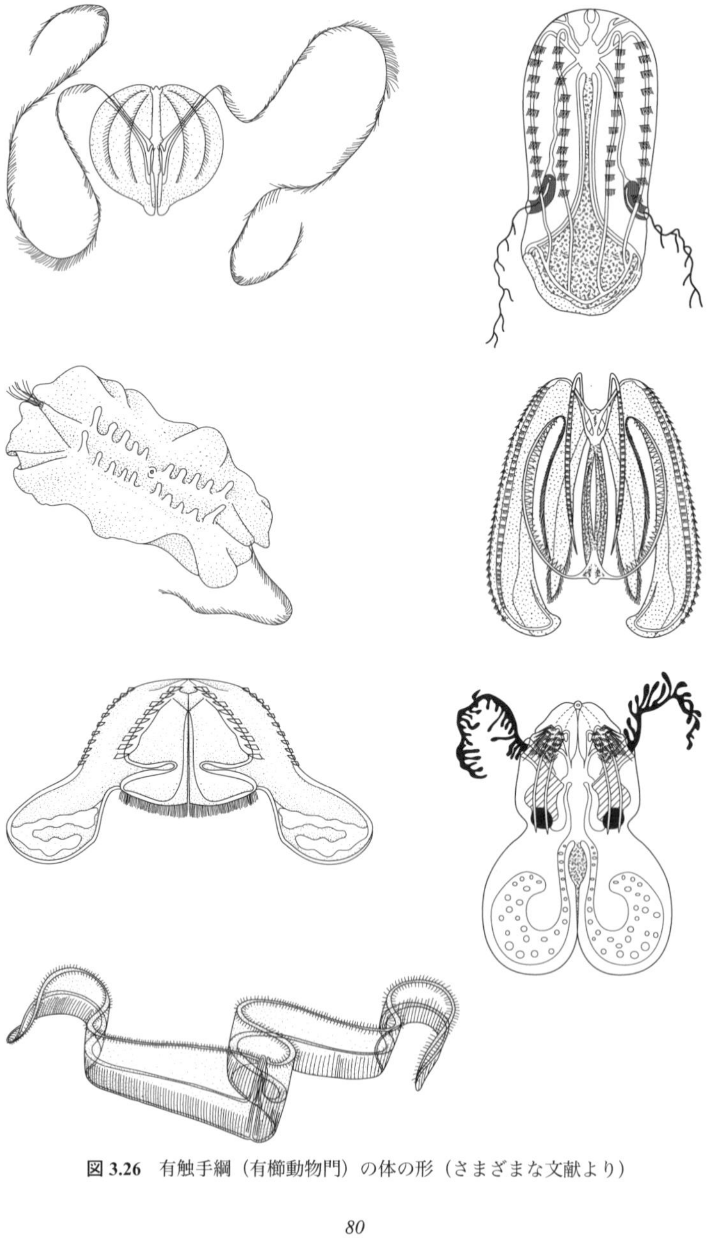

図3.26 有触手綱（有櫛動物門）の体の形（さまざまな文献より）

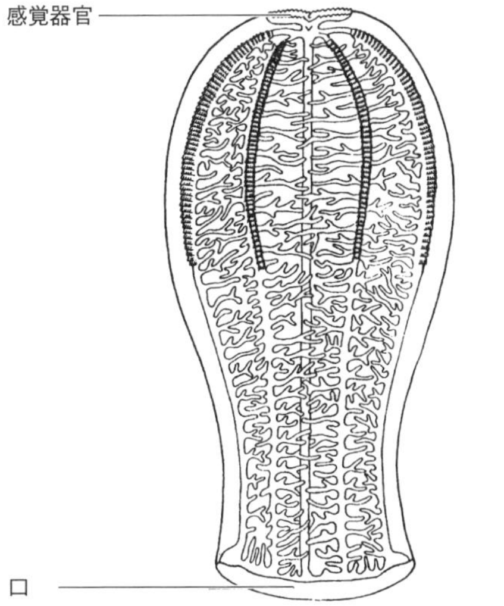

図 3.27　無触手綱の有櫛動物（Hyman, 1940）

割を果たす．

3.5　中生動物上門 Mesozoa

3.5.1　導　入

中生動物はまことに奇妙で不可解なグループである．体長 8 mm 以下の蠕虫で，他者に共生か寄生．他の動物にはみられない奇怪な体の構造と生活環をもつ．体を構成している細胞数は他のどの動物よりも少ない．体は中心に，1 個の長い円柱形の軸細胞 axial cell があり，それを外側の細胞層（20〜30 個の体皮細胞 somatic cell でできている）がとりまいて体ができている（体の中央に腔はない）．体皮細胞はらせん対称に並んでおり，軸細胞は細胞内に最大 100 個もの生殖性の「軸芽細胞」axoblast cell を含んでいる．組織ももたず，骨格となる物質も器官もなく，神経も筋細胞もない．この極端に単純な体のつくりが，もっと複雑な祖先から寄生によって退化したのか，それとも彼らが（ある程度の多細胞性を獲得した）単細胞生物の系譜を代表するものなのかという疑問が出てくるが，これはすべての内部寄生者に共通する問題である（ただしもし寄生による退化だとするなら，祖先の複雑さはまったく残っていないが）．

体のつくりはものすごく単純なのだが，そのものすごさと同じくらいに，生活環はものすごく複雑である（図 3.28）．典型的には，軸芽細胞は軸細胞という細胞の中に入ったままで，「蠕虫型幼生」veriform larva を経て無性的に増える「無性虫」nematogen へと発生する．ある時間が経つと，これらの無性虫は「菱形無性虫」rhombogen をつくり，これが今度は配偶子をつくる．受精は菱形無性虫の軸細胞中で起こり，1 個の「滴虫型幼生」infusoriform larva が生じる．これは寄主を去って自由生活に入る．滴虫型幼生は何らかの方法で新しい寄主をみつけ，そこで，軸細胞を備えてその中に軸芽細胞を含んでいる成虫の段階へと発達する．

この上門中には 1 つの門，菱形動物門のみが含まれる．かつては直泳動物（4.15.4 節）がこの上門に含まれていたが，現在ではこれは類縁がないとされている．

3.5.2　菱形動物門 Rhombozoa

a.　語　源

ギリシャ語：rhombos＝回転するもの［訳注：和名はこれを菱形と誤解したことに基づく．最近では二胚動物門 Dicyemida のほうが使われる］，zoon＝動物

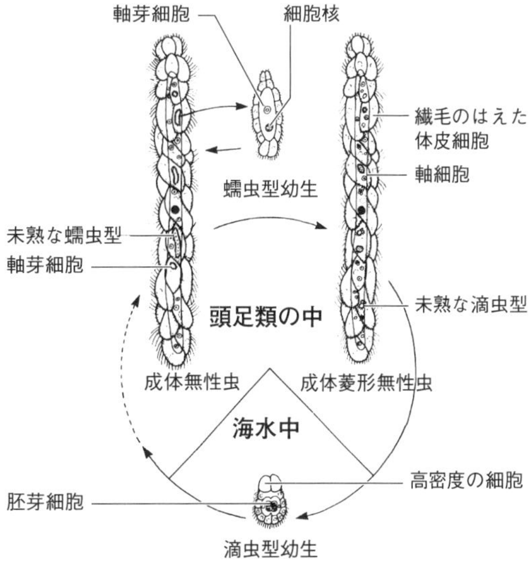

図 3.28　菱形動物の生活環（Margulis & Schwartz, 1982）

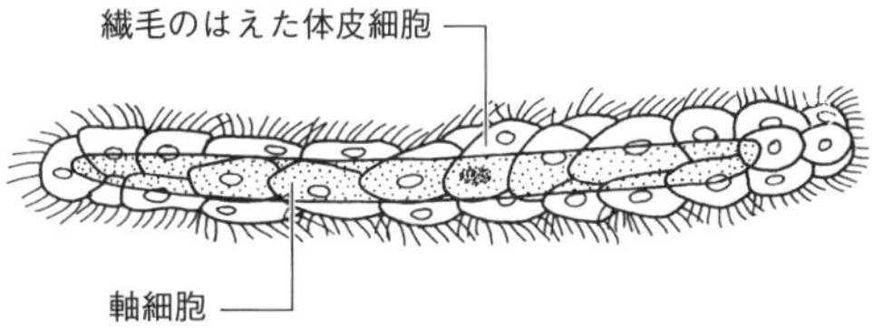

図 3.29　菱形動物の体のつくり（Lapan & Morowitz, 1972）

b. 判別に役立つ特徴・特別な特徴（図 3.29）

1. らせん相称をした蠕虫で，前後の極性をもつ．長さ 0.5〜7 mm．
2. 体を構成している細胞数はたいへん少ない（30 かそれ以下）．内部に 1 個の軸細胞があり，それを 1 層の体皮細胞（ふつう繊毛が生えている）がとりまいている．
3. いかなる組織も器官もない．
4. 神経も筋細胞もない．
5. 腸も体腔も骨格系もない．
6. 生殖細胞もそれから生まれたものも，軸細胞の中で発生する．
7. 有性生殖と無性生殖と幼生の段階のある，複雑な生活史をもつ．
8. 軟体動物頭足綱に内部寄生する．
9. 海生．

菱形動物は特定の頭足類の，排出器官の管の中にいる．尿から物質を吸収することにより生活している．非常に密度が高くなったとき以外，彼らは寄主にほとんど害を与えないようにみえる．タコやイカの個体のほとんどは，この寄生虫の数多くの個体を養っている．

彼らの一般的な解剖と生活史は上に述べた通り．

c. 分　類

2 綱あり，それぞれに 1 つの目が認められている．総計で 75 種ほど．

（i） 二胚虫綱 Dicyemida

菱形動物二胚虫（にはいちゅう）類の体皮細胞は繊毛が生えており分離している（シンシチウムではない）．体皮細胞の数は種ごとに違った一定数に決まっている．最前部の 8 か 9 個が極帽を形成し，その後ろに 2 個の側極細胞 parapolar cell，10〜15 個の間極細胞 trunk cell，そして後端には 2 個の尾極細胞 uropolar cell がくる（図 3.30）．極帽は，寄主（の腎臓の管を裏打ちしている上皮）に接着するのに用いられる．腎臓内で高密度にまでなることができ，こうなることが，有性の菱形無性虫をつくる引き金になるようにみえる．

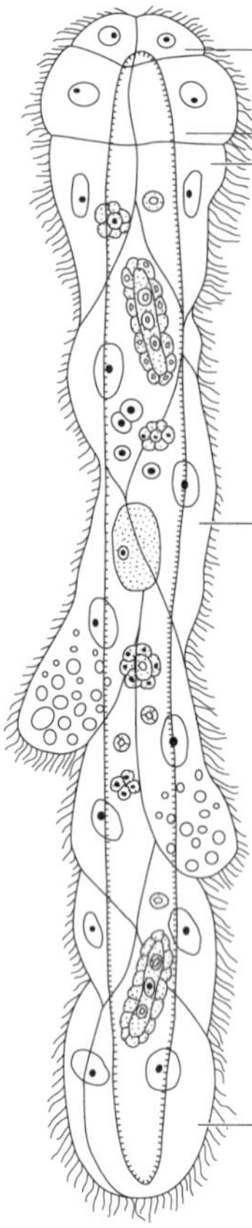

図 3.30 二胚虫綱（Grasse, 1961）

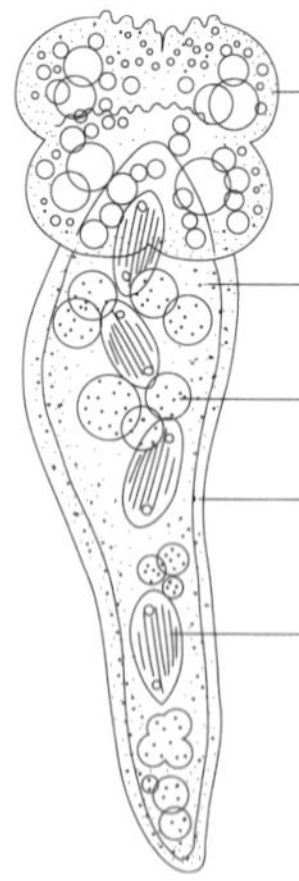

図 3.31 異胚虫綱（Hyman, 1940）

（ii） 異胚虫綱 Heterocyemida

菱形動物異胚虫（いはいちゅう）類は 2 種のみ知られているが，その体皮細胞には繊毛がなく（幼生にはある），体の非常に薄い外層を構成している．1 つの種では，きわめて肥大した 4 個の細胞からなる極帽をもち，数個の平らな細胞が体の他の部分をおおっている（図 3.31）．他の種では，体皮細胞はシンシチウムになっており極帽はない．異胚虫類について，知られていることは，ごくわずかしかない．

3.6　左右相称動物上門 Bilateria

3.6.1　導　入

3.2～3.5 節で側生動物上門，ファゴシテロゾア動物上門，放射動物上門，中生動物上門をとりあげた．これらを除く他のすべての動物たちは，これらとは異なる一連の特徴を共有している．そのうちの最もはっきりしているものは，体の相称性のパターンと，「基本的に 2 層の細胞層でできている」のではないという体のつくりである．この動物たちは，① 左右相称で，背面と腹面，前端と後端をもつ，② 2 層以上（通常 2 よりずっと多い）細胞層で体ができており，組織の大部分は幼生の 1 つの胚葉（中胚葉，これはこの上門のみがもつ）からできてくる．さらにそういう種において，中胚葉は③ 器官系をつくるが，これは 2 層の細胞層で基本的にできている動物たちにはみられない，高度な体の複雑性のレベルである．この上門のすべてのものがまた，④ 神経系は 1 個の脳と多数の長軸方向に走る鞘のある神経索へと組織化される（神経網ももつ場合もあるが）．左右相称上門を他から区別するのが以上の 4 つの特徴である．この上門の中で，最も単純で，また（これには異論があるが）最も原始的なものが扁形動物である．

3.6.2　扁形動物門 Platyhelminthes（ヒラムシ，吸虫，サナダムシ）

a.　語　源

ギリシャ語：plaky＝平らな，helminthes＝蠕虫

b.　判別に役立つ特徴・特別な特徴（図 3.32）

1. 左右相称で背腹方向に平たくなった蠕虫．体長は 1 mm 以下から 5 m 以上．
2. 体は 2 細胞層以上の厚味があり，組織と器官をもつ．
3. 腸は行き止まりの袋状．単純な袋状以外に，枝分かれしたものもある．寄生性の種では腸を欠く場合がある．口は腹面にあり，自由生活者では腹面中央にあることが多い．寄生種で口をもつ場合には体の端にある．
4. 単体節性（体が体節に分かれていない）．ただし 1 グループのものは体節のようなユニットを，体の前方にある増殖域から出芽によりつくり出す．自由生活の種は分化した頭をもち，目があるのが普通．
5. 体腔はない．骨格は間充織である．
6. 体壁にはクチクラ層とその下に縦走筋その他の筋肉層がある．寄生種のクチクラは抵抗性をもち，表皮は繊毛のないシンシチウムである．自由生活種の表皮には繊毛がある．
7. 循環系をもたない．
8. 排出/浸透圧調節器官は原腎管 protonephridium．
9. 神経系は単純だが，通常，脳・はっきりした長軸方向にのびる神経索（1～数対あり，これらは横方向の繊維でつなげられている）・表皮下神経網へと組織化されている．
10. ほとんどが雌雄同体で体内受精を行い，複雑な生殖系をもつ．精子はふつう鞭毛を 2 本もつ．寄生種以外，ふつうは直接発生（寄生種では数多くの 2 次的幼生段階が生じることがあり，あるものは無性的に増える）．無性生

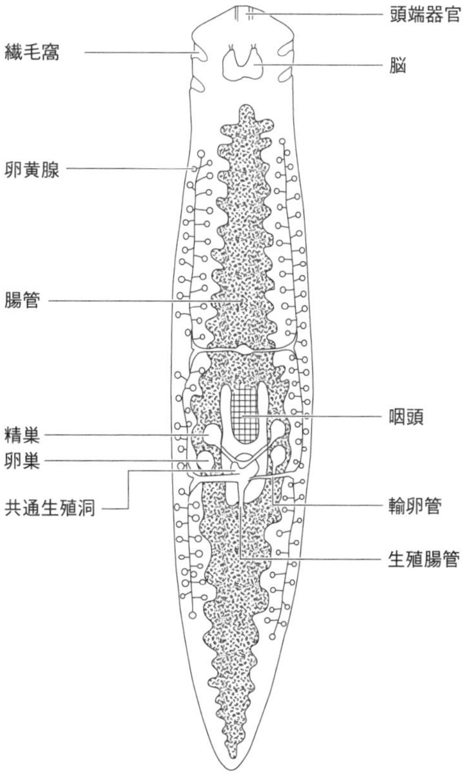

図 3.32　ヒラムシの解剖図．あたかも内部が透けてみえるかのように描いてある（Meglitsch, 1972）

殖はこの門に広くみられる．らせん卵割．

11. 繊毛により滑走するか，腹面（もしくは体全体）に収縮の波を伝えることにより移動運動する．
12. 捕食者であれ腐食者であれ寄生者であれ，この仲間は例外なく動物の組織を食べる．
13. 自由生活の種は底生で，おもに海生だが，淡水生も陸生もいる．ほとんどの種は外部寄生か内部寄生者である．

本章で扱う動物のうち，側生動物と放射動物には「腸」があるが（管状の体が，同様に管状をした中央の腔を包んでいる，その管状の腔を「腸」だとすれば），平板動物や中生動物は中味のつまった体であり，腸はもたない．それに対して，ヒラムシは左右相称の中味のつまった体であり，真の腸をもっている（先端が盲嚢になっていて口が肛門としてもはたらくものだけれど）．ヒラムシはだから他の多くの左右相称動物の門のものたちとは，おもにヒラムシがもっていないもので区別されているのであって，何か特別な特徴があるから区別されるわけではない．このことから，ヒラムシが左右相称動物の祖先の体形に最も近いと主張できるものだといっても，たぶんそれほど見当外れではないだろう．つまりヒラムシは体腔を欠き，血管系を欠き，貫通腸を欠き，また何か特別に区別するような特徴も欠いている左右相称動物である．呼吸ガスを循環させられる体液系を欠くことから，（欠いているという負の性質だけではなく，あるという）1つの正の性質がヒラムシには生じている（少なくとも体の大きなヒラムシでは）．つまりヒラムシの平たいという性質である．（中身のつまった体の中の）すべての細胞の必要とする酸素が，体の表面から拡散により供給され，二酸化炭素を拡散によって取り去ることができるように，少なくとも1つの面（背腹の面）において体が薄く保たれなければならないのである．だから体のサイズが比較的大きくなるには，葉状や帯状にならざるを得ない．それと同じことだが，消化産物は腸から体中のすべての細胞に拡散していかねばならず，それゆえより体の大きいものの腸は，より枝分かれして，ほぼ体のすみずみまで岐腸 diverticulum が伸びなければならない（図 3.33）．ほとんどのヒラムシは原腎管という老廃物を取り去るための「排出器官」をちゃんともっている．ただし老廃物が体から出るのは，たぶん拡散が主であって，原腎管は浸透圧調節が主要な機能である．原腎管は淡水のもので，とくによく発達している．さて，以上の特徴が肉眼で見えるほど体が大きくなることへの適応だと認めるとしても，大きい体に，拡散で対応できる能力には限界があり，ほとんどのヒラムシは顕微鏡的な大きさにとどまっている．それに対して，細胞層が2層だけでできているほとんどの動物では，どちらの細胞層も外界に接している．外層は直接接しているし，内層は，放射動物の場合には水（ふつうは海水）で満たされた胃腔であり，カイメンの場合は，水溝系という外界と通じている水路である．そのため，拡散距離はつねに非常に小さく，これらの動物では個体のサイズが大きくても，何の問題も起こらない．だからカイメンやクラゲや単体性の花虫亜門（群体のものはもちろん）と比べて，ヒラムシは平均すればずっと小さい．

左右相称動物の大部分は1個かそれ以上の腔（これらは多様な形で多様な起源のもの）をもっているものであるが，ヒラムシの場合は体の中身がつまった無体腔動物 acoelomate である（図 3.34）．これはふつう（ここでやるように）原始的な特徴と解釈されるが，動物学者によっては，これは2次的なものであって，扁形動物は体腔をもつ動物に由来したのだという人がいる．そうかもしれないが，今いるヒラムシには体腔の痕跡すらなく，体壁とさまざまな器官の間の空間は，不規則な形の細胞が「柔組織」parenchyma を形成したものにより埋められて

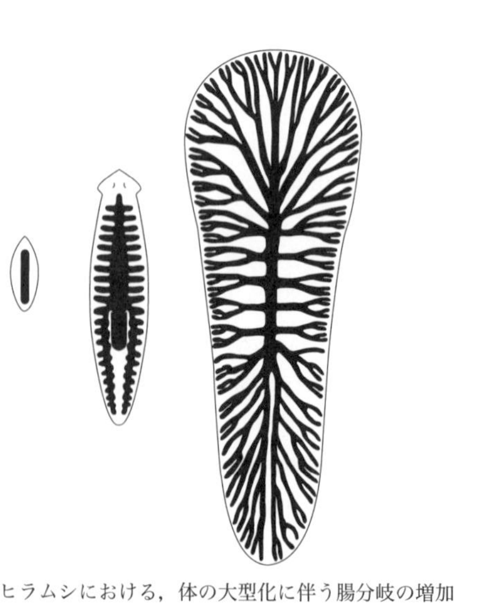

図 3.33　ヒラムシにおける，体の大型化に伴う腸分岐の増加

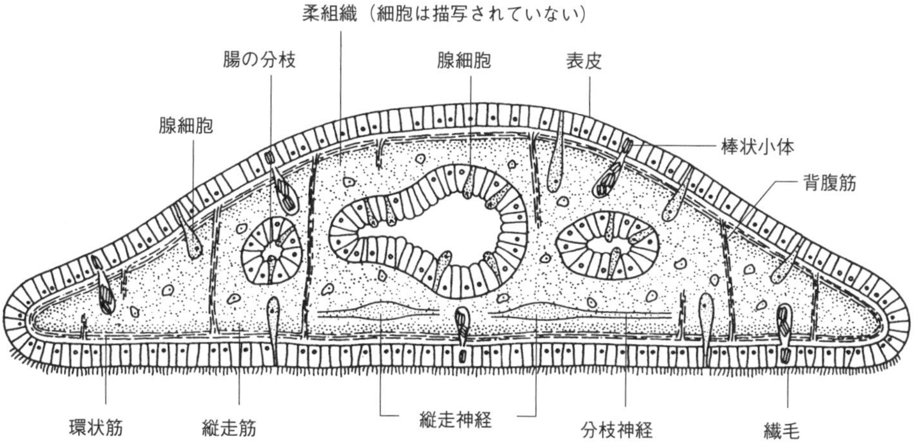

図 3.34　ヒラムシの横断面（Kozloff, 1990）

いる．これらの細胞のうち，小さな新成細胞 neoblast は再生や無性生殖で増える際に重要である（ヒラムシでは再生も無性生殖もきわめて発達している）．自由生活種では，柔組織中の別の細胞である腺細胞が，表皮中の細胞とともに，棒状小体 rhabdoid という棒状の構造を分泌する．この神秘的な構造は外界へと出され（柔組織の中でつくられたものは，表皮の中の隙間を通って外に出る），外でこれらは粘液を放出する（防衛のための化学物質も出しているかもしれない）．寄生するものには棒状小体はないが，それは寄生性のものでは，体の外側が特別のものでおおわれていることと，おそらく関係しているだろう．扁形動物には，どうもキチンがないようにみえるが，これは動物の間ではあまり普通のことではない．

c.　分　類

一般的な体形と生活のスタイルからみれば，扁形動物にはおもに 4 タイプがある．自由生活の渦虫類，単生類の吸虫（ふつう魚の外部寄生虫），内部寄生の Trematoda（単生類以外の吸虫），そして腸をもたない内部寄生の条虫である．これらは扁形動物の伝統的な 4 つの綱を形成し，これは寄生虫学者によって認められた標準的な分け方である．しかし分子分類や分岐分類によって，扁形動物の進化の主

綱	目
無腸形（アコエロモルフ）綱 Acoelomorpha	皮中神経（ネマトデルマ）目 Nemertodermatida 無腸（コンボルタ）目 Acoela
小鎖状（カテヌラ）綱 Catenulidea	小鎖状（カテヌラ）目 Catenulida
多食（マクロストモモルファ）綱 Macrostomomorpha	多食（チョウヅメヒメウズムシ）目 Macrostomida 単咽頭（ハプロファリンクス）目 Haplopharyngida
多岐腸綱 Polycladidea	多岐腸（ヒラムシ）目 Polycladida
ネオオフォラ綱 Neoophora	卵黄皮（ヒラウズムシ）目 Lecithoepitheliata 原卵黄（アミメウズムシ）目 Prolecithophora 原順列（ヒメヒラウズムシ）目 Proseriata 三岐腸（ウズムシ）目 Tricladida 陰吻（ハリヒメウズムシ）目 Kalyptorhynchida 無吻（ヒメウズムシ）目 Typhloplanida 截頭（ツノウズムシ）目 Temnocephalida 樽咽頭（タルヒメウズムシ）目 Dalyelliida 盾吸虫目 Aspidogastrea 二生目 Digenea 単生目 Monogenea 条虫目 Cestoda

な系統はこれら4つではなく，5つほどのグループ（すべて渦虫類によって占められている）だということが示された．寄生性ヒラムシの3つの綱が扁形動物門の現生種のかなりの部分を占めているのだが（Box 3.3をみよ），それらは，じつはこの5つのグループのうちの，たった1つの系統の一部を形づくるにすぎないのである．この結果の意味するところの1つは，過去の分類では，自由生活の種が低すぎるレベルのものに分類され，寄生性のものが高すぎるレベルに分類されてきたことである．これらの系統上のデータは，前頁の表にあげる分類の中に反映されている．この分類では，扁形動物の25000種と一番基礎となる18の異なるグループは5つの分岐分類の「綱」に分けられている．しかしながら寄生性ヒラムシはたいへんに重要であるため，本文中においてはヒラムシの多様性を，より伝統的な線に沿って述べていくことにする．

（i） 渦虫類のヒラムシ

渦虫類は大部分が自由生活のヒラムシであり（図3.35），表皮に生えている繊毛によるか，より大きい種では，筋肉の収縮する波を平らな体の腹面を伝わらせて物の表面を這う．体壁はふつう環状筋と縦走筋の両方，さらに体の端から端へと斜めに走る筋肉をもっている．渦虫類は，小はバクテリアから大は小動物まで，頭にある感覚器官を用いてみつけて捕食する．いくつかのものは共生/寄生する（ほとんどが他の無脊椎動物に）．大部分が海生だが，淡水にいるものも多数あり，いくつかは陸生で，じめじめしたか湿った微小生息場所にいる．ほとんどの種は体長0.5～5 mmであるが，陸生のいくつかの種では50 cmに達することができるし，バイカル湖にすむ淡水生の1種は60 cmを超える．口は腹面にあり，咽頭（外転して射出可能なもの）の端が口になっていることがよくみられる．咽頭は腸へと続くが，腸はヒラムシの体の大きさによって，単なる筒状の腸から，いくつかの小葉に分かれたり，ずっと多くの枝に分かれたものまである．ほとんどのものは直接発生であるが，いくつかのものでは繊毛

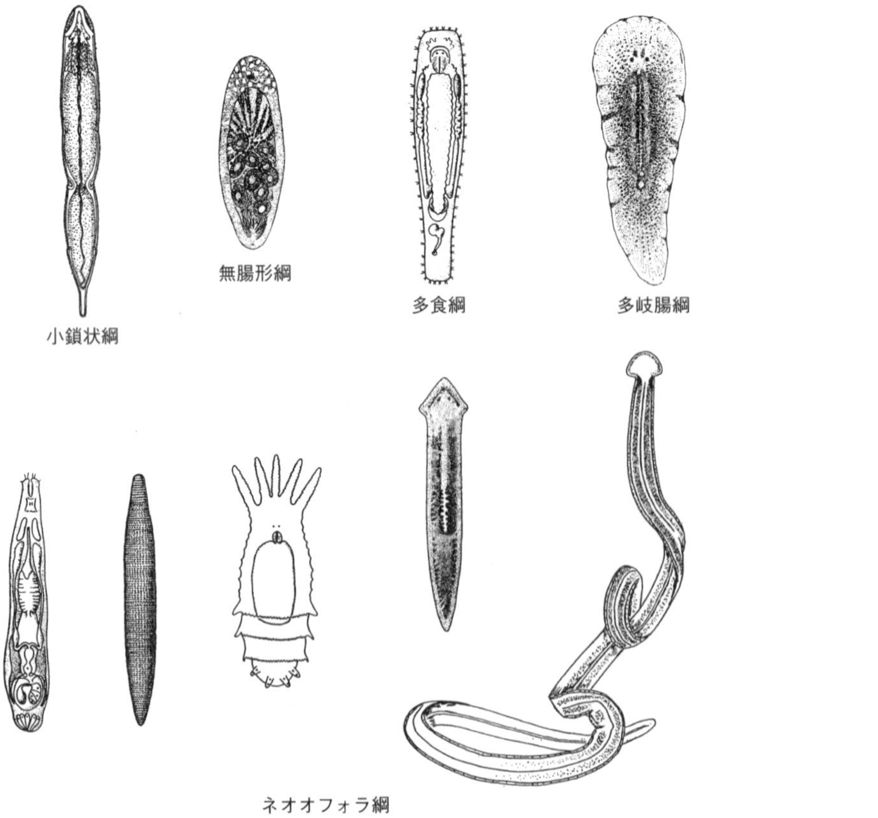

図 3.35 渦虫類ヒラムシの体形（引用元は複数）

Box 3.3　寄生と扁形動物

本文中で指摘したように，現生の扁形動物の大半は他の動物に寄生しており（わけても成虫では脊椎動物に），彼らは，祖先であるネオオフォラ綱のウズムシからは，解剖学的構造においても生活環においても，じつに際立って違ってきてしまっている．このBoxでは，手短に寄生の生物学について論じることにする．とりわけ内部寄生虫である吸虫と条虫に重点をおくが，そうすると人間の生物学に直接立ち入ることが多くなる（たとえばニホンジュウケツキュウチュウはほぼ2億人，ユウコウジョウチュウは7000万人に感染している）．

「寄生虫」といえばだれでも知っているが，定義しようとすると驚くほど困難な概念であり，捕食者や共生者のような関連する他のものとの区別が難しい．日常的な感覚では，寄生者といえば，他者が多大なコストをかけて得た資源を，わずかのコストでいただいて使うものである．しかし，寄生者だとしばしばいわれるものが，実際には標準的な捕食者（つまり他の動物の組織などをさがして消費する者）であって，たまたま体が餌よりずっと小さくて，餌動物を殺すことができないだけなのだということがある．たとえば，ヒルが大きな哺乳類を食べるときには寄生者で，同じヒルが巻貝を食べれば捕食者になるし，カが哺乳類の血を吸えば寄生で，マツモムシがカの幼虫に同じことをすれば捕食となってしまうのだ．以上の例では自由生活者が，他者を外側から攻撃した（たとえば特別な口器で皮膚を刺して吸う）のだが，同じことは内側から他者を食べる場合にもあてはまる．小さな動物が自分より大きなものの内部に住んでそれを食べると，寄生者とよばれてきたが（たとえば吸虫のように），彼らも本質においては他のどんな捕食者とも異なった行動をとっているわけではない．単に，餌動物の全部を食べてしまえないほど体が小さいというだけなのである．ある昆虫の幼虫は，餌動物を体内から食べながら育って大きくなって，最後には食べ尽くすが，こういうものはしばしば「捕食寄生者」parasitoidとよばれる．こういう例もあるけれども，寄主の腸内にすんで，寄主が集めて消化した食物を食べる（「盗む」）動物は，標準的な意味で，寄生的にふるまっているのであって，条虫はその例である．自然の用意するカテゴリーは，ほとんどどのレベルでみても連続しており，はっきりと分かれているものではなく，どっちの定義をとれば区別がはっきりするかをここで議論しても得るところはない．このBoxで寄生扁形動物を考察するにあたっては，単純に一般的な使い方に従い，吸虫と条虫を同等に内部寄生虫として扱うことにする（吸虫は微小な捕食者であり，条虫は他者が集めた餌の盗人であるのだが）．ここでの興味の対象は，他の動物の体内にすめるにはどうでなければいけないか，すんだ結果としてどうなったか，であり，これらの種にあてはまるべき正確な言葉は何かではないからである（9.2.3節もみよ）．

他の動物の内部環境とは，おおまかにみれば比較的均一な生息場所であり，侵入する動物にとっては克服すべきはっきりした一連の問題のある場所でもある．すべての寄生種はそれゆえ，同じ進化圧に直面しており，それに反応して驚くほど多くのものが共通の解決法を編み出している．1つの寄主から次の寄主へと感染することの困難さも，やはりすべての寄生者が直面していることであり，これにおいても，分類学的な境界を越えて共通の解決法がみられるのである．

解剖学的変化

渦虫類は感覚器をもった頭と繊毛の生えた表皮により特徴づけられる．これらは寄生性のグループでは失われている（まったくみられないか，幼生の第一段階の後で失われる）．頭が消失する理由はほぼ自明だろう．彼らは食べ物にとりまかれており，加わる外来の脅威も，寄主内の，どこかある方向から来るのではない．つまりエネルギー獲得はもはや自然選択にかかることはなく，頭をもっていても有利にはならないのである．繊毛の生えた表皮が消失したのは，すべての種で共有される抵抗性の外被が発達した結果である（図3.38，3.43をみよ）．（繊毛表皮がないことが，吸虫と条虫とが非常に近い類縁関係にあるとみなされた理由の1つであり，これら寄生性の3つの「綱」をひとまとめにしたものが新皮類Neodermataと名づけられた理由である）．ちょっと普通のことではないが，寄生性扁形動物はクチクラをもっておらず（古い文献は外被をクチクラと記載しているが），彼らの体は生きたシンシチウムによっておおわれている．これは柔組織中にある細胞からつくられたものである．外被は寄主の抗体に対する防御となり，腸内にすむものにおいては消化酵素に対する防御となる．そして寄主のもつ溶けている有機物を，体壁を通してとりこむことを可能にしている．取込みの過程は腸をもたない条虫においてとりわけ発達しており，条虫が必要とするすべてのものを寄主から直接吸収している．

多くの寄生者と同様，寄生性のヒラムシのすべては，寄主に付着するための器官をもつ．それは鉤形のものや，さまざまなタイプの吸盤で，それらの1つをもつ場合も組み合わせてもっている場合もある．寄生性ヒラムシはまた，よく発達した腸をもっていて継続的に手に入る食物を処理するものもいるし（たとえば

Box 3.3 (つづき)

吸虫), 寄主の消化管中にすむものでは, 自身の腸を失ってしまい, あらかじめ消化された食物を体の表面から吸収する. 条虫は後者であり, ミトコンドリアに富む外被は, 微絨毛様の微小毛により表面積が非常に増大し, 取込みがより容易になっている (図 3.43).

生活環と無性生殖

ある終宿主 (その体内に吸虫や条虫の成虫がいる) から他の宿主への伝達は, もう 1 つの危険であり, 多くの生命の損失を伴うだろうことは, 多数の子を生むことから推測される. そして多数の子をつくれるのも, ① 寄生者のまわりには過剰なほど食糧があふれており, ② 子をつくる以外に必要とされるエネルギーは最小限であり, ③ たいへんよく発達した生殖系 (雄性先熟の雌雄同体がふつう) を寄生性のヒラムシがもっている, からこそ可能になっているのである. ほとんどの条虫は, ベルトコンベアー式に, 毎日何十万個の卵を生む. 条虫の体は片節 proglottis が, 一見, 体節のように 1 列につながってできている. 体の先端が付着器官をもつ頭節 scolex であり, そのすぐ後ろに増殖域があり, ここから芽が出るように新しい片節ができてくる. そうしてできた片節たちは, みな, ほとんど生殖器官以外の何ものでもない. 受精後 (他家受精がふつうだが自家受精も可能), 片節は発達した卵で満たされ, ついには鎖の端から離れ落ち, 糞とともに排出される. 人間に寄生する無鉤条虫 *Taenia saginata* では 3〜10 個の体節 (1 個は 10 万個の卵を含む) が毎日排出される. 一方, 吸虫の場合は, 体は節には分かれておらず, 1 日にたった数百個か, せいぜい数千個の卵しか生まないが, 1 個の卵からは, 無性生殖により, 感染性の幼生が, 最大だと百万匹できてくるのである. (1 つまたはいくつかの) 中間宿主の体内で, 無性的に増えることが行われるのであり, その意味で中間宿主は, それを経由して終宿主についにはたどりつくための運び手として役立っているのかもしれない. 条虫のあるものもまた, 1 個の卵から同様にして多くの成虫をつくることが可能である. (多くの幼生や出芽による) このような無性的増殖は, 寄生性無脊椎動物の中ではめずらしい. 線形動物や鉤頭動物や舌形動物では, その多くやすべてのものが内部寄生虫であるが, 有性的にしか生殖できない.

典型的な吸虫では, 卵は終宿主から, 糞や尿や粘液とともに排出される. 湿った状況になると, 各卵は短命なミラシジウム幼生へと発生する. これは繊毛の生えた表皮により自由遊泳し, たくさんの「胚細胞」を体内にもっており, これから, つぎの世代の幼生が無性的につくられる. 軟体動物 (ふつう腹足綱の巻貝) に出会うと, ミラシジウムは腺細胞によって皮膚に穴をあけ (もしくは食べられることにより) 入る. いったん巻貝の中に入ると, ミラシジウムは繊毛の生えた表皮を失い, 外被を発達させ, いくぶん不規則なスポロシストを形成する. これは本質的には胚細胞のつまった袋であり, 胚細胞は体細胞分裂を行って数世代にわたってスポロシストをつくるか, さらなる世代である似た (けれども腸をもつ) 幼生段階であるレジアをつくる. 結局, きわめてさかんな無性的増殖の後, スポロシスト (もしくはレジア) の胚細胞はセルカリア幼生の段階へと発生する. セルカリアは事実上, 泳げる尾をもった小さな吸虫であり, 中間宿主を去って, 被嚢に入ってメタセルカリア段階になって植物や動物の皮膚の上にいて終宿主がそれを食べるのを待つか, 直接宿主 (もしくは二番目の中間宿主) の皮膚に穴をあけて入る. 被嚢から出ると, 若い吸虫は宿主体内の最終目的地に動いていく.

中間宿主である巻貝の体内では, さまざまな吸虫の幼生段階のものが, 消化岐腸を食べ, ついには生殖腺にまで及んで去勢してしまう. しばしば, 寄生は巻貝の行動を変化させ, 吸虫がつぎの宿主として必要とする動物に, 巻貝が発見されて食べられやすくする.

こうした生活環のうちで, よくみられるものを次頁に図示しておいた.

典型的な条虫の生活環が, 吸虫のものと異なっている点は, 感染性のオンコスフェラ幼生 (六鉤幼虫) が宿主に食べられねばならないところである. 幼生が繊毛のある膜でおおわれて自由遊泳するもの (この場合はコラシジウム幼生とよばれる) であっても, やはり食べられねばならない. ほとんどの条虫は無性的に増えることはできない (包虫という嚢に入った段階をもつ種では可能であるが). それゆえ中間宿主は終宿主から次の終宿主へと伝達されるのを確実にするための運び手でしかなく, その中で増えるという役には立っていない. 生活環のさまざまをこの Box の最後に図示してある.

プロセルコイド幼生 (前擬尾虫) は小さな紡錘形で中身のつまった体をもち, 尾部にオンコスフェラ (やコラシジウム) から受けついだ鉤をまだもっている. プロセルコイドはプレロセルコイドへと発生するが, これには尾部の鉤はなく, 頭節を発達させる. シスチセルコイド幼生 (擬嚢尾虫) もまたオンコスフェラの鉤を尾部にもつが, 体の中ほどが成長していって, 前部にある発達中の頭節のまわりをとりかこみ, 腔中に頭節が入ってしまう (後方は腔中には入らずに自由のまま). シスチセルクス幼生 (嚢尾虫) は陥入した 1

Box 3.3　（つづき）

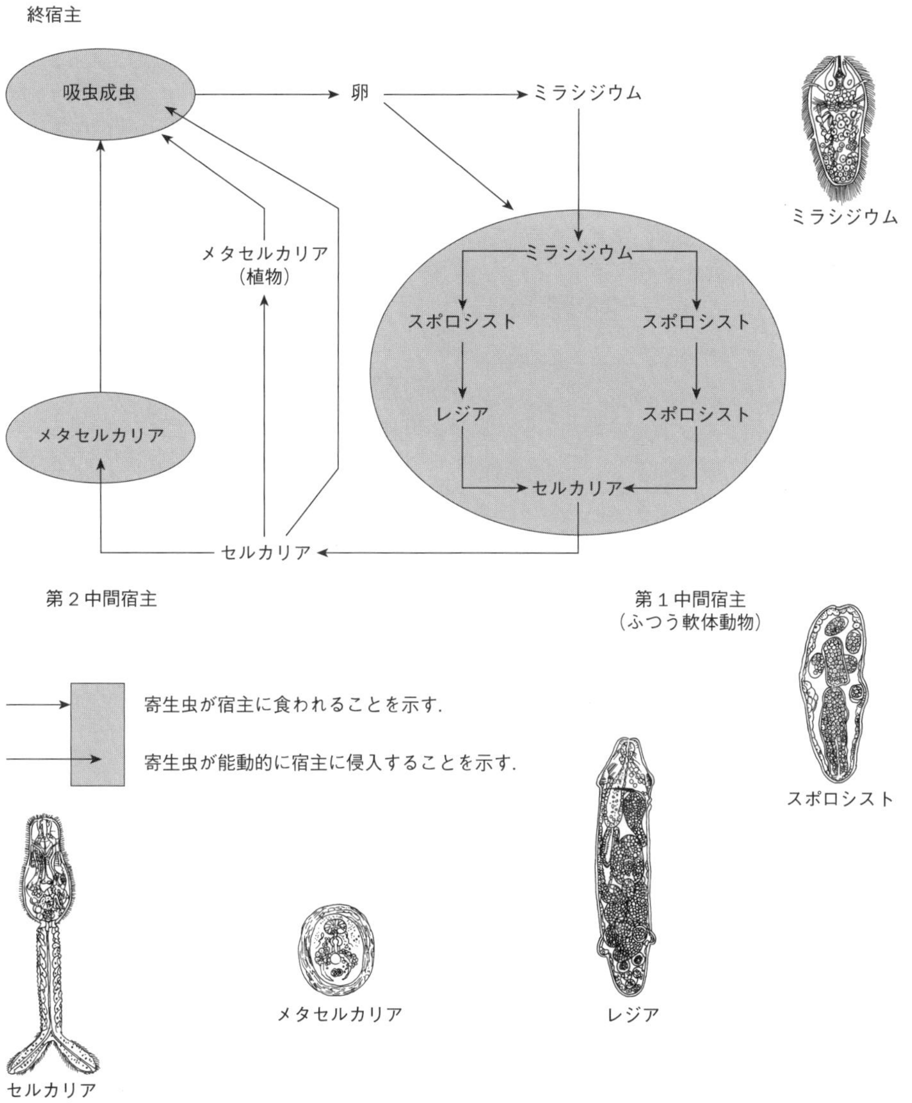

二生目吸虫の基本的な生活環と各ステージの幼生（McArthur, 1996 and Noble & Noble, 1976）

個の頭節を包んでいる嚢である．他にも違うタイプの幼生も知られていて名前がついているが，以上にあげた4つがわずかに変化したものである（たとえばあるものはシスチセルクス様の嚢が大きくなることができ，無性的な出芽でできた多数の頭節を含む．こういうものは先にふれたように包虫とよばれる）．終宿主の腸まで達すると，プレロセルコイドやシスチセルコイドやシスチセルクス幼生の頭節は，腸壁に付着し，片節の増殖をはじめる．条虫においては幼形進化はきわめて普通で，そのような種では，プレロセルコイドが成虫（1つの属ではプロセルコイドが成虫）であるものがいる．

宿主は，かならずしも受動的なパートナーとしてのみふるまうわけではない．たとえば昆虫では，血球が寄生虫の表面にひっついて包みこみ，外の環境から切り離してしまうことがある．それと等価だが脊椎動物では，寄生虫が結合組織や炭酸カルシウムで包みこまれてしまうかもしれない．しかしながらこのようなことは，通常は寄生することのない動物の体内に寄生虫が侵入した場合に，よりふつうにみられるようであり，

Box 3.3 （つづき）

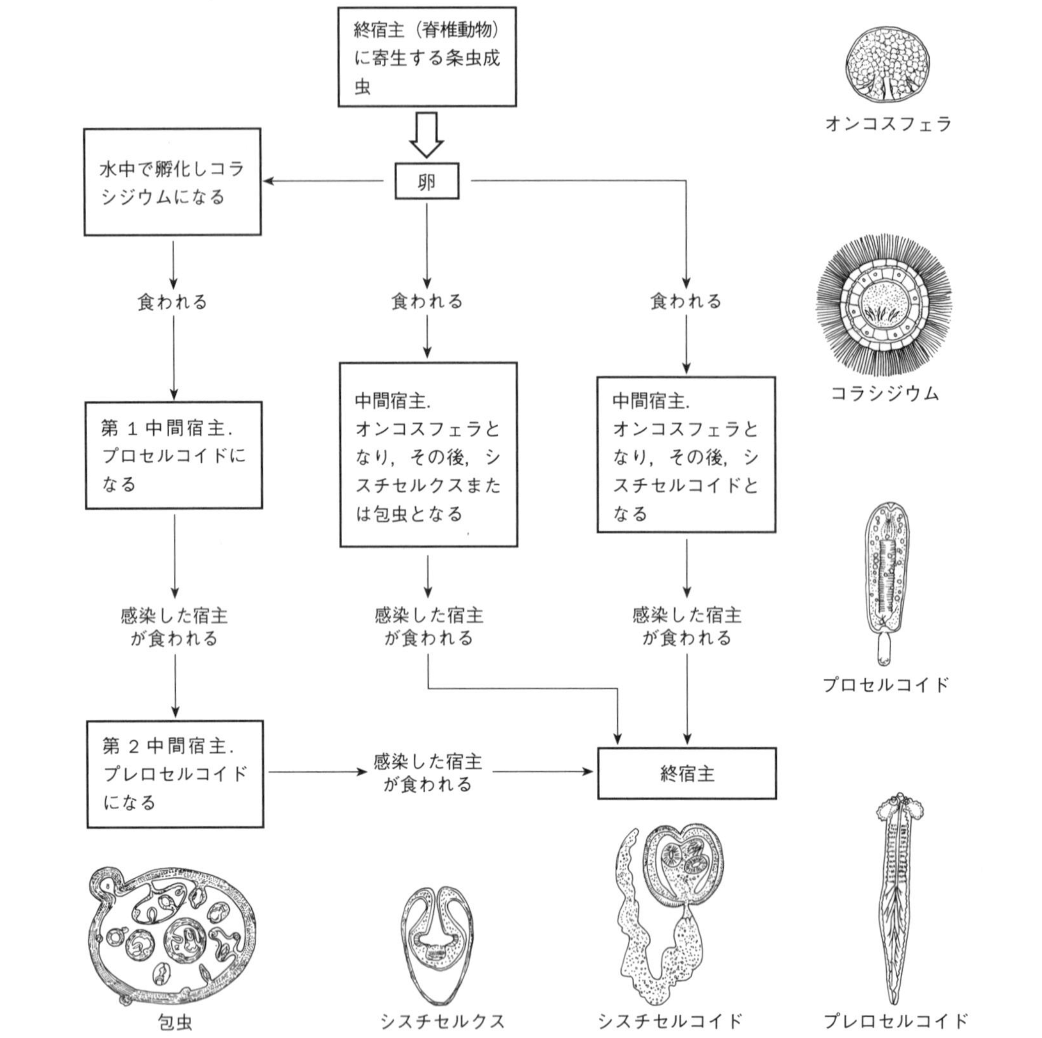

条虫の基本的な生活環と各ステージの幼生（Crompton & Joyner, 1980 ほか）

すでに適応した宿主中では，ほとんどの幼生も成虫も，包み込まれることを逃れているようだ．また少なくともいくつかの寄生虫では，宿主の抗原を自分の体表にとりこんで宿主になりすまし，脊椎動物の免疫系に見つけられて攻撃されることを免れている．

をもった幼生を経る．

渦虫類においては，繊毛や精子や卵細胞の細胞学的な詳細をもとに，さまざまな進化の系統のものが区別できる．とりわけ注目に値する特徴はつぎの通り．①ほとんどのヒラムシの精子は2本の鞭毛をもつ（鞭毛の軸糸は，ふつう 9+1．ただし 9+0 のものもいる）．ところが多食綱と小鎖状綱の精子には鞭毛がない．精子が標準的な鞭毛（9+2 の軸糸）をもつのは皮中神経目と他のさまざまな無腸目のみであり，これらにおいて鞭毛の数は1本である．②すべてのグループは卵の細胞質中に卵黄を蓄積するが，例外はネオオフォラ綱であり，これの生殖系は個々に分かれた「卵黄腺」をもち，これが卵黄を多量に含んだ多数の哺育細胞を，受精した1個の卵に付け加えて1つの卵複合体をつくる（14.4節）．また，小鎖状綱と無腸形綱からネオオフォラ綱へと体が複雑になっていく傾向がある．小鎖状綱と無腸形綱の単純なところは，つぎのような点にみらる．無腸形綱は恒久的な口や咽頭，そして/または腸を欠き，とりこんだ細菌や原生生物のまわりに一時的な腸が形成される場合があるし，小鎖状綱の柔組織はほとんど分化しておらず，実質，擬体腔動物といってよく（第4章をみよ），また，無腸形綱も小鎖状綱も「組織」のいくつかは基底膜を欠いている．これらのものたちは体の組織化のレベルからすると組織か器官レベルであり，それゆえ左右相称動物の中では最も低いレベルにある．無腸類は他の扁形動物とはさらに異なる点がある．つまり（らせん卵割ではなく）二放射の卵割，非決定的発生，中胚葉ができるのは4d細胞からではない，という点である．

（ii） 吸虫

吸虫（二生目と楯吸虫目）の体形は円柱か葉状で，体長はふつう0.5～10 mm（例外的なものでは6 mにもなる）．とくに脊椎動物（とりわけ魚）の内部寄生虫であり（図3.36），寄主の組織を消費するため，よく発達した腸をもっている（図3.37）．寄生生活への適応としては，①（繊毛が生えた表皮のかわりに）シンシチウムになっていて繊毛をもたない防御用の「外被」teguments をもつこと（図3.38），② 寄主への付着器官として口側と/もしくは中央腹側の吸盤をもつ，③ 2～4つの宿主（最初の宿主はふつう軟体動物）を経る複雑な生活環をふつうもっていること，である（Box 3.3をみよ）．ミラシジウム，レジア，セルカリアを含むさまざまな2次幼生の段階をもつが，これらは分散・無性的な増殖・新しい宿主への侵入という機能を果たしている．扁形動物の中ではふつうではないが，2～3の吸虫では，性は分かれている．二生目が吸虫類の大部分を占めている．楯吸虫目はそれと近縁のグループであり，腹側の表面が1個の吸盤（もしくは縦方向に並んだ吸盤の列）にかわっていて，1つ（軟体動物）かせいぜい2つの寄主を経る比較的単純な

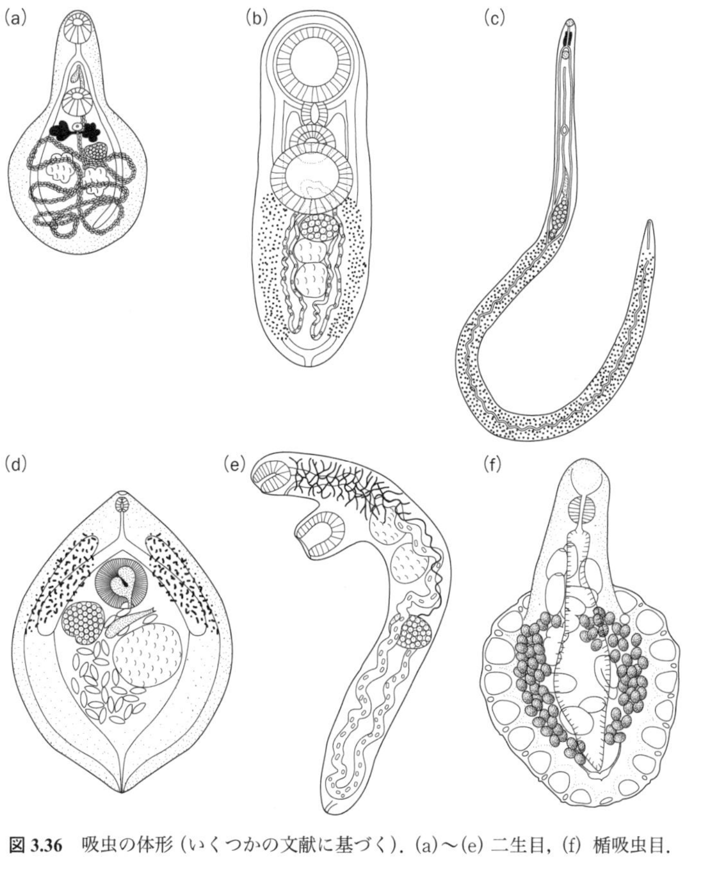

図 3.36 吸虫の体形（いくつかの文献に基づく）．(a)～(e) 二生目，(f) 楯吸虫目．

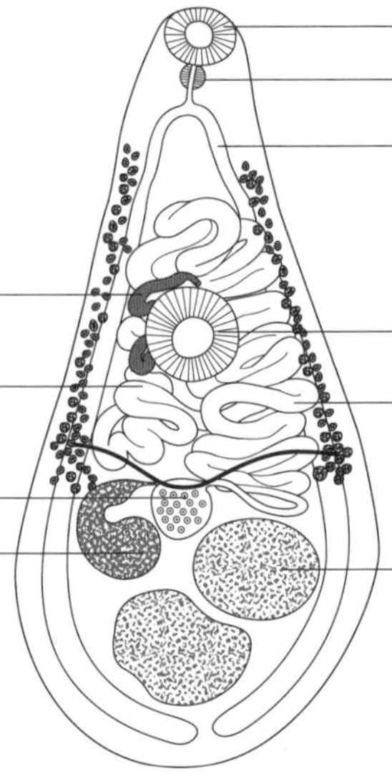

図 3.37 吸虫（二生目）の解剖図（Baer & Joyeux, 1961）

生活環をもっている．

（iii） 単生目の吸虫

単生目は小さく（最長でも 3 cm），葉状や長く伸びた体形で，よく発達した腸をもつ吸虫である（図 3.40）．以上の点では多くの二生目に似ているが，二生目とは対照的なことに，単生目はおもに外部寄生虫（主として魚の）であり，系統的には他の吸虫との類縁よりも，条虫により近い類縁関係をもつ．二生目と似た外被がある（図 3.38 をみよ）．付着器官として，体の前と後ろにある「固着盤」haptor 中に，複数の吸盤，鉤，かすがいをもっている（図 3.41）が，前方のものより「後方固着盤」opisthaptor（円盤形もしくは裂片に分かれている）のほうが大きいことがよくある．生活環は比較的単純で，無性的に増殖する相はない．卵は孵化してオンコミラシジウム幼生となり，これが寄主となる魚（もしくは他の脊椎動物か頭足綱の軟体動物）をみつけて付着する．そしてだんだんと形を変えて親の吸虫になる．

（iv） 条虫

条虫（図 3.42）は成虫になると，脊椎動物（とくに軟骨魚類）の消化管（まれには体腔）にすむ内部寄生者であり，他の寄生性扁形動物同様，抵抗性のあるシンシチウムの外被におおわれている．条虫の外被は，表面が微絨毛のような突起（微小毛 microtrich，図 3.43）をもち，物質を吸収できる．ほとんどの条虫は前方に付着器官である頭節があり，これは吸盤，鉤などの構造をもつ．体（「横分体」strobila とよばれる）は，体節に似た片節が一列に鎖のようにつながってできている（図 3.44）．これらの片節は，前部の増殖域で無性的に芽が出てつくられたものである．各片節は時間が経つと，その中の生殖器官（1 セットのことも多数のセットが入っていることもある）が成熟し，片節は卵で充たされ，体の端から落ちて寄主の体から糞とともに出る．大きな条虫は長さ 5 m にも達し，4500 個の片節をもつこともある（30 m のものも記録されている）．卵は孵化してオンコスフェラ幼生となる（ふつう 6 本の鉤をもつので「六鉤幼虫」ともよばれる）．これはさらに，さまざまな中間宿主中で，プ

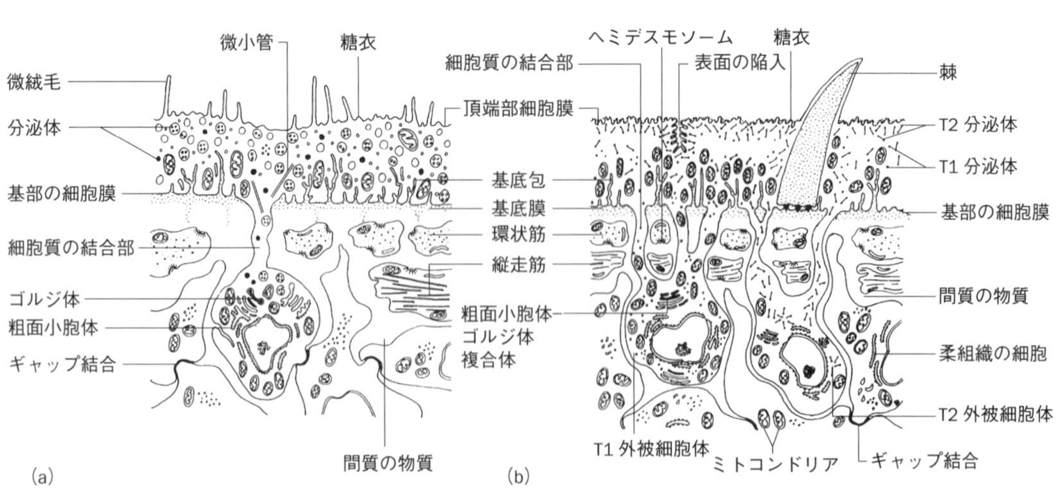

図 3.38 単生目の吸虫（a）と吸虫（二生目と楯吸虫目）（b）の外被の構造

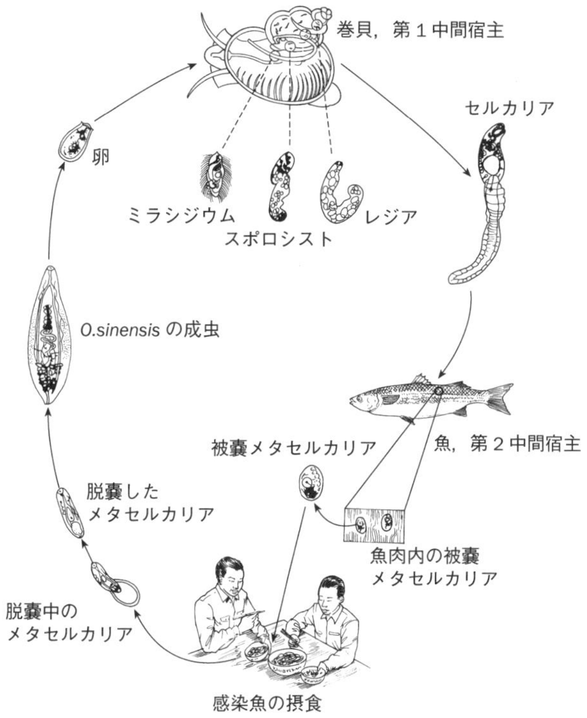

図 3.39　中国肝吸虫 *Opisthorchis sinensis* の生活環（Ruppert & Barnes, 1994）

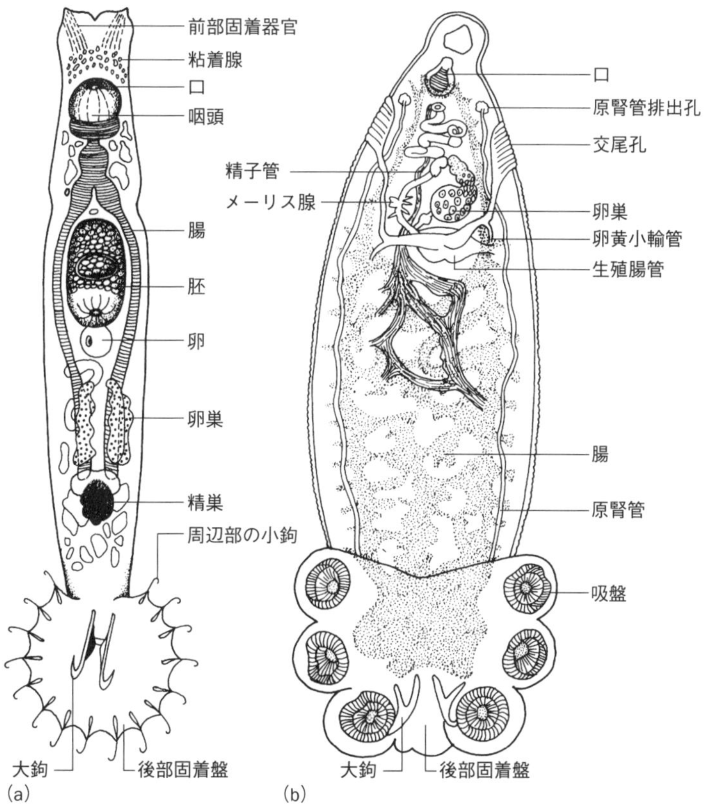

図 3.40　単生目の解剖図．（a）鉤のある後部固着盤を１個もつ種．（b）たくさんの吸盤のある後部固着盤を１個もつ種（Barnes, Calow & Olive, 1993）

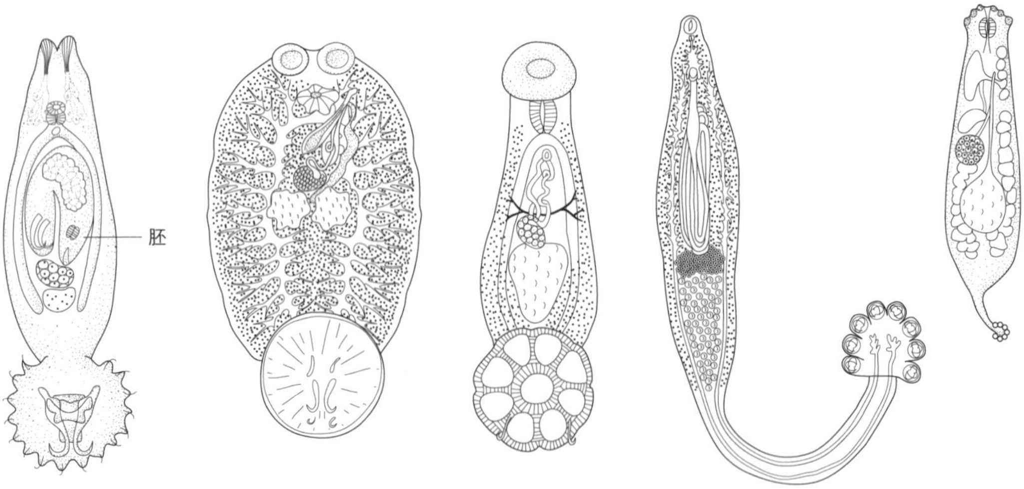

図 3.41　単生目の体形（Barnes, 1998）

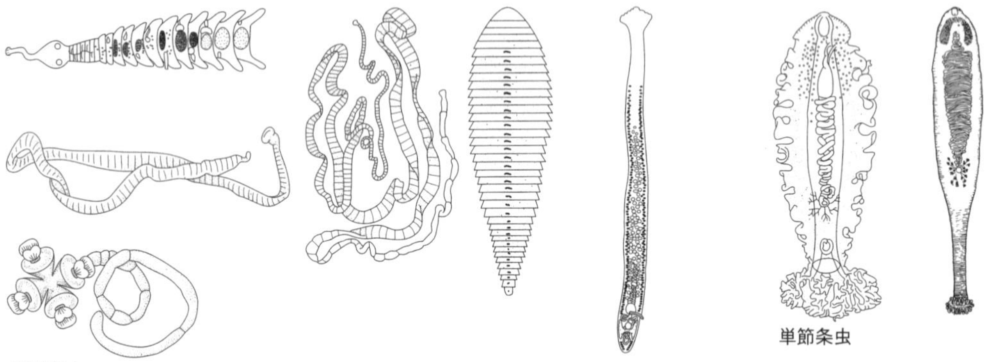

図 3.42　サナダムシ（条虫）の体形（いくつかの文献から）

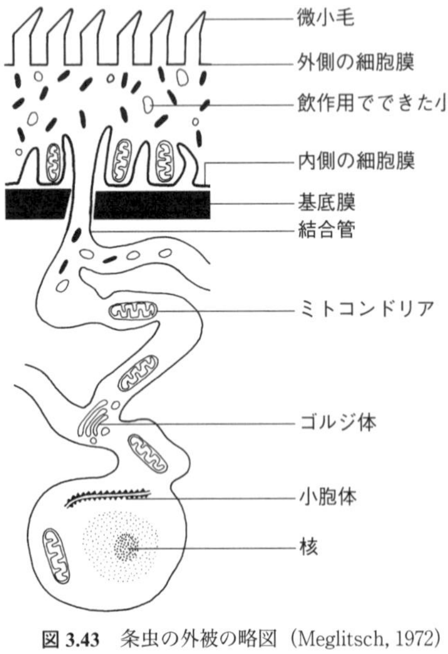

図 3.43　条虫の外被の略図（Meglitsch, 1972）

ロセルコイド幼生，プレロセルコイド幼生，シスチセルコイド幼生（もしくはシスチセルクス幼生）を経て発達していく（図 3.45 と Box 3.3）．いくつかのものは幼形進化を示し，これらは体は1個の片節のみ（生殖巣も1組）でできていることもある．寄主への付着は恒久的ではなく，頭節は離れることができ，虫は筋肉を収縮させて寄主の腸の中を動く（少なくともあるものは一定のリズムで収縮しながら動く）．条虫目には主要なグループが 14 あるが，そのうちの2つは，形が吸虫のようであり，単節条虫 Cestodaria として，真の条虫（真正条虫 Eucestoda）から区別されている．真正のものとの違いは以下の通り．① 頭節を欠き，宿主への付着は前部にある単純な吸盤（単生目の吸盤に似たもの）による，② 体が一連の片節に分かれていない，③ 鉤を 10 本もつオンコスフェラ幼生（「十鉤幼虫」）に

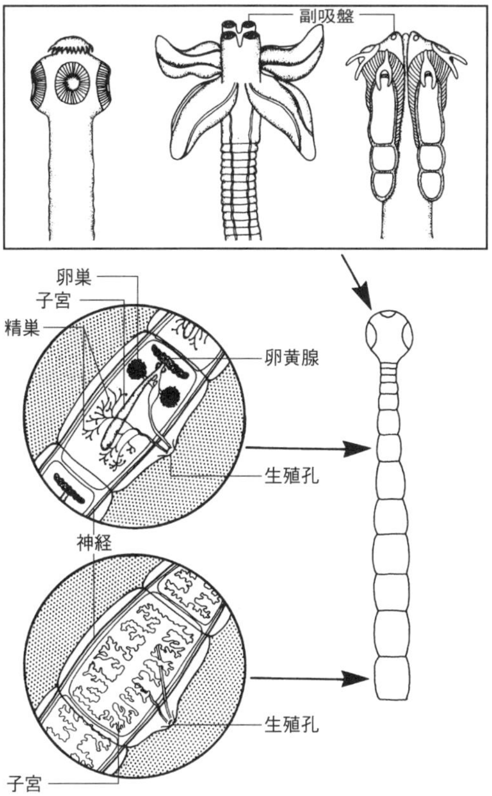

図 3.44　条虫の体形．各部位の拡大図と頭節の3例を示してある（各種文献から引用）．

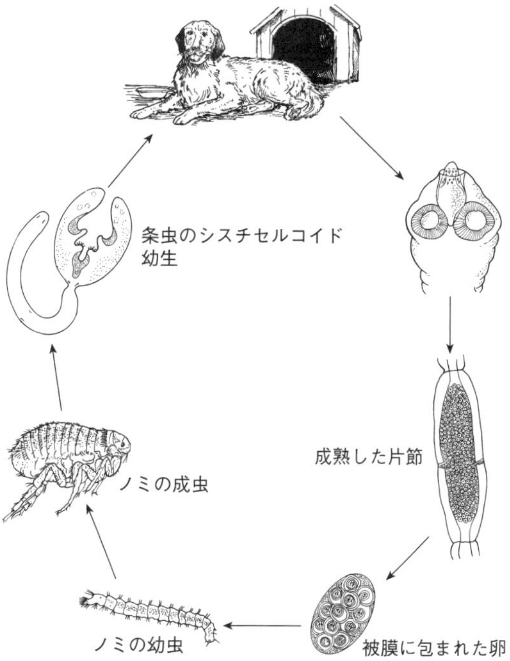

図 3.45　飼い犬に感染する条虫の一種の生活環（Joyeux & Baer, 1961）

なる．単節類の生活環についてはほとんど知られていないが，それはこの仲間がまれであることと，経済上も医学上も重要ではないからである．

3.7　さらに学びたい人へ（参考文献）

Barnes, R.S.K. 1998. Kingdom Animalia. In: Barnes, R.S.K. (Ed.), *The Diversity of Living Organisms*. Blackwell Science, Oxford.

Bergquist, P.R. 1978. *Sponges*. Hutchinson, London [Porifera].

Corliss, J.O. 1984. The kingdom Protista and its 45 phyla. *Biosystems*, **17**, 87–126 [Protozoa].

Crompton, D.W.T. & Joyner, S.M. 1980. *Parasitic Worms*. Wykeham, London.

Fry, W.G. (Ed.) 1970. *The Biology of Porifera*. Academic Press, New York [Porifera].

Grell, K.G. 1982. Placozoa. In: Parker, S.P. (Ed.) *Synopsis and Classification of Living Organisms*, Vol. 1, p. 639. McGraw-Hill, New York [Placozoa].

Hochberg, F.G. 1982. The 'kidneys' of cephalopods: a unique habitat for parasites. *Malacologia*, **23**, 121–134 [Mesozoa].

Hughes, R.N. 1989. *A Functional Biology of Clonal Animals*. Chapman & Hall, London.

Hyman, L.H. 1940. *The Invertebrates*, Vol. 1. *Protozoa through Ctenophora*. McGraw-Hill, New York [Porifera, Cnidaria, Ctenophora, Mesozoa].

Hyman, L.H. 1951. *The Invertebrates*, Vol. 2. *Platyhelminthes and Rhynchocoela*. McGraw-Hill, New York [Platyhelminthes].

Kaestner, A. 1967. *Invertebrate Zoology*, Vol. 1. Wiley, New York [Porifera, Cnidaria, Ctenophora, Platyhelminthes, Mesozoa].

Lapan, E.A. & Morowitz, H. 1972. The Mesozoa. *Sci. Am.*, **227**, 94–101 [Mesozoa].

Mackie, G.O. (Ed.) 1976. *Nutritional Ecology and Behavior*. Plenum, New York [Cnidaria].

Miller, R.L. 1971. *Trichoplax adhaerens* Schulze 1883: Return of an Enigma. *Biol. Bull. mar. Biol. Lab., Woods Hole*, 141, 374 [Placozoa].

Morris, S.C., George, J.D., Gibson, R. & Platt, H.M. 1985. *The Origins and Relationships of Lower Invertebrates*. The Systematics Association, Special Volume No. 28. Clarendon Press, Oxford.

Parker, S.P. (Ed.) 1982. *Synopsis and Classification of Living Organisms* (2 Vols). McGraw-Hill, New York.

Reeve, M.R. & Walker, M.A. 1978. Nutritional ecology of ctenophores – a review of past research. *Adv. mar. Biol.* **15**, 246–287 [Ctenophora].

Schmidt, H. 1972. Die Nesselkapseln der Anthozoen und ihre Bedeutung für die phylogenetische Systematik. *Helgoländer Wiss. Meeresunters.*, **23**, 422–458 [Platyhelminthes].

Schockaert, E.R. & Ball, I.R. 1981. *The Biology of the Turbellaria*. Junk, The Hague [Platyhelminthes].

Sleigh, M.A. 1989. *Protozoa and other Protists*. Arnold, London [Protozoa].

Smyth, T.D. 1977. *Introduction to Animal Parasitology*, 2nd edn. Wiley, New York [Platyhelminthes].

Sorokin, Y.I. 1993. *Coral Reef Ecology*. Springer, Berlin.

第4章

蠕 虫 類

Worms

紐形動物門：Nemertea
顎口動物門：Gnathostomula
腹毛動物門：Gastrotricha
線形動物門：Nematoda
類線形動物門：Nematomorpha
動吻動物門：Kinoryncha
胴甲動物門：Loricifera
鰓曳動物門：Priapula
輪形動物門：Rotifera
鉤頭動物門：Acanthocephala
星口動物門：Sipuncula
ユムシ動物門：Echiura
有鬚動物門：Pogonophora
環形動物門：Annelida
所属不明の蠕虫類

本章で扱う14の門はすべて扁形動物から由来した前口動物であるが，この点を除き，これらの動物にはとくに共通する特徴もなく，近縁な動物群の自然な集合体ではない（第2章参照）．すでに述べたように，「蠕虫」wormという名は不明瞭なものであり，どんな動物であれ，明らかに他の何ものにも属していない動物を世間では「虫」wormsとよんでいる．そういう使い方を思わせるのが，この「蠕虫」なのだ！　蠕虫類とは便宜的なグループで，蠕虫形であることを除いて，何かの積極的な特徴に基づいてというよりは，「他の動物群のもついずれの特徴ももたない」という消極的な特徴によって定義される．つまり，ここで扱う動物たちは足をもたない，体を護る殻をもたない，後口動物ではない，触手冠をもたない，といった具合である．ホウキムシ（箒虫動物）は蠕虫形veriformをしているが，触手冠をもつために第6章で扱う．ギボシムシacorn-worm（半索動物腸鰓綱）はwormと名がついているが後口動物なので，同じくwormとつくヤムシarrow-worm（毛顎動物）とともに第7章で扱う．一方，シタムシtongue-worm（舌形動物）は近縁の節足動物とともに第8章で扱う．したがって，実質上ここで扱う14グループの蠕虫類は，単純に祖先の蠕虫状の形態をそのまま受け継いだ，体の長さが幅の2〜3倍から15000倍以上もある動物たちで，横断面は扁平または円形である．

これらの蠕虫たち相互の類縁関係について統一的な見解はないが，おおむね4つのグループに大別できることが次第に明らかとなってきている．その中の1番目のグループ（顎口動物と腹毛動物）は想定上の扁形動物型祖先に類似した基本的体制をもっており，同じ群の中では比較的変異が少ない．2つの門はそれぞれ高度に特殊化した特徴をもち，そのために扁形動物に含めることはできない．腹毛動物はおそらく，はるかに大きくて一層多様な2番目のグループに形態的につながるものと思われる．

2番目のグループとは，円形動物（広義の線形動物）nemathelminthsとか袋形動物aschelminthsなどの名で知られるものである．これらの多様な蠕虫類こそが節足動物に近縁なものと考えられている．このグループは5つの門を含み，すべて脱皮するクチクラをもつ．動吻動物，胴甲動物，紐形動物はいずれも一生のある時期において，特徴的な外転可能な陥入吻introvertを生じる．これは，吻針

stylet にかこまれた口吻と一巻きの冠棘 scalid をそなえる．鰓曳動物は同様に鉤のある陥入吻をもつが，口器の吻針は欠く．線形動物もこのグループに関連すると考えられるが，それはブラジル産の一種が同様に棘状の鉤のある陥入吻をもっているからである．線形動物と類線形動物はどちらも非常に特徴的な筋肉・運動系をもっている．鰓曳動物は鉤のある陥入吻をそなえる以外はむしろ円形動物の中では非典型的で，このグループの祖先形の再現と考えたほうがいいのかもしれない．

3 番目のグループである輪形動物と鉤頭虫動物は，上に述べたような陥入吻と体表のクチクラ層を欠いているが，表皮内に細胞内クチクラをもつという共通点がある．さらに，移動と接着のいずれかまたは両方に用いられる口吻と，その接着機能に関連すると思われる表皮の袋（垂棍 lemniscus）ももつものがあるが，これは輪形動物ヒルガタワムシ綱に限られる．この 3 番目のグループの類縁関係は現在不詳であるが，真正トロコゾアに近縁である可能性が最も高い．

4 番目のグループも多様なタイプの蠕虫類を含む．この中で環形動物，有鬚動物，ユムシ動物はいずれも裂体腔，キチン質の剛毛，閉鎖血管系と後腎管状の器官をもつが，前 2 門が体節性なのに対しユムシ動物は明らかに単体節性である．同様に単体節性なのが星口動物で，「後腎管」と裂体腔をもつ点でしばしば前の 3 門と近縁とみなされるが，剛毛を欠き循環系もまったくない．星口動物のみが陥入吻をもつが，これは，円形動物の短いたる型の棘の多い構造とは対照的に細長い管であり，砂中の有機物を集める袋または触手で終わっている．紐形動物もこのグループに属する．この動物は単体節性で体節をもたないが，大きな裂体腔があり，この中には獲物をとらえるための非常に特徴的な「銛」が収められている．以上の点以外の体制は扁形動物に非常によく似ているのが紐形動物である（紐形動物は循環系と貫通腸をもってはいるが）．これらすべての門（および，これらに近縁な軟体動物）は，生活環で幼生期を経る場合はトロコフォア幼生となる．

第 2 グループの円形動物の中で鰓曳動物の位置が変則的であることはすでに説明したが（いくつかの特徴については非常に典型的な円形動物なのに，他の特徴については極端に他の門と違っている），第 4 グループ中の星口動物も他の裂体腔類との関係について同様のことがいえる．これら 2 つの大きなグループの両方にいえることであるが，解剖学的に共通した特徴の中のあるものは系統的に離れた種群の間で独立に発達したと解釈され，あるものは系統的な近縁性を示す証拠として用いられている．1 つの構造を，ある研究者は分泌腺とその導管と解釈し，別の研究者は咽頭と口道 buccal canal と解釈する（紐形動物の幼生の構造に関する 2 つの見解がこの例である）．個々の門の起源についても種々の解釈がある．たとえば，紐形動物や有鬚動物は，それぞれが完全に起源の異なる 2 つの動物群の集まりだという議論には説得力がある．紐形動物の 1 つの種群は線形動物糸片虫目に由来するというが，他の種群は動吻動物や胴甲動物と関連づけられている．有鬚動物の 1 つの綱（または亜門）は環形動物にごく近縁であるが，もう 1 つの綱（または亜門）は独立に生じ，双方が平行して裂体腔を獲得したという．

明らかに，これらの多様なグループをより少数の大きな門にまとめることは時期尚早であるが，系統学的見地から環形動物と有鬚動物をまとめることは例外的に許されるだろうし，円形動物についても統合できる可能性がある．しかしここでは，14 の動物群のすべてを独立した門とみなし，同じ系統的地位にあるものとして取り扱う．

また，4 つの科に属する蠕虫類は類縁関係に関して議論があり，現存するいずれの門にも帰属が決まっていない．これらも 4.15 節で取り扱う．そのうち，1 つの科はしばしば独立の門の地位を与えられており，ほかにも最終的にいくつかの新しい門をつくらなければすべての科を収容できないかもしれない．

4.1 紐形動物門 Nemertea（ヒモムシ類）

4.1.1 語 源

ギリシャ語：Nemertes（地中海の海の妖精で，Nereus と Doris の娘）

4.1.2 判別に役立つ特徴・特別な特徴（図 4.1）

1．左右相称，蠕虫形．
2．体は 2 細胞層以上の厚さで，組織と器官をもつ．
3．貫通腸と後端の肛門．

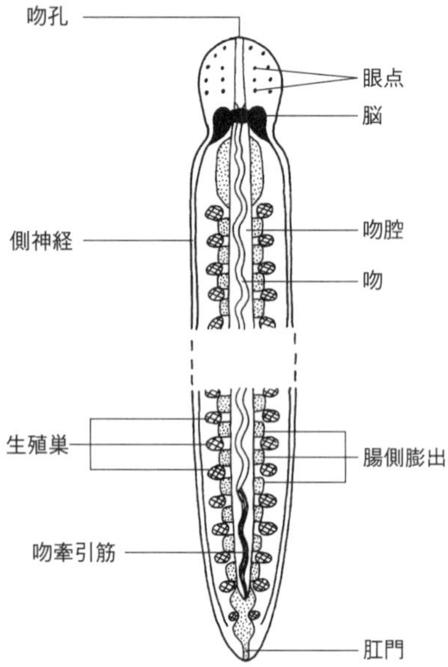

図 4.1　紐形動物の背面の模式図．動物が透明であるかのように図示（いくつかの出典，とくに Pennak，1978）．

4．体腔を欠き，柔組織が骨格としてはたらく．

5．表皮には繊毛があり，クチクラを欠く．

6．体は背腹方向に扁平，しばしば体軸方向に繰り返し構造（消化管の袋，原腎管，生殖巣など）をもつ．

7．ガス交換系を欠くが，循環系をもつ．

8．脳をそなえた神経系と，通常 3 本の体軸方向に走る神経索をもつ．

9．外転・引込み可能な表皮性の吻（口吻）proboscis をもつ．これは，口の近くに開口する吻腔 rhynchocoel とよばれる背側体軸方向に走る腔に格納されている．

10．らせん卵割である．

0.5 mm 以下から 30 m 以上の長さをもつ紐形動物は「超ヒラムシ」super-flatworm ともよばれ，その体の構造の基本的特徴は大型の扁形動物渦虫類（3.6.2.c.(i) 参照）と同様である．しかし，紐形動物は渦虫類とは 3 つの重要な点で異なる．すなわち，① より効率的な貫通型の消化管をそなえる．② 閉鎖血管系をもち，血流は血管壁の収縮と体の動きの両方によって不規則に起こる．③ 特徴的な吻をもち，それは消化管の一部ではなくまったく独立の構造である（図 4.2）．

この吻は体のほぼ全長にわたって延びる管状の腔に収納されており，吻の壁は体壁と同じつくりである．吻は壁の筋肉の収縮によって生じた圧力により外転し，また吻の後端と吻腔の後端を結ぶ牽引筋によって引き込まれる．吻は通常獲物の捕獲に用いられるが，陸生の種類では速い移動にも用いられる．つまり吻を外転し，自分の先にある物体に接着させてから引き込むことで自身を前進させる．

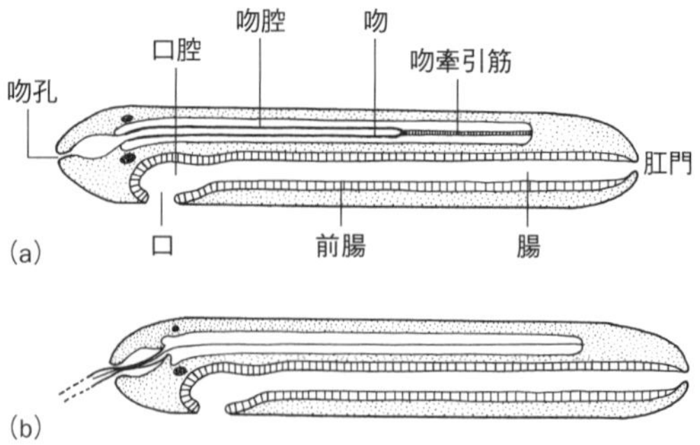

図 4.2　紐形動物の縦断面の模式図．吻を吻腔に収納した状態（a）と外転した状態（b）を示す（Gibson，1982）．

それ以外の移動方法は渦虫類と同じである．すなわち，繊毛による滑走 ciliary gliding（分泌した粘液の中で繊毛打を行う）か，大型種では筋肉の収縮波を腹側の体壁に沿って送ることで前進する．

増殖は無性的な断片化と有性生殖の両方によって起こる．生殖巣は分化した間充織細胞が凝集して一時的に形成される．生殖巣は膜に包まれ，成熟すると一時的な管によって外部に接続される．大部分の種は雌雄異体であるが，一部の淡水産または陸生の種は雌雄同体で自家受精できる．直接発生が主であるが，一部の目は幼生期をもつ（図 4.3）．通常体外受精を行う．

ほとんどすべての種が捕食性で，獲物は原生生物から軟体動物，節足動物，魚類にわたる．紐形動物は知られている中で最長の動物を含むことで注目に

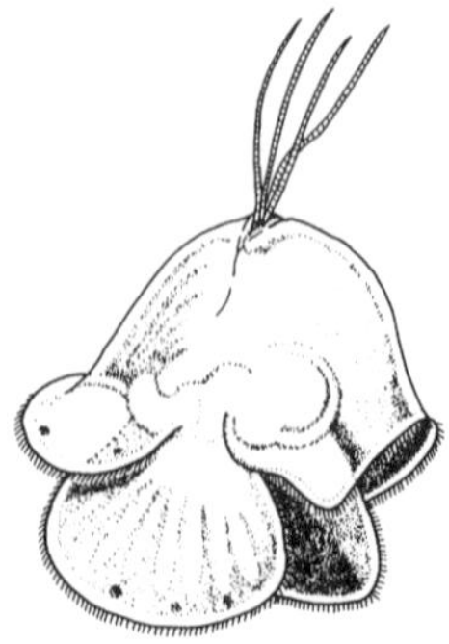

図 4.3　紐形動物のピリジウム pilidium 幼生（Kershaw，1983）

値する．*Lineus longissimus* は 30 m に達するのはふつうで，一部の個体は十分に伸びればその 2 倍に達すると思われる．

4.1.3　分　類

900 の既知種は，2 つの綱に分けられる．

綱		目
無針綱	Anopla	古紐虫（クリゲヒモムシ）目 Palaeonemertea
		異紐虫（ヒモムシ）目 Heteronemertea
有針綱	Enopla	針紐虫（ハリヒモムシ）目 Hoplonemertea
		蛭紐虫（ヒモビル）目 Bdellonemertea

a.　無針綱

無針綱では，中枢神経系が体壁中にある．その体壁は，3 つの筋層をもつ．その 3 層は，古紐虫目では 1 層の縦走筋とその両側に各 1 層ずつの環状筋，異紐虫目では 1 層の環状筋とその両側に各 1 層ずつの縦走筋という構造になっている．無針綱の吻は比較的単純で，部位的な分化もなく吻針ももたないが，渦虫類によくみられるようなタイプの表皮の棒状小体が多数存在することがある．吻の開口部は口とは完全に分離している．

無針綱（図 4.4）の大部分は海産・底生であるが，3 種は淡水産で数種は汽水域に生息する．異紐虫目は幼生期をもつ唯一のグループである．

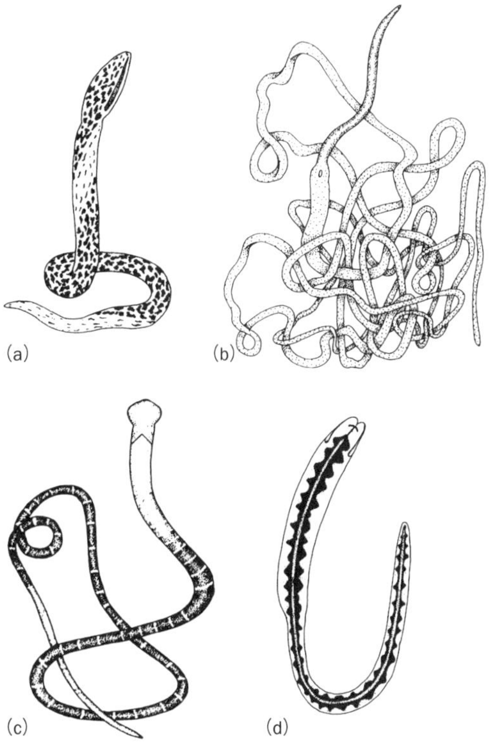

図 4.4　無針綱の体形（Gibson，1982）．(a) と (d) 異紐虫目，(b) と (c) 古紐虫目．

b.　有針綱

有針綱では中枢神経系が体壁筋中にある点は無針綱と同様であるが，その筋層は 2 層である．吻には部位的な分化がみられ，中央部は 1 本または複数の吻針のある筋肉質の球となっている（特異な共生性の濾過摂食者 *Malacobdella* 属を除く．この属はこれ単独で蛭紐虫目を形成する）．有針綱の消化管は複雑で，吻と共通の開口部によって外部に通じている．大部分の種（針紐虫目）では腸の側面に多数の膨出（岐腸）diverticulum が対で存在するが，蛭紐虫目では大きな咽頭が濾過摂食のための器官であり，そこには繊毛の生えた乳頭突起 papilla があって粘液を用いずに餌の粒子を捕捉する．

有針綱の大部分は海産・底生であるが，数種は漂泳性で遊泳性・浮遊性の種類を含む（図 4.5）．また，淡水産や陸生の種類もあり，少数の種類は共生性（たとえばホヤ類の被嚢内）か寄生性である．

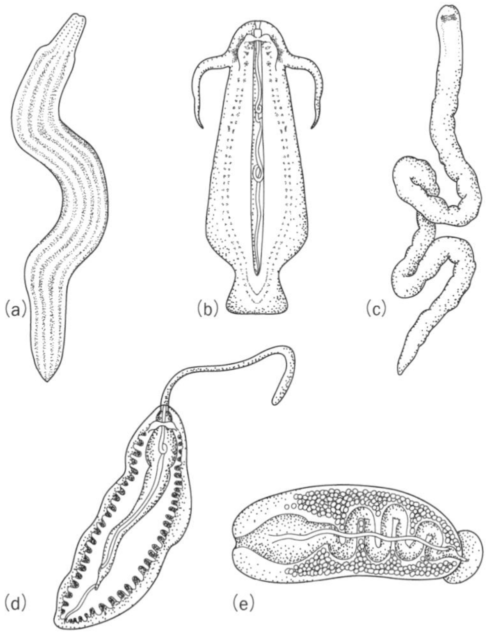

図 4.5　有針綱の体形（Gibson，1982）．(a)〜(d) 針紐虫目，(e) 蛭紐虫目．

4.2 顎口動物門 Gnathostomula

4.2.1 語 源

ギリシャ語：gnathos＝顎，stoma＝口

4.2.2 判別に役立つ特徴・特別な特徴（図 4.6 と 4.7）

1. 左右相称，蠕虫形.
2. 体は2細胞層以上の厚さで，組織と器官をもつ.
3. 消化管は盲管であるが，一時的に肛門を生じることがある.
4. 体腔を欠き，柔組織が骨格としてはたらくが，発達が悪い.
5. ガス交換系，循環系を欠く.
6. 排出器官は単純な2細胞の原腎管からなる．これは，末端細胞がただ1本の繊毛をもつ点で表皮細胞に似る.
7. クチクラのない，1本の繊毛の生えた細胞からなる表皮をもつ.
8. 散在神経系が表皮下に存在する.
9. 対の顎と1枚の基底板からなる複雑な口器をもつ.
10. 雌雄同体である（雌雄器官を同時にそなえる).
11. らせん卵割である.
12. 直接発生である.
13. 海産で，間隙生活者．しばしば酸素のない砂中に生息.

この微小で（長さ3mm以下）透明な蠕虫の体制は，自由生活の渦虫類扁形動物（3.6.2.c.(i)）および腹毛動物（4.3節）と基本的に同じである．しかし，これらの動物群と異なるのは複雑な構造の顎（図 4.3）をそなえた高度に特殊化した筋肉質の咽頭をもつ点で，この顎を用いて砂の表面から細菌，原生生物や菌類を摂食する．これらの獲物を探すため，顎口動物は繊毛の生えた表皮を用いたり，体壁筋を構成する3～4対の縦走筋を急激に収縮させたりして堆積物の間隙を移動する．表皮の繊毛は，有効打の方向を逆転できる．1個存在する卵巣からは大型の卵が1回に1個放出されるが，それはおそらくつねに体内で受精される．数種の顎口動物は，無性的な摂食期と有性的な非摂食期を交互に繰り返す可能性がある．この門が記載されたのは，最初の顎口動物が発見された1956年である．このように発

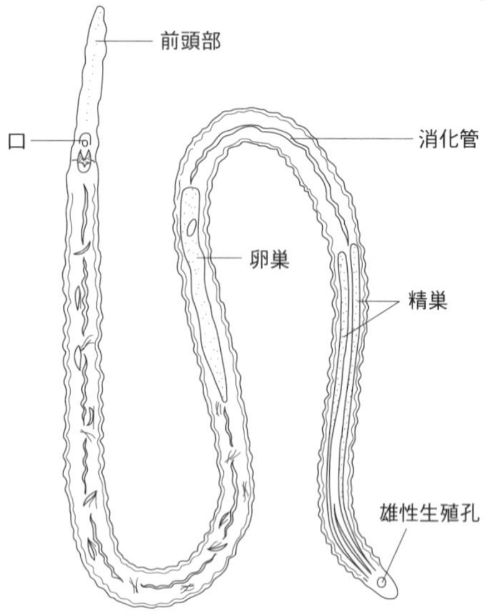

図 4.6 糸精子目の解剖図（Sterrer, 1982）

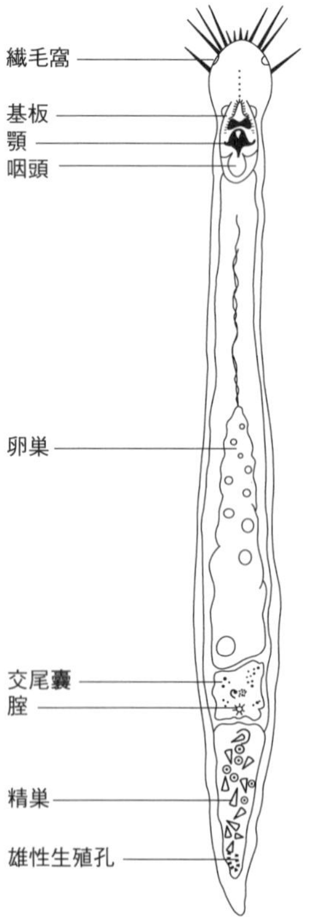

図 4.7 嚢腔目の解剖図（Sterrer, 1982）

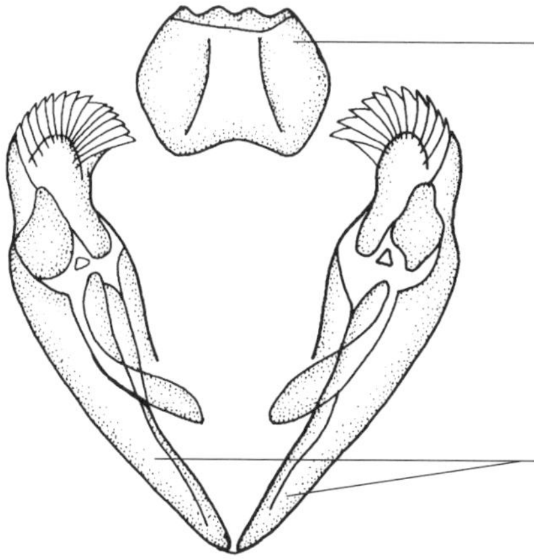

図 4.8　顎口動物の1枚の基板と対になった顎（Sterrer, 1982）

見が遅かったのは，個体数が少ないからではなく（生息密度は1 m³あたり60万個体に達することがある），それ以前に海底の無酸素的な堆積物の調査がされなかったことと，変形のない標本を作成するのが非常に困難だったことによる．

4.2.3　分　類

記載された100あまりの種は単一の綱の2つの目に分類される．非常に細長い糸精子目Filospermoida（図4.6）は前部に長い前頭部rostrumをもつが感覚器の対を欠き，陰茎と貯精嚢もない．一方，よりずんぐりした嚢腔目Bursovaginoida（図4.7）は長い前頭部を欠くが，対になった感覚毛や，織毛が凹みに入っている織毛窩を前方にもち，陰茎と貯精嚢も存在する．疑いなく未記載種が多数存在する．

4.3　腹毛動物門 Gastrotricha

4.3.1　語　源

ギリシャ語：gaster＝胃，thryx＝毛

4.3.2　判別に役立つ特徴・特別な特徴（図4.9）

1. 左右相称，蠕虫形．
2. 体は2細胞層以上の厚さで，組織と器官をもつ．
3. 貫通腸，後端付近に肛門をもつ．
4. 体腔を欠く（以前は体腔が存在するという見解があり，それは頻繁に引用されたが）．
5. ガス交換系，循環系を欠く．

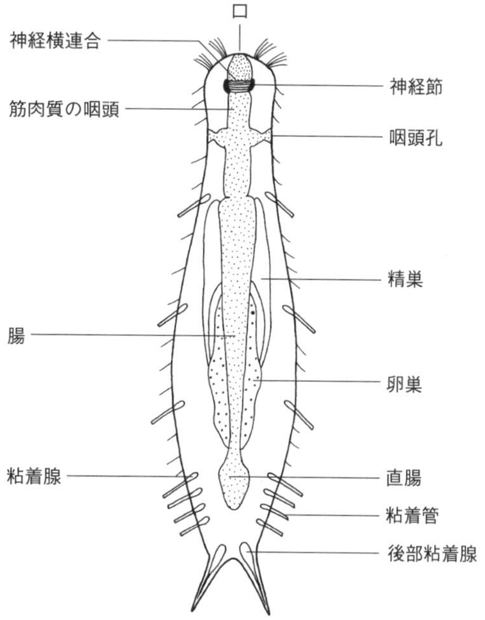

図 4.9　腹毛動物の背面の模式図．動物が透明であるかのように図示（いくつかの出典による）．帯虫目と毛遊目の両方の特徴（それぞれ側面の粘着管と咽頭の孔）を同時に図示していることに注意（これらの特徴はいかなる個体でも同時に存在することはない）．

6. キチン質でないクチクラと，通常背側には1本，腹側には多数の繊毛の生えた細胞からなる表皮をもつ．クチクラ層のいくつかは，個々の繊毛の上に鞘状に伸びる．
7. 神経系は前部咽頭の両側に1対存在する神経節と，背側でそれらを連絡する横連合，それに1対の縦走神経索からなる．
8. 体はクチクラのうろこ，棘，または鉤におおわれ，また250本に及ぶ粘着管をもつ．
9. 雌雄同体か単為生殖をする．
10. 卵は体壁が割れて放出される．卵割は左右相称的な放射状に起こるが，発生は決定的である．
11. 直接発生である．
12. 水生で，隙間生活者か表面生活者，まれに浮遊性．

腹毛動物は多かれ少なかれ透明で背腹方向に扁平な体をもち，体長は4 mmまで（通常は1 mm以下）である．前方には，顎口動物嚢腔目にみられるような感覚器（剛毛bristle，繊毛，感覚孔sensory pitの対）と，種類によっては眼点があり，後端には頑丈な二股の突起か細い尾をもつことがある．粘着管

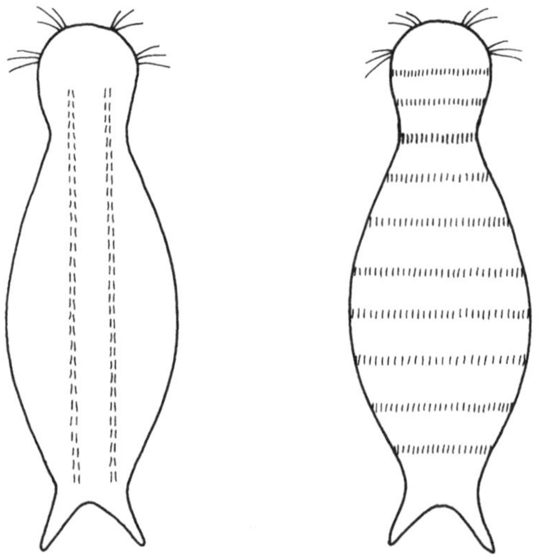

図 4.10 繊毛の生え方の異なる２種の腹毛動物の腹面の模式図（Hyman, 1951）

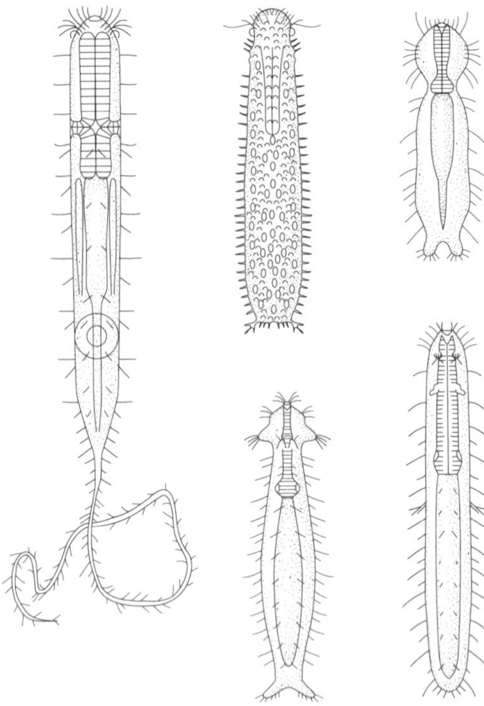

図 4.11 帯虫目の体形（Grasse, 1965 および Hummon, 1982）

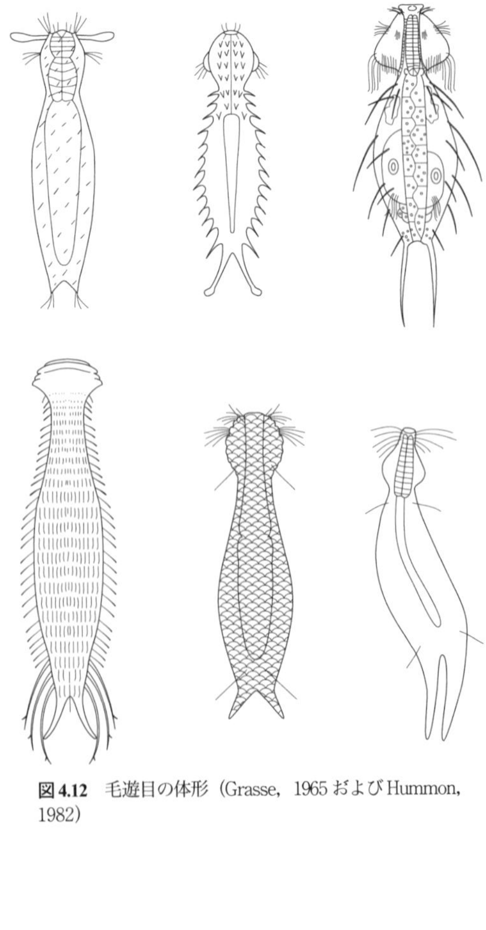

図 4.12 毛遊目の体形（Grasse, 1965 および Hummon, 1982）

は一時的に体を物体表面に付着させるのに用いられる．体壁は繊毛と縦走筋の両方をそなえるが，移動は繊毛により滑走する．腹面の繊毛はしばしば不均一に生え（たとえば縦または横方向の帯状に），その生え方は属により特徴的なパターンを示す（図 4.10）．

腹毛動物は口器の繊毛打か咽頭の吸引動作によって起こした水流で運ばれてくる細菌，原生生物，デトリタスを摂食する．線形動物と同様に咽頭の断面は３放射状で，咽頭の表面は１層の筋上皮細胞におおわれる．また，輪形動物や動吻動物と同様に，淡水産の種では１対の有管細胞型原腎管 solenocytic protonephridium をもつ．

4.3.3 分 類

450 種以上が知られ，単一の綱の２目に分類されている．紐状で海産の帯虫（オビムシ）目 Macrodasyda（図 4.11）の咽頭は１対の孔によって外部と通じており，これはおそらく半索動物翼鰓綱（7.2.3 b，また 9.2.5 項も参照）と同様，摂食中に取り入れられた水の出口として機能するのだろう．海産または淡水産の毛遊（イタチムシ）目 Chaetonotida（図 4.12）は通常紡錘形で，咽頭の孔を欠き，粘着管は存在しても後部にのみで，おそらく単為生殖をする．

4.4　線形動物門 Nematoda（線虫類）

4.4.1　語　源

ギリシャ語：nema＝糸，eidos＝形

4.4.2　判別に役立つ特徴・特別な特徴

1. 左右相称，蠕虫形．しかし長軸に対して放射相称になる傾向がある．
2. 体は2細胞層以上の厚さで，組織と器官をもつ．
3. 複雑な構造のクチクラをもつ．
4. 体壁に環状筋を欠く．
5. 体腔は偽体腔で，通常，胞胚腔に由来する．
6. 筋肉質の消化管は前方の口から筋肉質の咽頭を経て，後端付近の肛門にいたる．
7. 縦走筋は腹面，側面と，2条の背面皮下の合計4つの領域からなる．
8. 神経系は長軸方向に走る腹面中央と背面中央の皮下の神経索からなり，これらは反対側の筋肉領域の筋細胞と直接接触する．
9. 横断面はつねに円形，体液はつねに高い圧力の下に保たれている．
10. 循環系を欠く．
11. 排出器官には炎細胞も腎管もない．1個または少数のレネット細胞 renette cell からなる排泄管をもつ．
12. 胚の卵割パターンはらせん型でも放射型でもない．4細胞期に割球はT字型に配列し，高度に決定的な卵割様式である．
13. つねに直接発生であるが，寄生性のものでは幼生が感染期のことがある．

線形動物門は動物界のうちで最も成功した動物門の1つである．100万種が生息していると推定されているが，そのうちの，15000種以上が記載されている．他の大きな動物門と対照的に，この種の多様性は形態の多様性に基づいているわけではない．すべての線形動物は，同じ基本形を元に形づくられて

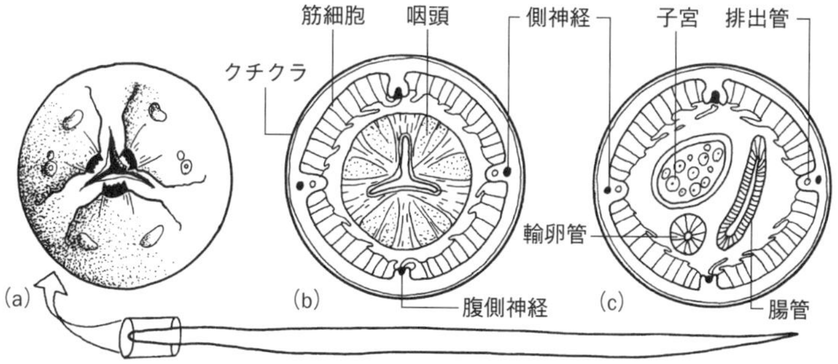

図 4.13　横断面でみた線形動物の構造．(a) 頭部の立体像．三角状に配置した口器，唇と付随する感覚器を示す．(b) 咽頭部の横断面像．(c) 体中央部の横断面像．

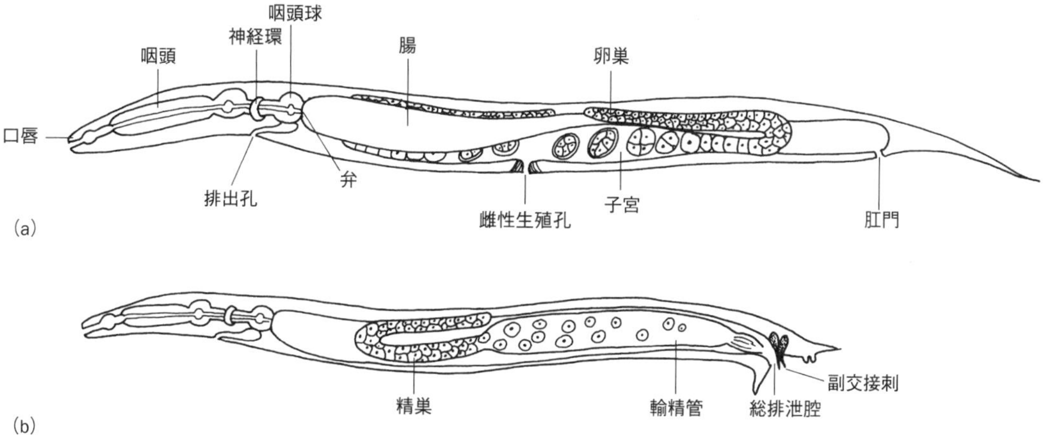

図 4.14　線形動物の一般的構造（寄生性の属 *Rhabditis* に基づく）．(a)雌，(b)雄．

いる．これらの多数の種は，単一の成功した形態を少しずつ修正してつくられたものにすぎない．この成功した形態には有害となりうる環境に対する耐性も含まれるので，多くの線形動物は寄生性である．

線形動物の構造は「管の中の管」と表現され，両端がとがり，横断面は円形である（図 4.13）．対になった生殖器官，つまり卵巣と精巣が体内のかなりを占めている．これらは直列に並んでおり，しばしばコイル状になる．開口部の位置は，図 4.14(a)，(b) に示す．

体壁の構造は断面でみるのが最もわかりやすく，この動物門に特徴的な構造がみられる（図 4.13(b)）．

最も外側の領域は複雑な構造のクチクラで，じつに 9 層が認められる（図 4.15）．中でもとくに顕著なのが 3 つの直交する繊維の層で，これらはらせん状のネットワークを形成している．

この繊維は弾性に乏しく，したがって動物の体積を一定に保ちながら体の変形を許す．この繊維は高い内圧を一生の間保つのに十分な強度があり，またクチクラは透過性が低いため体液の損失を抑える．そのような高圧の系では，動物の断面はつねに円形になる（詳細は第 10 章と図 10.9 を参照）．縦走筋はその内圧に抗してはたらき，体型を変える．この高静水圧系は，線形動物の生物学に関して根本的な重要性をもつ．環状筋を欠くという特殊な体制も，この静水圧系と関連している．

複雑なクチクラの下には外胚葉性の表皮がある．表皮中には神経系と排出系があり，それらのおもな要素は縦走する 4 本の肥厚した索にまとめられている．背側と腹側の索には顕著な背側神経と腹側神経が含まれている．これらの索で区切られた体壁の 1/4 ずつには縦走筋細胞がある．筋細胞の数は少なく一定である．胚発生のごく初期を除いて，体の成長は細胞数の増加よりは細胞体積の増大によって起こる（当世の発生生物学者は，この特徴を利用した実験を行っている．詳細は第 15 章参照）．

排出系は，この動物門の特徴である細胞数の極端な節約のよい例である．原始的なものは 1 個か 2 個の特殊化したレネット細胞である．より進化したものでは，腺状のレネット細胞群の内部で発達した管系であるが，これが失われた種類もある（12.3.1 項および図 12.12 参照）．

筋細胞は神経筋ユニットとよんだほうが適切かもしれない（図 4.16）．それぞれの細胞の収縮性繊維の入った部分は神経索から離れ，表皮の上に並んでいる．筋細胞から細長い突起が伸び，筋細胞の位置に従って背側または腹側の神経索に直接接触している．突起は神経に近づくにつれて多数の突起に分岐し，その先端は他の筋細胞の突起や神経細胞とシナプスを形成する（第 16 章参照）．この配置は，すべての筋細胞が同時に収縮するのを可能にするのかもしれない．筋肉が神経に向かい突起を伸ばす様式は特異なもので，他のほとんどの動物では神経細胞のほうが軸索を伸ばして筋細胞に接触する（しかし 16.4.2 項を参照）．

線形動物は顕微鏡的な大きさの食物粒子を食べる微小物食 microphagous であり，実質ほとんど液体食である．体液がつねに高い圧力下に保たれているので，もし体内の消化管が圧の低い外界と直結して平衡状態になれば消化管は潰れてしまうであろう．

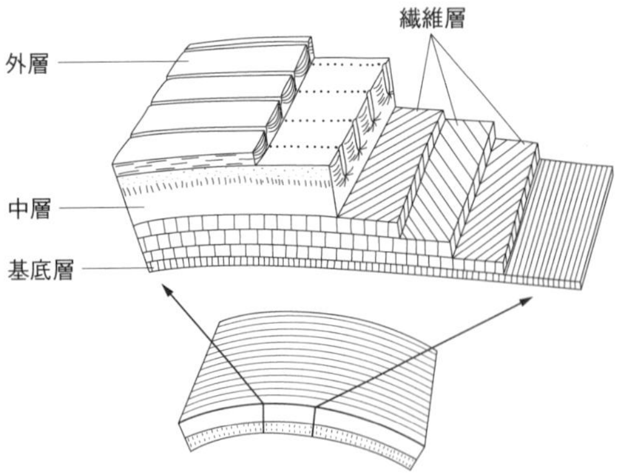

図 4.15 線形動物のクチクラの構造．クチクラは外側の縦じまのある層，内側の均一な層と，貼りあわされた繊維状の層からなる（Clark，1964）．

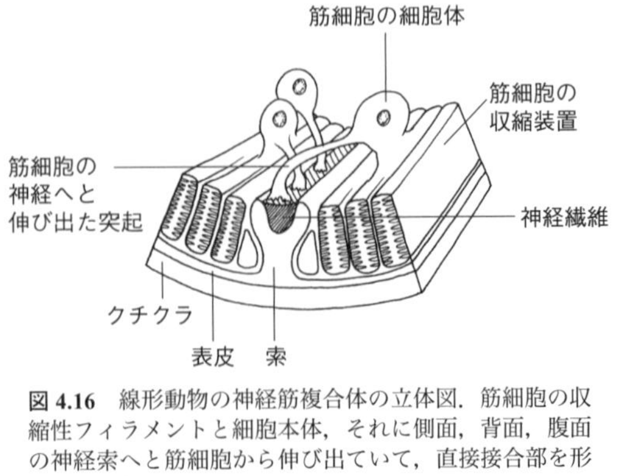

図 4.16 線形動物の神経筋複合体の立体図．筋細胞の収縮性フィラメントと細胞本体，それに側面，背面，腹面の神経索へと筋細胞から伸び出ていて，直接接合部を形成する突起に注目せよ．

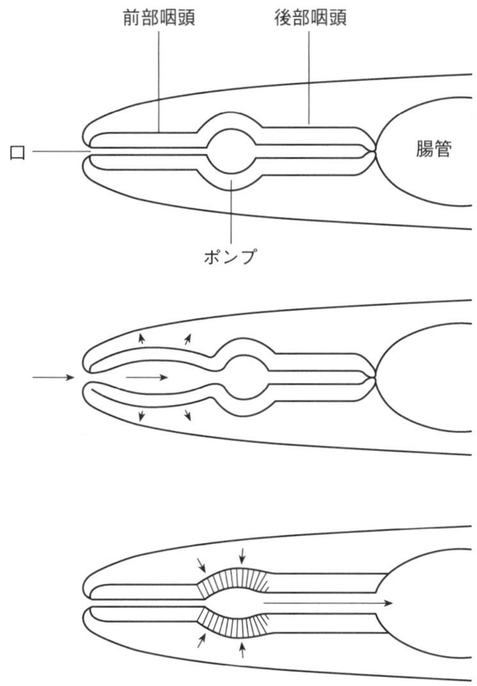

図 4.17 線形動物の咽頭ポンプの仕組み．前部咽頭の径は後部咽頭よりもずっと小さい．咽頭が拡張するとき，咽頭後部にある弁は閉じられている．つづいて液体は前部咽頭に流れ込む．咽頭が収縮すると後部の弁が開き，後部咽頭のほうが径が大きいため液体は後方に流れる（Croll と Matthews，1977）．

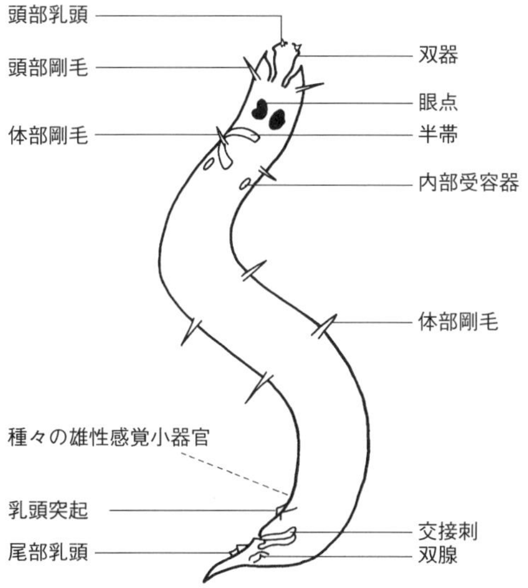

図 4.18 線形動物にみられる種々のタイプの感覚器を示す概念図．一種の線形動物でこれらのすべてをもつものは知られていない（Croll と Matthews，1977）．

したがって，摂食中に餌の液体を圧力勾配に逆らってとりこむとき，こういうことが起こらないためのなんらかの機構が必然的に存在する．その機構を図4.17に示す．消化管の前方の開口部 stoma（口）は筋肉質の咽頭に連なり，咽頭の口と反対側の端は弁になっている．咽頭は圧力勾配に逆らって食物を引き込み，その食物は咽頭部の前方・後方の相対的な径の違いにより腸へ向かって1方向に送られる．

線形動物は，多様な感覚器をそなえている．これらの中には，頭部乳頭 cephalic papilla，双器 amphid（化学受容孔 chemosensory pit であり，しばしば前方の双器腺 amphid gland が付随する），頭部剛毛 cephalic seta，体部剛毛 somatic seta，尾部乳頭 caudal papilla, 交接刺 spicule，単眼，双腺 phasmid がある（図 4.18）．双腺は尾部に存在する感覚孔であり，双器に似ていないこともなく，両者はどちらもしばしば腺が付随する．線形動物は双腺の有無により2つの綱に分割されている．

綱	目
双器綱 Adenophorea	エノプルス目 Enoplida
	イソレムス目 Isolaimida
	モノンクス目 Mononchida
	ドリライムス目 Dorylaimida
	鞭虫目 Trichocephalida
	糸片虫目 Mermithida
	ムスピケア目 Muspiceida
	アレオライムス目 Araeolaimida
	クロマドラ目 Chromadoria
	デスモスコレクス目 Desmoscolecida
	デスモドラ目 Desmodorida
	モンヒステラ目 Monhysterida
双腺綱 Secernentea	桿線虫目 Rhabditida
	円虫目 Strongylida
	回虫目 Ascaridida
	旋尾線虫目 Spirurida
	カマラヌス目 Camallanida
	ディプロガスタ目 Diplogasterida
	茎線虫目 Tylenchida
	葉線虫目 Aphelenchida

線形動物の外観はどれも同じようであるが，これは高い内圧や非浸透性のクチクラのような特徴的なデザインの結果である．それでも全体的な体型には変化があり，髪の毛のような棘やクチクラの突起をもつ種もある．体型のバリエーションは，図4.19に示した範囲に及ぶ．

外観の変化の少なさにもかかわらず，線形動物は非常に広範な環境に適応している．この状況は線形動物の摂食機構と，寄生に伴う生活環の多様化に最もよく現れている．多くの自由生活性の線形動物は，懸濁物や沈殿物中の細菌を摂食する．しかし，

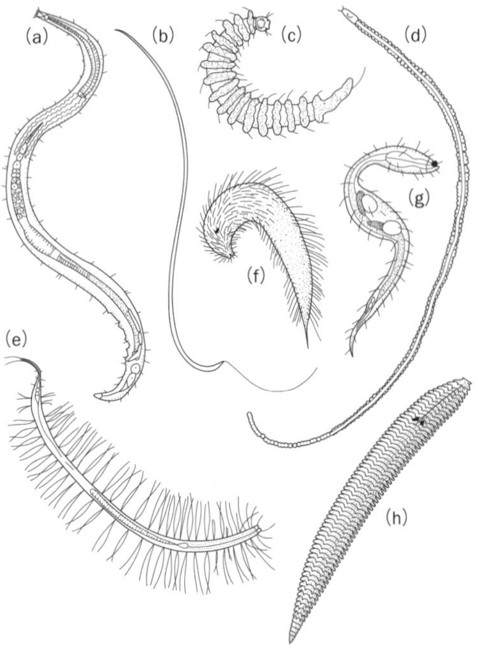

図 4.19 線形動物の体形.(a) 典型的な体形(モンヒステラ目),(b)〜(h) より非典型的な体形((b) エノプルス目,(c) と (f) デスモスコレクス目,(d) と (g) デスモドラ目,(e) モンヒステラ目,(h) 茎線虫目(DeConinck,1965とRiemann,1988).

いくつかの種類は捕食性でとくに他の線形動物や微生物を食し,口の前方表面にさまざまな歯状または顎状の板を発達させている.これらの板は獲物を貫通するのに用いられ,獲物の内容物は咽頭のポンプ作用により吸引される.

いくつかの自由生活性の種類は植物食である.ある種は菌や酵母の細胞を丸ごと摂食するが,大部分はそれらの細胞に孔をあけ,中身を吸引する.この摂食様式のため,植物食性の線形動物の多くは口腔内に特殊な構造をもつ.細胞に孔をあけるには槍状のもの,咽頭の吸引ポンプの先としては中空の注射針のようなものをもっているのである.

自由生活性の線形動物にみられる摂食機構は,寄生性の種類にもそのまま利用されている.たとえば,脊椎動物の腸管の内腔は細菌や細胞破砕物の栄養豊富な混合物であり,これが線形動物の細菌食の場を提供している.同様に,板状の顎は腸管の内壁を切り裂くのに用いられ,そうして得た血液中の血球を線形動物は摂食する.

脊椎動物の消化管に線形動物が寄生することにより引き起こされる衰弱の一部は,このような摂食様式によって起こるものである.ヒトに寄生する「蟯(ぎょう)虫」*Enterobius vermicularis* は腸管内で細菌を摂食している限りは比較的無害で,消化管を詰まらせるほど増殖したときに初めて病原性となる.ヒトの鉤虫 *Ankylostoma duodenale* はより病原性が高く,小腸を出血させて血球を摂食する.このような鉤虫100頭に寄生された患者は1日に50 mLもの血液を失うことがある.

すべての植物寄生性の線形動物は,吻針または槍をそなえた口部をもつ.多くの種は,寄主の植物に恒久的なこぶをつくり,その中で肥大させた寄主の細胞を摂食する.そのような肥大が起こるのは,おそらく植物自身の成長物質や抑制物質のはたらきに線形動物が干渉するためであろう.植物寄生性の属で最も重要なのは *Heteroda* とネコブセンチュウの仲間 *Meloidogyne* である.

寄生性の生活形態は,線形動物の系統進化過程で何度も生じている.このことは,線形動物の構造上の多数の基本的特徴に反映している.それらの特徴とは,

1. 複雑で非透過性,抵抗性の高いクチクラ.
2. 体内受精と,抵抗性の非常に高い卵の生産能力.
3. 微小物食の摂食習性.
4. 小さな体のサイズ.
5. 寄主の防御システムを回避するためのさまざまな化学的・機械的手段.

多くの無脊椎動物では,しばしば成体の形態の極端な変形や無性的増殖期を含む特殊化した生活環の発達などが起こる(このような例は寄生性扁形動物に多くみられる.3.6.3.b.およびc.参照).しかし,こういった特殊化は線形動物では起こっていない.線形動物の成体は寄生生活に「あらかじめ適応していた」ので,線形動物の発生のパターンは変更する必要がなかったのである.基本的な生活環を図4.20(a) に示す.生活環には,独立した雌雄個体間の授精や高度に保護された卵の生産が含まれており,4つの幼生期をもつ.

この基本的生活環から寄生生活へ適応した変異型をいくつかみることができる.しかし,いずれの変異型も進化の過程で起こった典型的なステップと考えることはできない.

基本的生活環からの変化が最も小さい種類では,幼生は土壌中で自由生活をする.同一種の成体に自

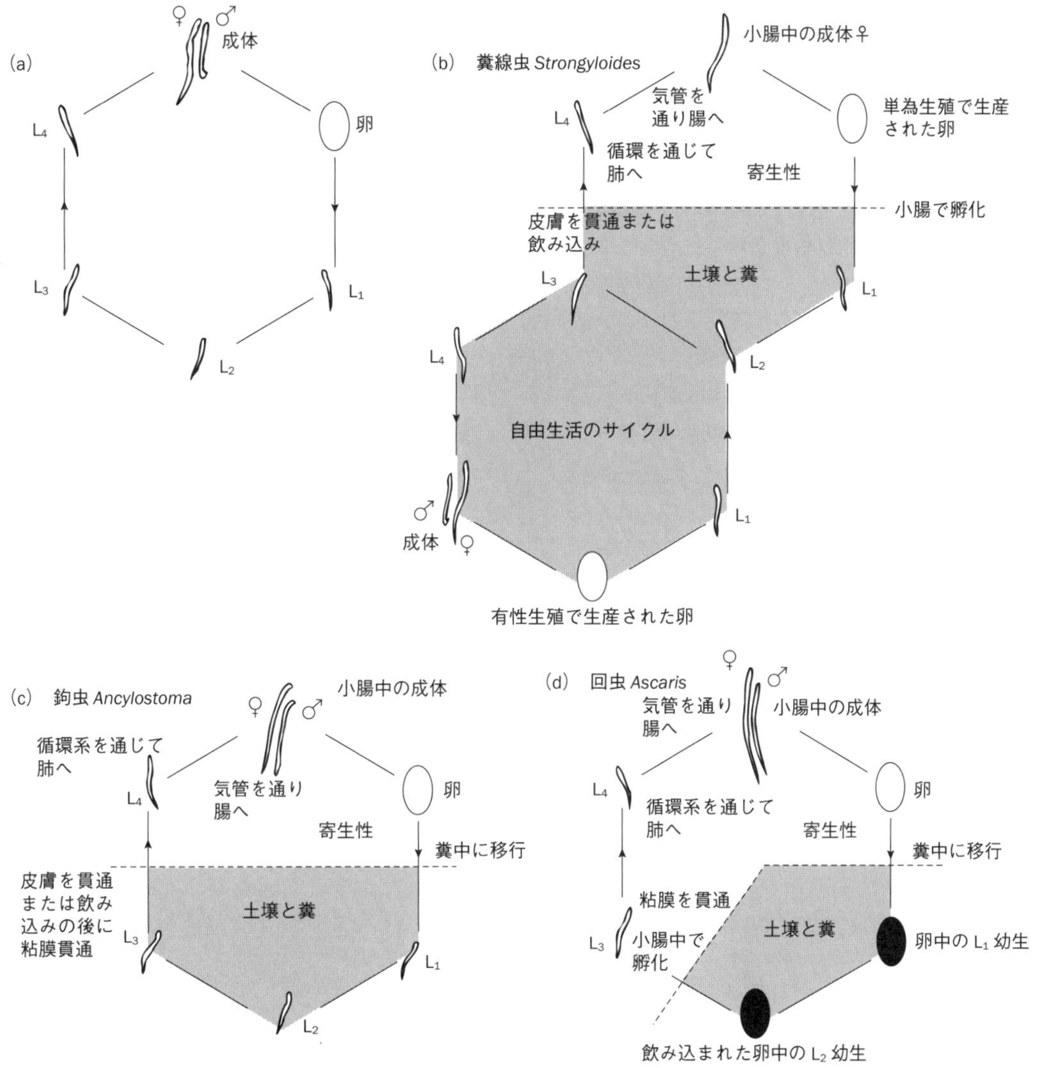

図 4.20 線形動物の生活環．(a) 4 つの幼生期をもつ基本的な生活環，(b)～(d) 内部寄生生活に適応した種の生活環のバリエーション．

由生活性と寄生性の両方が出現することもある．たとえば，糞線虫 *Strongyloides* では完全に自由生活性で生活環を完了することもあるが，第 3 期幼生の一部は皮膚を通して哺乳類の寄主に侵入し，気管を経て消化管へ移動し，そこで雌個体は定着して単為生殖を行う（第 14 章参照）．卵は自由生活性の生活環に入るか，またはさらに感染性の第 3 期幼生を生じる（図 4.20(b)）．

鉤虫 *Ancylostoma* は，類似した生活環をもつが自由生活性の成体は存在しない．また，雄または雌だけのステージも存在しない（図 4.20(b)）．第 1 期および第 2 期幼生は土壌中で摂食する典型的な棒状の微小物食の幼生である．第 3 期の感染性幼生はシストを形成し摂食しない．

例外的に大型でヒトの腸に寄生する回虫 *Ascaris* では，自由生活性の幼生期が省略されている．卵は糞便とともに排出されるが，第 1 期および第 2 期幼生は卵内にとどまり，汚染された食物とともに寄主に摂食される．第 3 期幼生は腸管内で孵化するが，そこにとどまらずに循環系に乗って肺へ移動し，最終的に腸管へ戻る（図 4.20(d)）．この複雑な生活環は，進化の途上で中間宿主がかつて存在したことを反映するものかもしれない．

ヒトの腸に寄生する他の種，たとえば *Trichrus*

や蟯虫 *Enterobius* も類似した生活環をもつが，腸管に定着する前に循環系に乗って移動することはない．蟯虫 *Enterobius* の雌は肛門のまわりに強い痒みを引き起こす．これを掻くことで指先に卵が付着し，直接的な自己再感染や他の寄主への感染が起こる．

いくつかの脊椎動物寄生性の線形動物では第2宿主が存在し，食物連鎖を利用していることもある．また，Merminthidae 科では幼生は昆虫に寄生するが，成体は自由生活性である．

4.5　類線形動物門 Nematomorpha（ハリガネムシ類）

4.5.1　語　源

ギリシャ語：nema＝糸，morphe＝形

4.5.2　判別に役立つ特徴・特別な特徴（図 4.21）

1．左右相称で細長い蠕虫（径 3 mm 以下，長さ 10 cm から 1 m 以上）．
2．体は 2 細胞層以上の厚さで，組織と器官をもつ．
3．消化管はまっすぐな貫通型だがしばしば退化しており，おそらくつねに機能していない．
4．体は体節構造をもたず，体腔は偽体腔で，それはしばしば間充織により埋められている．
5．体壁はしなやかなコラーゲンのクチクラと表皮，縦走筋の層からなり，環状筋を欠く．
6．循環系，排出系，ガス交換系を欠く．
7．神経系は表皮中に入っており，前方の神経環と 1 本または 2 本の縦走神経索（神経節を欠く）からなる．
8．雌雄異体で，細長い 1 個または対の生殖巣をもち，受精は体内で精包を介して起こる．

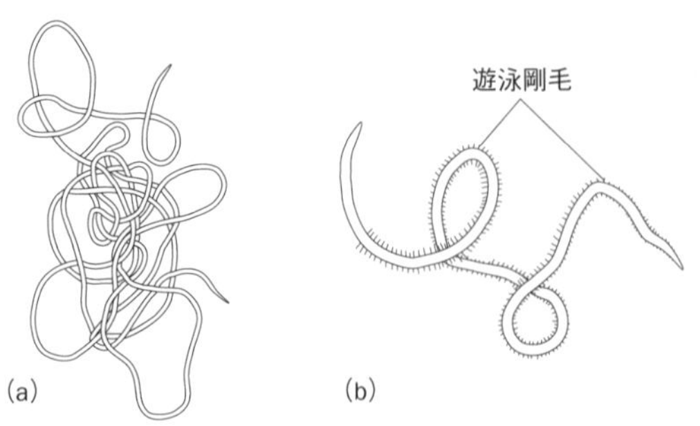

図 4.21　類線形動物ハリガネムシ目（a）と遊線虫目（b）の成体の体形（Margulis & Schwartz，1982 および Fewkes，1983）．

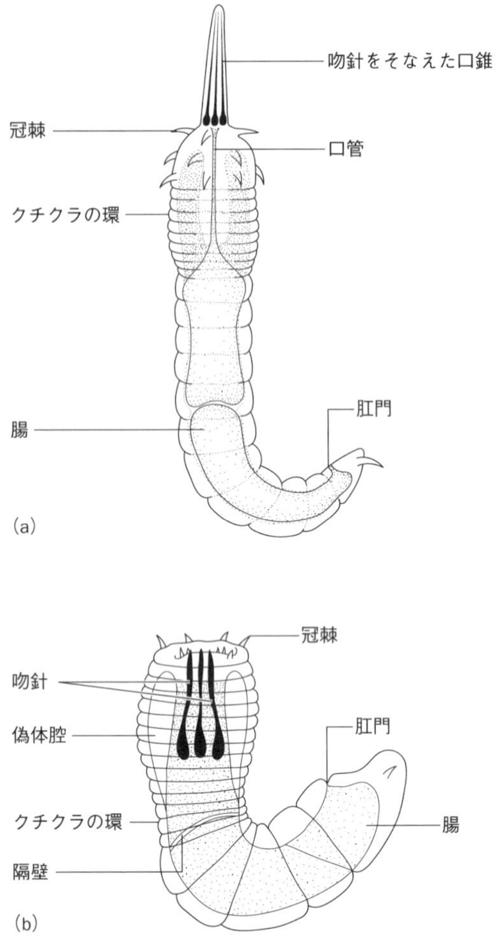

図 4.22　類線形動物ハリガネムシ目の幼生．(a) 陥入吻を外転して伸ばした状態，(b) 引っ込めた状態（Hyman，1951 および Pennak，1978による）．

9．成体は自由生活性だが短命．
10．幼生期は節足動物（まれにヒル類）に感染し，その血体腔中で成長する．幼体 juvenile は口部に 3 本の吻針と，3 輪の鉤状の冠棘をもつ（図 4.22）．
11．淡水または湿った土壌中に生息．1 種は海産．

類線形動物の成体の体制は，線形動物のものと基本的に類似しており（4.4 節），線形動物と同様に，背腹面に起こる体の波を体軸に沿って伝播させることで移動する．海産種と，淡水/陸産種の場合には雄は，ほとんどが運動能力をもつ．大型の淡水産種の雌はより定着性の生活形態で，基質上にカールしたりコイル状に巻いたりしている．この群の成体が線形動物と最も顕著に違うところは，消化管とその開口部のいずれかまたは両方が退化していること

で，これは生活史の中で成体ステージの役割が分散・生殖だけに縮小されたことに対応している．

摂食を行うのは，寄生性の幼体である．幼体は消化管をもつが，おそらくは必要な食物のほとんどまたはすべてを体壁を通して寄主の血体腔から吸収している．幼生 larva と幼体は，線形動物とは形が異なり，口部の吻針，冠棘と前部消化管の構造はむしろ動吻動物の成体（4.6 節）や胴甲動物（4.7 節）に類似している(図 4.22)．前部の偽体腔を隔離している（体を横断する）隔壁に助けられて幼生の陥入吻が外転するとき，これらの吻針や冠棘は寄主の組織を貫いて血体腔へ侵入するのにおそらく役立つ．しかし，侵入が表皮からか腸管からなのかはわかっていない．

4.5.3 分 類

250 の既知種は単一の綱の 2 つの目に分類されている．種数がはるかに多い淡水産のハリガネムシ目 Gordioida（図 4.21(a)）は，節足動物の単肢動物門に寄生する．この群は腹側の単一の神経索，対の生殖巣，それに生殖期以前のステージでほぼ完全に間充織細胞で満たされた体腔をもつことで区別される．一方，わずかな種が知られるにすぎない海産の遊線虫目 Nectonematoida（図 4.21(b)）は甲殻動物十脚目に寄生し，2 本目の背側の神経索，単一のまとまった（雄）または拡散した（雌）生殖巣，間充織によって完全には満たされていない偽体腔，をもつ．また遊線虫目は，体のほぼ全長にわたって対角線上に 2 列の剛毛をそなえ，これが遊泳の際に有効体表面積を増やすのに役立っている．一部の動物学者は，これら 2 つの目は類縁関係が薄いと考えている．すなわち，遊線虫目は線形動物に由来するもので，ハリガネムシ目は動吻動物と胴甲動物に近縁なものだという．

4.6 動吻動物門 Kinorhyncha

4.6.1 語 源

ギリシャ語：kinema＝動き，rhynchos＝吻，鼻

4.6.2 判別に役立つ特徴・特別な特徴（図 4.23）

1．左右相称で蠕虫形をしているが，体は短め．
2．体は 2 細胞層以上の厚さで，組織と器官をもつ．
3．消化管は管状で後部に肛門があり，筋肉質の咽頭と突出可能で口腔のある口錐をもつ．
4．体は外見上一定数（13～14）の節（横帯 zonite）に分けられる．
5．表皮は棘の生えたクチクラをそなえ，それは横帯ごとに 1 枚の背板と 1 対の腹板を形成する．
6．体腔は胞胚腔がそのまま残った偽体腔である．
7．体壁は環状筋と斜めに走る筋をもつ．
8．排出系は 11 番目の横帯にある原腎管である．これは多核で対の繊毛のある有管細胞 solenocyte からできている．
9．神経系は前方の消化管をかこむ神経環と神経節をもった腹側の神経索からなる．神経索は表皮と筋肉のもつ体節のような構造を反映している．
10．例外なく小型で，ほとんどつねに海の微小底生生物相 meiofauna の一員である．
11．体表に繊毛を欠く．

動吻動物は最も知られていない動物群である．他の袋形動物の門，とくに胴甲動物と類線形動物と類縁性が高い．

際立った特徴は，横方向に一定数の横帯に分かれ

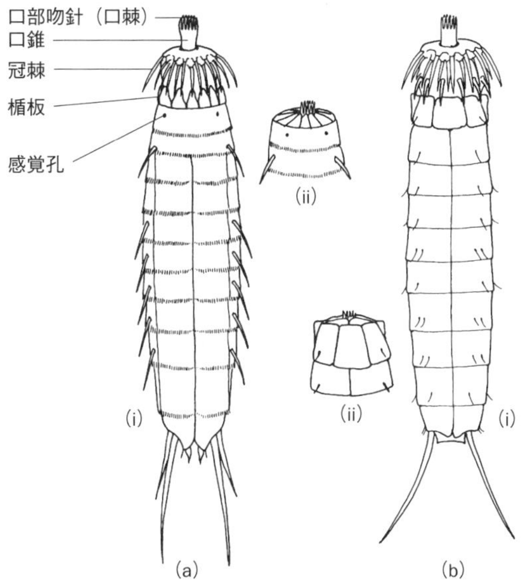

図 4.23 動吻動物の外部形態．(a) キクロラグ目：(i) 腹面図，(ii) 陥入吻を収納した前方図．(b) ホマロラグ目：(i) 腹面図，(ii) 陥入吻を収納し，第 3 横帯の板で保護されたところを示す前方図（Higgins, 1983）．

ていて棘をもつクチクラである．クチクラが分節化していることは表皮，筋肉，神経系に影響を及ぼし，それらにも分節した構造をとらせている．しかし，この分節化は体腔をもった蠕虫である環形動物（4.14 節）の体節と相同ではない．動吻動物はすべて微小で，海の泥底の微小底生生物相として生息している．約 100 種が記載されており，すべて機能的デザインにおいて類似している．

吻針の生えた吻は伸展可能な陥入吻となっており，第 2 分節または「頸部」に引き込むことができる（図 4.23）．この陥入吻は輪状に生えて後方に弧状に曲がった冠棘で武装されている．体は同じ構造の体軀部横帯が 10 個並んでできており，それぞれが 1 枚の背板 tergite と，1 対の腹板 sternite からなる．体壁筋は背板と腹板を引き寄せることで体を扁平にして偽体腔の内圧を増し，陥入吻を外転させる．動物は陥入吻を前に突出させ，反りかえった棘のある冠棘をいかりとして用い，体の分節を牽引筋を収縮させて引き寄せることで前進する．

内部構造（図 4.24）には，他の袋形動物の各門との共通点がいくつかある．表皮はいくぶんシンシチウム化した構造をもち，（線形動物のように）側面と中央背部の表皮は体軸方向に細長く肥厚していて，おもな体表の棘の中まで入り込んでいる．また，表皮は偽体腔中に突出し，クッションを形づくっている．三角形の断面をもつ筋肉質の咽頭は他の袋形動物のものと似ている．

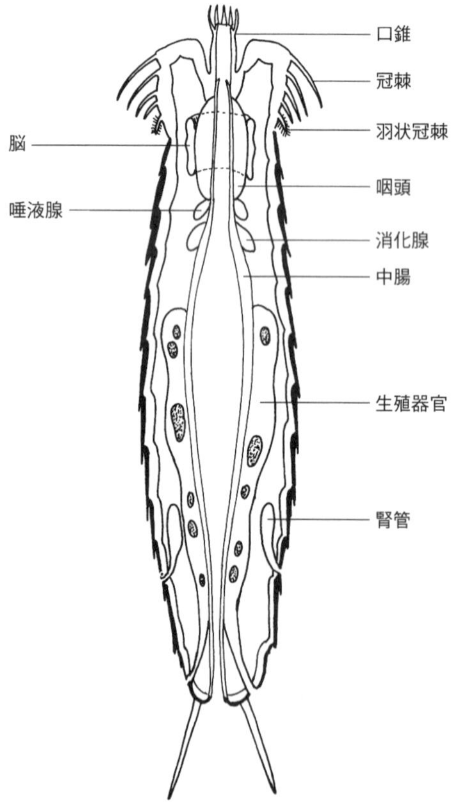

図 4.24　陥入吻を伸展した動吻動物の内部解剖図

4.6.3　分　類

陥入吻の収納の方式によって 2 つの目に分けられる．キクロラグ（棘皮虫）目 Cyclorhagida では第 1 横帯のみが収納され，その状態で第 2 横帯の大きな板により保護される（図 4.23(a)．ホマロラグ（ピクノフィエス）目 Homalorhagida では第 1 横帯，第 2 横帯ともに収納され，それらは通常第 3 横帯の腹板で保護される（図 4.23(b)）．

4.7　胴甲動物門 Loricifera

4.7.1　語　源

ラテン語：lorica＝鎧の胸当て，またはコルセット，ferre＝もつ

4.7.2　判別に役立つ特徴・特別な特徴（図 4.25）

1. 左右相称.
2. 体は 2 細胞層以上の厚さで，組織と器官をもつ.
3. 消化管は直線状で貫通型，後部に肛門をもつ.
4. 体腔をもつ.
5. 体は 3 つの部分からなる．1 番目は外転可能な頭部（陥入吻）で，9 輪までの（櫂状や棘状や歯状の後方を向いた）冠棘と 8～9 本の強固な口部吻針をもつ突出可能な口錐をそなえ

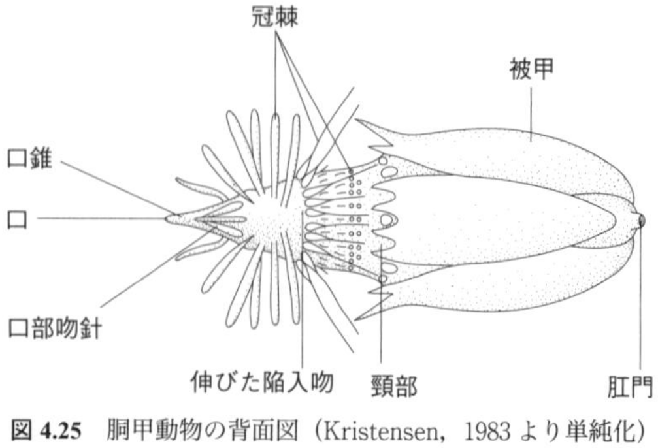

図 4.25　胴甲動物の背面図（Kristensen，1983 より単純化）

る．2番目は短く，表面が分節している頸部で，板の列を複数もつ．3番目はクチクラ化した被甲 lorica（ロリカ，クチクラ板）でおおわれた胴部で，被甲は長軸方向の22～60の折り目によって分かれているか，長軸方向に長い6枚の板からなり，板の前方の部分には，中空で前向きの棘がある．成体では陥入吻と頸部は被甲をもつ胴部の中に収納することができ，そのとき頸部の板はおそらくおおって保護する役割を担うだろう．

6. 消化管は大型の筋肉質の咽頭球と望遠鏡のように伸展できる口管 buccal canal をもつ．消化管全体がクチクラで裏打ちされている可能性がある．
7. 排出系は1対の原腎管からなる．
8. 1対の生殖巣をもち，雌雄異体である．
9. よく発達した脳と神経節化した腹側の神経索をもつ．
10. 幼生期は成体を小型化したようであるが（図4.26），2セットの運動器官をもつ点が異なる．それらは（a）被甲の前腹部領域にある2～3対の棘．これを用いて這うことができる．（b）1対の動かせる足のような尾部の付属肢．これを用いて遊泳する．幼生期は脱皮で区切られたいくつかの齢に分けられる．
11. 海底8000 m までの沈殿物の間隙にすむ．

これらの微小な（0.4 mm 以下）動物がはじめて記載されたのはごく最近，1983年のことなので，概観的なことしか知られておらず，発生学，生活様式や習性に関する情報もない．発見が遅れた理由の1つは，これらの動物が沈殿物の粒子やおそらく他の生物に固く付着して生息し，通常の間隙性の海産生物を単離する方法では得られないこと，もう1つはこの動物が前半部を収納したとき，表面的に輪形動物や鰓曳動物の幼生に似ているためと考えられる．

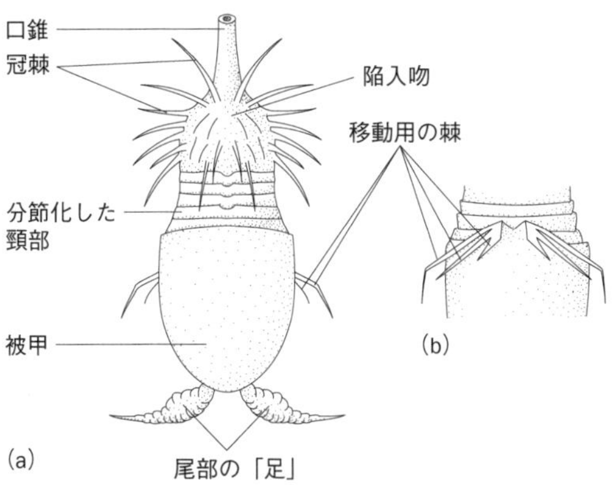

図 4.26　（a）初齢幼生の背面図と（b）その移動用の棘の腹面図（Kristensen，1983より単純化）．

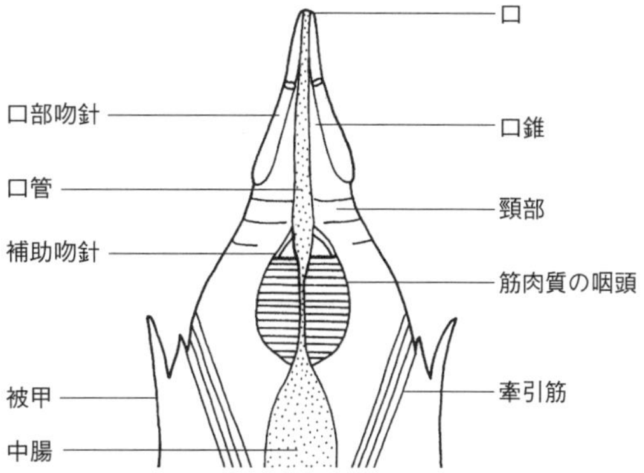

図 4.27　胴甲動物の前部消化管（口吻と頸部をそれぞれ伸展，外転させたところ）（Kristensen，1983）

胴甲動物の体制の最も顕著な特徴は，体が前半の陥入吻と頸部，それと後半の被甲におおわれた胴部に分かれる点である．成体では体の前半がすべて被甲におおわれた胴部に収納されるが，幼生では陥入吻を頸部に収納できるのみである．この仕組みは鰓曳動物や，類線形動物の幼生，線形動物の *Kinochulus* 属，そしてとくに動吻動物（4.6節）に類似している．動吻動物と胴甲動物の両方において「頭部」は体腔の圧力によって外転し，専用の牽引筋によって収納させられるが，口部吻針のある口吻はそれとは独立に筋肉によって突出・収納できる．胴甲動物の体の前端が伸長・収納させられることの機能的意味はわかっていない．しかし他の動物では沈殿物や動物組織中を移動したり，獲物をとらえて摂食したりするのに用いられており，そして胴甲動物は外部寄生性の可能性もある．

消化管は前部が望遠鏡のように伸び縮みする口管，楯板 placoid をもち筋肉質の咽頭球，1対の補助吻針と2つの大きな唾液腺（消化管から派生する唯一の腺）からなる点で（図4.27），緩歩動物（8.1節）のものにはっきりした類似性を示す．この類似性が収斂によるものかは不明だが，おそらくは胴甲動物も（緩歩動物同様）口部吻針で刺し貫き咽頭のポンプで液体を吸引する摂食様式を示すのであろう．

4.7.3 分 類

わずか14種が公式に記載されているが，その他に18種程度が知られていて記載待ちの状態である．すべての種は単一の目，コウラムシ目 Nanaloricida に入れられている．

4.8 鰓曳動物門 Priapula

4.8.1 語 源

ギリシャ語：Priapos＝男性の生殖能力を擬人化した男根の神

4.8.2 判別に役立つ特徴・特別な特徴

1. 左右相称
2. 体は2細胞層以上の厚さで，組織と器官をもつ．
3. 大きな前体部とよばれる収納可能な陥入吻と，棘または鱗でおおわれた分節しない胴部をもち，ときに尾部に分岐する付属肢をもつ．
4. 消化系は前方の棘または鉤状の冠棘にかこまれた口と，後部の，ときに一輪の棘にかこまれた肛門をもつ．
5. 排出系と生殖器系は，多数の有管細胞をもつ泌尿生殖器官の中に密接して存在する．
6. 神経系は口をかこむ神経環と，神経節のある腹側の神経索からなる．
7. 体腔は広く，おそらく真体腔である．
8. 雌雄異体で，体外受精をする．
9. 幼生は繊毛をもたず，被甲をもっている（つまり板にかこまれている）．
10. 循環系を欠くが，体腔にヘムエリトリンを含む小体をもつ．

鰓曳動物は小さいが特徴的な海産蠕虫のグループであり，その類縁関係はとても明らかとはいい難い．偽体腔動物である袋形動物の各門に多少類似点があり，それらの1つとして分類されることもしばしば行われてきた．しかし，機能的にはむしろ4.11～4.14節に解説する真体腔をもつ蠕虫類のほうに似ている．体腔が中胚葉性の裏打ちをもつので，これを真体腔とみなす学者もいるが，電子顕微鏡観察によると，この裏打ち細胞は真体腔動物のものとは異なる独特のものである．体腔の起源については，さらに詳細な知識が必要である．発生学の知見は少ないが，らせん卵割でなく放射卵割であることが知られる．

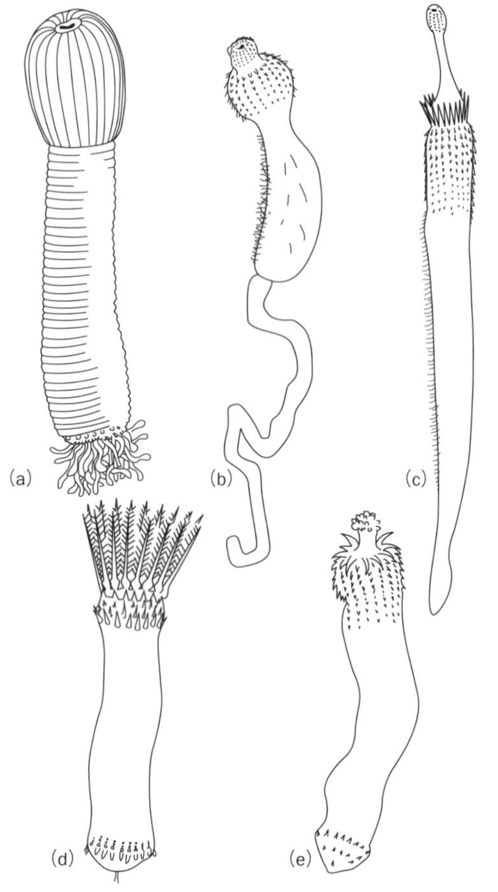

図 4.28 鰓曳動物のいろいろな体形

鰓曳動物のさまざまな体形を図4.28に示す．ほとんどの種の体は大きくて球状に膨らんだ前体部（陥入吻）と，胴部とからなる．陥入吻の先端に口があり，それは5本の棘状の冠棘が輪状に並んだもので かこまれている．この大きな樽状の，長手方向に並んだ冠棘をもつ構造物は通常外転しているが，胴部に収納することもできる．前体部と胴部は，通常明瞭な襟で区切られている．しばしば環を重ねたような環紋をもつ胴部は，通常鱗か棘でおおわれており，キチン質のクチクラをもっており，クチクラは定期的に脱皮する．エラヒキムシ *Priapulus* は後部に，奇妙な分岐する構造（尾部付属器）をもち，これは呼吸に役立っている可能性がある（図4.29(a)）．クチクラの下には表皮があり，その細胞の間には液体で満たされた空間がある．これは，真体腔動物のものとも袋形動物のものとも構造的に

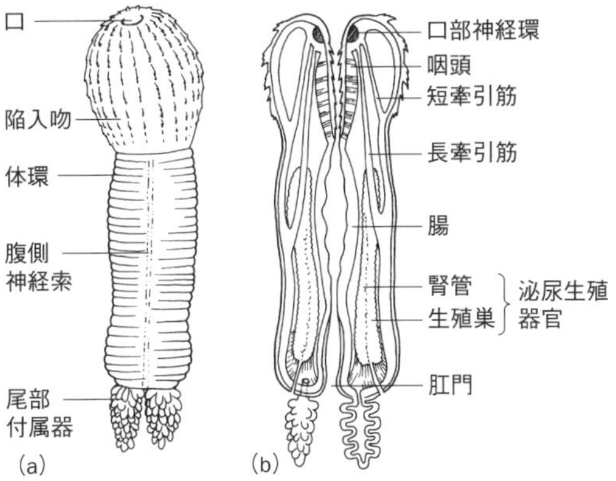

図 4.29 エラヒキムシ *Priapulus* の構造と解剖図.
(a) 外部形態. (b) 内部の模式的解剖図.

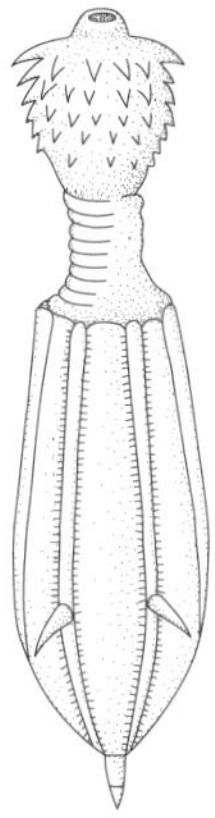

図 4.30 鰓曳動物のロリケイト幼生

異なっている．体壁には環状筋・縦走筋の両方が存在し，液体に満ちた体腔に圧力を加えて前体部を外転させる．消化管は単純な直線状の管で，口部の棘の生えた領域と筋肉質の咽頭をもつ（図 4.29(b)）．口錐や口部吻針はない．

ユニークな特徴は，生殖器系と原腎管の有管細胞が融合して対になった泌尿生殖器官を形成することである（図 4.29(b)）．

ロリケイト loricate 幼生は漂泳性の可能性もあるが（間隙にすむ胴甲動物のように）クチクラの板におおわれており，幼生の名はそれに由来する（図 4.30）．この幼生はすでに棘におおわれた，収納可能な前体部をもっており，効率的に海底の基盤を掘ることができる．しかし，成体は基盤からいったん引き出してしまうと再び潜るのは困難である．この幼生は正常な生活環の中では，基盤に潜り込む唯一のステージなのかもしれない．鰓曳動物と動吻動物の棘の生えた陥入吻のみかけ上の類似性，またロリケイト幼生と輪形動物のみかけ上の類似性は，これらの動物門がとりわけ近縁であると考えるのに十分な理由になるとは，一般にはみなされていない．

4.8.3 分　類

16 種の鰓曳動物は，2 つの目に分類されている．プリアプルス（エラヒキムシ）目 Priapulida は大型で，よりふつうにみられる捕食性のものである（図 4.29(a)）．セチコロナリア（カエトステファヌス）目 Seticoronaria は薄い冠棘でできた硬い「触手」の輪をもち（図 4.28(d)），肛門のまわりに鉤の輪をもつ．鰓曳動物は，地質学的には古くカンブリア紀から数種が知られる．

4.9 輪形動物門 Rotifera（ワムシ類）

4.9.1 語　源

ラテン語：rota＝車輪，ferre＝もつ

4.9.2 判別に役立つ特徴・特別な特徴

1. 左右相称.
2. 体は 2 細胞層以上の厚さで，組織と器官をもつ.
3. 体の前部にある口の前方と後方に，帯状に繊毛が並んだ繊毛環がある．これらは，しばしば 2 個の車輪状の繊毛器官を形成し，それがこの動物の名の由来となっている.
4. 消化器系は，前部の口，複雑な顎装置 jaw apparatus，筋肉質の咽頭と，（泌尿生殖器系と共通の総排泄腔となる）肛門をもつ.
5. 表皮は少数の核をもち，その数は一定である．表皮には細胞内クチクラがあり，これはしばしば肥厚して被甲を形成する.
6. 体は体節に分かれていない.
7. 泌尿器系は原腎管である.
8. 循環器系，呼吸器系を欠く.
9. 体腔は偽体腔である.
10. 雌雄異体だが，雄はまれにしか（またはまったく）存在せず，存在したとしてもほとんどつねに矮雄である.
11. 微小で，3 mm に達するものはまれである.
12. 変形型のらせん卵割のあと，直接発生する．胚の時期以降には核分裂が起きない.

輪形動物は最小の動物の１つで，成体の大きさは繊毛虫や，他の種々の動物門の幼生と同程度である．体は少数（しかも厳密に決まった数）の細胞からなる．厳密には核の数が一定というべきで，それは多くの組織がシンシチウムだからである（シンシチウムという特徴は他のいくつかの袋形動物の門にも共通）．

輪形動物の成体は，より大型の無脊椎動物の，繊毛の生えた幼生と同じ生活形態を追求している点が特徴的で，実際に彼らはみかけ上，トロコフォア trochophore 幼生（海産の環形動物，星口動物，軟体動物の幼生）に似ている．トロコフォア幼生の特徴は，赤道の位置にぐるりと繊毛の輪（繊毛環 prototroch）があることで，これは口の前後に２輪の帯を形成し，互いに逆方向に打つ．同様のことがほとんどの浮遊性の輪形動物でも起こる．すなわち繊毛冠にある繊毛が２輪の帯（口前方にある口前繊毛帯 trochus と後方にある口後繊毛帯 cingulum）がそれにあたる(図 4.31)．

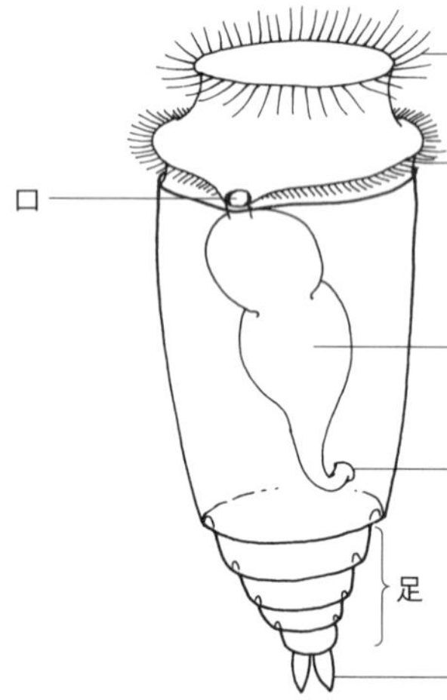

図 4.31　輪形動物の体制の模式図（2 輪の繊毛環を示す）

しかし，これらの構造的な類似は系統的な近縁を示すものではなく，輪形動物の他の特徴は袋形動物の各門，とくに鉤頭動物門との近縁性を示唆する．輪形動物は幼生のまま生殖を行うようになったものと一部の学者は考えている．何の幼生であるかは明らかにされていないが，もしそうなら，他の袋形動物の幼生だろう．しかしこれらの門で繊毛のある幼生を生じるものはいない．

体の外側はしばしば彫刻されたような模様のついたクチクラでできたコップ状の被甲でおおわれ，コップの開口部には繊毛の生えた繊毛冠 corona と口がある．繊毛冠は高度に特殊化することがある．定着性の種では退化することもあるが，そういう種では（図 4.35 参照），繊毛はしばしば硬い感覚毛へと変化する．ふつう繊毛冠は被甲に収納できる．体の後部は細くなり，動かせる「足」を形成する．足はしばしば環を重ねたような，あたかも偽の体節のような外観を呈する．繊毛冠と同様，足も（偽の体節を望遠鏡式に折りたたむことにより）収納することができるのがふつうである．足の先端は１対の足指 toes となっており，動物体を基質上に一時的また

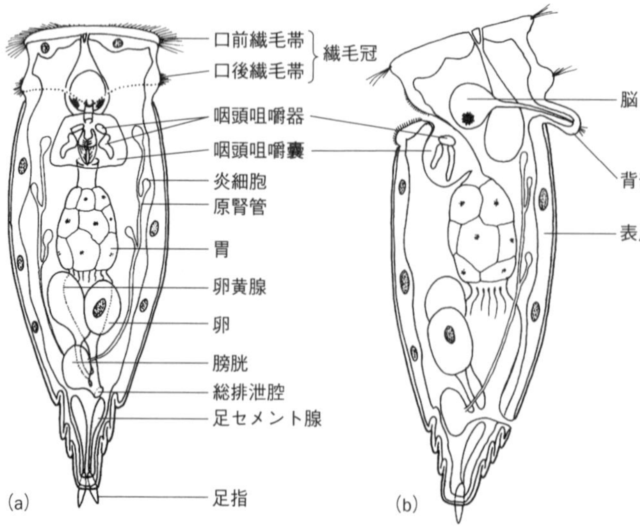

図 4.32　輪形動物の内部構造の一般的特徴．(a) 腹面図，(b) 側面図．

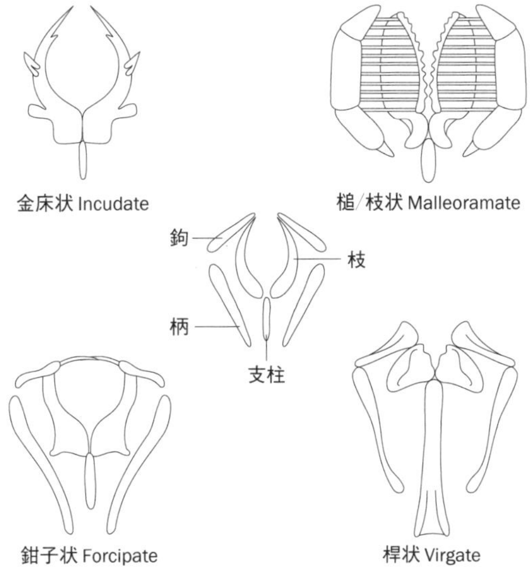

図 4.33 輪形動物の咀嚼器のさまざまな形態（Donner, 1966）

は永久に固着させる役割を担う．足は一生浮遊性の種では退化するか存在しない．動物の内部構造は比較的単純で（図 4.32），これは小型化の結果の 1 つである．しかし口器は複雑で，その構造は食性により異なる．摂食器官つまり咽頭咀嚼嚢 mastax の硬い部分である咽頭咀嚼器 trophi の基本構造を図 4.33 に示す．咽頭咀嚼器の正中線の下にある支柱 fulcrum は，そこから対称に分枝する 2 本の枝 ramus を支える．これらの枝と関節でつながっているのが対になった鉤 uncus と柄 manubrium である．咽頭咀嚼器の種々の形態を図 4.33 に示す．これらの構造は細胞を刺し貫いて中身を吸いとったり，ペンチのようなやり方で獲物をとらえ，粉砕し

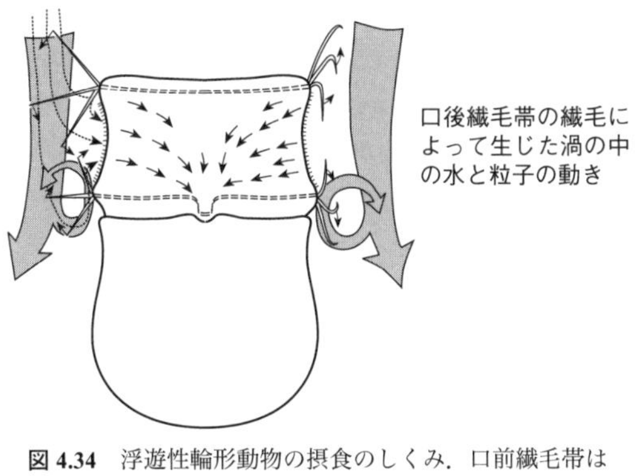

図 4.34 浮遊性輪形動物の摂食のしくみ．口前繊毛帯は前方から後方への水流を起こす．この水流により食物粒子が運ばれてくる．口後繊毛帯の繊毛は逆向きに打つ．この繊毛のつくり出す渦に捕らえられた食物粒子は口へと運ばれる．

たり，潰したり裂いたりするのに適応したものであろう．

ほとんどの輪形動物には 2 本の原腎管があり，それぞれはシンシチウムで少数の細胞核をもつ．淡水に生息するため，原腎管を通って流れる液量は多く，その液は低浸透である．

4.9.3 分 類

輪形動物門は 3 つの綱に分類されている．

綱	目
ウミヒルガタワムシ綱 Seisonidea	ウミヒルガタワムシ目 Seisonida
ヒルガタワムシ綱 Bdelloidea	ヒルガタワムシ目 Bdelloida
単生殖巣綱 Monogonata	ワムシ目 Ploima マルサヤワムシ目 Flosculariida ハナビワムシ目 Collothecida

a. ヒルガタワムシ綱

ヒルガタワムシ綱のほとんどは特徴的な「2 輪の」繊毛冠をもち（図 4.34），体は被甲でおおわれない．大部分の種はシャクトリムシのように這って移動するが，広げた繊毛冠を用いて泳ぐのも得意である．ヒルガタワムシ綱の種は一時的にできる隠れた場所での生息に適応したもので，湖や川の岸の，湿った砂や土壌の隙間にふつうにみられる．また，周期的に湿る陸上の苔にもみられる．繊毛冠はよく発達しているが，泳ぐよりも這うことのほうが多い．足には発達した強力なセメント腺（足腺）がある．

ヒルガタワムシ綱の生殖様式はじつに変わっている．すべての種が単為生殖性，すなわちいかなる形の減数分裂も交配も行わない．雄はまったく発見されておらず，すべての個体が絶対的に単為発生をする雌である（14.2.1.a. 参照）．また，乾燥したときにクリプトビオシスの状態に移行する能力をもつのも特徴で，その乾燥した状態で何年も生き続け，+40℃から−200℃までの温度に耐えることができる．

b. 単生殖巣綱

大部分の輪形動物が属するこの綱は単一の（対でない）卵巣をもつことで区別できる．いくつかの目が知られる．

最大の目であるワムシ目は，定着性や自由遊泳性

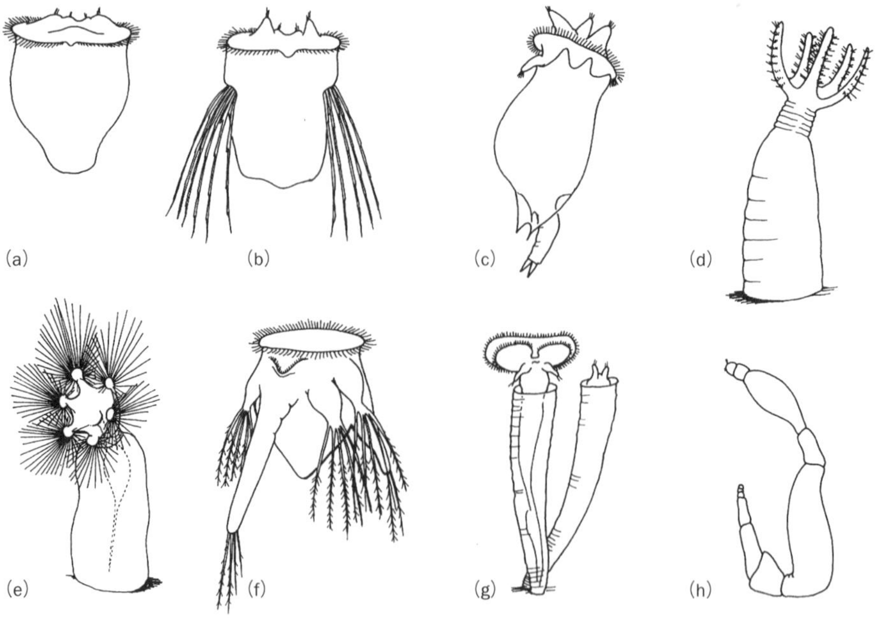

図 4.35 単生殖巣綱 (a)～(g) とウミヒルガタワムシ綱 (h) に属する輪形動物のさまざまな外形. (a)～(c) ワムシ目, (d) と (e) ハナビワムシ目, (f) と (g) マルサヤワムシ目, (h) ウミヒルガタワムシ目 (Donner, 1966).

の広範な種を含む (図 4.35(a), (b), (c)). 足が存在するときは2個の足指をもち, 口は口後繊毛帯の前方ではなく, ふつう, 口後繊毛帯の中にある. これらの輪形動物はしばしば硬い被甲をもつ.

マルサヤワムシ目 (図 4.35(f), (g)) は定着性のものと自由遊泳性のものがいる2つ目のグループで, 繊毛帯がはっきりと口前と口後の2つの帯に分かれている. 足が存在する場合には足指は対になっていない.

ハナビワムシ目では口前繊毛帯は大きな漏斗状で, 繊毛はしばしば硬い感覚毛に変化している (図 4.35(d), (e) 参照). 雌はつねに定着性で, セメント腺により付着しており, 体はしばしばゼラチン様の塊におおわれている.

ヒルガタワムシ綱と異なり, 単生殖巣綱は有性生殖も行う. しかし, 1年のほとんどの間, 雌の個体数がずっと多く, 雄 (体が単純でしばしば矮雄となるが自由遊泳性のもの) は, 短期間ある時期に周期的に出現するだけである.

1年のほとんどの期間, (二倍体で単為生殖性の) 雌が産む卵は, 受精せずに直接若い雌へと発生する. しかし, ときどき (おそらく環境の状態に依存して) 形態的に異なる有性生殖性の雌が出現し, これは単数体の卵を産む. その卵は急速に単数体の雄へと発生するか, 受精した場合は単為生殖性の雌へと発生する接合子になる. したがって, 有性生殖性の雌は条件的単為生殖 facultative parthenogenesis を行う (14.2.1項参照). *Branchionus plicatilis* は, 現在水産養殖業において経済的重要種である. この種は微小な藻類を食し, 培養が簡単であり, いろいろな海産無脊椎動物の幼生や稚魚用の餌として利用される.

c. ウミヒルガタワムシ綱

この海産輪形動物の小さな綱は, 甲殻動物 (コノハエビ属 *Nebalia* やその他の等脚目) の鰓の上にすむ. ウミヒルガタワムシ属 *Seison* が唯一知られている (図 4.35(h)). 個体は比較的大型 (数 mm) で, 相当に退化した繊毛冠と顕著な咽頭咀嚼嚢をもつ. 卵巣はヒルガタワムシ綱と同様に対になっているが, 異なる点は正常の雌雄異体であることで, 完全に成長した雄も雌も, ともに個体群中にふつうにみられる.

[訳注：この場所で, **微顎虫門** Micrognathozoa について述べておく. これはグリーンランドの冷泉で1994年に発見された *Limnognathia maerski* という一種のみに基づいて立てられた門である. この動物は体長 0.1 mm 程度. 最も小さい動物の1つであ

る．体は，頭部（これは前部と後部に分かれている），アコーディオンのように横しわのついた胸部，卵形の腹部（これに小さな尾部がついている）に分かれている．タイプ標本となった個体では，体長 140 μm，腹部の最大幅が 55 μm だから，ずんぐりむっくりした左右相称の蠕虫である．感覚性の剛毛が体から生えており，これは顎口動物のものに似る．頭部の前部には，馬蹄形に並んだ繊毛が生えており，これにより餌を口へと運ぶ流れをつくる．頭部側面と胴部腹面に生えた繊毛により移動運動する．

発見当初，微顎虫はワムシと間違えられた．ワムシ同様，大変に複雑な構造の咀嚼器（顎）をもっており，顎の構造から微顎虫門は，有輪動物，顎口動物と近縁と考えられている．]

4.10 鉤頭動物門 Acanthocephala

4.10.1 語 源

ギリシャ語：akantha＝棘，kephale＝頭

4.10.2 判別に役立つ特徴・特別な特徴

1. 左右相称，蠕虫形．
2. 体は 2 細胞層以上の厚さで，組織と器官をもつ．
3. 消化器系を欠く．
4. 体節はないが，表面的には（体を横切る方向の環が積み重なったようにみえる）環紋 annulation をもつことがときどきある．
5. 顕著な鉤のある吻をもつ．
6. 体腔は偽体腔．
7. 表皮はシンシチウムで，少ない一定数の比較的大型の核をもつ．
8. 神経系は 1 個の腹側前方の神経節と，そこから各器官へ伸びる 1 本または対になった神経からなる．
9. 腎管 nephridium がときとして存在する．
10. 呼吸器系と循環器系を欠く．
11. 雌雄異体で体内受精，胎生の発生をする．
12. 感染期の幼生は第 2 宿主として昆虫に寄生する．
13. 成体はつねに脊椎動物の消化管に寄生する．

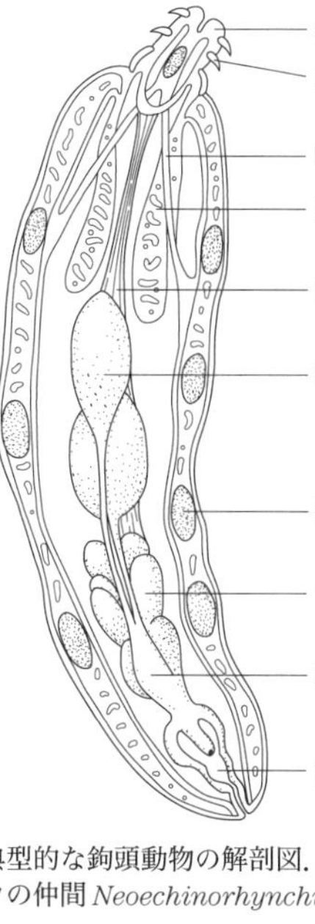

図 4.36 典型的な鉤頭動物の解剖図．図はミガルシンコウトウチュウの仲間 *Neoechinorhynchus*（雄）に基づく．

鉤頭動物の一般的な体型を図 4.36 に示す．大部分の種は小さく 1 mm から数 cm 程度であるが，一部には 1 m に成長するものがある．鉤頭動物の最も顕著な特徴は後方に反った鉤をもつ吻である．この吻は頸部とともに引き込むことができるが，通常は宿主の組織に恒久的に固着するのに用いられる．他の偽体腔動物と同様，特定の組織は厳密に一定の数の少ない細胞からできる傾向がある．

体壁はシンシチウムの表皮と，その上をおおう薄いクチクラからなる．表皮の中にはさらに細胞内クチクラがあり，また少数の，位置が正確でかなり大型の核も存在する．実際に巨大な核の位置は種の検索の際の有益な特徴である．表皮と偽体腔の間には，環状筋と縦走筋の薄い層がある．2 本の棍棒状の組織（垂棍 lemniscus）が偽体腔の中に垂直にぶら下がり，この中には表皮から伸びる液体に満ちた管が走っている．内胚葉は生殖器官を支える靭帯のような形に退化している．

多くの寄生虫と同様，成体は極端な体制の単純化を示し，自由生活性動物に特徴的な器官の多くが消失する一方，生殖器官は肥大している．鉤頭動物は雌雄異体である点が内部寄生虫としては例外的である（ただし 4.4 節を参照）．この特徴のため，鉤頭動物は内部受精を確実にするための複雑な交尾行動をする．交尾により精子が雌の生殖管に注入されたあと，生殖管はセメント腺で塞がれる．受精は偽体腔内で行われる．

特殊化した寄生虫の多くの幼生は，成体の系統学

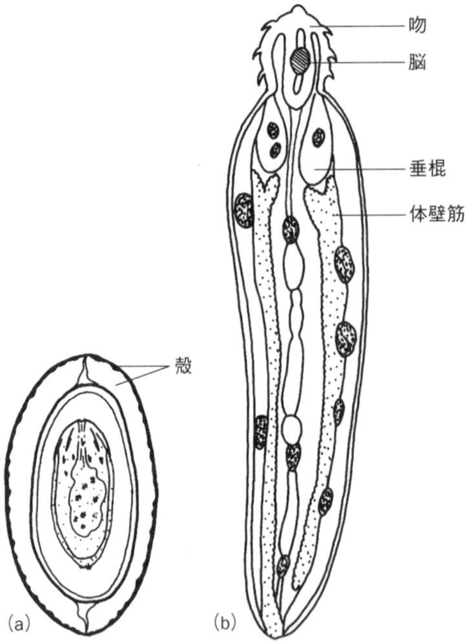

図 4.37 鉤頭動物の生活環の各段階．(a) 幼生を含む卵，(b) 甲虫の幼虫から採集された孵化後の感染性アカンテラ幼生．

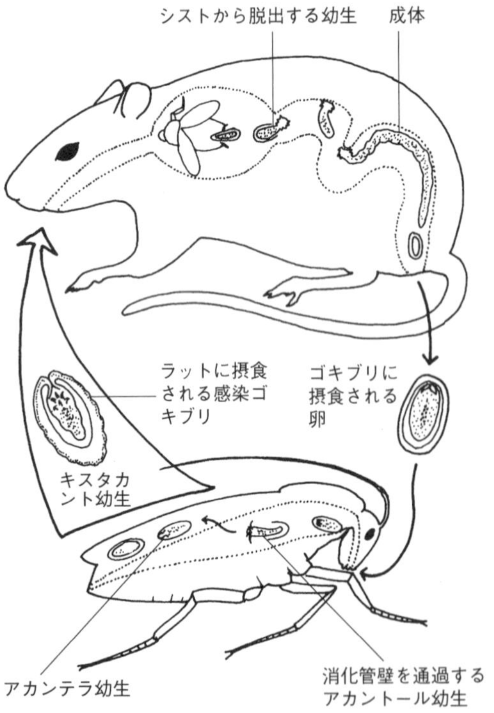

図 4.38 哺乳類を最終宿主にもつサジョウコウトウチュウ *Moniliformis* の生活環 (Noble と Noble，1976)

的関係から予想されるものと異なる形態をもつことが多いが，これは鉤頭動物には当てはまらない．鉤頭動物は幼生も高度に特殊化しており，明らかに成体のもつ特徴を共有する．体内受精のあと，初期の幼生は「卵」の形の殻におおわれている (図 4.37(a))．この殻をもった幼生は糞とともに排出され，さらに発生が進行するためには，第 2 宿主である昆虫に摂食される必要がある．昆虫の体内で幼生は孵化し，血体腔へと移動してそこでアカンテラ acanthella 幼生へと成長する (図 4.37(b))．このような幼生は昆虫の体内で被嚢することがあり，これはまた昆虫を摂食した最終宿主 (脊椎動物) の体内で成体へと成長する．図 4.38 はマウス，ラット，ネコ，イヌの寄生虫であるサジョウコウトウチュウ *Moniliformis* の生活環を示す．

4.10.3 分 類

1000 種の鉤頭動物は，単一の綱の 3 目に分類されている．このうち，2 目は淡水魚の寄生虫を含み，3 番目の目は陸産の 4 足動物の寄生虫を含む．

4.11 星口動物門 Sipuncula

4.11.1 語 源

ラテン語：sipunculus＝小さな管

4.11.2 判別に役立つ特徴・特別な特徴

1. 左右相称，蠕虫形．
2. 体は 2 細胞層以上の厚さで，組織と器官をもつ．
3. 筋肉質の U 字型の腸は，口と肛門の両方をもつ．肛門は体の前方背面にある．

図 4.39 典型的な星口動物の外観

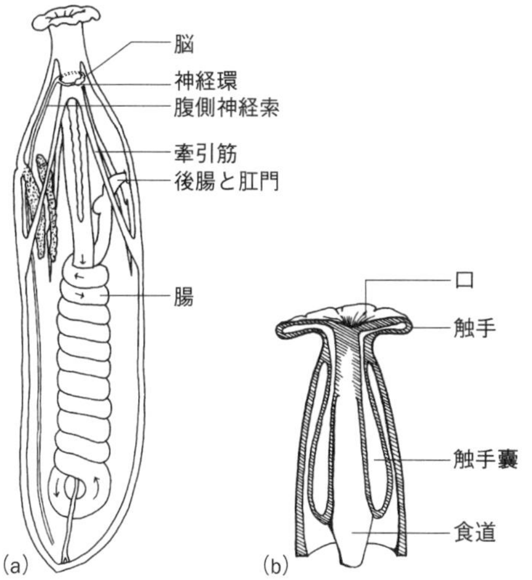

図 4.40 (a) 左側から解剖して開いた星口動物の内部解剖図，(b) 触手と陥入吻の，それぞれ独立した静水圧システムの詳細図．

4．体は口のある陥入吻からなる前半部と，より頑丈な後半部からなる．

5．体は体節に分かれていない．

6．体腔は裂体腔だが，隔壁を欠く．

7．外表皮はクチクラにおおわれるが，剛毛を欠く．

8．循環器系や分化した呼吸器系を欠く．

9．神経系は前方の脳，食道をかこむ神経環と神経節のない腹側の神経索からなる．

10．単一または対の腎管をもつ．

11．らせん卵割により，通常はトロコフォア幼生へと発生するが，ある種では代わりにこの門に特異的な漂泳性のペラゴスフェラ pelagosphaera 幼生へと発生する．

体は明瞭に 2 つの部分に分けられる．そのうちの 1 つ陥入吻は強力な牽引筋により後部の胴へ引き込まれ（図 4.40 参照），陥入吻の外転は胴の筋肉により生み出される静水圧によって引き起こされる．環状筋を局所的に弛緩させることで体に膨らみを生じさせ，そうして体を（潜っている海底の）基質中に固定しながら陥入吻を外転させることができる．

星口動物は非選択的な沈殿物食者で，食物を集めるのに陥入吻の先端をとりかこんでいる触手を用いる．この触手は体全体のものとは独立な静水圧系によりはたらく．それぞれの触手から 1 対の管が環状の管へと伸び，その環状の管からさらに陥入吻の軸に沿って 1 本または 2 本の嚢が伸びている．この腹側と背側の補償性の嚢には圧力をかけて水をつめこむことが可能で，管系の圧力だめとしてはたらく（図 4.40(b)）．

多くの種は泥質に非恒久的に潜って生息し，いくつかの種は空になった軟体動物の殻や環形動物の棲管中にすむ．穿孔性の種類は，サンゴのつくった石炭岩の中に管をつくる．さまざまな体形のものを図 4.41 に示す．

星口動物の神経系は環形動物やユムシ動物のものに類似し，陥入吻中にある前方神経節（脳），食道をかこむ神経環と腹側の神経索からなる．しかし，体節神経節の兆候はない．

容量の大きな静水圧系を形づくる体腔は，生殖細胞の蓄積場所としても用いられる．生殖細胞は分化の早い時期に単純な生殖巣から放出され，多数の成熟したものが蓄積されるまで体腔中に貯蔵される．その後，生殖細胞は腎管を通って外部へ放出される．こういうやり方は，微小なフクロホシムシの仲間 *Golfingia minuta* では変化して，雄性先熟の雌雄同体で大型の卵を産み，それが直接発生をする方式に変わっている．これは小型化の結果であって，大部分の星口動物の種では生殖の方式は大型の海産無脊椎動物に一般的にみられる特徴を示す．

大部分の星口動物は孵化すると漂泳性のトロコフォア幼生になり，それはある種の環形動物のものと基本的に類似している．ある種の星口動物ではトロコフォアが変態して直接に成体と同じ体型の幼体になるが，通常はさらにペラゴスフェラ幼生へと変態する．この幼生は（底生生活するものもあるが）通常は漂泳性である．星口動物には，図 4.42 に示すように 4 つの発生経路がある．

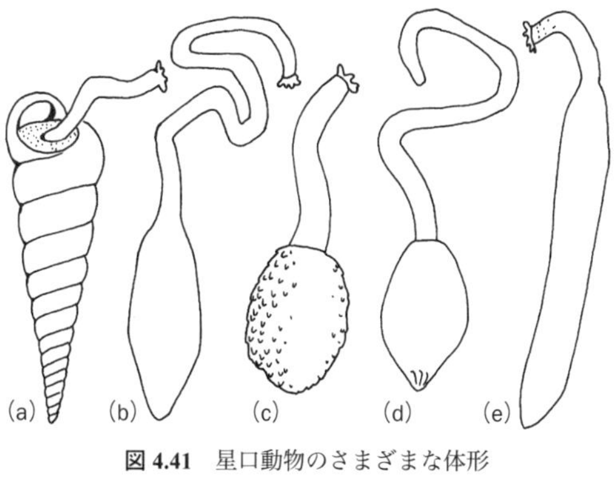

図 4.41 星口動物のさまざまな体形

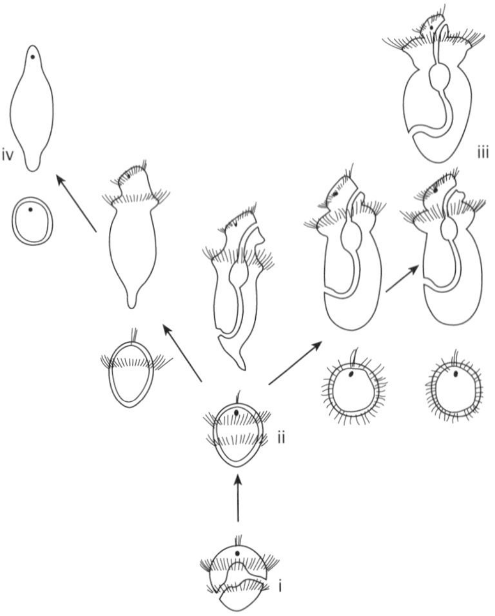

図 4.42 星口動物の発生経路.(i)トロコフォア幼生を経る発生,(ii)非摂食性のトロコフォア幼生と,この動物門に特異的なペラゴスフェラ幼生を経る発生,(iii)外洋に特徴的な大型のプランクトン食性ペラゴスフェラ幼生を経る発生,(iv)卵黄の多い非摂食性幼生を経る発生.この様式は漂泳性の幼生期を欠く形態へ発展する(Rice, 1985 より改変).

4.11.3 分 類

知られている 250 種は,すべて単一の綱の 2 つの目,スジホシムシ目 Sipunculida とサメハダホシムシ目 Phascolosomatida に分類される.

4.12 ユムシ動物門 Echiura

4.12.1 語 源

ギリシャ語：echis＝毒蛇,ura＝尾

4.12.2 判別に役立つ特徴・特別な特徴

1. 左右相称,蠕虫形.
2. 体は 2 細胞層以上の厚さで,組織と器官をもつ.
3. 筋肉質の消化管は,前方と後方の両方に開口部をもつ.
4. 体には大きくて伸長・収縮性のある突起(吻)がある.この側面には,口へと続いていくひだがある.
5. 単一で分割されていない裂体腔が,体壁の筋肉質の器官と消化管の間にある.
6. 体は体節に分かれない.
7. 腹側前方に 1 対の剛毛が存在するが,他の場所にあることもある.
8. 背側,腹側の血管をもつ閉鎖血管系である.ただし 1 つのグループでは開放血管系.
9. 神経系は食道をかこむ神経環と腹側の神経索からなり,明瞭な神経節を欠く.
10. 排出系は最高 400 個までの腎管からなり,これらは体節状の配置をとらない.
11. 発生はらせん卵割を行ってトロコフォア状の幼生になる.

ユムシ(螠虫)動物は体節のない体腔動物で,環形動物(4.14 節)に近縁で一時それに含まれていたことがある.ユムシ動物の最もはっきりした特徴は吻で,神経系の前葉を含み,おそらく環形動物の口前葉 prostomium と相同である(図 4.43).繊毛の生えた漏斗をもつ腎管,体壁中の筋肉層の配置,消化管の構造,そして体前部腹側の対になった剛毛(鉤)も環形動物的な特徴である.しかし,ユムシ動物は体節構造をまったくもたない点で環形動物と異なる.ユムシ動物は系統上,環形動物に近いものと考えられている.実際に,進化の初期の段階には体節構造があったことを示す証拠が発生学のほうから提出されている.

すべての種が海産で,軟らかい基質の中に定着して生活する.ほとんどの種は,恒久的な穴に埋もれて生活するデトリタス食者で,その吻は非選択的な食物採集装置として物質を溝に沿って口へ送る役割

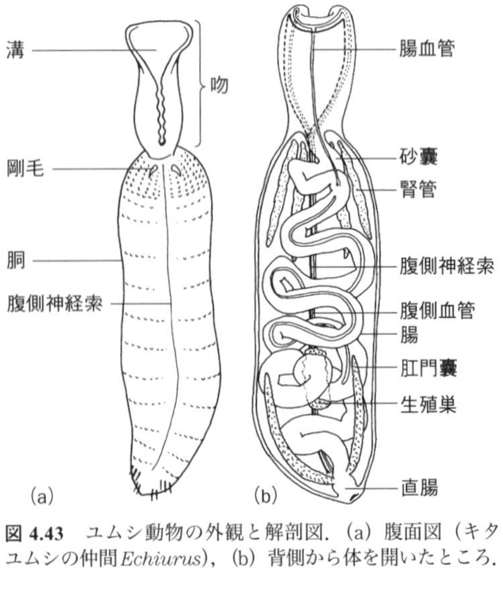

図 4.43 ユムシ動物の外観と解剖図.(a)腹面図(キタユムシの仲間 *Echiurus*),(b)背側から体を開いたところ.

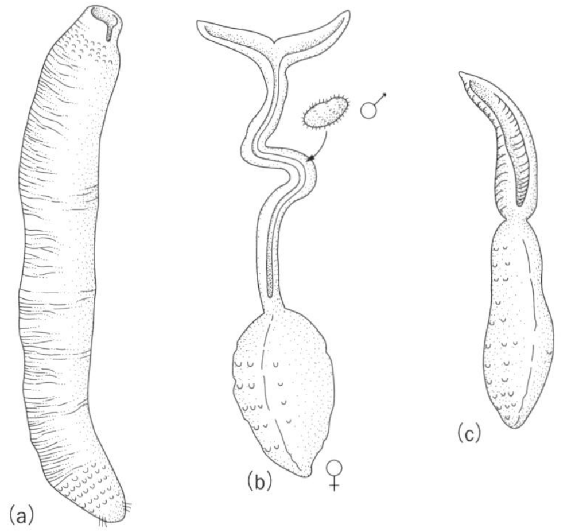

図 4.44　ユムシ動物のさまざまな体形

をする（図 9.5 参照）．ユムシ動物のさまざまな体形を図 4.44 に示す．ユムシ属 *Urechis* は異なる摂食様式をもつ．この属は深い U 字型の穴を掘り，筋肉の蠕動運動により水流を起こす．

ユムシ動物の生殖の仕組みは，海産の大型体腔動物に特徴的なものである．雌雄異体で，体腔は（一斉放卵期に腎管を通して大量に放出されるまで）配偶細胞が発達する空間として用いられる．

ユムシ動物の 1 属は 14.2.3.c. で議論するように，特殊化した有性生殖の様式を示す．雄は矮雄として雌の吻の上にすむ (図 4.44(b))．矮雄は，以前はユムシ動物の中でもボネリムシ科のみの特徴と考えられたが，この現象は最近他のユムシ動物でも発見されており，これはおそらく進化途上で矮雄が複数回独立に生じたことを示す．

4.12.3　分　類

体壁筋の配置，腎管の数，血管系が開放系か閉鎖系かにより 150 種が単一の綱の 3 つの目に分類されている．1 つの目（ユムシ目 Xenopneusta）では，消化管の後半が呼吸器の役割を果たす．

4.13　有鬚(ゆうしゅ)動物門 Pogonophora

4.13.1　語　源

ギリシャ語：pogon＝顎ひげ，phoros＝もつ者

4.13.2　判別に役立つ特徴・特別な特徴

（有鬚動物門の多様な解剖学的特徴の解釈は依然として，いく分，流動的な状態にあることに注意．このことは相同性についてだけでなく，最近発見されたハオリムシ類と有鬚動物門の他のメンバーとの関係についても当てはまる．たとえば，どちらが背側でどちらが腹側かについても同意にいたるにはほど遠い．）

1．左右相称で細長く，体節に分かれた蠕虫（径 0.5 mm～3 cm，長さ 5 cm～3 m）で，キチン質/タンパク質でできた管の中に恒久的にすみ，その中を移動する．
2．体は 2 細胞層以上の厚さで，組織と器官をもつ．
3．成体は口も消化管ももたない．幼生に消化管がある場合は，細菌を収容する栄養体組織 trophosomal tissue へと変形する．
4．素性の明らかでない体腔をもつ．体腔は左右に分かれている場合も分かれていない場合もあり，分かれているものといないものの両方をもつ場合もある（図 4.45）．
5．体は 4 つの部位に分けられる．前から順に，① 頭葉 cephalic lobe とよばれる，静水圧で支えられた 1～1000 本以上の触手 branchia をもつ部位，② 短い「腺領域」glandular region とよばれる部分で，ここには 1 対の腔があるが，これらはしばしば筋肉組織で満たされている，③ 非常に長く，静水圧的に閉じた 1 対の部屋と，しばしば多様な接着性または分泌性の乳頭状突起 papilla のある「胴」

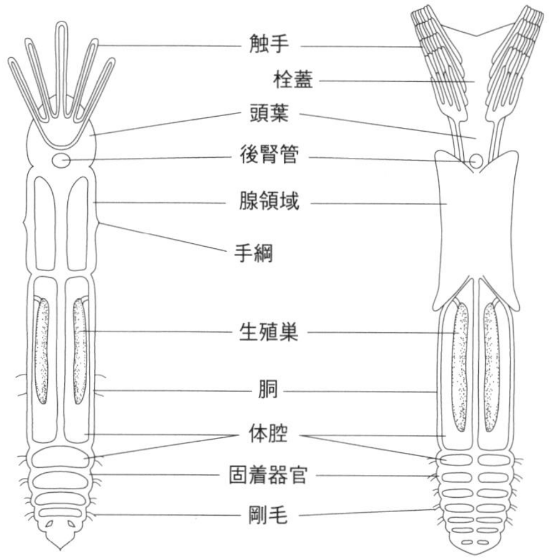

図 4.45　有鬚動物を構成する 2 つの綱の一般化した構成員の高度に模式化した背面図．体の主要な領域の図解と体腔を示す（Southward，1980 および Jones，1985）．

そして④短い「固着器官」holdfastとよばれる30までの体節からできた部位（付着・穿孔の機能を担う器官）で，単一の（左右に分かれていない）体腔または対になった体腔があり，体腔は最後尾の増殖帯から出芽により形成される．

6. 体壁はクチクラ，表皮，環状筋と縦走筋の層からなる．固着器官と，いくつかの種では胴にも剛毛を生じ，ある領域には繊毛列がある．
7. 閉鎖血管系で，頭葉には心膜にかこまれた心臓がある．
8. 頭葉に1対の後腎管様の排出器官がある．
9. 触手がガス交換器官と考えられる．
10. 表皮にある神経系には，前方の神経環または神経塊と，通常1本の神経節のない神経索がある（神経索のある側が通常，腹側とみなされる）．ある部分では神経索の数が増えることがある．
11. 雌雄異体．1対の細長い生殖巣が胴にあり，雄の場合，精包を形成する．
12. 体外受精と考えられ，発生は間接的で，若い幼生は母親の管の中で育てられるか，または自由生活性で繊毛により餌を摂食する．
13. 海産で通常深海，すなわち100～4000 mの水深に生息する．

発見されたのは1900年であるが，この深海性の動物についてはほとんど知られていない．たとえば，1964年まで個体が完全な形で採集されることがなく（体節性の固着器官があることが知られていなかった），それまでは少なくともみかけ上3つの部分からなる構造から，箒虫動物か後口動物の仲間と考えられていた．しかし，体節と剛毛のある最後部の発見と，1969年のハオリムシの最初の記載によって，環形動物に近縁なものとみなされるようになった．今では遺伝子塩基配列のデータはこの説を支持し，有鬚動物の2つのグループは実際は高度に特殊化した環形動物多毛綱（4.14.3.a.）であることがかなり明らかになった．しかし，ここでは特異な解剖学的特徴と生活環から，独立の門として扱うことにする．

有鬚動物は直立した，体にぴったり合う管を分泌し，その中にすむ．管は腺領域で分泌され，胴の分泌物でさらに厚く補強される．管の中で有鬚動物を

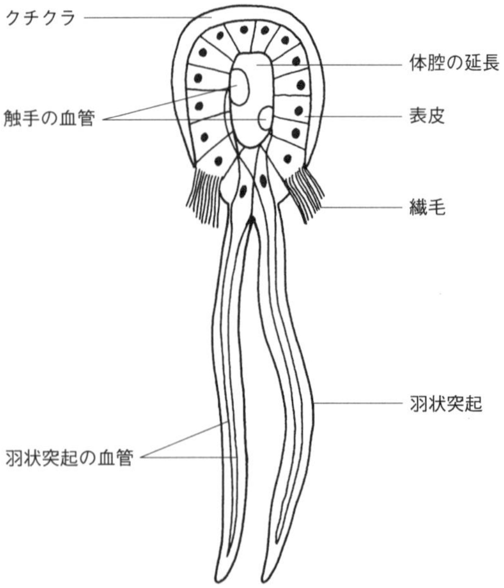

図 4.46 ヒゲムシ綱の触手の横断面図．2本の羽状突起と繊毛の束を示す（Ivanov, 1963）．

支えるのは，①胴の剛毛，固着器官の剛毛，の一方または両方，②胴の乳頭状突起の一部，であり，触手をまわりの海水中へ伸ばしている間は③腺領域の縁（羽）で支えられている．触手の数や配列は変異に富み，しばしばそれらの基部が融合したり，舌か縁のような構造の上に生えていたりする．最大の綱では，触手は中央に空洞をつくるような配置に保たれており，触手が太くて1本しかない種では，これがコイル状に巻くことで同じ効果を生み出している（図4.47(c)）．この空洞の中には，表皮細胞から羽状突起pinnuleとよばれる細長い構造が伸びていて，この側面には長い表皮性繊毛の束がある（図4.46）．これらの繊毛のはたらきは空洞の奥へ水流を起こすことと考えられるが，羽状突起の機能は不明である．

有鬚動物は消化管を欠くので，その摂食様式はいろいろな憶測を生んできた．現在では，海底の熱水の噴出孔または冷たい滲み出し口付近に生息する種類は，すべてではないにせよ大部分の栄養を栄養体にすむ化学的独立栄養細菌に依存していることが明らかになった．これらの細菌は噴出孔から出る還元された硫黄化合物やメタンを栄養素としており，同等の細菌が，調査されたヒゲムシ目の動物にも存在することがわかっている．これらの動物のヘモグロビンは硫化水素を結合し，それを（動物の組織を中

毒させることなく）共生細菌まで運ぶ役割をする．

4.13.3　分　類

有鬚動物は140種が知られ，2つの綱に分類されている．

綱	目
ヒゲムシ綱　Perviata	無鞘腎（ヒトツヒゲムシ）目 Athecnephria 有鞘腎（クダヒゲムシ）目 Thecanephria
ハオリムシ綱　Obturata	ハオリムシ目 Vestimentifera

a.　ヒゲムシ綱

これらの典型的な有鬚動物は比較的小型で（径3 mm以下，長さ85 cm以下），軟らかい沈殿物中に固定された管の中にすむ．比較的少数の（1～250本）細長い触手と，腺領域を斜めに走る「手綱」frenulumとよばれる盛り上がった縁をもつ（図4.47）．これは，管の開口部のところで体の前方部分を支える役割を果たす．知られる125種は2つの目に分類されている．

b.　ハオリムシ綱

この綱を構成する唯一の目（ハオリムシ目）はずっと大型の種を含む（径1～3 cm，長さ2 mを超え

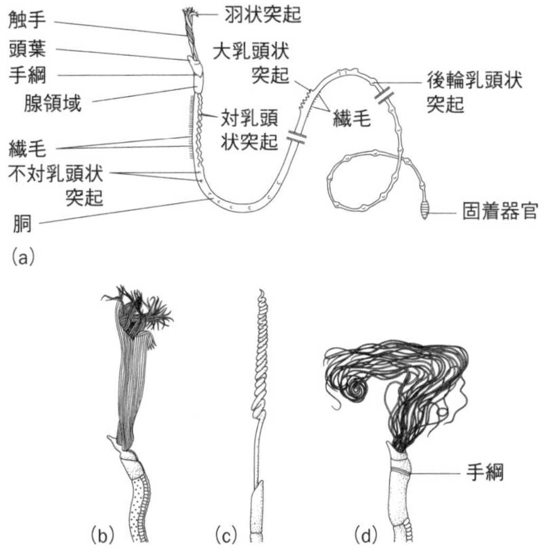

図4.47　有鬚動物ヒゲムシ綱．(a) 典型的なヒゲムシの外観の模式図で，おもな特徴を示してある（実際よりずっと短く描いてある，生時は体はまっすぐで垂直に向いていることに注意）(George & Southward, 1973)．(b)～(d) 3種のヒゲムシの前端部．異なる触手の数と配置を示す（Ivanov, 1963）．

ることがある）．触手は短くて数が多く（1000本以上），「殻蓋」obturaculumとよばれる構造の上に生えている．殻蓋は，動物が管の中に引っ込んだとき，管の開口部を部分的にふさぐ．ヒゲムシ綱とは対照的に，ハオリムシ綱は胴に剛毛がなく，手綱は背側の正中線で縫合した2枚の大きな翼状の構造に置き換わっている．この構造は，殻蓋の基部をおおうように前方に伸びている．

より多数の滲み出し口や熱水の噴出孔が調べられるにつれ，既知のハオリムシ綱の数は指数関数的に増加している．最初の種は1969年に，2番目は1975年に，3番目は1981年に，1986年には6種の新種が報告され，現在知られる種の総数は15である．最近出版された1つの総説はこの種群を門に昇格させ，2つの綱と3つの目に分類している．しかし，さらに多くの種が発見されるにつれ知識や意見がめまぐるしく変化することは間違いなく，ある程度分類が落ち着くまでは，この種群を伝統的な1綱1目にとどめておくのがよいだろう．

4.14　環形動物門 Annelida

4.14.1　語　源

ラテン語：annellus または annelus＝輪（anulus）の縮小型

4.14.2　判別に役立つ特徴・特別な特徴

1. 左右相称，蠕虫形．
2. 体は2細胞層以上の厚さで，組織と器官をもつ．
3. 筋肉質の消化管に口と肛門をもつ．
4. 体は体節に分かれる（外観上は体節がみえないこともあるが，神経系をみればつねに明らかである）．
5. 体節前 presegmental（体節群の前に位置する）口前葉 prostomium（神経節を内蔵している）をもち，体節後 post-segmental（体節群の後に位置する）肛節 pygidium をもつ．
6. 体腔は裂体腔が並んだものであるが，前後に吸盤のある種類では不明瞭となる．
7. 体腔はしばしば横断方向の隔壁で隔てられるが，一部またはすべての体節でこれらが未発達になることは頻繁にある．

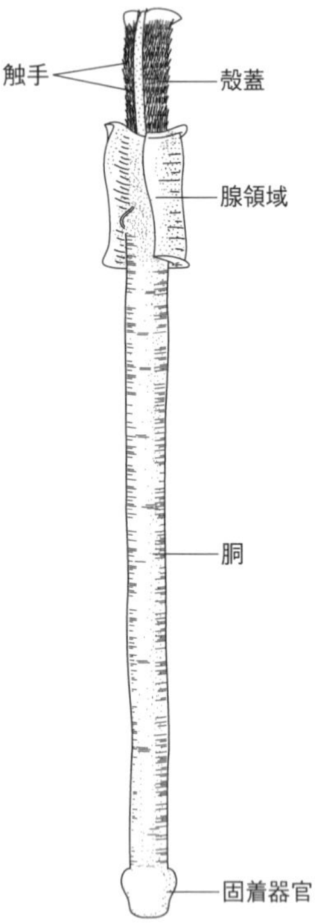

図 4.48 ハオリムシ目の一種
(GageとTyler, 1991)

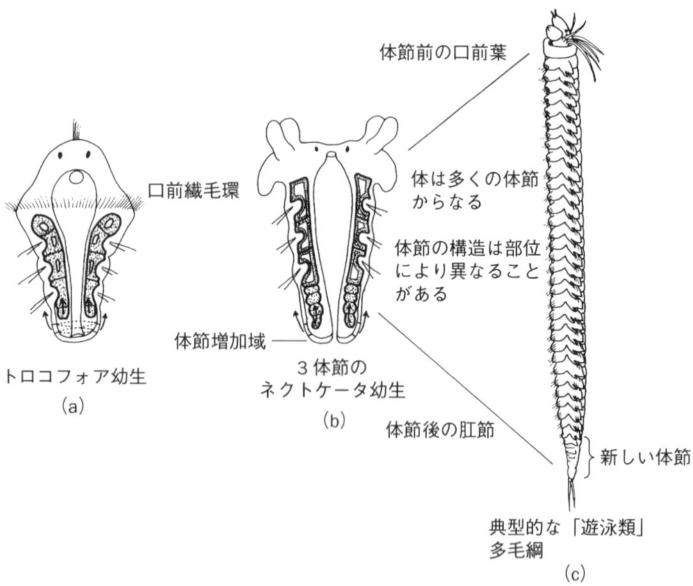

図 4.49 環形動物の基本体制は，体節前の口前葉と肛節前方の増殖帯の間に，多数の体節がはさまれた構造である．多くの多毛綱では，最初の3体節は他の体節に先立って同時に形成され，その他の体節はその後順次，しばしばある一定数に達するまで追加される．(a) トロコフォア幼生の模式図，(b) 最初の3体節の形成．最前部の体節は剛毛を失い，代わりに前端の感覚器が形成されることがある．(c) 体の基本的部位．サシバゴカイ目の遊泳類多毛綱の例を示す．定在性の目では胸部とその下の腹部はやや異なる構造をもつことがある（図15.14も参照）．

8. 前後に吸盤をもつ種類を除いて，表皮はクチクラと（単独または束になった）剛毛におおわれる．
9. 体は筋肉質で，しばしば完全に一周する環状筋と，4条になった縦走筋をもつ．
10. 閉鎖血管系である．
11. 神経系は，体節前の食道上神経節 supra-oesophageal ganglion と食道神経環 circum-oesophageal ring と，体節性の segmental（体節ごとに繰り返す）神経節をもつ腹側神経索からなる．
12. 中胚葉や外胚葉性由来の，体節性の管が複数があり，これらは融合したり，1個または少数の体節に存在が限定されたり，退化したりする．
13. 頭部があり，その形成の程度は種により異なる．
14. 発生はらせん卵割だが変形もあり，卵黄の多い卵ではおおいかぶせ型原腸陥入 epibolic gastrulation が起こる．
15. 海産種の幼生はプランクトン性で，自由生活性のトロコフォア幼生を経ることがあるが，この時期を卵殻の中で過ごす種も多い．淡水産・陸産種は殻におおわれた卵を産む．

環形動物の，体の構造の組織化の段階は，体腔動物の静水圧的機能的性質をもつ組織化段階と，体節化された体制とを組み合わせたものである．このことが最も単純なレベルで表現されると，体節は外胚葉と中胚葉に影響をおよぼして体腔を節に分けるこ

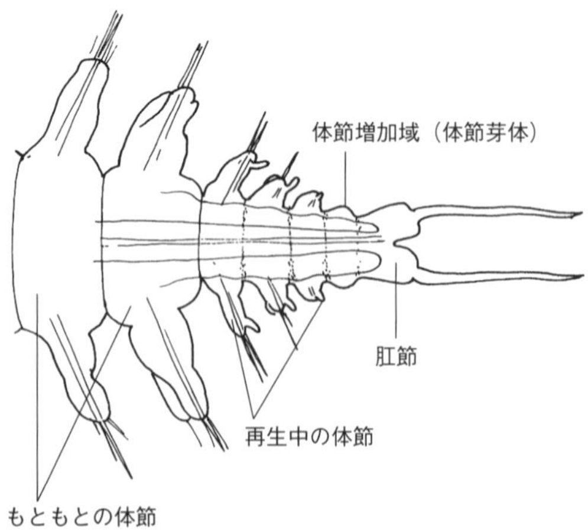

図 4.50 フツウゴカイ *Nereis* 属の再生．体節を失うと新しい体節増加域が形成され，新しい体節群が形成される．最後端の体節が最も新しく形成されたものである．

となる．だが多くの環形動物ではこのパターンが抑制されたり修飾され，2 次的に隔壁がなくなったり体腔がなくなったりしている．

体節化 segmentation（図 4.49 参照，図 4.51 も）は発生の間に，肛節の前面にある対になった中胚葉性の成長帯と，それに対応する位置にある環状の外胚葉から起こる．肛節は後端に位置するもので，そこを通して，内胚葉が外界に通じている．新しい体節は肛節の前面で形成されるので，最後に形成された体節はつねに最後尾に位置する（図 4.49(b)）．一部の多毛綱では最初の 3 つの体節が早期に同時に形成される．これはプランクトン生活のために特殊化したものと思われる．その後は体節は順次形成されていく．通常は特定の数の体節が形成されるが，環形動物は成体になっても体節を追加しつづける可能性もある．成体の多毛綱と貧毛亜綱では，体の切断が刺激となって体節の新生が開始される．後部の体節が失われると，新たな肛節と肛節前の体節増加域が形成される（図 4.50）(15.5 節を参照)．

最も基本的なレベルでは，環形動物の体は体節前の口前葉，多かれ少なかれ同一構造の繰り返しである体節，体節後の肛節の 3 つの領域からなると考えればよい．口前葉には食道神経節があり，肛節の前方腹側には成長帯（体節芽体 segment blastema）

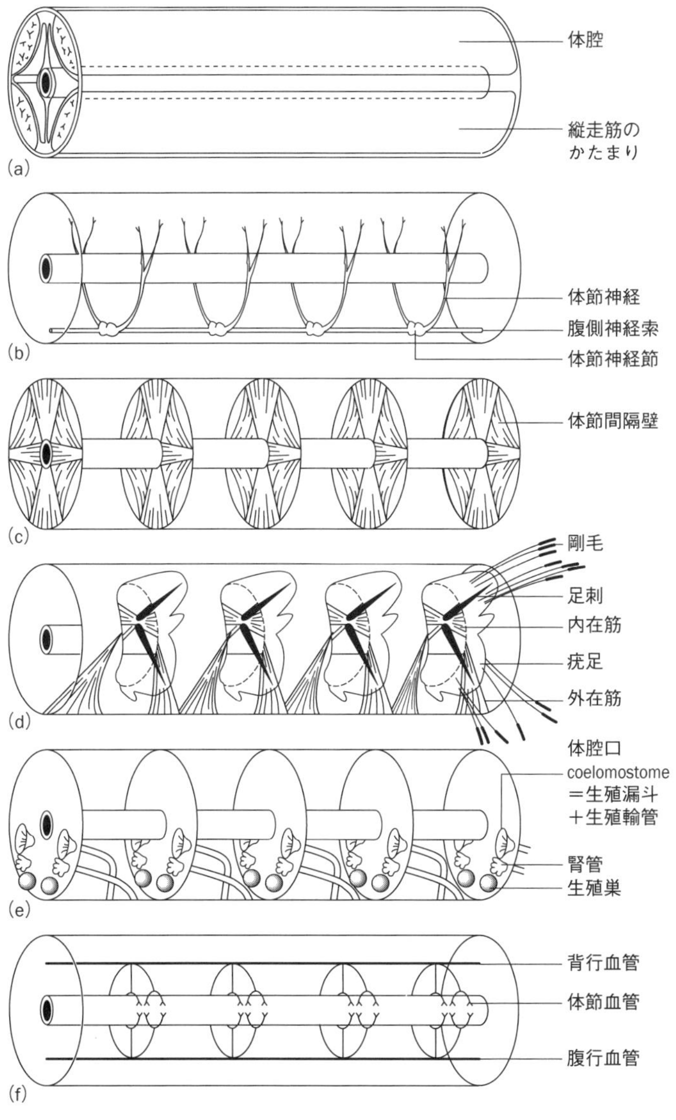

図 4.51　仮想的な環形動物の原型の，体節構造の各構成要素を示す模式図．現存の環形動物はこれらのうちのある構造はもつが，すべてをそなえるわけではない．(a) 縦走筋のかたまりと消化管は体節構造をもたない．体腔は真体腔で，腸間膜の裏打ちがある．(b) 腹側神経系の体節構造．体節神経と神経節を示す．これは現存の環形動物の中で最もよく保存された体節構造である（以下のヒル亜綱の節を参照）．(c) 横断方向に走る隔壁による体腔の分割．この特徴はほとんどの貧毛亜綱と一部の多毛綱では保存されるが，ヒル亜綱では大幅に変更され失われている．(d) 疣足と体節ごとに配置された剛毛による，外胚葉と中胚葉の体節化．この特徴は多毛綱では顕著，貧毛亜綱では顕著ではなく，ヒル亜綱では抑制されている．(e) 生殖輸管，排出管と生殖上皮の体節化．原型の環形動物は（配偶子の放出のため）完全な中胚葉性体腔管と外胚葉性腎管を各体節にそなえていたと考えられる．また，体節化した各体腔空間に対の生殖上皮もそなえていたと考えられる．これらの構造が現存の環形動物に見いだされることはなく，しばしば大幅な変更を受けている．(f) 血液循環系の体節化．

がある（図 4.50）．体節化の基本的特徴はつぎのとおりである．

1. 外胚葉：剛毛，神経節とそれに付属する神経系，外胚葉性腎管．これらが体節ごとに配置される．
2. 中胚葉：筋肉（剛毛嚢 chaetal sac や疣足 parapodium に付属するもの）と，それに対応する血管が，体節ごとに配置している；体腔のスペース内の隔壁の形成（これにより体腔が体節ごとに分離される）；生殖上皮と付属する対の体腔管の体節ごとの配置．

これらの環形動物の体節化の基になる各要素を図 4.51 に模式的に示す．

環形動物の原型はおそらく，完全な隔壁と，完全に揃った外胚葉性原腎管と中胚葉性体腔管をそなえていたと思われる．しかし，現存の環形動物でこのシステムをそのまま保っているものはない．多毛綱の少数の科はいくつかの炎細胞をもった原腎管を保っているが，腎管は（原腎管のように閉じてはおらず）通常体腔に開いた繊毛の生えた漏斗をそなえたものである．腎管と体腔管は発生学的な起源が異なり（12.3.1 項参照），貧毛亜綱では分離している．（基本的に海産である）多毛綱では，腎管と体腔管は融合して混合腎管 nephromixium という複合構造を形成する（図 12.11）．また，完全な隔壁を欠き体腔が融合している科では，生殖上皮と体節ごとの管の数は大幅に減少している．

4.14.3 分 類

環形動物は少なくとも 75000 種が記載されてお

綱	亜綱	目
多毛綱 Polychaeta		ホコサキゴカイ目 Orbiniida
		クシイトゴカイ（クテノドリルス）目 Ctenodrilida
		ギボシゴカイ目 Psammodrilida
		ヒトエラゴカイ（コスラ）目 Cossurida
		スピオ目 Spionida
		クエスタ目 Questida
		イトゴカイ目 Capitellida
		オフェリアゴカイ目 Opheliida
		サシバゴカイ目 Phyllodocida
		ウミケムシ目 Amphinomida
		ヒレアシゴカイ目 Spintherida
		イソメ目 Eunicida
		ダルマゴカイ目 Sternaspida
		チマキゴカイ目 Oweniida
		ハボウキゴカイ目 Flabelligerida
		ウキナガムシ目 Poeobiida
		フサゴカイ目 Terebellida
		ケヤリ（ケヤリムシ）目 Sabellida
		チビムカシゴカイ（ホラアナゴカイ）目 Nerillida
		ウジムカシゴカイ目 Dinophilida
		イイジマムカシゴカイ目 Polygordiida
		ムカシゴカイ目 Protodrilida
		スイクチムシ目 Myzostomida
アブラミミズ綱 Aeolosomata		アブラミミズ目 Aeolosomatida
環帯綱 Clitellata	貧毛亜綱 Oligochaeta	オヨギミミズ目 Lumbriculida
		ジュズイミミズ目 Moniligastrida
		ナガミミズ目 Haplotaxida
	ヒルミミズ亜綱 Branchiobdella	ヒルミミズ目 Branchiobdellida
	ヒル亜綱 Hirudinoidea	ケビル（トゲビル）目 Acanthobdellida
		フンビル（吻蛭，ウオビル）目 Rhynchobdellida
		ヒル（無吻蛭，フンナシビル）目 Arhynchobdellida

り，それは3つの主要な群（多毛綱，貧毛亜綱，ヒル亜綱）と2つの小さな群に容易に分けることができる．ヒル亜綱は，貧毛亜綱の進化の初期に，そこから分岐したもので，はるかに小さな群のヒルミミズ亜綱とともに（貧毛亜綱の属する）環帯綱に含められている．

a. 多毛綱

おもに海産の多毛綱の形態学的・解剖学的多様性には，目を見張るものがある．その名は剛毛が多数あることに由来していて，剛毛は体節ごとにある2枝に分かれた疣足に2群になって生じている（図4.52）．多くの種は間接発生であるが（図4.53），これが抑制されているものもある．

多毛綱の科や種の約半分は，便宜的に「遊泳類」Errantiaとよばれる群に入れられている．これらはおもに2つの大きくて明瞭に定義される目，すなわちサシバゴカイ目Phyllodocidaとイソメ目Eunicidaに属する．サシバゴカイ目は，体軸上に

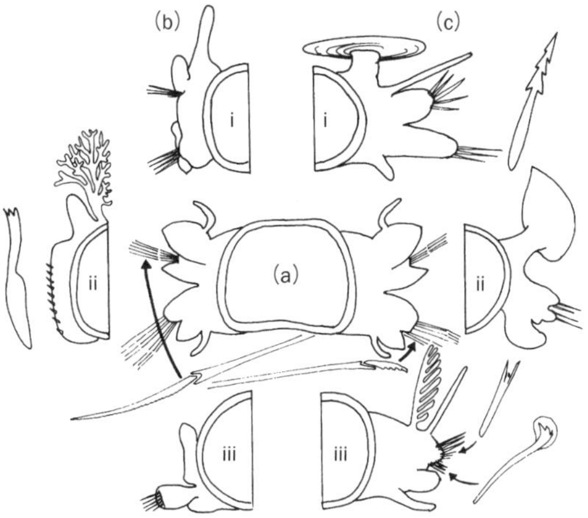

図 4.52 多毛綱の疣足のさまざまな形態．(a) フツウゴカイ属*Nereis*にみられる2枝型の基本形．矢印をつけた詳細図は一部の剛毛の形態を示す．(b) 定在類の各科の疣足の例（左側の図）．(i) スピオ科Spionidae，(ii) タマシキゴカイ科Arenicolidae，(iii) ケヤリムシ科Sabellidae．(c) 遊泳類の各科の疣足と剛毛の例（右側の図）．(i) ウロコムシ科Polynoidae，(ii) サシバゴカイ科Phyllodocidae，(iii) イソメ科Eunicidae.

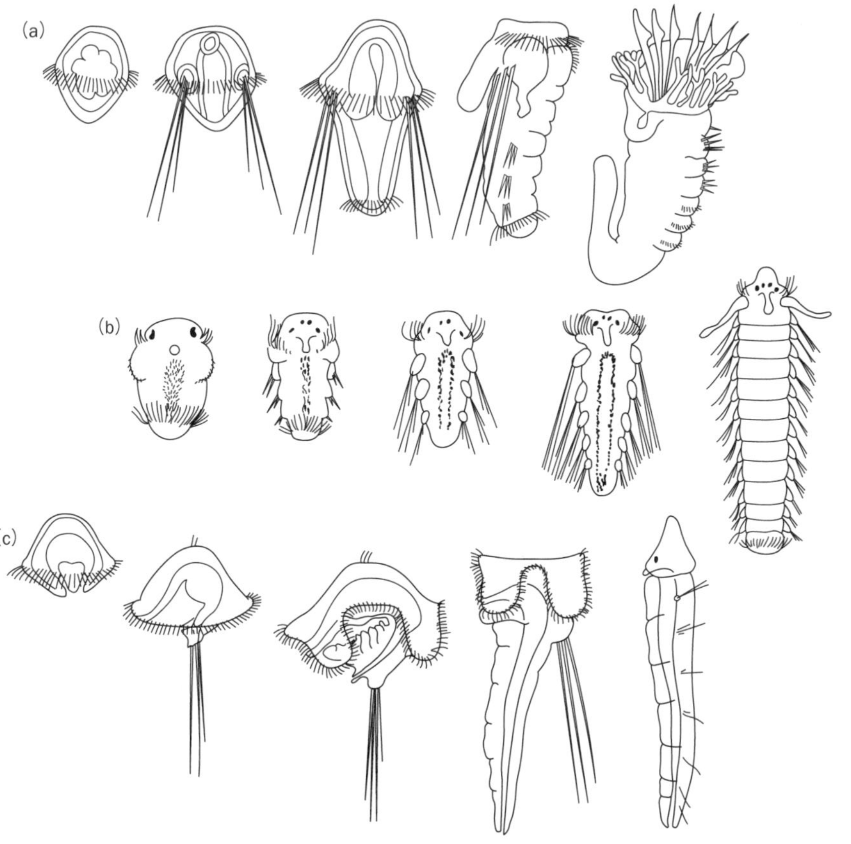

図 4.53 多毛綱の浮遊性幼生の発生段階の例．(a) カンムリゴカイ属*Sabellaria*，(b) マドカスピオ属*Spio*，(c) チマキゴカイ属*Owenia*

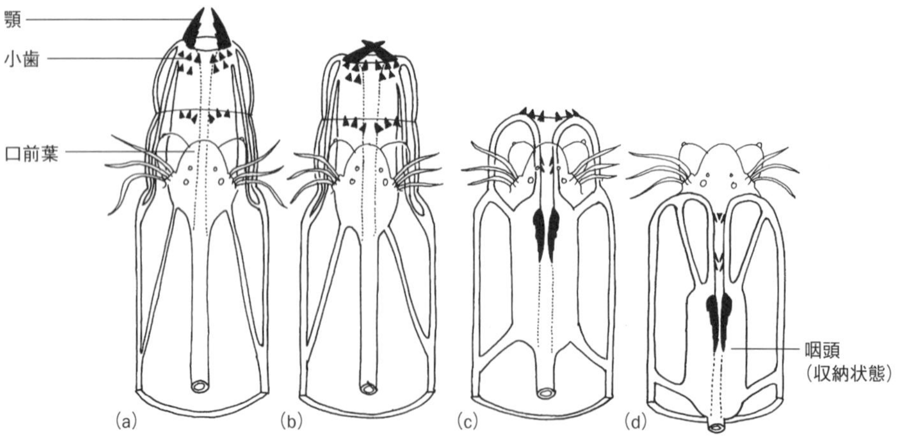

図 4.54 サシバゴカイ型の吻. これは体腔の内圧により外転し, 牽引筋により収納される筋肉質の咽頭である. 収納状態 (d) から伸び出していく様子を (c)〜(a) に示した. 吻はフツウゴカイ属 *Nereis* にみられるようにしばしばタンパク質の顎をそなえる.

ある吻 (消化管の前部) を静水圧により外転させ, それを牽引筋によって引き込むことができる. この吻は硬化したタンパク質でできた少数の顎をもつ. 顎は高濃度の重金属を含むが, 石灰化されることは決してない (図 4.54).

イソメ目は表面的にはサシバゴカイ目に似ているが, 異なるのは吻が体軸上にない外転可能な口部の塊 buccal mass である点で, 複雑に並んだ石灰化した顎は, のみのような 1 対の大顎 mandible, 数対の小顎 maxilla をそなえている (図 4.55).「遊泳類」多毛綱のさまざまな体形を図 4.56 に示す. 多くの種の成体は, 生活の大部分の時間を坑道や恒久的な穴の中で過ごし, そこから部分的に身を乗り出して餌をあさる. 大部分の種はよく発達した頭部をもち, そこには, 各種の感覚器と複雑な脳が存在する. 多くは肉食だが一部はデトリタス食, 濾過食または雑食性である. 疣足はよく発達し, その背足枝と腹足枝は足刺 aciculum とよばれる硬いタンパク性の心棒で支えられている.

遊泳類多毛綱のあるものは, 有性生殖に伴ってエピトーキー epitoky をすることが知られる. この際に, しばしば成体に複雑な変態が起こる. エピトーキーには根本的に異なる 2 つの方式がある (図 4.57 I, II). エピガミー epigamy とよばれる方式では個体全体が生殖遊泳型に変形するのに対し, スキゾガミー schizogamy (ストロン化 stolonization) とよばれる方式では性的に成熟した個体の後部体節が, 配偶子をもった「ストロン」になって体から分離して泳いでいく.

残りの多毛綱は, しばしば定在類 Sedentaria と原始環虫類 Archiannelida に分類される. 両群ともに雑多な種を含む人為的な集合体で, その中の種

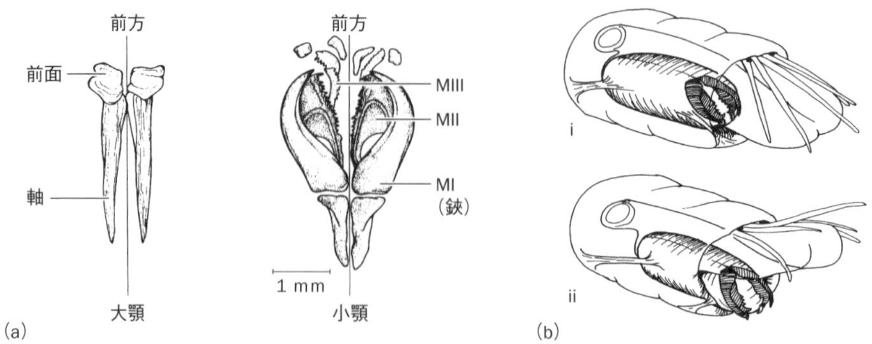

図 4.55 イソメ型の顎器. (a) 単離した顎複合体, (b) (i) 顎が咽頭の腹側の筋肉質で舌のような形のものの下に収納されたところ, (ii) 顎を外転したところ (Olive, 1980).

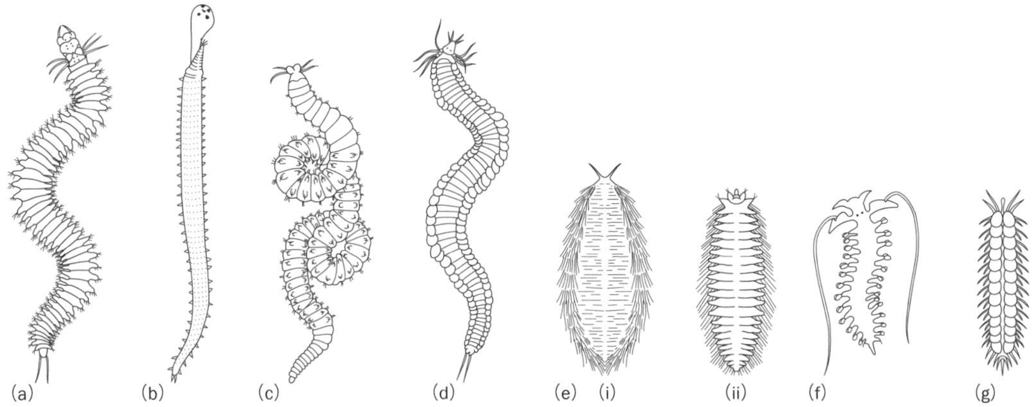

図 4.56　「遊泳類」多毛綱のさまざまな体形．(i) と (ii) はそれぞれ背面図と腹面図．(c) イソメ目を除くすべての種はサシバゴカイ目のよく知られた科に属する．「遊泳類」多毛綱は科のレベルでよばれることが多く，目の名が言及されることはほとんどない．(a) ゴカイ科 Nereidae，(b) チロリ科 Glyceridae，(c) イソメ科 Eunicidae，(d) サシバゴカイ科 Phyllodocidae，(e) コガネウロコムシ科 Aphroditidae，(f) オヨギゴカイ科 Tomopteridae，(g) ウロコムシ科 Polynoidae.

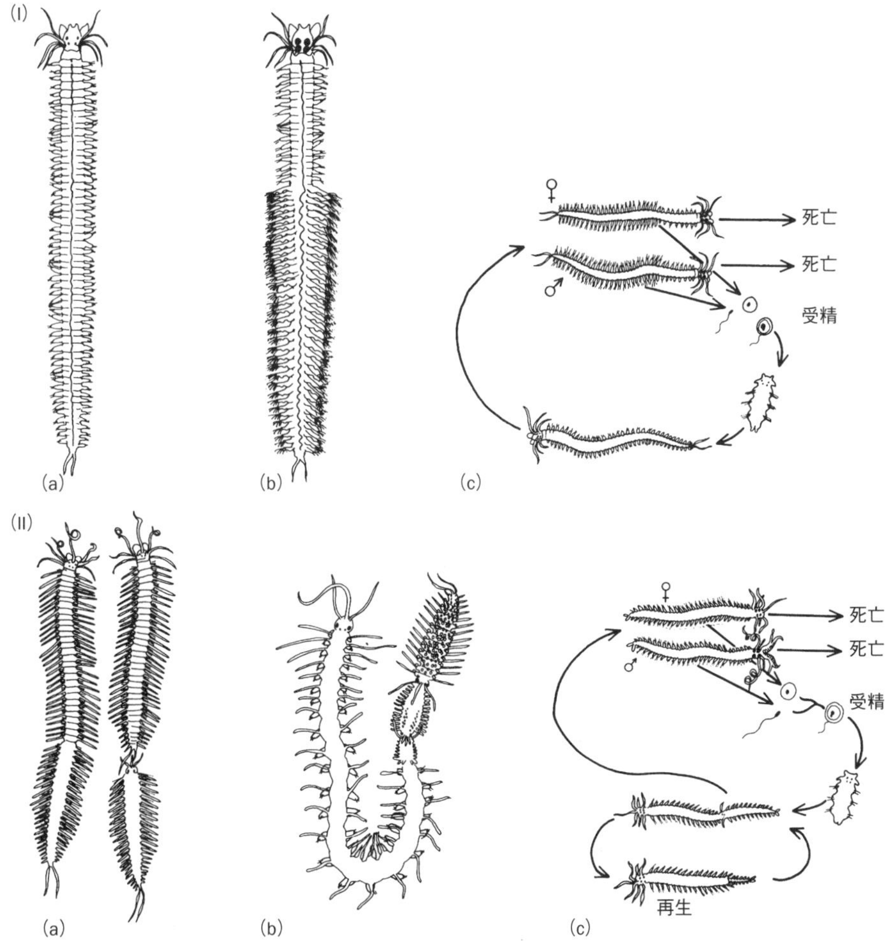

図 4.57　エピトーキーと生殖群泳．漂泳性で体が部分的に変態して性的に成熟した形態を生産することは，多毛綱の進化の途上で独立に何回か生じた．この変態の過程は，2 種の根本的に異なるやり方で行われる．Ⅰ．エピガミー．成熟した個体は変態し，生殖群泳ののちに死ぬ．フツウゴカイ属 *Nereis* の変態していない形態 (a) と，変態後のヘテロネレイス heteronereis 型とよばれる形態 (b)，生活環の模式図 (c)．Ⅱ．スキゾガミー．(a) 後部の体節の変形による 1 匹のストロンの形成，(b) 後端での「出芽」による複数のストロンの形成．最後尾のストロンが最も古い，(c) 生活環の模式図．

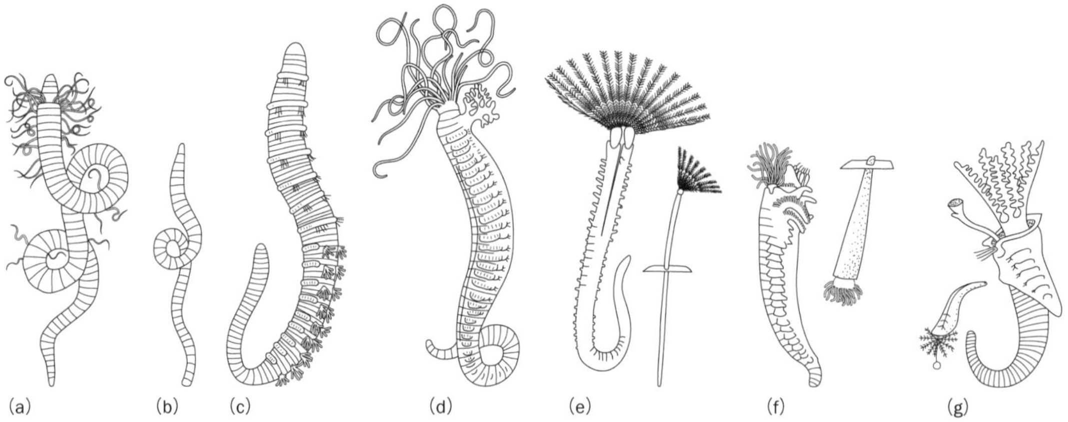

図 4.58 定在類のさまざまな体形（小さな図は特徴的な生活様式を示す．図 9.6 も参照）．(a) ミズヒキゴカイ科Cirratulidae，(b) イトゴカイ科 Capitellidae，(c) タマシキゴカイ科 Arenicolidae，(d) フサゴカイ科 Terebellidae，(e) ケヤリムシ科 Sabellidae，(f) ウミイサゴムシ科 Pectinariidae，(g) カンザシゴカイ科 Serpulidae.

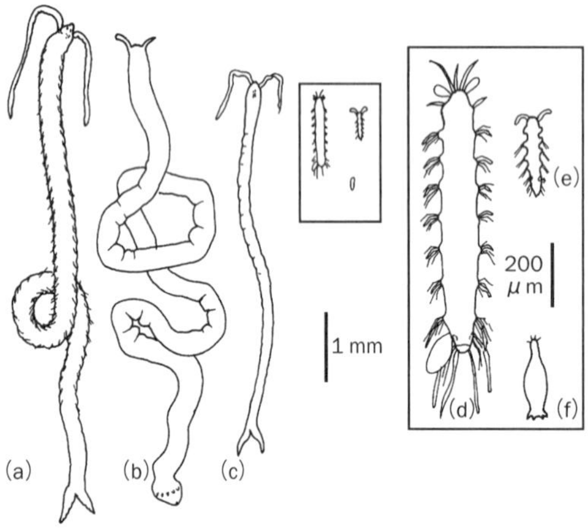

図 4.59 以前に原始環虫類としてまとめられていた多毛綱の科のさまざまな体の形と大きさ．現在では，これらの種は小さな体のサイズに適応して単純化したと考えられている（Jouin，1971）．

間の相互関係を認識するのは困難である．大部分の学者はこれらの群を目でよぶよりも，よりはっきりした科の名称でよぶことが多い．

定在類の多毛綱では通常，体節構造に部分による違いがあり，胸部と腹部がはっきりと認識できる（図 4.58）．これらの動物はすべて，微小な沈殿物や浮遊物食者で，「遊泳」種にみられるような，くねるような，または歩くような移動様式はとらない（10.5 節参照）．これらの動物の多様性は，広く異なる生活様式に由来する．あるものは穴に暮らし，あるものは羊皮紙のような物質や炭酸カルシウムを分泌するか，または砂粒を集めてつくった棲管の中で生活する．いくつかの科は機能的に貧毛亜綱との収斂を示す．つまりこれらは軟らかい基質の中に潜り，粒子を飲み込んだり，砂の粒子を舐めたりする．そして口前葉は小さくて目立った感覚器をもたず，退化した疣足に単純な剛毛をもち，環状筋は発達し隔壁は完全である．いくつかの科は把握力のある触手をもち，これを用いて有機沈殿物の細かい粒子を集めて口まで運ぶ（図 9.5 参照）．このような触手は，しばしば口前葉から伸びたものである．いくつかのより進化した棲管性の科は口前葉に硬い触手の冠をそなえ，これが真の濾過摂食の装置としてはたらく（図 9.2）．そのほかの摂食様式に関する特殊化については第 9 章で議論する（たとえば図 9.5 を参照）．

原始環虫類に属するものたち（図 4.59）は海の砂の間隙という環境に，それぞれ独立に適応した，互いに無関係の微小な多毛綱の集合体である．

b. 環帯綱

（i） 貧毛亜綱

貧毛亜綱はおもに陸産または淡水産の環形動物で，2 次的に海産となったものはとくに汽水域または間隙性の環境にみられる．

運動においては，貧毛亜綱は，完全に仕切られた体節性という体の構造段階のもつ静水力学上の特性を，十分に利用している．したがって，貧毛亜綱は環形動物の原型（図 4.51 参照）がもっていたと思われる体制を保持しているのだが，原始的というわけではない．貧毛亜綱は ① 常時雌雄同体である点，

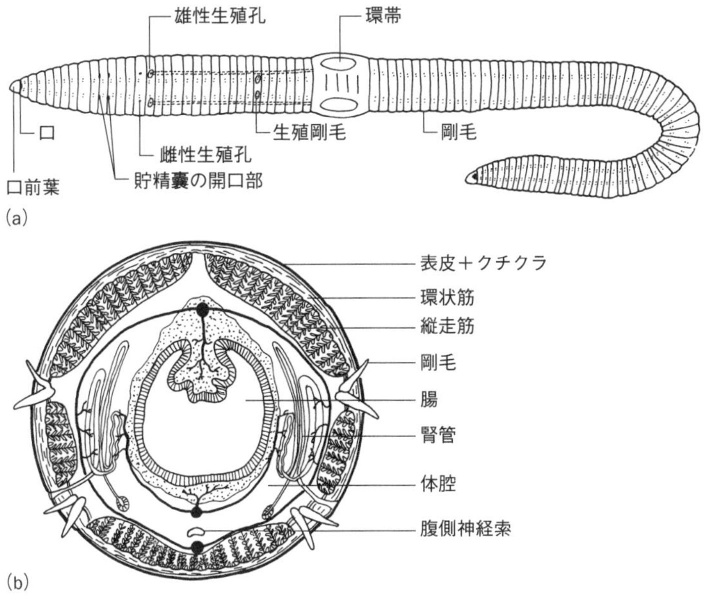

図 4.60 オウシュウツリミミズ *Lumbricus terrestris* の，(a) 腹面からみた外形図と，(b) 断面の模式図.

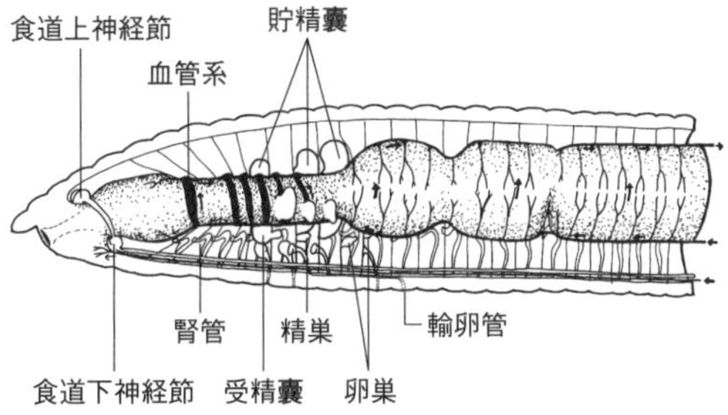

図 4.61 オウシュウツリミミズ の前部体節の内部解剖図

② 環帯により分泌される「卵包（繭）」cocoon とよばれる保護性の栄養分に満ちた被嚢におおわれ，卵黄分を多く含んだ大型の卵を少数産む点，③ 大幅に数の減少した生殖巣をもつ点で，特殊化した動物である．貧毛亜綱の生殖器の配置は，この仲間を 3 つの目に分類する根拠になっている．

機能・生態の両面から，貧毛亜綱は基本的に 2 つのタイプに分けられる．1 つはおもに水生のミクロドリル microdrile とよばれる種群で，もう 1 つは陸産のメガドリル megadrile，すなわちミミズである（図 4.60(a)）．

体の断面（図 4.60(b)）はつぎのような構造をもつ．① 耐水性のクチクラ（これは表皮の分泌性杯状細胞により潤滑される），② 表皮，③ 神経層，④ 完全に輪となった環状筋の層，⑤ 縦走筋の塊，⑥ 1 本か（オウシュウツリミミズの仲間 *Lumbricus* の場合のように）小グループで存在する剛毛，⑦ 完全な隔壁で仕切られ，腸間膜により裏打ちされた体腔，⑧ 腸壁の筋肉，⑨ 消化器系の（内胚葉性の）裏打ち．

貧毛亜綱の体制は体節構造であるが，体の前方の体節には，かなりの特殊化がみられ，とくに消化器系と生殖器系の構造がそうである（図 4.60(a)(b)，図 4.61）．ミミズは複雑な交尾のような行動（交接）を行い，その際にペアになった動物は粘液におおわれ，精子は体外に輸送されて環帯 clitellum 領域にある貯精嚢へと移動する（図 4.62）．受精は卵包の中で起こり，一度交尾すると，個々のミミズは多数の卵包を放出する．

ミクロドリル型貧毛亜綱は，ミミズより小型である．ヒメミミズ科 Enchytraeidae のものは陸産であるが，他はおもに淡水産でいくつかの科がある．深海に生息するものすらある．これらの動物の形態はミミズより変異に富み，あるものは多毛綱の一部にみられるような顕著な髪のような剛毛をもつ（図 4.63）．生殖様式はしばしば非常に特殊化する．自発的な分裂生殖 schizogenesis による無性生殖はふつうであり，有性生殖がまったくみられないものさえある．

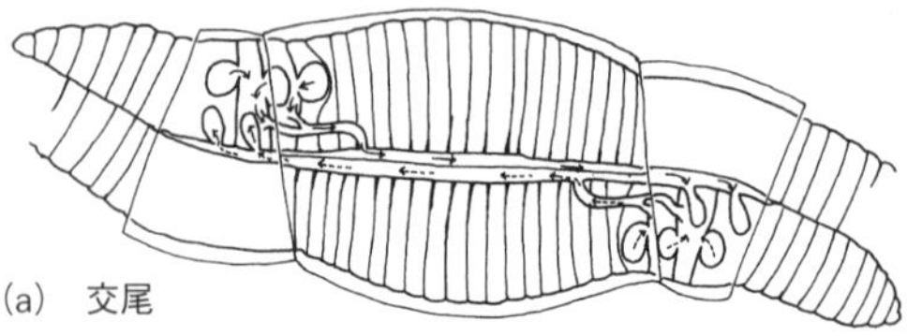

(a) 交尾

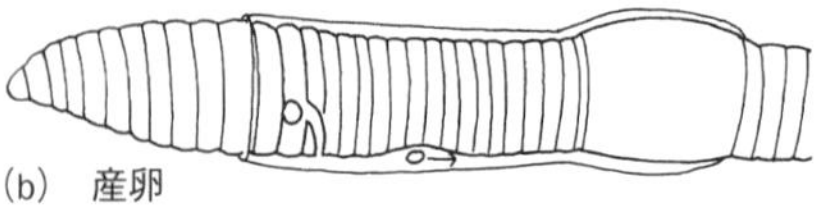

(b) 産卵

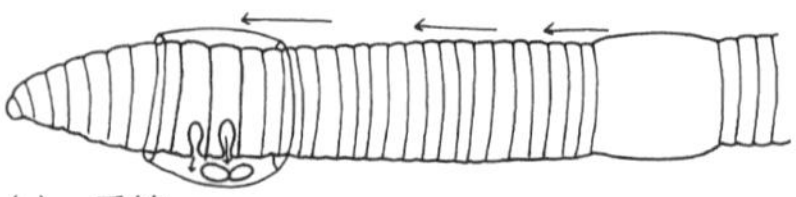

(c) 受精

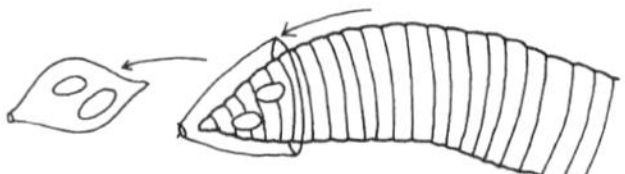

(d) 卵包の生成

図 4.62 オウシュウツリミミズの交尾行動.(a)動物は穴から這い出し，粘液に包まれてその中でつがいをつくる．つがいをつくる際，精子を互いに交換する．精子は矢印に示すように，貯精嚢から受精嚢へと運搬される．(b)成熟卵が雌性生殖管から放出され，後方の環帯へと送られる．(c)少数の卵のまわりに（環帯によって）分泌された卵包は，前方に送られ，卵が受精嚢の開口部を通過する際に受精が起こる．(d)発生中の胚を含んだ卵包が土中に産み落とされる．

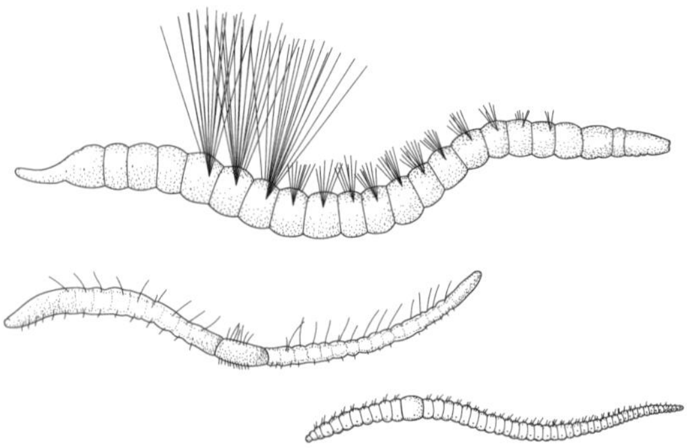

図 4.63 ミクロドリル型貧毛亜綱のさまざまな体形

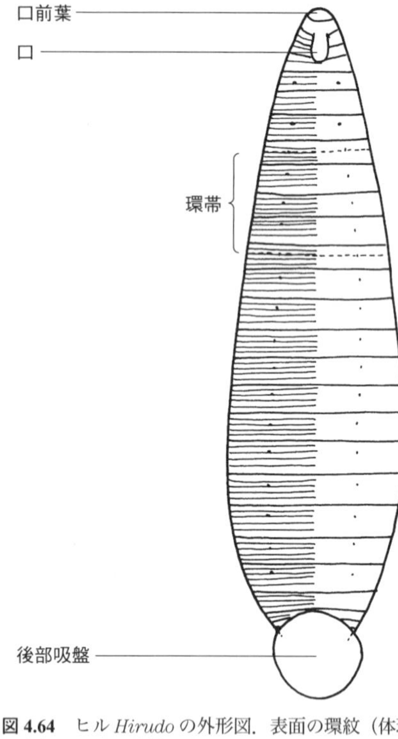

図 4.64 ヒル *Hirudo* の外形図．表面の環紋（体環）を左側に，真の体節を右側に示す．

(ii) ヒル亜綱

ヒル亜綱に固有の特徴は，体の前後を固定できる吸盤が発達することである．そのうえで体全体が1個の静水圧系としてはたらく．したがって，体腔の空間や外胚葉や中胚葉にみられる体節構造は，おおむね失われている．(体を動かすという）機能上ではヒルは扁形動物と同じように動作するが，ヒルでは体腔性の複数の空洞 sinus を力の伝達に用い，運動の複雑な統制を可能にする体節性神経節，呼吸色素をもった閉鎖血管系をもつ点が，扁形動物にはない進化した特徴である．

すべてのヒル亜綱は，正確に33個の体節神経節をもつ．頭部の吸盤は1～4番目の体節から，尾部の吸盤は25～33番目の体節からできている（図4.64)．剛毛はなく，外見からは体節も不明瞭である．ただし，(体節の区切りに対応していない）一連の環 annulus（各環は体を横断する方向に向いている）をもつ．横断面をみると，中胚葉と腸管の筋肉質の壁との間の空間は粗い「間充織様」のブドウ状組織 botryoidal tissue で満たされている（図4.65)．一部の内部器官，とくに生殖上皮と腎管は祖先の体節性構造をとどめている（図4.66)．

ヒル亜綱は雌雄同体で，数対の精巣，1対の卵巣と1個の生殖孔をもつ．体内受精で，生殖のためには，しばしば複雑な交尾行動を通じて相手に精子を送り込む必要がある．多くの種では皮下に注入された複雑な構造の精子が，注入された側の個体の細胞の間隙を縫って卵巣へと進む．交尾後，成体のヒルは多数の「卵包」を産み，1個の卵包には1個または少数の卵が入っている．一部の大型種は数年生存するが大部分は1年で死に，若い胚として卵包の中

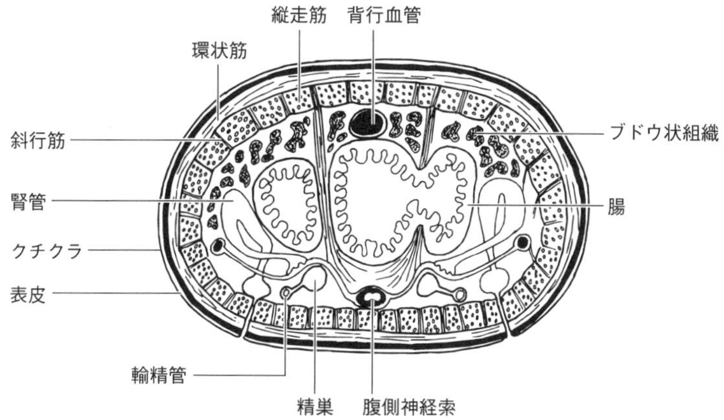

図 4.65　ヒル *Hirudo* の横断面の半模式図．体腔空間は間充織様の組織で満たされている．これらの細胞の間の空間は，境界のはっきりした空洞へと組織化されることがある．

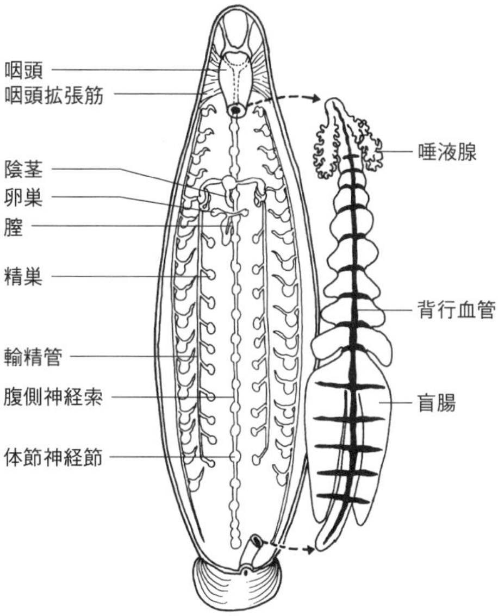

図 4.66　ヒル *Hirudo* の内部解剖図で，背面から開いたところ．消化管を別に示す．

で越冬する．

ヒル亜綱のさまざまな体形を図 4.67 に示す．すべての種が肉食性であるが，すべて外部寄生性または吸血性というわけではない．分類はおもに口器の構造と食性に基づいて行われる．

ケビル目はサケ科の魚につく特異な原始的外部寄生虫である．前部吸盤を欠き，少数の体節には剛毛があり，体腔も体節に分かれる．したがって，これらは貧毛亜綱とヒル亜綱を結ぶ体の構造をもつ．

(iii)　ヒルミミズ亜綱

淡水産甲殻動物につく微小な外部寄生虫である．15～16 の体節があり，最前部の 4 体節は融合して吸盤のある円筒形の頭部となっている．このほとんど知られていない環帯綱は貧毛亜綱様の祖先から独立に生じ，多くの点でヒル亜綱と平行進化を遂げたものと思われる（図 4.68）．

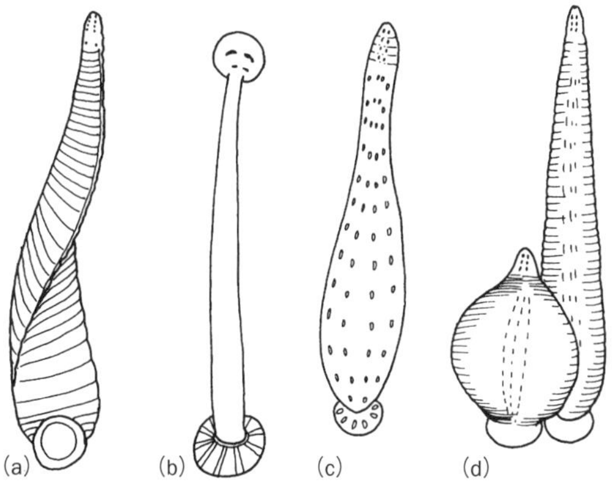

図 4.67　ヒル亜綱の体形のいろいろ．いちばん右の図は同一のヒルがいかに大きく体の形を変えられるかを示す．

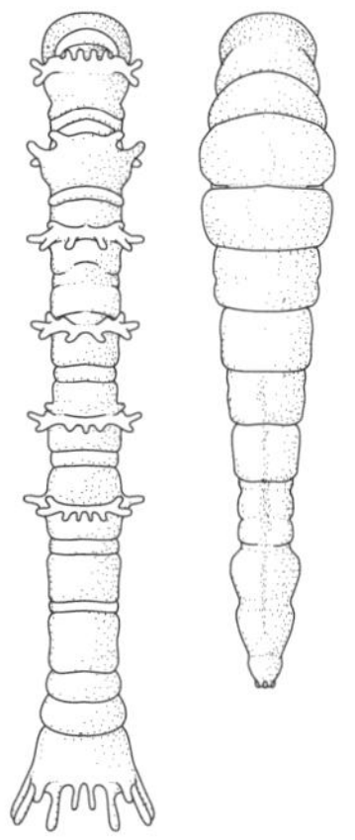

図 4.68　ヒルミミズ亜綱．典型的な種の体形を示す．

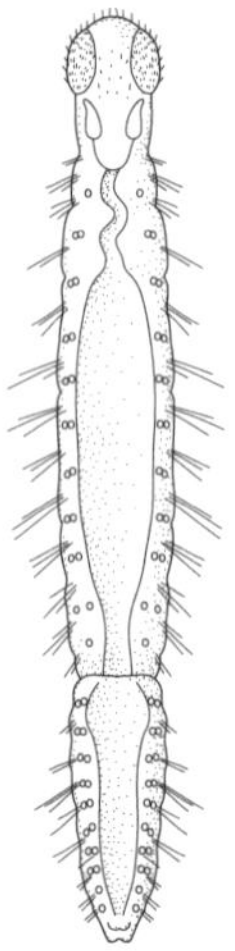

図 4.69　アブラミミズ綱の典型的な種.

c. アブラミミズ綱 Aeolosomata

この微小な環形動物は，以前は原始的な貧毛亜綱と考えられていたが，現在は環帯綱とは独立の進化を遂げたものと考えられている．すべては小型で大部分は微小，淡水または汽水の間隙環境に生息する．雌雄同体で，卵巣をもつ1個の体節の前後に隣接した2体節が精巣をもつ．この動物の環帯とよばれるものは腹側の分泌腺からなり，環帯綱の背側の環帯と相同なものではない．

典型的な種を図4.69に示す．この種は繊毛の生えた口前葉をもち，これが主要な運動器官となる．また，長めの髪の毛のような剛毛をもつ．アブラミミズ綱は多毛綱原始環虫類の科と同様に，微小なサイズのために単純な構造をもち，他の環形動物との関係は不明である．この綱には25種が知られるのみである．

4.15　所属不明の蠕虫類

現存する4タイプの蠕虫類は，以上に述べた動物門のいずれにも容易に分類できない．その理由は，おもにかけ離れた動物群にみられる特徴が奇妙に入り混じっているためである．単純な体制は，進化途上で動物群が多様化する分岐点にいることを表すのかもしれないし，逆にそれは寄生生活か幼形進化の結果であって，祖先はより複雑な構造をもっていたのかもしれない．これら4タイプの無体腔の小さな動物群はすべて，このような分類の難しさを象徴する生き物である．

4.15.1　珍渦虫類（ちんうずむし）Xenoturbellids

珍渦虫属 *Xenoturbella* の2種（図4.70(a)）は大型（最長30 mm）で雌雄同体の扁形動物様の動物で，北西ヨーロッパの軟らかい海底の沈殿物中に生息する．いくつかの点で無体腔の扁形動物に類似するが，その他の点では微細構造において後口動物に表面的に類似する（第7章）．珍渦虫は後口動物（半索動物？）の幼生の幼形進化形とみなされてきた．そして，この進化の系列の初期に分岐したものが，最終的に珍渦虫類に進化したとみなされている（3.6.2.c(i)）．最近の説では，発生学的な証拠から軟体動物斧足類に近縁で，実質的に脱分化が起こったトロコフォア幼生の変態形だと示唆されている．[訳注：軟体動物説の根拠とされるDNA塩基配列は餌から混入したもので，後口動物説が正しいという論文が2003年に出版されて，珍渦虫動物門が立てられた．これは後口動物だと思われている(2006).]

4.15.2　ブッデンブロッキア類 Buddenbrokia

長さ3 mmで1910年に初めて記載された *Buddenbrockia plumatellae*（図4.70(b)）は，被喉綱ハネコケムシ *Plumatella* その他の属の苔虫動物の体腔中にすむ（6.3.3.a.）．消化管と神経をもたず，いくぶん菱形動物（3.5.2項）か直泳類（下記

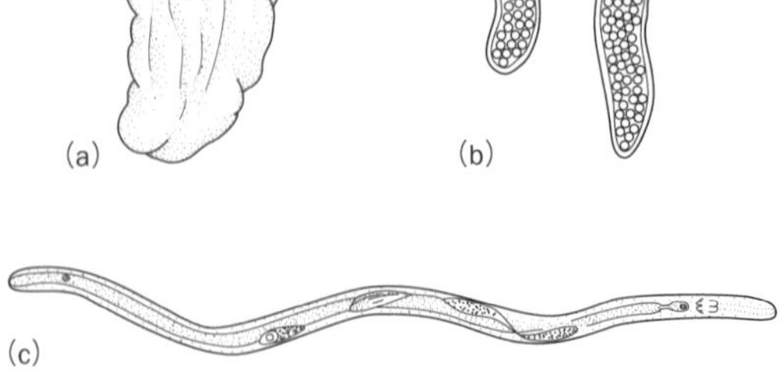

図 4.70　所属不明の3種の蠕虫．(a) 珍渦虫 *Xenoturbella*，(b) ブッデンブロッキア *Buddenbrockia*，(c) ロバトセレブルム *Lobatocerebrum*（Barnes, 1998）.

参照）を連想させる．しかし，これらの動物と異なり，長軸に沿った筋肉があり，その外側の細胞には繊毛を欠く．運動は線形動物のようである［訳注：これも2002年に，ミクソゾア門に属する軟胞子虫類 malacospore であることが示された．そしてさらに2007年には，ブッデンブロッキアとその属するミクソゾアの仲間は刺胞動物であるとされた．刺胞動物門にも蠕虫様のものがいることになる．］

4.15.3　ロバトセレブルム類 Lobatocerebrum

雌雄同体で間隙にすむ *Lobatocerebrum* は1980年に記載され，現在3～4種が北大西洋と紅海の軟らかい海底の沈殿物から知られている．これらの最長4mmの蠕虫は，表面的には自由生活性の扁形動物に非常に似るが，体壁，消化管，雄性生殖器系の構造は環形動物との類縁性を示唆する（4.14節）．先の珍渦虫と同様，その類縁関係については2つの対立する見解がある．それは，① より大型のおそらく環形動物の幼形進化形の幼生だというものと，② 最終的に裂体腔をもつ動物が生じた進化系統の初期に分岐した無体腔動物だというものである．

4.15.4　直泳類 Orthonectidans

これらは，海産の渦虫類，環形動物，紐形動物，軟体動物，棘皮動物の組織中に（組織に付着することなく）寄生しているもので，長い間菱形動物（3.5.2項）に類縁と考えられてきた（その名前（ギリシャ語で orthos は真っ直ぐ，nektos は遊泳を意味する）は，菱形動物がそのらせん対称の体型から回転しながら泳ぐことと対比してつけられた）．この動物は，現在では門の地位が与えられることもあり（直泳動物門），おそらく扁形動物に近縁であるか，扁形動物そのものである．有性生殖期と無性生殖期があるが，いずれの時期でも体制はきわめて単純である．有性生殖期の個体は雌雄異体で雄と雌では体型が異なるが，いずれも配偶細胞の塊を，1層の繊毛の生えた体細胞が環状に包んだものにすぎない（多少その下に環状筋と縦走筋があるが）（図4.71(a)，(b)）．いずれの期間も体長は1mmよりかなり小さい．雄から放出された精子は雌の体内に入り，受精後は雌の体内で幼生が発生する．その幼生は，実際には少数の配偶細胞を1層の繊毛細胞が包んだものである．幼生は放出されると寄主の組織に進入し，繊毛細胞は失われ，配偶細胞は増殖して多核の変形体 plasmodium になる（図4.71(c)）．この変形体は無性的に分裂し，他の変形体を生じる．最終的に有性生殖期の個体が生産されるが，この際，1個の変形体は雌雄のいずれかを生じるか，両方を生じる．そして，有性生殖期の個体は寄主を離れて生活環を完結する．

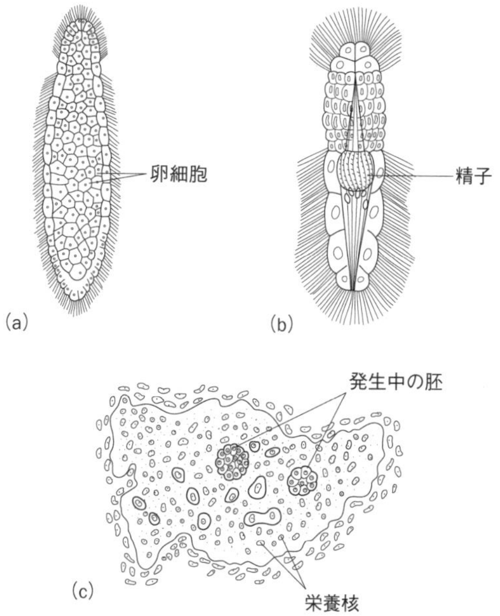

図4.71　直泳類の雌（a）と雄（b）（Marshall と Williams, 1972）．（c）直泳類の変形体（Caullery & Mesnil, 1901）．

この動物は少なくとも有性生殖期には左右相称であるが，明らかに他の左右相称動物の特徴をもたない（たとえば実際上1層の細胞のみで，器官系が存在しない）．しかしながら，この体制の極端な単純さは寄生生活による退化の1例で，より複雑な祖先から進化したものと仮定されている．たとえば，配偶細胞は中胚葉起源と考えられ，ある種に存在する筋肉もまさに同じ起源を示唆する（直泳類は変形体性原生生物のミクソゾア門とも類似性を示す．ミクソゾアも，寄生生活により退化した動物の可能性は大いにある（Box 3.1参照）［訳注：4.15.2項の訳注を参照］．10種が知られるのみで，すべて単一の目，直泳目 Orthonectida に分類されている．

4.16　さらに学びたい人へ（参考文献）

Bird, A.F. 1971. *The Structure of Nematodes*. Academic Press,

New York [Nematoda].
Boaden, P.J.S. 1985. Why is a gastrotrich? In: Conway Morris, S. *et al.* (Eds) *The Origins and Relationships of Lower Invertebrates*, pp. 248–260. Clarendon Press, Oxford [Gastrotricha].
Croll, N.A. 1976. *The Organisation of Nematodes*. Academic Press, London [Nematoda].
Croll, N.A. & Mathews, B.G. 1977. *Biology of Nematodes*. Blackie, London [Nematoda].
Dales, R.P. 1963. *Annelids*. Hutchinson, London [Annelida].
De Coninck, L. 1965. In: Grasse P.P. (Ed.), *Traite de Zoologie*, **4** (2), 3–217.
D'Hondt, J.-L. 1971. Gastrotricha. *Oceanogr. Mar. Biol., Ann. Rev.*, **9**, 141–192 [Gastrotricha].
Donner, J. 1966. *Rotifers* (transl. Wright, H.G.S.). Warne, London [Rotifera].
Edwards, C.A. & Lofty, J.R. 1972. *The Biology of Earthworms*. Chapman & Hall, London [Annelida].
Gibson, R. 1972. *Nemerteans*. Hutchinson, London [Nemertea].
Hyman, L.H. 1951. *The Invertebrates*, Vol. 2. *Platyhelminthes and Rhynchocoela*. McGraw-Hill, New York [Nemertea].
Hyman, L.H. 1951. *The Invertebrates*, Vol. 3. *Acanthocephala, Aschelminthes and Entoprocta*. McGraw-Hill, New York [Gastrotricha, Nematoda, Nematomorpha, Kinorhyncha, Priapula, Rotifera, Acanthocephala].
Ivanov, A.V. 1963. *Pogonophora*. Academic Press, London.
Kaestner, A. 1967. *Invertebrate Zoology*, Vol. 1. Wiley, New York [Nemertea, Gastrotricha, Nematoda, Nematomorpha, Kinorhyncha, Priapula, Rotifera, Acanthocephala, Sipuncula, Echiura, Annelida].
Kristensen, R.M. 1983. Loricifera, a new phylum with aschelminthes characters from the meiobenthos. *Z. Zool. Syst. Evolutionsforsch.*, **21**, 163–180 [Loricifera].
Mill, P. 1978. *Physiology of the Annelids*. Academic Press, London [Annelida].
Nørrevang, A. (Ed.) 1975. *The Phylogeny and Systematic Position of Pogonophora*. Parey, Hamburg [Pogonophora].
Rice, M.E. & Todorovic, M. 1975. *Proceedings of the International Symposium on the Biology of Sipuncula and Echiura*. Smithsonian Inst., Washington [Sipuncula & Echiura].
Riemann, F. 1988. In: Higgins, R.P. & Thiel, H. (Eds), *Introduction to the Study of Meiofauna*, pp. 293–301. Smithsonian Institution Press, Washington, DC.
Sterrer, W. 1972. Systematics and evolution within the Gnathostomulida. *Syst. Zool.*, **21**, 151–173 [Gnathostomula].
Sterrer, W., Mainitz, M. & Reiger, R.M. 1985. Gnathostomulida: enigmatic as ever. In: Conway Morris, S. *et al.* (Ed.). *The Origins and Relationships of Lower Invertebrates*, pp. 181–199. Clarendon Press, Oxford [Gnathostomula].
[訳注]
Bourlat, S. J., Juliusdottir, T., Lowe, C. J., Freeman, R., Aronowicz, J., Kirschner, M., Lander, E. S., Thorndyke, M., Nakano, H., Kohn, A. B., Heyland, A., Moroz, L. L., Copley, R. R., & Telford M. J. 2006. Deuterostome phylogeny reveals monophyletic chordates and the new phylum Xenoturbellida. *Nature*, **444**, 85-88.
Jiménez-Guri, E., Philippe, H., Okamura, B. & Holland P. W. H. 2007. *Buddenbrockia* is a cnidarian worm. *Science*, **317**, 116-118.
Kristensen, R. M. 2002. An introduction to Loricifera, Cycliophora, and Micrognathozoa. *Integ. Comp. Biol.*, **42**, 641-651.

第5章

軟体動物

Molluscs

軟体動物は特色のある独立した動物門で，真正トロコゾアの蠕虫，とくに星口動物と近縁のようである．軟体動物のことを第2章では，防御のための殻を背負った，ずんぐりした扁形動物のようなものであると紹介した．しかし，軟体動物の大多数は，扁形動物とはかけ離れた，じつに多様な体のつくりや生活様式をとっている．第2部の他の各章では，いくつかの動物門をまとめて扱っているが，地球上に繁栄する軟体動物はじつに多様であるので，この動物門だけには1章を割り当てることにした．

5.1　軟体動物門 Mollusca

5.1.1　語　源

ラテン語：molluscus＝軟らかいナッツもしくは軟らかいきのこ

5.1.2　判別に役立つ特徴・特別な特徴（図5.1）

1. 左右相称．
2. 多数の細胞層からなり，組織や器官をもつ．
3. 口と肛門のある消化管をもつ．
4. 体腔は，血洞（血管系の一部が拡大した腔所）によるもののみ．
5. 体は単体節制で，非常に多様な体形をとるが，基本的にはずんぐりしていて，円錐形のものも多い．しばしば，体が背腹方向に伸長して「内臓隆起」を生じる．基本的には，前方頭部に眼と感覚性触角，腹部に大きく平らな足，後方に外套腔があるが，これらはかなり変形していることがある．
6. 石灰質の骨片で強化されたタンパク質（コンキオリン conchiolin）からなる貝殻を背部にもち，防御に役立つ．貝殻は1～8枚の殻板となることもある．貝殻は，背面および側面の表皮（外套膜 mantle）より分泌される．貝殻は，2次的に退化・消失したり軟組織でおおわれたり，また逆に，著しく大きくなって動物全体をおおうこともある．
7. 歯がついたキチン質の舌のような帯である歯舌 radula は，口腔から口を通って外へと伸ばすことができる．歯舌でこすり取られた粒子は粘液の糸にとらえられ，粘液の糸は，晶桿体嚢の中の晶桿体 crystalline style が，くるくる回転することにより巻きとられて胃の中へと入っていく（図9.17および9.2.5項参照）．
8. 外套腔中に1～数対の櫛鰓（くしえら） ctenidial gill があってガス交換を行う（櫛鰓は消失していることもある）．
9. 開放血管系で，心臓は中胚葉性の囲心腔に包まれている．腸もこれを貫通している．
10. 嚢状の「腎臓」1対が，一方で囲心腔に開口し，もう一方は外套腔に開口して排泄物を放出する．
11. 食道神経環と，2対の神経索（神経節をもつ）からなる神経系がある．高度な中枢神経を有するものもある．
12. 典型的には，1対の生殖巣があって外套腔に配偶子を放出する（原始的なものでは囲心腔と腎臓を経て外套腔に放出される）．

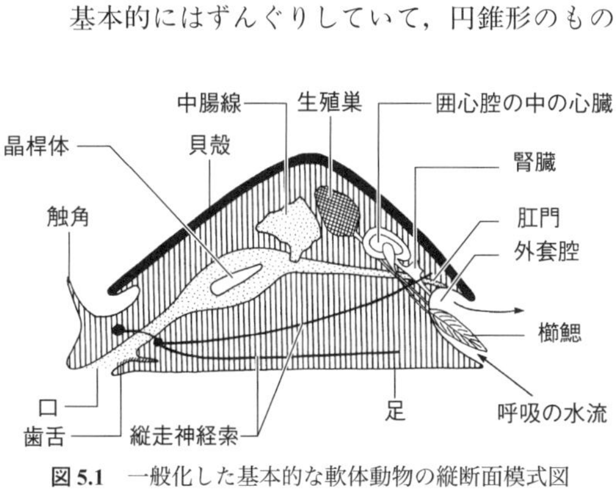

図5.1　一般化した基本的な軟体動物の縦断面模式図

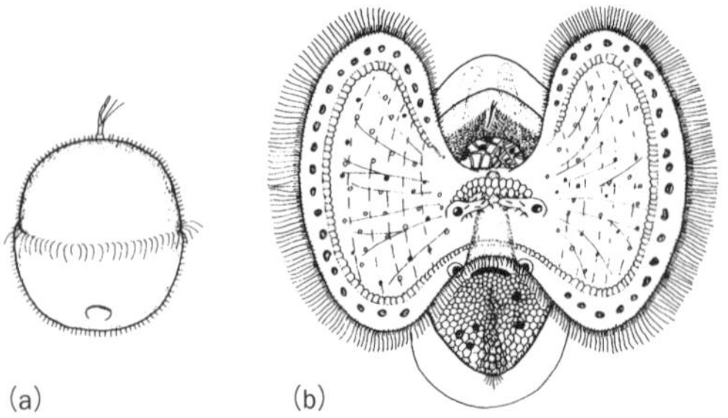

図 5.2 軟体動物の幼生．(a) トロコフォア幼生，(b) ベリジャー幼生 (Hyman, 1967)．

13．卵はらせん卵割をする．

14．トロコフォア幼生とベリジャー veliger 幼生を経る間接発生をする (図 5.2)．2 次的に直接発生をするようになったものもある．

約 10 万種が知られる軟体動物は，線形動物 (たぶん，何千何万種もが未発見，未記載であろう) を除くと，節足動物に次いで 2 番目に大きな動物門である．軟体動物が地球上でこれほどまでに繁栄しているのは，特定の形態的または生態的特徴によっているというよりも，その基本的な体のつくりがもつ可塑性や適応性が非常に大きかったためであると考えられる．実際，上にあげた 1～14 の性質は，軟体動物を構成する綱によってさまざまな形に大きく変形しているのである．この可塑性は，たとえば軟体動物の特定の部分が種によって，異なるさまざまな機能に利用されているところにみられる (たとえば貝殻は，防御装置としてだけではなく，浮力装置，掘削装置，内部骨格などとして使われている)．一方で，さまざまに異なる体の部分構造が，同一の機能のために適応しているということもみられる (たとえば，食物捕獲機能のための器官は，繊毛が生えた触手である唇弁，巨大化した鰓，吸盤をもつ腕，歯舌など，さまざまである)．

軟体動物の体形には，穴にすみ前後軸方向に伸びた円柱形で足や貝殻をもたない「蠕虫形」のものから，2 枚の大きな貝殻に包まれて事実上頭部がなく全体がほぼ球形のものまである．大きさについては，2 mm 程度の浮遊性や間隙性のものから，腕まで入れると長さが 20 m を超えるダイオウイカまでいる．後者は，祖先の軟体動物が背腹軸方向に伸びていって生じたものである．軟体動物はほとんどすべての生息環境に進出しており，また，食物獲得方法のすべての型をみることもできる．軟体動物門の中を見渡しただけで，最もよく動く無脊椎動物から最も動かないものまでをみることができるし，脳や感覚器官がほとんど発達していないものから，無脊椎動物の中で最も知性が発達したものまでを見いだすこともできる (「もし，神が自分にかたどって彼の創造物に最良のデザインを与えたのであるとしたら，創造論者は，神はじつはイカであると結論しなくてはならないであろう．」(Diamond, 1985))．

第 2 章で論じたように，軟体動物の基本形態は，扁形動物 (3.6 節) に，歯舌と背部の貝殻という 2 つの明瞭な特徴 (とこれらに付随するその他の特徴) を付け加えたものである．歯舌 (図 5.3) は，口腔の後方腹側のくぼみの中に入っている．帯の上に，後方に向いた小歯が横一列に並び，この列が前

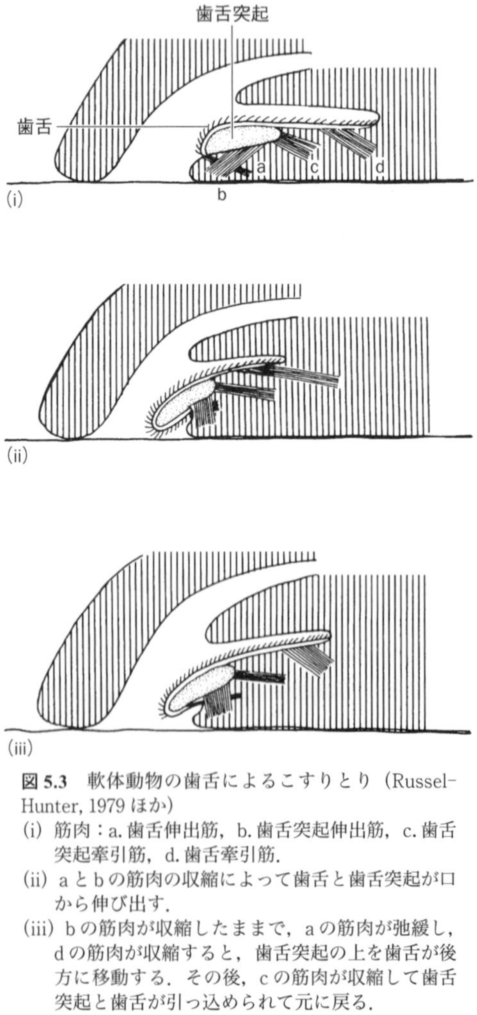

図 5.3 軟体動物の歯舌によるこすりとり (Russel-Hunter, 1979 ほか)
(i) 筋肉：a. 歯舌伸出筋，b. 歯舌突起伸出筋，c. 歯舌突起牽引筋，d. 歯舌牽引筋．
(ii) a と b の筋肉の収縮によって歯舌と歯舌突起が口から伸び出す．
(iii) b の筋肉が収縮したままで，a の筋肉が弛緩し，d の筋肉が収縮すると，歯舌突起の上を歯舌が後方に移動する．その後，c の筋肉が収縮して歯舌突起と歯舌が引っ込められて元に戻る．

後方向に多数並んでいるのが歯舌リボンであり，この歯舌リボンが軟骨性の骨格要素である歯舌突起 odontophore の上にのっていて動くようになっているのが歯舌である．伸出筋の収縮によって歯舌突起が口から突き出し，歯舌リボンもその上を前方に動く．このとき，各小歯も起立し，小歯に当たっている物体の表面をこすり取るのである．こすり取られた粒子は，牽引筋が収縮して歯舌が引き込まれたときに口腔へと運ばれる．キチン質の小歯には SiO_2 や Fe_3O_4 のようなものが含まれていて硬くなっているが，こすり取ることによって磨耗していく．したがって，歯舌の帯は歯舌突起の上を徐々に前方へと移動し，後方のまだ使われていなかった小歯が前方に出て，後方では新しいものがつくられる．歯舌は基本的には，このようにものを食べたりこすりとったり穴をあけたりするための器官であるが，捕食性の種のあるものでは，小歯が大きくなって（それに伴ってその数が減少して），さらに毒を分泌する腺ともつながって，獲物をとらえるために使われるようになっている．

背腹方向に平らであった軟体動物の祖先の，背部にあった防護の覆（おお）いは，タンパク質性かつキチン質の外被が石灰質の骨片か鱗で強化されたもので，表皮から分泌されたものだと考えられる．しかし，その子孫のほとんどでは，炭酸カルシウム含量が著しく増大し，コンキオリンの薄い殻被層 periostracum でおおわれた1～数枚の大きな板になった．有機物の基質の層に方解石やあられ石が沈着し，そのような層が重なっているのが典型的なものである．殻被層のすぐ下が角柱層で，その下で最も内側にあるのが無数の薄層からなる真珠層である．明瞭な貝殻が進化すると，軟体動物の成長は，蠕虫形動物などにみられるような前後方向ではなく，おもに背腹方向に生じるようになった．その結果，貝殻とその中に入っている動物は円錐形になった（現生のほとんどのものは今でもそうなっている）．中にはこれがよく伸長してさらに（平面もしくは立体的に）らせん形に渦を巻くようになったものも出てきた．貝殻を分泌する外套膜は，通常，体の貝殻からはみ出た部分をおおって「スカート」のようになっている．こんなふうになっているので，危険を避けるときには，牽引筋の収縮によって貝殻を引き下げて，頭部や腹部の歩行用の足の無防備な部分を貝殻

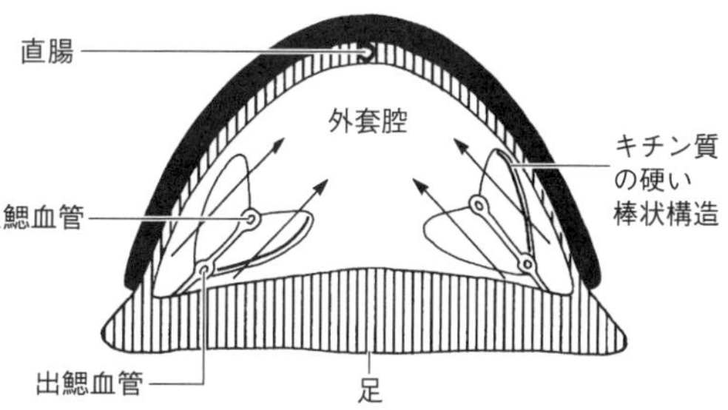

図 5.4　一般化した軟体動物の外套腔の横断面．双櫛状の櫛鰓と，その繊毛運動による水流の方向が図示されている．

でおおって保護することができるであろう．それと同時に，足は吸盤のようになって基盤の表面に強く吸い付いてしがみつく．

背面がおおわれたことによって，体表面を通したガス交換に重大な障害が生じることになる．したがって，貝殻を発達させると同時に，貝殻でおおわれていない体表面に鰓をつくり，O_2 などを体全体に行きわたらせるための循環系を発達させる必要があった（もしそれがまだなければの話ではあるが）．外套膜と貝殻が一緒になったものが，体から張り出して，体との間に隙間ができるのは動物体の側面や後部で顕著であり，ここに外套腔が生じている（図 5.4）．外套腔には，1～数対の特徴的な櫛鰓がある．個々の櫛鰓には，中央に1枚の平たく長軸方向に伸びた鰓軸があり，これから両側に平たい三角形の鰓葉が多数（櫛の歯のように並んで）伸び出しており，各鰓葉は前側にあるキチン質の小さな棒状構造で支えられている．鰓の表面の繊毛が鰓葉の間を流れる水流を起こしており，鰓葉内部には（水流とは逆向きの）対向流の血流が生じている（図 11.10 参照）．基本的には，水は外套腔の両側面から流入し，鰓を通過してから背面を正中線に沿って後方に流れ，糞や尿とともに後方から外套腔外へと流れ出る．

しかしすでに強調したように，歯舌や貝殻や櫛鰓の様子は（動物体そのものの形態もそうであるように）綱によって著しく変形している．したがって，この動物門のさらに詳しい説明は，この後の各節において綱ごとに分けて行うことにする．軟体動物は，無脊椎動物の中でも際立って，神経生物学者のよい研究対象になってきたので，第 16 章も参照していただきたい．

5. 軟体動物

綱	亜綱	上目	目
ケハダウミヒモ綱 Chaetodermomorpha			尾腔目 Caudofoveata
カセミミズ綱 Neomeniomorpha			Aplotegmentaria 目 厚皮目 Pachytegmentaria
単板（ネオピリナ）綱 Monoplacophora			ネオピリナ目 Tryblidiida
多板（ヒザラガイ）綱 Polyplacophora			サメハダヒザラガイ目 Lepidopleurida ウスヒザラガイ目 Ischnochitonida ケハダヒザラガイ目 Acanthochitonida
腹足（マキガイ）綱* Gastropoda	前鰓亜綱 Prosobranchia		梁舌目 Docoglossida オキナエビス目 Pleurotomariida 不均鰓目 Anisobranchida ワタゾコシロガサガイ目 Cocculiniformia アマオブネガイ目 Neritida 原始紐舌目 Architaenioglossa 外鰓目 Ectobranchida 新紐舌目 Neotaenioglossa 異舌目 Heteroglossa 狭舌目 Stenoglossa
	異鰓亜綱 Heterobranchia	有肺上目 Pulmonata	原始有肺目 Archaeopulmonata 基眼目 Basommatophora 柄眼目 Stylommatophora
		裸形上目 Gymnomorpha	イソアワモチ目 Onchidiida 足襞目 Soleolifera ロドペ目 Rhodopida
		後鰓上目 Opisthobranchia	頭楯目 Cephalaspida 無楯目 Anaspida 嚢舌目 Saccoglossa 裸鰓目 Nudibranchia 側鰓目 Pleurobranchomorpha 傘殻目 Umbraculomorpha
		異腹足上目 Allogastropoda	トウガタガイ目 Pyramidellomorpha
二枚貝綱 Bivalvia	原鰓亜綱 Protobranchia	櫛鰓上目 Ctenidobranchia	クルミガイ目 Nuculida
		古鰓上目 Palaeobranchia	キヌタレガイ目 Solemyida
	弁鰓亜綱 Lamellibranchia	翼形上目 Pteriomorpha	フネガイ目 Arcoida イガイ目 Mytilida ウグイスガイ目 Pteriida
		古異歯上目 Palaeoheterodonta	サンカクガイ目 Trigoniida イシガイ目 Unioniida
		異歯上目 Heterodonta	マルスダレガイ目 Venerida オオノガイ目 Myida
		異靭帯上目 Anomalodesmata	ウミタケガイモドキ目 Pholadomyida スナメガイ目 Poromyida
掘足（ツノガイ）綱 Scaphopoda			ツノガイ目 Dentalida クチキレツノガイ目 Siphonodentalida
頭足（イカ）綱 Cephalopoda	オウムガイ亜綱 Nautiloidea		オウムガイ目 Nautilida
	鞘形（イカ）亜綱 Coleoidea		コウイカ目 Sepiida ツツイカ目 Teuthida 八腕形目 Octopoda コウモリダコ目 Vampyromorpha

＊ 腹足綱の分類は，1930年以前の体制に基づいた古い分類から，系統遺伝学的な研究に基づく分類へと移行しつつあり，現在も流動的である．ここに掲げた分類は新しい分類の一例とみなすことができるであろうが，広く一般に受け入れられるようなものはいまだ完成していない．これとは別の分類としては，Haszprunar，1988を参照していただきたい．

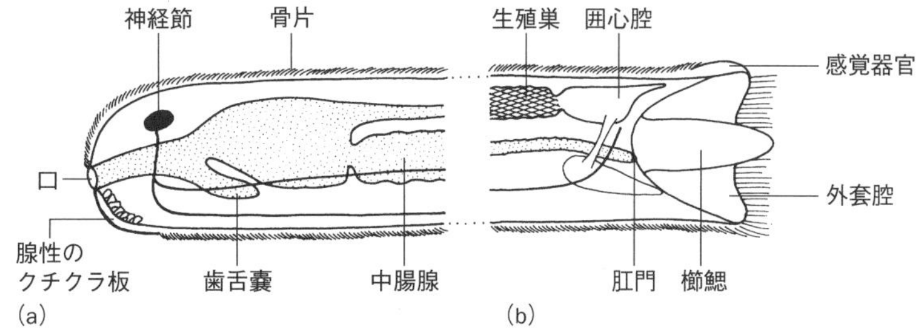

図 5.5 ケハダウミヒモ綱の前端部分 (a) および後端部分 (b) の縦断面模式図 (Boss, 1982).

5.1.3 分 類

軟体動物門は8つの綱からなる. そのうちの2つ, 腹足綱と二枚貝綱とで, これまでに知られている軟体動物の種の98%以上を占めている.

a. ケハダウミヒモ綱

この綱は, 貝殻をもたず, 蠕虫のように前後軸方向に長く伸びた独特の軟体動物で, 海底の軟らかい堆積物中に縦穴を掘ってその中で生活している. 長さ2 mm～14 cmの円柱形の体の頭部が穴の底に位置し, ここにある口で堆積物を摂食している. 体の後方部, つまり穴の入口付近に位置する外套腔中に, 両側が櫛状になった1対の櫛鰓がある (図5.5).

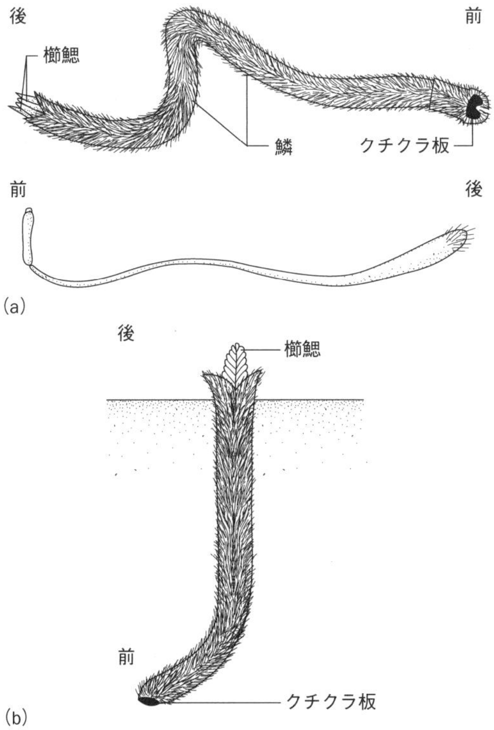

図 5.6 ケハダウミヒモ綱の体形. (a) 外部形態, (b) 海底堆積物中の生活様式 (Hyman, 1967 および Jones & Baxter, 1987).

足はなく, 外套膜が体全体をおおっている. それゆえ運動は軟体動物としては典型的ではなく, よく発達した体壁の筋肉による蠕動運動によっており, あまり活発ではない. 貝殻はないが, 表皮がキチン質のクチクラを分泌し, その中に後方に向いた鱗が多数, 瓦のように重なり合いながら動物全体をおおっている. 他の軟体動物にみられる特徴的な器官のいくつかは欠失している. すなわち, 頭部は未発達で眼や感覚性触角はなく, 排出器官や生殖輸管もない (配偶子は囲心腔を経由して放出される). 歯舌を欠くものもある. 頭部にはさまざまな腺を有するクチクラ板があるが (図5.6), その機能はまだわかっていない.

この雌雄異体で堆積物摂食の軟体動物70種は, 1つの目 (尾腔目) に分類されている.

b. カセミミズ綱

この綱に属する動物は, 貝殻をもたず頭部が未発達, 前後軸方向に長い蠕虫形で (図5.7), 排出器官や生殖輸管がなく, 歯舌を欠くものがいるといった点で, ケハダウミヒモ綱と外見上似ている. しかし, その他の多くの点で異なっており, 貝殻をもつ軟体動物により近縁であると一般に考えられている. 体長1 mm～30 cmで (背腹ではなく) 側方向に扁平で, 体軸に沿って腹側に溝 (足溝) があり, ここに, 非常に退化した足の痕跡だと考えられる小さな隆起線が1～数本存在する. 外套膜が (足溝を除く) 体全体をおおい, 石灰質の鱗または針状体の層がクチクラの直下に1～数層存在する. 足溝の前端には繊毛孔 ciliary pit があり, 体の前端腹側に口がある. 後方腹側には外套腔があって, 櫛鰓を欠いているが, しばしば, ひだ状または乳頭状の2次鰓が発達している (図5.8).

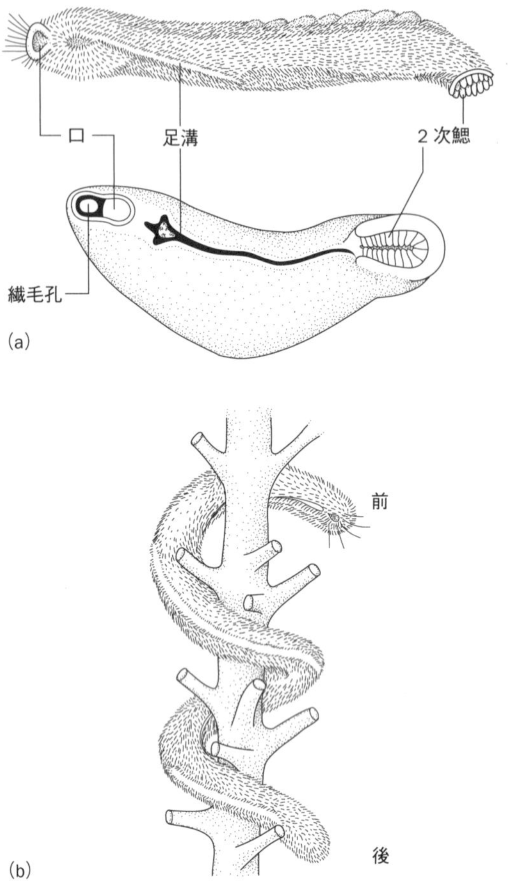

図 5.7 カセミミズ綱の体形．(a) 外部形態，(b) 生活様式，ヒドロ虫群体上をはっている（Jones & Baxter, 1987）．

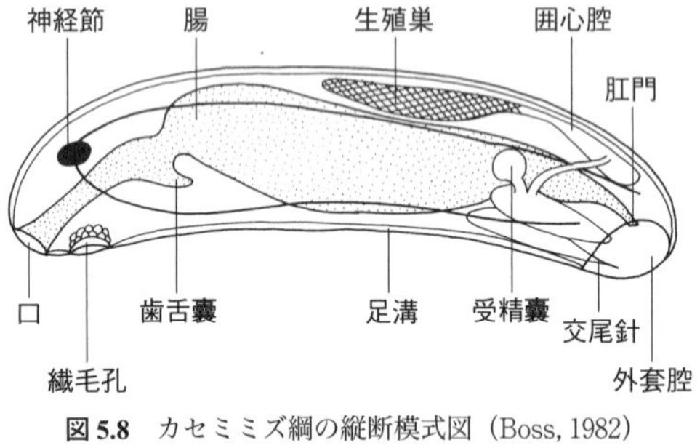

図 5.8 カセミミズ綱の縦断模式図（Boss, 1982）

カセミミズ綱は刺胞動物上によくみられ，それを食べる肉食動物である．しかし歯舌はしばしば退化もしくは消失しており，彼らの摂食方法はよくわかっていない．消化管の前方部分を伸ばして食物を飲み込む種もある．体壁の筋肉組織はよく発達しているが，運動は筋肉にはよらず，前後に走る足溝の中の隆起線がめくり返されてそこにある繊毛によって滑るように動く．すべての種が雌雄同体で，交尾針を使って交尾が行われ，受けとった精子を受精嚢にためておく種もある．

これまでに知られている180種すべてが海産で，外套膜中の石灰質の層の数や表皮の乳頭状突起の有無によって2つの目に分類される．

c. 単板綱

1952年に現生種が太平洋の海溝で発見されるまで，単板綱はデボン紀に絶滅したと考えられていた．以来，他の場所でも発見され，今までに知られている現生種は8種で，そのすべてが1つの目に分

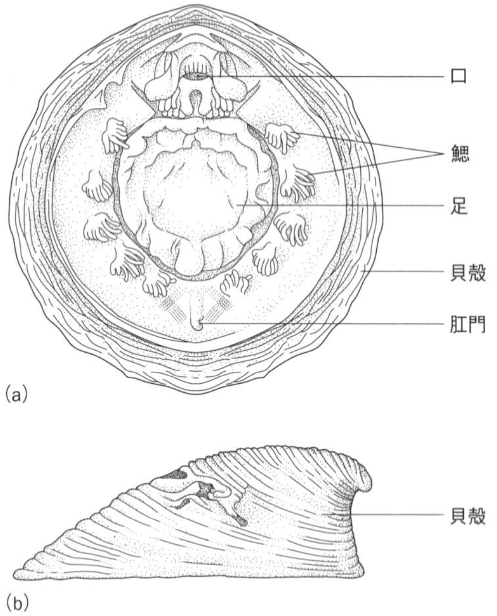

図 5.9 単板綱の腹面（a）および側面（b）（Lemche & Wingstrand, 1959）．

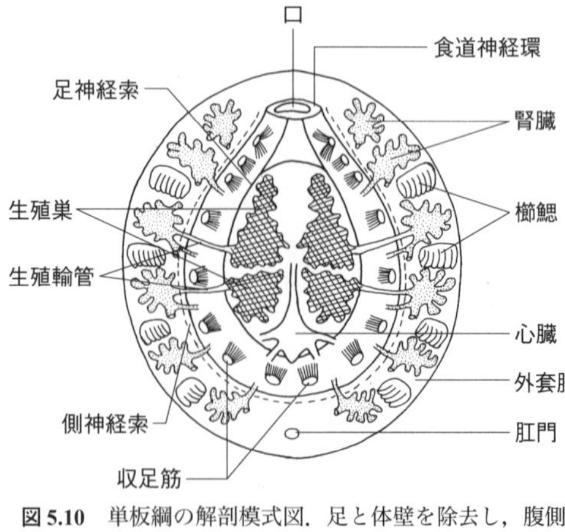

図 5.10 単板綱の解剖模式図．足と体壁を除去し，腹側からみたところ．内部器官と櫛鰓の繰り返し構造がわかる（Lemche & Wingstrand, 1959）．

類されている．

すべて小さく（3 mm～3 cm），海産で，雌雄異体，堆積物食で，背部は円錐形または帽子状の貝殻でおおわれ，あまり筋肉質でない環状の足が中央にあり，足の左右両側および後側を大きな外套腔がとりかこんでいる（図 5.9）．外套腔の中には，片側のみが櫛状になった櫛鰓が足をとりかこんで5～6対存在する．他の器官も複数対存在する．耳たぶ形の腎臓が6対あって別々に外套腔の両側部に開口し，生殖巣は2対，収足筋は8対存在する（図5.10）．頭部は明瞭であるがあまり発達しておらず，口の周囲以外には感覚性触角はなく，眼もない．しかし，歯舌はよく発達している．肛門が外套腔の後方部分に開口している．

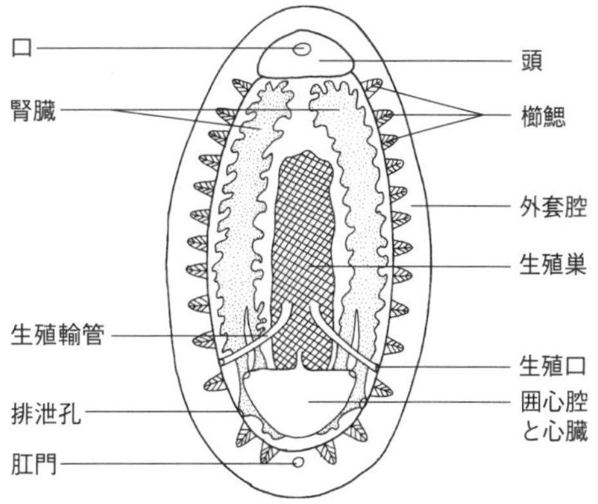

図 5.12　一般的な多板綱の解剖模式図．足，体壁，消化管を除去して腹側からみたところ（Hescheler, 1900）．

d.　多板綱（ヒザラガイ）

多板綱は，卵型かもう少し細長い形で背腹方向に扁平である．背部には，前後方向に8枚の殻板が連なり，隣りあう殻板は重なり合っている．殻板の周囲には，外套膜が発達して厚い「肉帯」girdle を形成している．肉帯の表面に，棘，鱗，または剛毛が存在することが多い．この肉帯が殻板の一部または全部をおおっているものもある（図 5.11）．背部の防護装置（殻板）が大きな一枚板ではなくいくつかの部分に分かれているため，ダンゴムシやヤスデと同じように，丸くボールのようになることができる．

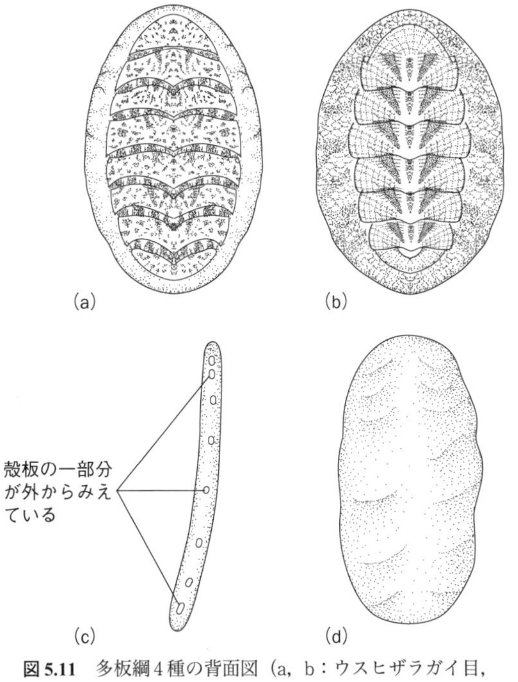

図 5.11　多板綱4種の背面図（a，b：ウスヒザラガイ目，c，d：ケハダヒザラガイ目）．肉帯が殻板をおおう程度が異なっている（Hyman, 1967）．

頭部は未発達で肉帯の前部でおおい隠され，眼や感覚性触角はない．しかし，歯舌は大きく，多数の小歯が列をなしている．腹面のほとんどは筋肉質の大きな足で占められ，この足で硬い物体の表面をゆっくりはうことができる．足と肉帯は吸盤としても機能し，ヒザラガイは物体の表面に強く吸い付くことができる．前方部分を除いて足の周囲を狭い外套腔がとりかこんでおり，ここに双櫛状の（bipectinate 両側が櫛状になった）櫛鰓 6～88 対が収まっている．外套腔の後方部分に肛門が開口しており，また，1対の腎臓からも排泄孔が開口している．腎臓は大きく，1つに癒合した生殖巣とともに，体のほぼ全長にわたるほど長くなっていることが多い（生殖巣は1対の生殖輸管と生殖口を有する）．神経系は比較的単純で，たとえば神経索には神経節を伴わない．

多板綱 550 種はすべて海産で雌雄異体，ほとんどは藻類などをこすり取って摂食しており，体長は3 mm～40 cm にわたる．外套腔中の鰓の位置，殻板上に付着歯 attachment teeth があるかないか，殻板が肉帯にどの程度おおわれているかによって，3つの目に分類されている．

e.　腹足綱

腹足綱は非常に多彩で大きな分類群で，個体発生中に内臓隆起が，頭部や足に対して反時計まわりに

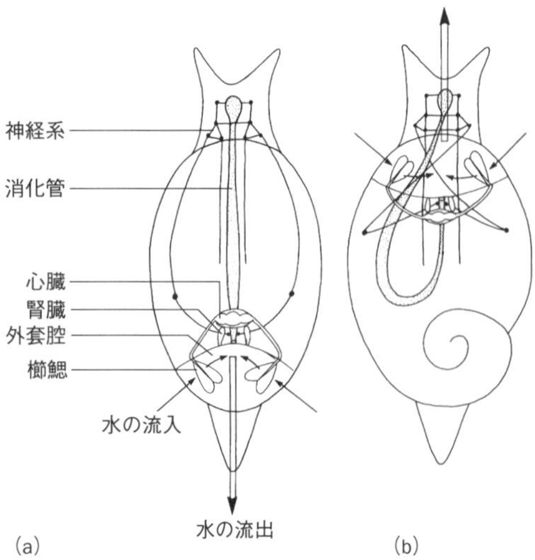

図 5.13 腹足綱の捩れ.(a) 捩れが起こる前,(b) 捩れが起こった後.

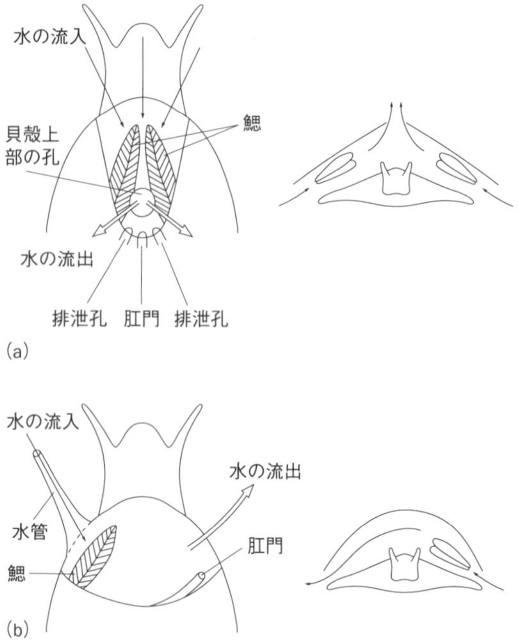

図 5.14 腹足綱の捩れによって必要になった2種類の呼吸水流の変形.(a) 出水流が貝殻の背面の孔を通っている.(b) 右側の櫛鰓が消失して水流が横向きになり,肛門が出水流側に開いている.

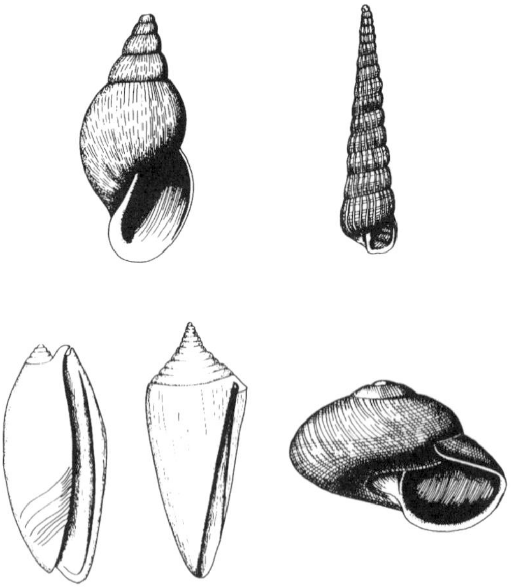

図 5.15 腹足綱のらせん形の貝殻 (Hyman, 1967)

約 180 度捩れるという共通の特徴をもっている.この「捩れ」torsion によって外套腔は前方に向き,腎臓からくる排泄孔と肛門は前向きに開口することになる (図 5.13).これは,2 つの収足筋の非対称的な成長と (または) 偏差成長 differential growth (15.4.1 項参照) によって起こり,(動物体が貝殻中に入り込む際に) よく発達した頭部を外套腔に格納できたり,(外套腔中の化学受容感覚器官である) 嗅検器 osphradium を前進する動物体の前方に向けることができるといった利点が得られる.しかし,同時に,外套腔から出てくる尿や糞を含んだ水流が頭上にかかってしまうことにもなる.この点に関しては,水流をうまく変形させることによって解決されている.たとえば,貝殻の背の部分に裂け目か孔ができていて,ここから水流が出るようになっているものがある.また,右側の櫛鰓が消失し,水が体の左側から右側へと流れるようになっているものもある (図 5.14).後者のシステムでは,左側 (入水流側) の外套膜が操縦可能な水管に変形していることがよくある.しかし,腹足類の多くの系統では,2 次的に「捩れ戻り」detorsion が起こって内臓隆起が約 90 度回転し,外套腔 (もしまだあればの話だが) は体の右側にきていて,通常,肛門はもとのように後方に開口している.

腹足綱の基本的な体制はずんぐりした軟体動物であって,はうための足がよく発達し,(歯舌,1 対の顎板,1 対の眼,1~数対の感覚性触角を有する) 頭部が明瞭で,頭部と足は,ともにらせん形の厚い貝殻 (図 5.15) に格納することができる (この基本体制からさまざまな種が過激に変化していった).石灰質または有機質の貝蓋 operculum が足の後背面にあって，体を貝殻に格納した後に殻口をこれで塞ぐことができる．(少なくとも原始的なものでは) 双櫛状の櫛鰓 1 対が外套腔内にあり，雌雄異体で，トロコフォア幼生とベリジャー幼生を経て成体になる．

おもに海産の前鰓亜綱 55000 種は，貝殻，貝蓋，捩れの状態といった上記の基本体制をおおよそ保持している．しかし，櫛鰓については，祖先型の双櫛状のもの左右 1 対から，左側 1 つのみ，さらには単櫛状 monopectinate（片側のみが櫛状）のもの 1 つ（左側）のみへと変わっていく傾向がみられる．これに一致するように，右側の腎臓，右側の心耳，右側の嗅検器も，右側の櫛鰓とともに消失している．隣接的雌雄同体になっているものもあるが，ほとんどの前鰓亜綱は雌雄異体のままである．大部分は底生で藻類などをこすり取って摂食しており（カサガイ，タマビキガイ，サザエなど)，固着している群体を食べるもの（タカラガイなど）や堆積物食のもの（モノアラガイなど）もいる．1 つの目（狭舌目）には多くの捕食性のものがおり，それらでは，歯舌の小歯が少数で大きな牙のようになっていて動物を捕食する．また，粘液でできた網で浮遊物をとらえて食べるものも数種存在するし（図 9.5 を参照)，二枚貝と同様に櫛鰓が巨大化して濾過摂食

図 5.16 腹足綱の体形．(a) 前鰓亜綱のさまざまな目の代表的なもの．

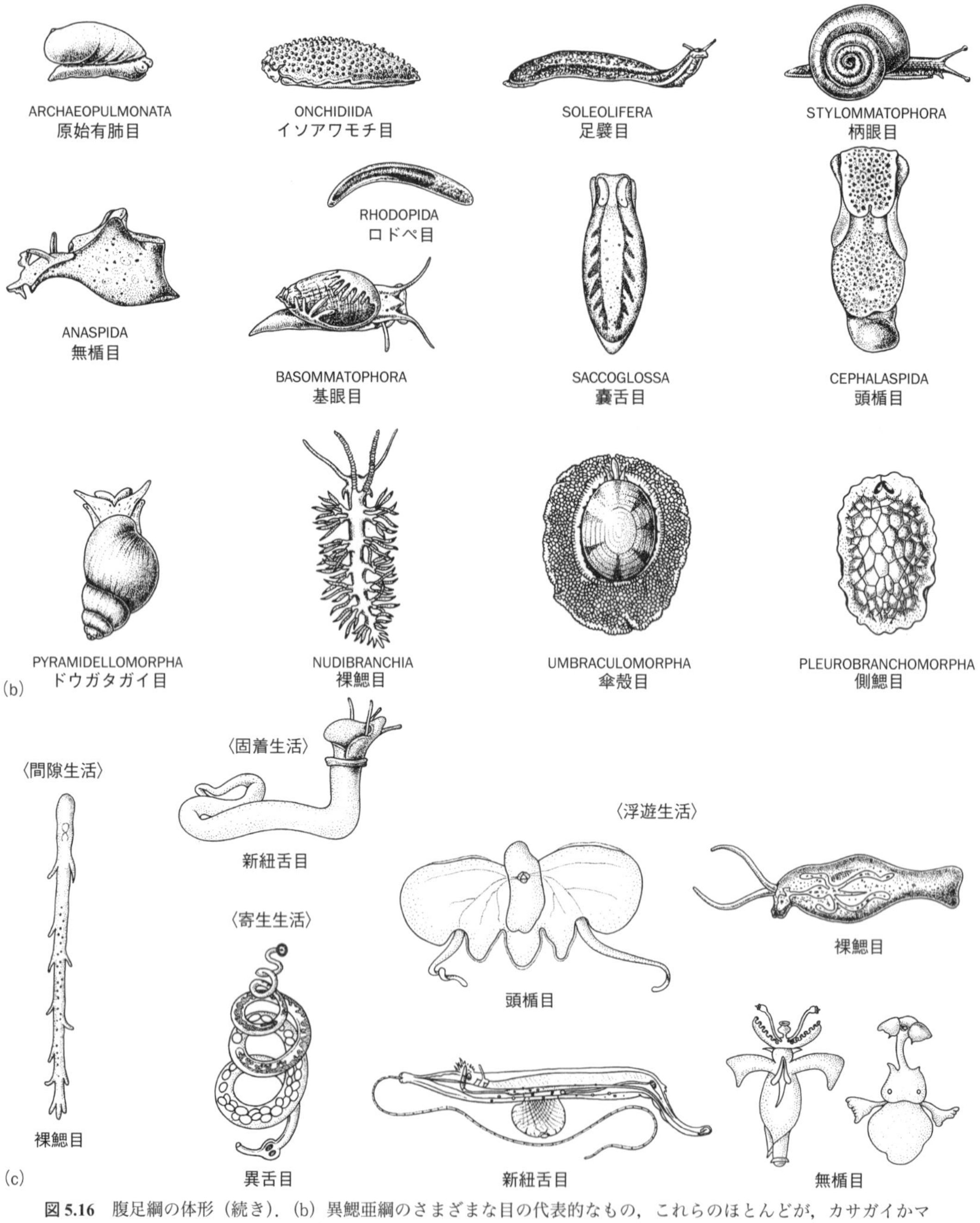

図 5.16 腹足綱の体形（続き）．(b) 異鰓亜綱のさまざまな目の代表的なもの，これらのほとんどが，カサガイかマイマイ，ナメクジのどれかに形態が似ていることに注意．(c) 腹足綱のちょっと変わった体形と生活様式．非典型的な体形のいくつかは腹足綱としてはふつうでない生活スタイルと関係している（さまざまな文献より）．

をするもの（カリバガサガイなど）もいる．前鰓亜綱の中では，というよりも腹足綱の中では，カサガイ（梁舌目）は貝殻や歯舌，消化管などが特殊で，他とはかなりかけ離れて孤立したグループになっている．

前鰓亜綱を起源として，腹足綱の第2の亜綱，異鰓亜綱が進化した．① 貝殻の退化，消失，② 貝蓋の消失，③ 捩れ戻り，④ 祖先型の櫛鰓の消失と2次的な呼吸器官の出現，⑤ 常時雌雄同体，といった明らかな変化がみられる腹足綱の系統である．異鰓亜綱の2つの大きな上目は，海産の後鰓上目（約1000種）とおもに陸生または淡水産の有肺上目（約2万種）である．後鰓上目（ウミウシ，アメフラシ，ハダカカメガイなど）では，櫛鰓による外呼吸が，2次鰓や乳頭状突起のある体表面でのガス交換にとって代わる傾向がある．藻類を食べるもの（しばしば吸引摂食による）や，分泌した粘液の網（図9.5）や翼のように広がった足の表面の繊毛を使って懸濁物摂食をする浮遊性のものもいるが，ほとんどの腹足類は，肉食（外部寄生や内部寄生を含む）で，海底生のものや海底土中のものだけでなく浮遊性のものもいる．また，頭部に4対までの触角がみられる．

有肺上目では，外套腔が，収縮性のある開口部（呼吸口）をもつ肺に変化していて，空気呼吸をしている．大多数は陸上植物を食(は)んでいる．有肺上目のすべてで幼生期が消失していて，直接発生をする．らせん形の貝殻をもっているものが多いが，通常，殻は薄くなっている．陸生の柄眼目には貝殻を消失しているものもいて，これらはナメクジになった．異鰓亜綱の第3の上目である，裸形上目もナメクジ様であるが，これに属する海産または陸生の3つのグループ（合計約200種）は互いの関連性が低いようで，どれも後鰓上目と有肺上目の特質を併せもっているが，その組合せがグループによって異なっている．同様に，最後の上目，異腹足上目（約500種）は前鰓亜綱と後鰓上目の特質を併せもっている．異鰓亜綱は，多くの「進んだ」特徴を平行して進化させた腹足綱であることは明らかで，彼らのさまざまな相互関係を整理して明らかにすることは難しい．

以上をまとめると，腹足綱は約77000種に及ぶナメクジ型かマイマイ型のものを含んでいる（図5.16）．体の高さは60 cmにもなることがあり，23の目に分類される．

f.　二枚貝綱

二枚貝綱は，基本的には，側方向に押しつぶされた形（体の両側が近づいた形）で，1対の貝殻に完全に包み込まれてしまった軟体動物である．そのように体がおおわれているため，比較的定住性であり，セメント質やその他の方法で物体に固着して生活するものさえいる．厚い防護装置の中に「隠れて」いる他の動物同様，頭部は極度に退化している（図5.17）．頭部の歯舌，眼，触角は消失しているが，外套膜の周縁部分にいくつかの触手や眼をもっているものもいる．両側面にある2枚の貝殻は背部

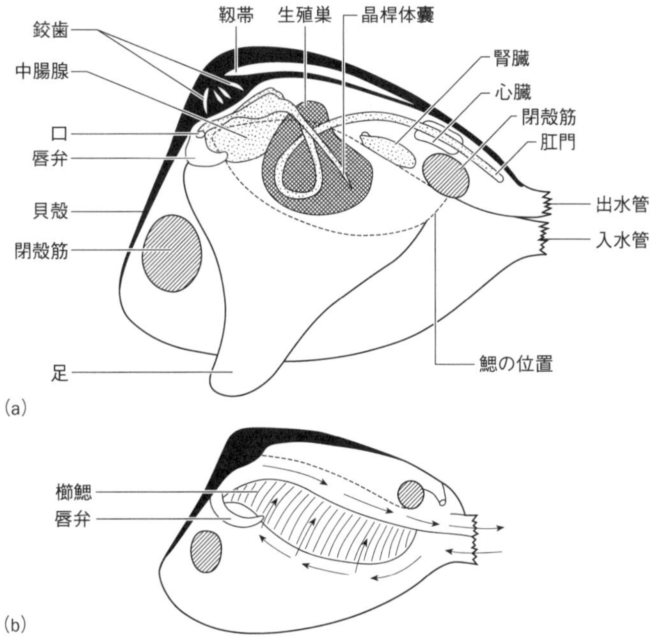

図5.17　二枚貝綱の縦断面模式図．(a) わかりやすくするために鰓を除去してある．(b) 鰓と水流の経路を示してある（いくつかの文献より）．

正中線上において蝶番によりつながっていて，ここにある靱帯の弾性によって受動的に貝殻が開くようになっている．したがって，貝殻は能動的に閉じられつづけなくてはならない．これは，2つ（そのうちの1つが消失しているものもある）の閉殻筋（貝柱）によってなされている．閉殻筋にはキャッチ（掛け金）機構がそなわっており，エネルギーを消費しつづけることもなく，また個々の筋繊維が収縮と弛緩を繰り返したりする必要もなしに，収縮した状態を長時間維持できる．

最大の種では，体長が1mを超えることもある．動物の本体は貝殻の背部に位置していて，残りの側面部と腹部は大きな外套腔が占めている．閉殻筋が弛緩すると貝殻が少し開く．そうすると水流が外套腔に出入りできるようになるし，また側方向に扁平になった足を貝殻から外に出して穴を掘ることができるようになる．左右の外套膜の周縁部はしばしば

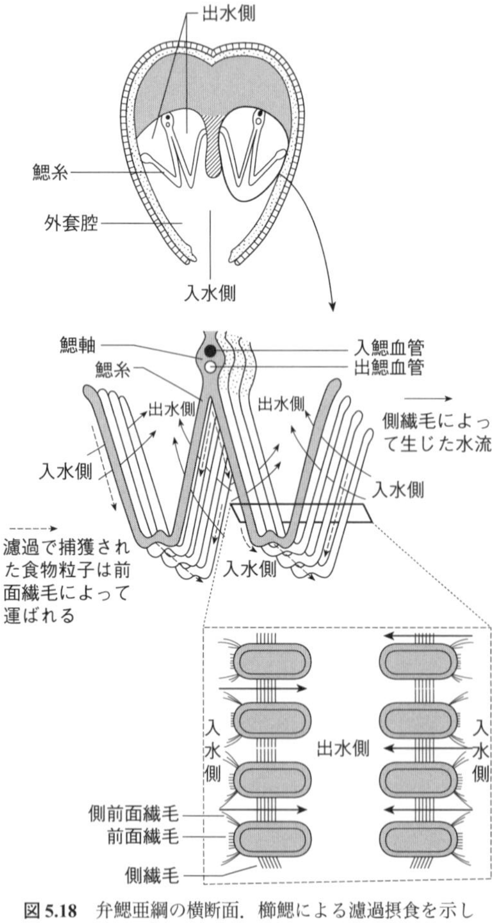

図5.18 弁鰓亜綱の横断面．櫛鰓による濾過摂食を示してある（Russell-Hunter, 1979）．

癒合していて，足を出す隙間や水流の出入りのための開口部を残すのみになっていることがある．とくに後者は入水管と出水管になっていて，貝殻内に引き込むことができるものもできないものもある．

二枚貝綱は，櫛鰓の様相と機能によって大きく3つに類別することができる．原始的なもの（原鰓亜綱）では，対になった櫛鰓はおもにガス交換の機能を担っており，（栄養を体内に共生している独立栄養生物に全面的に頼っている場合を除くと）摂食は口の両側にある唇弁 Labial palp により行っている．中でもクルミガイ目では唇弁に長い触手があって周囲の堆積物中を探りまわり，食物粒子を唇弁へと運ぶ．唇弁ではとりこむものを選り分けている（図9.6）．彼らは粘液-繊毛性 mucociliary（粘液と繊毛を使う）堆積物食者なのである．しかし，二枚貝綱の大多数（翼形上目，古異歯上目，異歯上目）では，対になった櫛鰓は著しく大きくなって折りたたまれ，おのおのの断面がW字型になっていて，櫛鰓が濾過摂食の器官としても機能している（図5.18）．堆積物を吸い上げて懸濁させたものやすでに懸濁状態になっている物体を外套腔内に吸い込み，水流が鰓を通過するときにこれを濾過し，唇弁を経由して口へと運ぶ．この運搬も粘液と繊毛によって行われる．最後に，第3のグループ（異靱帯亜綱のスナメガイ目）のメンバーである「隔鰓類」では，鰓は著しく退化しており，ポンプの機能をする筋肉質の隔膜があって，これで大きな入水管から小さな動物を外套腔内へと吸い込んで，筋肉質の唇弁で捕まえて食べる．

二枚貝綱2万種は，海水や淡水によくみられる底生動物である．ほとんどは雌雄異体で間接発生をするが，淡水産二枚貝の中には魚に寄生するために幼生が異常な形になっているものもある．全部で11の目に分類される．

g. 掘足綱（ツノガイ）

掘足綱は長さ2～150mmの細長い円柱形の軟体動物で，動物本体はほぼ完全に外套膜に包まれている．外套膜からの分泌により形成される石灰質の貝殻は1個で，両側が開口した円筒形をしている．海底の軟らかい堆積物中に穴を掘り，その穴の中で，円筒形の貝殻の少し細くなったほうを上にして少し突き出して生活している（図5.19）．貝殻の下側（腹側）の大きいほうの開口から，円錐形または円

柱形の足と吻様の小さな頭部を突き出す．頭部には眼や触角はないが，歯舌，正中線上にある１つの顎板，多数の対になった棍棒形の細い収縮性の糸である頭糸 captacula がある．頭糸は堆積物食のための器官で，比較的小さな食物粒子は頭糸に沿って繊毛で口まで運ばれ，比較的大きなものは棍棒形の先端部が粘着性で，ここに接着されて直接口に運ばれる（図 9.5 参照）．

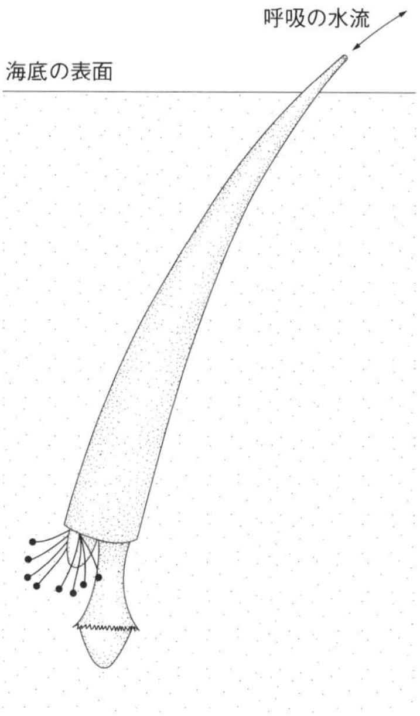

図 5.19　掘足綱の生活様式

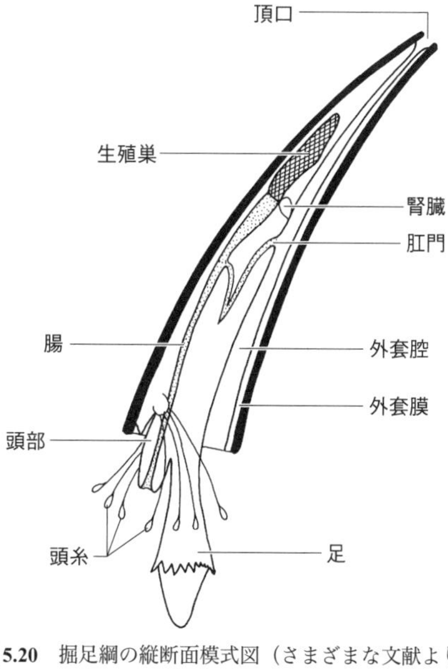

図 5.20　掘足綱の縦断面模式図（さまざまな文献より）

体がどの方向に伸びてこのような形になったのかは難しい問題である．肛門と外套膜が後側であると仮定すれば，腹足類や頭足類と同様，背腹方向に著しく伸長したことになる（図 5.20）．そうでないとすれば，肛門や外套膜は腹側であるとされることも多いので，その場合には前後軸方向に伸長したということになる．外套腔は貝殻の下端部から上端部まで伸びており，櫛鰓はない．貝殻上端部の開口部（頂口）から外套膜の繊毛によって水が外套腔に流入し，筋肉の収縮によって周期的に同じ開口部から水が押し出される．ガス交換は外套膜の表面を通して行われている．すべての種が雌雄異体で，生殖巣が１つあって配偶子は右側の腎臓を経由して放出される．

掘足綱 350 種は，頭糸の数と形，足の形によって２つの目に分類される．

h.　頭足綱（イカ，タコ）

すべてが海産である頭足綱は，形態的にも行動的にも，軟体動物の中で（また異論はあるかもしれないがすべての無脊椎動物の中で）最も精巧な動物である．全長が 20 m を超えることがある無脊椎動物中最大の種ダイオウイカもこれに属する．頭足綱を特徴づける形態の１つに，他の軟体動物で足となっている部分がある．この部分は元のような機能はしておらず，胚発生期の足の前の部分は，成体では口をとりかこむ腕や触腕または触手になり，後ろ側は外套腔の開口部分で筋肉質の漏斗になっている．水は頭部の縁から外套腔にとりこまれ，漏斗から筋肉の収縮によって強制的に噴出される（漏斗は向きを変えられる）．頭足綱は基本的に外洋性の動物で，動く獲物を追ってジェット噴射で泳ぎ，腕で獲物をつかまえる．彼らは腹足綱と同様に背腹方向に伸長して現在の形になったのであるが，泳ぎ回る生活様式のため，祖先で腹部であったところが機能的には体の前側になり，背部の内臓隆起は体の後側になった（図 5.21）．したがって，外套腔は前方に開口しており，高速で泳ぐときには後ろ向きに泳ぐことになる．また，低速で泳ぐときには，漏斗を動かすことによって泳ぐ向きを変えることができる．腕によって捕えられた獲物は，くちばしのような背腹１対の顎板（「からすとんび」）によって，そしてつぎに歯舌によってばらばらにされる．ほとんどは雌雄異体で，雄では腕のいくつかが生殖（精包の受け渡

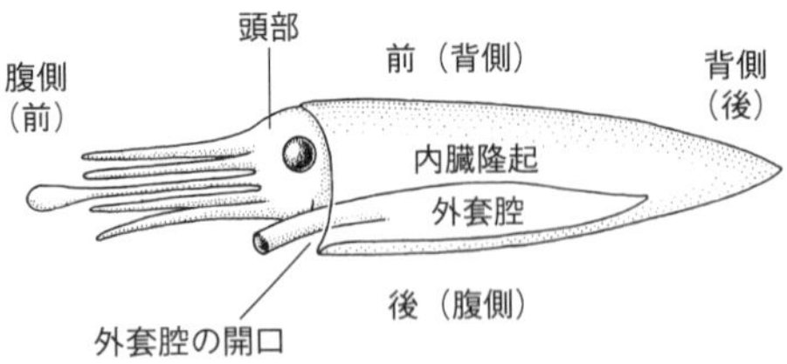

図 5.21 頭足綱の側面模式図．祖先型の軟体動物から体軸がどのように変化したかを示してある．現在の頭足綱の向きをカッコ内に示してある．

し）のために変形している．生殖巣は 1 つで直接発生をする．彼らの体の大きさを考えると少し驚くべきことではあるが，オウムガイ亜綱を除くほとんどすべての頭足類は一生が比較的短く，生殖を 1 回だけ行って死んでしまう（「1 回繁殖」，14.3 節参照）．

このほかの特徴は，現生の 2 つの亜綱で大きく異なっている．オウムガイ亜綱の現生 6 種は一平面内で渦を巻いた貝殻を体の外側に 1 つもっている．貝殻の中は 1 列に並んで連続する多数の部屋に分かれていて，連室細管 siphuncle がこれらを貫いている．動物体の生きている組織は，連室細管という細い糸状の部分を除くと，すべて貝殻のいちばん外側の部屋に収まっている（図 5.22）．成長するに従って，動物本体はこの部屋の外側へ移動し，後方にほぼ円柱形の空間ができる．動物本体のすぐうしろに新しい隔壁が形成されて部屋が 1 つ増えるのである．オウムガイ亜綱では外套腔の水が，漏斗の筋肉の収縮だけで噴出され，泳ぎは活発ではなく，貝殻の浮力によって水柱の中に浮遊している．この外圧に依存しない浮力装置は，貝殻の中の（生組織が入っていない部屋である）気室によってできている．もともと気室内にあった水を連室細管が吸収して，代わりに気体を放出し，その結果，全体として外界とほぼ同じ密度になるような浮力が得られるのである（12.2.2 項参照）．吸盤をもたない多数の触手（80～90 本）が口の周囲にあり，そのうちの 4 本は精包の受け渡しのために変形している．2 対の櫛鰓と腎臓があり，神経系と眼は比較的単純である．

鞘形亜綱では，より活発に泳ぐようになるとともに，貝殻が退化するという明らかな傾向がみられる．外套膜壁中の発達した環状筋を一斉に収縮させることによって，外套腔内の水を（オウムガイ亜綱よりも）より力強く噴き出すのである．外套膜の筋肉は，大きな星状神経節から伸びるいわゆる「巨大神経軸索」の神経支配を受けて同時に収縮するようになっており，神経節と筋肉の距離が大きいほど神経軸索は太くなっている．コウイカ目は浮力装置として貝殻（「甲」）をもっているが，この貝殻は大きいものではなく，軟組織の中に埋もれてしまっている（12.2.2 項）．ツツイカ目とコウモリダコ目では，貝殻はさらに退化して体内の細い軟骨性の構造になっていて，浮力装置の機能はもっていない．また，タコ（八腕形目）では，ほとんどのもので殻は消失している．外洋性の鞘形亜綱は，流線型で魚雷のような形をしていて（図 5.23），水中をつねに泳ぎつづけているものが多い．側面のひれを波打たせることで，ゆっくりだが効率よく泳ぐことができるものもいる．だが，別の方法で浮力を得ているものもある．それらでは，大きな囲心腔中の重い 2 価陽イオンをアンモニウムイオンで置き換え，かつ，組織を低密度のゼラチン状組織にしている．タコはおもに底生の生活様式に適応しているが，腕の間にある膜を使って海底の水流にのって漂流するものもい

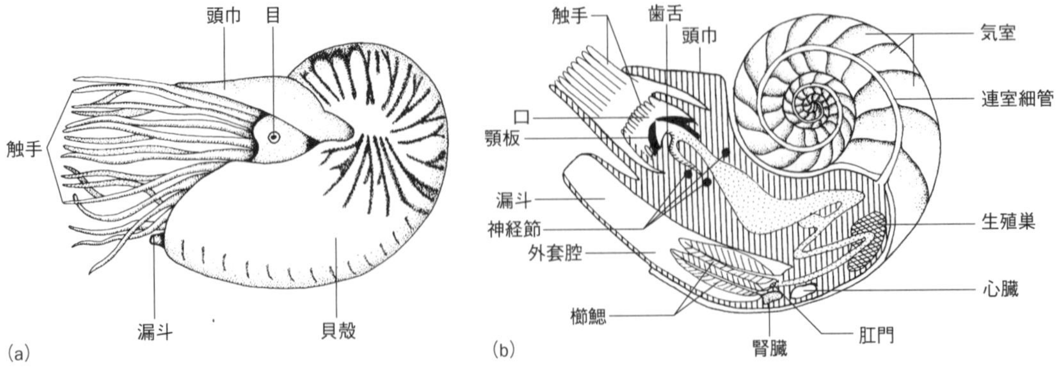

図 5.22 オウムガイ亜綱の頭足綱．(a) 外部形態，(b) 縦断面模式図（Boss, 1982 ほか）．

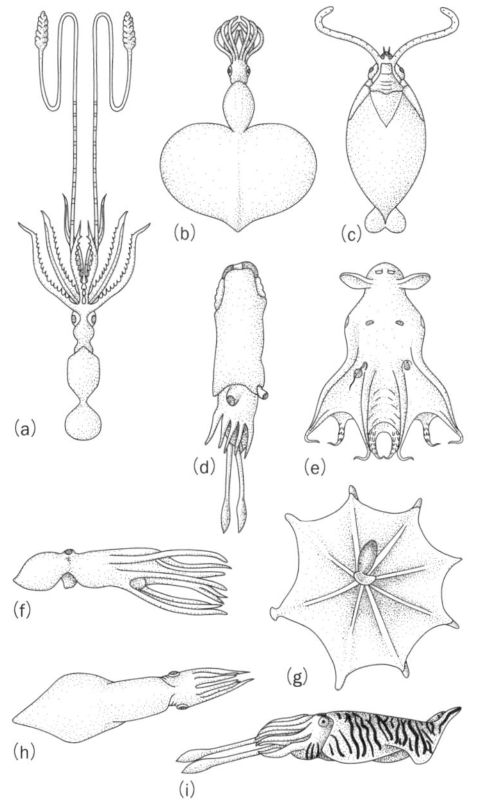

図 5.23　さまざまな鞘形亜綱の頭足綱．(a)〜(c) と (h) ツツイカ目，(d) と (i) コウイカ目，(e) コウモリダコ目，(f) と (g) 八腕目（さまざまな文献より）．

る．そのようなものでは，櫛鰓は小さくなっていて痕跡的なものもある．鞘形亜綱の，オウムガイ亜綱とは違っているその他の点は，がっしりして折りたたまれた 1 対の櫛鰓，1 対の腎臓，吸盤のある 8 本の腕（通常，そのうち 2 本は精包の受け渡しのために変形している）をもっているところである．ツツイカ目やコウイカ目では，さらに，獲物をとらえるための先端にふくらんで吸盤が多数ある 2 本の触腕をもつ（図 5.24）．

しかしながら鞘形亜綱 650 種のたぶん最も顕著な特徴は，閉鎖血管系とよく発達した眼を含む高度に集中化した神経系であろう．櫛鰓には繊毛はないが（ジェット噴射を起こす筋肉によって，櫛鰓や外套腔内の水流も起こしている）毛細血管があり（対向流方式にはなっていない），鰓心臓によって鰓内の

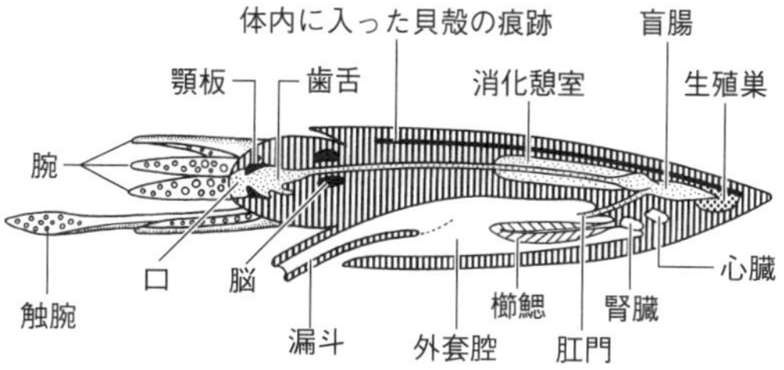

図 5.24　鞘形亜綱の縦断面模式図（Boss, 1982 ほか）

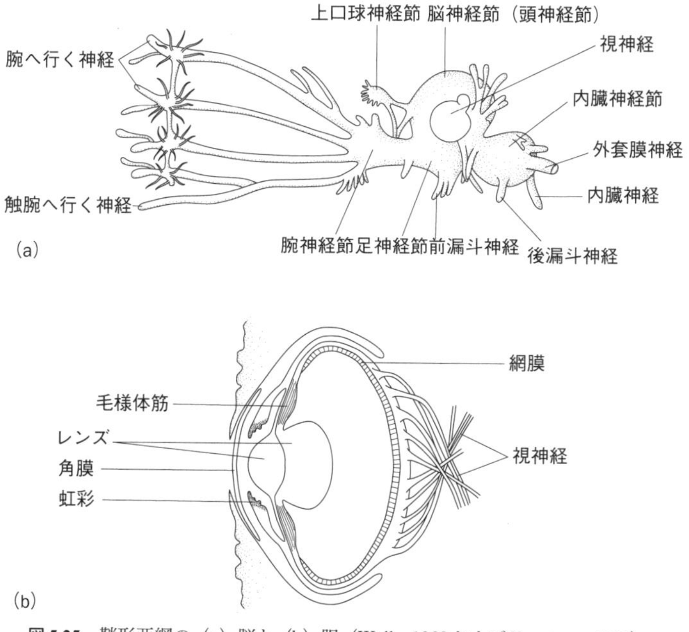

図 5.25　鞘形亜綱の (a) 脳と (b) 眼（Wells, 1962 および Kaestner, 1967）．

血流が起こされている．食道神経環は大きくなって，他の無脊椎動物にはみられない非常に複雑な脳を形成している．この脳に直結した1対の眼には角膜，虹彩絞り，レンズ，網膜があって，脊椎動物の眼とほぼ同じ構造になっている（図5.25）．しかし，脊椎動物とは違って，鞘形亜綱の眼の光受容体は入射する光に向いて配置している．神経系は，体表面にある無数の色素細胞も制御している．通常，この色素細胞は小さな筋肉によって色変化を行うので反応が速く，ほとんど瞬間的に体色変化を行うことができる．

5.2　さらに学びたい人へ（参考文献）

Fretter, V. & Peake, J. (Eds) 1975–78. *Pulmonates* (2 Vols). Academic Press, London.

Haszprunar, G. 1988. On the origin and evolution of major gastropod groups, with special reference to the Streptoneura. *J. Moll. Stud.*, **54**, 367–441.

Hughes, R.N. 1986. *A Functional Biology of Marine Gastropods*. Croom Helm, Beckenham.

Hyman, L.H. 1967. *The Invertebrates*, Vol. 6: *Mollusca 1*. McGraw-Hill, New York.

Kaestner, A. 1967. *Invertebrate Zoology*, Vol. 1. Wiley, New York.

Morton, J.E. 1979. *Molluscs*, 5th edn. Hutchinson, London.

Purchon, R.D. 1968. *The Biology of the Mollusca*. Pergamon Press, Oxford.

Runham, N.W. & Hunter, P.J. 1970. *Terrestrial Slugs*. Hutchinson, London.

Solem, A. 1974. *The Shell Makers*. Wiley, New York.

Taylor, J.D. (Ed.) 1996. *Origin and Evolutionary Radiation of the Mollusca*. Oxford University Press, Oxford.

Wells, M.J. 1962. *Brain and Behaviour in Cephalopods*. Heinemann, London.

Wells, M.J. 1978. *Octopus*. Chapman & Hall, London.

Wilbur, K.M. (Ed.) 1983–88. *The Mollusca* (12 Vols). Academic Press, New York.

第 6 章

触手冠動物

Lophophorates

箒虫動物門：Phorona
腕足動物門：Brachiopoda
苔虫動物門（外肛動物門）：Bryozoa
内肛動物門：Entoprocta
有輪動物門：Cycliophora

通常，触手冠動物を構成すると見なされている三つの動物門，箒虫動物門，腕足動物門，苔虫動物門は，その名が示唆するように触手冠という共通の形質をもっている．触手冠は，繊毛の生えた中空の触手が馬蹄形または複雑に渦を巻いたり折り重なった環状となったもので，懸濁物食の道具としての役割りをもつ．この触手冠は口のまわりをかこみ，肛門はかこまず，それ自身がもつ独立した体腔の静水圧によって支えられている．

触手冠動物の体は，基本的には，三体節性の形をしており，口の前方の小さな部分（前体 prosome），口や触手冠を有する小さな2番目の部分（中体 mesosome），それとさらにより大きい3番目の部分（後体 metasome）からなる．この3番目の部分が体の主要部であり，他の器官系はここに存在している．触手冠の基部付近には肛門をもつ．共通のより顕著な触手冠動物の形質としては，「生殖巣」が個別の器官とはなっておらず，生殖細胞が単にゆるく腹膜に集合しているだけということである．触手冠動物の大半で，前体が欠けており，たとえあったとしても退化的である．

触手冠動物は，明らかに前口動物である．それにもかかわらず，① 少体節的な三体部制の体制を共有すること，② 後口動物の翼鰓類にも中体の触手冠が存在すること（7.2.3.b.），および ③ 卵割と神経系の詳細に基づき，伝統的には後口動物とされてきた（第7章）．しかしながら，分子配列データやキチン質の剛毛をもつことを含む他の証拠からは，触手冠動物は，他の前口動物と一緒に置かれており，とくに真正トロコゾア（軟体動物，星口動物，環形動物など）に近い．また，触手冠動物に苔虫動物を含めるかどうか（以下を参照）や，腕足動物の2つのグループの互いの関係などについても，まだ議論の余地がある．

触手冠動物は定住性または固着性であり，体は外側に分泌されたおおいの中に保護されており，キチン質の管の中で動物体が自由に動ける形態をとったり，（ゼラチン質かキチン質か石灰質の）殻や箱に表皮が永久に付着していて動物体が自由には動けない形態をとる．

以上のことからすると，触手冠動物は強く結ばれた動物群のようにみえ，何人かの専門家は単一の触手冠動物門としてそれらをすべて含めていた．この考えが広く受け入れられなかったのは，部分的には，苔虫動物の他の動物群との関係について議論がつづいていたことと，4番目の動物門である内肛動物門の位置づけがまだ不明であったからである．内肛動物の摂食用の触手は触手冠動物の定義には適合しないが，とくに苔虫動物との類似性を示している．しかし，内肛動物はらせん卵割であり発生が決定的であることは触手冠動物の特徴とは明らかに異なる．したがって，この章に内肛動物を含めたのは，多分に便宜的なものにすぎない．最も最近記載された動物門である有輪動物門は，現時点での知識では，おそらく，内肛動物か苔虫動物のどちらか，またはその両者との類縁関係があるように思える．

6.1 箒虫(ほうきむし)動物門 Phorona

6.1.1 語　源

エジプトの神イシスの通称の1つであり，属名となっている *Phoronis* に由来する.

6.1.2 判別に役立つ特徴・特別な特徴（図 6.1）

1. 左右相称で蠕虫形の体.
2. 体は2細胞層以上の厚さで，組織や器官がある.

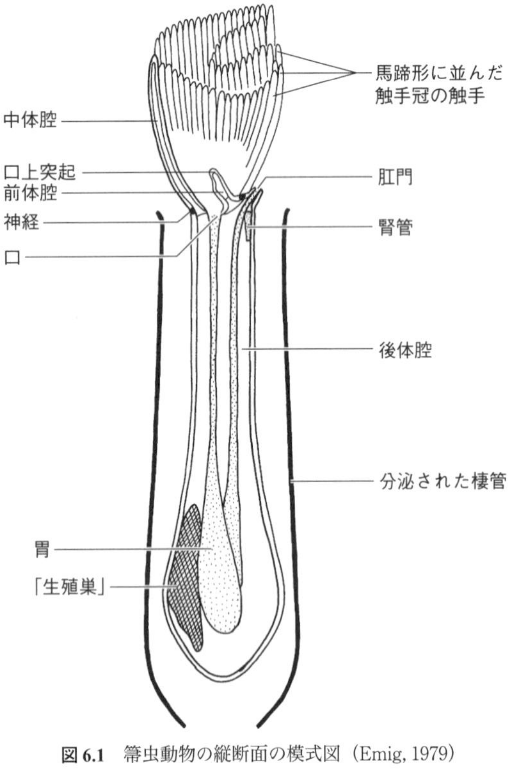

図 6.1　箒虫動物の縦断面の模式図（Emig, 1979）

3. 貫通したU字型の消化管をもつ.
4. 少体節性の三体部性の体で，各部は単一の体腔をもつ.
5. 前体は非常に小さい．中体は小さいが中体腔で支えられた大きな触手冠をもつ．後体は大きく伸長する.
6. 体壁にはクチクラがなく筋肉層がある.
7. 閉鎖血管系で血球にはヘモグロビンがある.
8. 1対の後腎管的な器官をもつ（幼生では原腎管）.
9. 神経系は表皮下の散在神経系である.
10. 放射卵割をする.
11. 間接発生で，通常アクチノトロカ actinotroch 幼生を経る.
12. 海産である.

箒虫動物は定在性の蠕虫で，体の一部が軟らかい堆積物中に埋もれているか，（よりまれだが）キチン質が分泌されてできた管（それは硬い基質に付着している）に一生を通してすんでいる．例外的に体長 50 cm に達するものがあるものの，大半は 20 cm 未満であり，その大部分は後体（胴）が占めている．胴以外に外側からみえる唯一の他の構造が触手冠であり，これは大きくて位置的には末端にあり，懸濁物食に用いられる．これは中体から生じている 15000 に達する数の触手が馬蹄形に並んでできている（図 6.2）．たくさんの触手をもつ種では，馬蹄形に並んだ自由腕がらせん形に巻き込まれている.

大半の箒虫動物は雌雄同体であるが，雌雄異体のものもある．生殖細胞は腹膜から生じ，後体腔へと離れ落ちて，そこから腎管を経由して放出される．体外受精だが，卵と発生中の幼生（図 6.3）は触手冠によってかこまれた空間か棲管の中で，発生期間

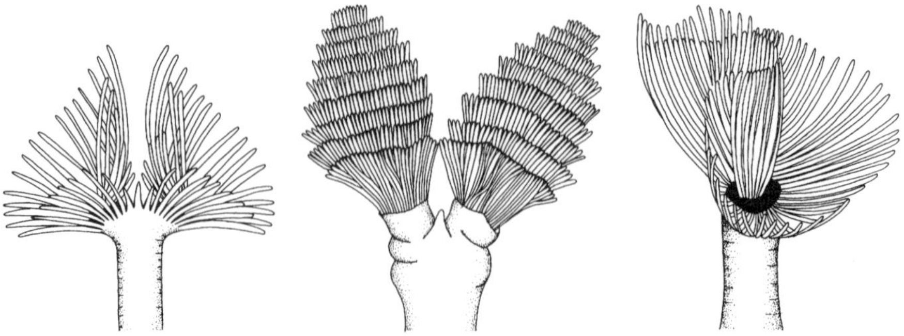

図 6.2　箒虫動物の触手冠の形（Emig, 1979）

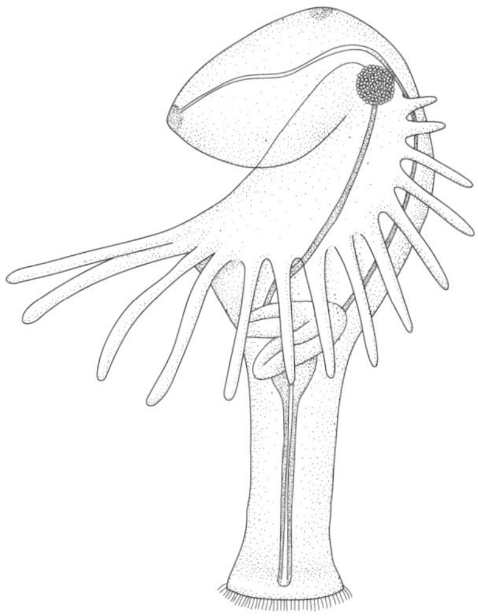

図 6.3 箒虫動物のアクチノトロカ幼生（Emig, 1979）

の 40～75% の間保育される．ある 1 種では分裂と出芽によって無性的に増殖することが知られているが，その他の種は横分裂だけを行う．

6.1.3 分 類

15 種のみが知られ，1 科 2 属に分類されている．

6.2 腕足(わんそく)動物門 Brachiopoda（ホウズキガイ，シャミセンガイ）

6.2.1 語 源

ギリシャ語：Brachion＝腕，pous＝足

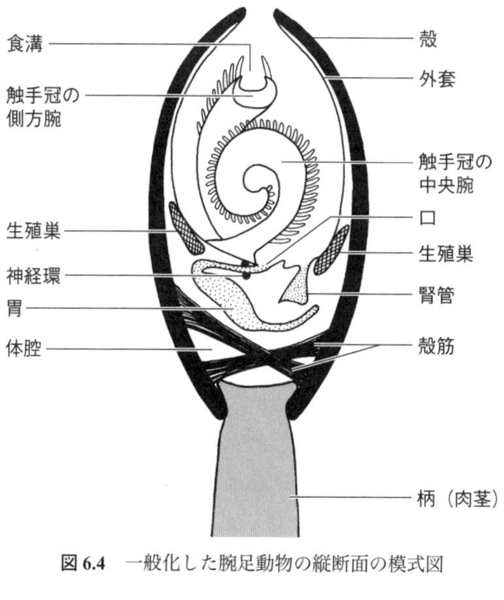

図 6.4 一般化した腕足動物の縦断面の模式図

6.2.2 判別に役立つ特徴・特別な特徴（図 6.4）

1. 左右相称．
2. 体は 2 細胞層以上の厚さで，組織や器官がある．
3. 貫通した U 字型の消化管か，2 次的に盲嚢となった消化管をもつ．
4. 少体節性で二体部性の体をもち，各部は，単一で基本的には腸体腔性の体腔をもつ．
5. 前体はない．中体は小さいが，大きく複雑な触手冠をもち（図 9.2 参照），触手冠は中体腔によって支えられている（一部の種では炭酸カルシウムの殻が支えている）．後体は小さい．
6. 柄以外は体が完全に 2 枚の殻に収まっており，殻は基質にセメントで固着するか，岩に付着するか，柄（肉茎 pedicle）で軟らかい堆積物に突きささっているか，もしくは何にも付着しない．小さな体は殻の中の後部に位置し，殻でかこまれた空間の大半は触手冠が占めている．
7. 開放血管系で 1 つないし複数の心臓がある．
8. 1 対ないし 2 対の後腎管様の器官をもつ．
9. 神経系は食道をかこむ環状の神経節があり，そこからそれぞれの神経が出る．
10. 無性的な増殖はしない．大半は雌雄異体でまとまった生殖巣はなく，4 つの腹膜に付着した生殖細胞の集合があり，配偶子は後体腔へと離れ落ちて，腎管を経由して体外へ出る．
11. 放射卵割をする．
12. 海産である．

現存する腕足動物は，かつては重要だった動物門のわずかな生き残りであり（化石種の 26000 種に対し現生種は 335 種），外観も一般的な生活形も軟体動物の二枚貝（5.1.3.f.）に非常によく似ている．両方とも，定住性または固着性で，2 枚の殻に包まれている懸濁物食の動物であり，殻は表皮性の外套膜から分泌され有機質の殻皮でおおわれている．しかし，腕足動物の懸濁物食用の器官は円形か，曲がるか，らせんを描いている触手冠で（櫛鰓ではなく），2 枚の殻は背側と腹側にある（軟体動物二枚貝類のように側面にあるのではない）．さらに収斂している特徴としては，（外部の厚い殻に体が完全に閉じ込められたことの結果として）祖先形にはあ

った頭部が退縮していることである（腕足動物では，触手冠をもつ前体が失われた）．しかしながら，腕足動物の殻の普通と違う点は，体組織を含んでいる多数の盲嚢 caecae が殻に入りこんでおり，盲嚢は，たとえば繁殖に用いる物質の合成と貯蔵の場として機能している点で，じつに全組織重量の半分は，殻の中に入っているらしいのである．

現生のすべての腕足動物は相対的に小型で（殻長または殻幅で 10 cm 未満），底生である．進化的にいえば，殻をもった箒虫動物と同等で（第 2 章），腕足動物のような状況は，そのような蠕虫（図 2.11）から多系統的に生じたのかもしれない．

6.2.3 分　類

多くの異なる形質を示す 2 つの綱が認められている．

綱	目
無関節綱 Inarticulata	舌殻目 Lingulida 頂殻目 Acrotretida
有関節綱 Articulata	嘴殻目 Rhynchonellida 穿殻目 Terebratulida 函殻目 Thecideidida

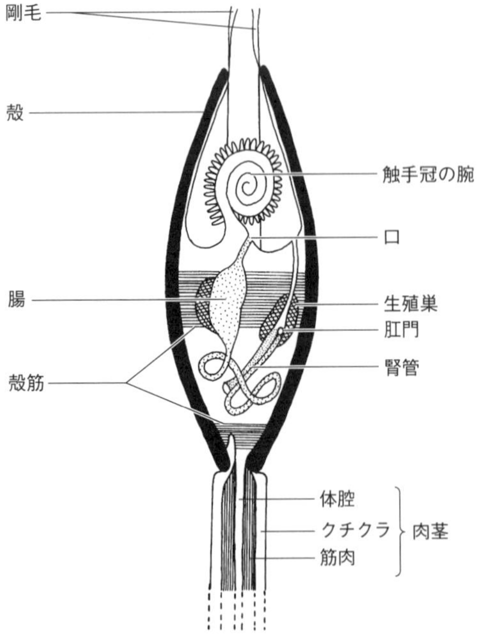

図 6.5　無関節綱腕足動物の縦断面の模式図

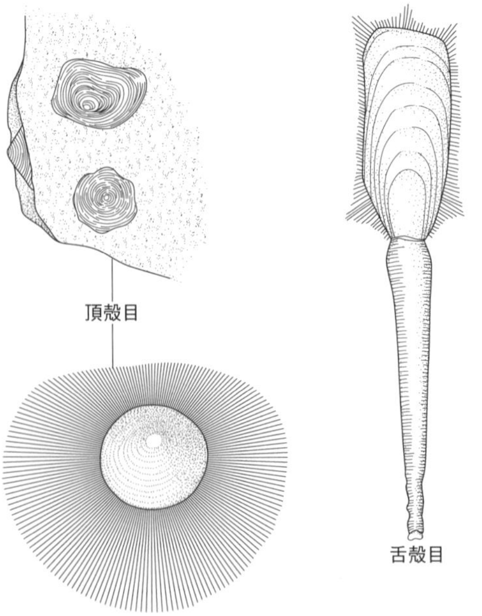

図 6.6　無関節綱腕足動物の体形（Hyman, 1959 中の引用に基づく）

a. 無関節綱

無関節綱の腕足動物はその名が示すとおり，通常はリン酸カルシウムとキチン質からできた 2 枚の殻が，筋肉のみによってつながっているのが特徴である．体の後方に，2 つの殻の間から肉茎が突出するが，これは幼生の外套から形成され体の一部となっているものである．肉茎は後体腔の伸長部と内在する筋肉をもつが，いくつかのグループには肉茎がなく，腹側の殻が基質にセメントで固着する．他の腕足動物と違って，肛門があり（図 6.5）触手冠は比較的単純で殻的な物質で支えられていない．

幼生は成体の小型版かつ自由遊泳版で，完全な殻や触手冠をもち，触手冠の上にある繊毛で水中での推進力を得る．したがって，着底の際には変態は行わない．発生の間，中胚葉は幼生の原腸から腸体腔的に発生するが，体腔はこの腸体腔的な中胚葉の細胞塊の中に，裂体腔的に形成される．

47 種が 2 つの目に分けられる．基盤に潜る舌殻目と固着性でカサガイ型の頂殻目である．

b. 有関節綱

有関節綱は炭酸カルシウムの殻をもち，腹殻にある歯が背殻のソケットに入り込んでいる関節によって両殻がつながっている．また，腹殻は，肉茎をもつ場合には，肉茎が出る部分に隙間または切れ込み

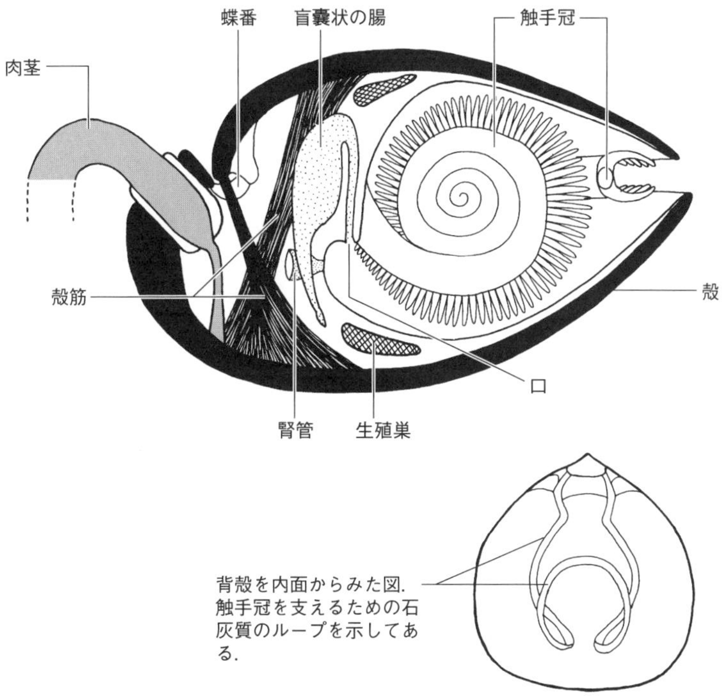

図 6.7　有関節綱腕足動物の縦断面模式図（Moore, 1965）

をもっている．背殻はしばしば，（複雑に曲がったりらせんを描いている大きな）触手冠のための，内側に向いた支持部をもっている（図 6.7）．肉茎には内在の筋肉も後体腔の伸長部も存在せず，肉茎は外套から派生したのではなく幼生の体の 3 つの部分のうちの 1 つから派生する．幼生の段階（図 6.8）は成体とは顕著に外見が異なり，変態を行う．無関節綱と比較して，腸は盲嚢状で，中胚葉も体腔も腸体腔的に発生する．

有関節綱は，腕足動物の進化史では比較的遅く（オルドビス紀に）出現し，300 種近くが現存している．これらは，触手冠の構造とそれを支える石灰質の支持系に基づいて 3 目に分類されている．

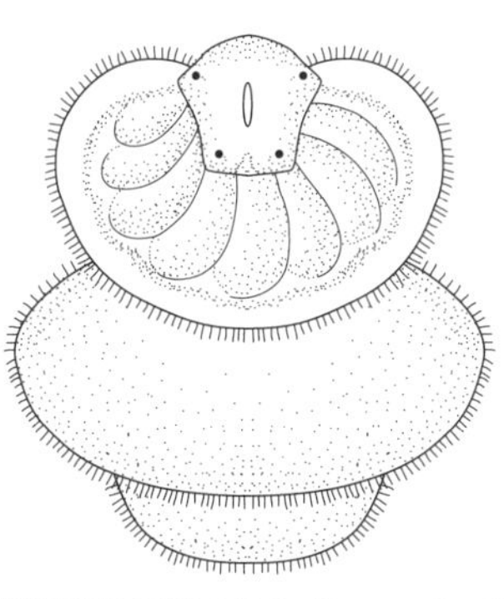

図 6.8　有関節綱腕足動物の幼生（Lacaze-Duthiers, 1861）

6.3　苔虫（こけむし）動物門 Bryozoa

6.3.1　語　言

ギリシャ語：bryon＝コケ，zoon＝動物

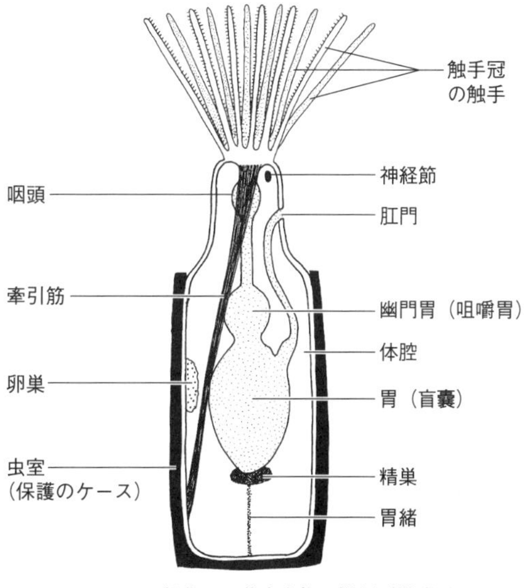

図 6.9　一般化した苔虫動物の縦断面模式図

6.3.2 判別に役立つ特徴・特別な特徴（図 6.9）

1．モジュール型の（単位性の）群体性生物である．それぞれの群体は，数個体から 100 万個体（個虫）からなり，これらは元となる 1 個体の初虫 ancestrula からの無性的な出芽によって生じる．各個虫は直近の隣の個虫と組織でつながっている．
2．個虫はしばしば多型を示し，摂食タイプ，防御タイプ，保育タイプなどがある．
3．群体は雌雄同体であるが，個虫は雌雄同体または雌雄異体である．

(以下は個々の個虫の特徴について)

4．左右相称である．
5．体は 2 細胞層以上の厚さで，組織や器官がある．
6．貫通した U 字型の消化管をもつ．
7．少体節性の二ないし三体部性の体をもち，各部は変態の間に新たにつくられる単一の体腔をもつ．一部は，それに加えて後体性の体腔をもっている．
8．前体は 1 つのグループにのみ存在しており小さい．中体は小さく，中体腔 mesocoel によって支えられた比較的小さくて，円形状または馬蹄形状の触手冠をもつ．後体は大きく嚢状である．
9．体は虫室口を除いて，（キチン質，ゼラチン

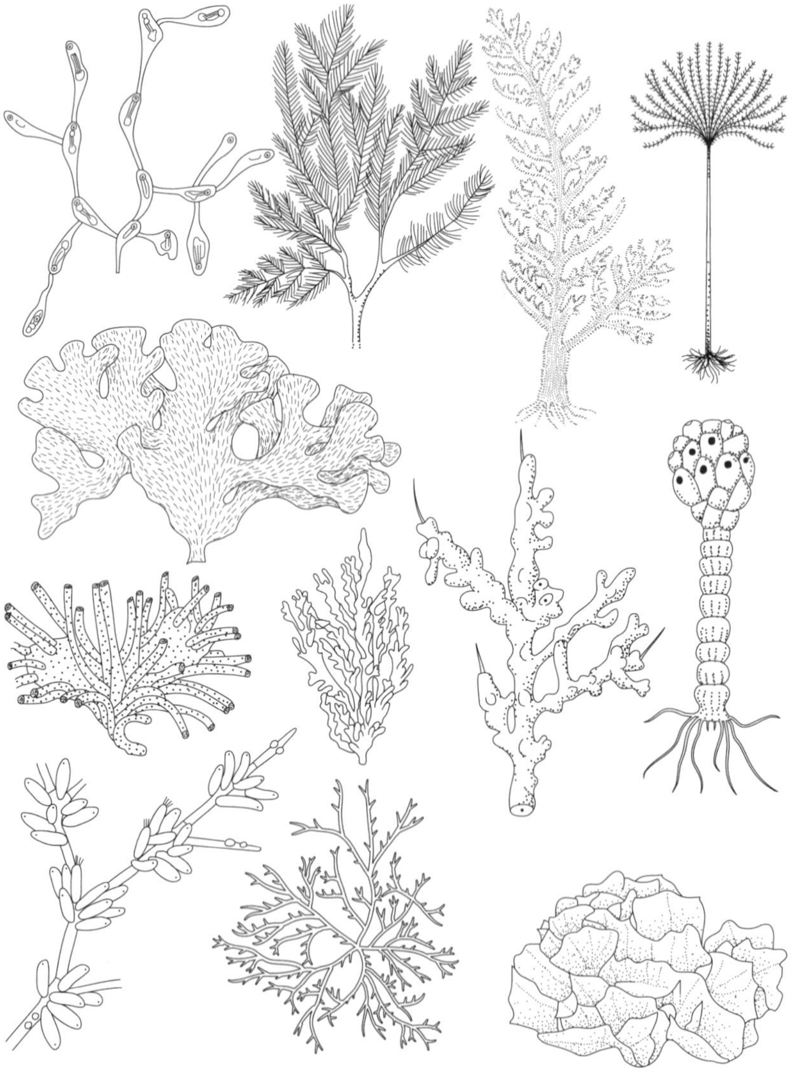

図 6.10　苔虫動物の群体の形（複数の出典に基づく）

質，または石灰質の）管，箱，または共同マトリックスに包まれているか埋もれていて，虫室口を通って触手冠が（静水圧によって）飛び出したり，（牽引筋によって）引き込まれたりする．

10. 循環系も排出系もない．
11. 神経系は，口と肛門の間にある神経節の形をとり，そこから，咽頭部をかこむ神経環とそれぞれの神経が出る．
12. 生殖巣は「腹膜的」で，破裂して配偶子が後体腔 metacoel へと入り，触手冠のところにある「体腔孔」を通って体外へ出る．
13. 放射卵割で普通は保育を行う．
14. 通常は間接発生である．

苔虫動物は小さな（約 0.5 mm）箒虫動物（6.1 節）と似ており，広がった匍匐枝状や，マット状や，樹状や葉状の群体を，無性的な出芽によりつくる（図 6.10）．触手冠動物の他の動物門（6.1 節，6.2 節）と似て，（懸濁物食を行う触手冠をもつのは当然のことだが），少体節性の体制，放射卵割，生殖細胞が体腔を裏打ちする膜から発生するという似たような生殖系をもっている．しかし体腔の性質については議論の多いところである．なぜなら，体腔の前駆体となるものを幼生はもっていないし，幼生の胚葉が時間が経って体腔上皮になるという継続性もないからである．すなわち，変態の間に，コケムシの幼生の組織は分解されてしまい，完全に再組織化されることによって成体ができる．他の触手冠動物の中胚葉と体腔は基本的に腸体腔性で，胚の消化管から派生してくる．しかし，苔虫動物の幼生の消化管は，たとえあったとしても，変態時に破壊されてしまう．それゆえに，成体のいずれの体腔も中胚葉起源かどうかが明らかなものはなく，通常与えられている体腔の位置づけは，おもに，箒虫動物と苔虫動物との類推によるものなのである．この類推は，疑う余地がないわけではない．ある別の考えの学派はこれらの体腔を，内肛動物で偽体腔とされているものに匹敵するとみなしている（6.4 節）．

苔虫動物は懸濁物食者としては非常に成功している系統で，今日では他のどの触手冠動物よりも成功している．少し例外はあるものの，群体は固着性で，基盤を被覆しているか比較的しっかりと基盤に付着している．1 つの例外として，淡水産のアユミコケムシの仲間 *Cristatella* は筋肉の「足」を使ってゆっくりとはうことができ（1 日に約 10 cm），また，海産の *Selenaria maculata* は鳥頭体個虫（6.3.3.c. 参照）の長い剛毛によって，速く歩くことができる（時速 1 m）．*S. maculata* は浅いサンゴ礁海域に生息しており，日光が斑点状にあたっている明るい部分に向かって移動していくことが記録されている．その群体は緑色であり，そのためこの行動は，他のサンゴ礁性無脊椎動物にもみられるように（9.1 節参照），組織内に共生する褐虫藻の存在に関係している．近年発見された南極の種は浮遊性である．それは，直径 30 mm の中空の球体で，その球面全体にわたって単層の個虫からの触手冠が外側を向いている．

6.3.3 分 類

4300 の記載種の大半が海産であるが，1 つの綱と，他の 2 綱に属しているさまざまな個々の種が淡水産である．

綱	目
掩喉綱 Phylactolaemata	プルマテラ目 Plumatellida
狭喉綱 Stenolaemata	円口目 Cyclostomata
裸喉綱 Gymnolaemata	櫛口（フクロコケムシ）目 Ctenostomata 唇口（フサコケムシ）目 Cheilostomata

a. 掩喉綱（えんこう）

掩喉類は比較的特殊化していない苔虫動物である．個虫の体は祖先的と推定される三体部性の体を維持しており，口上突起 epistome が口の上にかぶさっているところは箒虫動物と同様である（口上突起とは前体部の蓋のような組織で，その中の前体腔によって支えられているもの）．また，体壁はよく発達した環状筋ならびに縦走筋の層をもっている．環状の層が収縮すると触手冠を突き出すために必要な圧力が生じる．大きな触手冠では馬蹄形の縁から 120 本に達する触手が伸び出る（図 6.11）．個虫は多型を示さず，円筒形で苔虫動物の中でも最大である．体腔は隣接する個虫としばしばつながっている．

すべての種が淡水産で，（海水よりも淡水のほう

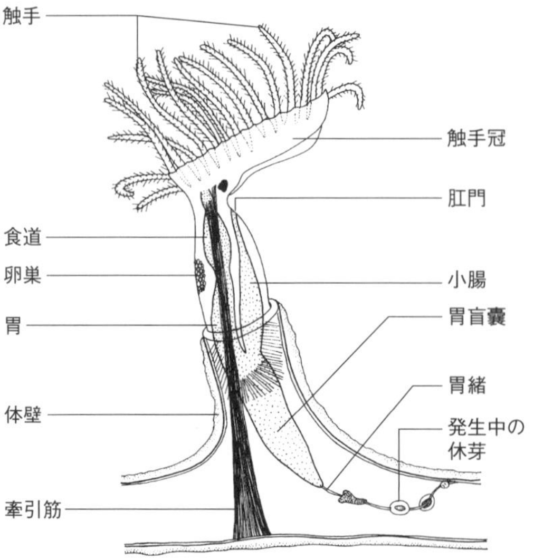

図 6.11　掩喉綱の個虫が伸び出ているところ．透明として描いた（Pennak, 1978）

がカルシウム塩が少ないため）表皮は，石灰化していないキチン質かゼラチン質のケースを分泌し，他の淡水産無脊椎動物と同様に，分散や越冬のために休眠段階の機構を進化させた．胃緒（消化管から体壁へと走る組織の紐）の上にある表皮と，「腹膜」細胞の集まりが，「休芽」statoblast（ふつうは盤形のキチン質の殻に収まっている卵黄に富む細胞）へと発生する．休芽は体壁に付着してとどまって，集団死の後にその場で群体を元どおりにする役割を果たすか，生きている間もしくは個虫の死後に（体壁から離れて）自由になる．後者のタイプの休芽はしばしば浮くことができ，長距離を分散する．休芽は凍結に対しても乾燥に対しても耐性が強く，中緯度の温帯では，越冬後に休芽が「発芽」し，群体の創始者となる個虫へと変わる．

50 種あまりを含む単一の目が認められている．

b.　狭喉綱

狭喉類の個虫も円筒形であるが，前体を欠き，また体壁中には筋肉層が含まれていない．円筒形の管は，（外側にある透明なクチクラまたは細胞層の，その下にある部分が）厚く石灰化していて，管の末端には円形の虫室口をもっている．虫室口は触手冠が引き込まれたときには，（口蓋ではなくて）膜によって閉じられる．（最大 30 本ほどの触手からなる円形の）触手冠を突き出すのに必要な圧力は，（後体腔と外体腔との両方にある体液にはたらく）散大筋 dilator によって生み出される．外体腔は一般的には偽体腔であると考えられている．狭喉綱の個虫の多型性は限られている．

狭喉綱の生殖系はいくつかの特殊性を示すが，そ

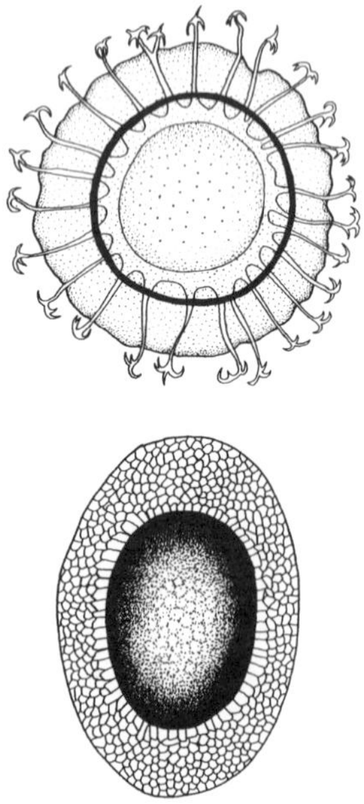

図 6.12　掩喉綱の休芽（Hyman, 1959）

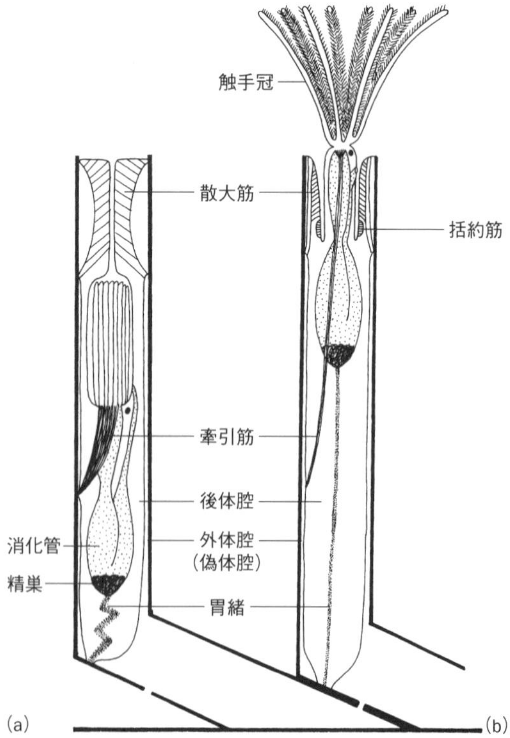

図 6.13　狭喉綱の個虫．触手冠を（a）引っ込めたところ，（b）伸ばしたところ．

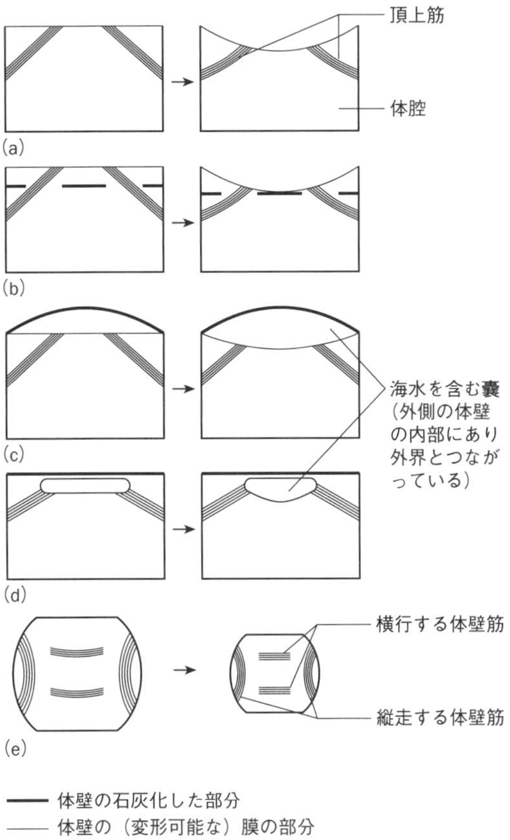

図 6.14　さまざまな裸喉綱の個虫の箱の断面，体壁筋がどのように体壁を変形させて体腔内の圧力を生み出しているかを示している．(a)〜(d) 唇口目，(e)櫛口目（Ryland, 1970）．

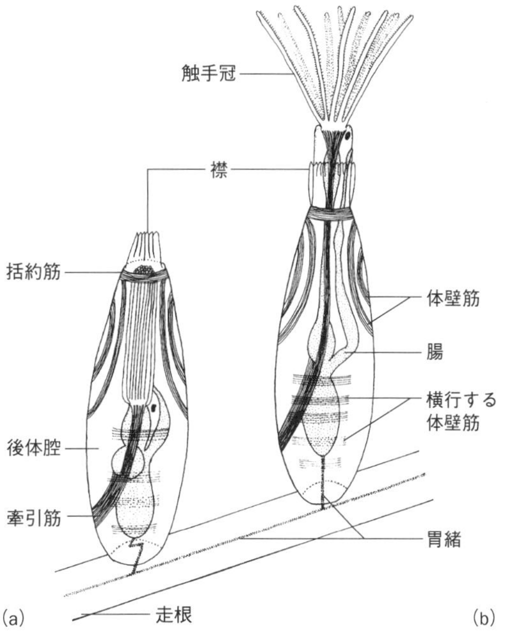

図 6.15　櫛口目の個虫．(a) 触手冠を引っ込めたところ，(b) 伸ばしたところ．

のうち重要なものは多胚という形をとることである．受精後，接合子は卵割が進み割球でできた球状のものになるが，この球が 2 番目の胚を出芽して，それがさらに出芽して 3 番目の胚をつくる．その結果 100 を超える胞胚が 1 つの接合子に由来することになる．

狭喉綱の大半のグループは絶滅している．約 900 の海産種を含む 1 つの目のみが現存する．

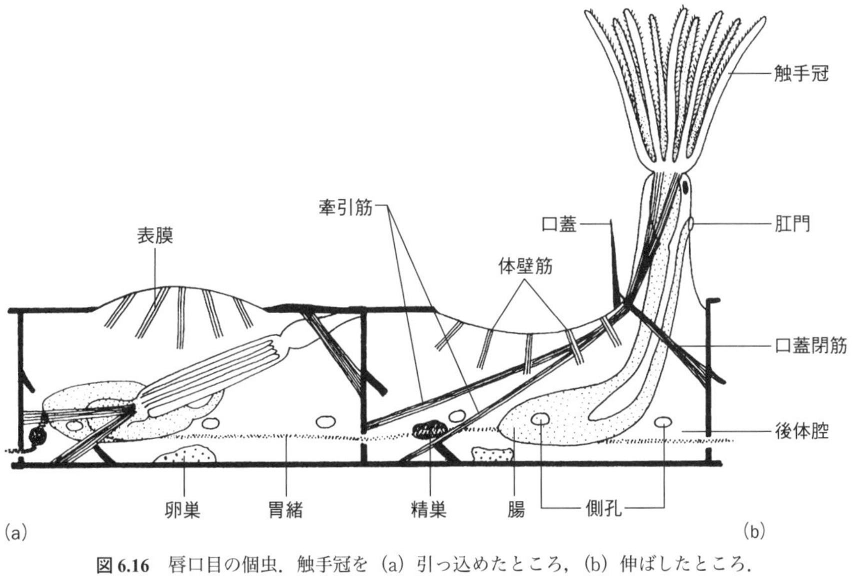

図 6.16　唇口目の個虫．触手冠を (a) 引っ込めたところ，(b) 伸ばしたところ．

c. 裸喉綱

現生では，裸喉綱が最もたくさんおり，苔虫動物門のうちで最も成功したものであり，3000種を超える種が，おもに海洋に，一部汽水域や淡水にも生息している．狭喉綱と同様に個虫は，前体を欠き，体壁中に筋肉層がなく，相対的に小さく，円形の触手冠をもっている．しかし（狭喉綱とは違って），一般的に短くずんぐりした個虫は体壁を筋肉によって変形させることにより，触手冠を突き出す圧力をつくる．その圧力をつくる体壁筋 parietal muscle は特別な膜の部分ではたらいている（図 6.14）ため，それゆえに体壁は，石灰化している場合でも部分的に石灰化しているだけである．触手冠を引き込んだ後，多くの種で，虫室口は口蓋によって閉じられる．個虫の多型性はこの綱で最も高く，摂食する（自活個虫 autozooid），空間を充塡する（空個虫 kenozooid），つかむ（鳥頭体 avicularia），清掃する（振鞭体 vibracula），保育室となる（卵室 ooecius）というさまざまな役目に特化した個体になっている．

裸喉綱は2目に分類されている．櫛口目は非石灰質の体壁をもち口蓋がない（しばしば末端に虫室口をもつ円筒形の体となる）（図 6.15）．唇口綱では，平らで箱形の個虫が，（部分的またはしばしば大半が石灰化した）体壁と，口蓋と，頭端に虫室口をもっている（図 6.16）．

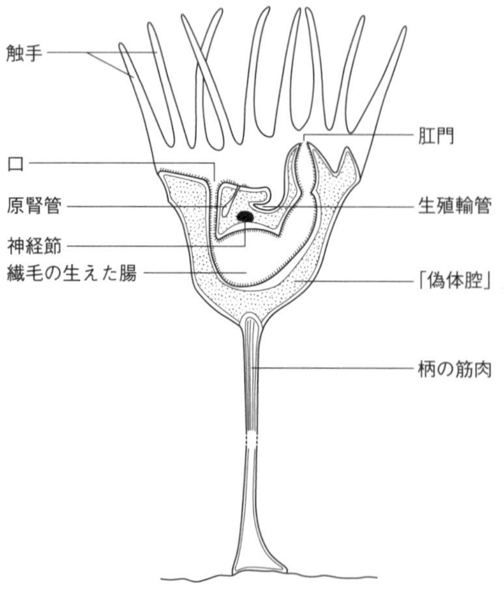

図 6.17 内肛動物の縦断面模式図（Becker, 1937）

6.4 内肛動物門 Entoprocta

6.4.1 語　源

ギリシャ語：entos＝内側，proktos＝肛門

6.4.2 判別に役立つ特徴・特別な特徴（図 6.17）

1. 左右相称で，ゴブレット（足付きワイングラス）形をしている．
2. 体は2細胞層以上の厚さで，組織や器官がある．
3. 貫通するU字型の消化管をもつ．
4. 体壁と腸の間の空間はゼラチン質の「間充織」で埋まっている（これを埋められた偽体腔と解釈する人もいる）．
5. 体は半球型か卵形の萼部の形をとり，口と肛門をとりまく環状の触手をもち，収縮可能な柄部によって基質に付着している．
6. 体壁にはクチクラがあるが筋肉層はない．

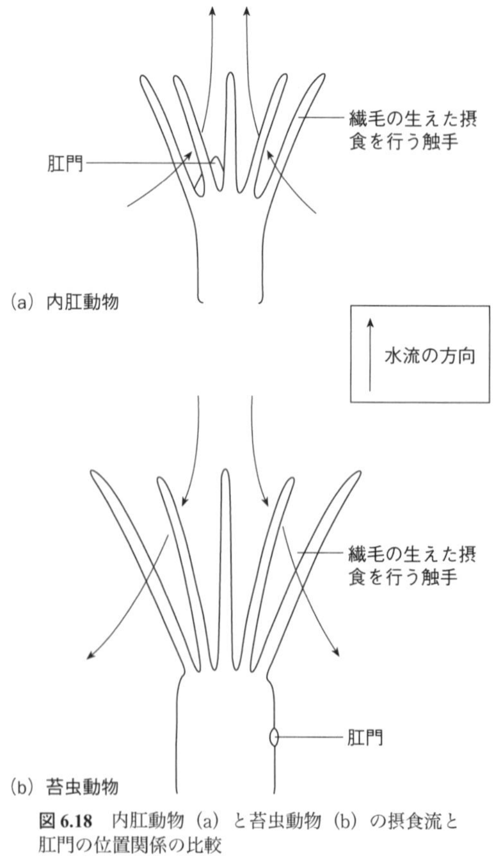

図 6.18 内肛動物（a）と苔虫動物（b）の摂食流と肛門の位置関係の比較

7．循環系やガス交換系はない．
8．1対の（もしくは淡水産の属では多数の）原腎管がある．
9．神経系は，口と肛門の間にある1個の神経節から神経が出ているもの．
10．触手は引き込むことはできないが，収縮して内側に折りたたみ触手内の空所に閉じ込めることができる．
11．放射卵割を行う．
12．間接発生である．

内肛動物は小型で（体高 0.5〜5 mm），単体性もしくは群体性の動物で，一時的，より多くは永続的に基盤に付着する．その基盤には，他の生物によってつくられたものも含まれる．すべて懸濁物食者であり，体壁から伸び出た6〜36本の伸長部が触手を形成し，これには繊毛が生えており，水中から食物粒子を集め，粘液で口へと運ぶ．自力で摂食流をつくり出す形態のものであり，水は触手の環の外側から触手の間を抜け触手内の空間を通って外へと出る．水流の方向は触手冠によって行われるものとは反対のシステムである（図 6.18）．肛門は，円錐状の突起の上にあり，中央部の，外へ出る流れの中へと排出を行う．

出芽による無性的な増殖が広く行われており，モジュール型の群体をつくる．有性生殖においては，内肛動物はおそらくすべて雌雄同体であり，みかけ上は雌雄異体である種も，年齢によって性を変える隣接的雌雄同体であろうと思われる．精子は水中へと放出されるが，受精はおそらくつねに体内で起こる．幼生はプランクトン食か卵栄養食のトロコフォアで（図 6.19），大半の種ではこれが変態して成体となる．しかし，一部では幼生段階から出芽により成体が生じる．

この小さな動物門の系統関係は議論をよんでいる．何人かの専門家は「間充織」組織を血リンパが満たされた偽体腔であると解釈し，内肛動物を他の偽体腔動物門（第4章）と関連づけている．他方，発生上の類似から苔虫動物門と類縁であるとみなしている人もいるが，苔虫類の体腔もまた議論のあるところである（6.3.2 項参照）．

6.4.3　分　類

150種が記載されており，1綱1目に分類されている．淡水産が1属ある以外はすべて海産である．

6.5　有輪動物門 Cycliophora

6.5.1　語　源

ギリシャ語：cyclion＝小さな車輪，phoros＝もつ

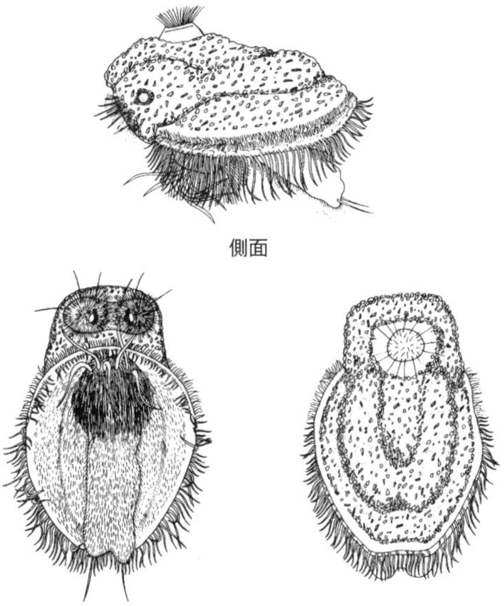

図 6.19　内肛動物の幼生（Nielsen, 1971）

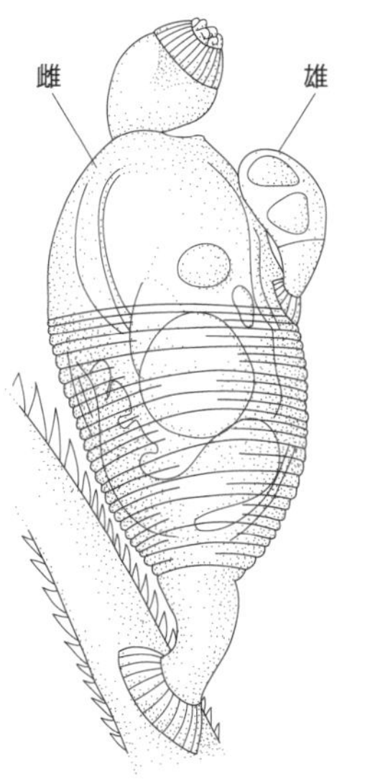

図 6.20　有輪動物の摂食世代（有性世代の雌が体外へ出ようとしている段階のもの）．小さな雄が摂食世代のクチクラに付着している（Conway Morris, 1995）．

6.5.2 判別に役立つ特徴・特別な特徴（図 6.20）

1. 左右相称で，卵形をしている.
2. 体は 2 細胞層以上の厚さで，組織や器官がある.
3. 貫通する U 字型の消化管をもつ.
4. 体壁と腸の間の空間は，大きな間充織細胞で満たされていて，体腔はない.
5. 体は，（複合繊毛が輪状に並んだものをもつ）漏斗形の摂食器官と，諸器官をもつ胴部と，クチクラでできた柄と固着盤とからなる.
6. 体壁にはクチクラがある.
7. 循環系やガス交換系はない.
8. 排出器官としては，有性生殖によって生じた幼生段階にのみ，1 対の原腎管がみられる.
9. 神経系としては，胴の食道と直腸の間に神経節をもつ.
10. 複雑な生活環をもつ．その生活環には，無性生殖で個体数が増える時期や，体内の器官が体内出芽により置換する時期や，宿主が脱皮する際に有性生殖で幼生を生産することが含まれている.

有輪動物は十脚目甲殻動物の口器の剛毛上に付着している微小な動物で，1995 年 12 月に記載されたばかりである．生活環の大半は単体性で体長約 350

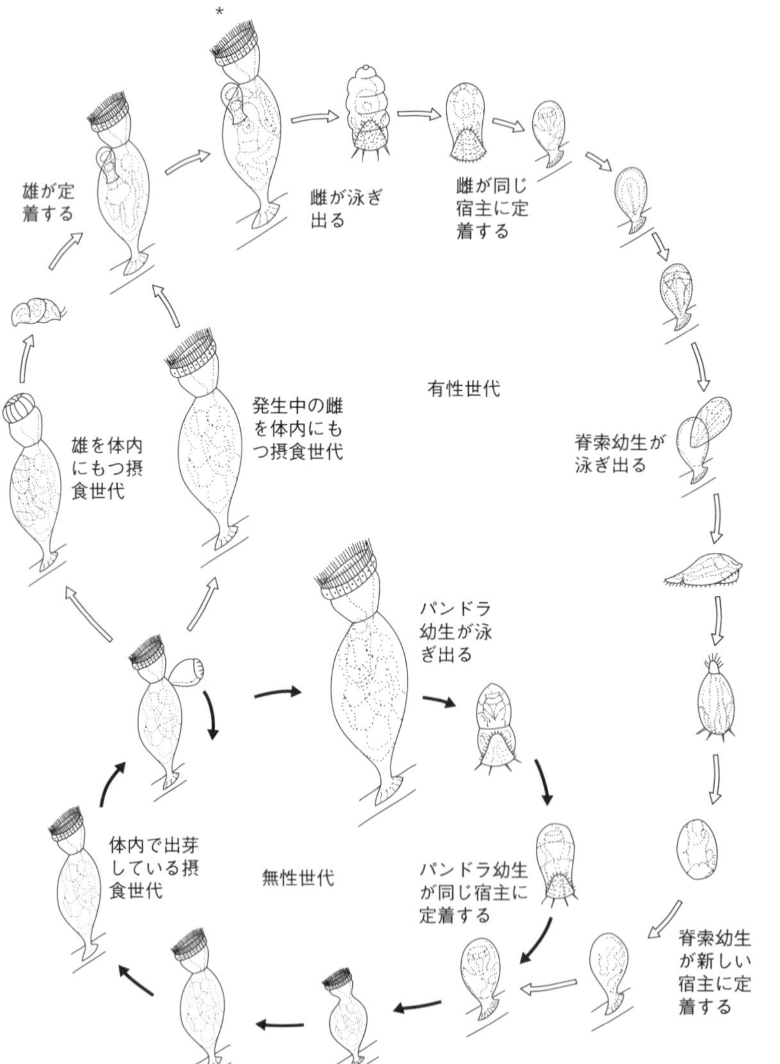

図 6.21 有輪動物の複雑な生活環．図 6.20 に示されている段階は星印で示されている（Furch & Kristensen, 1995）.

μmの「摂食世代」として過ごしているようである．このときの体は，次の3つの部分から成り立っている．①基部が細く端部に向かって開いている漏斗形の摂食器官（複合繊毛の輪があり，口のまわりをとりかこんでいる），②脳と（摂食器官の基部近くの小さな突起にある肛門で終わる）腸をもつ胴，③（円形の固着盤に終わるクチクラの）柄部．体は，模様のあるクチクラ（円形動物（4.4.〜4.10節）の一部や腹毛動物（4.3節）と同じようなつくりのもの）でおおわれている．

若い摂食世代は無性的に体内出芽によって発生し，親の体内で成長して，その親のもつ摂食器官，腸，神経系と置き換わる．1「個体」の摂食世代の生涯にそのような出芽が数世代あって，その過程で体の大きさを増していく．実質的に性成熟に達すると，新しい摂食世代に代わって「パンドラ pandora幼生」が体内に出芽で生じる．この幼生も体内出芽で発生する．放出されると，定着して摂食世代の無性的な生活環を繰り返す．宿主が脱皮しそうになると，有輪動物の摂食世代は（ここでも体内に）出芽し有性世代の雄か雌になる．雄は摂食世代を相当小さく（体長<100 μm）した形態であるが，消化管や摂食器官はない．この矮雄は，放出されると発生中の雌を体内にもっている摂食世代の上に定着する．受精後，雌の1つの卵は「脊索 chordoid 幼生」へと発生するが，まだ母親の体内にとどまる．この幼生は死んだ母親の殻から抜け出し，運動性の繊毛によって分散し，新しい宿主へと移動する．そこから新しい無性摂食世代の生活環が始まり，宿主がつぎの脱皮をするまではつづくこととなる．このように，生活環は複雑で（図6.21）クローン個体の無性繁殖に基づいている．

有輪動物は，基本的には輪形動物と同様のやり方で（4.9節），繊毛の冠を用いて懸濁物粒子を食べるが，知られている限りでは内肛動物（6.4節）に最も近縁であるとされている．

6.5.3　分　類

現在知られているのは1種のみ（おそらく他の種も発見されることを待っているだろうが）．この種はヨーロッパアカザエビ *Nephropus* の上にすんでおり，シンビオン目 Symbiida に入れられている．

［訳注：その後，新たに2種がみつかった.］

6.6　さらに学びたい人へ（参考文献）

Emig, C.C. 1979. *British and Other Phoronids*. Academic Press, London [Phorona].

Funch, P. & Kristensen, R.M. 1995. Cycliophora is a new phylum with affinities to Entoprocta and Ectoprocta. *Nature (Lond)*, **378**, 711–714.

Halanych, K.M., Bacheller, J.D., Aguinaldo, A.M.A., Liva, S.M., Hillis, D.M. & Lake, J.A. 1995. Evidence from 18S ribosomal DNA that the lophophorates are protostome animals. *Science (New York)*, **267**, 1641–1643.

Hyman, L.H. 1951. *The Invertebrates*, Vol. 3: *Acanthocephala, Aschelminthes and Entoprocta*. McGraw-Hill, New York [Entoprocta].

Hyman, L.H. 1959. *The Invertebrates*, Vol. 5: *Smaller Coelomate Groups*. McGraw-Hill, New York [Phorona, Brachiopoda & Bryozoa].

Nielsen, C. 1971. Entoproct life-cycles and the entoproct/ectoproct relationship. *Ophelia*, **9**, 209–341 [Entoprocta].

Rudwick, M.J.S. 1970. *Living and Fossil Brachiopods*. Hutchinson, London [Brachiopoda].

Ryland, J.S. 1970. *Bryozoans*. Hutchinson, London [Bryozoa].

Wright, A.D. 1979. Brachiopod radiation. In: House, M.R. (Ed.) *The Origin of Major Invertebrate Groups*, pp. 235–252. Academic Press, London [Brachiopoda.]

第 7 章

後口動物

Deuterostomes

毛顎動物門：Chaetognatha
半索動物門：Hemichordata
棘皮動物門：Echinodermata
脊索動物門：Chordata

半索動物，棘皮動物，脊索動物は，発生，構造および生化学的な特質において，ふつうではない共通点を多数もつことと，他の動物群では知られていない一連の傾向を共有していることから，類縁関係をもつ自然の動物群であると考えられる．たとえば，多くの後口動物の初期の胚発生は，① 原口が口とならず，そのため 2 次的な開口部が腸に生じる（それゆえに，「後口動物」の名がある），② 胞胚の細胞の卵割が放射状に起こる，③ 細胞の発生運命は相対的に形態形成後期まで固定されない（「非決定的発生」），④ 体腔は胚の腸が外側に膨れ，一連の腸体腔嚢をつくることによって形成される（たとえば図 2.7 を参照）．これらの特徴（とくに②と④）は，個々には別のさまざまな動物門でも知られているので，これらが組になってみられることが後口動物を特徴づけることとなる．さらに，後口動物の特徴としては，光受容器が繊毛型であること（それに対して，前口動物の光受容器は感桿型），表皮には単繊毛型の細胞が多いこと，リン酸の貯蔵体がクレアチンリン酸であること（前口動物では通常はむしろアルギニンリン酸），また，キチンが実質的に使われてないこともあげられる．

後口動物の祖先はおそらく現在の半索動物翼鰓綱に近いものであったろう（7.2.3.b. を参照）．すなわち体長の短い固着型の蠕虫状の動物で，三体部からなる少体節性の体をもち，その 2 番目の部分（中体）に触手冠があり，3 番目の部分（後体）には腹膜の細胞が一時的に集合し，おそらく生殖巣を構成するだろう．さらに，神経系はおもに散在的な表皮下神経叢で，それは集中して索状の厚みとなり，それが 1 本かそれ以上，縦走していたと想像される．

このように，この祖先形の後口動物は触手冠をもってはいたが，知られているすべての触手冠動物とは対照的に（だがいくつかの腹毛動物（4.3.3 項）と似てはいるが），触手冠によって捕捉された食物粒子を腸の入口へと運ぶのに用いられる水流は，咽頭部にある多数の孔を通って体から出ていくようになっていた（この孔は体の側面にあり，咽頭からじかに体を貫いて体表に開いている）．それゆえ，祖先形の消化管は単なる口と肛門だけでなく，もっと多くの孔で体外環境とつながっていたのである．

このようなものから進化した後口動物の大半の系統では，触手冠を失うかもしくは大幅に形を変えた．また（棘皮動物や一部の脊索動物にみられるような）固着性の生活の進化に伴って，もしくは（大半の脊索動物にみられるような）幼形進化的な自由遊泳性の生活の進化に伴って，もともとの三体部性の体制を失った．そして，少なくとも 2 つの動物群では咽頭の孔を，（初期の脊索動物のように）咽頭部での濾過摂食や，（半索動物腸鰓綱や多くの後期の脊索動物のように）ガス交換に関連した別の機能をもつように変化させたのである．

後口動物の示す前口動物にはみられない他の傾向としては，つぎのことがあげられる．① 表皮下神経叢をまとめて，中空の背側神経管を形成した（脊索動物や半索動物の一部）．② 肛門より後ろに尾部を発達させ，これは，縦走筋によりS字形に屈曲して体を推進させる（毛顎動物や脊索動物）．③ 防御機能をもつ皮下の石灰質骨片をつくったが，これは，その後の 2 つの系統で，運動性の筋肉をはたらかせることができる硬い内部骨格系の一部として使われるようになった（棘皮動物の一部と脊索動物の一部）．

毛顎動物は，他の後口動物といくつかの特質を共有しているが，それらの特質は収斂によって進化したように思われる．毛顎動物の真の系統についてはまだわかっておらず，たくさんの矛盾点を解決してきた分子データでさえ，この問題にはあまり光明を与えていない．毛顎動物を本章で扱うが，これは便宜上のことである．

7.1　毛顎動物門 Chaetognatha（ヤムシ）

7.1.1　語　源

ギリシャ語：chaite＝長い毛，gnathos＝顎

7.1.2　判別に役立つ特徴・特別な特徴

1．左右相称で，蠕虫形．
2．体は2細胞層以上の厚みをもち，組織，器官がある．
3．1本の貫通腸をもち，腹側に位置する肛門は，末端にはない．
4．体は少体節性の三体部性で，隔膜によって頭部，胴部，尾部に仕切られている．胴部と尾部には筋肉をもたない側鰭と尾鰭がある．
5．体の各部には1つないし2つの体腔がある．それらは腸体腔由来であるが，稚虫期以降は腹膜の裏打ちを失う．

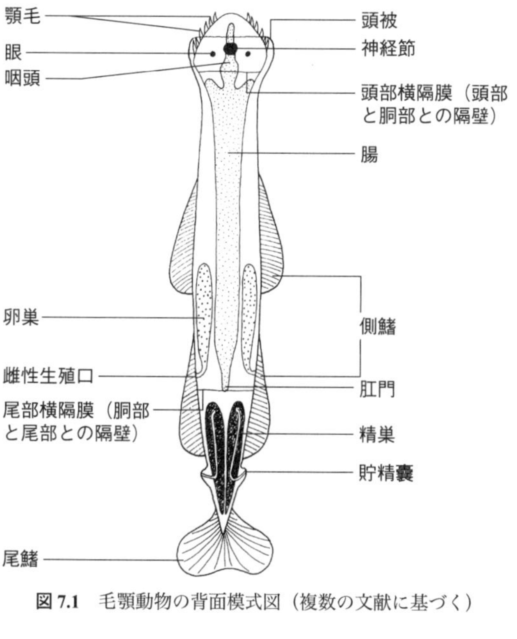

図 7.1　毛顎動物の背面模式図（複数の文献に基づく）

6．体壁は非キチン質のクチクラで，束状の縦走筋がある．
7．循環系，ガス交換系，排出系はない．
8．咽頭をとりまく環状の神経には腹部と側部に神経節があり，そこから発する神経とともに神経系をつくっている．
9．雌雄同体で大きく対になった精巣と卵巣をもつ．卵巣には生殖輸管がある．
10．放射卵割を行う．
11．発生は後口型で，直接発生である．
12．海産である．

毛顎動物は魚雷の形をした肉食者で，肛門より後の尾部を，背腹面に急速に振動することによって泳ぎ，側鰭が体を安定させる機能をもっている．餌は，非キチン質の顎毛によって捕捉される（図 7.2）．顎毛は，口へとつづく腹側前庭の前面と側面に並んでいる．摂食時以外には，顎毛のある頭部は体壁が折りたたまれた頭被 hood によっておおわれており，これはおそらくおもに抵抗を減らすことや防御に役だっている．

頭部には，個々の単眼が融合して形成された1対の眼がある．眼の光受容体は他の後口動物と同様な繊毛型である．とはいえ，毛顎動物は典型的な後口動物とは異なる．とりわけ異なる点は，成体の体腔はいずれも腹膜で裏打ちされること（真の体腔を定義づける特徴）がなく，1つないし2つある尾部の腸体腔は対になった胴部の体腔から2次的に派生したものであり，（他の少体節性で三体部性の動物群のように）原腸から生じて分かれた原腸嚢に由来するものではない．頭部の体腔は1つである．

毛顎動物は体長 12 cm に達することがあり，海洋の捕食性プランクトンの中では優占的な動物群である．小さな原生動物から自分自身と同じくらいの

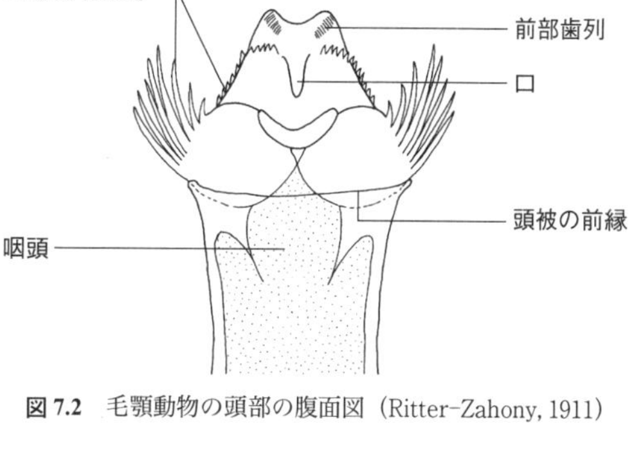

図 7.2　毛顎動物の頭部の腹面図（Ritter-Zahony, 1911）

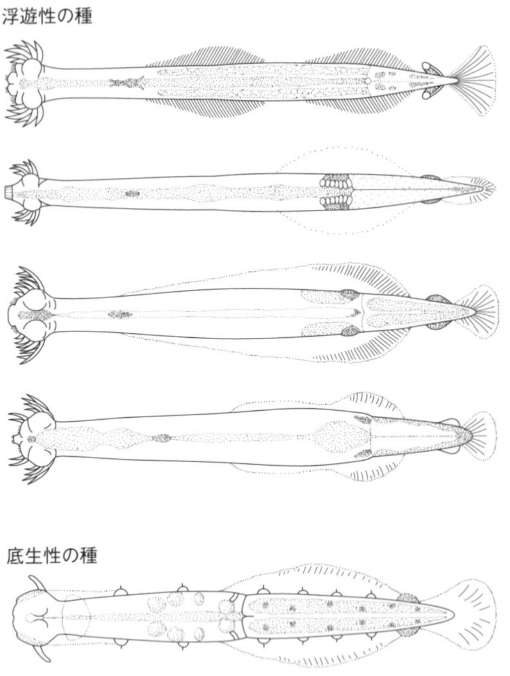

図 7.3　毛顎動物の体形（Pierrot-Bults & Chidgey, 1987）

大きさの稚仔魚にいたるまで，さまざまな大きさの生物を餌としており，神経毒であるテトロドトキシンを使って捕獲する．

7.1.3　分　類

1つの綱におよそ90種が知られ，腹部横走筋の有無によって，2つの目（有膜筋目 Phragmophora，無膜筋目 Aphragmophora）に分けられている．有膜筋目には，浮遊性ではない底生の唯一の属であるイソヤムシ *Spadella*（図 7.3）が含まれている．

7.2　半索動物門 Hemichordata

7.2.1　語　源

ギリシャ語：hemi＝半分，Chordata については，脊索動物門（7.4 節）を参照

7.2.2　判別に役立つ特徴・特別な特徴

1．左右相称．
2．体は2細胞層以上の厚みをもち，組織や器官をもつ．
3．貫通する，直線状またはU字型をした消化管をもつ．
4．少体節性の三体部性の体で，大きな前体部の吻，小さな中体部の襟，大きくて長く伸びているか嚢状の後体部の体幹からなる．
5．それぞれの部分には，1つ（吻の場合）または2つ（襟と体幹の場合）の腸体腔由来の体腔がある．
6．一部の動物群では，襟に触手冠様の器官があり，中体腔によって支えられている．
7．1動物群を除き，咽頭部の壁の上半分には1対から100対を越える鰓裂があり，そこを通って水流は体外へと出ていく．咽頭の管の下半分は消化管となっている．
8．表皮には繊毛が生えていてクチクラはない．一部の動物群では外側に非キチン質の棲管を分泌する．
9．循環系は部分的に開放型である．
10．排出器官として前体腔に腹膜の膨出によって形成される脈球 glomerulus がある．
11．神経系は散在神経系で表皮下にあり，一部の動物群では中空の背側神経索が襟に存在する．表皮下神経叢は，背側中央部と腹側中央部で集中している．
12．雌雄異体．
13．放射卵割．
14．後口動物的発生で，間接発生．
15．海産．

半索動物には2つのタイプがあり，それぞれ体形も生活型もまったく異なる．蠕虫形で基盤に潜って生活する腸鰓綱と，固着性で管をつくってその中にすみ，しばしば群体になる翼鰓綱である．異なるやり方ではあるものの，どちらも粘液と繊毛を使って摂食を行う．翼鰓綱では，触手冠が襟の背側にあり，一方，口は腹側にあって，触手冠の腕は朝顔形に広がった円錐状に並んでいるのだが，口をとりまいてはおらず，腕は口の方角ではなく，逆方向に伸びているのである（触手冠動物の各動物門と，環状の触手を使って摂食するすべての他の動物群では，触手は口をとりまいている）．水は触手が並んでつくる輪を通って流れ込み，触手冠に抱かれているスペースを通って流れ出る（これはほかにも，ケヤリムシ科の多毛綱や内肛動物でもみられる）．食物粒子は触手腕の外側の面に沿って繊毛によって口へと運ばれる（図 7.4）．それに加えて，食物粒子は体

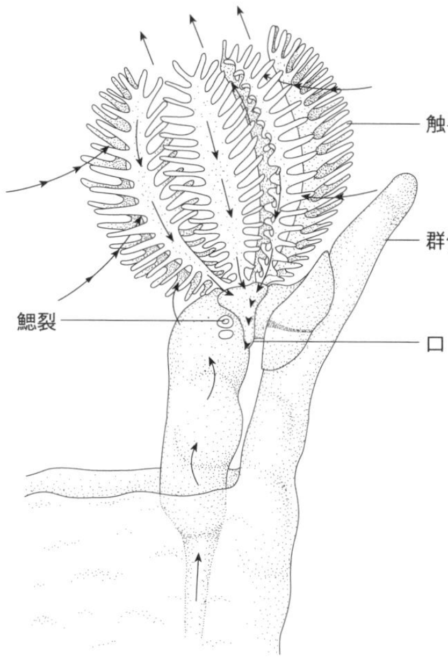

図 7.4　半索動物翼鰓綱（頭盤虫目）の摂食流．曲線の矢印は触手腕へと向かいそして排出流となる水の流れを示す．上向きの矢印は触手冠器官の中心部からの排出流を示す．体の部分の矢印は表皮の繊毛による粒子の動きを示す．矢尻は口へと向かう餌の動きを示している．

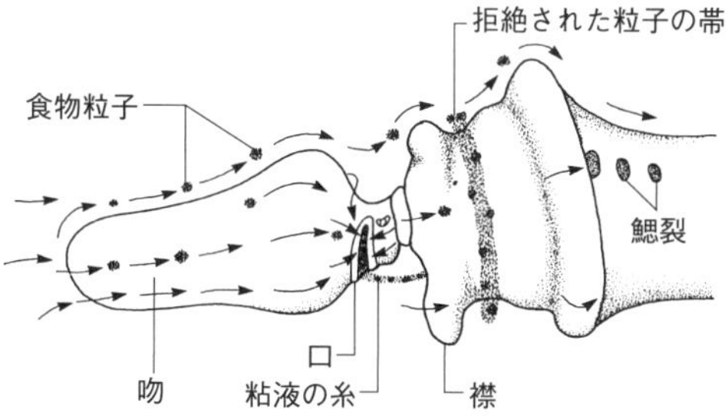

図 7.5　半索動物腸鰓綱の吻および襟における，繊毛による摂食流（Barrington, 1965）

表面をおおう繊毛によって集められることもある．後者の摂食方法は，触手冠をもたない腸鰓綱では唯一の摂食方法であり，腸鰓綱の吻には，とりわけよく発達した繊毛域がある（図 7.5）．翼鰓綱と腸鰓綱は，深海底の写真からのみ知られている，中間的な「lophenteropneusts」によって関係づけられるかもしれない［訳注：この考えは最近は否定的］．

どちらの動物群でも食物粒子の摂取は，他の微細食者と同様に，口腔内へと入っていく水流によって，おそらく助けられているであろう．ある種の腹毛動物（4.3.3 項）のように，この水流は体表面に開口する鰓裂を通って放出されている．このような一方向の水流は，たとえば触手冠動物の各動物門にみられる食物粒子とともにとりこんでしまった余分な水を周期的に口からはき出す方法と比べて，より効率的なものである．

その名称が示すとおり，半索動物はたくさんの特別な形質を脊索動物と共有している．脊索動物は一般的には 4 つのそのような特別な形質によって特徴づけられている．① 脊索をもつこと，② 咽頭に体外へと開く裂け目または孔があること，③ 肛門より後方に尾部があること，④ 中空の背側神経管をもつことである（7.4 節）．これらのうち，少なくとも腸鰓綱は 2 つの特徴（中空の背側神経管と孔の開いた咽頭）をもち，議論の余地はあるものの一部の種の幼若個体では肛門より後方に尾部をもつことが記載されている．とはいえ，脊索動物の尾部は（毛顎動物と同じように）基本的には運動のための構造なのであり，いずれの半索動物でも体の肛門後方部分にそのことは当てはまらない（もちろん，多くの無脊椎動物，とくに U 字型の腸をもつ動物では，体に肛門後方の部分があり，腸鰓綱の尾部は翼鰓綱の柄とおそらく相同なものであろう）．口腔部分から突き出て前方に向いている腸の盲管が長年にわたって脊索であると誤って解釈されてきたが，半索動物には明らかに脊索は欠けている．このように半索動物の一部は脊索動物の特別な形質の半分をもっており，それゆえこの「半索」という命名は適切だったといえないこともないだろう．

7.2.3　分　類

半索動物は 100 種が知られ，3 綱に分類されている．

綱	目
腸鰓（ギボシムシ）綱 Enteropneusta	蠕体目 Helminthomorpha
翼鰓（フサカツギ）綱 Pterobranchia	桿壁虫目 Rhabdopleurida 頭盤虫目 Cephalodiscida
プランクトスファエラ綱 Planctosphaeroidea	プランクトスファエラ目 Planctosphaerida

a.　腸鰓綱（ギボシムシ）

単体性で運動性の細長い蠕虫で，体長は 2.5 m に達し，底質中の穴に潜っているか，石の下などにすんでおり，堆積物食か懸濁物食を行う．体は，① 長い吻（その表面に生えている繊毛によって体のお

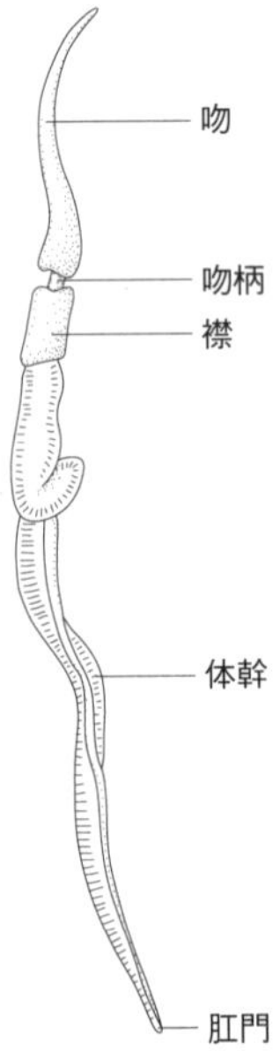

図 7.6 腸鰓綱の外観 (Marion, 1886)

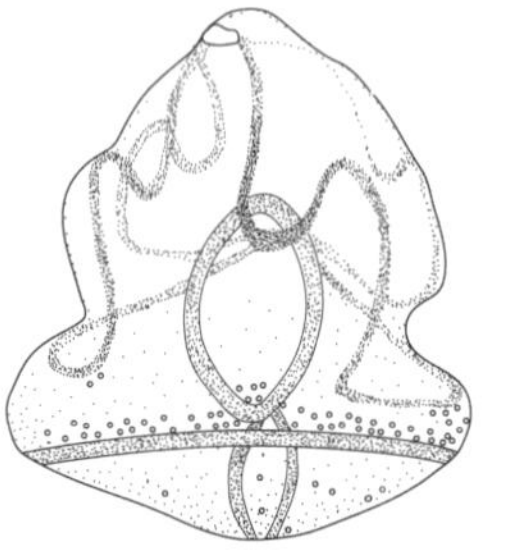

図 7.7 腸鰓綱のトルナリア幼生 (Stiasny, 1914)

もな推進力を得，かつ食物粒子の運搬を行っている)，② 短い襟 (触手冠をもたない)，③ 非常に長い体幹 (末端に肛門をもち一生数が増えつづける多数の鰓裂を有する)，からつくられている (図 7.6)．鰓裂は，咽頭壁では U 字型で鰓骨格によって支えられているが，体表では背側に小さな丸い孔として開いている．神経索と脈球は腸鰓綱ではよく発達しているが，体腔は腹膜から形成される筋繊維や結合組織によってほとんどふさがれており，体壁筋の多くはこれらの筋繊維で置き換えられている．

出芽による無性生殖も有性生殖も起こり，生殖腺は体幹の前部に多数あり，それぞれが管で外につながっている．受精は体外で起こり，多くの棘皮動物とよく似た発生段階を経て，大半の種ではトルナリア tornaria 幼生 (図 7.7) となる．

腸鰓綱の 70 種すべてが 1 つの目に入れられている．

b. 翼鰓綱

翼鰓綱は固着性の管棲の動物で，体長 12 mm まで．短い体はつぎの 3 つの部分からなる．① 楯形もしくは盤形の吻．これは棲管内での繊毛による運動とコラーゲン性の棲管の分泌を担っている．② 襟．これには腹側に口があり，背側には 1〜9 対の触手腕がある．触手腕上には 2 列の触手が並び，触手には繊毛が生えていて粘液を分泌する．③ 短い袋状の体幹．これは襟の近くに肛門の突起，末端のほうには収縮可能な柄をそなえている (図 7.8)．柄は末端が一時的な付着のための器官となることもあるし，群体が共有する走根に連なることもあるし，また，支持物に巻きつくこともある (多くの樹上性哺乳類にみられるようなつかむことが可能な尾のように)．腸鰓綱とは異なり，ほとんどの種で鰓裂はたった 1 対のみである．神経索はなく，脈球もほとんど発達しておらず，体腔はふさがれることがなく，1 つもしくは 1 対の生殖巣があるだけであ

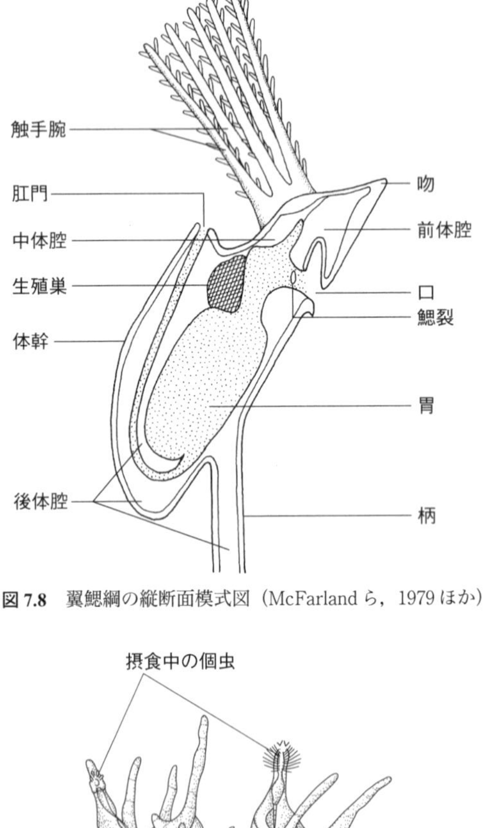

図 7.8 翼鰓綱の縦断面模式図 (McFarland ら，1979 ほか)

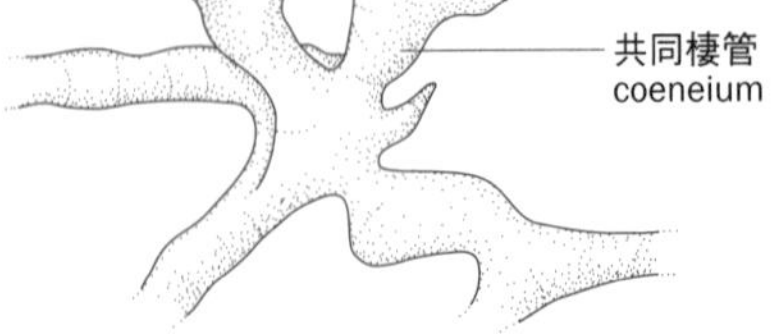

図 7.9 翼鰓綱の個虫 (レヴィンセンフサカツギの仲間 *Cephalodiscus*)．共通の共同棲管から突き出る棘にしがみついて摂食している (Lester, 1985)．

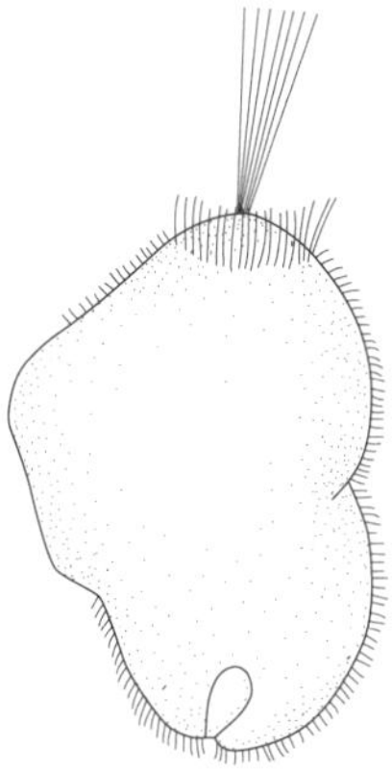

図 7.10　翼鰓綱のトロコフォア様の幼生 (Schepotieff, 1909)

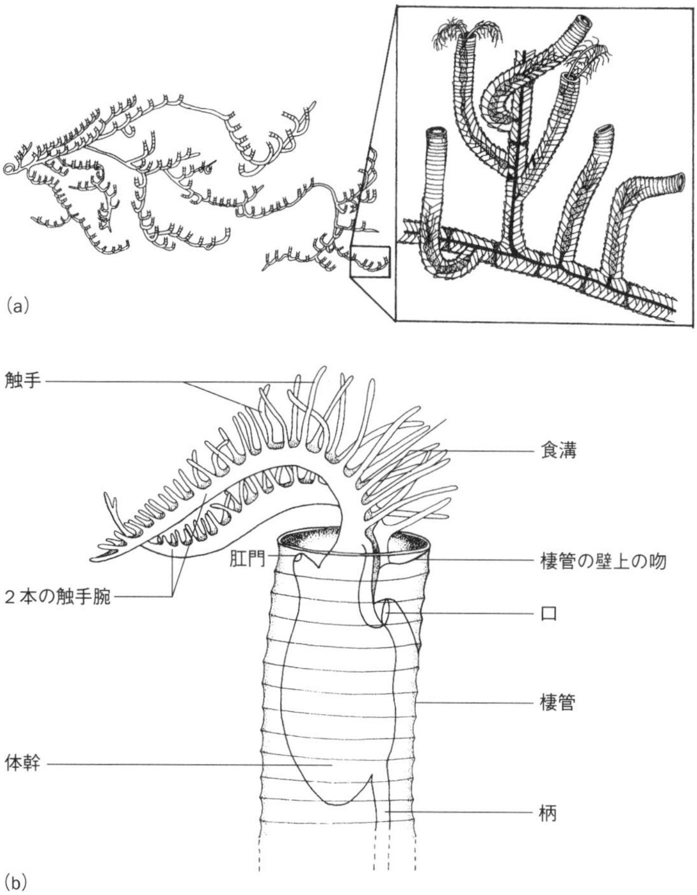

図 7.11　翼鰓綱桿壁虫目の群体の一部 (a) と個虫の拡大図 (b) (Grasse, 1948 ほか).

る.

無性的な出芽がふつうで，一部の動物群では個虫が走根によって結ばれた群体へと成長し，別の動物群では1つの共通の棲管の中で生活するが体はつながっていない個虫からなるクローン集合へと成長する. 有性生殖についてはほとんどわかっていないが，幼生は腸鰓綱のものには似ていない (図 7.10).

翼鰓綱の 10 種は 2 目に分けられている. 頭盤虫目は非群体性でヒドロ虫の群体の表面を這っているか，共通の棲管の中で開口部近くによじ登って摂食している (図 7.9). 頭盤虫目は鰓裂は 1 対で，触手腕が 4〜9 対，生殖巣を 1 対もつ. 桿壁虫目は群体性の翼鰓綱である (図 7.11). 生殖巣は 1 個で，触手腕は 1 対，鰓裂はない.

c.　プランクトスファエラ綱

この綱は，1930 年代初期から大西洋でプランク

図 7.12　プランクトスファエラ綱の幼虫の背面図 (Spengel, 1932)

トンネットによって採集されていた（全体的な体形が腸鰓綱の幼生に似ている）大型（直径 2.2 cm に達する）の幼生（図 7.12）の受け皿として，希望的かつ一時的に提唱された綱である［訳注：採集されているのは 1910 年代から，発表されたのが 1930 年代］．しかし，いまだ成体はみつかっておらず，分類の正当性や他の動物との関係については不確かなまま残されている．

7.3　棘皮動物門 Echinodermata

7.3.1　語　源

ギリシャ語：echinos＝はりねずみ，derma＝皮膚

7.3.2　判別に役立つ特徴・特別な特徴

1. 成体は五放射相称，大半のものは実質的に放射相称だが，一部は左右相称となる．
2. 体は 2 細胞層以上の厚みがあり，組織と器官がある．
3. 貫通腸（いくつかの動物群では 2 次的に盲嚢状，1 つの動物群では腸を欠く）．
4. 体形はきわめて多様：祖先的で固着性のものは球形またはカップ形の体をもち，反口側で柄によって基質に付着し，口は上を向き 5 本の腕がそのまわりをとりかこむ．派生的で自由生活のものには柄がなく，体は口が下面（まれに前側）を向くようになり，突き出る腕があるものとないものがあり，ときどき左右相称形となる．

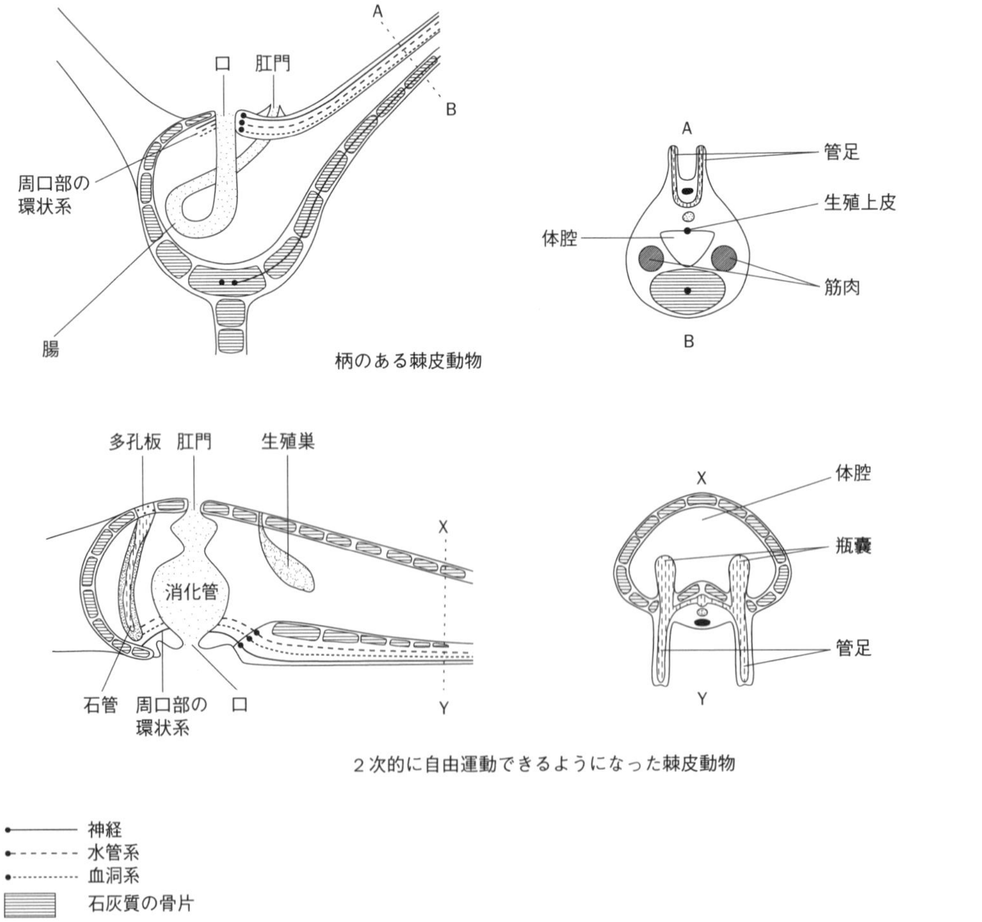

図 7.13　一般化した 2 タイプの棘皮動物の模式的な体の断面図（Nichols, 1962）

5. 分化した頭部はない.
6. 基本的に少体節性で腸体腔起源の3対の体腔があり, 後体腔 (「後部体腔嚢」somatocoel) が主たる体腔を形成する. 直達発生をする2, 3の動物群では体腔が裂体腔的に形成される.
7. おもに左の中体腔 (左の「水腔嚢」hydrocoel) と部分的には左の前体腔 (左の「軸腔嚢」axocoel) から生じる水管系 water-vascular system は, 内部に海水を含み, また間接的に海水とつながっており, それは (運動器官である) 管足と摂餌用触手を水圧により動かす. 水管系の一部は食道をとりかこむ水管環を形成し, そこから各腕の歩帯に沿って放射水管が伸び出ている.
8. 中胚葉性で石灰質の骨片または骨板があり, これらはしばしば突出する疣や棘をもつ. 真皮には独自の「キャッチ結合組織」がある.
9. 排出器官はない.
10. 循環の「血洞」haemal 系はあまりはっきりせず, 循環機能はおもに体腔液によって果たされている.
11. 神経系は表皮下で, 周口神経環からそれぞれの歩帯に放射神経が伸びる形をとる.
12. 通常は雌雄異体.
13. 放射卵割.
14. 発生は後口動物型, 繊毛のある左右相称形の幼生期を経る間接発生型 (図7.14).
15. 海産.

棘皮動物は非常に他とは違っているまとまったグループで, 放射相称, 中胚葉性の石灰質の骨格, 水管系および他の体腔性の系, の3つの明瞭な形質をもつ. これら3つとも, 固着性の懸濁物食者起源であることと直接関係する. どんな祖先から進化したものであれ, 固着性懸濁物食者の食物を集める器官は, 放射相称になる傾向があるが (9.1節), 棘皮動物においても, このことは5つの腕 (しばしば2分岐する) が環状に並んでいるところに現れている. この腕の祖先形は, 半索動物翼鰓綱 (7.2.3.b.) のような触手冠の腕と同等か, おそらくはそれに由来したものだろう. 翼鰓綱と同様, 腕やその上に生える (繊毛のある) 触手の水圧系の圧力は, (おもに) 中体腔の圧力によって供給されている. しかし多くの棘皮動物の系統では2次的に自由生活

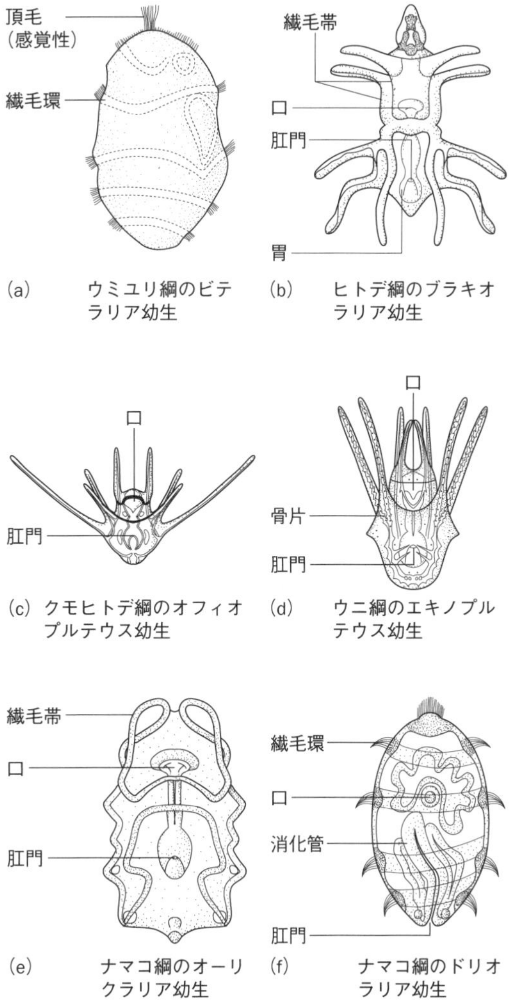

図7.14 棘皮動物の幼生 (Barnes, 1980)

型となり, それらの大半では体軸の位置が180度回転し, かつて上面であった (口や腕がある) 面が, 基盤に接するようになった. 以前の摂食用の触手が, 今や運動の機能をもち, ほとんど形態を変えることなく管足 tube feet となったのである (この機能変化に対する適応は, 水圧の圧力溜である瓶嚢(びんのう) ampulla を各管足に発達させたことで, これにより個々の管足が別個に膨張したり収縮したりできるようになった). 腕もまた大きく変化し, (ヒトデ綱でみられるように) しばしば非常に大きく幅広となったり, (ウニ綱やナマコ綱のように) ぐるっと体を包みこんで体と一体化した. ただしどちらの場合も, 5本の腕はまだ体制 (ボディープラン) を支配しており, 自由生活するものの大半において, 祖先

的で実質的な放射相称は保持され，結果として動物はどちらの方向にも動くことができるのである（五放射相称はすべての現生のグループに特徴的にみられるが，初期のタイプの棘皮動物すべてにみられるわけではない．一部はらせん対称形となり，また基本的な相称性のパターンをまったく示さないものもいた）．

固着性の動物は，捕食や波の動きに対して体を支持したり保護したりする手段が必要である．棘皮動物はこれを真皮に骨片系を入れることにより実現した．個々の骨片 ossicle は格子状に穴があいた炭酸カルシウムで，あたかも方解石の単一の結晶のようにふるまう．骨片は，しばしば炭酸カルシウムが付け加わっていくことによって大きさを増して骨板を形成し，他の同様な骨板と重なりあって，体のほぼ最外側にある堅固な箱（殻 test）を形成する．他のそのような動物（たとえば二枚貝や腕足動物）と同様，祖先的な頭部は失われている．殻の上をおおっている表皮（一般的に繊毛が生えている）は，なくなっていることもあり，それゆえに殻の部分が体の外部の境界となる．さらに，石灰質の骨片は2次的に運動の役割を果たすこともあり，異なる骨片の間に走る筋肉があって，海底の基盤を押すように腕や棘を動かす（第10章参照）ことにより，管足に代わって移動運動にはたらいているのである．

棘皮動物は，非常に大きな体をもつ非常に小さな動物であるといわれてきた．みかけ上の体の大半は殻の材料や体腔空間であるため，単位重量あたりの代謝速度は小さい．そしてまた，生組織の重量あたりの酸素消費量も少ないが，これはおもに，他の動物と違って棘皮動物が姿勢保持に筋肉を使用しないことによる．その代わりに，皮下にある独自の「キャッチ結合組織」によって姿勢が保たれているのである．固体と液体との間の変化に匹敵するほどの硬さの違いを，この組織は神経支配によって急速に変えることができる．動物の各部分が動くときにはコラーゲン繊維がお互い相対的にすべることができるが，ある望ましい位置が実現したときに，細胞外マトリクスに変化が起こり，その結果，この繊維はお互いに不動の状態になるように（可逆的に）ロックすることができるのである．このようなシステムを進化させた動物はほかにはないが，また，他のどの運動性の動物にも，これほどまでに筋肉が貧弱な動物はいない．筋肉の貧弱なのは，その祖先が固着性であったがために起こったことである．

棘皮動物の体は無体節性であるが，3対の腸体腔嚢が（時に変形した形で）発生するので，一般的に，棘皮動物は少体節性で三体部性のグループと近縁であるとみなされている．半索動物のように，後体腔（「後部体腔嚢」）がおもな体腔をつくり，中体腔（「水腔嚢」））（棘皮動物ではその中の「1つの」もの）が触手環に似た腕の水圧系をつくり出す．右の中体腔は通常は萎縮して脈動する小嚢となる．右の前体腔（「軸腔嚢」）は軸洞を形成する．軸洞は，血洞系の一部のまわりをとりかこむ空間を形成している（血洞系が何をやっているのかは，いろいろな意見がある）．一方，左の前体腔は中体腔起源の水管系と合体する．少体節性の腸体腔動物においては，前体腔と中体腔は，各体腔のもつ小さな孔によって外部環境と連絡しているが，これを，棘皮動物は水管系内の液の量を変える手段として大きく発達させたと，昔から思われてきた．棘皮動物の場合，外界に通じる孔は共通のものであり，この孔（軸水孔）は孔のあいた骨板である多孔板 madreporite という形をとり，多孔板を通して水が環境中のものと入れ替わると示唆されてきた（水管系は体腔液というよりも，体腔細胞を少々含んでいるが，実質的には，海水である）．「石管」が多孔板と水管環とをつないでいる．しかしながら多孔板を横切っての実際の水の移動はいまだ観察されていない．水の移動ではなく，動物体内外の静水圧を等しくするのに使われている可能性がある．

棘皮動物の特殊性は，その形態自体にそれほど大きな特殊性があるわけではなく，おそらく棘皮動物が，触手的な腕を動かすことと柄を曲げることしかできなかった付着した固着性の動物群由来の子孫であるにもかかわらず，自由生活型の動物として成功することができた唯一の動物群であるという事実から生じているのである．

7.3.3 分　類

6750ほどの現生種が知られているが，古生代の多様さに比べ，今のほうがはるかに少ない．24綱のうち6綱のみが生き残っている．

綱	目
ウミユリ綱 Crinoidea	ゴカクウミユリ目 Isocrinida ウミシダ目 Comatulida ホソウミユリ目 Millericrinida ツボウミユリ目 Bourgueticrinida マガリウミユリ目 Cyrtocrinida
ヒトデ綱* Asteroidea	ウデボソヒトデ目 Brisingida マヒトデ目 Forcipulatida アカヒトデ目 Valvatida イバラヒトデ目 Notomyotida モミジガイ目 Paxillosida ニチリンヒトデ目 Velatida ルソンヒトデ目 Spinulosida
クモヒトデ綱 Ophiuroidea	ムカシヒトデ目 Oegophiuria カワクモヒトデ目 Phrynophiurida クモヒトデ目 Ophiurida
シャリンヒトデ綱 Concentricycloidea	ウミヒナギク目 Peripodida
ウニ綱 Echinoidea	オウサマウニ目 Cidaroida フクロウニ目 Echinothuroida ガンガゼ目 Diadematoida オトメガゼ目 Pedinoida オトヒメウニ目 Salenoida ホンウニモドキ目 Phymosomatoida アスナロウニ目 Arbacioida サンショウウニ目 Temnopleuroida ホンウニ目 Echinoida タマゴウニ目 Holectypoida タコノマクラ目 Clypeasteroida マンジュウウニ目 Cassiduloida ブンブク目 Spatangoida ネオマンジュウウニ目 Neolampadoida ニセブンブク目 Holasteroida
ナマコ綱 Holothuroidea	キンコ目 Dendrochirotida イガグリキンコ目 Dactylochirotida マナマコ目 Aspidochirotida オニナマコ目 Elasipoda イカリナマコ目 Apodida イモナマコ目 Molpadiida

* 分類は現在のところ流動的である.

a. ウミユリ綱（ウミシダとウミユリ）

ウミユリ綱は，口が上を向いているという祖先的な体の姿勢を保持している唯一の現存する棘皮動物である．口は環状に並んだ腕の中央にあり，腕には(粘液と繊毛を用いて懸濁物食を行う）管足がある．基本的には5本の腕があるが，繰り返し分岐してみかけ上は10〜200を超える腕をもつ．それぞれの腕には，多数の側方の枝（羽枝 pinnule）があり上側を向く歩帯溝 ambulacral groove がその枝にまで伸びている（図7.15）．粒子は，繊毛が生えていて粘液を分泌する管足でとらえられ，繊毛が生えた歩帯溝に沿って口まで運ばれ，U字型の消化管に入る（図7.16）．水管系と他の体腔系は単純であり，瓶嚢も多孔板もなく，しばしばたくさんの石管が体

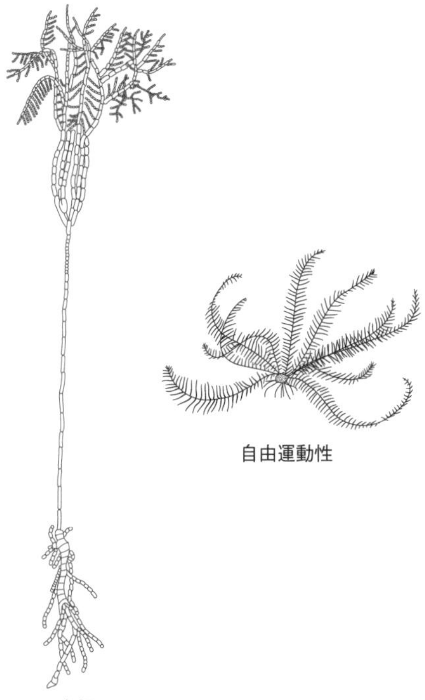

図7.15 ウミユリ綱の体形（Danielsson, 1892 および Carpenter, 1866）

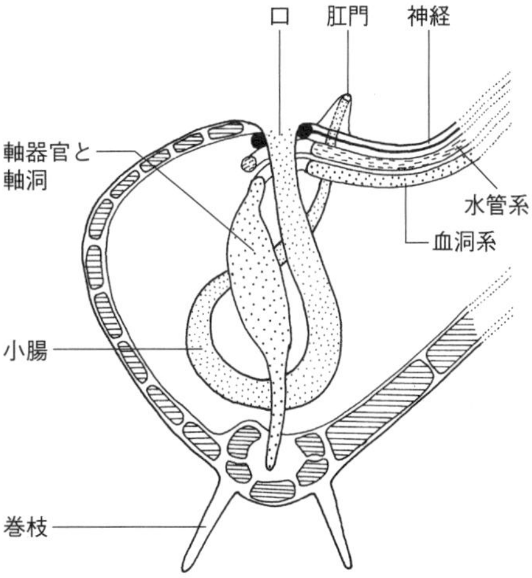

図7.16 自由運動性のウミユリ綱の体と腕の一部の模式的な断面図（Nichols, 1962）

腔嚢へと開いている（管足を伸ばすための瓶嚢はないが，管足は，水管の管壁にある括約筋が収縮することによって伸ばされる）．

球形の体は反口側の柄（収縮できず，長さは1mにも達する）によって永続的または一時的に基盤に付着する．柄には環状にとりかこむ巻枝 cirrus があり，末端は付着板または一連の巻枝で終わるか，つかんだり海底に打ち込んだりすることができる根をもっている．

多くの現生種では，短い付着期間の後，自由生活型となり羽のような腕を使って泳ぎ，反口側にある巻枝で基盤に一時的に付着する．自由生活型なのにもかかわらず，祖先的な口を上に向ける姿勢は維持されている．腕，体，柄は強く石灰化した骨板をもち，体の体積の大半を占めるため，組織のある空間は小さい．

生殖組織は分散している．腕の中の腹膜部分から配偶子がつくられ，それは羽枝の基部の小さな「生殖巣」で発達し，羽枝の壁が破裂することによって放出される．ビテラリア vitellaria 幼生（図7.14(a)参照）になるのが特徴で，これが変態して成体のミニチュアのような有柄の形になる．おもに柄のつくりの詳細と付着システムによって5目に分類されている．全部で625種を含む．

b. ヒトデ綱（ヒトデ）

ヒトデの体は本体 body と腕 arm からできてお

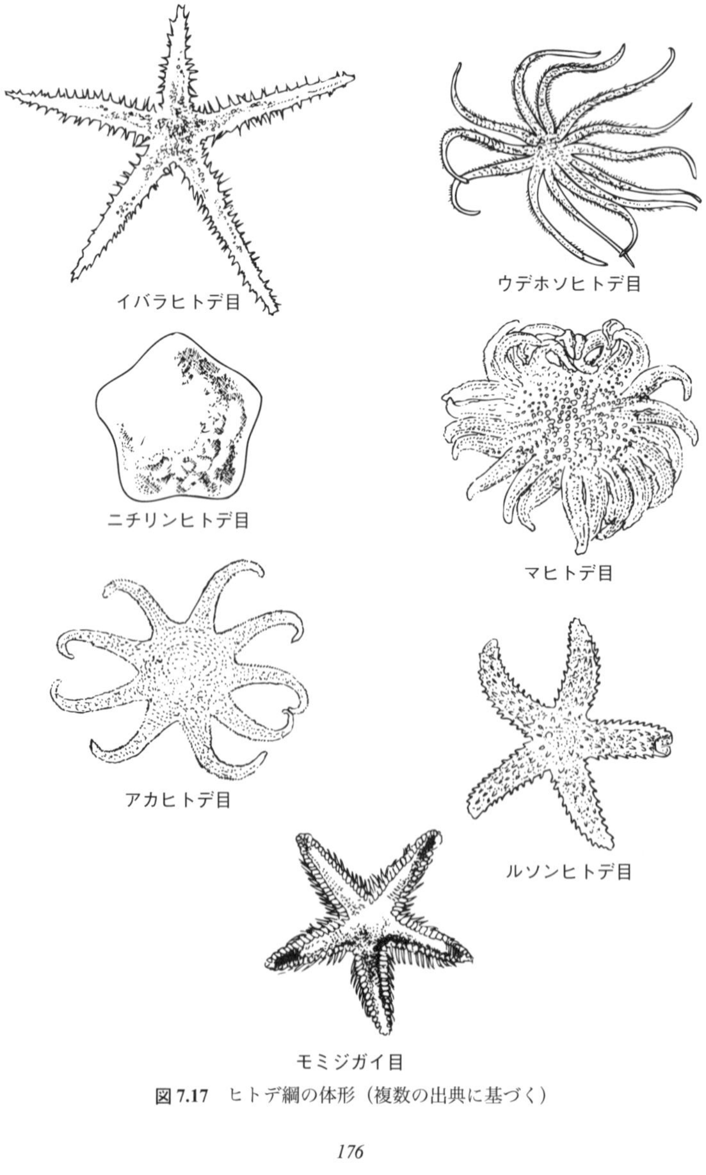

図7.17 ヒトデ綱の体形（複数の出典に基づく）

り，ヒトデは一般的に，平たい本体と，それが徐々に形が変わって腕へと移向しているところが特徴的である．腕の数は5本だが，それより多いこともあり，多いものでは40本にもなる．腕は短く幅広で，体全体として五角形の輪郭を与えるものから，とても細長いものまである（図7.17）．ヒトデは付着はせず自由に動き，口と歩帯溝は下面にあり，多孔板と肛門（もしあれば）は反口側（上面）にある．歩帯溝はよく発達し，その縁は2列の癒合していない骨片によって守られていて，その骨片にある切れ込みの部分を，体内の瓶嚢から管足へとつながる管が通過している．管足は運動に使われ，しばしば吸盤をもつ．石灰質の骨格はいくぶんゆるく結びついているが，その外に向いた面には疣や棘をもち，これらは，時に明瞭な列をなして並ぶ．棘の一部は叉棘 pedicellaria に変わっていることもある（図7.18）．叉棘は通常3つの小さな骨片がハサミやピンセットのように動き，体表に定着しようとする他の動物を除去している．

水管系をはじめとして体腔は発達しており，体腔から小さく伸び出した部分である皮鰓 papula が体の反口側に突き出てガス交換に役立っている（図7.19）．一部のヒトデは雌雄同体であり，繁殖や発生にいくつかの方法がある．すなわち①無性的な分裂，②保育や直接発生（とくに高緯度地域で），③ビピンナリア bipinnaria 幼生やブラキオラリア brachiolaria 幼生（図7.14(b)）を経ての間接発生がある．大半の種は腐肉食か，固着性や定在性の餌をとる肉食だが，堆積物食や懸濁物食のものもいる．Macrophagous 食［訳注：その動物の体を基準にして，比較的大きい餌を食べる］では，餌は丸飲みにするか，非常に大きな胃を口から外転して餌動物の組織に向けて出す．胃からは各腕に1対の大きな盲嚢が出ている．

1500種を含む7目が叉棘のタイプや，歩帯の骨片，管足の形状をもとにして区別されている．1962年に発見された *Platasterias* 属は，その当時は，絶滅した棘皮動物の一綱である体海星類の生き残りだとして大評判になったが，今日では体海星類ではなく，特殊化したヒトデ類であるとされている．

c.　クモヒトデ綱（クモヒトデとテヅルモヅル）

近縁であるヒトデ綱と似て，クモヒトデ綱は本体が平たく自由生活をする棘皮動物で，口は体の下面

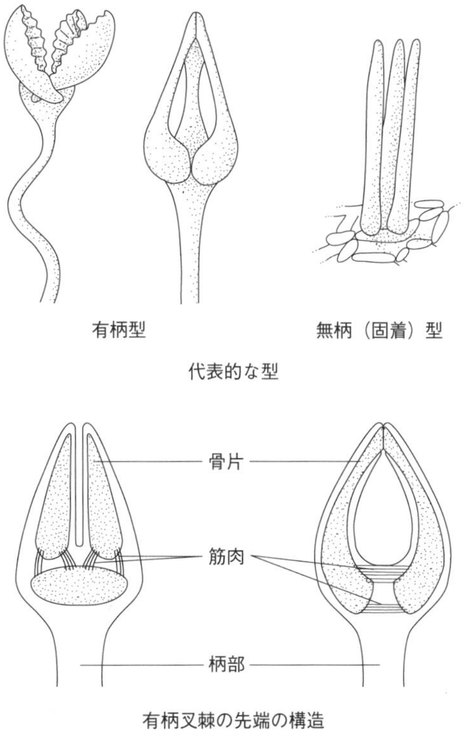

図7.18　叉棘（Mortensen, 1928-51 および Hyman, 1955）

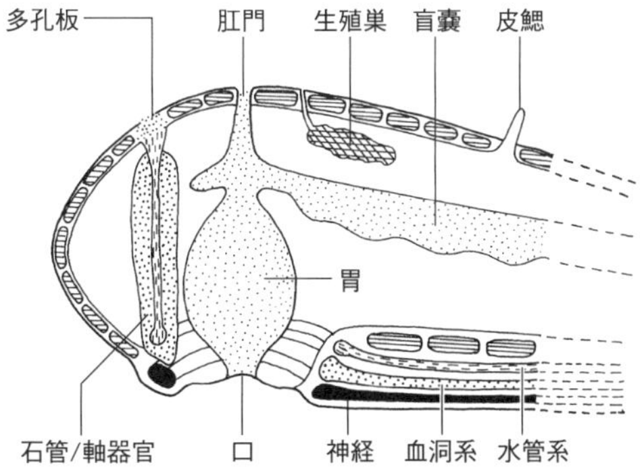

図7.19　ヒトデ綱の体と腕の一部の模式的な断面図（Nichols, 1962）

を向く．しかしヒトデ綱とは違って，クモヒトデ綱では中央部にある本体は小さくて盤形をしており［訳注：それゆえこの部分を盤 disc とよぶ］，細長い腕との境界は鋭くはっきりしている（図7.20）．石灰質の骨格が腕の体積のほとんどを占めており（盤でも同様に骨格はよく発達する），個々の腕の骨片が融合して「腕骨」vertabra となり，縦に並んで互いに関節を形成して連なり，間腕骨筋によって関節を動かすことができる．これによって，クモヒトデ綱は腕を使って歩くことができる（その際，中

央の盤はしばしば海底からもち上げられている). したがって管足は，腕が基盤をしっかりとつかんで押すのを助ける以外には，運動の機能はもたない．管足はおもに摂食に用いられ，歩帯溝は骨板の内部にかこまれている．ヒトデ綱と異なり，多孔板は口面にある．

多くのクモヒトデ綱は粘液－繊毛性の懸濁物食者であり，そのうちのいくつかのものは5本の腕が繰り返し2分岐して摂食面積を増やしている．堆積物食や雑食の腐肉食もまたふつうにみられる．大きな胃をもつが，腸や肛門はない．(胃と口側の体表面の間に位置して) 表面から陥入している10個の嚢 bursa はガス交換に特化した器官として機能し，口の周囲にある切れ目を通して (繊毛打や筋肉のポンプによって) 水を引き入れる．卵は生殖巣から嚢へと放出されて，しばしばここで保育される．一部の種で胚は実際に嚢の壁に付着し胎性で発生する．発生は直接発生か，オフィオプルテウス ophiopluteus 幼生 (図 7.14(c) 参照) を経る．

3目が区別され，全部で2000種ある．

d. シャリンヒトデ綱

1986年，ニュージーランド沖の水深1000 mの沈木からみつかった単一種の9標本をもとにして，風変わりなクラゲ型の棘皮動物の新しい綱が記載された．2年後に，再び沈木から，今度はバハマ沖の水深2000 mから2番目の種が記載された．唯一の属であるウミヒナギクの仲間 *Xyloplax* の体は直径15 mm以下で，平らで腕はなく，棘により環状にかこまれている (図 7.22)．盤の上面は鱗のような骨板におおわれている．下面には2つの同心円状の水管環があり，それから縁辺管足が出て1列に環状に並

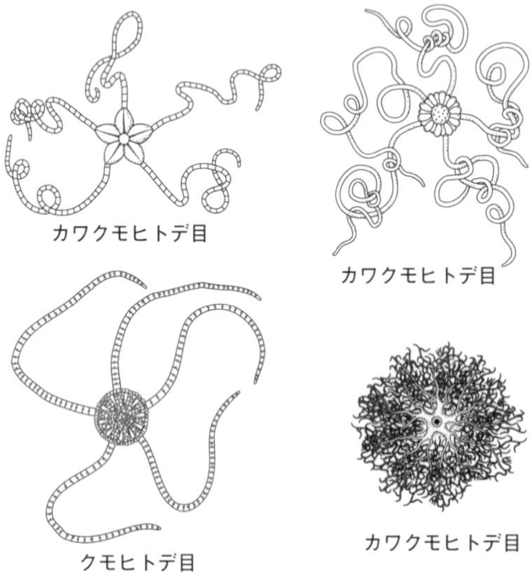

図 7.20 クモヒトデ綱の体形 (複数の出典に基づく)

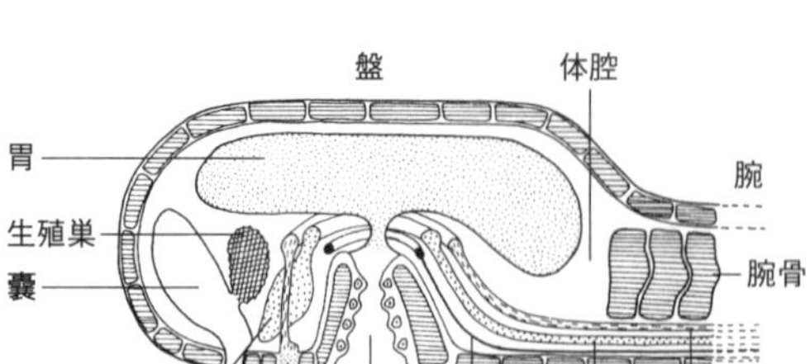

図 7.21 クモヒトデ綱の盤と腕の一部の模式的な断面図 (Nichols, 1962)

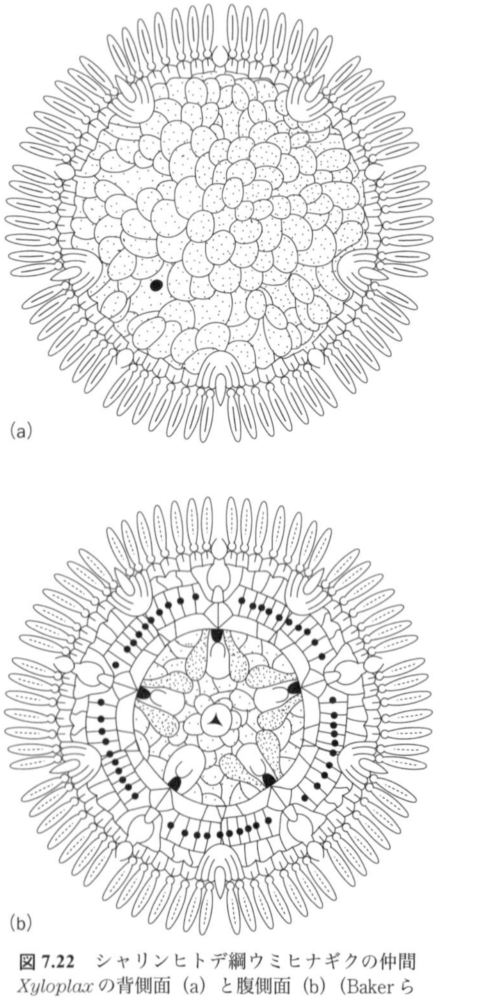

図 7.22 シャリンヒトデ綱ウミヒナギクの仲間 *Xyloplax* の背側面 (a) と腹側面 (b) (Baker ら 1986)．

ぶ．どちらの種も雌雄異体で性的二型がある．5対の生殖巣が存在する．バハマの種は中心にある広い口が，浅い盲嚢状の胃につながっている．もう1つの種は下面が膜状の「縁膜」velumで占められている．

e. ウニ綱（ウニ，カシパンなど）

ウニ綱は球形または2次的に平たくなった自由生活型の棘皮動物で腕はない（ある意味では腕は体に合体している）（図7.23）．ウニ綱では，石灰質の骨片が発達した骨板が結びつき合って硬い殻をつくるのが特徴的で，歩帯 ambulacrum も間歩帯 interambulacrum も，それぞれ2列の鉛直方向に並んだ骨板の列でできており，この列は口から反口側へと，体の湾曲に沿って並んでいる（こういう歩帯と間歩帯の組が5組ある）．殻は叉棘（7.3.3.b. 参照）と可動性の棘をもち，一部の種では棘で歩いたり砂に潜ったりすることができる．棘を用いないものでは，運動は歩帯板の孔から出る管足によって行う．

口は下面にあり，アリストレテスの提灯（図7.24）という（5つの大きな骨板といくつかの小さな骨板からなる）特有の口器をもち，提灯は口から突き出ていて，これを用いて海藻や定在性や固着性の動物を餌として噛んで食べる．表在性の「正形類」では，口は下面の中央にあり肛門が上面の中央にある．多数の種（「不正形類」）が軟らかい堆積物に潜り，2次的に左右相称となりしばしば極度に平らな形になる．不正形類では，肛門は顕著に「後

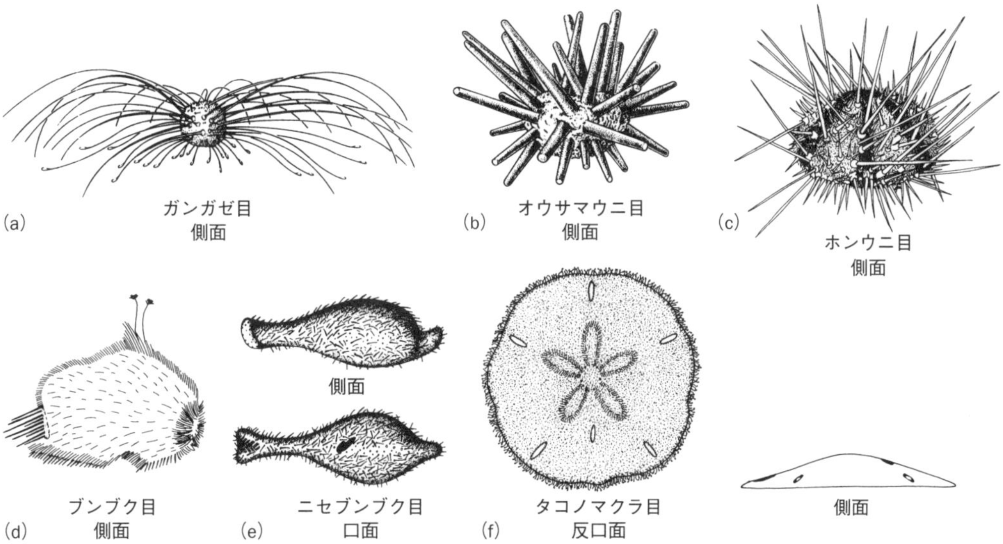

図 7.23 ウニ綱の体形：(a)～(c) は「正形類」，(d)～(f) は「不正形類」(Hyman, 1955 ほか)．

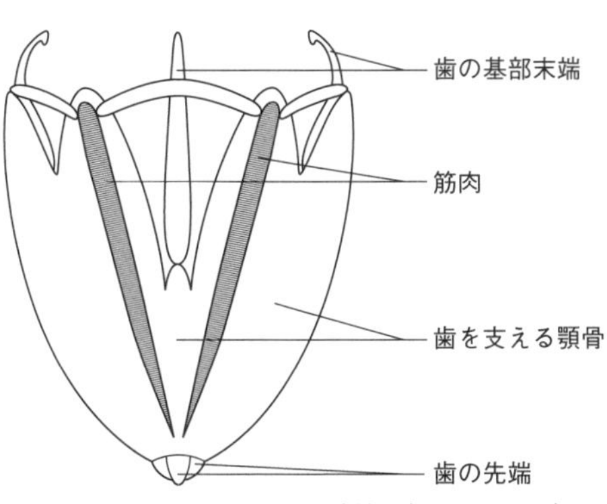

図 7.24 アリストレテスの提灯（Hyman, 1955）

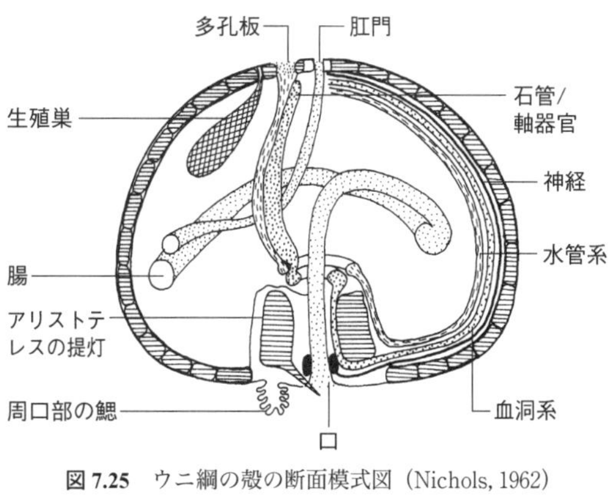

図 7.25 ウニ綱の殻の断面模式図（Nichols, 1962）

方」の末端に移動し口も少し「前方」へと移動している．食物はデトリタスで，それに伴いアリストテレスの提灯はしばしば退縮するかなくなっており，摂食は特殊化した粘液－繊毛性摂触用管足によって行われる．

体腔は大きく（図7.25），ガス交換のために，極度に変形した管足（不正形類）または周口部の鰓（正形類）という形の伸長部をもっている．4つ（不正形類）または5つ（正形類）の大きな生殖巣も体腔内にあり，反口側にある生殖口を通して配偶子が放出される．一部は保育を行うが，大半は間接発生で，エキノプルテウス echinopluteus 幼生を経由する（図7.14(d)）．

ウニ綱の目の分類は，おもに化石に基づいている．現生種は15目で950種を含む．

f. ナマコ綱

他の自由生活型の棘皮動物と比較して，ナマコ綱には腕がなく（ウニ綱と同等で，腕は体に合体している），口側－反口側軸に沿って大きく引き伸ばされた左右相称の体をもつため，3つの歩帯を「腹側」にしてその面を下に横たわり，残る2つの歩帯が「背側」に位置する．体壁もまた棘皮動物として

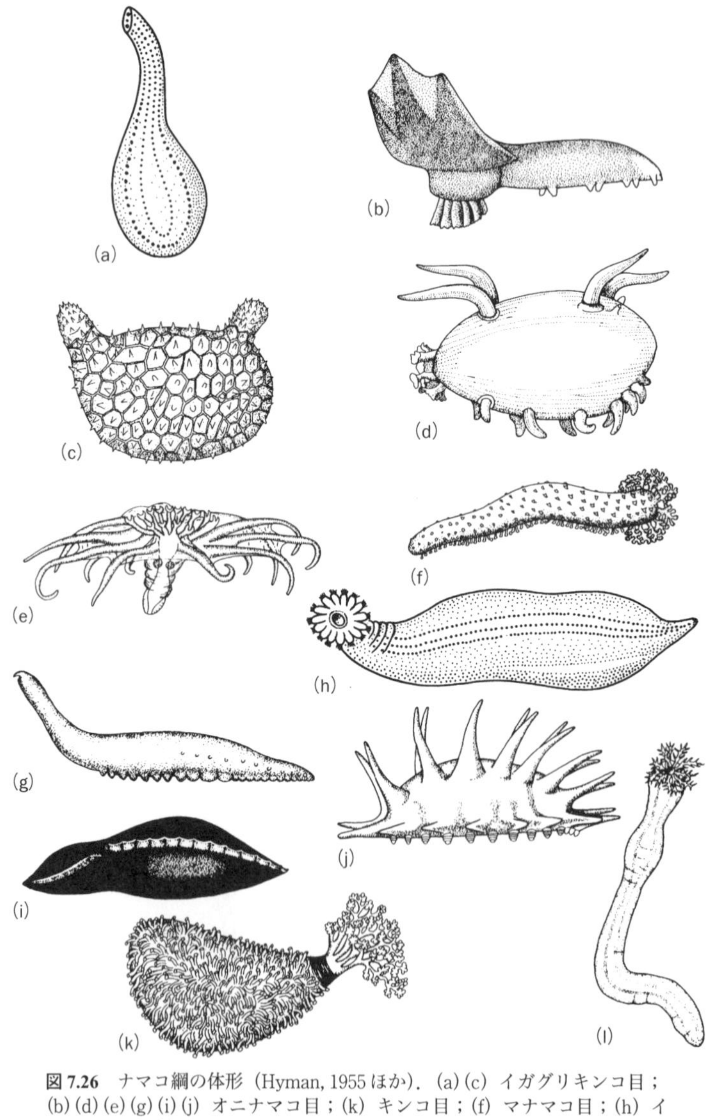

図7.26 ナマコ綱の体形（Hyman, 1955ほか）．(a)(c) イガグリキンコ目；(b)(d)(e)(g)(i)(j) オニナマコ目；(k) キンコ目；(f) マナマコ目；(h) イモナマコ目；(l) イカリナマコ目．

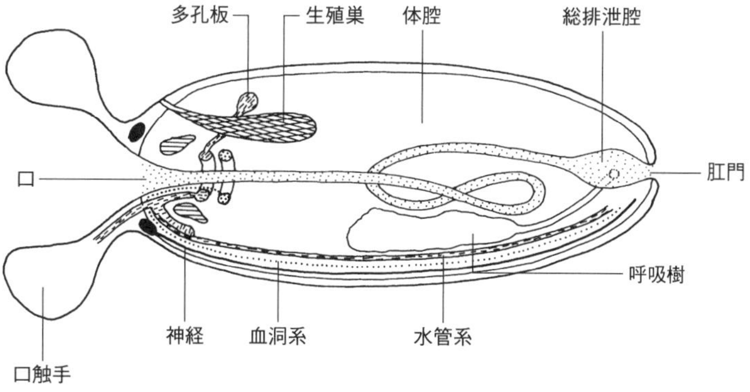

図 7.27　ナマコ綱の殻の断面模式図（Nichols, 1962）

は変わっていて，皮状となりよく発達した環状筋および5本の縦走筋があり，石灰質の骨格はバラバラの顕微鏡サイズの骨片へと退縮している．

「前方」にある口のまわりでは，水管系が，8〜30本の（指のような，または枝分かれした木のような，または盾型の）口触手となっており，堆積物食や，それよりもまれではあるが懸濁物食に使われている（図 9.2, 9.5）．消化管はしばしば長く，「後部」が総排泄腔（つまり直腸と肛門）で終わり，これは多くの種で，体腔内に横たわる1対の大きな盲嚢である呼吸樹とつながり，ガス交換のために水を取り入れている（図 7.27）．一部の種では，怒ったときに腸の後部を呼吸樹も含めて肛門からはき出してしまう．また，数種は独特の粘着性で毒を含むキュビエ器官をもっており，これは呼吸樹から枝分かれしている．多孔板は体腔内に自由に浮いている．

運動はきわめて遅く，大半の種では管足によって行われ，管足は歩帯に限られるというよりもしばしば体表に散らばっている．しかし，一部のグループでは管足を完全に欠き，運動は筋肉の収縮による蠕動でなされる．この際，体の一部を膨らまして，まわりの堆積物に体を固定して体を前に押しやるが，その固定を小形でとがった骨片が体壁から突き出して助けている．いくつかのナマコは定在性で，管足を運動よりもむしろ付着に使う．一部の深海種では管足が非常に巨大化して伸びて竹馬のように歩く（図 7.28）．大半の種は表在性で，いくつかは堆積物中に潜り，1つのグループはプランクトンとなる．

通常，単一の生殖巣が存在し，口触手の近くの生殖口から配偶子を放出する．胚の保育も多くみられ，一部では実際に体腔内で行い，ある1種では卵巣自体で保育する．数種は雄性先熟の雌雄同体である．非保育型の種では，発生は間接的で，ビテラリアまたはオーリクラリア auricularia と，ドリオラリア doliolaria 段階を経る（図 7.14(e)）．

6目が口触手の形状，管足の性質，体の形をもとにして分類されている．1150種あまりの現生種がいる．

7.4　脊索動物門 Chordata

7.4.1　語　源

ラテン語：chorda＝(ネコの腸でできた)太いひも

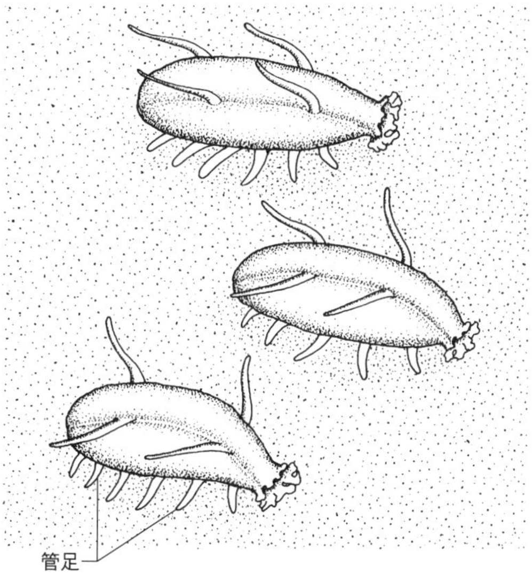

図 7.28　大きな細長い管足を用いて深海底を歩くナマコ

7.4.2 判別に役立つ特徴・特別な特徴（図 7.29）

脊索動物門は3つの亜門からなるが，そのうちの2つは無脊椎動物であり，本書でとりあげる範囲である．亜門という分類段階にされていることからわかるように，この2つはじつにはっきりと異なっているため，以下では別々に取り扱うものとする．しかしながら，これらはつぎのような特徴を共有している．

1. 左右相称．
2. 体は2細胞層以上の厚みがあり，組織や器官がある．
3. 貫通腸で，肛門は体の末端ではない．
4. 体は単体節性で，明瞭な頭部も，付属肢や顎もない．
5. 大きな咽頭があり，その壁には2，3個から多数の鰓裂の孔があり外界に通じている．
6. 粘液－繊毛性懸濁物食者（これについては9.2.5項に記してある）．摂食のための水流は鰓裂を通って体から出る．
7. 通常，咽頭域は2次的な体壁でかこまれ，単一の孔で外界へとつながる囲鰓腔をつくっている（図9.14を参照）．
8. 表皮は外側にクチクラを分泌せず，繊毛もない．
9. 生活史の一部またはすべての段階で，体内の背側にある棒状の骨格である脊索 notochord をもつ．
10. 生活史の一部またはすべての段階で，中空の神経管が脊索の背側を走る．
11. 生活史の一部またはすべての段階で，肛門より後方にある筋肉質の尾が，効果的な遊泳のための器官として役立っている．
12. 循環系は部分的に開放系である．
13. 放射卵割である．
14. 発生は後口動物的であり，通常は非決定的な間接発生である．
15. 海産．

7.4A 尾索動物亜門 Urochordata（ホヤ）

7.4A.1 判別に役立つ特徴・特別な特徴

1. 脊索と，中空の神経管と肛門後方の尾は，（あるとしても）幼生の段階だけか終生幼生的な一動物群に限られる．
2. 真体腔はない．

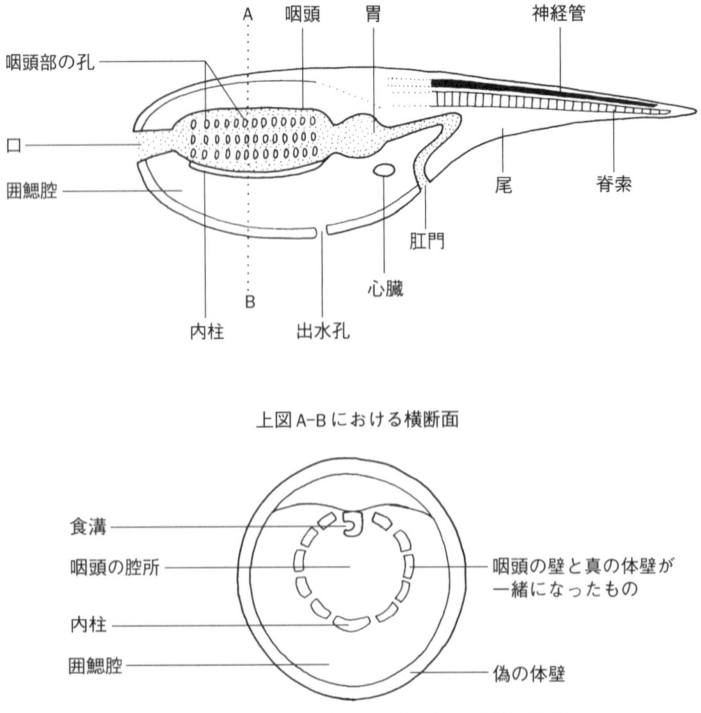

図 7.29 一般化した無脊椎脊索動物の基本体制の模式図

3．排出器官はない．
4．筋肉や他の構造に節はない．
5．体は，分泌してつくった被嚢 tunic（殻 test）もしくは「包巣」house でくるまれており，これらは通常，セルロースとタンパク質とからなり，この中に体から移動してきた細胞や，一部の動物では体外血管をもつ．
6．U 字型をした消化管と大きな咽頭が，体の体積のほとんどを占めている．
7．神経系は口と出水孔との間にある神経節から神経が出ている形をとる．
8．雌雄同体で通常は単一の卵巣と精巣とをもつ．

尾索動物は固着型か自由生活型，単体性か群体性の濾過食者であり，自由生活をする幼生期にのみ脊索動物との類似性がみられる．

7.4A.2　分　類

2000 種の尾索動物は 3 綱に分類される．

綱	目
ホヤ綱 Ascidiacea	マンジュウボヤ目 Aplousobranchia マメボヤ目 Phlebobranchia マボヤ目 Stolidobranchia ヘクサクロビルス目 Aspiraculata
タリア綱 Thaliacea	ヒカリボヤ目 Pyrosomida ウミタル目 Doliolida サルパ目 Salpida
オタマボヤ綱 Larvacea	オタマボヤ目 Copelata

a.　ホヤ綱

この綱は，固着型で底生の 1850 種を含む．ふつうは，自由生活をするオタマジャクシ型幼生（図 7.30）となり，この幼生は頭の端を基盤に付着させて変態する．変態の間の差分成長によって，体の前後軸は実質的に 180 度回転することとなり，その結果，口と口に伴う被嚢の入水管が，移動して体が付着する部分とは反対側の端に位置することとなる（図 7.31）．この入水管が触手のある口部を経由して巨大な咽頭へとつながり，ふつう咽頭にはたいへん多くの小さな裂け目（鰓裂）がある（ヘクサクロビルス目を構成する深海産の 4 種を除く――これらの咽頭は小型で鰓裂がなく，入水管は餌を捕獲するために物を捕捉できるような一連の葉状構造に変化している．図 7.33(h)）．咽頭へつながる開口部をとりかこんでいる触手は，大きな粒子の侵入を防ぐのに役立つ．出水孔もまた入水管の近くにある（図 7.32）．

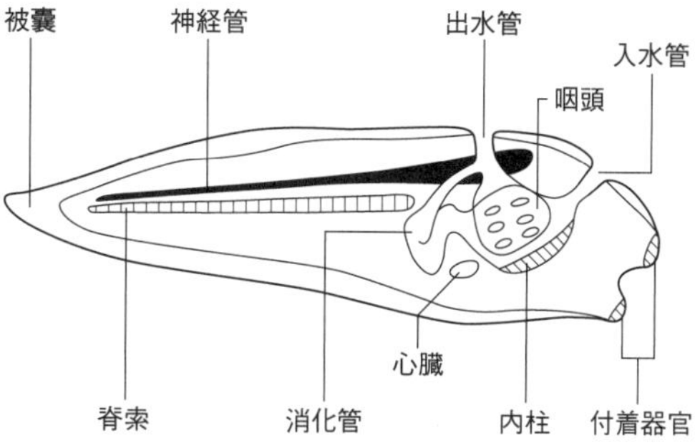

図 7.30　ホヤ綱のオタマジャクシ型幼生の内部形態（MaFarland ら，1979 ほか）

体の基部に心臓があり，珍しいことに 2 方向に血液を送り出す，つまり拍動の方向が周期的に逆転するのである．血液も変わっており，血球細胞の一部が高濃度の重金属（とくにバナジウム，ニオビウムや鉄）を硫酸とともに含んでいる．細胞のバナジウムの濃度は，バックグラウンドレベルである体外の海水の 10^5～10^6 倍にも達する．

出芽による無性的な増殖がふつうにみられ，ホヤの体の異なる部分からさまざまな方法で出芽する．（系統的に遠い刺胞動物や苔虫動物と同様）出芽でできた個体（個虫）同士は群体として互いに関係しあっているが，個虫の多形化はみられない．群体中の個虫が共通の被嚢に入っており，1 つの出水孔を共有している場合も多い．他の群体では基部の走根によってつながっているものもある．また，多くの群体は特徴的な形状をとっている．一部では，まだ幼生の時期から出芽を行うものもある．しかしホヤ綱の大半は単体性で，このような非群体性のホヤは個々の群体ボヤの個虫よりもしばしば大型となり，高さ 15 cm 以上に達することもある（図 7.33）．

ホヤ綱はおもに生殖巣の位置と咽頭壁の構造によって 3 つの目に分類されている（特殊な形状のヘクサクロビルス目は別扱い）．すべての種が群体性のマンジュウボヤ目では，生殖巣は腸のループの中にあり，咽頭壁は単純である．おもに単体性のマボヤ目では，生殖巣は体壁内部に埋もれており，体壁に沿った咽頭は縦に襞があり，縦走血管をもつ．ほとんどが単体性のマメボヤ目では生殖巣の位置はマンジュウボヤ目と同じだが，咽頭は，襞はないものの，2 分岐する支持突起によって支えられる縦走血管をもつ．

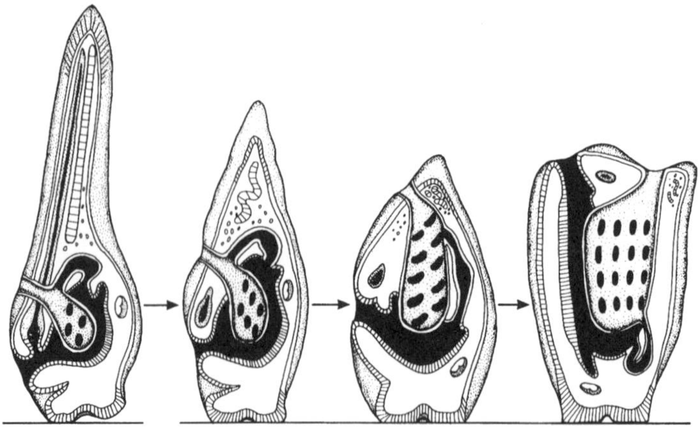

図 7.31　オタマジャクシ型幼生の変態（Barnes, 1980）

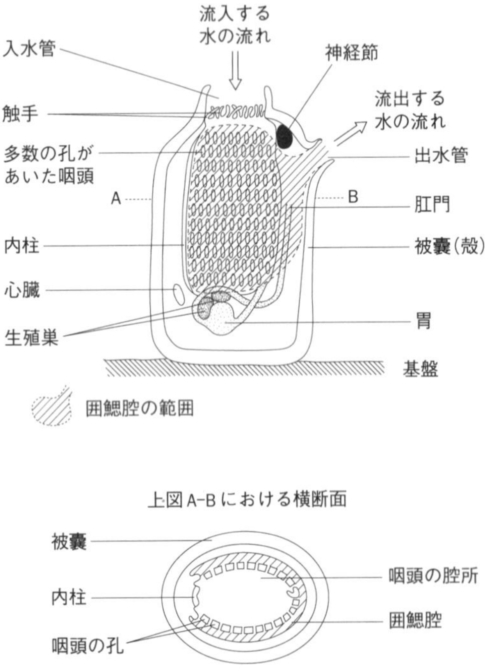

図 7.32　ホヤの断面模式図（いくつかの文献に基づく）

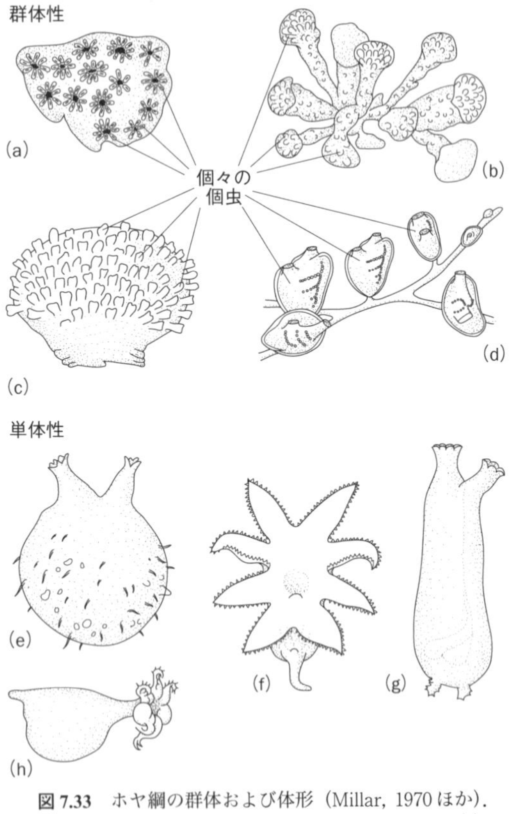

図 7.33　ホヤ綱の群体および体形（Millar, 1970 ほか）．(a) と (e) はマボヤ目，(b) はマンジュウボヤ目，(c)，(d)，(f)，(g) はマメボヤ目，(h) はヘクサクロビルス目．

b.　タリア綱（浮遊性の尾索動物）

約 70 種のタリア綱はすべてプランクトンで，紡錘型または樽型の体をもち，体の一端に入水孔が，他端に出水孔があり，この間を体の中を通って流れるように摂食流を起こすが，この摂食流をジェット噴射のように用いて運動にも使っている．無性的な出芽も行い，咽頭部の内柱の直後の位置に生じる腹側の芽茎から芽体が生じる．

2つの異なる生活型がある．ヒカリボヤ目は群体性のタリア綱で，円柱状の殻を共有しており，この殻は中央に腔所をもっており，腔所は一端でのみ外界とつながっている．それぞれの個虫は，入水孔が共同殻（被嚢）の外側面に向き，出水孔が内側面を向くように配列している．それゆえすべての摂食のための流れは，中央の腔所へと放出され，時に数mの長さに達する管状の群体全体が，1つの動物体として水中を移動する（図7.34）（巨大なウミヘビの目撃例のいくつかは，これだったのだろう）．個々の個虫は，近縁なホヤ綱と同じように咽頭にたくさんの孔があいている．

サルパ目とウミタル目はおもに単体性であるが，単体の形態と，性の異なるものが密集した形態とを交互に示す．サルパ目（図7.35）では，単体相で無性的に増殖し，これが鎖のように一式に連なったものとなり，この連鎖個虫がばらばらになって単体性の有性「世代」となる．これに対して，ウミタル目では単体相のほうが有性的に繁殖し，そうしてできたものが無性的に増殖して集合する「世代」を生み出す（図7.36）．両分類群とも①（生活史の異なる段階の間に）個虫の多型性を示し，②体のまわりをとりまく筋肉の帯または輪をもっていて（サルパ目では，繊毛の力ではなく，この筋肉が水の流れを起こす），また，③少数の大きな咽頭孔をもつ（サルパ目の極端なものでは，たった2個の巨大な裂け目をもつだけとなる（図9.14を参照））．サルパ目の殻は，セルロースを含む被嚢で基本的にはホヤ綱やヒカリボヤ目の殻と似ているが，ウミタル目の殻は，セルロースのないクチクラでできている．

ウミタルだけは生活史に幼生段階をもっており，一部の研究者は，この幼生段階が幼形進化によって次のオタマボヤ綱を生じさせたと考えている．

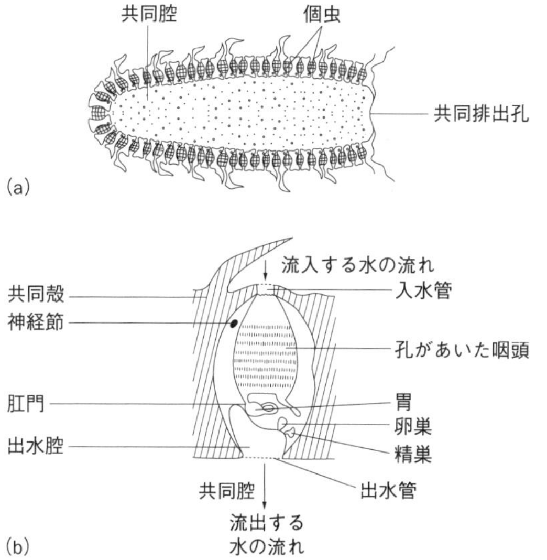

図7.34　ヒカリボヤ目の群体（a）と個虫（b）の模式的な断面図（Grassé, 1948 および Fraser, 1982）．

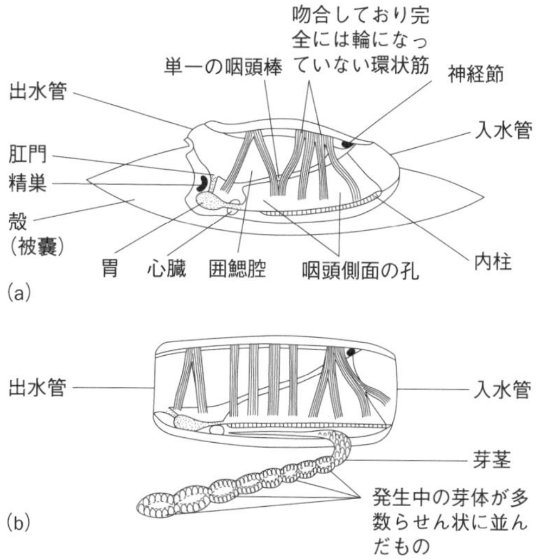

図7.35　サルパ目の生活環の二段階の（模式的な）形態．（a）有性生殖をする集合「世代」，（b）無性的に増殖する単体「世代」（Berrill, 1950 および Fraser, 1982 ほか）．

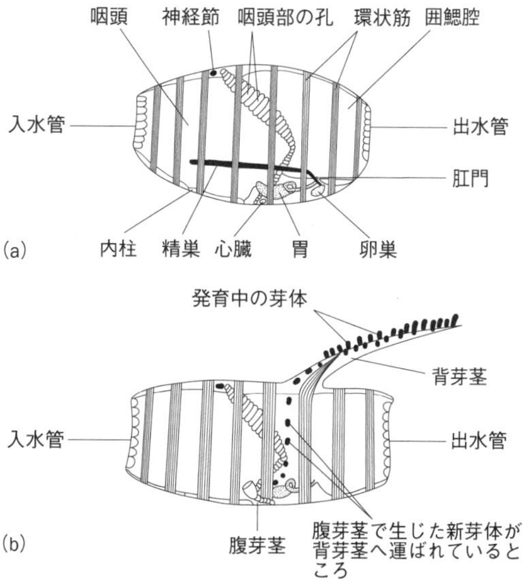

図7.36　ウミタル目の生活環における2つの段階の体のつくりを模式的に描いたもの．（a）有性生殖する単体「世代」．（b）無性的に増えて集合する「世代」．

c. オタマボヤ綱

プランクトン性のオタマボヤは，基本的には尾索動物亜門の幼生と同じ形態をもっている（図7.37）．体長はほんの5 mmほどと小さく，中空の神経管と脊索をきちんとそなえた大きな尾を終生もっている．表皮の腺が（セルロースの殻ではなく）薄いゼラチン質のクチクラの「包巣」を分泌する．包巣は体外にある濾過のための装置で（図7.38），尾を振動させることによって1次フィルターを通して水を中に引き込み，食物粒子，とくにナノプランクトンの藻類が，ゼラチン質の構造（濾過装置）中の細かいメッシュによってこしとられる（図9.4 (c) を参照）．こしとられた物質は，さらに咽頭繊毛によって生み出された水流の助けを受けて体内に摂取され，体内に入った水流は体表に個々に開いている1組の鰓裂を通って腸から出ていく．それゆえ，出水腔は包巣の内部の場所ということになる．包巣の1次フィルターや濾過装置が回復不能なまでに詰まってしまったときには，オタマボヤは（通常は閉じられている）「ドア」から出てその包巣を脱ぎ捨て，あらかじめつくってあった新しい包巣原基を膨らませる．

オタマボヤ綱はすべて単体性であり，生殖は有性的に行うのみである．1種だけ雌雄異体のものがいるが，これは尾索動物亜門中では特殊な例である．1目に70種が知られている．

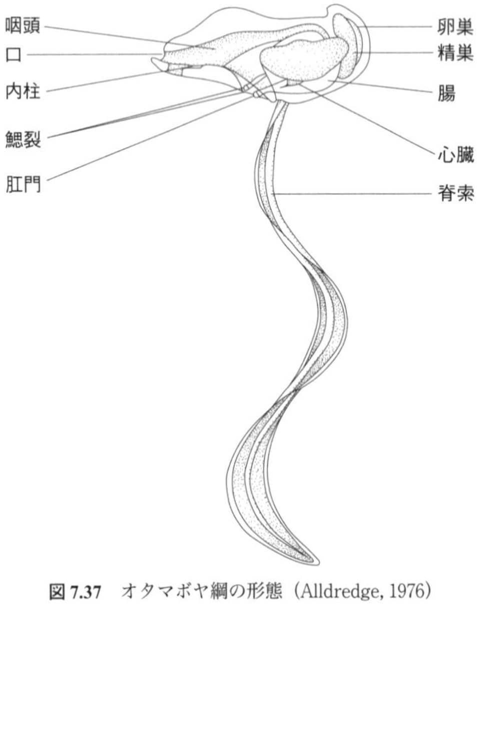

図 7.37 オタマボヤ綱の形態（Alldredge, 1976）

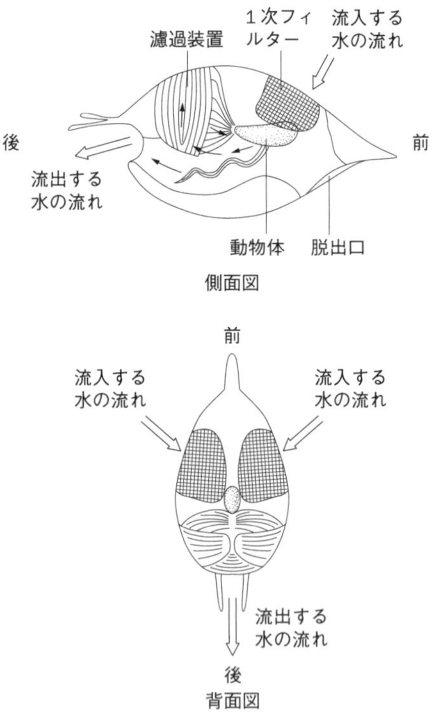

図 7.38 オタマボヤの包巣とそれを流れる摂食流（Hardy, 1956ほか）

7.4B 頭索動物亜門 Cephalochordata（ナメクジウオ）

7.4B.1 判別に役立つ特徴・特別な特徴（図7.39）

1. 体は両側面が近づいて側扁し，魚型である．
2. 脊索は体の全長にわたって延びる．
3. 中空の背側神経管はほぼ体の全長に延びるが，脳を形成するほどには前端部で膨れていない．
4. 終生にわたって肛門後方の尾をもつ．
5. 体は連続して繰り返される筋節と，神経，排出器官，生殖巣をもつ．
6. 体腔は多数の連続して突出するくびれから腸体腔的に形成される．分離した体腔嚢は，それらの腹側の部分が癒合し，背側の部分は筋肉によってなくなっている．
7. 排出系は原腎管によく似ているが，腹膜細胞から形成される．
8. 咽頭の領域は，1対の腹褶（ふくせき） metapleural fold によって形成される2次的体壁によっておおわれており，腹褶は腹側に成長し腹中線に沿

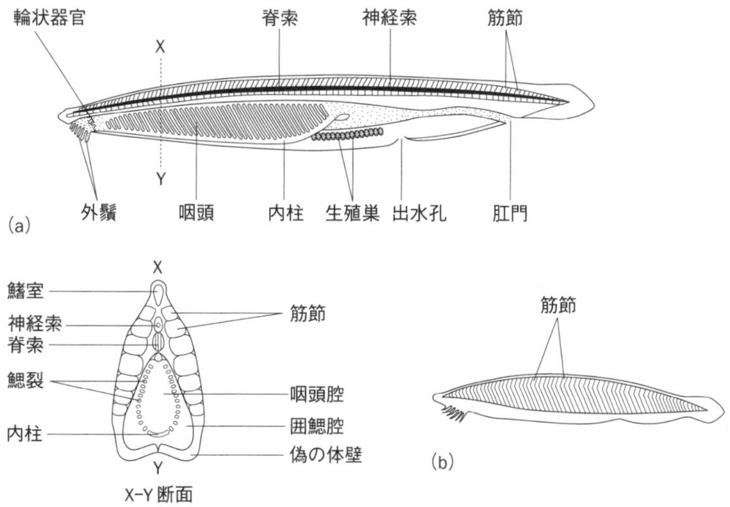

図 7.39　頭索動物亜門．(a) 体の縦断面の模式図（上）と X-Y の線で横断した模式図（下），(b) 生きているときの外観（Young, 1962）．

って癒合している．

9．咽頭は大きく，体長の半分を占める．

10．雌雄異体で，多数の単一もしくは対になった生殖巣をもつ．

頭索動物亜門は，小型（最大で体長 10 cm）の自由生活型の動物で，摂食のときは底生の定住性であるが，摂食場所を変えたり捕食者から逃れるために，脊索を，長軸方向の支柱として用いることにより泳ぐことができる．脊索は，押しつぶしても短くはできないが曲がりはするため，縦列する筋肉を収縮させると，体は縮むのではなく曲がって，S 字型のくねりの連続となる（毛顎動物や線形動物にみられるような運動に匹敵する）．

頭索動物亜門の摂食方法は，尾索動物亜門と基本的に同じであり，頭索動物亜門でもまた，一連の触手である外鬚と内鬚（縁膜の触手），図 7.40）が好ましくない粒子が入り込むのを防ぐことにより口腔部を守っている．しかしながら，咽頭は樽形というよりも細長い形状で，出水孔は腹中線上の肛門の直前に位置する．

頭索動物はある程度，無脊椎動物と 3 番目の亜綱である脊椎動物，とりわけその中の無顎類との間を結びつける存在である．無顎類も付属肢と顎を欠き，この仲間の 1 つのグループ（ヤツメウナギ）

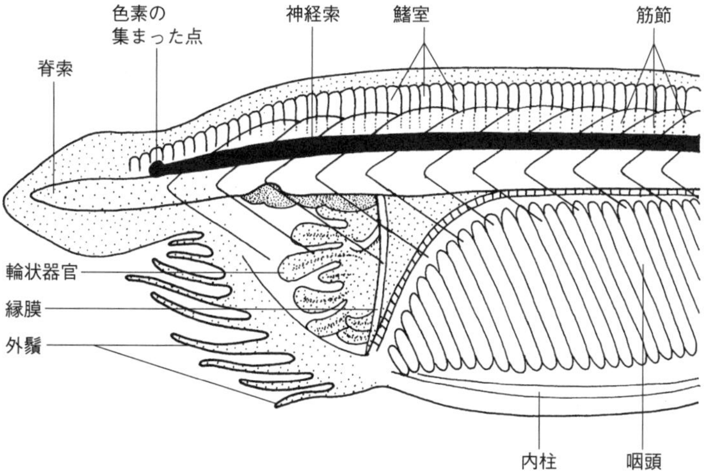

図 7.40　頭索動物亜門の前端部（Young, 1962）

は，ナメクジウオと似た咽頭をもち，繊毛－粘液性濾過摂食をする（ただし水流を起こすのは繊毛ではなく筋肉のポンプである）．しかしながら頭索動物は以下の点でたいへんはっきりと脊椎動物とは異なっている．頭索動物は ① 対になった感覚器官や脳やそれを守る頭蓋を欠く，② 筋肉は突起を神経索へと伸ばす（あたかも腹根を形成しているようにみえる），③ 末梢神経はミエリン鞘を欠き，表皮はたいへん薄い単層である．そのような違いがあるにもかかわらず，おおまかにいえば，頭索動物は「原脊椎動物」protovertebrate のもっていた体の組織体制の一般的性質を，たぶん示していると思われる．また頭索動物が，尾索動物の幼生のサイズを大きくして幼形成熟するようにしたものと基本的に似ているのも，同様にはっきりしていることである．

7.4B.2 分 類

25 種が知られており，それらは 1 綱 1 目に入れられている．

7.5 さらに学びたい人へ（参考文献）

Alvarino, A. 1965. Chaetognaths. *Oceangr. Mar. Biol., Ann. Rev.*, **3**, 115–194 [Chaetognatha].

Barrington, E.J.W. 1965. *The Biology of Hemichordata and Protochordata*. Oliver & Boyd, Edinburgh [Hemichordata and Chordata].

Berrill, N.J. 1950. *The Tunicata*. Ray Society, London [Urochordates].

Hyman, L.H. 1955. *The Invertebrates*, Vol. 4: *Echinodermata*. McGraw-Hill, New York [Echinodermata].

Hyman, L.H. 1959. *The Invertebrates*, Vol. 5: *Smaller Coelomate Groups*. McGraw-Hill, New York [Hemichordata and Chaetognatha].

Nichols, D. 1969. *Echinoderms*, 4th edn. Hutchinson, London [Echinodermata].

Rowe, F.W.E., Baker, A.N. & Clark, H.E.S. 1988. The morphology, development and taxonomic status of *Xyloplax*, Baker, Rowe & Clark (1986) (Echinodermata: Concentricycloidea) with the description of a new species. *Proc. Roy. Soc. Lond.* (*B*), **233**, 431–459.

Young, J.Z. 1981. *The Life of Vertebrates*, 3rd edn. Clarendon press, Oxford [Chordata].

第 8 章

脚をもつ無脊椎動物：節足動物とそれに類似の動物群

Arthropods and Similar Groups

緩歩動物門：Tardigrada
舌形動物門：Pentastoma
有爪動物門：Onychophora
鋏角動物門：Chelicerata
単肢動物門：Uniramia
甲殻動物門：Crustacea

本章に含まれるこの 6 動物門は，（一般的な前口動物としての特徴は別として）2 つの特徴的な形態的形質を共有している．① 体の全長のすべてもしくは一部に対になった脚をもっており，各対は（体を縦断する 1 本ないし複数の神経索の上に膨らんだ）神経節によって支配されている．② 偽体腔的な体腔をもっており，これはしばしば血液に満たされているため，血体腔と称される．

3 つの動物門（緩歩動物門，舌形動物門，有爪動物門）は軟らかい体をもち，その体腔を静水力学的な骨格として用いている．要するにこれらは脚をもった蠕虫なのであり，その脚とは軟らかく肉質で，節に分かれておらず，爪をもち，その脚は体が指のように外側へと成長することによって形成され，脚を動かすのは，外在筋 extrinsic muscle（体の別の部分にあって脚とつながっている筋肉）による．第 2 章で示唆したが，有爪動物と緩歩動物はカンブリア紀の葉足動物類「原節足動物 proto-arthropod」の生き残りである．緩歩動物は，脱皮動物である円形動物類（節足動物に近縁な蠕虫形の動物）と，多くの形態的な性質および生活史上の性質を共有している．舌形動物は，体の構造的には葉足動物であるが，この状態は 2 次的に獲得されたものと思われる．これは退化した甲殻動物鰓尾綱であることが同意されているものの，鋏角動物ダニ類との類縁性もまた議論されている．ここでは，舌形動物は，その特異な形態から，独立した動物門として扱う．

以上の動物たちに対して，「真の」節足動物（甲殻動物門，鋏角動物門，単肢動物門）は，（硬くて，節に分かれていて，硬化したクチクラでできた）外骨格をもっており，この外骨格はキチン質とタンパク質からなり，ときに炭酸カルシウムが多量に入っている（図 8.1）．外骨格は，脚を含む体全体をおおっており，それゆえに脚もまた節に分かれている（図 8.2）（節足動物という語は，ギリシア語で節を意味する arthron と，脚を意味する podos とに由来する）．他のさまざまな動物と同様に，外側のクチクラによって体がおおわれていることが成長に制約を加え，脱皮を繰り返す必要性が生じた．この問題はクチクラが体の覆いであるとともに骨格でもある節足動物においては，とりわけ厳しいものとなる．それゆえに，脱皮の間は古い骨格が部分的に再吸収され，その後に捨てられる．そして元の骨格の下に発生してきた新しい軟らかい骨格が（空気または水を体内にとりこむことによって）膨張し硬くなるのである．この期間，動物はとくに危険にさらされることになり，しばしば脱皮は隠れながら行う．もともと，この外骨格はクチクラでできた防御のための一連の板またはたがであり（たとえば，動吻動物（4.6 節）や緩歩動物（8.1 節）の一部にみられるように），後から，骨格としての役割を担うようになって，祖先的な静水力学的な偽体腔（血体腔）を一部肩代わりするようになったのである．この置換は一部だけにとどまっており，多くの節足動物では脚は静水力学的な圧力によって伸ばされ，脚を曲げるときにだけ外骨格-筋肉系を用いるのである．

節足動物の体は，その起源は，基本的には単体節制であるが，体壁，外骨格，それにいくつかの内部

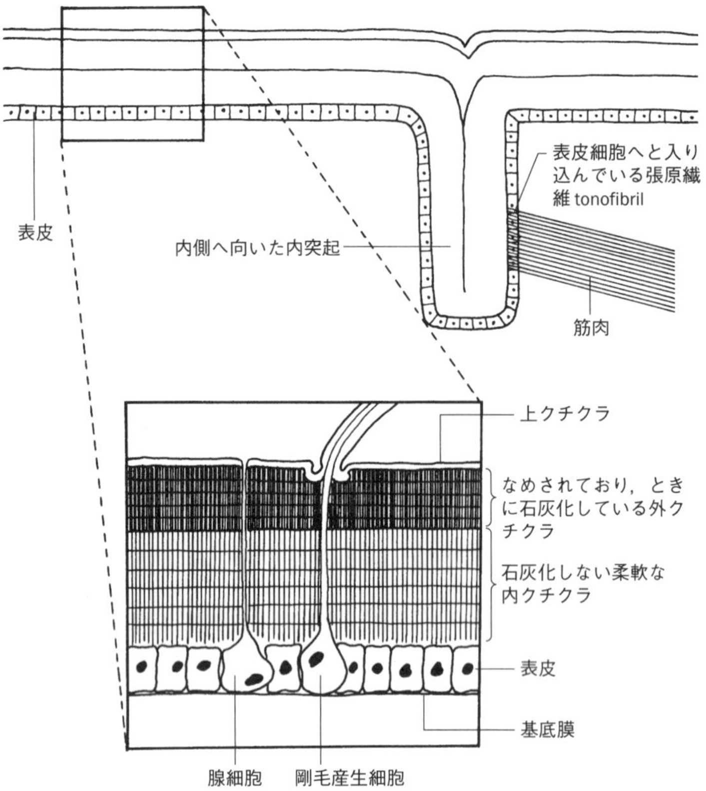

図 8.1　節足動物のクチクラの外骨格の断面．さまざまな層と，内部骨格の機能を果たしている内部の突起（内突起）を示している（Hackman, 1971 ほか）．

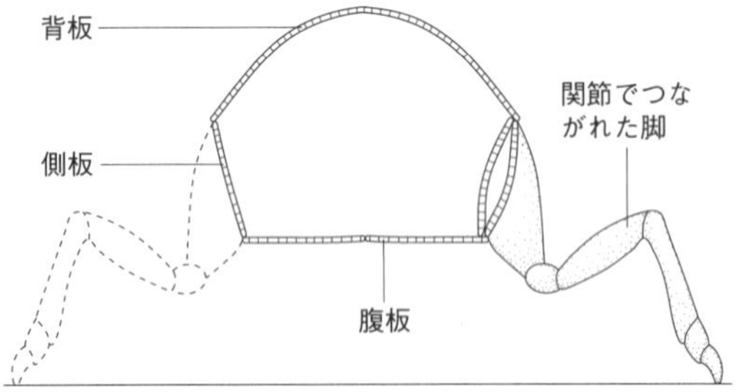

図 8.2　節足動物の体の横断面．体をとりかこんでいる外骨格の板と，それにつながった脚．脚を構成する独立した関節の数は動物群によって大きく異なり，動物門ごとにそのよび名も異なる．

構造の体節制が脚の各対に対応して生じている（たとえば図 2.8 を参照）．それゆえ要約していえば，節足動物の体制は，1 個の小さな先頭の部分（先節 acron）とそれと同等の最後尾の部分（尾節 telson）には脚がなく，その間にたくさんの区切られた部分（体節 segment）があり，各体節は 1 対の脚と，脚に関連する器官（筋肉，神経，骨格など）をもっており，これらの器官も体節ごとに繰り返している．しかし脚とは無関係な器官，たとえば排出系や生殖系などは次々と繰り返すことはない．節足動物の多くの系統において，脚をもつ体節の融合や，脚の喪失，体のさまざまな部位の分化が起こってきた．たとえば，前脚が特殊化して摂食器官となることがとりわけ広くみられる．節足動物のさまざまなグループには，共通の性質がほとんどない．もちろん，共通点ももつ．① クチクラが（全体もしくは部分的に）外骨格としての機能をもつように変化した点（それに，この変化の結果生じた特徴，たとえば脚が節に分かれていること），② 繊毛をもたない，③ 複眼を発達させる傾向をもつ．以上の点を別にすれば，節足動物は共通の性質をほとんどもっていないのである．それゆえここから考えてみると，節足動物という状態は，単一の系統の動物がもっていてそれを区別する特徴というよりむしろ，体の組織化の 1 つの段階だとみることが可能だろう．

節足動物全体を合わせると，動物の種の大部分を節足動物が占めることになる．これはおもに，① 陸地の征服に成功したこと，② 小さな陸生の生物は種分化しやすいことの結果である．陸上動物としての節足動物の成功は，無脊椎動物の大半の分類群と際だった対照をなしているが，これは水をむだにしない排出系とガス交換器官の進化，ならびに乾燥に耐える非透過性の上クチクラの発達とに負うところが大きいであろう．

8.1 緩歩動物門 Tardigrada（クマムシ）

8.1.1 語 源

ラテン語：tardus＝ゆっくり，gradu＝歩み

8.1.2 判別に役立つ特徴・特別な特徴（図 8.3）

1. 左右相称性，微小でずんぐりとしている．
2. 体は 2 細胞層以上の厚さをもち，組織や器官がある．
3. 貫通した，まっすぐな消化管．
4. 体は単体節性だが 4 対の脚があり（短くて関節がなく爪をもつ脚），外在筋を使ってはうことができる．次々に繰り返される神経節によって対になった脚は支配されている．
5. 偽体腔が発達し，静水力学的骨格を形成している．
6. 体壁はクチクラでおおわれた表皮からなるが，体壁中に筋肉層はない．基本的には非キチン質のクチクラで，脱皮し，しばしば棘をもつか，厚くなって板状になるか，またはその両方の特徴をもつ．独立した平滑筋細胞が十字に交差したネットワークを形成している．
7. 体は決まった数の細胞をもつ（ユーテリー）．
8. 咽頭はキチン質の板（楯板）をもち筋肉質で吸入能力があり，口部の 1 対の歯針を口から突き出して餌を突き刺すことができる．
9. 循環系やガス交換の器官はない．
10. 3 つの「マルピーギ管」と呼ばれているものは，一部の種では排出系を形成している可能性がある．
11. 神経系は脳と，2 本の縦走神経（脚に対応して神経節をもつ）からなる．
12. 雌雄異体で，ときに単為生殖が知られる．生殖巣は 1 個である．
13. 直接発生をする．
14. 自由生活で，(土の隙間や陸上の植物のまわりにある) 水の膜にすむか，淡水または海水中にすむ．休眠する．

緩歩動物は形質の奇妙な混合体の様相を示す．つ

(a)

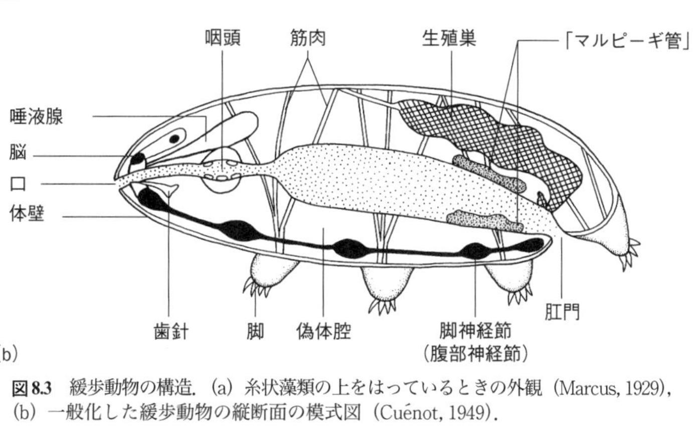

(b)

図 8.3 緩歩動物の構造．(a) 糸状藻類の上をはっているときの外観 (Marcus, 1929)，(b) 一般化した緩歩動物の縦断面の模式図 (Cuénot, 1949)．

まり① 他の原節足動物と同様，対になった爪のある脚をもっている，② 触手冠動物や後口動物に似て，発生の過程で，一時的ではあるが，対になった(5対の) 腸体腔嚢をもつ，③ 体の一般的な組織化の程度や生活型が偽体腔動物と同じなのである．

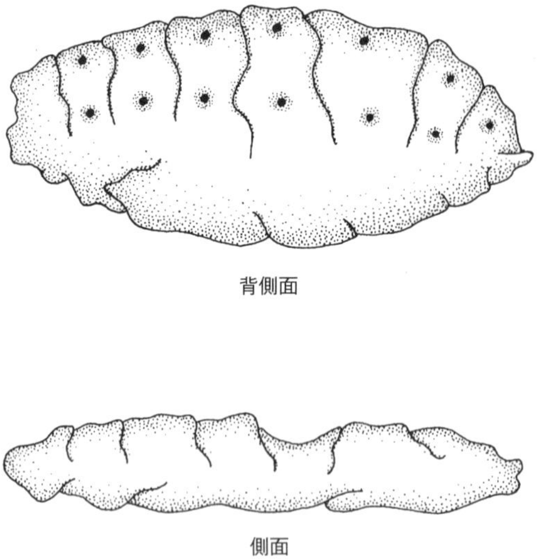

図 8.4 緩歩動物の樽状乾眠状態（Morgan, 1982）

海の砂や貝殻のような，わりあい永続的な環境に出現するものも少数いるが，多くの緩歩動物は一時的な水膜や不安定な水域に出現するのが特徴である．後者の緩歩動物は耐性を進化させてきたが，その耐性の度合いはさまざまなものがいる．たとえば，コケの葉のまわりの水の膜が蒸発すると，緩歩動物もまた透過性のクチクラを通して水を失う．体の水分の大半を失って，しぼんで小さな樽型の乾眠状態になる（図 8.4）．樽状乾眠状態では，乾燥した状態で 10 年間（おそらくはそれ以上）生存することができ，そのときの酸素消費量は正常時の 1/600 にまで落ちる．この状態のときには，−272℃という温度に 8 時間を超えて耐えることができ，また 150℃に達しても耐えられる．それほど過酷ではない適さない環境の場合は，① 動物体は脚を引き込み，脱皮のときと同じようにクチクラ層から離れ，クチクラの殻の中に球状に丸くなる被嚢形成によってしのぐか，② 厚い壁をもつ休眠卵を産生することによってしのぐことができる．そのような活動停止状態を含めれば，緩歩動物の寿命は 60 年を超えるかもしれない．

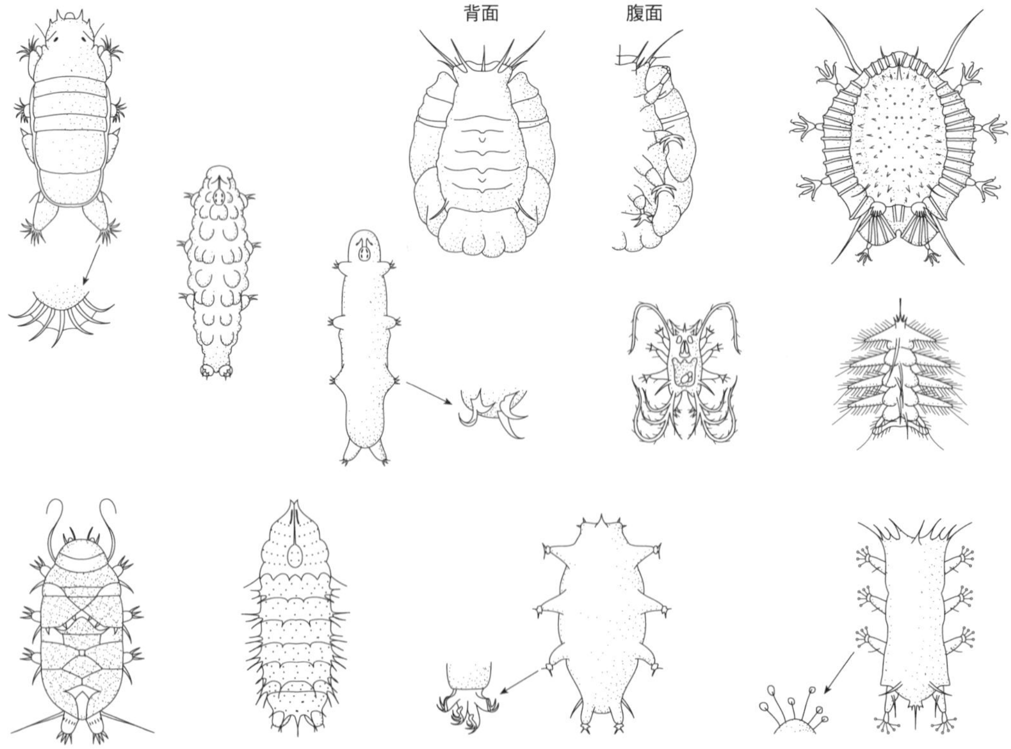

図 8.5 緩歩動物におけるクチクラの形や装飾ならびに爪の形や数の変異（Morgan & King, 1976 ほか）

すべての種が吸入によって摂餌を行い，食べる餌は藻類や植物の細胞，または，ワムシ類，線虫類や他の緩歩動物といった間隙性や休眠性の動物などである．一部の種は寄生性であり，巻貝の腸内に寄生しているものがいる．口が食物に触れると，2本の歯針が筋肉によって口から突出し餌を突き刺す．体液や細胞小器官は，咽頭のポンプ作用で消化管へと吸いとられる．咽頭部の楯板は，おそらく飲み込んだものに固形の粒子があれば，それらをばらばらにしているのであろう．

8.1.3　分　類

現生種は約400種，体長が0.05～1.2 mm で，形態的にはクチクラの装飾や爪の形や数以外はあまり変わらない（図8.5）．全種が単一の綱に入れられている．

8.2　舌形動物門 Pentastoma（シタムシ）

8.2.1　語　源

ギリシャ語：pente＝5，stoma＝口

8.2.2　判別に役立つ特徴・特別な特徴（図8.6）

1. 左右相称，扁平な蠕虫形である．
2. 体は2細胞層以上の厚さをもち，組織や器官がある．
3. 貫通する，まっすぐな消化管をもつ．
4. 環紋をもつが体は単体節性である．体の前方にかぎ爪をもった2対の脚または単なる2対のかぎ爪がある（図8.7）．
5. 偽体腔が発達し，静水力学的骨格を形成している．

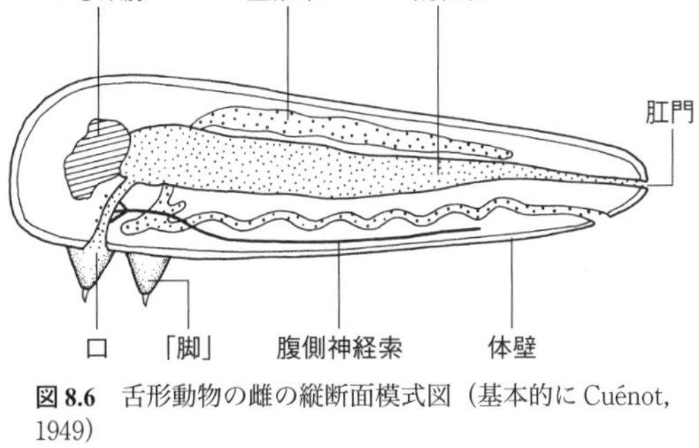

図8.6　舌形動物の雌の縦断面模式図（基本的に Cuénot, 1949）

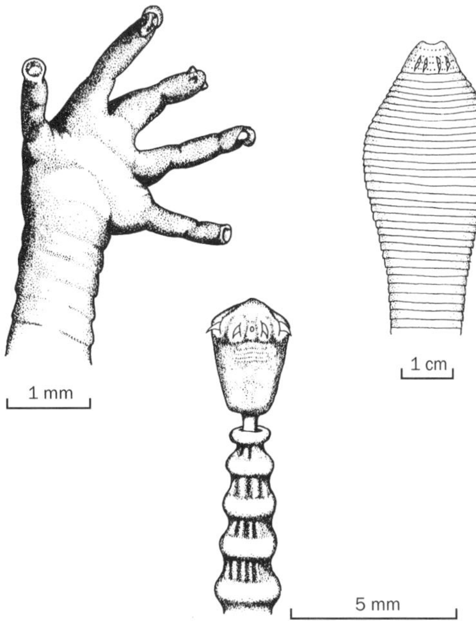

図8.7　舌形動物の体の前端部の形態の変異．「脚」の発達または退縮の程度を示す（腹面）（Kaestner, 1968）

6. 体壁は，クチクラでおおわれた表皮と（横紋筋の）環状筋ならびに縦走筋からなる．キチン質のクチクラ層は多孔質で，脱皮する．
7. 排出系，循環系やガス交換の器官はない．
8. 神経系は脳と，それぞれの「脚」に対応した神経節（または5つの神経節が融合した1つの塊）をもつ腹側神経からなる．
9. 雌雄異体，生殖巣は1ないし2個である．
10. 交接によって体内受精する．
11. 発生は3つの幼生段階を経る．第1次幼生は2対の葉状で関節のない脚のような付属肢をもつ．
12. 脊椎動物の呼吸器系に寄生し血液を摂取する．

多くの内部寄生虫と同様，シタムシの体は生殖系で占められており，多数の小型の卵がつくられる．受精は体内で起こり，一度に50万個にも達する受精卵は，生み出される前の一定期間，母親の体内に維持される．受精卵を宿した子宮は実質的に雌の体全体を占め100倍もの大きさに膨れあがる．3つの「幼生」または幼稚体の段階を経るが，第1次幼生はまだ卵殻の内部にとどまる．第1次幼生は宿主（宿主はすべて捕食性の陸上ないし淡水産の脊椎動物で，シタムシの90%は爬虫類に寄生する）の体

から消化管を通って外へ出る．このまだ卵殻内にある幼生が中間宿主（雑食性もしくは植食性の，昆虫や魚や四足動物）によって飲み込まれると，幼生は卵殻から外へ出て，中間宿主の組織に，3本のキチン質の歯針を使って穴をあけて侵入し，太くて短い脚を使って移動する．特定の場所（宿主の肝臓など）にたどり着くと，幼生は被嚢して第2次幼生へと発生する．もし，感染した中間宿主が終宿主の爬虫類，鳥類または哺乳類の餌になると，成虫の小型版である第3次幼生が出て，肺や鼻腔へと移動する．一部の種では幼生の最終脱皮のうちの1回の間に末端の鉤爪だけを残して脚を失う．また，多くの幼生はもともと脚ごとに1対の爪をもっているが，この数は成虫になると各脚に1個になる．

8.2.3 分　類

この小さな（体長2〜16 cm）蠕虫は100種ほどが記載されている．すべてが1つの綱に入れられている．

8.3 有爪動物門 Onychophora（カギムシ）

8.3.1 語　源

ギリシャ語：onychos＝爪，-phoros＝もっているもの

8.3.2 判別に役立つ特徴・特別な特徴（図8.8）

1. 左右相称，細長い円柱形の蠕虫形である．
2. 体は2細胞層以上の厚さをもち，組織や器官がある．
3. 貫通する，まっすぐな腸で，前端に1対の口器があり，それぞれ2つの爪のような顎（2つが内側と外側の顎板となる）をそなえている．前腸と後腸はクチクラで裏打ちされている．消化盲嚢はない．
4. 体の長軸に沿って，短くて無関節の肉質の14〜43対の脚をそなえる．各脚は体が膨出した中空の構造で，端板 terminal pad と，1対の爪と内在筋をもつ（脚の運動には外在性の筋肉の影響を受けるが）．脚の各対は，それぞれに対応した1対の（心臓の）心門と1対の排出器官をもつ．
5. よく発達した血体腔が静水力学的骨格を形成している．管状の心臓はあるが，他の血管はない．
6. 体壁はクチクラでおおわれた表皮と平滑筋の層（環状・斜走・縦走筋の層）からなる．クチクラ層は薄く柔軟性に富み，キチン質である．
7. 排出器官は連続して繰り返す嚢状の腺で，体の前方では唾液腺となり，後方では生殖輸管となっている．
8. ガス交換の器官としては，多数の小さな気門から単純な管状の気管が束になって生じたものをもつ．
9. 脳と1対の腹側 ventro-lateral 神経索があ

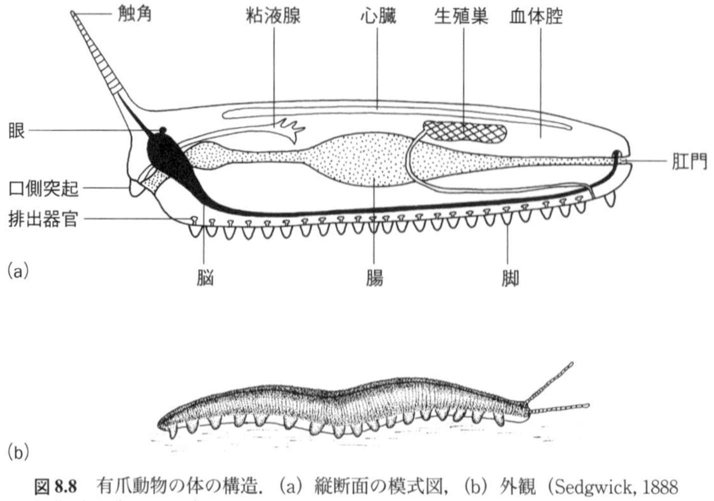

図 8.8 有爪動物の体の構造．(a) 縦断面の模式図，(b) 外観（Sedgwick, 1888 および Cuénot, 1949）．

る．2本の神経索は，かなり距離が離れているが，9〜10本のはしごの横桟のような横連合によって（各脚の生えている「環節」segmentにおいて）結ばれており，神経節はない．感覚器官としては，1対の環紋をもつ触角があり，それぞれの触角の根元には小さな単眼がある．

10．雌雄異体で，対の生殖巣をもつ．体内受精で精包をつくる．

11．直接発生をする．

12．陸上で自由生活をおくる．

長年の間，有爪動物は体の組織化の段階が蠕虫類階段と節足動物段階の中間の生きた例として科学的な興味を集めてきた．蠕虫類に似て，体は軟らかく静水力学的骨格，繊毛をそなえた排出管，体壁中に平滑筋の層をもっている一方，節足動物に似て，脚，気管，心門のある心臓，長手方向に仕切られた血洞，付属肢（有爪動物では歩脚の末端にある爪）に由来する顎をもっている．しかしながら，節足動物に似た特徴の詳細な構造を調べると，有爪動物はこれらを他のものとは独立に平行して獲得したことを示唆しており，これらの特徴は，初期の単肢動物がどのような動物だったか（たとえば，どんな外形をしていたか）を表しているかもしれないけれども，有爪動物がどの節足動物のグループの祖先でもないことを強く示唆しているのである．たとえば，その気管は単純で，脚をもつ各「環節」に散在する

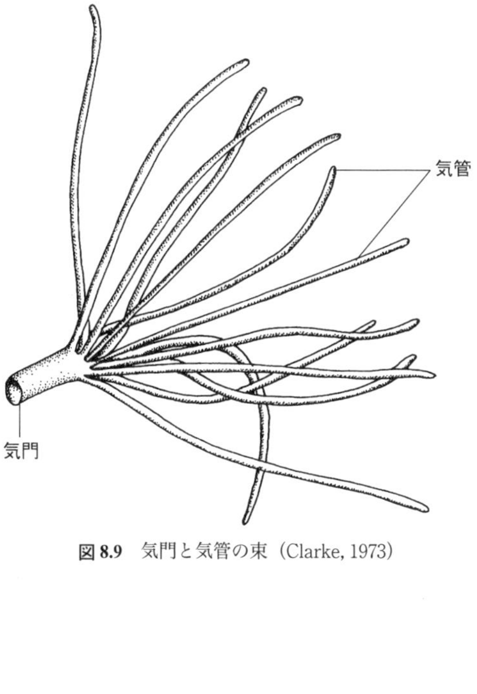

図 8.9　気門と気管の束（Clarke, 1973）

多数（75個に達する）の気門からほとんど枝分れをしない管が派出しているものであるし（図8.9），1対の顎は前後面で動き，2つが嚙み合って咀嚼するというよりは，互いに独立に動いてとがった先端の特質を生かして引き裂く器官として機能している．ほかにも，有爪動物の特質として，多数の横連合はもつが「環節」ごとの神経節はない腹側神経索があげられる．

有爪動物は陸生の動物で，ほとんどが湿潤な微小生息地や環境に分布が限られている．クチクラ層はほんの1 μmの厚さしかなくて（節足動物の薄い上クチクラよりもさらに薄い，図8.1を参照）水を透過性し，一方，気門はというと，それを閉じる機構をもたない．しかしながら，薄い壁の小胞をクチクラの裂け目から湿った体表へと膨出させることにより，失った水分を補給することができる．有爪動物はおもに夜行性の捕食者であり，触角で獲物を探知し，口の横にある1対の口側突起上に開いている粘液線から粘液状の物質を0.5 mもの先まで噴出することにより，バッタなどのきわめて動きの素早い動物でさえ捕獲することができる．この粘液は空気中にさらされると即座に固くなり，極度にねばねばした網となって餌動物をからめとる．これは防御の手段としても使われる．

8.3.3 分　類

70種の有爪動物がおり，15 cmの大きさに達する．全種が一綱一目に分類されている．

8.4 鋏角動物門 Chelicerata

（鋏角：きょうかく）

8.4.1 語　源

ギリシャ語：chele＝鈎爪，cerata＝角（つの）

8.4.2 判別に役立つ特徴・特別な特徴（図8.10）

注：ウミグモ綱は数多くの点（下にあげた性質の多くを含む）で，他の鋏角類とは異なっている．

1．左右相称，1 mm未満から60 cmの長さの節足動物で体の形は細長いものからほぼ球形のものまで変化に富む．

2．体は2細胞層以上の厚さをもち，組織や器官がある．

3．貫通するまっすぐな消化管で，中腸から2対

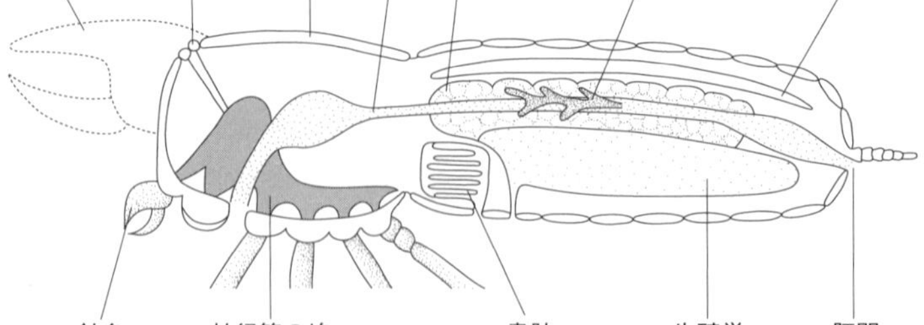

図 8.10　一般的な鋏角動物の体の縦断面模式図

〜多対の消化盲嚢が出ており，酵素を分泌し細胞内で食物を消化，吸収する（消化盲嚢は胚の消化管から外側へ伸び出して生じてくるのではなく，消化管が分化するより以前に，胚の卵黄塊が仕切られることによって生じる）．口は前部腹側に位置する．

4．体は 2 つの部分に分かれている．前方の「前体部」prosoma は先節と付属肢をもつ 6 節からなり，その全体または一部が背側にある背甲 carapace でおおわれている．後方の「後体部」opisthosoma には脚はなく，ある場合でも極度に変化した付属肢だけである．

5．付属肢は単肢型である．前体の付属肢は，（鋏状，準鋏状または針状の）「鋏角」chelicera が 1 対，（鋏状，脚状または触角状の）「脚鬚」pedipalp が 1 対，ならびに歩脚が 4 対あり，すべて腹部の正中線近くの位置から生じており，血体腔の圧力によって伸びる．触角や大顎はない．

6．1 対の付属肢（鋏角）のみが口の部分を構成するが，1 つもしくはそれ以上の他の肢の基部の節から，正中線の方向を向いた突起（「基節内突起」）が出て，それが食物を咀嚼し口の中へと運搬することもある．

7．通常（2 次的な喪失がなければ）前体部には正中線寄りに直接眼である単眼と，側方には間接眼である単眼をもっている．ある 1 つの動物群では，側方の単眼は集合して複眼を形成している．

8．後体部はときどき外観的に体節化しており，多くて 12 の体節からなり，一部の動物群では広い前方の「中体」と狭くて後方にある「後体」とに分かれており，またいくつかの動物群では肛門後方に棘または毒針または鞭状体が突き出ている．

9．排出系は前体部にある盲嚢状の基節腺 coxal gland と/または後体部にある分枝した内胚葉性のマルピーギ管（これは中腸から生じている）であり，おもにグアニンを放出する．

10．石灰質のない外骨格をもち，ときどき，前体部に平板状の中胚葉性の内骨格も併せもつ．

11．ガス交換の器官は，後体部の付属肢またはその発生原基にある．これらは海産の種では，体外の書鰓となり，陸上の種では体内の書肺とそれから派生する網状または管状の気管となっている．

12．血管系は呼吸ガスの循環にかかわっており，通常はヘモシアニンを含む．

13．神経系は体の長軸に沿って神経節が分散しているか，より一般的には前体部に単一の塊となって集中している．

14．雌雄異体であり，海産動物のみを含む綱では体外受精で（パートナー同士は互いに接近した擬交尾を行う），基本的に陸生の綱では交尾もしくは精包を用いて体内受精を行う．生殖口は後体部の第 2 節にある．

15．幼稚体は成体の小型版で，通常，脚がすべて揃ってから孵化する．

16．もともとは海での底生生活をおくる．1 つの綱は陸上ならびに淡水に進出し，きわめて成功している．

鋏角動物門は，上にあげた特徴をみるとわかるように，他の 2 つの節足動物の門と多くの点で異なっており，単肢動物とは独立に平行してマルピーギ管と気管を進化させてきた．最も明瞭に異なっている形質は，付属肢に関することである．すべてのものが，大顎（もしくはそれに代わるような，向かい合わせて嚙みつくようにはたらかせることができる他の肢）をもたない．鋏状や準鋏状の付属肢（脚鬚と/または鋏角）によって食物をとらえて引き裂けるだろうに，ほんのわずかな例外を除いて，非常に細かい粒子状か特徴的に液体状の食物だけしか消化することができない．実際には，口自体が，通常，(口の前にかぶさっている）剛毛によって大きな粒子が入り込まないようになっているのである．そんなふうになっていても，鋏角動物はほとんど全部のものが捕食者である．鋏角動物が示す摂食の特殊技能に，餌を口の近くに保持し，消化酵素をそれに注いだ後，こうして体外で前消化を済ませたものを飲むことがある．(一部もしくはすべての）前体の肢にある基節内突起は，しばしば口の周囲にほぼ放射状に並んで口前部の空間をとりかこんでおり，もし消化酵素が実際には餌に注入されなかったとしても，この空間内で消化や機械的な破砕を行う．このような摂食方法に伴い，前腸は1つまたは複数のポンプを形成するように変化しており，中腸，とくに中腸の多数の消化盲囊（これが体のほとんどを占めている）が，最終的な消化と吸収の場所となる．さらに，鋏角動物は触角を欠いているが，脚鬚または第1ないし第2歩脚対が，触角と同様の機能をもつように変形している．

鋏角動物門には，気管がどのようにして外鰓 external gill から進化したのかを示す，一連の異なる形態をもつものが存在する．海産でありほぼ確実に鋏角動物門の祖先形であると考えられている節口綱では，ガス交換の器官は他の大半の海産動物と同じ外鰓である．この鰓は，フラップ状の後体部付属肢の後端縁から生じ，それらが波打つと鰓板に水が送られる．陸産のクモ綱はそれにふさわしく空気呼吸をするが，単肢動物とは異なり（8.5節参照)，その特徴的なガス交換器官は，後体部附属肢の原基の後端縁との発生上の関連を維持している（クモ綱では後体部付属肢の原基は脚にはならない．ただしクモの出糸突起やサソリの櫛状板は極度に変形した後体部付属肢であるが)．たとえば書肺（図8.11）はこの方法で形成され，これは，体の中へと沈み込んだポケットに入れられている一連の鰓板と等価のものである．それぞれの書肺は1つの陥入で，その中に一連の平行な鰓板が垂れ下がっており，柱で突っ張ることによって鰓板の間には隙間ができていて，その隙間を空気が拡散によって動き，血液は鰓板の中の血洞に流れ込む．一部の書肺では，鰓板は伸長して板状というより管状になり，管の数によって，篩状気管（たくさんの密集した管）や管状気管（ほんの2，3本の管）と名づけられている．以上のことから，これらの気管系は基本的には鰓——細長くて体内にあり，脚に関連する鰓——なのである．あるクモでは，別の2次的な気管が外骨格の中空の体内突起（クチクラの内突起，図8.1を参照）という異なる起源から生じてくる．

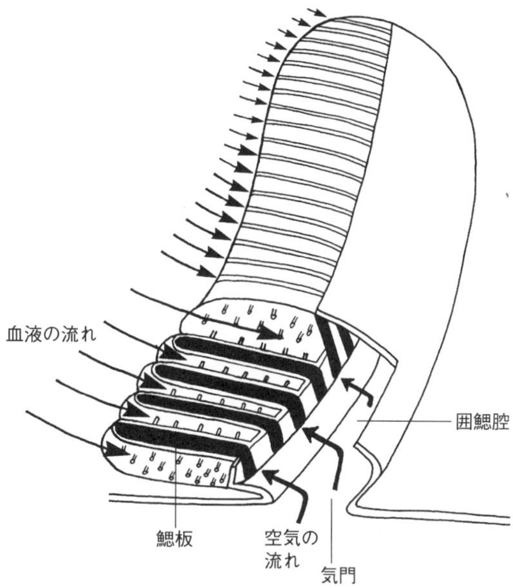

図 8.11　クモ綱の書肺の立体断面模式図．血液と空気の流れを示す（Barnes, 1980)．

8.4.3　分　類

63000種の鋏角動物門が記載され，比較的差異の大きい3綱に分類される．そのうちの1綱（ウミグモ綱）は他の2綱と類縁性がないことはほぼ間違いない．

綱	目
節口綱 Merostomata	カブトガニ目 Xiphosura
クモ綱 Arachnida	サソリ目 Scorpiones サソリモドキ目 Uropygi ヤイトムシ目 Schizomida

	ウデムシ目 Amblypygi コヨリムシ目 Palpigradi クモ目 Araneae クツコムシ目 Ricinulei カニムシ目 Pseudoscorpiones ヒヨケムシ目 Solpugida ザトウムシ目 Opiliones アシナガダニ目 Notostigmata 単毛目 Parasitiformes（マダニやトゲダニ） 腹毛目 Acariformes（ケダニやコナダニ）
ウミグモ綱 Pycnogona	ウミグモ目 Pycnogonida

a. 節口綱（カブトガニ）

節口綱はペルム紀までは優占的な無脊椎動物であったが，今日では1目（カブトガニ目）にわずか4種が知られるのみである．カブトガニは大型の海産鋏角動物である．馬蹄型の厚い背甲が大きな前体部をおおっているが，背甲は前側へ伸びているため，口は腹部中央に位置することになり，また背甲が横側にも伸びているため背面からは付属肢が隠れてみえなくなっている．蝶番でつながった小さな後体部は1枚の平坦な板で，一部が背甲の切れ込みの中に入り込んでおり，側面は頑健な棘で縁どられている．末端部には肛門よりも後部に1本の長い尾剣がある（図8.12）．鋏角，触脚 pedipalp と（最後対以外の）歩脚は鋏状であり，最後の歩脚対は，鋏の代わりに，末端に棘（または櫛状になったへら）を数個もっていて基質に潜るときに使用する（図8.13）．他の現存する鋏角動物とは異なり，カブトガニは後体部付属肢をほぼすべてもっている．最も前方の1対は小型で管状であり，残りの6対は平らな板状で上下反転して泳ぐときに推進力を得るために使われる．これらの板のうち，前端の板は生殖蓋板としても使われ，一方，後方の5つの板は外鰓をもっている．一般的な鋏角動物からすれば非典型的な他の特徴としては，マルピーギ管の欠除と体外受精がある（これらの特徴は，海産動物としては，ふさわしくないというわけではないのだが）．この動物門の現生のメンバーの中で唯一，節口綱は大型で分散的な側複眼（複眼といってもなんとなく個眼的なもの）をもっている．また，クモ綱と異なり，前体部に生殖巣と消化盲嚢がある．

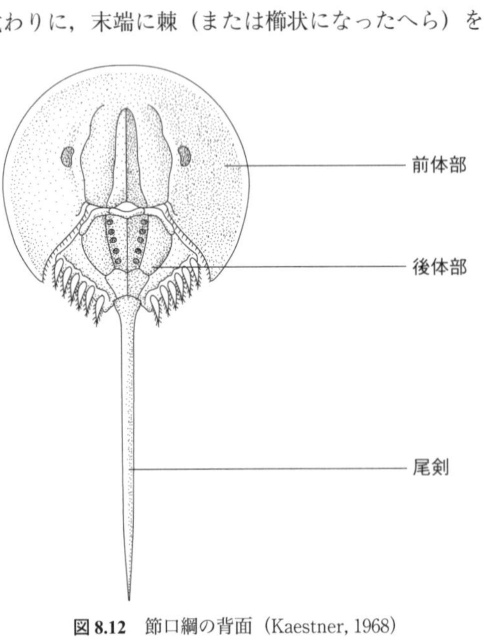

図 8.12　節口綱の背面（Kaestner, 1968）

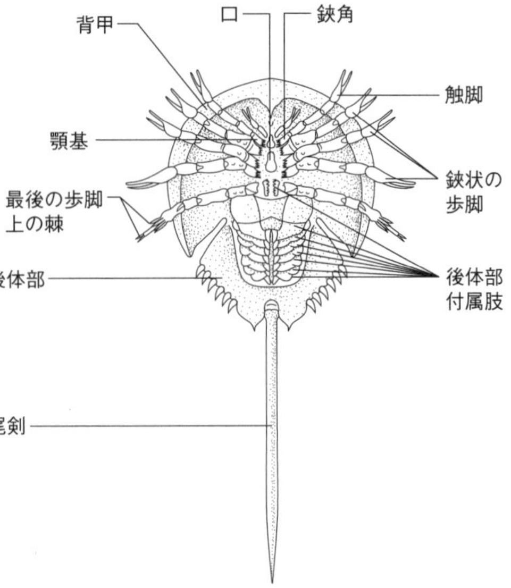

図 8.13　節口綱腹面の半模式的な図．さまざまな付属肢を示してある．

カブトガニは夜行性の底生動物で，沿岸の浅海域に生息しており，そこでは軟らかい堆積物中に潜ったり，その表面をはいまわって大きな軟体動物や多毛綱を基節内葉（「顎基」）で破砕し，特殊化した砂嚢を用いて食べる．

b. クモ綱

ほぼ完全に陸生であるクモ綱は鋏角動物の現生種の98% 以上を占め，たとえば，マルピーギ管による排出系，体内に収納されている空気呼吸用ガス交換器官，ワックス層で防水されているクチクラ，体内受精などの多くの点で陸上生活にうまく適応している．形態的には細長い体のもの（獲物の捕獲に適した大きい脚鬚，顕著な外部の体節構造，中体と後体とに分けられるような後体部をもった十分に強い外骨格をもつサソリやムチサソリなど）から，ほぼ球形をした種（薄い外骨格で体外からは体節構造が認められず，あまり目立たない脚鬚をもつ大半のクモやダニなど）まで，きわめて幅広い形態をとる．この多様性が分類に反映され，13 目に分けられている（図 8.14）．サソリのような体形が祖先的な状態であることはほぼ間違いなく，この体形は（現在では絶滅してしまったが）淡水やおそらく水陸両方に生活していたとされる節口綱広翼類の一部と，ほぼ変わらない形である．現在のクモ綱のいくつかは再び淡水へと移住し，またあるダニは海に生息している．

カブトガニ目と違って，クモ綱には複眼がなく，後体部には付属肢がなく，鋏状にはなっていない長い歩脚をもち，また後体部にある生殖巣や消化盲嚢の位置がカブトガニとは異なっている．クモ綱のいくつかのグループでは，外骨格が全体的に薄くなっていき，前体部の最後の 2 節が背甲から離れることが起こり（この 2 節が独立の背板をもつこともある

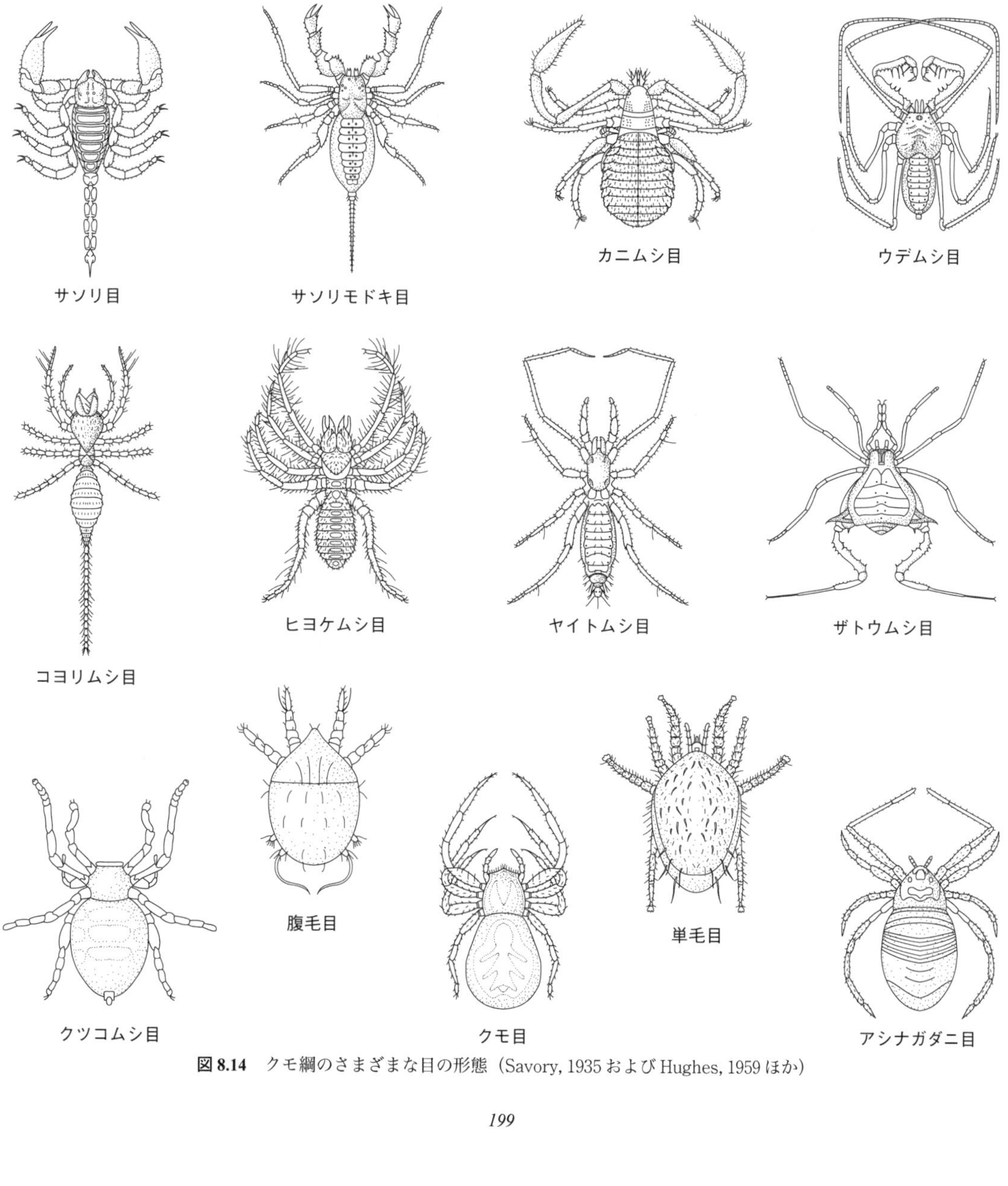

図 8.14 クモ綱のさまざまな目の形態（Savory, 1935 および Hughes, 1959 ほか）

が)，ついには軟らかくて屈曲性のある後体部が進化するにまでおよんだ．大半のダニでは，この前体部後端の2節が後体部と融合し，標準的な鋏角動物門とは異なる2つの範囲からなる体をつくっている．しかしながら，より一般的には，前体部と後体部は体の2つの基本的な部分として維持され，その2つが内部の隔膜または細長い柄部によって分けられており，こうして分離することによって，後体部に影響を与えることなく前体部の体内の内圧を高めること（それによって脚を伸ばす）が可能になっているのであろう．

クモ綱は大成功した動物群で，同様に成功している昆虫類をおもな餌として生活している．昆虫のように運動能力の高い生物を捕獲することを可能にした適応として目立つものに，毒腺があげられ，毒腺からの分泌物が餌生物に注入される．また，糸 silk を産出することもあげられるが，その結果，クモは網をつくることができるようになった．クモ綱の体は 0.1 mm 未満から 18 cm ほどで，62000 を超える種が含まれる．変わったところでは，捕食者でないものがおり，あるダニ類は植物性の物やデトリタスを食べる．いくつかのグループは寄生生活を送る．

c. ウミグモ綱

この小さな底生の海産節足動物（体長は 6 cm 未満）は，動物学者によっては他の鋏角動物，おそらくは他の節足動物とも無関係であるとされるものである．第1付属肢である鋏肢は鋏角と同様鋏型であり，第2付属肢の触肢 palp は脚鬚と相同かもしれず，また，大半の種は4対の歩行肢をもっている．しかしながら，一部の種では歩行肢は5対で，6対の種も2，3種ある，また，余分な付属肢である担卵肢が触肢と第1歩行肢との間にある．担卵肢は腹

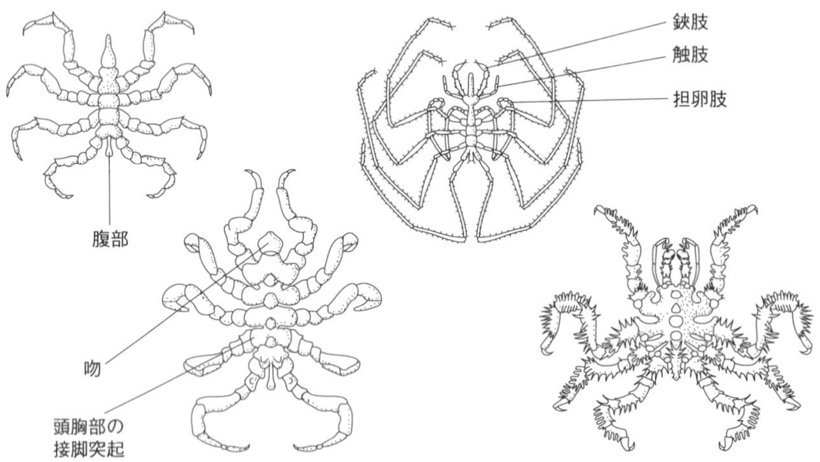

図 8.15 ウミグモ綱の体形（おもに Hedgpeth, 1982）

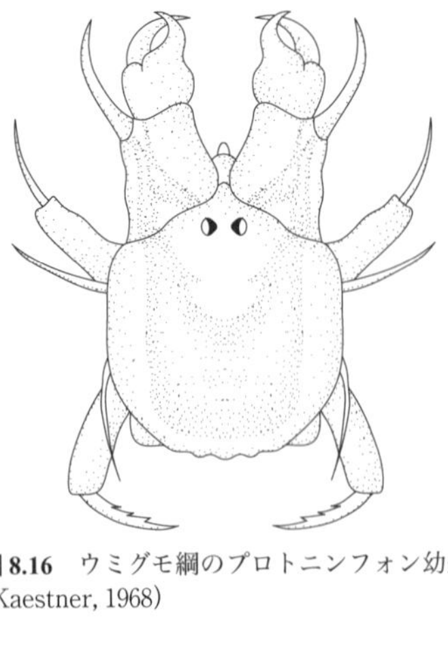

図 8.16 ウミグモ綱のプロトニンフォン幼生 (Kaestner, 1968)

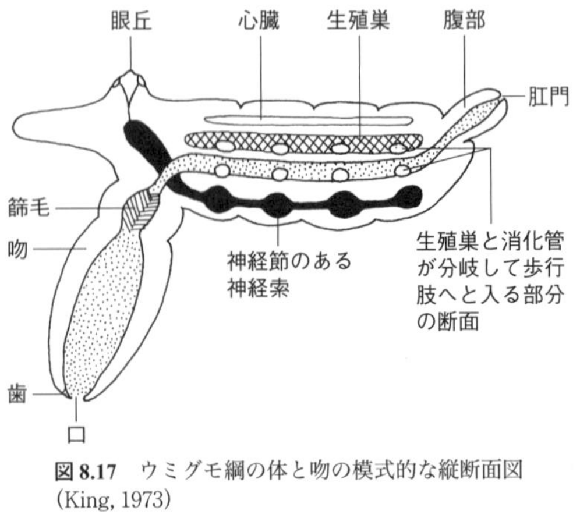

図 8.17 ウミグモ綱の体と吻の模式的な縦断面図 (King, 1973)

面に付着しており，他の付属肢のように側面にではない．歩行肢は体から側方へ突き出る頑丈な接脚突起から出ており，接脚突起と歩行肢とは関節をなしている（図 8.15）．いくつかの種では，鋏角，触肢，担卵肢は痕跡であったりなかったりするが，歩行肢はつねによく発達しており，非常に長いことがある（さしわたし 75 cm という記録がある）．

頭胸部（前体部に相当する？）は背甲におおわれておらず，中央の突出部に 2 対の単眼があり，前側または腹側に管状で大きい吻（収縮は不可能）をもち，吻の先端が口となっている．腹部（後体部に相当する？）は無節の微小な小突起で付属肢はもたない．排出器官もガス交換の器官もない．たいへん変わったことに，生殖巣は歩行肢にまで入り込んでおり（消化盲嚢も同様），卵は歩行肢の中で成熟する．擬交尾の間，すべての歩行肢または最後の 2 対の歩行肢のそれぞれの基部にある複数の生殖口から配偶子が放出され，受精後，雄が卵を集めて球をつくり，担卵肢に付着して保持する．やがて 3 対の付属肢をもつ独得のプロトニンフォン protonymphon（図 8.16）という幼生段階で孵化し，刺胞動物や軟体動物の体の上や中で半寄生的な生活をはじめる．

成体のほとんどは海綿動物，刺胞動物または苔虫動物を食べるが，餌の一部を鋏肢（もしあれば）でつかみ，咽頭で生み出される強力な吸引によって組織が摂取される（吻の先端にある 3 本の歯でかじるのも摂取を助ける）．咽頭内では，さらに歯または強い剛毛が食物を軟らかくし，襟状に並んだ剛毛（篩毛）が咽頭の奥にあり，小さな粒子以外が食道へと入り込むのを防いでいる（図 8.17）．

1000 種以上が記載され，すべての種が単一の目とされている．

8.5　単肢動物門 Uniramia

8.5.1　語　源

ラテン語：unus＝1，ramus＝枝

8.5.2　判別に役立つ特徴・特別な特徴（図 8.18）

1. 左右相称である．体長 1 mm 未満から 35 cm の節足動物で体の形は極度に細長いものからほぼ球形のものまで変化に富む．

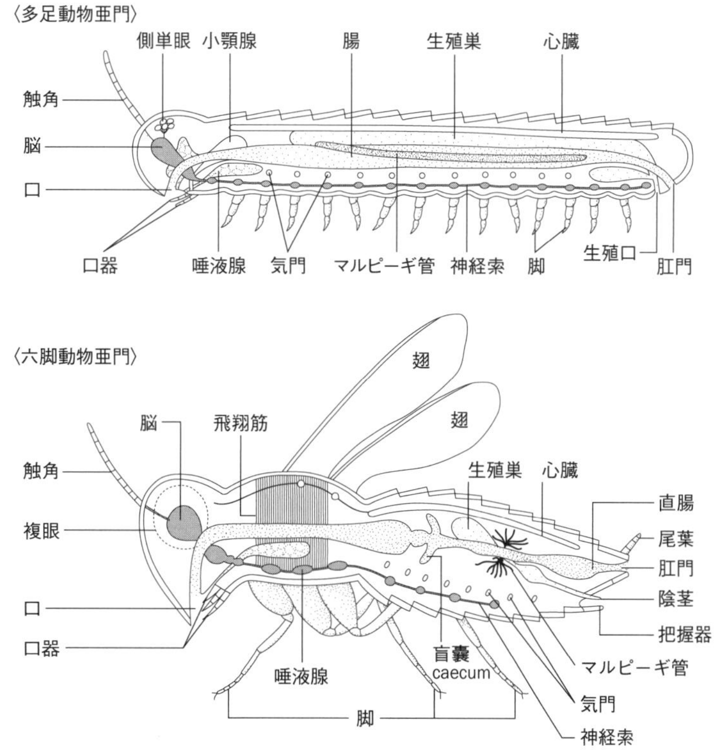

図 8.18　2 つの一般化した単肢動物の縦断面模式図

2．体は2細胞層以上の厚さをもち，組織や器官がある．
3．貫通するまっすぐな消化管で，消化盲嚢 digestive diverticula はない．
4．体は2つの部分に分かれている．「頭部」は先節と付属肢をもつ3ないし4節からなり，「胴部」には対になった歩脚がある．1つの亜門では，胴部が最多で350のかなり均一な一連の体節からなり，その大多数が歩脚をもつ体節である．もう1つの亜門では，胴部は，3対の脚をもつ「胸部」と，最大11体節で，あったとしても極度に変形した付属肢をもつ「腹部」とに分化している．
5．付属肢は単枝型 uniramous であり，頭部の付属肢としては，「触角」，「大顎」，小顎がそれぞれ1対ずつあり，ある動物群ではさらに2対目の小顎をもち，胴部の付属肢はすべて機能的な歩脚または歩脚が変形したものである．鋏角やはさみ状の付属肢はない．
6．2ないし3対の口器（大顎と小顎）があり，それぞれ対になる2本を噛み合わせたり開いたりする．小顎（2対の小顎をもつグループでは第2小顎）の基部の関節が融合して1つの板を形成し，前口腔の底（下蓋または「下唇」）となる．
7．頭部には側単眼（しばしば複眼となる）と，ときに正中眼をもつ．
8．胴部は外観的に体節化しているが，頭部はしていない．
9．1亜門の大半の種は胸部に1対または2対の翅をもつ．
10．血体腔中に脂肪体があり，これはしばしば腸のごく近くにある．
11．排出系としては，頭部にある0〜2対の小顎腺，1〜75対の分岐しない外胚葉性のマルピーギ管（中腸とのつなぎ目付近の後腸から生じている）があり，おもにアンモニアまたは尿酸またはその両方を排出する．
12．外骨格は石灰質か，よりふつうには，非石灰質．
13．ガス交換の器官は対になった枝分かれしている気管 trachea で，この中を空気が拡散する．気管は，（原始的には）脚をもつ各体節にある1対の気門 spiracle を通して外に開いており，内側の端は気管小枝 tracheole で終わる．気管系は，発生的には付属肢とは関係がない．
14．血液は，呼吸ガスに関する循環機能はもたず，（2，3の幼生段階を除き）呼吸色素はない．
15．雌雄異体であり，交尾もしくは精子嚢を用いて体内受精を行う．生殖口は胴部の体節の末節にあるのが祖先形であるが，いくつかのものでは変化している．
16．いくつかの動物群では，成体とはまったく異なる幼生段階を経る．その他のグループでは，まだすべての体節（と脚）が揃わないうちに孵化し，残りの体節は各脱皮のときにつけ加わっていく（性成熟の後でさえつけ加わるものもいる）．
17．基本的に陸上生活で，一部は淡水域にいるが，海洋にはごくまれである．

単肢動物門は鋏角動物門のクモ綱とともにおそらく陸上で起こったが，種数においても個体数においてもクモを圧倒しており，優占的な陸上無脊椎動物となっている．単肢動物門が陸上で成功した理由の一部は，クモ綱と共通している．両者は独立に，気体の拡散に依存するガス交換系を獲得した（拡散は環境から組織へ，またその逆方向へと起こる）．これによって，たとえば，肺での強制的な換気の間に多くの水蒸気が蒸散してしまうような四足脊椎動物などよりも，効率的に水分の損失を防ぐことができる．単肢動物とクモ綱の共有形質であるマルピーギ管による排出系もまた，その腸との関係性のおかげで，（少なくとも潜在的には）後腸部に放出された窒素排出物から水を再吸収することによって水分の損失を減らす能力がある．体の表面をおおうクチクラの外骨格は，環形動物や軟体動物のような軟らかく湿潤な外皮に比べてずっと，水分損失に対する大きな防護壁となっている．それにもかかわらず，単肢動物門に属する大半の綱では，水分損失に対する防御は部分的に成功しているだけで，多くは土壌中または土壌近傍の湿潤な微小環境に，大きく依存したまま生活している．たとえばこういうものたちは，①気門を閉じることができない，②窒素排出物（多くはアンモニアの形となっている）からの水分の回収もほんのわずかである，③クチクラもある程度の透過性がある，という具合なのである．1つの綱だけが，気門を閉じる機構や透過性の低いワックスに富む外被，直腸での水の再生を進化させたことにより，水分損失をさらに大きく減少させている．この綱（有翅昆虫綱）は単肢動物門の中で最大の綱であり，最も多様性に富んでいる．

上記の水分維持機構は，単肢動物門が少なくともクモ綱と同程度に成功している理由を示しているかもしれないが，クモを大幅に上まわった成功の説明にはなりそうにない．この差は，たぶん単肢動物門が噛み切って咀嚼できる顎をもつようになったことが大きいであろう．単肢動物門は固形の食物を消化管へととりこむことができ，液体の餌に限られる(だから体外で前消化できる餌しか食べられない)という制約がない．結局これは植物性の物質も餌として利用できることを意味している．とりわけ陸上というものは，摂取する前に苅りとって噛む必要があるような相対的に硬い植物の組織が，多数あるのが特徴となっているところなのである．ほぼすべてが捕食者であるクモ綱と違って，単肢動物門では1つの大きなグループであるムカデ綱だけが完全な肉食である．第9章で概略を示す理由から，大半の種は，生きた植物自体よりも，死んだり腐ったりした植物性の物質を消費している．

起源からすると，単肢動物門の顎である大顎は第1歩脚で，その根元の部分だけが発達したものである．ヤスデ綱とコムカデ綱以外のすべてのグループでは，大顎が切断に使う刃の部分は，体の正中線方向に向いた大きな突起となっており，顎の残りの部分に動かないように固定されている．もともとの祖先的な状態では，大顎は他の歩脚と同様な構造で体と関節でつながっており，頭鞘に対して鉛直に向いている（図8.19(a)）．しかし，ほとんどの単肢動物門では，この向きが変わり，大顎は前方へと回転して，頭部腹面に対して平行になった．かつての背側の体との関節は後部の関節となり，一部の種では，前部にもう1点の関節が発達した（図8.19(c)）．こうなると，顎の動きの自由度はおもに開閉運動に限定されることとなる．歩脚由来の小顎の基部が融合して下唇 labium となり（2対の小顎をもつ動物群では第2小顎が融合），これが口の前の空間の床もしくは後縁をかたちづくり，その空間内で口器が動く（図8.19(b)）．この位置は，下唇が体の腹側の外骨格である腹板の一部となっている他の2つの節足動物の門とは異なっている．多足動物亜門では，口器の全体構造の解剖学的特徴にはほとんど変異がないが，六脚動物亜門有翅綱の昆虫では，きわめて多くの摂食方法に適応放散したことに関連して，大顎と小顎の形態は極度に多様化している（8.5.3 B 項 b. を参照）．

8.5.3　分　類

100万種を越える単肢動物門はが2つの亜門に分かれており，そのうちの1亜門は4綱，もう1つは6綱から構成されている．単肢動物門の体制は相対的に保守的であり，これらのほとんどの綱の間の体制の差異は，軟体動物門，鋏角動物門，甲殻動物門などの他の大きな動物門の場合と比べて，それほど顕著ではない．

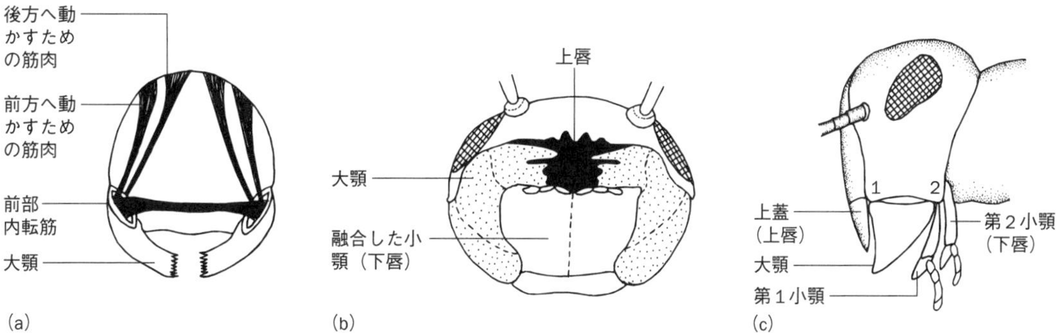

図8.19　単肢動物門の顎．(a) 頭部の横断面の模式図．大顎が鉛直下向きに並び，歩脚と似たような一連の筋肉によって動かされている原始的な状態を示す，(b) ヤスデ綱の前口腔を前腹側からみた図．頭鞘の硬皮によってつくられた上唇と，小顎の融合でつくられた下唇（大顎が水平を向いていることに注意），(c) ある昆虫の頭部側面図．3対の口器の構成員と大顎．大顎は2カ所（図中の1と2）で頭蓋と関節でつながれている（Kaestner, 1968）．

8.5.3A 多足動物亜門 Myriapoda

多足動物亜門の諸綱は，おそらく単枝動物門（またはその現存するメンバー）が最初に大きな放散したものを代表しており，その後に，これらの綱のうちの1つが2番目の大きな放散の開始点となって，第2の亜門の諸綱が生じてきた．多足動物亜門と六脚動物亜門との間の大きな形態学的類似性やこれらの間を結ぶ無翅昆虫類の存在にもかかわらず，分子配列の証拠は，この2つの亜門は，相互の間よりも，他の節足動物とより近縁であることを示しており，多足動物亜門は鋏角動物と，六脚動物亜門は甲殻動物と近縁となる．この分子データと形態データとの矛盾が解かれるまでは，伝統的な見方をとるのがここでは最も適切のように思える．

多足動物亜門を他のものから際立たせている最も基本的な特徴は，胴部がほぼ同等な一連の体節からなっており，最後部の1ないし2体節（たまに最初の体節も）を除いて，各節には1対の歩肢があり，胸部と腹部への分化は生じていないことである．他にも多くの共有する形質をもっているが，それらは多足動物だけの特徴ではない（なぜなら，そのうちのいくつかの特徴は無翅昆虫類と共有している，8.5.3 B項 a.を参照）．そのような共通の特徴としては，たとえば，①マルピーギ管は（通常細長く）1対のみである．②頭部には正中単眼がないが，「側頭器官」organ of Tömösvary をもっており，これはおそらく空気で運ばれる化学物質を感じる（もしかしたら湿度に対しても感受性があるかもしれない）．③触角の個々の関節はそれ自身の筋肉をもつ．④神経系は集中型ではなく，各胴部の体節に神経節をもつ．⑤（上に示したように）水を保持する能力は比較的弱い．さまざまな綱では，おもに，小顎が何対あるか，生殖口の位置，背板の数，脚を欠く体節の数が異なっている．

ほぼ陸生のみの亜門であるが，それぞれの綱に数種は海の潮間帯にすんでいるものがいる．

綱	目
ムカデ綱(唇脚綱) Chilopoda	ゲジ目 Scutigerida イシムカデ目 Lithobiida オオムカデ目 Scolopendrida ジムカデ目 Geophilida
コムカデ綱(結合綱) Symphyla	コムカデ目 Scolopendrellida
ヤスデ綱(倍脚綱) Diplopoda	フサヤスデ目 Polyxenida ナメクジヤスデ目 Glomeridesmida タマヤスデ目 Oniscomorpha ジヤスデ目 Polyzoniida ネッタイツムギヤスデ目 Stemmiulida フトマルヤスデ目 Spirobolida ヒメヤスデ目 Juliformida イタヤスデ目 Typhlogena ツムギヤスデ目 Chordeumatida オビヤスデ目 Polydesmida
エダヒゲムシ綱(少脚綱) Pauropoda	エダヒゲムシ目 Pauropodida

a. ムカデ綱（百足 centipede）

ムカデ綱は，細長いか非常に細長く，背腹方向に平坦な体をした多足動物で，頭部には2対の小顎をもち，胴部は脚をもつ体節が15〜181個以上（いつも奇数個）と，前生殖節と生殖節とよばれる，脚の

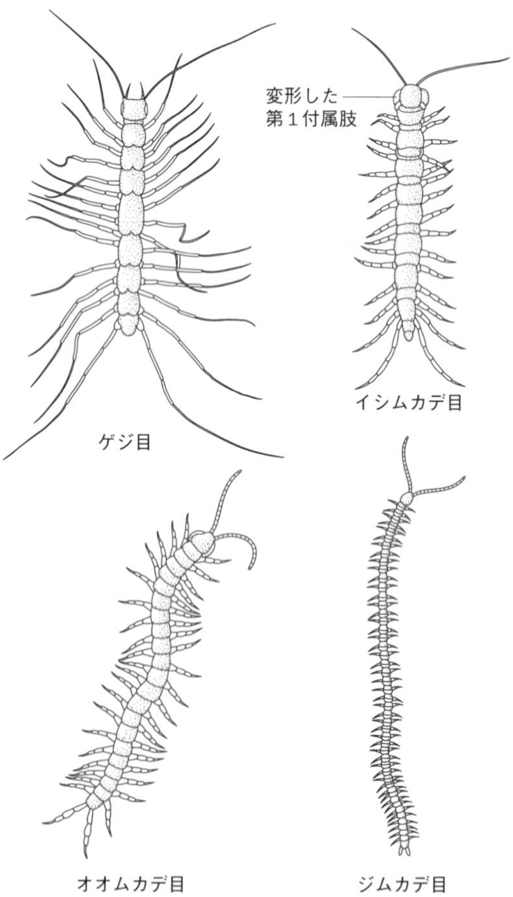

図 8.20 ムカデ綱の体形（Lewis, 1981）

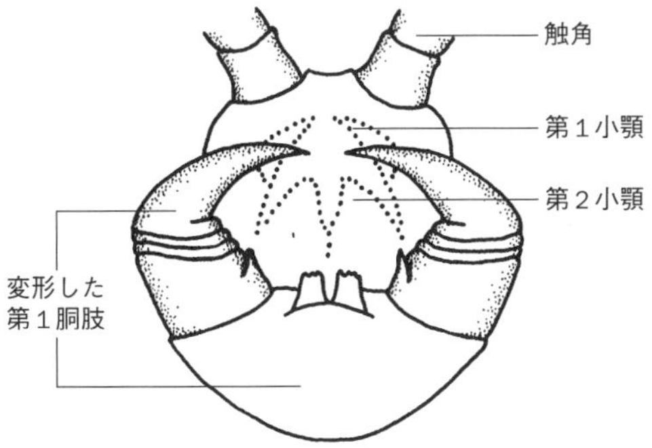

図 8.21 大きく変形したムカデ綱の第1対目の胴肢 (Borror et al., 1976)

ない後端の2体節からなる (図 8.20). 胴部の付属肢は, ときどき後方で長さが増す傾向があるものの, すべて似ている. ただし, 第1対目は餌捕獲のための器官に変形しており, 大きな爪状の, 毒腺をもつ毒牙になっていて (図 8.21), これをもつものがムカデ綱である.

大半の種ではきわめて多数の側単眼をもち, ある1つの (多足動物亜門全体でみても唯一の) グループ (ゲジ目) では大型の複眼をもっているものの, 捕食性のムカデ綱は夜行性か, 土壌表面の下で生活しており, 触角またはよりまれではあるが脚を用いて, 節足動物ないし貧毛亜綱の餌を探す. いくつかのグループには眼がない.

多くの多足動物と同様, 精子の受け渡しは体外で精包によって行われる. さかんな求愛行動の後にのみ, 精包は末端の生殖口から放出される. 1つのグループ以外は, 雄は同じ穴から出糸突起も突き出して一連の絹糸を出し, その中に, 精包をぶらさげるかもしれないし, それらの糸は雌を精包へと誘導するかもしれない. いくつかの種では卵や孵化後の幼虫まで保護するものがいる.

この亜門としては珍しく, 多くの種 (矛盾することに, 最も体節数の多いムカデ綱も含む) の幼虫は体節と脚が揃ってから孵化する. ただし他の種は, より典型的に, 成体より少ない体節で孵化し, たった4体節で孵化するものまでいる.

およそ3000種がおり4目に分けられる. 体長は27 cm に達するものが知られている.

b. コムカデ綱

コムカデ綱は, 小型 (体長 8 mm 未満) の多足動物で, 一般的な体制はムカデ綱と同じである. すなわち, 頭部は2対の小顎をもち, 胴部は歩肢をもつ

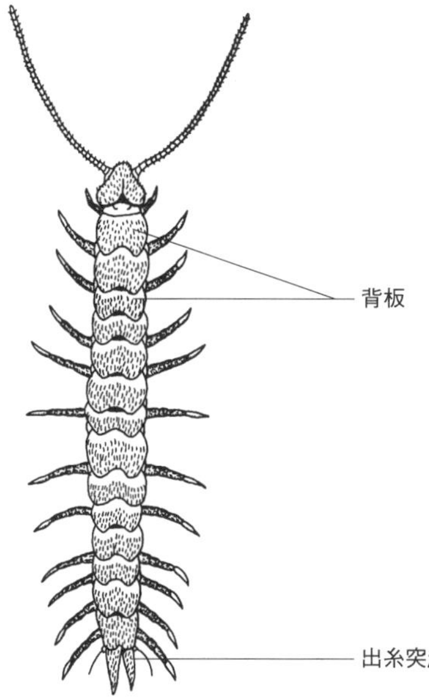

図 8.22 コムカデ綱の外観 (Kaestner, 1968). 背板の数が歩肢の対の数よりも多いことに注意.

12体節と歩肢のない後端の2体節 (最終節は尾節と融合している) からなっている (図 8.22). 最終節には出糸突起もある. しかしムカデ綱とは異なり, 背板の数が体節の数よりも多く (最多で 24) 柔軟性の増した体となっている. 生殖口は2次的に前のほう (第3節) に開く. 第1歩肢対はその後の歩肢対よりも顕著に小さく, ときどき半分くらいの大きさであるが, 毒牙は形成しない. 多足動物にしては変わっているもう1つの点は, 短い1対の気管が頭部の気門を経由して開いていることである.

しかしながら, コムカデ綱は他の多くの点で, 六脚動物亜門のメンバー, とりわけ無翅昆虫類と似ているのである. たとえば, 口器は基本的にそっくりで, 小さな基節突起と外転可能な基節嚢がほとんどの歩肢に存在している. 基節嚢は血洞腔の圧力によって外転して (めくり返して) 出すことができ, 周囲の水をとりこむのに使われる. 大半の多足動物亜門と同様に, コムカデ綱は完全に揃った体節よりも少ない体節で孵化するので, 六脚動物亜門はコムカデ綱のような祖先から, 幼形進化によって生じた可能性がある (一部のヤスデ綱やエダヒゲムシ綱もわずか3対の脚で孵化する).

約160種の小型で, 盲目, 軟らかくて色の薄いコムカデ綱はおもに草食で, とくに生きた植物の小さい根を食べ, 泥や, 朽ちた葉や腐った木の中や石の

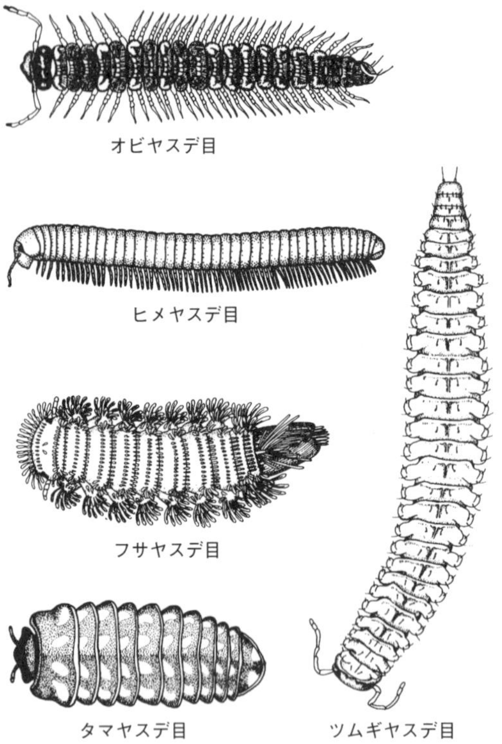

図 8.23　ヤスデ綱の多様性（おもに Blower, 1985）

下などに暮らす．すべての種が1つの目に入れられている．

c.　ヤスデ綱（millipede）

ヤスデには短いものからきわめて長いものまでいる（図 8.23）．この動物を際立たせている形質は「重体節」diplosegment をもつことである．ヤスデ綱の胴部は，① 肢のない第1節と，② それにつづく3体節（それぞれが多足動物亜門に典型的な1対の肢をもつ），③ その後に，それぞれが，2対の肢・神経節・心門などをもつ5～85以上の一連の「環節」と，④ その後方にある，体後端で体節の増殖帯となっている1つ以上の肢のない体節，からなっている．重体節性の環節は，ほぼ円柱形をした（まれには平たくなった）胴部の大半を構成している．個々の環節は，胴部の隣りあった2個の体節が，部分的もしくは完全に融合したものであり，最低でも1枚の背板を共有している．多くの種の雄では，1ないし2対の歩肢が，程度はさまざまなものの交尾用の「生殖肢」に変形しており（みかけ上の第7節にある歩肢か，第7節の後方の歩肢と第8節にある前方の歩肢が変形している），この生殖肢が，第3節にある生殖口からの精子を集め，それを雌の対応している生殖口へと運ぶ．別の種においては，大顎を使って精子を運搬するか，両性の生殖口を接近させるか，古典的な多足動物亜門のやり方で精子の袋と絹の導糸をつくるかのやり方をとっている．大半のヤスデ綱の卵はわずか7個の胴部「体節」をもつ状態で孵化し，新たな体節が一生を通じて（性成熟の開始後も長きにわたり）追加されていく．

ヤスデ綱の他の特質としては，小顎が1対のみであること，多数の側単眼がブロック状に並び，みかけ上は複眼のようにみえること（ただし，一部の種では眼を欠く），また，1つの目を除いて，石灰化した外骨格をもつ（単肢動物門ではヤスデ綱のみがもつ）ことがあげられる．

10000種が10の目に分けられている．どの種も，ゆっくりと動き，通常，分解しはじめた後の植物性の物質（朽ち木や落ち葉など）を食べるが，こういうものはコムカデ綱と同じ微小生息場所において手に入れることができる．最大のものは体長 28 cm に達する．

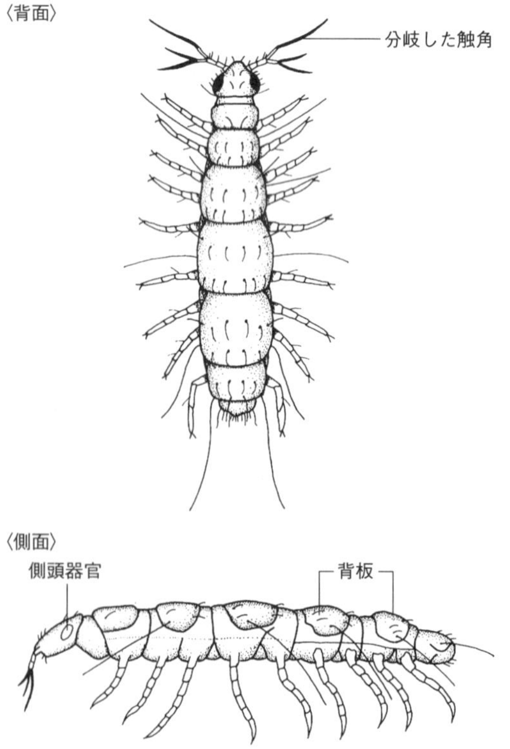

図 8.24　エダヒゲムシ綱の外観（Kaestner, 1968 および Borror ら，1976）．脚の対の数よりも背板の数のほうが少ないことに注意．

d. エダヒゲムシ綱

微小なエダヒゲムシ綱（体長<2 mm）は，コムカデ綱やヤスデ綱と同じ生息場所に生活し，菌類の菌糸を噛み切りその内容物を前腸のポンプによって吸い込む．あまり目立たないが，しばしば多数生息していることがある．体制からすると，コムカデ綱がムカデ綱に対するのと同じような関係をヤスデ綱に対してもっている．たとえば，① 頭部の小顎は1対だけ，② 胴部の最初の体節と最後の2体節には脚がない．③ 生殖口は前のほう，つまり第3節にある．④ 胴部の体節は移行的な重体節で1枚の背板が，第1節と第2節とを部分的にかすべてをおおい，また1枚の背板が第3節と第4節をおおい，また1枚が第5節と第6節を…（図8.24）と，全部で11ないし12節までを，おおっており（図8.24），最後の節は尾節と融合している．⑤ そして，わずかな体節のみの段階で孵化し，ほとんどの場合，脚は3対である．

エダヒゲムシ綱は単なる初期のヤスデ綱ではなく，多数の独特な特徴を有している．たとえば，心臓はなく，そのほとんどが気門も欠き，たとえあっても非常に小さい．さらに，その触角は枝分かれしている．

500種おり，いずれも眼を欠き，軟らかく色もない．すべての種が1つの目に入れられている．

8.5.3B 六脚動物亜門 Hexapoda（昆虫）

六脚動物亜門のすべてのメンバーは多足動物亜門からたった1つの特徴で分けられている．それは，六脚動物では胴部が，脚をもつ3体節からなる胸部と，歩脚のない11体節からなる腹部とに分かれていることである．ただし，腹部にはなんらかの形の付属肢があるものもあり，また体節を失ったり融合したりして腹部体節の数は11よりも少なくなっていることもある．六脚動物はすべて小顎が2対あり，体の後端部または後端近くに生殖口があり，ほとんどが，背単眼と，側単眼か複眼をもっている．

綱	上目	目
双尾綱 Diplurata		コムシ目 Diplura
少節綱 Oligoentomata		トビムシ目 Collembola
多節綱 Myrientomata		カマアシムシ目 Protura
結虫綱 Zygoentomata		シミ目 Thysanura
古顎綱 Archaeognathata		イシノミ目 Microcoryphia
有翅綱 Pterygota	旧翅上目 Palaeoptera	カゲロウ目 Ephemeroptera
		トンボ目 Odonata
	直翅上目 Orthopteroidea	ゴキブリ目 Blattaria
		カマキリ目 Mantodea
		シロアリ目 Isoptera
		ジュズヒゲムシ目 Zoraptera
		ガロアムシ目 Grylloblattaria
		ハサミムシ目 Dermaptera
		バッタ（直翅）目 Orthoptera
		ナナフシ目 Phasmida
		シロアリモドキ目 Embioptera
		カワゲラ目 Plecoptera
	半翅上目 Hemipteroidea	チャタテムシ目 Psocoptera
		ハジラミ目 Mallophaga
		シラミ目 Anoplura
		アザミウマ目 Thysanoptera
		ヨコバイ（同翅）目 Homoptera
		カメムシ（異翅）目 Heteroptera

内翅上目 Endopterygota	コウチュウ（鞘翅）目 Coleoptera
	ネジレバネ目 Strepsiptera
	ハチ（膜翅）目 Hymenoptera
	ラクダムシ目 Raphidioida
	アミメカゲロウ（脈翅）目 Neuroptera
	ヘビトンボ目 Megaloptera
	シリアゲムシ目 Mecoptera
	ハエ（双翅）目 Diptera
	ノミ目 Siphonaptera
	トビゲラ目 Trichoptera
	チョウ（鱗翅）目 Lepidoptera

[訳注：2002年にカカトアルキ目 Mantophasmatodea が発表された．ガロアムシ目と近縁だとされている．]

a. 無翅昆虫類の諸綱（翅のない昆虫）

5つの原始的な翅のない昆虫のグループが認められており，それぞれが昆虫の進化において，かなり初期の時点で分化したことは間違いなく（もし，それぞれが多足動物亜門の祖先から別々に派生したのではないとするならばであるが），そのため，それぞれが別々の綱をなすとみなされている．これらの綱のうち1つだけは翅のある昆虫（すなわち六脚動物亜門の6番目の綱）との近縁性がはっきりと示されている．無翅昆虫類のすべての綱は，小さな綱であり，それぞれが1目からなるため，便宜的にひとまとめにして取り扱われることが多い．

これらの5綱は大きく3つのグループに分けられる．1つ目のグループ（双尾綱コムシ目，少節綱トビムシ目，多節綱カマアシムシ目）はすべて頭蓋の内部に部分的に格納されている口器をもっており，他の昆虫類よりもむしろ多足動物亜門と共通する多数の形質を共有している．繁殖行動を含む習性や生息場所もまた多足動物的である．それゆえ，多くの昆虫学者が，多足動物亜門にこれらの綱を含むように再定義しようとしているのも不思議はない．これら3綱が維持してきた祖先的と仮定される形態形質としては，① 大顎が頭部と1点で関節すること，② 三葉からなる舌状体（正中線上にある唾液腺を伴う舌に似た器官）をもつこと，③ 外転可能な基節嚢と腹部の基節突起をもつこと，④ 触角の関節にはそれ自身の筋肉があること，⑤ 側頭器官（もしくはそれに非常によく似た構造）があること，⑥ いくつかの形の腹部の付属肢をもつこと，があげられる．すべて小型で（一般に体長7 mm 未満），おそらくはそれが理由で，マルピーギ管を欠き，窒素排出物は中腸上皮を通して排出される．3綱のうち2綱は眼も欠いている．

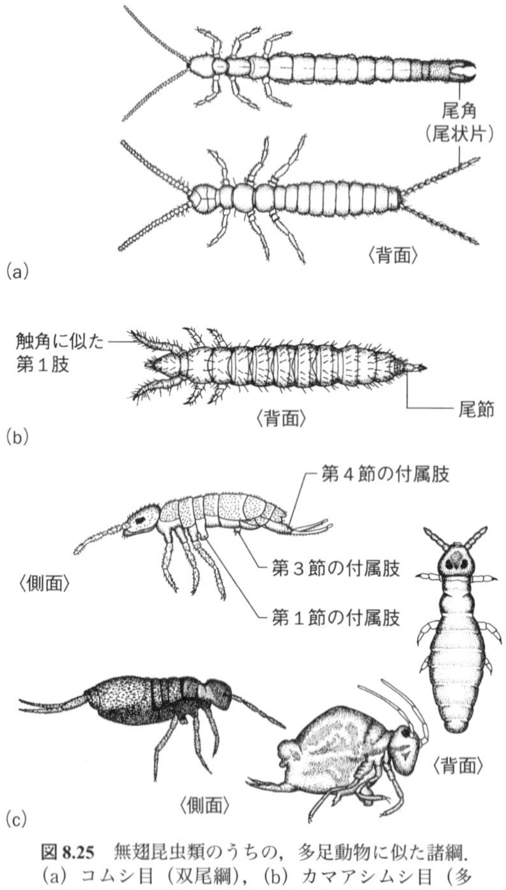

図 8.25 無翅昆虫類のうちの，多足動物に似た諸綱．(a) コムシ目（双尾綱），(b) カマアシムシ目（多節綱），(c) さまざまなトビムシ目（少節綱），(c) 左上の図で腹脚の変形の様子を示す（Imms, 1964 および Wallace & Mackerras, 1970）．

双尾綱（図 8.25(a)）には，他の2綱にみられるような大きく特殊化した形質はない．しかし多節綱（図 8.25(b)）においては，触角は痕跡的でその機能は胸部の第 1 肢が代わりに担い，また，大顎はものを突き刺すような針状となっている．大半の多足動物亜門と同様で，胴の体節数は孵化した後も増加し，十分に成長した成虫では 11 となる．一方，少節綱（図 8.25(c)）では腹部はたった 5 つの体節（および尾節）だけをもち，2 対の腹部の付属肢がトビムシという一般名のもととなった器官を形成している．つまり第 4 節の付属肢が，血体腔の圧力によって強力に伸ばすことができるバネとなっているのである．これは，使わないときは，第 3 節の付属肢によってつくられた留め金によって保持されている．さらに，腹部の第 1 体節の脚は大きな腹管をつくり，外転可能な基節嚢のような袋を内蔵しているが，その機能についてはよくわかっていない．環境水を摂取するのに使われるのかもしれない．これらの 3 綱のいずれにおいても，他の昆虫のように生殖口は第 8 腹節（雌）または第 10 腹節（雄）にあるわけではなく，水分の損失速度を低く抑えることもしていない．以上が 1 つ目のグループである．

2 つ目はシミのグループ（結虫綱）で（図 8.26(a)），有翅綱との違いはより小さい．翅がないこと（およびそれに伴う胸部の構造の違い）という原始的な形質を別とすれば，基本的には 3 つの祖先的な（そして一般的な無翅昆虫類の）特徴を維持していることだけが有翅綱と異なっている．3 つの特徴とは，① 腹肢がある，② 交尾器をもたず，精子は体外の精包に貯蔵して受け渡す，③ 性成熟後も脱皮をつづける，ことである．この理由から，結虫類は一般的に有翅綱の祖先に近縁であるとみなされている．

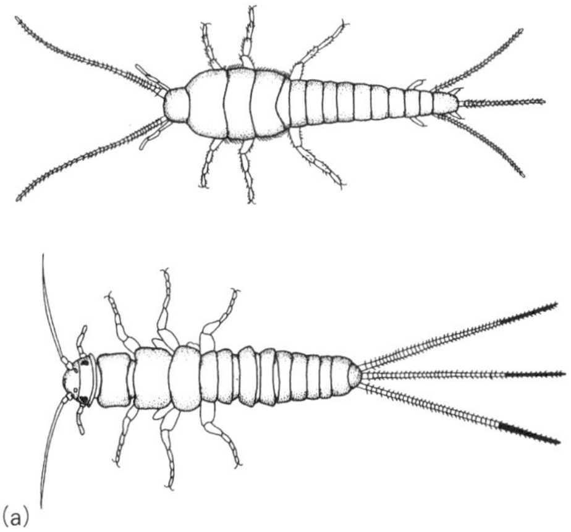
(a)

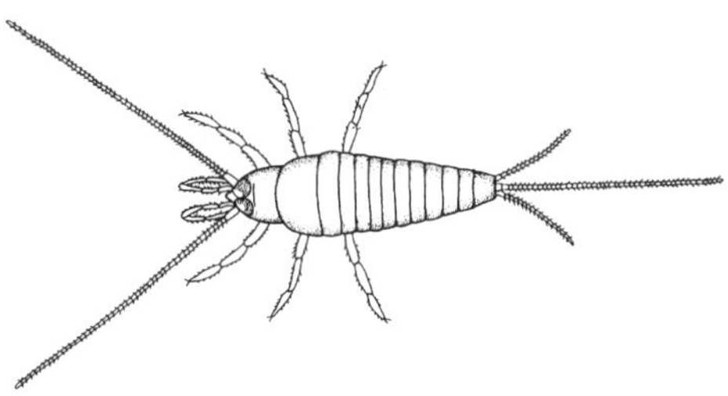
(b)

図 8.26　無翅昆虫類の中で，六脚動物亜門に似た諸綱．(a) 結虫綱，(b) 古顎綱（Imms, 1964 および Daly ら，1978）．

3 つ目のグループであるイシノミ（古顎綱）（図 8.26(b)）は，結虫綱と他の無翅昆虫類とをまたぐ中間的なものであり，結虫綱のもつ進んだ形質をいくつかもっているが，多足動物的なグループのもつ祖先的な形質も多数保持しているという状態を示し，これはしばしば，同一の付属肢や器官系においてですらそうなのである．たとえば口器が頭部の中にとりかこまれていない点では有翅綱と同じだが，大顎の関節，下咽頭，小顎は祖先的な多足動物の状態である．イシノミはまた結虫綱が保持している原始的な特徴をすべて示している．翅をもつ昆虫が結虫綱由来の可能性があるのと同様に，結虫綱は古顎綱から由来した可能性があり，両綱ともに通常は昆虫学者が「真の昆虫類」と考えるのと同じグループに含められている．どちらも一般的には大型で（体長 2 cm に達する），他の無翅昆虫類ほどには湿った落ち葉や泥などの微小環境に強く依存していない．

5 綱を合わせて全部で 3100 種を超える種があり，一部は他の小さな六脚動物をとらえて食べるが，その多くは腐肉食者で，分解しつつある植物性の物質を食べる．

b.　有翅綱（翅のある昆虫）

翅がある昆虫の 29 の目（2 次的に翅を失ったものも含む）は単肢動物門の 3 つ目の主要な適応放散を遂げたグループとなっていて，現生種の 98% を含み，現在では，この動物門を優占している．とりわけ，他のすべての単肢動物の綱が湿ったタイプの微小環境にしかすめないのに対し，そのような環境から解放されたことによって，この成功が成し遂げられたのであろう．成功は何にもまして，水分が失われていく速度を抑える能力に依存している．この状態への進化は，おそらくクチクラと気管の特性からはじまり，多くの段階を経て起こった．

上クチクラのワックス層は，もともとは水をはじく防水層としての適応的価値があった可能性がある．環境中では浸水することはよくあり，小さな動物だと水の膜にとらわれてしまうこともある．また，水分摂取は水分損失よりもより深刻な問題なのである（無翅昆虫類の小顎腺はかなりの量の余剰水を排出しなければならないようだ）．一部のトビムシでは，ワックスでおおわれた疣が発達しており防水機能として役立っていて，有翅綱の祖先形にも同じようなものがそなわっていたと考えることができるだろう．多足動物的な無翅昆虫類の大半がそうであるように，有翅綱の祖先は気管系をもっていなかったと思われるが，このことは，おもに幼形進化によって生じた動物がいずれも小型であるということによるものであり，元の祖先がすでに小型であったならばなおさらである．一度気管が発達（もしくは再発達）すると，ガス交換を妨害することなくワックスの防水層は体表面全体をおおうように広がりえたであろう．

しかしながら，陸生の節足動物はクチクラを通してよりも気管系を通して，より多量の水を失うかもしれず，防水性の外皮自体はあまり効果的ではないのかもしれない．

特徴的なことに，有翅綱は気門を閉じる筋肉をもっており（気門を開く別の筋肉をもつこともある），たとえば乾燥した環境に生息している昆虫はほんのわずかな時間だけ気門を開く．気門を通しての水分損失を減らすには他の方法もある．その1つは，生じた二酸化炭素を非気体相で長時間蓄えておくことである．そうすると気管の空気中の酸素が消費されても同じ体積の二酸化炭素に入れ替わるわけではないので部分的な真空が生じ，気門を通して，さらに空気を取り入れるという一方向の空気の流れが生じ，水が体外へと蒸散する傾向を防ぐのである．

水分保持の系の最後の改良点は，糞や排出物が通過するときに水を再吸収できる機能をもつ後腸部である．ここでもまたいくつかのやり方をとっているが，そのうちいちばん広まっているのが直腸壁の直腸盤 rectum pad において無機の溶質と/または有機の溶質を能動的に細胞間間隙へと分泌するというものである．そうすると，水は腸管の管腔からこの間隙へと浸透圧勾配によって受動的に拡散し，その液体は血体腔へと移動して，溶質は再吸収され循環する（図 8.27）．

水の経済に関する能力が高まったことによって可能となった，湿っていない生息地への移入は，初期の有翅綱の生物学的特性に大きな影響を与えた．この動物群に特徴的な形質の多くがこのことによって説明される．たとえば，体外で精包を保つのは比較的乾燥した条件においては効果的な戦略ではなく，有翅綱では交尾によって精子を直接受け渡す（ただし精子は依然としてふつうは精包に入っているが）．原始的には，雌は祖先的な対になった生殖口を保持しており，雄は対になった交尾器官をもっている．しかし多くの分類群で雌の生殖口は中央に1つとなり，2つの雌性器官が融合して単一の構造となっている．雄はまた1対の把握器で雌を抱きかかえ，射精管の外転可能な末端部を雌の生殖口に挿入し，1

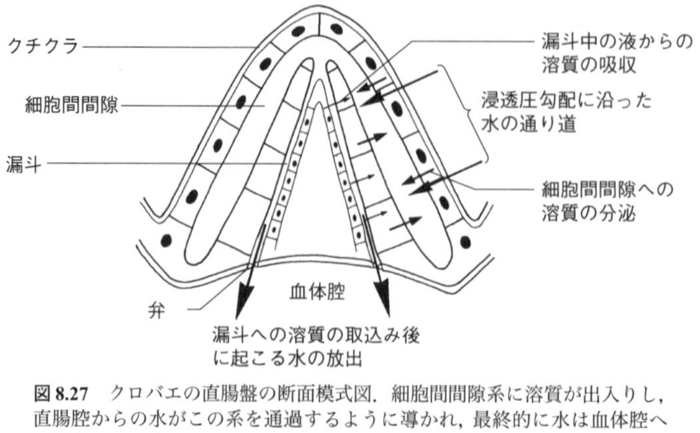

図 8.27 クロバエの直腸盤の断面模式図．細胞間間隙系に溶質が出入りし，直腸腔からの水がこの系を通過するように導かれ，最終的に水は血体腔へと放出される（Gupta & Berridge, 1966 に基づき，簡略化した）．

つまたは複数の精包を交接嚢または雌の生殖管の他の部分へと送り込む．精子は通常，精包から放出されると，ときどきは相当長い期間貯精嚢に蓄えられてから，最終的には，卵が産み出されると，卵を保護している殻にあいている微少な孔を通って中に入り，卵を受精させる（この殻は有翅綱に特徴的なもの）．昆虫の雌の多くはたった1度だけ交尾するが，受けとった精子は数回分の卵の一団を受精させられることもある．どの種も性成熟に達したら脱皮は行わない．多くの種は産卵管をもち，卵を特定の（ふつうは隠れた）場所に産むことができ，別の種では腹部の末端部が伸びて管状になり同じことを行う．一方，いくつかのハチ目（ミツバチやスズメバチなど）では，産卵管が針となっており，もはや産卵とは関係なくなっている．雄の把握器と射精管および雌の産卵管（図8.28）は，生殖体節の祖先的な腹部付属肢に由来している．これらの交尾器官や産卵器官は，現在生きている有翅綱の成虫において，機能をもった腹部体節付属肢の唯一の名残である（第11節の付属肢である末端の1対の尾角が多くのものでみられるのを別とすれば）．腹刺を含む腹部の付属肢は古生代の有翅綱ではよく発達しているが，おそらく機能的には脚であったのであろう．

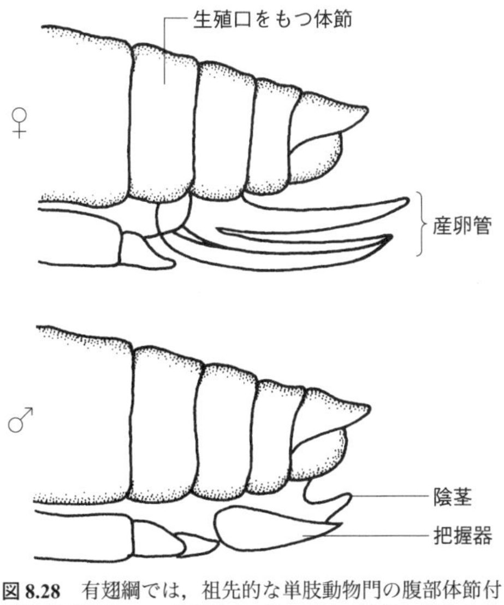

図8.28 有翅綱では，祖先的な単肢動物門の腹部体節付属肢が変形して，産卵ならびに交尾の機能を担うようになった（側面図）（Snodgrass, 1935）．雌の産卵管は腹部第8節と第9節の付属肢の基部にある．雄の生殖口は第10節にあるが，大半の昆虫では前方に移動し，みかけ上，第9節にあるようにみえる．以上が基本だが，多くの有翅綱では2次的な交接器官と産卵の方法を進化させたことに注意．

しかし何といっても，翅をもっているということによって有翅綱は定義される．この翅こそ，湿った環境系に限定されていたことから解放された後にのみ発達させることが可能であったもう1つの特徴なものである．歩脚に加えて1対の翅が，成虫の胸部の第2および第3体節のそれぞれに生じているが，1対または2対とも退化的だったり欠落していることもある．前述の古生代の昆虫の一部では，胸部第1体節にも小さいが機能する翅をもっていた．これらの翅の起源や，翅の前駆体の自然選択におけるもともとの利点についてはわかっていないが，たとえば一部の結虫綱やさまざまな化石六脚動物にみられるような，多数の気管をもつ板状の胸部背板の側方への突出部から翅は進化した可能性がある（10.6.2項参照）．もちろん，現生の有翅綱においては，翅は体壁の膨出，つまり表皮に翅芽が4つ生じてそれが背側方へ伸びていくことにより形成される．血液が流れていて気管や感覚神経もある一連の管に沿った部分を除き，これらの翅芽の上面と下面は融合する．その後，薄くおおうクチクラを表皮細胞が分泌し，成虫へと脱皮するときに小さくて肉質の翅の原基が血体腔の圧力で膨らみ，管の内層がクチクラで強化され（最終的には「翅脈」となる），表皮が退化して翅は薄い2層のクチクラでできることとなる．こう薄くては内部に筋肉の入る余地はないため，必然的に翅は外在筋で動かされ，翅を動かす外在筋の一部のみが翅の基部に付着する．翅はまた，飛行のために楕円形または8の字型を描けるような蝶番を介してとりつけられていなければならない．小型の昆虫は毎秒1000回を超える羽ばたきが可能であり，動物の中では異例なことに飛翔筋は1回の神経インパルスで数回収縮する（16.9.4項参照）．原始的な昆虫の翅は，比較的大きいのがふつうで，たくさんの翅脈をもっているが，翅の大きさと翅脈の数は多くの系統で大きく減少していった（図8.29）．このことは，安定して飛行するが操縦不可能な体の長い動物から，不安定ではあるが高度な操縦が可能な飛行を行う短い体へと変わっていくことと相関している．変化していった系統ではまた，翅を使わないときには完全に折りたたむ能力を進化させていき，究極的には，前翅のすべてまたは一部が変形し，折りたたまれた後翅をおおい保護するものとして使えるようになった．昆虫の飛行については

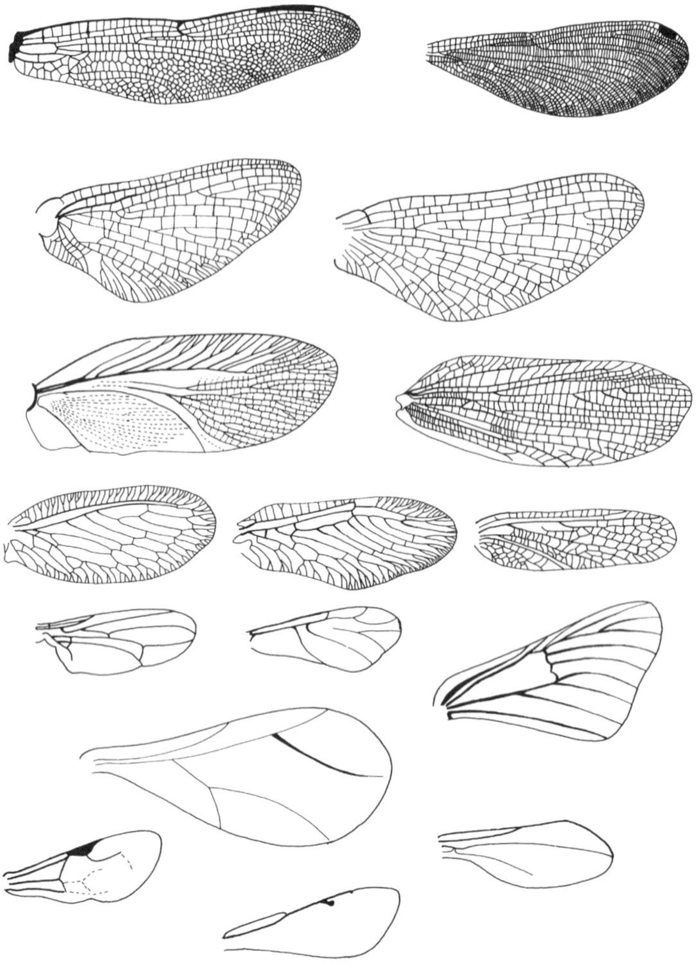

図 8.29 有翅綱の翅の翅脈相の多様性（さまざまな著者に基づく）．多数の翅脈をもつ原始的な翅は図の上の方に示されており，図の下に向かうにつれ，だんだんと翅脈の数が減少していくように並べてある．

10.6.2 項で考察する．

有翅昆虫類が進化上成功を遂げたことの最後の要因は，おそらく利用可能な食物源の多様性である．このことは，ほとんど当惑せんばかりの口器の構造の多様性に現れていて，異なる目では異なる付属肢に変形している．(ただし有翅綱では，大半の無翅昆虫類（結虫綱を除く）とは対照的に，口器が頭蓋内にかこまれておらず，大顎は 2 点の関節をもち，1 葉の舌状体をもつという点は，すべての有翅綱で統一されているが)．これらの付属肢の祖先形が，嚙んで砕くのに適応した標準的な多足動物の方式であったことはほぼ間違いなく，現生の数種でもこのような形を保持している（図 8.30(a)）．しかしながらここから，突き刺して吸引する口器の多くの系統が進化した．そのうちの 2，3 の例だけをここでは示す．

動物群によるが，たとえば，カメムシは（カメムシといってもいろいろいるが）下唇（第 2 小顎）から形成される口吻を使って植物または動物の体液を吸収することができる．口吻の内部には大顎と小顎の一部分に由来する 2 対の口針がある（図 8.30(b)）．大顎の口針は獲物の組織に突き刺さり，小顎の口針がその傷へと侵入する．小顎は 1 対の導管をとりかこむ構造をしており，導管の 1 つが唾液を送り出し，他方が体液をとりこむ．それに対してカの場合には，これに加えてさらに 2 つの口針をつくる（図 8.30(c)）．上唇からつくられ食物の導管 fool canal をとりかこむ口針と，舌状体からつくら

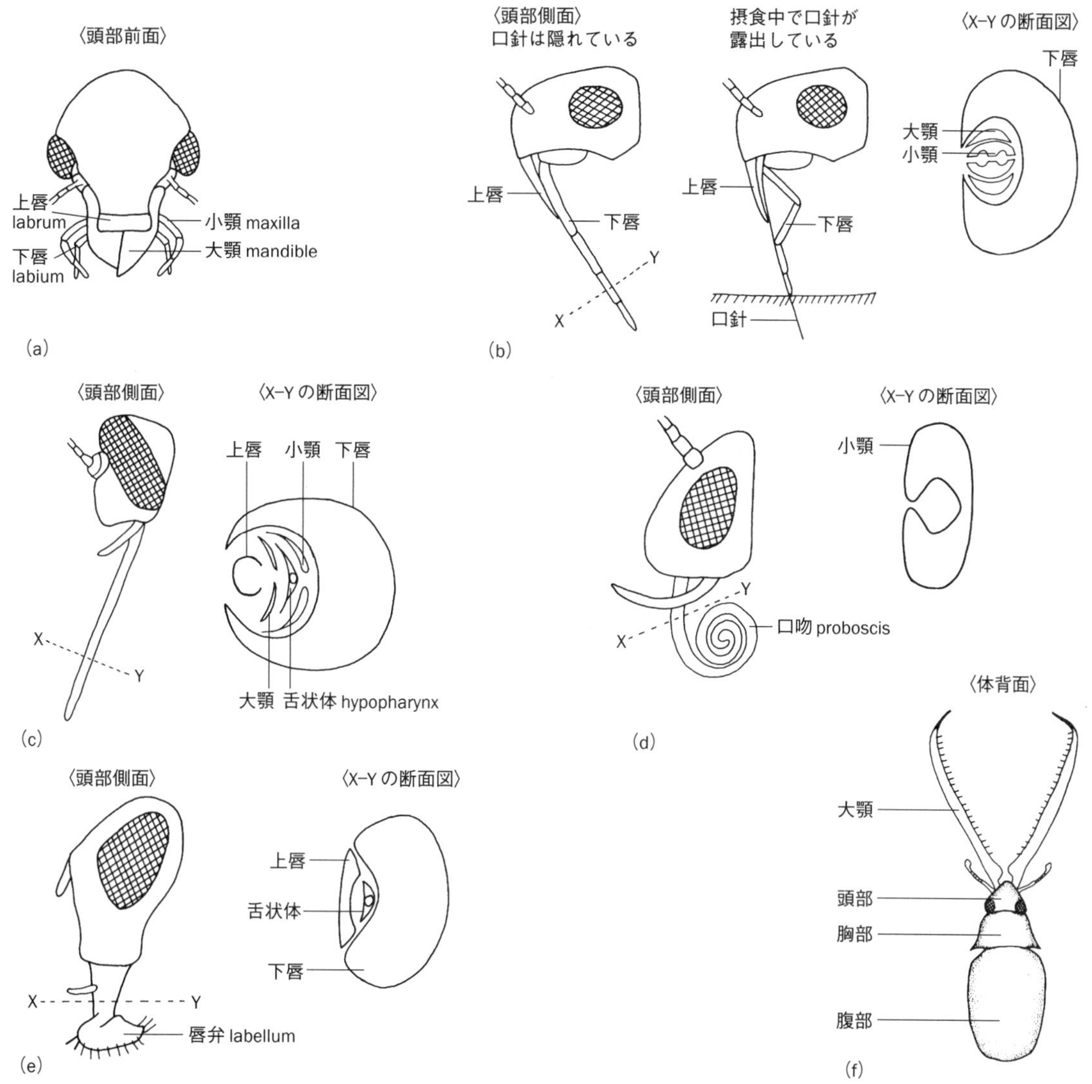

図 8.30　有翅綱の口器の適応放散の例（本文を参照）．(a) 甲虫（コウチュウ目）の噛みつき型の大顎，(b) カメムシ（カメムシ目）の突き刺し/吸引型の口吻，(c) カ（ハエ目）の口器，(d) 花蜜を吸うチョウ（チョウ目）の口吻，(e) イエバエ（ハエ目）の吸い取り型の口器，(f) クワガタムシ（コウチュウ目）の雄の巨大化した大顎．摂食にではなく同性間の戦闘で用いられる（複数の著者の文献に基づくが，基本的に Borror ら，1976 より）．

れ唾液腺の管となる口針とである．しかしいずれの場合も，下唇は保護の役割だけを果たし，口器の他の部分が餌の組織に入り込む際には（望遠鏡の筒がはまり込むように）短くなったりうしろに折りたたまれたりする．

他の昆虫は，花蜜や傷からにじみ出る汁液など，もっと簡単に手に入る液体を吸う．たとえば，チョウやガは細長い口吻を通して花蜜を吸い込むが，口吻は血体腔の圧力によって伸長することができる（この圧力を減少させると口吻自体の弾力によって再び巻く）．この口吻は小顎の部分からつくられ，口器の他の部分は退化しているか失われている（図 8.30(d)）．一部のガでは口吻の先端が鋭く，逆棘がついており突き刺すための器官として使われる．イエバエでは，下唇が食物摂取のための器官となっている．やはり大顎はないが，このグループでは上唇と舌状体が大きな下唇にある溝の中に入っており，下唇の末端部にはスポンジのようにはたらく軟らかくて二葉からなる「唇弁」をもっている（図 8.30(e)）．

さらに他の種では，大顎は巨大であるが摂食にはまったく使われず，むしろ防御や交尾相手をめぐる

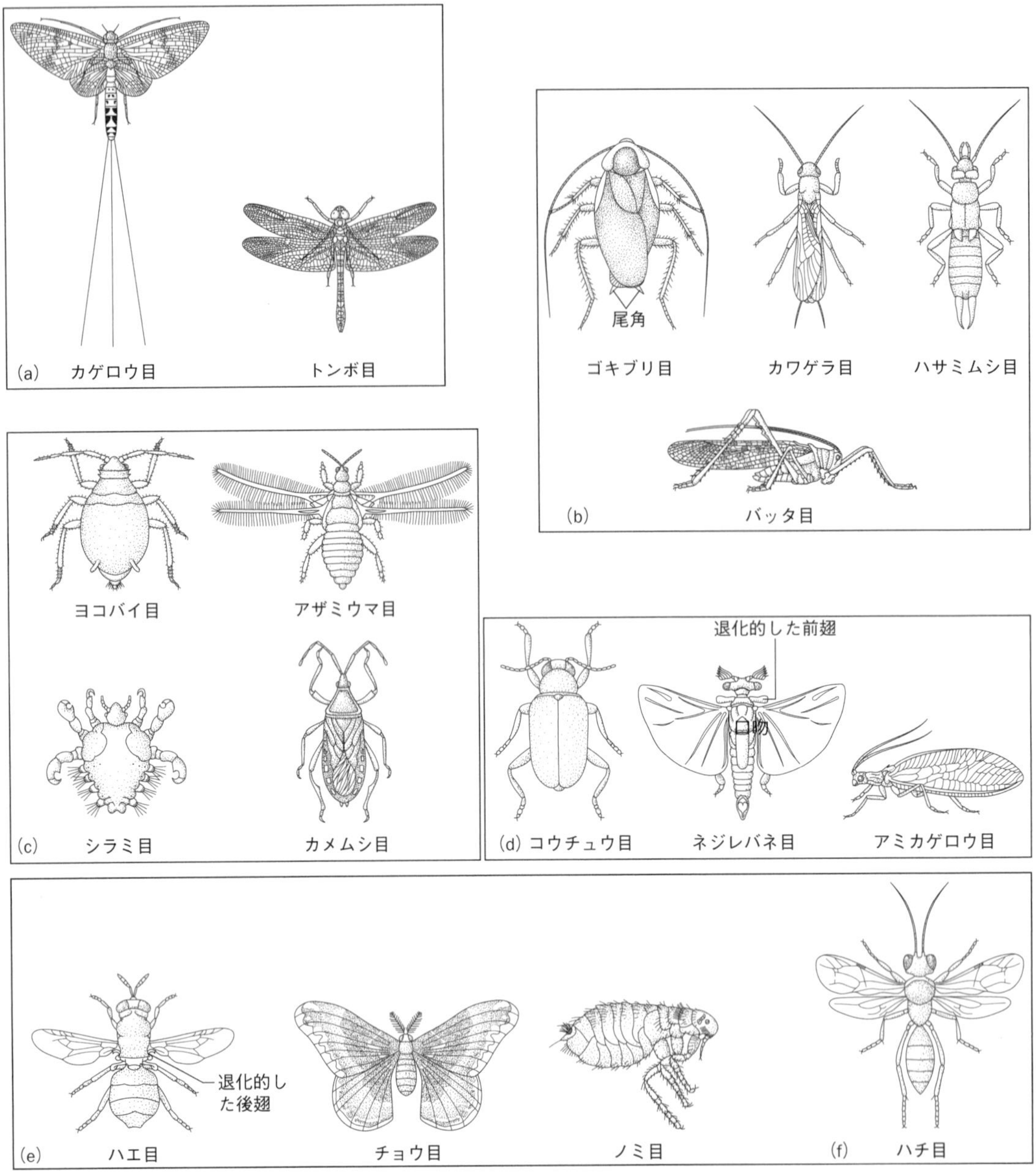

図 8.31 有翅綱の成虫の形態の多様性．(a) 代表的な旧翅上目，(b) 直翅上目，(c) 半翅上目，(d) 内翅上目の脈翅群，(e) 内翅上目の長翅群，(f) 内翅上目の膜翅群．

戦闘に用いられている（図 8.30(f)）．少なくとも 8 つのグループで，その一部のメンバーが成虫では摂餌を行わず，痕跡的な口器をもつだけとなっている．有翅綱の多く，とくに，はっきりと違う幼生段階や水生の若虫をもつものでは，摂餌をする生活環の主要部分は性成熟に達する前にある．成虫は短命で，分散と繁殖のための「機械」である．

有翅綱昆虫の 100 万種は大まかに 4 つのグループ（目の集合である上目）に分けられる（図 8.31）．①1 つ目の旧翅上目（2 目が含まれる）は腹部の上に翅を曲げて折りたたむことができないという（原始的な）形質によっておもに区別され，翅は大型で縦横にたくさんの翅脈がある．旧翅上目の若虫（ナイアッド）は，長い期間を過ごし何度も脱皮するが，つねに水生であり，成虫とは異なる適応をしている．たとえば，多くは体の外側に数対の気管鰓をもっている．気管鰓は葉状の腹部の板であり，血液を含む代わりに閉じた気管の管をもっている点を除けば，真の鰓に似ている（単肢動物の血液系は呼吸ガスの分布にはかかわりがない）．この対になった構造は，おそらく祖先的な腹部付属肢から派生したものであろう．他のすべての有翅綱は「新翅類」neoptera で，休息時には翅を平らにたたんで腹部の上をおおうように横たえることができる．

②2つ目の群は，直翅上目である（10目）．新翅類の中では原始的なグループだが，典型的には，嚙みつき型の口器をもち，集中的でない神経系，単純で長く多数の環節からなる触角，1対の末端の尾角，多数のマルピーギ管，外転可能な交接器官，成虫の形態へと漸進的に変化していく数齢の若虫段

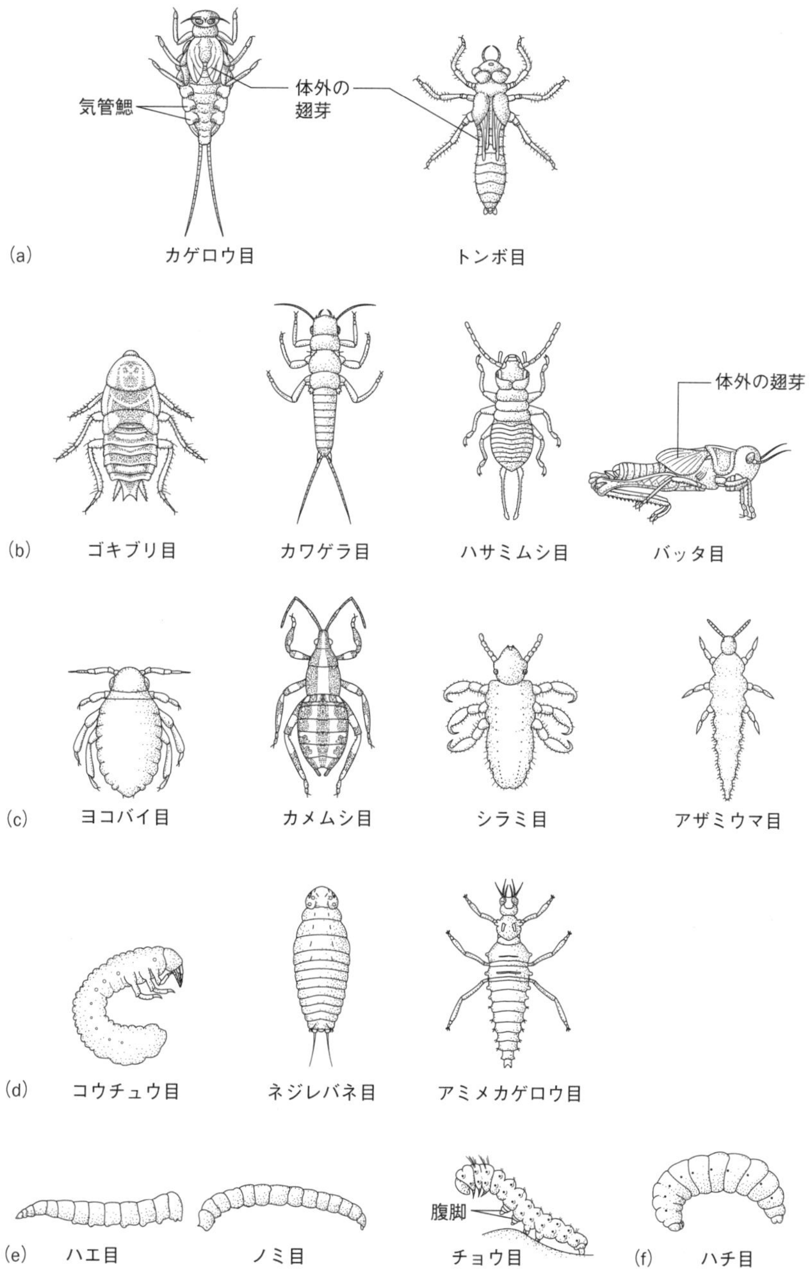

図 8.32　図 8.31 に描かれた各有翅綱の幼若期の形態．(a) 旧翅上目のナイアッド，(b) 直翅上目の若虫，(c) 半翅上目の若虫，(d)～(f) 内翅上目の幼虫（複数の出典に基づく）．

階，をもっている．翅や複眼などのすべての成虫の器官系がさまざまな若虫の段階で徐々に発生していく．それゆえに，若いときの生態が成虫の生態と，かなりの程度同一である．

③ 半翅上目の6目でも，同じように，成虫の形態へと若虫が漸進的に変化するが，多くの場合，その変化が最終齢か最終の数齢に集中している．大多数が汁液食者で小顎の部分は硬化した口針をつくるのに適応している．特徴的な点は，わずかな数（4以下）のマルピーギ管しかもたず，尾角を欠き，翅の翅脈は大きく減少しており，数環節しかない短い触角と，独特な生殖肢をもっている．若虫には単眼がない．

④ 残りの群である内翅上目（11目）はいくつかの点で半翅上目に似ているが，こちらは短いが尾角をちゃんともっており，また多数のマルピーギ管をもつこともある．しかしさらに大きな違いがある．上で述べたように，すべての他の新翅類が最初の若虫段階から成虫へと徐々に変わっていき，その間に翅芽が体の外で発生していくのに対して，このグループでは，形態や，餌や，しばしば生息場所さえも成虫とはまったく異なっている幼虫期があり，このことは陸生節足動物の中にあっては他に例をみない特徴である．幼虫期が違うことを例に示せば，たとえば，多くのハエやハチ類の幼虫は脚のない蠕虫状であるが，逆にチョウ類や他の一部のハチ類の幼生は（やはり蠕虫状だが）付加的に2次的な腹部の歩脚（「腹脚」proleg）をもつ（図8.32）．これらの幼虫ではすべて，翅芽は外皮の下で発生するため，体外からはみえない．（このように翅もなく脚はなかったり余計にあったりと）幼虫は顕著に成虫とは異なるため，完全変態して幼虫と成虫とを分ける（15.5.1項参照）．これは「蛹」（図8.33）とよばれる特殊な不活発な発育段階で起こる．蛹の中では，幼虫の組織のすべてもしくは多くが組織分解によって壊され，成虫の体が新規に組み立てられることとなり，そして成長中の翅がはじめて外皮の外側に現れる．一部の蛹では終齢幼虫の脱皮殻を捨てないで自分のまわりをおおう防御壁として使用する（図8.33中）．幼虫と成虫との生態を別々のものにするというこの戦略が進化の上で出現したことによって，内翅上目は大成功をおさめ，翅のある昆虫の種の85％を占めることとなった．幼生の中には，潮間帯の堆積物や一時的な水たまりといった陸上動物にとっては，最も生活に適していない環境にさえ生息可能なものもあり，アフリカにすむネムリユスリカの幼生は脱水して緩歩動物に匹敵するクリプトビオシス能をもっている（8.1.2項を参照）．

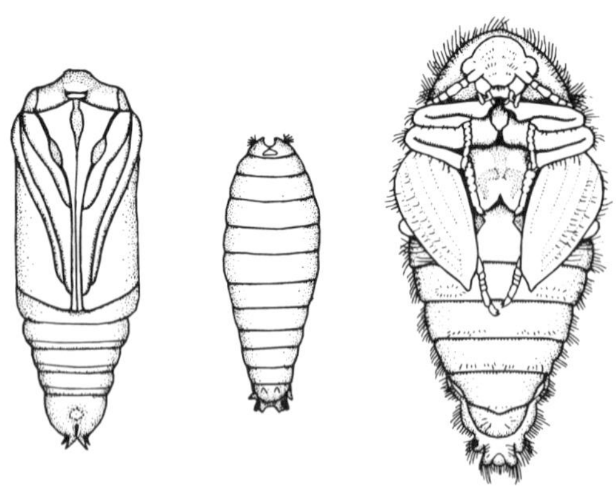

図8.33 内翅上目の蛹（腹面図）．ハエ目の蛹は，終齢幼虫が脱ぎ捨てた外皮である「囲蛹殻」の中に囲まれている（Jeannel, 1960およびWallace & Mackerras, 1970）．

有翅綱と他の六脚動物亜門はすべて比較的小型である．現生種でみられる最大サイズ（70 g）が，物理的な根拠から導かれる理論上での昆虫の大きさの限度であるということを示そうと何回か試みられた（拡散に依存する気管系をもつこととか，陸上での外骨格の脱皮に関する重力上の問題が大きさの限界を決めるのではないかという仮説）．しかし化石種には，カラスやタカくらいの大きさになるものもあり，これは物理的な制限の下で可能な最大サイズだと主張されているものを超えている．これらの巨大昆虫は脊椎動物が陸上への侵入に成功するよりも前にいたものである．現存する昆虫と陸生脊椎動物との間で大きさはほとんど重なっておらず，これら2つのグループの間でサイズ範囲における分割が起こっているというのが，物理的制限よりもありそうなことである．基本的には，脊椎動物との競争か，脊椎動物による捕食（またはそれら両方）が，現在の昆虫を小さくさせているのである．

8.6 甲殻動物門 Crustacea

8.6.1 語　源

ラテン語：crusta＝外皮

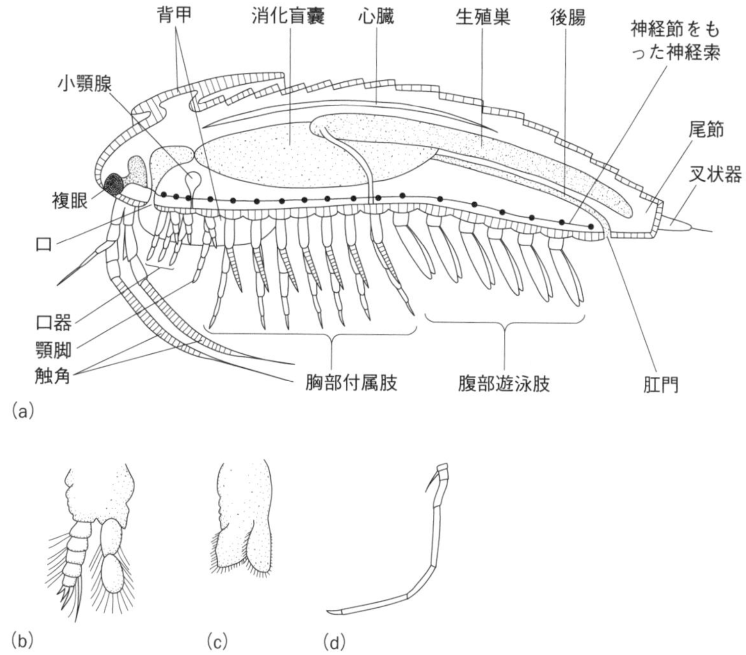

図 8.34 甲殻動物門の形態．(a) 一般化した甲殻動物の体の縦断面模式図，(b)～(d) 二枝型の脚（極端に単純化した）（一部は MacLaughlin, 1980），(b) 枝の 1 つは管状，他方は葉状，(c) 両枝とも葉状（典型的な遊泳肢），(d) 両枝とも管状で，一方はかなり小さい（典型的な歩脚）．

8.6.2 判別に役立つ特徴・特別な特徴（図 8.34）

1. 左右相称の，体長 0.1 mm 未満から 60 cm ほどの節足動物で（一部には脚を広げると 3.5 m に達するものや体重 20 kg を超すものがある），体形は細長いものから球形のものまである．
2. 体は 2 細胞層以上の厚さをもち，組織や器官がある．
3. 貫通するまっすぐな腸をもち，小さな中腸部分には 2 つの消化盲嚢があり消化と吸収を行う．前腸に噛み砕く機構をもっている（非常に小さな粒子や汁液を食べる種を除く）．消化盲嚢は胚の腸からの一部が膨らんだものに由来する．
4. 甲殻動物の異なる分類群は，体の部分の分かれ方やそれぞれの部分をつくっている体節数に大きな変異がある．それにもかかわらず，基本的には，（先節と付属肢をもつ 5 節からなる）頭部があり，（2～65 を超える体節としばしば「叉状器」furca とよばれる 1 対の突起がある尾節とからなる）胴部がある．胴部のはじめの 7 体節までは，しばしば頭部と融合して「頭胸部」を形成する．胴部は通常，付属肢を基準として，胸部と腹部とに分けられ，頭胸部に組み入れられていない胸部の体節は「胸節」pereon となり腹部は「腹節」pleon となる．頭胸部と，いくつかの分類群では体の大半または全体までが，頭部が外側へ成長してできた「背甲」carapace（甲殻，甲皮）によっておおわれ，背甲は体の側面におおいかぶさるように側方へと伸びている．
5. 円筒形もしくは葉状の付属肢は基本的にすべて二枝型で，2 つの枝は通常は大きさや形が異なり，しばしばさらに 2 次的な枝をもっている．頭部の付属肢は ① 2 対の「触角」（最初の対は「第 1 触角」となる），② 1 対の「大顎」，それと ③ 2 対の「小顎」とからなる．胴部の付属肢は数や形や，位置による差異がじつにさまざまである．原始的なものでは，各節は 1 対の肢をもっているが，しばしば腹部のものは失われる．鋏角はないが一部の肢は鋏型となる．
6. 主たる口器は 3 対（大顎と 2 対の小顎）で，多くの分類群で 1～3 対の付属的な口器である

「顎脚」maxillipedが，頭胸部に組み入れられている胸部体節から生じている．口器の各対は同じ方向に動くか，反対方向に動いてはさみ込むようにはたらく．

7．頭部には，正中線上に単眼と側方に複眼があり，複眼はしばしば可動性のある柄の上にのっている．

8．胴部は頭部と異なり，通常，体外からも明白な体節が認められるが，しばしば背甲の下に隠されており，ときには失われていることもある．

9．排出系は盲嚢状の触角腺と/または，小顎腺である．

10．外骨格はしばしば石灰質である．

11．ガス交換は，背甲の内壁または体表全体を通して行われるか，(胸部または腹部の付属肢の一部から発生した）鰓によって行われる．

12．血液系はヘモシアニンをもつが，まれに他の色素のこともある．

13．神経系としては，各体節に対になった神経節をもっている．原始的なものは，ばらばらの腹側神経と神経節をもつが，多くの場合，それらは融合する．すべての胸部の神経節がときに融合して1つの塊となっている．

14．雌雄異体，まれには雌雄同体で，生殖肢や陰茎を使って交接する体内受精である．生殖口の位置はさまざまだが，胸部にあることが多い．

15．卵は雌が抱くか，特別な嚢内で保育する．一部は成体の体節が全部揃ってから孵化するが，大半はたった3体節からなる「ノープリウス」nauplius幼生で孵化する（図8.35）(一部の非常に特殊化した寄生性のものでは，ノープリウス幼生によってのみ甲殻類だとわかるものがある)．

16．基本的には海産で，一部は淡水産（13%），わずかのものが陸生である（3%）．

甲殻動物門はまさに海産の節足動物の代表で，海の節足動物の種の3%以外はすべて甲殻類なのである．甲殻類はプランクトンにおいては優占的であり(淡水でもそうである)，底生動物においても，間隙性の種も大型種も，3つないし4つの最重要メンバーの1つとなっている．また，一部は寄生性である．

甲殻類の成功の要因は，かなりの程度，一般的な節足動物の特徴である関節のある肢にあることは間違いない．歩脚や遊泳用の水かきによって速い運動が可能となり，ある生息場所から別の場所へと効果的に移動することができる．(節足動物の別の形質である）外骨格も貢献していることは間違いないことで，より大きな，相対的に強く装甲した形態は突

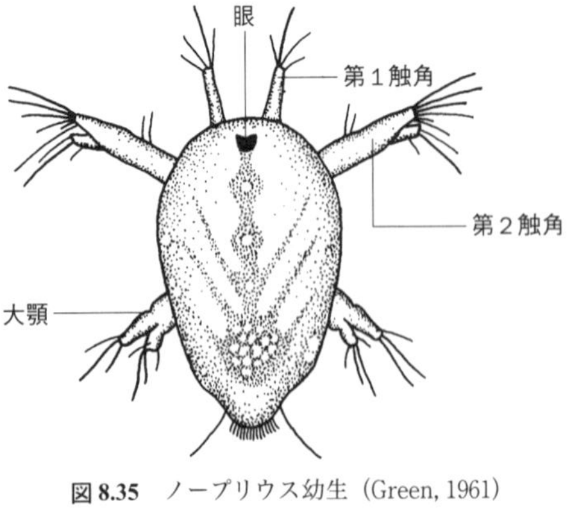

図8.35　ノープリウス幼生（Green, 1961）

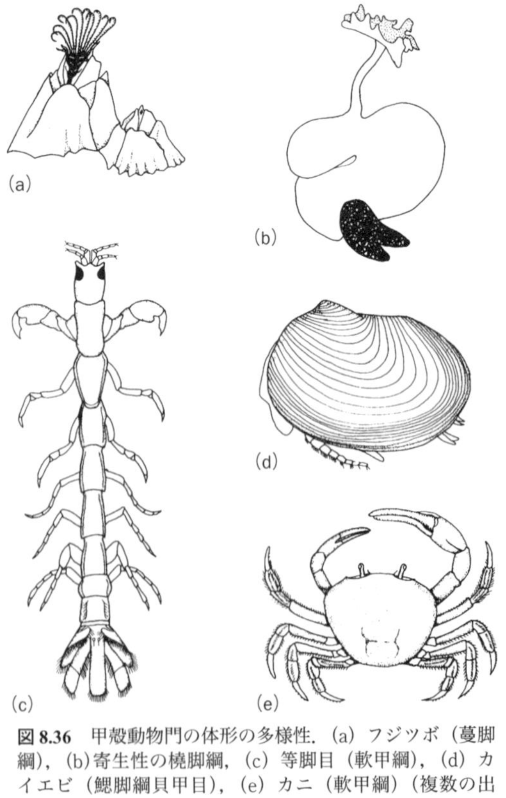

図8.36　甲殻動物門の体形の多様性．(a) フジツボ（蔓脚綱），(b)寄生性の橈脚綱，(c) 等脚目（軟甲綱），(d) カイエビ（鰓脚綱貝甲目），(e) カニ（軟甲綱）(複数の出典に基づく)．

然の捕食をまぬがれる可能性を高めていることは確かである．しかし，水生の甲殻類が，水の中なら実質上どこにでもすんでいる最も重要な理由は，おそらく，内部形態が相対的に均一なのにもかかわらず，その体形が多様なためである．

鋏角動物門（8.4 節）や六脚動物亜門（8.5.3 B 項）の体は，その標準的なパターンに従っているし，多足動物亜門（8.5.3 A 項）は（体節の数は大きな変異を示すものの）たいへん保守的な体形である．これらに対して，甲殻動物門ではまったく状況が異なっていて，典型的な体制というようなものがない．あるものは頭部と胴部をもち，別のものは頭部，胸部，腹部をもち，いくつかは頭胸部，胸節，腹部で，1 つの大きな動物群では頭胸部と腹部である．わずかだが，腹部がなくなってしまっているものもあり，胸部または頭部の分化が実質的になくなってしまっているものもある．さらに，これらの体の各部の体節の数もまた，同じ綱の中でさえ動物群によって異なっているのである．同様に肢の形状も，鋏角動物門や単肢動物門のものと同等の歩脚から，葉状の水かき型にいたるまで大きく変化する．たとえば触角は，感覚器，推進力を得るためや食物収集のための器官，宿主に付着するためや，交接中に交尾器として使われるなどじつにさまざまである．フジツボ，寄生性の橈脚（かいあし）綱，カイエビ，カニ，等脚目のウミナナフシ（図 8.36）は，これらが同一の動物群に属することを示す明瞭な印はあったとしてもわずかである．

このような構造の柔軟性によって，甲殻動物は遊泳し，潜り，匍匐し，木材へ穿孔し，岩にセメントで付着し，狩猟し，藻類を食べ，懸濁物や堆積物を食べ（図 9.3 参照），甲殻類自体を含む大半の動物門に寄生しと，海洋のニッチのすべてのタイプを占めていると結論しても，決して大げさではないだろう．しかし，甲殻動物は基本的には水生の動物なのである．この動物群のいくつかのメンバーは陸生であるが，通常はやっと陸にすめるという程度である．とくに，それらのガス交換系は水生の近縁種のものと同じままであり，湿った環境だけに生存が限定されている．さらにそのうえ，たとえばオカガニのように，繁殖と発生のパターンにまだ水生の幼生段階をもっているため，産卵のために水の環境へと戻らなければならないものもいる．ダンゴムシやワラジムシなどだけが特殊な陸上環境への適応を遂げた種を含んでおり，これらが最も広く分布している陸上の甲殻類である．この目（等脚目）を特徴づけている腹脚鰓に加え，いくつかのワラジムシは腹脚（腹部付属肢）の外皮が陥入して肢内部の体腔に達する気管のようなものを発達させた．しかし，他のワラジムシは，たとえば，体表からの水滴を腹脚へと送ることによって，単に鰓の表面の湿気を保つような機構を進化させただけである．

8.6.3　分　類

甲殻動物門は，ほぼ 40000 種が 10 綱に分類されている．これらの 10 綱は，慣例的に 4 つのより大きい分類群（たとえば亜門）に分類される傾向が強まっている．相対的にあまり特殊化していないムカデエビ綱と軟甲綱はそれぞれ 1 綱からなる亜門を形成する．残りの 2 つの亜門はおそらくどちらも幼形進化によって生じたとされ，カシラエビ綱と鰓脚綱を含む葉脚亜門と，ヒゲエビ綱，鰓尾綱，橈脚綱，ヒメヤドリエビ綱，蔓脚綱，貝虫綱を含む顎脚亜門に分けられている．しかし，これらの 2 つの亜門は，自然の系統上のクレードというよりも，体の組織化の段階を示している可能性があるので，ここではこの 4 亜門の分類は採用しない．軟甲綱はしばしば「高等な甲殻類」とされているが，実際には祖先的で原始的なグループである．葉脚亜門と顎脚亜門が最も進んだ形質を示している．

綱	上目	目
カシラエビ綱 Cephalocarida		短脚（カシラエビ）目 Brachypoda
鰓脚綱 Branchiopoda		無甲（ホウネンエビ）目 Anostraca 背甲（カブトエビ）目 Notostraca 貝甲（カイエビ）目 Conchostraca 枝角（ミジンコ）目 Cladocera

ムカデエビ綱 Remipedia		ムカデエビ目 Nectiopoda
ヒゲエビ綱 Mystacocarida		ヒゲエビ目 Derocheilocarida
鰓尾綱 Branchiura		チョウ目 Arguloida
橈脚綱 Copepoda		プラティコピア目 Platycopioida カラヌス目 Calanoida ミソフリア目 Misophrioida キクロプス目 Cyclopoida ゲリエラ目 Gelyelloida モルモニラ目 Mormonilloida ハルパクチクス目 Harpacticoida モンストリラ目 Monstrilloida シフォノストム目 Siphonostomatoida ポエキロストム目 Poecilostomatoida
ヒメヤドリエビ綱 Tantulocarida		ヒメヤドリエビ目 Tantulocaridida
蔓脚綱 Cirripedia		フクロムシ（根頭）目 Rhizocephala キンチャクムシ（嚢胸）目 Ascothoracica フジツボ（完胸）目 Thoracica ツボムシ（尖胸）目 Acrothoracica ハンセノカリス目 Facetotecta
貝虫綱 Ostracoda		ウミホタル目 Myodocopida クラドコーパ目 Cladocopida カイミジンコ目 Podocopida プラティコピダ目 Platycopida パレオコピダ目 Palaeocopida
軟甲綱 Malacostraca	コノハエビ上目 Phyllocarida	コノハエビ（薄甲）目 Leptostraca
	トゲエビ（口脚）上目 Hoplocarida	口脚目 Stomatopoda
	ムカシエビ上目 Syncarida	アナスピデス目 Anaspidacea スティゴカリス目 Stygocaridacea ムカシエビ目 Bathynellacea
	皆エビ上目 Pancarida	テルモスバエナ目 Thermosbaenacea
	フクロエビ上目 Peracarida	アミ目 Mysidacea クーマ目 Cumacea スペリオグリフス目 Spelaeogriphacea タナイス目 Tanaidacea ミクトカリス目 Mictacea 等脚目 Isopoda 端脚目 Amphipoda
	ホンエビ上目 Eucarida	オキアミ目 Euphausiacea アンフィオニデス目 Amphionidacea 十脚目 Decapoda

a. カシラエビ綱

小型（体長 4 mm 未満）で，眼がないカシラエビ綱は，デトリタス食性で海底に潜っている動物である．1955 年に発見されたばかりだが，場所によっては大量に出現することがある．原始的だとふつうみなされる特徴をいくつかもっている．その体（図

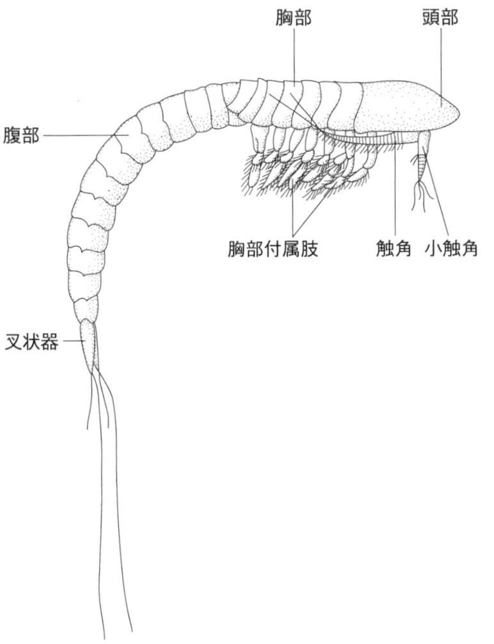

図 8.37　カシラエビ綱（側面図）（Sanders, 1957）

8.37）は頭部，胸部，腹部に分かれ，頭胸部や背甲は発達していない．8対の胸部付属肢はすべて似ており（これらは実質的に第2小顎と同等）それぞれが葉状と管状の両方の要素をもっている．それに対して，腹部は11の体節に分かれており，最初の体節が卵嚢を付着させる縮小した肢を保持している以外は付属肢を欠いている．カシラエビは雌雄同体で，対になった卵巣と精巣をもつが，変わったことに，それらは共通の管を使っている．発生は多くの幼生段階を経て漸進的に進んでいく．

知られている10種はすべて細長い円筒形状で，体は長い叉状器をもつ尾節で終わり，叉状器の枝には毛がある．1目のみである．

b.　鰓脚綱（さいきゃく）

鰓脚綱は，おもに淡水産の多様な動物群で（図8.38），① 頭部付属肢は（通常は触角を除いて）小さいか痕跡的で，② 胴部の体節は頭部とはまったく融合しておらず，③ 胴部は一連の似たような肢をもち，その肢は後方にいくほど小さく，最後の数

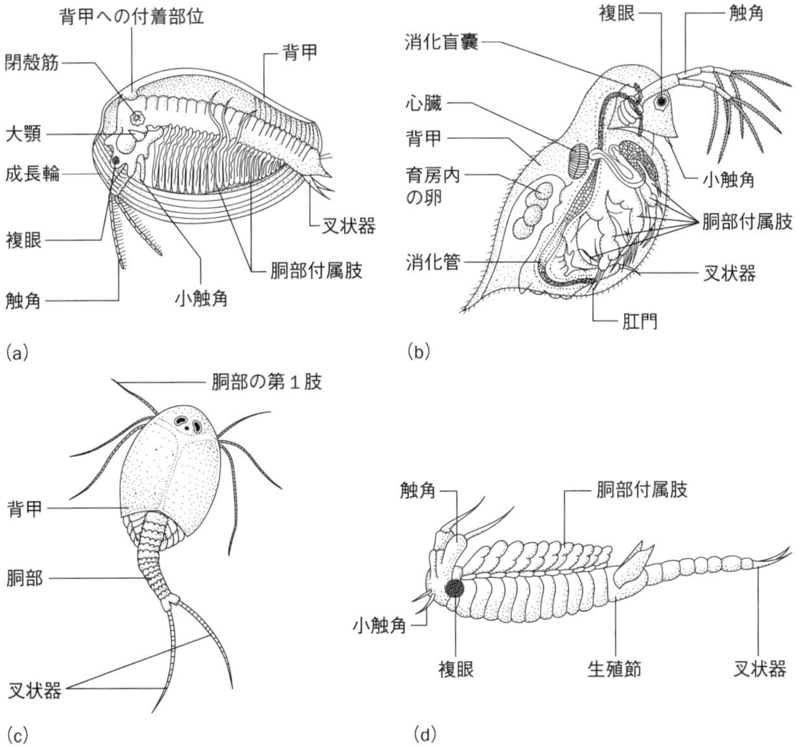

図 8.38　鰓脚綱の形態．(a) 貝甲目，背甲の左側の殻を取り除いて示した側面図（図8.36 (d) も参照）(Kaestner, 1970)，(b) 枝角目，透明な背甲を通してみえる側面（Belk, 1982)，(c) 背甲目，背面からの外観（Kaestner,　1970)，(d) 無甲目，上下逆の遊泳姿勢の側面図 (MacLaughlin, 1980)．

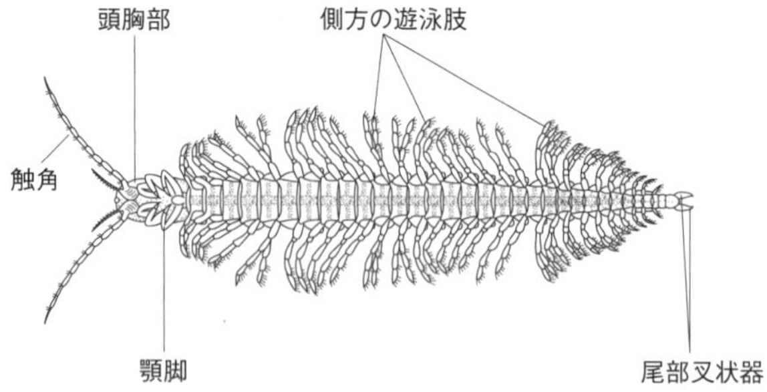

図 8.39　ムカデエビ綱（腹側）（Yager & Schram, 1986）

節では完全に失われている――以上のことで特徴づけられる．これらの肢は典型的には葉状で，遊泳用か濾過摂食用またはその両方のための器官であり，クチクラによるよりはむしろ血体腔の圧力によって体が支えられている．鰓をもっている．多くの種は単為生殖で繁殖し，卵を保育する．一部の種には休眠状態がみられる．

鰓脚綱の4目は体形が大きく異なっている．貝甲目（カイエビ）と枝角目（ミジンコ）は，どちらも体が短くときにほぼ円形となり，可動性の触角，爪状の叉状器と，側面方向に平たい背甲の中には背側に育房をもっている．カイエビでは，30ないしそれ以上に達する胴部体節があり背甲が頭部を含む体全体をおおっている．これに対し，ミジンコの背甲は（しばしば大型ではあるものの）頭部をおおうことはなく，一部では縮小し背側の育房も小さく，胴部の脚も6対より多くなることはない（図8.38(a)，(b)）．貝甲目の背甲は脱皮せず，二枚貝の貝殻のように，同心円状に付加することにより成長し，また（弾性のある蝶番の靱帯に拮抗してはたらく）閉殻筋によって閉じることができる．

他方，背甲目（カブトエビ）では，背甲は幅広で，背腹方向に平たく，ほぼ馬蹄形をしており，そこから狭くて円筒形の体の末端部が突き出ており，その末端には環紋のある長い2本の枝からなる叉状器がある（図8.38(c)）．特筆すべきは，後部の胴部体節は部分的にのみ分かれているため，みかけ上，1つの体節が6対の肢をもっているようにみえることである．70対に達する胴部の肢があり，そのうちの11番目の肢が育房をもち，第1対の肢は他よりも大きい．

4番目の無甲目（ブラインシュリンプやホウネンエビ）は，背甲がなく（図8.38(d)）育房は広がった膣から体内に形成されるが，卵で充たされると，生殖節は，大きな外側へと突出した卵嚢を形成する．背甲目や無甲目は厳しい環境（一時的な水たまりや塩湖など）に特徴的に出現し，極端な形の休眠状態を発達させた．卵は極端な温度や乾燥に対する耐性があり，10年間も休眠状態でいられるものもある．

現生種が850種いるが体長10 cmを超える種はなく，ほとんどが3 cm未満である．

c.　ムカデエビ綱

この綱は，北大西洋とカリブ海の海洋洞窟から知られる9種からなり（図8.39），その生物学的特徴はほとんどわかっていない．小型（<1～4 cm）で細長く半透明の体は，頭部と胴部第1節からなる短くて背甲のない頭胸部と，30を超える似たような体節からなる長い胴部とに分かれている．胴部の各体節は，上下逆さまに遊泳するときに使われる1対の葉状の側方肢をそなえている．頭部の付属肢に含まれるものには，小触角の前部にある1対の特異的な棒状の突起や，物をつかむことができる口器（小顎を含む）がある．眼をもつ種はなく，おそらく化学受容器によって食物（動物性のもの？）を探しているのであろう．

d.　ヒゲエビ綱

ヒゲエビ綱（図8.40）は小型で（体長<1 mm），細長く，色素がない，間隙性の海産甲殻動物で，おもに頭部により他のグループから区別される．頭部は小さな前部と大きな後部とに分かれている．胴部は10節からなり，その第1節は，（頭部に融合してはいないのだが）顎脚をもっている．頭部付属肢は大きくて運動に用いられ，胴部の付属肢は，（第2～5節にあるもののように）小さく縮小して単一の関節の構造になっているか，もしくは失われてい

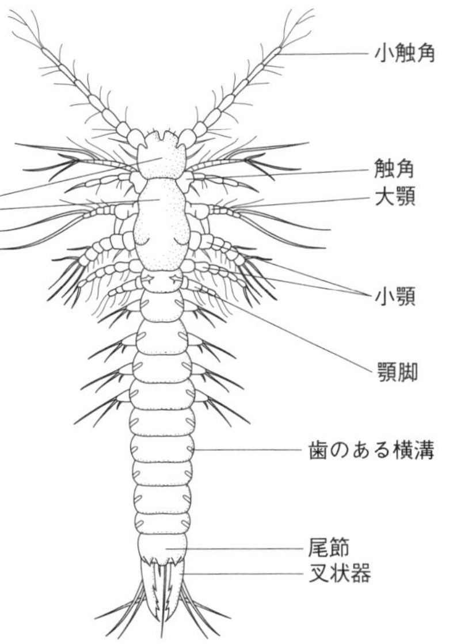

図 8.40 ヒゲエビ綱（背側）（Kaestner, 1970）

る．しかし，尾節には大型の鋏様の叉状器がある．この動物群の原始的な形質は，胴部の神経節の各対において，対同士が接していても融合していないところである．また，おそらく小型化した結果として複眼も消化盲嚢もない．他の甲殻動物にはみられない特異的な形質は，頭部の後部と胴部の各節の側面に1対の歯をもつ溝があることで，その機能はまだわかっていない．

12種が1つの目に入れられている．

e. 鰓尾綱（えらお）（チョウ）

鰓尾綱は小型で（体長 3 cm 未満）海産および淡水産魚類の一時的な体外寄生者であり，その巨大な餌に小さな大顎で突き刺さり，まさに海産のノミやカのごとく（英語ではこの仲間を魚のシラミ fish lice と呼ぶ），体液（通常は血液）を摂取する．背腹方向に顕著に平たくなった体は，頭部と胸部第1体節とからなる頭胸部，3節からなる胸節，二葉の体節のない腹部からなる．頭胸部（一部のものでは胸節も）の大部分が，円形か，二葉または矢尻型をした大きくて平たい背甲におおわれており，背甲は側方または後部側方にのびている（図 8.41）．1対の複眼をもつ．

頭部付属肢は微小であるか，魚への付着用器官として変形して末端がフック状となるか，第1小顎の場合のように，しばしば大きな柄のある吸盤になっている．（全部または一部が頭胸部へと合体している体節の付属肢も入れて）4対ある胸部付属肢はすべて遊泳肢となる．しかし腹部には，まったく付属肢がない．他とはやや異なり，卵は保育されることも雌によって抱卵されることもなく基質や底生植物に付着する．

150種が1つの目に入れられている．

f. 橈脚綱（かいあし）

橈脚綱は海洋プランクトン中の主要なものであり，淡水ではやや少ないものの，やはり同様である．多数の間隙性底生種がいる．約 1/4 の種は寄生性で，カイメンからクジラまでの動物を攻撃している．大半の種は小型（体長 2 mm 未満）であるが，例外的に自由生活性のある種が 2 cm 近くの長さになり，体外寄生者では 0.3 m に達するものがある．

橈脚綱の体は，よく発達した口器と触角のある頭部，遊泳肢をもつ6節からなる胸部，付属肢のない5節でできた腹部からなるのが基本であるが，いろ

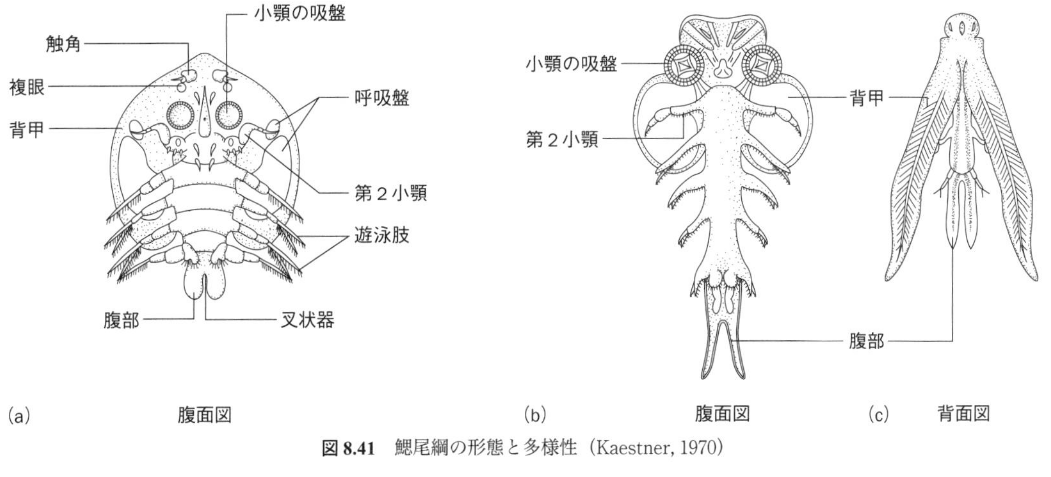

図 8.41 鰓尾綱の形態と多様性（Kaestner, 1970）

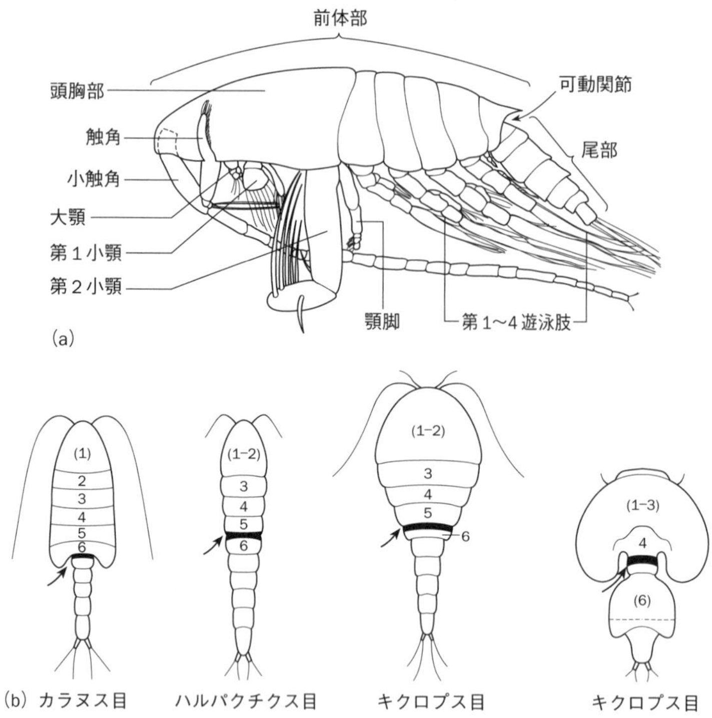

図 8.42 橈脚綱の形態．(a) 自由生活型橈脚綱の外観，側面から付属肢を示す，(b) さまざまなタイプの撓脚綱における前体部と尾部との間の関節の位置（矢印で示す）（胸部体節は番号がつけられていて，他の部分と融合しているものは括弧で示す）(Kaestner, 1970)．

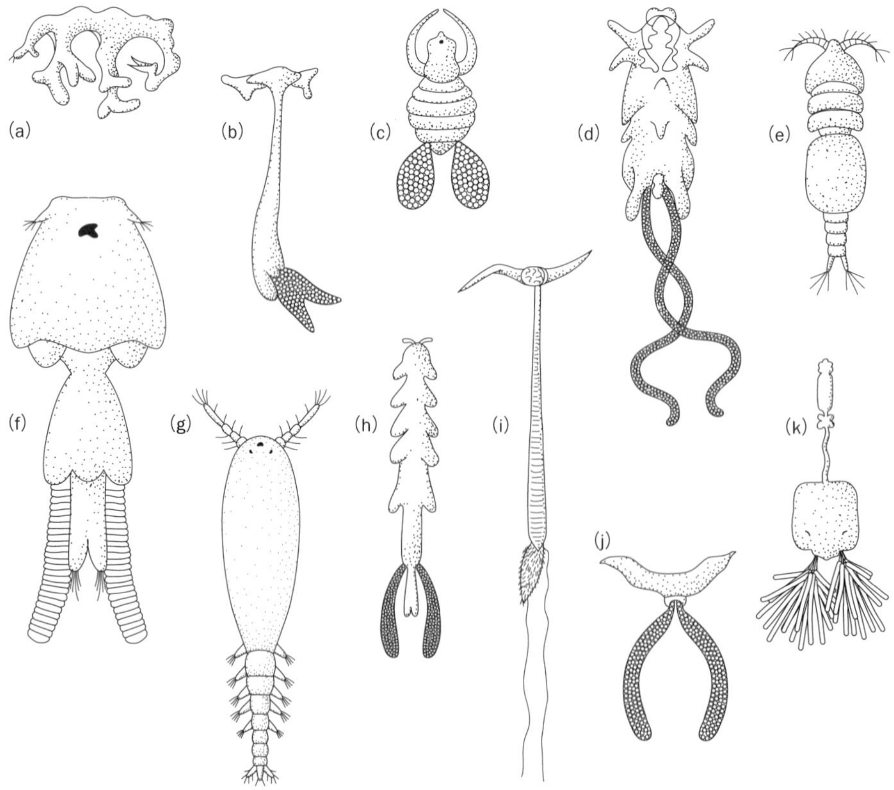

図 8.43 寄生性橈脚綱のさまざまな体形と退化（さまざまな出典に基づく）．(a) (d) (h) ポエキロストム目，(b) (e) キクロプス目，(c) (f) と (i)～(k) シフォノストム目，(g) モンストリラ目．

いろな体節がさまざまなやり方で融合する（少なくとも胸部の1つの節はつねに頭部と融合しており，多くのものでは2つ目も合体して頭胸部となっている）．頭胸部，胸節，腹部というようにまず体が分かれることが，もし実際になんらかの分化が部域に起こる際には，必ずしも反映されるわけではない．たとえば，寄生性の種はさまざまな程度の体の退化を起こしており，極端な形態になったものではみかけ上の体節と付属肢のすべてを失っている．自由生活の（および一部の寄生性の）種においては，体は大きな機能的な区分があり，前部と後部とが1つの関節によって分けられている．円筒形をした間隙性の種を除き，この関節よりも前の部分（「前体部」prosome）は楕円形（ときどき細長い楕円形）であり，一方，体の後部（「尾部」urosome）は狭く管状である（図8.42）．1つのグループでは，この関節は頭胸部＋胸節と腹部との間に位置するが，多くは胸節の第3体節と第4体節の間にある（これらのグループでは胸部の第5および第6体節に対応する）ので，胸節（および胸部）の最終体節は尾部の一部を形成することになる．橈脚綱はつねに背甲と複眼を欠く．

寄生性の種は，体形の変化に富み（図8.43），最も退化したタイプのものは嚢状または蠕虫状の体であり，発生の時期を除くと，甲殻類とはとてもわからないものである．彼らはしばしば長い糸状にして卵をもつ（それに対して自由生活する種では1つないし2つの楕円形の卵嚢である）．

8400種が10目に分けられるが，さらに2目が最近になって提案された．

g. ヒメヤドリエビ綱

ヒメヤドリエビは微小で（通常<0.2 mm，つねに<0.75 mm），海産甲殻動物（橈脚綱，貝虫綱，軟甲綱フクロエビ上目）に外部寄生する．成体雄と有性の成体雌の段階を除き，口盤によって宿主に永続的に付着して生活し，宿主の体液を中腹部の針によって開けた穴から吸収するが，それ以外にはいっさい口器はない．その形態（図8.44）は基本的に目も付属肢もない頭部と，6節の胸部（5対の似たような二枝型の肢と後部の1対の単枝型の肢をもつ）と，2～6節の肢のない腹部（尾節を含む）とからなる．成体雄の胸部の最初の2体節は頭胸部に組み込まれ，頭楯でおおわれている．「タンツルス」tantulus幼生は，6つの肢をもつ胸部自由体節と多くて7つの腹部体節をもった，進んだ段階で孵化する．脱皮はしないようである．成体への変態は，非常に特異的なタイプである．すなわち，単為生殖で無性的に増えると思われているタイプの雌は，付属肢をもたない大きな卵嚢として発生する．この卵嚢は幼生の背部から膨出し，幼生の頭を介して寄主に付着したままとどまっている．それに対して，非摂食で自由生活の雄は，幼生内部の未分化組織のかた

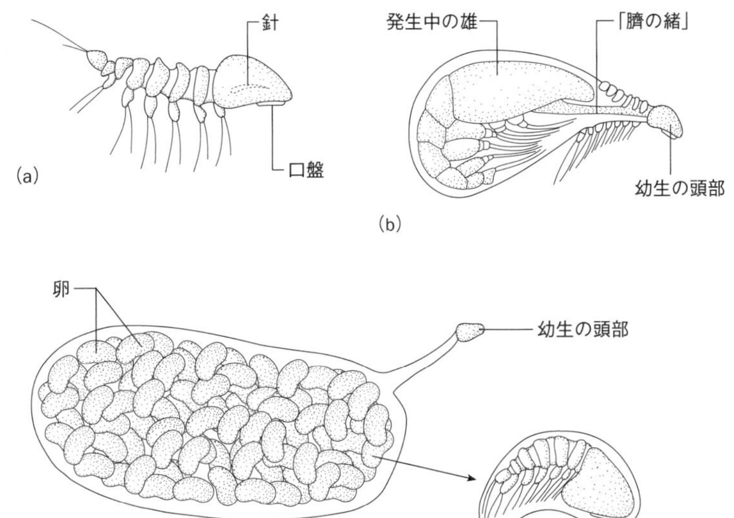

図8.44 ヒメヤドリエビ綱の体形．(a) タンツルス幼生，(b) 幼生の体の内部で発生する雄はその宿主に，幼生の頭部と「臍の緒」を介して付着する，(c) 卵で満たされた雌の成体．右に1つの卵の中で発生している幼生の拡大図を示す．

まりから発生していくが，この間は，同じように幼生頭部を通過している「臍の緒」を通して宿主に付着している．成体雄の胸部付属肢はよく発達し，おそらくは遊泳用に用いられる．非摂食で自由生活型の雌は最近になって記載された．このことは2つのタイプの生活環をもつ可能性を示唆している．自由生活型の雌は対になった小触角（ヒメヤドリエビで唯一のはっきりとした頭部付属肢）と5体節の胴部をもち，胴部の2体節のみ肢をもつ．この型の雌の生物学はほとんどわかっていないが，水深20〜5000 m に出現する．

8.6.2項で述べた定義のほとんどすべてを欠いているので，甲殻動物門に所属させるのにはいくぶん憶測が含まれることは間違いないであろう．それにもかかわらず，ヒメヤドリエビ綱は，橈脚綱や蔓脚綱と，また寄生生活に伴って甲殻動物門の基本的な体制からの逸脱が生じたような動物群とも共有する形質をもっている（8.6.3.f.，h.参照）．12種ほどが知られ，1つの目に入れられている．

h. 蔓脚綱

蔓脚綱は最高に変形した甲殻動物門のグループで，固着性，もしくは寄生によって他の生物にすみ着いている．実質上，頭はなく，ほとんどのものが腹部ももたず，はっきりとした体節は少ないかまったくない．フクロムシ目にみられる極端な形態では，サルノコシカケにそっくりで，細い管が網状に

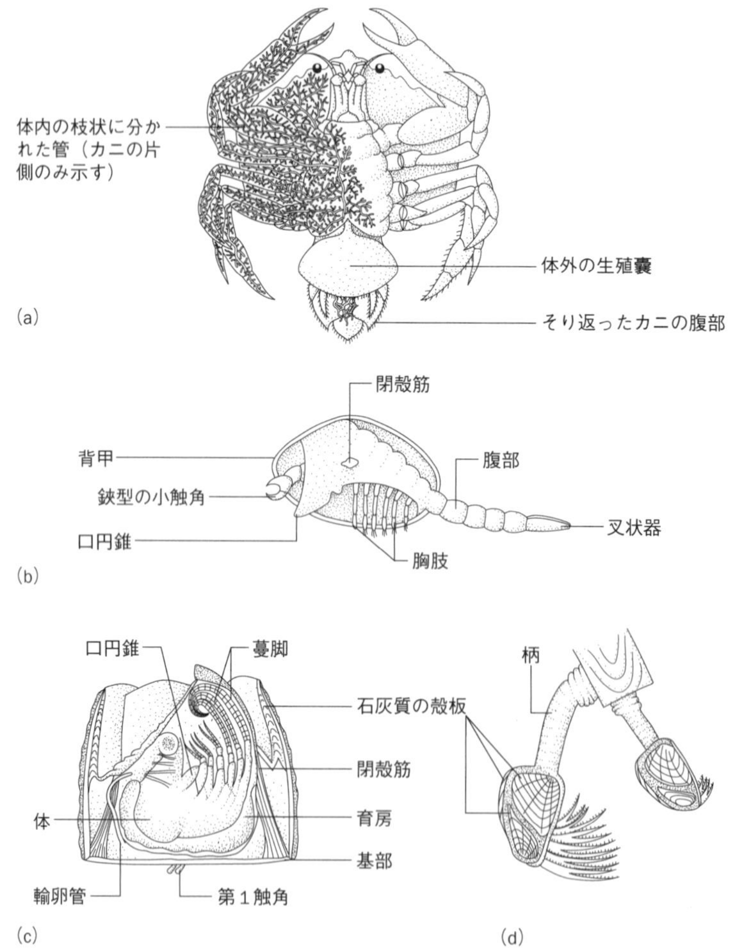

図8.45 蔓脚綱．(a) カニに寄生するフクロムシ，カニの半分の腹面は，あたかも透明で，中の網目状になったフクロムシが透けて見えるように描かれている，(b) キンチャクムシの側面模式図，背甲の左側の殻は除いて示した，(c) フジツボの側面図，背甲と殻板の一部を取り除いて示す（図8.36も参照），(d) 2個体のカメノテが木材に付着しているところの外観図（a と b は Kaestner, 1970，c と d は Zullo, 1982）．

なり宿主（ほとんどが甲殻動物門十脚目）のあらゆる組織に広がっており体外の袋に生殖巣がある（図8.45(a)）．

キンチャクムシ目（図8.45(b)）は刺胞動物や棘皮動物に寄生しており，形態的に最も特殊化していないグループである．キンチャクムシのいくつかは，鋏状の小触角をもつ頭部の痕跡（甲殻動物にしては最も風変わりな形質）と，6対の遊泳肢をもつ胸部があり，それらは2枚の殻の背甲でくるまれていて，そこから自由な腹部（5節よりなる）が突き出ている．よりみなれているであろうフジツボ目は固着型のキンチャクムシ目とみることができ，6対の胸部の脚（「蔓脚」cirrus）は濾過器官（つまり餌を集める器官）であり，袋状の背甲は数個から多数の石灰質の殻板で補強されており（図8.45(c)，(d)），脱皮はせず縁のあたりが成長していく．他の蔓脚綱と同様に，フジツボ目でも基盤（この場合は岩，貝殻，海草）に最初に付着するのは小触角によって行われる．付着が成功すると，この前口部は，有柄のエボシガイの場合は細長い柄を形成するし，フジツボの場合は薄い付着盤をつくる．4番目のグループであるツボムシ目は基本的にフジツボ目に似ているが，石灰質の殻板はなく，サンゴまたはまれに貝殻に穿孔する．どちらのフジツボ状のグループにおいても，陰茎は非常に長いので近くに付着した（それゆえに固着している）個体に届くようになっている．第5番目のハンセノカリス目は幼生だけが知られている（いわゆるYノープリウス幼生とYキプリス幼生）．

この綱は概して，雌雄同体または矮雄になる傾向がある．また，腸が退縮する傾向があり，多くは盲嚢状となりフクロムシ目ではまったくない．すべてが，ノープリウス幼生とその後の第2の幼生段階である「キプリス」cypris幼生をもち，キプリスが宿主や付着部位へとたどりつき，その後変態して若い成体段階となる．1000種はすべて海産である．

i.　貝虫綱（かいむし）

貝虫綱は体の非常に小さな甲殻動物で（ほとんどが1 mm未満だが，まれに2 cmほどになる），短い楕円形の体が，しばしば石灰質の2弁の殻からなる背甲によって囲まれている（図8.46）．甲殻動物鰓脚綱貝甲目（そして軟体動物二枚貝綱）と同様，2つの背甲の弁には横断する閉殻筋があり，この筋は，弾性のある蝶番の靱帯に拮抗してはたらく．また鉸歯をもつこともある．しかし，貝甲目や二枚貝綱と異なり，殻は脱ぎ捨てられ，脱皮のたびに再構築される．

嚢状の体は体節性を示すようにはみえないが，付属肢から判断すると，祖先的なものは体の体積の半分を占める頭部をもっていた．全部で5～7対の付属肢があり，はじめの4対は確かに「頭部」に属しており（小触角，触角，大顎，第1小顎），最後の2対（そのうち1対または両方とも失われていることもあるが）は「胸部」の付属肢である．しかし，その間にある第5番目の対の性質については専門家の意見が割れている．多くは，それを頭部の第2小顎とするが，一部の人は胸部のものと考え，顎脚または胸部第1肢と名づけている．もしそれが第2小

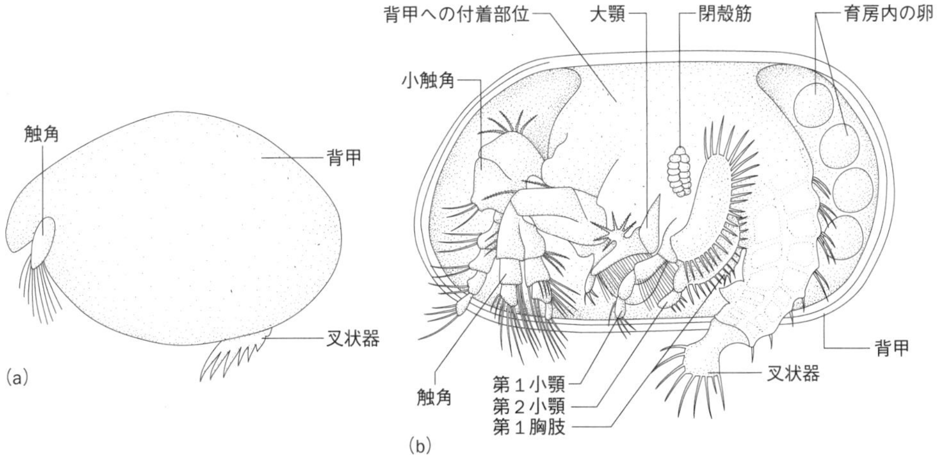

図8.46　貝虫綱．(a) 側面の外観，(b) 背甲の左半分の殻を取り除いて示した（Cohen, 1982）．

顎だとすれば，一部の貝虫綱は頭部の付属肢しか保持していない唯一の甲殻動物ということになる．これらのさまざまな付属肢は動物群によって異なるが，触角は通常主要な遊泳器官であり，胸部第1肢は，もしあれば，しばしば歩行用の脚となる．卵は通常背甲の下で保育するが，単に基盤もしくは水中の植物へと付着させることもある．

5目（その内の1目はまだ空の殻でしか知られていない）に全部で5700種あり，大半が海産である．わずかな種が陸生であるが，これらは淡水経由で森林の腐葉土層へと侵出した．

j. 軟甲綱

軟甲綱は甲殻動物門中，断然最大の綱であり23000種を含み，おそらく動物界の中でどの他の綱よりも多様性に富む体形をもっている．16目のうちのたった1つである十脚目だけでも，カニ，ザリガニ，エビ，ヤドカリといったさまざまな生物を含んでいる．この綱を1つにまとめているおもな特徴は，体が基本的に，頭部，8体節からなる胸部，6（まれに7）体節からなる腹部からなり，腹部を含むこれらの部分すべてが体節の付属肢を完全にそなえていることである．このような共通点はあっても，軟甲綱の多様性はつぎの事実からも推測できるだろう．① 胸部の0〜8体節が頭部と合体して頭胸部になる．② 0〜3対の胸部付属肢が顎脚となる．③ 背甲はある場合も，（1次的にまたは2次的に）ない場合もあるが，ある場合には，体の前部の一部またはすべてをおおっている（おおう範囲は，胸部の最初の2体節のみから，すべての胸部体節のみならずいくつかの腹部体節まで）．

軟甲類の特殊化の典型的なものとしては，① 前腸部に「胃」が生じており，そこで食物は細かい粒子状に砕かれ，粗い粒子が残るとそれは濾過して取り除いてから，消化盲嚢へと送られる（図8.47），② また，さまざまな機能に役立つ付属肢が発達し，後部の胸部肢は歩行用の脚（歩脚 pereiopod）となり，腹部の最初の5対の付属肢は遊泳用の器官（遊泳肢 pleopod）となり，最後の1対の腹部付属肢（「尾肢」uropod）は尾節とともに尾扇を形成して，通常の叉状器の代わりに体の後端となる．③ 2次的に失われていない限り，非常によく発達した1対の複眼をもつこともまた特徴的である．多くの種は大型で十分に石灰化されており，一部では顕著な神経系の集中化や複雑な行動が生じている．軟甲綱は海洋における遊泳生物や底生生物の重要なメンバーとなっているし，淡水の河川や湖沼に出現するものもたくさんいる．一部は陸産で，湿っている場所以外でも永続的にすむことができる．

6つのおもな上目（上目は目が集まったグループ）に区分されている．そのうちの2つの上目は頭部，胸部，腹部という基本的な体制が保持されている（すなわち頭胸部や補助的な口器はまったく発達していない）．2つのうち1番目の上目であるコノハエビ上目は7番目の腹部体節と叉状器をまだもっており，尾肢を欠く唯一の軟甲綱のグループである．最も明瞭な特徴は，大きくて左右方向がひしゃげて平たくなった2弁の背甲であり，それが胸部とそこにある8対の葉状の肢胸をおおい，胸肢の剛毛

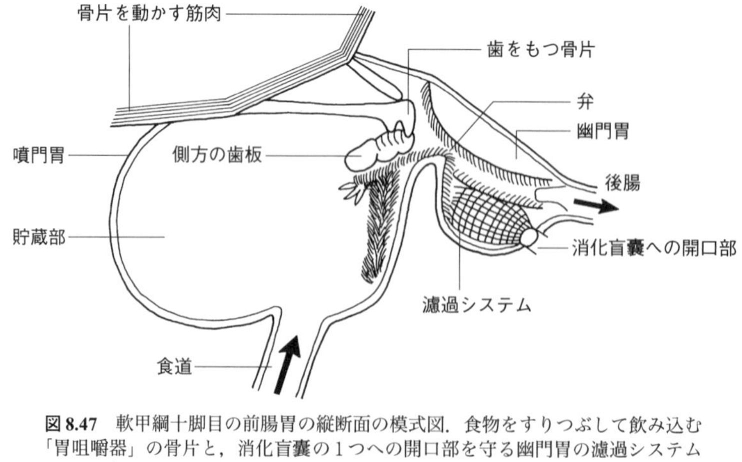

図8.47 軟甲綱十脚目の前腸胃の縦断面の模式図．食物をすりつぶして飲み込む「胃咀嚼器」の骨片と，消化盲嚢の1つへの開口部を守る幽門胃の濾過システムを示す（Warner, 1977）．

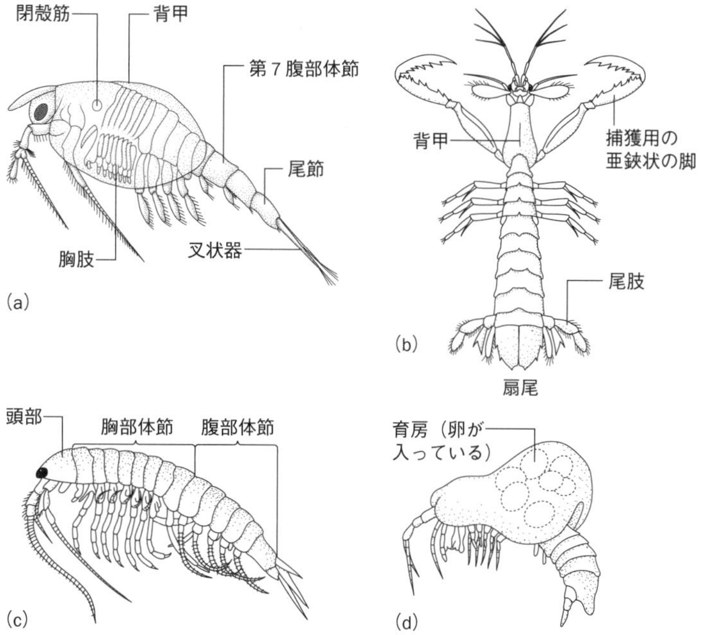

図 8.48　軟甲綱の多様性Ｉ．(a) コノハエビ上目，背甲が透明であるとしてみた側面図，(b) トゲエビ上目，背面図，(c) ムカシエビ上目，側面図，(d) 皆エビ上目，側面図（描かれた雌の背甲は大きく膨れており育房としてはたらく）（複数の出典による）．

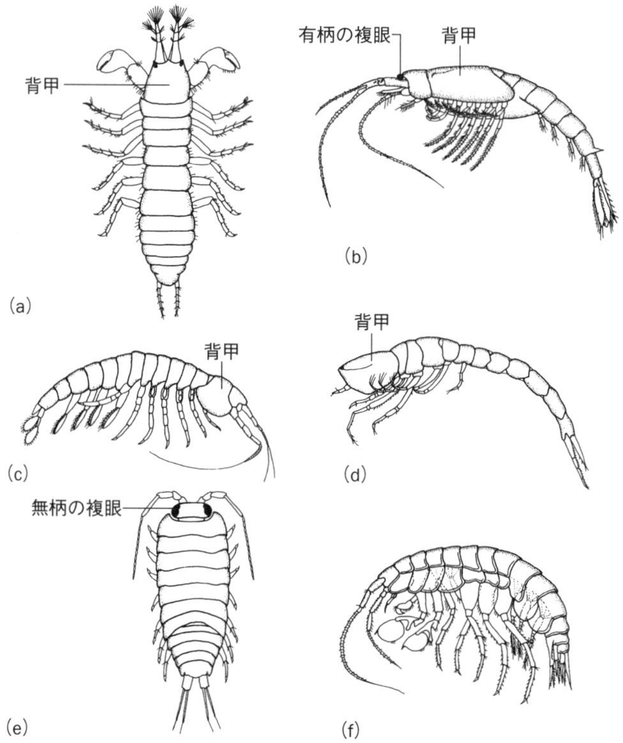

図 8.49　軟甲綱の多様性II．フクロエビ上目．(a) タナイス目，(b) アミ目，(c) スペリオグリフス目，(d) クーマ目，(e) 等脚目（図8.36 (c) も参照），(f) 端脚目（(a) と (e) は背面図；他は側面図）．（複数の出典に基づく）．背甲の発達の違いと付属肢のさまざまな形状に注意．

がとりかこんで育房をつくっていることである．2番目のトゲエビ上目（シャコ）（図 8.48）も背甲をもつが背甲は非常に小さく，背腹方向に平らになった胸部の半分だけをおおっている．とくに特徴的なのは，小触角が 3 枝になっていることと，胸部の肢の最初の 5 対が亜鋏状 subchelate で移動運動とはまったく無関係なことである．この 5 対のうち，2番目の対は大型で捕獲用であり，それにつづく 3 対が雌では卵塊を抱える．ある種では，その第 2 対が「こぶし」となり，これが 1 cm ms^{-1} の速度で繰り出されるが，これはなんと 0.22 口径の弾丸に匹敵する衝撃を与えるのだ！

以上の 2 つの上目に対して，つぎの 3 つの上目では胸部の体節の少なくとも 1 つ（通常は 1 つだが最大で 3 つ）が，頭部と融合して頭胸部となっており，それゆえに通常は 7 体節からなる胸節と 6 体節の腹部をもっている．背甲の発達の程度は，3 つの上目できわめて変化に富む．淡水にしかいないムカシエビ上目（図 8.48(c)）には背甲がなく（これは一般的に原始的な特徴だと考えられている），均一な胴部の体節からは付属肢が失われる傾向がある．目を失った皆エビ上目（図 8.48(d)）もまたおもに淡水産で，洞窟や間隙，ときに 45℃ にもなる温泉に生息している．育房（およびガス交換の中心）として使われる短い背甲をもつことで他と区別される．しかし，より大きな 3 番目の上目であるフクロエビ上目（図 8.49）では，（育房は背甲からではなく）胸部付属肢が大きく成長して育房を形成する．

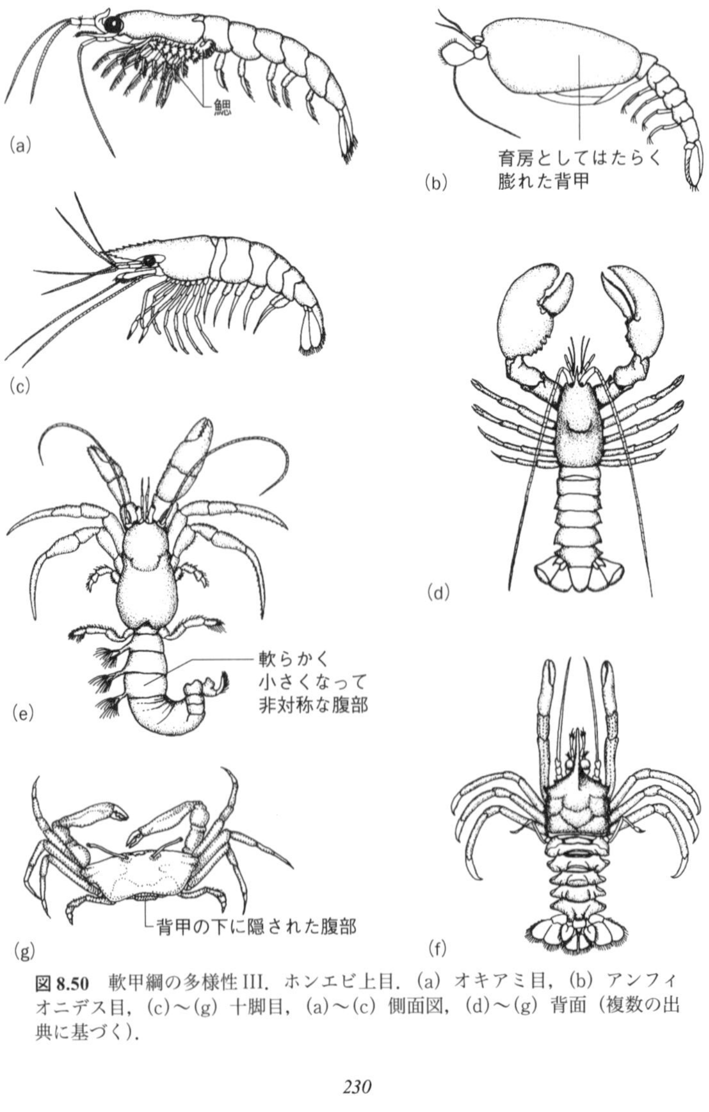

図 8.50 軟甲綱の多様性 III．ホンエビ上目．(a) オキアミ目，(b) アンフィオニデス目，(c)～(g) 十脚目，(a)～(c) 側面図，(d)～(g) 背面（複数の出典に基づく）．

おそらく，この上目の祖先形には背甲と有柄の複眼が存在したが，どちらもさまざまな系統で顕著に退縮し，複眼は大半で無柄型になり背甲は2つの重要な目（端脚目と等脚目）で失われている．フクロエビ上目は形態も生息地も変異に富む．一部は遊泳し，いくつかは海底の基質に潜っており，多くは底をはう．寄生性のものも多い．体は細長いかずんぐりしており，背腹または左右につぶれていてエビ様である．ワラジムシは陸上への進出に成功した(8.6.2項参照)．

最後のグループはホンエビ上目で，胸部体節が融合し合体して頭胸部となり，そのため体は頭胸部と腹部のみからなる．頭胸部全体が背甲にかこまれ，通常背甲は側方へと伸びて保護された空間をつくり，その中の胸部の鰓をおおっている．一般的に，腹部の付属肢は遊泳に使われる（十脚目の雌では卵塊を抱くのに使われる）が，胸部の付属肢は摂食，もしくは餌の捕獲や歩行のために使われる．最大の目である十脚目では，3対の顎脚があり，腹部は退縮する進化傾向があり，最終的にカニ類では小さな腹部が大きなしばしば幅の広い背甲の下に折りたたまれ，上からはみえなくなっている．甲殻動物の中では唯一，いくつかのカニ類では体幅のほうが体長より大きい．

8.7 さらに学びたい人へ（参考文献）

Aguinaldo, A.M.A., Turbeville, J.M., Linford, L.S., Rivera, M.C., Garey, J.R., Raff, R.A. & Lake, J.A. 1997. Evidence for a clade of nematodes, arthropods and other moulting animals. *Nature (Lond)* **387**, 489–493.

Arnaud, F. & Bamber, R.N. 1987. The biology of Pycnogonida. *Adv. Mar. Biol.*, **24**, 1–96.

Borror, D.J., De Long, D.M. & Triplehorn, C.A. 1976. *An Introduction to the Study of Insects*, 4th edn. Holt, Reinhart & Winston, New York.

Boudreaux, H.B. 1979. *Arthropod Phylogeny with Special Reference to Insects*. Wiley, New York.

Chapman, R.F. 1969. *The Insects: Structure and Function*. English Universities Press, London.

Clarke, K.U. 1973. *The Biology of the Arthropoda*. Edward Arnold, London.

Cloudsley-Thompson, J.L. 1968. *Spiders, Scorpions, Centipedes and Mites*. Pergamon Press, Oxford [Chelicerata & Myriapoda].

Daly, H.V., Doyen, J.T. & Ehrlich, P.R. 1978. *Introduction to Insect Biology and Diversity*. McGraw-Hill, New York.

Gupta, A.P. (Ed.). 1979. *Arthropod Phylogeny*. Van Nostrand Reinhold, New York.

Kaestner, A. 1968. *Invertebrate Zoology*, Vol. 2. Wiley, New York [Onychophora, Tardigrada, Penstastoma, Chelicerata & Myriapoda].

Kaestner, A. 1970. *Invertebrate Zoology*, Vol. 3. Wiley, New York [Crustacea].

King, P.E. 1973. *Pycnogonids*. Hutchinson, London.

Lewis, J.G.E. 1981. *The Biology of Centipedes*. Cambridge University Press, Cambridge.

Little, C. 1983. *The Colonisation of Land*. Cambridge University Press, Cambridge [All terrestrial arthropods].

Manton, S.M. 1977. *The Arthropoda*. Oxford University Press, Oxford.

McLaughlin, P.A. 1980. *Comparative Morphology of Recent Crustacea*. Freeman, San Francisco.

Ramazzotti, G. 1972. *Il Phylum Tardigrada*, 2nd edn. Istituto Italiano di Idrobiologia, Pallanza.

Rosa, R. de, Grenier, J.K., Andreeva, T., Cook, C.E., Adoutte, A., Akam, M., Carroll, S.B. & Balavoine, G. 1999. *Hox* genes in brachiopods and priapulids and protostome evolution. *Nature (Lond)*, **399**, 772–776.

Savory, T.H. 1977. *Arachnida*. Academic Press, New York.

Schram, F.R. 1986. *Crustacea*. Oxford University Press, New York.

Sedgwick, A. 1888. *A Monograph of the Development* of Peripatus capensis, *and of the Species and Distribution of the genus* Peripatus. Clay, London.

第3部 無脊椎動物の機能生物学
Invertebrate Functional Biology

第2部では無脊椎動物の体制（ボディープラン）と生物学が，いかに多様かということをみてきた．この第3部では，無脊椎動物の機能解剖・生理・行動のうえでの共通する性質をみていきたい．構造や進化の歴史や生態がどんなに異なっていても，動物はすべて，達成しなければならないある共通の要求を（少なくとも潜在的には）もっている．それは個体生存と（長い目でみれば）彼らの遺伝子の生存である．それゆえ，動物たちは皆，必要な資源と情報を得，そうして得た入力を処理して秩序づけることを可能とする一連の機能系を一揃いもっており，それらの機能系は異なる動物間で等価なものである．しかしながら，体制や生活様式や生息域が異なるため，多くの共通の問題を解決するうえで，それぞれ違ったやり方をしたほうが自然選択のうえで有利となった．そこで，第2部で行ったように以下の章では，さまざまな選択圧の下にさらされており，それらの圧力が相互に関連しあっている中で最適なやり方は何なのかという背景の中に，無脊椎動物の機能生物学を置いて，この第3部では語っていこう．

動物は今，生き残る必要があり，そのためにいくつか最低限のことは満たされなければならない．こういう最低限のことに対する選択は，しばしば個体に強力にはたらくだろう．たとえば動物は，エネルギーや化合物を含む食物をみつけて消化し，排泄する必要があり，しばしばそういう資源をめぐってかなりの競争に直面するが（第9章），それと同時に自身が他の動物の餌食になることを避ける必要もある（第13章）．それ以外にも，そもそもその動物が生きて機能することを可能にするような必要事項があるが，それらはほとんどの系統で，進化の比較的初期に問題に直面し，そこで解決してしまったとみることができ，それ以降はおもに変化せずに安定するようにと選択がはたらくものである．そのような必要事項に，たとえば以下のものがあるだろう．① ほとんどの動物は移動運動系を必要とするし，すべての動物は，食物を得たり捕食者から逃れたり好ましくない環境状態を避けたりするために，体のどこかの部分を動かせる必要がある（第10章）．② 動物はまた，エネルギーを生む代謝反応を起こすために，環境との間に呼吸のガス交換をしなければならない．③ 動物の体は環境とは化学組成が異なるため，体の内部の組成や濃度を制御することが要求されるだろう（これには代謝によってできた不要物の排出も含む）（第12章）．④ 体内と体外に関する情報を得て，それを価値判断し，そしてもし適切ならそれに基づいて行動を起こす必要がある．また，多細胞生物の個体が1個の全体としてふるまえるためには，発生や体の異なる機能系の活動度のさまざまなレベルについて，時間のタイミングを合わせたり協調させたりせねばならない（第16章）．⑤ 最後に，動物は生殖と生活環の戦略に関して，未来の世代への遺伝的寄与を最大にする戦略を採用しなければならない（第14章，第15章）．そして，つくられた受精卵（または他の伝達小体 propagule）は，つぎに発生の過程を通して，自分自身が生殖し自身の資源を手に入れて処理することが可能な個体となる．発生においては，はっきりとした幼生段階を経て発生していくことが時々みられるが，幼生は，分散のためや，特定の寄主をみつけるためや，生殖する成体形へと変態する以前に十分食べておくためなどに，適応しているものである．

これらのさまざまな分野すべてにおいて，研究されているのはきわめて限られた数の無脊椎動物についてだけであり，そのため，この第3部の記述のもとになっている動物は，第2部で扱った動物たちの，ごくわずかでしかないだろう．実験をもとにした話題は，よりたくさんいて大きな無脊椎動物のグループ（たとえば節足動物や軟体動物）から得られたものだが，そうなる理由は理解できるだろう．しかしながらこのことは，これらいわゆる「主要な動物門」に対する，第2部において採用した（どの動物門も平等に扱うという）アプローチによってつくられた見かけ上の偏見を矯正するのに役立つかもしれない．

第 9 章

摂　　食

Feeding

動物の摂食活動は，大いに注目を集めるような研究分野ではなかった．濾過摂食（filter feeding）の力学メカニズムや，捕食者が餌となる生物をどのようにして捕まえるか，などについては確かに豊富な知見の蓄積がある．さらには，消化管の形態とその生理機能などについてもかなり明らかにされてきた．しかし，なぜ動物がそれぞれに固有の餌を食すのかという疑問，すなわち，どんなものを捕まえて，それを消化するように適応してきたかという疑問は，ほとんどあたりまえのこととして研究の対象にはならなかった．また，なぜ最も原始的なタイプの動物がほとんど必然的に肉食であったのか．そして，なぜあんなにも多くの植物体が消費されずに残ったのか．さらには，なぜある種の動物は他の種に比べてより多くの種類の餌を食べる何でも屋なのか．これらの疑問は残されたままなのである．

本章では，以下のような 3 つの項目に目を向ける．すなわち，動物の摂食を限定している系統学的な制限（過去の進化の歴史），そして動物がもっている異なったタイプの摂食機構（過去から引きついだ遺産），さらには，急激に発展してきた分野として，多くの選択肢の中から特定の餌種を取り入れることの良し悪しや，餌のほうからどのようにして捕食者が行う選択に対して影響を与えることができるのかに関する研究（生態学的な現在），などである．

9.1　導入：動物の摂食様式の進化

すべての動物門は，（単枝動物門を除いては）海で誕生した．海は比較的安定した，均質な生息環境である．潮間帯や波打ち際を除いて，温度，塩濃度，イオン組成，酸素の飽和度といった物理変数が，動物の生存を脅かすほどに変化したり，生理学的な限界値にまで達するようなことはほとんど起こらない．したがって，海産の動物種は生き延びるためには，2 つ（ひょっとすると 3 つかもしれない）の要求が満たされればよい．それらの要求はすべて食べることに関するものである．すなわち① 十分な餌をとれることと，② 他の生物から食べられないようにすること，それに加えてこれら 2 つを行うことのできる十分な自分専用のスペースが確保できることも必要かもしれない．個々の動物が生き延びるためにはこれらが満たされればよい．もちろん，遺伝子をそれぞれの生物の寿命を超えて伝達しようとするのならば，可能な限り多くの子孫を生み，また生んだものが生き延びなければならない（第 14 章参照）．他の生物学的属性は（それが解剖学的なものであれ，生理学的，生化学的，もしくは発生学的なものであれ），これら 2 つの根本的な要求物を得て処理できる機会を最大にするための，機構上の属性であると単純に考えることができる．

最初の動物たちは，先カンブリア代の海底の表面に生息していた（第 2 章）．餌になるものとしてそれらが手に入れられたのは，どんなものだっただろうか？　答えは（群体や単体の）細菌や原生生物があげられる．しかしこれらの生物もまた，海面付近以外では従属栄養の生き物であったと考えられる．光合成に必要な光は外洋では 100 m あたりまでしか到達しない．この到達距離は，浅瀬ではもっと短くなる（沿岸域で 20～30 m，そして堆積泥でかなり濁った海岸付近ではおそらく数 cm）．ほとんどの大陸棚や海洋底には日光は届かない．したがって，光合成微生物による有機物の 1 次生産が行われるのは海面付近であり，そこは多くの動物のすむ海底の生息域からは遠く隔たっている．現在，ほとんどの底生動物 benthic animal は海面から降り注ぐ生物の死骸やその半分解物を餌としている．また，沈んでいく途中の海中や沈みきった海底においてそれらの死骸の分解にあたる生物もまた，底生動物の餌となっている．

光合成生物を餌として利用することは，陸地のまわりの浅い海においてのみ可能であったと考えられる．動物は，浮遊中の光合成生物を濾しとったり，固着した光合成生物をブラウジング browsing（選択的に摘み取ること）やグレージングgrazing（非選択的にはぎ取ること）によって摂食した．ただし（系統的に孤立している海綿動物を別にすれば）濾過摂食は進化の過程でより後に特殊化したものである（第2章）．しかし光の届かない深海底の場合には，（光合成ではなく）細菌による化学合成物が重要な1次生産であった．それは，ある地域においては現在でも変わっていない．細菌が行う光合成や化学合成は，無酸素もしくは低酸素状態か，もしくは還元的な基質が支配するような棲息環境に特徴的なものである．

それゆえ，現在に生き延びている扁形動物の中の最も単純なものたちが，おそらくはその祖先と同様に，今でも海底の堆積物や岩に付着している細菌や原生生物を捕食していることは驚くに値しない．より驚くべきことなのは，この先祖伝来の食料が，陰に陽に陸生の種も含めたすべての子孫の扁形動物の栄養上の暮らしを支配していることである．細菌や原生生物は海底の沈殿物中に広くみられるが，それらは個々には小さく，しばしば水中に広く分散している．それらはほとんど塊を形成しない（いくつかの例外については後ほど考察する）．このことは2つの点において，動物の生活様式に根元的な影響を及ぼしてきた．

第1に，周囲の餌を食べ尽くしてしまったら，新しい餌を求めて動かなければならない．したがって，運動性が動物の状態に対する1つの品質保証となっている．さらに，第2として，小さくてまわりに広く散らばっている生物を餌とするものは，自分自身も相対的に小さくなければならない．動物が大きくなればなるほど，より大量の代謝を行わなければならず，したがって，単位時間あたりに，全体としてより多くの餌をとらなければならない．このことは，体重と基礎エネルギー消費との関係（図11.16(a)）からも説明できる．大きな動物は細菌や原生生物を捕食することでは生きてはいけない．それだけでは一定時間あたりに，十分な量を発見して消費することはできないのである．

しかし，体のサイズが大きくなること自体は淘汰上有利であると思われる．それは，以下のような3つの理由による．

1. 大きな動物は小さなものよりも，より多くの子孫を残すことができる傾向がある（繁殖能力の格差）．
2. サイズが大きくなると，他の動物から捕食されにくくなる（生存格差）．
3. 大きな動物は小さなものを押しのけて，資源を占有することができる傾向がある（これも生存格差）．

加えて，消化能力が等しいとすると，どんな種類の餌においても，より大きなものを摂取したほうがエネルギー論的には効率がよい．そして大きいものを食べるためには，体が大きくなることが要求されるのである．

サイズが大きくなることの，このような淘汰上の利点を考えると，扁形動物の示す進化適応も驚くべきことではない．今生きているほとんどの扁形動物が，細菌を食べる種よりも大きいし，これらが大きな餌，すなわち（細菌や原生生物ではなく）他の動物を食べているのは驚くにはあたらなくなる．現在，単純な体制をもつ動物の2つの重要な系統，すなわち左右相称の扁形動物と放射相称の刺胞動物は両方とも本質的に肉食である．しかしながら，扁形動物の体の大きさに対しては，拡散距離という制約がはたらくため，大きさには限界がある（11.4.1項）．したがって，サイズが大きくなることが淘汰上の利点になりつづけるためには，この限界を打ち破るような形態変化を成し遂げる必要がある．このことが，扁形動物に捕食されることから回避することと併せて，進化の初期に，蠕虫形の動物に広範な多様化を遂げさせた主要な原動力となったのであろう．

細菌や原生生物は集まって塊をつくらないものだといったが，海岸の最も浅い場所で，通常はバラバラで活動している単細胞の生き物が集団化する注目すべき1つの例がみられる．それは海岸の浅瀬にいる藻類で，繊維状もしくは薄葉状のコロニーや多細胞集団を形成している．大きな海藻類を食べるためには，それなりの問題が生ずるが（後述），繊維状のものや，大型のものであってもその幼形ならば，固着している基盤から，こすりとる器官を用いて簡単にはぎ取れ（図5.3参照），このたくさん濃密に存在している光合成組織を消化できる．早い時期に扁形動物から派生した軟体動物は，この特殊な摂食様式とともに進化し，浅瀬に特有な激しい水流に耐え，背中に背負った殻で身を守るようになった．歯舌によるはぎ取りは，固着性や定着性の動物や，殻や鞘や箱の中に入って身を守っている動物を捕食するのにも有効である．また，このやり方は陸上の植物に対しても有効である．軟体動物は，この基本的な摂餌方式を，その後の進化の過程で拡張し，多くの他のタイプの食材を利用できるようになった．

他にも扁形動物から進化の初期に派生したものがある．それらは先祖の餌の好みはそのまま保っているか，そうでないものは，まわりの海水中に含まれているたくさんの粒子を濃縮したり沈澱させたりする機構を進化させた．多くの海洋条件においては，その場所での海水に浮遊する有機物質の量とそれが沈降する速度はほとんど一定とみなしてよい．したがって，もしこれを捕食しようとするものが適当な場所にいて，落ちてくるものを途中で受け止めて濃縮して集めることができれば，その動物はほとんど動く必要はない．もしまったく動けない場合でも，動かすことのできる器官が1つでもあればよい．そして，固着性もしくは定着性になればエネルギー必要量が減り，それに応じて基礎代謝が低下し，その結果，単位体重あたりに必要とする餌の量も減少する．したがってこのやり方によれば，比較的大きな動物でも細菌や原生生物，また生物死骸を餌にして生育可能となる．

原始扁形動物の子孫であるいくつかの動物では，水中の浮遊粒子を取り入れるのに，さまざまな方法が用いられている．あるものは水流を起こし，なんらかの濾過装置を使ってそれらを濾し採る（懸濁物食 suspension feeding）．またあるものは，すでに海底に沈殿している粒子やそのまわりにいる微生物を捕食する（堆積物食 deposit feeding）．さらに，自然に落ちてくるものを待ちかまえて途中で捕まえてしまうものもいる（沈降物捕捉動物 sedimentation interceptor）．

懸濁物食を行うものの中には，海綿動物，触手動物，無脊椎の脊索動物が含まれる．また，軟体動物や環形動物，さらには節足動物の一部にも懸濁物食を行うものがいる．そのようなものの中には，系統分化の後期において，懸濁物食のスタイルを，海底の生活から水柱 water column の中での生活や光合成産物が豊富な水面下での生活へと拡大したものもいる．懸濁物食者の消化管の適応に関してはこの章の後半で述べることとし（9.2.5項），ここでは，この摂食方式の一般原則について指摘しておく．すべての懸濁物食者は，なんらかのフィルターをもっている．そして摂食のために，自然に存在する定常的な水流を遮断するような場所に陣どっているか，もしくは自分自身で水流をつくりだしている．

カイメンでは同一の細胞（襟細胞）が鞭毛を用いて水流をつくり出すと同時に，その鞭毛をとりかこむ微絨毛からなる襟構造を用いて水流の中の食物粒子をとらえている（図9.1）．この微絨毛フィルターのメッシュサイズは十分に小さく，細菌サイズの粒子を捕まえることができる．すべての懸濁物食者にとって，一度濾過した水塊を再び濾過しないようにするのが望ましい．カイメンはこの問題を解決するために，体表面に散在している多数の小孔から水を引き込み，それらをまとめて1つもしくは少数の孔から排出している．これによってより強力な水流をつくりだし，濾過後の水塊をカイメンの体から遠く離れたところに放出している（ヒカリボヤ目の群体ホヤも，同等のシステムを進化させており，群体をつくっている個虫からの出水をまとめてジェット推進のように放出し，水中を動きまわることができる（図7.34）．

カイメンとは対照的に，扁形動物の子孫から派生した懸濁物食者のグループでは，濾過摂食のための特別な器官を進化させてきた．環形動物における頭部もしくはその周辺に配置された触手，ホウキムシやその仲間の触手動物が中体にもつ触手冠，軟体動物二枚貝の広がった櫛鰓，などがそれにあたる（図9.2）．このように，器官は多様であるが，すべて1

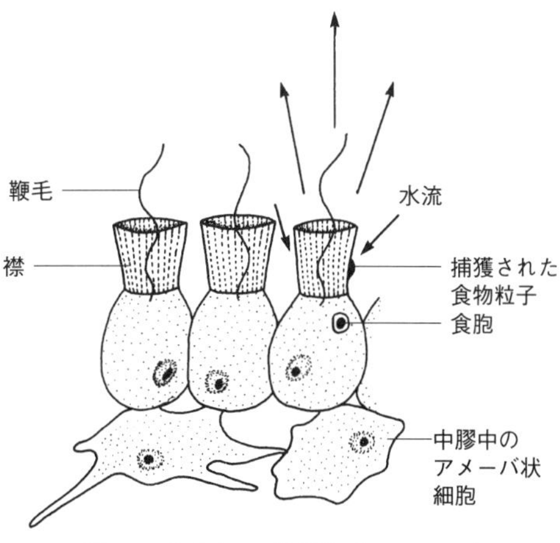

図 9.1　カイメンの襟細胞（Brill, 1973）

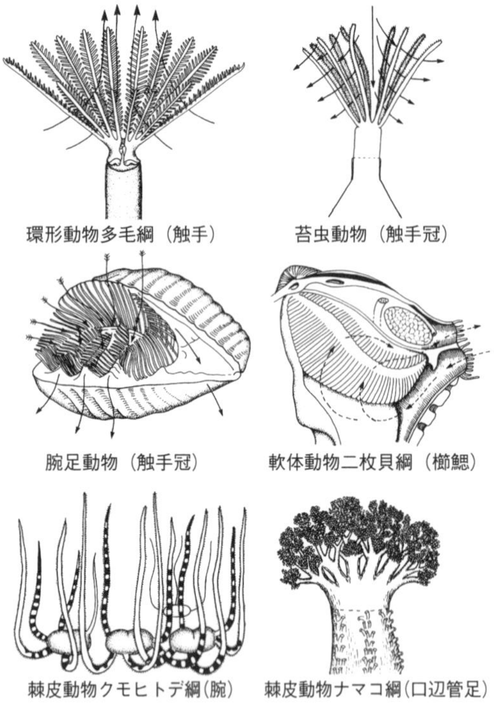

図 9.2　粘液―繊毛性懸濁物食に用いられる外部器官（多数の文献から引用）

つの基本様式に基づいて機能している．すなわち濾過器官の部分に配列された繊毛が水流をつくり，それとは別の繊毛が食物粒子を捕捉して，口まで運ぶ．その際に，粘液を輸送の補助に使うこともある．その器官がどんな粒子をつかまえるかは，ほぼ粒子の大きさで決まっていて，そのサイズのものなら非選択的に捕えるが，捕捉後に，フィルター自身や付属の器官に配置された繊毛によって，さらに食べられるものと，そうでないものとに分別される．はじき出されたものは，しばしば擬糞塊 pseudofaecal pellet となって放出される．無脊椎の脊索動物でも，まったく同等のシステムが機能している（9.2.5 項）．

節足動物に属する濾過食者は，外骨格をもっているために繊毛を用いることができない．その代わりに，いろいろな付属肢にある剛毛 seta をフィルターに用いている（図 9.3）．つまりフィルターの付いた付属肢や，それ以外の肢を，泳ぐときのように使って，摂食流をつくりだしている．剛毛がつくるフィルターは，繊毛のフィルターに比べて目が粗いため，大きな粒子しか捕捉できない．橈脚類のような微小な節足動物も剛毛を使った濾過摂食をすると考えられているが，これには疑問がある．なぜなら，橈脚類などは低レイノルズ数環境下で活動するため，水中での剛毛フィルターの動きは（たとえ目が粗いものであっても）ふるいとしてよりはむしろ櫂として作用すると考えられるからである．したがって，橈脚類や類似の節足動物は，微小な粒子を猛禽類のように（水中で）啄んで捕まえていると考えるのがより適当と思われる．その際に剛毛フィルターは，昆虫の飛行にみられる，Box 10.8 で述べたような翅の‘パチンと閉じてサッと開く clap-and-fling’とは逆の‘サッと開いてパチンと閉じる fling-and-clap’運動をすることによって食物粒子を集めているのであろう．それ以外のやり方として，粒子が粘着性や静電的作用によって，フィルターに相当する器官に付着する場合が考えられる．

触手のような構造を使って懸濁物摂食するすべての動物は，他の多くの濾過食者と同様に，固着性もしくは定着性であり，触手状の摂餌器官は，捕食効率を高めるように口をとりかこんで放射相称的に配置されている――これは，本質的に放射相称である刺胞動物でみられるものと同様の機能システムである（3.4.2 項参照）．動物は通常，外殻や管をつくって身を守っているか，もしくは基盤に穴を掘ってその中にすんでいる．したがって，体と繊細な摂餌器官をこれらに引き込んでおおうことで，捕食者から身を守ることができる．このような半密閉状態では，口と反対側の端に肛門がある限り，糞は，排出されてから体の全長にわたって体表を通り過ぎてはじめて，外に排出されることになる．したがって，管の中や同じような閉塞環境にすむ動物では，腸が U 字型をしており，肛門やしばしば他の排出器官も，体の前端部で排出を行い，濾過後の出水流に乗せて流し去るようになっている（たとえば，図 7.8）．同じような理由から，同様の解剖学的構成が定着性の堆積物食動物にもみられる（たとえば，図 4.40）．（これ以外のやり方としては，すみかの穴に（少なくとも）2 つの入口があって，中にすんでいる動物が一方向の水流をつくりつづけるという方法もある．また，よりまれには，体が 2 つに折りたたまれて管の中に入っていて，口と肛門が 1 つの開口部付近にくるようにしているものもいる）．模型を用いた研究によると，円柱形の体のてっぺんに広く

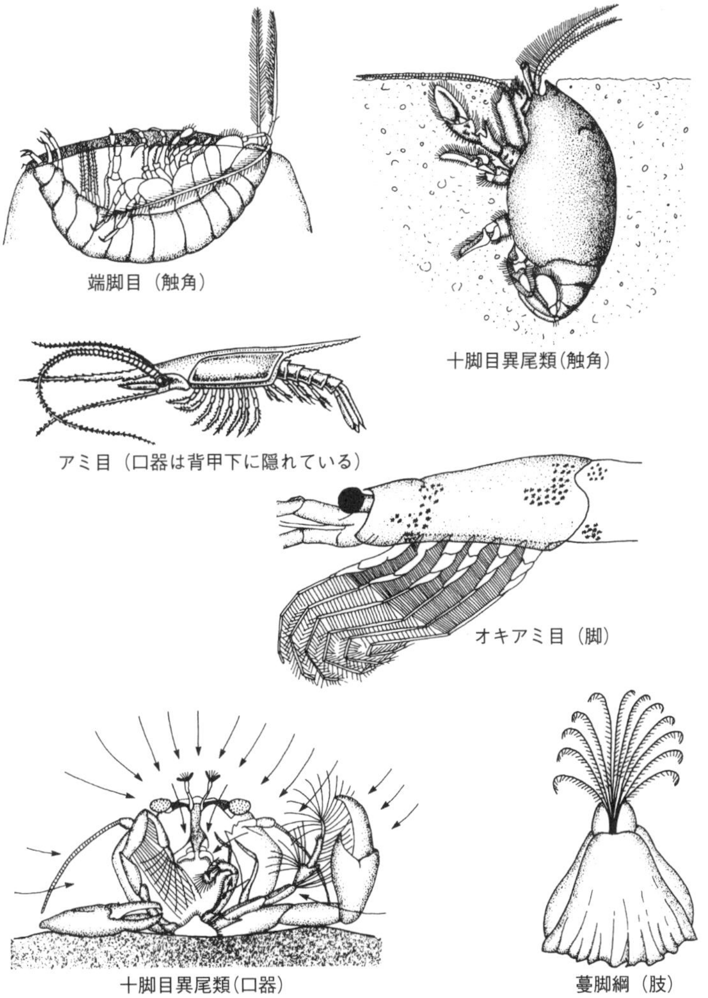

図 9.3　甲殻動物門の剛毛フィルターシステム（多数の文献から引用）

ひろがった隙間だらけの触手がつくる冠をもつ体(管にすむ蠕虫のほとんどはこういう体）をもっていると，こういう形の物体は，水流に対して流体力学的に特別な効果をおよぼすのである．つまり，虫のまわりを輪状にとりまく部域にある粒子は海底の基盤からもち上げられて，触手の環を通過して上へと動いていく．そして食物粒子はゆっくりになり，乱流により触手のまわりを再循環する．こうした流れは，積極的に虫が摂食流を起こさなくても生じ，流れつづけるのである．

ゴカイ *Hediste*（*Nereis*）*diversicolor* やツバサゴカイ *Chaetopterus* などの環形動物やオタマボヤ，そしてある種の軟体動物腹足類やユムシ動物などは体の部分をまったく使わずに，分泌物だけでフィルター装置をつくるように進化してきた．粘液の付いた紐を織って網や袋の形に仕上げ，その網目を通して水流が引き込まれる（水流は，移動運動に使われるのと同等な体の部分の動きによってつくり出される）．しばらく間をおいて，動物は粘液の網をその上に集められた物質と一緒に食べてしまい，その後また新たなフィルターを分泌する（図 9.4）．ある種のサンゴや，腹足類，昆虫の幼虫も同じような摂食システムを独立に進化させてきた（ただし，それらの多くは，自分自身で水流をつくり出すわけではなく，自然の水流を利用しているが）．

堆積物食者が海底表面のものを集めるには，濾過食者のような洗練された器官を必要としない．実際に，まったく特殊化がみられない口器を使って表層

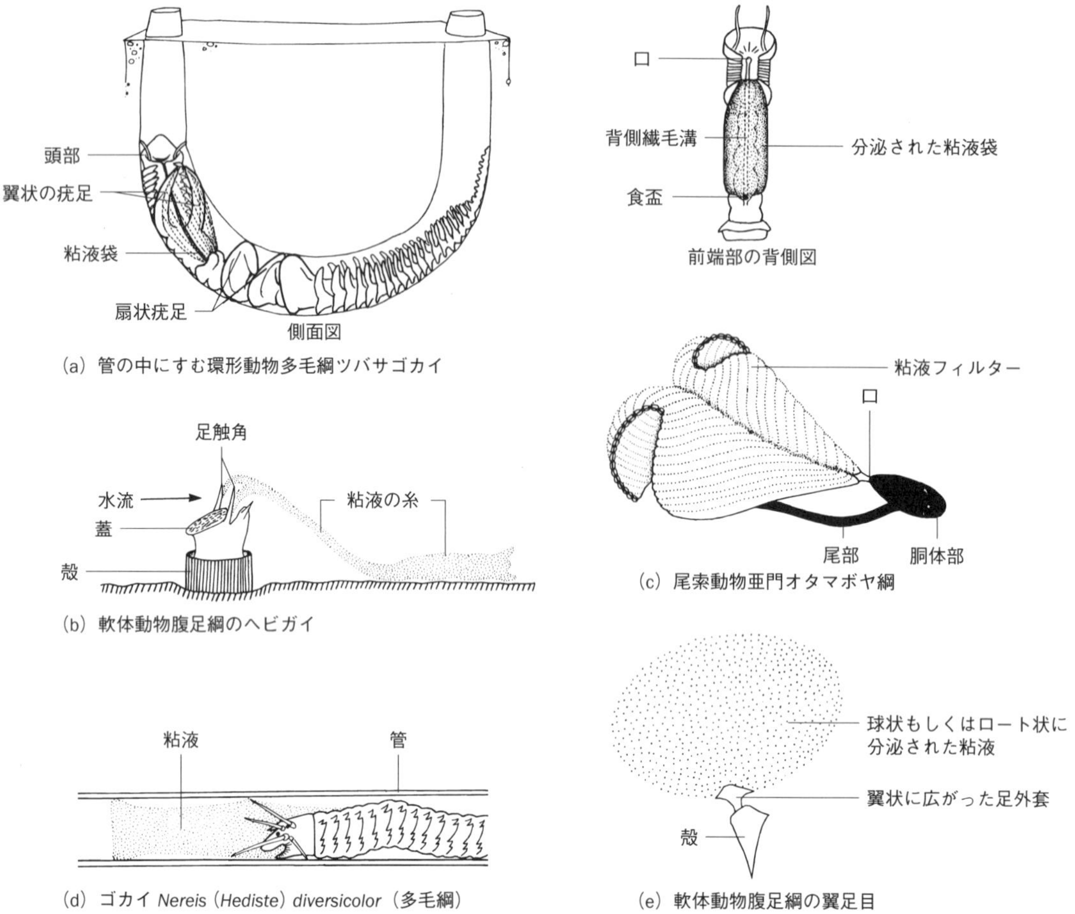

図 9.4　粘液の網を分泌して使う濾過摂食（多数の文献から引用）

にあるものをとりこむだけのものもいる．それでも多くの場合，とくに星口動物，棘皮動物ナマコ綱やユムシ動物，そしてある種の環形動物や半索動物では，口をとりまく特殊化した一連の葉状突起や触手，もしくは伸縮性の吻をもっている．これらのほとんどは繊毛列におおわれており，堆積物の中や上を動かすことで，すみかとなっている穴のまわりから効率的に食物粒子を集めている（図 9.5）．口のまわりの葉状突起や触手を使って堆積物食を行う動物は，濾過摂食をする動物と共通した特徴をもっている（たとえば上述したような U 字型の消化管）．そして，これらの中には両方の摂食様式を行うものもいる．しかしながら，堆積物食特有の問題点として以下の 2 点があげられる．すなわち，① まわりにある堆積物に含まれる有機物の割合はほんの少ししかない可能性がある．そして，② そのような有機物の多くは比較的難分解性で消化されにくく，細菌を除き，他の動物が利用できなかったために集まってしまった可能性がある（9.2.6 項参照）．

したがって，底生の光合成原生生物が堆積物の上に生育できるような浅瀬以外の場所では，堆積物食者は，これらの分解されにくい有機物の残滓を消化可能な素材に転換し，利用することのできるものたち，すなわち細菌を捕食するしかない．もしくは，その細菌を捕食している原生生物や沈殿物の間隙にすむ動物を捕食する必要がある．いずれにせよ，十分な量の食物を得るためには，1 回に大量の堆積物を飲み込むか（堆積物食者は，強力な生物攪拌の担当者としての役割を果たすことで，海底の堆積物を再加工しているかもしれない），大量の堆積物から分別器官を使って食べられるものを選り分ける必要がある．多くの堆積物食者では，たとえば触手など

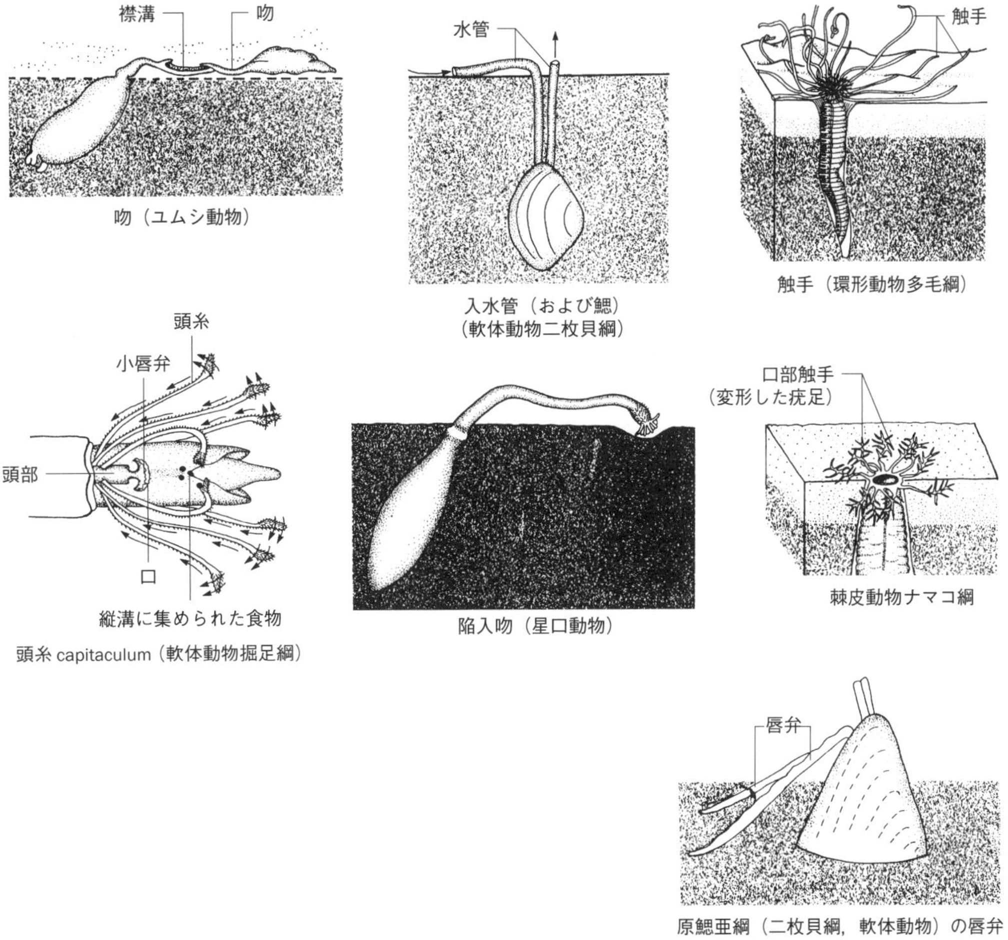

図 9.5　穴を掘ってすむ無脊椎動物にみられる粘液―繊毛性沈殿食を行う器官（多数の文献から引用）

を，すみかとなっている穴から遠く離れたところまで伸ばすことができる．それゆえ特別に餌が豊富な場所を除いて，堆積物食者が濾過食者ほどに密集することはできない．濾過摂食動物にとって，食物よりはむしろ空間のほうが（生育の）制限要因となっている場合が多い．多くの堆積物食動物が，粒子の堆積速度よりは結局細菌の生産性に依存し，さらに細菌の生産性自体が炭素の供給以外の要因（たとえば堆積物の間隙水中の栄養欠乏など）の制約を受けていることから，堆積物食者の成育速度は濾過食者の速度よりも低くなっている．

上層の海水中から食物を取り入れるやり方としての最後のカテゴリーは，沈降物捕捉動物である．これは，ある種の棘皮動物有柄類にみられるように，海底に固着しつつ，体を海底よりはるか上にもち上げ（図 9.6），そうすることによってデトリタスを，海底の堆積物に紛れてわからなくなってしまう前に捕まえる．放射状に配置された一連の腕には，粘液を付着させた水圧駆動の突起（管足 podium）があり，これで水中の粒子を捕捉する．捕捉された粒子は繊毛溝に沿って，（環状に並んでいる腕がつくる環の中央にある）口まで運ばれる．

今いるもので，祖先的な動物群の生き残りである可能性のあるものたちから推測すると，多細胞動物の歴史の初期には，おそらくはもう 1 つ別の，そしてまったく異なった栄養摂取の方法が存在したと考えられている．先カンブリア代においては，現実には，その方法が優占していたであろう．その方法とは共生である．浅海にすむ動物の中には体表面の組織に，好気性光合成細菌（原核緑色植物やラン藻）や光合成原生生物（単細胞の渦鞭毛藻や緑藻）を共生させているものがいる．ある種の扁形動物，軟体

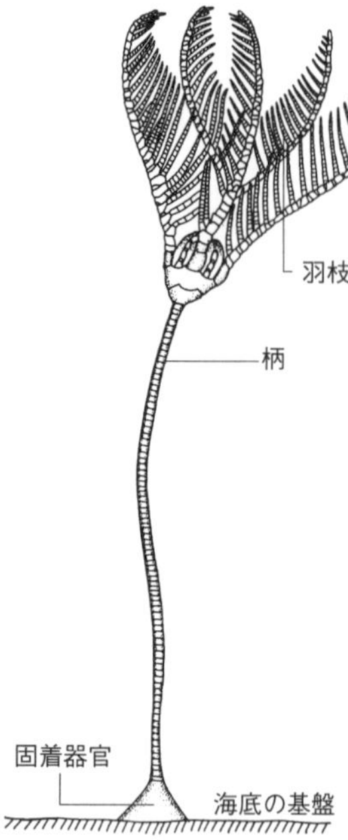

図 9.6　沈降物捕捉性の棘皮動物有柄類（ウミユリ綱）（Clark，1915）

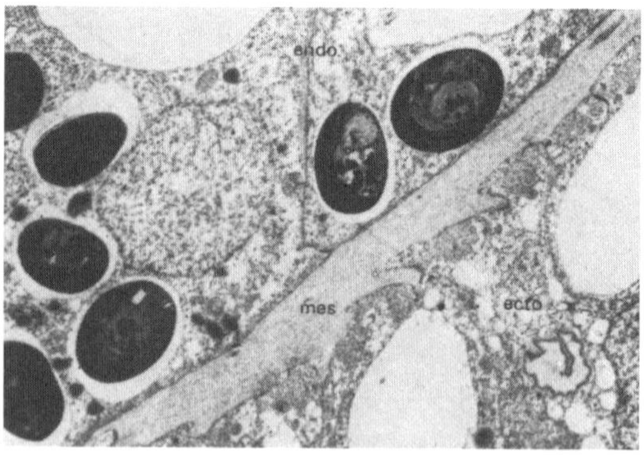

図 9.7　刺胞動物の組織中の共生藻（黒っぽい楕円）の電子顕微鏡写真．ecto：外胚葉，endo：内胚葉，mes：中膠（Muscatine，1975 より許可を得て載録）．

動物裸鰓綱や刺胞動物では栄養を全面的に共生生物に依存している．ただし，これらの動物は共生生物を消化することはない．そのような扁形動物無腸目やソフトコーラル，クラゲなどは体を定常的に（固着生活の場合），もしくはそのときどきに応じて（移動生活の場合），太陽光に十分にさらすようにして生きている．共生生物は通常のように光合成を行うが，部分的に，（ホストとなっている共生動物の代謝の過程で有機物から解離した）無機の窒素やリンを使うこともある．また，炭素源として，共生種の呼吸によって生じた二酸化炭素を使うこともある．共生のパートナーとなっている動物は，なんらかの方法で共生細胞の細胞膜を通常よりも薄くしたり，その透過性を高めたりしているようにみえる．それによって，糖や脂質，アミノ酸などを含めた光合成産物が動物組織の細胞内に漏出し，使用されることになる．さらに，これらの物質の分解産物が再び共生細胞にとりこまれることもある．実際に，光合成細菌や藻類などを大量に閉じ込めて飼い，組織内での密度が 1 mm^3 当たり 3 万個体に及ぶ動物もいる（図 9.7）．他にも共生生物の光合成に，少なくとも部分的に依存している海産動物もいる．

深海にすむ有鬚動物も同じように，共生性の化学合成独立栄養の細菌に完全（もしくは部分的に）依存している．それらの細菌は，海底にある火山性の噴出口やより小さな染み出し口から流出する還元された硫黄化合物やメタンを利用している．また，硫化物の豊富な海底環境に生息している種々の貧毛亜綱や他の蠕虫たちや二枚貝なども同じようにして栄養を摂取していることが示されている．それらの動物は，細菌が硫黄を酸化して固定した炭素のほぼの 50% を受けとっている．このような共生による栄養摂取がほとんどの動物門を代表する動物，とくに，それらの中でも祖先型に最も近いと考えられているものに広くみられている．このことは，共生が多細胞化そのものの起源とはならないまでも（第 2 章），それによる栄養供給が初期の動物群が生まれ出て成功するうえで手助けになったと考えられる．とくに，食物の入手が限られた環境では大いに役に立ったであろう（実際に，黄色藻 chromophyta のあるものの葉緑体は，かつて細胞内共生していた藻類から由来したと考えられている．もしそうならば，真核生物のあるものは，別々の真核生物同士の共生連合体から進化したのかもしれない）．

ここまでに概説してきた餌の種類や摂取方法は，数億年もの間独立生活を営む動物の間で，これらだけが使われてきたものに違いない．そして，現在でも海生動物は，生きたものや死んでいる，細菌・原生生物・お互い同士，を摂取して生きている．しかしついに，海にすむ祖先たちが陸上に進出するときがやってくる．多くの動物にとって，陸生の細菌や原生生物そして他の動物を，今までどおりに餌とすることに変わりはないものの（ただし，陸上での濾過摂食はその非効率性のために除外されるが），新しい環境の中で，豊富ではあるがこれまでとはまったく異なった，新しい食物資源（陸生のコケ植物や維管束植物）に遭遇した．ただし，これらを消費するには，バイオマスの大部分が，強靱で難消化性の細胞壁や，強固な反応耐性をもつ支持構造高分子であるリグニンによって占められている点が問題となる．元来，ほとんどの動物はこれらの食物を消化するためのセルラーゼ cellulase や類似の酵素をもっていなかった．初期の陸生動物は，このいたるところにあるけれども，手に負えない潜在的食物資源を摂取するには力不足であった．白亜紀以前には，陸上で植物を餌とすることは広まってはいなかった．

少数の海生動物は，これとよく似た問題をある程度はすでに解決していた．浅海の生息域に繁茂する巨大な海藻は，激しい水流に耐え得る強度を獲得するのに必要な複合炭水化物を含んでいる．強度獲得のためのマクロな構造がいったんつくり上げられてしまうと，海藻類も陸生植物と同様に，利用しにくいものとなってしまう．海生動物のうちの２つのグループのみが，ふつうにみたら魅力の薄いこの素材を，生きたままの状態で餌として取り入れる能力を進化させた．

そのグループのうちの１つに，ある種のウニがいる．海藻素材を消費する動物の多くは，それを直接摂取するわけではなく，そこに含まれる消化耐性の多糖類が，細菌によって消化しやすいかたちに変換されたものを摂取している．これらの中には古典的な堆積物食者が含まれる．細菌，その中でもとくに嫌気性の発酵を行うものは，広い範囲の有機物（その中には石油やプラスチック製品も含まれる）を分解することができる．ところがいくつかのウニは，このような外界での細菌の活動に頼るのではなく，そのプロセスを体内にとりこんでしまったのである．ウニは腸の一部が特殊化しており，そこで嫌気性の発酵を行う細菌を飼育している．実際に，ウニは噛みとった海藻組織と一緒に細菌を腸の中に取り入れる．細菌は海藻を分解し，その分解物や細菌そのものをウニが摂取する．海藻食のもう１つの問題点は，単位重量あたりに含まれる窒素化合物が少ないことである．しかし，（腸内のような）嫌気性環境下では，ある種の細菌は海水に溶け込んだ大気中の窒素を固定することができる．したがって，炭水化物に片寄っている食生活であっても，腸内細菌によってウニの窒素摂取事情は改善されることになる．このような面において，ウニは陸上での草食に前もって適応したかのように思われるが，陸上に進出した棘皮動物はいない．しかし，その後に現れた陸上草食動物の多くは，ウニが進化させた方法とは独立に，この問題を解決してきた．

海藻食に成功したもう１つのグループは軟体動物腹足綱である．腹足綱は多くの高分子炭水化物を分解するための酵素（その中にはセルラーゼも含まれる）を発達させた数少ない動物グループの１つである．浅瀬でのブラウジングやグレージングは，これらの動物による摂餌方法に起源があると考えるならば，これは驚くべきことではない．棘皮動物とは対照的に，腹足類は明らかに成功した陸生の草食動物のグループであり，そのことは園芸家の誰もが証言してくれる．

少数の陸生の節足動物にも，自分自身によるセルラーゼの分泌機構を発達させたものがいる．しかしながら，より成功した草食動物の多くがとった適応戦略は，腸内の共生微生物相をもつことであった．これらの動物には，ゴキブリやシロアリ，また数種の甲虫（そして哺乳類も）が含まれる．彼らは植物だけを食べ，共生する細菌や原生生物の仲介を経て養分を吸収することで生きていける．共生微生物は，炭水化物の発酵分解や，必要とするレベルの有機窒素化合物を供給してくれている．このようないわゆる草食動物とよばれるものは，扁形動物無腸類や星口動物および堆積物食を行う環形動物と同じくらいに，細菌や原生生物に依存しているのである．

１本の植物のすべての部分が同じように食べにくいわけではない．さかんに光合成を行っている若い葉などはとくに，動物が消化するのにさほど苦労のいらない部分である．とはいえ，そんな部分であっても，ほとんどの動物は自身がもっている酵素のレパートリーだけでは，無傷の細胞壁を壊して細胞の中身を取り入れることはできない．共生生物をもたず，また酵素ももっていないためにセルロースを分解する能力をもたない陸生の草食動物は，植物細胞の中身を取り出したり植物の体液を取り入れるために，２つの方法を発達させた．葉を食べるイモムシやバッタ，さらにはその他の多くの昆虫では，植物体を小片や細いひも状にかじり採り，その際に壊されたり，その後の咀嚼によって，細胞から出てくる中身をとりこむ．無傷の細胞からは中身を取り出すことはできないため，かじり採ったもののうちの比較的少量（平均1/3）しか利用することはできない．したがって，この非効率性をカバーするためには，大量の食物を摂取しなければならない．そして，この非効率なシステムが維持できるのは，大量の生の食材が利用できる状況にのみ限られている．第2の方法は，半翅上目ヨコバイ目の昆虫（たとえばアブラムシ）などにみられるように，植物の体液輸送システムの途中に口器を突き刺して体液を吸い上げる方法である（図9.8；図8.30も参照のこと）．こうすれば難消化性の構造炭水化物を避けることができるが，それでも，この希薄な低タンパク質の食物を摂取することにおける少ない窒素を増やすために，腸内共生細菌を必要としている．

しかし，食べられる側の植物にしれみれば，もし光合成をさかんに行っている組織が食べられるのを防げれば大きな利益となる．同じことが固着性の生物（たとえば海産の群体性の動物）にもあてはまる．こういったものたちは，少なくとも自分自身を守るために，機械的もしくは化学的な，きわめて巧妙な手段を発達させてきた（9.2.4項参照）．このようなシステムにありがちなように，食べるものと食べられるものとの間に軍備競争が引き起こされた．たとえば，毒をつくりだしたものに対しては，

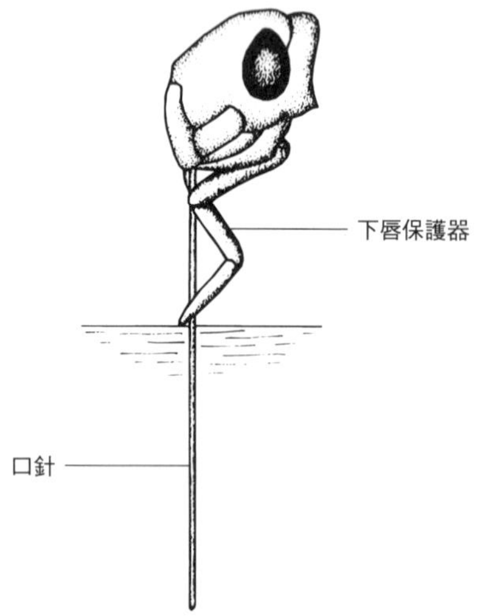

図9.8　植物の体液を吸引する昆虫の頭部．植物組織に突き刺した口針を示す（Barnes, 1980）．

解毒方法や毒に対する耐性が開発されてきたのである．

植食者の中にも，共生している細菌や原生生物の助けを借りずに植物素材を効率よく利用できる唯一の仲間がいる．これらは動物を引きつけ，消費させるために，植物がとくにつくりだした物質や構造物（果汁や果物，木の実など）を食べるものたちである．植物側のねらいは，動物によって受粉や，種子の拡散をしてもらおうというところにある．果物や木の実は，脊椎動物にもねらいをつけたものではあるが，節足動物や軟体動物のほうが鳥や哺乳類よりも先にこれらを平らげてしまっている．

菌類はキチン質の細胞壁をもつが難消化性の支持組織をもたない，動物の消化システムにとって基本的な問題も少なく，広く消費されている食物である．実際，ある種の昆虫は植物素材を集め，それを噛み砕いてパルプ状にしたものの上で菌類を育てて食べるということまでしている．菌類は，陸生動物の祖先が海にいたときに食べていた藻類の代わりを，いくらかは果たしている．

地上での食物連鎖の主流は，植物 → 草食動物 → 肉食動物だと世間では思われており，これは，草食動物（とくにグレーザーの哺乳動物）に科学者の興味が集まってきたことによって強調された感があるのだが，本来の陸上食物連鎖のほとんどの根底となっているのは，生きた植物組織やそれが草食獣によって噛み砕かれたものではなく，分解者がつくり出す食物連鎖である．堆積物食者やリター（落葉・落枝）食者を通して，エネルギーのほとんどは流れているのである．その経路は細菌や原生生物，そして菌類によって構成されている．したがって，陸生の動物も，どのようなものを効果的に処理できるのかという観点からすると，海にすんでいた祖先の遺産から脱却できてはいない．現在でさえ，森林の生産物のうち，生きたまま草食動物によって消費されるのは3%以下にすぎない．

9.2　摂食のタイプ：食物獲得と処理のパターン

9.2.1　摂食タイプの分類

生態学的相互作用において，草食を基盤とする食物連鎖が圧倒的に重要なものだと昔から信じられて

きたのだが，そのことは古典的な栄養段階（trophic level）の名前のつけ方にも影響を及ぼしている．長年にわたって動物の摂食は，この食物連鎖と被捕食者の系統的類似性に基づき，草食動物 herbivore，肉食動物 carnivore，両方を行う雑食動物 omnivore に分類されてきた．この分類は多くの不都合な点をもっている．まず第1に，ほとんどの動物は，とくにその全生活史を通してみたときには，完全に草食や完全に肉食であることはなく，したがって多くの動物は，雑食動物という，なんでも受け入れるカテゴリーに分類されることになる．つぎに，二界説による古典的な分類のやり方（生物は“植物”か“動物”のどちらかになる）に基づくと，細菌や原生生物を食べている動物の分類上の位置が問題となる．このような動物こそが，これまで述べてきたように，重要な消費者グループである．第3に，餌となる種の系統的関係がかならずしも捕食者との生態学的関連を示すわけではない．

今や一般的な摂食方法に基づいて，消費者のカテゴリーを分類することが慣例となっている．すなわち，狩猟者 hunter，寄生者 parasite，グレーザー grazer やブラウザー browser，濾過食者，堆積物食者，そして共生生物から栄養を受けとるような動物に分けるのである．これらは正に，餌となる生物種をその系統学的な位置づけによる境界をまたいで区分したものであり，草食や芽食者，濾過食者，堆積物食者などが摂食するものは，細菌，原生生物，菌類，植物そして動物のすべてにわたっている．もし消費者である動物が，餌であるさまざまな生物界のものを食べるにあたって，この界のものにはこの摂食方法を，という使い分けをかならずしもつけていないのであれば，われわれだって摂食の生物学を解析するにあたって界による区別をつける必要はない．そしてこの境界横断的なカテゴリーはすでに前出の節で紹介されていることである．ここでは，摂食方法について，個々の動物がもっている消化・吸収に関する特性の紹介も含めて，その詳細を扱っていくことにする．

9.2.2　共通の特徴

多くの無脊椎動物は1本の貫通腸をもっており，その開口部，すなわち口は，体のいくぶんなりとも前側で外部に開き，そこから食物を取り入れている．また，体の後方にも開口部，すなわち肛門があり，そこから未消化の残滓や，腸内に放出された排泄物が排出される．しかし，ある種の動物，とくに刺胞動物や扁形動物は，盲管状の腸をもち，1つの開口部を取込みと排出の両方に用いている．またほかにも多くの動物で，このような状況が2次的な進化で生じている例がある．さらにこれらのほかにも，消化管構造をまったくもたずに，食物を内部の共生生物から吸収したり，体の表面から直接吸収するものがいる．これらには，いくつかの寄生性のものや少数ではあるが独立生活をするものが含まれる．消化吸収のシステムには，これ以外にも多くの変異形がみられる．たとえば，固着性の動物では口は体の前側よりはむしろ中央上部に位置することが多い．また，固着性の祖先型から進化した移動性の動物，たとえば動きまわるようになった棘皮動物では，口は体の下表面の中央部にある．さらに，脊索動物などでは外界への複数の開口部をもつ消化管をもつものがいる（9.2.5項）．

発生学的には，消化管は3つの部域からなっている．体の前方にあり，外胚葉に由来し，外胚葉性の表皮に裏打ちされた前腸 fore-gut（体表面の陥入によって形成されたもの）．同じように外胚葉起源の後腸 hind-gut．そして，内胚葉由来で，消化・吸収にかかわり，しばしば盲管状になった盲嚢（岐腸）diverticulum をもつ中腸 mid-gut．これら3つの基本的な部域は，さらに異なる機能をもつ部分に分割されている（図9.9）．前腸はおおよそ以下のような構成をとっている．① 口につづく口腔 buccal cavity．その中へと「唾液腺」salivary gland からの分泌物が出されるが，唾液腺はしばしば粘着性の分泌物や凝固阻害物質，毒素などを分泌するように特殊化している場合がある．② 筋組織をもつ咽頭 pharynx．これはポンプのような動きで食物を消化管に取り入れるのを助けたり，餌の捕獲のための外転器官を形成したり，脊索動物にみられるように，濾過摂食のためのフィルターを形成している場合がある．③ 咽頭以降の消化管へつづく経路となる食道 oesophagus．④ 貯蔵器官である嗉嚢（そのう）crop．これは大量の餌を不定期に摂取するような動物でとくに発達しており，いったんとりこんだ食物をゆっくりと中腸に送り出すはたらきをする．

中腸は，典型的には ① 筋組織をもつ胃 stomach,

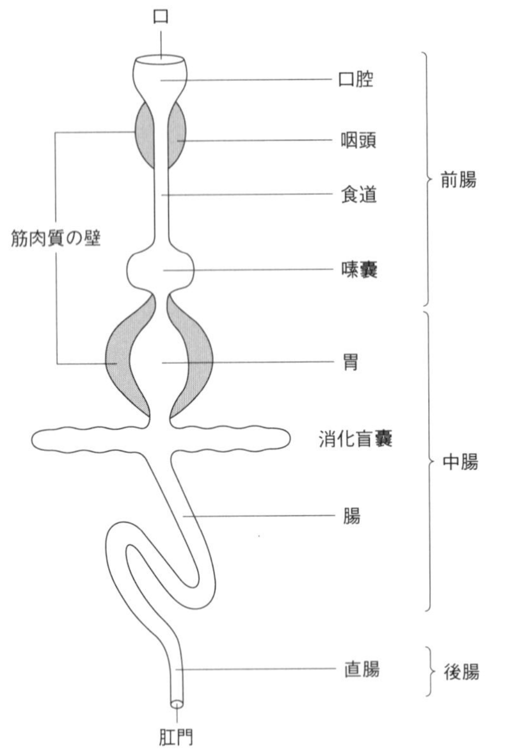

図 9.9　一般的な無脊椎動物の消化管（模式図）

② 分泌や吸収のための多様な盲管状の盲嚢，③ 腸 intestine，に分化している．胃は食物の機械的な粉砕と分別を行う部域であり，しばしば粉砕のために特殊化した領域（砂嚢 gizzard）をもっている．胃はまた，部分的な吸収を行う部域でもある．しかしながら多くの場合，消化と吸収は，胃のすぐ後から突出している，多様な構造をもつ盲嚢（盲腸 caeca）で行われる．軟体動物や節足動物では，これらの盲腸が発達し，大きく複雑な器官（肝膵臓 hepatopancreas）をつくり上げている．

原始的には，消化はほとんど細胞内で行われるものであり，食物物質は，吸収の役割を担う部域を裏打ちしている細胞に食作用 phagocytosis によってとりこまれ，小胞 vesicle の中で消化される．海綿動物，刺胞動物，扁形動物などは，おもにこのような方法をとっている．また，取り入れられた食物が中腸に届くまでに時間をかけて細かく粉砕されるような動物でも，多くはこのような消化方法がとられている．より複雑な動物，とくに大きな食物の塊を呑み込むような動物では，腸の内腔 lumen に分泌される酵素によって消化され，腸の内壁の細胞によって吸収される．このような動物種では，盲嚢は通常，分泌機能のみをもち，腸が吸収を行う場となる．細胞外消化では，それぞれの分泌細胞や消化管の領域ごとに，特異的な消化酵素をつくり出すことが可能となる．しかし，腸の内腔は大きな解放系となっており，消化活動にとって適切な酵素の濃度を保つのが難しく，この方法では大量の消化酵素をつくり出す必要がある．

最後の後腸（存在しない場合もある）は直腸で構成されており，そこでは水分が吸収され（陸生動物の場合，図 8.27 参照），残りが糞となって肛門から排出される．

すべての動物は食物からエネルギーを生み出す物質を取り入れ，それらを即座に使用したり，また蓄積したりする必要があるし，また，アミノ酸も取り入れて構造や代謝タンパク質を合成しなければならない．さらに，生体の化学反応の触媒などとして用いるために，ビタミンのような種々の物質を取り入れる必要がある．いいかえると，動物は炭水化物，脂質，タンパク質，そしてビタミンなどを摂取し，それらを吸収しなければならない．そして，もし直接吸収できなければ，それらを吸収しやすい形に消化する必要がある．タンパク質やビタミンの少ない食物をとっている動物では，通常これらの物質を合成する腸内共生細菌をもっている．さらに，複雑な高分子の炭水化物を食べている動物では，これらを発酵作用によってより単純な分子にしてくれる共生の細菌や原生生物を必要としている．動物の糞の重量のほとんどは腸内細菌である．

9.2.3　狩猟者と寄生者

狩猟者は移動性の高い動物で，餌となる個々の対象（ほとんどの場合ほかの動きまわる動物）を一度に1つずつとらえて消費する．これには大まかに3つのタイプが存在する．イカなどのような，追跡型．これらは動きの激しい餌を追跡し，取り押さえる．多くの軟体動物腹足綱や節足動物は，探索型で，自分たちよりも動きの鈍い餌を探しまわって捕食する．さらに，クモやカマキリのような，待ち伏せ型がいる．これらは，最後に飛びかかるときの素早い動作を別にすれば，ほとんどの場合じっとして餌が来るのを待っているだろう．

追跡型と待ち伏せ型（それと少数の探索型）の狩

猟者は餌を捕獲し，動きを封じるための武器をもっている．非常に特徴的なことに，これらは口のまわりにある器官か，消化管の先端に位置する強力な顎である．口のまわりのものとしては，たとえば，鋏状や亜鋏状になった節足動物の付属肢，吸盤や鉤のついた軟体動物頭足綱の腕，毛顎動物の顎毛（棘）（図 9.10）がある．消化管の前端のものとしては，環形動物の中には，咽頭の一部が裏返って飛び出すような仕組みをそなえたものがあり，これを強力にすばやく打ち出すことによって餌を捕まえている．待ち伏せ型狩猟者の中には，擬態によって餌を引き寄せるものもいる．たとえば多くの管水母（クダクラゲ）目では，橈脚綱に似せた触手をもつものがいて，これを餌とする動物（多くの場合，他の甲殻動物）を引き寄せて捕食している．狩猟者によって捕まえられた餌は，丸飲みされるか，付属肢によってバラバラに引き裂かれて少しずつ食べられるか，もしくは体液を吸い尽くされる．丸飲みにされた場合は，消化管の前部が拡張して食物をとどめておけるようになっている．

一方，探索型狩猟者の多くはほとんど動かない餌をとっているが，そういう餌は攻撃から身を守るた

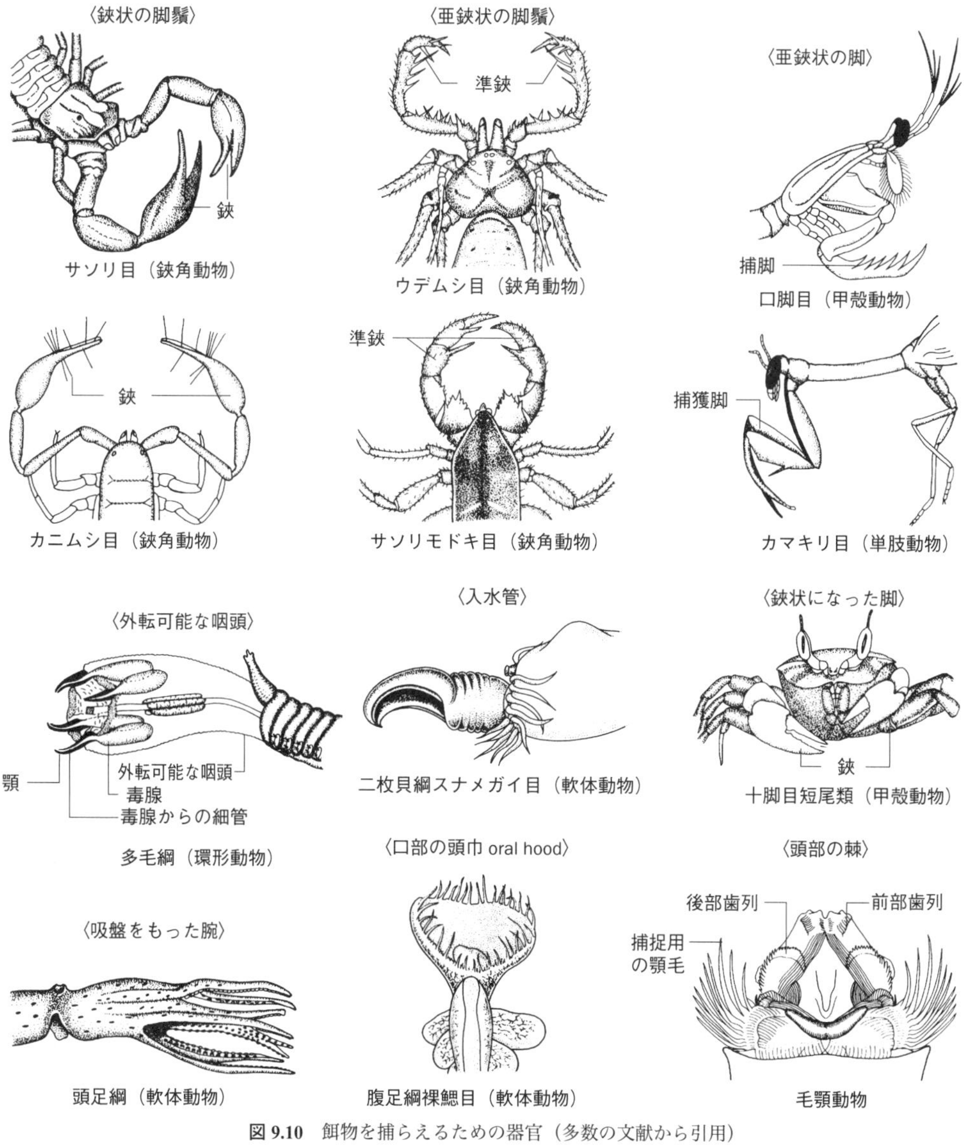

図 9.10　餌物を捕らえるための器官（多数の文献から引用）

めに，炭酸カルシウムや，セルロース，キチン質などでできた外被をもっている可能性がある（9.3.3項，13.2.1項）．したがって，探索型狩猟者は（もし特別な捕食の技術をもっている場合には），いろいろな状況に適応するために，特殊な摂餌方法を発達させている．たとえば，① 防御外皮に穴を開ける（軟体動物が歯舌を使うような場合），② 外皮をこじ開けてその隙間から外転させた胃袋を突っ込み，防御壁の内側の組織に向けて酵素を分泌し，体外消化 extracorporeal digestion された食物を吸収する，③ 餌を丸ごと飲み込み，砂嚢で外殻を破砕する，④ 吻や吻針と咽頭のポンプを使って個々のポリプや個虫を群体基質から吸いとる（たとえば，いくつかの軟体動物後鰓上目やウミグモ類）．

いくつかのタイプの狩猟者は吸飲摂餌 suctorial feeding を行う．上述のグループに加えて，ある種の捕食性昆虫やすべてのクモ類では，餌から体液を吸飲する．その際，体液を直接吸飲することもあれば，捕獲した餌に唾液腺からタンパク分解酵素を（それと一緒に麻痺させる毒も）注入し，酵素消化により液状となった組織を吸飲する場合もある．このようなタイプの吸飲摂食から外部寄生生活（すなわち殺傷せずに宿主の体液をとるやり方）に移行するのは，ほんの一歩，踏み出すだけでよい．狩猟者と寄生者のカテゴリーは，明らかに互いに重複しており，両者の違いは，多分に餌との相対的な大きさによるものである．ヒルが大きな哺乳動物の血液を吸う場合，失う血液の量は動物にとって大した量ではなく，それによって哺乳動物が死ぬことはない．しかし，他の種のヒルが，小さな淡水産の巻き貝にとりつき，体液を吸い尽くしてその結果殺してしまうような場合は，狩猟者とみなすことができる．同程度の大きさの動物の間でも，両者のカテゴリーを分けることには問題がある．浮遊性の多毛類には，ヤムシをとらえ，その頭部を食べてしまうものがいる．この場合，攻撃を受けたヤムシは死ぬことはなく，食べられた頭部はやがて再生する．この多毛類は，はたして狩猟者なのか寄生者なのかどっちなのだろう？

同様の議論が内部寄生者についてもなされている．たとえば，ハチ目の昆虫の中には生活史の一部を完全に他の動物の体内で過ごし，成長した後それを殺してしまう種が存在する．このような“捕食寄生者 parasitoid”は，（古典的な狩猟者のように）とにかくさっさと平らげてしまうようなことはせず，餌を内側からゆっくりと蝕んでいく．これらの昆虫では，成虫は餌となる個体（通常は他の昆虫）に卵を産みつけ，孵化した幼虫が蛹化や変態の時期を迎えるまでに宿主の組織を食べ尽くしてしまう．成虫は典型的な狩猟者となるが，狩猟者としての意味あいは多少異なる．成虫は攻撃はするが，食べることはしない．この場合，消費者はその子孫である．ここでも再びサイズのことが問題となる．ハチ目やハエ目昆虫の幼虫は餌となる宿主個体に比べて比較的大きいため，蛹になるまでに1匹の餌ではせいぜい数匹の幼虫しか賄うことができない．しかしより小さいながらも，たとえば，吸虫や線虫の成虫は同じようにして宿主の組織を消費するが，宿主（たとえば哺乳類）の体に比べればはるかに小さく，寄生が原因で宿主を死にいたらしめることはない．極端な例を別にすれば，狩猟者と寄生者の2つの捕食パターンには違いがみられない．したがって，捕食性の種を含む無脊椎動物の多くのグループに寄生性の種が同時にみられることは驚くべきことではない．

狩猟者と寄生者との区別は，少なくとも摂食生物学のうえからは，もう少しはっきりとした線引きができる．狩猟者は，餌となる動物の組織や体液を食べて消費するのに対し，自前の消化管をもたない内部寄生者は宿主の消化管内にすんでおり，（その宿主自体を消費するのではなく）宿主が消化を済ませて，さてそれを吸収しようかというものを，吸収しているのである．だから区別はできるのだが，ここでもまた，内部寄生性消費者から内部寄生性吸収者へと進む進化のステップは，それほど大きいものではない．寄生者の中には，消化管はないものの，体表のクチクラを変化させたものがいる．それは条虫や鉤頭虫で最もよく発達しており，他の動物の消化管壁の吸収上皮細胞にみられるものと同等な，一連の微絨毛（微小毛とよばれる）をそなえている．宿主の消化管の中にいながらクチクラの外皮によって宿主の消化酵素から守られ，それでいて同じ消化酵素が消化してつくった産物を吸収している．上でみてきた「寄生者」は，実は小さな捕食者だったのだが，条虫や鉤頭虫は，他の種が摂食した食物に完全に依存しているという英語の本来の意味での parasite（食客，寄食者）なのである．同じことは宿主の腸の内容物のみを食べるもの（これには完全に機能する消化管をもつ数種の線形動物が含まれる）にもあてはまる．しかし，腸内に生息し，その内壁の組織や血液を摂取するものもおり，これらは微小捕食者とみなされるものである．

動物の組織や体液を食べるものは，消化しやすくタンパク質の豊富な素材をとりこんでいることになる．したがって，それらのほとんどはタンパク質分解酵素を分泌する短く単純な消化管をもっている．そのような消化管では，前方のみが特殊化しており（もし特殊化が起こっていればの話だが），破砕のための砂嚢，吸飲や大きな貯蔵のための嗉嚢が形成されている．動物由来の高タンパク質素材は，本来肉食性ではない動物にとっても，生活史の特定の時期では魅力的なものとなっている．ある種のハエ目昆虫の雌（たとえばカなど）は産卵のためのタンパク質の補給のために動物の血液を必要としている．しかし，雄や幼虫ではまったく血液をとることはない．

9.2.4 グレーザーとブラウサー

グレーザーやブラウザーは，動きまわりながら固着性の餌をとっている．その際，むき出しとなった組織を刈りとるようにして食べるが，餌の個体やコロニー全体を殺してしまうようなことは，通常はしない．陸上では，餌となる生物は植物や菌類であるが，海中では群体性の動物（たとえば，刺胞動物，苔虫動物，ホヤなど）や，細菌のコロニー，そして多細胞藻類なども同様にして食べる．固着した食物素材を基盤から取り外すためには，噛みついたり，擦り取ったりするための口器が必要となる．たとえば，軟体動物の歯舌リボン（図5.3），ウニのアリストテレスの提灯（図7.24），昆虫の硬化した表皮からなる顎（図8.30）などがそれにあたる．グーイザーやブラウザーにとって，消費対象となる素材が豊富にある場合がほとんどであるため，それらをみつけて取り入れること自体は大きな問題とはならない（この点で多くの狩猟者とは対照的である）．問題となるのは以下の点である．① 化学防衛システム（これ以外に防衛機構をもたない生物が，餌とされるのを防ぐために発達させた防衛システム），② 餌生物が構造維持や防衛のための不活性物質を大量にもっているために，とりこんだ餌の単位重量あたりの消化可能な成分の割合が低く，また，利用可能なものも，ほとんどの場合，タンパク質が欠乏していること．

海藻や陸生植物が大量にもっている消化不能な高分子炭水化物，たとえば，寒天 agar，アルギン algin，ラミナリン laminarin，セルロース cellulose など，に由来する問題点は，（すでにみてきたように（9.1節）），一部はそれらの分解酵素をもつことで解決されたし，また一部は，消化管（とくに中腸の部域）が長くなり，難分解性成分の消化に対処する部分の面積が増大したこと，また一部は，共生する細菌や原生生物の助けを借りて，この問題を解決した．これらの共生生物は，消化管内の特別の室（おもには後腸であるが，嗉嚢や胃の場合もある）の中にすんでいる．貯蔵用の大きな嗉嚢を発達させているものもある．

腸内共生生物は多糖類を発酵させて，脂肪酸や宿主が吸収できる他の単純な炭水化物を放出する．このシステムを最も発達させているのはシロアリであり，彼らは天然素材の中でも最も分解しにくいもの，すなわち材 wood を消費している．シロアリの後腸は大きく，残り全部の消化管よりも大きいくらいである（図9.11）．その中に，超鞭毛虫類に属する鞭毛虫 hypermastiginan flagellate の数種が高密度で棲息している．これらの鞭毛虫は，食作用によって木材の粒子をとりこむ．この鞭毛虫自身が細菌を共生させており，それらがたぶん木材粒子に含まれるセルロース成分のいくらかを分解してくれるおもなものであろう．ただしリグニンはおそらく消化されない．もう1つ，木材素材を食う動物として等脚目甲殻動物のキクイムシ *Limnoria* がいる．これは腸内の共生生物をもっていないようであり，自前の酵素によって木材に含まれるセルロースやヘミセルロースの部分を分解する．体を構築する炭水化物は，もし消化できれば，大量のエネルギーを供給する材料となるが，それ以外の成分はほとんどない．キクイムシはとりこんだ木材に入り込んでいる菌類から必要なタンパク質をとっている．菌類などの分解者がとりついていない木材ではキクイムシは生存できない．

サイズ効果は比較的低栄養の植物を摂取する場合にもはたらいている．大きな動物（たとえばウサギ

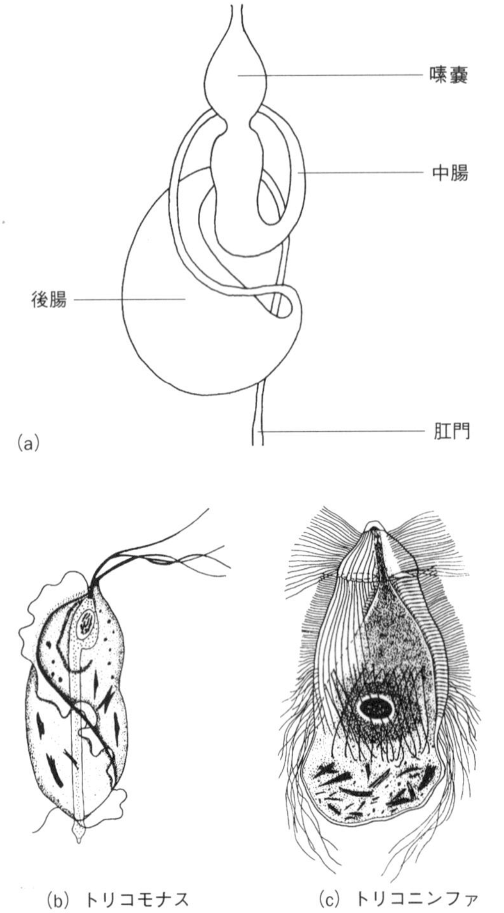

図 9.11　木材を食べるシロアリの腸（a）と，その中の2種類の共生鞭毛虫（b）と（c）（(a) は Morton，1979，(b) と（c）は MacKinnon & Hawes，1961）．

より大きい脊椎動物）は，単位重量あたりの代謝速度が低く，エネルギー要求量も低くなっている．そして，体が大きいため，食べた植物を大量に発酵室に蓄えておくことができる．さらに，哺乳類は恒温性なので効率よく発酵をしつづけることができる．したがって彼らは雑草などを丸ごととりこむことだけで生きていける．しかし，小さな動物（たとえば草食性の無脊椎動物）は，より高品質の食物が必要で，餌となる植物の細胞の中身だけをとりこむ必要がある．そのために，細胞に穴をあけたり，セルロースの壁を歯舌などでこすり取ったり，口器で嚙み砕いたりしなければならない．体が小さい場合は，植物を丸ごと取り入れることは難しい．鳥類や哺乳類でも小型のものは低品質の食物では生きていけず，草食性ならば，食物になるのはエネルギーに富む種子やそれ相当のものに限られる．

植物の化学防衛は多岐にわたっており，アルカロイド（たとえば，ニコチン，コカイン，キニン，モルヒネ，カフェインなど），グルコシノレート glucosinolate，シアン発生配糖体（青酸配糖体 cyanogenic glucoside），タンニンなどがある．これらの物質が食べられやすい植物の組織に配置されることによって，被食を防いでいる．これらの物質のいくつかはまさに毒そのものであり，デリス derris や除虫菊 pyrethrum のように天然の殺虫剤として作用するものもある．ほかにも，たとえばタンニンのように，放出されるとタンパク質と結合して消化されにくくすることにより，とりこんだ食物の有用タンパク成分を減少させるはたらきをもつものもある．さらに，捕食者自身のホルモンやフェロモンによく似た物質もあり，それらは捕食者の成長や発達，生殖などに作用したり，不適当な行動を引き起こしたりする．ある種の植物では，これらの防衛システムは捕食圧が高まることで動員され，成長や繁殖に使われる資源素材が，必要とされる時期に，確保されるようになる．さらに最近の研究により，植物間で化学防衛の伝達がなされることがわかってきた．少なくとも1つの種では，植物体がグレーザーに食べられると，それに隣接した同種の個体においても，自分自身は食べられていないにもかかわらず，化学防衛システムが動員される．

植物は構造的な防衛も行っている．たとえば，毛状の突起をもち，触れると粘着性の物質や有害な化学物質を出すものがいる．また，構造的な擬態により，すでに消費者に荒されてしまったようにみせかけているものもある（図 9.12）．また，被子植物や他の維管束植物とアリとの関係のように，共生関係によって防衛を行うものもある．アリは干渉競争 interference competition によって植物についた昆虫を追い出し，それと“交換に”果汁やすみかを植物からもらう．海生植物においても（海生動物による捕食圧が高まることによって）陸生植物と同等の形態や化学物質その他による防衛機構が動員されることが知られている．しかし，このことに関する研究はほとんどない．

植物を食べる動物は，その固着性の餌である食物とともに数百万年にわたって進化してきた．その結果，個々の動物は消費対象となる植物のもつ化学防

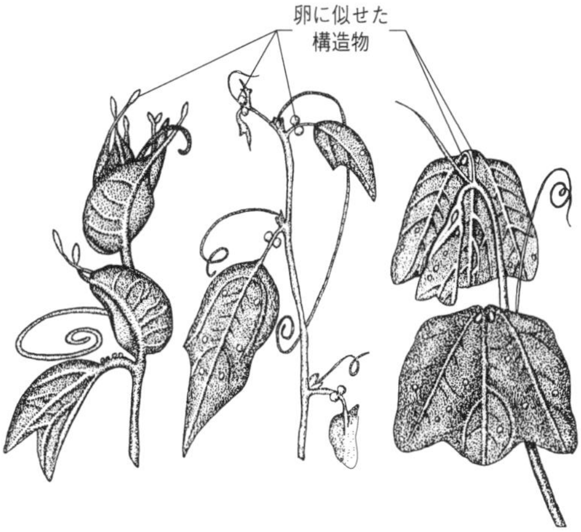

図 9.12 種々のトケイソウの葉や茎には卵に似せた構造物が付いており，ドクチョウ属 *Heliconius* の雌チョウが産卵を思いとどまるようになっている（新しく孵化した幼虫が共食いをするのを防ぐために，チョウはすでに卵が産みつけられている葉は避ける）（Gilbert, 1982）.

衛物質に対して，それを無毒化したり，忌避したり，隔離したり，もしくはとりこんだものを排泄したりする能力を進化させてきた．また，形態的な防衛に対しては，それを迂回したり，防衛の役割をもったアリに対しては，化学的な擬態を用いてその注意をそらすなどの能力も進化させてきた．それにもかかわらず，植物の生育に適した陸上のほとんどの場所には，生きた植物の膨大なバイオマスが存在する．それは，海中でのケルプ（大型のコンブの仲間）の森や藻類の繁茂域などでも同じである．このことは，植物食の動物にとって，ほとんどの大型植物の組織はかなり利用しにくいものであり，そのバイオマスは，植物が死んで分解された後にはじめて利用可能になることを示している．

グレージングとブラウジングのみが大型植物素材を消費するために適した手段ではない．海生（たとえば，ある種の後鰓上目軟体動物）のものでも，陸生（たとえば，多くの半翅上目昆虫）のものでも，植物の構造炭水化物をとりこまないようにするために，細胞の中身を直接吸い取ったり，さらには，カニューレのような口器を維管束植物の木部や師部に差し込むものもいる（図 9.8 および 8.30）．この場合，たとえばアリマキのように師管に刺すものでは，植物内部の輸送圧力だけで，液体が直接消化管に十分送り込まれるようだ．だからアリマキは，マダニや雌のカが動物に寄生するように植物に寄生しているのである．実際，すでに肉食性の狩猟者に関して指摘したように，大きな宿主への外部寄生から，内部寄生への移行は小さなステップにすぎない．たとえば，ある種の線虫では，他の種が動物に寄生するのと同じやり方で植物に内部寄生している．また，ある種の昆虫では，幼虫は植物の内部におり，内部寄生虫として植物組織をはぎ採っている．

たとえセルラーゼやそれに相当する酵素をもっていたり，消化管内部に共生微生物がいたとしても（それらをそなえていない動物にとってはなおのこと），大型植物の組織を消化し吸収するのはかなり効率が悪い．また，植物体液を吸引している動物では，需要を超えた量の炭水化物がとりこまれているものと思われる．したがって，この摂食カテゴリーに含まれる動物は大量の糞をし，糞には多くの未吸収の有機素材が含まれている．それゆえこれらの動物は生態学的連鎖経路の重要な位置を占めており，大型植物が光合成によって固定した物質を他の摂食カテゴリーの動物，とくに堆積物食者が利用できるようにしている．

9.2.5 濾過摂食

濾過摂食者が水中から餌を濾しとるやり方の基本的な特徴については 9.1 節に概略が述べられている．体の外部に分泌した（非解剖学的な）ものを利用する動物群では，表面的には濾過摂食へそれ以上適応してはいないようにみえる（図 9.4）．このような動物は，巣の中にいて比較的小さな獲物を捕まえる待ち伏せ型狩猟者と，少なくとも消化管の解剖学的構造に関する限り，同様に考えることができる．確かに 2 つの摂食モードは重複する部分がある．クモは巣をかけることによって空中濾過摂食を行うとみなすこともできるし，待ち伏せ型狩猟者ともみなすこともできる．海中の刺胞動物は，濾過摂取者と待ち伏せ型狩猟者の中間に位置している．刺胞動物は，① 体の中央にある口のまわりに放射相称の触手の環をもち，② 固着生活をする（少なくともポリプの世代では）．この 2 つの特徴は濾過摂食へ適応を示す重要な特性であり，実際，刺胞動物は水中に浮遊する動物性プランクトンをおもな餌としている．散在する餌が自然と捕まるのを待つのではなく，刺胞によってそれらを個別に攻撃して捕まえるが，それは刺胞動物から攻撃を仕掛けるというよりは，むしろ餌自身が偶然に触れることによって刺胞を発射させているのである．

対照的に，繊毛濾過摂食 ciliary filter-feeding もしくは粘液－繊毛濾過摂食 mucociliary filter-feeding のシステムをもつものでは，消化管の部分に一連の著しい特殊化が起こっている．このような種の多くでは，濾過装置（フィルター）が，水中にむき出しになっているか，もしくは（腕足動物や二枚貝綱軟体動物にみられるように）殻の内部に保護されており（図 9.2 参照），前腸は外部の濾過装置と胃とをつなぐ短い区間にすぎない．最も変わっているのは脊索動物である．彼らは前腸自体が濾過過程を賄っており，そのためのかなりの特殊化が起こっている．咽頭の壁面には多数の小さな孔（鰓孔 stigma）が開き，それが体壁を貫通して体表面に開いている．口からとりこまれた水は咽頭に入り，鰓孔を抜けてまた外部に戻る．この水流は一方通行である．このような咽頭が濾過を行うことは一般的ではないものの，類似のシステムは他の動物にもみられ，たぶんこれらは進化上の起源を示しているのだろう．水中の微粒子を捕獲する動物は，しばしば水流を利用して粒子を口に集めるが，この水流は，口に向かった後でまた外に出ていかなければならない．触手動物では，単純に水流は一定の時間ごとに「吐き出される」ようにみえ，その間，餌の取込みは一時停止する．腹毛動物帯虫目（図 4.9）や半索動物頭盤虫目（7.2.3.b）では，咽頭の部分に，体表にまで達する貫通する 1 対の孔があり，そこを通って水を放出することによって，餌の取込みが妨げられないようになっている．初期の脊索動物も同様の水流に適合していたものと思われ，そうなることによって，触手冠のような濾過装置を，捕食の危険にさらされたときなどにも引っ込める（それによって餌の取込みも中断される）必要はなかった．一方，半索動物腸鰓綱の動物では同じような水流をガス交換のために発達させ，それはのちに水生の脊索動物もまた行うことになる．

濾過摂食を行う脊索動物の咽頭は非常に大きく，体の大半を占めている．多くの種では鰓孔によって孔だらけになっているため，もはや咽頭部の体壁はほとんどその用をなさない．したがって，それは 2 次体壁（にせの体壁）によって置き換えられている．頭索動物亜門の場合，その壁は周囲の組織が折れ曲がることによってつくられ，尾索動物亜門のホヤでは，分泌されたセルロース製の被嚢で壁がつくられている．それゆえ，本来の体の全体（もしくはその一部）が，形態学的には外界である空間（囲鰓腔 atrium）によってとりかこまれていることになる．本来の体壁とにせの体壁とに挟まれた空間に，鰓孔を通り抜けて水が流れ込み，つづいてこの水は，1 個の穴（出水孔 atriopore もしくは atrial siphon）を通って外の環境中へと放出される（図 9.13）*．

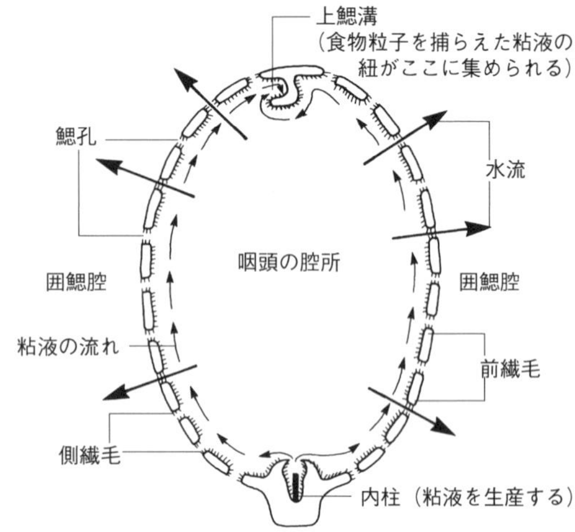

図 9.13　無脊椎脊索動物の咽頭部の横断面の模式図．濾過摂食システムの特徴を表している（多数の文献から引用）．

咽頭の腹側正中線に沿って走っている内柱 endostyle が外分泌腺であり，これから粘液が放出され，それが薄いシートとなって，咽頭の孔のあいた側面を移動する．咽頭内の水が鰓孔を通り抜けて外に出る途中で，粘液のシートにより有用な食物粒子が（場合によっては 0.5 μm 程度の小さなものまで）捕獲される．食物粒子がたくさんくっついた粘液のシートは，最後に咽頭の背面に集まり，正中線上にある上鰓溝 hyperbranchial groove の中で細長い紐状になる．水を動かすのも粘液を動かすのも，このシステムにおけるすべての駆動力は咽頭内面に広がった繊毛の列による（漂泳性のサルパ類の場合

*　本質的に同じシステムが脊椎動物にも当然存在する．魚類では，消化管と外部をつなぐ鰓裂 gill slit（≡鰓孔）の数が少なく，加えて厚い体壁をもっているため，にせの体壁を発達させる必要はなかった．さらに，水流はガス交換に使われ，摂食に主として用いられるということはない．

を除く）．

漂泳性の尾索動物亜門（サルパなど）では，摂食のための水流は一般に体を推進するのにも使われている．そのための入水孔と出水孔が体の前後に位置している．サルパでは，ジェット推進の関係から，鰓孔の数は2つだけに減少している．粘液のシートは円錐形のネットとなって，咽頭内部を横切るようにつり下げられている（図9.14）．水流の駆動力は体をとりかこむように配置された環状筋によってもたらされる（図7.35）．

上述の無脊椎の脊索動物に限らず，触手動物や濾過摂食する軟体動物でも，濾過器官（どんなタイプであっても）で集められた食物は粘液の紐に付着して胃まで運ばれる．粘液-繊毛濾過摂食を行うすべての動物において，胃の内部のpHは酸性となっている．これによって粘液紐の粘性が低下し，付着していた食物粒子が放出される．食物の消化とその産物の吸収は，胃もしくはその近くに位置する中腸の盲嚢で行われる．未消化のものは，比較的短い腸に送られる．そこのpHは塩基性であり，それによって粘液は再び粘性を増し，ペレット状や紐状の糞がつくられる．

粘液紐を胃の中へ送り込むための原動力は繊毛運動である．脊索動物では繊毛が運搬に直接はたらく．一方，触手動物や軟体動物では間接的であり，胃の中に突き出した棒が回転し，粘液紐を巻き取る．触手動物では，棒は粘液と未消化物によってできており，幽門部pylorusにあって，そこにある繊毛によって回転している（図9.15）．使用された棒はそのつど腸に送られて糞の小塊（ペレット）となり，また新しい棒がつくられる．

軟体動物は，晶桿体として知られる透明なムコタンパク質でつくられた，より大きくてより恒常的な棒をもっている．これもやはり胃へと突き出ているが，軟体動物は特別な盲嚢（晶桿体嚢）をつくって晶桿体を収めており，その嚢の壁の内面に生えている繊毛が晶桿体を回している．晶桿体の先端は巻き取り機として機能するだけでなく（図9.16），酵素のアミラーゼを放出しながら少しずつ溶けていく．先端部分が減ると，晶桿体はゆっくり胃のほうに押

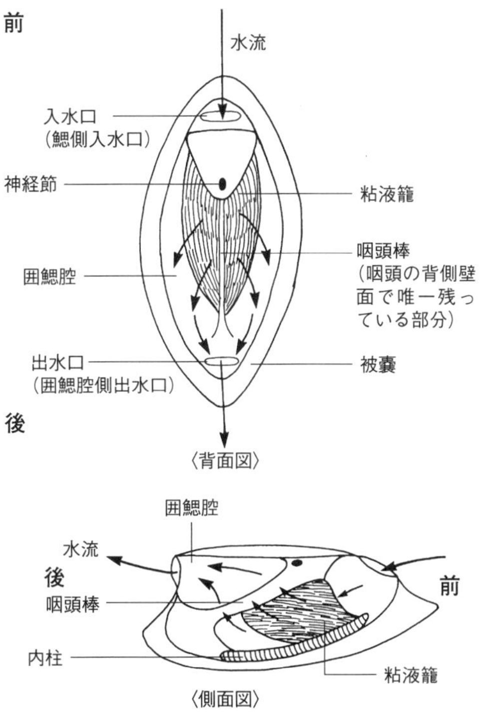

図9.14 サルパにみられる粘液籠mucous bag．2つの大きな咽頭の開口部の間に横切るようにしてつり下げられている．

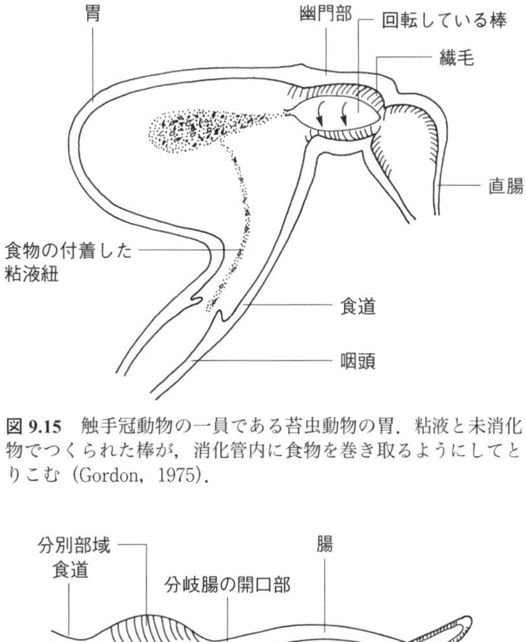

図9.15 触手冠動物の一員である苔虫動物の胃．粘液と未消化物でつくられた棒が，消化管内に食物を巻き取るようにしてとりこむ（Gordon, 1975）．

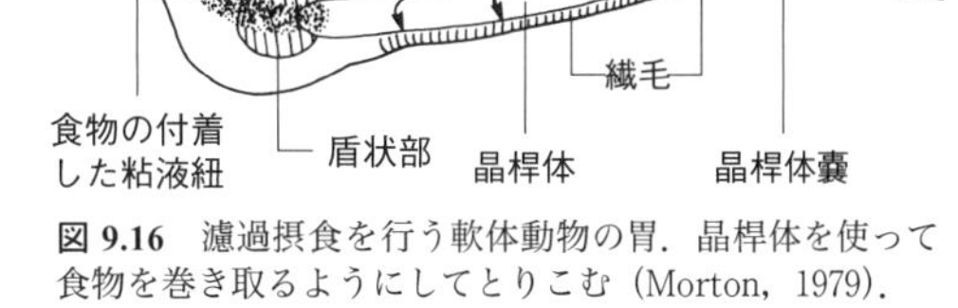

図9.16 濾過摂食を行う軟体動物の胃．晶桿体を使って食物を巻き取るようにしてとりこむ（Morton, 1979）．

し出され（これもまた繊毛の作用による），根元に新たに材料が分泌され，晶桿体の長さが維持される．したがって，先端はつねに胃の壁面と接触し，ちょうど「すりこ木とすり鉢」のように機能する．それによって，粘性の下がった粘液紐から食物粒子をはがして消化管内での分別を行う部域へ送り込む．そこでは，集まってきた粒子が繊毛によってさらに細かく選別される．

9.2.6　堆積物食

おそらく現存の動物のかなり多くの種がデトリタス detritus（粒子サイズの小さい有機素材）もしくはリター litter（より大きなサイズの有機素材，落葉落枝とも訳される）を餌としている．しかしながら，これらの食物素材の性質についてはいまだよくわかっていない．たとえば，ミミズが呑み込んだ葉は，たんなる枯葉ではなく，それは全生態系の縮図なのである．葉の表面や内部の組織にはそれを分解する細菌や菌類がみられるだろうし，その分解産物を餌とする多くの原生生物（たとえば，アメーバ，繊毛虫，従属栄養の鞭毛虫など）も一緒に生息しているだろう．さらに，微生物とはいい難い，線虫やダニもこれらの生物を餌として生息している．落葉の表面には光合成藻類やラン藻類がいてもおかしくないし，また，他の動物の死骸やその分解物，またもちろん動物の糞に由来するものも落葉の上にあっておかしくはない．落葉を食べるものは，これらの生きているものや死んだものからなる素材のすべてを一緒にとりこむことになるだろう．問題はそのうちのどれを消化し吸収するか，また，どれが摂食者の代謝要求に最も合致しているかを決定することである．

餌をまわりのものと一緒にとりこみ，なんでもかんでも消化できるものは消化してしまえというタイプの動物ばかりがいるわけではない．堆積物食者の中のいくつかのものには，これまで考えられてきたよりもはるかに高度な選別取込みを行うものがいることが今や知られている．ただし，このような目で再検討された堆積物食者はほんの数種にすぎない．

選別取込みは，もしそれが可能ならば，かなり有利なように思われる．というのは，「デトリタス」として塊を形成しているさまざまな構成要素の栄養価はかなり異なっているからである．非選択的な取込みを行う海産の堆積物食者が呑み込んだものと，それの糞の中に含まれる有機成分とを比較すると，堆積物に含まれる有機成分のほとんどは食物として利用できないことがわかる．このことは，堆積物を，その動物の腸内にあることがわかっている消化酵素で処理してみることによっても示される．消化できるのは，有機堆積物の全体の5～10％以下でしかないかもしれない（きれいな砂浜においては，有機物は呑み込んだもののうちのほんの少し（<1％）にすぎない．森林のリター層はより多くの有機物を含むだろうが，食物として利用できるのはそのうちのほんのわずかである）．

有機物の破片が地面上のデトリタスやリターの表層に組み入れられるまでに，それが最初にもっていた食物としての価値はすでに失われてしまっている可能性がある．植物の葉を例にとると，落葉する前にすべての可溶性の成分が植物体に移動してしまうかもしれない．地面に落ちた後も，数時間のうちに残った有機成分も漏出するだろう．有機物質のどんな破片であれ，動物の消化管を通った後で地面に到達するのかもしれず，その間に，使える物質の大部分は取り出されてしまう．つまり糞が地表や土壌の中の有機物のおもな供給源の1つとなるわけだ．したがって，永く残されている古い有機物の破片は，ほとんどが消化されにくい，構造用や骨格用もしくは防衛用素材に由来するものとみなすことができる（たとえば，堆積物食者は一般的にはセルラーゼをもってはいない）．

しかし，有機物破片が新しいものであるならば，堆積物食者もそれに含まれる有機物の一部を利用することができる．もっとも，そのうちのタンパク質の含有量はかなり低く，またタンニンが一緒に存在することによって利用できない場合が多い（9.2.4項参照）．しかし一般的にいって，死んだ有機物質を消費する動物たち（死骸を漁るものを除く）は，有機物破片そのものではなく，それに付着した生物を食べているもののようであり，その場合，有機物は微生物を消化管に送り込むための適当な輸送体となっているにすぎない．陸上や淡水ではリターの分解を担っている菌類が，堆積物食者にとっての実質的な餌として，おそらく一番重要なものだろう．一方，陸地周辺の浅海底では光合成をする単細胞やマット状になっておおっている原生生物が，おそらくは最も重要な食物要素となっている．ケイ藻だけを選別して食べられる動物では，吸収効率が70%にも達することが知られている．それに比べて，近縁の種で選別せずにまわりの有機堆積物と一緒に食べるものでは4%以下である．しかしながら光合成可能な海は多くはなく，ほとんどの海では落ちてくる有機物はまばらであり，その破片が海底にたどりついたときには難消化物しか残っていないため，動物の消費者たちは，エネルギーになる物質もタンパク質もどちらも，細菌に頼らざるを得ないのである．

堆積物食者の消化管には特別な特殊化はみられないが，腸が長くなる傾向がある（図4.40および4.43参照）．これはグレーザーやブラウザーと同じ事情によるものである．これらの動物と同様，大量の糞をするだろうが，堆積物食者の糞のほうが，他の動物にとっての栄養価値はずっと低い．

9.2.7　共生者からの食物

栄養摂取を，図9.17に示すような関係をもって，共生者の光合成に完全に依存している動物種は比較的少数である．しかし，海綿動物から軟体動物まで，そして，刺胞動物から脊索動物までの広い系統にわたり，多くの動物が共生者の光合成から，栄養摂取のうえでなにがしかの利益を得ている．そのような共生者としては，ラン藻類（たとえば，いくつかの海綿動物やユムシ動物と共生），原核緑色植物 prochlorophyte（ホヤ），より広範囲にみられる渦鞭毛虫（多くの海産無脊椎動物に褐虫藻 zooxanthella として共生）や緑藻（多くは淡水産の種にズークロレラ zoochlorella として共生）などがある．たとえば，ある種のイシサンゴでは，代謝の需要のうちの2/3を細胞内の共生褐虫藻から得ており，残りの1/3だけが（刺胞による動物プランクトンの捕獲を含む）外部からの摂取によるものである．多くのイソギンチャクでは，共生褐虫藻と餌の捕獲のための細胞小器官とは体の別の部分に納められている．共生生物を含む「器官」は昼間に，刺胞をもつ触手は夜間に伸び出て広がる（図9.18）．共生は，植物食を補足できる場合もある．嚢舌目の軟体動物は肉眼で見える大きさの緑藻類（および他の類）の細胞を吸い取るようにして食べる．彼らの中には，食べた植物細胞から葉緑体だけを，その機能を損なうことなく生きたまま取り出し，中腸の盲嚢にとりこむものがいる（図9.19）．葉緑体は食作用によって消化細胞の中に呑み込まれるが，その中で光合成の機能を発揮しつづけ，それは2カ月にも及ぶこと

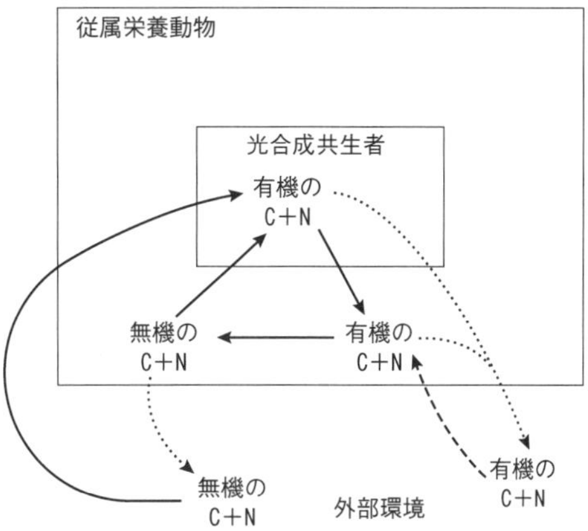

図 9.17　共生関係における炭素（C）と窒素（N）の流れの模式図（Barnes & Hughes, 1982）.

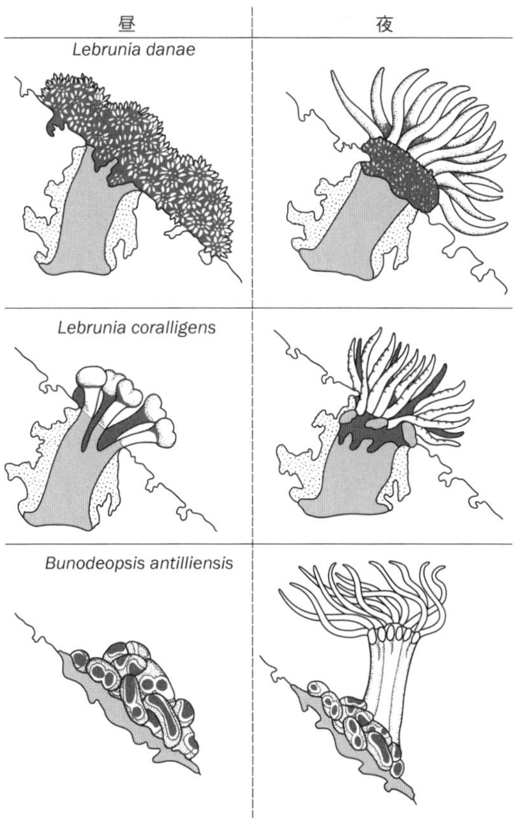

図 9.18　体の異なる部分を1日の間で使い分ける，サンゴ礁にすむ3種のイソギンチャク．共生褐虫藻を含む構造は昼間（左列）に，刺胞をもつ触手は夜間（右列）に使われる（Sebens & De Riemer, 1977）.

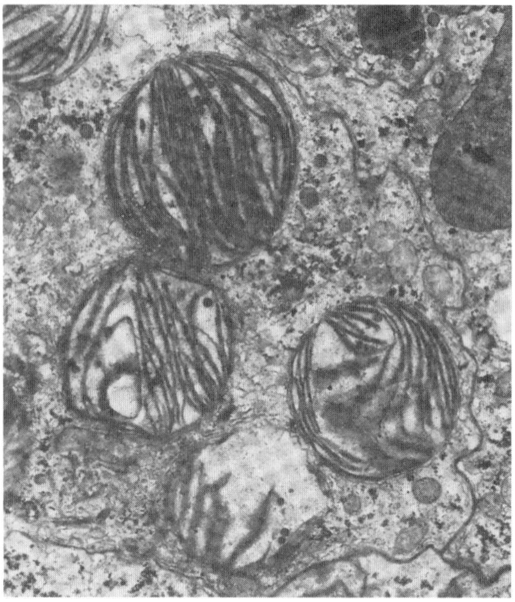

図 9.19　嚢舌目（軟体動物）の消化盲嚢にとりこまれた後も機能を発揮している葉緑体の電子顕微鏡写真（Trench，1975）

がある．光合成によって固定された炭素の最大半分までは軟体動物に移動し，それが動物の呼吸のための需要を十分に賄っている（ミドリムシ *Euglena* のもつ葉緑体も，進化の起源において同様な過程を経たものではないかと思われている）．

かなり異なった共生関係が，蜜を分泌する植物と，その糖分の豊富な液体をとる際に受粉を助ける昆虫との間にみることができる．ある種の昆虫の成虫は，（飛行に必要なエネルギーを得るために）蜜しかとらない．しかし，その生活史の中の幼虫の時期には植物を食べ，成虫の体をつくり上げるための素材を十分に確保している．そのため，成虫はその短い生存期間の間，エネルギー（代謝）需要を賄うだけの食物物質しか必要としない．

最後に，比較的大きな動物で，海洋底の熱水噴出孔，冷水浸出域および炭化水素放出域に生息するもの（たとえばある種の，軟体動物二枚貝綱，環形動物の貧毛亜綱と多毛綱，そしてすべての有鬚動物など）について一言ふれておく．これらの動物はその生活史のすべてにおいて消化管をもたず，栄養摂取は共生する独立栄養の化学合成細菌に依存している．細菌はしばしば内胚葉性組織に共生しているが，そこは近縁の動物では消化管になっている部分である．

9.3　捕食のコストと利益：最適な餌探し

9.3.1　導　入

ここまで，動物が進化の過程を反映した独自のタイプの餌に，いかに束縛されているかについて明らかにしてきた．濾過摂食の系統の動物は簡単には追跡型狩猟者にはなれないし，その逆もまた容易なことではない．にもかかわらず，多くの種ではある程度の柔軟性をもっている．広食性の動物では，1つの摂食タイプから別のタイプへ，さらにはまったく異なったタイプの餌から餌への切替えが起こることがある．たとえば，河口の汽水域に生息する多毛綱ゴカイ *Hediste diversicolor* は，濾過摂食（図 9.4（d））や堆積物摂食を行い，さらには狩猟者や腐肉食者としてふるまったり，肉眼で見える大きさの藻類の一部をブラウジングしたりする（表 9.1）．

すべての動物は日々の活動の中で，多様な種類の利用可能な食物に出会う．したがってそのたびに，どの食物をとるのかの選択に直面することとなる．これは，最も特定された餌しかとらない動物にとっては，餌となる種の中のどの個体をとるのかの選択

表 9.1　ゴカイ *Hediste diversicolor* の摂食嗜好と食物あたりの吸収可能エネルギーの順位

摂食モードと食物のタイプ	嗜好順位	食物あたりの吸収可能エネルギーの順位
シラトリガイ *Macoma*（軟体動物二枚貝綱）の死骸の腐肉食	1	1
生きているイトミミズ *Tubifex*（環形動物多毛綱）の捕獲	2	2
生きているドロクダムシ *Corophium*（甲殻動物端脚目）の捕獲	3	3
生きているヒメガガンボ *Erioptera*（ハエ目昆虫）の幼虫の捕獲	4	4
海底表面の粒子の堆積物食	5	5
海底付近の水中からの濾過摂食	6	6
生きているアオノリ *Enteromorpha*（緑藻）のブラウジング	7	7
生きているアオサ *Ulva*（緑藻）のブラウジング	8	8
生きているミズツボの仲間 *Hydrobia*（軟体動物腹足綱）の捕獲	9	9

となるが，より多彩な餌を食べる動物にとっては，少なくともそれは餌個体の選択でもあるし，複数の食物素材の中からどれをとるのかの選択ともなる．それゆえ，生態学的な時間（分，時間，日）のうちで，この時この場所で，これをつかまえて消費するかやめて別のものにしようかという複数の行動に直面することになる，つまり「選択」をせまられるのである（選択できる範囲は過去の進化により決められているが）．このような「判断」は，今後の結果に影響を与えるような重大な意味をもつ．なぜならば，異なる食物種をとることは，それぞれに異なる利益をもたらすからである．あるものは他に比べて栄養価が高いかもしれない．しかし，最も栄養価の高いものは多くの動物に好まれ，みんなに食われてしまい，ほとんどまれにしか出くわすことができない食材となってしまうだろう．一方，栄養価の低いものはあまり好まれることがなく，したがって比較的豊富に存在し，どこでも手に入れることができるようになるだろう．

栄養価（摂取した単位重量あたりに換算したもの）は，食物種を選ぶどんな場合でも，唯一の要因であるが，食物をとることで，明らかな利益が得られるものの，それと同時にコストも発生する．食物を得る過程がどんなものであれ，食物をみつけ，とりこみ，処理し，消化するための，エネルギーと時間を要する．そしてこのエネルギーと時間は食べること以外にも使えたものである．食物をとるための正確なコストは摂食タイプごとに異なっているが，すべての場合において，正味の利得（利益からコストを引いたもの）を最大にするような索餌戦略がとられるように，自然選択が作用したと考えてよいであろう．食物は，生存のために最も必要なものの1つであり，この正味の利得を最大化している動物が，それ以外のやり方をしているものに比べ，生存と繁殖の両方において淘汰上の優位にいると思われる．なぜなら，このような動物では，① 餌を探すための時間を少なくできる（その結果として，敵に捕獲される危険が減少する），② より速く，もしくはより大きく成長することができる（その結果として，繁殖が有利になる），③ より健康になるため，たとえば寄生生物を寄せつけないし，捕食者から逃れやすくなる，④ 餌が少なくなったときでも，そこからより大きな利益を得ることができる，などの優位性が十分に想定されるからである．

では，どのようにしたら単位時間あたりの利得を最大化できるのだろうか．この問題はこれまで，食物獲得の最適化戦略に関する簡単なモデルを通して研究され，そのモデルによる理論的予測が実験や観察を通して検証されてきた．実験をデザインする際の通例として，特定の1つの変数（ここでは餌の選択）を分離することで研究を進めてきた．しかしながら，実際の世界ではどんなときでも，動物の活動は多くの対立する圧力の中で到達する1つの妥協点であることを覚えておくべきである．摂餌による正味の利得を最大にすることは，それ自体が有利なことであるが，捕食者から逃れることや，繁殖行動などを最適化することでも優位性を獲得できる．これらの他の重大な必要事項が摂餌活動への束縛となり，最適の餌ではないものを消費することもあるだろう．すなわち，動物は食べられる状況の短い時間内にみつけたどんな餌でも食べてしまうという行動以外をとりえないのかもしれない．

さらに，餌となる生物は，捕食者に栄養を与える機会をただ待っているわけではないのだ！　実際に，捕食者が餌をとる関心以上に，餌生物のほうでも食べられまいとするより強い関心をもっている．このことは「命/ご馳走原理（life/dinner principle）」と名づけられてきた．捕食者と餌，たとえば，コウイカとエビが遭遇したとすると，コウイカのほうはご馳走を目の前にしたにすぎないが，エビのほうは命を賭けて戦うことになるわけで，淘汰圧の作用の仕方が両者で異なってくるであろう．

以下では，消費者がどのようにしてその正味の利得を，最もうまい具合に最大化するのか，または潜在的に食べられる側にいるものがどのようにしてその利得を最小化するか，すなわち捕食されることのリスクを減らしているか，について述べる．動きまわる消費者で，その餌が個々別々に存在していて，これを食べるのも拒否するのも自由な場合が最も単純なケースであり，われわれはほとんどをこのケースに注目することになるだろう．濾過摂食や堆積物摂食を行う動物はいくぶん異なる問題と向き合っており，それらはまた別に扱うこととする．

9.3.2　餌探しの最適化理論

利用可能な餌は，どんなものでも消費者にとってある特定の「食物価値」food value をもっている．動物は食物から，エネルギー産出物質と，体細胞や生殖細胞の成長を賄うための物質を取り入れる必要がある．そのために，総体的な食物価値はこれら両方の要求を考慮しなければならない．やっかいなことにこれらの要求は季節ごとに，または生活史の段階ごとに異なる可能性があり，ある時期にはエネルギー需要が優先的な要素であったり，また別の場合では有機窒素化合物がとくに要求されることもあり，また一方，ある種の動物（たとえばカタツムリなど）では，無機元素（カルシウムなど）やそれを含む物質がすべてに優先することもある．

実際に研究するうえでは，ほとんどの研究では食物のエネルギー含量が食物価値の簡便な指標として用いられてきた．そのような単純化された観点においては，食物価値はある種の食物を消費することで得られるエネルギー（E_g）から，その食物をとらえ，押さえつけて，食べて，消化することなどに要するすべてのエネルギーコスト（「処理コスト」handling cost，E_h）を差し引いたものとして表される．加えて，どんな生息環境においても，食べられる餌が存在する頻度はそれぞれ異なっているだろうから，もし消費者がある特別なタイプの餌を好むならば，その動物はその餌を活発に探しまわらなければならず，それに要する「探索コスト」searching cost（E_s）が生じる．したがって，正味のエネルギー利得は

$$E_g - E_h - E_s$$

となる．

別のやり方として，この式のエネルギーの帳簿の借り方の項を時間で置き換えるやり方があるだろう（時間は最も簡単に測定できる要素である）．その場合，食物価値は単位時間あたりのエネルギー利得として与えられる．これは，動物がすでに餌と遭遇している状況だと，E/T_h となる．もしくは，餌を探しまわるための時間を要素に組み込むならば，$E/(T_h+T_s)$ となる（ここで，T_h は「処理時間」handling time，T_s は「探索時間」searching time であり，E は上で述べた利用可能なエネルギー含量，$\equiv E_g$ である）．

はじめに単純なケースをとりあげることにしよう．そこでは探索時間の要素は考慮しない．すなわち，消費者はその生息地域内でいろいろな餌となるものにランダムに遭遇することとする．その状況で，動物が単位時間あたりのエネルギー利得を最大とするために，どの餌を摂るべきかを問題とする．答えは，E/T_h によって数値化される食物価値が最大のものを食べる，ということである（栄養を N だけ摂取する必要がある場合には，N/T_h が最大となる食物をとる）．つまりは消費者は最も利益が得られるような餌を選ぶべきなのである．この単純なモデルからは，以下のような多くの検証可能な予測が引き出されるが，そのうちのいくつかはすでに検証がなされている．

1. もし最大の食物価値をもつタイプの餌と遭遇する頻度が十分に高く，食物価値の低い餌が混入するとエネルギー摂取の平均速度が減少してしまうようなら，消費者は最大の食物価値をもつタイプの餌のみを食べるべきである．
2. しかし，もし最大の食物価値をもつタイプの餌との遭遇が上述の頻度以下であった場合，動物は餌の範囲を広げ，そのつぎに高い食物価値をもつタイプの餌をとるべきであり，その餌に出あう頻度が少なければ，その次の食物価値のものを…と，餌の範囲を広げるべきである．
3. 餌のタイプを見分けるのに時間がかかる場合（たとえば触覚により弁別を行うような場合），低い食物価値をもつ餌であっても，それとの遭遇頻度が高ければ，動物は，まわりにより高い食物価値の餌がまだある場合であっても，食物価値の低い餌もとるべきである．一方，餌の認識が瞬時に行われる場合（たとえば視覚により弁別を行うような場合）には，高い食物価値をもつ餌がかわりにあるのなら，低い価値の餌を食べるべきではない（餌の食物価値の認識は，単に処理時間の要素として付け加わるものである）．

これらの予測がすべて正しいことが示されている．一例として，磯に生息するカニの一種，ミドリガニ *Carcinus* が，いろいろな大きさのムラサキイガイ *Mytilus* を捕食する場合があげられる（図 9.20～9.22 および Box 9.1 参照）．

1種類の消費者と多種の餌との関係を扱った研究は，これに比べてあまり行われていない．しかしたとえば前述のように，多毛綱のゴカイ *Hediste diversicolor* はさまざまな食物を広い範囲にわたって捕食するが，その際に示す嗜好のヒエラルヒーは，それぞれの食物に含まれる有用エネルギー量によく一致している（表 9.1 参照）．

上記の基本モデルは，餌のタイプごとに異なる探索時間を取り入れることにより，少し複雑にすることができる．餌のタイプやサイズによらず，T_h は一定であると仮定しよう．そのうえで，利用価値のある餌のそれぞれについて，その生息頻度に応じて T_s の長さを変化するものとする．さらに 2 つのタイプの餌，x と y があって，x は y よりも高い食物価値をもっている，すなわち，

$$\frac{E(x)}{T_h(x)} > \frac{E(y)}{T_h(y)}$$

であるとする．餌 x に遭遇した場合，捕食者はつねに x を食べるべきことは明白であり，タイプ y の餌を好み，x を拒んでも何もよいことは起こらない（食物価値以外では x と y が等しいならば）．しかし，はじめに遭遇したのが y だったとしたら，それを捕食すべきか，それとも，タイプ x のようなもっとよいものを探すためにそれを拒否すべきなのだろうか？ 単位時間あたりの正味のエネルギー利得を最大にするために，y を受け入れるか拒否するかのどちらを選択すべきかは，正にタイプ x の生息頻度，すなわち $T_s(x)$ の長さに依存している．もし，

$$\frac{E(y)}{T_h(y)} > \frac{E(x)}{T_h(x)+T_s(x)}$$

ならば，はじめに出くわしたタイプ y が食べられるべきであるし，もし

$$\frac{E(y)}{T_h(y)} < \frac{E(x)}{T_h(x)+T_s(x)}$$

ならば，タイプ y は無視すべきである．いい方を変えると，消費者が餌に遭遇した場合，もし，その

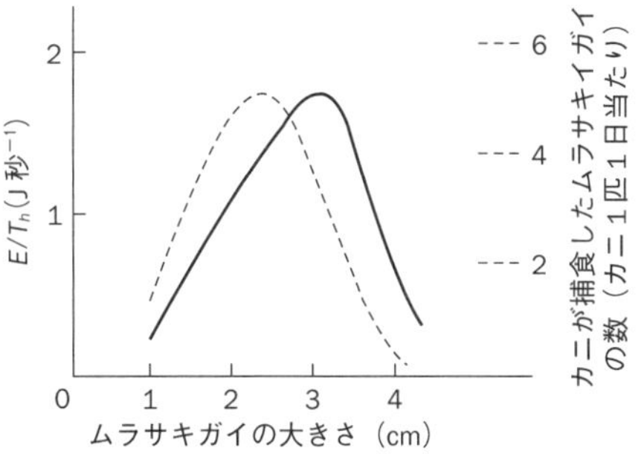

図 9.20 餌の食物価値（E/T_h）とその選択頻度との関係．幅 6.0～6.5 cm のヨーロッパミドリガニ *Carcinus maenus* がムラサキイガイ *Mytilus edulis* を捕食する場合（本文および Box 9.1 参照）（Elner & Hughes，1978）．

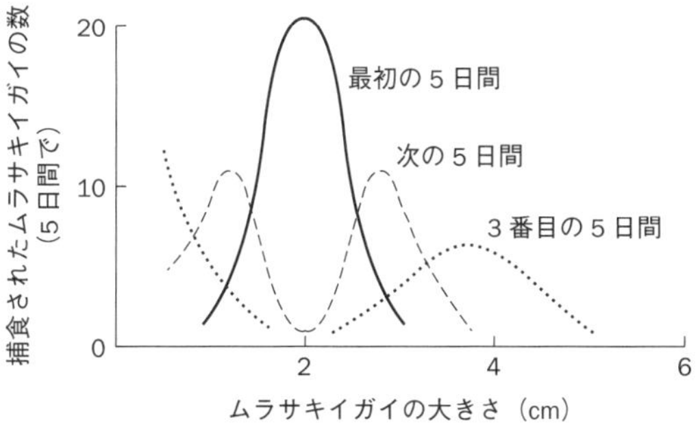

図 9.21 選択される餌のサイズの変化．ヨーロッパミドリガニがムラサキイガイを捕食し，好みの大きさの餌がなくなっていった場合（本文および Box 9.1 参照）（Elner & Hughes，1978 のデータをもとに描く）．

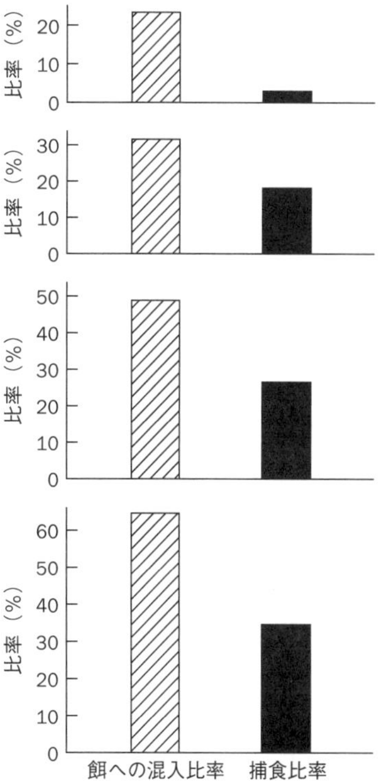

図 9.22 食物価値の低い餌の混入が捕食の際の嗜好に及ぼす効果．低食物価値のムラサキイガイの混入比率（左）と，それがヨーロッパミドリガニによって捕食される割合（右）（本文および Box 9.1 参照）（Elner & Hughes，1978 のデータをもとに描く）．

Box 9.1　カニによる餌のイガイの選択

カニが貝を壊して開けて中身を食べるのに要する時間（T_h）は，観察に基づいて比較的容易に定量化できるし，イガイを食べることによって得られるエネルギー（E）は燃焼熱量計を用いて測定できる．貝を開けるために，カニは鋏を使って殻を押しつぶして壊す．そのためにはかなりの処理時間がかかり，その長さは貝の大きさに応じてほぼ指数関数的に増大する．したがって，大きな貝はこじ開けるのに長い時間を要するが，大きな E を得ることができる．一方，小さな貝では開けるのに要する時間は短いが，得られるエネルギーも少ない．図 9.20 に示すように，ある大きさのカニにとって，E/T_h はイガイのサイズによって変化する．さらにこの図では，実際にその大きさのカニが捕食したイガイのサイズの範囲も同時に示されている．図から明らかなように，捕食されたイガイのサイズの分布と予測された食物価値の分布とはよく一致しており，予測の 1（258 ページ）は正しいことがわかる．

この実験では，イガイが食べられた場合，すぐに同じ大きさのイガイを補給し，最大の食物価値をもつイガイをつねに捕食できるようにした．ただし，それとの遭遇頻度は，カニが低い食物価値のイガイを食べたならば，エネルギー摂取の平均速度が減少してしまうようなレベル（食物価値の低い餌の混入が影響を与えないくらい，最大の食物価値をもつタイプの餌と遭遇する頻度が高いような状況）に維持されていた．しかし，2 番目の実験では，食べられてしまった後の補給は行わなかった．その結果，最大の食物価値のイガイとの遭遇頻度は次第に減少していった．そのような状況下でのカニの捕食活動が図 9.21 に示されている．予測の 2 を裏づけるように，カニは捕食する餌の範囲を変化させ，次善のサイズの餌をとるようになった．

カニはイガイの大きさを触覚によって見分けている．3 番目の実験では，大きさの違うイガイの割合を変えた．図 9.22 は，低い食物価値のイガイが豊富にあれば，そのまわりに最適サイズの餌が十分にあったとしても，カニは低食物価値の餌を少なからず捕食することを表している．これは予測の 3 と一致している．

それゆえ 1 つのタイプの餌について，大きさの異なる個体に遭遇した場合，ミドリガニは単位時間あたりのエネルギー摂取を最大にするようなサイズの餌を選ぶことができるようだ．なんらかの方法でミドリガニは大きさの違うイガイの食物価値を査定できるに違いない．

餌にかかわる処理時間の間にもっとよい餌をみつけることができないのであれば，その餌を食べるべきなのである．

利用価値の高い食物の多くは，団塊状の分布パターンをとっている――すなわち，個々に隔絶された，パッチ patch を形成している――ことが，さらに事態を複雑にしている．たとえば，海底の岩をおおう生物，アリ塚をつくるアリ，集塊となるアミ目の甲殻動物，茂みをつくるイラクサなどがそれにあたる．したがってこれらの消費者は別のタイプの問題に直面する．すなわち局所的に餌生物が集中している部域では，その広さによらずどんなところでも，餌の量には限りがあるだろうから，餌を食べればその集中の度合いは減少し，消費者にとって見返りが減っていく．ではつぎの餌の塊へ移動する前に，1 つの塊にどれくらいの期間とどまるのがよいのだろうか？　完全に食い尽くしてから移動するのか，そうなる前に移動するほうが有利なのか．もし，後者なら，それはどのタイミングで行うべきなのだろう．

表面的には違ってみえるものの，じつによく似た問題が，別のタイプの消費者にも発生する．たとえば，高緯度地域では，利用可能な食物の量は季節によって変動する．そのため，消費者は，餌が減少していく地域から，どの時点で移動すべきかを決定しなければならない．ツバメはいつ飛び立つのがよいのだろうか？　個々の生物間での捕食者/餌関係でも，同じカテゴリーの問題として扱えるものもあり，とくに，捕食者が捕まえた獲物の組織のすべてを消費するのには時間がかかる場合や，餌生物からその体液などを吸い取るような場合がこれにあたる．ミツバチが花から蜜を吸い込む・タガメなどの水生昆虫がカの幼虫から体液を吸い取る・ライオンが捕まえたアンテロープを食べる場合などでは，食べはじめは餌からの食物摂取速度は高いが，とりこみやすく，より栄養豊富な部分の大部分を食べてしまった後では，その速度は次第に減少していく．いつ食べるのをやめて新しい餌を探しはじめるべきか．すべてを食べ尽くした後なのか．それとも，そうなる前なのだろうか．

1匹の消費者がこれまでに未開拓な餌のパッチや生息域に手を付けはじめる，もしくは新たに捕まえた餌を食べはじめるとする．そのとき，単位時間あたりのエネルギー利得は，図9.23に示すように，時間とともに変化していくだろう．遅かれ早かれ，その消費者はその場所を離れてよそに移らねば（もしくは他の餌を捕まえねば）ならないだろうが，パッチ間を移動するには，時間やエネルギーを大量に消費してしまうことになるだろう．タマキビ *Littorina* のようにゆっくりと動く動物でさえも，長距離をはって移動することは，1カ所にとどまって餌をとる場合に比べて，単位時間あたりのエネルギー消費は12倍以上になるのであり，長距離の移動がきわめて高価につくのは明白である．したがって，パッチ内を移動するのと同様に，パッチ間を移動するのに要する時間（異なるエネルギー要求に対して補正されたもの）を考慮に入れる必要がある．

そのような考えのもとに，ある地域にあるすべてのパッチについて，そこから得られる正味のエネルギーの積算利得の平均値を時間に対してプロットし，そこにパッチ間の移動に要する時間を加えるとすると（図9.24），「どれくらいの時間1つのパッチに滞在すれば，すべての所要時間あたりの積算利得（すなわち，移動時間にパッチ内での摂取時間を加えた時間での平均値）を最大にできるか」という問題を考えることができる．その答えは，グラフの原点から積算利得曲線に引いた接線（原点と曲線とを結ぶ直線の中で最大の傾きをもつもの）から得られるだろう（図9.25）．これによると，1つの種類の餌を摂取するにあたって，それから得られる単位時間あたりの利得が上述した接線の傾きが与える平均値にまで減少したときに，摂取をやめる，もしくは餌のパッチから離れることで，餌探しからその摂取までも含めた時間全体を通してのエネルギー利得を最大にできることがわかる．やめどきになったら，それ以上餌をとることをあきらめることが肝心なのだ！

以上が成り立つ場合には，以下のことも導き出せる．① ある生息地内において，パッチごとにその質に違いがある場合，消費者は質のよいパッチに長時間滞在すべきである（図9.26）．② パッチはほぼ同質であるが，隣接パッチ間の距離が異なっている場合，そこに行くのに時間がかかったパッチにより長時間滞在すべきである（図9.27）（すなわち，移動コストが高ければ，動くことによってあまり利益は得られないだろうから，一度移動したら同じところに長くとどまるべきである）．

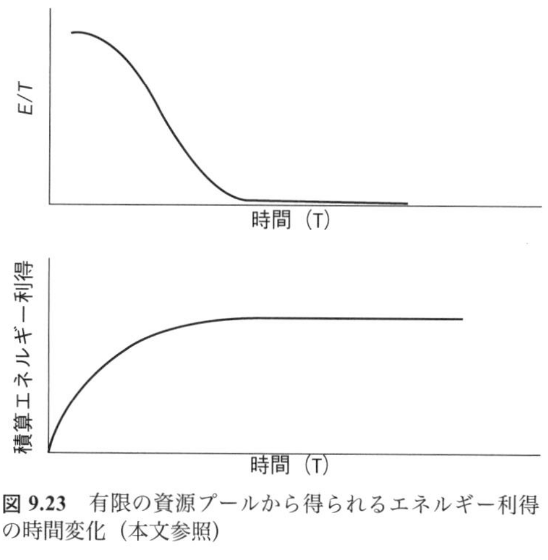

図 9.23　有限の資源プールから得られるエネルギー利得の時間変化（本文参照）

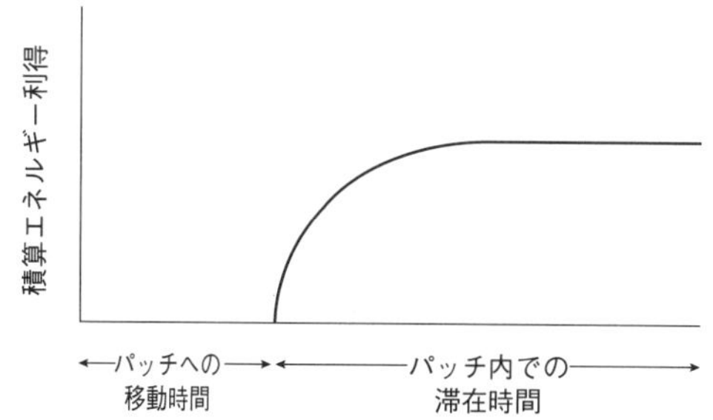

図 9.24　新たな餌パッチを開拓する場合の，エネルギー利得と時間（パッチ内での滞在時間とパッチへの移動時間）の関係を示す（本文参照）．

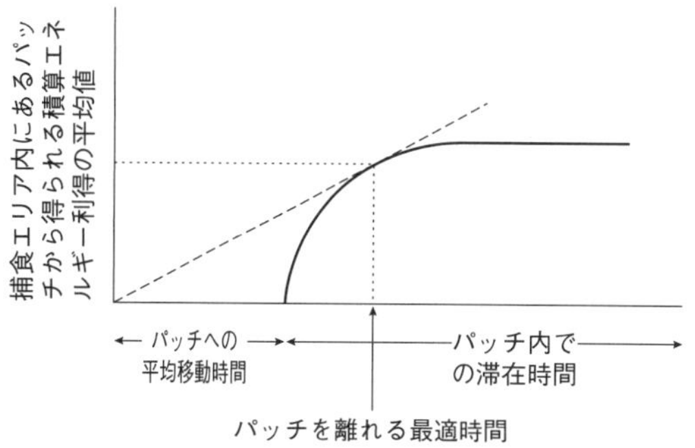

図 9.25　餌探しからその摂取までも含めた時間全体を通しての平均エネルギー利得を最大にする餌パッチ内での滞在時間は，グラフの原点から積算利得曲線に引いた接線から得られる（本文参照）．

しかしながら，パッチはそれ自身の価値に基づいて，よい場合もあれば悪い場合もあるだろう．(単位時間あたり，もしくは一定の努力の結果に応じて) 手に入れられる食物は，問題にしている餌のパッチを，自分以外にどれだけ多くの消費者がすでに手をつけているかによっても，当然かわるだろう．別のいい方をすると，消費者は2つの選択肢のうちのどちらかを選ぶことに直面するかもしれないのである．1つの選択肢は，高品質だが，すでに他の消費者に相当使われてしまっており，そのパッチが供給する食物全体からすると少ない分け前に甘んじるような高品質なパッチを探す (もしくはそういうパッチにとどまりつづける)．もう一方の対極にある選択肢は，比較的使われていない低品質のパッチから，それの大きな分け前を得ることである．そのような状況下では，糞の山にたかるハエから干潟にすむカニを含む広い範囲にわたる，多くの動物が，「理想自由分布理論」ideal free (distribution) theory にしたがって分布していることが示されている．すなわち，さまざまな品質のパッチにおいて消費者は，それぞれのパッチから個別の競争者が得る報酬が等しくなるように分布している．この理論では，すべての個体がそれぞれの要求にしたがって自由に餌パッチを利用することを仮定している．実際にはもちろん，個々の動物の競争能力には違いがあり，弱いものは低品質のパッチに移動せざるを得ないだろう．このようなことによって，理想的な自由分布が複雑化していく (たとえば，Parker と Sutherland，1986 をみよ)．

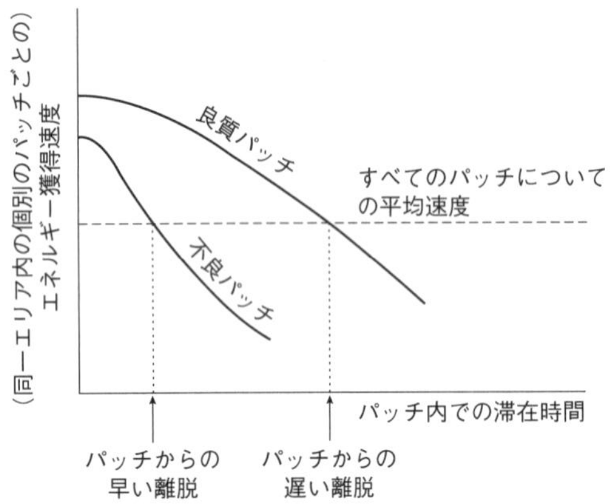

図 9.26　生息地内にあるパッチにおいて，その質の違いが最適滞在時間に与える影響 (本文参照)

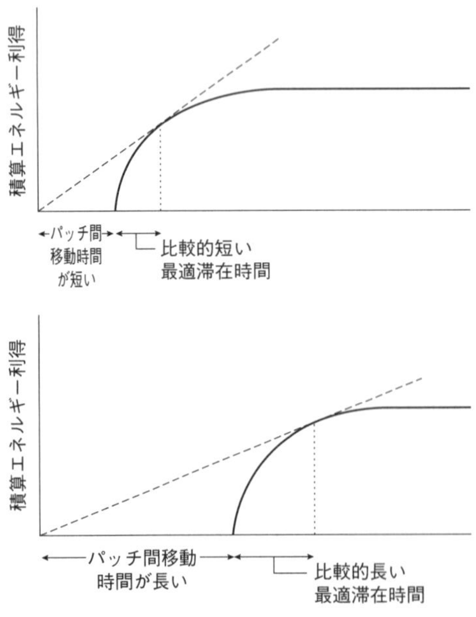

図 9.27　質的に等しいパッチでの，最適滞在時間に及ぼす移動時間の効果 (本文参照)

9.3.3　動きまわる消費者とその餌生物

これまでに概述してきたような一般化した考察が，動きまわって個別の餌を捕る消費者の摂食活動においてどのように現れるのだろうか．また，餌となる動物がどのようにして捕食される機会を最小化するのだろうか．

ある量の食物を取り入れることは，多数の小さい餌を食べることによっても，また，少数の大きな餌を食べることによっても可能である．これらの両極にあるやり方は，それぞれに異なるコストと利益をもたらす．大きな餌は1匹であっても，それがもたらす利益は大きい．しかし，大きな獲物は動きも激しく，1匹を捕まえるのでさえ多大な時間とエネルギーを要する．逆に，多くの小さい餌をとる場合，それぞれを捕まえるために費やす時間は多くはないだろうが，探索時間の要素がかなりなものになると思われる．これらの違いは消費者にもその餌生物にも同様に影響するだろう．

追跡型の狩猟者はその特徴として，摂食時間の大半を大きな餌個体を追跡することに費やす．しかし，いつも成功するとは限らない．個々の餌の獲得に使うエネルギーが大きいだけに，それから得られる利益も大きくなければならない．追跡に要するコストを可能な限り最小化することが狩猟者にとって有利となり，逆にそれを最大化することが餌にとって有利となるだろう．これは捕食物と餌の種との間の軍備競争へと導くことになるだろう．そこにおいては捕食者は（エネルギー的に見返りが最大であることを保ちながら）自己の追跡法と捕獲法で最も捕まえやすいある範囲の餌に集中して，これらの種の逃げるパターンにさらによく適応するようになっていく．正味の利得を最大化しようとする効果の結果，追跡型狩猟者は特定の餌を食べる専門家となる．

餌となる動物にとって，逃げるスピードと敏捷性を増すことが明らかな淘汰圧となってきたが，それに加えて追跡型（やその他）の狩猟者の成功率を減少させるために最も多くとられる方法は，群れ（ハチなどの群れ swarm，魚の群れ school，塊 clump，大形動物の群れ herds）をなすことである．これは以下に示すような多くの効果に由来するものである．

1. 大きなグループのほうが，小集団や個体単独の場合よりも早く捕食者の接近を感知できることが，しばしば観察・記録されている．たとえば，飛翔能力をもたない，小形の海生半翅上目昆虫のウミアメンボ *Halobates* は，陸水に生息するアメンボと同じように海面上を滑るように移動する．餌をとっていないときには，ウミアメンボは固まって「艦隊」flotilla をつくっており，これが捕食者（鳥，魚，およびそれらの模型）の接近に対し，明確な応答を示す．模型を用いた実験では，「艦隊」に逃避行動を起こさせる模型との距離は，図 9.28 に示すように，艦隊をつくる個体の数に応じて変化し，大きな艦隊のほうが探知距離は長くなる．もっとも，艦隊サイズには，それ以上個体数を増やしても探知範囲が広がらない（すでに最大限に達している），臨界値が存在している．
2. 集団で生活することのもう 1 つの効果は，捕食者を混乱させることである．追跡型の狩猟者は一度に 1 つの餌しか捕まえようとはしない．そしてすでにみてきたように，高い食物価値をもつ餌個体を捕まえることが，捕食者にとって有利となる．捕食者がすぐ近くに来ると，集団はそれに反応して，個々のメンバーがあらゆる方向に逃散していくかもしれない．こうされると，どれか 1 つの獲物にねらいを定めることが難しくなり，違う獲物が視界を横切るたびに，ターゲットを切り替えることになってしまう．

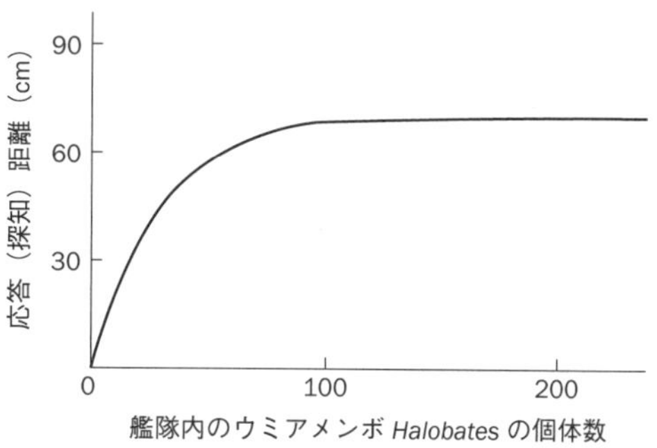

図 9.28 捕食動物の模型を用いた実験において，ウミアメンボの艦隊が行動応答を起こすときの模型からの距離と，艦隊内の個体数との関係（Treherne & Foster, 1980）

3. 集団による防衛行動に出くわすと，捕食者は攻撃を躊躇するかもしれないが，同じ種の餌動物が単独でいるところに出くわしても攻撃をやめることはない．大部分の古典的な集団防衛の例は脊椎動物のものだが，無脊椎動物でもやはり知られている．最も明らかな例は，社会性のハチ目昆虫にみられる．それ以外の例では，ハバチ（葉蜂）の幼虫は，捕食昆虫などから攻撃されたときに，口器からネバネバする樹脂を放出する．この防衛応答は，1 匹の幼虫が行ったのでは，カメムシの攻撃をやめさせることはできないが，カメムシが幼虫の集団を襲ったときには，カメムシの体が即座に樹脂でおおわれてしまい，ほとんど前進が不可能になってしまう．

   以上の 1～3 の集団生活の効果は，どれもが捕食者が獲物を捕まえるのに成功するまでの時間を長引かせるように作用しているわけで，それならば，社会性をもたない別の餌に切り替えると，平均すると，捕食者にとって有利になることがあるかもしれない．
4. 第 4 の効果は，集団内の個体が捕食者の攻撃にさらされる確率に関連したものである．集団が大きくなるにつれて，ある特定の個体についてみれば，捕食者のある 1 回の攻撃で捕まえられる確率は，より小さくなるだろう．

このことは，探知効果に関して引用したウミアメンボ *Halobates* が，魚に捕食される際にみられることが示されている（図 9.29）．10 匹からなる集団に属する個体は，単独でいる場合の 1/10 の攻撃しか受けないし，100 匹の集団にいるものは，それが 1/100 になる．

この効果は，かならずしも純粋に確率論的に扱えるわけではない．集団の周辺部にいるものは捕まえられる確率が高く，密集した中心部にいるものは，その確率が最も低くなる．多くの例において，それぞれの個体はいつでも集団の端から中心部に向かって動いていることが記載されている．この動きを通して，「利己的な群れ」selfish herd の中で，比較的安全な位置を確保する能力が最も低い個体が集団の周辺部に置き去られる．このようにして，餌にされる個々の生物のほうも，自己が捕獲される機会を積極的に最小化している．

追跡型とは対照的に，探索型や待ち伏せ型に分類される狩猟者は，自分より小さいから捕まえやすい生物種を餌としている．全体として十分な栄養をとるために，簡単に捕まえられる餌はどんなものでもすべてとりこんでしまう．探索型のものは何でも食べる広食性動物 generalist となることで，最も容易に正味の利得の最大化を図ることができる．さらに，探索時間は適当な餌の存在量に反比例することから，餌の少ない生息環境や季節において，とくに広食性の性質が強まる傾向にある．しかし，ある 1 種の餌の量が最大となるときには，探索型狩猟者も，他の餌に比べてずっと多くの時間をその餌をとることに費やすことになるだろう．つまり一時的に専門家になるわけである．そして，ほかにも数が増えてくる餌生物が現れた場合には，その餌への切替えが起こる．

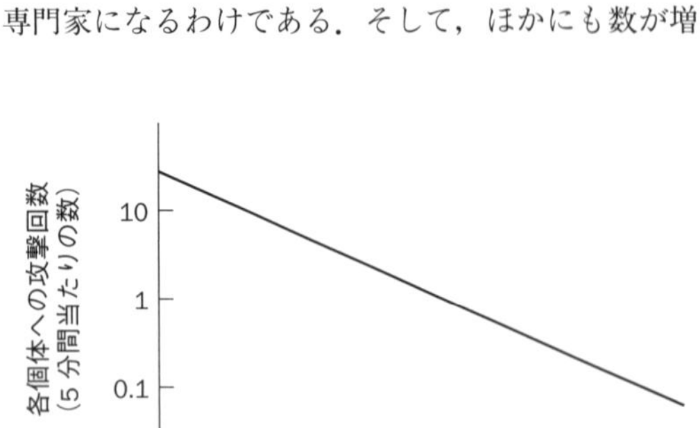

図 9.29　個々のウミアメンボ *Halobates* に対する魚による攻撃の回数と，集団内の個体数との関係を示す（Treherne & Foster，1980）．

探索型狩猟者の捕食対象となる個体にとって，消費者の探索時間を最大にすることが有利となるだろう．それにはいろいろなやり方があるが，いずれのものも狩猟者が，発見したり，これは食べられると認識することを難しくしている．これには以下のものが含まれる（図 9.30）．

1. 多くの捕食者にとって簡単に探査できないような場所にすむ．たとえば，岩の割れ目や，石の下，もしくは穴の中など．
2. 隠蔽，すなわち形や姿勢，表面の模様（さらにはにおい）などを組み合わせて，周囲の背景に溶け込んでしまう．それによって，餌として識別するための時間を増大させる（色や模様を複数の背景に対応して変化させるものや，よりうまく隠れるためにまわりの環境に手を加えるものもいる）．
3. 擬態，すなわち隠蔽と同様に，餌にならない物体（枯葉，小枝，糞など）に似せて識別時間を増大させるか，不味い餌や，激しい防衛攻撃をする動物に似せる．

探索時間を増加させることだけが個体の食物価値を減少させる唯一のやり方ではない．処理時間を増加させることや単位重量あたりのエネルギー含量を減少させることも食物価値の減少につながる．進化の過程において，以下のような処理時間の増大がしばしば図られてきた（図 9.31）．

1. 防衛用の兵器類．たとえば，針や顎．
2. 防衛用の装甲．たとえば，殻や，石灰質やキチン質の板．
3. つかんだり，いじりまわしたりしづらい形，さらには餌として呑み込みにくい形．たとえば棘．このような目的のために，体表面の棘やそれに類似した突起物をもつことはとりわけ有効である．なぜなら棘は処理時間を増大させるだけでなく，体組織をほとんど増加させることなく捕食者に対して実質上，体のサイズを増加させることになり，それによって少なくともいくつかの捕食者の捕食適合サイズの範囲からはずれられるからである．

単位体重や体積あたりのエネルギーもしくは栄養素の量を減少させるには，不活性，低栄養，もしく

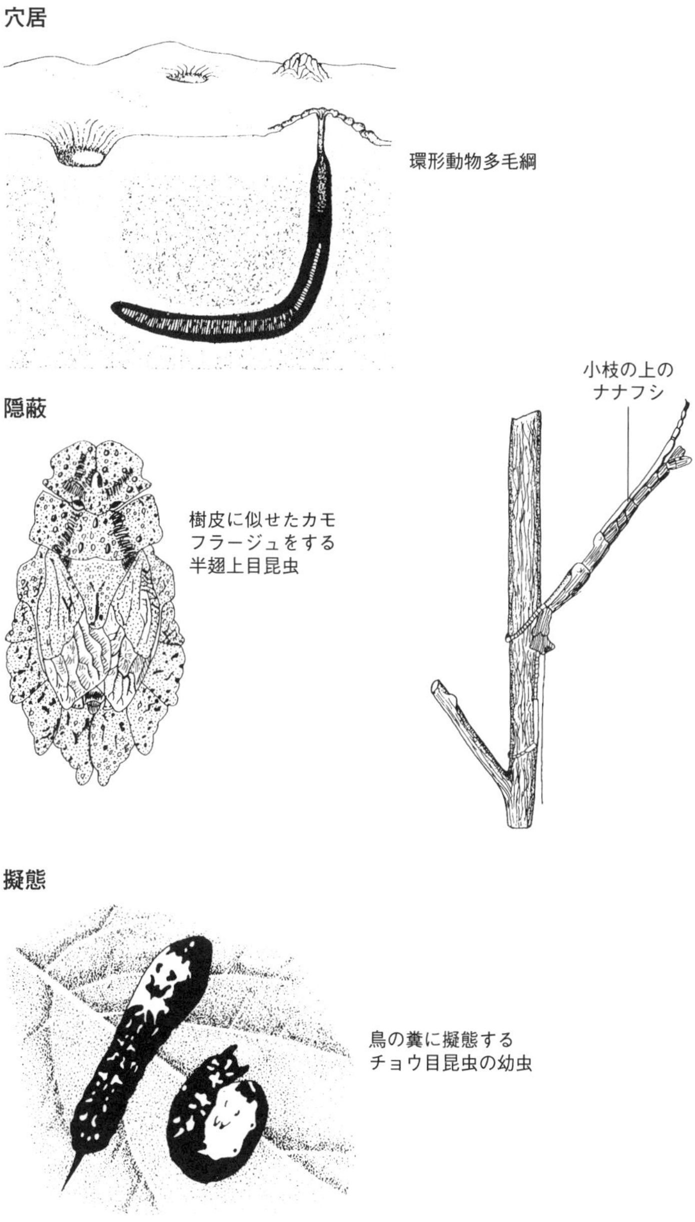

図 9.30　捕食者の探索時間を増大させる方法（多数の文献から引用）

は食べられない物質で，生きている組織を水増ししてやればよい．美味しさを減らすには，有害物質を特定の器官中にもったり，体の組織全般に保有すればよい．この場合，消費者のほうに，試行錯誤のレベルの学習が必要となる．そして餌生物のほうでも，食べたら不味いことを目につきやすい警戒色に関連づけることで，なるべく早く学習できるように計らっている場合が多い．

処理時間の増加，単位重量あたりのエネルギー含量の減少，さらに口あたりのよさを減少させる（もしくは毒性をもつこと）などの防衛戦略は，グレーザーやブラウザーの捕食対象となる餌においても，まったく同様に用いられている．グレーザーやブラウザーは，餌が固着性でしばしば光合成をするという点を除けば，探索型の狩猟者と機能的に等価なのである．探索型の狩猟者は通常，餌とする生物より

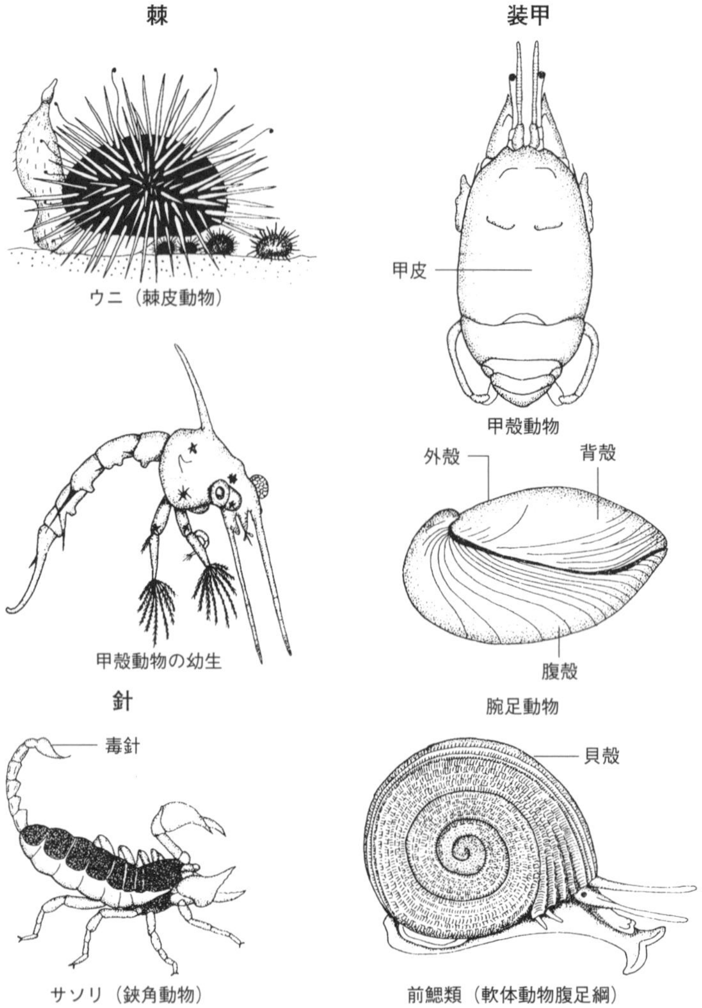

図 9.31　捕食者の処理時間を増大させる構造（多数の文献から引用）

も大きく，より長生きをする．しかし，グレーザーやブラウザーとその餌生物においては，その関係が逆になる，すなわち，餌のほうが大きくて長生きすることのほうが多い．したがって，長生きする探索型狩猟者の餌となる動物は，長生きする狩猟者を，有害物質を使って，餌のほうから自分を避けるように「教えこむ」以外に方法はないのだが，長命な植物にとっては，自分を食べに来る短命な昆虫のブラウザーを，毒を使って殺してしまうほうがより有効であり，それによって自分を餌とはみなさない個体だけが選択されることになる．

これらすべての防衛システム（13.2.1項も参照）は広食性の消費者を，他のタイプの餌——より目につきやすく，防衛がより手薄で，より口あたりのよさそうな種——に目を向けさせることに関しては有効に機能する．しかし，その結果うまくいって自身が大量に増えると，こんどは狭食性動物 specialist（専門家の消費者）にねらわれることになる．おもに受動的な機械的防衛や化学的防衛に頼ってきた固着性の生物に対し，その防衛体系を破壊するように進化した専門家が登場する道が開けているのである．進化の過程において，追跡型狩猟者は激しく動きまわる餌との間で軍拡競争を繰り広げてきたが，同じような競争は，グレーザーやブラウザー，および隠蔽や擬態や有害性によって防衛している餌を専門に食べる消費者において，餌生物との間に，やはり行われてきたのである．それどころかそのような専門的消費者が，餌生物のもつ毒や有害物質による防衛を無効にする方法を開拓すると，今度はその物質を自身の体内に蓄えて，自分自身の防衛に利用することまでやるかもしれないのである．

9.3.4 濾過摂食と堆積物摂食

水流から粒子を濾し採って餌とする動物は，追跡や探索のコストを必要としないのは明らかである．その代わり，濾過に伴うコストや，不要な粒子を除去するためのコストを抱えている．それらの動物の使うフィルターのメッシュサイズは進化の過程で決まってきたものであり，水中から高食物価値の粒子のみを選択的に捕まえることはほとんど期待できない．ふるい分けは粒子サイズによるのであって，食べられるかどうかには依存しないのである．固着性の濾過摂食者がエネルギー利得の正味の速度を最大化するには，以下の2点を変えることによらざるを得ない．

1. 水中に浮遊する粒子の種類の相対量に応じて濾過速度 filtration rate を変える．
2. 粒子のもつ相対的な栄養価と，不必要な粒子を拒絶するためのコストに応じて拒絶速度 rejection rate を変える．

濾過速度は，水中の高食物価値の粒子の密度が高まるにつれて増加すべきである（図 9.32）．ただしこれには，消化管による処理能力に依存した限界があるだろう．粘液-繊毛濾過摂食を行う動物では，限界は消化管の中の粘液紐を動かす繊毛運動によって決まる可能性があるし，剛毛によって餌粒子を濾しとっている節足動物では，とりこんだ餌を消化管の内腔に詰め込むのが限界を設定するだろう．一度

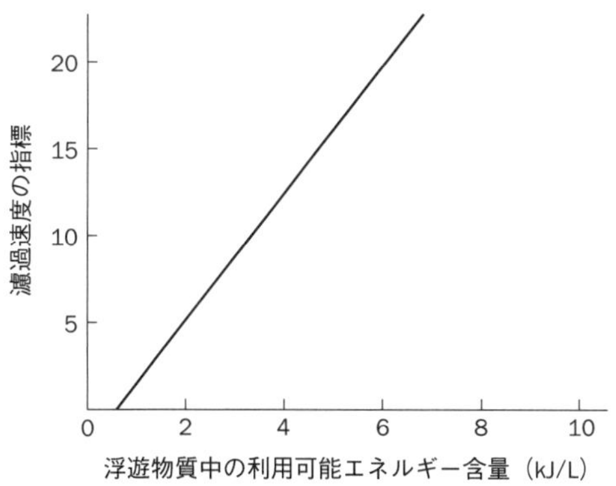

図 9.32 多毛綱ゴカイ *Hediste diversicolor* が濾過摂食を行う際にみられる，水中の餌粒子の密度と濾過速度との関係（Pashley，1985）（図 9.4(d)参照）．

消化管の中がいっぱいになると，エネルギーの取込み速度は，消化管内を移動する速度と，消化の進行速度とによって限定されるようになるだろう．したがって消化管が満杯になると，その状態を維持しつづけられる速度にまで，濾過速度を減少させるべきである．つまり捕食者がしとめた餌の最も価値の高い部分のみを食べて次の餌へと移る（9.3.2 節）のとちょうど対応するように，濾過摂食者にとっては，餌の質と量とによって，とりこんだ餌を時間をかけてほとんどを消化してしまうよりも，消化管中をすばやく通して一部のみを消化するほうが得になることがあるだろう．

必要としない粒子を取り除くコストは高いと思われる．それゆえ，あるタイプの粒子を除去するコストが増加すると，それにつれて（摂食速度も上がらざるを得ないから）その粒子を呑み込む速度も増加すると予測できる．除去のためのコストが非常に高いと，まったく消化できない粒子でさえも，選別のための器官を使って除去するよりも，消化管を通して出したほうが，コストが低くなってしまうだろう．このような状況下では濾過摂食はエネルギー的に収入不足になるかもしれず，そのときは水中の浮遊物の状況が変わるまで，完全に摂食を中断することのほうが有利となるだろう．

このような食物収集システムをもっているため，濾過摂食者がある特定の餌のみを食う専門家になる機会はほとんどない．例外は進化という長いタイムスケールにおいて，粒子サイズに関してある範囲の専門家になった例である．たとえば，遊泳性の尾索亜門は細菌をもとらえることのできるたいへん細かいフィルターをもっている．一方，クジラは大きなプランクトンであるオキアミを濾しとる．この違いは，単純にフィルターのメッシュサイズの関数であり，またフィルターそのものの相対的な大きさの関数なのである．クジラは細菌や原生生物を集めるフィルターは使えない．つまりこういうフィルターでは，前進しながら濾過はできないのである．これは細かい目のプランクトンネットを水中で速く引いて何かを捕まえようとしてもできないのと，まったく同じ理由による．細かいフィルターを速く動かしても，水は単にメッシュによって前へ押しやられるだけで，網の目を通るものはほとんどない．それゆえ濾過摂食者の示す選択は，食物のレベルでの選択で

はなく，おもに場所を選択するというレベルで示されるのである．すなわちほとんどの種がもつ自由遊泳性の幼生の段階において，固着性の親になったとき，適当な懸濁粒子が十分供給される場所を選んで着底する際に，粒子の選択が示されるのである．

堆積物摂食者は上でみてきた濾過摂食のカテゴリーと，狩猟者とグレーザー/ブラウザーのカテゴリーとの中間の特徴をもっている．生きていない有機物質を食べるのだから，堆積物食者の食べものは栄養的には低いものであり，それゆえたくさんあり，(そして死んでいるのだから餌自身が) 食べられないように身を守ることはしない．堆積物食者のあるものは，そのような有機物を，それが含まれている無機物もろとも単純に腸へと通すだろう．それゆえこういう摂食者においては，濾過摂食者のあるものに適用されたと同様，詰め込みが制約となる．体内に取り入れた食物中の消化可能な部分の含有率がある閾値を下まわったら，その食物は一切処理せずに他所へ移動してそこで摂食を再開したほうが，やはりエネルギー的に有利になるだろう．しかし多くの堆積物食者は選択的な餌の取込みを行い (9.2.6項)，そのような種は探索型の狩猟者のようなふるまいをみせるが，ただしその際には，動物全体が動くのではなく，かわりによく動く摂食用の触角や同等の器官を使っての「探索」が行われる．

一般に，濾過摂食や堆積物摂食者の餌となる生物は，それを捕食する動物に比べて小さい．そして化学的防衛をもつものもいないわけではないが，ほとんどの餌生物は捕食に対しての防衛システムをもっていない．その代わり，それらの餌生物は有性生殖や無性生殖によってすばやく増殖し，捕食による損失を十分に補うことができる．この点で彼らは，グレーザーやブラウザーの餌となる生物と，いくぶん類似している．後者の生物でも，成長や無性的な分裂を行うことで，捕食によって失われた構造，たとえば，葉やポリプ，個虫などをすぐに補う能力を十分にそなえている．例外的に激しい捕食速度のものに出会わない限り，生物個体もしくは群体が死滅することはない．

9.4 結　　論

動物は，細菌や原生生物を餌とする，もしくはお互いを餌とするような，小型の捕食者として登場した．先祖が餌としたこれらの生物は，その後も数億年にわたり，動物にとっての変わらぬ餌でありつづけただけでなく，それ以来動物の摂食活動に多大な影響を与えつづけてきたことを，この章ではみてきた．体が大きいほうが自然選択上有利であり，そのことが，これらの小さくて広くちらばっている餌を大量に集めてとりこむ機構を進化させるようにはたらいたのだが，まったく違った餌をとりこめる方向へははたらかなかった．藻類であれ植物であれ，肉眼で見えるような大きさの光合成生物由来の物質を食べることは，比較的後になってから進化してきた．これは内部共生する微生物の助けを借りない限り，効率の悪いものであり続けたが，その理由は，植物の体をつくっている炭水化物が栄養的に質が低いということではまったくなく，植物が数々の防衛機構をもっているからである（それがなかったら簡単に食べられてしまうだろう）．

動物を，「草食」「肉食」「雑食」のカテゴリーに分類することは，動物の摂食生物学を理解するうえで助けにはならない．この分類に従えば，すべての動物は雑食ということになってしまう．摂食機構に基づいて分類するほうがより有効なやり方である．すなわち ① 狩猟者もしくは寄生者，② グレーザーもしくはブラウザー，③ 堆積物食者，④ 濾過摂食者，⑤ 体内の共生者の生産物を吸収するもの，等々，餌生物の分類上の位置を超えて，食われるものよりも食うもののほうにより注目する分類である．

過去の進化の制約をさまざまな程度に受けてはいるものの，すべての動物は生態学的時間の中での選択に直面している．すなわち，この食物種を食べるのかそれとも（場所や時間に応じて）他のものにするか，もしくは，この場所にとどまって食べつづけるのかそれとも他の場所へ移動するのか，などの選択が突きつけられている．動物はそのような「決定」に対してでたらめに反応しているようにはみえない．索餌行動をある程度うまく説明できる１つのモデルが，最適化理論に基づいて提唱されている．食物の質や供給以外の要因による制限（たとえば，被食や生殖活動など）の中で，動物は利得（得られる利益から利益を得るためのコストを引いたもの）を最大にするような摂食活動を行ういくつかの動物が知られている．一方で，餌にされるほうはその行動や形態，生化学的特性を動員して，食べられる際のコストを最大にすることで淘汰の中を生き延びてきた．当然考えられることだが，利得を最大化するには，異なる摂食様式ごとに，それぞれが固有の解となりうる異なったものをもっているだろうし，その結果として何でも屋になったほうがいいか専門家になったほうがよかったのかも異なってくるだろう．

本章は摂食行動という切り口でみてきたのだが，これは動物の生物学のよりなじみの深い他の切り口とまさに同様に，日々の自然選択の制御の下にあるもののように思えるのである．

9.5 さらに学びたい人へ（参考文献）

Barnard, C.J. (Ed.) 1985. *Producers and Scroungers*. Croom Helm, London.

Begon, M., Harper, J.L. & Townsend, C.R. 1996. *Ecology*, 3rd edn. Blackwell Science, Oxford.

Bennett, V.A., Kukal, O. & Lee, R.E. 1999. Metabolic opportunists: feeding and temperature influence the rate and pattern of respiration in the high arctic woollybear caterpillar *Gynaephora groenlandica* (Lymantriidae). *J. exp. Biol.*, **202**, 47–53.

Crawley, M.J. 1983. *Herbivory*. Blackwell Scientific Publications, Oxford.

Doeller, J.E., Gaschen, B.K., Parrino, V. & Kraus, D.W. 1999. Chemolithoheterotrophy in a metazoan tissue: sulfide supports cellular work in ciliated mussel gills. *J. exp. Biol.*, **202**, 1953–1961.

Esch, G.W. & Fernandez, J. 1992. *Functional Biology of Parasitism: Ecological and Evolutionary Implications*. Chapman & Hall, New York.

Fabricius, K.E., Benayahu, Y. & Genin, A. 1995. Herbivory in asymbiotic corals. *Science*, **268**, 90.

Hodkinson, I.D. & Hughes, M.K. 1982. *Insect Herbivory*. Chapman & Hall, New York.

Hughes, R.N. (Ed.) 1993. *Diet Selection*. Blackwell, Oxford.

Jennings, D.H. & Lee, D.L. (Ed.) 1975. *Symbiosis*. Cambridge University Press, Cambridge.

Jennings, J.B. 1972. *Feeding, Digestion and Assimilation in Animals*, 2nd edn. Macmillan, London.

Jørgensen, C.B. 1975. Comparative physiology of suspension feeding. *Annu. Rev. Physiol.*, **37**, 57–79.

Julian, D., Gaill, F., Wood, E., Arp, A.J. & Fisher, C.R. 1999. Roots as a site of hydrogen sulfide uptake in the hydrocarbon seep vestimentiferan *Lamellibrachia* sp. *J. exp. Biol.*, **202**, 2245–2257.

Lee, R.W., Robinson, J.J. & Cavanaugh, C.M. 1999. Pathways of inorganic nitrogen assimilation in chemoautotrophic bacteria–marine invertebrate symbioses: expression of host and symbiont glutamine synthetase. *J. exp. Biol.*, **202**, 289–300.

Mason, C.F. 1977. *Decomposition*. Edward Arnold, London.

McNeill, A.R. 1996. *Optima for Animals*, revised edition. Princeton University Press, Princeton.

Morton, J. 1979. *Guts*, 2nd edn. Edward Arnold, London.

Owen, J. 1980. *Feeding Strategy*. Oxford University Press, Oxford.

Parker, G.A. & Sutherland, W.J. 1986. Ideal free distributions when individuals differ in competitive ability: phenotype-limited ideal free models. *Anim. Behav.*, **34**, 1222–1242.

Randall, D., Burggren, W.W. & French, K. 1997. *Animal Physiology. Mechanisms and Adaptations*, 4th edn. W.H. Freeman, New York.

Schmidt-Nielsen, K. 1997. *Animal Physiology. Adaptation and Environment*, 5th edn. Cambridge University Press, Cambridge.

Smith, D.C. & Douglas, A.E. 1987. *The Biology of Symbiosis*. Edward Arnold, London.

Southward, E.C. 1987. Contribution of symbiotic chemoautotrophs to the nutrition of benthic invertebrates. In: Sleigh, M.A. (Ed.) *Microbes in the Sea*, pp. 83–118. Wiley, New York.

Taylor, R.J. 1984. *Predation*. Chapman & Hall, New York.

Townsend, C.R. & Calow, P. (Ed.) 1981. *Physiological Ecology*. Blackwell Scientific Publications, Oxford.

Tunnicliffe, V. 1992. Hydrothermal-vent communities of the deep sea. *Am. Sci.*, **80**, 336–349.

Vacelet, J. & Boury-Esnault, N. 1995. Carnivorous sponges. *Nature (Lond.)*, **373**, 333–335.

Vermeij, G. 1987. *Evolution and Escalation. An Ecological History of Life*. Princeton University Press, Princeton.

Weibel, E.R., Taylor, C.R. & Bolis, L. (Eds) 1998. *Principles of Animal Design. The Optimisation and Symmorphosis Debate*. Cambridge University Press, Cambridge.

Wildish, D. & Kristmanson, D. 1997. *Benthic Suspension Feeders and Flow*. Cambridge University Press, Cambridge.

Wright, S.H. & Manahan, D.T. 1989. Integumental nutrient uptake by aquatic organisms. *Annu. Rev. Physiol.*, **51**, 585–600.

Wright, S.H. & Ahearn, G.A. 1997. Nutrient absorption in invertebrates. In: Dantzler, W.H. (Ed.) *Handbook of Physiology*. Section 13 *Comparative Physiology*, Vol. II, Chapter 16, pp. 1137–1206. Oxford University Press, Oxford.

第 10 章

力学と運動（移動運動）

Mechanics and Movement（Locomotion）

無脊椎動物の中には，飛ぶものもあれば，6 本，8 本，あるいはもっと多数の脚で歩いたり走ったりするものもある．水中においては，泳ぐものもあれば水底をはうものもある．管や穴の中にすむものも多く，管の中で動きまわったり，（酸素や食物を得るために）エネルギーを使って水流を起こしたりもするだろう．無脊椎動物の成体はしばしば固着性であるが，そういうものも幼生は大洋を自由に動きまわるものも多い．固着性の動物も，エネルギーを使って水流を起こしており，その力学は，動物体そのものの移動の力学とよく似ている．第 14 章で論じるように，多くの固着性無脊椎動物の幼生は大洋を動きまわることができ，このことは，のちの固着生活に適した場所をみつけるという重要な意味をもっている．有性生殖では，雄性配偶子と雌性配偶子が接触することが必要である．とくに海洋性の無脊椎動物などでは，雄性配偶子（精子）が運動能をもっていることによってこの接触が達成される．運動の様式がどのようなものであろうともエネルギーを消費しなくてはならず，動物体の移動運動 locomotion や動物体に対してそのまわりの環境を動かすために必要な力学的な原理はすべて同じである．本章の最初の節では，力学の基礎を論じ，いくつかの用語を定義する．そのあとで，動物細胞が力を発生する機構を論じる．無脊椎動物におけるさまざまな運動形態は，この発生した力を運動システムの中でうまく利用することにより可能になるのである．これらの運動は，すべて，第 11 章で論じる呼吸によって得られるエネルギーを使って行われる．読者は，鞭毛であれ繊毛であれ筋肉細胞であれ，その基礎になる原理は共通であることも知るであろう．

さまざまな無脊椎動物の移動運動を調べて比較すると，さまざまな運動の様式があること，また，体の「大きさ」そのものや，体重と表面積の関係が重要な意味をもつことがわかってくる．表面積が長さの 2 乗に比例するのに対し，体重は 3 乗に比例するので，大きな動物は繊毛運動で動くことはできず，重さに見合った大きな力を発生させるために筋肉を使わなくてはならなくなる．水生動物には，硬い骨格をもたず，体が軟らかいものも多い．彼らは「静水力学的骨格（静水骨格）」hydrostatic skeleton とでも呼べるものをもっているが，この骨格を用いて，蠕虫やそれに似た動物たちが，どんなふうにして多様なやり方で動くことができるのかをみていくことにしたい．動物は水から陸の環境へと（進化の過程で）移行したが，これはとてつもなく大きな力学的変化をもたらした．すなわち陸では浮力はほとんどなくなるが，摩擦抵抗力も小さくなる．陸上では，海中の甲殻動物などと同様に，多くの動物が関節のある硬い外骨格の脚を使って運動している．酸素に富んだ陸の環境は，昆虫が，目の覚めるようなさまざまな飛翔のテクニックを開発するのを可能にした．科学者たちは昆虫の飛行を理解するための複雑な空気力学を，今やっと開発しつつあるのであり，飛ぶといっても，そう簡単ではない．最大の無脊椎動物ダイオウイカは，海水をジェット噴射することにより泳ぐ．以上が，この章で扱う無脊椎動物の運動様式のラインナップである．

10.1　導　　入

無脊椎動物の構造はじつに多様である．原始的な動物（第 3 章）や，多くの蠕虫形様の動物（第 4 章）は，体が軟らかい動物 soft-bodied animal である．彼らは，鞭毛や繊毛（10.2 節），あるいは静水骨格（10.5 節）を使って運動する．しかしあるものたちは，運動のための力学的骨格として使える硬い組織を発達させた．運動の最高の達人がこの中におり，それが関節のある脚をもつ節足動物とそれに似たグループである（第 8 章）．彼らは力学的な「てこの原理」を利用可能であり，昆虫にいたっては，飛行や跳躍のじつに驚くべき多彩な機構を発達させている．

事実上，無脊椎動物のすべての門は力学的な仕事をすることができ，その仕事の結果，動物体そのものが環境に対して移動するか，あるいは動物体が固着している場合には，まわりの環境を自分に対して動かすことができる．そのような活動でエネルギーの「投資」をする以上，動物にとってなんらかの「見返り」がなくてはならない．それは，食物やその他の資源の獲得率が上がるとか，捕食される率が減少するとか，環境が危険になったときにそれを回避するとか，地理的な分布を広げたり，有性生殖に

Box 10.1　力学用語と定義

1. 力 force

力は，質量をもった物体に対する効果として検出される．

質量をもった物体に対する力の効果は，物体の運動の方向や速さを変化させることである．力の大きさは，物体の質量と物体の加速度の積に等しい．すなわち，

力＝質量×加速度

$$F=Ma$$

SI 単位系において，1 N（ニュートン）の力は 1 kg の物体に 1 m s^{-2} の加速度を与える．

2. 反作用力 reaction force

ある物体 A が別の物体 B に力を及ぼすとき，物体 B も物体 A に大きさが等しく反対向きの力を及ぼす．この力を反作用力とよぶ．

3. 仕　事 work

力学的な仕事は，力が質量をもった物体に加速度を与えるときになされる．静止した物体に対してなされた仕事は，力の大きさと動いた距離（d）の積となる．

$$W=Fd$$

そして

$$W=(Ma)d$$

SI 単位系における仕事の単位は，ジュール（J）である．

4. 仕事率 power

仕事率は仕事がなされる速さと考えてもよいだろうから，したがって，力×速度である．

SI 単位系における仕事率の単位は，W（ワット）である．

$$1\,W=1\,J\,s^{-1}$$

おける配偶相手をみつけることであったりすると考えられる．

動物が運動する際にも，すべての物体の運動に適用される，つぎのような運動の基本法則（ニュートンの法則）に従わなくてはならない．

1. 物体が環境の中で静止しているときには，外力がはたらかない限りは動き出すことはない．
2. 直線運動をする物体は，外力がはたらかない限りはその運動をつづける．
3. 運動している物体に 1 つのつり合っていない外力がはたらくと，物体は，その外力の方向に加速または減速する．
4. 物体 A が物体 B に力（作用）を与えると，物体 B は物体 A に大きさが同じで向きが反対の力（反作用）を与える．

また，熱力学の第 1 法則によると，エネルギーの形態が変化することはあっても，閉じた系の中のエネルギーの総和は不変である．

これらの概念は普遍的に適用可能なものであって，無脊椎動物の運動を論じる以前に理解しておかねばならぬものである．Box 10.1 に，物体の運動が従わなくてはならない一般原理をまとめてある．また，単位のいくつかを定義しておいた．

動物が動くためにはエネルギーを消費しなくてはならないので，運動のコスト net cost of movement がかかると考えることができる（Schmidt-Nielsen, 1984）．これは，通常，運動をしているときと，していないときの代謝速度（酸素消費）の差を測定することによって見積もることができる．しかし，受動的な運動にかかるコストについては，この方法では測定できないかもしれない（以下をみよ）．

動物の移動運動のパターンは，受動的な輸送 transport，遊泳，歩行，走行，跳躍，飛行に分類することができる．無脊椎動物にはこれらすべての運動がみられる．単位重量あたりの運動のコストは，受動的な移動，遊泳，歩行，走行，跳躍の順に大きくなる．そして飛行はといえば，陸の環境における速い運動での高い代謝コストを回避するためにあるように思われる．

体の大きさや運動様式が異なるので，無脊椎動物と脊椎動物の運動を比較することは難しいが，昆虫と鳥の飛行運動を比較したデータがある．脊椎動物においては，上にあげた移動方法のおのおのにおいて，さまざまな移動運動のコストの対数と体重の対数は負の比例関係にある．昆虫のデータにも同じ負の比例関係があり，7 桁も体重が異なっているにもかかわらず，昆虫の相関直線と鳥の相関直線はびっくりするほどよく一致するのである（図 10.1）．

この相関関係は，サイズが大きくなると，単位体

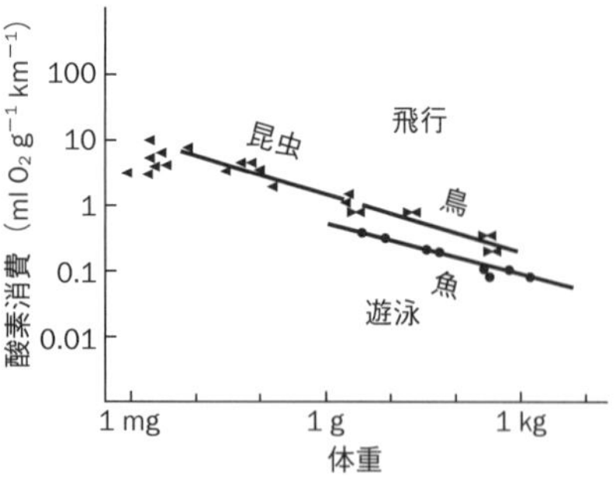

図 10.1 体重 1 g を 1 km 移動させるために必要なエネルギーコストを酸素消費量で示した．飛行する昆虫と鳥が同じ相関直線に載ることに注意していただきたい．このグラフは例外だが，サイズと移動運動のコストのデータで手に入るものは，ほとんどが哺乳類のものであり，無脊椎動物ではどうなのだろうか？ ●＝遊泳，▲＝飛行（Schmidt-Nielsen，1984）．

重あたりの移動運動のコストが著しく低下することを示している．

動物が示す運動のパターンは，エネルギー供給，すなわち，どのようにして食物を獲得するかと密接に関連している．堆積物食者のように密度の低い食物を食べている動物の運動は，やはり，低エネルギー消費の運動方法に限られることになるだろう．通常の大きさの無脊椎動物では，このようなものを食べる動物は，水底でほとんど動かないか，ゆっくり動くようなものに限られる．進化の過程で多細胞の動植物が出現すること（第 2 章）によってエネルギーを（生物体として）高密度で蓄積することが可能となり，これをとりこむより高出力の運動をする動物が出現した．動物の進化による進歩の多くは，このような，離ればなれに存在するがエネルギーのつまった餌をとりこんで利用できる機構の進歩だと考えることもできる．

（より高出力のものが進化し，といったのとは）逆説的に聞こえるだろうが，図 10.1 に示された関係は，極端に大きな動物の単位重量あたりの運動コストはごくごく小さいことを示唆している．とくに，水とほぼ同じ密度で，水中を泳ぐ非常に大きな動物の運動コストは非常に小さい．実際，地球上で最も大きな動物であるシロナガスクジラはこれに該当し，彼らは，プランクトンを濾過摂食することで，エネルギー含量が低いうえにちらばって存在している食物源を食べている．

受動的に輸送される移動では，動物は外界に対して仕事をする必要がない．浮力と，動物体の周囲の媒質の動き（水流や風）によって移動するのである．水中または空気中の浮遊生物（プランクトン）とは，このような移動をよく行う種の集まりである．その多くは遊泳運動も行うことができ，とくに，中性浮力でない場合には，体が沈まないように遊泳を行わなくてはならない．水と空気では，密度や粘性が著しく異なるので，両媒質中における受動的な輸送の物理学的条件もまったく異なる．この理由から，水中（海水中や淡水中）の浮遊生物は，空気中のものよりも体がずっと大きくなることが可能である．海洋における 1 次生産のほとんどは，海洋表面近くに浮遊するプランクトン性の光合成をする藻類によっており，この 1 次生産物をさまざまな種類の動物プランクトン（恒常的なものも一時的なものもいる）が食物としてとりこんでいる．このようなプランクトンの運動のコストは（他の運動様式の場合と比べると少々あいまいだが）「中性浮力を達するためのコスト」ということになる．それは，多数の棘を形成したり，エネルギー的には高価な脂質を蓄積するコストなどだろう．

動物が運動をするためには，その運動を妨げようとする力を克服しなくてはならない．この力は「摩擦」とか「抵抗」とよばれる．物体が媒体中を動くとき，媒体の抵抗は物体の運動を減速させるようにはたらくので，この抵抗は物理学的な力であって，Box 10.1 で定義された単位で表される．どのような系でもエネルギーは保存される．力学的な仕事のエネルギーは，質量をもつ物体の運動エネルギーに変換され，これは最終的に熱エネルギーとなって失われるだろう．単位などの詳細は Box 10.2 にまとめてある．

動物が運動するときの力学的な仕事は，その動物の細胞で起こる化学反応でつくられるエネルギーによってなされる（第 11 章）．しかし化学的な仕事量は，力学的な仕事量とはかならずしも一致しない．重量挙げの選手がバーベルをもち上げようとしているが，まだもち上がっていないとき，彼はエネルギーを消費してはいるが，力学的な仕事はまだしていない．もちろん，彼の筋肉は ATP を消費して化学的な仕事をしているのだが，そのエネルギーは熱になってしまっている．このように，運動に寄与しな

Box 10.2　運動エネルギーと摩擦

1. 運動エネルギー

摩擦がなければ，力が作用している限り物体は加速される（Box 10.1）．なされた仕事は，力が作用している間に動いた距離によって決まる．力が作用した後は，物体は等速直線運動を永久につづける．

$F=Md$　そして　$W=Fd$（Box 10.1）

エネルギーは，物体に運動エネルギー（KE）として蓄えられる．

$$\mathrm{KE}=(1/2)\,mV^2$$

V は物体の速さで，SI 単位系での単位は，$\mathrm{m\,s^{-1}}$（メートル毎秒）である．

2. 摩　擦

現実の世界では，動いている物体は摩擦力によって減速し，最終的には停止してしまう．

この力はしばしば抗力ともよばれる．

3. 運動エネルギーの散逸

摩擦力が物体を減速させるとき，運動エネルギーは熱エネルギーとなって失われる．

4. 等速運動

物体が等速で運動をつづけるためには，物体にかかる摩擦力と大きさが同じで向きが反対の力を作用させつづけねばならない．

いエネルギー消費も起こることから，「運動の効率」を定義する必要がある．力学的な仕事は，力と動いた距離を測定することで求まる．この仕事は「有効な仕事」ということができるだろう．動いている動物の全エネルギー出力の測定は難しいが，酸素消費を測定することによって見積もることができる．そして，運動の効率は，人工機械の場合のように，つぎのような比で表される．

$$\text{有効な仕事(出力)/エネルギー消費(入力)} \qquad (1)$$

動物の運動系には効率のよいものも悪いものもあるが，概して，効率のよいものは仕事率（すなわち運動の速さ）が限られている．生物学上の他の点においてもそうであるが，経済性（効率）と速さ（仕事率）のどちらを重視するか，というトレードオフがみられるのである．

運動の第1法則（慣性の法則）によれば，直線運動する物体は，外力がはたらかなければ永久にその運動をつづける．粘性のある媒体中では，物体はその媒体によって，運動とは反対向きの「抗力」（抵抗力）drag を受けることになる（Box 10.2）．これらの力がどの程度影響するかは，物体の相対的な大きさ，運動の速さの絶対値，媒体の粘性（摩擦）によって決まる．これらは，レイノルズ数（Re）によって関係づけられる．レイノルズ数は無次元の値で，慣性力と粘性力の比であり，つぎの式で与えられる．

$$\mathrm{Re}=\text{速度}\times\text{物体の大きさ}/\text{動粘度} \qquad (2)$$

$$\mathrm{Re}=ud/\nu \qquad (3)$$

物体の大きさ（d）は，動物の全長を用いたり，脚のような体の一部の長さを用いたりする．運動の速さ（u）は到達した最大の速さである．粘性（ν）は媒体の「べとつきやすさ」と考えればよく，レイノルズ数が大きい場合には無視することができる．レイノルズ数が小さい場合には粘性を無視することはできず，むしろ粘性が動物の生活に多大な影響を与えることになる．無脊椎動物におけるレイノルズ数は何桁もの範囲に及ぶ．空気中を毎秒 2～7 m で飛ぶトンボでは，レイノルズ数は 10^4 を超え，3万に達することもある．これに対し，海水中を毎秒 1 mm で繊毛運動する動物の幼生のレイノルズ数は 0.3 程度である．

さまざまな動物の運動を調べてみると，レイノルズ数と動物体の大きさにはつぎのような関係があることがわかる．

$$\mathrm{Re}\fallingdotseq 1.4\times10^6\times d^{1.86} \qquad (4)$$

ここで，d は物体（動物体）の長さである．レイノルズ数は，d の約2乗で増加することに注意していただきたい．大きな動物のレイノルズ数は非常に大きくなる．

大きさや速さが同じでも，水の粘性が大きいために，空気中よりも水中のほうがレイノルズ数はずっと小さくなる（式（2））．これは，大きな動物でも水中では粘性の影響を大きく受けることを意味しており，したがってこのような水生動物では媒体の運動(水流)による受動的な運動が容易になる.体の密度が媒体よりも大きい場合には重力によって沈降することになるが，さまざまな手段によって粘性抵抗を増すことにより,沈降速度を落とすこともできる．

沈降速度を落とす仕組みとして，棘や糸などの多数の突起があげられる．環形動物多毛綱の幼生の長い剛毛，甲殻動物の幼生の甲皮や軟体動物の幼生の貝殻にみられる棘，二枚貝綱の幼生が分泌する足糸などがこの例である（図 10.2）．

水中の小さな生物たちには，毛がたくさん生えた器官で食物粒子をとらえたり水中を泳いだりしているものが多い．この毛がたくさん生えた器官がどのように機能するかは，レイノルズ数に依存している．毛の隙間から水が漏れにくければ櫂のようにふるまうし，水が通り抜けるようであれば熊手のようにふるまう.水生生物のこのような櫂は,多くの場合レイノルズ数が１以下（10^{-5}～1 の範囲）ではたらいている．たとえば，甲殻動物橈脚綱 *Centropages*

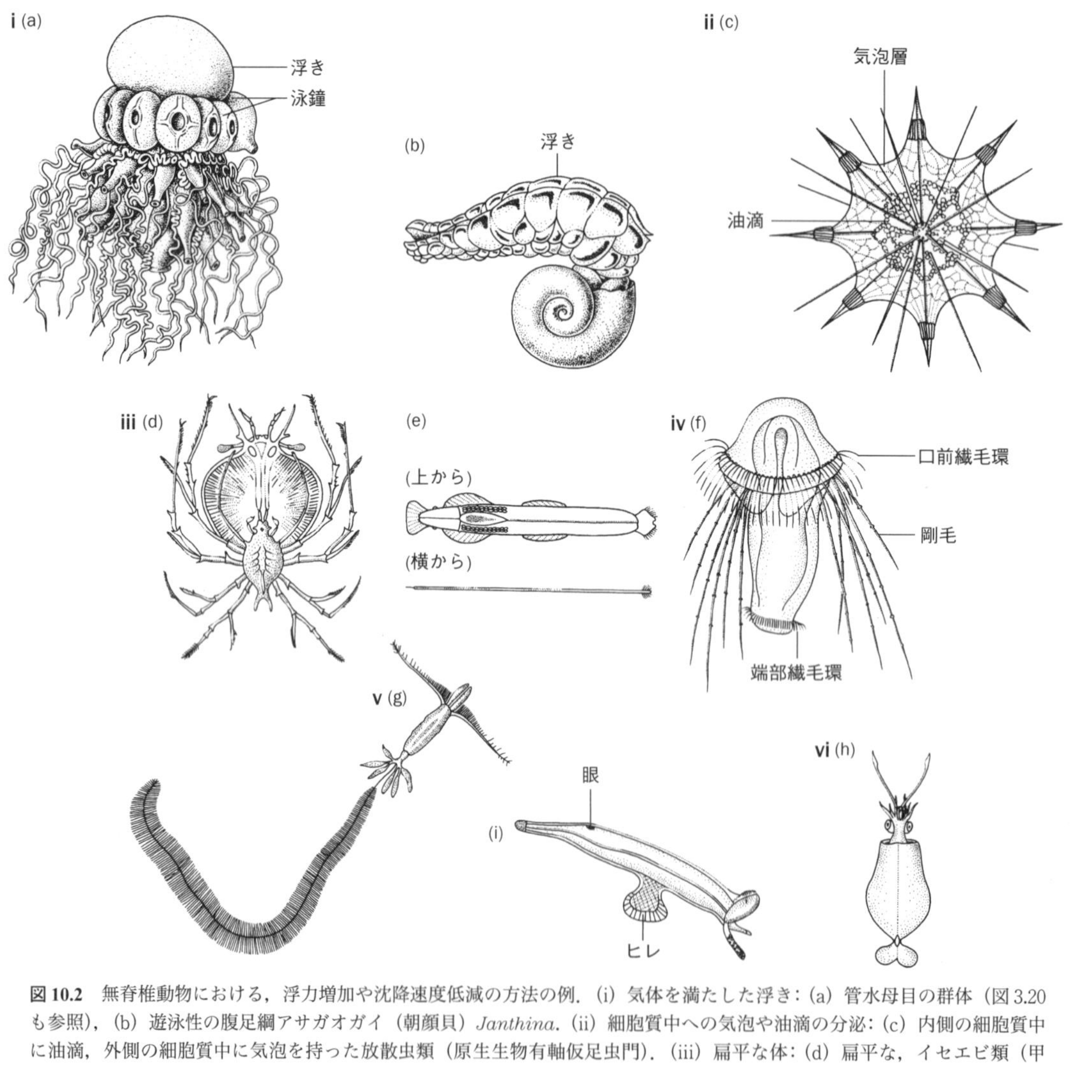

図 10.2 無脊椎動物における，浮力増加や沈降速度低減の方法の例．(i) 気体を満たした浮き：(a) 管水母目の群体（図 3.20 も参照），(b) 遊泳性の腹足綱アサガオガイ（朝顔貝）*Janthina*．(ii) 細胞質中への気泡や油滴の分泌：(c) 内側の細胞質中に油滴，外側の細胞質中に気泡を持った放散虫類（原生生物有軸仮足虫門）．(iii) 扁平な体：(d) 扁平な，イセエビ類（甲殻動物十脚目）のフィロソーマ幼生，(e) 毛顎動物ヤムシ *Sagitta elegans*（図 7.5 も参照）．(iv) 棘や伸びた剛毛：(f) 多毛綱 *Sabellaria* のトロコフォア幼生，長い剛毛は起立させることができて，捕食されにくくもなる．(v) 糸を引きずる：(g) *Calocalanus plumulosus*（甲殻動物橈脚綱）．軟体動物（二枚貝綱）の幼生にも糸を分泌して引きずるものがある．(vi) 重いイオンを排除して体を軽くする．イカ（h）や軟体動物異足類（i）などは，このようにして浮力を増している（Nybakken, 1988 ほか．(f) は Anderson，1973）．

typicus は，レイノルズ数約 0.1 で顎脚の毛をはたらかせている．レイノルズ数が非常に小さいときには，粘性力が支配的である．このタイプの運動の特徴は，速度が急に変わることだろう．このような状況は，ちょうど人間が蜂蜜の中を泳いでいるようなもので，手足の動きを止めると急に運動が停止する．ミジンコが泳いでいるのを観察していると，やはり，動いたり止まったりを繰り返しながら泳いでいるのがわかる．

空気中の浮遊性生物は，決まって非常に体が小さいので，空気の粘性が低いにもかかわらずレイノルズ数も非常に小さいと考えられてきた．これはどうも間違いのようで，いわゆる「蚊柱」を形成し，膜状というよりも羽毛状の翅をもった小さな昆虫も，(漂っているのではなく) 他の昆虫同様，飛行しているのである．このようなレイノルズ数のもとでは，羽毛状の翅も翼のようにはたらいて空気の渦を放出しており，他の昆虫の飛行と同様に解析することができる (10.6.2 項参照)．

密度を媒体とほぼ同じになるまで下げることができれば，大きな無脊椎動物でも受動的な移動が可能になる．動物体の密度は，つぎのような方法で下げることができる．

1. 体内にある重いものを少なくする．刺胞動物，とくにクラゲは海水と等張で密度もほぼ同じであり，このように体全体を軽くする方法がある．軟体動物は通常石灰質の貝殻をもっているが，大洋を泳ぎまわるものもいる．そのようなものの貝殻は，石灰質が，代謝的にはより高価なタンパク質で置き換わっていることが多い．硫酸イオンやマグネシウムイオンのように，密度の高いイオンの濃度を低くしているものもいる．イカの体では，代わりにアンモニウムイオン濃度が高くなっている．このような適応方法は代謝的にコストがかかるので，運動のコストの一部として計算すべきだろう．
2. 油脂をため込む．油脂の密度は約 0.9 である．ほとんどのプランクトンは，油脂を蓄積している．
3. ガスで満たされた「浮き」による．管水母目 (3.4.2 c(i) 参照) やオウムガイ (軟体動物頭足綱) がこれにあたる．

10.2　動物細胞による力の発生

細胞骨格が代謝のエネルギーを使って運動することによって生じる細胞の変形が，あらゆる動物の移動運動の原因である．このような運動によって細胞は力学的な仕事をする (Box 10.1)．原生生物には，アメーバ運動や鞭毛・繊毛運動がみられる (第 3 章)．多細胞動物も鞭毛・繊毛運動で外界に対して仕事をするものもいるが，大きな動物は図 10.3 に示したような筋肉細胞の収縮で運動をする．これらの違った型の運動も，基本的には似た分子機構で細胞が変形することによって生じる．真核細胞は形を変えることができるが，それは，細胞骨格を形成するタンパク質フィラメント (繊維) の性質による．細胞内にある細胞小器官の動きも，細胞骨格による．微小管はチューブリンというタンパク質からなる硬い中空の管である．キネシン，ダイニンといったタンパク質が微小管に沿って動くことによって，「荷物」である小器官や分子などが細胞内を運

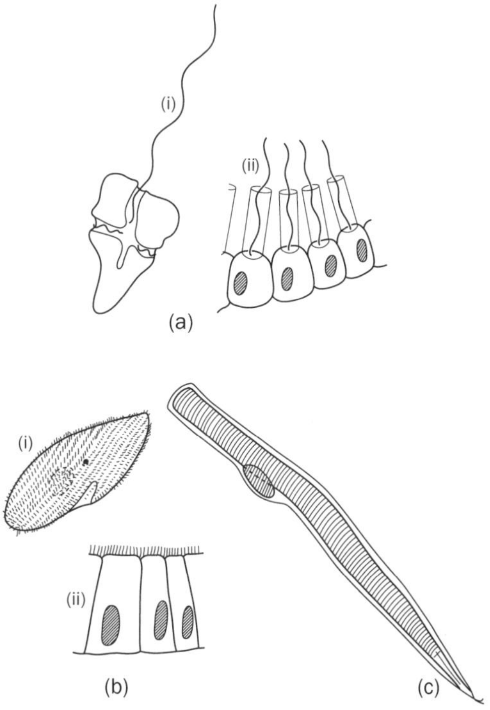

図 10.3　さまざまな運動性細胞．(a) 鞭毛細胞：(i) 自由生活の鞭毛虫，(ii) 海綿動物の襟細胞．(b) 繊毛細胞：(i) 自由生活の繊毛虫，(ii) 動物の繊毛細胞．(c) 筋肉細胞．

ばれるのである．この運動が生じるには，キネシンまたはダイニンと微小管との結合が解消されなくてはならないが，それにはATPの加水分解が必要である．微小管とダイニンは鞭毛・繊毛運動にも関与している．

繊毛や鞭毛は細胞表面から突き出した管状の構造で，細胞膜と連続する膜によっておおわれている．繊毛や鞭毛の芯の構造は，動物界全体を通して驚くほど共通しており，軸糸とよばれる．軸糸は，縦方向に特徴的に並んだ微小管の束からなっている．中心部に2本の微小管があり，周辺部には9本のダブレット微小管がリング状に並んでいる．1本のダブレット微小管は，完全な微小管にもう1つの不完全な微小管が寄り添っているような構造をしている．この典型的な「9+2構造」(図10.4，I）は，あらゆる真核生物の繊毛，鞭毛に共通である．微小管同士は規則的に配置されたタンパク質によって束ねられている．そして繊毛や鞭毛の屈曲運動に関与するタンパク質ダイニンもこの中にある．

繊毛のダイニンは，いくつかのポリペプチドからなる複合体である．このタンパク質は，やや細くなった部分で恒常的にダブレット微小管のA小管に結合している．そしてもう一方の頭のように膨れた部分で隣のB小管に結合している（図10.4，Ib）が，この結合はATPの加水分解，つまりエネルギー依存的に解離し，ダイニンはB小管に沿ってすべり運動をする（図10.4，IIIa)．微小管同士は架橋タンパク質によって結びつけられている部分があるので，すべれば軸糸は曲がることになるだろう（図10.4，IIIb)．このようにして，化学的エネルギ

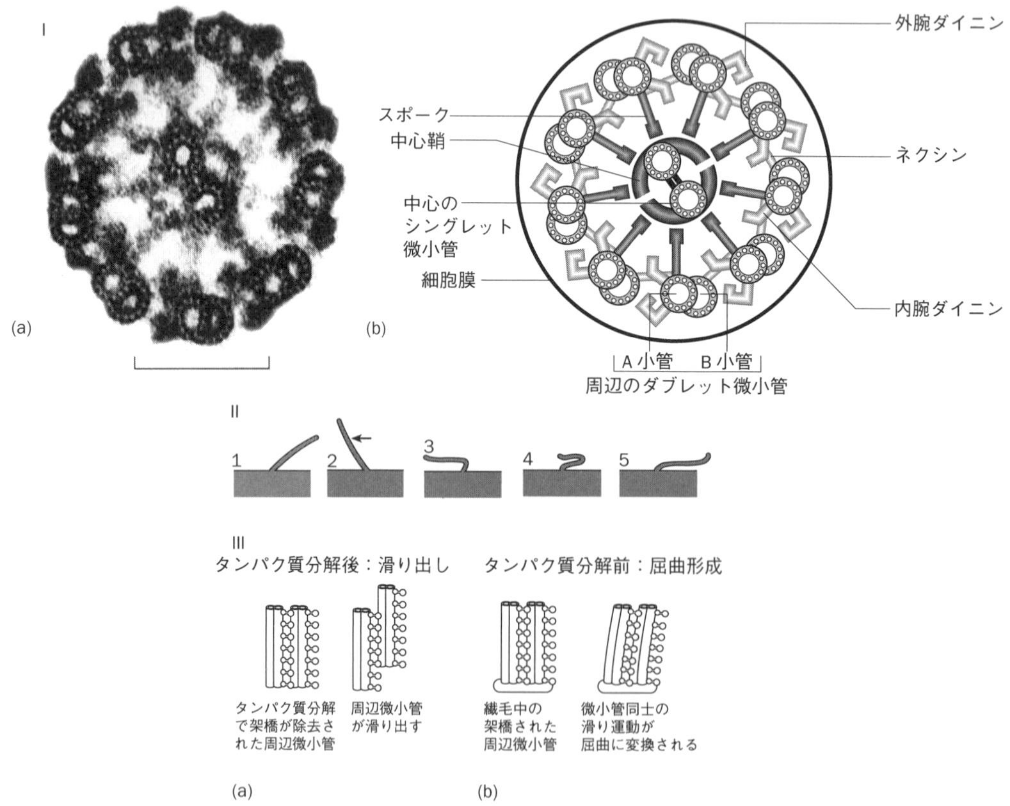

図10.4 鞭毛や繊毛の軸糸における微小管の配置と屈曲形成機構．（I）横断面の電子顕微鏡観察による軸糸の構成要素の観察：(a) 軸糸の電子顕微鏡写真，(b) 軸糸の構成要素の説明図．（II）繊毛の屈曲運動の時系列：繊毛が伸びた状態の「有効打」(1，2）と，曲がった状態の「回復打」(3，4)．（III）軸糸の屈曲運動の分子機構：(a) タンパク質分解酵素によって，微小管同士を架橋しているタンパク質を除去してある．周辺微小管同士が滑りあって，軸糸が伸長する．(b) タンパク質分解酵素の処理前の正常な繊毛では，架橋タンパク質が微小管同士を束ねており，微小管同士の滑り合う力は屈曲運動に変換される（Alberts, B., Bray, D., Lewis, J., Raff, M., Roberts, K. & Watson, J.D.; *Molecular Biology of the Cell*, Garland Publishing, New York, 1994).

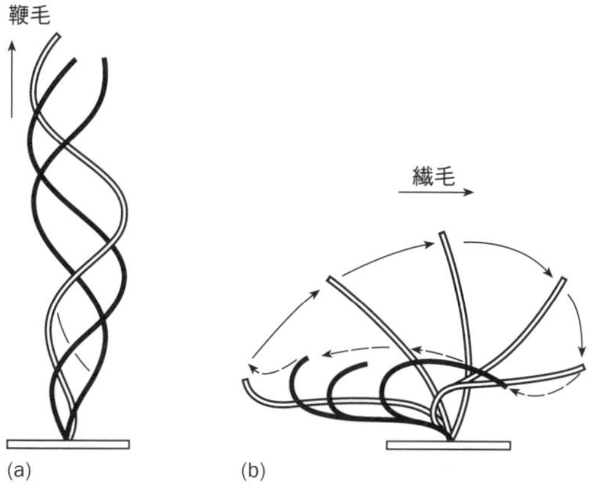

図 10.5　鞭毛（a）と繊毛（b）によって発生する力の方向の比較

ーが使われて軸糸の屈曲運動が起こり，繊毛や鞭毛によって力学的な仕事がなされるのである．

繊毛と鞭毛の違いは，それ自身の長さ（絶対的長さ）と，その長さと屈曲運動の波長の関係の違いである（図 10.5）．鞭毛では，それ自身の長さよりも屈曲の波長のほうが短い（図 10.5(a)）．それゆえ，発生する力の向きは鞭毛の軸に平行となる．これに対し，繊毛は比較的短く，それ自身よりも屈曲波の波長のほうが長い．それゆえ，繊毛は周期的に運動をしているようにみえる．繊毛の周期的な運動は，通常，繊毛がピンと伸びた「有効打」と，よりしなやかに曲がる反対向きの「回復打」から成り立っている（図 10.5(b)）．その結果，全体としては，繊毛の軸に対して垂直の力が発生することになる．体の表面に生えた非常にたくさんの繊毛が協調して波打つことによって推進力が発生する．このような繊毛は，帯状に配置していることが多い．全出力（仕事率）は，同じ向きに打っている繊毛の数，したがって繊毛の帯（繊毛環など）の長さや面積に依存する．

筋肉細胞は，別の細胞骨格繊維であるアクチンフィラメントを使って運動する．このフィラメントは，アクチンというタンパク質が二重のらせん状にたくさんつながった構造をしている．アクチンフィラメントは，細胞の形や極性の制御に関与するだけでなく，細胞の形を変化させることにより，動物の運動のもととなる力の発生にも関与している．筋肉細胞には，別のタンパク質ミオシンからなるフィラメントも存在する．アクチンは「細いフィラメント」，ミオシンは「太いフィラメント」を形成しており，両フィラメントからなる筋細胞内の高次構造である「筋原繊維」の重量は，筋肉細胞の重量の 65% を超えるだろう．多くの筋肉細胞には，収縮の機能単位である「サルコメア」が存在する．この機能単位は，太いフィラメントと細いフィラメントの帯からできている．図 10.6 に，筋肉の構造をさまざまな倍率で描いて説明してある．

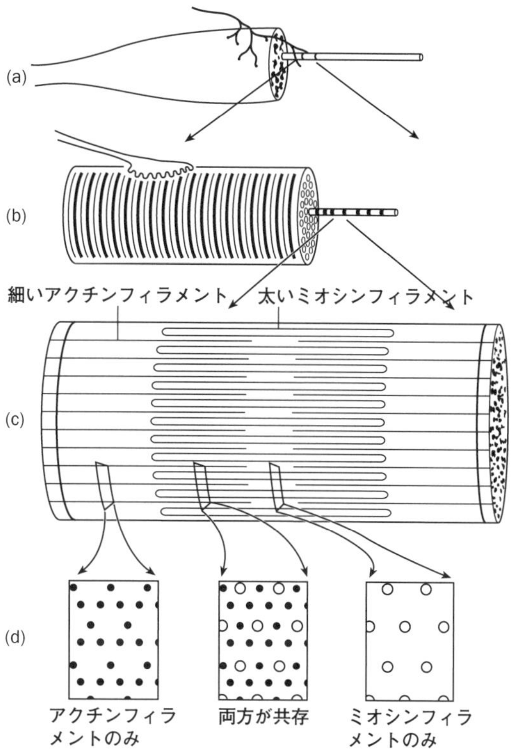

図 10.6　さまざまな倍率での筋肉の構造．(a) 神経支配を受ける筋肉全体，(b) 1 本の筋繊維（筋細胞）と神経終末（シナプス），(c) 収縮の機能単位である「サルコメア」，(d) サルコメアの各部分における横断面の模式図．細いフィラメントのみの部分（左），太いフィラメントのみの部分（右），両フィラメントが存在する部分（中）があることがわかる．

筋肉は，細いフィラメントと太いフィラメントの間のすべり運動によって力学的な仕事をすることができる．このすべり運動には，ATP のエネルギーが必要である．電子顕微鏡で倍率を高くして太いフィラメントを観察すると，フィラメントから横向きに多数の突起が出ているのがわかる．この突起は「ミオシン頭部」とよばれ，細いフィラメントのアクチン分子に結合する性質をもっている．筋収縮時には，これが，筋原繊維が短くなるような向きに

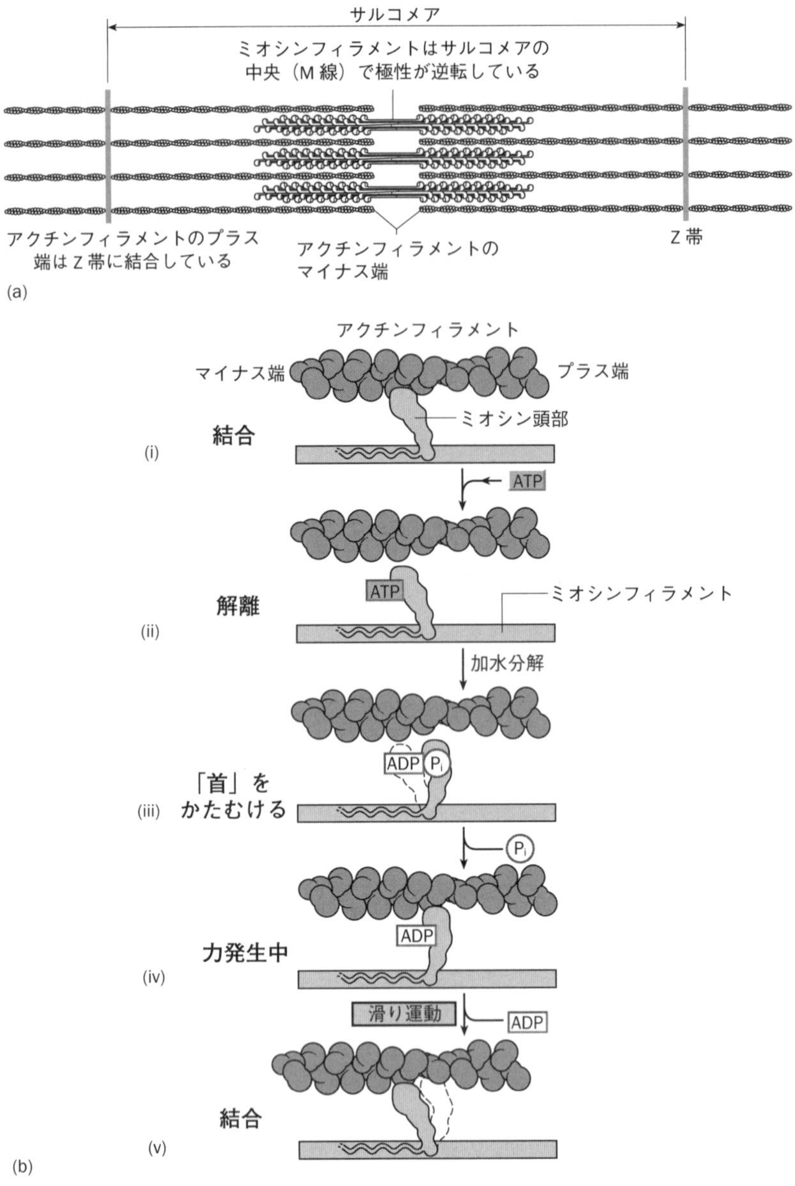

図 10.7 (a) 横紋筋のサルコメアにおける筋フィラメントの配置．アクチンフィラメント（細いフィラメント）には極性（プラス端とマイナス端）があって，プラス端が Z 帯に結合している．ミオシンフィラメント（太いフィラメント）は，中央を境にして極性を逆転しており，両端がアクチンフィラメントの間に入り込んでいる．そして，エネルギーを使うことによって，アクチンフィラメントの間を，プラス端方向へと「歩いて」いく．(b) ミオシンフィラメントがエネルギーを使ってアクチンフィラメント上を動く分子機構の模式図．(i) では，ミオシンはアクチンフィラメントに硬く結合している．生細胞中ではこの状態は一過性のもので，すぐに ATP 分子がミオシンに結合してミオシンはアクチンから解離する (ii)．ATP が ADP と無機リン酸イオン (P_i) に加水分解されるとミオシンに大きな変形が生じていわゆる「首をかたむけた」cocked 姿勢をとる (iii)．首をかたむけたミオシンが前とは異なる位置でアクチンに強く再結合すると力が発生し (iv)，ADP が放出される．ミオシンは再びアクチンに硬く結合した状態となり (v)，別の ATP 分子によって以上のサイクルがさらに繰り返される（Rayment, *et al.*, *Science*, **261**, 50–58., 1993 の図に基づく．Alberts, *et al.*, 1994）．

「細いフィラメント上を歩く」のである．

ATPがないときには，ミオシン頭部はアクチンに強く結合して，筋肉は硬くなる（「死後硬直」はこの状態である）．生きている状態では，この硬直状態の寿命は非常に短い．ATP存在下ではATPがミオシン頭部に結合し，硬直状態の結合は解除され，ミオシン頭部は細いフィラメントから解離する．つぎに，ATPは加水分解されてリン酸イオンが放出されるが，ADPはミオシン頭部に結合したままとなる．この状態でミオシン頭部の形が変わり，隣りのアクチン分子の結合部位に近づき，結合する．こうして新たな結合が生じることによって力が発生し，ミオシン頭部に結合していたADPも放出される．ミオシン頭部は再び硬直結合状態となるが，以前の同じ硬直状態と比べると，ミオシン頭部はアクチンフィラメント上を少し進んでおり，ATPはADPへと分解されてエネルギーが消費されている．さらに，ATPが消費されて，同じ運動が繰り返されるのである．この運動周期は，図10.7にわかりやすく示してある．

筋肉の性質は，個々のサルコメアが短縮する速さと，サルコメアが筋肉の軸に対して縦方向および横方向にいくつ並んでいるかによって決まる．縦方向の数によって筋肉全体が短縮する速さが決まり，横方向の数によって発生する力の大きさが決まる．動物界の種々の筋肉を調べてみると，単位横断面積あたりの発生する力は，驚くほど一定であることがわかる．筋細胞の1つの特徴は，短縮するときにのみ仕事をすることができることであり，だから短縮した筋肉をもとのように伸ばすには，外力が必要になる．すべてのサルコメアが短縮しきってアクチンフィラメントとミオシンフィラメントの間の重なった部分がこれ以上増え得ない状態になると，筋肉の発生可能な仕事率は0となり，筋肉はそれ以上仕事をすることができない．

10.3　繊毛による移動運動

無脊椎動物は，動物体の移動運動に鞭毛を使わない（非常に単純な平板動物はこの例外，3.3節参照）が，精子の運動にはほぼ決まって鞭毛が使われている．ただし海綿動物では，鞭毛をもった襟細胞が鞭毛室など水溝系の水流を起こしている（第3章）．

非常にたくさんの繊毛が体表面全体をおおっていたり帯状に分布していたりして，移動運動の手段となっていることはよくある．しかしそれは概して長さ1 mm未満の動物に限られる．その理由は以下の通り．個々の繊毛の運動様式は決まっているので，推進力を大きくするには繊毛の数を増やすしかないが，数を増やすには限界がある．繊毛の数の上限は体の表面積によって決まるが，体重は体積に比例する．そのうえ，体が大きくなると流体力学的な繊毛運動の効率は低くなる．その結果，大きな動物は，繊毛運動に頼る限り，同じ相対移動速度を得るのに非常に大きなエネルギーを要することになる．

環形動物や軟体動物，棘皮動物などの無脊椎動物の幼生の繊毛は帯状に分布して繊毛環を形成しているものが多い．このような幼生が成長していくと，摂食や運動をより活発に行うことが必要になる．そのためには，繊毛環が増えるか長くなるかしなくてはならない．海水よりも体の密度が高ければ，長さの3乗に比例して沈む力が増す．表面積は長さの2乗に比例して増えるのみなので，形が変わらなければ沈む力に抗する繊毛運動の力は減少することになる．このため，成長するにつれて，無脊椎動物の幼生の繊毛環は極端に長くなり，図10.8に描かれているように折れ曲がったり突き出したりするようになる．

(a)

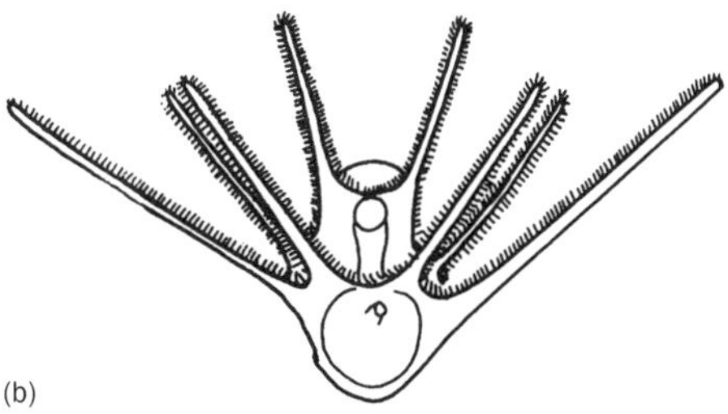
(b)

図10.8　繊毛環が長くなった幼生．(a) 腹足綱のベリジャー幼生，(b) 棘皮動物のプルテウス幼生．

繊毛運動を唯一の移動手段としている動物は概して小さいが，有櫛動物（クシクラゲ）は比較的大きなものである．彼らは海水とほぼ同じ密度（中性浮力）であり，繊毛は多数融合して櫛板という複合構造をつくり，これが列をなして並んでいる．遊泳速度は毎秒 15 mm に達し，これは繊毛による遊泳速度の上限と思われる．

個々の繊毛の屈曲運動は，同じパターンや周期を示すが，隣り合った繊毛とは少し位相がずれるように打ち，多数の繊毛全体としては協調して運動している（図 10.9(a)）．この協調は，粘性などの流体力学的な効果によって生じてくる．個々の繊毛の運動は有効打と回復打を繰り返し，その結果，正味の水流を生じる（図 10.9(b)）．水中を泳ぐ動物では，この水流を生じさせる力の反作用力で反対方向に推進するのである．

前後に隣り合う繊毛の周期運動の位相が少しずれていることによって，繊毛同士が互いに干渉しあうことがないようになっている．このずれにより，多数の繊毛の列全体が波を打っているようにみえる．この波は「継時波」metachronal wave とよばれ，繊毛の有効打と同じ向きに進行することもその反対向きに進行することもある．繊毛で泳ぐ海産無脊椎動物の幼生は，個体の地理的な分散と食物の獲得という役割をおもに担っている．繊毛帯はこのどちらの目的にもはたらいている．繊毛は（動物の表面に対して）水流を起こし，個体の移動や重力による沈降の防止に寄与する．水流には細かい粒子が含まれていて，これは食物源となる．しかし，このような粒子を食物として捕獲するには，局所的に水流を停止させる必要があり，幼生は 2 つの異なった方法でこれを行っている．環形動物多毛綱や軟体動物のトロコフォア幼生の繊毛環は，長い口前繊毛環と短い口後繊毛環からなっていて，両者は，（とらえた粒子を口に運ぶ非常に短い繊毛が生えた）食溝で隔てられている（図 10.10）．2 列の繊毛環は反対向きに打っている．長い繊毛のほうがより強力なので，外側境界層では後方に向かう水流が生じている．短い繊毛が反対向きに打っているので局所的に渦が生じ，渦のところでは，正味の水の動きはゼロになる．このため，動いている境界層のうちの内側に近

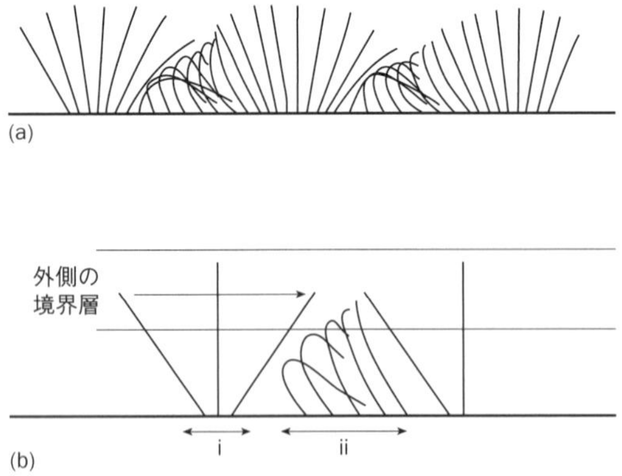

図 10.9　継時波を示す繊毛運動．(a) 各繊毛が繊毛打周期中のさまざまな位相を示している，(b) 有効打 (i) と回復打 (ii) によって，外側の境界層に対して正味の力を加えている．

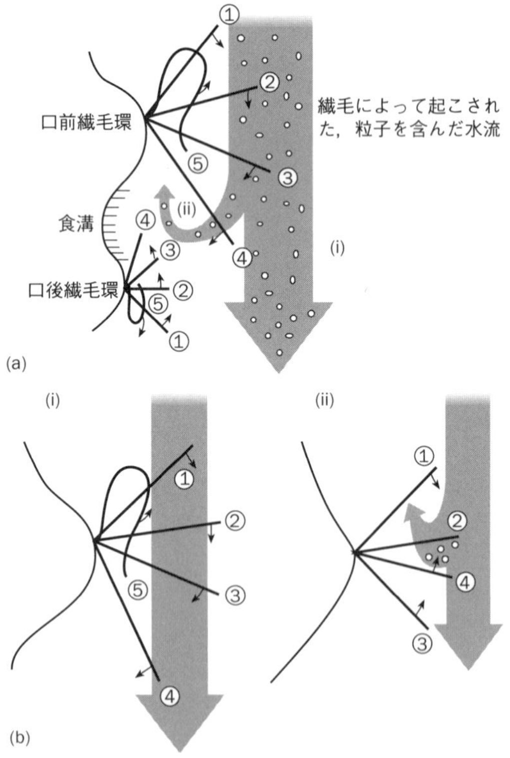

図 10.10　繊毛環によって移動運動と食物捕獲を行う 2 つの方法．(a) 環形動物や軟体動物のトロコフォア幼生などの繊毛環における，向かいあって打つ 2 種類の繊毛．口前繊毛環の長い繊毛は強く打ち (i)，口後繊毛環の短い繊毛は逆向きに打ち弱い水流を起こしている (ii)．口前繊毛環の繊毛は，粒子を含んだ水流を（この図では下向きに）起こしている．口後繊毛環の繊毛は，逆向きに打つことにより局所的に水流の速度を落として渦をつくり，粒子が捕まえられ，食溝の繊毛によって口まで運ばれる．(b) 棘皮動物の幼生などでは繊毛帯は 1 つしかない．繊毛が水流を起こしているが，小さな粒子がくると繊毛がこれに反応して逆方向に打って逆向きの水流を起こしてこの粒子をとらえる．

い層の中にある小さな粒子が速度0となって食溝へと到達することになり，食溝に入り込んだ粒子は，食溝の繊毛によって口に運ばれるのである．

棘皮動物は別の方法で粒子を捕獲している．繊毛帯は1本だけで，すべての繊毛は同じ向きに打っている．動いている境界層の水中の粒子が繊毛に近づいたときに，その周辺の繊毛のみが一時的に反対向きに打つことによって，この粒子を捕獲する．この「有効打の反転」によって局所的に渦が生じ，水流が停止して粒子が捕獲されるのである．

動物における長さと表面積と体積の関係から，比較的小さな者のみが繊毛運動による移動ができることがわかった．形が定まっていれば，表面積は長さの2乗に，体積や重さは3乗に比例して増加する．この幾何学的な関係は，移動や体の支持の力学だけでなく，呼吸系や排出系の機能デザインにも深甚な意味をもっている（第11，12章）．

繊毛から筋肉による移動方式への転換は，扁形動物のような左右相称動物の祖先で起こったと考えられる．自由生活をする扁形動物や紐形動物などでは，2つの移動方式が共存してみられることがある．

自由生活をする扁形動物渦虫類や紐形動物の上皮には多数の繊毛が生えている．その中でも小さい種は体長1 mmほどで，繊毛運動で効率的に移動ができる大きさの上限である．大きな扁形動物（三岐腸目，多岐腸目）は，繊毛運動によって這うのをおもな移動手段としている．彼らは体を扁平にして表面積を増やしている，つまり彼らは表面積を，長さの2乗以上に増加させているのである．

繊毛運動で移動する最大の動物は，長さが数mにもなるが太さわずか数mmの紐形動物（たとえば *Lineus longissimus*）であろう．このような体形は，大きな表面積を得るのに必要ではあるが，これは水中環境においてのみできることであり，空気中では，大きな体表面積による水分の喪失が問題となる．扁形動物や紐形動物の筋肉運動はさまざまで，足に収縮の波を起こして進む運動や蠕動運動，前端を付着させて次に後端を付着させるというしゃくとり虫運動などがある．これらの運動様式は，他の動物門でより発達しており，詳細は後の節で論じる．

10.4　筋肉活動と骨格系

前に述べたように，筋肉細胞は化学エネルギーを使って筋繊維を収縮させる．この方法によって動物は，体表面積ではなく筋細胞の量に比例した大きさの力学的仕事をできるようになる．それゆえ，大きな無脊椎動物のほとんどは，繊毛ではなく筋肉によって移動運動するが，筋肉が移動運動を担う一員となれるのは，出した力を伝える骨格系をもつ場合だけである．

動物の骨格には，根本的に異なる2つのタイプがある．① 体が軟らかい動物は流体を骨格として使う．すなわち，静水力学的骨格（静水骨格）である．液体は非圧縮性で体積が不変なので，圧力を伝えられる．静水骨格による運動は，蠕虫様の動物にとりわけよくみられる（第4章）．② 硬化した組織をもつ動物は，硬い骨格を使える．硬い骨格は，棘皮動物や，幼生の脊索動物など多くの無脊椎動物にみられるが，中でも最も重要なものは関節がある脚をもつ節足動物である（第8章）．ただし静水骨格をもつ動物と硬い骨格をもつ動物は明確に2つに分かれるわけではない．節足動物以外の動物には，体の一部に硬い骨格部分をもつものも多い．たとえば棘皮動物では，ウニ綱の棘や，クモヒトデ綱の腕の「脊椎骨」がそうだし，環形動物では多毛綱の疣足の足刺がこれにあたる．

同様に節足動物でも，消化管の運動やクモ綱の脚関節の伸長など，しばしば静水骨格が使われている．節足動物の硬い骨格は，軟らかい組織をとりかこんでいる外骨格である．脊索動物では，弾性のある棒状の骨格として脊索が発達している．これを起源として，特有の軟骨や硬骨をもった脊椎動物が現れたのであった．

筋肉活動による移動運動方式では，筋肉は収縮するときにのみ力学的な仕事をし，もとの長さに戻るためには外力をかけなくてはならない．通常これは，異なる筋肉が拮抗的にはたらくことでなされるが，弾性をもつ組織に蓄えられたエネルギーによったり，刺胞動物などの中には繊毛によったりすることもある．軟らかい体をもった無脊椎動物の静水骨格もいろいろなはたらき方をしているが，その基本原理は同じである（Box 10.3）．

Box 10.3 静水力学的骨格（静水骨格）

1. 流体を満たした空間を囲む筋肉が収縮すると，流体の圧力が上昇する．

$$\text{圧力} = \text{力}/\text{面積}$$

SI 単位系における圧力の単位は，Pa（パスカル）= N m^{-2} である．

2. したがって，どの面にかかる力 F も，

$$F = \text{圧力} \times \text{面積}$$

となる．

3. 面の上のすべての点に，（そしてその面に垂直に）同じ大きさの圧力がはたらく（下図参照）．

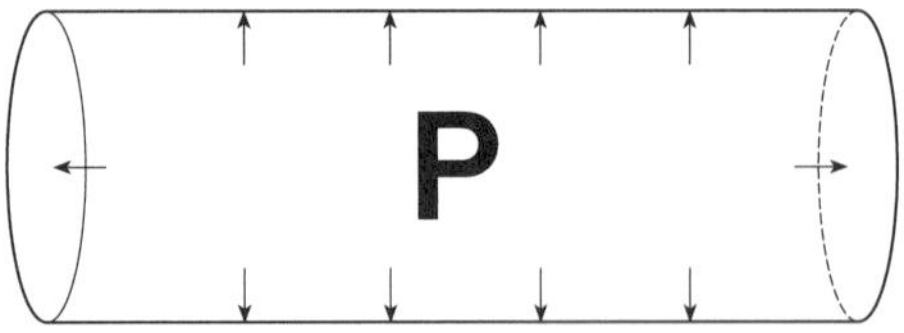

流体中では，圧力はすべての方向にはたらく．

4. 変形が起こっていない水圧システムにおいては，境界面が内圧による変形に抵抗している．どこかの境界面での変形に対する抵抗が内圧よりも低いと，水流が生じて変形が起こる．これが，流体骨格を使うすべての動物の移動運動の基本原理である．

下図のような場合，左右の円筒区画の筋肉は互いに拮抗している．

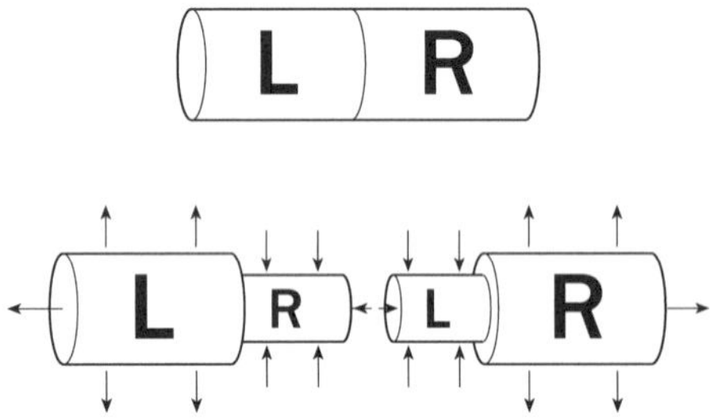

つながった2つの区画（上図の場合，左（L）と右（R）が互いに拮抗している．

5. 体壁に環状筋と縦走筋の両方を配置すれば，非常に巧妙なシステムをつくることができる．

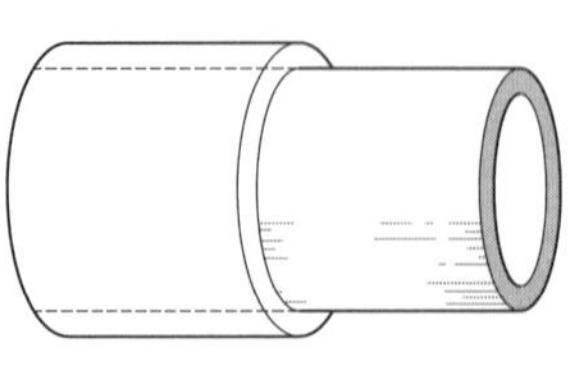

外側に環状筋，内側の縦走筋があり拮抗している．

6. 内部が分割されていない円筒形の体は，どの部分もさまざまに変形することが可能である．

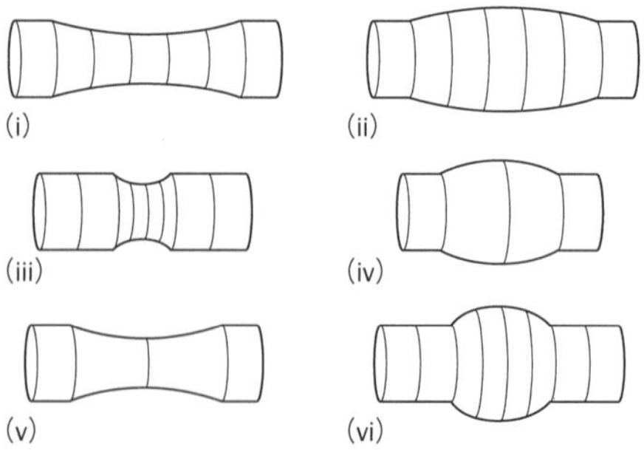

(i)～(iv) 体の各部の体積が，一定に固定されていない場合；(i) 環状筋が収縮し，液体が前後に流れ出たところ；(ii) 環状筋が弛緩して，液体が流入したところ；(iii) 環状筋と縦走筋の両方が収縮して，液体が流出したところ；(iv) 環状筋と縦走筋の両方が弛緩して，液体が流入したところ．(v) と (vi) 体の各部の体積が一定に固定されている場合；(v) 体積が一定で縦走筋が弛緩；(vi) 体積が一定で環状筋が弛緩．

7. このような変形によって力学的な仕事をすることができる．なされた仕事は，はたらいた力（=圧力×面積）と動いた距離の積である．

下図の例では，動物体が収縮して吻が伸長する．

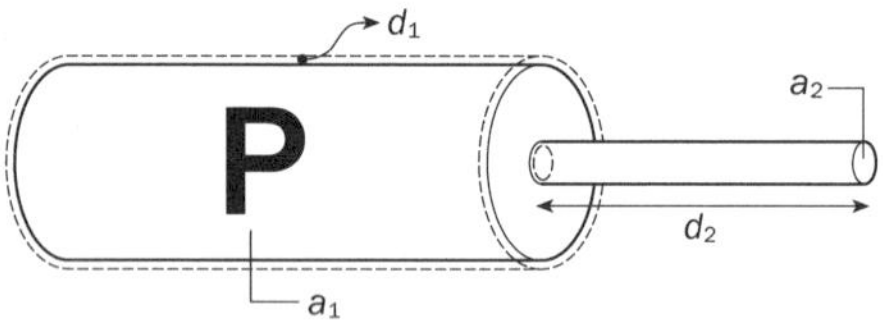

$$\frac{\text{体壁にかかるすべての力}}{\text{収縮している面積 } a_1} = \text{圧力}$$

$$= \frac{\text{吻の先端にかかる力}}{\text{吻の先端の面積 } a_2}$$

$$\frac{F'}{a_1} = \mathrm{P} = \frac{F''}{a_2}$$

これは流体力学的な「てこ」である（Box 10.4 も参照）．なされた仕事は，

$$J = P \times a_2 \times d_2$$

となる．

Box 10.4　硬い骨格：てこの原理

1. 支点のまわりに回転する棒（てこ）を使って，荷重 M の物体に力 F を作用させて動かすことを考える．F_R をてこのもう一方に作用させる力とすると，

$$F \times d_1 = F_R \times d_2$$

ここで，d_1 は物体が動いた距離，d_2 はてこのもう一方の端を力 F_R を作用させて動かした距離である．

支点によって力の向きが逆になっていることに注意．

2. 小さな力で大きな荷重を動かすことができるが，エネルギーは保存される．

$$F_R/F = \text{力学的な利得} = d_1/d_2 = \text{速度の比}$$

3. 大きな力で少し動かすことによって，小さな荷重を長距離動かすことも可能である．

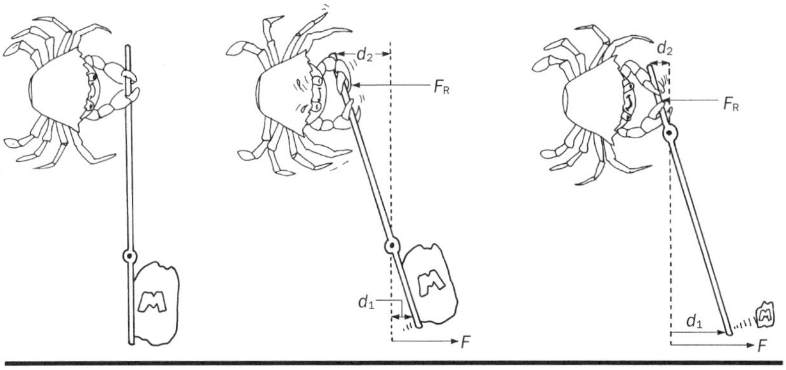

軟らかい体の動物の多くは，体を大きく変形できる．中でも最も大きく変形できるものの１つが紐形動物（ヒモムシ）である．しかし，通常，組織や体腔の体積は一定なので，その変形にも物理的な制限がある．ヒモムシの体壁には，伸縮性のない繊維が体の前後軸に対してある角度をもって走っている．この繊維が前後軸と平行になるまで体が引き伸ばされたとすると，内部の体積はゼロになってしまう．同様に，この繊維が前後軸に対して直角になると，やはり体積はゼロになる．これらの両極端の中間に，体積が最大になるところがあるが，それは，繊維が前後軸に対して約 55 度の角度になったときである．実際のヒモムシの体形変化も，これに従っている．体が縮みきったとき，または伸びきったときには，横断面は円になる．これらの中間では，体の体積は，繊維で制限される体積よりも小さくなり，横断面は扁平または楕円になる．図 10.11 に，マダラヒモムシ *Amphiporus* の理論的な限度と実際に観察された変形を示してある．このヒモムシの変形は繊維系による限度によく一致しており，繊維が前後軸に対して約 80 度になったときに体長が最小となる．体内の組織があまり軟らかくないために，こ

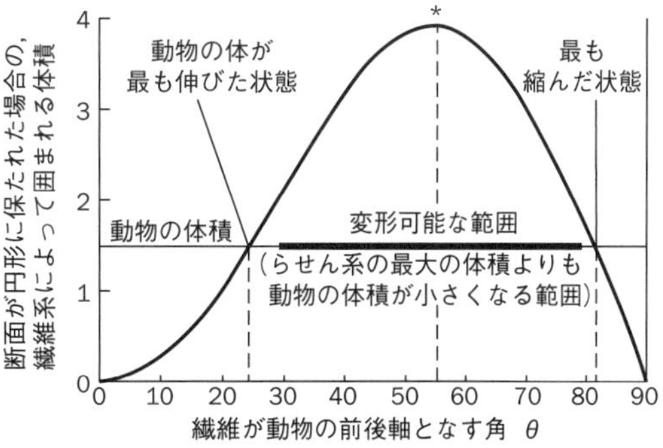

図 10.11　伸縮性のない繊維がらせん状に巻いた系をもった蠕虫における，形の物理的な特性．図中の曲線は，このような繊維系で囲まれる体積の理論上の上限を示している．紐形動物の体積はこの最大値よりもずっと小さいので，体をさまざまに変形することができる．図の水平の太線は，マダラヒモムシ *Amphiporus* の実測値を示している．図中＊で示される最大値の体積をもつ蠕虫がいたとすれば，内圧を増加させずに体を変形させることは不可能である（Clark, 1964 より改変）．

れほど大きく変形できないヒモムシも多い．

線形動物（センチュウ）の内部の圧力は高く，横断面はいつも円形である．実際，彼らはいつも縮みきった状態であり，前後軸と繊維のなす角は大きくなっている．縦走筋の収縮は動物体の体積を減少さ

せるようにはたらくが，液体は非圧縮性なので，そのような収縮は内圧を上昇させ体壁の筋肉自身に力を及ぼすことになるだろう．体の反対側の筋肉が(何カ所かで）収縮すると，体が正弦波状に変形し内圧が上昇する．筋肉が弛緩すれば，その内圧によって筋肉はもとの長さに伸ばされる．したがってセンチュウでは，低内圧の蠕虫にみられる縦走筋と環状筋の共役（Box 10.3の5.）は必要がなく，実際，センチュウの体壁に環状筋はない（図4.13）．センチュウの高圧系は，体壁の繊維とクチクラによる複雑な系をもとにしたデザイン（図4.15）の，もう1つの面なのである（この複雑な系が，内部の体液を失うことなく高い内圧を保つことを可能にしている）．

ヒルのように斜めの筋肉をもつ体の軟らかい動物は，体壁の繊維を前後軸に対して55度にすることができ，そうすると，事実上，体は硬くなる．

硬くて変形しない骨格をもった無脊椎動物は，都合のよいことに節足動物としてまとめられており(分類学上の議論は第8章をみよ)，彼らはその中に，地上と水中の両方において，文句なく最も繁栄している無脊椎動物を含んでいる．節足動物のもつ多くの機能的デザイン上の利点の1つに，筋肉が関節をもった硬い骨格に作用するとき，力を発生する点とは異なる点に力を伝達することができるという利点がある．硬い骨格要素は力学的な「てこ」としてはたらくことが可能である（その原理はBox 10.4に説明してある）．しかしながら，Box 10.3の7.に示した静水骨格も，長さの比ではなく面積の比による「てこ」としてはたらく．

10.5　穴を掘る，はう，歩く，走る：硬い基盤の表面上や基盤中での移動運動

10.5.1　体の軟らかい無脊椎動物の移動運動

体の軟らかい無脊椎動物の多くは，（その上を歩いてもほとんど変形することがない）しっかりした物体の上を移動することができる．動くためには，動物体を固定する場所「接地点」point d'appui（仏語）を通して物体表面に力を作用させなくてはならない．

体の軟らかい動物では，前後軸方向（移動運動の向きと平行）に走る筋肉に，収縮と弛緩が形成する波の伝播がみられることが多い．扁形動物や刺胞動物，そしてとくに軟体動物腹足綱は，物体に接した筋肉表面の波状活動によって移動運動する．このような筋収縮の波を「足波」pedal waveとよぶ．足波は，プラナリアや腹足類がガラス板上をはっているときに，ガラスの裏側から簡単に観察できる．陸生の腹足類リンゴマイマイの仲間 *Helix* では，足幅いっぱいの明るい帯や暗い帯が足の表面を波頭のように移動するのがみえるのである．この波は，マイマイの移動運動と同じ向きに，しかしずっと速く，移動している．このように，動物体の移動と同じ向きに伝わる足波を「順行型足波」direct waveとよぶ．地面に対する動物体の速さを V，地面に対する足波の速さを U で表すことが多い．マイマイの場合には，$U>V>0$ である．

腹足綱の他の種，たとえば，ツタノハガイの仲間 *Patella* では，マイマイよりも縞の数が少ない足波が，動物体の移動とは反対向きに伝わるのが観察される．このようなものは「逆行型足波」retrograde waveとよばれる．ツタノハガイでは，体の左右で足波の位相が半波長だけずれている．ガラス板を通してみると，動物体の後方に伝わる明暗の縞の帯が，足の中心軸までにしか達していないのである．マイマイの場合のように，足幅いっぱいの帯になっているものを「単走性足波」monotaxic wave，中心軸までしか達していなくて左右で位相がずれているものを「二走性足波」ditaxic waveとよぶ．

異なる型の足波は，異なる特徴をもっている．マイマイの単走性順行型足波は，波長が足の長さよりもずっと短く，低速で操縦性に欠けるが大きな力を出して大きな体を動かしたり大きな抵抗力にうち勝つことのできる「ローギヤ」のシステムである．足の長さ以上の波長をもった二走性足波は，比較的速くて，操縦性がずっと高い．

軟体動物の足は，かなり複雑な器官である．複雑な血洞のシステムが，その骨格の主要な役割を担っている．軟体動物は無体腔動物であるが，足の中には静水骨格が存在するのである．おもな筋肉系は縦走筋ではなく，前方斜めに傾いて走る筋肉と後方斜めに傾いて走る筋肉とが互いに拮抗しているシステムである（図10.12）．かつては，Box 10.5(a)，(b) に描かれているように，波が伝わっていくときには，足が部分的に基盤から離れては再び接着す

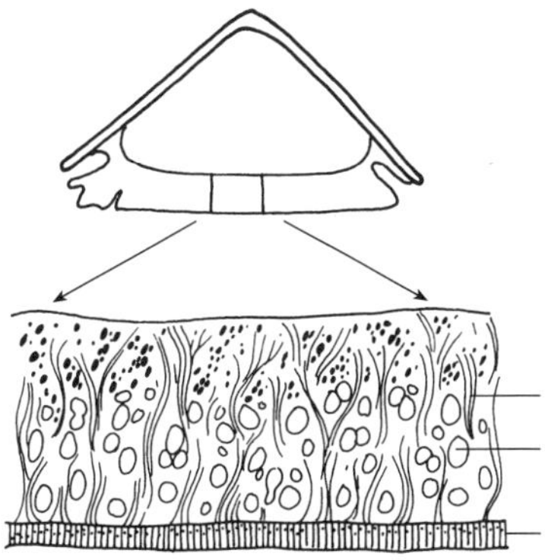

図 10.12　軟体動物の足の構造

ると考えられていた．しかし接着している湿った2枚の表面をはがすには非常に大きな力が必要なことから，足が離れることは起こりそうもなく，現在では物体に接着したまま足波の伝播が起こっていると考えられている．接地点（移動しない部分）と移動する部分は，足の直下の粘液層の性質が変化することによって形成される．この粘液は，（接着面に対して垂直ではなく）横向きにかかる力が小さいときには弾性のある固体として，大きいときには粘性のある流体としてふるまう．接地点では弾性体になり，横向きにかかる力（前後方向の力）が大きくなっている波の部分では粘性流体になるのである．

リンゴマイマイの仲間をはじめ，いくつかのマイマイでは，逆行型足波の波長が足の長さぐらいになる「ギャロップ運動」に切りかわることがある．このような運動がさらに変形すると，足の前端と後端が交互に接地する運動，すなわち，ヒルなどでみられる特徴的な「しゃくとり虫運動」になる（後述）．

大きな扁形動物や紐形動物は，環状筋と縦走筋を交互に収縮させて逆行型の蠕動運動の波をつくり，体表面の繊毛による移動運動を手助けしているものが多い．このような蠕動運動は，隔膜のある体腔をもった蠕虫で非常に発達しており，とくにミミズで特徴的みられるものである．

図 10.13 にミミズの運動を示してある．環状筋が弛緩して縦走筋が収縮した部分（体節）が膨れて接地点になって動かずに止まっている（Box 10.5 参照）．この膨れて短くなった体節が支えとなって，これよりも前の部分は伸張して突き進み，後の部分は短縮して反作用で引っ張られて前進する（図 10.13(b)）．膨れて短くなった体節では，体表面の

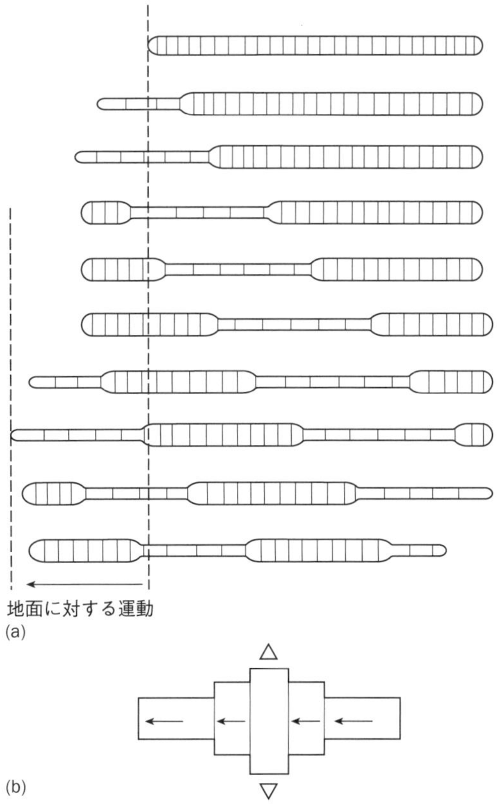

図 10.13　(a) ミミズの運動の経時変化．Box 10.5 の (a) (ii) のように，各体節の体積は一定である．縦走筋が収縮して環状筋が弛緩したときに，その体節は地面に対して停止している．縦走筋の収縮の波は逆行性である．(b) 地面に固定された体節にかかる力（剛毛が起立して接地点となっているのは三角で表してある）．

剛毛が起立してすべるのを防いでいる．

環状筋の収縮による圧力波と，縦走筋の収縮による圧力波は分離されており（図 10.14），体節間の隔膜が，個々の体節の内圧変化を実際上独立に保っている（隔膜がない動物ではこうはいかない）．環状筋が収縮したときに内圧は最高値を示し，その体節は突き進む．環形動物は体節制の進化によって隔膜で仕切られた状態を生じさせたが，この状態の非常に有利な点の1つが，こうして突き進むことが可能となったことだと考えられる．個々の体節は，体積が一定の，独立した流体静力学的要素である (Box 10.4)．ここではミミズが平坦な物体の表面を動く仕組みについて考察したが，彼らが最も適応しているのは地中の隙間の運動であるのは疑いない．

ヒルは著しく異なったタイプの運動を開発した

Box 10.5　接地部と波の方向の一般原理

下の図は，5つの部分（体節である場合もそうでない場合もある）からなる動物体の運動を示している．(a) では短く縮んだ部分が接地点となり，(b) では長く伸びた部分が接地点になっている．どちらの場合も筋肉の活動の波は，(i) のように筋肉質の足に生じることもあるし，(ii) のように円柱形の動物体に生じることもある．

結果はどちらも同じである．前後軸の長さが最大の部分が接地点となる場合には，動物体は波の進行方向と同じ向きに動くので，波は順行性である．これに対し，縦走筋が収縮して前後軸の長さが最小となる部分が接地点になっている場合には，動物体は波の進行方向と反対向きに動き，波は逆行性となる．

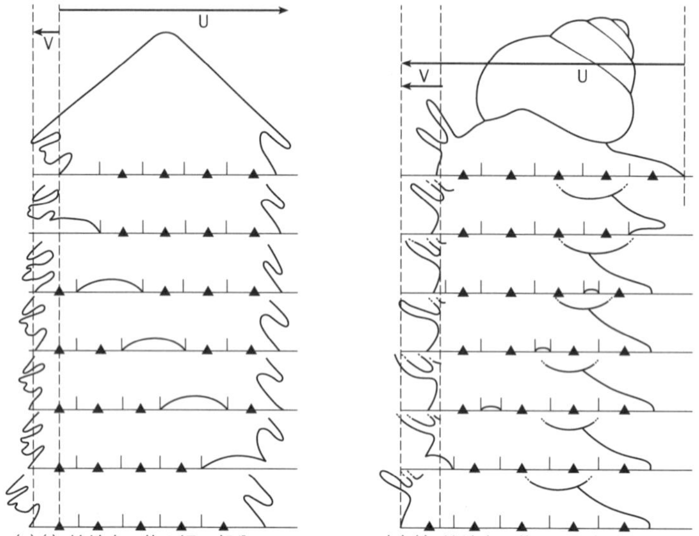

(a) (i) 接地点：体の短い部分
波は逆行性

(b) (i) 接地点：体の長い部分
波は順行性

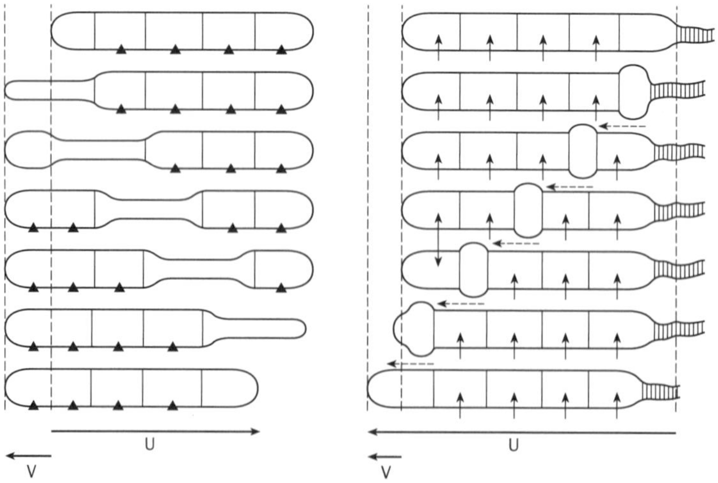

(a) (ii) 接地点：体の短い部分
波は逆行性（ミミズ）

(b) (ii) 接地点：体の長い部分
波は順行性
管の中に入っている円柱形の動物では剛毛を起立させる必要があるが，ゴカイの運動も参照のこと

→ U：波が伝わる速度
← V：動物が移動する速度
▲ 接地点
↑ 剛毛を起立させて接地点を形成（図 10.18 も参照）
←---- 滑って動く

(ミミズの運動と関連づけられるのではあるが)．ヒルの前端と後端には吸盤があり，非常に効果的な接地点をつくることができる．消化管が液体で満たされた空間となり，動物体が1つの静水力学的構造としてはたらき，前端と後端の吸盤が交互に接地する(図10.15(a))．

同じような運動は，昆虫の幼虫（たとえばチョウ目のイモムシ）にもみられ，体を弓状に曲げることが，ミミズで縦走筋を収縮させることに相当する(図10.15(b))．ヒルでは，変形が容易な「ブドウ状組織」で体腔が埋め尽くされており，体のデザインという観点からすれば事実上，隔膜がない無体腔動物のようにふるまっている．しかしながら，彼らは間違いなく環形動物であり，(一見，体節構造がないとだまされてしまうが）神経系や体節制関連のHox遺伝子群の発現などから，その体節構造の片鱗をうかがうことができる．

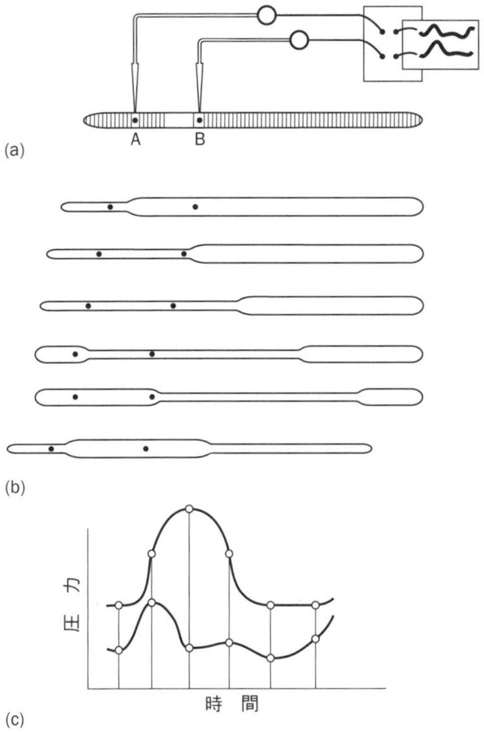

図10.14　ミミズの移動運動の実験．(a) 圧力計につないだプラスチック管を体節A，Bに挿入し，体腔内圧を測定するシステム．(b) 測定中の2つの体節AとBの位置の継時変化．(c) 記録された圧力波(Seymour, 1969)．

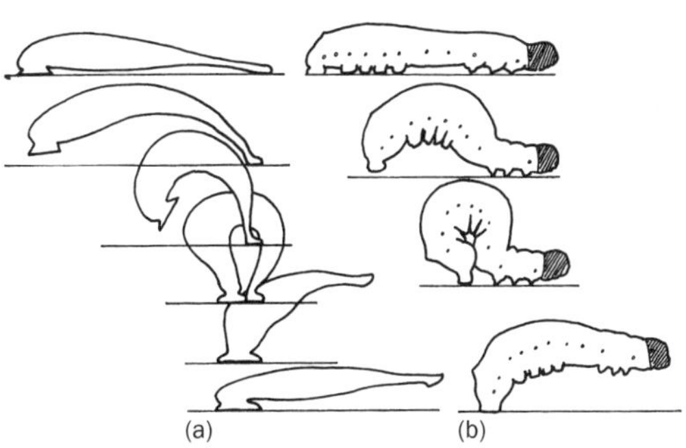

図10.15　接地点が体の前端と後端で繰り返される「しゃくとり虫運動」．(a) ヒル，(b) イモムシ（チョウ目の幼虫）．

環形動物多毛綱の遊泳類は，ミミズやヒルとはまったく違った様式の移動運動をする．彼らには多数の脚があり，その先端が動物体に対して後方に動くのである．その先端は地面に着いているので，体を前方に動かす力が発生する．

たとえば，ゴカイ *Nereis* がゆっくりと地面をはっているとき（図10.16(a))，多数の疣足の活動が動物体の後方から前方に伝わる「継時波」をつくっており，体の左右ではその位相が半波長だけずれている．この順行型の波によって，個々の疣足がそのすぐ後ろの疣足に続いて地面をけることになっている．ゴカイがもっと速くはう，あるいは泳ぐときには，同じ二走性順行型の波が体壁の縦走筋によって生じ，これも推進力を発生させている（図10.16(b))．左右の縦走筋による順行型の波は疣足の活動の継時波と同期しており，動物体がつくる波の山の部分で疣足が後ろに動かされるようになっている．このとき，地面に伝えられる力は，疣足の筋肉による力だけではなく交互に収縮する縦走筋による力も加わっている．

マイマイや，ミミズ，ゴカイなどの体の軟らかい

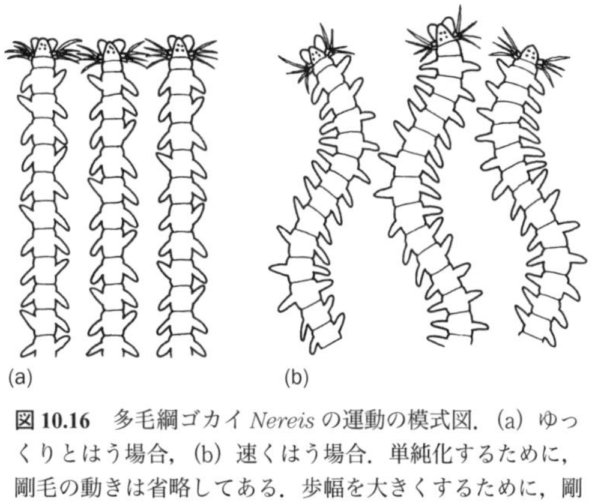

図10.16　多毛綱ゴカイ *Nereis* の運動の模式図．(a) ゆっくりとはう場合，(b) 速くはう場合．単純化するために，剛毛の動きは省略してある．歩幅を大きくするために，剛毛を突き出しては引っ込めることができる．

動物たちの運動方式には，ある一般的な規則性が存在する．移動運動の波（足波など）が，動物体の移動と同じ向きであったり反対向きであったりするのは，一見奇妙にみえるが，順行型の波は，縦走筋が伸びているところが接地点になっている場合にみられるのであり，逆行型の波は縦走筋が縮んでいるところが接地点になっている場合にみられる．この一般原理について Box 10.5 で，マイマイと穴を掘り進む蠕虫を例にあげて説明してある．

棘皮動物の水管系はユニークな歩行システムの例を提供する．たとえば，典型的なヒトデでは 5 本の腕があり，囲口水管からそれぞれの腕に向かって合計 5 本の放射水管が伸びている．管足と水貯めである瓶嚢（びんのう）が放射水管に沿って多数存在する（図 10.17(a)，(b)）．管足と瓶嚢には筋肉があり，互いに拮抗するようにはたらいている．筋肉が瓶嚢を圧縮すると中の水が管足に流入し，反対に管足の筋肉が収縮すると，水が瓶嚢に流れ入るに違いない．個々の瓶嚢は，単にその管足だけのための水貯めではなく，周囲の管足や瓶嚢との間で水の行き来がある．そのため管足が最も伸びたときには，その体積は瓶嚢の体積を超えることもある．しかし，ふつうは，瓶嚢の圧縮と管足の収縮は拮抗的に起こっている．

管足は水圧によって伸長し，一歩一歩歩くような動きをする（図 10.17(c)）．先端に粘着性の吸盤をもつこともある．

不思議なことに，ヒトデの移動運動では，多数の管足が継時的に協同的な運動をするようなことはみられない．

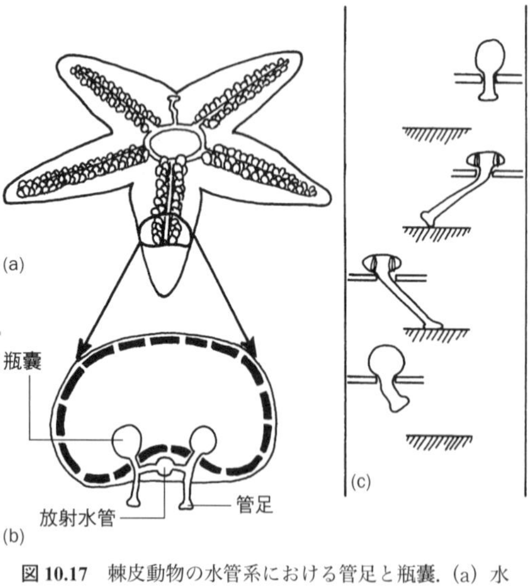

図 10.17　棘皮動物の水管系における管足と瓶嚢．(a) 水管系の全体的な配置，(b) 腕の断面の模式図，(c) 1 本の管足による一歩の歩行サイクル（瓶嚢の筋の収縮は示してあるが，管足の収縮筋は省略してある）．

10.5.2　穴掘りや管の中での運動

穴を掘る蠕虫は，大きな体腔をもつ傾向があり，少なくとも部分的には隔膜がある．このような構造の動物は，穴の中でさまざまな運動をすることができる（図 10.18）．体の一部を，伸長させると同時に胴回りを膨らませることもできるので，4 つの型の蠕動運動が可能となるのである．このような運動は，水流発生や移動運動，またはその両方に利用することができるだろう．

体節がないか，あっても隔膜がなく大きな体腔をもつ動物もまた，その形を大きく変化させられ，これによって穴を掘って進むことができる．たとえば星口動物（ホシムシ）は基盤中にすばやく潜り込むことができる．そのときの運動と内圧の変化を図 10.19 に示した．この動物は高い仕事率で運動が可能であるが，ふつう，これを長時間継続することは

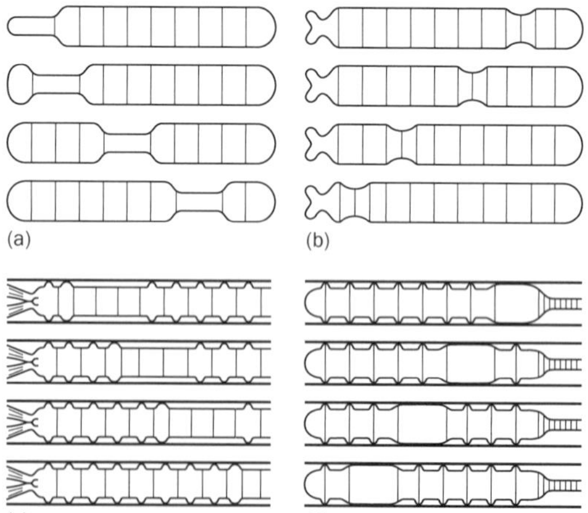

図 10.18　管の中の蠕虫による蠕動運動の 4 つの型．(a)，(b)，(d) では，体節の体積は一定ではない．(c)のようなケヤリ *Sabella* の場合は，隔膜が完全であるために各体節の体積は一定である．蠕動運動によって起こる動物体の移動は，中間の長さになっている体節において剛毛を起立させて接地点をつくることによって阻止されている．この場合は，接地点とはならない短い体節がピストンのように動いている．それをじゃましないように，管の内側は滑らかになっている．

できない．体腔内圧が高いときには，体のすべての筋肉が，一定の長さを保つために多くの代謝エネルギーを消費しなくてはならない．ところが力学的仕事をするということは，特定の筋肉を弛緩させることによってその部分が伸長して外界に対して力学的な仕事をすることなのである（Box 10.3 参照）．ホシムシは体腔内圧が高いときには筋肉の張力を高く維持しなくてはならないので，高い仕事率が可能ではあるが，エネルギー効率は低くなる．環形動物において体節間の隔膜が進化したのは，筋収縮を起こさなくても体壁が外に膨らみ出してしまうのを防ぎ，力学的に効率を上げる手段でもあったといえるかもしれない（10.1 節参照）．

ヨーロッパのタマシキゴカイ *Arenicola marina*（多毛綱）は体節のある蠕虫で，多分，2 次的に穴の生活に適応したものだろう．体節構造には，いくつもの有利な点がある．体節ごとに存在する神経節は，神経系の協同性を高め，剛毛のある疣足は接地点を形成し，鰓のあるよく発達した血管系も存在する．力学的には胴部の体腔は分かれておらず，必要とされるさまざまな型の運動と高い仕事率を可能にしている．これにより，体の前端部を固定して後ろ側を引き寄せる状態と，前端部を固定して吻で穴を掘る状態とを繰り返して地中を進むことができる

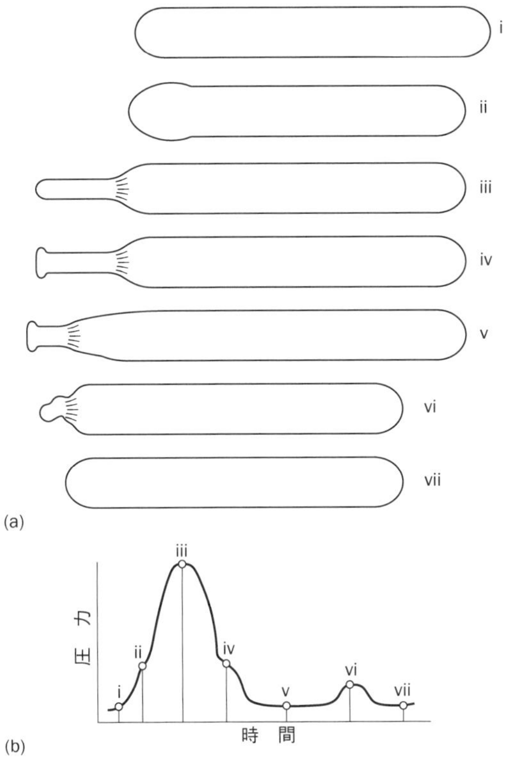

図 10.19　(a) 星口動物が地中を掘って進むときの運動の継時的な模式図．(b) このときの内圧の変化．地中を貫くときに，最も内圧が高くなっていることに注目（図 10.14 のミミズの場合と同様である）．しかし，体のどの部分も同じ圧力になっている（Trueman & Foster-Smith, 1976）．

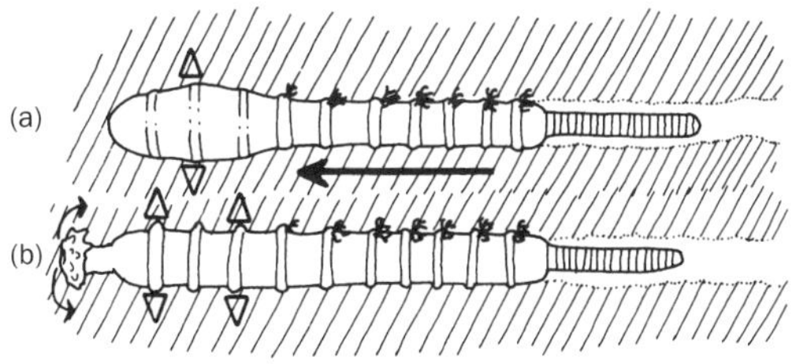

図 10.20　タマシキゴカイが地中を進むときの異なる 2 つの段階．(a) 体の前端部を膨張させて固定し，後ろ側を引き寄せる段階，(b) 前側の体節を「つば」を形成することで固定し，吻を突き出して穴を掘る段階（Trueman, 1975）．

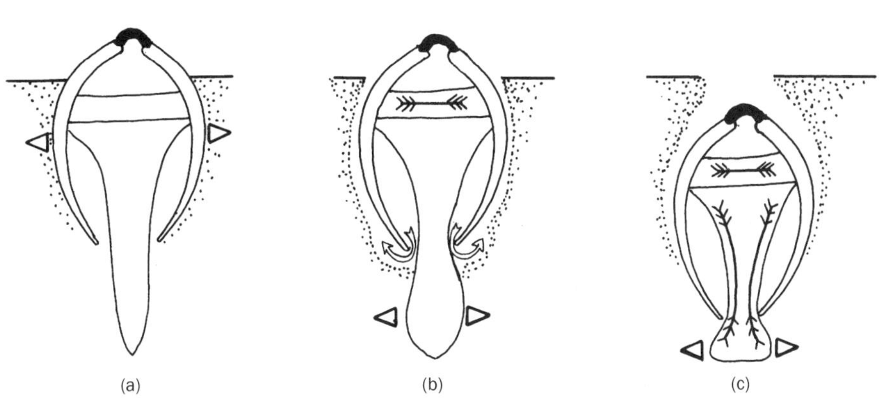

図 10.21　軟体動物二枚貝綱の穴掘り．(a) 足が下に突き進むときに貝殻が開いて体を固定している．(b)，(c) 足の先端を膨張させて固定し，貝殻が引き込まれて砂中に潜っていく（Trueman, 1975）

(図 10.20)．このような運動は，穴を掘る刺胞動物や二枚貝が砂に潜るときの後半の段階（図 10.21）などにもみられる．

このゴカイは，通常，J 字型の開いた管の中で生活している（これは U 字型の穴のシステム（図 9.30）の一部である）．この動物は J の縦棒の根元にいて，吻による，砂をかきとって呑み込む運動により，穴を掘って砂を食べている．このときには仕事率は低く，前端部の体腔は，咽頭部の隔膜により胴部の体腔と分離されている．この隔膜には弁があり，これが開くと胴部の体腔でつくられた高い圧力が吻に伝わり，より活発に穴を掘ることができるようになる．

ケヤリ *Sabella* のように，体節間の隔膜があって管の中で生活している動物には，特別の問題がある．彼らは蠕動運動によって管内の水を入れ替える必要があるが，各体節の体積が一定なので，図 10.18 の中では（c）に示したタイプの運動によってしかこれを行うことができない．ところがそうすると，波の伝播と反対の向きに体が動いてしまう．そこでケヤリは，中間の長さになっている体節で剛毛を起立させて「接地点」をつくってこれを防いでいる（Box 10.5 b(ii) 参照）．管の内側が非常に滑らかになっていて，そのほかの体節はスリップしている．

10.5.3 関節のある脚による移動運動

多くの多毛綱遊泳類では，はっているときには縦走筋はあまりはたらかず，体節間をまたぐ疣足の筋肉がおもにはたらいている．この傾向は，ウロコムシの仲間で顕著で，このような状態のものでは体壁の隔膜が退化または消失しており，運動には疣足の内在筋と外在筋が関与している．剛毛嚢の中にある内在筋で剛毛を伸ばしたり引っ込めたりさせ，内在筋と外在筋の両方で疣足を動かしている．疣足は上下，前後に動かすことができて歩行運動をするのである．このような歩行運動は，関節のある外骨格をもった動物でさらに発達している．

節足動物の甲殻動物門，鋏角動物門，単肢動物門は，地球上で多様化しよく繁栄している無脊椎動物群である．これらはすべて硬い外骨格をもっており，これによって関節のある脚をもつことができた．そのおかげもあって活発な移動ができるようになり，これら 3 つのグループの繁栄に寄与してきたと思われる．さらに，有翅昆虫類は翼を発達させた唯一の無脊椎動物で，翼により真の意味での飛行が可能となり，それが陸上での彼らの優勢の一因となっている．多系統の起源にもかかわらず，甲殻動

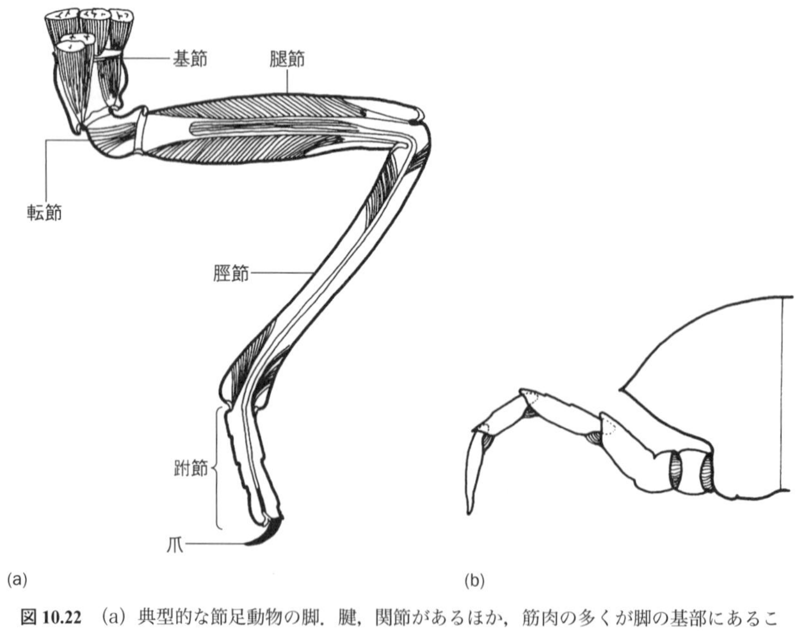

図 10.22 (a) 典型的な節足動物の脚．腱，関節があるほか，筋肉の多くが脚の基部にあることに注意．(b) 節足動物の脚の特徴的な姿勢．足を前に踏み出すときには，基部の関節が水平面内で前方に回転し，より遠部の関節は伸びる．

物，鋏角動物，単肢動物の最も進化した動物の歩行脚は，収斂進化の結果，非常によく似た構造をもっている．この脚は関節でつながったいくつかの要素からなり，先端に行くほど細くなっている（図10.22）．各関節は，一平面内でのみ曲がる．このような脚関節が脚の伸展と屈曲を可能にし，脚と胴体をつなぐ根元の関節で脚の屈曲面を回転させることで前進運動ができるようになっていることが多い．胴体は横方向に突き出した両脚につり下げられるように支えられていて（図10.22(b)），歩行中には重心が上下しないようになっている．

脚の根元が回転するにつれての脚関節の伸展と屈曲によって，足の先端を運動方向と平行にまっすぐに動かすことができる．脚は力学的な「てこ」としてはたらき（Box 10.4），脚の長い節足動物では，大きな力を比較的小さな負荷での素早い足運びに変換している．

移動運動の力を出す最も大きな筋肉は，脚の内部ではなく胴体の中にある．歩行中には胴体は上下運動をしないので，運動量の変化のおもなものは脚にのみ由来する．この運動量の変化は，根元から先端に行くに従って細くなるという脚に共通した構造によって最小限に抑えられている．多毛綱（図10.16）やいくつかのムカデ綱（後述）でみられるような胴体の横方向の波状運動では，実際に運動量の変化がみられるのであり，これを押さえたことは節足動物の進化に大きな影響を与えたであろう．

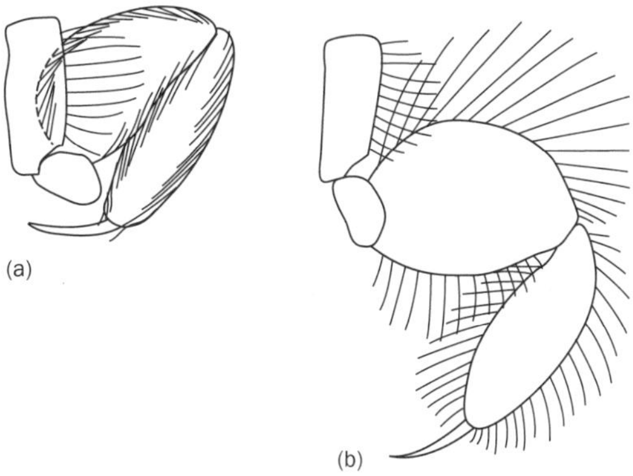

図 10.23　比較的レイノルズ数が小さな甲殻動物の遊泳において，異なる抗力を生じるための剛毛の役割．(a) 回復打の姿勢，(b) 有効打の姿勢（Hesseid & Fowtner, 1981）．

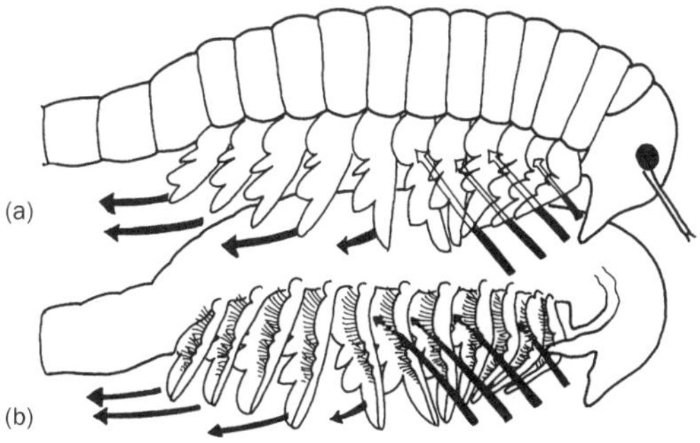

図 10.24　葉脚亜門の脚によって起こされる，遊泳と食物獲得のための水流．(a) 右外側から見た図，(b) 左内側をみた図．食物粒子は剛毛で濾しとられ，口へと運ばれる．水は腹部中央に引き込まれて後方に流れ，内肢（脚の内側の部分）のフィルターを通って外に抜けていく．

a.　甲殻動物の移動運動（海中の歩行は簡単に遊泳に変えることができる）

甲殻動物の脚は，いくつかのパーツからなるという設計プランに基づいている．すなわち，2つの対を成さない基部の節，葉状の副肢 epipod，対になった先端パーツ（外肢 exopod と内肢 endopod）である（図 8.34(b)～(d) 参照）．カシラエビ綱や鰓脚綱（ミジンコなど）のような葉脚亜門の甲殻動物では（図 8.34(b)～(d) をみよ），胸部の頭化していない各体節に同じような脚があり，移動運動と食物捕獲の両方の機能を担っている．

甲殻動物の脚は櫂の役割を果たすことができ，有効打においては水をとらえる面積が最大となり，回復打においては脚や剛毛を折りたたむことによってその面積をずっと小さくしている（図 10.23）．有効打と回復打で抗力が異なっているのである．しかし原始的な甲殻動物の遊泳は，脚間の空間を増減させることにもよっている．水は体の中心軸に沿った脚間の空間にとりこまれ（図 10.24），両側の脚の間を通って横に出て行く．一方向性の水流は，外側にある外肢が弁のようにはたらくことによる．食物となる粒子は内肢の剛毛でとらえられ，腹部の中央を通る食溝によって前方の口へと運ばれる．このように，脚の動きの継時的なリズムは，移動運動，食物捕獲，そして多分，呼吸にも，はたらいている．

甲殻動物の運動の特別な特徴は，歩行と遊泳を比較的容易に切り替えることができることである．エビ様の軟甲綱の多くは胸部に歩行脚，腹部に遊泳脚（腹脚 pleopod）をもっている（図 10.25）．歩行能力が失われたり（図 8.50(a) 参照），ロブスターやカニでみられるように，遊泳脚の役割の低下が，進化の過程でいろいろな仲間で起こっている（図

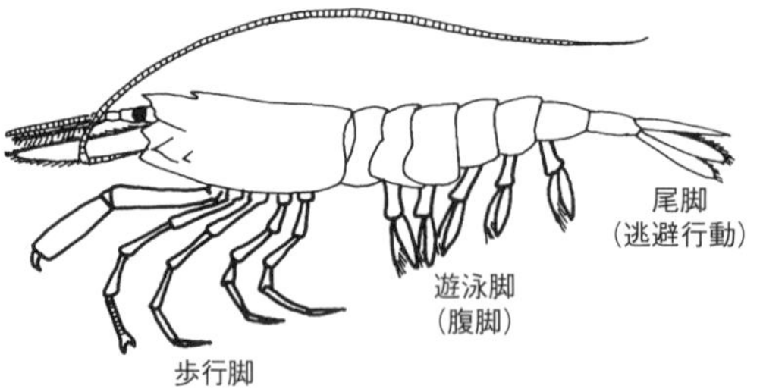

図 10.25 エビ様軟甲亜門の歩行脚と遊泳脚

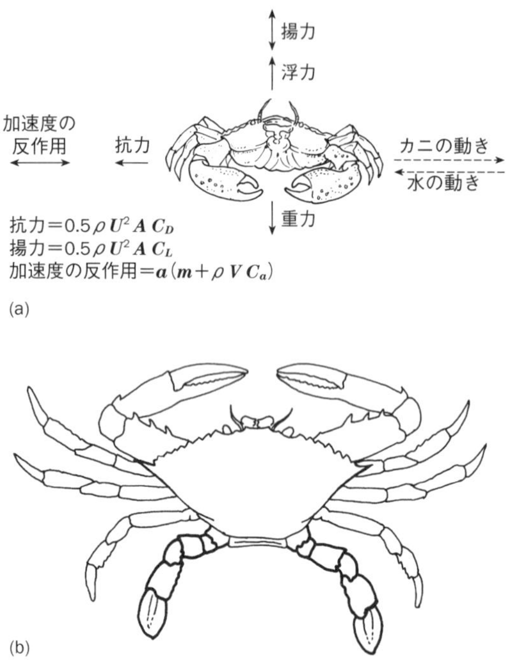

図 10.26 (a) 流水中を横に歩くカニに作用しうるさまざまな力．(b) 遊泳するアオガニ *Callinectes*．遊泳中には，いちばん後ろの脚は水中翼としてはたらく．

8.50(d)～(g) 参照)．ロブスターではまた，最後の腹部の対になった付属肢である尾脚 uropod による逃避行動がよく発達している (図 8.50(d)，(g) 参照)．腹部の強力な筋肉を収縮させて体を急激に曲げ，尾脚が水に力を及ぼしてロブスターは後方にすばやく動いて逃げる (Box 16.8 参照)．

カニ (十脚目短尾類) では腹部が退化しており，カニのほとんどが 5 対の胸部の脚で歩行する．水中での歩行には特有の問題がある．波や潮流などの水流により体がもち上げられて水底から離れがちで，水底に再着地してはじめて歩行を再開できる．カニのように水中を歩行する動物は，重力以外にかなり大きな力を受けている．動物が動くと抗力が発生し，場合によっては揚力もはたらくし浮力もはたらく．このような力を図 10.26(a) に示してある．動物体が水底に近接して存在すると，動物の上を流れる水流が変化し，水底から引き剥がされてしまうことがあるだろう．この理由から，陸上とは違って水中を歩行する動物は離れないように水底をつかんでいなくてはならないこともある．水中の移動では，水は抵抗となるだろうし，速い運動では揚力が発生することもある．それゆえ，歩行から遊泳に移行するのは比較的簡単なのである．カニの中には，歩行だけでなく遊泳にも適応したものもいる．ワタリガニの仲間アオガニ *Callinectes* などでは (図 10.26)，胸部の最後部の脚が平らになっていて遊泳を継続して行えるようになっている．アオガニは，この脚を回転させて水中翼としてはたらかせ，遊泳する．

b. 陸上の移動運動：歩行と走行

陸上生活においては，動物体は周囲の空気よりもずっと密度が高いので，体重を支える構造が必要である．頻繁にあるいはすばやく運動する動物は，地面と相互作用する硬い骨格を使っている．骨格は，曲げの力や脚の軸に垂直な力，脚のまわりのねじれ力など，骨格を変形させるかなりの力に抵抗しなくてはならない．

この性質をもった最も質量の小さな構造は中空の円筒である．すばやい運動には，関節 (硬い骨格要素間の柔軟性のある継ぎ目) や，腱 (筋肉などからの力を伝えたりエネルギーを蓄えたりする構造) も必要である．節足動物の外骨格は，このような条件すべてに理想的といってよいほど適合している．その基本となる物質はキチン (炭水化物とタンパク質の複合体) である．これは丈夫で柔軟性のある物質だが，これだけでは必要とされる硬い骨格を形成することはできない．タンパク質部分の間に架橋構造が形成されることにより硬くなる．この架橋タンパク質 (なめしタンパク質 tanned protein) は，スクレロチン sclerotin とよばれている．これによって，脊椎動物の硬骨に匹敵する硬さになったり，また，比較的軟らかくなることも可能で，節足動物の関節部分の柔軟性のあるつなぎ目を形成する．脚の各関節では，一平面内の屈曲のみが可能なのがふつうだが，これは内部の支持構造を発達させることによってそうしている．

単純な屈曲するちょうつがい型の関節では，筋肉のはたらきで曲がるが，それを伸ばすには，関節部の膜の弾性や，水圧機構がかかわっていることが多い．水圧機構とは，脚を伸ばす力が，脚中の血体腔内の液によって伝えられるものである．

陸上の節足動物の歩行運動では，胴体の横方向に伸びた脚の軸が回転するのがふつうである．ヤスデ綱には非常にたくさんの短い脚がある（図 8.23）．脚の運動の継時波（10.3 節の繊毛運動を参照）は前方に向かって進むので，おのおのの脚はすぐ後の脚につづいて歩行運動をする．このシステムは，比較的大きな力を脚にかけられるが最大速度は低い「ローギヤ」のシステムであるといえる．ヤスデは腐った樹木のような基盤上で生活する草食動物で，この歩行システムは彼らの生活様式に適している．

ムカデ綱の多くは，もっと速く動ける捕食性の動物である．ムカデがだんだん速く走るときの様子を図 10.27 に示してある．速くなるほど，地面に接している脚の数が減る．すなわち接地点の数が少なくなる．ムカデの低速歩行はゴカイの歩行に非常によく似ている（図 10.16）．しかし，速くなるほど接地する脚の数が減少し胴体の曲がり具合が大きくなっていく．

節足動物の脚の短いものでは，胴体の横方向の波状運動によって歩幅を増すことができるが，そうすると運動量の変化も大きくなる．これは，脚を長くしてその数を減らすことにより回避できる．脚同士がぶつかりあうのは，おのおのの脚が長軸方向に動く面をずらすことにより避けられる（図 10.28）．節足動物に属する諸門の進化史においては，歩行脚の数が減少する傾向が顕著である．甲殻動物門の中では，十脚目は 5 対の脚を有するが実際には 3 対か 4 対のみが歩行に使われることも多い．クモ綱は 4 対，昆虫は 3 対の脚しかもたない．歩行には，脚を上げ（持ち上げ elevation），前方に動かし（突き出し protraction），脚を下げ（降下 depression），胴体に対して後方に動かす（後引 retraction），ということが必要である．後引するときには，脚の先端は地面に着いているだろうから，胴体の重心はこれに対して前方に動くことになる．このとき，脚にある多数の関節の動きにより，胴体は地面から一定の高さに保たれている．

図 10.28 は，サソリが前進歩行する際の脚の軌跡の側面図を示している．個々の脚が胴体の中心軸から異なった距離を保って動くことにより，脚同士がぶつかりあわないようになっている．個々の脚の運動の軌跡はやや異なっているが，こんなことができるのも，多数の関節が複雑に協調しているからである．図 10.29 に示したように，一般に脚の運動の軌跡は，このように重ならないようになっている．ほとんどの節足動物は，脚の根元の関節を回転させて前進歩行をする（図 10.29(b)～(d)）．しかし，カニは横向きに歩行する．このとき，「突き出し」は先端に近い関節を伸ばすことによってなされる．

脚が少ない場合には，同時に何本かの脚を動かしてしまうと，胴体を安定に保てないという問題が生じる．脚が 3 対しかない昆虫では，安定性を保つには，少なくとも 3 本の脚がいつも地面に着いてい

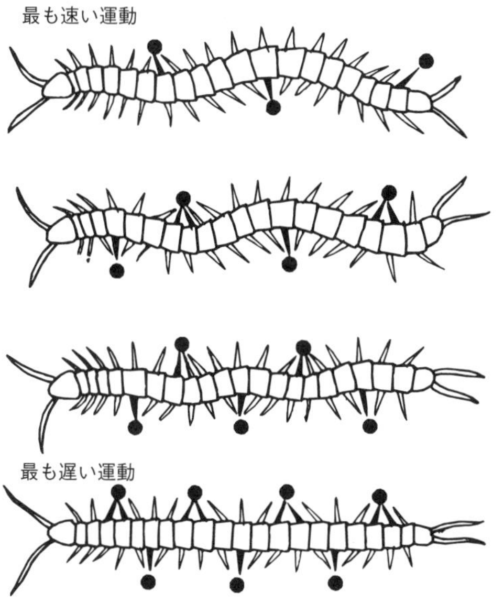

図 10.27　だんだん速く走るムカデの模式図（上にいくほど速い）．黒点の部分で，脚の先端が地面に接して固定されている（Manton, 1965）．

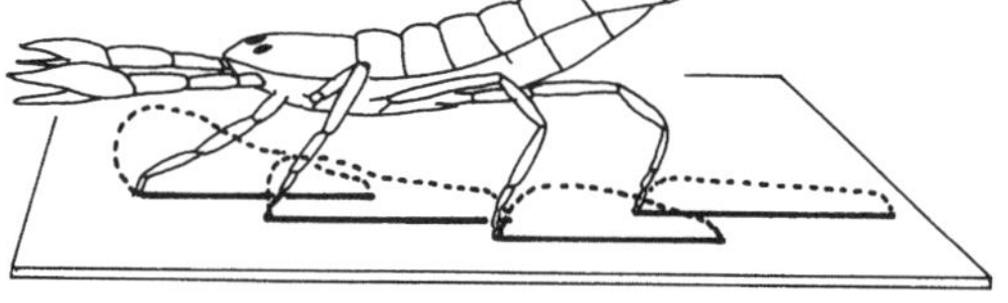

図 10.28　サソリの歩行における脚の運動の軌跡を横から見たもの．点線は前への振り出し．個々の脚の軌跡が互いに交わらないことに注意（Hesseid & Fowtner, 1981）．

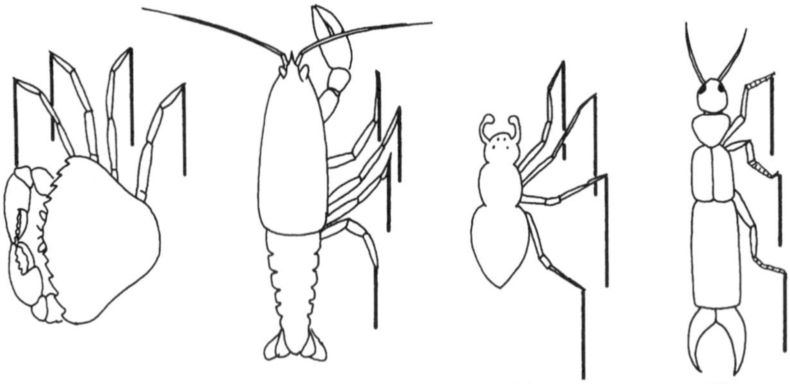

図 10.29　いろいろな節足動物の脚の軌跡，(a) カニ，(b) ロブスター，(c) クモ，(d) 昆虫 (Manton, 1952).

て，胴体の重心がこの3本の脚の先端がつくる三角形の内側にくるように脚を動かす必要がある．昆虫で最もよくみられる歩行パターンは，この要請にかなっている．3本ずつの2組の脚が交互に動き，おのおのの組は接地したときに体を安定に支える．個々の体節にある左右の脚は，互いに位相が完全にずれるように周期運動をしている．このようなことは，ゴカイ（図 10.16）やムカデ（図 10.27）のような脚が多い動物にもみられる．歩行の速さを変えても「2つの三角形の脚運び」に変わりはないが，速くなるほど，脚を上げている時間（p）と着地している時間（r）の比 p/r が増加する傾向が際立っている．

「2つの三角形の脚運び」に変化が加わっている場合もあり，とくに，カマキリのように1対の脚がほとんど歩行に寄与しなくなって他の機能をもつようになった昆虫にみられる．

10.6　遊泳と飛行

流体（水や空気）中の動物の運動，すなわち遊泳や飛行では，接地点をつくる必要がない．そのかわり，媒体（水や空気）を動かす力を発生させる必要がある．作用と反作用の力は大きさが同じで向きが逆なので，媒体の動きとは逆向きの力が動物にはたらいてこれを動かすことになる．流体中のこのような運動は，水中では「遊泳」，空気中では「飛行」とよばれる．この運動の解析は技術的に難しく，以下に述べる解析や記述は，近似にすぎないことを断っておく．とくに，飛行は，最新の記録技術によって研究が進展してきてはいるが，なにせ満足のいく解析が困難なことで悪評の高いものなのである．これに関係する非定常的な動力学を理解しなくてはならない．

10.6.1　遊　泳

10.3節で述べたように，非常に小さな無脊椎動物は繊毛運動によって遊泳する．しかし大きな無脊椎動物は筋肉の力を使う（融合した繊毛からなる櫛板をもったクシクラゲ類を除く）．そのためには，筋肉で発生した力を動物が遊泳をする媒体（通常は水）に伝えなくてはならない．大きな動物では，レイノルズ数は1よりも大きく（10.1節参照），体の慣性を無視できない．

レイノルズ数が1よりも大きい動物は，水の塊を動かすことによってのみ遊泳できる．いいかえると，伴流（航跡）wake をつくりながら泳がなくてはならない．大きな船が大洋を航行するときにはどうしても伴流が残り，このことは遊泳や飛行にもあてはまる（10.6.2項参照）．遊泳によって生じる水の動きは，「渦」という回転する水の塊から成り立っている．この水塊中のエネルギーを解析することにより，動物が発生する力を理解することが可能となる．熟練した水泳選手が平泳ぎをするときには，まわりに渦の発生しているのがみえるだろう．初心者の水泳ではレイノルズ数は比較的小さく，その運動は前進と停止を繰り返す．小さな甲殻動物の多くにとって水は粘性の高い流体であり，彼らの泳ぎは初心者のそれによく似たものとなる．しかし，熟練した水泳選手ではレイノルズ数はかなり大きな値となり，その運動は前進と停止を繰り返したりはせず，速さが変化せずに滑らかに前進する．

（熟練の水泳選手によってつくられる）渦が，なされた仕事の記録を提供している．このような遊泳は，とりわけ脊椎動物に特徴的であるが，（水中で中性浮力にはなっておらず軟らかい体をした）無脊椎動物にも揚力を発生して前進できる多くのものがいる．つまり渦を発生して泳ぐ無脊椎動物も多いのである．これらの遊泳の機構は，おもにつぎのように分類される．①（滑らかな体表をもった動物における）後方に伝播する波によるもの，②（水などの）媒体をパドルやオールでこぐもの，③媒体をジェット噴射するもの．

レイノルズ数が1より小さな小動物は，渦を利用して泳ぐことはできない．それでも彼らは泳げるのだが，それは押すときの粘性力と引くときの粘性力の差によっているのである．

波状運動による遊泳の力学的な解析の多くは，ウナギの運動の研究に基づいている．しかし，同様の遊泳運動は，滑らかな体表をもつ蠕虫形の無脊椎動物でもみられる．ヒル *Hirudo* がそのよい例である．ヒルが泳ぐときには，その体を背腹方向に平らにして逆行性の波を発生させる．外界に対するこの波の伝播の速度（U）は，体が移動する速度（V）よりも大きい．この型の遊泳運動の原理を Box 10.6 にまとめてある．

体表がでこぼこした多毛類の遊泳はこれとは様相が異なり，波は移動運動の向きと同じ向きに，後方から前方へと伝わる．これには，幅広のつばが突き出ている体の振動による複雑な流体力学が一部かかわっている．また，縦走筋の収縮の波の山が通過するときに疣足が水をかくことでほとんどの推進力が得られている．この（縦走筋の収縮の）波は前方に伝わるので，個々の疣足はすぐ後ろの疣足に引きつづいて水をかくことになり，疣足同士がぶつかりあわないようになっている（疣足がぶつかりあわないようにする他の唯一の方式は，すべての疣足が同時に水をかくというものである．多毛綱はこの方式をとることはできないが，大学のボート競技エイトではこの方式が採用されている）（図 10.16(b) もみよ）．

多くの大型の脊椎動物は推進と滑走を交互に繰り返して泳ぐ．すなわち水をかくことは間欠的に行われ，運動エネルギーが体に蓄えられるので水をかいていないときにも前進するようになっている．大型の動物では，比較的大きな水の塊を比較的遅い速さで加速するだけの力を発生でき，こうすることにより「努力を運動量と交換」して，大きな運動量を得ることができる．この関係は，つぎの式で表される．

$$m_W u_W = mu$$

ここで，m_W は動かされる水の質量，u_W は水の速さで，m は動物の質量，u は動物の速さである．この式は動物の運動における運動量を定義しており，その単位は $\mathrm{kg\,m\,s^{-1}}$ である．

これとは異なり，少量の水を高速で動かす方式をとっている動物もある．この方式はジェット推進として知られている．少量の水を小さな孔から噴き出して速い水流を起こすのが典型的なやり方である．こうするには，十分な加速を得るための大きな力を出す必要がある．こうする代謝コストは非常に高く，この方法はおもに逃避行動に利用されている．逃避によって得られる利益（すなわち命そのもの！）は，高いコストにみあったものなのである．ロブスターなどの甲殻動物は尾を強く打って，また，ホタテガイは貝殻を激しく開閉して逃避行動を行う．ヒトデなどの外敵に襲われたとき，ホタテガイは2枚の貝殻を開いて，すばやく閉じる．外套腔に貯められた水が外套膜のへりから蝶番の後ろへと噴き出し，ホタテガイは「パクッと前にとび出す」のである．

水の塊を加速するのに必要なエネルギーは，$0.5 \times m_W u_W^2$ で与えられる．速い水流を得るためには，大きなエネルギーが必要となる．逃避行動は一過性のものであって，ずっとつづける必要はなく，速度を変えて餌にされそうな動物を安全な場所，つまり「別の次元」へと移せればよいのだから，無気的な呼吸によって行われてもまったく問題ない．

しかし，ジェット推進を用いて継続して長距離を移動する動物もいる．クラゲは，速度は遅いが泳鐘を振動させて水を噴き出して泳ぐ．また，軟体動物頭足綱でもジェット推進がみられる．タコ *Octopus* などは，他の動物と同様，逃避行動においてのみジ

Box 10.6　体表面が滑らかな蠕虫の遊泳

1. 体表面が滑らかな動物の遊泳は，体の一部分の動きを考えることによって解析することができる．

2. このような体の一部分は8の字を描いて運動し，それが運動方向の中心軸を通過するときに横断軸となす角を θ とする．この解析では単純化して，この体の部分が中心軸上にあるときにはたらく力のみを考えることにする．

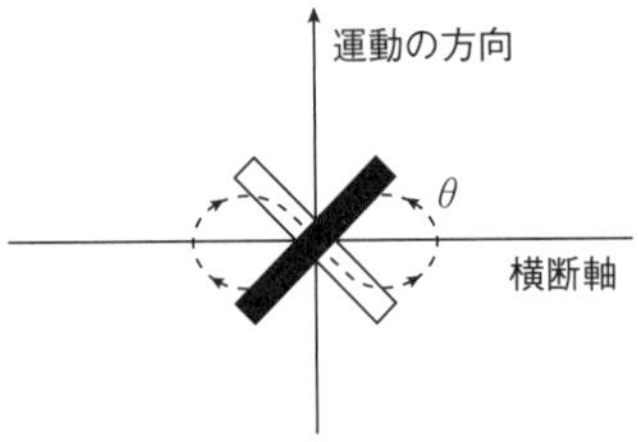

このときにはたらく力を理解するためには，力の分解に関する知識を必要とする．

3. はじめに，動物体の重心は静止しているとする．いま考えている体の部分が前後の中心軸を通過するとき，この部分は力 F を作用させて水の塊を動かす (Box 10.2 参照)．

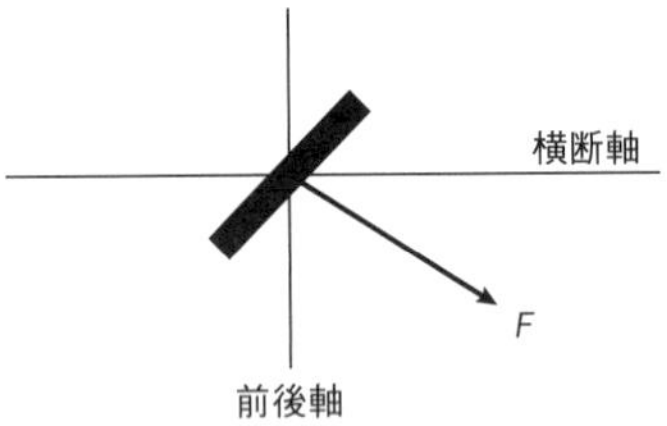

力 F の成分の1つ F'' は体の表面に沿って水を動かすが，もう1つの成分 F' は体に垂直にはたらいて水を動かす．

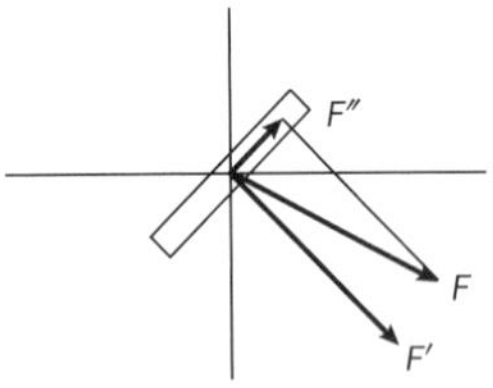

力 F' と大きさが同じで向きが反対の反作用 RF' は，動物の運動の向きに平行な成分と垂直な成分に分解される．

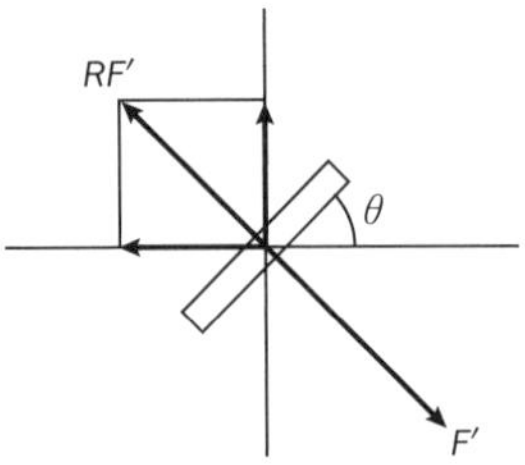

運動の波が1周期通過すると垂直の成分はキャンセルされて0になるが，平行の成分は加算されて動物体の前進運動に寄与する．

動物の速度が増すにつれて，いま考えている体の部分の長軸と，その部分が運動する方向がつくる角は，小さくなっていく．この角は「迎え角」(α) とよばれる．

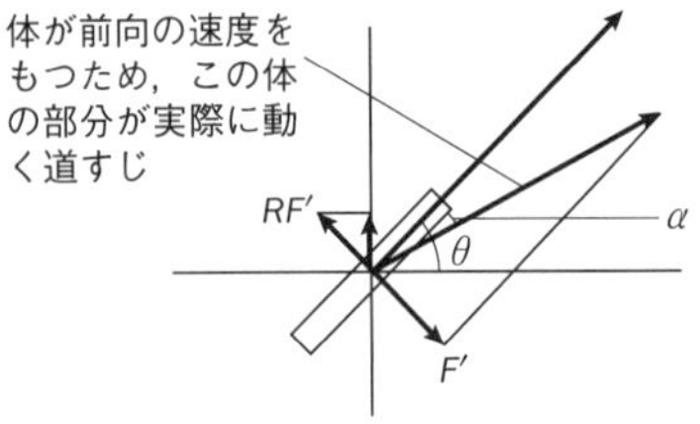

このことによって，反作用の，動物の運動の向きに平行な成分は，小さくなっていく．動物は，この力の成分が水の抵抗力とつり合うまで加速することになる．

ェット推進を使うが，長時間にわたってジェット推進を継続して泳ぐ頭足綱もいる．その原理は Box 10.7 に説明してある．発生するジェットの圧力や得られる速度は，頭足綱の種によってかなり異なる．原始的な頭足綱オウムガイ *Nautilus* では圧力は小さい．移動のコストとは，単位重量・単位距離あたりに使われるエネルギーで，J kg^{-1} m^{-1} の単位で表される．図 10.30 に，何種かの頭足綱の移動コストと，クラゲや代表的な硬骨魚類のサケのそれとを比較してある．クラゲの速度は小さいが，コスト

Box 10.7　ジェット推進

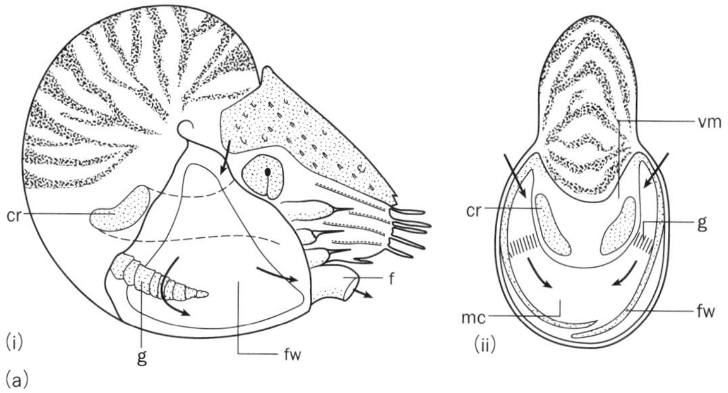

(a)

(a) オウムガイの推進装置の解剖図．(i) 側面図，(ii) 断面図．mc：外套腔，f：漏斗，fw：漏斗翼筋，g：鰓，cr：頭部牽引筋 (Chamberlain, 1990)

1. ジェット推進では，体の中に貯めた少量の水に速度を与えて噴き出す．この水に対する力と反作用力とは，運動の方向に沿って作用する．

2. オウムガイ *Nautilus* のような原始的な頭足綱のジェット推進では噴射する水の圧力は低く，移動速度も比較的ゆっくりである．

3. 現生のほとんどの頭足綱では，発生する水圧や移動速度はオウムガイの場合よりも大きい．イカでは，外套腔内の圧力はこれをとりかこむ筋肉の収縮で高められる．そのため，外套腔の体壁のあらゆるところで面に垂直の力が生じることになる．

$$力=圧力\times面積$$

噴射の推進力 ($kg\,m\,s^{-2}$) は，噴射の速度 u_j ($m\,s^{-1}$) と噴出量 Q ($m^3\,s^{-1}$) と水の密度 d_W の積に等しい．この推進力は外套腔内で発生する圧力 p (Pa) と噴射口の面積 A (m^2) に依存する．

この関係式は，つぎのようになる．

$$u_jQd_W=2Ap$$

4. 噴射される水の質量は動物体の質量よりも小さいので，動物体の動きよりも噴射される水のほうが速い．このようなジェット推進では，エネルギー効率は低い．

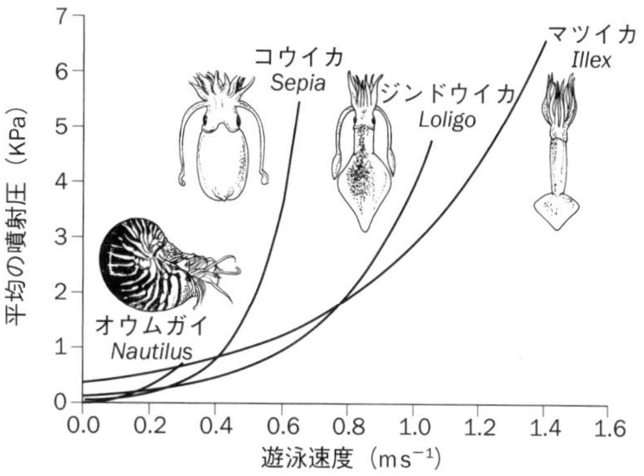

(b) さまざまな頭足綱の噴射圧と得られる遊泳速度

5. 外套腔を収縮させる筋肉によってなされる仕事の一部は，弾性体である体壁を変形させるために使われる．外套腔の体積を元に戻す拮抗筋も存在する．図 (a) に示されている頭部牽引筋がこれにあたる．

も小さく，サケと同じくらいである．頭足綱の移動コストは，ホタテガイの逃避行動における移動コストよりはずっと小さいが，(通常の移動速度の範囲において) 硬骨魚類のものよりもずっと大きい．頭足綱は海産無脊椎動物の中で真の運動選手であるといえる．彼らがどのようにしてこのようなエネルギーコストを維持し，また，海流に乗って泳ぐことによってコストを低く抑えているかなどは，これからの研究課題である．

10.6.2　飛行：空を征服した無脊椎動物

a.　飛行の起源

無脊椎動物がみせてくれるさまざまな運動様式の中でも，昆虫の飛行ほど注目すべきものはないだろう．昆虫は飛行によって外敵から逃げ，食物を獲得し，配偶相手をみつける．昆虫が飛ぶことは誰でも知っているので，われわれはそれを当たり前のことだと思っている．しかし，昆虫の飛行の起源，そしてその仕組みは，どうなっているのだろう？

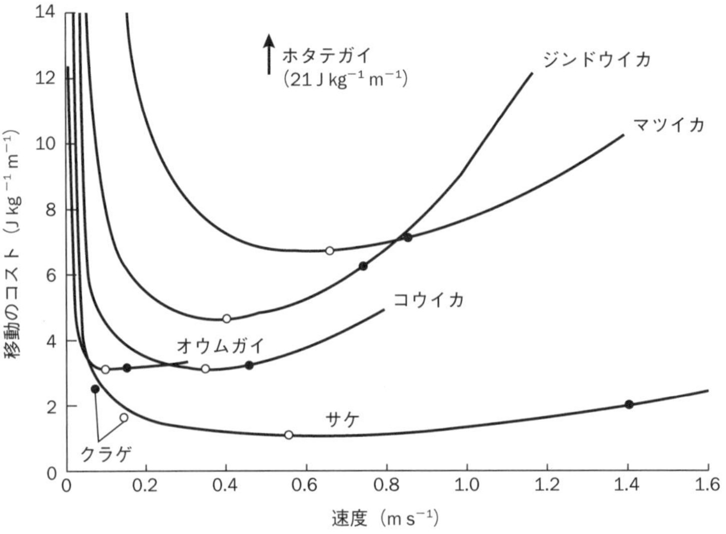

図 10.30　Box 10.7 にとりあげられている頭足綱の，さまざまな速度における移動のコスト．比較として硬骨魚類サケのものも描いてある．（O'Dor, R.K. & Weber, D.M.：*J. exp. Biol.*, **160**, 93-112, 1991）．

翅をもった昆虫の起源に関する化石の証拠はまったくみつかっていないので，約3億年前に起こった昆虫の祖先における飛行の進化については，他の情報から推測するしかない．昆虫の翅脈には共通のパターンがあるので，飛行の獲得は1回のみ起こったのではないかと考えられる．しかし，その後の進化において昆虫の飛行はじつにさまざまに変化し，現在では多数の異なる飛行様式が存在する．昆虫の翅は成虫の構造であり，成虫においてのみ完全に機能している．幼虫や蛹には機能する翅はない．完全変態の有翅昆虫類では翅は内部成虫原基として発生するが，不完全変態の有翅昆虫類では外部成虫原器である．

エネルギーを使って行う飛行のための翅は，何か他の機能をもった原始的な翅から進化したに違いない．1つの可能性は，滑空する昆虫から進化したのではないかということである．しかし，これ以外にも可能性はある．現在でもある種の水生幼虫で呼吸と運動に使われている，可動性の鰓板から進化した，という可能性である．カワゲラの仲間 *Allocapnia vivipara* は，飛ぶことはできないが，翅を帆として使って水上を移動する．翅は風を受けて（羽ばたくことはないが）空気力学的に運動をするのである．他のカワゲラの仲間 *Taeniopteryx burksi* などは，翅を羽ばたかせて水上帆走の助けとするが，飛行はできない．このことは，昆虫の翅が水生昆虫の可動性の鰓板が半水生の過程を経て進化してきたかもしれないと思わせる．

昆虫の翅の起源がどのようなものであったにせよ，その後の3億年の間に飛行の機構は何度も変化し洗練されて今日にいたっている．その結果，現生の昆虫は，構造的，空気力学的にみて非常に多様な適応をみせてくれるのである．昆虫の飛行様式は，鳥類やコウモリのものよりもずっと多様性に富んでいる．図 10.31 にさまざまな昆虫の翅の形を（実際には大きさが非常に異なるのではあるが）同じ大きさになるようにして描いてある（図 8.29，8.31 も参照）．

滑空や飛行を可能にした陸生昆虫の翅は，体温調節や呼吸にも関与してきた可能性がある．実際，チョウ目など多くの昆虫は翅で太陽エネルギーを吸収して体温を上げるし，また，ハチ目（ミツバチ，スズメバチなど）の昆虫は飛行に先立って，翅を羽ばたかせて体温を上げる．昆虫の翅は，もともとは体温調節や呼吸の器官であったのだが，体に対して大きくなったことによって状況が変化し，飛行という機能を獲得したのだという説がある．しかし，これまでに述べたように，これはあくまでも1つの可能性である．

初期の昆虫の飛行においては，翅は比較的ゆっく

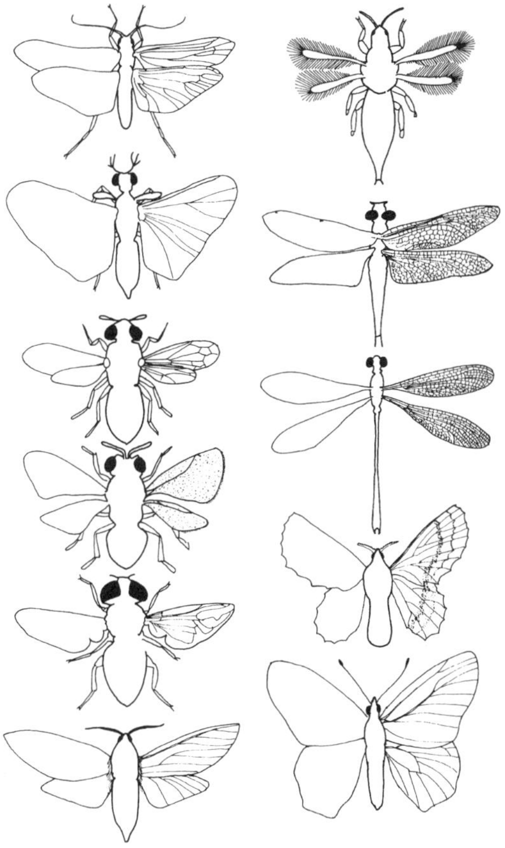

図 10.31 昆虫の翅の形．ここにはすべてほぼ同じ大きさで描かれているが，実際の大きさはかなり異なっている（図 8.29 も参照）(O'Dor & Weber, 1991)．

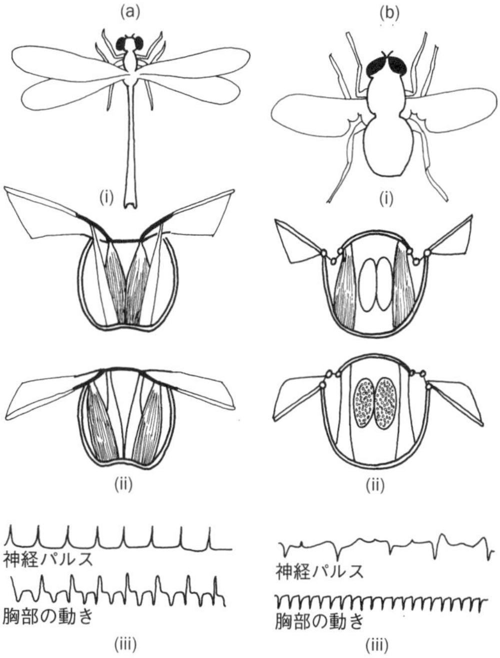

図 10.32 昆虫の飛行における，構造，神経，筋肉の適応．(a) トンボ目などにおける直接飛翔筋：(i) 典型的なトンボ；(ii) 上下，トンボの胸部の横断面．翅の根元に直接飛翔筋がつながっている，(iii) この型の昆虫における同期した神経パルスと胸部の動き．(b) ハエ目などにおける間接飛翔筋：(i) 典型的なハエ；(ii) 上下，胸部の横断面．拮抗するおもな間接飛翔筋がみえる；(iii) この型の昆虫における非同期的神経パルスと胸部の動き (Pringle, 1975)．

りと動き，滑空飛行が可能だったと思われる．この飛行においては，定常的な空気力学の力がはたらく．しかし，現生の昆虫がみせる羽ばたきによる飛行の空気力学を理解するには，非定常状態や不安定な気流を考慮しなくてはならない．

b. 翅の運動の力学と制御

トンボやバッタの仲間は比較的大きな昆虫で翅をゆっくりと動かす．飛行に使われる筋肉は，翅の付け根に直接つながっている（図 10.32）．翅の根元の内側に直接つながっている筋肉が収縮すると翅をもち上げ，外側につながっている筋肉が収縮すると翅を下げる．このように配置している筋肉を「直接飛翔筋」direct flight muscle とよぶ．トンボでは，直接飛翔筋を刺激する神経パルスと筋肉の収縮には，図 10.32(a) (iii) のように 1 対 1 の関係がある．このように，収縮とそれを刺激する神経パルスに 1 対 1 の関係がある飛翔筋を「同期筋」synchronous muscle という．

トンボやバッタには，胸部の内壁につながっている飛翔筋も存在する．これらの筋肉が収縮すると胸部が変形し，これによって翅が動く．このような筋肉を「間接飛翔筋」indirect flight muscle とよぶ．トンボ目の間接飛翔筋は比較的小さいが，大多数の昆虫では間接飛翔筋は大きくて飛行における力発生の大部分を担っている．

間接飛翔筋は，それがつながっている胸部体節を変形し，外骨格の弾性に蓄えられたエネルギーを利用して機能している．図 10.32(b) のように，鉛直方向に走る 1 対の背腹筋と，前後軸方向に水平に走る 1 対の縦走筋が拮抗している．胸部は，背板，側板，腹板から成り立っている（図 10.33）．翅は背板から横に伸びた突起であり，側板が上部に突き出した翅突起に翅は乗って関節をつくってつながっている．

縦走飛翔筋が収縮すると背板が上方に湾曲し，翅は振り下ろされる．背腹飛翔筋が収縮すると背板が下がって平らになり，翅がもち上がる．翅は力学的な「てこ」であり（Box 10.4 参照），背板の小さな動きが翅の大きくて速い上下運動となる．このような仕組みが，多くの昆虫の曲芸的で敏捷な飛行を可能にしているのである．

このシステムには多くの特色がある．背板は1つの安定状態から別の安定状態へと移行し，移行の際に弾性エネルギーを蓄える．飛翔筋の収縮は背板を動かして側板を変形させ，側板に弾性エネルギーが蓄えられる．中間点を過ぎると変形した側板の弾性エネルギーが解放されて，翅はもう1つの安定状態へとすばやく移行する．かつては，翅が2つの安定状態間をカチッカチッと行ったりきたりすると考えられていた(クリック機構, 図 10.34)．しかし，翅の運動学の詳細な研究により，これが間違いであることがわかってきた．クリック機構だと，翅は中間点に向かって動くに従って動きが遅くなり，中間点を過ぎると速度を増すことになるのだが，このようなことは実際には観察されず，胸部外骨格がどのようにエネルギーを蓄えて解放するのか，その詳細は今後の研究課題となっている．

飛行している昆虫によってなされる仕事は，翅と，翅によって動かされる空気とを加速する仕事を含んでいる．翅が減速するときには慣性エネルギーの多くが弾性システムに蓄えられ，つぎの翅の運動に利用される．直接飛翔筋をもつトンボ目では，このエネルギーは外骨格中にある弾性タンパク質レジリン resilin に蓄えられる．また，マルハナバチの研究からは，かなりの量のエネルギーが間接飛翔筋そのものの弾性に蓄えられることが示唆されてい

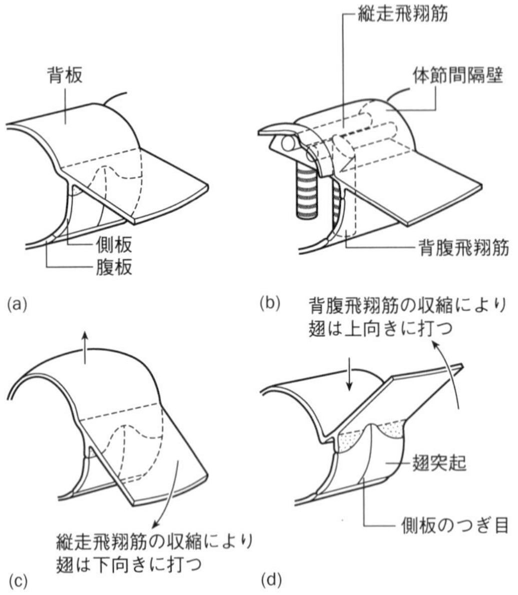

図 10.33　昆虫の胸部外骨格の内壁につながった間接飛翔筋による翅の運動の生成．(a) 胸部外骨格の3つの構成要素：背板，側板，腹板．(b) 外骨格の弾性によって，背腹飛翔筋と縦走飛翔筋が互いに拮抗している．(c) 翅は背板に連続していて，側板の翅突起に関節を介してつながっている．縦走飛翔筋の収縮によって背板が上方に湾曲し，翅は下方に動かされる．(d) 背腹飛翔筋の収縮によって背板は平らになり，翅は上方に動かされる．

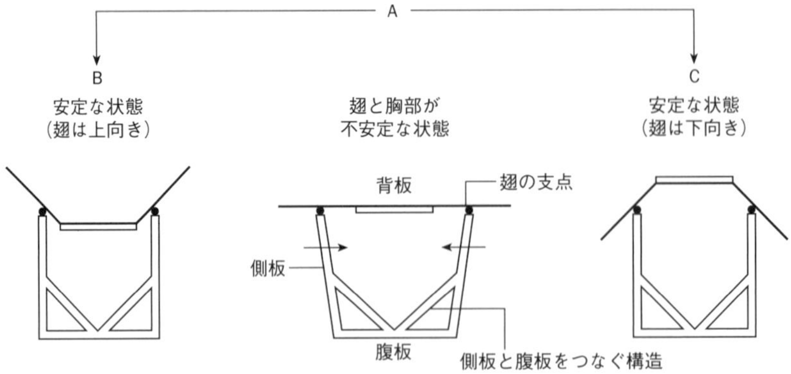

図 10.34　力学的に安定な2つの状態を行き来することによって昆虫の翅が動くことを示した模式図．「上向き」(B) と「下向き」(C) の状態は安定であるが，翅が水平の位置を通る中間点の状態 (A) では弾性体である側板が外側に変形しているので不安定である．この運動機構によると中間点において翅の運動の速さが極小になるが，詳しい解析によるとそのようにはなっておらず，このクリック機構だけで翅の運動を説明することはできない (Backenbury, J.：*Insects in Flight*., Blandford, London,. 1995)．

る．これによると，マルハナバチの翅は，かなり強いばねの性質ももつ拮抗する2つの筋肉に引っ張られる振り子のようにふるまっているのである（図10.35）．

間接飛翔筋をもった昆虫の中には，飛翔筋を駆動している神経において，神経パルスと筋収縮が1対1に対応しているものもいる．したがってこれは同期筋である．しかし，多くの場合は，筋収縮の頻度が神経パルスの頻度よりもずっと高い（図10.32(b)（iii））．このような筋肉は「非同期筋」asynchronous muscleとよばれている．非同期性は，単位時間あたりの筋肉の収縮と弛緩の回数を多くすることを可能にした適応であるといえる．小さなハエの中には，振動数が1秒間に数百回にもなるものがいる．これは，筋肉が伸長されることに敏感だからである．一方の間接飛翔筋が収縮すると，拮抗する飛翔筋が引き伸ばされる．これが，直接，新たな収縮を引き起こすのである（図10.35参照）．通常，非同期筋は，ハエ，ミツバチ，スズメバチ，甲虫など，小さな昆虫にみられる．チョウやガは，大きな，同期筋ではあるが間接飛翔筋をもっている．

以下に述べるように，昆虫の飛行の空気力学は，単純な翅の上下運動によるものではない．翅の微妙な調整やひねりがかかわっている．大きな間接飛翔筋による翅の振動運動を，小さな直接飛翔筋によって調節しているのである．この仕組みが，方向転換や曲芸的な飛行を可能にしている．

c.　揚力と渦を発生させる翼としての翅

昆虫における飛行の進化は，翅を折りたたむ機構の発達と関連してきた．現生のトンボ目のような原

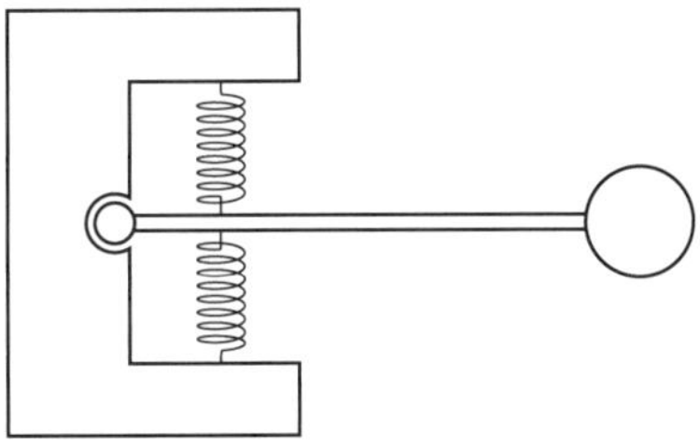

図10.35　昆虫の翅の力学的モデル．ばねが伸ばされるとエネルギーが蓄積し，共振を引き起こす．ばねの力と慣性力が十分に大きいので，翅にかかる重力は無視することができる（Josephon, R.K.：*J. exp. Biol.*, **200**, 1227-1239,. 1997）．

始的な昆虫の翅は，左右両側に伸ばしたままの状態で運動を停止する．つぎの発達段階では，カゲロウやチョウにみられるように，翅を垂直にたたむことができるようになる．さらに発達すると，翅を腹部の上側に完全に折りたたむことができるようになる．こうすれば成虫でも狭いところに潜り込んで隠れた場所にすめるわけで，新しく進化した目においては，こんなふうに翅を折りたためるようになっている．このことがつぎに，コウチュウ目（甲虫）にみられるような，保護機能をもった翅を収めるケースである翅鞘の進化を可能にした（図8.31）．

昆虫の2対の翅は，同期して動くことによって1つの空気力学要素としてふるまうことが多い．チョウやガ（チョウ目），ミツバチやスズメバチ（ハチ目）がそのよい例である．コウチュウ目では，前側の1対の翅は保護機能をもった翅鞘になっているが，飛行中には空気力学的に重要な機能を担っているかもしれない．ハエ目（ハエ，アブ，カなど）は最も曲芸的な飛行をする昆虫であるが，後側の翅が特殊な感覚器官（平均棍）になっている．平均棍が翅になってしまう突然変異体が存在し，このような形でこの器官が翅に起源をもつことがわかるのは興味深い（第15章参照）．

進化した昆虫の飛行術はじつに巧妙である．ハエ目の飛行に特徴的な非同期的神経パルス（図10.32(b)）は飛翔筋を興奮状態に保ち，筋細胞内カルシウムイオン濃度は高い状態に維持される．この場合，翅の振動数は，胸部の物理的性質と飛翔筋のばね的な性質によって決まる．間接飛翔筋の一方の収縮が拮抗する飛翔筋を引き伸ばしてその収縮を誘起する，ということを繰り返し，筋肉が興奮状態にある限り，この振動が維持されるのである．

昆虫の翅は単純な硬い板ではなく，（表面にひだがあることも多い）柔軟性に富んだ構造体である．飛行中の翅の形は，それにかかる空気の圧力や脈相（翅脈の分布）によって変わる．翅の表面に微小な毛や鱗粉をもっているものも多く，これらが，翅の表面の空気の流れに大きく影響している．昆虫の飛行に関しては単純なモデルは存在せず，昆虫の種類によって飛行のメカニズムはじつにさまざまである．しかし，いくつかの一般原理を提示することは可能である．空気中を一定の速度で飛行する場合には，2つの力が作用する．重力の作用による下向き

の力と，運動とは反対向きの力で空気の粘性による「抗力」である．したがって，翅は，これらの力と同じ大きさで反対向きの力を発生させなくてはならない．これらの力は，「揚力」と「推力」とよばれる．揚力が重力の力よりも大きいと昆虫は上昇し，推力が空気の抗力よりも大きいと加速することになる．

空気は流体であり，船が，動く水の航跡を残して航行するように，昆虫の翅も空気の動きを生じることなしには，揚力や推力を発生させられない．昆虫の飛行運動においてはレイノルズ数は大きく，慣性力が重要である．飛行中，昆虫の翅は回転しており，揚力と推力は，翅が上に打つときにも下に打つときにも発生している．一般に，翅が上に打つときにはその前端は上向きに，翅が下に打つときには前端が下向きになるように回転して，「迎え角」が変化している（図 10.36）．翅の先端は，昆虫の体に対して楕円か 8 の字を描くように動き，地面に静止している観察者からみると，昆虫が前進しているために，ノコギリの刃のような形を描くことになる．この動きのパターンも図 10.36 に示してある．

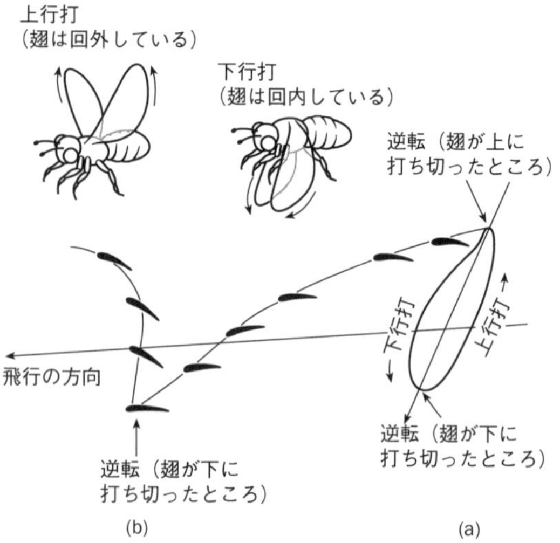

図 10.36　ショウジョウバエ *Drosophila* のような昆虫の飛行における翅の運動の軌跡．(a) 閉じたループは（昆虫の体に対する）翅の先端の動きを示している．(b) 観察者からみた翅の先端の軌跡はノコギリの刃の形となる．黒く示した翅の断面は，翼としての翅の「迎え角」が変化することを示している．迎え角は，翼と気流の方向がなす角である（Box 10.6 参照）．翅が下に打ちはじめるに先だって翅が回転して下向きになり（回内），上に打ちはじめるに先だってあおむけになる（回外）．翅が下に打つときも上に打つときも揚力が発生している（Brackenbury, J.：*Insects in Flight*., Blandford, London,. 1995）．

ほとんどの昆虫の飛行における揚力係数は一般的な翼より大きく，定常的な翼の空気力学によって説明することはできない．昆虫の飛行を理解する鍵は，翅の動きによって非定常的で不安定な力が発生しており，この結果として昆虫が空気の渦を「航跡」として残しながら飛行しているというところにある．翅が空気中で動くと，翅のまわりに空気の循環流が生じる．飛行中，この空気の管状の渦が翅の先端から放出される．その原理は Box 10.8 に説明してある．空気の塊を動かしてそれを後方に放出するには，力を発生する必要があるのは明白で，この力の反作用が，推力や揚力といった前向きや上向きの力の成分をもっているのである．

昆虫の飛行によって起こる空気の動きを観察する 1 つの方法は，煙の粒子を含んだ気流の中で昆虫を飛ばしてみるやり方である．空気の流れの形や性質は非常に複雑で，翅が空気中を動くときの細かな形態に依存している．図 10.37(a) は，タバコスズメガの仲間 *Manduca* をつなぎとめて煙の粒子を含んだ気流中を飛行させたときに発生する一連の渦の写真である．また，図 10.37(b) に，この渦の要素を図示してある．昆虫の両側の翅が打ち合わされて，つぎに離れていくとき，まず力学的強度が高い前端部が引き離されていき，両翅の隙間に生じる低圧の隙間に空気がどっと流れ込む（図 10.38）．空気の動きが最高速度に達すると，渦が放出されるまで，翅はそれ以上の力学的な仕事ができない．渦の放出は，翅が下方に打ちきって動きの向きを上方に変えるときにしばしば起こる．翅の脈相は飛行中に起こる翅の変形に影響し，渦の発生や放出にも影響を与える．さらに詳細な点について Box 10.8 に説明してある．

チョウのような大きな昆虫は，離陸するときに必要な大きな揚力を，翅を合わせてさっと開くときに生じる渦を利用して得ている（これは「パチンと閉じてサッと開く機構」clap-and-fling mechanism とよばれる）．これについても Box 10.8 に説明してある．

昆虫の飛行の適応はじつに多様である．大きなコウチュウ目の飛行においては，レイノルズ数が 23000 にもなり，硬くなっている前翅は飛行機の翼と同じように機能する．また，ある種の昆虫のもつ

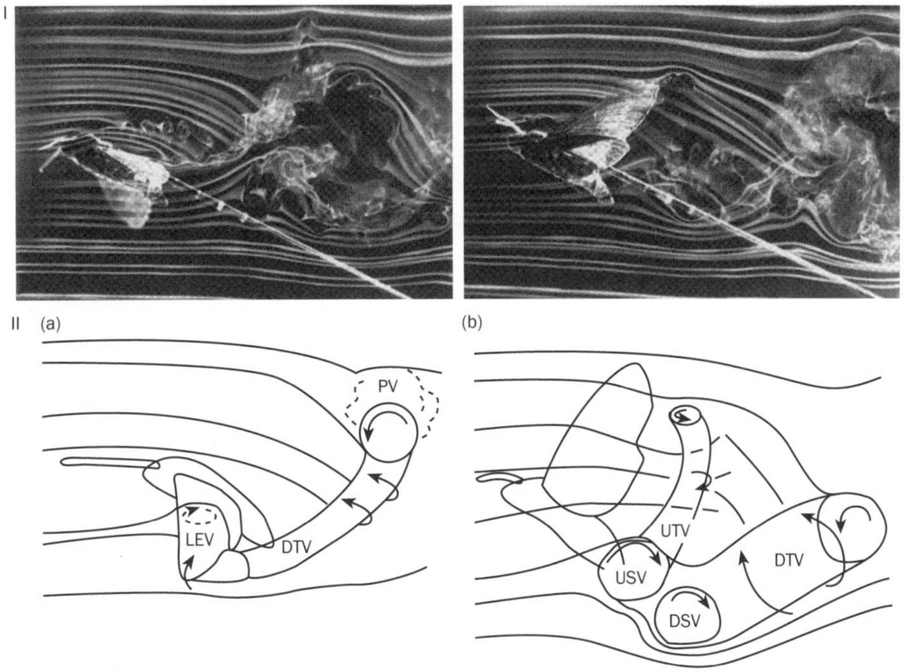

図 10.37　気流中の煙の粒子によって，飛行中の昆虫が発生する伴流を可視化できる．（Ⅰ）煙によって可視化された気流中につなぎとめられたスズメガ *Manduca* の写真：(a) 下行打で発生する伴流，(b) 上行打で発生する伴流．（Ⅱ）伴流の構造の模式図：(a) 下行打，(b) 上行打．LEV：翅の前端にできる渦．DTV：下行打中の翅の先端にできる渦．PV：翅の回内運動による渦．USV：上行打開始時にできる渦．UTV：上行打中の翅の先端にできる渦．DSV：下行打終了時にできる渦（Willmott, A.P., Ellington, C.P. & Thomas, A.L.R.：*Phil. Trans. R. Soc. Lond. B*, **352**, 303–316,. 1997）．

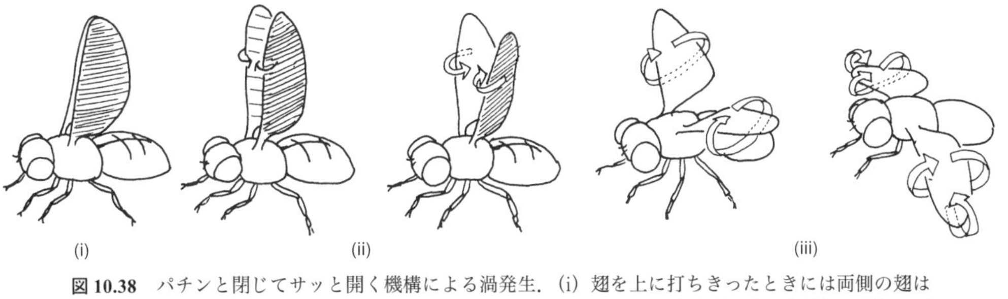

図 10.38　パチンと閉じてサッと開く機構による渦発生．(i) 翅を上に打ちきったときには両側の翅はパチンと合わさっている．(ii) 両翅が打ち下ろされはじめるとき，力学的強度が高い前端部が最初に両側に分かれ，翅のまわりに空気の循環流が生じる．(iii) 翅が打ち下ろされると，力学的な仕事がなされてこの気流が加速される．その反作用の力が揚力と推力の成分をもっている（Weis-Fogh, 1975）．

翅の表面の「ひだ」や細かい毛，鱗粉などは，翅の表面の気流や飛行中の空気力学的性質に，影響を与えているのである．

d.　跳躍する昆虫：翅によらない飛行

ジャンプできる昆虫もいる．多くの場合，この行動が重要な逃避行動となっている．ノミを捕まえようとする者は，この予測困難な逃避行動がいかに有効かを思い知らされるだろう．跳躍の能力は，とくに，ノミ，バッタ grasshopper，オオヨコバイ leafhopper でよく発達している［訳注：hopper＝跳ぶもの］．

跳躍のためには，昆虫はその体重を離陸させるのに十分な力を地面に作用させなくてはならない．跳躍の高さはつぎの関係式で与えられる．

Box 10.8　渦の生成と飛行

1. 昆虫の飛行は，翅の運動がつくり出す非定常的な気流によってなされている．重要な点は，空気の渦が生成されて放出されることである．流体中に渦をつくるには力学的な仕事をしなくてはならない．

2. 飛行中，翅の運動によって翅のまわりに空気の循環流が生じ，翅の打つ向きや形，傾きが変わるときに渦として放出される（下記参照）．その仕組みをハエの飛行について図示してある．

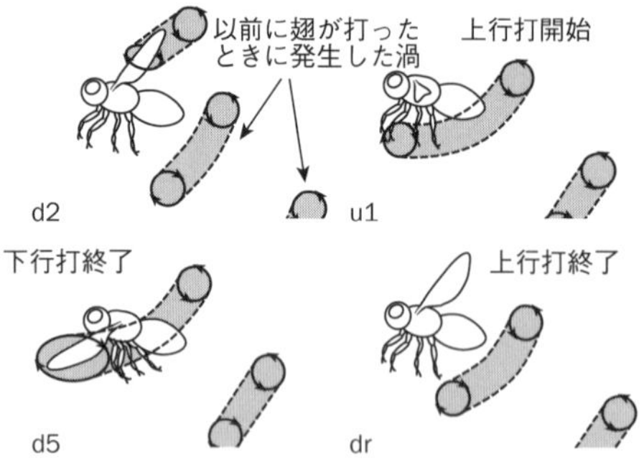

（d2, d5, u1, dr の順，Dickinson & Gotz, 1996）

3. 下行打の最中に両側の翅が互いに離れていくときに（d 1〜d 4），翅の先端から循環する気流が失われていき，これが両側の翅にくっついた渦の輪を形成する．

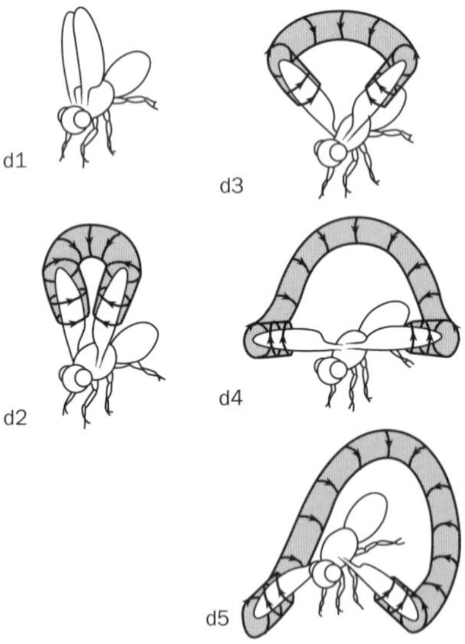

（Dickinson & Gotz, 1996）

下行打の終了後（d 5）の，翅の向きが腹面が上になるようにパタンと回転する間に（vf），翅はこの渦の輪を放出し，これは翅が上に打つ間（u 1〜u 3）にハエの腹面に沿って後方へと移動していく．

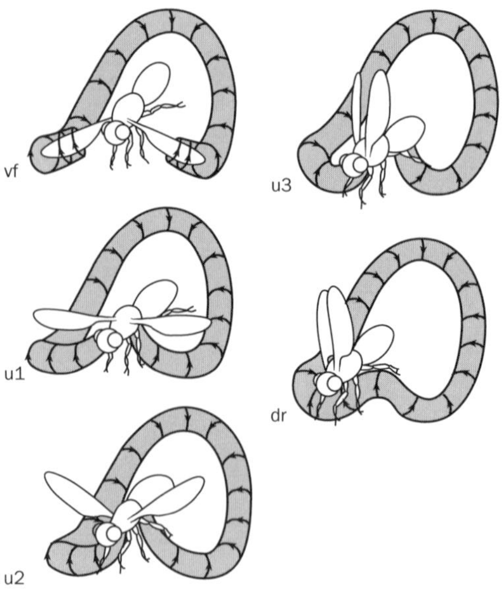

（Dickinson & Gotz, 1996）

翅が上に打ち終わりの位置（dr）に近づくにつれ，翅が合わさって間の空気をしぼり出し，渦の輪はハエの後方から放出される．

渦の輪が下向きに放出される反作用の力 Q によって，推力と揚力が得られると考えられている．

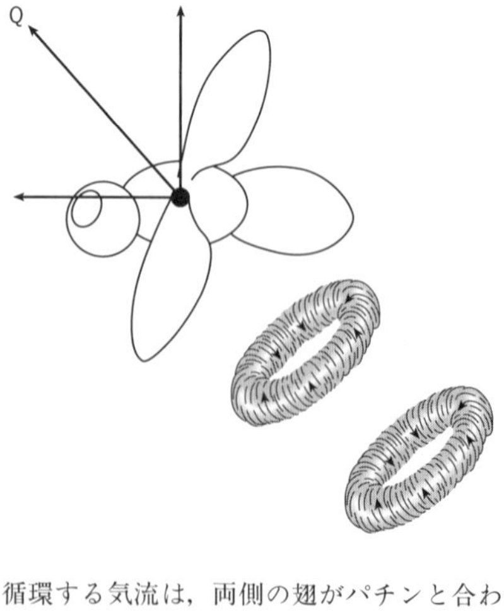

4. 循環する気流は，両側の翅がパチンと合わせられてからサッと両側に分かれていくときによく発生する（図 10.38 も参照）．この仕組みはしばしば，パチンと閉じてサッと開く機構 clap-fling mechanism とよばれる．

Box 10.8　（続き）

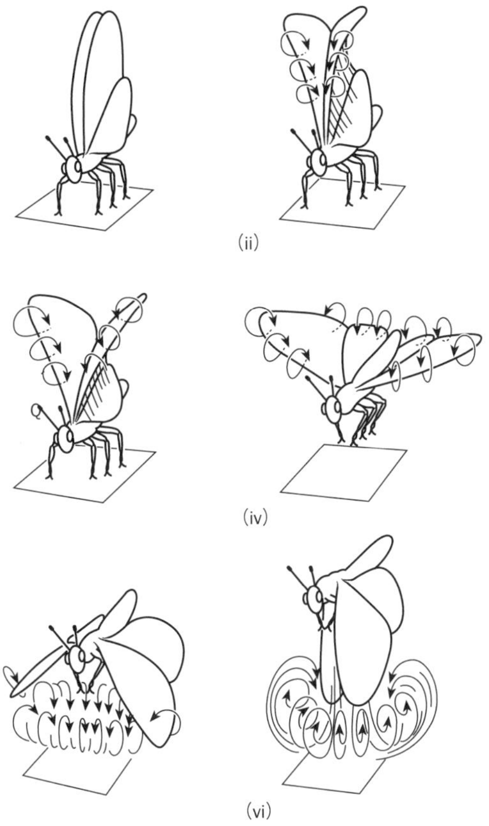

5. チョウがほぼ垂直に離陸するときも，同じ仕組みで渦が放出されることによっている．(i) 両側の翅が上の位置でぴたりと合わさっている．(ii) (iii) 翅が両側に分かれていくにつれ，翅の前端に循環する気流が発生する．気流のパターンは，翅脈（ほとんどの昆虫の翅の前端を力学的に補強しているもの——図10.31参照）にも依存する．(iv) 翅が互いに離れていって加速していくと，循環する気流そのものが下向きに加速される．(v) これによって揚力が生じ，チョウの体は地面から浮き上がる．(vi) 翅が下まで打ち下ろされると，この循環流は下向きの運動量をもった渦の輪となって翅の面から放出される（Kingsolver, 1985)．

$$(1/2)\,mV^2 = mgh$$

運動エネルギー＝跳躍の最高点におけるポテンシャルエネルギー

ここで，m は昆虫の質量，V は離陸時の速度，g は重力加速度，h は跳躍の高さである．

この式は，つぎのように書き換えられる．

$$h = V^2/2g$$

そして，

$$h = \text{運動エネルギー}/mg$$

図10.39に示したバッタの跳躍のように，脚の先端が地面に作用する力は水平成分と垂直成分からなり，垂直成分は $F\sin\theta$ で表される．

跳躍する昆虫は，足が地面と接触している間のみ加速しつづけることが可能であり，離陸速度は力の大きさと力が作用する時間によって決まるだろう．いいかえれば，これは脚の長さによることになる．また，長い脚は，伸筋の力学的利得を増すことにも

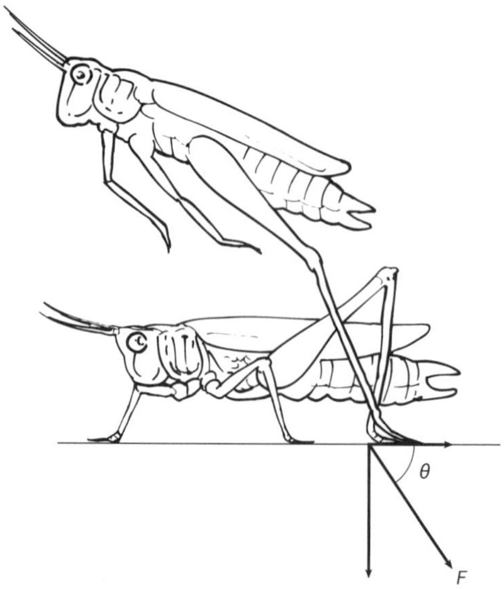

図 10.39　跳躍前と跳躍中のバッタの模式図．力が後脚によって地面に伝えられる（本文参照）．脚が長いので力が作用する時間を長くすることができ，大きな加速度を得ることができる．しかし，高く跳躍しようとすればするほど脚が地面を押す時間は短くなる．跳躍ではエネルギーが一気に放出される．バッタの成虫が跳躍に十分な張力を得るには 0.5 秒以上の時間が必要である．

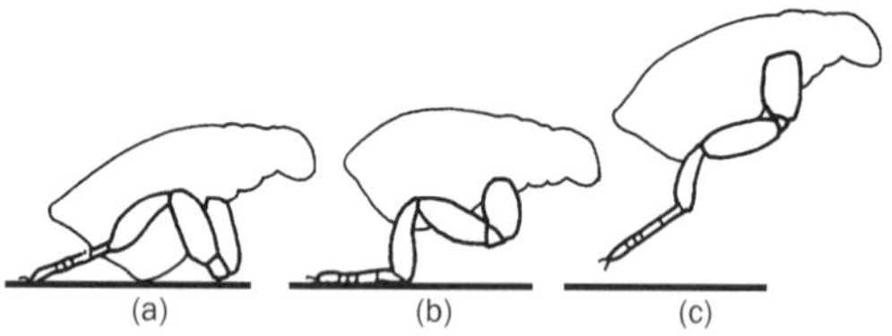

図 10.40　ノミの跳躍．(a) 腿節がもち上げられて，エネルギーがクチクラの弾性タンパク質に蓄えられる．(b) 筋肉が弛緩することによって，固定されていた腿節が解放される．解放されたエネルギーが脛節によって地面にはたらき，ノミの体が加速される．その初速度によって跳躍の高さが決まる．

なる（Box 10.4 参照）．これらの理由で，跳躍する昆虫はみな比較的長い脚をもっている．跳躍の進化の限界は，このシステムで「てこ」としてはたらく昆虫の外骨格の力学的強度によって決まると考えられる．ノミなどでは，エネルギーがまず外骨格の弾性に蓄えられる．この蓄える運動は，実質，跳躍するために「撃鉄を起こす」運動であり，筋肉の弛緩とともにそのエネルギーが解放されて跳躍を引き起こしている（図 10.40）．

10.7 結　　論

本章では，無脊椎動物における移動運動系について概説した．理解しておいてほしいことは，体の大きさの効果であり，小さな動物が繊毛や鞭毛を使って運動するのに対し，大きな動物が筋肉細胞を使って力を発生させなくてはならない理由がおわかりいただけたと思う．

もう１つ理解しておいてほしいのは，すべての動物の運動システムは同じ力学法則に従い，力を利用するためにいつも骨格が関与していることである．骨格系には，閉じ込められた液体によって力が伝えられるものもあるし，硬い「てこ」によって力が伝えられるものもある．

無脊椎動物の中には，非常にゆっくりと動くものもあれば非常に敏捷でよく動くものもある．たとえば，軟体動物頭足綱や昆虫は，一方はジェット噴射，もう一方は羽ばたき飛行というように，非常に発達した運動技術をもっている．ここで行った解析は単純化したものであったが，読者の中にはもっと詳しい解析を望む方もおられよう．そのような方は，以下にあげる参考文献を参照していただきたい．

動物のさまざまな移動運動の力学を理解することは，動物というグループの起源を理解するうえでも必須である．なぜならこれが動物の祖先だと提案する際には，その生物がどんなものであれ，構造上健全でなければならないからである．その生物も，今いる無脊椎動物同様，基本的な物理法則に従ってはたらいていたに違いないのだから．

10.8 さらに学びたい人へ（参考文献）

Anderson, D.T. 1973. *Embryology and Phylogeny in Annelids and Arthropods*. Pergamon Press, Oxford.
Alexander, R.McN. 1982. *Locomotion of Animals*. Tertiary Level Biology. Blackie, Glasgow.
Brackenbury, J. 1995. *Insects in Flight*. Blandford, London.
Clark, R.B. 1964. *Dynamics in Metazoan Evolution*. Clarendon Press, Oxford.
Chamberlain, J.A. 1990. Jet propulsion of *Nautilus*: a surviving example of early Palaeozoic cephalopod locomotor design. *Can J. Zool.*, **68**, 806–814.
Dickinson, M.H. & Gotz, K.G. 1996. The wake dynamics and flight forces of the fruit fly *Drosophila melanogaster*. *J. exp. Biol.*, **199**, 2085–2104.

Elder, H.Y. & Trueman, E.R. 1980. *Aspects of Animal Movement*. Society for Experimental Biology Seminar Series. Cambridge University Press, Cambridge.

Hesseid, C.F. & Fowtner, C.R. (Eds) 1981. *Locomotion and Energetics in Arthropods*. Plenum Press, New York.

Kingsolver, J.G. 1985. Butterfly engineering. *Scient. Am.*, **253** (2), 90–97.

Marden, J.H. & Kramer, M.G. 1995. Locomotory performance in insects with rudimentary wings. *Nature*, **377**, 332–334.

Nybakken, J.W. 1988. *Marine Biology: An Ecological Approach*. Harper & Row, New York.

O'Dor, R.K. & Weber, D.M. 1991. Invertebrate athletes: Trade-offs between transport efficiency and power density in cephalopod evolution. *J. exp. Biol.*, **160**, 93–112.

Rainey, R.C. (Ed.) 1984. *Insect Flight*. Blackwell Scientific Publications, Oxford.

Schmidt-Nielsen, K. 1984. *Scaling: Why is Animal Size so Important?* Cambridge University Press, Cambridge.

Trueman, E.R. 1975. *The Locomotion of Soft-Bodied Animals*. Edward Arnold, London.

Weis-Fogh, T. 1975. Unusual mechanisms for the generation of lift in flying animals. *Sci. Am.*, **233** (5), 81–87.

Willmott, A.P., Ellington, C.P. & Thomas, A.L.R. 1997. Flow visualisation and unsteady dynamics in the flight of the Hawkmoth *Manduca sexta*. *Phil. Trans. R. Soc. Lond. B*, **352**, 303–316.

第11章

呼　　吸

Respiration

O_2が必要であることはすべての生物の基本的な特徴であると，かつては考えられていた．O_2は，鰓や肺のようなガス交換が行われる体表面からとりこまれ，有機物質（おもに炭水化物）を酸化して，すべての生命活動に必要なエネルギーを産生するために使われる．しかしながら，生命はO_2がないところで発生したのであり，したがって酸素呼吸は生物に必須の性質ではない．実際，現在でも無酸素的に呼吸をする生物が存在する．本章では，無脊椎動物の酸素呼吸と無酸素呼吸についてみていくことにする．まず，呼吸の生化学的な基礎について考える．つぎに，酸素呼吸に焦点をあて，O_2がどのように環境からとりこまれて組織に運ばれるか，また，O_2の取込みが，内的要因，外的要因にどのように影響されるかについて考えていく．

11.1　呼吸におけるATPの中心的な役割

リン酸化ヌクレオチド，とりわけアデノシン三リン酸は，燃料（食物）から得られるエネルギーを，代謝のエネルギーを必要とする過程に供給する仲介物質として重要な役割を果たしている．食物中のエネルギーは，いわゆる「高エネルギーリン酸結合」(～Pと表される）に変換される．すなわち，

$$\text{吸収された食物のエネルギー} + \mathrm{A{-}P{\sim}P} + P_i \longrightarrow \mathrm{A{-}P{\sim}P{\sim}P}$$

(P_iは無機リン酸)．この結合に蓄えられたエネルギーは代謝反応などで使われて，その結果ADP+P_iを生じる．しかし，「高エネルギーリン酸結合」という言葉は厳密には正しくない．エネルギーは，リン酸とそれ以外の部分との間の共有結合に蓄えられているのではない．リン酸結合エネルギーとは，三リン酸化合物から二リン酸化合物に変化したときの，総エネルギー含量の差と考えるべきである．

11.2　異化の主要要素

解糖と，トリカルボン酸（TCA）回路（クエン酸回路）とが，無脊椎動物のすべての門における異化の主要要素である．これらの代謝経路は一般によく知られていて，他の教科書でも詳しく扱われているので，ここでは簡単に述べるにとどめておく．

これら2つの代謝経路を図11.1に非常に単純化して示してある．燃料はグルコース（ブドウ糖）で，食物中のものが直接使われたり，食物や動物体内の備蓄に由来する他の生体分子から酵素反応によって変換されて使われたりする．

解糖は細胞の細胞質中で起こり，O_2がなくてもよい．解糖では，経路中の基質から直接ATPが合成される（基質準位のリン酸化）．

TCA回路はミトコンドリア中で起こり，O_2を必要とする．この経路では還元型のニコチンアミドアデニンジヌクレオチド（NAD_r）を生じる．NAD_rは電子をチトクロームからなる電子伝達系に供与し（最終的な電子受容体はO_2であり，NAD_rは酸化されてNAD_oとなる)，ATPが合成される（酸化的リン酸化)．図11.1からわかるように，O_2を使うことによって，1分子のグルコースから合成され

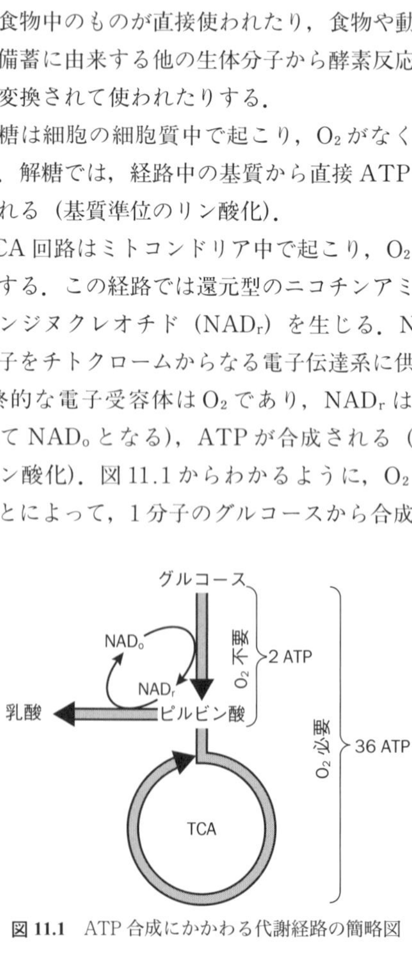

図 11.1　ATP合成にかかわる代謝経路の簡略図

る ATP は，O_2 を必要としない経路のみの場合よりもずっと多くなる．

11.3　O_2 を使わない ATP 合成

光合成独立栄養生物が発生する以前，生物は O_2 なしで生きなくてはならなかった．さらに現在でも，無酸素状態の環境が生じうる．潮間帯の動物が干潮時に空中に出てしまったときや，還元状態の基盤に潜りこんでいるとき，多くの寄生環境などである．付け加えるに，個体としては O_2 が十分であっても，特定の組織が無酸素状態になることもある．たとえば，二枚貝の逃避行動にかかわる筋肉は典型的に無酸素的な代謝をする．

したがって「最初」の生物は嫌気生活をしていたのであり，現在でもそのようなものが存在している．理論上，嫌気的代謝経路が多数存在するが，無脊椎動物では，おもに 4 つの経路が使われている．個々のエネルギーの必要性に応じて，異なる経路が進化してきた．

乳酸経路――最もよく知られている経路で，図 11.1 に示してある．解糖で生じた NAD_r は，最終産物のピルビン酸を乳酸脱水素酵素が乳酸に還元する反応によって，酸化状態 NAD_o に戻る．すでに述べたように，原料あたりの ATP の産生量は多くない（つまり効率が悪い）が，O_2 なしでも迅速に ATP を産生できるので，筋肉組織が急激な運動により一時的に O_2 を使い果たしたときによく使われる．しかし，無脊椎動物で普遍的にみられるわけではない．昆虫の脚の筋肉ではたぶん起こるだろうが，気管や気管小枝（図 11.6 参照）が発達していて O_2 欠乏状態になりにくい飛翔筋では起こらないと考えられる．

オピン経路――乳酸経路に似ていて，急激な仕事に適しているが原料あたりの ATP の産生量は多くない．この経路では，炭水化物が解糖によって分解されるが，ピルビン酸は乳酸に還元されるのではなく，アミノ酸との還元的縮合反応によってアミノ酸誘導体のオピンを生じる．

$$\text{グルコース} + 2\,\text{アミノ酸} + 3\,\mathrm{ADP} + 3\,\mathrm{P_i} \longrightarrow 2\,\mathrm{H_2O} + 2\,\text{オピン} + 3\,\mathrm{ATP}$$

使われるアミノ酸と酵素の種類によっていくつかの経路が確認されている．たとえば，軟体動物頭足綱の筋肉が急激な運動をしたときにはオクトピンという物質が生成する．二枚貝綱では，ストロンビンという別のオピンがみつかっている．

コハク酸経路――無酸素的な泥中で生活する二枚貝や，脊椎動物の消化管内のような無酸素的環境で生活する内部寄生動物などでみられる．ATP を迅速に合成することはできないが，1 分子のグルコースからできる ATP は乳酸経路やオピン経路よりも多い．コハク酸経路では，解糖で生じた NAD_r を利用し，O_2 の代わりにフマル酸を最終電子受容体として電子伝達系で ATP を合成する．この基本的な代謝経路を図 11.2 に示してある．解糖における最終産物であるピルビン酸の，直前の分子であるホスホエノールピルビン酸（PEP）は，PEP カルボキシキナーゼによって CO_2 と反応して（カルボキシル化して）オキサロ酢酸になり，さらにフマル酸に変換される．フマル酸は電子伝達系で酸化されてコハク酸になる．コハク酸は，さらに代謝されてプロピオン酸などの揮発性脂肪酸になる．オキサロ酢酸，フマル酸，コハク酸はすべて TCA 回路の中間物質であるが，コハク酸経路では TCA 回路とちょうど逆の順番で反応が起こっている．それゆえこの経路は，TCA 回路の逆経路であると考えることができる．コハク酸経路中のピルビン酸の一部は，乳酸，酢酸，アラニン，エタノールなどにも変換されることもある．このように，さまざまな最終産物が生成する．全体としては，1 分子のブドウ糖からだ

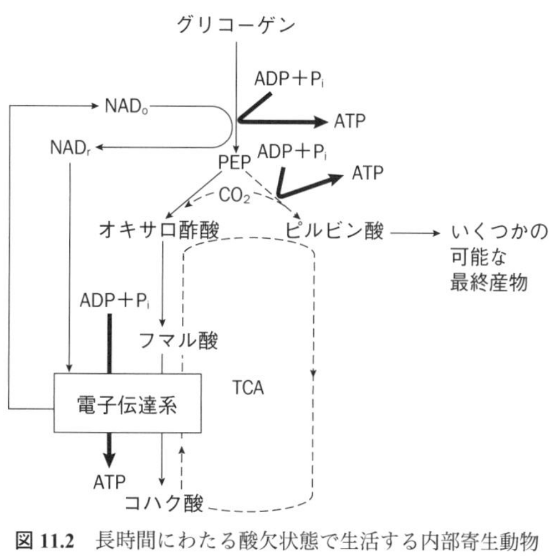

図 11.2　長時間にわたる酸欠状態で生活する内部寄生動物や二枚貝の無酸素呼吸経路（Calow & Townsend, 1981）

いたい4〜6分子のATPが合成される．

二枚貝ではよく似た反応経路が知られており，オキサロ酢酸の還元によってコハク酸が生じるが，オキサロ酢酸はPEPには由来せず，アスパラギン酸（アミノ酸）からアミノ基転移反応によって生じる．

ホスファゲン——急激な仕事に重要な役割を果たす．安静時にATPから〜Pを受容し，無酸素状態や急激な仕事をするときにこれを供与する．

アルギニンリン酸＋ADP＝アルギニン＋ATP

この機構は無脊椎動物に共通で，脊椎動物では代わりにクレアチンリン酸が使われている．例外もある．棘皮動物では両方が使われることがあり，環形動物ではアルギニンリン酸のほかに4種類のホスファゲンが存在する．

図11.3に，ホスファゲンを除くおもな経路の系統分類的な分布を示した．どの経路も広く分布している．コハク酸経路は解糖－TCA回路から進化したか，またはその逆かもしれない．すなわち，反応順序の逆転が起こった（上述）ということである．一般に，初期の生命環境ではアミノ酸が主要な成分であったと考えられており，初期のATP合成系でも電子供与体，電子受容体ともにアミノ酸であったと示唆される．したがって，オピン経路が最も原始的であるかもしれない．無脊椎動物の進化の初期にすべての無酸素経路が存在していたことは明らかである．現在の分布は選択圧のためであり，それぞれの動物の生態環境に適応してきたのだと考えられる．急激な仕事という生理的な必要性に合った経路（ATPを多量に必要とするが，その必要性は持続しないので，かならずしも効率性は要求されない）も進化したし，継続的な無酸素環境に適応してATPを迅速ではないがもっと効率よく合成する経路も進化した．

11.4　O_2の取込み

11.4.1　拡　散

酸素呼吸で代謝を行うには，組織にO_2を供給する必要がある．これは，基本的には拡散に依存している．すなわちO_2分子は，O_2分圧（P_{O_2}）が高いところから低いところにフィックの法則に従って移動する（拡散する）．組織の中でのO_2の拡散速度は，P_{O_2}の勾配と，組織の性質（しばしば拡散係数として表される）に依存する．通常の組織の拡散係数やO_2消費量を考えると，拡散のみに依存している場合，代謝活動を行っている組織の呼吸表面からの距離は1mmを超えられないことになる．扁形動

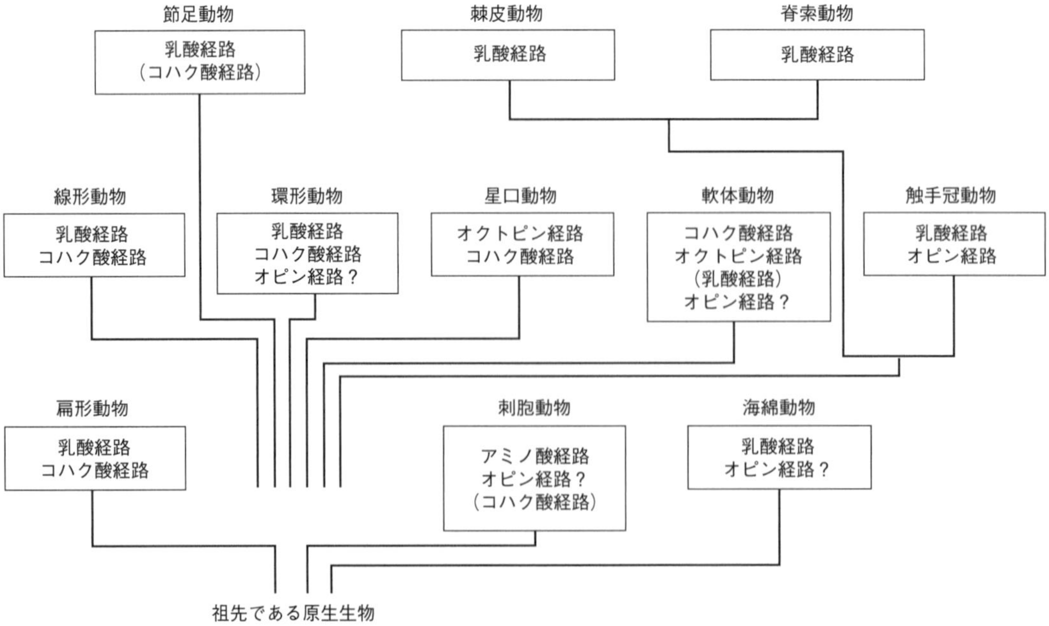

図11.3　（O_2を使わない）おもなATP合成経路の系統分類的分布．括弧内は特別な条件で生じる（Livingstone，1983より改変）．

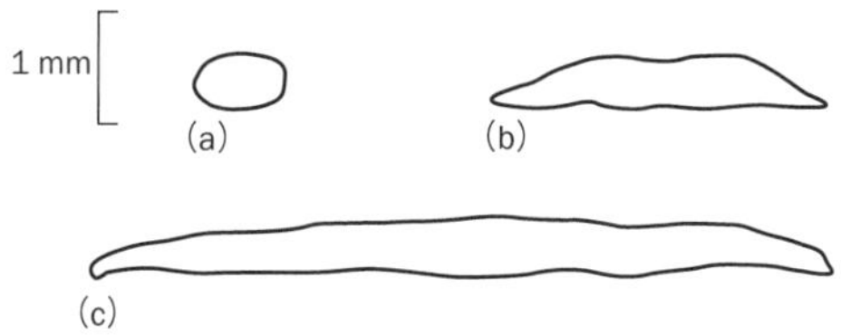

図 11.4 同じ倍率で描かれた，さまざまなウズムシ類の横断面．(a) 棒腸類，(b) 三岐腸類，(c) 多岐腸類（Alexander，1971）．

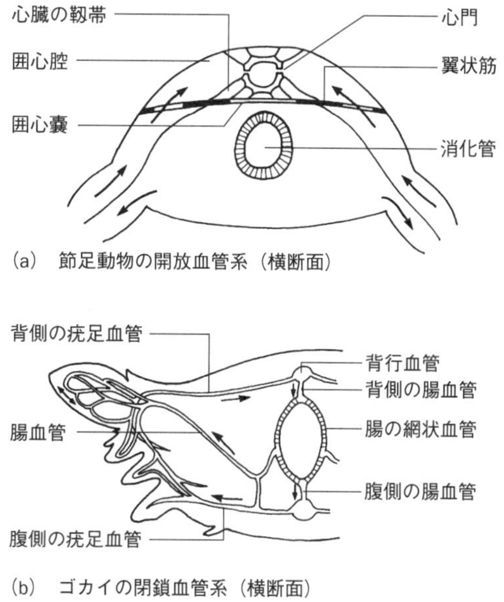

図 11.5 2種類の血管系．(a) 節足動物の開放血管系，(b) 環形動物多毛綱（ゴカイ *Hediste*）の閉鎖血管系．

物渦虫類において，小さな無腸類や棒腸類は断面がほぼ円形であるのに対し，大きな三岐腸類や多岐腸類が平たい（図 11.4）のは，このことが原因の1つになっている．これに対し，クラゲやイソギンチャクは同じく中味のつまった体をしているのに，ずっと大きくなる．しかし彼らの細胞組織は動物体の内外の薄い層に集まっていて，これらは外界または胃水管腔内の水に接している．内部の中膠には細胞はほとんどなく，代謝活性も低い．イソギンチャクでは中膠内によりたくさん細胞がみられるが，通常，中膠は比較的薄く，胃水管系の上皮が複雑に折れ曲がって，胃水管系を流れる水から 1 mm 以内になるようになっている．

11.4.2 循環系

拡散により与えられた限界を超える1つの方法が，循環系の進化であった．これにより，O_2の輸送能力が増大し，「1 mm の壁」を超えることが可能となった．また，呼吸表面のO_2を速やかに除去することによってP_{O_2}の急峻な勾配を維持し，O_2の取込みを増大させた．循環系としておもに2つのものが進化した（図 11.5）．① 大きな血体腔 haemocoel をもつ開放血管系（血体腔とは原体腔がそのまま残っているか，血管が拡張したもの）は節足動物や軟体動物に典型的にみられ，② 動脈や静脈をもつ閉鎖血管系は環形動物でよく発達している．どちらにおいても筋肉質のポンプが必要であり，すなわち節足動物は収縮する管をもち（これには弁のある心門が何対か開いている），環形動物には，拍動する筋肉質の血管（側「心臓」）がある．棘皮動物と半索動物は，細い血管と大きな血洞がつながった中間型の血管系をもつ．しかし，棘皮動物でもナマコ綱にはよく発達した閉鎖血管系がある．甲殻動物等脚目は，陸上に進出するに伴って他の甲殻動物よりも大きくて筋肉質の心臓と血管様の空洞を発達させ，ほとんど閉鎖血管系であるといってよい．昆虫は開放血管系で，これはO_2の輸送にはあまり使われていない．その代わり，気管と気管小枝の系がよく発達していて（図 11.6），気体のO_2が直接，活発に代謝活動をしている組織に供給される（この系の機構については図の説明文で述べてある）．

11.4.3 血　液

多くの無脊椎動物（たとえば，軟体動物や棘皮動物の一部，尾索動物や頭索動物のすべて）の血液は無色で，その組成は海水に似ている．O_2はすべて物理的に溶液中に溶け込んでいる（通常，0.3 mmol O_2 l^{-1} 未満）．一定の体積の血液によって運ばれるO_2の量を増す方法として，実際にさまざまな動物種で使われているものに，呼吸色素がある．呼吸色素はO_2を可逆的に結合できる特殊なタンパク質で，これによって，血液は 2～30 倍の量のO_2を輸送できるようになる．どの呼吸色素も，補欠分子団を結合したタンパク質からなる点で似ている．通常，この補欠分子団は鉄か銅の金属イオンを含んでいる．動物界に広く存在する4種類の呼吸色素の名称とおもな性質を表 11.1 にまとめてある．

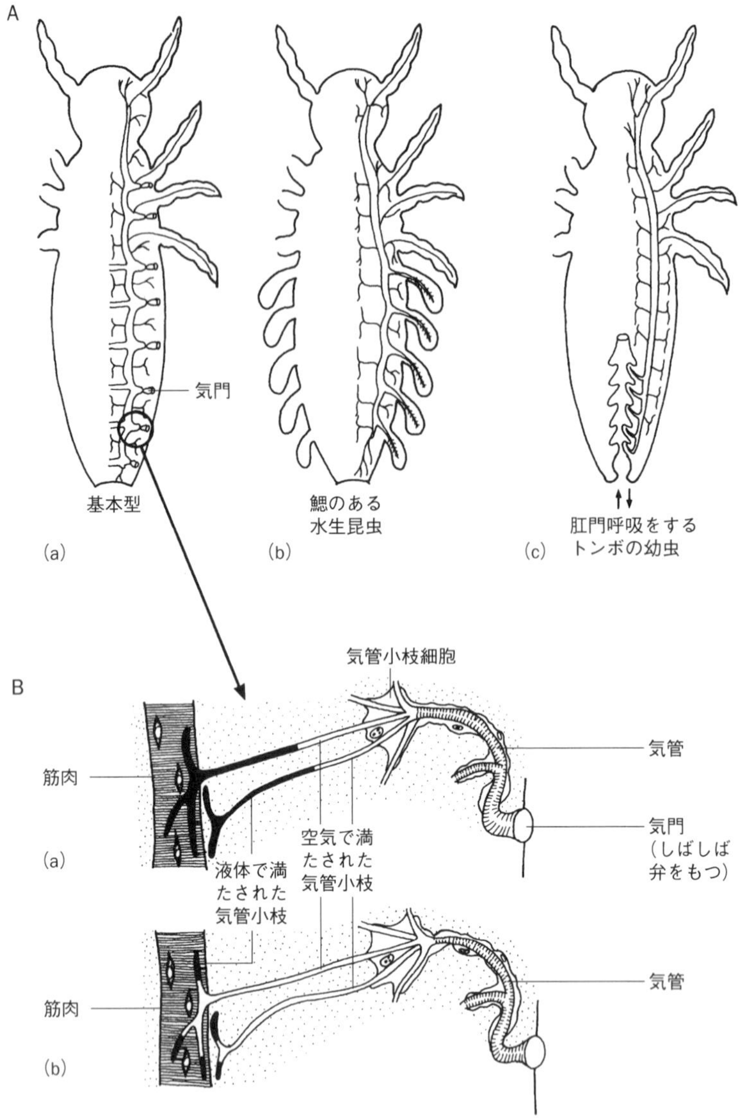

図 11.6　A：気管系，(a) 基本型，(b) 鰓のある水生昆虫，(c) 肛門呼吸をするトンボの幼虫．B：気管系の拡大図 (A の (a) より拡大)．空気は気門から入る．ほとんどの昆虫では気門に弁がある．太い管 (気管) は細い管 (気管小枝) につながっている．気管小枝には液体が入っており (a)，代謝が活発なときには周囲の組織の浸透圧が上昇するので，この液体が吸い取られてしまう (b)．すると空気は気管小枝まで入り込み，管の壁を通って組織にまで拡散していく (さまざまな文献から再描画)．

無脊椎動物のおもな動物門について呼吸色素の分布を調べてみると (図 11.7)，いくつかの点に気がつく．呼吸色素は，無脊椎動物の門の約 1/3 にみられる．血液細胞 (血球) 中にあるもの (環形動物・軟体動物・棘皮動物のヘモグロビン，腕足動物・環形動物多毛綱のヘムエリトリン) もあれば，血液中に直接溶け込んでいるもの (軟体動物・甲殻動物のヘモグロビン，節足動物・軟体動物のヘモシアニン，環形動物のクロロクルオリン) もある．呼吸色素が組織中に存在する動物もあり，たとえばヘモグロビンは，線形動物の体壁や環形動物の筋肉，扁形動物の咽頭にみられることもある．どの呼吸色素の分布にも決まったパターンはみられず (たぶんクロロクルオリンは例外であるが)，これらの呼吸色素

表 11.1　呼吸色素の構造と機能

名　称	構　造	分子量の範囲	機　能
ヘモグロビン	補欠分子団はヘム（ポルフィリン）で，1個の鉄（第1鉄イオン）を結合．溶液中または細胞（血球）中に存在．	17,000〜3,000,000	協同的にO_2を結合．O_2結合時は赤色，解離時は青色．
ヘモシアニン	補欠分子団はポリペプチドで，2個の銅原子を結合．必ず溶液中に存在し，細胞中には存在しない．	25,000〜6,680,000	協同的にO_2を結合．O_2結合時は青色，解離時は無色．
クロロクルオリン	ヘモグロビンと同様，補欠分子団はヘムで，1個の第1鉄イオンを結合．つねに溶液中に存在．	3,400,000	協同的にO_2を結合．希薄溶液は緑色，濃縮溶液は赤色．
ヘムエリトリン	非ポルフィリンの補欠分子団であるが，鉄を結合．つねに細胞中に存在．	17,000〜120,000	O_2結合時は紫色，解離時はほとんど無色．

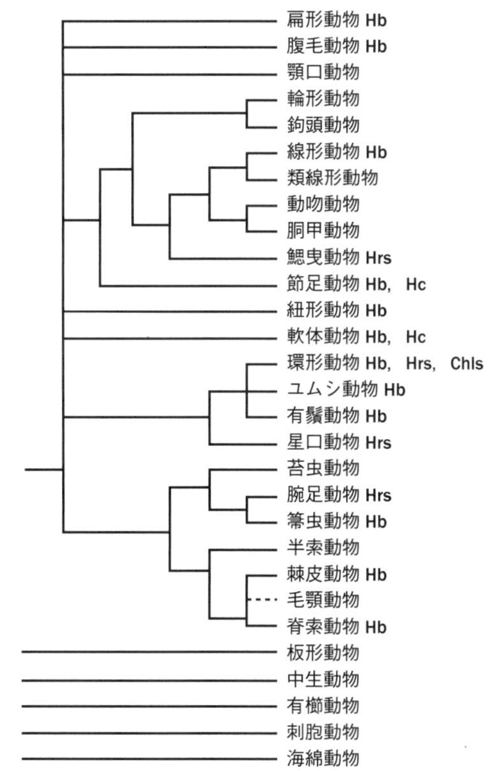

図 11.7　さまざまな動物門における呼吸色素の分布．Hb＝ヘモグロビン，Hrs＝ヘムエリトリン，Hc＝ヘモシアニン，Chls＝クロロクルオリン．動物門間の関係は図 2.8 と図 2.20 に基づいている．

の多くが独立に進化してきたことを示唆している．ヘモシアニン（節足動物と軟体動物のみ）やクロロクルオリン（多毛綱の 4 つの科のみ）と比べると，ヘモグロビンとヘムエリトリンは動物界に広く分布している．同じ個体に異なる呼吸色素が含まれていることもある．たとえば，軟体動物のいくつかのものでは，血液中にヘモシアニンをもち，鰓，筋肉，神経にヘモグロビン様の分子をもっていて，循環しない酸素運搬体としてはたらいている．呼吸色素を普遍的にもっているとみられる動物門は少数に限られる．すなわち箒虫動物とユムシ動物の血球ヘモグロビン，星口動物と鰓曳動物の血球ヘムエリトリンである．現在では，血球ヘモグロビンが最も原始的で，循環系が発生したのと同時期に，循環しないプロトヘムタンパク質から進化したものと考えられている．

呼吸色素は構造が非常に多様であるにもかかわらず，その機能には共通点が多い．そのすべてではないが，多くはO_2を協同的に結合する．つまり，最初のO_2分子が結合すると，つぎのO_2分子が結合しやすくなり，つぎが結合するとさらにつぎの結合が容易になりと，どんどん結合しやすくなるのである．このため，血液と平衡状態にあるO_2分圧に対して結合したO_2の量をプロットするとS字状の曲線が得られる．このような曲線の例を図 11.8 に示してある．この曲線は，この呼吸色素（この場合はマイマイ *Helix* のヘモシアニン）がO_2分圧 7 kPa 以上において完全に飽和することを示している．O_2分圧をこれ以上増してもヘモシアニンはこれ以上O_2分子を結合することはできない（ただし，溶液中に溶けているO_2が増加するので，血液中に含まれるO_2の総量は少し増加することになる）．O_2分圧が低いところでは呼吸色素はO_2分子を解離させ，O_2分圧が約 2.2 kPa のときには 50% 飽和の状態になる．このときのO_2分圧を半飽和圧 P_{50} とよ

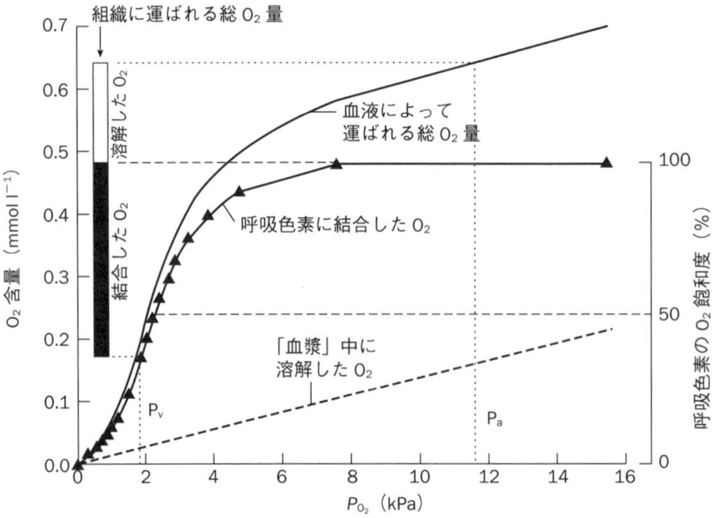

図 11.8　リンゴマイマイ *Helix pomatia* の血液の O_2 結合曲線．組織へと手渡される O_2 の総量は，（動脈血の O_2 分圧（P_a）と静脈血の O_2 分圧（P_v）が縦の点線で示した値のときには）約 0.45 mmol l^{-1}（色素に結合したもの 0.3 mmol l^{-1}＋液中に溶解したもの 0.15 mmol l^{-1}）である（Mikkelsen & Weber, *Physiol Zool*, **65**, 1057–073, 1992）．

んでいる．P_{50} の値は，色素の O_2 に対する親和性のよい指標となる．ある色素の P_{50} の値が大きければ，O_2 に対する親和性が低いということになる．これに対し，P_{50} の値が小さければ，O_2 に対する親和性は高い．単位体積あたりの血液によって組織に運ばれる O_2 の量は，色素に結合したものと溶液中に溶けたものをあわせて，図 11.8 において左側に描かれた長方形で表されることになる．これは，呼吸色素の濃度，その O_2 に対する親和性（血液の状態によってどのように変化するかにも依存する），その結合の協同性，動脈血と静脈血における O_2 分圧（それぞれ，P_a と P_v）によって決まる．

O_2 結合曲線の位置は，血液の化学的状態によっても変化することがある．たとえば，多くの呼吸色素では，pH が低下する（CO_2 分圧が上昇する）と，曲線は右のほうに移動する．これはボーア効果とよばれている．代謝活動がさかんな組織では CO_2 分圧が非常に高いだろうから，このような組織により多くの O_2 を供給することができるようになっているのだと考えられる．しかし，カブトガニ *Limulus* やある種の軟体動物などでは，逆ボーア効果がみられる．すなわち，CO_2 分圧が上昇すると曲線が左に移動するのである．どうしてこのような効果があるのか，ほとんどの場合にはその理由づけは難しくはないが，ボーア効果や逆ボーア効果がどの程度適応的であるのかについてはまだいくつかの点で論争がつづいている．血液中の他の物質も O_2 結合曲線の位置を変化させることがわかっている（少なくともいくつかの動物種において）．マグネシウムやカルシウムなどの 2 価イオン，乳酸（無酸素的な代謝で生成することがある），尿酸，ドーパミン（カテコールアミンの一種）などである．

温度などの外的要因も O_2 結合曲線の位置を変化させることがわかっている．一般に，温度の上昇によって O_2 結合曲線は右に移動する傾向がある．すなわち，O_2 親和性が低下する（P_{50} が増加する）．しかし，これはどの動物にもあてはまるわけではなく，たとえば潮間帯のヤドカリのように温度がふらついたりよく変化する環境で生活する動物では，色素の O_2 親和性は温度に依存しない傾向をもつ．

O_2 結合曲線に関する個々の特徴について，なんらかの合理的な説明を「与える」ことは，これまでにもよく行われてきた．これは，自然選択の結果，個々の動物種が置かれている環境や必要性に適合した O_2 結合特性が生じたという考えに基づいている．その結果，いくつかの混乱が生じたのであるが，それはこの考えに関する例外がみつかったからというわけではない．互いに関連するいくつもの要因が，O_2 結合曲線，そして生体内において組織に運ばれる O_2 量などに影響するとしよう．たぶんわれわれは，十分に注意して，観察されるすべての様相が適合のためであると説明しようとするであろう．このことを十分に心がけていても，さまざまなパターンがあることに気づく．呼吸色素の生理学的多様性は，その色素が置かれている内的環境や外的環境に関連しているのである．

一般に，O_2 の乏しい環境に生きる無脊椎動物は，O_2 親和性が高い呼吸色素をもっている．これまでに知られている最も低い P_{O_2} 値は，線形動物カイチュウ *Ascaris* など，慢性的な低 O_2 環境で生活する寄生動物のヘモグロビンのものである．環形動物多毛綱のクロムシ *Arenicola* は，酸欠状態になっている潮間帯の泥の中に，しばしば穴をつくって生活している．この動物は，十分に O_2 のある環境でないと生きられない多毛綱 *Eudistylia*（ケヤリの仲間）のクロロクルオリンよりもずっと O_2 親和性の高いヘモグロビンをもっている（図 11.9）．軟体動物腹足綱のヒラマキガイ *Planorbis*（よどんだ水の中で生きることができる）と，低 O_2 環境では生きられない軟体動物（図の場合はマダコ）のヘモシアニンを比較した場合にも同じことがいえる．少なくともいくつかの動物種では，低 O_2 環境にさらされると，数日のうちに呼吸色素の分子構造が変化して O_2 に対する親和性が高くなる．ミジンコ *Daphnia* では，ヘモグロビンの O_2 親和性が高くなるだけでなく，ヘモグロビンの量も増えて体が赤色を呈するようにまでなる．

反対に，多毛綱の *Eudistylia* やマダコ *Octopus* のように，O_2 が豊富な水中にすみ呼吸器官がよく発達して広いガス交換の表面をもつ動物では（すなわち拡散の障壁が低くそれゆえ動脈血の O_2 分圧が高い動物では），O_2 親和性が低い色素をもつ傾向がある．しかし，O_2 が豊富な環境でも O_2 親和性が高い色素をもつ動物もいる．通常，その場合は，ある種の甲殻動物のように，呼吸表面における O_2 拡散の障壁が大きく，動脈血の O_2 分圧は周囲よりもずっと低い．

このように O_2 の獲得のしやすさとも関連するのであるが，水生甲殻動物と陸生甲殻動物を比べてみると，呼吸色素の性質に一定の相違があるようにみえる．カニ類と端脚目の両方において，陸上生活に適応するほど，ヘモシアニンの O_2 親和性は低くなるようである（一般にいわれていることとは逆なのであるが）．

最後に，低温環境で生活する動物の呼吸色素は，高温環境で生活する近縁の種のものよりも，固有の O_2 親和性が低い（P_{50} 値が高い）傾向にある．このことによって，もし固有の O_2 親和性がまったく同じだった場合よりも，それぞれの種が生活する温度における O_2 親和性が，同じとはいわないまでも，よく似たものになるのである．

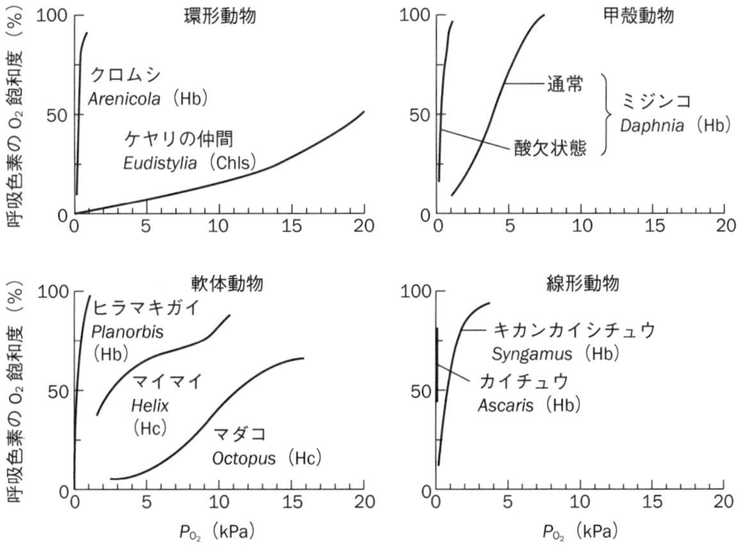

図 11.9　4 つの異なる動物門に属するさまざまな動物種の呼吸色素の O_2 結合曲線（さまざまな文献のデータから）

11.4.4 呼吸のためのガス交換器官

O_2の取込みにおけるもう1つの限定要因が，ガス交換器官における呼吸表面の面積（と厚さ）である．扁形動物，細長い紐形動物，線形動物，ある種の環形動物などでは，特殊化していない体表面で十分である．しかし，体の大型化，活発化，O_2透過の妨げとなる体表面の防護機構（外骨格や殻）の進化などによって，血管の通った呼吸表面の進化が必要となった．水生動物では，環形動物多毛綱や節足動物の「鰓」(図11.6)，軟体動物の櫛鰓，カブトガニの書鰓，棘皮動物の管足などのように，外側に突出した体表面がよくみられる．図11.10に，水生腹足綱の櫛鰓を模式的に示した．(鰓の内部を流れる血流は心臓によってつくられ，鰓の表面を流れる水流はおもに側繊毛によってつくられるが）血流の向きと水流の向きとは反対であることに注意していただきたい．このような対向流は鰓ではよくみられ，この系では，P_{O_2}の最も低い水がO_2含有量の最も低い血液と，そしてP_{O_2}の最も高い水がO_2含有量の最も高い血液と接触することによって，O_2の移動効率が高くなっている（ただし環形動物多毛綱のクロムシ *Arenicola* や軟体動物頭足綱では対向流になっていない)．水生動物では呼吸表面が突出しているが，陸生動物では逆に，節足動物の気管（図11.6)，クモ綱の書肺（図11.11)，軟体動物有肺上目の肺嚢などのように，内側に陥入した体表面がよくみられる．水生動物にも，棘皮動物ナマコ綱の呼吸樹（図11.12)，トンボの幼虫の直腸気管鰓（図11.6）などのように，内側に陥入した体表面で呼吸するものもある．また，水生昆虫には物理鰓やプラストロン（図11.13）をもつものがおり，これらがどんなふうにはたらくのかについては，図11.13の説明文で簡単に述べてある．

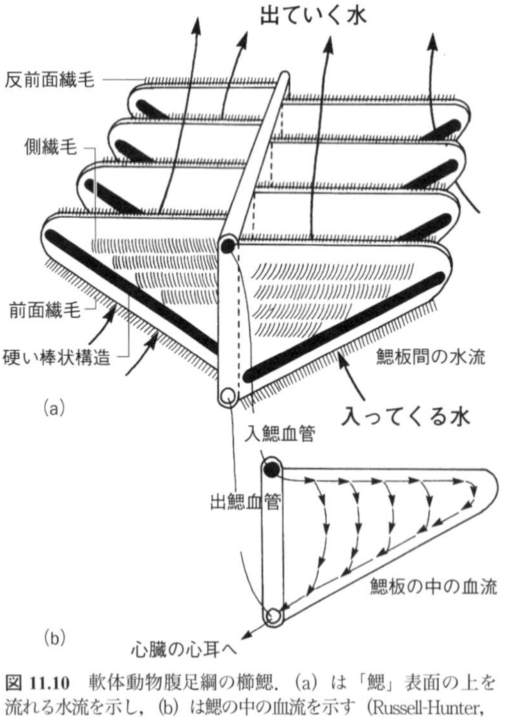

図 11.10 軟体動物腹足綱の櫛鰓．(a）は「鰓」表面の上を流れる水流を示し，(b）は鰓の中の血流を示す（Russell-Hunter, 1979）（図5.18も参照のこと）．

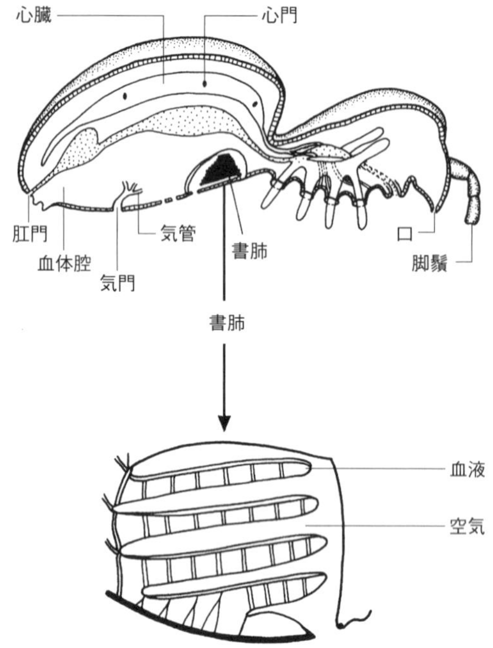

図 11.11 クモの書肺（Snow, 1970）（図8.11も参照のこと）

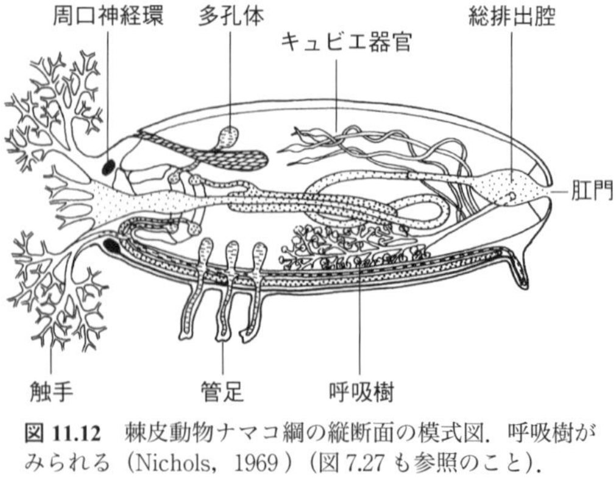

図 11.12 棘皮動物ナマコ綱の縦断面の模式図．呼吸樹がみられる（Nichols, 1969）（図7.27も参照のこと）．

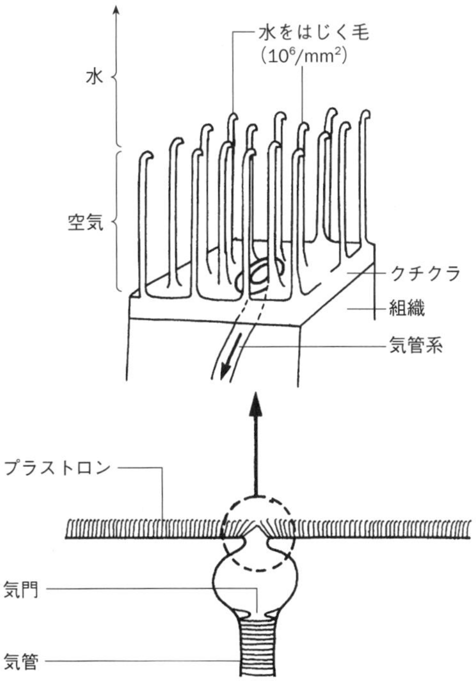

図 11.13　プラストロン．体表面の一部は疎水的な毛でおおわれて水になじまなくなっており，いつも空気が存在している．これは，O_2 が水中から拡散して入ってくる非圧縮性の物理鰓としてはたらく．すなわち，O_2 が消費されても厚い毛の層が水の侵入を防ぎ体積が一定に保たれるので，水中から O_2 が拡散で入ってくるのである．水生の昆虫ナベブタムシ *Aphelocheirus* のプラストロンは数気圧の水圧にも耐えられる（Ramsay，1962 および Randall ら，1997）．

11.4.5　換気・換水

O_2 の取込みを助けるもう 1 つの機構として，呼吸表面の換気・換水があげられる．この機構は，O_2 を呼吸表面に継続的に供給し，呼吸表面における O_2 分圧勾配を大きなものに保つ．この機構は，特殊化していない体表面でも呼吸器官の呼吸表面でもみられるが，昆虫の気管系ではみられない．換気装置の配置はさまざまで，二枚貝の櫛鰓の側繊毛から，ナマコの呼吸樹やトンボの幼虫の直腸気管鰓に付随する筋肉のポンプまである．管の中で生活する多毛綱は，繊毛運動や蠕動運動によって水流を起こしている．甲殻動物はふつう，脚を揺り動かして水流を起こす．換気・換水は，周囲の P_{O_2} が低下すると活発になることが多い（11.6.5 項参照）．

11.5　代謝の測定

呼吸によって消費されるエネルギーのほとんどは，最終的には熱となって発散する（図 11.14）．それゆえ，動物個体から発散する熱の量を測定することができれば，代謝量のよい指標となるであろう．非常に感度の高い熱電対など，無脊椎動物の個体から発生する熱の量を測定できる高感度の装置（微量熱量計）がある．これは，発生する熱を直接測定する方法であるが，あまり使われてはいない．水生の環形動物貧毛亜綱オヨギミミズの一種 *Lumbriculus variegatus* の発生熱測定実験の例を図 11.15 に示してある．この図では，(I) O_2 が豊富にある状態，(II) O_2 欠乏状態，(III) 動物を毒で殺した後，の熱発生を示している．O_2 が豊富にある状態での代謝が，O_2 欠乏状態の約 4 倍あることに注意していただきたい．

熱発生よりも O_2 の取込み量を測定するほうが簡単である．測定法はさまざまで，それには水溶液中の O_2 の化学的な滴定から，気体の体積や圧力の物

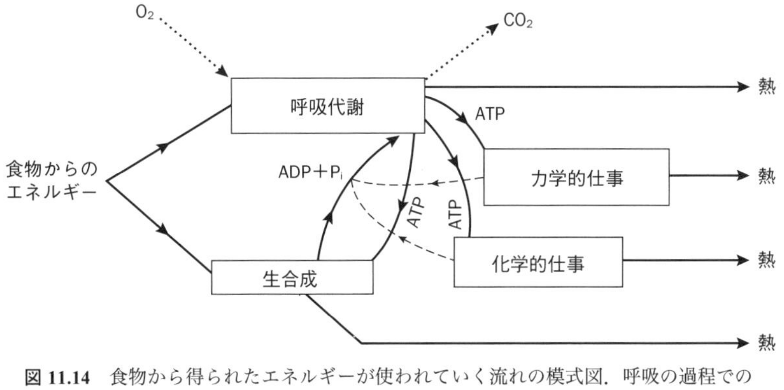

図 11.14　食物から得られたエネルギーが使われていく流れの模式図．呼吸の過程での ATP 合成効率は 100 % ではなく，エネルギーの一部は熱として失われる．また，ATP に蓄えられたエネルギーもほとんどは最終的に熱になる．

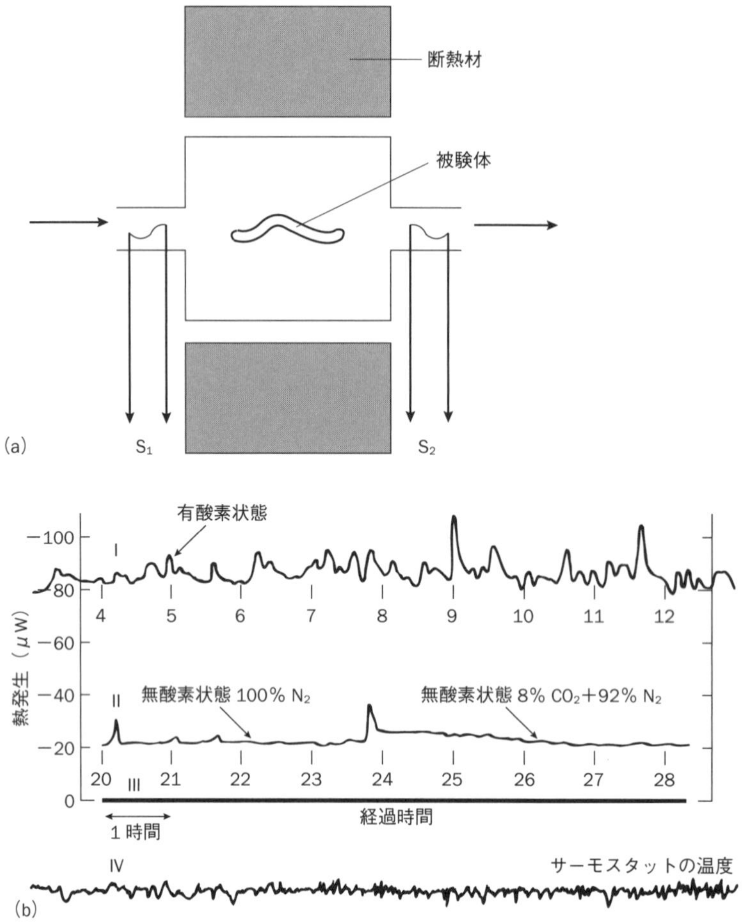

図 11.15　直接微量熱量測定．(a) 実験装置：断熱材で外部と熱的に遮断された水槽に被験体（ミミズ）が入っており，水槽に入る水と水槽から出る水の温度を高感度のセンサー (S_1 と S_2) で計測する．(b) 実験結果．本文中で詳しく説明してある (Gnaiger, 1983)．

理的測定まで，いろいろある．非常に正確で高感度の O_2 電極もある．動物を閉じ込めた空間の O_2 量を測るか，開いた系であっても流入する気体と流出する気体の O_2 量を測定すればよい．定義からして，この方法で測定できるのは酸素呼吸による代謝のみである．O_2 が豊富な状態においても無酸素呼吸が行われることがあるので，この種の測定で得られる値は実際の呼吸代謝量よりも小さな値となることがある．

それにもかかわらず，呼吸代謝量の実験では O_2 の取込みを測定することがほとんどである．このような実験によって，後に述べるような呼吸代謝に影響するさまざまな要因が調べられている．しかし，無脊椎動物の代謝は個体そのものの状態や個体が置かれている環境によって異なり，実験によってこれらの条件を同じにすることはかならずしもできないので，事態はなお複雑である．呼吸代謝は，つぎのように分けることが便利である．標準代謝 standard metabolism（安静状態での代謝），日常代謝 routione metabolism（日常的な活動を行っているときの代謝），食事代謝 feeding metabolism（摂食直後の代謝），活動代謝 active metabolism（活発に活動しているときの代謝）である．再現性のある代謝量測定として，標準代謝を測定する実験がよく行われる．

11.6　呼吸に影響する因子

この節では，（呼吸量の目安としての）O_2 の取込みに影響する要因のうちで，よく調べられているものについて論じる．動物の体そのものとの関連性が高いものから順に，すなわち，内的な要因からはじめて，より外的な要因の順序で述べることにする．

11.6.1 体の大きさ（サイズ）

大きな動物が小さな動物よりも呼吸量が大きいと予想するのは，なんら不合理なことではない．しかし，O_2 の取込み量は表面に依存していて（上述），その表面の面積は長さの 2 乗に比例するが，一方，体重は長さの 3 乗に比例するので，（体の大きさの指標としての）体重と O_2 取込み量には単純な比例関係にはならないとも予想できるのである．同種で体の大きさの異なる個体間の比較や，体の大きさの違う異種間での比較などから，標準呼吸率は体重の増加にしたがって，つぎの式で表される関係で増加することがわかっている．

$$\text{呼吸率} = a \times (\text{体重})^{b} \qquad (11.1)$$

ここで，a と b は定数で，通常，b の値は 1 よりも小さい．対数をとると，

$$\log(\text{呼吸率}) = K + b \times \log(\text{体重}) \qquad (11.2)$$

ここで，$K = \log(a)$ である．つまり，体重の対数に対して O_2 取込み量の対数をプロットすると，傾き b の直線になる（図 11.16）．

式（11.1）の両辺を体重で割って，体重あたりの呼吸率を計算すると，

$$\text{体重あたりの呼吸率} = a \times (\text{体重})^{b-1}$$

$$\log(\text{体重あたりの呼吸率}) = K + (b-1) \times \log(\text{体重})$$

b は 1 よりも小さいので，$b-1$ は負の値になる．体重の対数に対して体重あたりの O_2 取込み量の対数をプロットすると，負の傾きの直線になる（図 11.18）．だから上で予想したように，体重あたりの O_2 取込み量は体重が増加するにつれて減少するのである．しかし，もし，この関係が，単純に表面積の問題であるとするならば（すなわち体重が増えても，表面積の増えるのが，それに追いつかないとい

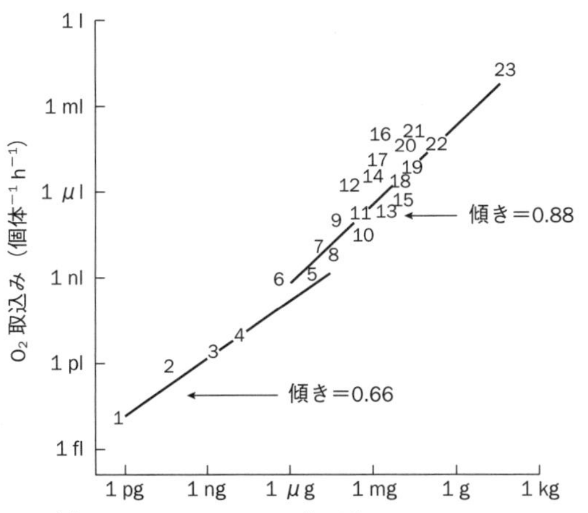

(a)

番号	分類群	n	b
（単細胞外温生物）			
1	細菌 Bacteria	5	0.68
2	菌類 Fungi	2	
3	鞭毛虫 Flagellates	4	1.33
4	繊毛虫 Cillates	5	0.28
5	根足虫 Rhizopoda	5	0.93
（多細胞外温動物）			
6	線形動物 Nematoda	24	0.82
7	小型甲殻動物 Microcrustacea	12	0.91
8	ダニ Mites	71	0.61
9	トビムシ目 Collembola	29	0.74
10	シロアリ目 Isoptera（幼虫）	4	0.75
11	ヒメミミズ科 Enchytraeidae	61	0.87
12	コウチュウ目 Coleoptera（幼虫）	17	0.67
13	シロアリ目 Isoptera（成虫）	21	0.94
14	アリ科 Formicidae（はたらき蟻）	23	1.14
15	ツリミミズ科 Lumbricidae（繭）	3	1
16	ザトウムシ目 Opiliones	30	0.69
17	ヤスデ綱 Diplopoda	77	0.79
18	クモ目 Aranea	6	0.81
19	等脚目 Isopoda	40	0.69
20	軟体動物 Mollusca	6	0.76
21	コウチュウ目 Coleoptera（成虫）	14	0.81
22	ツリミミズ科 Lumbricidae（成体）	18	0.76
23	大型甲殻動物 Macrocrustacea	3	0.81

(b)

図 11.16　(a) さまざまな分類群における体重と O_2 取込み速度の関係の両対数プロット．(b) 図 (a) に示された分類群のリスト．各分類群における両対数プロットの傾き b も示してある（Phillipson, 1981）．

う問題であるのなら)，b の値は 0.67，$b-1$ の値は -0.33 になるはずである．こうなる理論的説明は簡単である．O_2 取込みは表面に依存しており(上述)，それは幾何学的に相似な体においては，体長の2乗（l^2）に比例するはずである．体重は，体積と等価であるので，幾何学的に相似であれば，体長の3乗（l^3）に比例する．したがって，呼吸は，体重の3乗根（$\sqrt[3]{l^3}=l$）の2乗（$=l^2$），すなわち $\sqrt[3]{M^2}=M^{0.67}$ に比例することになる．しかし，b の値が正確に 0.67 になることはほとんどなく，0.67 と1の間の値をとることが多い（図 11.16）．それゆえ，体の大きさと O_2 取込み量の関係に幾何学的な要素が関与していると思われているのではあるが，それが唯一のものではあり得ず，それ以外の要素も深くかかわっていると考えられている．いったいどの要素が関与しているのかは，いまだ明らかにされていない．

11.6.2 活　動

カサガイ（腹足綱）は，動いているときには動いていないときの約 1.4 倍の O_2 を消費する．端脚目のヨコエビ *Gammarus* では約2倍，汽水域にすむテナガエビの一種 *Palaemonetes* では約4倍，バッタの飛行にいたっては100倍を超える．このような観察結果もやはり予想外ではないのであり，動物の運動には繊毛や鞭毛の波動運動や筋肉の収縮がかかわっているから，それにより，運動時には安静時よりも代謝が活発になる．だから動いている動物が動いていないものよりも O_2 取込み量が大きくなるのは当たり前である．しかし，同等の運動をしている場合（たとえば，同じ速さでの走行，遊泳など），重量あたりの O_2 取込み量は，小さな個体のほうが大きな個体よりも大きくなるという事実は，それほど自明のことではない．これは単位重量あたりで考えると，小さな個体や種は大きなものより，活動のコストが高いということを意味しているのである(第10章参照)．

11.6.3 摂　食

しばしば，食事の直後に O_2 の取込み量が上昇し，しばらくすると元に戻る．この反応は，特異動的作用（SDA : specific dynamic action）とよばれる（図 11.17）．SDA の強度と持続時間は動物種に

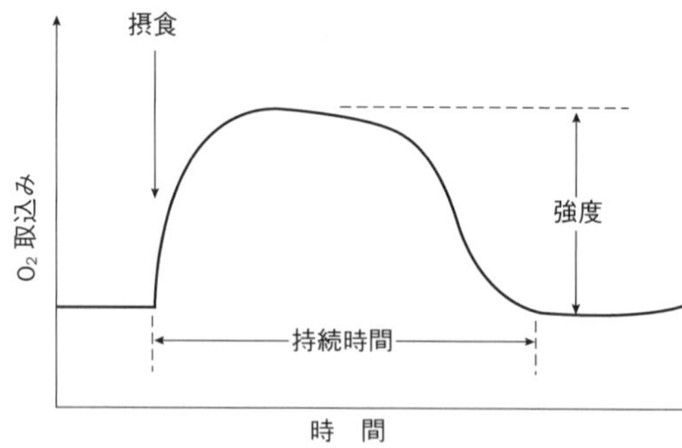

図 11.17　特異動的作用 SDA（摂食後に代謝活性が上昇すること）．この作用の強度と持続時間は，動物種によって，また同一種内でもさまざまである．

よって異なるうえ，同種でも，たとえば環境温度や食物の組成などによって異なってくる．南極に生息する大型の紐形動物 *Parborlasia* では，SDA は30日間つづき，ピーク時には標準代謝の 1.5～2.6 倍になる．これとは対照的に，熱帯の陸生のカニでは，持続時間は約50時間で強度は標準代謝の約3倍である．同じ動物種内でも同様のことがあるようで，捕食性のヒル *Nephelopsis* の SDA は，5℃では19時間だが，25℃では11時間しか持続しない．

SDA が生じる原因として，少なくとも3つの(互いに排除しあわない）要因があげられる．まず，① 食物を獲得して消化管の中で処理するためのエネルギー消費である．これは SDA のうちのごくわずかだと一般には考えられるが，いつもそうとは限らず，たとえばムラサキイガイ *Mytilus edulis* では O_2 の取込みが食後に約25％増えるが，その約80％は食物であるプランクトンを濾し取るためのエネルギーであると考えられる．② SDA には，食物から得られた物質を使って新たな組織をつくるためのエネルギー消費が含まれると考えられる．③ SDA のかなりの部分は，(とくにタンパク質含有量が高い）食物中の過剰なタンパク質を分解して排出するためのエネルギー消費であると考えられる．これと関連して，系統的にどの仲間に属する動物であるかにはほとんど関係なく，タンパク質含有量の高い食物をとるものの SDA は炭水化物や脂質を多くとるものの SDA よりも，一般に大きいのは興味深いことである．

摂食は O_2 取込みの急激な上昇を引き起こすことがあるが，では食べないとどうなるだろうか．慢性

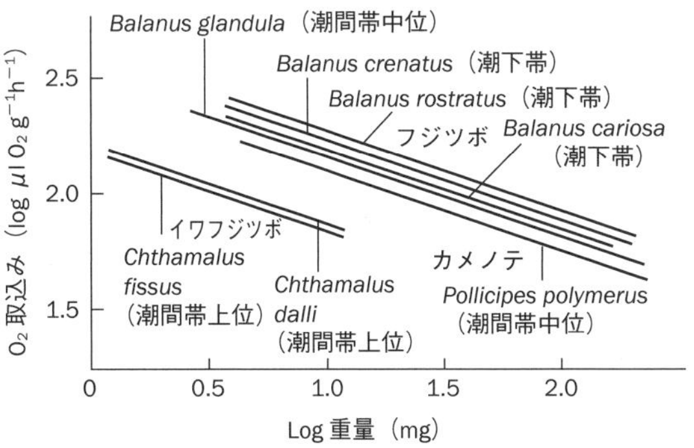

図 11.18　フジツボのいくつかの種における，体重の対数と体重あたりの O_2 取込み速度の対数の関係（Newell & Branch, 1979）（詳細は本文）

的に食物が少ない場合には O_2 の取込みが減少することが多い．こうなるのには，SDA がないことも原因の 1 つだろうが，多くの場合，活動が低下するだけでなく，体を維持する代謝にも節約が行われることがおもな原因だといわれている．このような O_2 取込みの減少は，深海や穴の中で生活する動物や，潮間帯のさまざまな高さで生活する動物に特徴的にみられる．たとえば，潮間帯よりも下（潮下帯）で生活するフジツボ *Balanus crenatus* や *B. rostratus* では食料の供給は途絶えることがなく O_2 取込み量は比較的大きい．これに対し，潮間帯の中下位で生活する *B. glandula* や *B. cariosa* では低潮位時には摂食が不可能で，O_2 取込み量も比較的小さい（図 11.18）．潮間帯の上位で生活する *Chthamalus*（イワフジツボ）は潮位が最も高いときにしか摂食ができず，小潮の日にはまったく水に浸からないということもある．このような動物は摂食の時間が最も短く，それに伴って O_2 取込み量も最も小さい（図 11.18）．

11.6.4　温　度

周囲の温度変化は，それが体温に影響する場合にのみ代謝に影響する．これは一般的に無脊椎動物にあてはまることであるが，哺乳類や鳥類にはあてはまらない．したがって，無脊椎動物は変温動物 poikilothermic（poikilo はギリシャ語で「変化する」）で，哺乳類や鳥類は定温動物 homoiothermic（homoio はギリシャ語で「同じに保つ」）であるとされる．しかしながら，熱帯の外海や，深海など，温度が一定の環境で生活する無脊椎動物も多く，彼らは事実上「変温」動物ではない．それゆえ，無脊椎動物の代謝の特徴を記述する，より一般的な言葉は，熱の発生源がどこにあるかを意味する外温性 ectothermic である．これに対し，哺乳類や鳥類は内温性 endothermic である．しかし，この分類も真に一般的とはいえない．飛翔筋で大量の熱を発生し（「内温性」である），胸部の温度を一定に保つ（「定温性」である）昆虫もいる．たとえば，マルハナバチは飛翔筋の温度が 30°C 以下または 44°C 以上になると飛ぶことができなくなる．飛行中のハチが消費するエネルギーの少なくとも 90% は胸部で熱となり，激しい飛行では胸部の温度が数秒で数°C 上昇することがある．そのうえ，自由飛行中のマルハナバチは異なる外部温度において内部温度を一定に保つことができるという証拠がある．大きなハチ（おもに女王蜂）は 0°C でも自由飛行が可能で，このとき胸部の温度は 30°C 以上に維持されている．このような温度制御は，部分的には胸部表面に生えている毛による保温のような受動的な要因にもよっているが，主要な要因は飛行に費やすエネルギーの調節である．

要するに，無脊椎動物の温度特性すべてにあてはまる用語は存在しないが，ほとんどの無脊椎動物は「変温動物」であり「外温動物」である．

変温動物の通常の温度範囲においては，環境の温度が上昇すると呼吸も激しくなる．しかし，化学反応の温度依存性から推測されるように，その関係は比例ではなく，ある一定の温度上昇によって呼吸量は何倍かになるといった関係にある．このような関係を考えに入れ，温度の代謝に対する効果の指標としてよく使われるのが Q_{10} 値で，つぎのように定義される．

$$Q_{10}=\frac{{R_2}^{10/(t_2-t_1)}}{R_1}$$

$$\log Q_{10}=\frac{(\log R_2-\log R_1)\,10}{t_2-t_1}$$

ここで，R_1，R_2 はそれぞれ温度 t_1，t_2(°C) における代謝速度（たとえば，O_2 取込み速度）である．もし，$t_2-t_1=10$°C であるとすると Q_{10} は R_2 と R_1 の比になるので，Q_{10} は温度が 10°C 上昇したときに R が何倍になるかを示している．温度が急激に変化したときには，Q_{10} は 2 もしくはそれ以上になることが多い．しかし，この値は測定する温度範囲によっても変わってくる．

さらに，そのような温度変化直後の反応は，その後もずっとつづくとは限らない．図 11.19 に，ムラサキイガイ *Mytilus edulis* を環境温度 10℃ から 5℃ または 15℃ に移したときに起こる変化を示してある．15℃ に移した場合には O_2 取込みは急激に上昇し，その後徐々に低下して一定値に達する．一方，5℃ に移した場合には急激に低下した後徐々に上昇して一定値に達する．この過程は「順化」acclimation として知られている．順化後の Q_{10} 値は環境変化直後の値よりも小さくなければならず，完全な順化ではこの値が 1 になるということに注意していただきたい．順化すれば，温度が高いときにはエネルギーを節約し，温度が低いときには ATP 合成などの代謝活性を高く維持できるので，順化の反応は適応的であると考えられる．順化反応は，これまで調べられたおもな無脊椎動物分類群のほとんどで観察されている．(以上のことはあるのだが) 順化の適応上の重要性に関しては，現在でもさまざまな議論がある．

以上とは反対の向きに順化がはたらくこともある．すなわち，O_2 取込みが低温においてさらに低下したり，高温においてさらに増大したりして，Q_{10} 値が環境変化直後よりも順化後のほうが大きくなるのである．この現象は，淡水産のカワコザラガイの仲間 *Ancylus fluviatilis* や海産のアラスジカサガイ *Patella aspera* などでみられる．低温におけるこの種の順化は適応的なこともある．冬眠のようにはたらき，食物の不足や，淡水において氷が張ることによって起こるかもしれない O_2 不足の状況で，エネルギー消費を節約することができるのである．高温において，代謝活性がさらに上昇することはより説明が難しい．たぶん，微妙な制御の仕組みが関与しているのであろう．

図 11.19 に示した順化は正の順化とよばれる．カサガイの順化は負の順化（逆の順化）である．順化反応の程度は動物種によって異なるほか，動物の状態にも依存することもあるだろう．たとえば潮間帯で生活する無脊椎動物では，温度変化に対する順化において，日常代謝の Q_{10} 値は 1 よりも大きくなることが多いのだが，標準代謝はすぐにほとんど完全に（正に）順化する（$Q_{10} \simeq 1$）．この反応はたぶん適応的だろう．なぜなら，潮間帯の動物は潮が引いている間は（外気の影響をまともに受けるので）かなりの温度変動にさらされるが，この間は摂食もせず不活発な（つまり標準代謝を示す）状態だからである．あまり動かない動物における，O_2 取込みの低い Q_{10} 値に関して，ある生態的なパターンが認められている．環境の温度が短時間で大きく変化することのない場所にすんでいるものでは，$Q_{10} > 1$ である．すなわち潮下帯にすむ生物（たとえばオオキタムラサキウニ *Strongylocentrotus franciscanus* やイソギンチャクの仲間 *Anemonia natalensis*）や，海岸の海側に穴を掘っている動物（たとえば多毛綱イソメの仲間の *Diopatia cuprea* やいくつかの二枚貝綱）．一方，潮間帯の動物では，$Q_{10} \simeq 1$ である（たとえばタマキビガイの仲間 *Littorina littorea*，アメリカムラサキウニ *Strongylocentrotus purpuratus*，二枚貝バルチックシラトリ *Macoma balthica*，ウメボシイソギンチャク *Actinia equina*，ホタルバイの仲間 *Bullia digitalis*）．しかし，これにあてはまらない動物も多い．潮間帯にすむセイヨウカサガイ *Patella vulgata* などでは Q_{10} 変化が抑制されないし，潮下帯にすむ動物でも，多毛綱の *Hyalinoecia* のように Q_{10} 値が小さいものもいる．

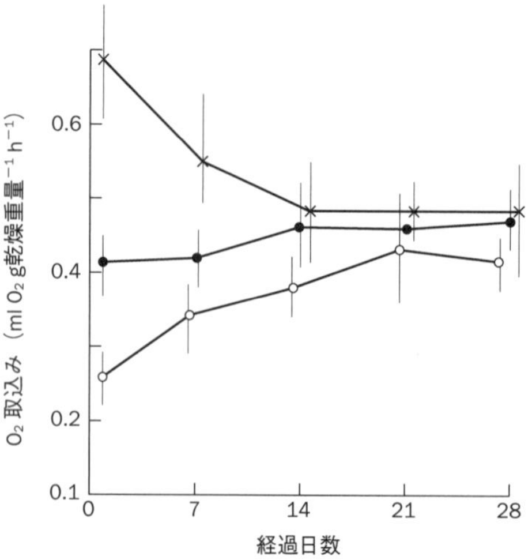

図 11.19　ムラサキイガイ *Mytilus* の順化．●＝10℃のまま，×＝10℃から 15℃に移した場合，○＝10℃から 5℃に移した場合．本文参照（Widdows & Bayne, 1971）．

11.6.5　O_2 分圧（P_{O_2}）

低 P_{O_2}（低酸素状態 hypoxia）にさらされると，「通常」の O_2 状態 normoxia（空気中または空気と平衡状態にある水中）の場合のような代謝速度を維持できなくなる無脊椎動物もいる．つまり環境の P_{O_2} の低下に伴って，O_2 の取込み速度が減少するのである．このような動物は酸素一致動物 oxyconformer とよばれる（図 11.20）．一般に一致動物は，通常はひどい低酸素状態にはならない環境で生活する動物（たとえば，淡水中のカゲロウやカワゲラの幼虫，海綿動物，刺胞動物，海産の節足動物や軟体動物のいくつか，すべてではないが多くの陸上無脊椎動物など），または，慢性的に極度の低酸素状態で生活する動物（たとえば，線形動物カイチュウ *Ascaris* や扁形動物カンテツ *Fasciola* のような条件的嫌気性生物）にみられる．後者の場合には，無酸素代謝の能力が著しく発達しているので，制御能力が不必要なのである．

多くの無脊椎動物（主として水生のもの）は，環境の P_{O_2} が広い範囲で変動しても O_2 取込み速度を一定に維持する能力を（程度の差はあるが）もっている（図 11.20）．このような動物は，酸素調節動物 oxyregulator とよばれる．しかし，代謝を完全に調節できるものはほとんどいない．P_{O_2} が低下してくると，ある P_{O_2} の値でこのような一定の呼吸を維持できなくなり，調節動物は一致動物になってしまう．この転換が起こる点は通常，臨界 P_{O_2}(P_c) とよばれる．P_c 値が小さいほど調節能力が高いことになる．P_c 値は，動物種によって，また，同じ動物種内においても，かなり異なっている．

低 P_c 値は，定期的あるいは慢性的に低酸素状態になる環境で生活する動物種の特徴である．海底や入江の潮間帯などの著しい低酸素状態になっている泥の穴の中で生活する動物もいるが，彼らは低い P_c 値をもつ傾向にある．たとえば，二枚貝のアイスランドガイ *Arctica* は 5 kPa，エビの *Calocaris* は 2 kPa である．同様に，広範囲の分類群に属する動物種（有櫛動物，毛顎動物，環形動物多毛綱，甲殻動物，軟体動物を含む）が，世界中の海洋で発見されている水深 400～1000 m の低 O_2 濃度の層に生息しており，これらの動物はかなり低い P_c 値（0.4 kPa にもなることがある）を有する傾向にある．潮間帯の潮だまりも定期的に低酸素状態にさらされる．夜間に干潮になると，動物と植物の両者が呼吸をするため，P_{O_2} が低下するのである．そのため，このような場所に生息する動物には，スジエビの仲間 *Palaemon elegans*（P_c＝1 kPa）のように，高い酸素調節能力をもつものが多い．

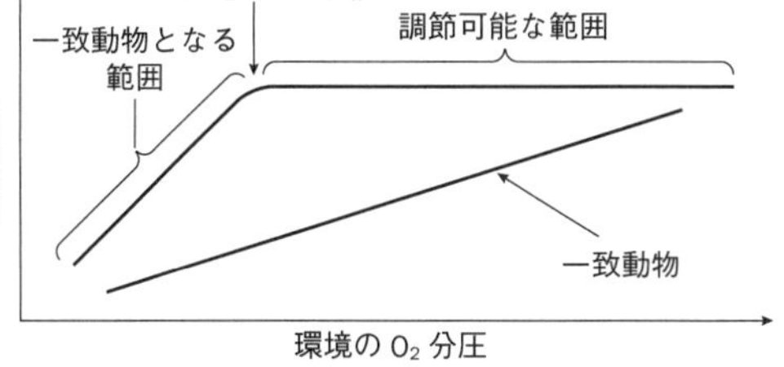

図 11.20　酸素調節動物と酸素一致動物の，周囲の O_2 分圧に対する O_2 取込み速度の関係

低酸素状態はまた，淡水域において汚染のために有機物が増えていることの症候であり，これは汽水域や海洋沿岸でも，ますますみられるようになってきている．このような場合，一般的に，調節能が高いものが生き残り，酸素一致動物は姿を消す傾向にある．有機物で汚染された水路では，通常，カゲロウやカワゲラ（ともに酸素一致動物）はみられず，酸素調節能力が高い甲殻動物等脚目のミズムシ *Asellus* や環形動物貧毛亜綱のイトミミズ *Tubifex* が生き残っている．

多くの外的および内的要因が P_c 値に劇的に影響することがあるので，実際の値を比較する場合には注意を要する．いつもそうであるとは限らないが，① 温度，② 代謝速度，③ 活動，④ 実験室での保持時間，これらの増加はすべて調節能力の低下（すなわち P_c 値の増大）を引き起こすようである．これに対し，少なくともいくつかの無脊椎動物，たとえばアルテミア（ブラインシュリンプ）*Artemia* やミジンコ *Daphnia* では，あらかじめ低酸素状態にさらしておくと調節能力が増すことがある．

酸素調節の機構に関しては，少なくともいくつかの動物種において，比較的よく明らかにされている．短時間での調節は，さまざまな生理的反応によって行われる．最もよくみられるのは，P_{O_2} の低下に伴って，少なくとも P_c までは，換気・換水がさかんになることである．さらに P_{O_2} が低下すると，換気・換水は急激に低下する．心臓によって送られる血流量の増加が酸素調節にかかわっている動物種もいる．この場合，P_{O_2} の低下に伴って，心拍数ではなく，1 回拍出量（心臓が 1 回打つときに送り出す血液の量）が増加する傾向があるようである．こ

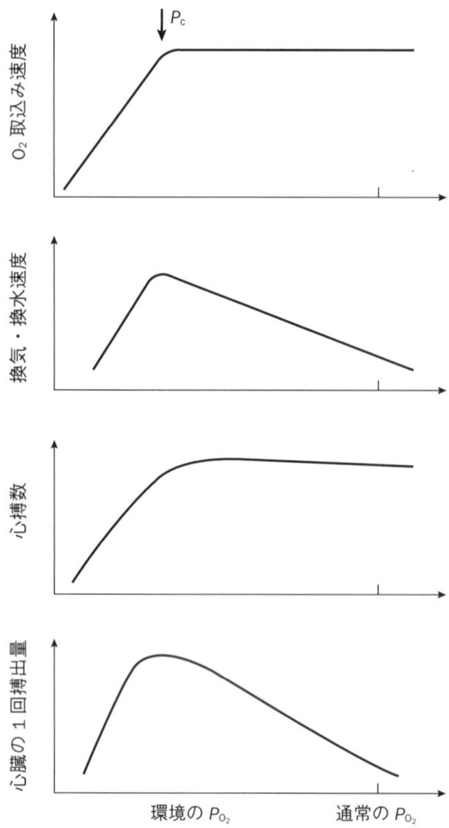

図 11.21　酸素調節動物である甲殻動物において，低酸素状態にしていったとき(横軸を左にたどる)における反応の概要

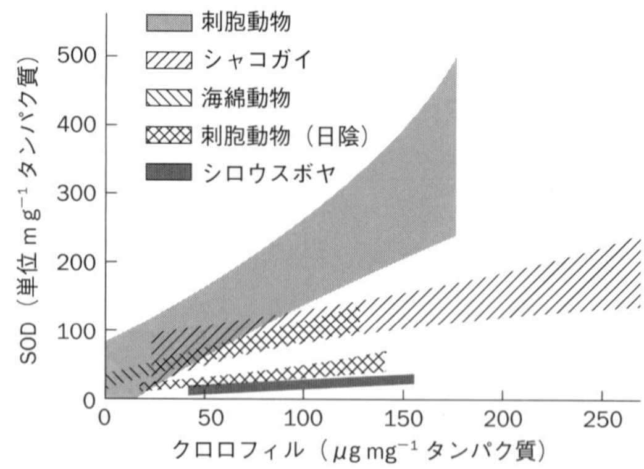

図 11.22　サンゴ礁のおもな無脊椎動物における SOD 活性とクロロフィル濃度の関係（Shick & Dykens, 1985）

のような調節機構について図 11.21 に図示してある．しかしながら，換気・換水や循環の増大にかかる代謝コストは高く，通常，長時間にわたって維持することは不可能である．そのため，長時間での解決法として，血液の体積あたりの O_2 運搬量を増大させたり（呼吸タンパク質を増やしたり，O_2 親和性の高い呼吸色素を合成したりすることによる），代謝需要全般を低下させたりすることが考えられる．

O_2 取込みに対する P_{O_2} の影響に関する議論を終える前に，O_2 が多すぎるとやはり有害であることも述べておくべきだろう．O_2 フリーラジカル（過酸化物）は，生体高分子，とくにタンパク質を変性させることがある．これは O_2 濃度が非常に高い場合に重要である．サンゴ礁の動物に多いのだが，藻類が共生している動物の組織では，光合成の最終産物が O_2 なので，このようなことが起こる．これらの動物は，O_2 の毒性から細胞を保護する仕組みを進化させた．組織を破壊する過酸化物を分解する酵素スーパーオキシドジスムターゼ（SOD）と，SOD によってつくられる H_2O_2 を分解する酵素カタラーゼである．図 11.22 に示すように，さまざまな動物の種類において，組織中のクロロフィル濃度，すなわち共生藻類の光合成による O_2 産生能力が上昇するにつれて，SOD 活性も上昇している．しかしながら，この関係は動物の種類によって異なっており，この違いは共生藻類の局在場所の違いによると考えられる．SOD 活性は，共生藻類である褐虫藻が細胞内に存在する（細胞質が直接 O_2 にさらされる）刺胞動物で最も高くなっている．一方，尾索動物のシロウスボヤ *Didemnum* では，共生藻が存在しているのは細胞外の総排泄口の裏打ちの部分，つまり体の外の部分で，O_2 は水流にのってすぐに外に出されてしまい，組織の細胞質に直接の影響を与えることはない．刺胞動物において SOD 活性が低いものは，洞穴の中や岩棚の下などの日陰で生活する種類である．

11.6.6　塩分 salinity

海洋や河口の無脊椎動物が塩分の変動にさらされたとき，その全体の反応は，生理的な変化や行動の変化（はじめのうちは，より活発になる傾向にある）などが混じりあって複雑である．完全に海産の動物は，低塩分にさらされたときに生じる生理的な攪乱に対して補正ができず，耐性をもっていないものが多い．その結果，塩分が低下すると代謝も不活発になる．完全に淡水産の動物にもこの逆があてはまる．すなわち，環境の塩分が上昇するにつれて代

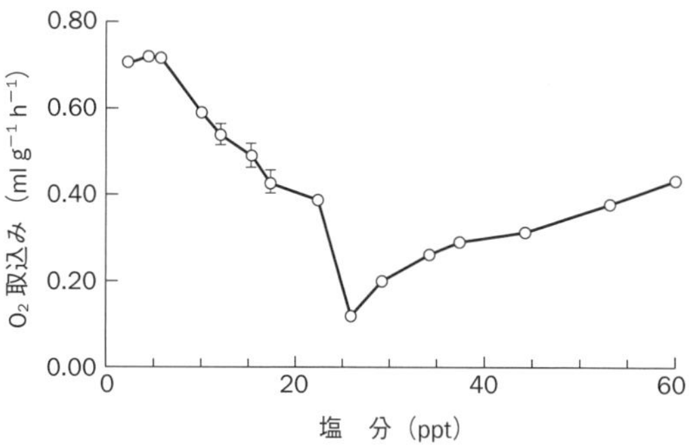

図 11.23　エビの一種 *Palemonetes varians* での，さまざまな塩分における O_2 取込み速度（平均±標準偏差，$n=3$ または 4）（Lofts，1956 のデータ）

謝が不活発になり，最終的には死んでしまう．しかし，同時に起こる他の活動の上昇がエネルギーを必要としたりするため，塩分変化後の代謝の変化は複雑になることがある．そのため，同じ動物種であっても文献により，環境の塩分変化に対して代謝活動が上昇した，低下した，変化がなかったと，まちまちに報告されていることもまれではない．

河口付近で生活する動物では，（例外もあるが）動物体と環境との浸透圧がだいたい等しいときに，代謝活動が最低になる．たぶん，この塩分でイオンや浸透圧の調節にかかるコストが最低になるのだろう．ところが，環境の塩分がこの点より上昇しても低下しても代謝は活発になる．これは，浸透圧調節にかかるコストの増大や移動運動が活発になることなどによると考えられる．このようなことは，汽水に生息するエビ *Palemonetes varians* ではっきりとみることができる（図 11.23）．環境の塩分が動物体と等張の 26 ppt のときに O_2 の取込みが最低になっていることがわかる．

浸透圧調節や能動輸送にかかるコストは小さくて，同時に起こる他の活動のコストに埋もれてしまうことがよく知られている．しかし，本当の浸透圧調節のコストが何かが学者の間でかならずしも一致しておらず，総代謝量の 0.01～25% というように，見積もられる値もばらついている．

11.7　結　　論

「呼吸」とは，食物，とくに炭水化物から有用なエネルギーを取り出す過程のことである．これは O_2 を使って行われることが多いので，O_2 を獲得して CO_2 を排出する過程も「呼吸」とよばれている（O_2 を使わない呼吸もあるのだが）．生化学的な過程はよく「内呼吸」あるいは「組織呼吸」ともよばれ，O_2 をとりこむ生理的な過程は「外呼吸」とよばれる．本章を通して，この両方の背景にある機構，すなわち環境から O_2 をとりこんで組織に運搬する仕組みや代謝活動に影響する内的および外的要因などについて，よりよく知ってなじみになられたと期待している．

11.8　さらに学びたい人へ（参考文献）

Bayne, B.L. & Scullard, C. 1977. An apparent specific dynamic action in *Mytilus edulis*. *J. Mar. Biol. Assoc., UK*, **57**, 371–378.

Bryant, C. & Behm, C. 1989. *Biochemical Adaptation in Parasites*. Chapman and Hall, London.

Bryant, C. (Ed.) 1991. *Metazoan Life Without Oxygen*. Chapman & Hall, London.

Calow, P. & Townsend, C.R. 1981. Resource utilization in growth. In: Townsend, C.R. & Calow, P. (Eds) *Physiological Ecology: an Evolutionary Approach to Resource Utilization*. Blackwell Scientific Publications, Oxford.

Cameron, J.N. 1989. *The Respiratory Physiology of Animals*. Oxford University Press, New York.

Childress, J.J. 1995. Are there physiological and biochemical adaptations of metabolism in deep-sea animals? *Trends Ecol. Evol.*, **10**, 30–36.

Chown, S.L. & Gaston, K.J. 1999. Exploring links between physiology and ecology at macro-scales: the role of respiratory metabolism in insects. *Biol. Rev.*, **74**, 87–120.

Cossins, A.R. & Bowler, K. 1987. *Temperature Biology of Animals*. Chapman and Hall, London.

Fothergill-Gilmore, L.A. 1986. The evolution of the glycolytic pathway. *Trends Biochem. Sci.*, **11**, 47–51.

Heatwole, H. & Cloudsley-Thompson, R.J.L. 1995. *Energetics of Desert Invertebrates*. Springer-Verlag, New York.

Heinrich, B. 1979. *Bumble-bee Economics*. Harvard University Press, Cambridge, Massachusetts.

Heinrich, B. 1993. *The Hot-blooded Insects*. Harvard University Press, Cambridge, Massachusetts.

Huey, R.B., Berrigan, D., Gilchrist, G.W. & Herron, J.C. 1999. Testing the adaptive significance of acclimation: A strong inference approach. *Amer. Zool.*, **39**, 323–336.

Livingstone, D.R. 1983. Invertebrate and vertebrate pathways of anaerobic metabolism: evolutionary considerations. *J. Geol. Soc.* **140**, 27–38.

Lutz, P.L. & Storey, K.B. 1997. Adaptations to variations in oxygen tension by vertebrates and invertebrates. In: Dantzler, W.H. (Ed.) *Handbook of Physiology*. Section 13. *Comparative Physiology*, Vol II, Chapter 21, pp. 1479–1522. Oxford University Press, Oxford.

Mangum, C.P. 1994. Multiple sites of gas exchange. *Amer. Zool.*, **34**, 184–193.

Mangum, C.P. 1997. Invertebrate blood oxygen carriers. In: Dantzler, W.H. (Ed.) *Handbook of Physiology*. Section 13. *Comparative Physiology*, Vol II, Chapter 15, pp. 1097–1136. Oxford University Press, Oxford.

Mangum, C.P. 1998. Major events in the evolution of the oxygen carriers. *Amer. Zool.*, **38**, 1–13.
McMahon, B.R., Wilkens, J.L. & Smith, P.J.S. 1997. Invertebrate circulatory systems. In: Dantzler, W.H. (Ed.) *Handbook of Physiology*. Section 13. *Comparative Physiology*, Vol II, Chapter 13, pp. 931–1008. Oxford University Press, Oxford.
Mill, P.J. 1997. Invertebrate respiratory systems. In: Dantzler, W.H. (Ed.) *Handbook of Physiology*. Section 13. *Comparative Physiology*, Vol II, Chapter 14, pp. 1009–1098. Oxford University Press, Oxford.
Newell, R.C. 1979. *Biology of Intertidal Animals*, 3rd edn. Marine Ecological Surveys Ltd, Kent.
Phillipson, J. 1981. Bioenergetic options and phylogeny. In: Townsend, C.R. & Calow, P. (Eds) *Physiological Ecology: an Evolutionary Approach to Resource Utilization*. Blackwell Scientific Publications, Oxford.
Randall, D., Burggren, W.W. & French, K. 1997. *Animal Physiology. Mechanisms and Adaptations*, 4th edn. W.H. Freeman, New York.
Schmidt-Nielsen, K. 1997. *Animal Physiology. Adaptation and Environment*, 5th edn. Cambridge University Press, Cambridge.
Somero, G.N. 1997. Temperature relationships: From molecules to biogeography. In: Dantzler, W.H. (Ed.) *Handbook of Physiology*. Section 13. *Comparative Physiology*, Vol II, Chapter 19, pp. 1391–1444. Oxford University Press, Oxford.
Spicer, J.I. & Gaston, K.J. 1999. *Physiological Diversity and its Ecological Implications*. Blackwell Science, Oxford.
Wasserthal, L.T. 1997. Interaction of circulation and tracheal ventilation in holometabolous insects. *Adv. Insect Physiol.*, **26**, 298–351.
Willmer, P., Stone, G. & Johnston, I. 2000. *Environmental Physiology of Animals*. Blackwell Science, Oxford.

第12章

排出，イオン・浸透圧調節，浮力

Excretion, Ionic and Osmotic Regulation, and Buoyancy

代謝において，過剰な物質は動物体の外に排除されねばならない．消化できないものは糞として（第9章），CO_2は呼吸によって（第11章）排除される．しかし，ほかにも過剰なものがある．水，さまざまなイオン，過剰なタンパク質やアミノ酸を分解してできた産物などである．タンパク質やアミノ酸の分解産物は窒素を含んでおり，この窒素含有物質を通常，生理学者は「排出物質」とよんでいる．しかし，過剰なイオンや水，窒素含有物質を動物体から排除する過程は緊密に関連しあっているので，これらを一緒に扱うほうが賢明である．そこで本章では，まず排出から始め，つぎにイオンと水の問題を扱う．そして最後に，いわゆる排出系の構造と機能について述べることにする．排出系とよばれているが，必ずしも窒素排出にはかかわっていない場合もある（これはイオンや浸透圧の調節に不可欠だが）．

12.1　排　　出

不要なアミノ酸は，消化管壁を通しての過剰な取込みやタンパク質の異化作用によって生じる．通常，これらのアミノ酸は酸化反応によってさらに分解されて，ケト酸とアンモニアになる．

$$\underset{\text{アミノ酸}}{NH_2\text{–}\overset{\overset{\displaystyle R}{|}}{C}HCOOH} + {}^1/{}_2O_2 = \underset{\text{ケト酸}}{O{=}\overset{\overset{\displaystyle R}{|}}{C}COOH} + \underset{\text{アンモニア}}{NH_3}$$

ケト酸は容易に他の代謝経路によって使われるが，アンモニアは非常に毒性が高く，速やかに体外に排除されるか毒性が低いもの（後述）に変換されなくてはならない．アンモニアは水によく溶けるので，水生動物では体表面や呼吸表面から拡散によって容易に排除される．アンモニアを主たる最終産物とする排出をアンモニア排出 ammoniotelism といい，水生の無脊椎動物（昆虫の水生幼虫を含む――陸生成虫については後述）では非常によくみられる．

動物種によっては，アンモニアがより毒性の低い尿素に変換される．

$$\begin{array}{c} NH_2 \\ | \\ C=O \\ | \\ NH_2 \end{array} \quad \text{尿素}$$

尿素を排出物質とすることを尿素排出 ureotelism といい，哺乳類でよくみられる．無脊椎動物ではあまりないが，これは，尿素にはまだ毒性があるうえに，排出するためにかなりの水を必要とするためだと考えられる．しかし，扁形動物や環形動物，軟体動物に尿素排出を行うものがある．

陸生の無脊椎動物（そして哺乳類以外の陸生脊椎動物）の主たる排出物質は尿酸である（尿酸排出 uricotelism）．尿酸はプリンという化合物群の1つで，尿素以外のプリンを排出する無脊椎動物もいる（プリン排出 purinotelism）．

このような排出物質が進化した理由は，毒性が低いことと，水に対する溶解度の低減によって固体と

（一般的な）プリン

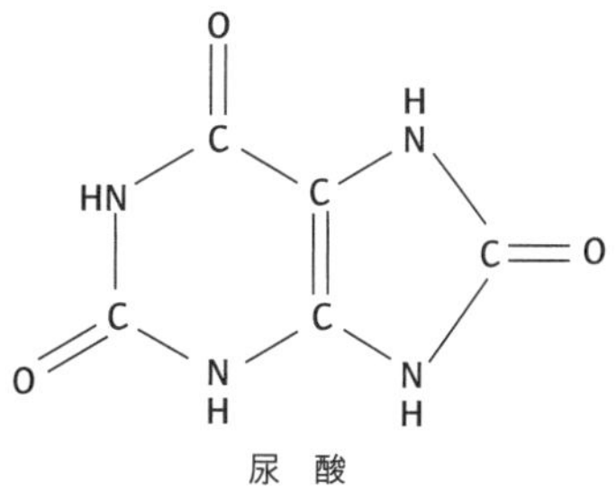

尿　酸

して排出できるから，排出に必要な水がほとんどいらないことがおもな理由である．尿素排出は有爪動物，単肢動物で重要であり，甲殻動物や軟体動物でもみられる．クモ綱の主な排出物質は，別のプリンであるグアニンである．

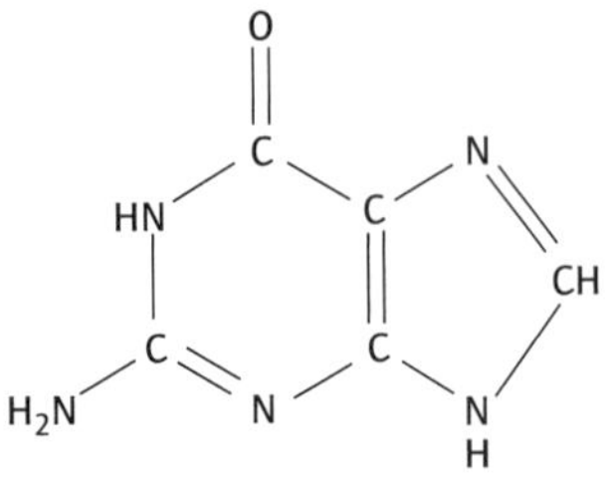

グアニン

陸生動物のこの傾向の例外は，陸生の甲殻動物（カニ，ワラジムシ，端脚目）であり，彼らではアンモニア排出が優勢である．彼らのクチクラ表面には，昆虫にみられるような上クチクラのろうがなく（12.2.5 項参照），そのため，とくに体が小さい場合には，アンモニアを気体拡散で体外に排出可能なのである．ただし完全に陸生のカニでも，ヤシガニ *Birgus latro* のように尿酸が重要な排出物質のものもいることが最近わかった．ほかに，アンモニアを直接排出する陸生の無脊椎動物には，貧毛亜綱や多足動物亜門があるが，これらは等脚目（ワラジムシなど）のように湿気が高い環境で生活しており，乾燥の危険は深刻ではない．

排出系の進化において，代謝の経済ももう 1 つの重要な要素であったに違いない．プリンはアンモニアよりも毒性は低いが，炭素を含んでいてエネルギー的に高価である．尿素は，毒性とエネルギーの両面においてアンモニアとプリンの中間である．これら 3 つの排出物質の毒性，水の必要性，失われる炭素とエネルギーを表 12.1 で比較した．しかしながら，これらの炭素やエネルギーの損失が動物体全体の経済にとってどれほど重要であるかは問題のあるところである．むしろより重要なのは，これらの排出物質を生産する代謝過程で失われるエネルギー（主に熱となる）かもしれない．

表 12.1　排出物質の「経済学」

	C/N	酸化によって発生する熱		毒性	水の必要性
		kJ mol^{-1}	kJ mol^{-1} N^{-1}		
アンモニア	0	378	378	＊＊＊	＊＊＊
尿素	0.5	638	319	＊＊	＊＊
尿酸	1.25	1932	483	＊	＊

＊：数値を大まかにまとめた指標．Pilgrim，1954 のデータより．

ここでまた考えねばならないのは，とくにプリンのような毒性の低い排出物質は，かならずしも体外に排除されなくてはならないわけではないことである．陸生や水生の軟体動物有肺上目では，成長するにつれて相当な量の尿酸を蓄積することが可能である．熱帯の有肺類 *Bulimulus* では，夏眠時，組織中に尿素が蓄積する．この意味はよくわかっていないが，排出作用としてだけではなく，組織や体液中に尿素が蓄積すると浸透圧が上昇して水分の蒸発を防ぎ，長い乾燥期の生存率を上げているのかもしれない．閉鎖卵 cleidoic egg でも成長に伴って尿酸が蓄積する．有肺類モノアラガイ *Lymnaea* の卵では，尿酸の含量が，卵割時には湿重量の約 0.5% で，孵化時には約 4.5% にもなる．閉鎖卵の進化がプリン排出の進化に重要な役割を果たしたのではないかともいわれている．確かに，プリン排出という特徴と閉鎖卵という特徴は，どちらも動物の陸上への進出に重要な役割を果たしてきたのである．

ホヤには，尿酸の凝固物を含んだ腎嚢とよばれるものをもつものがある．しかし，この腎嚢は外界に開口していない．個体の成長とともに腎嚢中に尿酸が蓄積しつづけるのである．それゆえ，これが排出機能をもつことには疑問をもたれてきたのだが，では他にどんな機能があるのかは，まだわかっていない．

12.2　浸透圧とイオンの調節

動物の体液は，塩化ナトリウムを主要な電解質成分とする希薄な塩溶液である．いいかえると，それは海水によく似ている．このことは，生命の起源が海の中にあることの現れであると，一般に考えられている．しかし，体液と海水には明らかな違いがある（表 12.2）．1920 年代にマッカラム（Macallum）は，生命が誕生した頃の組成から海水の成分が徐々に変化して現在のようになったと考えた．しかし，最近の古化学的研究によれば，原始の海水の成分も現在のものとほとんど違いがなかったようである．

表 12.2 血漿または体腔液のイオン濃度を，海水に対して透析した体液中の濃度の百分率で示した（Schmidt-Nielsen，1997）

	Na	K	Ca	Mg	Cl	SO_4
（刺胞動物）						
ミズクラゲ *Aurerua aurita*	99	106	96	97	104	47
（棘皮動物）						
ヒトデの一種 *Marthasterias glacialis*	100	111	101	98	101	100
（尾索動物）						
トガリサルパの仲間 *Salpa maxima*	100	113	96	95	102	65
（環形動物）						
タマシキゴカイの仲間 *Arenicola marina*	100	104	100	100	100	92
（星口動物）						
サメハダホシムシの仲間 *Phascolosoma vulgare*	104	110	104	69	99	91
（甲殻動物）						
トゲクモガニ *Maia squinado*	100	125	122	81	102	66
カイカムリの仲間 *Dromia vulgaris*	97	120	84	99	103	53
ヨーロッパミドリガニ *Carcinus maenas*	110	118	108	34	104	61
イワガニの仲間 *Pachygrapsus marmoratus**	94	95	92	24	87	46
ヨーロッパアカザエビ *Nephrops norvegicus*	113	77	124	17	99	69
（軟体動物）						
ヨーロッパホタテガイ *Pecten maximus*	100	130	103	97	100	97
エゾボラの仲間 *Neptunea antiqua*	101	114	102	101	101	98
ヨーロッパコウイカ *Sepia officinalis*	93	205	91	98	105	22

＊ この表の中ではこのイワガニだけが低浸透である（浸透濃度は海水の 86%）．

したがって，表 12.2 の意味することは，海水中に生きる動物でさえも体液の組成を調節しなくてはならないということである．さらに希薄な環境（汽水や淡水）においては，体液を周囲よりも濃厚な状態に保たなくてはならないので，より強く調節する必要がある．海水よりも希薄な体液を進化させた淡水産の動物が海に帰っていった場合や，塩湖のように非常に高い塩濃度の環境で生活する場合は，これとは逆の調節が必要である．陸上においては，当然，水分を保持することがおもな課題となる．

このような，おもに 4 つの環境から受けるイオンと浸透圧の問題について，もっと詳しく考察することにしよう．イオンと浸透圧の調節を理解するために，重要な種々の用語の定義を Box 12.1 で簡単に解説してある．

12.2.1 海水環境

海産無脊椎動物のほとんどは，体液が海水と等浸透で，浸透順応型動物である．しかし，上に述べたように，体液のイオン組成は海水のものと明らかに異なることがありうるのであり，イオン調節が存在せねばならない．この点に関するデータを表 12.2 に示してある．以下の 3 点が注目に値するだろう．

① ミズクラゲ *Aurelia* は，おもに硫酸イオン濃度を調節し，それを海水中の濃度よりも低く保っている．硫酸イオンは密度が高いので，塩素イオンに交換することによって密度を下げて浮力を増し，動物体が沈降するのを防いでいると考えられる（コウイカ *Sepia* の浮力と 12.2.2 項についても参照のこと）．② 棘皮動物は，カリウムイオン以外はほとんど調節を行っていない．棘皮動物がほぼ海産に限られていることと関連があるのかもしれない．③ 節足動物では一般に，体液のマグネシウムイオンが低く保たれている．マグネシウムイオンには麻酔性があり，節足動物が一般的に高い活動性をもっていることと関連があるのかもしれない．しかし，同様に高い活動性をもつコウイカの体液のマグネシウムイオン濃度はとくに低くなっていないことにも注意してほしい．

12.2.2 浮力（ちょっと寄り道）

周囲の水よりも密度が高い水生動物は沈んでいくので，遊泳性の水生動物にとっては体の密度を周囲の水の密度と同じか低くすると有利である．さもなければ，沈降を防ぐためにエネルギーを消費しなくてはならない．少なくともある程度は，イオン調節

Box 12.1 用語の定義

2つの水溶液が，溶媒も溶質も透過する障壁（膜）で隔てられているとき，

1. 溶質（イオン）は，濃度が高い溶液から低い溶液へと拡散によって移動する（実際には，膜を隔てて発生する電位差によって，イオンの移動はもっと複雑になる．このことは第16章で詳しく論じる）．

2. 溶媒は，濃度が低い溶液から高い溶液へと浸透によって移動する．浸透圧は，この移動にかかる圧力で，束一的性質，すなわち，溶質の種類には依存せず溶質の粒子の密度にのみ依存する性質である．

1. と **2.** の現象は，濃度勾配が消失するまでつづく．

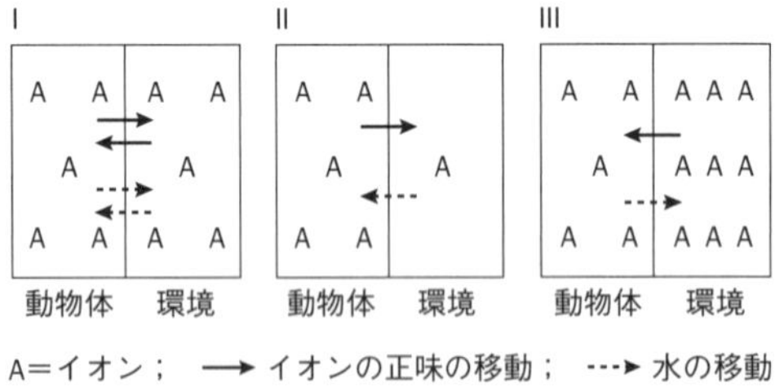

動物体に存在する膜は，通常，水と溶質の両者に対してある程度の透過性をもっており，両者の移動が生じることになる．たとえば上図のように，

図Iでは，動物体は環境に対して等浸透である．

IIでは，動物体は環境に対して高浸透である．

IIIでは，動物体は環境に対して低浸透である．

よく等張という言葉が等浸透と同義で使われることがあるが，厳密には意味が異なる．張性（等張，高張，または低張であること）は，細胞や動物体の体積変化の反応についての性質である．動物体が環境に対して等浸透であるとき，（通常は等張でもあるが）かならずしも等張であるとは限らない．たとえば，ウニ卵は等浸透の NaCl 溶液に対して等張であるが，等浸透の $CaCl_2$ 溶液に対しては等張ではない．

浸透順応型動物 osmoconformer は，体液の浸透濃度が環境の浸透濃度に追随する（すなわち，等浸透である）動物のことである．

浸透調節型動物 osmoregulator は，体液の浸透濃度を環境の浸透濃度とは異なる状態に保つ動物のことである．

イオン調節とは，環境のイオン濃度とは通常著しく異なるように，体液のイオン濃度を調節することである．

広塩性 euryhaline とは，環境の塩濃度が広範囲にわたって変化しても，動物が生きられる性質のことである．

狭塩性 stenohaline とは，環境の塩濃度の限られた変化の範囲内でしか，動物が生きられない性質のことである．

濃度について．物質の質量による濃度のほうがわかりやすく，モル（元素または化合物の，原子量または分子量にグラムをつけた量，または，アボガドロ数（6.022×10^{23}）個の原子または分子の量）のほうがわかりにくい．しかし，モルは溶質の粒子数を記述し，浸透圧はこれに直接依存するので，モル濃度のほうが有用である．

容量モル濃度 molarity＝溶質のモル数/1 L の溶液

重量モル濃度 molality＝溶質のモル数/1 kg の溶媒

によってこれが可能であることはすでに述べた．この点に関してさらに述べるとともに，浮力に関するその他の適応についても，ここでみておくことにする．

深海性のイカ *Heliocranchia* の囲心腔は非常に大きい．これを満たす液は，海水よりもナトリウムイオン濃度がずっと低くてアンモニウムイオン濃度が非常に高く，密度が低くなっている．このアンモニウムイオンはタンパク質代謝の最終産物で，囲心腔を満たす酸性の水溶液中に溶け出して，ここに閉じ込められる．さらに，ミズクラゲやコウイカと同様に，このイカの囲心腔液中の陰イオンはほとんど塩素イオンで，重い硫酸イオンは排除されている．

そのほかに浮力を増す方法としてはつぎのようなものがある．① イオンを入れ替えるのではなくて，排除する．しかし，この方法では体液が海水に対して低浸透になり，それに対応するコストがかかる．② 重い物質を減らす．たとえば，外洋性の腹足綱の異足類や翼足類では，貝殻が小さいか消失している．③ 油脂のような，水よりも密度が低い物質を蓄積する．海産および淡水産の浮遊性甲殻動物（プランクトン）によくみられる．④ 気体を満たした浮きを使う．カツオノエボシ *Physalia* の気泡体，オウムガイの貝殻やコウイカの甲の中の気室（図12.1）などである．

12.2.3 淡水環境

海産の動物を希釈した海水に移すと，その動物の

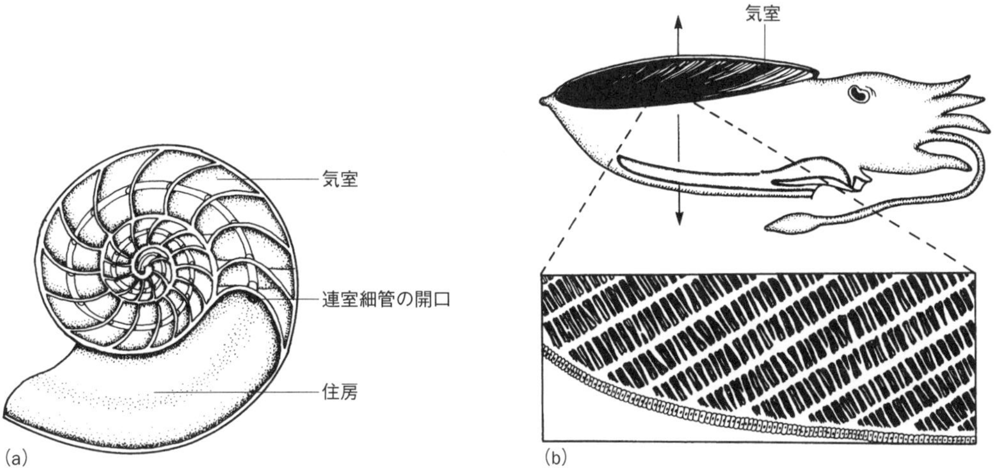

図 12.1　(a) オウムガイ *Nautilus* の部屋にわかれた殻．成長するに従って，殻に新しい気室を 1 つずつ形成していく．気室は，最初は NaCl を主成分とする塩溶液で満たされている．能動輸送によってナトリウムが排除されるので，この溶液は海水に対して低浸透になり，この浸透圧差によって水分が出ていき，気体のための空間があとに残ることになる．そこに気体が拡散で入ってくる．この気体は，N_2 分圧が 0.8 気圧で，これは水中や自身の組織の分圧とかわらないが，O_2 をほとんど含んでいない．貝殻が力学的に強固であるので，オウムガイがどの水深にあっても貝殻の内部の圧力はいつも約 0.9 気圧になっている．(b) コウイカの甲は多数の薄層が重なった構造になっていて，オウムガイの貝殻の中とほぼ同じ組成と気圧の気体が入っている．しかし，最も古くて体の後ろ側（図では左側）にある気室（黒く描かれている）は，やはり NaCl を主成分とする塩溶液を含んでいる．溶液の量を調節することによって，気体の体積を変化させることができる．コウイカはこのようにして体の密度，したがって浮力を変化させ，水深を制御できるのである（上向きの矢印がこうして生じる浮力，下向きの矢印が重力）．これは，イオンを移動させて塩溶液の NaCl 濃度を変化させることによって行われている．たとえば，海面近くにいるときには，塩溶液の浸透濃度は海水とほぼ同じであるが，深く潜ったときにはこの濃度を下げて，海水や自身の血液よりも低浸透にする．こうすることにより，水圧によって外から甲へと水が入ってこようとする力につり合う力を発生させている（Schmidt-Nielsen, 1997）．

体液は環境の浸透濃度に忠実にしたがって変化する（浸透順応型動物）か，体液が希薄にならないように反応する（浸透調節型動物）かである．図 12.2 には，両者の例が示されている．河口付近では（ある程度は潮間帯でも）潮の干満や降雨により，塩濃度が繰り返し変化し，このような体液の変化がいつも起こっている．

浸透順応型動物は，かならずしも浸透調節型動物より狭塩性であるとは限らない．北海（通常の海水の塩濃度）においてもバルト海（通常の海水の半分以下の塩濃度）においても，ムラサキイガイ *Mytilus edulis* の血液の浸透圧は，環境の浸透圧と同じになっている．それでも耐えていける理由の 1 つは，（ムラサキガイは細胞外の体液は調節していないが）細胞内の液は調節しているからであり，そこではアミノ酸が重要な役割を果たしている．希薄な環境では，細胞内のアミノ酸濃度が上昇して浸透圧を上げているのである．このため，ムラサキイガイを高塩濃度環境から低塩濃度環境に移すとアンモニアの排出量が増大する．これは，細胞内におけるタンパク質の分解，そしてその結果アミノ酸産生が

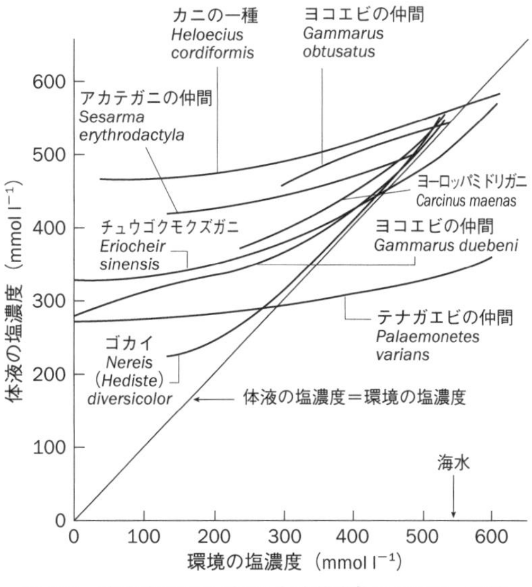

図 12.2　汽水産のさまざまな無脊椎動物における，環境の塩濃度と体液の塩濃度の関係（Schmidt-Nielsen, 1997）

さかんになったことの現れであろう．タンパク質分解代謝に重要なロイシンアミノペプチダーゼ（LAP）の遺伝的な変異が現実にあるようで，この活性が高い変異体は低塩分の水域に多くみられる．

浸透調節型動物は，透過性のより低い体表面を進化させることや，水を体外に排除したりイオンを体液と体外との間で能動的に輸送する機能によって，体内への水の流入やイオンの流出を調節することができる．甲殻動物の外骨格の透過性が，淡水や海岸の種ではより低いことを，図 12.3 に示しておいた．

淡水産の動物は，汽水産の浸透調節型動物と似ているが，生涯にわたってつねに調節しつづけなくてはならない．淡水産のいくつかの動物について，外界の塩濃度の上昇に対して体液の塩濃度がどのように応答するかを図 12.4 に示してある．彼らの体液の塩濃度は，海産動物の場合よりもずっと低く保たれていることに注意していただきたい．ヨコエビ *Gammarus*（端脚目）やコミズムシ *Sigara*（半翅上目）の体液の塩濃度は，ドブガイ *Anodonta*（二枚貝）やミジンコ *Daphnia* のものよりも高いが，それでも海産の同じ仲間の体液の塩濃度よりは低くなっている．これは，体内と体外の浸透圧の大きな差を維持するコストを低減するためであると考えられる．

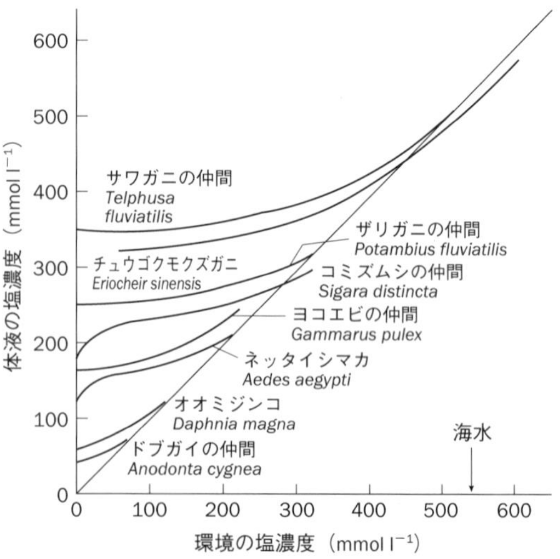

図 12.4 淡水産のさまざまな無脊椎動物における，環境の塩濃度と体液の塩濃度の関係（Schmidt-Nielsen，1997）

ほとんどの淡水産動物では上皮の透過性が低く（図 12.3），大量の尿を放出することによって体液の塩濃度を維持している．1 日に放出する尿の量をその動物の体重あたりで換算すると，海産動物では通常 10% よりずっと少ないが，淡水産動物ではずっと多い．たとえば，ザリガニ *Astacus* やヨコエビ *Gammarus* では約 40%，ミジンコ *Daphnia* では 200% 以上，ドブガイ *Anodonta* では 400% を超える．通常，このような淡水産無脊椎動物の尿は体液よりも低浸透で，（尿として出される前に）必要なイオンは「排出器官」のどこかで選択的に再吸収される．それにもかかわらず失われていくイオンもあるので，これを補充しなくてはならない．食物から補充されることもあるが，多くの淡水や汽水の無脊椎動物では，周囲の水から直接，能動的にイオンをとりこんでいる．このことを示すにはつぎのようにすればよい．まず動物をしばらく蒸留水中に入れて体液の塩濃度を下げ，その後，通常の淡水中に戻してやる．すると，周囲の水は体液よりもずっと低塩濃度なのにもかかわらず，しばらくすると体液の塩濃度が上がって，通常の状態に戻るのである．これは能動的な輸送を意味している．この機構については，（ザリガニ *Austropotamobius*，等脚目のミズムシ *Asellus*，端脚目のヨコエビ *Gammarus* などの）淡水産甲殻動物で非常によく研究されてきた．甲殻動物では鰓がイオンの能動的な取込みの器官だという確かな証拠がある（体表面全体もこの機構にかかわっているようであるが）．

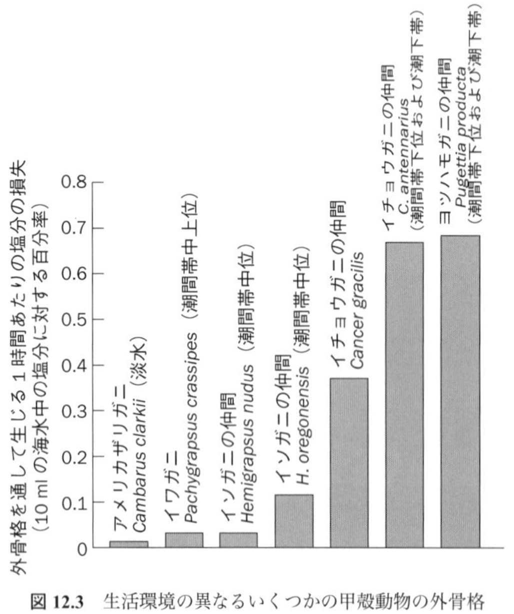

図 12.3 生活環境の異なるいくつかの甲殻動物の外骨格の透過性（Hoar，1966）

蚊の一種ネッタイシマカ *Aedes aegypti* の幼虫（ボウフラ）を蒸留水に入れて飼うと，血液のナトリウム濃度が極度に低下する（通常の 30% 未満）．通常の淡水に戻すと，これが数時間以内に回復する．肛門突起 anal papilla を破壊したり消化管を塞いだりする実験で，この取込みの 90% が肛門突起，そして残りのほとんどが消化管を通して起こっていることがわかった．イオンの取込みについては，トンボの幼虫（ヤゴ）の直腸鰓がネッタイシマカの肛門突起と同じ役割を果たしている．

12.2.4　高浸透環境

テナガエビ *Palaemonetes* のような汽水産無脊椎動物の多く，また海産無脊椎動物の一部のものでも，100% 海水と比較して低浸透濃度の体液をもっている（図 12.2）．一般にこれらの動物は，淡水産だったものが 2 次的に塩水に戻っていったと考えられている．ただしイワガニの仲間にも体液が海水より低浸透のものがたくさんいるが（表 12.2 脚注参照），彼らの祖先がかつて淡水にいたとはとても考えられず，なぜ低浸透なのかは不明である．

高浸透環境で生きる動物にとって共通の課題は，いかに塩分を排除して水分をとりこむかである．通常の海水よりも高い塩濃度の環境で生きる動物も同様の問題を抱えている．塩湖に生息するアルテミア *Artemia* はそのよい例である．この動物は能動的な調節によって，体液を環境よりも低浸透濃度に維持している．すなわち水を飲んでとりこみ，過剰なイオンを，成体は鰓で，幼生は特殊化した頸器官 neck organ で排除している．

12.2.5　陸上環境

陸上動物にとっての最大の（潜在的な）生理的問題は，水分を失うことである．ミミズやナメクジ，マイマイなどのように，湿った体表面をもち，生息範囲が土壌や落葉堆積物中などの高湿度環境に限られているものもいるが，彼らは真に陸上生活者であるとはいえない．降雨時には土壌中は低浸透濃度環境にさえなることがあり，このようなときに消化管壁から水分を能動的に排除する線形動物もいる．この正反対にあたるのが，透過性がほとんどない外骨格をもち，非常に乾燥した環境で生活できる昆虫類である．この外骨格の不透過性は，クチクラ層そのものの性質ではなく，上クチクラ層のワックス（ろう）によっている（図 12.5(a)，8.5.3 B 項の b. も参照）．たとえばこれをはがしてやると，蒸発による水分の損失が著しく増大する．同様に，種々の温度での水分の損失を測定することによっても，ワックス層が水分の保持に重要であることが示される．この実験では，ワックスの融点に相当する温度で水分の損失が急激に変化するのである（図 12.5 (b)）．

すでに述べたように，陸生甲殻動物には上クチクラのワックス層がなく，多くの場合，生活域は湿った環境に限られている．たとえば陸生端脚目は落葉堆積物中に生息しており，（溝がある）体の下側に少量の水滴を保持し，鰓を（雌の場合は卵や孵化したばかりの個体も）この水でおおっている．この体外の水はたまり水や尿に由来し，その組成は生理的に調節されている．彼らは，いわば自身の「海」を陸上にもってきているのである．陸生等脚目も湿度の高い場所によくみられるが，ときどき乾燥した空

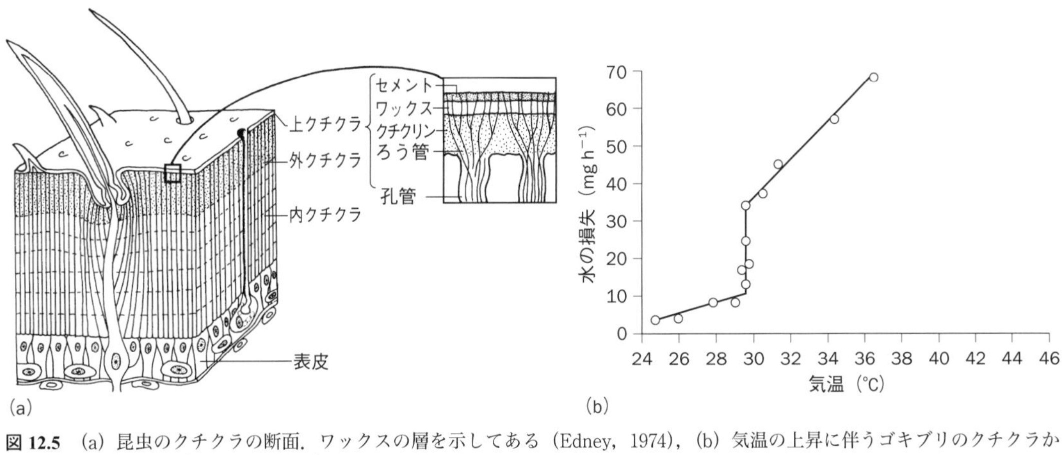

図 12.5　(a) 昆虫のクチクラの断面．ワックスの層を示してある（Edney，1974），(b) 気温の上昇に伴うゴキブリのクチクラからの水の損失の増大（Beament，1958）．

気にさらされることもある．朽ちた植物など水分の多い食物を摂取したり，水を飲んだり，肛門から水をとりこむことにより，蒸発によって失われた水分を補充することができる．砂漠の等脚目であるワラジムシの仲間 *Hemilepistus* は，日中は穴の中に潜ることによって過剰な乾燥を避けている．穴の深さは 30 cm にもなることがあり，地表面よりもずっと温度が低く，相対湿度は 95% にもなることがある．

昆虫類も，食物から，または飲むことによって水をとりこむ．ほかに，有機物の酸化的代謝によっても水を得ることができる．

$$C_6H_{12}O_6 + 6\,O_2 \longrightarrow 6\,CO_2 + 6\,H_2O$$

さらに，空気中の水分を直接とりこめる昆虫やクモもいる．これがどのようにして行われているかはまだわかっていないが，直腸や口腔の上皮，気管系が関与しているようである．

12.2.6　陸上や淡水の生息域への「侵入」

生命が海で誕生してさまざまに進化していったことは間違いないことのようだ（第 2 章）．海以外のおもな生息環境への侵入は，直接（海から陸へ；海から淡水へ）だったかもしれないし，間接的（海から淡水を経由して陸へ；海から陸を経由して淡水へ）だったかもしれない．さらに，海から陸上への進出も，海岸の地表面を経由して起こったかもしれないし，間隙（砂粒や割れ目の多い岩などの隙間）を経由して起こったかもしれない．これらの進出を，図 12.6 に模式的に描いてある．12.2 節の冒頭でマッカラムの学説について議論し，これを否定したのではあるが，祖先の習性や生息地のなごりが，現生の動物の体液組成に何らかのしるしを残していると仮定しても非理性的ではない．祖先が海産の陸生動物の体液は，祖先が淡水産の陸生動物の体液よりも高浸透だと考えられ，これは表 12.3 に示されたデータからも，実際の傾向としてみることができる．しかし当然のことながら，そう簡単にはいかない例も存在する．たとえば，陸生の十脚目 *Holthuisana transversa* は淡水産の祖先由来だと考えられるにもかかわらず，比較的高浸透の体液をもっているのである．しかし体の小さな淡水産甲殻動物の体液はやはり低浸透であり（300 mOsmol kg^{-1} 未満），淡水産十脚目の場合は体が大きいために，たぶん体液の浸透圧をずっと高く保ってきたのだろう（500 mOsmol kg^{-1} 以上）．したがって，陸生十脚目の体液の浸透圧が高くても，それが淡水産の祖先由来であるということと矛盾はしない．

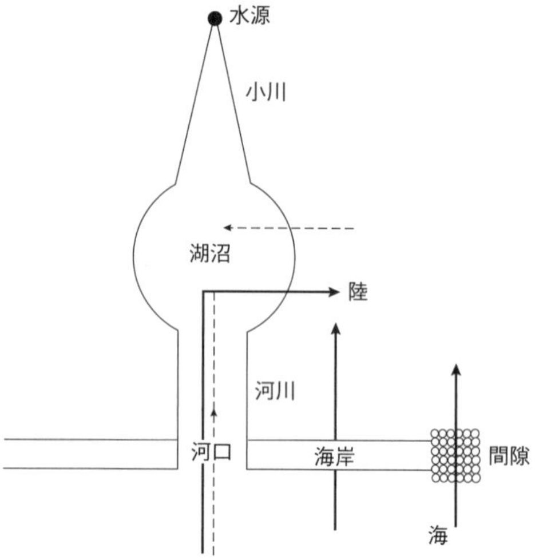

図 12.6　陸への「侵入」経路（実線矢印）と淡水への「侵入」経路（破線矢印）

間隙を経由して陸上に進出した動物（たとえば紐形動物・線形動物・環形動物）は，完全な陸や淡水よりはいくらか海水に近い環境を経験してきただろう．間隙の堆積物が，そのまわりの水の塩濃度の変化に対して緩衝材のような役割をすると考えられるからである．それでも海から陸へと移行すれば，間隙の水の塩濃度は海水よりも低くなるので，土壌中にすむ動物たちはイオン調節のよい機構を進化させていったろう．だからこのような動物の体液は，淡水産の祖先をもつ陸上動物の場合と同じように，塩濃度が低くなる可能性が非常に高い．実際，間隙を経由して陸に進出したと考えられる陸生紐形動物 *Argonemertes dendyi* の体液の浸透圧は比較的低くなっている（表 12.3）．

こんなふうに表 12.3 をみていくと，（たったこれだけの例でしかないが）無脊椎動物の陸上への進出の多くは，間接的ではなく，直接だったようにみえる．陸生無脊椎動物の 2 つの大きなグループである昆虫とクモは，この表には出ていないが，彼らも海産の祖先から直接陸上に進出したと考えられている．これに対し，陸生の脊椎動物は，もっぱら淡水産の祖先から進化したとされている．陸生脊椎動物

表 12.3 陸生無脊椎動物の血液の浸透圧（Little, 1983 より改変）

動物種	分類上の位置	浸透圧 (mOsmol)	陸上への経路の推定
(紐形動物)			
単針上目プレクトネメルテス科の一種 *Argonemertes dendyi*	針紐虫目	145	海岸
(環形動物)			
ツリミミズの一種 *Lumbricus terrestris*	貧毛亜綱	165	淡水
(軟体動物腹足綱)			
クチベニヤマキサゴの仲間 *Eutrochatella tankervillei*	前鰓亜綱	67	淡水
コシタダアツブタガイの仲間 *Poteria lineata*	前鰓亜綱	74	淡水
カワザンショウガイ科の一種 *Pseudocyclotus laetus*	前鰓亜綱	103	汽水
リンゴマイマイ *Helix pomatia*	有肺上目	183	塩湿地
ナミオカタマキビの仲間 *Pomatias elegans*	前鰓亜綱	254	海岸
ナメクジの一種 *Agriolimax reticulates*	有肺上目	345	塩湿地
(甲殻動物)			
未記載のトビムシの一種	端脚目	400	海岸
カニの仲間 *Holthuisana transversa*	十脚目	517	淡水
ワラジムシ *Porcellio scaber*	等脚目	700	海岸
オカガニの仲間 *Cardisoma armatum*	十脚目	744	海岸
オオナキオカヤドカリ *Coenobita brevimanus*	十脚目	800	海岸

これらの値は，すべて，湿度が高い陸上か淡水と平衡に達している状態で活動中の動物の平均値である．

と陸生節足動物，とくに昆虫類（8.5.3 B 項参照）は，乾燥環境に適応した体表面をもっている．彼らよりも体が軟らかい陸生無脊椎動物は，湿度の高い場所で生活することによって乾燥を避けている．しかしおそらく，ある程度の乾燥にさらされることがときどきあり，浸透濃度の上昇に耐えなくてはならない．淡水環境における浸透濃度の低い体液の進化は，浸透濃度の上昇に対する耐性の低下も伴ったであろう．希薄溶液に適応したタンパク質は，高浸透濃度においては，たぶん変性しやすくなると考えられる．それゆえ，淡水産の祖先から進化した体が軟らかい陸生無脊椎動物は，海産の祖先から直接進化したものに比べると，陸上生活に十分に適応してはいないのである．

陸上に侵入した後に淡水で生活をするようになったものがいる．たとえば紐形動物，多足動物や昆虫類，軟体動物腹足綱などである．とくに昆虫類は淡水で成功している．これまでに知られている 100 万種の昆虫のうち，25000～35000 種が，少なくとも一生のある時期を淡水中で過ごしている．成虫は透過性が低い外骨格がよく発達しているので，浸透圧はそれほど問題ではないと思われる．しかし，幼虫ではクチクラが親水的でキチン質が発達していないので，浸透圧調節の複雑な機構を進化させた．これに関しては，特殊な構造（後述）に局在するイオンポンプが重要な役割を果たしている．このような体の軟らかい幼虫と，体の軟らかい他の淡水産無脊椎動物は，浸透条件においては淡水に直接接するという同じ選択圧にさらされてきた．したがって，どちらにおいても低浸透圧の体液が進化したと考えられる．このようなわけで，海から淡水に直接進出した無脊椎動物と陸上生活を経由した淡水産無脊椎動物とを，体液の浸透圧の点から区別することは不可能だろう．

12.3 排 出 系

「排出系」は，刺胞動物と棘皮動物を除くすべての主要な動物門に存在する．海綿動物は，他の動物門にみられるような「排出系」をもたないが，淡水産のものは収縮胞をもっている．「排出系」はアンモニア排出動物にもあるので，かならずしも窒素排出に関与しているとは限らない．「排出系」のおもな役割は浸透圧とイオンの調節だと思われ，ときには本当の（窒素）排出も行っていることがある（「排出系」とカッコ付きなのはそのためである）．淡水産海綿の収縮胞についても同様である．まずはじめに「排出系」の構造について，つぎにその機能について論じることにしよう．

12.3.1 構 造

「排出系」は，発生の視点から，おもに2種類に分類できる．腎管 nephridium は外胚葉由来の管で体表面から内部へと伸びていく．体腔管 coelomoduct は中胚葉由来の管で体の内部の組織から外へと伸びていく．

腎管には，おもに2つの型が存在する．① 原腎管 protonephridium は先端が閉じた管で，扁形動物（3.6.2項）と紐形動物では炎(ほのお)細胞 flame cell，輪形動物では炎球 flame bulb，鰓曳動物，腹毛動物，環形動物の多毛綱や原始環虫類では有管細胞 solenocyte が，管の先端に存在する（図12.7）．② 後腎管 metanephridium は環形動物貧毛亜綱に存在する（図12.8）．他にも，排出系がおそらく後腎管ではないかと考えられる動物が存在する．後腎管には繊毛がはえた漏斗が付随している．

体腔管は，繊毛を伴うこともある管状の排出構造で，発生学的な起源がよくわかっていなかった頃には，しばしば腎管とよばれることもあった．有爪動物，節足動物，軟体動物にみられる．カギムシ *Peripatus* では，ほとんどすべての体節に1対ずつの基節腺とよばれる体腔管があるが（図12.9），他の動物ではもっと少数である．甲殻動物では，第2触角の基部に触角腺（図12.9）と/または第2小顎の基部に小顎腺（または殻腺，図12.9）が開口している．いくつかの単肢動物では小顎にあり，クモ綱では第6体節に基節腺が存在する（図12.9）．軟体動物では，体腔管の「腎臓」が心臓や生殖巣に付随して発生し，図12.10に示したように，綱によっていくらか異なった形態に進化している．［ここで

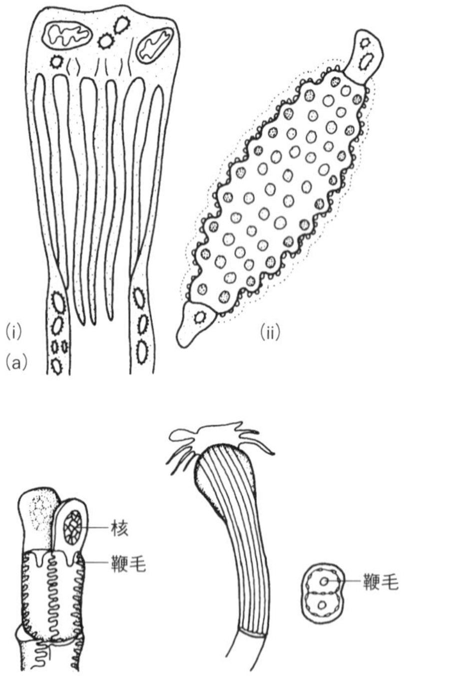

図12.7 (a) 輪形動物の炎球．(i) 縦断面，(ii) 横断面，(b) 鰓曳動物の有管細胞．(c) 腹毛動物の有管細胞（Barrington, 1979）.

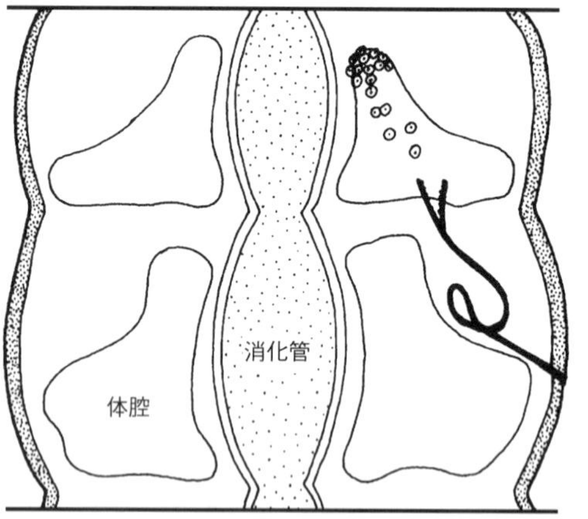

図12.8 環形動物などにみられる後腎管（図12.15も参照）

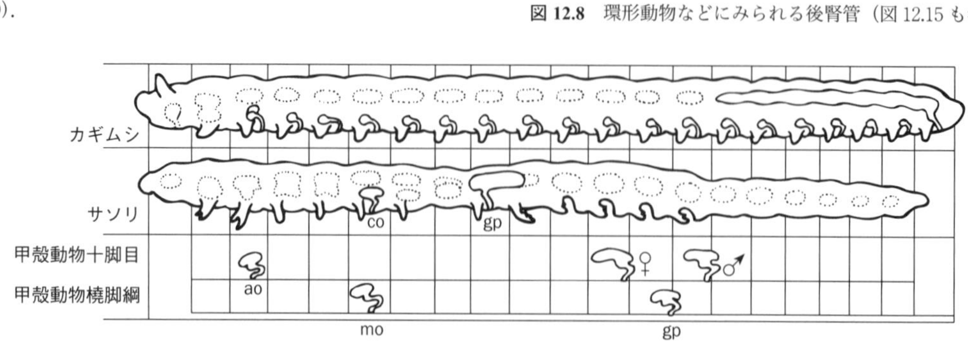

図12.9 有爪動物カギムシとさまざまな節足動物の排出と生殖の体腔管．ao＝触角腺，co＝基節腺（カギムシでは各体節にあるのでcoの符号は省略してある），gp＝生殖口，mo＝小顎腺（Goodrich, 1945）

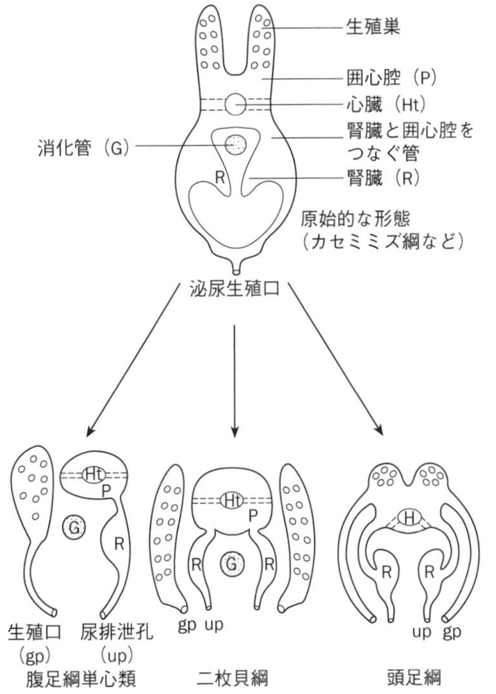

図 12.10 軟体動物の泌尿生殖系の構造（Goodrich，1945）

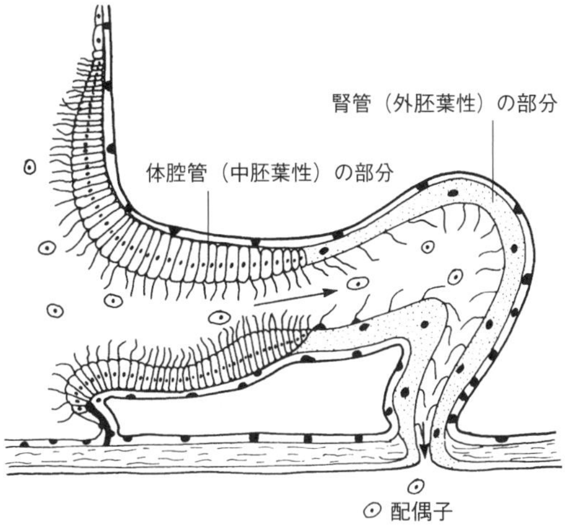

図 12.11 混合腎管の形態の模式図

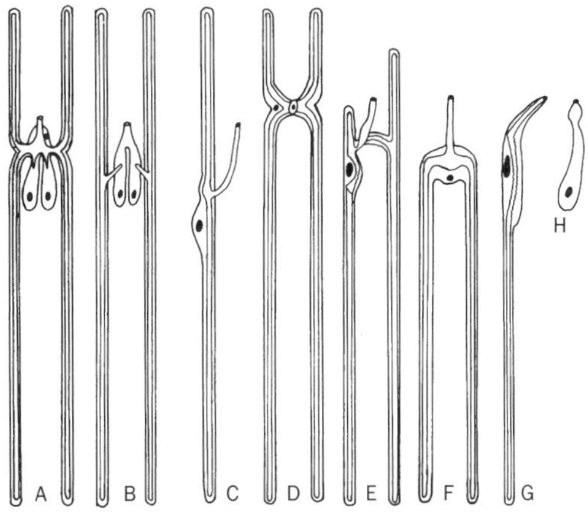

図 12.12 線形動物の排出系．A と B：腹側の腺細胞 2 個を伴った H システム，C：H システムの片側だけからなる非対称の排出系，D：腺細胞がない H システム，E と F：短くなった H システム，G：片側だけの短い H システム，H：腹側の腺細胞 1 個のみの型（Lee & Atkinson, 1976）.

注意しなければならないことは，この体腔管は，その管の内側が中胚葉由来の膜でおおわれているので定義上「体腔管」ではあるが，軟体動物は（体の腔所としての）体腔はもっていないのである．つまり，排出用の体腔管をもちながら体腔をもたない動物が存在する一方で，外界と体腔とをつなぐ「体腔管」をもっていても，それが排出に用いられない無脊椎の体腔動物も現実にはしばしば見受けられるのだ.］

外胚葉性部分と中胚葉性部分の両方をもったシステムも存在し，混合腎管（mixonephridium または nephromixium）とよばれている（図 12.11）．これは，とくに環形動物多毛綱で一般的であるが，箒虫動物，星口動物，ユムシ動物，腕足動物で「腎管」とよばれてきたものも，これの可能性が高い．

以上のような器官とはまったく関連がないのが，線形動物や有翅昆虫類の「排出器官」である．線形動物では，腹側の偽体腔中に腺細胞があって，この末端の嚢状部分が腹面で外部に開口している．これは管状構造（側線管）を伴っていることも伴っていないこともあり，いわゆる H システムを形づくっている（図 12.12）．この側線管は細胞内構造で，全体で細胞核を 1 個のみもっている．昆虫では，マルピーギ管が特徴的な排出器官である．図 12.13 に描かれてあるように，1 本ないし多数本の細管が，中腸と後腸の境界部に開口している．これと同様の位置に開口して排出機能をもっていると考えられる管が，多足動物やいくつかのクモ，そして緩歩動物にさえもみられる．しかし少なくともクモと緩歩動物ではこれらが独立に進化したことは確かで，収斂進化の例である．最後に，もう 1 つ，奇妙なシステムにも言及しておこう．半索動物腸鰓綱のいわゆる糸球体であり，これは腹膜が吻の体腔内に膨出することによって形成される．

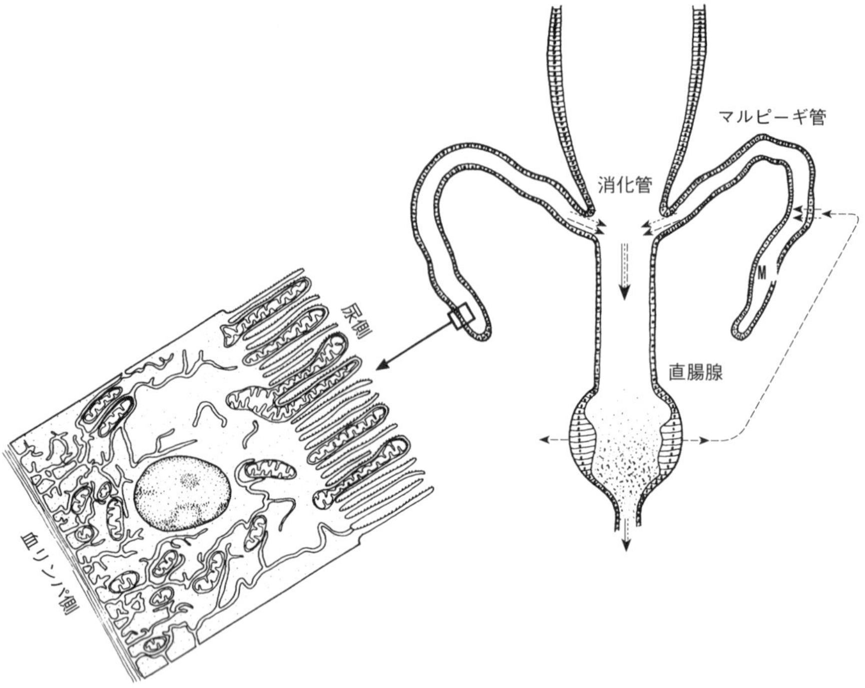

図 12.13 昆虫のマルピーギ管と直腸腺（Potts & Parry, 1964）．―►：食物の流れ，--►：水とイオンの流れ，…►：尿酸の流れ．マルピーギ管と直腸腺のはたらきによって水とイオンが循環していることに注意．マルピーギ管の細胞の微細構造（Oschman & Berridge, 1971）も示してある．ミトコンドリアが多く，それは能動輸送がさかんなことを示唆している．

12.3.2 機　能

前節では，発生学的な起源の違いによって種々の型の「排出系」があることを説明した．このような構造の多様性にもかかわらず，排出液（尿）の形成にはつぎの2つの基本的な過程があるという，機能面の共通性がみられる．

1. 限外濾過 ultrafiltration：タンパク質などの比較的大きな分子は通さないが，水や小さな溶質分子を通す半透膜に，圧力をかけて溶液を濾過する．タンパク質や巨大分子は，実は，それらが溶けている溶液の浸透圧に寄与し，これはコロイド浸透圧として知られている．限外濾過が行われるところでは，この浸透圧によって水が引き戻されようとするので，これよりも大きな圧力をかける必要がある．原腎管では炎細胞の炎（繊毛の束）がこのための十分な圧力を発生させていると考えられている．
2. 能動輸送：エネルギーを必要とする過程によって，溶質を濃度差に逆らって移動させる．排出系の管内への輸送（能動的分泌）と管外への輸送（能動的再吸収）とがある．

a. 限外濾過が関与すると考えられるシステム

限外濾過に必要な圧力は，原腎管では鞭毛や繊毛（繊毛炎）の運動，体腔管では（たとえば甲殻動物の触角腺（緑腺）の体腔嚢（図 12.14）や軟体動物の心臓における）「血圧」によるものと考えられる．限外濾過された液は，これらの構造を通過して管内に（軟体動物では囲心腔を通って腎臓に）入っていく．体液中の低分子量の物質は，体液中の濃度と同じ比率で濾過液中に入っていくが，（ブドウ糖や，淡水産無脊椎動物における Na^+，K^+，Cl^-，Ca^{2+} などのイオンのように）生理的に重要な物質はこのシステムの細管部分で除去され（たとえば図 12.14 参照），毒性物質や不要な物質は管内に残されて排出される．すでに述べたように，この選択的な再吸収は能動輸送による．

b. 限外濾過が関与しないと考えられるシステム

繊毛濾過：後腎管や混合腎管では，繊毛運動によって体腔液を体腔内から「排出」管へ送り出してい

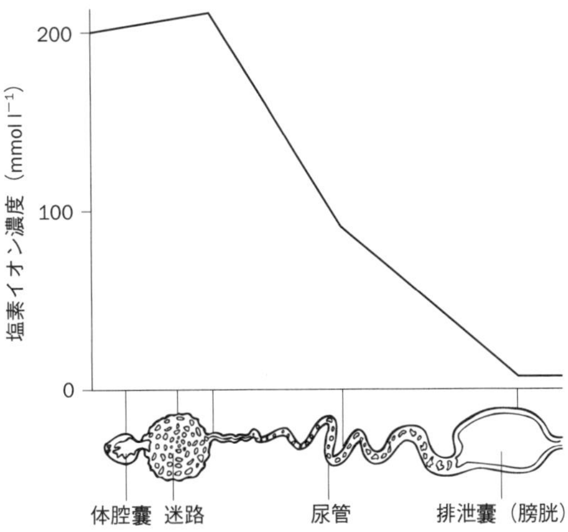

図 12.14 ザリガニの触角腺（緑腺）を通る尿の塩素イオン濃度の変化（Potts & Parry, 1964）.

る．そしてやはり，管の部分での能動輸送によって，この液の組成は変えられていく（図 12.15）.

排出物質も，この経路で出ていくことがある．たとえばミミズでは黄細胞組織が排出に重要である．この組織は上皮由来のもので，消化管壁の体腔側に存在する．黄細胞は脂肪や炭水化物を貯蔵しているが，脱アミノ反応を行う場でもある．ここからアンモニアや尿素が体腔内に放出され，腎管の漏斗に入っていく．黄細胞が崩壊したときに放出される不要物粒子も，腎管系を通って排出されると考えられている．ヒルではブドウ状組織がこの役割を果たしており，*Theromyzon* などの仲間ではこの組織から出た老廃物が腎管系を通って排出される．ところが *Glossiphonia*（ヒラタビルの仲間）や *Hirudo*（チスイビルの仲間）では，腎管の漏斗の細管側はふさがっていて細管に通じていない．ここでは，繊毛が漏斗から体腔内に向かって打っていて，漏斗でつくられるアメーバ細胞を散布する役割を果たしている．それでも細管は外界に開口しており，イオンや浸透圧の調節に関与しているのであろう．

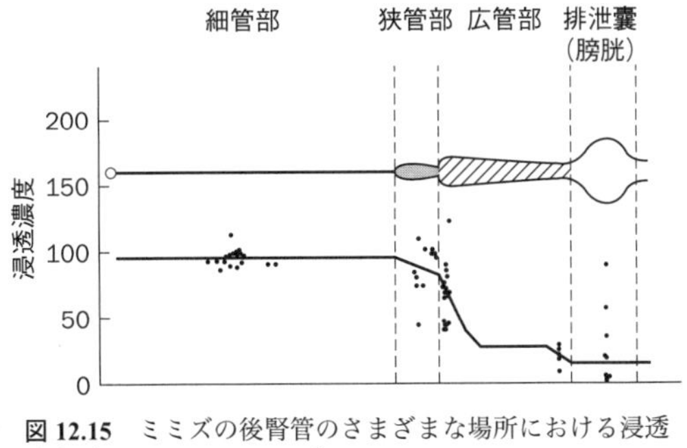

図 12.15 ミミズの後腎管のさまざまな場所における浸透濃度（Potts & Parry, 1964）

昆虫のマルピーギ管：昆虫では気管系による組織への O_2 直接供給システムが発達したので，圧力のかかった血流システムは必要なかった．したがって，マルピーギ管には血液の圧力はかかっておらず，管の内圧とほとんど同じ圧力の血液が管をとりかこんでいる状態なので，ここでは限外濾過は不可能である．そのかわり，カリウムイオンやたぶんそれ以外の溶質も，管の内部に能動的に分泌され，それに伴って水も浸透圧によって管内に移動する．尿酸塩も分泌されるが，管の末端部の pH は比較的高いので，溶けた状態になっている．この液が後腸に入り，水が再吸収される（とくに直腸腺（図 8.27 参照）によって）．後腸では pH が低下するので尿酸が析出し，糞として体外に排除される（図 12.13 参照）.

c. 線形動物のシステム

このシステムの機能についてはあまりわかっていない．しかし，管の部分は腺細胞とは異なる機能をもっているのは確かである．この管はイオンや浸透圧の調節に関与しているようであるが，水流を起こす繊毛がなく，（とすると限外濾過ではなく）調節は能動輸送によるのだろう．このシステムは窒素排出の役割は少ししかもたないようである．しかし（たぶん腺細胞によるものであろうが）酵素活性をもった分泌物を放出するものもある．

12.4 結　　論

無脊椎動物において，排出（窒素含有老廃物を体外に排除すること）とイオン・浸透圧調節，そして浮力についてさえ，これらを分けて議論することが困難で，無意味でさえあることを理解していただけたと思う．窒素含有老廃物の産生，輸送，そして体外への排除には，たとえ尿酸のように最後には乾燥状態になるものであっても，どこかの段階でかならず体液の流れと濾過が関係している．排出は，水溶液やイオンの移動，したがって，浸透，拡散，能動輸送，限外濾過などと密接な関係をもつ．読者はこれらのことに関してすっきりと理解されたことと思う．「排出系」は，イオンや浸透圧の調節にかならず関与しているが，排出に関与しているとは限らない．本章では，構造は多様であるが，「排出系」の機能の一様性について詳しく論じた．読者に理解していただきたいのは，このような「排出系」の機能の原理である．また，ある重さのイオンを別のものに入れ替えたり，水溶液を気体に入れ替えることによって組織の密度を変えることが，水生無脊椎動物の浮力調節に重要であるということも御理解いただけたであろう．

12.5　さらに学びたい人へ（参考文献）

Burton, R.F. 1973. The significance of ionic concentrations in the internal media of animals. *Biol. Rev.*, **48**, 195–231.

Denton, E.J. & Gilpin-Brown, J.B. 1961. The distribution of gas and liquid within the cuttlebone. *J. Mar. Biol. Assoc., U.K.*, **41**, 365–381.

Denton, E.J. & Gilpin-Brown, J.B. 1966. On the buoyancy of the pearly *Nautilus*. *J. Mar. Biol. Assoc., U.K.*, **46**, 723–759.

Durand, F., Chausson, F. & Regnault, M. 1999. Increases in tissue free amino acid levels in response to prolonged emersion in marine crabs: an ammonia-detoxifying process efficient in the intertidal *Carcinus maenas* but not in the subtidal *Necora puber*. *J. exp. Biol.*, **202**, 2191–2202.

Eddy, B.E., Flik, G., Potts, W.T., Hazon, N. & Dimitrijevic, M.R. (Eds) 1997. *Ionic Regulation in Animals: A Tribute to W.T.W. Potts*. Springer-Verlag, New York.

Edney, E.B. 1957. *The Water Relations of Terrestrial Arthropods*. Cambridge University Press, Cambridge.

Edney, E.B. 1974. Desert arthropods. In: Brown, G.W. (Ed.) *Desert Biology*, Vol. 2. Academic Press, New York.

Gilles, R. & Delpire, E. 1997. Variations in salinity, osmolarity, and water availability: vertebrates and invertebrates. In: Dantzler, W.H. (Ed.) *Handbook of Physiology*. Section 13. *Comparative Physiology*, Vol II, Chapter 22, pp. 1523–1586. Oxford University Press, Oxford.

Gordon, M.S. & Olson, E.C. 1995. *Invasions of the Land*. Columbia University Press, New York.

Hadley, N.F. 1994. *Water Relations of Terrestrial Arthropods*. Academic Press, San Diego, CA.

Horne, F.R. 1971. Accumulation of urea by a pulmonate snail during aestivation. *Comp. Biochem. Physiol.*, **38A**, 565–570.

Koehn, R.K. 1983. Biochemical genetics and adaptations in molluscs. In: Hochachka, P.W. (Ed.) *The Mollusca*, Vol. 2, pp. 305–330. Academic Press, New York.

Lee, D.L. & Atkinson, H.J. 1976. *Physiology of Nematodes*, 2nd edn. Macmillan, London.

Little, C. 1983. *The Colonisation of Land*. Cambridge University Press, Cambridge.

Little, C. 1990. *The Terrestrial Invasion: An Ecophysiological Approach to the Origin of Land Animals*. Cambridge University Press, Cambridge.

Morritt, D. & Spicer, J.I. 1993. A brief re-examination of the function and regulation of extracellular magnesium and its relationship to activity in crustacean arthropods. *Comp. Biochem. Physiol.*, **106A**, 19–23.

Morritt, D. & Spicer, J.I. 1998. Physiological ecology of talitrid amphipods: an update. *Can. J. Zool.*, **76**, 1965–1982.

Potts, W.F.W. & Parry, G. 1964. *Osmotic and Ionic Regulation in Animals*. Oxford University Press, London.

Randall, D., Burggren, W.W. & French, K. 1997. *Animal Physiology. Mechanisms and Adaptations*, 4th edn. W.H. Freeman, New York.

Rankin, J.C. & Davenport, J. 1981. *Animal Osmoregulation*. Wiley, New York.

Schmidt-Nielsen, K. 1972. *How Animals Work*. Cambridge University Press, Cambridge.

Schmidt-Nielsen, K. 1997. *Animal Physiology. Adaptation and Environment*, 5th edn. Cambridge University Press, Cambridge.

Spicer, J.I. & Gaston, K.J. 1999. *Physiological Diversity and its Ecological Implications*. Blackwell Science, Oxford.

Willmer, P., Stone, G. & Johnston, I. 2000. *Environmental Physiology of Animals*. Blackwell Science, Oxford.

Wright, P.A. 1995. Nitrogen excretion: three end products, many physiological roles. *J. exp. Biol.*, **198**, 273–281.

Zerbst-Boroffka, I., Bazin, B. & Wenning, A. 1997. Chloride secretion drives urine formation in leech nephridia. *J. exp. Biol.*, **200**, 2217–2227.

第13章

防　衛

Defence

本章では，まずはじめに無脊椎動物が遭遇するさまざまな脅威を分類する．そして，脅威の各種類に対して動物たちがどのように身を守っているかについて考える．したがって，取り扱う範囲は捕食者に対する防衛から病原体に対する防衛，（そして防衛が可能なら）加齢現象に対する防衛さえ含まれる，たいへん幅広いものとなる．

13.1　脅威の分類

13.1.1　脅威は大きく2つに分けられる

図13.1にいくつかの生存曲線を示す．縦軸は，ほぼ同時に生まれた個体（コホート，同齢集団）の

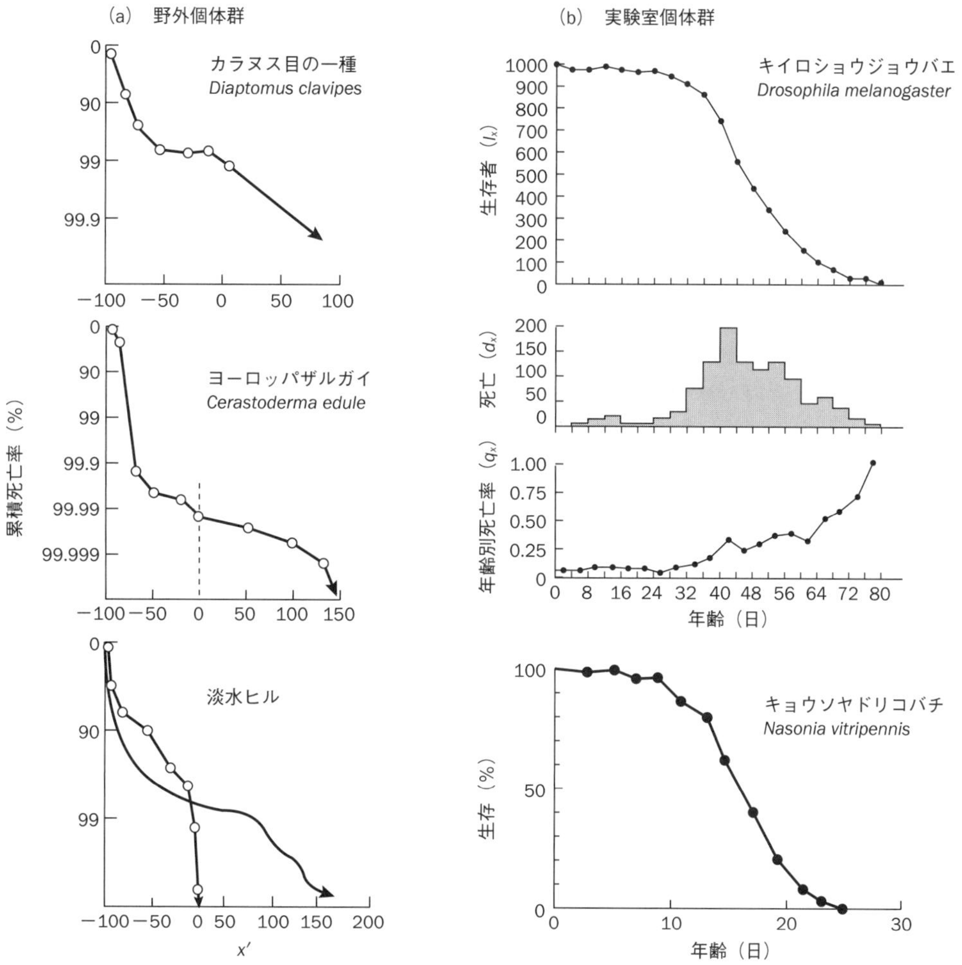

図13.1　(a) 無脊椎動物の野外個体群における生存曲線．x'(%) は平均寿命からの偏差（Ito, 1980），(b) 実験室個体群における，キイロショウジョウバエの死亡時の年齢の分布と年齢別死亡率（Lamb, 1977）と，ハチ目キョウソヤドリコバチの実験室個体群における生存曲線（Davies, 1983）.

数（あるいは比率）が，その後の異なる齢でどれだけ生存しているかの数を表している．(a) の曲線は野外集団のもので，この場合，死亡は幼齢期に集中するか，各齢でおよそ一定の率になるかである．これらの自然集団の死亡は，おもに事故・疾病・捕食のような生態学的因子（外部因子）によるだろう．幼齢個体はこれらの因子に対して成体より弱いことが多いが，すべての齢階級がほぼ等しく影響されることもある．

(b) の曲線は，実験室内の飼育集団に関するものであり，ここでは，外部死亡因子の多くを排除することができる．死亡はまだ起こるが，高齢個体に集中する．死亡因子に対する弱さは齢とともに増加する．これはおそらく，内部因子，すなわち加齢に起因する．

13.1.2　生態学的（外部的）な死亡原因

死亡の生態学的な原因は多数かつ多様であるが，主としてつぎの4つに分類される．事故，疾患，捕食，環境ストレス．これらのうち，最初の3つは自明である．環境ストレスは，必須因子の欠如，またはストレス要因（天然毒素や人工汚染物質）の存在によって引き起こされる．

13.1.3　加　齢

加齢は，外部死亡因子が除外されたときにみえてくる．したがって体内の，システム・細胞・分子の衰退に帰することができる．これらの内因的効果は重要な生体分子（核酸とタンパク質）が，熱振動や，巨大分子中の側鎖の架橋反応や，自動酸化などの過程の影響により変性することにまで，最終的にはたどることができるだろう．それでも，これらの内在の過程が外部因子によって影響されないと考えるべきではない．図13.2は，ショウジョウバエの寿命が，放射線の全身照射の量に依存して，短縮されうることを示している．しかし，これらの効果にもかかわらず，生存曲線の形状は同じままであり，一部の老人病学者は，ここでの寿命短縮は加齢促進によるもので，その加齢促進はおそらく高エネルギーの放射線による巨大分子（とくにDNA）の損傷増加に起因すると示唆している．これに対して，特定の化学物資（たとえばビタミンE）を線虫の培養液やショウジョウバエの食物に加えると寿命が延びる．これらの化学物質はたぶん，巨大分子を損傷から保護することで作用する．たとえば，ビタミンEはおそらく抗酸化剤としてはたらく．

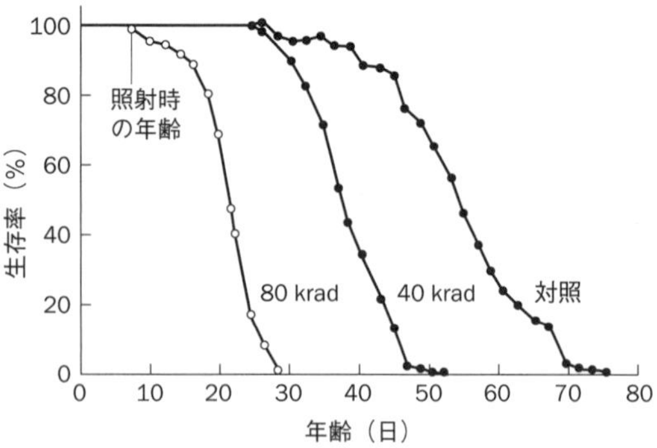

図 13.2　オスのキイロショウジョウバエに，γ 線を全身照射したときの影響（Lamb，1977）

13.1.4　死亡原因の分類

すべての死亡率は，外部環境によって影響されうる．死亡原因のあるものが他のものよりも，生物体とより密接に関連しているというだけの違いなのである．表13.1は，死亡因子を受け手との関連の強さによって分類し，捕食者から老化現象まで，関連性が増す順に示している．逆に，死亡因子の除外しやすさと実験的操作のしやすさは，捕食者から加齢因子まで，逆方向で連続的に減少する．

表 13.1　死亡原因の分類

死亡原因	事故	捕食者	疾　患	外部のストレス要因（たとえば汚染物質）	内部ストレス要因（たとえばシステムの衰退）
受け手との関連の密接さ	X	X	XX	XX	XXX
人為的な排除のしやすさ	XXX	XXX	XX	XX	X
受け手の反応		防衛	免疫的防衛	耐性，抵抗性，修復	修復

X＝低い，XX＝高い．

13.2 防　　衛

13.2.1 対捕食者

すべての動物は，他の動物の食物になりうる（第9章参照）．動物はさまざまな方法で，食べられることから身を守れるが，方法は次の3つの反応のうちの1つに分類できる．① 潜在的捕食者を回避する，② 食べるのをおもいとどまらせる，③ 積極的に撃退する，の3つである．

a. 回　避

この行動には，捕食者の行動圏外にいるようにすること，目立たないようにすることが含まれる．両方の行動を含む例として，海水と淡水プランクトンのいくつかにみられる大規模な垂直移動があげられる．この行動パターンは複雑だが，日中に日光を避ける下方移動と，夜間の上方移動がしばしばみられる．このようにして，動物は明るくて捕食者に目立つことを回避し，視覚性の捕食者に目立ちにくいと思われる夜間にのみ表層にやってくる．（図13.3(a)，(b)）．この行動は，とくに捕食されやすい種や齢集団で顕著に認められる．さらに，Gliwicz (1986) は垂直移動がプランクトン捕食性の魚が生息する湖でのみ起こることを，孤立系山岳湖群に生息する橈脚綱プランクトンの一連のユニークな研究で示した．また，彼はプランクトン捕食性の魚が放流されたある湖において，その後のいくつかの異なった時期に橈脚類の移動パターンを観察することができた．放流後12年では垂直移動の証拠はなかったが，およそ23年後には橈脚類が日中に水面から離れる顕著な移動が認められたのだ．しかしながら，捕食によってすべての垂直移動の進化が説明できるわけではない．いくつかの無脊椎動物の昼間降下は，しばしば光を回避するのに必要とされるよりはるかに深いし，またいくつかの動物プランクトンは，夜間に発光して顕在化するのである．捕食回避以外の説明としては，まばらな餌の最適な利用（第9章），エネルギー効率，水平移動の増進などが考えられる．

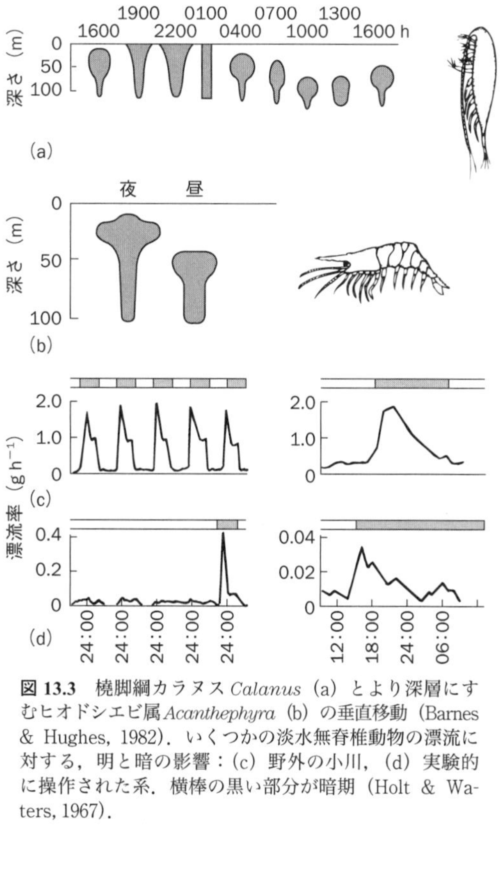

図 13.3　橈脚綱カラヌス *Calanus*（a）とより深層にすむヒオドシエビ属 *Acanthephyra*（b）の垂直移動（Barnes & Hughes, 1982）．いくつかの淡水無脊椎動物の漂流に対する，明と暗の影響：(c) 野外の小川，(d) 実験的に操作された系．横棒の黒い部分が暗期（Holt & Waters, 1967）．

より限定的ではあるが，水中の石の表面で生活する淡水無脊椎動物も同様な垂直移動を示す．彼らは日中には石の下にいて不活発だが，夜になるとしばしば上面に現れてより活動的になる．これらの底生生物が流水中で浮遊しているのを多数採集することができる．いわゆるこの無脊椎動物の漂流はとくに夕方に多い（図13.3(c)，(d)）．おそらく，流れにさらされている石の上表面にはい上がって流されやすくなるためだろう．

逃避反応は，移動による回避反応の極端な形である．これには，通常の移動運動反応か，特別な行動が含まれる．コウイカ *Sepia* はメラニン顆粒を含む液の詰まった墨汁嚢をもっている．攻撃を受けたとき，イカは墨の煙幕を放出し，直ちに体色を薄くして，それまで泳いでいた方向と直角に泳ぐ．軟体動物の二枚貝，たとえばふだんは海底でじっとしているザルガイ *Cerastoderma* は，足と貝殻の急激で素早い収縮によって逃避反応を示すことができる．ヒトデの管足に反応してザルガイは非常に強い逃避運動を起こすが，これはおそらく水中にヒトデから放出される物質によって引き起こされると思われる．

隠蔽色は，無脊椎動物に広範に認められるもう1つの回避の方法である（図9.30参照）．その例はすべての門で認められるだろうが，とくにいくつかのマイマイと昆虫で詳細に研究されてきた．

（i） モリノオウシュウマイマイ *Cepaea nemoralis* の縞模様

この陸生のマイマイは，殻全体の基調色および縞模様の数・幅・濃さを変化させることで，広範な殻の色と模様をつくり出している．これらの変異は，遺伝的に調節されている．ツグミは *Cepaea* を捕食する．視覚によってマイマイをみつけ，ツグミの金床として知られている岩の上で殻を壊す．概して，ツグミに壊された殻の色は，同じ地域に生息しているマイマイのもっている殻よりも目立つことをケイン（A. J. Cain）とシェパード（P. M. Sheppard）が1950年代中頃に明らかにした．種々の模様は，それぞれの生息地と生息時期において，よりみつけられにくいようになっている．たとえば，明るい色で縞模様の殻は，草地や植え込みのような青々と茂った植生で，差し込む光と細かい影によって光と影の鮮明なコントラストがつくり出されるときにみつけられにくい．一方，暗い森林地帯では縞模様がなく一様に暗い色の殻がみつけられにくい（図13.4）．

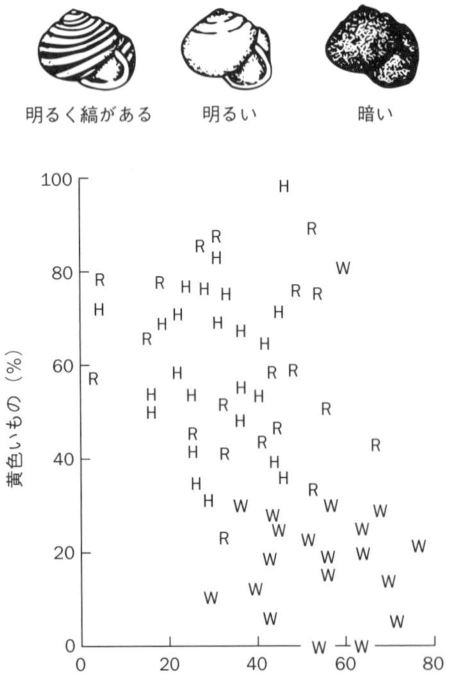

図13.4 さまざまな生息地におけるマイマイの型の頻度．縞模様のある明るい殻は低い草木（草：R，低木：H）ではみえにくい．一方，暗く縞模様のない殻は暗い森林（W）の中ではみえにくい（Calow，1983．原典は Cain と Sheppard，1954）．

（ii） オオシモフリエダシャク *Biston betularia* の黒化

多くのガや他の昆虫は，地衣類でおおわれた樹木の表面で目立たない羽と体の模様に進化した．工業汚染物質が地衣類を枯らして木の幹をすすでおおった地域では，かつて典型的だったガは，黒い（メラニン化した）型にとって代わられた．これは工業暗化として知られている（図13.5）．1950年代にケトルウェル（H. B. D. Kettlewell）は，オオシモフリエダシャク *Biston betularia* を観察し，鳥がこの現象の原因となりうることを明らかにした．汚染地域においては，典型的なガは，暗化したガより鳥に捕食されやすく，非汚染地域ではその逆だった．彼はまた，内側を白黒の縦縞に塗った林檎酒樽の中にオオシモフリエダシャクを放す実験も行った．ガの65%は自分に合った背景（典型的なガは白，黒化型は黒）にとまった．したがって，ガは最も目立たない背景のうえで休息姿勢をとれるよう，適切な習性をもっているようにみえる．

マイマイの殻の縞模様やオオシモフリエダシャクの黒化の進化については，多くのことが知られている．より詳細な説明は遺伝学の教科書（たとえば Berry, 1977）を参照されたい．

最後につけ加えると，カモフラージュは目立たなくする必要はなく，通常は食物とはならない物体に似ることでよい．多くの昆虫は，小枝や葉のような植物の一部分に似ている．いくつかのアゲハチョウの若齢幼虫は目立つが攻撃を逃れている．なぜなら，彼らは黒くて背中に白い鞍を置いた模様なので鳥の糞に似ているからである（図9.30）．この隠れ方をするには体が大きくなりすぎると，彼らはその配色を劇的に変える．

Erichsen ら（1980）は，鳥による捕食に対するこの種のカモフラージュの影響を調べるために，いくつかの斬新な実験を行った．彼らは，シジュウカラ *Parus major* に，ストローに入れた大小のミールワーム *Tenebrio molitor* を選択させた．小さな虫は中がよくみえる透明なストローに入れたのに対し，大きな虫は小枝に見える不透明なストローに入れた．一口食べた際，大きな虫は小さな虫より多く（約2倍）のエネルギーを供給する．だから大きい

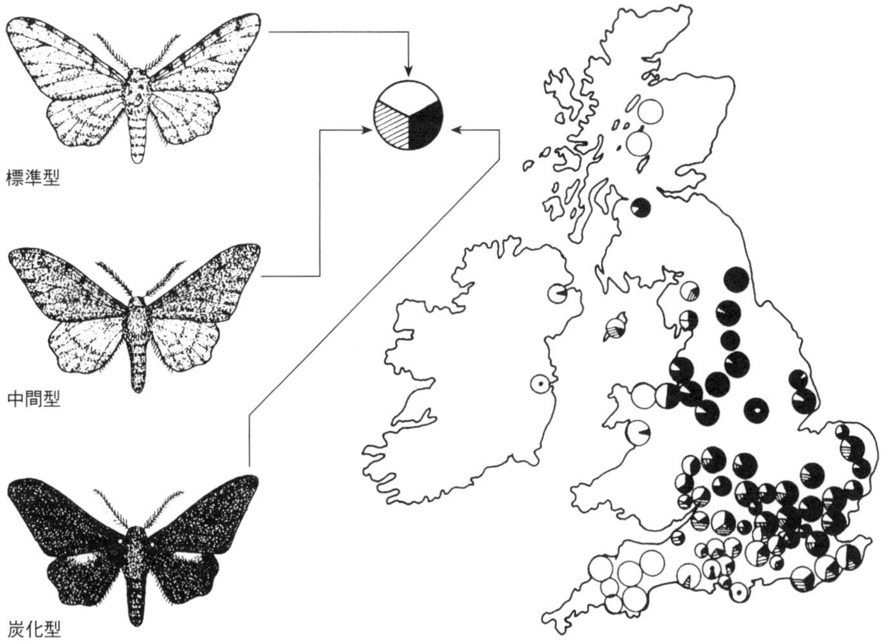

図 13.5　オオシモフリエダシャクの３つの型の頻度．中間型と炭化型は両方ともメラニン化したもの（黒化型）である．中間型は標準型と炭化型の中間にみえるが，じつは別の遺伝子座に支配されている（Sheppard, 1958）．

ほうがより利益があるのだが，大きな虫では，鳥が虫を探すために「小枝」を拾い上げて調べるのに時間がかかる．それに対して，小さな虫はより早くみつけることができる．選択実験において，ストローの「小枝」が多数あるときには，鳥たちは一貫して小さい虫を選んだが，「小枝」が少ないときには大きな虫へと変わった．

他の動物たちは，周囲の環境から得た材料を自身の体に取りつけることによってカモフラージュする．クモガニは藻の小片やその他の材料を拾って，外骨格の鉤のある区画に取りつける．イサゴムシ（トビケラの幼虫）の鞘も同様の効果があるようだ．たとえば葉でできた鞘に入った *Potamophylax cingulatus* の幼虫は，葉の多い背景上のほうが，砂地よりマスに食べられにくいだろう．この動物は，幼虫の成長の過程で鞘を葉から砂に変える．ただし砂粒製の鞘に入った幼虫は，砂地より葉の多い背景上のほうで食べられやすいということはないようだ．違いがみられないのは，おそらく砂粒の鞘がマスにとって不味いためだろう（Hansell, 1984 参照）．

b.　おもいとどまらせる

動物は，物理的あるいは化学的防衛手段によって，捕食者が彼らを食べるのをおもいとどまらせることができる．石灰質による防備は広く採用されている（たとえばカイメンの骨片，サンゴの石灰質骨格，環形動物の管，軟体動物・腕足動物・触手冠動物・棘皮動物の殻）．節足動物のキチン質外骨格も防備となり，これはときにはカルシウムで補強されるが，これは外部を厚い石灰質の板でおおう固着性甲殻動物蔓脚綱でとくに典型的である（図 8.36(a) 参照）．

無機質の含有物は，ときには単に栄養価の高い組織の割合を減らすことで，その動物を（捕食者にとって）低品質食物とする可能性がある．少なくとも部分的には，カイメンの（石灰質あるいはケイ酸の）骨格，サンゴ（刺胞動物）の石灰質骨格，ある種の多毛綱（環形動物）をかこんでいる砂の管，ある種の淡水昆虫幼虫の石だらけの住居（上記のイサゴムシの例を参照）で，そのように機能しているようだ．驚くべきことに，少数の海生の渦虫にも，体壁に埋め込まれた石灰質の鱗または棒状のものをもつものがみつかっている（第３章）．これらにはおそらく支持機能があるだろうが，組織の希釈剤としても機能すると仮定することは不合理ではない．さらに，軟体動物の貝殻が，このような役割を起源として進化したことも考えられる．

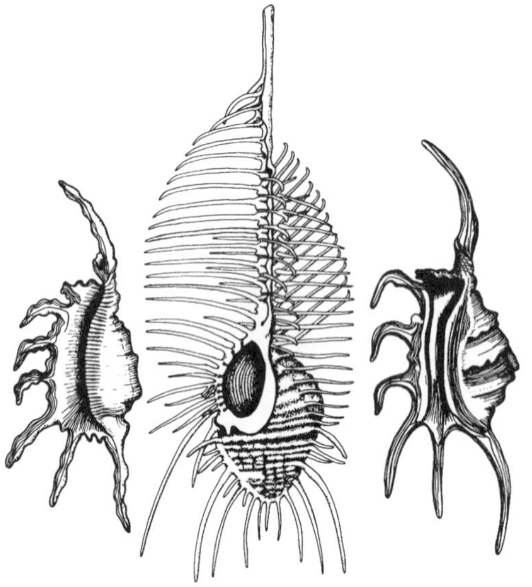

図 13.6　貝殻にみられる防衛的な構造

貝殻は物理的防備の典型である（図 9.31 参照）．多くの海産底生腹足綱の間でみられる，殻の表面から突き出た頑丈な彫刻物，ふさがれた殻の口，低い尖塔のような形の厚い殻は，魚・カニ・ロブスターや他の殻を壊す捕食者を妨害するために効果的な装置である（図 13.6）．マイマイの殻開口部内側をふさぐ歯状の突起は，捕食性甲虫の侵入を排除する．肋，こぶ，棘など，さまざまな殻の突起物という形の頑丈な彫刻物は殻を強化し，また，殻の大きさを実質的に大きくすることで，捕食者がそれを扱うのをより難しく時間がかかるようにしている．淡水軟体動物の動物相では，厚い殻と手の込んだ構造が一般的に欠けていることは，軟体動物に特化した捕食者がいないことにより，ある程度説明できるだろう．淡水の低いカルシウム含有量も，この違いの一因かもしれない．

ホヤの保護外皮は変わっている．彼らの体は細胞が一層になった表皮でおおわれているが，この表皮が体の外側のおおいではなく，一番の外側は被嚢 tunic でかこまれている（このグループは，被嚢類 tunicates ともよばれる，7.4 A 節）．被嚢はふつうきわめて厚いが，軟らかく繊細なものから軟骨のように硬いものまでかなり多様である．それは繊維状物質からなり，（すべてというわけではないが）多くの種で，繊維の主成分は一種のセルロースであるツニシン tunicin である．また被嚢には，タンパク質と無機質（たとえばカルシウム）も含まれている．被嚢には血管が入りこむことができ，アメーバ状細胞も存在する．それゆえ被嚢は単なる死んだおおいではない．

すべての物理的防備が防衛者によって分泌されるのではない．このよい例が，前述したイサゴムシ（トビケラの幼虫）の鞘であり，これは周囲の環境にある材料からつくり上げられる．類似の例が，甲虫アオカメノコハムシ *Cassida rubiginosa* 幼虫のいわゆる「糞便の盾」である．ここでは防衛手段が防衛者に捨てられる材料からつくられる．これは，圧縮された脱皮殻と糞の塊からなり，熊手のような器官によって背にかつがれている．この盾は操作でき，幼虫はこれを使ってアリのような他の昆虫の攻撃から身を守る．ヤドカリは腹足綱の空の殻へ入ることで，厚い外骨格の生産に投資する必要を省く．彼らの尾脚は変化して，より大きな左側のものは殻軸（殻の中軸）に体を固定しておくのに使われる（図 8.50(e) 参照）．

化学的方法によって捕食をおもいとどませることも，無脊椎動物で一般的である．多くの無脊椎動物は，その組織を毒素で味つけしている．あるヒモムシでは，神経毒が体重の 0.3% も占める．殻をもたない多くの腹足綱軟体動物（たとえば後鰓上目と有肺上目のナメクジ）は，硫酸をはじめとして，さまざまな毒素を使用する．ある種のカイメンは刺激物質を生産するが，それを淡水海綿から抽出してマウスに注射すると致命的なことが示された．他の動物もまた，これら他者の毒素を利用する可能性がある．いくつかのカニは自分自身をカイメンで装飾するが，これはおそらくカモフラージュのため，あるいはカイメンが生産する毒素による防衛を利用するのだろう．同様に，あるヤドカリはカイメンとイソギンチャクをくっつけた殻に入ることにより，類似した防衛効果を得ている．

化学的に身を守ることができない南極の遠洋性端脚目（ヨコエビ）のいくつかは，化学的に身を守れる翼足類（ハダカカメガイの仲間）を胸脚で運ぶことにより，捕食者である魚が彼らを食べることを思いとどまらせている．McClintock & Janssen (1990) が行った室内実験では，翼足類を運んでいない端脚目はつねに魚に食べられたのに対して，翼足類を伴っているものは魚が食べるのを避けたようにみえた．ヨコエビの得る利益は，コストより大きくなければならず，コストとしては，たとえば，泳ぐ速度は50％近く減少することがあげられる．ハダカカメガイのほうは運ばれている間にものを食べないので，何も利益を受けていないようにみえる．ハダカカメガイの分泌する毒素の性質は，まだわかっていない．

ウズムシ（渦虫類の扁形動物）では，おそらくその組織に毒素を直接分泌するのではなく，上皮にある棒状小体の形にする．これは体表に直角に配列されており，表皮の腺細胞によって分泌される(3.6.2 b)．ウズムシが刺激されるとそれは放出される．これが防衛の役割をもっていることは，以下の簡単な実験から示唆される．トゲウオは貧毛亜綱のイトミミズ *Tubifex tubifex* をピンセットで与えると直ちに食べる．しかし，ウズムシをつつくことによって生産される粘液をイトミミズにあらかじめ塗っておくと，魚によって拒絶される．つぎに，ウズムシがふつうに移動した這い跡からとった粘液でイトミミズをおおった場合には，結局食べられてしまう．いじめられたウズムシからの粘液には多くの棒状小体が含まれているのに対して，いじめられなかったウズムシの粘液には，あったとしてもわずかな棒状小体しか含まれていない（おそらく棒状小体には，たとえば粘液自体の迅速な形成や抗菌物質としてなど，他の機能もあるだろう）．

毒素の利用は昆虫で一般的にみられ，また彼らは餌として食べる植物から有毒化合物を「借用」することもできる．たとえば，キタアフリカバッタ *Poekilocerus bufonius* はトウワタを餌にしているが，この植物は心臓のはたらきをおかしくする多数の複雑な毒素（いわゆるカルデノリド）を含む乳液を分泌する．バッタはこれらを食物から得て，毒腺に保管する．捕食者に攻撃されたとき，バッタは植物由来の毒がたっぷりのスプレーを噴射することで身を守る．バッタをトウワタを含まない餌で飼育すると，スプレーのカルデノリド含量は1/10に減少する．オオカバマダラもトウワタを餌にしており，体組織にカルデノリドを加えることで，自分自身を捕食者の鳥にとって不快なものとしている．幼虫のときにまったくトウワタを食べなかったチョウは，やはり捕食者に有害な影響を及ぼさない．それをつくり出す生物（この場合は植物）の役に立つ毒素をアロモン allomone とよぶのに対比して，このような，昆虫がつくり出すのではなく植物から得ている毒性化学物質は，カイロモン kairomone とよばれることがある（詳細は，Nordlund and Lewis, 1976 参照）．

化学毒素は，しばしば警戒色と一緒に現れる．鮮やかに彩色されたヒモムシやナメクジから明るく彩色された昆虫まで，こういう相関関係は，多くの無脊椎動物門でみることができる．そのような彩色は単純なパターンを伴う傾向があり，しばしば赤，黄または白や黒が使われる．ミツバチやスズメバチの黒と黄の縞模様は誰にでもお馴染みだろう．

毒素と警戒色の進化は単純ではない．その進化上の効能は，それが捕食を阻害する場合であるが，捕食者が毒だと知りうる唯一の方法は「やってみる」ことしかない．こういうものが進化してくることの説明の1つは血縁選択である．すなわち警告毒素の遺伝子をもつ1個体の犠牲が，同じ遺伝子をもつ同じグループの親類を保護することができる場合である．同様に，ある遺伝子をもっているものが簡単には傷つけられず，そのために捕食者に発見されても生き残ったり，捕食者が攻撃を試みる前に不快な刺激によって撃退できる場合，そのような遺伝子は広まることができる．大部分の警告色で彩られた昆虫は，しぶとくて容易には損傷を受けない．そして，ナメクジと同様にしばしば強烈なにおいを発する．ヒモムシは，捕食者によって失われた組織を再生することができる．

警告色は無毒の動物によって模倣されることがあり，最初にそれを明らかにした人の名から，この類似はベーツ型擬態 Batesian mimicry と称される．モデルにされた動物は本当に毒なのに対して，模倣者の警告色はうそなので，以下の要件を満たす必要がある．

(a)　モデルは，有毒で鮮明に彩られていなければならない．

(b)　モデルは模倣者よりも，よりふつうに存在していなければならない．なぜなら，モデルが希少な場合には，捕食者はそれが毒で守られていることを学習できないので，この関係全体が機能しない．

(c)　模倣者はモデルの近くにすんでおり，よく似ていなければならない．

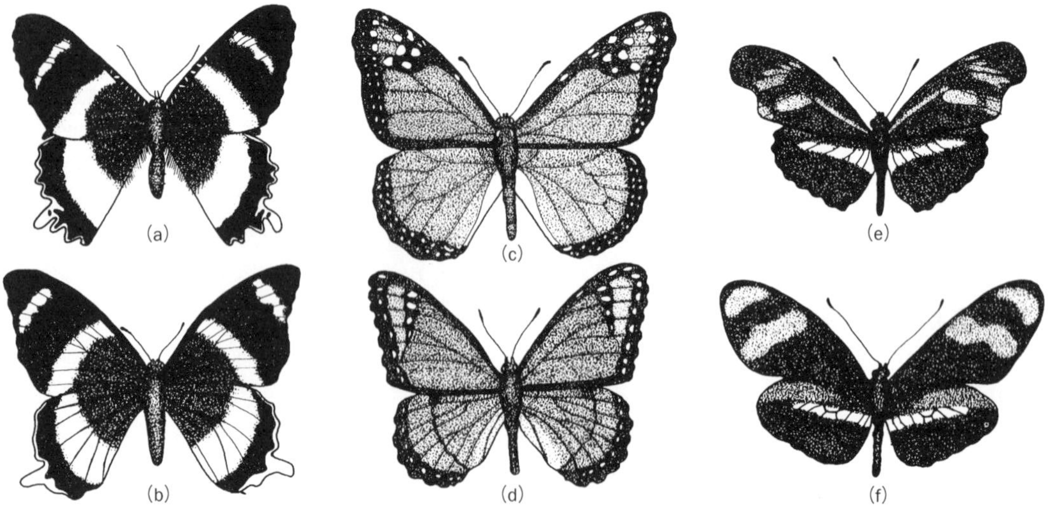

図 13.7　ベーツ型擬態：ガの一種オジロツバメガ *Alcidis agarthyrsus*（a）と，その擬態をしているアゲハチョウの一種 *Papilio lag*（b）．北アメリカのチョウ，カバイロイチモンジ *Limenitis archippus*（c）と，そのモデルのオオカバマダラ *Danaus plexippus*（d），ミュラー型擬態：ベニオビドクチョウ *Podotricha telesiphe*（e）と，テレシフェドクチョウ *Heliconius telesiphe*（f）．

有害な種が同じパターンに収束するミュラー型擬態 Mullerian mimicry は，模倣のもう 1 つの形式である．収束すれば互いに利益を得るからである．この場合，基準（b）はあてはまらず，基準（c）の類似も厳密である必要はない．スズメバチとミツバチは同じパターンの縞模様をしていて，これはミュラー型擬態である．多くのハエ目昆虫（とくにヒラタアブ）と若干のチョウ目は，スズメバチ/ミツバチに似た外見を進化させており，これはベーツ型擬態である．図 13.7 に，チョウ目のいくつかの例を掲げておいた．

ミュラー型擬態がどのようにして進化したかを理解するのは，それほど困難でない．しかし，ベーツ型擬態に関しては大きな疑問がある．模倣者がそれによる保護作用を得るのには十分にモデルに似ていなければならない（基準（c））のだが，擬態をしていない祖先と擬態ができてしまった現在のものとの中間の型が，どのようにして選ばれて進化してきたのかが問題となる．1 つの可能性は，二相の進化プロセスである．大きな突然変異によって，おおよそではあるが十分似ているものができ，次いでより通常の小規模な遺伝的変異が自然選択によって漸進的に少しずつ改良されてきたという可能性である．

c. 撃　退

獲物を捕獲し殺すのに使われる器官が，捕食者を能動的に撃退するのに，しばしば使われることがある．たとえば，刺胞動物の刺細胞は攻撃と防御のために使われる．逆説的なケースだが，裸鰓目軟体動物（ミノウミウシ）の餌食になった刺胞動物の刺細胞は，捕食者自身の防衛手段として借用されることさえありうる．発射されていない刺胞は，裸鰓目の胃の中の繊毛の生えた通路を通って，その背面にある突起（背角）へと運ばれる．背角中に刺胞は飲み込まれるが消化されない（図 13.8）．それらは外部に通じている背角の先端の刺胞嚢に運ばれる．刺胞

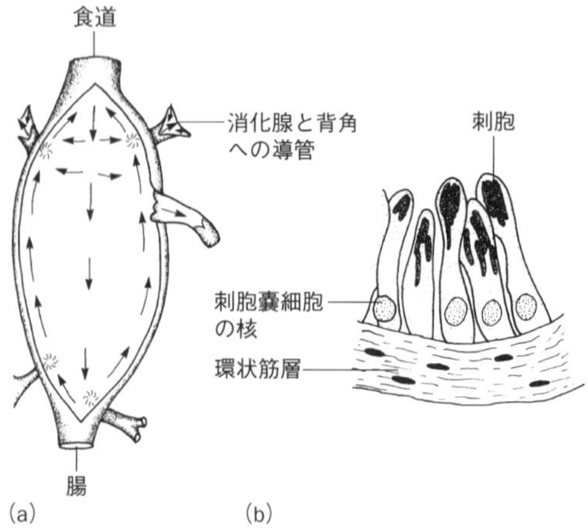

図 13.8　裸鰓目の胃（背中側を開いてある）(a) と，刺胞嚢 (b)（Barnes，1980）．

嚢からの発射は，刺胞嚢をとりかこむ環状筋の収縮によってもたらされるらしい．刺胞は約 10 日で交換されることができ，大部分の裸鰓目は，餌中の刺胞のうちの特定の種類の刺胞のみを使用する．少数の渦虫類は彼らが食べるヒドロ虫綱の刺胞を利用する．同様にクシクラゲの *Haeckelia rubra* は餌のヒドロクラゲの刺胞を使っている．

節足動物のキチン化された顎と毒針も，攻撃用の構造が防衛に使われる例である．他方，ミツバチの毒針のように，いくつかの針は防衛専用に特化している．これは改造された産卵管からつくられていて (卵を産むためにはもはや使われない)，さか棘のついた対になった毒針 lancet と（対になっていない）主体 stylet とからなっている（図 13.9）．これは使われていないときには，腹部第 7 節のポケットの中にしまわれている（刺す機構は，図の説明文に記述した）．毒は腹部にある 1 対の長い腺から分泌され，ミツバチの場合には，犠牲者の組織にヒスタミンを生産させる原因になるある種の酵素を含んでいる．

英語で爆撃虫とよばれるホソクビゴミムシ属 *Brachinus* の甲虫は，捕食者（たとえば，クモ，カマキリ，そしてカエルさえも）を撃退するために防衛スプレーを使用する．じゃまをされたとき，彼らは腹部先端の 1 対の腺からそれを放出する．先端は回転できるので，ほとんどどんな方向にでも正確に噴霧することができる．分泌物の活性主体はベンゾキノンで，発射の瞬間に石炭酸の酸化によって爆発的に合成される．放出は聞き取れるほどの爆鳴を伴い，スプレーは 100°C で放出されるのだ！

大部分のヤスデは比較的ゆっくり動く．そして，

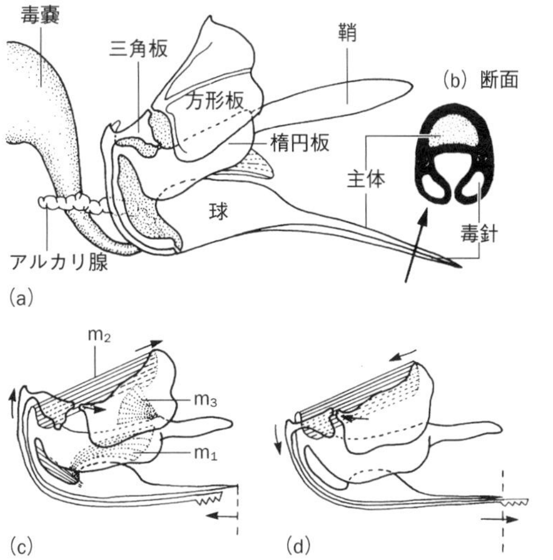

図 13.9　ヨーロッパミツバチ *Apis mellifera* の針．軸（主体＋さか棘のついた毒針）は筋肉 m_1 の収縮によって押し下げられている．つぎに強力な m_2 筋（方形板から楕円板の前部へと走っている）の収縮が三角板の回転を引き起こし，それが毒針を押し出す．毒針を引っこめるのは m_3 の収縮により起こる．針の両側の筋肉が交互にはたらき，突き出しと引っこめが連続して起こることにより，毒刺はどんどん深く犠牲者の体の中へと入っていく．毒は腹部にある 1 対の糸のような腺から分泌される．分泌物は，針の毒管の基部に開口している毒嚢に蓄積される．いわゆるアルカリ腺の機能は不明である（Imms, 1964）．

防衛のための厚い石灰質外骨格をもつとともに，一連の臭腺をもっている（図 13.10）．開口部は背板の側面，もしくは背板葉の縁に位置している．通常は体節ごとに 1 対あるが，いくつかの体節にはまったくない．分泌物の成分は種によって変化するが，アルデヒド，キノン，石炭酸，シアン化水素を含むことがある．シアン化水素（HCN）は使われる直

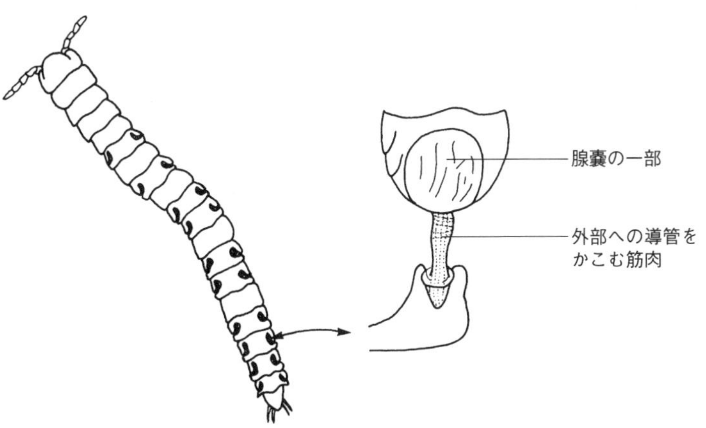

図 13.10　ヤスデの臭腺（Cloudsley-Thompson, 1958）

前に，2室に分かれた腺の一方から前駆体が，他方から酵素が出てきて混合されて，シアン化水素が遊離してくる．この液体は他の小動物に有毒であるか忌避され，大型熱帯産ヤスデのものは人の皮膚に対して腐蝕性である．これは，ふつうゆっくり放出されるが，いくつかの種では高圧噴射あるいはスプレーとして，10～30 cm 放出することができる．この場合，おそらく分泌嚢に隣接した胴の筋肉の収縮によって放出が起こるのだろう．肉食でより速く走るムカデには，撃退の機構があまり備わっていない．彼らの防衛は，速さと毒顎に，より多く依存しているが，毒顎も速さも獲物の捕獲にも関係している（図 8.21）．それにもかかわらず，いくつかの種は撃退のための腺をもっており，またイシムカデのいくつかは後端の脚4対に多数の単細胞の腺をもち，脚で蹴って粘着性液滴を侵入者に投げつける．

棘皮動物のヒトデとウニでみられる叉棘 pedicellaria もまた，防衛の目的のためにとくに進化した器官である．これは，顎のような形の防衛のための付属器で，とくに体表に定着してくる可能性のある他の動物の幼生に対処するために特殊化している（図 7.18）．叉棘には，3つのおもな種類がある．柄のあるもの pedunculate，殻に直接ついたもの sessile，そして殻に幾分埋没したもの alveolar である．ウニの叉棘は柄のあるタイプだがその中にもいくつかの種類があり，そのうちの1つは毒の分泌腺をそなえており，急速に小動物を麻痺させたりより大きな捕食者を追い払うことができる．いくつかのコケムシの鳥頭体は叉棘と同じ機能がある（6.3.3. c.）．

撃退の興味深い一形式に，捕食者を驚かすというものがある．チョウ目のいくつかやその他の昆虫は，脊椎動物の目の模倣にみえる大きい斑点を羽の上にもっている．これらの昆虫は，普段は「目」を隠すようにとまっているが，じゃまされると突然この斑点を露出させる．この斑点についてのもう1つのありうる説明としては，体のより攻撃に耐えられる部分へ（あるいは防衛器官にさえ），捕食者の注意を偏らせるということである．たとえば，いくつかのスズメバチでは毒針の近くに白い腹部の斑点がある．籠に入った鳥を用いた研究により，目玉紋様には両方の機能のある証拠が得られた．すばやく色を変えることも驚かす機能をもつ．じゃまをされた後のコウイカに起こる急速な色の変化は，これの，とくに鮮やかな例である．

13.2.2　体内への侵入者に対しての防衛

病原体の中には，外側の防衛を破って侵入できるものがいるが，そのため，すべての生物はこれに対するなんらかの形の内側の防衛線をもっている．脊椎動物では，これは抗体による免疫系である．抗体は特異的に外来病原体を中和することができる．無脊椎動物にはそのような特異的な免疫系がないが，彼らも，一般的に異物を認識して除去する能力をもった食細胞による，内側の防衛線をもっている．

a.　自己と非自己の認識は基本的な必要条件である

自己認識の古典的な例に，カイメンの細胞再集合がある．布を通して細胞をしぼり出したり，EDTA（ethylene diamine tetraacetic acid）溶液に入れることで，カイメンの体全体を，個々の細胞がバラバラになった懸濁液にすることが可能である．異なる種のカイメンの懸濁液を混合すると（同じ種の異なるクローンのカイメンを混合したものでさえ），種特異的，クローン特異的に細胞は再集合する，つまり同じ由来の細胞が一緒になるのである．

移植実験も，同じ点を指し示す．たとえば，海楊（ヤギ）目（群体の花虫亜門）は，異なる種からの移植片（異種移植片）や同じ種の遺伝的に異なる個体からの移植片（同種異系移植片）に拒絶反応を示すが，同じ群体の異なる部分からの移植片（自家移植片）は受け入れ，いつも融合する．

b.　食細胞（アメーバ状細胞）は無脊椎動物の自己防衛において普遍的な重要性をもつ

上記の反応はすべて，群体や岩の表面をおおっている生物のものであった．これらでは生活空間が限られ，すみ場所をめぐっての熾烈な競争がしばしば起こる．このため自己認識は，自己統合性を維持する手段として進化してきたのだろう．したがってこれらの自己認識機構は，このような進化圧に特有の結果であり，動物界の免疫系進化に共通の基礎ではないかもしれない．

免疫学の研究は，1900年代の初頭，エリー・メチニコフ（Elie Metchnikoff）がヒトデのビピンナリア幼生の表皮下にバラの棘を挿入し，短期間のうちにこの棘がアメーバ状細胞に攻撃されることを発

表 13.2　アメーバ状細胞が異質な物質を排除すると記録された無脊椎動物の門

動物の門	注入した粒子や物質	反応	
		貪食作用	被　包
海綿動物門 Porifera	墨，カーミン	+	
	赤血球	+	
	吸虫のレジアやセルカリア		+
環形動物門 Annelida	墨，カーミン，	+	
	鉄の粒子，赤血球	+	
	非自己の精子	+	
星口動物門 Sipuncula	ラテックスビーズ，細菌	+	
軟体動物門 Mollusca	カーミン	+	
	墨	+	
	赤血球，酵母，細菌	+	
	二酸化トリウム	+	
甲殻動物門 Crustacea	細菌，カーミン	+	
単枝動物門 Uniramia	細菌	+	
	ラテックスビーズ	+	+
	鉄，糖類	+	
	アラルダイト移植片		+
	Bt 菌（*Bacillus thuringiensis*）	+	
	墨，カーミン	+	
	赤血球，細菌	+	
棘皮動物門 Echinodermata	ウシ血清アルブミン	+	
	ウシγグロブリン	+	
	ウニ細胞（ヒトデに注入）	+	
尾索動物亜門 Urochordata	カーミン	+	
	ガラス破片		+
	トリパンブルー	+	
	二酸化トリウム	+	

見したときにはじまった．彼はカブトムシ（ヨーロッパサイカブト *Oryctes nasicornis*）の幼虫に炭疽菌を注入して，同じような結果を得た．これらの結果からメチニコフは，多くの原始的な無脊椎動物で細胞内消化にかかわっているアメーバ状細胞が（9.2.2 項），より高度な動物の進化の過程において内部防衛系として保持されてきたという考えを提唱した．確かに食細胞は無脊椎動物に広く存在し，生体に異物を導入する実験から，さまざまな異物を排除できることが示されている（表 13.2）．

c.　食細胞はどのように自己と非自己を区別するのか？

遊走する食細胞は，自己の正常組織を「無視する」が，非自己の粒子を呑み込めなければならない．（汚染物質のような組織障害性物質である生体異物の存在によって）障害を受けた「自己」の除去にも，これらの食細胞は関与しているだろう．

認識機構について知られていることは少ない．直観的に考えれば，この認識は食細胞が標的に接触するときに起こるだろう．そして，外来の粒子が特定の「殺せ」という信号を出すのはありそうにないので，自己の細胞が「殺すな」という信号を出していることのほうがありえそうだ．脊椎動物のように巧妙な免疫機構が介在しているという証拠はないが，液で満たされた体腔をもつ無脊椎動物の体液で，オプソニン opsonin 活性の証拠がある．オプソニンとは，外来の粒子をおおうことで，それらを食細胞に付着させ，貪食作用を促進する分子である．たとえば，鋏角動物カブトガニ由来の変形細胞は，血清がない場合にはさっぱり殺菌効果を示さなかったが，血清が存在するときには *Escherichia* 属大腸菌を殺した．同様に，タコ（イチレツダコ *Eledone cirrhosa*）由来の血球（血液中の変形細胞）によるヒト赤血球の貪食作用は，それがタコの血清にさら

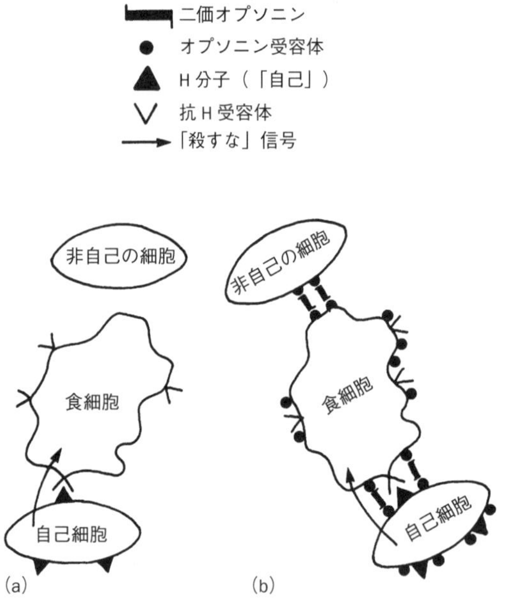

図 13.11　無脊椎動物の食細胞による免疫系モデル．詳しい説明は本文参照（Coombe ら，1984）．

された後にのみ起こった．多くの無脊椎動物からの抽出物が凝集素としてはたらく．すなわちこれらは，試験管内で試すと，さまざまな細胞や細菌を架橋したり，結合したりする（表 13.2）．これらは，異質分子を食細胞の表面に結合するオプソニン様の性質をもっている可能性がある．その機構は Coombe らの総説（1984）でさらに検討されている．

食細胞がどのように自己認識をしているかを示すモデルが，図 13.11 にまとめられている．(a) の直接的自己認識は，多分中身のつまった（体腔のない）体をもつ無脊椎動物の組織をパトロールしている食細胞で起こるだろう．一方，(b) の仲介する因子（オプソニン）の関与は，オプソニンを含む液で満たされた体腔をもつ無脊椎動物で起こる．

d.　生殖はやっかいな問題をいくつか提起する

体内受精では（第 14 章），異なる遺伝形質をもった精子が，もう 1 つの生物体の組織に伝えられる．同様に，受精卵と胚が母体の組織内にあるとき（第 15 章），それらは遺伝的に半異物である．しかし正常な状況では，これらが親の免疫系によって破壊されてはならず，「母」は精子または子孫を喜んで迎え入れる宿主であるにちがいない．生殖細胞が免疫的な破壊を避ける方法は，きちんとは解明されていないが，以下の実験ではそれを明らかにしつつある．ミミズの体腔に同種異系の精子が注入されても貪食されないのに対し，他種のミミズの精子や哺乳類の精子は貪食される．雄のホシムシ（星口動物）は，体腔に注入された同種の卵を被嚢化できなかった，卵が雄虫の中で自然に生じることはないわけだから，このことは受精卵や胚は宿主の免疫機構に対処するなんらかの一般的回避機構をもっていることを示唆する．染色，加熱または超音波処理によって損傷を受けた卵は速やかに被嚢化された．ところが冷凍卵子は明らかに死んでいるのにもかかわらず，被嚢化されなかった（詳細は Coombe *et al*., 1984 参照）．

e.　宿主反応の回避

寄生虫として成功するには，宿主の免疫応答から身を守れなければならない．この点に関しては，防衛の多様性が認められたいくつかの吸虫で，入念に研究された．住血吸虫は自分自身を，宿主と同一か類似の抗原でおおう．これらの抗原は，寄生虫によって合成されるか（分子擬態）宿主に由来していて，寄生虫の表面に結合する．その起源がなんであれ，これらの抗原は寄生虫の抗原をおおい隠し，その結果，彼らはもはや異物と認識されなくなる．一方，肝蛭（かんてつ）類の吸虫は，リンパ球や他の免疫細胞にとって有毒な物質を生産する．また，この寄生虫の外被の糖衣 glycocalyx は高い率で代謝回転して入れかわっているようにみえ，このことは，宿主の抗体が結合しても，それを吸虫が脱ぎ捨てられるかもしれないことを意味している．

13.2.3　ストレス要因への反応

環境ストレス要因とそれが引き起こす反応はじつに多様なので，それらすべてを 1 つの包括的な方法で取り扱うことはできない．酸素や塩分濃度からのストレスに対するなど，いくつかの「生理的な防衛」についてはすでに前章で扱った（11.6.5 項と 12.2 節）．ここでは無脊椎動物でみられる，ストレス一般によって誘発されるいくつかの一般的な反応についてふれ，また 2 つの汚染物質の仲間，すなわち生体外物質 xenobiotics（有機毒物）と重金属に対する反応についてはとくにとりあげることにする．

a.　熱ショックタンパク質

高温や毒素や低酸素への暴露を含む多くの異なる

ストレスがタンパク分子の構造を不安定にする．多くの生物は，そのようなストレスに対応して，細胞内で分子シャペロンとしてはたらく特別なタンパク質群を生産する．これは熱ショックタンパク質（*hsps*）とよばれるが，それは最初に熱ストレスを使用して研究されたというだけである．熱ショックタンパク質は，損傷を受けたりはたらけなくなったりした他のタンパク質と結合し，(a) それらが再び本来の状態になるのを助けたり，(b) はたらけなくなったり有毒になったタンパク質分子が凝集して集積するのを抑える．

調べられたほとんどすべての生物は，*hsps* をコードして発現する遺伝子をもっている．これらの分子はきわめてよく保存されており，一般に「ファミリー」（分子量，構造，機能をもとにして似たものをまとめたグループ）としてまとめられている（たとえば *hsp 110*，*hsp 70*）．

分子シャペロンは，ストレスを受けていない細胞でも数多くの役割を演じているが，たぶん最もよく知られているのは，これまで研究されているほとんどすべての種類のストレスによって誘導されたり，それに対処することだろう（13.2.4 項も参照）．種によって，*hsp* が発現する異なる閾値があるようにみえる．通常，一般的にいって，閾値は自然に経験するストレスのレベルと相関している可能性がある．たとえば，冷水にすむイガイ *Mytilus trossulus* の *hsp 70* の発現する閾値は，暖水にすむ近縁種 *M. galloprovincialis* より低い．同様に，キイロショウジョウバエ *Drosophila melanogaster* は，より北方に分布する近縁種 *D. ambigua* より高い *hsp 70* の発現閾値をもっている．わずか 1～2℃ の温度上昇さえ *hsp 70* 生産を誘導できることが，熱帯のサンゴ（キクメハナガササンゴ *Goniopora djiboutiensis* など）でみられている．多くの昆虫種は，寒冷ショックに反応して（あるいは越冬の休眠中に）*hsp* を発現する．*hsp* の発現は，種間で異なるだけでなく，種内でも変動可能である．さらにこの変動は，ストレス抵抗性と相関している．精錬所のすぐ近くで採集されたムカデは，同じ種の汚されていない地域で採集されたものより *hsp 70* のレベルが高かった．1つの野生の集団から採集したショウジョウバエを調べると，個体ごとに温度耐性と相関した *hsp* の発現を示し，それは遺伝性だった．

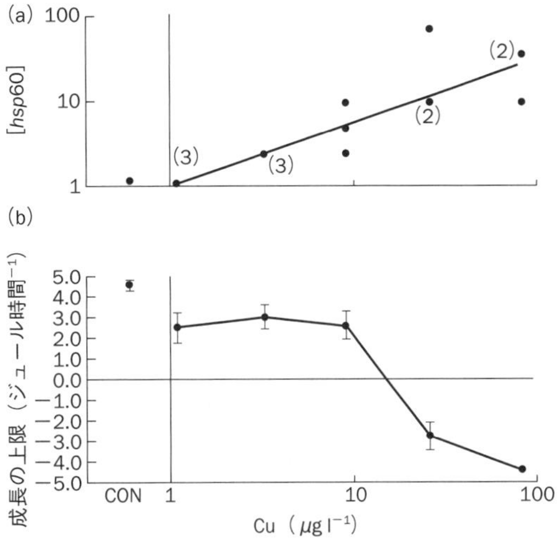

図 13.12　ムラサキイガイを，さまざまな濃度の銅を含む海水で 7 日間飼育したときの，銅濃度と，(a) 外套膜中の *hsp60* の相対濃度と，(b) 成長の上限．成長の上限とは食物から吸収したエネルギーから，呼吸と排出により失われたエネルギーを引いたものであり，成長にあてられるエネルギーの上限を示す．(b) 中の値は，平均±1 標準誤差で与えられている．CON は銅を与えないコントロール．

hsp の誘導は，高くつく過程だという証拠がある．ムラサキイガイ *Mytilus edulis* が 0～100μg/l の濃度範囲の銅に 7 日間さらされたとき，外部の金属量と *hsp 60* の組織含有量には正の相関が認められた（図 13.12(a)）．さらに，32μg/l 以上の銅にさらされた個体では成長の上限 scope for growth が減少し（図 13.12(b)），さらに高い濃度においては，値は実のところ負になった．成長の上限は，排出と呼吸によって失われるエネルギーを差し引いたあとで，成長（または繁殖）に利用できるエネルギーの推定値で，多くの場合，動物の生理的条件のよい指標である．ムラサキイガイにみられた顕著な *hsp 60* 蓄積を伴った負の成長の上限は，このように高い銅濃度において，イガイは通常の代謝要求を満足させるのに十分なエネルギーさえ発生させていないことを示す．

hsp がストレス応答において重要なのは明らかではあるが，これはストレス耐性に関する多くの分子機構の1つにすぎないことを心得ているべきである．

b. 混合機能酸素添加酵素 mixed function oxygenase（MFO）と生体異物（xenobiotics）

有機汚染物質（たとえば流出石油の炭化水素化合

物）は，海産無脊椎動物の組織に侵入できる．それらは脂肪親和性であるため容易には代謝されず，脂肪貯蔵組織や細胞膜の脂質成分に蓄積され，生化学的問題を生じる濃度に達する可能性がある．ところが，いくつかの海産無脊椎動物（多毛綱と若干の軟体動物と甲殻動物）は毒物を酸化できる酵素系をもっている．この酵素は酸素添加酵素という名前どおり，酸素原子を添加することによって，毒物をより親水性で代謝されやすくする．これはいくつかの酵素からなり，若干のチトクロームを含み，処理する基質に関しては，かなり非特異的である．この酵素系は特定の組織中（たとえば消化腺または肝膵臓）の小胞体のミクロソームの，おもに膜結合画分にある．酸化過程はエネルギー消費的であり，ごく一般的に描けば図 13.13 のようにまとめられる．これは酸化，ヒドロキシル化と脱アルキル反応を含んでいる．これはまた誘導性のシステムでもあり，生体異物に暴露されている場合にだけ，関連する酵素は生産される．たとえば，MFO と特異的に関連したあるチトクロームは，ディーゼル油へ暴露 1 日後のイガイ組織中で増加し，暴露をやめて 8 日後には通常の濃度に戻る．

混合機能酸素添加酵素は草食性昆虫にもみられ，多分，植物が草食動物に対する防衛として生産する天然有機毒素に，対処することに関係しているのだろう．たとえば多食性昆虫（多種の植物を食べる昆虫）は一般に，狭食性昆虫より高い MFO 活性をもっている．これはおそらく，たとえばフェノール，キノン，テルペノイド，アルカロイドのような，より多種類の有毒化合物に多食性昆虫がさらされるためだと思われる．

c.　メタロチオネイン

重金属（水銀，カドミウム，銅，銀，スズなど）は，水生無脊椎動物に非常に有毒な場合がある．たとえば，それらは酵素と相互作用して 3 次構造を変えることで酵素を変性させる．しかしながら多くの無脊椎動物は，重金属をメタロチオネイン metallothionein とよばれる特殊なタンパクに結合させることにより，その毒性を除くことができる．これらは低分子量化合物であり，その中にアミノ酸のシステインを多く含んでいるために，SH 基が豊富にあり，SH 基は金属と結合したりキレートして，低毒化することができる．

13.2.4　修復：それは加齢に対する防衛か？

13.1.3 項において，生体構成要素の損傷が蓄積することによって，個体の加齢が起こるのではないかとほのめかしておいたが，その証拠は，以下のとおりである．

組織破壊――ハエ目昆虫の加齢は飛翔能力低下を伴っており，これは飛翔筋の構造の変性と相関している．また，働き蜂の脳細胞数は，孵化時の平均 522 個から，10 週後には 350 個にまで減少することが示されている（図 13.14）．

リポフスチン lipofuscin（年齢色素として知られているもの）――これはおそらく膜の分解に由来する脂質の過酸化産物で，年齢とともに線虫と昆虫の

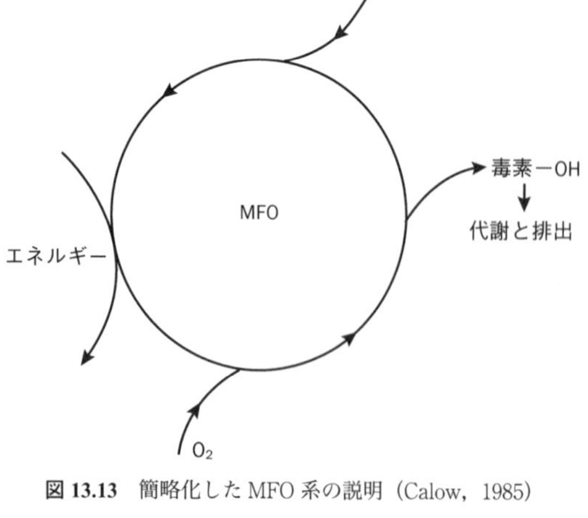

図 13.13　簡略化した MFO 系の説明（Calow, 1985）

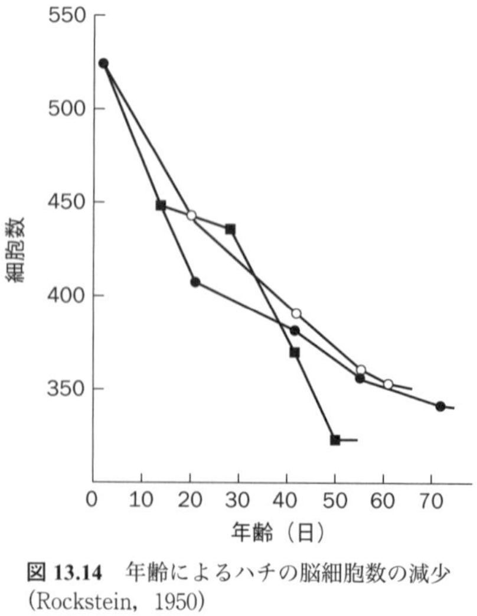

図 13.14　年齢によるハチの脳細胞数の減少（Rockstein, 1950）

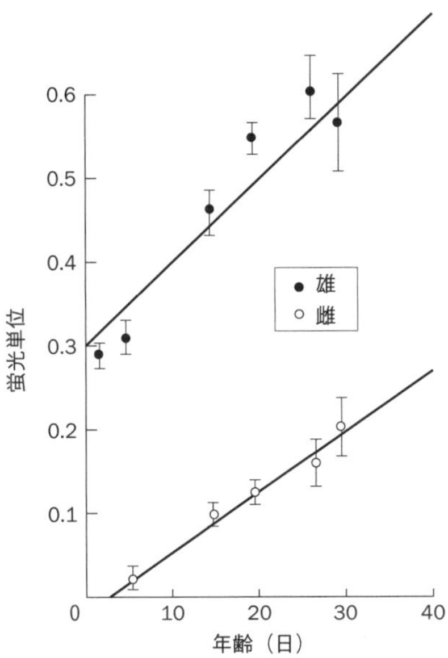

図 13.15　キイロショウジョウバエにおけるリポフスチンの蓄積(蛍光発光で計測)（Biscardi & Webster, 1977).

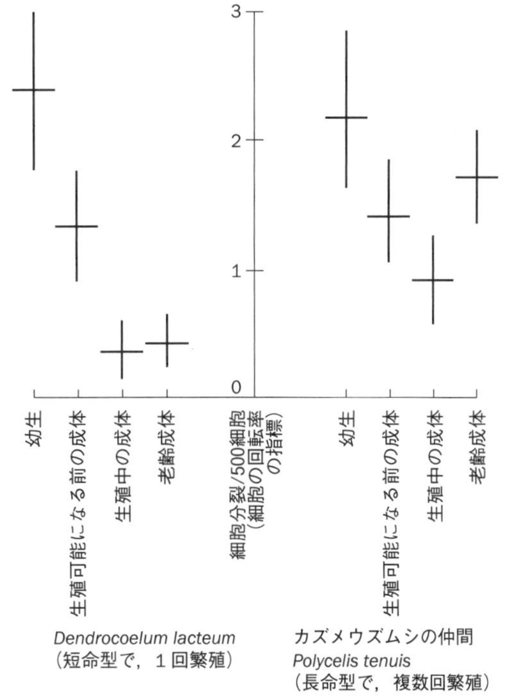

図 13.16　長寿と短命の，2 種類の淡水産三岐腸の渦虫類の生活環中の異なったステージにおける細胞の回転率．短命なものは長命なものより多くのエネルギーを分裂に費やす．両方とも幼生から成体になると細胞分裂は減少する．しかし，短命型においては、生殖開始とともに細胞分裂が大きく減少するのに対して，長命型においてその減少は非常に小さい．回転率の減少は，多くのエネルギーを生殖に使うことによって起こると考えられ，それは老化を促進し寿命を縮めると考えられている（Calow & Read, 1986).

組織に蓄積することがわかっている（図 13.15).

酵素の正確さ——とくに線虫の研究から，酵素の構造と機能が時間経過とともに損なわれるという証拠がある．酵素は，熱変性に対してより感受性が高くなり（これは分子組成が変化したことを示す)，異なる免疫学的な性質を呈して，触媒能力が減少した．しかしこの知見が，線虫で研究されたすべての酵素，あるいは他の動物で研究された多くの酵素にあてはまるというわけではない．

この種の損傷すべての根本は，熱振動や，タンパク合成における誤りや，他のさまざまな過程のような分子的プロセスから発しているようだ．損傷が起こる一方で同時に，傷害を受けたタンパク分子は原則として遺伝子情報に基づいて交換されるし，細胞自体もやはり遺伝子情報に基づいて細胞分裂により置き換えられる（第 1 章)．実際に線虫の研究結果から，異常なアミノ酸を含んでいるタンパク質は正常なタンパク質より回転が早いが，加齢とともに減速することが示唆されている．細胞分裂は刺胞動物・扁形動物・環形動物・軟体動物で広範に起こるが，成熟した線虫と昆虫では非常に限定されている．淡水産三岐腸の渦虫類において，加齢とともに細胞の回転率が減少する（図 13.16）が，それは 1 回繁殖型のもので（14.5 節をみよ)，生殖がはじまるとともに際立ってくる．だからここでの生殖の開始は，加速度的な加齢と結びついているのである．ある生物の年齢段階 age-state すなわち生命力 vitality はそれゆえ，損傷の発生と，損傷を受けたものの置換（あるいは修復）のバランスによっているかもしれない．したがって加齢の過程が，組織の回転が継続的に起きている刺胞動物のような生物で最も不鮮明であり，組織の回転が限定されている線虫や昆虫のような生物で最も明らかなのは驚くにあたらない（表 13.3)．興味深いことに，昆虫のうちで最も寿命の長いもの，すなわちコウチュウ目では，体細胞分裂が他の昆虫より広範囲により長く持続する．

最近では熱ショックタンパク質（13.2.3.a. 参照）が老化を調整可能であることが示唆されている．老化した動物の細胞では，タンパク質が非機能化状態に変わると思われ，そうなったものの蓄積は，年齢依存的な罹患率と死亡率の原因となってい

表 13.3　老化の分布

動物の門	老化しないと思われている種の存在	老化すると思われる種の存在	老化が確実な種の存在
刺胞動物	＋	＋	
扁形動物	＋	＋	＋
軟体動物	＋	＋	
線形動物			＋
環形動物	＋	＋	＋
輪形動物			＋
節足動物			＋

る可能性がある．熱ショックタンパク質の発現がそのような損傷を緩和することが示されている（少なくともショウジョウバエと線虫において）．

13.3　結　　論

生物がさらされる脅威は多様であり，同様にそれが引き起こす反応も多様であるのは驚くにあたらない．それでもそれらの脅威を，脅かされる生物との関連の強いものから弱いものへと連続する 1 つの指標にあてはめて，整合的な脅威の分類を提示することは可能である．同様に，防衛反応の多様性の背後に，いくつかの一般的特徴を認めることも可能である．たとえば，防衛メカニズムは（それが捕食者，寄生虫，微生物または損耗に対してかどうかに関係なく），物質的にもエネルギー的にもすべて高くつくものである．Harvell（1990）は海洋性の苔虫動物（ヒラハコケムシの仲間 *Membranipora membranacea*）で，生涯の防衛コストを評価した．彼らの捕食者である裸鰓目ウミウシが存在すると群体は棘を発達させるし，ウミウシの抽出液を与えても同様になる．このような防衛は誘導性であるとよばれ，誘導性応答は他の無脊椎動物でもふつうにみられる．捕食者の抽出物を与えつづけて防衛反応を起こさせた群体では，成長速度が減少し，老化が促進された．このように防衛にもそれぞれ種類によってコストがかかり，そしてそれはダーウィン適応度（Sibly & Calow, 1989）のほかの要素とトレードオフされることにならざるを得ないのだから，どんな防衛機構であれ，最適の投資法があるわけだし，透導可能な防衛は，出費を最少にする方法として進化してきたものとして理解できる．

このような一般原理こそが，読者諸氏がこのことから（そしてまた本書第 3 部のすべての章から）得るように心がけるべきものなのである．

13.4　さらに学びたい人へ（参考文献）

Arking, R. 1991. *Biology of Aging: Observations and Principles*. Prentice-Hall, Englewood Cliffs, New Jersey.

Cooper, E.L. (Ed.) 1996. *Invertebrate Immune Responses*. Springer-Verlag, New York.

Berry, R.J. 1977. *Inheritance and Natural Selection. New Naturalist*, No. 61. William Collins & Co., Glasgow.

Blest, A.D. 1957. The function of eyespot patterns in the Lepidoptera. *Behaviour*, **11**, 209–256.

Coombe, D.R., Ey, P.L. & Jenkin, C.R. 1984. Self/non-self recognition. *Q. Rev. Biol.*, **59**, 231–255.

Davies, I. 1983. *Ageing*. Edward Arnold, London.

Dunn, P.E. 1990. Humoral immunity in insects. *BioScience*, **40**, 738.

Eisner, T., Van Tassell, E. & Carrel, J.E. 1967. Defensive use of a 'faecal shield' by a beetle larva. *Science, N.Y.*, **158**, 1471–1473.

Erichsen, J.T., Krebs, J.R. & Houston, A.I. 1980. Optimal foraging and cryptic prey. *J. Anim. Ecol.*, **49**, 271–276.

Esch, G.W. & Fernandez, J. 1992. *Functional Biology of Parasitism: Ecological and Evolutionary Implications*. Chapman & Hall, New York.

Fainzilber, M., Napchi, I., Gordon, D. & Zlotkin, D. 1994. Marine warning via peptide toxin. *Nature*, **369**, 192.

Feder, M.E. & Hofmann, G.E. 1999. Heat-shock proteins, molecular chaperones, and the stress response: Evolutionary and ecological physiology. *Annu. Rev. Physiol.*, **61**, 243–282.

Klaassen, C.D., Liu, J. & Choudhuri, S. 1999. Metallothionein: An intracellular protein to protect against cadmium toxicity. *Annu. Rev. Pharmacol. Toxicol.*, **39**, 267–294.

Finch, C.E. 1990. *Longevity, Senescence and the Genome*. University of Chicago Press, Chicago.

Gliwicz, M.Z. 1986. Predation and the evolution of vertical migration in zooplankton. *Nature (London)*, **320**, 746–748.

Hansell, M.H. 1984. *Animal Architecture and Building Behaviour*. Longman, London.

Harvell, C.D. 1990. The ecology and evolution of inducible defenses. *Q. Rev. Biol.*, **65**, 323–340.

Livingstone, D.R., Moore, M.N., Lowe, D.M., Nasci, C. & Farrar, S.V. 1985. Responses of the cytochrome P-450 monoxygenase system to diesel oil in the common mussel, *Mytilus edulis* L., and the periwinkle, *Littorina littorea* L. *Aquat. Toxicol.*, **7**, 79–81.

McClintock, J.B. & Janssen, J. 1990. Pteropod abduction as a chemical defence in a pelagic Antarctic amphipod. *Nature*, **346**, 462–464.

McClintock, J.B. & Baker, B.J. 1997. A review of the chemical ecology of Antarctic marine invertebrates. *Amer. Zool.*, **32**, 329–342.

Neill, W.E. 1990. Induced vertical migration in copepods as a defense against invertebrate predation. *Nature*, **345**, 524.

Nordlund, D.A. & Lewis, W.J. 1976. Terminology of chemical releasing stimuli in intraspecific and interspecific interactions. *J. Chem. Ecol.*, **2**, 211–220.

Parker, A.R. 1998. The diversity and implications of animal structural colours. *J. exp. Biol.*, **201**, 2343–2347.

Rainbow, P.S. & Dallinger, R. (Eds) 1993. *Ecotoxicology of Metals in Invertebrates*. Lewis Publishers, Boca Raton.

Rockstein, M. 1950. The relation of cholinesterase activity to change in cell number with age in the brain of the adult worker bee. *J. cell. comp. Physiol.*, **35**, 11–23.

Rutherford, S.L. & Lindquist, S. 1998. Hsp90 as a capacitor for morphological evolution. *Nature*, **396**, 336–342.

Sanders, B.M., Martin, L.S., Nelson, W.G., Phelps, D.K. & Welch, W. 1991. Relationships between accumulation of a 60 kDa stress protein and scope for growth in *Mytilus edulis* exposed to a range of copper concentrations. *Mar. environ. Res.*, **31**, 81–97.

Schmidt-Nielsen, K. 1997. *Animal Physiology. Adaptation and Environment*, 5th edn. Cambridge University Press, Cambridge.

Sibly, R.M. & Calow, P. 1989. A life-cycle theory of responses to stress. In: Calow, P. & Berry, R.J. (Eds) *Evolution, Ecology and Environmental Stress*, pp. 101–116. Academic Press, London.

Tatar, M. 1999. Evolution of senescence: Longevity and the expression of heat shock proteins. *Amer. Zool.*, **39**, 920–927.

Theodor, J.L. 1976. Histo-incompatibility in a natural population of gorgonians. *Zool. J. Linn. Soc.*, **58**, 173–176.

Turner, J.R.G. 1984. Darwin's coffin and Dr. Pangloss – do adaptationist models explain mimicry? In: Shorrocks B. (Ed.) *Evolutionary Ecology*, pp. 313–361. Blackwell Scientific Publications. Oxford.

Turon, X., Becerro, M.A. & Uriz, M.J. 1996. Seasonal patterns of toxicity in benthic invertebrates: The encrusting sponge *Crambe crambe* (Poecilosclerida). *Oikos*, **75**, 33–40.

Willmer, P., Stone, G. & Johnston, I. 2000. *Environmental Physiology of Animals*. Blackwell Science, Oxford.

第14章

生殖と生活環

Reproduction and Life Cycles

新しい個体を創造することは，生きものの根本的な性質である．創造の過程として2つの面が認められる．すなわち，① 成体となった生物が，生殖目的で材料を別に取り分けておくことと，② これらの材料を使って新しい個体が発生することである．ほとんどすべての動物において（ただし本当に全部というわけではないが），この2つの過程には，生活環のある段階において，半数体の配偶子（卵か精子）の生産がかかわっている．配偶子の融合により接合子（受精卵）ができ，それに引きつづく発生を通して接合子は完全に分化し，空間的に複雑な多細胞生物となる（第15章を参照）．でき上がったものは両親に似ているが，まったく同一ではない．1匹の成体は子を1匹しかつくらないわけではないから，これからできる可能性のある何匹もの子孫のために，材料をとっておくことが，もちろんできる．減数分裂でできた半数体の配偶子が融合して子どもができたときには，その子どもたちは，おのおのが独特の遺伝子構成をもつことになるだろう．この過程は有性生殖とよばれる．

本章は，広範囲の無脊椎動物に関し，有性生殖と無性生殖の両方にかかわる章になる．つぎの第15章は発生と分化の過程を取り扱うが，この過程によって，有性生殖の結果として形づくられた接合子が，新しい個体になる．生殖と，発生・分化というこの2つの側面は，もちろん密接につながっている．動物における有性生殖はつねに，小さな動ける接合子（精子）と，それより大きくて細胞質に富み動かない接合子（卵）の融合を伴う．この画一性にもかかわらず，調べてみると，配偶子を介する有性生殖が関与しないさまざまな他の手段を，生殖の手段として動物は進化させてきたことがわかるだろう（この点では植物と同様である）．無性生殖の手段がさまざまあるのに，なぜ有性生殖の過程がこんなにも支配的なのかを理解することが，進化理論の大いなる挑戦の1つとなる．

各個体が1個の受精卵から発生するという意味では，どの動物でも生活環は似ている．それにもかかわらず，卵生産のための資源配分パターンには，とてつもない違いがあることもみていくことにする．「いつ，どこで，そしてどれだけの量を生産するか？」をこれから簡潔にみていく．みかけは単純な質問だが，簡単に答えられるものでは決してなく，進化理論の中心に位置する質問なのだということが明らかになるだろう．

この多様性を理解するために，その制御について，そして異なる変異の存在する適応的意味（有性生殖それ自身の選択的利点を含めて）について概観する．生殖の特性と生活環の特性の，異なった組合せが，動物の異なる系統の特徴をなしているし，これが，動物の異なる組織化の程度の特徴をも，また異なる生態的状況の特徴をもなしていることが，読み進んでいくに従い明らかになっていくだろう．これにより，無脊椎動物の生殖戦略の豊富さを議論することが可能になるだろうし，生活環の進化に関する現在の学説の成立に，これが寄与したことも議論できるようになる．

14.1　導　　入

複製の半保存的な過程によって存続しているシステムにおいては，進化は，自然に出てくる結果なのだと第1章で示唆しておいた．すべての生きものは，同じ型の遺伝的プログラムと，変異（これはDNA分子の複製の際に，塩基配列を間違ってコピーすることから生じる）をもつことは共通している．ヒトゲノム計画を補足するために，他の違った生物たちのゲノム計画が行われ（昆虫のショウジョウバエ *Drosophila* や線虫の *Caenorhabditis* など），いまや完全な遺伝的配列が確立されつつある．すべての染色体の配列が確立され，遺伝子の構造の複雑さや，進化の時間の間に起こった重複の度合いが明らかになってきた．このゲノム計画というじつに驚くべき計画は，非常に多様な生物において遺伝的構造が共通性をもつことを確認したのである．

しかしながら，多細胞生物が進化するには，ゲノムの半保存的複製と分化した細胞の建設だけではなく，個体の複製，つまりわれわれが「生殖」*reproduction* とよぶ過程をも必要とする．大半の生物では生殖の際に，遺伝子の組換えを許している．性の表出にはいくつかのシステムが可能であるが，どのシステムにおいても，異なったタイプの親の間で遺伝物質を交換する機構をもっており，動物の場合は，二親から由来する遺伝情報の交換を必要とする．斬新さを生み出すのに減数分裂の過程が，いかに強力で複雑かが，分子生物学という分野の勃興により明らかになったのだった．斬新さの究極の源は，突然変異という過程である．突然変異は，DNAの塩基配列中に符号化された情報が，以下のことで変えられた際に起こる．(i) 配列中の塩基の置換，(ii) 並んだ塩基の重複（これはその後に起こる多様化にきわめて重要かもしれない），(iii) 削除．

進化の時間を通してずっと，遺伝物質は複雑さを増してきた．たとえばキイロショウジョウバエ *Drosophila melanogaster* では，ゲノムは 1.2×10^8 ほどの塩基対をもち，1万の桁の遺伝子をもっていると見積もられている（さまざまなゲノム計画により，多くの生物のゲノムサイズが確立されつつあるが，この広大な事業に選ばれた生物の1つがキイロショウジョウバエだった）．

この遺伝情報のすべてが，減数分裂の間に，（郵便物を区分けするように）区分けし直されるだろうし（もちろんでたらめにではない），受精の過程で配偶子が融合する際に2つの個体からきたそういう再区分された情報は再結合されることになる．だから有性生殖の際にはそのたびに，新しくて独特なゲノムがつくり出されるのである．有性生殖が新奇なものをつくり出す能力は膨大なものがある．倍数体の動物における，母（もしくは父）の染色体の独立な組合せ数は，染色体数の関数となる，つまり 2^n である（n は半数体の染色体数）．n は小さいこともあるが（キイロショウジョウバエでは4），多くの場合はもっと多く，20～30程度である．多様性を生み出すこの源に加え，減数分裂を通しての遺伝物質の組換えが起こるのだから，これはもう計算できないほどの数になるのである．

ゲノムは，塩基対が高度に構造をもって，直線的に配列されたものである．その塩基配列が，（転写産物の形で現れる）アミノ酸の配列を符号として書き記しており，この塩基配列は「エキソン」とよばれる．それに加えて，mRNAの転写産物として現れない配列「イントロン」をも書き記している（第15章参照）．それゆえ減数分裂とは，新しい遺伝子の詰合せ（調節遺伝子の新しい組合せ，DNA配列中の調節要素の新しい組合せ，またタンパク質をコードするアミノ酸配列中の塩基対の新しい配列）を通して，膨大な新規性と多様性とを創造する手段なのである．

有性生殖は真核生物の特徴だが，細菌においてもやはり遺伝的な交換は起こり（たとえば接合によって），またウイルスの間でもみられている（たとえば異なる系統のものが1個の宿主に感染した際に）．遺伝的な組換えを可能にする3つの異なるシステムをBox 14.1に模式的に描いておいた．多細胞真核生物はすべて，Box 14.1の3番目のものを採用している．すなわち，彼らは減数分裂と受精を伴う有性生殖を示す．

動物で起こっているような有性生殖の進化には，数多くの独立な段階が関与してきた．有性生殖も遺伝的組換えもない，ある原始的状態を仮定すると，そこからの進化の順序は以下のようだったろう．

1. 狭い範囲での組換ができる機構の獲得
2. 減数分裂
3. 別々の交配型の進化（通常2つの型）
4. 異形配偶 anisogamy ――小さくて動ける配偶子（雄）とより大きくて動けない配偶子（雌）の採用
5. 性別の出現，すなわち，別々の個体に雄と雌の機能が分かれた

有性生殖が，いかにして普遍的に採用されるようになったのかという進化上の過程を理解することは，生物学の知的挑戦の中で，最も大きなものの1つである．性 sexuality の表現が無脊椎動物では多様なため，この挑戦の中で無脊椎動物の研究は，演ずべき特別な役割をもっている．図14.1は，つねに性別が必要である状態 continuous obligate sexuality が，どんなふうに進化してきたのか，その重要な各段階をまとめた，（1つの可能性のある）概観である．多細胞性の獲得から，常時性別が必要となることと，親による世話への適応的な移行まで幅広くカバーする例を，今生きている無脊椎動物は提供している．無脊椎動物において，性別の進化は，ある程度の可塑性を保っており，より原始的だと思われる状態へとしばしば逆戻りを示す例が，多くの門でみられるのは興味深い．

動物においては，ふつう，2つの非常に異なる型の生殖細胞（つまり精子と卵）が，生産される（14.4.2項）．これらは幼生期の発生において別に取り分けておかれた，特別な細胞にしばしば由来す

Box 14.1 有性生殖のシステム（ミクシス Mixis）

有性生殖は自己複製のシステムである．このシステムは遺伝情報（これはDNA分子に体現されている）の交換を許容し，新しい個体がつくられることを可能にする．この新しい個体は，（それぞれが異なる配列の遺伝情報をもつ）両親の遺伝情報が交叉することに由来する遺伝情報をもつことになる．

1. ウイルス

（a）バクテリオファージ（ウイルスの一種）の生活環（下の図）．このウイルスが，寄主である細菌に感染するときには，ウイルスの中央にあるDNAを，細菌に注入する．一方，タンパク質でできたウイルスの殻は，細菌の細胞の外にとどまる．細菌の内部に入ったウイルスのDNA分子は，ウイルスのタンパク質の殻を新たにつくったり寄主を溶解するための，情報を用意する．

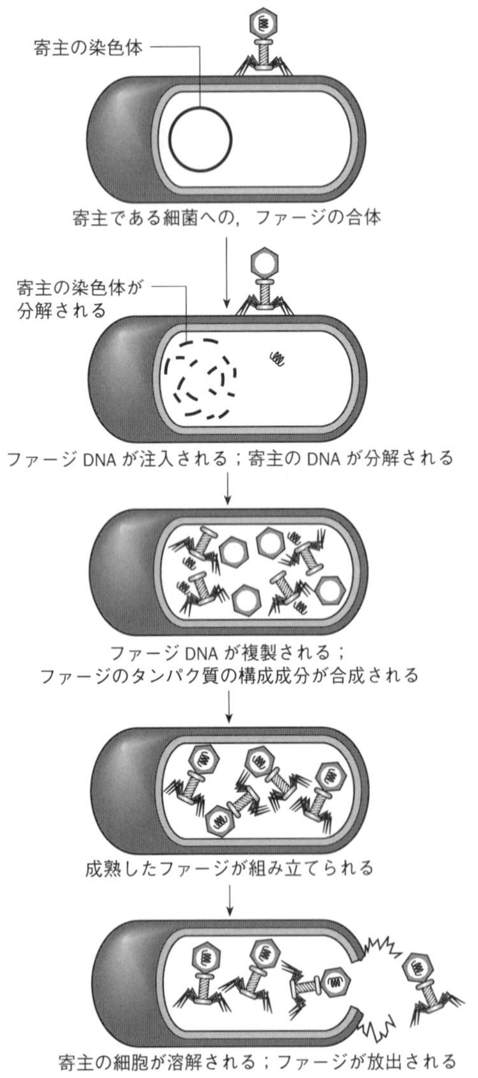

（b）遺伝的交換と組換え（次ページの図）

図（i）2つの遺伝子A，Bと，それらからつくられたタンパク質を示す説明図．

図（ii）構造遺伝子AもしくはBを例にとる．同じ構造遺伝子（たとえばA）に関する異なる突然変異体を，混合して細菌に感染させても（ある系統の細菌には）効果がないが，異なる構造遺伝子（たとえばAとB）の突然変異体なら，混合して感染させると効果をもつ．

図（iii）突然変異のウイルス粒子は，k系統（k株）の寄主の中では成長できる．

図（iv）非補足タイプのものを混合して感染させることにより，遺伝的交叉をk株中で起こすことができ，こうしてできた新しいウイルス粒子は，B株に感染できるようになる，つまり有性生殖が起こったのである．

2. 細　菌（p. 354の左図）

図（i）細菌の異なった系統は接合できる．接合過程の間に，接着の柄（性線毛pilus）が形成され，供与体（雄様の細胞）のDNA分子（細菌の染色体）が，受容体へと渡される．

図（ii），（iii）交換されるDNAの長さは時間によって変わり，強く振ると，交換を途中で止められる．

図（iv）染色体物質の，複製された部分同士の間で，遺伝的交換が起こりうる．このようにして，両親の遺伝的特徴が結合された細菌をつくることができる．

3. 高等生物における有性生殖（p. 354の右図）

二倍性の細胞は遺伝子の組を2セットもっており，各セットが一方の親からの遺伝情報をコードしている．二倍性の細胞は「減数分裂」とよばれる特別な細胞分裂により，半数性の生殖細胞をつくり出す．半数性の生殖細胞中に含まれる遺伝情報は，親のものとまったく同じになることもあれば，交叉により違ってくることもある．

異なる二親由来の半数性の生殖細胞（ときどきは片親だけのこともある）が融合し（これが「受精」とよばれる過程），二倍性の接合子を形成する．接合子の遺伝的構成は，配偶子（半数性）をつくった親の細胞（二倍性）と同じではなく，両親のゲノムからの遺伝的特性（これはおのおのの染色体の組の中にある）を

Box 14.1　（つづき）

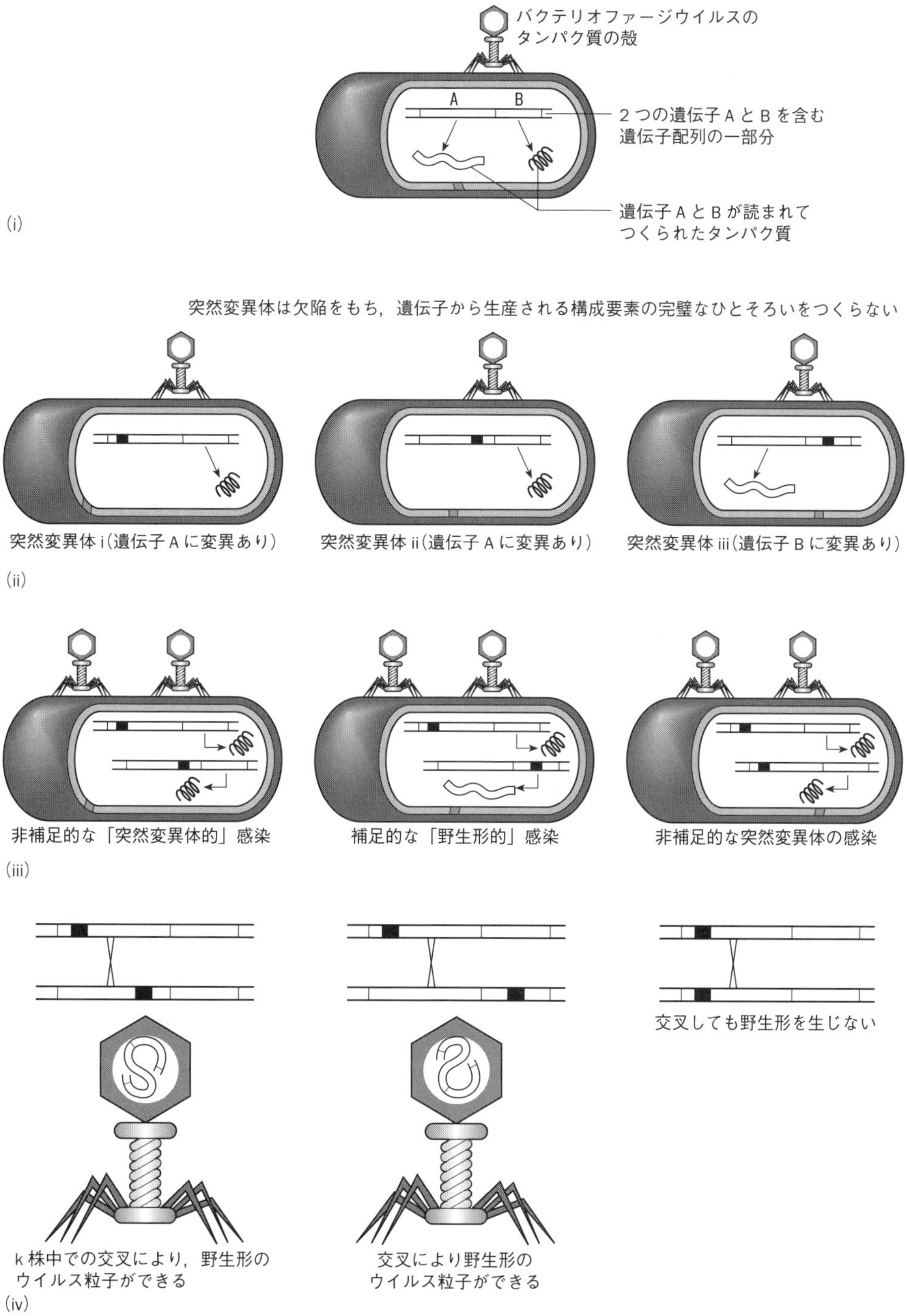

結合させたものとなる．父と母からできる独特の組合せの数は 2^n（n は半数性の染色体数）だから，遺伝的に可能な組合せは無数といっていい（本文参照）．

Box 14.1 （つづき）

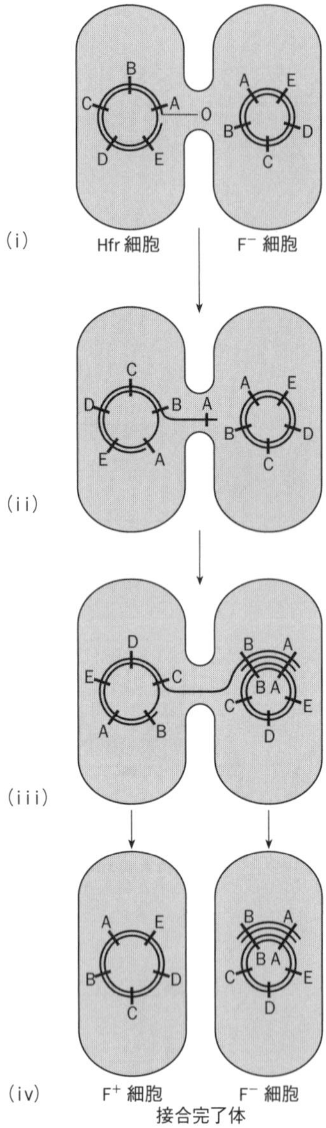
(i)
Hfr 細胞
F⁻ 細胞
(ii)
(iii)
(iv)
F⁺ 細胞
F⁻ 細胞
接合完了体

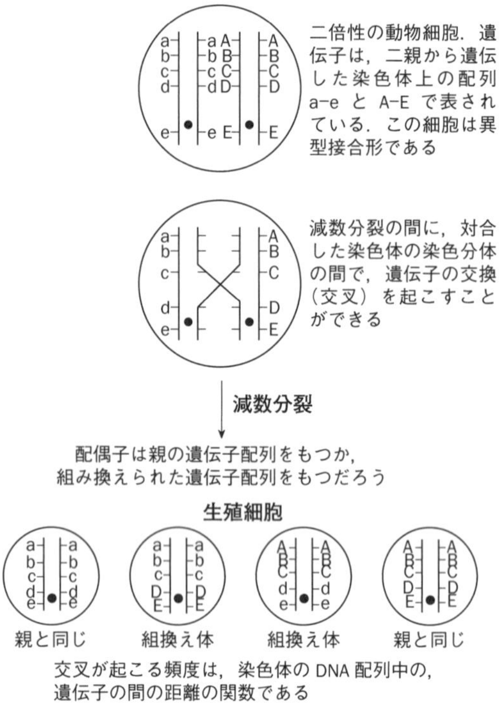
二倍性の動物細胞．遺伝子は，二親から遺伝した染色体上の配列 a–e と A–E で表されている．この細胞は異型接合形である
減数分裂の間に，対合した染色体の染色分体の間で，遺伝子の交換（交叉）を起こすことができる
減数分裂
配偶子は親の遺伝子配列をもつか，
組み換えられた遺伝子配列をもつだろう
生殖細胞
親と同じ
組換え体
組換え体
親と同じ
交叉が起こる頻度は，染色体の DNA 配列中の，
遺伝子の間の距離の関数である

[訳注：Hfr 細胞は F 因子をもっている高頻度に組み換えを起こす high frequency recombination 細胞．F 因子をもたない細胞（F^- 細胞）は，遺伝子の受け取り側にしかならない．]

るが，これは普遍的なやり方というわけではなく，生殖細胞が，体細胞が脱分化したものに由来することもときどきみられる．

早い時期に生殖細胞の系譜を分離させることは重要である．そうすることにより，完全な生活環を生き抜いた遺伝的配列のみが，新しい配偶子の新しい遺伝的組合せの中に確実に含まれるようになるからである．この新しい遺伝的構成は，生殖系列の中に取り分けられ，それをもって発生していく生物が生き残って生殖しない限りは，将来の世代に寄与しない．いいかえれば，「生殖細胞として取り分けておいた遺伝子の組合せのうちどれがよいかを，成体は試験する」のである．あらかじめ取り分けておくため，体細胞の突然変異は閉め出される．それゆえ有

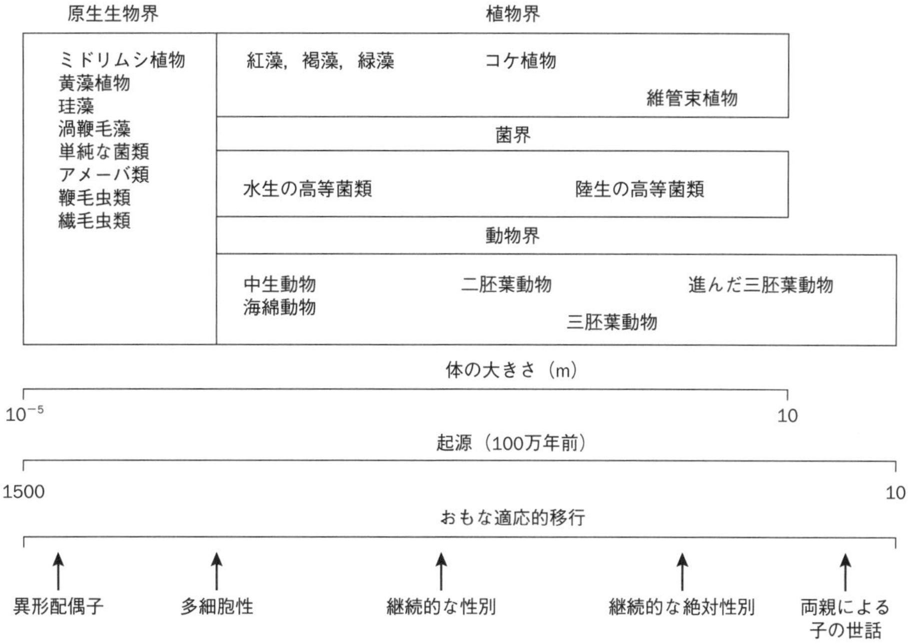

図 14.1　継続的な性別 continuous sexuality が進化してきた歴史における重要な段階――こうだっただろうという可能性のある概要（Stearns, 1987 中の Lewis, 1987）

性生殖は，周期的に，細胞 1 個の未分化の形に戻ることを含む生活環が必要となるのである．

無性生殖にはこの制約がなく，多細胞の伝達小体 propagule をもつことも可能である．それにもかかわらず減数分裂が起こらないときでさえ，1 個の細胞に周期的に戻る無性生殖が，ときどきみられ，これは「単為生殖」parthenogenesis とよばれる．

多細胞生物は異なる生活史をもつことが可能であり，たとえば多くの植物は半数体個体の世代と二倍体個体の世代とを交代する（Box 14.2）（これら 2 種類の個体は，形態学的に異なる場合も同一の場合もある）．このタイプの世代交代は，動物では決して起こらない．ただし二倍体の間でなら，動物においても，驚くような交代がみられることがある（交代する 2 つは，有性的と無性的に生殖する，14.2.1 項を参照）．

有性/無性の形の交代は，刺胞動物のいくつかのクレードでふつうにみられるが（第 3 章，図 3.15, 3.19，3.21 を参照），寄生性のヒラムシにおいてもふつうのことである（第 3 章，Box 3.3）．そして，多くの環形動物では付随個体の生産がみられるが，これは有性生殖の前身かもしれない（図 4.57）．このような二倍体個体の生活環内で無性生殖と有性生殖が交代することの意味は，14.2 節でさらに議論する．

動物ではつねに異形配偶子がつくられ，また半数体世代と二倍体世代の交代は行われないという点ではすべて共通であるが，性別の状態と生活環の組織化の度合いには，極端なまでにさまざまなものがある．無脊椎動物は非常にたくさんの「生活環の特性 traits」において互いに異なっており，そしてこれは（いくぶん擬人的だが），「生殖戦略」reproductive strategy として記述されている．特性として選べる選択肢のいくつかを表 14.1 にあげておいたが，これらの特性の多くは，一緒に組となって変わりうるため，すべての可能な組合せがみられるというわけではない．

14.2　有性生殖と無性生殖の意味

14.2.1　無脊椎動物の生活環における無性生殖

動物では有性生殖はほぼ普遍的だが，多くの生物では，有性生殖に加えて，無性的にも生殖する．すなわち，遺伝物質を組み換えることなしに子をつく

Box 14.2　生活環と有性生殖

1. (大部分の) 原生生物における有性生殖――ゾウリムシの例 (下図). 生活環は接合を含み, 接合中に遺伝子の交換が起こる. 接合過程中に起こる主要な出来事が図示されている. ゾウリムシが大核と小核をもつことに注目せよ. 大核は, 2つの小核の融合とDNAの複製によって形成されるが, 大核は接合過程には関与しない (Klug and Cummings, 1997).

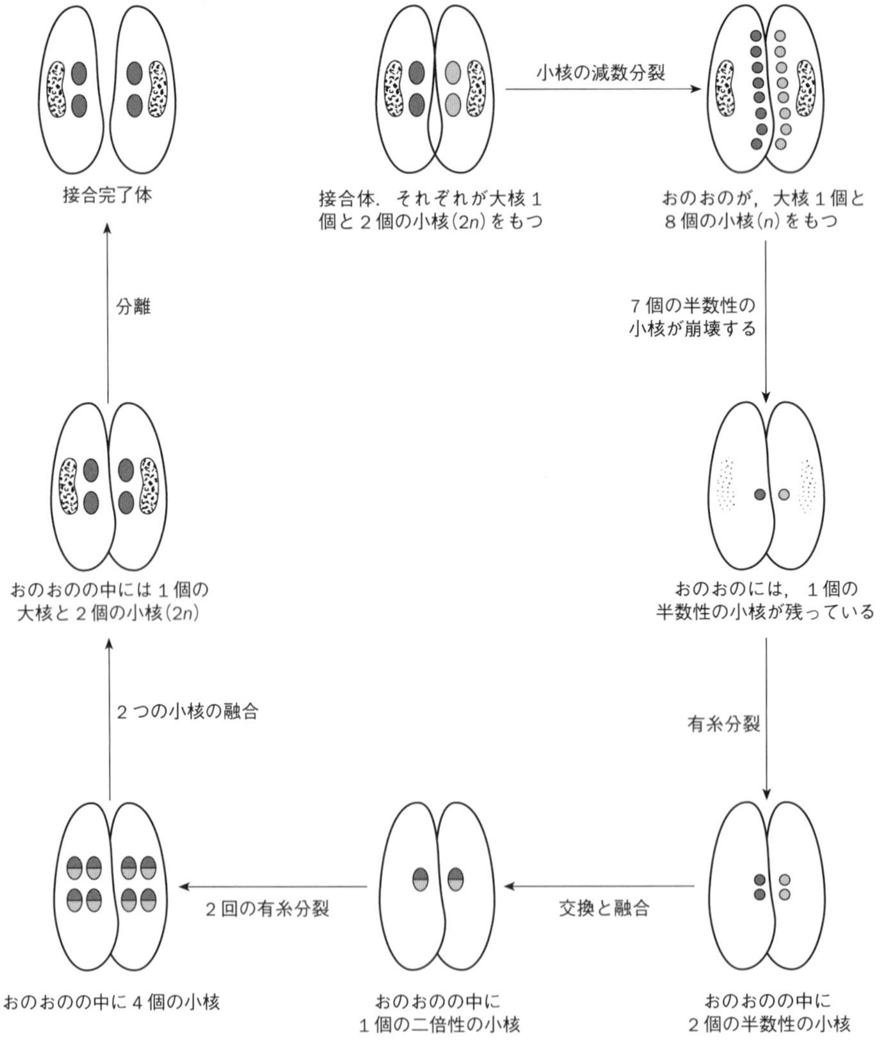

Box 14.2 (続き)

2. すべての多細胞動物の生活環（藻類に属する原生生物のいくつかも同様の生活環を示す）．多細胞の成体は，二倍性の細胞でできている（体をつくっている細胞の数は，わずかのものも多数のものもあり，それらの細胞はしばしば異なる種類のものである）．多細胞性の体は，半数性の配偶子をつくる．配偶子の融合により二倍性の接合子がつくられる．そして一連の有糸分裂により，新しい二倍性の成体が発生する．

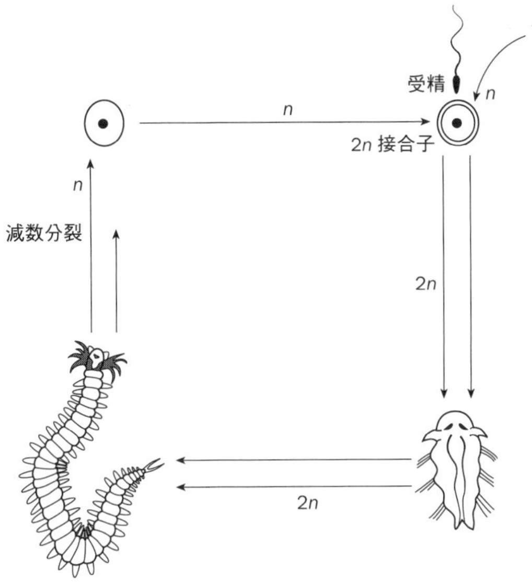

3. 多くの藻類と高等植物の生活環においては，半数性（単相）で多細胞の時期と，二倍性（複相）で多細胞の時期とが交代する．半数性の時期は「配偶体」gametophyte とよばれ，それが有糸分裂により，精子の細胞と卵細胞の，両方か片方を生産する．

配偶子の融合が 1 個の接合子をつくる．

有糸分裂により，接合子は，「胞子体」sporophyte とよばれる多細胞の体へと発生する．

減数分裂により半数性の胞子がつくられる．

融合することなしに，胞子は有糸分裂を通して半数性の配偶体をつくる．

図はシダにおけるこの過程を表したものである．

高等植物において，配偶体はしばしば，非常に少数の細胞しか含まないまでに小さくなっている．動物ではこのような単相世代と複相世代の交代は，決してみられない（動物でも，有性生殖する個体と無性生殖する個体が交代する現象がみられることがあるが，（図 14.5 参照），これは植物のものと等価ではない）．

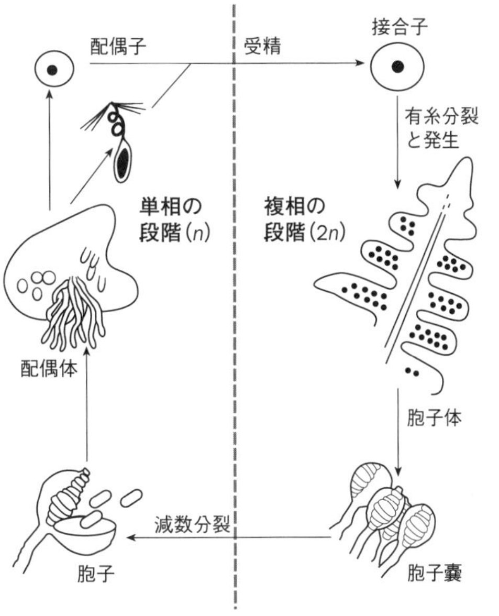

る．こうしてできた子の遺伝子構成は，親個体とほとんど同一だろう．無性生殖は，すでに存在している体を，2 つかそれ以上の，多細胞の部分に小分けする（「出芽」と「分裂」）か，二倍体の卵をつくる（単為生殖）か，のどちらかの形をとる．この 2 つの基本的機構を図 14.2 に示した．どちらも無脊椎動物において広くみられる．

とりわけ分裂は，体の軟らかい門（海綿動物，刺胞動物，扁形動物，紐形動物，環形動物，そしていくつかの棘皮動物）において一般的である．外に殻

表 14.1　海産無脊椎動物の生殖特性

特性			
発生	漂泳性 pelagic	プランクトン食 卵黄食（lechithotrophic） 混合	非漂泳性
卵サイズ	小 約 50 μm ←	→	大 ＞1000 μm
産卵数	多 10^6 ←	→	少 1
産卵回数	少 年に 1 回 ←	→	多 年に多数回 ほとんど連続的に生む
生涯産卵回数	1 回		多数回
寿命（世代交代の時間）	多年生 何年も ←	1 年生 →	1 年以下 数日または数週間
体の大きさ	大 体長＞1000 mm ←	→	小 ＜1 mm
精子	単純		高度
受精	体外で受けとった精子を溜めない		体内，もしくは精子を渡すか溜める
繁殖努力*	大 （一生のうちの）後期になされる		小 前期になされる

*繁殖努力は，1 度だけ生む動物においてはつぎのように定義できる．

$$\frac{E_g}{E_s+E_g}$$

数回生むものでは，次式のほうが好まれる．

$$\frac{\Delta E_g}{\Delta E_s+\Delta E_g}$$

ここで，ΔE_s と ΔE_g は単位時間あたりの瞬間の努力である．E_g は生殖組織に配分されるエネルギー，E_s は体組織に配分されるエネルギーである．

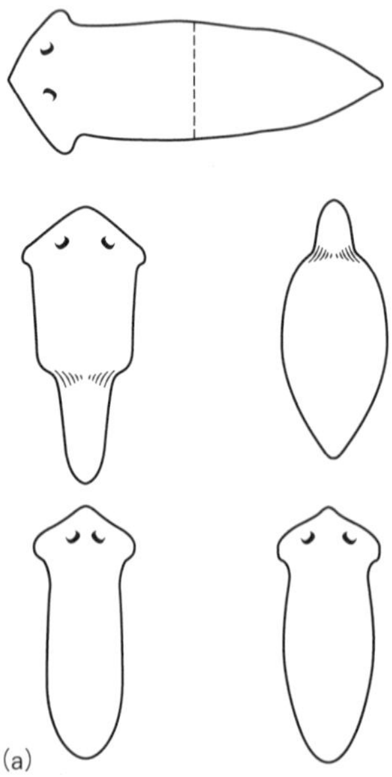

(a)

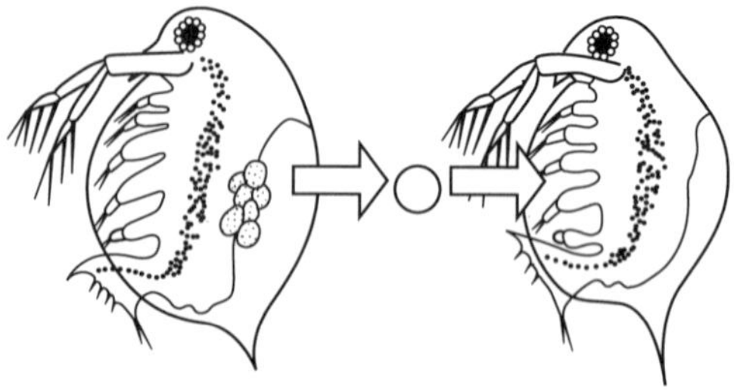

(b)

図 14.2　無性生殖（アミクシス）の 2 タイプを示した模式図．(a) 分裂．多細胞の体が，1 つか多数の多細胞の伝達小体に分裂し，そのおのおのが，元の体制を再構築可能である．図に示したのは，ナミウズムシ（プラナリア）にみられる単純な分裂．この場合は体が前部と後部に分かれ，そのおのおのが失った部分を再生して全体制を再度創建できる（図 14.3 も参照）．(b) 単為生殖．減数分裂過程が抑制され，卵巣が二倍体の「卵」を生産し，それが新しい個体へと発生する．つまりこの「卵」は，その前核が雄の配偶子の核と融合することなしに発生するのである．図には，枝角目（ミジンコ）の甲殻動物を示してある．この動物は，単為生殖により何世代にもわたり繁殖するが，不利な状況がはじまると有性生殖に戻るだろう（図 14.5 (b) も参照）．継続的単為生殖を示すものはまれである．

をもったものでは，そうしばしばはみられず，軟体動物門と節足動物中の門では知られていない．分裂は，単純に横断して2つの断片に分かれ，各断片が失った部分を再生するということもあるし，複数の断片をつくって，それぞれが別々に1個の完全な動物を再建できることもある（図14.3）．分裂はふつう，無性の個体と有性の個体をもった複雑な生活環の中でみられており，有性生殖の能力と結びついている（図14.5(a) 参照）．

分裂のことを考慮に入れると，われわれがふつうもっている「個体」という概念では，個体を考えることが難しくなる．分裂がもたらすこの困難は，分裂が不完全で群体をつくり出す無脊椎動物によって，さらに強調される．群体性生物は，多数の構造的ユニットからできており，このユニットは，群体性ではない親戚の「個体」と同一視されうるものである．群体中のすべてのユニットが，みな同じようなものでできている場合もある．他の場合にはユニット間に専門化がみられ，異なるユニットがそれぞれの役割をもっている．ユニットではなく群体が，はっきりと「個体」として機能しているから，おそらく，群体を，自然選択がはたらく単位として定義するのがいちばんよいだろう．これはたとえば，複雑な管水母目のクラゲの場合に成り立つと思われる（図3.18と3.4.2.c.(i) を参照）．群体性の構造は，とりわけ刺胞動物・苔虫動物・尾索動物において頻繁にみられる．複合した（つまり群体性の）無脊椎動物のいくつかを図14.4に描いてある．これらの動物群体は，個体からできているというよりは，一連の組立てユニット（モジュール module）からできていると解釈したほうが，より現実にあっている．

単為生殖もまた，無脊椎動物では広くみられる．本書では「単為生殖」を，卵を介する無性生殖としてとらえているが，学者によっては分裂も「単為生殖」という言葉に含めて使っている．表14.2に，多様な無脊椎動物のグループの間でみられる，異なった形の有性生殖を記述するいくつかの言葉を要約しておいた．単為生殖においては，卵が倍数体になるように減数分裂は抑制され，卵は雄の生殖細胞と

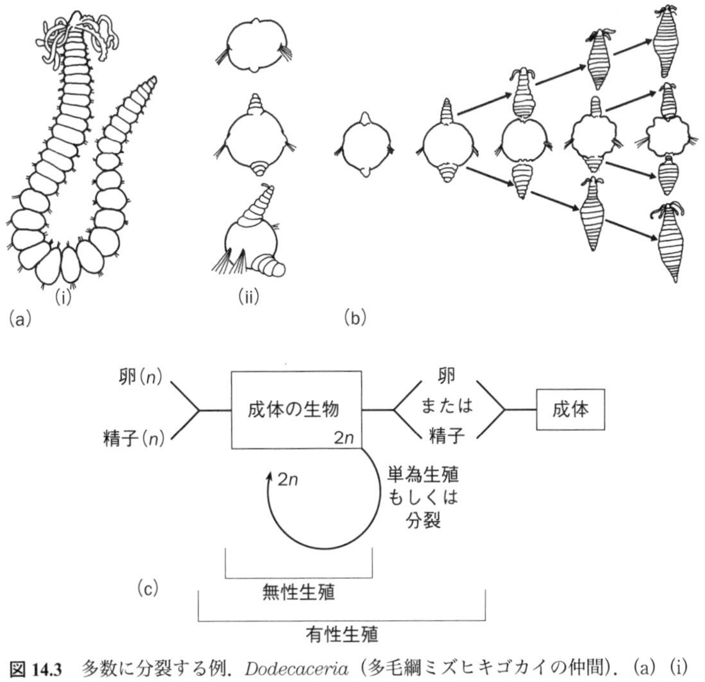

図14.3　多数に分裂する例．*Dodecaceria*（多毛綱ミズヒキゴカイの仲間）．(a) (i) 個々の体節へと砕片分離 fragmentation する前の成体，(ii) ばらばらになった各体節が，新規に体節を増やすことにより，新しい頭と尾を再構築していく再生の諸段階．(b) 1個の体節から，最初の個体の生産と，つぎに2番目の個体の生産．ついには，その元の1個の体節は分裂をやめて，個体の一部となる．(c) 無性生殖と有性生殖とが組み込まれた生活環の模式的説明．無性生殖は有性生殖へと移行し，有性的に生殖し終えた体節は死ぬ（Dehorne, 1933 および Gibson & Clark, 1976）．

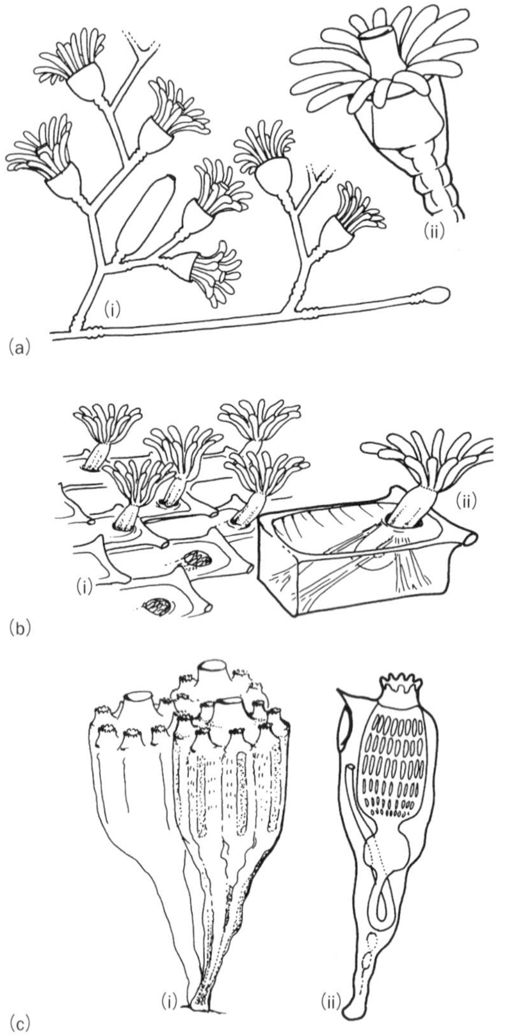

図 14.4 群体性，つまり「モジュール型の」modular 無脊椎動物の例．(a) ヒドロ虫綱オベリア *Obelia*：(i) 枝分かれした群体，(ii) 1個のポリプ．(b) 苔虫動物 *Membranipara*：(i) 個虫のつくる敷物状の群体の一部分，(ii) 1個の個虫．(c) 尾索動物亜門 *Sydnium*：(i) 3群体を描いてある．入水管は個々の個虫がもっているが，出水管は個虫同士が共有している，(ii) 1個の個虫．

融合しない．単為生殖に関連した現象で，「雄性産生単為生殖」arrhenotoky という言葉が使われるが，これは，受精しない半数体の卵が発生して雄になり，受精した二倍体の卵が雌になるものである．

絶対単為生殖（有性生殖が決して起こらない単為生殖）はきわめてまれであるが，ヒルガタワムシ綱（この綱では雄は決して観察されていない，4.9.3. a. 参照）や2，3の他の分類群でみつかっている．ヒルガタワムシ中の種（363種）のような，いくつかの種からなる無性的なクレードが昔からずっと続いてきたとすると，それは多くの有性生殖の理論にとって，説明するのがとても難しい問題を突きつけることになる（14.2.4項）．

単為生殖としてより頻繁にみられるものは，有性生殖を間にはさんで単為生殖が周期的に起こるものである．無性的に生殖する個体の1～数世代後には，有性個体の世代が来て，それはふつう，抵抗性のある耐久卵 resting egg をつくる（図14.5(a)）．

絶対単為生殖を示すと考えられている1000種ほどの動物が存在する．これらは有性生殖のほうが典型的であるタクソン中にまれにみられるが，そういうまれな例が，広くさまざまなタクソンに散らばっているのである．これらの大部分は，最近になって，有性生殖する形のものから生まれてきたと考えられている．それに対して周期的な単為生殖を示すもののほうは，より狭い範囲（たった7つの分類群のみ）に限定されている（表14.3）．しかしこの生

表 14.2 無性生殖と有性生殖を議論するための用語（Judson & Normack, 1996）

無性生殖（アミクシス *amixis*）

「無性生殖」asexual reproduction という言葉は，新しい個体が，遺伝物質を交換することなく，片親だけから生まれてくる過程を記述するのに，ときどき使われる．遺伝子組換えが起こらないため，「アミクシス」amixis（a＝無，mixis＝混合）という言葉も使用されることがある．無性生殖には，2つの形のものがある．

アポミクシス *apomixis*：有糸分裂でできた単独の細胞による生殖．

植物的繁殖 *vegetative reproduction*，もしくは分裂 *fission*：（有糸分裂でできた）細胞や組織の塊が分離して分化することによる繁殖．

有性生殖

（1個体以上の親から由来する）遺伝物質の間の組換えが可能な繁殖過程．動物においては，有性生殖はいつも，減数分裂と半数性の卵の形成を伴う．

受精を伴う有性生殖：減数分裂によりできた半数性の卵と精子が融合して，二倍性の接合子 zygote を生じる繁殖過程．

オートミクシス（自混）*automixis*：1個体の親から減数分裂によりできた1個の細胞による繁殖．二倍性の状態を回復するのに，受精以外のなんらかの機構をそなえている．

単為生殖 *parthenogenesis*

未受精「卵」からの新しい個体（雄または雌）の発生（アポミクシスまたはオートミクシス）．単為生殖は，複合した生活環においては，卵を経由する有性生殖と交互に起こることもある．

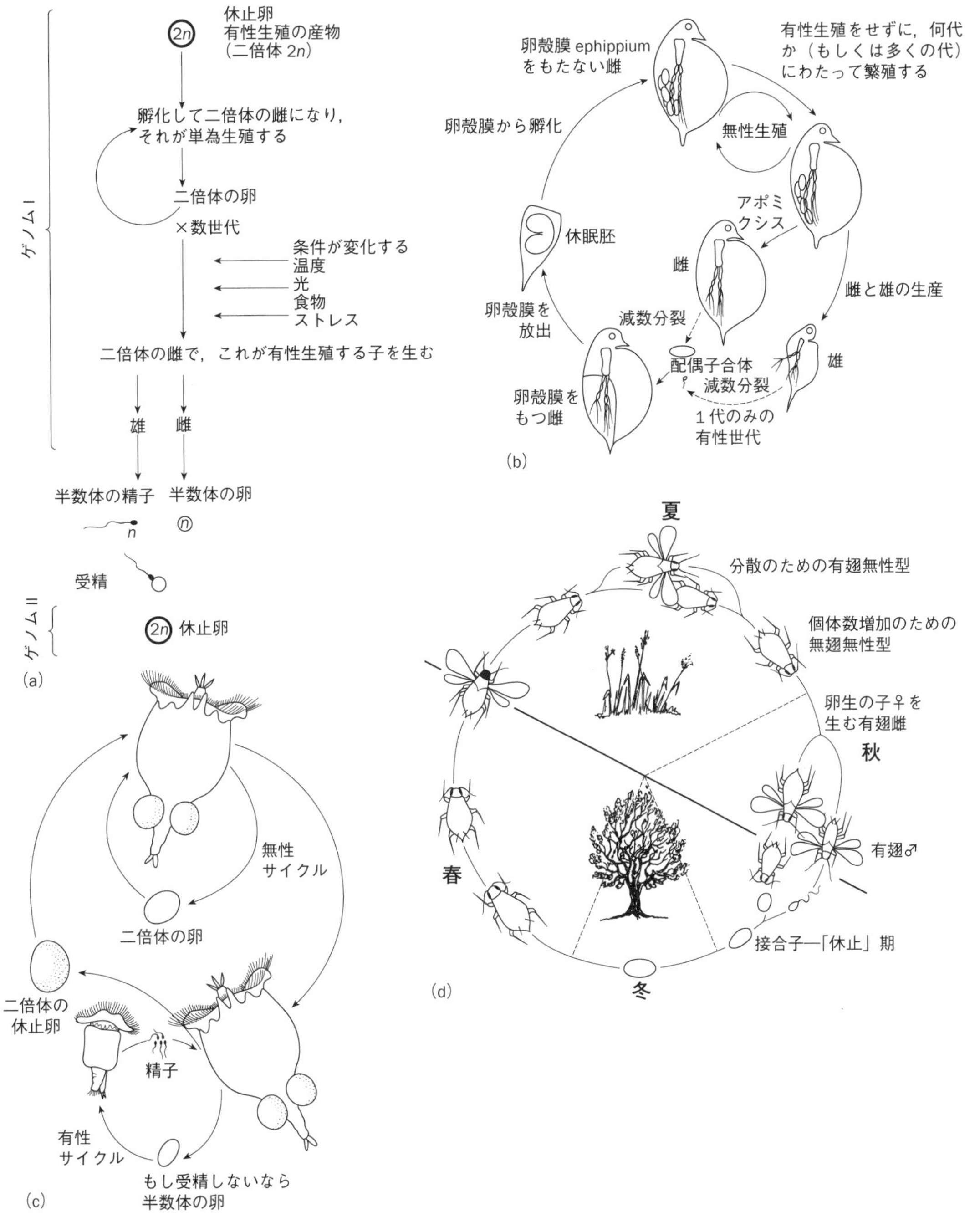

図 14.5　単為生殖と有性生殖とが，無脊椎動物の生活環において交互に起こる場合．(a) 一般化された生活環の構成要素，(b) 淡水産枝角目ミジンコ *Daphnia* の生活環，(c) 輪形動物ツボワムシ *Brachionus* の生活環；無性相の後に有性相がつづき，この有性相において，受精せずに生じた雌は小さな卵を生む（これは雄になる）が，一方，受精によって生じた雌は大きな卵を生み，この卵が越冬する，(d) ムギクビレアブラムシの生活環．すべての雌は，単為生殖で胎生である（秋の卵生の雌を除く）．とくに有翅と無翅の形をつくる点で顕著な多型がみられる．((b) は Bell, 1982, (d) は Dixon, 1973).

殖法は，行われている場合には驚くほど成功しており，少なくとも 15000 種がこの特徴を示す．単生殖巣綱のワムシ・多くの淡水の小さな甲殻動物・アリマキ，これらはみな特徴的なこのタイプの生活史を示す．生活史の中で，耐久卵から倍数体の個体が生まれ，その個体が，遺伝的に同一の子孫からなるク

表 14.3 単為生殖を繰り返すことにより繁殖するグループにおける，性決定のシステム，単為生殖を行う段階とその長さ

タクソン	単為生殖の段階	性決定	単為生殖の長さ
輪形動物 Rotifera	成虫	半倍数性決定*	制限なし
甲殻動物枝角（ミジンコ）目 Cladocera	成虫	環境	制限なし
扁形動物二生目（ジュウケツキュウチュウやカンテツの仲間）Digenea	幼生	雌雄同体，ZW	2～5世代
アブラムシ上科(アリマキの仲間) Aphidoidea	成虫	XO	制限なし
タマバチ亜科 Cynipinae	成虫	半倍数性決定	1世代
タマバエ科 Cecidomyiidae	幼生，蛹	染色体排除	制限なし
チビナガヒラタムシ科 Micromalthidae	幼生	半倍数性決定	制限なし

*［訳注：半数体が雄に，倍数体が雌になる.］

ローンをつくり出すが，この単為生殖相において，個体群の成長率が最大になる．だからこのような生活環がなぜ生じたかを考えるとつぎのようになるだろう．他の生物学的制約によって体のサイズが制限されている生物が，一時的に，まだそれほど利用されていない食物源をみつけたときに，それを最大限利用する手段として，単為生殖相を挿入したと考えることができるのである．生活環のある段階で，(無性生殖している）個体群中に2タイプの子（有性生殖をする雌と雄）をつくる個体が現れる．この移行は生物の内因的に決定されることもあるが，混雑・食物の質・日長が短くなることなど，環境条件の変化への応答であることが多い．この有性生殖への移行に伴い，形態の変化が起こる場合があり（図14.5(b)，(c))，またアリマキでは無性相の間にも，複雑な形態学的変化が起こる．

生活史におけるこれらの異なるパターンは，個体性の2つの面を区別すると，よりよく理解できるようになる．われわれは「個体」としての生物を認識できる．そしてまた，有性生殖1回の行為ごとにつくられる独特のゲノムも認識可能である．脊椎動物のような大きな生物の間では，この2つは同意語である．なぜなら各個体が独自のゲノムをもっているのだから（一卵性双生児を除く)．ただし，技術の発達で脊椎動物の「クローニング」が可能になり，たとえば羊のドリーは多くの人々に，人類の生殖パターンを人工的に変えるという恐ろしい幻影を引き起こした．ところが無脊椎動物では，クローニングは生活環の正常な特徴といってよさそうである．動物の形がこれほどさまざまなのだから，個体性の2つの側面を記述する言葉をつくる必要が生じてくる．ラメット ramet とジェネット genet を使えば，2つの概念を区別するのに便利になる．

われわれは，単一の体の構成要素を観察することによって，直感的に個別のラメットを認識する（いちばんよくやるのが，頭がそなわっていることで個体を定義することである)．

無性生殖相をもつ多くの異なる動物種においては，(単為生殖や分裂によってつくられて）同じゲノムを共有している個体たちを，1つの個体群中で区別することもまた可能である．同じゲノムを共有している個体の集合はジェネットとよぶことができるだろう．1つの個体群中で同じゲノムを共有している個体の数は，彼らの遺伝的同一性を解析してはじめて決定することができる．なぜなら環境が異なる効果をもつことによって，彼らがまったく同じみかけ，つまり同じ表現形を示すとは限らないからである．

無性生殖の形をまったくもたない動物にとって，個体群中の個体は，おのおの違った遺伝的同一性をもっており，ラメットもジェネットも，同じものを指すことになり，違いはない．しかしながら上に記したような，より複雑な生活環においては，独自のジェネットそれぞれが無性的に複製することによ

り，多数のラメットをつくり出す場合がある．無性的複製は，生活環の初期に起こることもある（多胚形成 polyembryony）．また，生活環のより後で起こることもあり，後者の場合には，幼生や成体での無性的複製（分裂）や減数分裂の抑制（アポミクシスによる単為生殖）により無性的複製が起こる．これらを図 14.6 に模式的に示しておいた．クローンでもあり群体でもある動物がいくつか存在するが，そのような群体は，群体自身も分割することがあるから，1つのジェネットが，物理的にどこまで広がっているのかは，明白というわけにはいかない．

（有性生殖と交互に起こる）無性生殖を，簡単にいうとつぎのようになる．無性生殖は，ジェネットを成長させる手段であるが（その結果，体細胞分裂で複製されたコピーを，よりたくさん得ることができる），ジェネットを成長させると同時に，機能単位としては小さいままでいても大丈夫なようにする（アリマキのように）か，同じジェネットが同時に異なる場所にいることを可能にする（刺胞動物のクラゲでみられるように）手段なのである．内部寄生虫の無脊椎動物では，無性生殖相が，同じ遺伝子型をもつ多数のラメットを生み出すことがふつうにみられる．これは，ジェネットの生活環において，宿主に侵入する段階のものが，宿主に接触する見込みを増やすための適応だろう（Box 3.3 参照）．

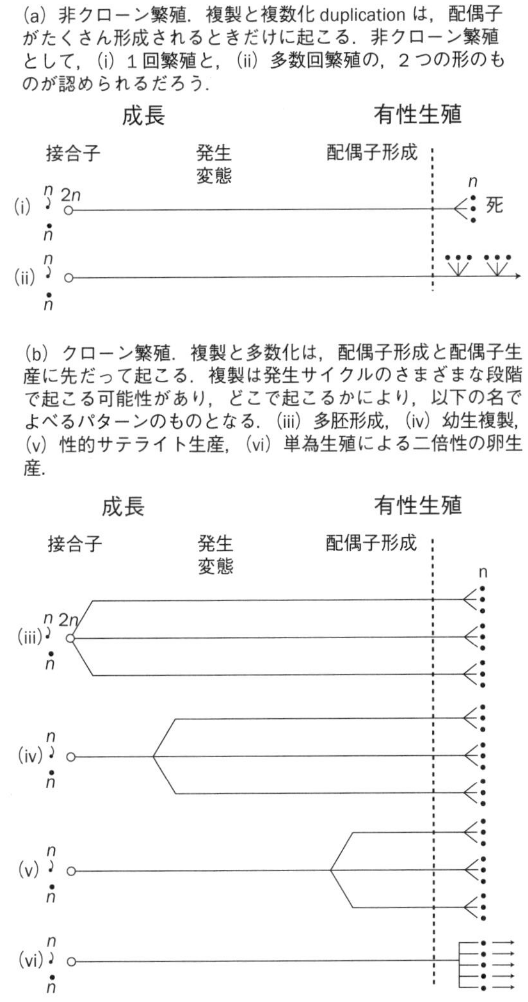
(a) 非クローン繁殖．複製と複数化 duplication は，配偶子がたくさん形成されるときだけに起こる．非クローン繁殖として，(i) 1回繁殖と，(ii) 多数回繁殖の，2つの形のものが認められるだろう．
成長
有性生殖
接合子
発生
変態
配偶子形成
n
2n
死
(i)
(ii)
(b) クローン繁殖．複製と多数化は，配偶子形成と配偶子生産に先だって起こる．複製は発生サイクルのさまざまな段階で起こる可能性があり，どこで起こるかにより，以下の名でよべるパターンのものとなる．(iii) 多胚形成，(iv) 幼生複製，(v) 性的サテライト生産，(vi) 単為生殖による二倍性の卵生産．
成長
有性生殖
接合子
発生
変態
配偶子形成
n
2n
(iii)
(iv)
(v)
(vi)

図 14.6　体の形の成長・複製 replication・多数化 multiplication の，異なるパターンについての模式図．非クローン繁殖の場合(a)には「ラメットの数＝ジェネットの数」である．クローン繁殖の場合(b)には，ラメットの数は，ジェネットの数よりずっと多い．無脊椎動物では，図示した雌雄性のパターンすべてがみられるだろう（J.S.Pearse, V. B. Pearse and A. T. Newberry：*Bull.Marine Sci.*, **45**, 433-446, 1989）．

14.2.2　雌雄性 sexuality のパターン

全無脊椎動物の 99% を超すものが，一生のうちのある段階で有性生殖を示し，そしてほとんどのものにとっては，有性生殖こそが生殖を行う唯一の手段である．この節では，有性生殖のさまざまな方法を述べる．動物の有性生殖ではいつも，比較的大きくて動けない配偶子（卵 ovum）と，より小さくて動ける雄の配偶子（精子 spermatozoon）との融合が起こる．これは「異形配偶」anisogamy とよばれる．雄と雌の配偶子がみられる場合はいつでも，雄と雌の機能を認識することが可能であるが，これらはかならずしも同一個体群中の別々の個体に割りあてる必要はない．性が分かれていて，個体は雄であるか雌かしかない場合は，「雌雄異体現象」gonochorism（もしくは dioecy，形容詞が gonochoristic や dioecious）と記載される．しかし，同じ個体が雄としても雌としても機能できる例が多くの動物種で知られている．この状況は「雌雄同体現象」hermaphroditism（もしくは monoecy，形容詞が hermaphroditic，monoecious）と記載される．個体に雄と雌の配偶子が同時に存在する場合は「常時雌雄同体」simultaneous hermaphorodite とよばれる．ほかに，生活環の間に機能的な性の逆転がある場合があり，これは「隣接的雌雄同体」sequential hermaphrodite といわれる．無脊椎動物の主要なグループにこれらがどう分布しているかを，表 14.4 に掲げてある．隣接的雌雄同体の場合，性転換は，その種に特異的な体のサイズや年齢において起こり，純粋な雄や雌という個体はないかもしれないし，そうではなく，性転換はそれほど厳密には決まっておらず，さまざまな年齢やサイズで起こるかもしれない．後者の場合は，ある個体は（性転換を示さずに）純粋に雄か雌という場合もありうる．これら2つの状況は図14.7(a) と (b) に図示されている．

14.2.3 性決定の機構

無脊椎動物の性決定機構は，3つの基本タイプのどれかに入る．

表14.4 無脊椎動物における雌雄性の状態

門	綱	説明
海綿動物 Porifera		すべてのカイメンは有性生殖する能力をもつが，多くのものは，芽球 gemmule とよばれる無性的な断片をつくることもできる
中生動物 Mesozoa		自家受精する機能的な雌雄同体であり，有性世代と無性世代を交互に繰り返す
刺胞動物 Cnidaria		雌雄異体だが頻繁に分裂による無性生殖を行う．複雑な生活環をもつものがときどきがみられ，これらでは，漂泳性のクラゲ相が配偶子をつくり，底生のヒドロポリプ相が無性生殖する
有櫛動物 Ctenophora		常時雌雄同体．たぶん自家受精しない
扁形動物 Platyhelminthes	渦虫 Turbellaria 単生 Monogenea	常時雌雄同体．たぶん自家受精する 分裂による無性生殖がしばしばみられる 有性生殖が知られていないものが，ときどきある
	吸虫 Trematoda	常時雌雄同体で，同時に感染した場合はおそらく他家受精がふつう．たまには自家受精 幼生の段階で，多数に分裂する無性生殖をしばしば示す
	条虫 Cestoda	常時雌雄同体で，ふつうは自家受精．雌雄異体の属が1つある
顎口動物 Gnathostomula		常時雌雄同体
紐形動物 Nemertea		実質上すべてが雌雄異体．淡水中では，たまに雌雄同体．周期的に単為生殖するものがある
腹毛動物 Gastrotricha		常時雌雄同体だが，単為生殖がふつう
軟体動物 Mollusca	ケハダウミヒモ Chaetodermomorpha 単板 Monoplacophora 多板 Polyplacophora 掘足 Scaphopoda	すべて雌雄異体
	腹足 Gastropoda	雌雄性の状態は，きわめてかわりうる 前鰓類—ほとんどが雌雄異体だが，しばしば（雄が先の）隣接的雌雄同体 後鰓類—ほとんどが常時雌雄同体 有肺類—すべてが常時雌雄同体で他家受精
	カセミミズ Neomeniomorpha	雌雄同体
	二枚貝 Bivalvia	雌雄異体
	頭足 Cephalopoda	雌雄異体
輪形動物 Rotifera	ヒルガタワムシ Bdelloidea	絶対単為生殖．雄は知られていない．古い無性生殖のクレード
	単生殖巣 Monogonata	周期的単為生殖．有性相では矮性雄をもつ雌雄異体
	ウミヒルガタワムシ Seisonidea	雌雄異体

（次ページに続く）

門	綱	説　明
動吻動物 Kinorhyncha		雌雄異体
鉤頭動物 Acanthocephala		雌雄異体
胴甲動物 Loricifera		雌雄異体
類線形動物 Nematomorpha		雌雄異体
線形動物 Nematoda		雌雄異体
鰓曳動物 Priapula		雌雄異体
星口動物 Sipuncula		雌雄異体
ユムシ動物 Echiura		雌雄異体．ときどき矮性雄をもつ
環形動物 Annelida	多毛 Polychaeta	雌雄異体がふつう．ときどき雄性先熟の隣接的雌雄同体．たまに常時雌雄同体．いくつかの種では分裂による無性生殖
	環帯 Clitellata	常時雌雄同体で他家受精がふつう．ときどき機能をもたない雄を伴う単為生殖
有鬚動物 Pogonophora		雌雄異体
箒虫動物 Phorona 苔虫動物 Bryozoa		常時雌雄同体．たまに雌雄異体性の種がみられる
腕足動物 Brachiopoda		雌雄異体がほとんど．たまに雌雄同体
内肛動物 Entoprocta		同時もしくは隣接的雌雄同体
半索動物 Hemichordata		雌雄異体
棘皮動物 Echinodermata	ウニ Echinoidea ナマコ Holothuroidea ウミユリ Crinoidea	雌雄異体
	ヒトデ Asteroidea クモヒトデ Ophiuroidea	ほとんどが雌雄異体で，たまに常時雌雄同体．あるものでは分裂による無性生殖
脊索動物 Chordata	尾索 Urochordata	常時雌雄同体
甲殻動物 Crustacea	鰓脚 Branchiopoda 貝虫 Ostracoda	雌雄異体だが，しばしば単為生殖を伴い，雄が知られていないことがときどきある
	橈脚 Copepoda	雌雄異体
	蔓脚（フジツボ類）Cirripedia	フジツボ亜目はふつう，機能的雌雄同体だが，いくつかの種は矮性雄を伴う雌雄異体．他のものは矮性雄（補雄）を伴う雌雄同体
	軟甲（エビ類）Malacostraca	ふつう雌雄異体だが，まれにではなく（雄性先熟の）隣接的雌雄同体
鋏角動物 Chelicerata		ほとんど常に雌雄異体
有爪動物 Onychophora		ほとんど常に雌雄異体
緩歩動物 Tardigrada		ほとんど常に雌雄異体
舌形動物 Pentastoma		ほとんど常に雌雄異体
単肢動物 Uniramia		ほとんど常に雌雄異体，たまに単為生殖もしくは雄性産生単為生殖．いくつかのタクサでは周期的単為生殖

(a) 母親が決める，(b) 遺伝的に決まる，(c) 環境が決める．すべての動物において，減数分裂の性質がきわめて保存されていることからすれば，性決定法がこれほど多様なことは，いささか驚くべきことである．

性決定法は同一分類群中でも変わり，これは，生活環中で性決定法に可塑性を保っておくと，なんらかの利点があることを示唆している（以下の14.2.3.c. も参照）．

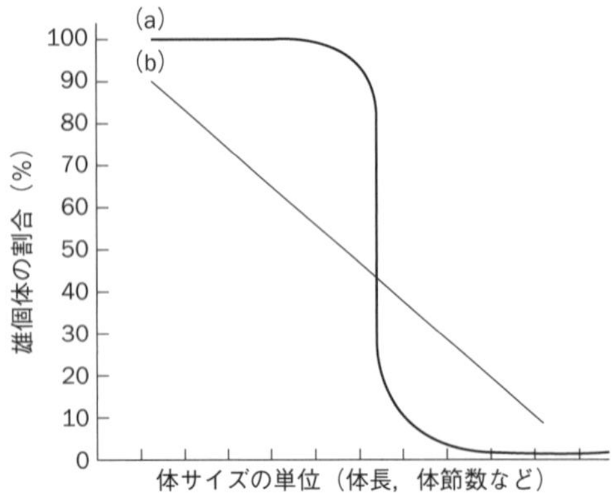

図 14.7 隣接的雌雄同体における性転換のパターン．(a) 擬似雌雄異体，(b) 平衡になっていない雌雄同体．

a. 母親による性決定

いくつかの動物では，母親が異なるタイプの卵を生むことを通して，子の性は母親により決定される．その1例を Box 14.3 (1) に示してある．このシステムでは明らかに近親交配であり，成体の個体群のすべての構成員は雌である．だが，母親が卵のタイプを決定するにもかかわらず，雄と雌の精子もまたみられる．雌特異的な精子は，雄の精子にはない1本の染色体をもっている．雄や雌を決定する精子は，適切な卵のタイプを選ぶようにみえる（どうやって選ぶのかの機構はまだ理解されていないが)．X精子は大きな（雌をつくる）卵を選んで受精し，他方，O精子は小さな（雄をつくる）卵を選ぶ (14.2.3.b. 参照)．

子の性が雌によって制御可能なよく知られた例がミツバチ（ハチ目昆虫）である．セイヨウミツバチ *Apis mellifera* の女王は，彼女の卵を受精させるかさせないかを制御できる．受精した二倍体の卵は，通常，不妊の雌のはたらきバチとして発生するが，発生の間に適当な条件にさらされれば，機能的な雌になる能力はもっている．それに対して，未受精卵は半数体の雄へと発生する（表 14.3 参照)．

b. 遺伝的性決定

いくつかの動物では，雄と雌とでは，染色体の構成員が目にみえて異なる．雌のほうは，まったく同じ性染色体（X染色体とよばれるもの）を2本もつ場合がほとんどだが，雄は似ていない性染色体，つまりX染色体1本とY染色体1本をもつ．この場合，受精させる精子がどちらの性染色体をもっているかによって配偶子の性が決定される．染色体による性決定機構は，昆虫の中の多数の形の違うものたちでみられているが，他の仲間では散見されるにすぎない．

線虫の一種 *Caenorhabditis elegans* の性が染色体によって決定されることはよく知られており，性決定様式の分子機構は *C. elegans* とキイロショウジョウバエ *D. melanogaster* で研究されてきた．機構はこの2つで，どちらかといえば異なるようにみえ，相同の分子装置を共有してはいない．Box 14.3 に示したように，雌のキイロショウジョウバエは2本のX染色体をもち，雄はXとY染色体という異なる1対をもつ．減数分裂の際，すべての卵はX染色体を受けとるが，精子のほうは，正確に半数のものがY染色体を受けとる．それゆえ，配偶子同士が無作為に融合すると，性比が1：1になる．異形接合は昆虫・クモ・線虫で記載されており，そして最近，多毛綱の蠕虫で1例みつかったが，それ以外では広くいき渡っているわけではない．このように多くの無脊椎動物では異形接合は観察されていないのであるが，それにもかかわらず，性比は決まっているかもしれない．有性生殖している生物が子をつくる際に，雄の機能と雌の機能のどちらにどれだけ投資するかは，ふつうは等しいと理論的考察から示唆されている．つまり，性比は1：1になると考えられている．半数体の配偶子をもつ二倍体の生物においては，雄として生まれた子も雌の子も，成長して生殖に成功する確率は同じになるからである．この一般的な規則が適用されないのはどんな場合なのかは，部分的にしか理解されていないが，性決定の遺伝的機構へのこのような例外は，おもに子の間の性比を調節する手段として進化してきたのかもしれない．

c. 環境による性決定

個体の性別は，いつも受精のときや受精の前に決まるわけではなく，発生している胚や幼生が経験する，環境条件による場合もときどきみられる．このような例として，最もよく知られている無脊椎動物は，ボネリムシの一種 *Bonellia viridis* というユムシ動物である．この雄は矮小で雌の上に寄生している（4.12 節参照)．自由遊泳のプランクトン幼生の性は決まっておらず，泥の上に着底すると雌となり，大きな雌の吻かそのごく近傍の体表にすみついたもののみが雄になることが，20世紀初頭に示さ

Box 14.3　性決定のシステム

1. 母親による性決定の例：微小な多毛綱 *Dinophilus gyrociliatus*（ウジムカシゴカイの仲間）．

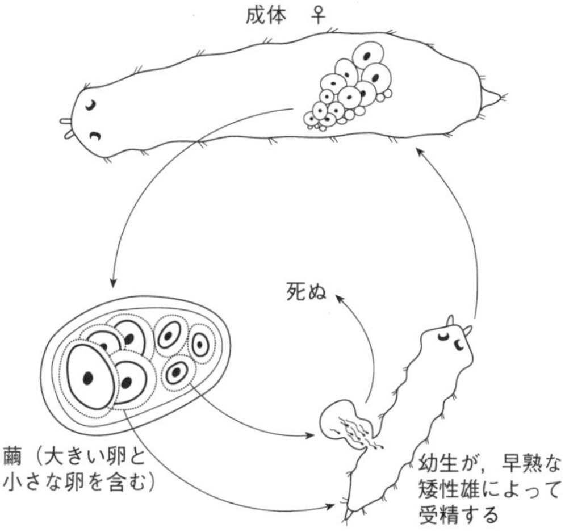

卵巣中に2タイプの卵がつくられる．

大きな卵は雌になり，小さいほうの卵は早熟な矮性雄となる．それにもかかわらず精子にも2つのタイプがみられ，遺伝的に異なるタイプの精子が，適切な形の卵を選び，XX 雌と XO 雄ができることがわかっている．性比は大卵と小卵の相対的な数により決まってくるだろうから，雌により性比が決められることになる．

雌の胚の媒精は，繭の中で起こる．

成体はすべて媒精済みの雌である．

2. 遺伝的性決定の例（ショウジョウバエ *Drosophila*）．

（a）(i) 雌は二倍性の遺伝的構成で，同じ性染色体 XX をもつ．雌のつくるすべての卵は，子をつくるうえで同じ能力をもっている．(ii) 雄は二倍性の遺伝的構成で，異なる性染色体 X と Y をもつ．雄のつくる精子は，2つの異なる性をつくる能力をもっている．Y 染色体をもつ精子は雄の父となり，X 染色体をもつ精子は雌の父となる．

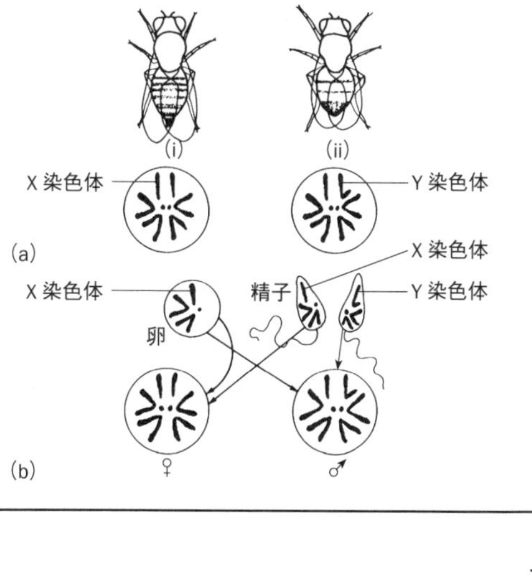

（b）2つのタイプの精子のどちらが，卵を受精させることになったかで，子の性は決定される．この性決定のシステムにおいては，性比は通常 1：1 だろう．

（c）雌では，常染色体に対する X 染色体の比が大きい（つまり X 染色体が1本ではなく2本ある）．これは性致死遺伝子（*sxl*）の翻訳産物が高いレベルになることを意味する．*sxl* の翻訳産物のレベルが高いと，さらに一連の遺伝子のスイッチがつぎつぎと入っていくことにより，雌形の二重性遺伝子の産物 dsx^{f} が生産されることになる．デフォルトの経路は，常染色体に対する X の比が低いときに起こり，雄形の二重性遺伝子の産物 dsx^{m} が生産される．

3. 環境による性決定

（a）個体の性が受精後に決定される生物もいる．ユムシ動物ボネリムシの一種 *Bonellia viridis* の例を示す．繊毛の生えたプランクトン性の幼生は，雌か矮性雄か（大きな成体はすべて雌）の，どちらにも発生する可能性をもっている．ボネリムシがすんでいない海底に定着した幼生は，雌として発生しやすい．雌の吻のそばに定着した幼生は，雌の分泌物により，矮性雄へと発生するよう誘導される．性決定に遺伝的要素もいくぶんあることが注意深い実験によってわかっているが，通常これは環境要因によって無効にされている．

（b）*Caenorhabditis elegans*（よく研究された線虫）は，染色体による性決定機構をもつが，他の多くの線形動物は，環境による性決定を示す．たとえば，どれだけ混み合ってすんでいるかが個体の性を決定することがみつかっている．

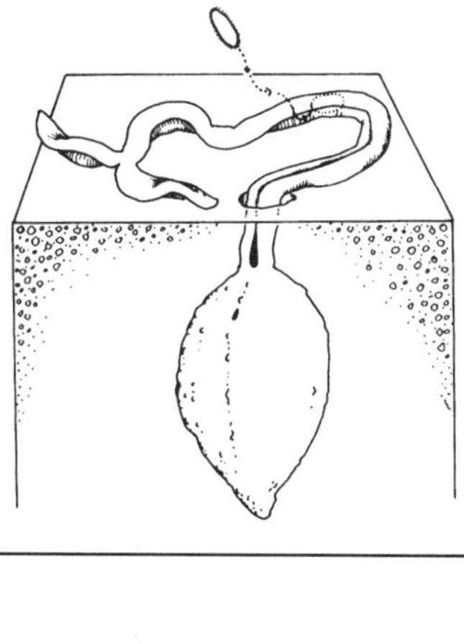

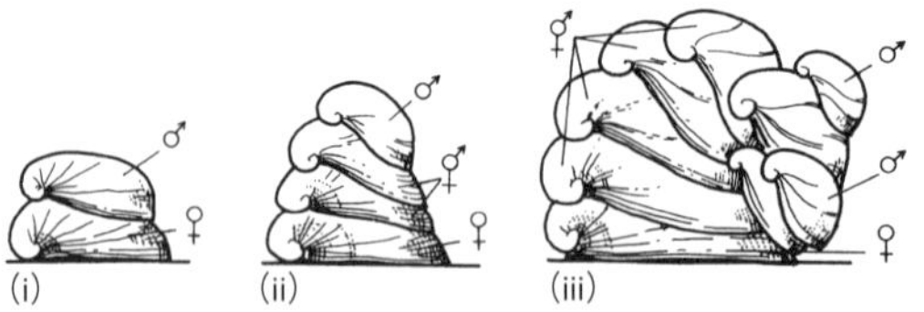

図 14.8 エゾフネガイの仲間 *Crepidula fornicata* における性決定. (i) 初期のペア形成, (ii) と (iii) は後期のより複雑なもので, 雄・雌・間性が一緒になっている.

れた (Box 14.3 (3)). 注意深い実験から, この雌は, 発生途上の幼生に甚深な雄性化効果をもつ物質を放出することがわかった. このフェロモンがないと, ほとんどすべての幼生は雌になる.

他のユムシ動物のほとんどでは, 性決定は遺伝的であるが, 最近, ボネリムシ科と近縁ではない他の科で, 矮小な雄がみつかった. これは, 環境による性決定が, 門の中の異なるもので独立に進化することを示しているのかもしれない. ユムシの場合は雌雄異体であるが, 隣接的雌雄同体の多くのもので, 雌雄の区別がつく過程が, やはり環境条件によって深く影響を受ける. アワブネガイの仲間のカサガイ *Crepidula fornicata* の性決定機構には, フェロモンの機構が関与していると思われている (図 14.8 に図示されている). このカサガイは, 自身で積み重なって山のようになる. いちばん下の個体はいつも雌であり, 上のものたちは雄だが, 中間のものは雌雄同体かもしれない.

環境による性決定は, いくつかの線虫・多毛綱・端脚目の甲殻動物でも研究されている. 端脚目では, 幼生の発生時の水温が性別を決めるが, この現象は脊椎動物の間で繰り返され, 温度依存性の性決定は, トカゲ・ワニ・カメでとりわけよく研究されている.

d. 性決定の可塑性と偶然性

性決定の分子機構についての最近の研究によると, 性決定の手段において遺伝的可塑性が, 進化の時間の中で存続しつづける傾向をもつことが示唆されている. 1つのクレードの中で, 性の決定の, 環境による機構と遺伝による機構との間の切替えが, 頻繁に進化の歴史の間に起こる可能性があることが示唆されてきたのである.

ショウジョウバエでは, X 染色体上の遺伝子と他の常染色体上の遺伝子の間のバランスが, 性を決定する (Box 14.3 (2) に解説があり, さらに図 14.9 に図示されている). このバランスは, 最終的には *Dsx* 遺伝子がつくり出す, 雄に特異的な産物か雌に特異的な産物の, 活性化もしくは抑制へと導き, これにより性が決定される. この反応の連鎖の中間に存在するのが, 変成遺伝子 *tra* (transformer gene) である. この変成遺伝子には, 温度感受性の対立遺伝子が知られており, これをもつと, より冷たい温度で雌の表現形が現れ, より暖かい温度では雄の表現形が現れるという状況になる. だから, ショウジョウバエは古典的な染色体による性決定機構をもっているのだが, 温度感受性を示した場合には, 環境からの入力があることになる.

Caenorhabditis elegans では, これとは異なる機構がみつかっている. この線虫はふつう, 2つの性のタイプ, つまり雌雄同体の個体と, 雄個体とをもつ. 遺伝的な性決定機構が, これら2つの形の生産を制御している. しかし突然変異体として, XX か XO の雌雄同体個体を, 雌の形へと変化させるものが知られている. つまり, ふつうの雌雄異体になってしまうのである. ちなみに, *Caenorhabditis elegans* にごく近縁の種は, 厳密な雌雄異体である.

性は高度に保守的に保たれた過程であるが, 一方, 性の表現とその制御は, 非常に変わりやすく保たれているようにみえる. 進化上の選択的な力は, 性の様式の変化を容易に導けるし, 個体の雄・雌の形質の表現を制御している要因の変化も, 容易に導けるのである.

14.2.4 有性生殖や雌雄異体の利点

a. なぜ有性生殖するのだろうか?

進化生物学における最高の難問の1つは, なぜ異なったパターンの生殖がみられるかである. たとえば, なぜ有性生殖がこれほど支配的なのだろうか? これは一見, 自明にみえるかもしれないが, 答えるのは容易ではない. 性は「神秘中の謎」(Hurst & Peck, 1996) と記述されてきた. 有性生殖は子の間に多様性をつくり出し, 潜在的に有害な遺伝子が発現するのを減少させるが, これらの利点は, 不利な点, すなわち経費 cost により相殺されるに違いない. 有性生殖は, 遺伝子が世代間を伝わる効率を下げる. なぜなら, 有性生殖する動物では, 一方の親からみれば, 子のゲノムの半分だけにしか, 自分の

(a)

正常な二倍性の雄

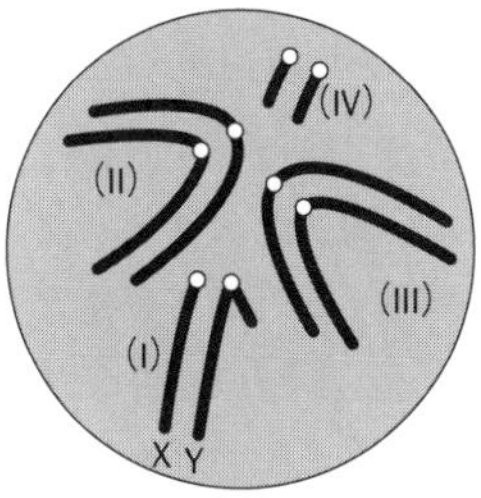

2組の常染色体(II–IV)
+
X　Y

染色体の構成	染色体の式	X染色体の比率(1組の常染色体に対する)	性の形
	3X/2A	1.5	超雌
	3X/3A	1.0	雌
	2X/2A	1.0	雌
	2X/3A	0.67	間性
	3X/4A	0.75	間性
	X/2A	0.50	雄
	XY/2A	0.50	雄
	XY/3A	0.33	超雄

(b)

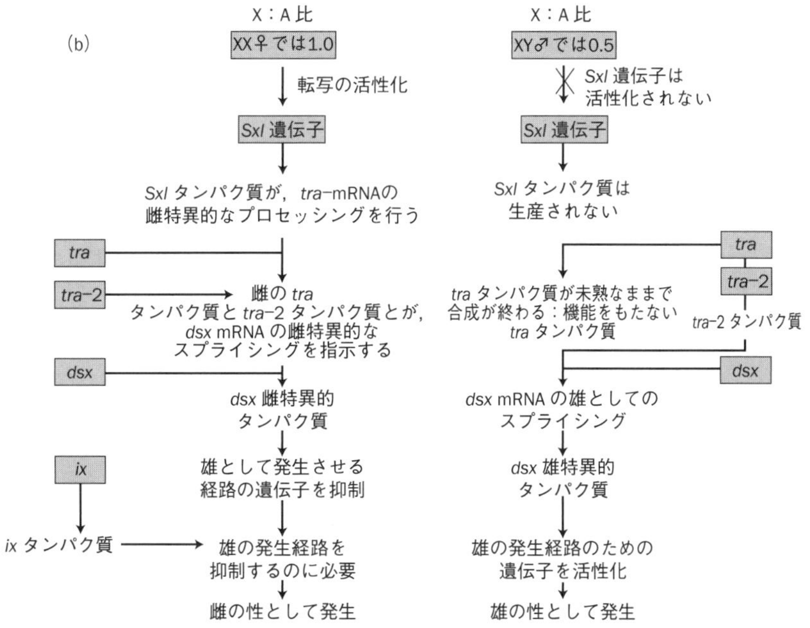

図 14.9　キイロショウジョウバエ *Drosophila melanogaster* における，異形染色体（性染色体）による遺伝に基づく性の決定．(a) X 染色体の，常染色体数に対する比が，個体の性の状態を決定する．(b) 性決定の方法は，階層構造をなす遺伝子群と「メッセンジャー RNA のスプライシング」過程を含んでおり，この機構は，1 個の遺伝子の発現が，一群のタンパク質をつくり出す状況を生み出すことが可能である．「X 染色体/常染色体」という比（X：A 比）が，*Sxl* 遺伝子の表現を制御する．*Sxl* 遺伝子は，比が低いとき（雄の場合）には転写されない．雌では *Sxl* 遺伝子は転写され，それはつぎに，*tra* 遺伝子（変成遺伝子）の表現を制御して，変成遺伝子のつくるタンパク質が雌中に蓄積するようにし，そのタンパクが，*dxl* 遺伝子（doublesex 二重性遺伝子）の mRNA 遺伝子が雌特異的にスプライシングされるように方向づける．*dxl* 遺伝子の，雌形と雄形の mRNA により引き起こされる遺伝子間の相互作用のカスケードが，雌においては，雄の経路の抑制にかかわり，雄においては，雄の発生遺伝子群の活性化にかかわっている(図 a は「遺伝学の概念」“*Concepts of Genetics*”，第 5 版，W. S. Klug and M. R. Cummings, 1997, Prentice Hall Int.Inc., New Jersey の図 9.7，図 b は図 19.24)．

ものが寄与していないからである．次世代の遺伝子にどれだけ効率よく寄与できるかで適応度が図られるわけだから，これは大きな経費である．

他の諸経費は，性的なディスプレイと求愛に使う財源の必要や，相手をさがす間に負う高い死亡率と関連したもの．さらに配偶子を生産し，それらがその後に融合することに関係する一時的な経費があり，そして受精を確実にするためには，まだもっと多くの経費が必要となる．それらの経費は，捕食されたり病気になったりすること，配偶子がむだになること，適当な配偶者をみつけることの失敗，を通して，より大きな危険にさらされることと関連している．有性生殖の一般理論を立てる際には，みたところこんなに経費がかかるのに，なぜ有性生殖が普遍的であるのかを説明しなければならない．性にかかるこの膨大なみかけ上の経費は，「メイナードスミスの逆説」Maynard-Smith paradox とときどきよばれ，これは雄をつくる経費に由来するものである．

多くの理論は，有性生殖が，種もしくはグループにとって，長期でみれば有利なことを示唆するが，短期間では無性生殖能をもつ個体のほうが有利なことを，しぶしぶ認めている．これらの理論はグループ選択説であり，多くの生物学者たちは，こういう理論は支持され得ないものだと信じている．最近，より受け入れ可能な理論が開発された．この理論では，有性生殖の選択上の利点は，グループや種の性質ではなく，個体の性質として理解されている．しかしながら，問題が解決されたとするにはほど遠いと結論するのが最善だろう．

有性生殖する個体は有利なのだと示唆されてきた．つまり，彼らのいくぶん変わりうる子は，みんな集まればたくさんの異なる遺伝的構成をもっており，それらは将来，世界が変化したらその中では，無性生殖する生物のつくるまったく同じ子のもつ適応度の平均より，適応度がより高いだろうという理由からである．そのような理論は，有性生殖は，安定していない環境で最大の有利さを発揮するが，比較的安定したところでは，その短期の有利さを失いがちだろうと示唆する．しかしながら，異なる生息地で，無性生殖が，無脊椎動物間でどんな分布をしているかを調査しても，この予言を確かめる結果は得られない．無性生殖がとりわけ頻繁にみられるのは，不安定で変動している資源を利用する生物においてであり，一方，有性生殖は最も安定した環境を利用しているものたちにおいて，ほぼ普遍的にみられるのである．たとえば，同じ分類群に属するもので比べれば，海にすむものよりは淡水のもののほうに，よりふつうに無性生殖がみられる．

別の説がある．それは，有性生殖する生物の選択的有利さが生じるのは，彼らの多様な子が，激しい競争のある飽和した環境という構造的に複雑な世界の中で，競争する能力をもっているところにあるのだ，ということを仮定している．1匹の無性生殖をする動物からできた子すべてをもってしても，有性生殖でできた子が占めることになったすべての異なる生息場所から，彼らを追い出してとってかわることはできないだろう．この理論は，その提唱者によって「雑踏した堤理論」the theory of the tangled bank（Bell, 1982）とよばれた．この理論は，有性生殖は安定した複雑な環境で優位を占めることを示唆し，無性生殖は，環境の収容力以下に種が保たれていて，生態的日和見主義が存在する機会のあるところでなら起こるかもしれないと示唆している．無性生殖がみられるような状況では，成長率（ないしは子孫の数の増加率）が，可能な限り高い動物が有利なのである．

有性生殖が優勢であることを説明する説がほかにもある（図 14.10）．その中でいちばん強力なものは，赤の女王説 the theory of the Red Queen とときどきよばれるものである．それによると，有性生殖は無性生殖する競争者に比べて，短期の重要な利点を与える．その理由は，生物たちは実際上，「ともに進化する軍拡競争」に携わっているからである．草食動物，捕食者，病気を起こす生物，そして寄生者が生物の死のおもな原因である．有性生殖は，捕食者や（たぶんさらにより重要だと思われるが）寄生生物によって標的にされにくい多様な子を生み出す．

有性生殖の経費は，生物が小さくなればなるほど，不つり合いなほどに大きくなるのであり，そして継続的で絶対有性的（無性生殖を行わない）性質は，最も大きな動物（すなわち脊椎動物）の事実上すべてにおいて安定してみられるようになった．無脊椎動物は力学的な制約から，ほとんどの脊椎動物より体が小さい．その結果として性的活動と生活環

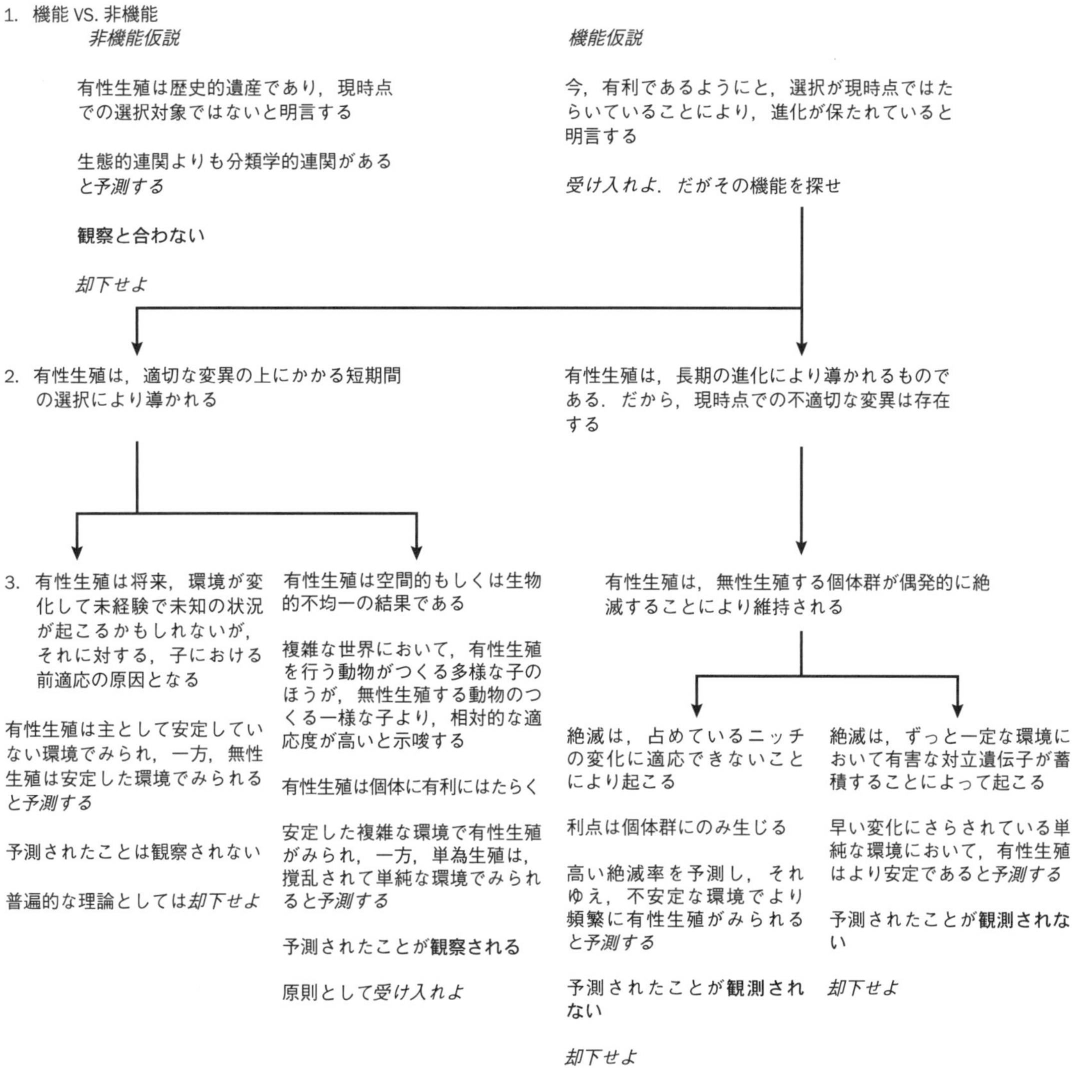
1. 機能 VS. 非機能
非機能仮説
有性生殖は歴史的遺産であり，現時点での選択対象ではないと明言する
生態的連関よりも分類学的連関がある*と予測する*
観察と合わない
却下せよ
機能仮説
今，有利であるようにと，選択が現時点ではたらいていることにより，進化が保たれていると明言する
受け入れよ．だがその機能を探せ
2. 有性生殖は，適切な変異の上にかかる短期間の選択により導かれる
有性生殖は，長期の進化により導かれるものである．だから，現時点での不適切な変異は存在する
3. 有性生殖は将来，環境が変化して未経験で未知の状況が起こるかもしれないが，それに対する，子における前適応の原因となる
有性生殖は主として安定していない環境でみられ，一方，無性生殖は安定した環境でみられる*と予測する*
予測されたことは観察されない
普遍的な理論としては*却下せよ*
有性生殖は空間的もしくは生物的不均一の結果である
複雑な世界において，有性生殖を行う動物がつくる多様な子のほうが，無性生殖する動物のつくる一様な子より，相対的な適応度が高いと示唆する
有性生殖は個体に有利にはたらく
安定した複雑な環境で有性生殖がみられ，一方，単為生殖は，撹乱されて単純な環境でみられる*と予測する*
予測されたことが観察される
原則として*受け入れよ*
有性生殖は，無性生殖する個体群が偶発的に絶滅することにより維持される
絶滅は，占めているニッチの変化に適応できないことにより起こる
利点は個体群にのみ生じる
高い絶滅率を予測し，それゆえ，不安定な環境でより頻繁に有性生殖がみられる*と予測する*
予測されたことが観測されない
却下せよ
絶滅は，ずっと一定な環境において有害な対立遺伝子が蓄積することによって起こる
早い変化にさらされている単純な環境において，有性生殖はより安定である*と予測する*
予測されたことが観測されない
却下せよ

図 14.10　有性生殖が選択上有利であることを説明する 2 つの異なる仮説を，区別するためのシナリオ（Bell, 1982）.

に，非常に大きな多様性がみられるのである．1 世代の時間がより長く，より体が大きく，より長生きする動物は，寄生生物の侵入を受けやすいだろう．それゆえ，より大きくて長生きな生物は，継続的絶対有性をとらざるを得ず，一方，世代時間がより短いものは，性的状態のより広い組合せを自由にとることができるかもしれない．寄主の性的活動を抑制することは，寄生微生物にとって益になると思われ，実際にこれが起こっている証拠がある．

b.　雌雄同体 vs. 雌雄異体

「有性生殖は無性生殖に比べてどんな選択上の利点があるのか？」と問うことができるのと同様に，有性的な動物が，雌雄異体になるべきなのか，それとも雌雄同体になるべきなのかを，何が決めるのだろうか？　と問うことができる．どちらになるかの変異の要素としては，分類学上のものと生態学上のものとがある．表 14.4 をみると，ある分類群はおもに雌雄同体で，他のものはほとんど例外なく雌雄異体である．また，環境についてみると，雌雄同体現象は，ある環境において他よりもより頻繁にみられるという観察もある．たとえば，淡水と陸上の環形動物と軟体動物は，雌雄同体であることが非常によくみられ，一方，彼らの海産の親戚はおもに雌雄異体である．同様に，深海の甲殻動物は浅海の親戚

Box 14.4 雌雄同体 vs. 雌雄異体：投資におけるトレードオフ（拮抗的関係）

1. 投資と利益

適応度のうえでなんらかの利益を得るためには，生物は性機能に資源を投資しなければならない．適応度上の利益は，将来生まれる子どもの数がどれだけ期待できるかで考えることができ，これはオイラー-ロトカ式 Euler-Lotka equation として形式的に書き表せる（14.5.1 項も参照）．

$$1=\frac{1}{2}\sum e^{-Ft}s_t n_t$$

もしくは

$$1=\frac{1}{2}\int s e^{-Ft}s_t n_t$$

2. 雄と雌の機能

限定された資源（たとえばエネルギー）が，2 つの異なる投資口座に投資されることを考えてみよう．その口座を（a）雄機能と（b）雌機能と名づけるとする．2 つの機能への投資は，つぎのものを含む．

（a） 雄機能
雄の生殖細胞の生産
交尾器官
つがう相手を探す
テリトリーを守る，などなど．
この投資を V_m と書くことにする．

（b） 雌機能
雌の生殖細胞の生産
雌の付属腺（投資レベルのもの）
つがう相手を探す
子への資源準備（これは雄の機能のこともある）
この投資を V_f と書くことにする．

3. 投資利益曲線

もし雄機能への投資額が 0 だったら，この機能から利益は得られず，雄機能は適応度に寄与しない．同様に，もし雌機能への投資が 0 なら，そこから利益は得られない．それゆえ，有性生殖する生物が，雌機能にも雄機能にもまったく投資しなければ，その生物の適応度は 0 である．しかし，投資はどちらかもしくは両方の機能になされるだろうから，適応度上の利益が，どちらかへの投資からあがってくることを想像できる（場合によっては測定することが可能）．利益が投資とどのような関係になるかのパターンは「適応度-利益曲線」fitness gain curve と名づけてよいだろう．

投資が増えると，その投資から生まれる利益は増す．2 つのタイプの投資に対する，この投資と利益の反応関係は，雄と雌の利益曲線とよばれる．これは (i) 直線的な反応になるかもしれないし，(ii) 飽和していく反応になるかもしれない．

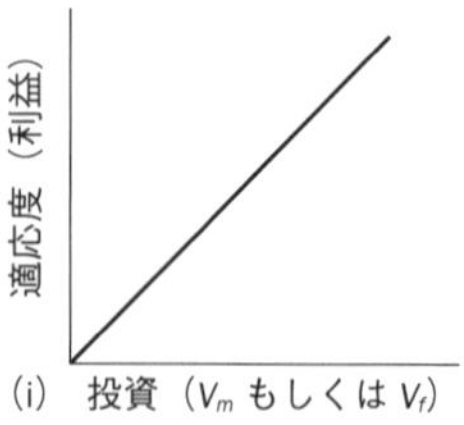

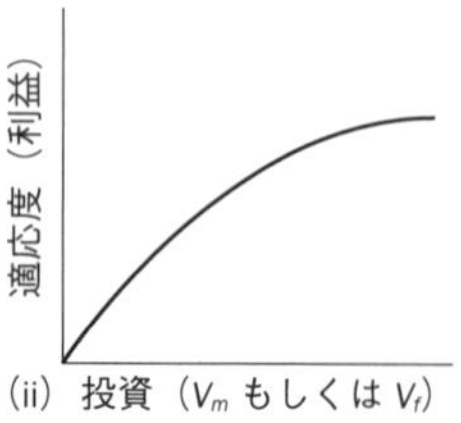

4. 雄機能への投資と雌機能への投資の間のトレードオフ

子をつくるための二者択一の手段に，同時に投資する場合を考えることもできる（すなわち雄機能への投資 V_m と，雌機能への投資 V_f の，両方を行う場合）．反応を，同じ適応度になる直線（適応度の等傾角線 isocline とよばれるもの）との関連性で示すことができる．これは図 (iii) の平行線として示されている．これらの等傾角線は投資の利益を示しており，そして両方の機能へのどちらであれ，投資が 0 のときには，もちろん適応度は 0 である．

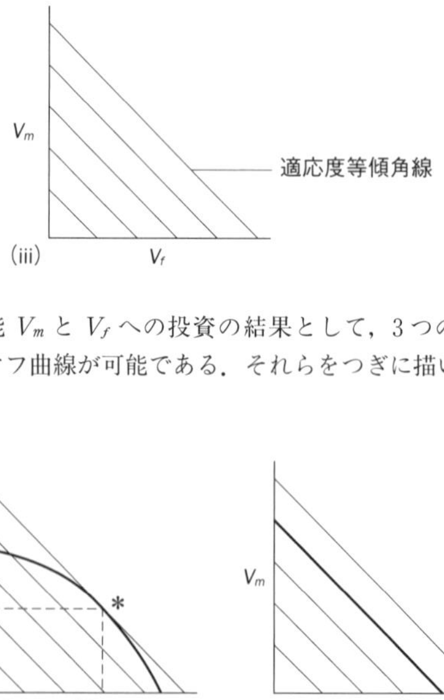

機能 V_m と V_f への投資の結果として，3 つのトレードオフ曲線が可能である．それらをつぎに描いてある．

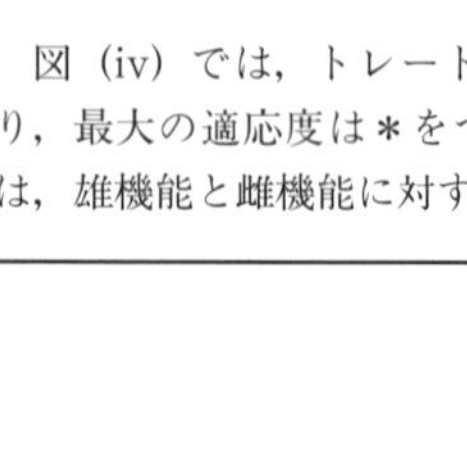

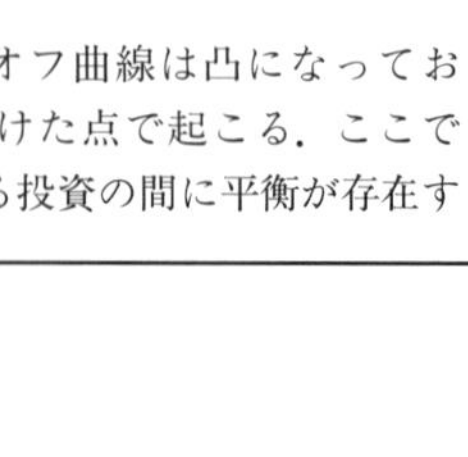

図 (iv) では，トレードオフ曲線は凸になっており，最大の適応度は＊をつけた点で起こる．ここでは，雄機能と雌機能に対する投資の間に平衡が存在す

Box 14.4　（つづき）

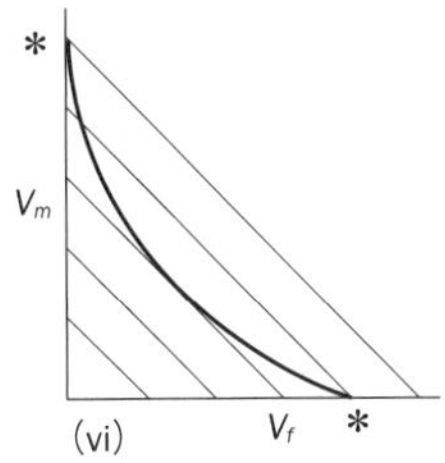

る．適応度のトレードオフ曲線がこのような形ならば，適応度を最大にする最適戦略は雌雄同体である．最大適応度は，V_m も V_f も，どちらも投資の中間のレベルで起こることになる．

図（v）ではトレードオフ曲線は1本の直線であり，V_m と V_f のどちらに何割投資しようと同じ適応度を与える．

図（vi）では，トレードオフ曲線は凹であり，最大の適応度は，V_m か V_f どちらかへの投資が最大レベルになるときに起こる．だから最適戦略は，雌は，子として雌か雄を生む，すなわち雌雄異体になるだろう．最適投資になるのはつねに，雄への投資の対数と雌への投資の対数との間のトレードオフ曲線が傾き −1 のときであることを，経済の投資のアナロジーをさらに用いることにより，示すことが可能である．

5. トレードオフ曲線の解釈

トレードオフ曲線が（iv）のようになる条件では，雌雄同体が有利になるだろうし，他方，（vi）になる条件では雌雄異体が有利になるだろう．（v）になる場面は決して起こらないだろうが，起こればそこでは雌雄異体と雌雄同体とが等しい適応度をもつことを意味するだろう．

では，トレードオフ曲線の形を決めているものは何なのだろうか？　エリック・チャーノフ（Eric Charnov）はつぎのように示唆している．雄機能と雌機能にかかる一定のコストは，ふつう（vi）のように凹形になるだろう．なぜなら，常時雌雄同体は雌雄両方の2次性徴をもつのに一定の経費が必要で，これを負担しなければならず，隣接的雌雄同体は性転換の経費を負担しなければならないからである．それゆえ雌雄異体が，通常は適応度を最大にするだろう．しかしいくつかの条件下では，雌か雄一方もしくは両方の利得曲線が図（ii）のように飽和し，こういう状況では，雌雄同体が進化的に安定な戦略（ESS）になるだろう．

飽和する場合としては，子を保育する動物において，個体群密度が低く1匹の雄により受精させせられる相手の数が限られているときにそうなるかもしれない．本文中でこれらの状態についても議論しておいた．

と比べ，より頻繁に雌雄同体である．以上の2つの観察は，機能的な関連を示唆しており，それゆえこの観察されたパターンを機能的に説明しようとするのは可能だろうと示唆していることになる．

雌雄性のパターンを決定するのは自然選択である．雌雄同体の進化を説明するたくさんのモデルが提案されてきた．そのうちの3つを以下にまとめてある．

1. 低密度モデル：生物が低密度で存在する場合（もしくは動けないか固着性の場合）には，常時雌雄同体をとれば，個体同士の出会いがまれにしかなくても多産になる確率を増やすし，そして，もしも他の個体に出会わないときには自家受精が可能になる．
2. サイズ有利モデル：体の大きさによって，1つの性機能が他のものより有利になる場合は，隣接的雌雄同体が採用されるだろう（性機能とは雄という機能や雌という機能のこと）．
3. 遺伝子散布モデルの低密度バージョン：個体数が少ないときには，近親交配とランダムな遺伝的浮動が起こるかもしれず，そうなると子の適応度が下がってしまう．こういう状況下では，雌雄同体になると，有効な個体数が増加するのでよい．

これらの異なるモデルを包括する，より一般的な選択者説 selectionist theory を提案することも可能である．この説の核心は，すべての有性的に生殖する動物は，正確に父親が1匹，母親が1匹だという，簡単だが深遠な観察である．配偶子のゲノムの正確に半分が母由来であり，半数が父由来なのである．その結果，雄の生殖機能と雌の生殖機能とは生殖のための等しい手段なのである（どちらかの性になったほうがより生殖に成功するというわけではない）．

1個体が自由にできる資源は限られている．この資源を，その個体にとって全体としての適応度が最大になるように，体の維持と生殖とに配分しなければならない．有性生殖関連経費のいくぶんかは，付属の構造（たとえば，うまく配偶子を放出するための腺や管）をつくる必要や，生殖相手をみつける必要に伴う死亡率の増加から生じる．雌雄同体は，付属の構造においては雌雄両タイプの経費を負担しなければならず，生殖に投資されるべき有限の資源の中で，設備投資にあてる経費は，1つだけの性機能を示す個体の場合よりも高いと思われる．だから進化は，雌雄異体をひいきにすることが期待できるだろう．

しかし，もし片方の性機能で，投資に対する見返りが少なくなると，この結論は修正される．こういう状況では，雌雄同体が好まれるだろう．雌の生殖機能に投資したエネルギーに対する見返りが減るのは，たとえば，スペースが限られた小さな部屋の中で子を保護する動物でみられると期待できるだろう．これらの概念は，Box 14.4 により詳しく説明されている．

14.3 有性生殖の構造と生活史：生殖の特性と機能

14.3.1 序

有性生殖には多くの異なったパターンがあり，そして，変わりうる多くの特性が集まって生殖戦略を形づくっている．それら特性のうち，最も重要なのはつぎのものである．

1. 最長可能寿命．
2. 一生あたり何回生殖するか（生殖の挿話 episode が何回あるか）．
3. 配偶子の放出パターン（パターンとしては，ためておいて一斉に放出するか，つくられるごとにつぎつぎと放出するかが含まれるだろう）．
4. 個体群構成員間での，同調の度合い．
5. 個体群中での，交配のパターンと異系交配の度合い．
6. 配偶子の相対的な大きさと生産費．
7. 発生の様式と，幼形と成体とが異なる選択圧にさらされている度合い．
8. 入手可能な資源の総計中，生殖に投資される資源の相対的比率．

動物の生殖パターンはしばしば，生涯にもつ生殖挿話の回数と，成体として生活する期間の長さで分類される．5つか6つの分類の図式が使用されており（これらは互いに排除しあうものではない），そのいくつかは表 14.5 に比較されている．

14.3.2 海産無脊椎動物

動物が生活している環境が，生殖パターンに甚大な影響を与える．海にすむ無脊椎動物の場合，水を通さない皮膜で配偶子を守る必要はなく，配偶子をそのまままわりの水へ放出することが可能である（その水中で受精が起こるかもしれない）．同じ無脊椎動物でも，淡水と陸上のものでは，こうはできない．淡水にさらされると浸透圧のストレスがかかるし陸上では水分を失いやすいから，卵は保護される必要がある．これが，淡水や陸上環境での生殖パターンが，海の環境中でのより大きな生物でみられる

表 14.5　繁殖パターンの分類法

繁殖は一生に一度だけ起こる	名詞：1回繁殖（Semelparity/monotely） 形容詞：（Semelparous/monotelic）	Semelparity も monotely も実質的に同義語だが，後者はおもに環形動物の研究者が使う
	すべての昆虫はこの範疇に入る；彼らの生殖周期をさらに以下に記す 一化性（Univoltine）：1年に1世代，すなわち1年生（annual） 多化性（Multivoltine）：1年に多くの世代 二化性（Bivoltine）：1年に2世代 半化性（Semivoltine）：2年ごとに1世代	
繁殖は一生に数度起こる	名詞：多数回繁殖（Iteroparity/polytely） 形容詞：（Iteroparous/polytelic）	
	毎年1回の多数回繁殖 （Annual iteroparity/polytely）	：繁殖は不連続で，ある期間（ふつう1年）の間をおいて，分かれた挿話として起こる．
	連続多数回繁殖 （Continuous iteroparity/polytely）	：繁殖はひとつづきの繁殖期の間，だいたい連続して起こる．全寿命が1年かそれ未満のときには，一化性と区別できないだろう．

Box 14.5　海産無脊椎動物の生活環

海産無脊椎動物の卵と精子は，海水中に放出されるだろう．そしてそこで受精することができる．

このことは，彼らの生殖生物学に重大な意味をもつ．

主要な海産無脊椎動物グループの，特徴的な幼生の例を以下にあげてある．成体とそれに対応する幼生を描いたが，成体は幼生に比べてずっと縮小してあることに注意．

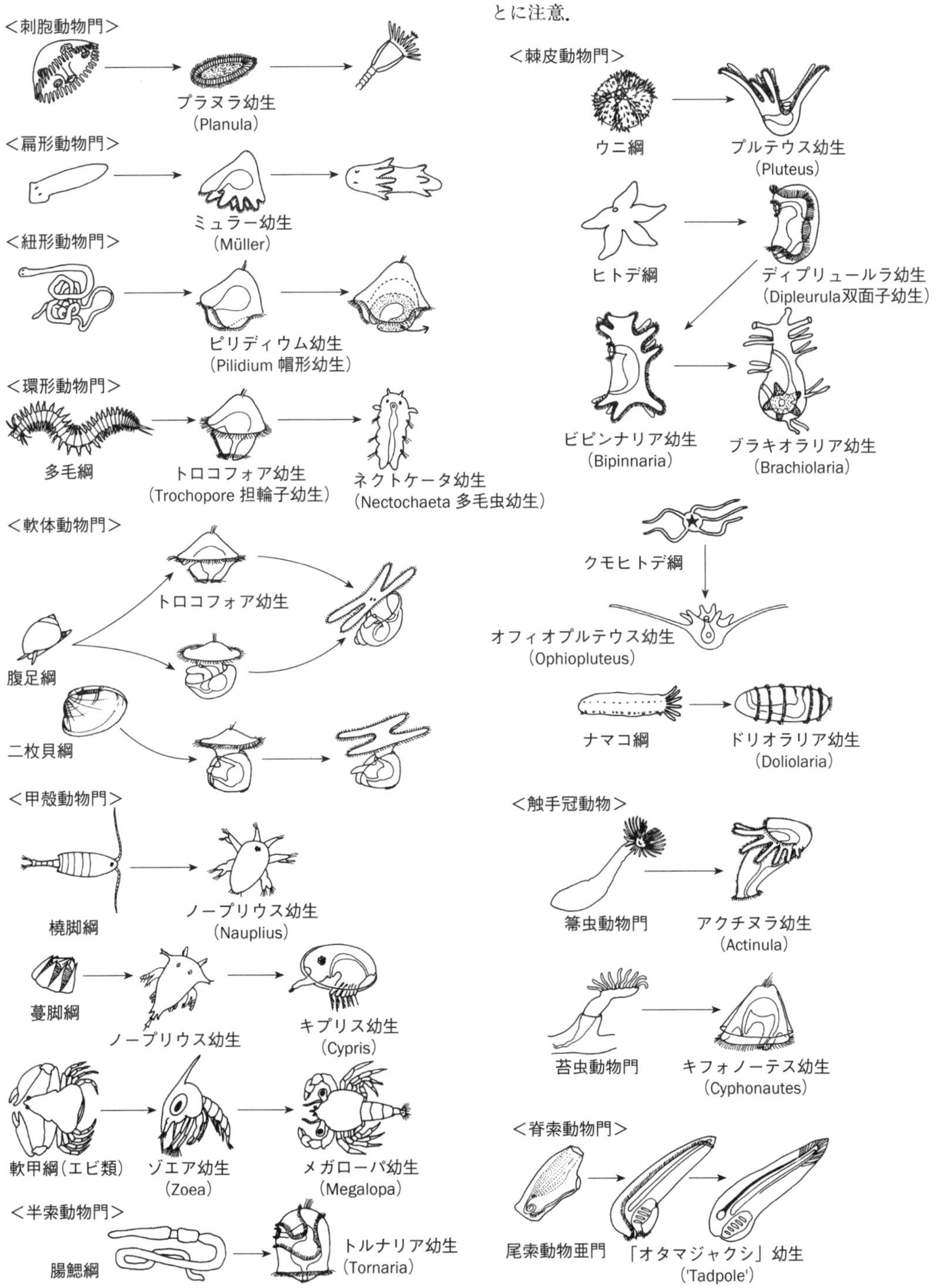

Box 14.5 （つづき）

下の図は特徴的な生活環を描いたもの．(i) 漂泳-底生性 pelago-benthic（漂泳性の幼生期をもつ），(ii) 全底生性 holo-benthic（原始的な漂泳する幼生期が抑制されている），(iii) 全漂泳性（holo-pelagic）．生活史のすべてが漂泳性．

これら3パターンすべてが多くの動物のグループ中でみることができる．ここで示した例は，すべて軟体動物腹足綱のもの．

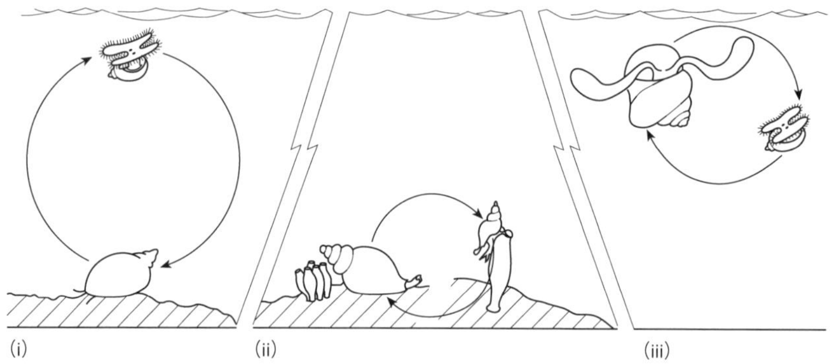

ものとは，いくぶん異なっている理由の１つとなっている．

海産無脊椎動物の体外受精する卵は，発生して，動きうるプランクトン性の幼生となることがよくみられる（第15章の分類学的な個々の節を参照）．この，体外受精とプランクトン幼生という要因は，生殖パターン全体に甚大な影響をもつ．

海産の仲間をもつ動物門の大半において，種のほとんどで（少なくともあるものでは）浮遊幼生と体外受精がみられ，彼らは浮遊-底生の生活環を示す（Box 14.5に図示してある）．しかし浮遊幼生をもつ種がみられる門のすべてが，いくつか（もしくは多く）の非浮遊性で底生の幼生をもつのもまた真実である．さらに，同じ属の中のきわめて近縁の種が，正反対の発生様式を示すこともときどきみられる．それゆえ，淡水や陸上の環境への侵入に必要だった条件が，侵入する以前にすでに，進化の時間の中で海の生物たちにそなわっていたということは，ありそうなことである．

環形動物・軟体動物・棘皮動物・節足動物のような，多数の海産種を含む主要な門においては，浮遊幼生をもつ種のほとんどは，プランクトン期の間に摂食し，分散する．これらはしばしば「プランクトン食幼生」planktotrophic larva とよばれる．

より少数の種の幼生は，プランクトン性だが比較的短い浮遊期をもち，この間は摂食しない．十分な量の卵黄を親からもらっているために，変態するまで摂食せずにいられるのである．このような幼生は「卵黄食幼生」lecithotrophic larva とよばれ，この幼生をつくるには，親個体が，卵１個あたり，より多くの投資をする必要がある．

海産無脊椎動物の中には，はっきりとした浮遊幼生期をもたずに発生が完了するものがいる．この型の発生は，「直接発生」direct development といわれる．

以上の小区分に分けられた型は，それぞれ絶対的なものではなく，多くの幼生は混合型の発生を示す．プランクトン幼生期において，摂食をはじめる前に，親から供給された卵黄を食べて比較的進んだ段階まで発生するものもいる．

温帯域のすべての海産無脊椎動物のうちの70%以上がプランクトン食で浮遊性の発生を示すと見積もられており，これは，ほとんどの状況でこの生殖パターンが明白な利点をもっていることを意味している．利点は，以下のいくつか（もしくはすべて）のものがあると考えられる．

1. 植物プランクトンの大増殖（ブルーム）によって提供される一時的な食物源の利用．
2. 新しい生息環境への入植．
3. 地理的な範囲の拡大．

4．局所的な生息地の不足に伴う破滅の回避．

5．同じ場所にすむものや血縁のもの同士の競争の回避．

6．多様な子たちがさらされる生息環境の多様さの度合いを，最大にする．

浮遊性発生は体外受精（精子が海水中を自由に分散していって卵と接すること）と，しばしば関連している（ただしつねにではない）．そしてこれは，図14.12や14.13に描いてあるような頭の丸いタイプの精子をもつことと関連している（以下を参照）．この精子は，不必要な系統学上の含意を避けるために，機能的な名前「外水精子」ect-aquaspermでよばれるのがいちばんよい．この単純な丸い頭の自由遊泳タイプの精子は，受精が体外の海水中で起きる場面では，動物界を通していたるところでみられている．この外水精子と体外受精という2つの特徴は，生殖のパターンを定義する際に助けとなる．それは海産無脊椎動物の多様な範囲のものにおいて典型的に（普遍的ではないが）みられ，そのためこれは原始的なものだとした人もいたが，そうみなすべきものではない．

これら2つ以外にも，いくつかの特性があり，これらはまとまって，一方が変わればこちらもそれに伴って変わるというように，一緒に変動する特性の組としての症候群を構成し，これは海産無脊椎動物の生活史の特徴的なものとなる（表14.6(a)）．しかし，この特性の集まった症候群は，いつもみられるというわけではない．海産無脊椎動物のおもな綱のすべてにおいて，砂の隙間にすんでいるもののような最小のものたちは，ふつう，ちょっと違った生殖の特性の組をもっている（表14.6(b)にまとめられている）．これは興味深いことなので述べておくが，砂の間隙のものと実質的にまったく同じといっていい特性の組が，海ではない環境（淡水・土壌・陸上）にすんでいる無脊椎動物の特性として数え上げられるのである．このことは，異なる環境条件のもとで生活している動物たちが採用できる生殖の特性のうえには，強い機能的制約がかかっているということを意味している．

長い間，これらの生殖の特性のあるものは，1つのクレードの中で「原始的」（もしくは祖先形質的）なものとして解釈してよいという暗黙裏の仮定があり，この広く受け入れられた見方が，本書の前の版

表14.6　海産無脊椎動物における，ともに変わりうる特性 co-variable traits

(a) ともに変わりうる特性の組I：比較的大きな海産無脊椎動物でよくみられるもの	(b) ともに変わりうる特性の組II：比較的小さい（しばしば微小な）海産無脊椎動物でよくみられるもの
・水中に自由に放出される卵，自由に漂泳しながら発生 ・体外受精（外水精子） ・卵中には少量の卵黄 ・全等割 ・胞胚腔をもつ胞胚 ・陥入による原腸形成 ・プランクトン食の幼生 ・繁殖は不連続で年に1回，強い季節性をもち，配偶子形成は個体間でも個体中でも同調している ・溜めつづけた生殖細胞を長期間貯蔵 ・大きい体のサイズで，容量の大きい体腔（もしくは細胞間の空間）をもつ	・卵は自由には放出されない（しばしば保育） ・体内受精（頻繁に精子が貯精嚢中に蓄えられる） ・多様に特殊化した形の精子で，通常，糸状の形態 ・卵中に多量の卵黄 ・卵割はたいへん変わっているか，表層だけの卵割（第15章を参照） ・胞胚腔は消失 ・原腸形成は陥入ではなく被包epibolyによる（第15章を参照） ・幼生は卵黄食 ・卵生産の挿話は，延びた繁殖期中に頻繁に起こる ・この性質の組は間隙にすむものや微小な海産動物でみられるが，淡水産や陸上のものでは，体が小さくても，かならずしもこれらの組がみられるわけではない

までは，ある程度反映されていた．とりわけ，単一の丸い頭の精子をもつことと浮遊幼生期を経て発生することとは，無脊椎動物の中では「原始的な」特性だとみなされる傾向があった．しかし，分岐分類や分子系統の独立なたくさんの証拠に支持される場合以外は，生殖の特性のどれであれこのような意味での「原始的」だと解釈することには，注意深くありたいと望む．系統上の関連性についての仮定は，広い範囲の形質を形式的に分析するか（分岐分析），遺伝子配列の研究から得られるデータ（分子系統学）によって，正しいかどうかを試験されうるものであり，そのような試験を経てはじめて原始的かどうかをいうべきなのである．

系統や進化の順序をまったく意味せずにも，以下に提示するような，生殖の特性間にみられる，機能のうえでともに変動する連合を，いくつか認めることが可能なのである．

1．卵の大きさは，発生の様式と一緒に変わりうる．より小さい卵は，自由遊泳する浮遊幼生

段階を通して発生するものでしばしばみられる．より大きな卵は，短期間の卵黄食幼生として発生するか，保育されるか，または直接発生をするものでより頻繁にみられる．

2. 精子の形態も，受精の場所と様式と一緒に変わりうる．自由遊泳性で頭部が丸く単純なミトコンドリアをもつ精子は，外界の媒体（海水）中で受精することと関連しており，長く伸びた核・長い先体・改造されたミトコンドリアをもつ糸状の精子は，保育や，さまざまな形の体内受精が起こっている場合と関連している．
3. 放卵の様式は，海産の無脊椎動物の間で，ある程度，体のサイズとともに変わりうる．大きな体の無脊椎動物では，ばらまき放卵 broadcast spawing がしばしばみられる（いつもではない）が，小さな生物では，まれである．

ともに変わりうる特性の，同様な組を，ほかにも間違いなくみつけられるだろうが，その特性のある状態が，1つのクレードの中でより原始的だと仮定することは，そのような仮定を支持する証拠がないかぎり，つねに避けねばならない．

形式的な分岐分析の結果からは，1つのクレード中で，生殖の特性に関して，非常に高い可塑性が保たれていると示唆されている．本書でもすでに，性決定を制御する分子機構についてふれたように，染色体による決定 vs 環境による決定，雌雄異体 vs 雌雄同体，というような根本的な特性が，可塑性をある程度保っているのである．これが進化上での以前の出来事によって固定されてしまうことは起こりにくい．状況が変化したら，進化のうえでそれに反応する能力は，動物の生殖の重要な特徴であるようにみえる．ただしこの議論は，本質的にはグループ選択説であり，受け入れる際には注意が必要である．

年ごとの放卵の決定的段階において，配偶子が大量に放出されることは，体の大きな海産無脊椎動物ではきわめてふつうにみられる．体の大きなものは，配偶子を蓄えておく体の中の空洞の収容能力が大きく（空洞は，体腔である場合がよくある），そうして蓄えたものを，季節に一度の放卵の，決定的段階で放出する．微小な生物はばらまき放卵をしないが，それは，配偶子母細胞を十分な量，蓄えることができないのが理由の1つだろう．大量放卵をし，かつ個体群レベルで年ごとの放卵時期がはっきりみられるものには，2つの非常に異なった生活環をもつものが存在する．その2つのうちの，よりふつうにみられるパターンにおいては，生涯多回繁殖の生活史（表 14.5）中の，2年以上の寿命の間に，1年周期で放卵が起こる．もう1つは，生涯に一度だけ子を生むいくつかの海産動物でみられるものである．これでとりわけ特記すべきものとしては，多毛綱のゴカイ科 Nereidae のすべてのメンバーと，軟体動物頭足綱のすべて（原始的なオウムガイ類を除く）がいる．こういうものは，生涯1回繁殖の生活環とよばれる（表 14.5）．産卵は同期しているかもしれないが，一生に一度のみ起こる．このタイプの動物では，大量産卵 mass spawning の後に個体の死が起こる．この死は遺伝的に決定されているが，生殖年齢（それゆえ死ぬ年齢）が固定されているのではなく，その個体がそれまでの生活で経験した環境条件によって生殖年齢は変わりうるだろう．

14.3.3 淡水と陸の無脊椎動物

（プランクトン食もしくは卵黄食の）漂泳性発生をするか，直接発生かの選択が，海中での生殖の特徴であるが，淡水や陸の環境にすむ動物はこれらを選べず，受精は体内で起こる必要がある．淡水や陸という環境の浸透圧や他のストレスが，裸で無防備の精子と卵を放出することを妨げるからである．同様に，発生中の胚も，水分の損失や浸透圧ストレスに対して保護されなければならない．たとえば，胚は水を通さない皮膜や繭の中に包み込まれている必要がある．結果として，漂泳性の幼生期はめったに起こらず，非海産の比較的大きい軟らかい無脊椎動物は，ふつう，以下の生殖の特性のほとんどをもっている．

1. 胎生もしくは，透過性のない膜か繭の中に卵を生む．
2. 体内受精（配偶者間の直接の交尾が必要）．
3. 精子は構造的に複雑で，しばしば糸状．
4. 母親の資源を比較的高いレベルで個々の卵に投資する．その結果，産卵数は少ない．
5. 子の世話，もしくは，子への食糧供給．
6. 体内に精子を蓄えることにより，連続して生殖できる可能性を開発しながらの，繰り返し産卵，もしくは時折の産卵．

7. 雌雄同体（体の軟らかい無脊椎動物にとりわけあてはまるが，節足動物にはあてはまらない）．

この特性の組が，表14.6(b) の比較的小さな海産無脊椎動物のリストとじつによく似ているのに気づくだろう．

淡水の動物のあるものは，海産の祖先から最近生じたという，起源の秘密をもらしてくれているようにみえる．たとえば，淡水の二枚貝（例としてはドブガイ *Anodonta*）は，海にいる親戚と構造上非常に似ており，彼らは事実上改造されたベリジャー幼生である「グロキジウム（有鉤子）」glochidium とよばれる幼生を，比較的多数放出する．しかしこの幼生は自由遊泳ではなく，淡水魚の鰓か皮膚の上にとりついてヒッチハイクする．

淡水にすむ扁形動物・環形動物環帯綱・軟体動物有肺上目の生活環は，驚くほどよく似ている．すべてが常時雌雄同体であり（有性生殖が抑制された場合を除く），複雑な性行動・高度に特殊化した付属腺・肺を保護する能力をもっている．また生活環は（海にすむ動物にとって非常に特徴的な，配偶子の同調した大量放出ではなくむしろ）産卵活動期間の延長をしばしば伴っている．このような種における主要なトレードオフは，多産と長寿の間の交換であり，ある種はたった1年かそれ以下しか生きないが，他のもの（ふつうより大きな体サイズに達する）は数年生きる．

淡水および陸の環境は，海よりも物理的な変化がより極端であり，ここにすむほとんどの無脊椎動物は「休眠」diapause として知られる生理的な休息状態に入る能力をもつ．休眠状態においては，生物は水を失うことができ，極端な状況でも体が損なわれることなく耐えていける．代謝の要求は低下し，外部のエネルギー源に対する要求は皆無にできるため，温帯や極地で周期的に起こる食物の欠乏に耐えられる．いくつかの有肺上目や環帯綱のような長生きの種は，成体として休眠状態に入るが，多くのより小さな形のものは，卵で休眠する．たとえばヒルの多くの個体群は，冬の間は繭の中の胚としてだけ存在する．休眠卵として越冬する習性は，ワムシや，ミジンコをはじめとする甲殻動物のいくつかのグループのような小型のものに，とりわけ特徴的である．上で説明したように，これらは無性生殖世代と有性生殖世代とを交互に繰り返す生活史をもつ（図14.5）．休眠卵は無性生殖で生じ，これは春に孵化して子としての新しいクローンとなって新しい資源を利用することができる．すでに紹介した用語がここでは有用である（図14.6を参照）．つまり，同じゲノムを共通にもっているアリマキのクローンはジェネットということができるだろうが，これは進化のユニットである．他方，このゲノムを共有している単為生殖でできた多くの個体は，そのジェネット中の複数のラメットとして区別できるだろう．

ヒルガタワムシは，極端な形の休眠を示す．包嚢 cyst で包まれたその卵は，成長に適した状況の場所へと吹き飛ばされるまで何年間も，生気が事実上一時中止した状態にとどまっていられる．不都合な状況を避けることにより，実質上いつでも最適な状況を楽しんで生きるのである．この能力は，有性生殖がないことに関係しているかもしれない．彼らは寄生虫や病気を起こす生物の攻撃目標とはならないようであり，そうだからこそ，有性生殖に有利だと思われている状況から逃れているのだろう（14.2.4.a.）．

昆虫（六脚動物亜門）と，クモとダニ（クモ綱）は，陸の環境への適応に最も成功したものであり（8.4.3.b. と 8.5.3 B.b. を参照），昆虫の場合には，いくつかのものが，成体や幼生や若虫の形で，2次的に淡水に適応してもいる．生殖生物学において，これらのグループは，体の軟らかい無脊椎動物とは，重要な一点で異なっている．雌雄同体が，きわめてまれであり，ほぼ大部分の種では，生殖は有性的だけで，性はいつも分離している．彼らの成功は，水を通さないおおい（外皮すなわちクチクラ）を発達させたことに大部分依存しているが，水を通さない卵を生む能力にもまたよっている．そのような卵は，生み落とされる前に受精されなければならない．そのため，彼らはすべて体内受精し，しばしば複雑な交尾行動を伴う．これには雄と雌の接触が必要で，それゆえ，性選択 sexual selection が進化する可能性が生じる．雌雄異体が広く行き渡っているのは，彼らが高い移動性をもつ結果だと考えられている．

昆虫の生活環は，発生の様式に基づいて区別するのが伝統的なやり方である．2つのおもな型が認められるだろう．多くの昆虫では，最終齢の幼虫が脱皮して性的に成熟した成虫の状態になる前に，外側に表れた翅芽 wing bud が発達しはじめる．これは，外翅類 exopterygote 状態（「不完全変態の」hemimetabolous 状態）を示すとよばれる．一方，他の多くのものでは，翅芽が体内の成虫盤 imaginal disc から発達し，それは最終の脱皮まで分化をはじめない．これは内翅類 endopterygote 状態（「完全変態の」holometabolous 状態）とよばれる．完全変態する昆虫における成虫盤の発達は第 15 章に，その内分泌による制御は第 16 章に記しておいた．翅のない昆虫のいくつかは，成虫になったあとも成長しつづけて脱皮する．彼らは「無変態の」ametabolous とよばれる場合がある．

本書では，こういう分け方とは異なり，もっと機能的なアプローチをとることにしよう．昆虫の生活史は，成虫前や成虫の各段階の，活動と機能の違いのパターンに基づいて分類できる．昆虫は一連の脱皮，つまり齢 instar を通って成長する．だから異なる齢が異なる機能をもつことが可能なのである．その機能の主要なものとは，

1. 発生と分化
2. 食物と他の資源の獲得 resource aquisition（資源を自分のものとして確保する—食べることなど）
3. 分散 dispersal と資源の探索 resource tracking
4. 交尾と相手の選択
5. 子への資源配分
6. 子が育つ場所の選択
7. 産卵

このようなやり方で，Box 14.6 に，多数の違った昆虫の生活史が解析されている．分散と資源獲得の機能をどう配分するかの目立った違いや，大部分の昆虫と海産無脊椎動物との間に存在する対比に注目してほしい．海の無脊椎動物では多くの場合，分散は幼形期の機能であり，資源の獲得が成体期の機能である．昆虫では Box 14.6 に図示されているように，しばしば逆転している．

最も単純な生活史は，発生していく間に，成虫の状態へと徐々に移り変わっていき，成虫も幼虫も同じ食物源を利用するものである．これに加えて，幼虫と成虫のどちらも，分散・資源探索・交尾と産卵の役割をもつ．この単純な生活史はバッタ目が示すもので，Box 14.6 (1) に図示されている．

しかし，成虫と幼虫が違った方法で摂食し，その結果，たいへんに異なる選択圧を受けるものもまれではない．たとえば，ハエ目クロバエの幼虫は，栄養豊富だが一時的にしか存在しない食物源である死肉を食べ，この幼虫の食べ物は親によって探し出されなければならない（親は子とは非常に異なるやり方で食べる）(Box 14.6 (2))．いくつかの昆虫の幼虫は水生であり，この場合，成虫と幼形との間のニッチの分化は，さらにはっきりしている．

このような状況のものから，分散・資源探索の役割と，資源獲得の役割とが分離し，成虫はわずかしか食べないか，まったく食べないという生活史が生じてきたと思われる．こうした機能の分離は，昆虫の進化において独立に何度も起きたであろう．最も極端な例は，カゲロウ目・カワゲラ目・トビケラ目でみられ，幼虫はみな水生の肉食者であり，成虫 imago は食べないか，数時間食べるだけである．短い成虫の間に交尾し，卵を，その後の生存と発生に適した環境に産むのである (Box 14.6 (3))．

チョウ目の生活史はお馴染みだろうが，これも似ている（成虫は蜜を吸うことによりいくらかエネルギーを得るけれど）．幼虫（イモムシ）は，手に入る資源をできるだけたくさん，すみやかに獲得するという，1 つの基本機能を担っている．成虫は交尾と資源探索の役割を担っており，成虫期への移行は，摂食しない蛹の段階を含んでいる (Box 14.6 (3))．食物資源は特定の季節にだけみられるかもしれず，その場合には，(卵・蛹・成虫のいずれかの時期に) 休眠するか場所の移動をすれば，時間や空間を通して食物を探索できるようになる．

いくつかの昆虫においては，成虫は，分散・交尾・資源探索の機能だけではなく，資源獲得の機能も獲得した．食物をみつけ，子がそれを手に入れられるようにすることに，親だけがかかわるのである．この現象は「資源準備」provisioning と呼ばれ，いくつかのバッタ目・コウチュウ目・ハエ目でもみられるが，とくにハチ目において非常に特徴的であり (Box 14.6 (4))，ハチとアブでの真社会性行動 eusocial behaviour の進化に，決定的な役割を果たしたと考えられている (Box 14.6 (5))．

Box 14.6　昆虫の生活史の機能解析

1. 幼形 juvenile と成虫は，似た食物源を利用する．

幼形の機能—発生と分化，資源獲得

成虫の機能—資源獲得，分散と資源探索，交尾と産卵

例：バッタ目

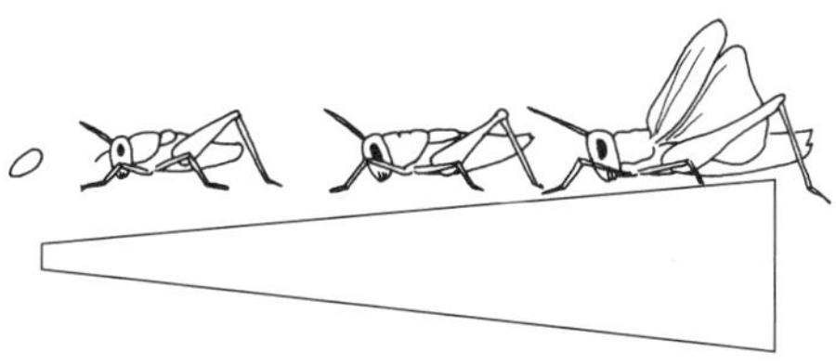

2. 幼形と成虫は，異なる食物源を利用する．

幼形の機能—発生と分化，資源の獲得

蛹の機能—分化と発生

成虫の機能—資源獲得，資源探索，交尾，子のための場所の選択

例：ハエ目

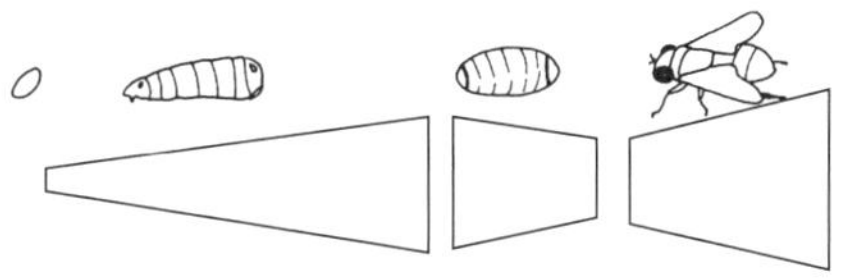

3. 成虫は短命で資源獲得にかかわらない．幼虫の機能は発生と資源獲得，成虫の機能は交尾，資源探索と分散．

図（i）幼虫 larva は水生，例としてカゲロウ目．

図（ii）幼虫は陸生．例としてチョウ目．この例では，成虫は（i）より長く生き，飛翔の燃料として花蜜を集めるための特殊化した口器をもつ．

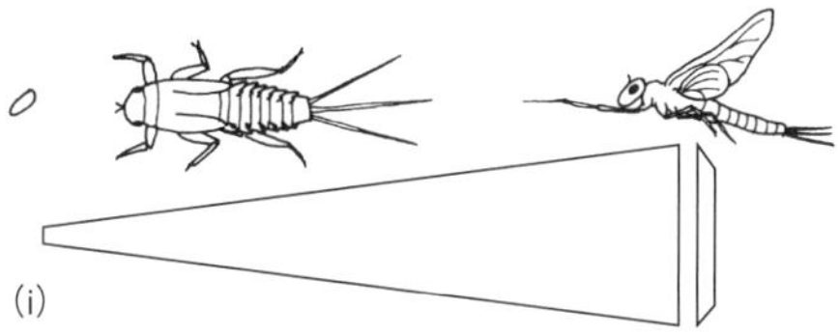

(i)

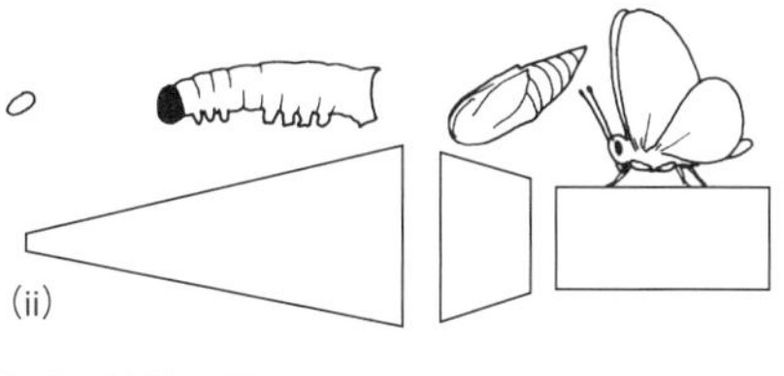

(ii)

4. 成虫だけが資源獲得に責任をもつ（資源準備）．

成虫の役割—資源獲得，分散と資源探索，交尾，子への資源配分，子が発生するための場所の選択，産卵

例：単独行動するハチ

成虫は，手元にあるすべての資源を子に供給する．

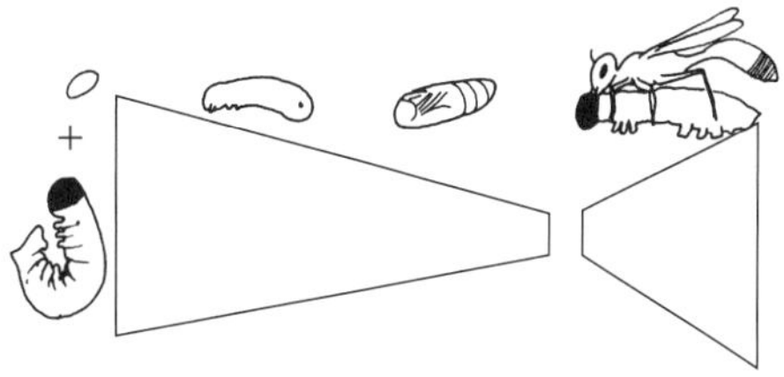

5. 資源獲得，発生，交尾と産卵は，カーストの分化により分かれている．

幼形—資源の利用と成長

不妊のワーカー—資源獲得

女王（繁殖力のある成虫)—交尾と交尾相手の選択，産卵，分散と資源探索

雄（繁殖力のある成虫)—交尾（資源獲得の役割はない)

例：ミツバチ

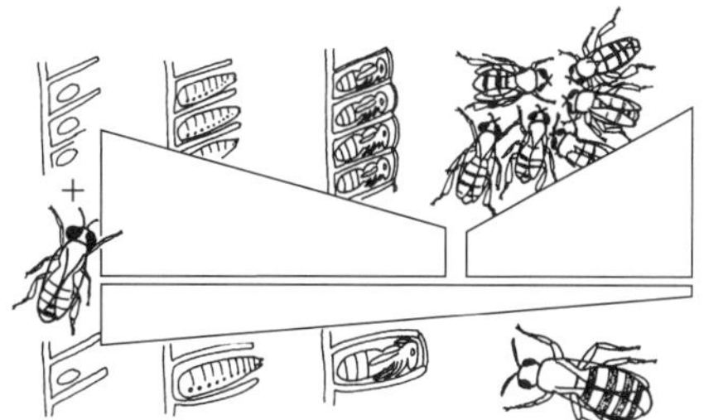

[訳注：横に寝た台形の，縦の高さは，獲得した資源量を表す．それはほとんどの場合は個体の大きさを反映しているが，**4.**のように，確保した餌をも含み，この餌は子にそのまま手渡される.]

14.4 生殖過程の制御

14.4.1 究極要因と近接要因

前節で議論された生活環は，複雑な順番で起こる細胞の活動を含んでいる．この順番は，ものごとが秩序だって進行するように，外界の要因と適切な関係をもつように，そして必要ならば，個体群の他の構成員との間の同期を適切にとるようにと，調整されなければならない．はっきりした周期をもつ生殖活動を示す動物の個体群は，環境の周期的変化に反応しているのだと，通常，思われている．環境の状況は一定ではないから，ある時期のほうが他の時期よりも生殖活動に都合がよいだろう．最も好都合のときに生殖が起こるようにと選択する進化の力は，生殖を制御する「究極要因」とよばれる．この力は，生殖周期を制御するのに使われる力とは，かならずしも同じである必要はない．配偶子形成，わけても卵形成は，完成するまで数カ月かかることもあるだろう．だから長い時間をかけ生殖において絶頂に達する細胞での出来事を調節する環境の信号と，完成した子をある特定のときに生め！　という信号とは，非常に異なっているかもしれない（特定のときに生むと，その個体は選択的に有利になる）．

配偶子形成の進行を調節し，それゆえ生殖の時刻と季節とを制御することになる環境の出来事は，「近接要因」とよばれる．生殖の過程を制御するために，環境の変化が検出され，その情報は反応している個体の中枢神経系の中で統合されなければならず，そうされてはじめて，神経や神経内分泌や，内分泌の活動の変化という形に変換される（16.11節）．現実には，連鎖した一連の指令があり，この連鎖が高度に構造化された種特異的な生殖周期をつくり出す（図 14.11）．そしてこれが，生殖細胞の分化と，エネルギーの流れと，そしてそのエネルギーの何割を，生殖過程と体の維持と成長とに配分するかを，制御しているのである．

14.4.2 配偶子形成（過程を構成している要素の 1 つ）

精子形成は雄の生殖細胞をつくり，卵形成は雌の生殖細胞をつくる．この 2 つはかなり異なった過程であり（図 14.12），以下に少し詳しく述べておく．

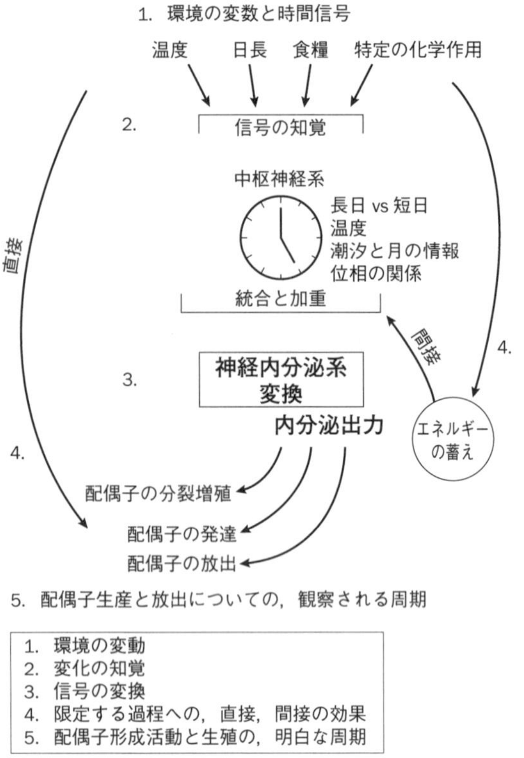

図 14.11 生殖周期は外部と同期している．その調節には，連鎖した一連の制御要素がかかわっているが，それを模式的に描いたもの（Olive, 1985a）．

a. 精子形成

ほとんどの無脊椎動物において，精子形成は速やかに終わる．減数分裂がはじまる前に体細胞分裂を何度もすることがよくあり，その結果，莫大な数の生殖細胞がつくり出される．精原細胞 spermatogonium は，1 次精母細胞 primary spermatocyte へと変形し，それが 4 個の精細胞 spermatid となり，分化の過程をへて精子 spermatozoa になる（図 14.12）．ばらまき放卵放精（受精が海水の中で起こる）を示す海産無脊椎動物は，典型的には，頭の丸い型の精子（外水精子として知られる）をもっている．この精子は，末端のアクロソーム，大きく丸い 1 個の核，修飾されていない単純なミトコンドリアをもつ短い中片，典型的な微小管の配置をした長い 1 本の鞭毛をもつ（図 10.4 参照）．丸い頭の精子は図 14.13(a) に掲げてある．受精様式の異なる動物は，これとは違う精子をもっていることがよくある．受精の様式としては，交尾をして体内受精するか，精包 spermatophore によ

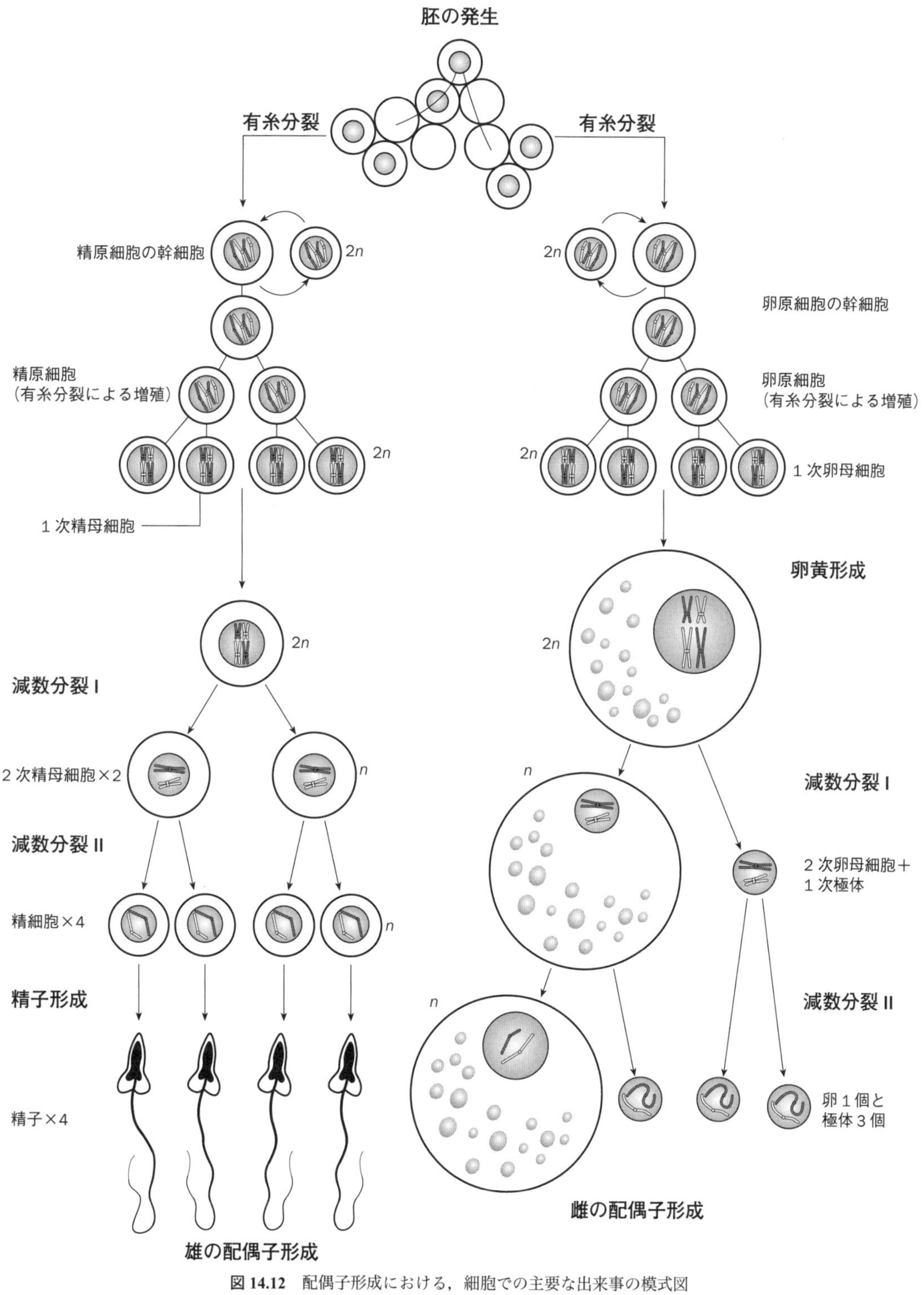

図 14.12　配偶子形成における，細胞での主要な出来事の模式図

って精子を渡すシステムか，雌が海水から精子を集めてそれを使うまで貯精嚢 spermatheca という特別な小嚢中に蓄えておくかのどれかだろう．これらの受精様式を示す海産無脊椎動物はふつう，長く伸びた精子をもつ．これらの精子が，構造において広い多様性をもつことが，電子顕微鏡を使った研究か

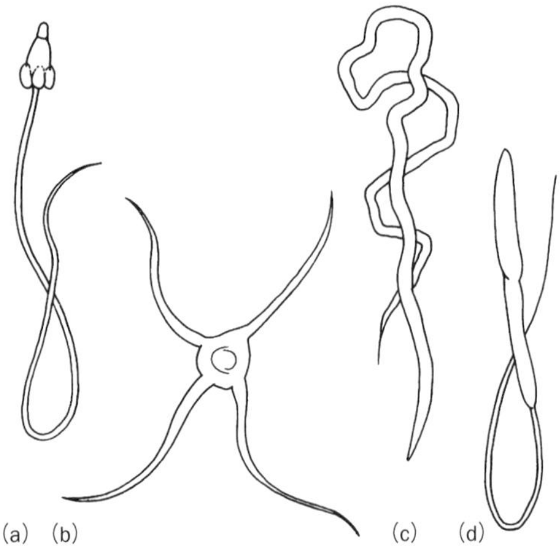

図 14.13 (a)「原始的」な頭の丸い型の精子，(b)～(d) より進んだ糸状の型の精子．糸状のものたちは形が似ていても，内部の構造と組織構成は，かなり異なっていることがある．

ら明らかになっている（図 14.13(b)～(d)）．

頭の丸い型の精子は，1つのクレードの中で比較する際には「原始的」なものだとみなされるべきではない．だからはっきりと確かめられた系統学に裏づけられていない場合には，（原始的などという言葉は使わずに）系統学的な意味を含まない言葉「外水精子」ect-aquasperm，「内水精子」ent-aquasperm，「内精子」introsperm を使わなければならない．

b. 卵形成

卵形成は（時間的に）長く引き伸ばされた過程であり，ふつう細胞分裂の前期が長くなって，その間に，発達中の卵内に，食物の蓄えが蓄積されていき，減数分裂は，受精の直前か後にならないと完了しない（図 14.12）．

海産無脊椎動物のいくつか（たとえば星口動物，ユムシ動物，いくつかの多毛綱）においては，発達中の卵母細胞 oocyte は，体腔液中に単独で自由に漂っている細胞である．このようなパターンは「単独卵形成」solitary oogenesis とよばれる（Box 14.7 の 1.(a)）．この場合，卵母細胞の細胞質に蓄積されるべき代謝産物は，まわりの体液から低分子の前駆物質（アミノ酸，単純な糖，モノグリセリド）の形で卵内にとりこまれ，その細胞質中で合成にはたらいている細胞小器官により，複雑な一群の貯蔵産物（まとめて「卵黄」yolk とよばれる）へと組み立てられていく．このパターンは「自己合成的」autosynthetic とよばれ，とくに単独卵形成と関連している．ただし，この関連性は絶対のものではない（以下を参照）．

大部分の無脊椎動物は「濾胞的卵形成」follicular oogenesis か，「栄養分的卵形成」nutrimentary oogenesis の，どちらかを示す（Box 14.7 (b)，(c)）．濾胞的卵形成においては，発達中の卵母細胞は，濾胞細胞がつくる上皮と密接に提携している．濾胞細胞は体細胞であり，これが卵母細胞のまわりに箱のようなおおいを形成する．栄養分的卵形成においては，卵母細胞とは姉妹筋にある細胞がかかわっており，これらの細胞は，減数分裂前期がはじまる以前に，元になった細胞（卵原細胞 oogonium）が体細胞分裂する際に不完全な細胞質分裂をしてできるものである．このタイプの卵母細胞-保育細胞複合体は，Box 14.7 の 1.(c)(i) に示してあるように，イソメ綱の多毛類スガカイイソメ *Diopatra* でみられるが，より多くの場合，卵母細胞-保育細胞複合体もまた濾胞細胞の層にとりかこまれている（Box 14.7 の 1.(c)(ii)）．そのような場合には，卵巣は一連の卵巣管 ovariole からできていることもある．各卵巣管は，発達中の濾胞細胞が連なって1本の糸のようになったものである．ショウジョウバエ *Drosophila* がこのタイプであり，このハエの発達中の卵母細胞を使って研究が行われている．発達中の卵の細胞質中には分子情報が局在しており，これが将来の胚の場所的な組織化を起こすが，その情報の起源に関する重要な情報がこの研究から得られている．たとえば濾胞細胞と保育細胞は，（体の建築に重大な影響を与える）勾配を確立するのに重要な役割をもつことがわかってきた．これに関しては第 15 章でさらに議論する．

より複雑なタイプの卵形成においては，卵母細胞の細胞質に蓄えられる高分子物質の大部分は，卵母細胞の細胞質で合成されるのではなく，体の他の部分にある体細胞で合成され，合成された高分子量の卵黄の前駆物質（ビテロジェニン vitellogenin）や他の物質は，体液か血管系により卵母細胞へと運ばれてくる．卵形成のこのパターンは「異所合成的」heterosynthetic とよばれる．これは最初に昆虫で発見されたが，その後，広くみられるものだということが示され，この卵黄合成パターンは，甲殻動物と軟体動物を特徴づけるものであり，いくつかの環

Box 14.7　無脊椎動物の卵形成パターン

1. 単独のもの・濾胞に包まれたもの・栄養補給のあるもの

無脊椎動物でみられる卵形成には多様なパターンがあり，これらを分類する1つのやり方は，卵形成の過程に，他の細胞がどれだけ密接にかかわるかによるものである．

基本パターンとして3つのものが認められる．

（a）単独卵形成：卵母細胞が，他の細胞とは密接な関係をもたずに発達する．これは，広い空間のある大きな体腔をもつ動物で，とくによくみられる．ユムシ動物や星口動物や，いくつかの（すべてではない）環形動物多毛綱では，卵母細胞は体腔中に自由に浮いており，このような場合には，ほとんどその場所において，卵黄が形成され卵母細胞の成長が起こる．

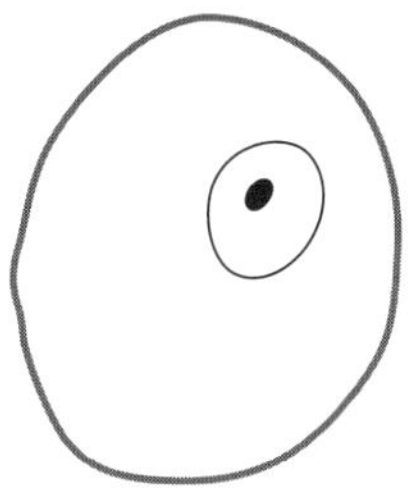

(a)

（b）濾胞的卵形成：卵母細胞は，体細胞と親密に交際する．これらの体細胞は，生殖細胞の細胞質に高分子を輸送するのに重要な役割をもつかもしれないし，生殖細胞の表面をおおっているかもしれない．

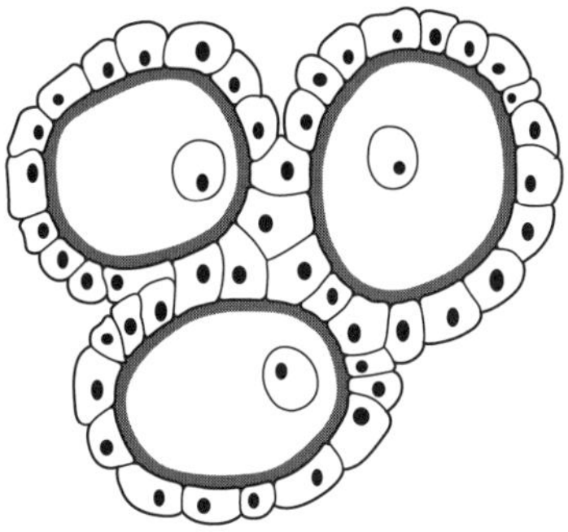

(b)

（c）栄養分的卵形成：生殖細胞系列ではあるが生殖細胞にはならないように運命づけられている別の細胞と，卵母細胞は密接な関係を保っている．不完全な細胞質分裂が起こり，細胞の間が，細胞質の結合でつながってシンシチウムになった複合体が形成される．ふつう，その複合体の中の1個の細胞のみが卵となる．他の細胞は保育細胞とよばれ，卵の発達になんらかの方法で寄与する．つぎの2種類の関連がみられるだろう．

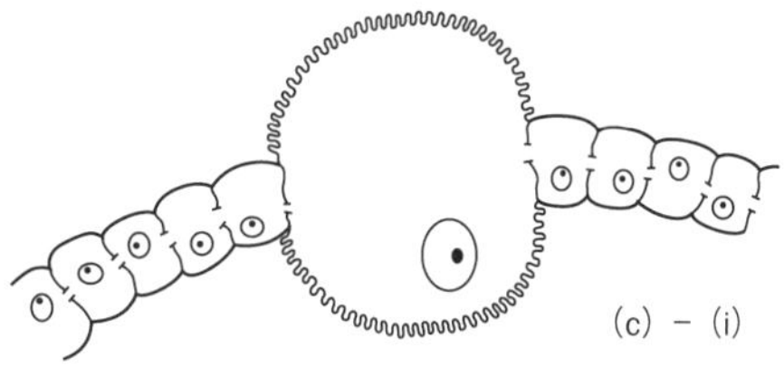

(c) － (i)

（i）濾胞細胞をもたない場合．図の複合体は，スガカイイソメ *Diopatra*（環形動物多毛綱）のものである．卵母細胞は鎖状につながった細胞の中の1つであり，卵巣内では，そのような鎖が多数つくられる．濾胞細胞はみられない．

（ii）濾胞細胞がある場合．昆虫の卵巣はいつも濾胞タイプである．たとえばハエ目の昆虫にみられるように，ときどき最高16個の細胞からなる1個のシンシチウム複合体（図示したように，細胞質が連結してシンシチウムになっている）が，濾胞に包まれて中に入っている．つまり保育細胞-卵母細胞複合体が，濾胞上皮にすっぽりと包まれているのである．

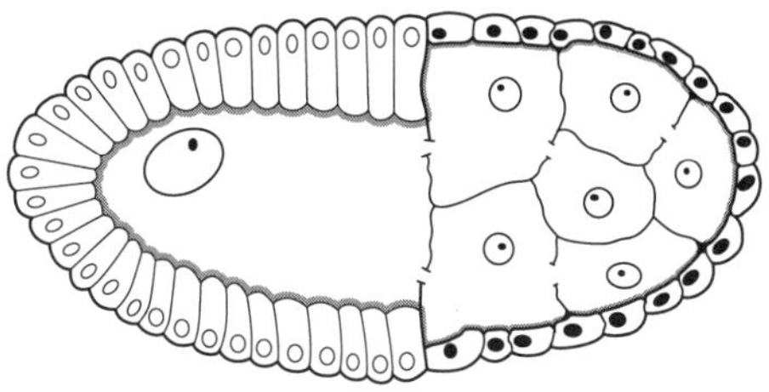

(c) －(ii)

2. 栄養の転移と生合成

卵形成の間，発達中の卵母細胞は，卵黄やRNA分子や他の物質の，大量の蓄えを集積していく．これらの物質は卵母細胞自身が合成する場合もあるし，他の非生殖細胞の細胞質がつくる場合もある．

① 自己合成：高分子と備蓄産物を合成する場所は，卵母細胞の細胞質であり，これらは1次卵母細胞の核の遺伝産物を用いて合成される．

自己合成する状況は，通常，卵母細胞が単独で発達

Box 14.7 （つづき）

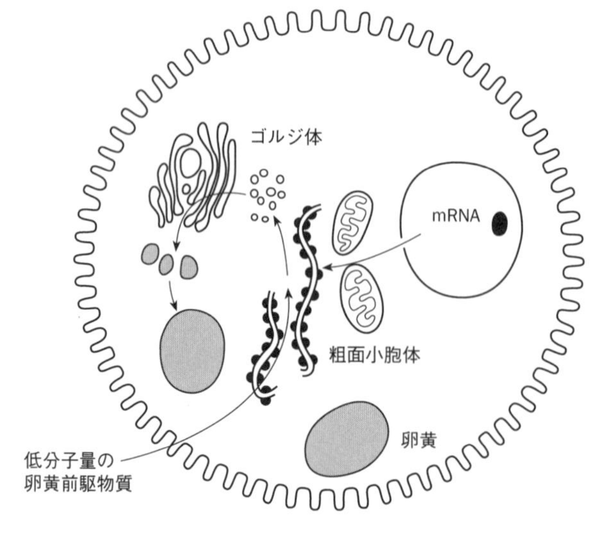

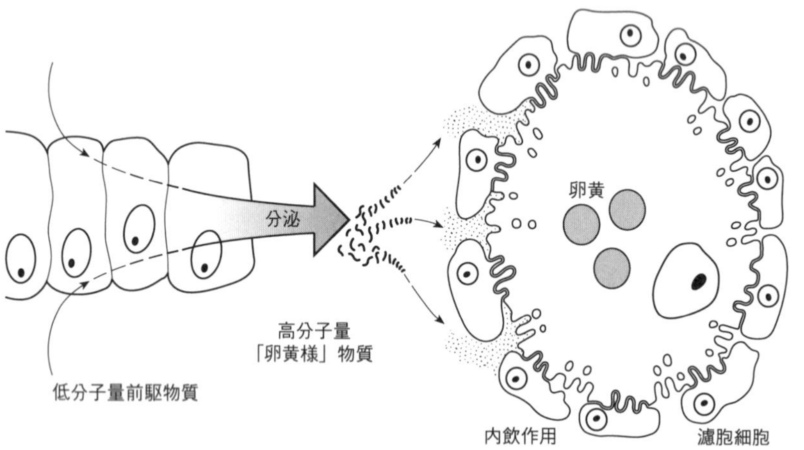

するものでみられる．卵母細胞が，低分子量の前駆物質を表面の微絨毛で吸収し，それを細胞質において，核からの情報分子に基づいて，高分子量の備蓄物質へと合成する．

② 異所合成：卵母細胞に備蓄される物質は，まず，他の細胞で合成される．そのような物質の移動や吸収には，付属の細胞が重要な役割をもつだろうし，多くの場合，卵黄の異所合成は，増幅のシステムとみなしてよい．このシステムは，たとえば急速な卵母細胞の成長を可能にするだろう．

異所合成は，通常，濾胞により卵母細胞が発達するものでみられるが，濾胞が必須というわけではない．高分子量の複雑な卵黄前駆物質は，体液（血液系，血リンパ，体腔液など）により卵母細胞へと輸送される．これらの高分子量物質は，低分子量の前駆物質から，非生殖細胞により，付属の細胞の情報分子を用いてつくられる．ここに示した模式図は，ある昆虫での状況を表したものである．

形動物でもみられている．

多毛綱は，自己合成で単独卵形成が典型的だと思われていたのだが，じつは，驚くほど広い範囲のパターンをもった卵形成がみられる．その構造の複雑さは，昆虫と肩を並べるほどのものであり，今やいくつかのものでは，濾胞的や栄養分的卵形成を行う

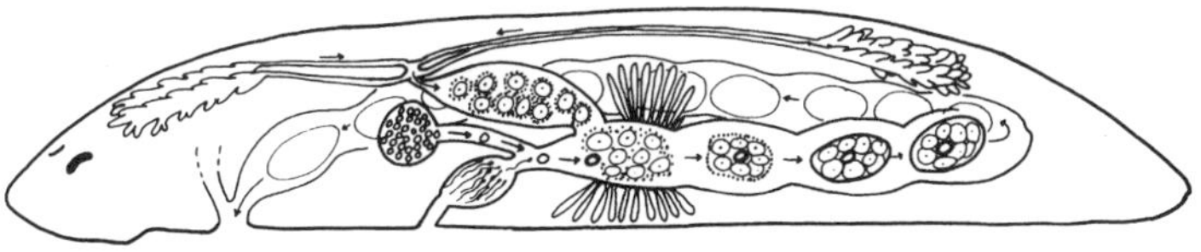

図 14.14 渦虫類は，受精卵・卵外の卵黄細胞・タンパク質の外被からなる「卵複合体」をつくるが，その生産にかかわる複数の腺を模式的に表した図．卵が卵巣から出て，受精し，タンパク質と栄養細胞と複合体を構成し，そして最後には体外に放出される道筋を矢印で示してある（図 3.38 も参照）．

ことが知られている．ゴカイ科 Nereidae では卵形成は単独的であるが，異所合成が起こっているという証拠がある．異なる卵形成のパターンについては，Box 14.7 においてさらに説明してある．

渦虫類では，「卵」は1個の卵母細胞と，複数の保育細胞が一緒になった複雑な構造をとることがしばしばある．卵は卵黄をほとんどもっていない．一方，保育細胞中には，卵黄腺 vitellarium でつくられた卵黄様細胞質が（なめした tanned タンパク質の）膜で包まれたものが，ぎっしりと詰まっている（図 14.14）．この型の卵形成は「外卵黄性」ectolecithal とよばれ，扁形動物では有利な性質だと考えられている．自由生活の渦虫類のいくつかは，より原始的な内卵黄性 endolecithal の卵発達様式をもっている．これは，卵黄が卵母細胞の細胞質中に蓄えられるものである．

淡水と陸の環形動物と軟体動物は（卵への栄養供給という見方からすると）似た生殖の適応を示す．すなわち，どちらにおいても，栄養になる卵白を含む繭の中に，卵が生み落とされるのである．卵白は，卵の細胞質に蓄えられた貯蔵物質を補足する．水を通さないなめしたタンパク質の繭の中に，大量の卵黄もしくは卵白を準備することにより，陸や淡水の環境のストレスにさらされる過酷さに耐えられる段階にまで，子が発生することが可能になるだろう．

14.4.3 海産無脊椎動物の同調した生殖

海産無脊椎動物の間に支配的なパターン（14.3.2 項）は，個体の中でも個体群中の構成員の間でも，高度の同調が必要とされるものである．同調の揃い具合は，現実にたいへん劇的なものにもなる．表 14.7 は，過去 100 年間に太平洋のパロロ（多毛綱イソメ科）の繁殖が起こった日付と時刻の記録である．放卵放精は，10 月初旬の日の後の最初の下弦の月のときと，正確に決まった関係をもつ．タイミングは 1 日以内の正確さであり，放卵放精はまた，日ごとに正確に同じ時刻に起こる．同様に正確な生殖のタイミングは，日本のニッポンウミシダ *Comanthus japonicus*（棘皮動物ウミユリ綱）でみられており，図 14.15 は，ほぼ丸 1 年間かけての配偶子形成の全周期が，このパターンに制約されていることを示している．以上はたぶん極端な例だが，実質上すべての門の大部分の海産無脊椎動物の生殖は，ある程度このような同調を伴っている．

海洋生物学者による最近の発見で，最も驚くべきものの 1 つは，同じ場所にすむ多数の種が皆，同じときに放卵放精する例の発見である．この同時多発産卵現象（一斉産卵）は，最初にオーストラリアの大堡礁（グレートバリアリーフ）で 1981 年に記載された．86 種ものサンゴが，1 年に 1 日か 2 日の同

表 14.7 サモア諸島のパロロ（*Eunice viridis* イソメの仲間）で，性的に成熟した虫が同調して出現することを示すデータの集積例

年		下弦の月の日		出現の日	
		10月	11月	10月	11月
19年	1843	16	14	15/16	
	1862	15	14	15/16	14/15
19年	1874	31	30	31	1
	1893	31	29	31	1
19年	1926	27	26	28	
	1927	17	15	17	
	1928	5	4		4
	1929	24	23	25	
	1930	14	13	14/15	
	1943	20	19	20	
	1944	8	7		7/9
	1945	27	26	28	

データは以下のことを示している．(a) 放卵は 10 月 8 日以前には決して起こらない，(b) 下弦の月が 10 月 18 日以降だと，虫は放卵する，(c) 放卵は 19 年目ごとに，同じ日に起こる．日のみではなく，出現時刻もまた正確に決定されている．

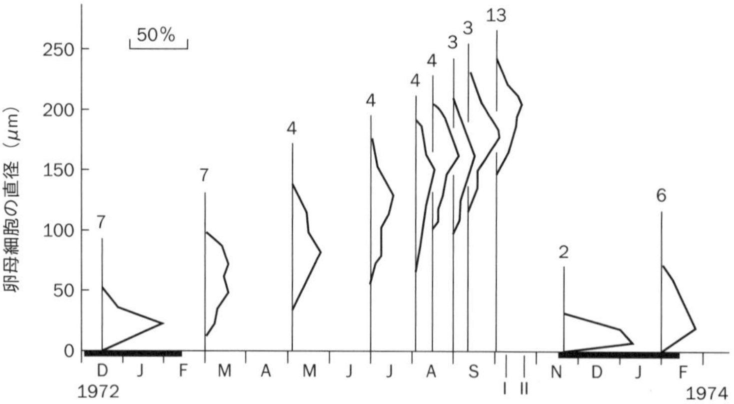

図 14.15 ニッポンウミシダ *Comanthus japonicus* の卵発達パターン．このウミシダは毎年，2 日間の同調繁殖を示し，この日付は月の相と正確に相関をもつ．12 カ月かけて卵形成過程が進み，この同調繁殖の日に最高潮に達するのである．水平の太い棒は配偶子母細胞の分裂増殖の期間を示す（Holland ら，1975）．［訳注：I と II は 1973 年 10 月の第 1 週と 3 週の産卵．三角の旗の形にみえるものは，卵母細胞直径のヒストグラム．］

じときに産卵するのが観察されたのである．同時産卵により，多くの種による何十億という卵と精子で構成された，大規模な「スリック」slick（水面の膜）が，同時に水中につくりだされる．受精が起こり，このスリックが，サンゴの群集構造を保つための，すべての若い新参者の源となるのである．似た現象は，今やより高緯度でも観察されているが，これらの観察は，答えるのに困難な多くの疑問を生み出した．すなわち，

・同一個体中でつくられるきわめて多くの生殖細胞を，正確に同じときに成熟させるにはどうしたらいいのか？
・同一個体群の中の構成員間で，いかにして高度な同調が維持されるのか？
・大量産卵に加わる多くの異なる種の生殖段階が，どのように同調されるのか？
・複数の種が，高度に同調して産卵することの，選択上の利点は何か？
・非常に近縁の種がともに産卵した際に，他家受精と雑種の誕生を，どうやって阻止しているのか？

以前には，環境温度の変動が，タイミングを揃える最も重要な信号だと考えられたが，上に述べた極端ないくつかの例を説明するのに，これが十分でないことは明白である．温度周期は，でたらめな変動を，あまりに被むりやすい（つまり信号としては，あまりに雑音が多い）から，観察されたパターンをこれだけに帰するわけにはいかない．

一般的な意味で熱帯の海は，温帯域の海と比べて季節による変動を被むりにくいと考えられている．だから，海産無脊椎動物における同調した繁殖の最高の例のいくつかが，熱帯の海でみられると聞けば，たぶん驚くだろう．

環境としてもっと安定しているのは，海洋の最も深い部分である．確かに深海は，変化しない環境を代表するものだと長い間思われてきた．海洋の深所の水は冷たくほぼ 5°C であり，季節による温度の変動はほとんどなく，入射光線はなく，食物はまばらだと思われていた．それゆえ，海洋の深いところでさえ，無脊椎動物（軟体動物・甲殻動物・棘皮動物）で小さな卵をつくるものは，外水精子と小さな卵を放出する（これらは通常，季節性をもった非連続な繁殖と関連している特性）という証拠を科学者たちが 1980 年代に揃えはじめたときには，たいへんな驚きであった．これらの無脊椎動物たちは，そのように深いところにすんでいるにもかかわらず，おそらくプランクトン食の幼生段階を経て発生することもわかってきた．

多くの深海生物でも，その近縁種で浅海の温帯域にすむものと同様，時期が限られて同調した繁殖がみられることを指し示す証拠がある．どうしたらこんなことが起こり得るのだろう？　これに答えるべく現れたのが「マリンスノー」説である．マリンスノーとは，プランクトン的なデトリタスの塊が深海

へと沈んでいくものであり，これの季節的な変化が，選択上の利点と，こんな深みでも季節性をもった繁殖を可能とする環境からの手がかりの，両方を用意するだろうというのがこの説である．より最近，深海域の軟体動物二枚貝の *Calyptera soyoae* に，高度に同調した繁殖の突発がみられることを，日本のチームが示した．この巨大な貝は，海の非常に深いところの玄武岩の溶岩塊の割れ目という，冷たい闇黒の，ほとんど変化のない世界にすんでいる．ときどき雄は精子の雲を放出することがあり，するとすぐ後に雌による卵の大量放出が起こる（これはフェロモンがはたらいているという証拠かもしれない）．水深 1000 m を超えるところで行われた観察と実験によってわかったことだが，放卵放精は非常に小さな温度変化（0.1～0.2℃の範囲）が起きたときに起こる傾向があり，海底に置いた実験ドーム中で，そのような範囲で温度を上げると人工的に放卵放精を誘発できた．

深海以外では，海は複雑なリズムをもった環境となる（表 14.8）．海産無脊椎動物の生殖周期は，これらの異なる周期すべてに対して，定まった位相関係をもつことが可能である．多毛綱・棘皮動物・甲殻動物の種が，皆，日長の相対的な長さに対してはっきりとした反応（「光周性」photoperiodism として知られる現象）を示せることがわかってきた．この反応は，以下に述べる陸の昆虫の光周性と同程度に複雑なものである．海産の動物はまた，月光の周期に直接反応することができ，内因性の概月性 circa-lunar および概潮汐性 circa-tidal の周期を示すことができる．この内因性リズムは，適切な外部の時刻合せのプログラム（「ツァイトゲーバー（同調因子）」zeitgeber とよばれる）にさらされることにより，正確に潮汐や月の進行速度に合わせて動いていくようにすることが可能である．いくつかの海産種の明白な周年性の生殖周期の基礎には，概年周期の内因性リズムがあるということもまた，はっきりしてきた．生殖を同調することへの強い選択圧が明白に存在しており，その結果，動物たちは，海という環境の中で起こる複雑な地球物理学的な信号の多くのものに適応して反応を示すのだろう．一方，陸上の生物は，1 年や太陽日の周期に関係する，ずっと極端な信号にさらされており（この周期は太陽に対する地球の動きによって生じる），これらの信号に対する反応が彼らにおいては優勢になった（以下を参照）．

表 14.8 海洋環境における地球物理学的な周期

名　前		周　期
メトン周期	太陽と月の周期が再度一致する	19 年
年周期	地球が太陽のまわりを回る周期	1 年
月周期	月が地球のまわりを回る周期	29.5 日
半月周期	潮汐と太陽の周期が再度一致する（小潮/大潮）	15 日
潮汐周期	1 太陰日	24.8 時間
日周期	1 太陽日	24 時間
半月周期	干潮（もしくは満潮）が半日ごとに繰り返す	12.4 時間

海産無脊椎動物の少なくともいくつかのもので，生殖活動は，これらの周期のどれかと関係をもっているという観察結果がある．ただし周期が一致するというだけでは，それが原因因子だということにはならない．

配偶子生産と放出の繰り返しの周期は，間違いなく，海の動物の生殖生物学での重要な要素である．周期は，ホルモンの周期的な生産によって，細胞のレベルで制御することが可能である．そのようなホルモンは，機能から 2 つの基本形に分けて記述できる（図 14.16）．生殖腺を成長させるものと，放卵放精（もしくは配偶子の成熟と/または活性化）を誘発するものとに分けられる．これらの基本機能の制御にかかわる物質は，分子構造が大いに異なっているかもしれないが，（種間で構造が変わらないという）非常に保守的である証拠も存在する．棘皮動物では，生殖腺を成長させる機能は，「脊椎動物のホルモン」であるプロゲステロンとエストロンの相対的なレベルの変化と関連しており，他方，放卵放精のほうは，放射神経から神経分泌ペプチドが放出されることにはじまる，カスケード反応によって開始される．神経分泌ペプチドは，つぎに，卵巣において単純な物質である 1-メチルアデニンの生産を引き起こす（16.11.4 項も参照）．1-メチルアデニンは卵巣の筋肉を収縮させて産卵を起こすとともに，配偶子の成熟にも関係している．1-メチルアデニンは卵巣の濾胞細胞から放出され，卵母細胞にはたらいて，膜の内表面からの，3 次メッセンジャーである卵成熟促進因子 MPF（maturation promoting factor）の生産を誘起し，MPF が最終的に卵核胞の崩壊を導き，卵母細胞を受精可能にする．この信号を変換する受容体タンパク質は 39 kDa の G

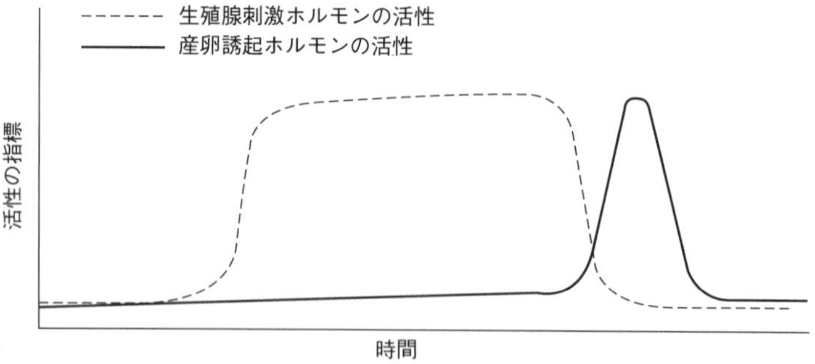

(a)

体の成長 貯蔵を増やす	貯蔵物質の移動 生殖細胞の蓄積	成熟	産卵	卵の吸収 体の成長 貯蔵を増やす

(b)

図 14.16 年ごとの生殖周期が，生殖腺刺激ホルモンと放卵誘起ホルモンの，生産と放出を通して制御されている場合．(a) 一般化した図式，(b) ホルモン周期の異なる相と関連した，細胞の活動．

タンパク質である．G タンパク質の信号経路は非常に保存された機構の例であり，広くさまざまな生物において，細胞機能の調節にかかわっている（図 14.17(a)）．

ヒトデでは，G タンパク質の信号は，細胞周期が新たにまわりはじめるのを調節し，これには Cdc 2 キナーゼのパルス状の生産を伴う．発達中の卵においてCdc 2 キナーゼは，サイクリン B とサイクリン A というタンパク質と相互作用をしている（図 14.17(b)）(Kishimoto, 1998)．卵母細胞は，卵成熟誘起ホルモンに反応して，減数分裂 I と II を完了させるが，雌性前核は，受精が起きるまで，ここから先に進行することができない．受精は，減数分裂の再開と減数分裂 II の完了後の G 1 期停止との間のどこかで起こり（詳細が図 14.17(b) にある），このような機構は，ヒトデ個体中の数千という卵母細胞すべてを確実に，同時に成熟させる．同様な機構は多毛綱（たとえばクロムシ *Arenicola*）で知られており，このタイプの機構は外部信号と結びついて，個体群中の構成員すべてが，減数分裂を同時に完了するようにできるだろう．信号経路はきわめて保存されているようにみえるが，外部からの入力のほうは非常に多様である．入力は検出されて変換され，この信号経路に入っていく．入力信号は，環境の地球物理学的な周期（温度/光周期）と関連しているかもしれないが，また，他の生物から放出される化学信号（「フェロモン」とよばれる）が関係しているかもしれない．

先に述べたが，深海の二枚貝においては，雌の産卵が，雄によって精子が放出されたすぐ後に起こり，そしてこの精子放出はほんのわずかな温度上昇が引き金になっているという観察は，フェロモンの機構がはたらいていることを指し示している．これにかかわっている化学物質を単離するのは，こんな深いところだから，もちろん極度に困難で，これは純粋な推測のままでずっととどまるしかない．しかし浅海の無脊椎動物では，生殖行動を協調させるフェロモンをいくつかのもので単離し，化学的な特徴を決めるうえでの進歩があった．多毛綱ゴカイ科は，海のフェロモンの化学的性質について研究する，よいモデルを提供する．彼らは特徴的な「婚礼ダンス」nuptial dance を踊る．成熟した動物が，海底の巣穴から出てきて交配のために海面に群れ集い，このダンスに加わるのである．この行動は，化学物質の「花束」により引き起こすことができる．*Platynereis dumerilli*（ツルヒゲゴカイの仲間）では，ケトンの一種である 5-メチル-3 ヘプタノンの放出により婚礼ダンスが引き起こされるが，雄の配偶子の放出のほうは，尿酸の放出によって引き金が引かれる．種特異性は，一部は，反応の閾値が異なることによって生まれるように思われるが，フェロモンの複雑な組合せで，特徴的な種特異的「花束」がつくられ，これに対して反応することもまた関与しているかもしれない．

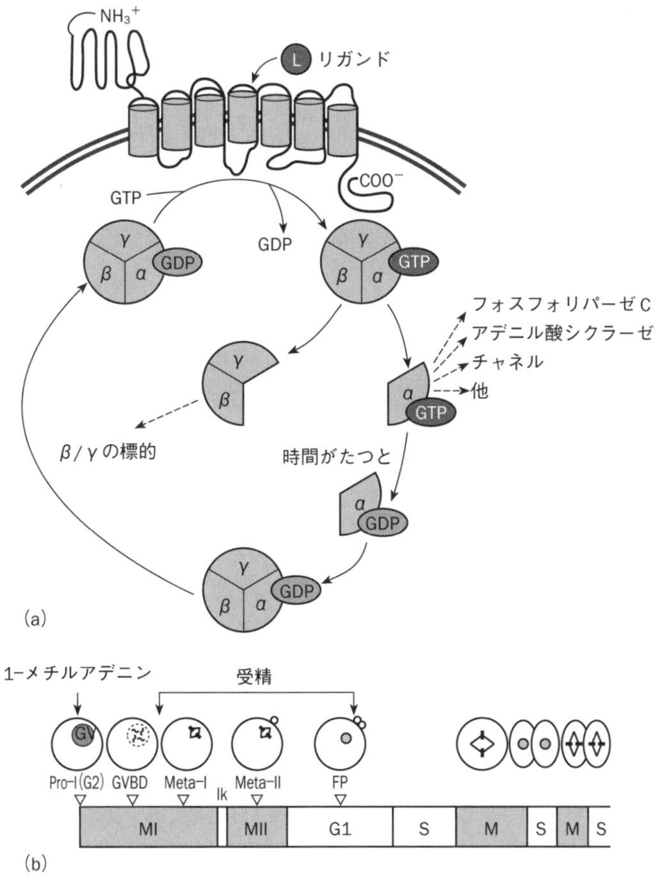

図 14.17　配偶子が成熟する間の，細胞周期の更新を制御する分子機構．(a) G タンパク質の信号経路．細胞の外からの信号は，細胞膜に結合している受容体タンパク分子に，結合するだろう．そうして活性化が起こると，三量体の G タンパク質（GDP が結合している）が，受容体の内表面に結合する．そして GDP を GTP に交換し，αユニット（GTP を結合している）と，二量体γβとに分かれて受容体から離れる．α GTP はきわめて不安定で，すぐにα GDT に逆戻りし，γβ二量体と再度結合する．(b) イトマキヒトデ *Asterina* における，外部信号（1–メチルアデニン）に対する細胞分裂反応と G タンパク質の信号伝達．十分に発達した未成熟の卵母細胞は，減数分裂 I（MI）の前期（Pro–1）で止まっている．この段階では，卵核胞（germinal vesicle 卵母細胞の核）は壊れていない．成熟ホルモン（1–メチルアデニン）が，G タンパク質受容体カスケードを活性化し，減数分裂を再開させると卵核胞が崩壊し（GVBD），その後，2 回の連続した細胞分裂（M 期）が起こる．1–メチルアデニン刺激はサイクリンβ/Cdc2–キナーゼを活性化し，キナーゼ活性の周期は連続した細胞分裂と関連している（Kishimoto, 1998）．

ゴカイ科はまた，頭足綱の軟体動物とともに，季節性のある生殖のパターンのもう 1 つの変異の興味深い例を提供する．これらの分類群では，すべてが生涯に一度だけ繁殖する．ゴカイ科では，個体の一生は，個体群レベルでの放卵放精が起きてからつぎの放卵放精までの間隔よりも一生の長さが長い．だから（個体としては 1 回しか放卵はしないが）個体群中では，年周期，月周期，または半月周期をもった繰り返しのパターンが観察される．この種類のシステムには，正のフィードバックを強い要素とする内分泌制御系がかかわっている．生涯 1 回繁殖の動物たちは繁殖期を越えて生き残ることはないため，有性生殖において，蓄えの大量ですばやい移動が起こり，代謝物が発達中の生殖細胞に渡される．頭足綱ではこの移行は，視腺 optic gland の分泌物により刺激されるため，視腺は生殖腺を成長させる役割をもつといえるだろうが，視腺それ自体も視神経の活動によって抑制されているのである．この腺を隔離するか視神経を切ると，性的な成熟が誘起されて最後には死ぬ．移行はふつう不可逆的なものである．ゴカイ科の有性生殖もやはり，繁殖時のプログラムされた死を伴う．これは，彼らが進化の歴史の間にエピトーキーを採用した結果である．エピトーキーにおいては，性的に成熟した個体が体の変態をして，それまで暮らしてきた底生生活を離れ，繁殖の群れ，すなわち「婚礼ダンス」に参加する（上を参照，また第4章と図4.57を参照）．この行動上の変化は，プログラムされたフェロモンの放出によって協調されている．配偶子の放出を伴う行動の変化は，たいへんな危険の増大を伴っていただろうと思われ，こういう状況においては，そのような危険をおかしてまで「やるに値する」ように，動物ができるだけ十分な蓄えをもつまで，生殖を遅らすのがいちばんよい．

14.4.4 陸と淡水の環境における，生殖周期と休眠

陸上と淡水にすむ無脊椎動物は，卵を体内で受精させ，かつ，よく保護された卵を生む必要があり，(またこれらの必要に結びついたことであるが) 精子を蓄えるという要請がある．陸と淡水の生殖生物学は，これらの必要の強い影響を受ける．ほとんどの淡水と陸の無脊椎動物は，温帯・亜寒帯・極地の緯度では，有性生殖が起こらない期間が間にところどころに入って産卵期間が長く伸びた季節的な繁殖パターンを示す．このような生殖周期では，生殖が活発から不活発な状態へと移行するが制御されているのが特徴で，これに比べれば，繁殖の行事が極端に同調していることは，それほどの特徴にはならない．生殖が不活発になる3つの状態を認めることができる．

- 休止 quiescence：不利な状況に対する直接的で一時的な応答であり，好都合な状況が戻れば，すぐに逆に戻る．
- 条件的休眠 facultative diapause：好ましくない状況に対する直接の反応であり，いったんはじまったらある決まった期間が過ぎないと逆に戻らない．
- 絶対休眠 obligate diapause：生殖活動の1つの段階であり，不利な状況がはじまるはじまらないにかかわらず，毎年特定の時期に起こる．

休止と条件的休眠がみられるものには，成虫の段階の，有肺上目（軟体動物）・ミミズ・いくつかの昆虫がある．他方，絶対休眠はずっと頻繁にみられ，発生のより早い段階（卵・幼虫・蛹）とかかわっている．陸と淡水の無脊椎動物の多くの個体群では，1年のある期間中は，卵でのみ存在するかもしれない．この期間は温帯と亜寒帯では冬の間だろうが，熱帯域では干ばつや極端な雨期が卵の期間であり，こうして生物が干ばつなどにさらされるのを避けられるようにしている．

夏に活発で秋には休眠に入る昆虫は「長日性昆虫」long-day insectsとよばれる．一方，冬に活発なものたち（たとえばカイコ *Bombyx mori*）は「短日性昆虫」short-day insectsとよばれる．これらの用語は記述的なものであるが，適切でもある．なぜなら日長こそが実際に，1つの生理的状態から他の状態に移るのを制御しているのだから．

14.4.5 生殖周期，生物リズム，光周期，生物時計

実質上，すべての生物が生物時計をもっているが，その性質は長いこと神秘の中に閉じ込められていた．いまや，実質上すべての生物が時の経過を計ることができ，実質上すべての細胞の活動と生理的活動において，体内時計のチクタクにリンクした周期性の活動を示すようにみえる．彼らは体内時計を，現実の時間や天体の運動に合わせるために，体外の「環境情報」を使うことができる．また，日ごとの時間計測過程を使って，太陽日の明と暗の相対的な長さの変化に応答して，季節の活動を調節することもできる．ここでもまた，無脊椎動物の研究，とりわけショウジョウバエ *Drosophila* の研究が，生物時計を理解するうえでの劇的な知識の増加へとつながる多くの重要な突破口となったのであった．

生物時計の分子的基礎が高度に保存されており，昆虫でも哺乳類でも同様なタンパク質がかかわっていることが，今や明らかになっている．この時計の根本的な特徴は，多数の自己調節タンパク質の性質から出てくる．「生物時計」は遺伝子の転写因子で構成されている．これらの転写因子はフィードバックして，自分自身の転写を抑制する（Box 16.7を参照）．時を計るものの構成要素は，遺伝子の転写・mRNAの細胞質への移動・翻訳・二量体の形成，の諸過程に要する時間である．時計の中心となるタンパク質は，ピリオド *period* 遺伝子 *per* の転写産物と，タイムレス *timeless* 遺伝子 *tim* の転写産物とである．これらのタンパク質は，二量体の形

になったときだけ核へ移動できる．キナーゼタンパク質が二量体形成にかかわっており，これも時計機構の一部をなしている（図 14.18）．生物時計を構成している遺伝子の転写因子の1つ（もしくはいくつか）は光受容分子でもあり，特定の波長の光を感じる．こんなふうに，すべての概日生物時計の基本的性質を説明する共通の機構がみえはじめてきている．生物時計がはたらくためには，以下の性質をもたなければならない．①時間を守る（すなわち内因性の周期），②エントレインメント entrainment（同調）機構．陸の生物では，エントレインメントは，明暗の周期についての入力情報によって行われ

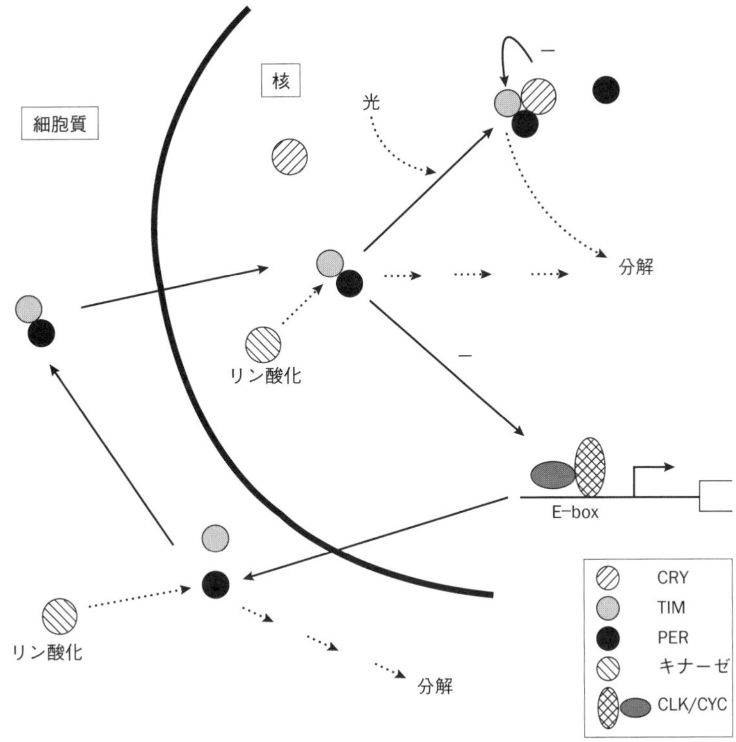

図 14.18 ショウジョウバエ *Drosophila* の概日時計を構成している分子要素の概念的なモデル．時計には2個のタンパク質，ピリオド（PER）とタイムレス（TIM）があり，これらが負のフィードバック回路を介して自己制御的にはたらいている．転写を活性化する2つの転写因子，クロック（CLK）とサイクル（CYC）が，特定の順番で *per* と *tim* のプロモーター Ebox に結合する．こうしてクロックとサイクルは，*per* と *tim* の転写を進め，転写は夜のはじめにピークレベルに達する．mRNA が増加しても，タンパク質がすぐにかなりのレベルにまで増加するわけではない．なぜなら，PER がリン酸化の標的となっており，リン酸化されると PER タンパク質は分解するからである．リン酸化には，おそらくいくつかのキナーゼがかかわっており，その1つがダブルタイム遺伝子（*dbt*）の産物 DBT である．DBT は TIM タンパク質をリン酸化しないため，TIM は PER よりも細胞質内で安定である．PER は TIM と相互作用すると安定となり，これら2つのタンパク質が蓄積できるようになる．この複合体（PER-TIM 二量体）が核内に入ることもまた必須であり，核に入った PER-TIM 二量体はそこで，転写のスイッチを切っている CLK/CYC のはたらきを抑制する．核の中では，PER と TIM はさらにリン酸化されて分解の標的にされるが，細胞質中とは逆で，核中では PER は TIM より安定なため，PER は夜が終わって朝がはじまるまで単量体として核中にみることができる．光は TIM を分解へと駆り立てる．だから日中には TIM がみられない．TIM がなければまた，新しい PER は蓄積できない．さらに，光はクリプトクローム（CRY）タンパク質と PER-TIM 複合体との相互作用を亢進し，その結果，CLK/CYC に対する PER-TIM の抑制作用が抑えられる．光・TIM の低いレベル・CRY のはたらきを通しての残存 PER-TIM 複合体の抑制の，3つの複合効果により，転写の新しい周期の開始が可能となる．ただし，連続暗黒下でも，*per* と *tim* の mRNA とタンパク質の量の周期はつづくため，以上のもの以外の制御段階も考える必要があるようである（図とその説明文は，レスター大学遺伝学生物学科の C. P. Kyirakou 教授と E. Rosato 博士の親切なお許しを得て掲載）．

る．海の無脊椎動物では，光周期の入力は多くの機能をもつが，それに加えて，月周期の夜の明かりと，それに関連した潮汐周期が，太陽の光周期と同じほど重要な場合がある．そのため海の生物は陸のものより，リズムに関してずっと複雑であるようにみえ，これらの高い多様性をもった時計たちが，同じ基本分子構造を共有しているのかは，これからの問題である．

生物の生理上や行動上の多くの活動が，昼や夜の決まった位相のときに行われれば，いちばん効果的である．しかし，昼夜の長さは季節によって変わる(例外は真の熱帯で，ここでは昼も夜も12時間で一定であるし，また海洋の最も深い部分も例外で，ここには光は侵入しない)．だから単純で決まった周期の時計は，どれほど正確なものでも季節ごとに変わる夜明けと日暮れの時刻の変化に，ついていくことができない．1日の時計が「概(およそ)」日，つまり24時間に近い周期であって，絶対の24時間周期ではないのは，おそらくこれが理由だろう．

ショウジョウバエ *Drosophila* を暗黒で飼っておいて，突然に短時間，光を与えると，1日のどの時刻に与えたかによって，3種の異なる効果がみられる．晩の早い（とハエが思っている）時期に与えると，光パルスは位相の遅れを起こす，夜遅くだと位相の進みを引き起こす，昼間（主観的な昼）だったら，内部時計の時刻合せに，ほとんど効果がない．

このように生物時計の分子機構は，夜と昼の相対的な長さに反応することによって，1日の活動が「夜明け」もしくは「夜明けの直前」にはじまれるようにする．夜と昼の長さの位相関係の変化に追随する能力をもつと，（先にみた生殖活動の調節にとってたいへん重要な）周年の出来事を高度に同調させ制御することも可能になる．

季節の進行につれて昼の長さの変化する周期は，(熱帯以外において）季節に関する正確な情報源である．異なる緯度での通年の相対的な昼の長さを図

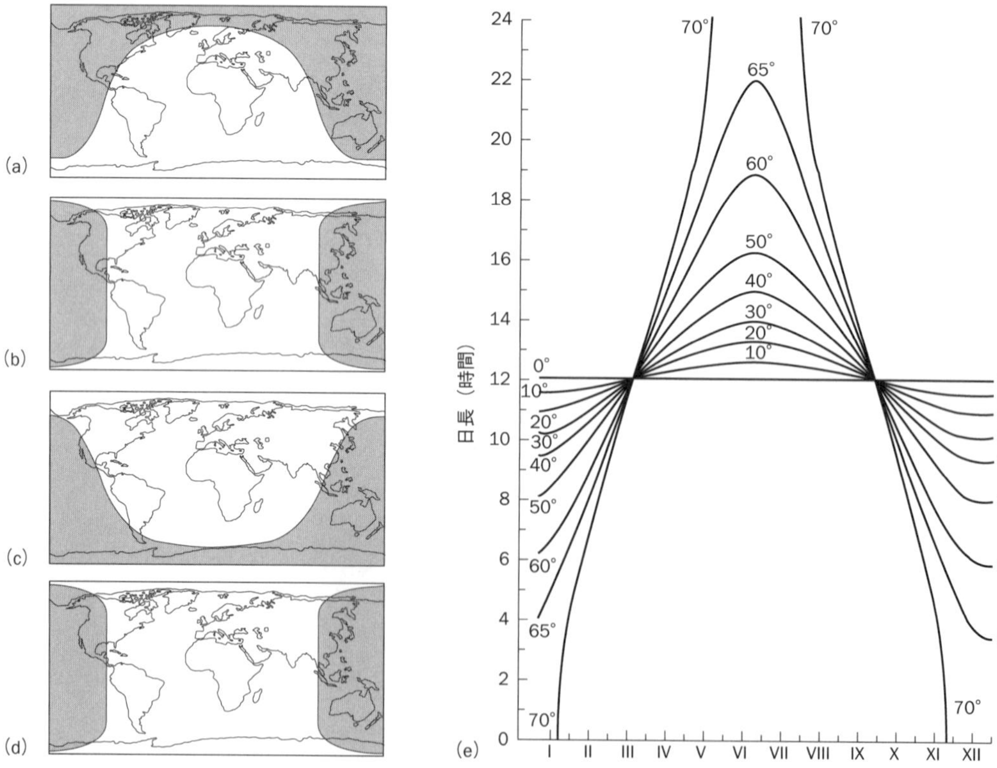

図 14.19 4つの異なる元期の太陽日を，世界の平面投影図に重ねて示したもの．(a) 冬至：12月21日，(b) 春分：3月21日，(c) 夏至：6月21日，(d) 秋分：9月23日，(e) 明期の長さの季節による変化を，緯度の関数として示したもの．横軸は月である（地球上のすべての地点で年に 2度，3月と9月に，夜明けから日没までの間が12時間になること，光周期の信号の振幅が，緯度が高くなるほど大きくなることに注意せよ)．

14.19(a)～(d) に描いておいた（年に2回，3月21日と9月23日に，地球上どの地点でも，昼がぴったり12時間，夜も12時間である（図14.19(e)）ことに注意）．海・淡水・陸の動物たちは皆，昼の長さの変化する周期に反応することができ，この情報を，年間の進行を制御するのに使うことができる．この現象は「光周期」として知られている．相対的日長（もしくは相対的な夜の長さ）に対する，多くの動物の反応は，ふつう非線形で，ある臨界の長さより短い明期は，すべて「短」，長いものはすべて「長」と解釈される．このことは，昆虫のコロニーをいくつか，異なる明-暗の型にさらし，休眠が誘起される頻度を記録する方法で示すことができる（図14.20）．時間計測の精度は30分かそれより短い．光周期は広くさまざまな生物の季節的活動を制御することがわかってきた．中でも昆虫のいくつかのグループにおいて最もよくわかっている．光周期の実験的な解析から，いくつかの昆虫，とりわけアブラムシ科 Aphidae では，光周期性反応に，砂時計型生物時計（タイマー型生物時計 interval timer）の性質をもった機構の関与が示唆されており，他の昆虫では明白に，概日システムが光周期にかかわっている．これに関する証拠は，昆虫を明-暗の期間の総計がかならずしも24時間ではない，異なった明-暗周期の組合せにさらすという，巧妙で苦労の多い実験から得られた．アブラムシ（アリマキ）の場合，時計は，夜の長さの逸脱を計る砂時計型の性格をもつようにみえる（図14.21(a)）．しかしほとんどの昆虫では，光周期性の時計は共鳴

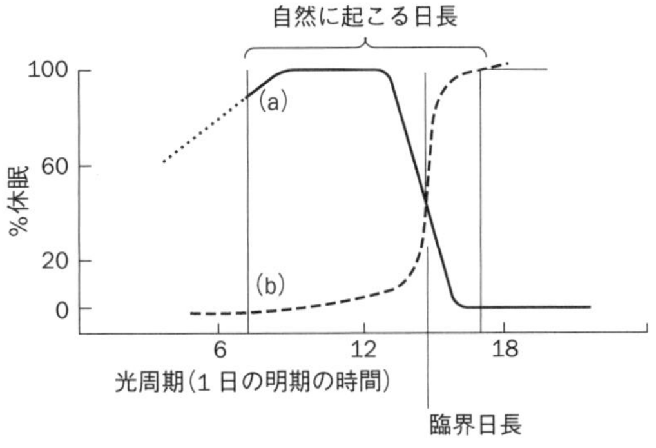

図14.20 光周性を示す昆虫の反応で，長日性のもの (a) と，短日性のもの (b) を模式的に表した図．横軸に示された，ある長さに固定された光周期にさらされたときに，何%の個体が休眠に入るかにより，反応が測られている．

resonance を示し（図14.21(b)），これは，継続してはたらいている概日時計が関与していることを示している．

繁殖を1年のうちのある特定の時期だけに限定すれば，おそらく適応度が最大になると思われているが，その理由を確立するのは困難である．海の環境では，植物プランクトンの大増殖 bloom が起こって，食物源が一時的に豊かになる時期の直前に幼生をつくるよう，タイミングを合わせることができる．陸域では，冬の間の食糧不足状態がはじまる前に，休眠（もしくは単為生殖的成長から有性生殖へ切り替える――これにつづいて休眠する）が起こるようにタイミングを揃えられる．このようにして，食物源が限定要因にならないようになっている（図14.5）．

放卵放精を同調させる能力は，他の利点をもたらす．

- 高度に同調した放卵放精は，体外受精の場合に，受精率を最大にする．
- 配偶子を同調させて大量に放出することは，捕食者を（餌の洪水にして）途方に暮れさせることになり，幼生の生残がより増える．
- 同調した繁殖は，季節的に変化しつつある環境の中で，活動を効果的に配分することを可能にし，これが成体の生殖価値を増加するかもしれない．

光周期性機構は，陸の環境で優勢だろう．海の動物においても，これは確かに生殖周期の構成要素なのだが，海は，地球物理学的周期の複数のものが相互作用した複雑なリズムをもつ環境である（表14.8を参照）．生殖の同調の最も極端な例はこのことを反映しており，表14.7に説明してあるように，年周期・月周期・潮汐周期・日周期の要素をもっている．

14.5 生殖と資源の配分

無脊椎動物の間では生殖のさまざまなパターンがみられるが，それは生殖特性の進化と選択を研究するうえで，理想的なテーマとなる．無脊椎動物の研究を通して，動物の進化にかかわるいくつかの根本的な疑問に対するより深い洞察が得られ，それが正しいかを試験可能な実験材料を無脊椎動物の中から

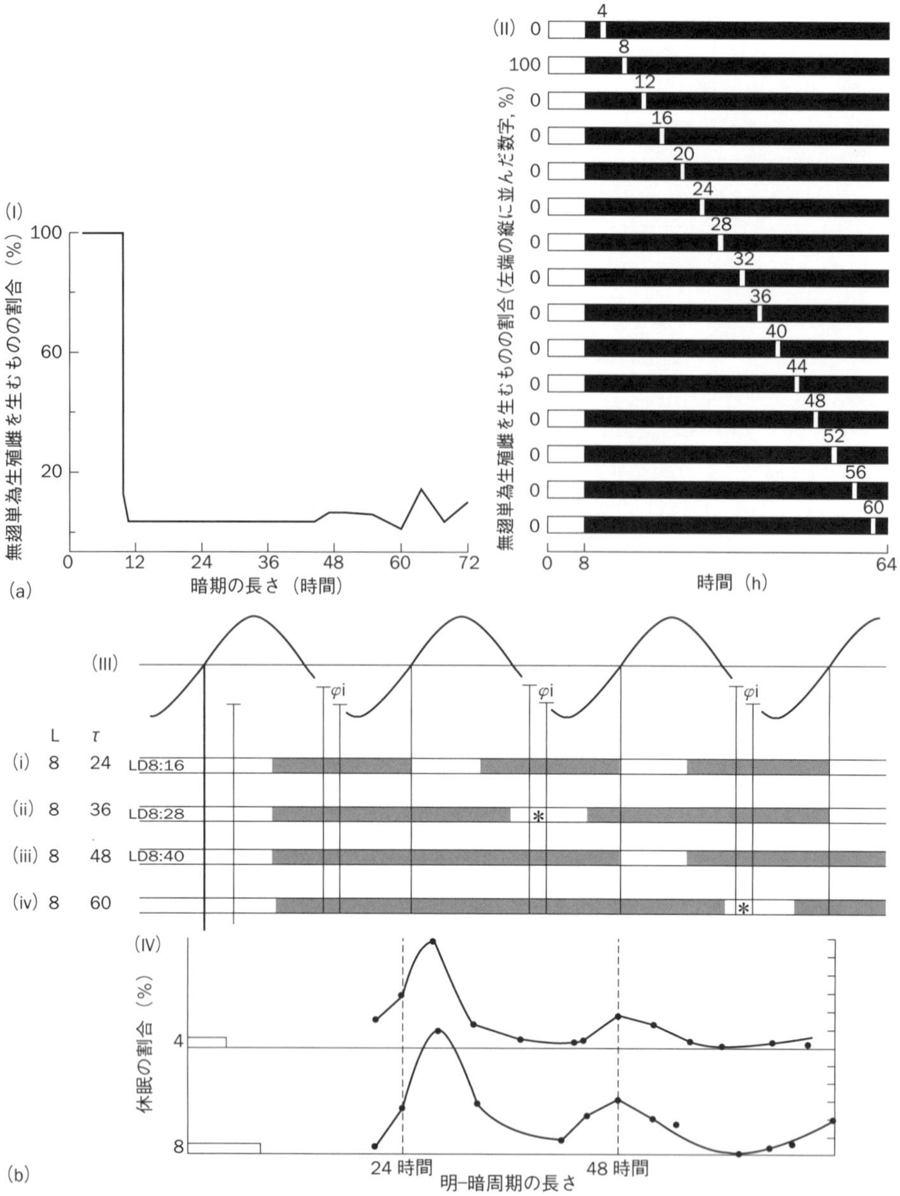

図 14.21 昆虫の休眠が，光周期によって制御される際に，砂時計型生物時計（インターバルタイマー）機構と概日時計機能がはたらいている証拠．

(a) アリマキにおける砂時計型生物時計機構．(I) 明るい時間（明期）の長さを 8 時間に固定しておき，夜の長さ（暗期）を変えた際の，無翅単為生殖雌（夏の時期に特徴的なもの）の出現率（%），(IV) のような共鳴がみられないことに注意．(II) まず 8 時間の明期を与え，それにつづく暗期中のさまざまな時間に，1 時間の光中断を与えたことに対する反応．光パルスが 4 時間後に与えられると，それは新たな夕暮だと解釈され，その後の長い夜は，無翅単為生殖雌の生産を抑制する．最初の 8 時間の暗期が，無翅単為生殖雌生産の抑制を解除する，すなわち，その暗期は，臨界夜長よりも短い夜だ，それゆえ夏の特徴だと「解釈される」のである．他のすべての処理は，無翅単為生殖雌生産を抑制し，秋/冬の条件をまねたものとなっている．

(b) 自由継続概日時計が光周性現象の制御にかかわっている証拠．(III) 共鳴実験のデザイン．内因性の振動子（サイン波で表してある）があって，それは光に反応する位相 ψ_i をもつと仮定されている．この内因性振動子とは，図 14.18 で説明したような性質の分子時計を象徴している．明暗の縞は明暗周期を表しており，例 (i)～(iv) で，明期（光を点灯している期間）は 8 時間で一定であるが，暗期の長さは変えてあり，全体として異なる周期 τ（図の左に記してある）になるようにしてある．(i) と (iii) では ψ_i はつねに暗期にあたる．一方 (ii) と (iv) では，ψ_i がときどき明期になり，もしこれが，概日時計によって長日として解釈されるなら，共鳴効果が期待されるだろう．(IV)「共鳴」がみられれば内因性の概日振動子がかかわっていることになるが，それを実験的に示したもの．この実験は，4 時間と 8 時間の明期をもつ光周期で飼育したときに，ニクバエ *Sarcophaga* が蛹で休眠に入る％を示している．どちらにおいても（またここには示していない光位相においても），明瞭な共鳴効果がみられる．

みつけることができ，そのようにして，さらに生活史の理論を発展させることができるだろう．この節では，成体とその子の間での資源配分のパターンを説明するために，理論的視点から，無脊椎動物の生活史を考えてみることにしよう．

ほとんどの生物にとって，資源は限られていると仮定されている（資源は1つかそれ以上）．だから限られた資源の配分には根本的な二分法が存在する．すなわち，(a) 成体の生存と成長を増やすか，(b) 子の生産と子の生存を増やすか，のどちらかとなる．

- 限られた資源のどれだけが生殖に配分されなければならないか，そしていつ配分するか？
- 限られた資源のどれだけが，新しい子それぞれに配分されなければならないか？

最近，それなりに統合された生活史の理論が現れはじめた．これを「生活史進化の人口統計理論」と名づけてよいだろう．理論の中核をなすのは，自然選択はつねに適応度を最大にするようにはたらくが，生殖の特性に関係する遺伝子は，2つのかなり異なるやり方をとることができるという概念である（14.5.1項を参照）．その2つのやり方とは，

- 生存 survival を増やすことによる．
- 繁殖能力 fecundity を増やすことによる．

遺伝子のはたらきのこの2つの側面間のトレードオフを考えることにより，異なる生態的境遇のもとで，生物が示す生殖と資源配分の多様なパターンの多くを説明できるだろう．生活史理論は，なぜ異なる境遇では異なる資源配分のパターンが好まれるのかを説明しなければならず，そしてその理論の予測することが正しいかを厳密に試験し，それによって理論は検査されねばならない．

14.5.1 人口統計学入門

有性生殖で繁殖する1つの個体群は，違った齢の個体から構成されており，最も若いものは最近に生まれたもの，最も高齢なのは死に近い，ということがしばしばある．そのような個体群は全個体数によってだけではなく，年齢の分布でも記載される．もちろん年齢分布と，生存率と出生率との間には密接な関係がある．つぎのような個体群は，どの期間をとってみても，定常状態にあるだろう．

総誕生数＋移入＝総死亡数＋移出

移入（よその個体群から入ってくる個体）も移出（よそに出て行く個体）もない閉鎖系では，もし出生率が死亡率を上まわれば，個体数は増えるだろうし，逆に，死亡率が出生率を上まわれば減る．これらの状況では，個体数の変化率はつぎのような簡単な関係式で記述できる．

$$dN/dt = rN \quad \text{もしくは} \quad N_t = N_0 e^{rt} \qquad (14.1)$$

ここで，N は個体群中の個体数，N_0 は時間0のときの個体数，N_t は後のある時間 t のときの個体数である．指数 r はとりわけおもしろい．なぜならこれが，時間とともに個体数が増えていく速度を決めるからである．r の数値を決める要因はきわめて重要で，以下でさらに議論しよう．永遠に指数関数的に成長できる個体群は存在せず，ほとんどのものは，平均的なレベルのあたりで個体数が変動するだろう．その平均のレベルが概念上の環境収容力である．このことを数学の言葉で表す1つの方法は，K という要素を成長式にもち込むことである．

$$\frac{dN}{dt} = rN\frac{K-N}{K} \qquad (14.2)$$

これはロジスティック式 logistic equation とよばれ，N が K に近づくにつれ，個体群の成長率が減少するような個体群を記述するものである（図14.22）．ロジスティック式は単純であり，正確にこの式どおりになる現実の動物個体群がいるわけではない．ほとんどの個体群では，（調べてみれば）平均レベルあたりを変動することがわかかるが，全体としてみた安定性において，はっきりとした差異が存在する．つまり，あるものは，数の変動が非常に大きいという特徴があり，そのためきわめて不安定で，個体群が破滅する目にもあうが，個体群の最大成長率が並はずれて大きいため，高い回復率をもつ．他のものはより安定だが，個体群の成長に関する固有の成長率（内的自然増加率）がよりゆるやかである．これら2つの両極端のものは（上のロジスティック式の項を使って）形式的に，r-淘汰の種と K-淘汰の種とよばれる．

以上のアイデアは，生活史の進化理論として影響力のあるものにとりこまれた．これがいわゆる r-K-淘汰理論である．この理論では，自然選択は，

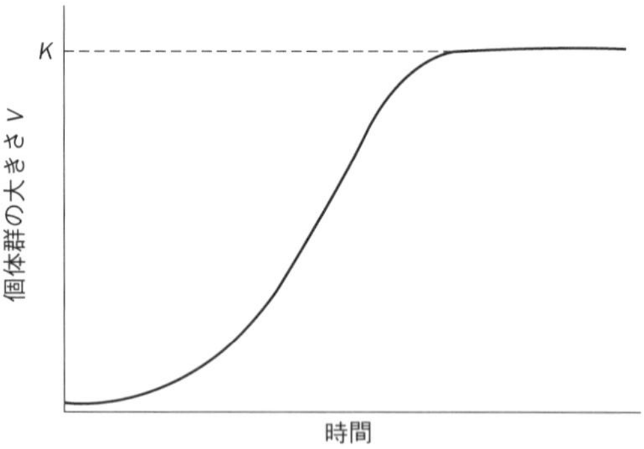

図 14.22 ロジスティック式 $dN/dt=rN(K-N)/K$ のグラフによる表示．この図から r や K が求められるだろう（Pianka, 1978）

r か K のどちらかを最大にするという，根本的に異なる2つの方法をとってはたらくと仮定する．この理論が発展した後期のものでは，種もまた繁殖の特性により，r-淘汰もしくは K-淘汰に分類可能だと仮定された．このような単純な形のままでは，もはやこの理論は，生活史の進化と有性生殖のパターンを理解する唯一の基礎として一般的に受け入れられてはいないが，検証可能な一般理論の初期の例として，これは重要な理論だった．

r-K-淘汰理論に対するおもな異論は，この理論が，自然選択はいつも同じようにはたらくと考えるところに向けられた．新しいまれな対立遺伝子が個体群中にとりこまれるためには，その対立遺伝子が適応度を最大にしなければならず，つまりは，その対立遺伝子を受け継いだ個体の個体群の成長率が，受け継がなかった個体群より大きいはずだということを意味する．いいかえれば，どんな状況であっても，「適応度」は r と同じ言葉で測られることになってしまう．そのうえ，環境収容力 K は純粋に抽象的な概念なのである．このような理由から，生活史理論は，r-K-淘汰理論ではない，他のものへと移っていった．現在の生活史理論においては，個体群の成長の特性は，個体群中の個体の平均の生存率と平均の産卵数 fertility（有効繁殖力）によって決定されるが（表 14.9 の生命表のデータを参照），それと同じように，個体群中の個体の適応度もまた，子の生存率と産卵数という言葉で記載されるのだと仮定している．

優性でまれな遺伝子をもっており，有性生殖を行う個体の適応度を，数学的に表現したものが以下に示してある．

離散的に繁殖行事を行う動物が，毎年繁殖して一生のうち年齢 ω まで繁殖するとした場合の式は，

$$1=\frac{1}{2}\sum_{t=1}^{t=\omega} s_t n_t e^{-Ft} \quad (14.3)$$

連続的に繁殖している生物の場合には

$$1=\frac{1}{2}\int e^{-Ft} s_t n_t dt \quad (14.4)$$

式（14.3）は離散的繁殖形を表し，式（14.4）は，オイラー-ロトカ式の連続的繁殖形である．ここで，t は特定した年齢（月齢でも日齢でも何でもよい），s_t は年齢 t に達するまで生きる生存率，n_t は年齢 t における産卵数，そして F は適応度の見積もりである．

したがって，個体の適応度と個体群の成長率とは同じような言葉で定義される．すなわち，（個体群中の遺伝的に定義された）個体の適応度とは，競争している生物たちが一緒にいる個体群の中で，その個体の子が指数関数的な割合で増えていく，その増加率で定義されるのである．

それゆえ適応度を増やすには，2つの違ったやり方が存在する．つまり，生存率の増加と，産卵数の増加のどちらかであり，この二分法が，生活史の進化に関する人口統計学理論の核心をなしている．

個体における生存率の平均値と全生涯の間の産卵数という，重要なパラメーターの確かな値を定めるのは容易ではないが，もし生活史を動的な言葉で理解しようとするなら，この情報は欠かせない．適切な情報は，生命表 life table という決まった形式で表されると，最も簡単に理解できる．生命表とは，一個体群中の平均的な雌の，平均生存率と平均産卵数を，生涯にわたって並べたものである．そのような表はもし (i) 個体群がほぼ定常状態だとみなすことができ，(ii) 個体の年齢を決定できるならば，1つの個体群の観察から作成できる．そのような生命表は「定常生命表」static life table とよばれる．もしそうすることが不可能ならば，ある個体群中の一群の個体を識別し（もしくは印をつけ），一生にわたってそれらの生存率と産卵数を記録し，その記録した一群が全体として，その個体群の典型だと仮定するやり方のほうが，よりよいだろう．このようにしてつくられた生命表は「コホート生命表」cohort life table とよばれる（コホートとは同時出生

表 14.9 フジツボ *Balanus glandula* の生命表 (Hines, 1979)

齢 (t) (月)	齢 t までの生存率 S_t	齢 t での平均卵数 n_t	$s_t n_t$	$t\, s_t n_t$
0	1	0	0	0
3	1.17×10^{-4}	0	0	0
12	2.04×10^{-5}	20504	0.418	5.016
24	3.84×10^{-6}	66814	0.256	6.153
36	2.05×10^{-6}	113125	0.231	8.335
48	1.28×10^{-6}	140742	0.180	8.641
60	7.33×10^{-7}	159435	0.117	7.008
72	4.18×10^{-7}	170892	0.075	5.151
84	2.44×10^{-7}	176922	0.043	3.629
96	1.42×10^{-7}	180540	0.026	2.469

$R_0=\sum s_t n_t=1.346$

世代時間 $T=\sum t\, s_t n_t=46.402$ 月

個体群の内的増加率（時間は月で表してある）

$$r=\frac{\ln R_0}{T}=0.006$$

すなわち，この r の値がつづくと，個体群はゆっくり成長するだろう．

3月齢の生存率 survivorship は，卵の生産と定着した子フジツボの比から，1000個の卵あたり何匹が生き残るかをみることにより決められた推定値である．その後については，生存率は直接観察によった．これらのデータが s_t の欄に示してある．

繁殖能力は，各齢のフジツボの基部の平均直径を計り，基部の直径と1回に生む卵の数との関係を求めることにより推定した．

最後に，1年に何回生むかを推定した．これらを掛けあわせたものが，年ごとの平均繁殖能力の推定値となる．これらのデータが n_t の欄に与えてある．

集団のこと）．

無脊椎動物の正確な年齢を決定するのは簡単ではないが，いくつかのものから必要な情報を得ることができる．多くの無脊椎動物では，骨格組織中に年齢に関係した縞があり，骨格の成長線は個体の年齢推定に使え，これが存在する場合にはふつう，生命表が作成可能である．最もよく知られた成長線は，いくつかの二枚貝（軟体動物）の殻にみられ，ほかにも，サンゴの成長帯，棘皮動物の石灰質の板の中やいくつかの多毛綱のタンパク質でできた顎の中にみられている．

どの骨格の記録を使うにせよ，それとは別に，年齢査定が正しいかどうかのチェックが必要で，これが困難かもしれない．骨格の記録として最も役立つのは，周年と毎日の出来事との両方を示す線をもつものであり，そのような記録は地球の歴史に関する重要な情報を与えることができる．（海の無脊椎動物の多くにあてはまるが）幼生のときは動けたり浮遊性で成体になると固着性を示す生物の生命表を作る際には，個体群を定義することがおもな問題点となる．

表 14.9 にそのような一例を示してある．これは北海のフジツボ（甲殻動物蔓脚綱，8.6.3.h. を参照）の生命表である．フジツボは成体では固着性であり，個体に印をつけて何年にもわたり観察することができる．この生命表には各年齢 t ごとの，平均生存率 s_t と平均産卵数 n_t を示してある．

平均生存率に平均産卵数を掛け，それを全生涯にわたって足し合わせたもの $\sum s_t n_t$ は，個体群中に生み出された1匹の雌の，生涯にわたる産卵数の平均値である．これはしばしば R_0「総繁殖率」とよばれる．世代時間は，新しく生まれた子の平均的なものが何歳の親から生まれたかという，親の年齢として見積もることができる．これは以下の関係式を使って生命表から計算可能である．

$$T=\sum t s_t n_t \tag{14.5}$$

上でみたように，r（内的自然増加率）は個体群の成長（人口の増加）の鍵となるパラメーターである．これは形式的に，オイラー-ロトカ式で定義される．この式はすでに，適応度を記述するのにも使った（式（14.3）と（14.4））．この式の離散的な形を用いると，個体群の成長率は以下のように書き表せる（式（14.3）と同じ記号を用いている）．

$$1=\frac{1}{2}\sum_{t=1}^{t=\omega} s_t n_t e^{-rt} \tag{14.6}$$

この式を解くのは難しいが，個体群が定常状態に近ければ R_0 は1からそれほど大きく異なっていないので，この状況では r はつぎの近似で見積もってもいいだろう．

$$r \fallingdotseq \frac{\ln R_0}{T} \tag{14.7}$$

表 14.9 にあるように r が正の値であると，これは個体群のサイズが増加してることを示唆し，もし r が負の値ならば個体群が縮小していることを示している．

生活史の理論におけるもう1つの重要な概念は，生物の「残存繁殖価」residual reproductive value である．繁殖が起きるときはいつであれ，その生物の繁殖量 reproductive output は2つの構成部分に分けることができる．すなわち，

現在の繁殖量＋将来の繁殖量

ほぼ定常状態に近い状態だと仮定すると，どの年齢 x においても，繁殖価 reproductive value はつぎの式で与えられる．

$$V_x = \sum_{x}^{\omega} \frac{s_t}{s_x} n_t \qquad (14.8)$$

個体群が定常状態ではない場合には，

$$V_x = \sum_{x}^{\omega} \frac{s_t}{s_x} n_t e^{-r} \qquad (14.9)$$

ここで，t は $t=x$ から $t=\omega$（繁殖の最後の年齢）までのすべての値をとる．

式（14.8）と（14.9）において，少しだけ違った表記法が使われていることに注意してほしい．$t=x$ のとき $s_t/s_x=1$ だから結局，展開式と式（14.8）と（14.9）で，年齢 x の時点での現在の産卵数 n_x と，（年齢 x からすべての将来の年齢までの生存の確率を割り引いた）将来の産卵数を定義している．個体群が定常状態にない場合には，将来の子の値はまた，個体群の成長率（もしくは減少率）を考慮する係数を掛けることによって調整されねばならない（式（14.9））．なんとならば，もし個体群が成長していると，同じ数の子でも，後になるほど，それが総個体数（ある将来の時点のデータの総個体数）への寄与が相対的に少なくなるからである．個体群の変動の効果を入れて式（14.9）を解くためには，より複雑な数学が必要であり，指数の項を導入して，予想される人口変動にみあうように平均生存率を調整する．直感的にいえば，子の一個体の価値は，大きなサイズの個体群のものほど少なくなる．

個体の繁殖価（式（14.8）と（14.9））は年齢とともに変わる．多くの無脊椎動物の個体群では，新しく生まれたばかりのものの繁殖価は低い．なぜなら，新しくつくられた子のうち，ほんのわずかの数しか繁殖するまで生き残らないからである．最初の繁殖年齢に達した個体の繁殖価はより大きく，この価を使うと，個体の適応度（幼生期を通しての生存とは独立の適応度）を見積もることができる．もし個体が，繁殖状態に達する前に死亡する危険の高い個体群に生まれたら，その個体の繁殖価は時間とともに増えていき，あるところでピークに達し，そして減るだろう．表 14.9 で，12 カ月以降のフジツボの繁殖価が，生まれたばかりのフジツボの卵の価よりずっと大きいことに注目してほしい．

14.5.2 生活史の進化の一般理論が仮定するもの

生活史の進化に関する一般理論は，以下のような一定の仮定を置いている．

- 自然選択は，個体の生活史の特性の上にはたらく．
- 自然選択は，個体の適応度を最大にする傾向がある（適応度は式（14.1）と（14.2）中で定義されるが，14.5.3 項も参照）
- その個体の生活史の示す複数の特性は，それぞれ独立に進化可能である．

以下でふれることになる一般理論は，さらに以下のことを仮定している．

- ある生物にとって入手可能な資源は限られている．
- 繁殖努力 reproductive effort（つまり生殖活動に配分する資源）が増加すれば，繁殖量の増加と体への投資の減少が起こる．
- 繁殖努力が増加すると，産卵数の増加・子の生存率の増加・子の成長と成熟の速度の増加，もしくはこれらのいくつかの組合せが起こるだろう．
- 体への投資が減少すれば，成体の生存率が減るか，成長が減少する結果将来の産卵数が減少して残存繁殖価が減るだろう．

これらの仮定の重要な特徴は，現在の繁殖量と，残存繁殖価（式（14.8）と（14.9）で定義されたもの）との間で，トレードオフが可能だということである．長期にわたる繁殖の成功には，異なった道があり，だから繁殖のパターンに，たくさんの異なるものがみられるのは明らかである．

14.5.3 人口理論と無脊椎動物の生活史

生活史の進化に関する理論が有用であるためには，理論は予測できなければならず，そしてその予測は検証可能でなければならない．理論を検証する 1 つの方法は，異なる状況下で異なる繁殖パターンのみられることが，その理論で説明されるかを考えることである．もちろん理論の予測を修正する要因がたくさんあるだろう．その要因の中には，（繁殖成功への道の選択範囲を制限するかもしれない）そのタクソンの進化史の影響も入っている．

生物が示す生活史の特徴的な点は（他の特性同様）自然選択によって決定されると仮定するところ

にある．それらの特徴をもつと，その個体の適応度が増加するかどうかに基づいて（つまりその特徴をもつ個体の数が，もたないものよりも早く増えるかどうかによって）特徴は選択されるだろう．

式 (14.3) と (14.4) では，適応度 F は r に等価の項で定義されていた．r は式 (14.6) での個体群の内的自然増加率である．適応度を最大にでき，その適応度を計るなんらかの全体的なものさしがあるとする発想は，それ自体が議論の的となっている．より厳密にいえば，r は全体的な適応度（全体適応度）global fitness の近似のものさしであるが，それがあてはまるのは，限定されていない均一で一定の環境下，つまり選択結果が密度依存の要因に影響されないときだけなのである．環境が静的な際には，正味の繁殖率 R_0 を全体適応度のものさしとして使用することもできるだろう．多くの状況では，r も R_0 もどちらも正確に計算することはできないが，幼生の生存率は未知でも，成体の生存率が知られているなら，ある年齢における残存繁殖価は計算可能である．これらの場合には，繁殖価はずっと取り扱いやすくなるし，自然選択は，「繁殖努力あたりの繁殖価」を最大にすることによって r を最大化しようとすると仮定できるだろう．どんな生物であれ，もし十分な遺伝的変異をもっていて，いくつかの繁殖の特性を組み合わせて最適にできるならば，(その生物がとり得る生活史のセットを制限している，制約とトレードオフに従う）特性たちが自然選択にかかることにより，全体適応度が最大になると期待できる．

二者の特性のうちどちらかを選ぶというこの二分法は，2つの生活史の特性のどちらを選んだら全体適応度がどうなるかという関係の枠組みを考慮してはじめて解釈可能となる．たとえば，卵サイズと卵数を考えるとしよう．もしある資源（たとえばエネルギー）が制限されているとすると，資源を3つの異なる道へと配分することができる．(i) 現在の繁殖へ，(ii) 生存と維持へ，(iii) 成長へ．「現在の繁殖」へ資源を配分する場合にはいつでも，相対的にお金のかからない子を多数用意するか，より費用のかかる子を少数用意するか，のどちらかになる（表 14.6 を参照）．

海の無脊椎動物では多くの場合，個々の種の中では卵サイズはあまり変わらないが，近縁のものには卵サイズのきわめて異なる種が存在することが知られている．これは，より小さな卵は浮遊幼生を経て発生するが，より大きな卵はそうはしないという，一般的な発生の様式と関連している．例外はいくつかあるが一般的にいって，2つの近縁の種（もしくは似た2つのタクサの種）が一緒にいる場合，体の小さい種のほうがより大きな卵を生み，1個の卵への投資がより大きい．これは，最初は逆説的だと感じるだろうが，より体の大きな種は，1個の卵あたりの投資のより少ない卵をつくることが，よりふつうなのである．しかし，繁殖努力の絶対的なレベルを，使えるエネルギー中で，現在の繁殖に投資するエネルギーの相対的な割合 p として定義すると，1個の卵のサイズがどうであれ，これは同じになるだろう（Box 14.4 も参照）．

潮間帯にいる腹足綱（軟体動物）で，みた目はほとんど見分けのつかない小型の2種の繁殖努力を調べた結果では，繁殖に配分する相対的なエネルギー量がほとんど違わないのに，卵1個をつくる相対的なコストには驚くほどの違いがみられた．ヘソアキアシヤタマキビ *Lacuna vincta* は長い浮遊幼生期と相対的に小さい卵をもつが，他方の *Lacuna pallidula* はより大きな卵をもち，直接発生を示す．しかし，これらの2種において，卵生産に配分される総体的なエネルギー予算の割合は，4% 以下の違いしかなかったから，この大卵か小卵かという二者択一の特性間の二分法は，トレードオフ状態といってよいだろう．

生活史の理論に与えられた課題は，最適化されたトレードオフの1つ（もしくは他のもの）が，最大の適応度を与える条件とはどのようなものかを予測することである．このことは無脊椎動物学者にとって手強い問題なのであって，それは図 14.23 に示されている非常に単純なモデルを考えることにより，思い描くことができるだろう．これは多数回繁殖動物の生活史を表している．この生活史においては，成体になるまでに，ある有限の生存の確率を仮定しており，また，繁殖が間隔をおいて起こるとき，その間の期間に成体が生存する確率として，別の有限な確率（S_a）を仮定している．ある決まった数 (n) の子が1回の繁殖ごとにつくられるとする．こんなたいへん単純な生活史でさえ，10組を下回らない独立の，二者択一の特性間のトレードオフ

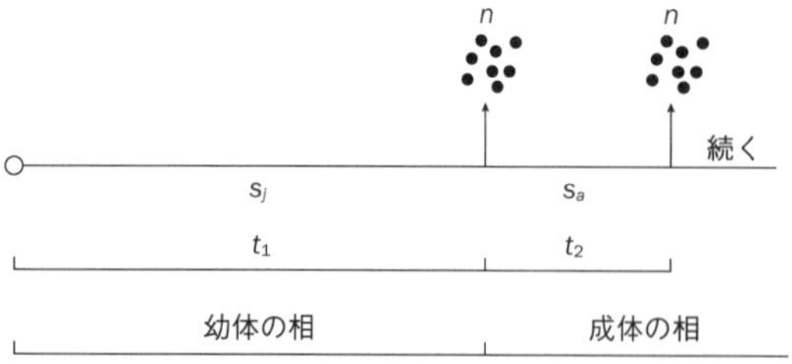

図 14.23 多数回繁殖する動物の，きわめて単純な生活史モデル．これはつぎの媒介変数を含んでいる．s_j：幼体の時期を通しての生存率，n：1回の繁殖でつくられる配偶子の数，s_a：繁殖とつぎの繁殖の間の生存率，t_1：接合子形成から繁殖開始までの時間，t_2：繁殖とつぎの繁殖との間の時間．このたいへん単純なモデルは，2つの媒介変数の間の10個のトレードオフを定義するが，そのいくつかを以下に示す．

- n 対 s_a：繁殖が危険で s_a が低いと，最初の繁殖で n は最大になる．
- n 対 s_j：高い繁殖能力をとれば生存率は低くなる．多数の小さな子と少数の大きな子の間のトレードオフ．
- s_j 対 s_a：親が子を守るか親が子に資源を用意する．親の生存率が増すと子の生存率が減る．
- s_a 対 t_1：親の投資が増えると発生の速度が増す．
- s_a 対 t_1：幼体にとって摂食は危険．
- s_j 対 t_2：成体にとって摂食は危険．
- n 対 t_1：少数の子が早い時期につくられるか，多数の子が遅い時期につくられるだろう．
- t_2 対 s_j：子の生存率を増やすために子に投資すれば，子を生む間隔が長くなる．

(R. M. Sibly：The life history approach to physiological ecology. *Funct Ecol.*, **5**, 184-191, 1991.)

が，現在までに特定されている（図14.23を参照）．これらのトレードオフ中のいくつかは，すでにわれわれにお馴染みのものである．たとえば，海の無脊椎動物における，卵数と卵サイズの間のトレードオフ（浮遊性 vs. 非浮遊性）の発達は，このリストの2番目のトレードオフとして表されている．

無脊椎動物の間に，生活環の豊かな多様性がみられるとすると，異なるタクサ間で比較したくなるが，それはあまり建設的ではない．同じタクソン内での変異を解析するほうがよい．

個体は自分自身の遺伝子型（しばしば他に類をみない遺伝子型）をもっており，その個体が経験する特定の1組の環境状態へ反応した結果が，その個体でみられる生活史の特性の組となって現れているのである．「ある特定の遺伝子型が生き残ることのできる環境のすべての組との相互作用の中で，その遺伝子型が表すことのできる表現形の全部の組」を表現するために，「反応基準」reaction norm という言葉が使われている．

生活史の特性のあるものは，比較的静的で固定されている．他のものは環境の状況によって変わりうるだろう．自然選択を通して生じてきたのは，「反応基準」の組なのである．

方向性をもった選択のもとで「反応基準」がどのくらい早く変わりうるかを調べるための，大規模で長期間の実験が現在行われている．これは重要な実験である．なぜなら長期にわたる汚染の効果で，遺伝的変化の起きることが予想されるからである．これらの変化の結果を理解するためには，自然選択が繁殖の過程にどのように影響を及ぼすかを，確実に理解する必要がある．なぜ個々の動物が，彼らが現在やっているように繁殖するのかを理解するには，環境と進化の歴史の両方を理解する必要があることを，われわれはすでにみてきた．すなわち (i) 動物が生活している環境によって与えられる，制約と機会を理解しなければならず，また (ii) 生物がとりうる繁殖の選択肢が，その生物の進化の歴史によってどんなふうに制限されるだろうかを理解する必要がある．実験の計画にあたっては，これらの重要な質問に，種のレベル以下で取り組むようにしなければならない．なぜなら，そもそもそれぞれの種は，自身の長い進化の歴史をもっているのだから，種間の比較だけで生活史の理論が正しいかを試験するようなことのない計画を立てなければならないのである．無脊椎動物は，多様な生活史をもった生物のきわめて多様な集合体である．多くのものは短い世代時間をもっているため，実験を通してアイデアを試験するのに好都合な材料だと思われる．

14.6 結　　論

生活史の理論は急速に拡大しつつある分野であり，これは，生物の間でみられる繁殖特性のさまざまな組に，機能的説明を与えようとするものである．とりわけ有性生殖の一般理論の分野は，たいへんな勢いで発展しており，この発展中の理論を支えるデータベースに，無脊椎動物の観察が，じつに多くの寄与をしてきている．すべての生きものの間で，有性生殖が支配的な繁殖様式であることは明白である（ただし，多くの刺胞動物・扁形動物・環形動物・小さな甲殻動物・いくつかの昆虫でみられている複雑な生活史の中では，有性生殖は無性生殖のエピソードと結びついていることもあるが）．

Box 14.8　繁殖を今やるか将来にするか

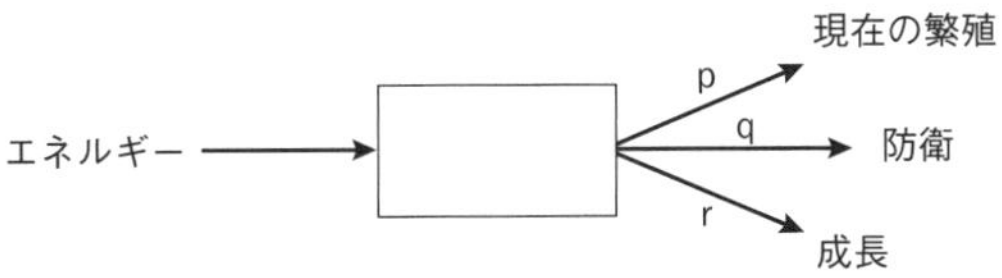

全体適応度の項は，個体の齢1での繁殖価（V_1）で表すことができるだろう（最初の繁殖の齢でのこの価は1）．繁殖価は2つの構成要素（現在の繁殖能力と将来期待される繁殖能力）をもち，つぎのように模式的に表すことができる．

齢1での繁殖価　V_1＝［現在の繁殖能力］＋［将来の繁殖能力の期待値］

これは数学的にも表すことができ，定常状態に近い場合には

$$V_i=\left[\frac{s_{i[t=1]}}{s_1}m_1\right]+\left[\sum_{2}^{\omega}\frac{s_i}{s_1}m_i\right] \quad (1)$$

ここで i は繁殖の各齢（t）を表しており，$t=1$（繁殖の最初の齢）から $t=\omega$（繁殖の最後の齢）までをとる．

定常状態にない個体群が，ある瞬間の増殖率 r で成長するとき，将来の繁殖努力の値は，個体群サイズの変化率を反映する項により補正されなければならない．なぜなら，拡大している個体群では，将来の子は，今の子よりも価値が少ないからである．これは以下のように表すことができる．

$$V_i=\left[\frac{s_{i[t=1]}}{s_1}m_1\right]+\left[\sum_{2}^{\omega}\frac{s_i}{s_1}m_i\right]e^{-rt} \quad (2)$$

現在の繁殖に配分された資源は，今の齢での繁殖努力に寄与する．将来の繁殖に配分された資源は，生存や防衛や，もしくは成長を，最大にし，そしてそれゆえ，将来のある時点での子の見込みを最大にすることに使われるだろう．現在の繁殖努力と成体の生存率との間のトレードオフは適応度の図で表すことができる（Box 14.4(i)，(ii) を思い出してほしい）．左の図 (i) のようにトレードオフが凹なら，最適の適応度は，繁殖努力が最大で成体の生存率が最小のとき，つまり1回繁殖のときに生じる．それに対して，(ii) のようにトレードオフ曲線が凸の場合，最大の適応度は，中間の繁殖努力と，ある限度の成体の生存，つまり多数回繁殖により与えられる（Steams, 1992）．

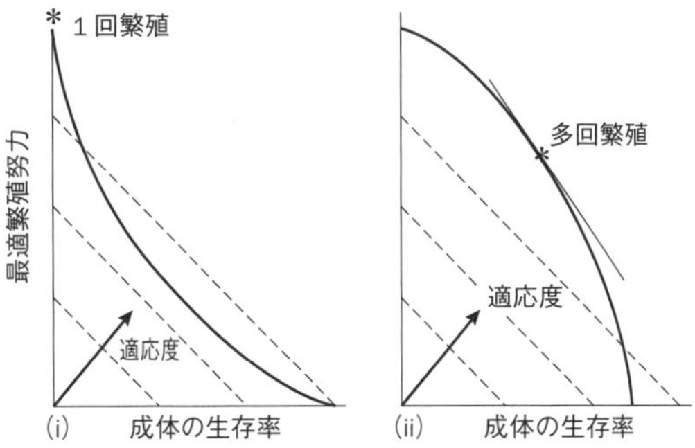

多数の卵か少数の卵か

・現在の繁殖に配分された資源は，多数の小さな卵に配分される場合もあるし，少数の大きな卵に配分される場合もある．

・卵の数は，手に入れられるエネルギー（p）もしくは卵を蓄える空間をどれだけ利用できるかにより制限されるだろう．そのような際には，

$$\text{卵数}\propto\frac{\text{全部の卵に配分された総エネルギー}}{\text{卵1個あたりのエネルギー}}$$

$$\text{卵数}\propto\frac{\text{母の体積}}{\text{卵1個の体積}}$$

（図 14.23 も参照）．

有性生殖が広く行き渡ってみられるのに伴い，繁殖の状態も，繁殖過程への配分パターンも，じつにびっくりするような多様さがみられている．この多様さは，分類学や環境や機能的観点から検討されてきた．複数の繁殖特性の組合せのうち，考えられるすべてのものが，すべての環境中やすべての分類群中に等しくみつかるのではないことは，はっきりしている．海での繁殖はしばしば，自由生活性の浮遊幼生の放出を伴っており，この特性は他の多くの特性（体外受精・大量で伝染性の放卵放精・単純な精子とエネルギーに乏しい卵の生産など）とも関連している．海中でも特別の状況下や，すべての陸上と淡水の環境においては，浮遊幼生の発生は抑制され，これはふつう，体内受精・精子の貯蔵・エネルギーに富む卵の生産と関係している．

でたらめではない繁殖パターンはすべて，管理されたやり方で，特定の生殖機能へと資源を配分することから生じたものである．もし，個体群の構成員の間で強く同期している要素があれば，環境情報からの入力とその神経内分泌的な変換が存在するはず

で，これについては本章で簡単にふれたが，第16章でより十分議論するつもりである．

限られた資源を，親と子の対立する要求の間でどう配分するかの理論を，最近の発展を吟味しながら学んできた．そして，どんなふうに環境を分類すると，実際に観察される配分パターンを理解できるようになるかをみた．この理論を検証し洗練するためには，亜種レベルでの実験と観察をもっと行わなければいけない．亜種レベルの実験は，長期にわたる，致死レベルより低いレベルでの環境の変化（汚染・地球温暖化など）の影響が，生殖の特徴の変化として検出できるかもしれないという，現実問題への応用と結びついたものなので，その意味でもこういう実験が重視されることを，われわれは期待しているのである．

無脊椎動物における繁殖過程の解析と記載は，生態学と群集生物学の研究の背景を提供するし，また繁殖に引きつづいて起こる無脊椎動物の発生の研究の糸口をも用意するものである（第15章）．

14.7 さらに学びたい人へ（参考文献）

無脊椎動物の生殖については，何巻もの論文集が2種あり，またずっとつづいて発刊されている総説集もある．これらをみると生殖についての詳しい基礎知識が得られる．

Adiyodi, K.G. & Adiyodi, R.G. (Eds) 1993. *Reproductive Biology of Invertebrates*. Wiley, New York.
Vol. 1. *Oogenesis, Oviposition and Oosorption.*
Vol. 2. *Spermatogenesis and Sperm Function.*
Vol. 3. *Accessory Glands.*
Vol. 4. *Fertilisation, Development and Parental Care.*
Vol. 5. *Sexual Differentiation and Behaviour.*
Vol. 6. *Asexual Propagation and Reproductive Strategies.* Parts A and B.
Giese, A.G. & Pearse, J.S. (Eds). *Reproduction of Marine Invertebrates.* Academic Press, New York.
Vol. 1 (1974) *General Introduction, Acoelomate and Pseudocoelomate Metazoans.*
Vol. 2 (1975) *Entoprocts and Lesser Coelomates.*
Vol. 3 (1975) *Annelids and Echiurans.*
Vol. 4 (1977) *Molluscs: Gastropods and Cephalopods.*
Vol. 5 (1979) *Molluscs: Pelecypeds and Lesser Classes.*
Vol. 6 (1991) *Echinoderms and Lophophorates.*
Giese, A.G., Pearse, J.S. & Pearse, V.B. (Eds).
Vol. 9 (1987) *General Aspects: Seeking Unity in Diversity.*
Advances in Invertebrate Reproduction. Elsevier Science, Amsterdam.
Vol. 2. Clark, W. & Adams, T.S. (Eds) 1981.
Vol. 3. Engels, W. (Ed.) 1984.
Vol. 4. Porchet, M. (Ed.) 1986.
Vol. 5. Hashi, M. (Ed.) 1990.

このシリーズの続きは雑誌 *Invertebrate Reproduction and Development* の特別号として出版されている．

以下のモノグラフは，無脊椎動物の生殖の異なる面をとりあげている．

Begon, M., Harper, J.L. & Townsend, C.R. 1986. *Ecology: Individuals, Populations and Communities.* Blackwell Scientific Publications, Oxford.
Bell, G. 1982. *The Masterpiece of Nature: The Evolution and Genetics of Sexuality.* University of California Press, Berkeley.
Brady, J. 1979. *Biological Clocks* (Studies in Biology, 104), Edward Arnold, London.
Calow, P. 1978. *Life Cycles.* Chapman & Hall, London.
Charnov, E. 1982. *The Theory of Sex Allocation.* Princeton University Press, Princeton, New Jersey.
Cohen, J. 1977. *Reproduction.* Butterworth, London.
Grahame, J. & Branch, G.M. 1985. Reproductive patterns of marine invertebrates. *Oceanography Marine Biology Annual Review*, **23**, 373–398.
Greenwood, P.J. & Adams, J. 1987. *The Ecology of Sex.* Edward Arnold, London.
Hurst, L.D. & Peck, J.R. 1996. Recent advances in understanding of the evolution and maintenance of sex. *Trends in Evolution and Ecology*, **11**, 46–52.
Maynard-Smith, J. 1978. *The Evolution of Sex.* Cambridge University Press, Cambridge.
Pianka, E.R. 1978. *Evolutionary Ecology.* Harper & Row, New York.
Roff, D.A. 1992. *The Evolution of Life-Histories: Theory and Analysis.* Chapman & Hall, New York, London.
Saunders, D.S. 1977. *The Introduction to Biological Rhythms.* Blackie, Glasgow.
Sibly, R.M. & Calow, P. 1986. *Physiological Ecology of Animals.* Blackwell Scientific Publications, Oxford.
Stearns, S.C. 1992. *The Evolution of Life-Histories.* Oxford University Press, Oxford.

第15章

発　　生

Development

Felix qui potuit cognoscere causas（物事の理由を知ることのできる者は幸せである）

ケンブリッジ大学チャーチルカレッジのモットー

第14章では動物の生殖様式について解説し，動物の発生は成体の体内に配偶子（卵細胞と精子，14.2節参照）が生じることからはじまると述べた．有性生殖をする生物では，半数体の配偶子が融合して新しい接合子を形成し，このいわば特殊化した細胞から成体の多細胞生物が生じるのである．初期の一連の細胞分裂は「卵割」cleavageとよばれ，細胞の成長を伴わない正確に統制されたやり方で起こる．卵割は，受精卵の空間的な構成を保ったまま，接合子をより多数の小型の細胞に分割する．卵の細胞質の特徴は，将来の胚の成長を支える物質を蓄えていることである．これらの物質の中には伝令RNA（メッセンジャーRNA，mRNA）分子とタンパク質（mRNAの転写産物）があり，これらは以後の胚発生に重大な影響を与えることになる．この理由から，卵から発生する細胞群の発生学的運命には，卵から引き継がれた細胞質が強い効果をもつ．これらの効果は母性効果maternal effectsとよばれる．最初の卵割が起こる前のある時期，細胞質の移動により卵の細胞質に3次元的な空間配置が形成される．この空間配置は，将来の胚の主軸を確立する．有櫛動物よりも複雑な体制をもつ無脊椎動物では，これらの主軸の中に前後軸・背腹軸が含まれる．この空間配置は，卵の発達中に確立されることもあるし（昆虫ショウジョウバエのように，以下参照），受精に伴って開始される受精卵細胞質の移動によって起こることもある．いずれの場合でも，この卵細胞質の空間配置の重要性はいくら強調しても強調しすぎることはない．この空間配置によって，（初期の卵割によって生み出される細胞の運命の決定に重大な影響をもつ）母性遺伝子産物の局所分布が決定されるからである．

「卵割」という言葉は動物発生の初期において，受精卵が最初に高度に保存されたパターンに従ってより小さな，より多数の細胞に分割されることを指す．無脊椎動物では，卵割のパターンは比較的少数で，それらは互いにかなり異なっている．軟体動物，環形動物その他のいわゆる前口動物にみられるらせん卵割spiral cleavageと，後口動物（たとえば棘皮動物）にみられる放射卵割radial cleavageはよく知られている．近年，ショウジョウバエ*Drosophila*の表割superficial cleavageと線虫（エレガンスセンチュウ*Caenorhabditis elegans*）の卵割パターンが重視されるようになった．というのも，これらの動物をモデルに用いた発生遺伝学的研究が発生学の主要な焦点になってきたからである．

卵割につづく胚の発生では，幼生や成体の体制に従った細胞の空間的再配置が起こり，さらに実際の幼生や成体中で機能している細胞への分化が起こる．以上の発生の各段階をまとめると以下のようになる．

1. 配偶子の形成と発生情報の蓄積
2. 受精
3. 接合子の代謝の活性化と母性伝令分子（mRNA）の翻訳
4. 卵割
5. 接合子の核の活性化と新しい接合子特異的情報分子（mRNA）の転写
6. 器官形成
7. 分化

無脊椎動物の発生は変態を伴うことがたいへん多い．このとき，1つの環境条件に適応して分化した幼生が突然，まったく異なる環境条件に適応した異なる形態の成体へと変化し，動物の機能もまったく異なったものになることがある（第14章参照）．また，無脊椎動物は細胞分化や形態形成に関する生化学・分子メカニズムを研究するうえで，とくに貴重なモデル動物を提供してきた．この傾向は現在もつづいており，昆虫のショウジョウバエとエレガンス線虫は形態形成と発生運命の決定に関与する分子的基礎を研究するうえで，最も重要なモデル動物となっている．さらに，昆虫とわれわれを含む脊椎動物の初期発生を制御する遺伝子の単離と構造決定により，両者の初期発生は高度に保存された同一の遺伝子群が制御するプロセスに基づいていることが明らかになった．

発生学研究は動物間の類縁関係に光をあてるうえでつねに重要であったし，正確な分子生物学的ツールの開発はこのアプローチに革命をもたらした．遺伝学的技術に基づく「発生の進化」とでも名づけるべき新しい学問分野が現在生まれつつある．

本章では無脊椎動物の発生，とくに細胞発生運命の決定に関与する過程の実験的検証について述べる．20世紀の初期（細胞分化の制御の分子生物学的基礎が明らかになる以前）にも，発生生物学者は多くの細胞間相互作用を発見していた．これらの機能が現在の遺伝子制御メカニズムの言葉でどう説明されるかについても可能な限り述べることにする．ここで総括するのは，受精，卵割，形態形成と細胞発生運命の決定に関する解析である．解説は実験発生学的研究に重点を置き，動物発生研究における歴史的アプローチに沿って行う．学問の進歩は，現在，これまでになく速いが，発生学の追求するところはただ1つ——構造がないようにみえる卵（事実はそうではない）から，いかにして完全に分化した成体が再びつくられてくるかを理解することである．

本章の最後に，無脊椎動物の再生について議論する．再生の過程で，あるパターンの断片から完全なパターンが再構成される．したがって，これに関与する過程には正常発生の過程との共通点がある．

15.1　卵形成：発生情報の蓄積

この節の表題は，発生学者 Raven の著書の予言的な表題からとったものである．この言葉は，卵形成時に起こる出来事が新しい生命の誕生に果たす役割を正確にまとめあげている．

15.1.1　発生の輪

第 14 章で，さまざまな無性生殖の過程について学んだ．これらの過程は，完全に分化した個体を「復元」するのに使えるだろう．そのいくつか，たとえば単為生殖では，卵細胞様の 1 個の細胞から分化が起こる．他方，たとえば断片化，出芽，芽球形成では，多細胞の成分から再生が起こる．このように，無性生殖によって個体を復元するやり方は多様であるが，圧倒的大多数の動物では成長した個体（あるいは群体やクローン）は単一の細胞，すなわち受精卵から発生する．

動物の生活環の中で，単細胞の状態と，それから発生する多細胞の分化した状態を繰り返すのは，ほとんど普遍的な特徴といってよい．この発生サイクルの中にはいくつかの共通の特徴を認めることができ，それを「発生の輪」として図 15.1 に示してある．発生の過程は 1 つの連続した過程であるが，その中にはいくつかの共通したステップが認められる．しかし，すべての無脊椎動物が器官レベルの組織化を達成しているわけではない．変態はとくに軟体動物，環形動物，昆虫とホヤなどの無脊椎動物で顕著である．

二倍体の接合子の形成は，受精の際に 2 つの半数体の配偶子が遭遇し，融合することで起こる（卵 n＋精子 n＝接合子 $2n$）．通常は，このステップが動物発生の起点と考えられるが，ここでは「発生の輪」を少し戻って卵の形成から動物発生の議論をはじめることにする．

15.1.2　卵形成

卵形成 oogenesis の基本パターンは第 14 章で述べた（図 14.12 および Box 14.7 参照）．十分に発達した卵は大型の細胞で，少なくとも摂食がはじまる段階に発生するまでの間に個体が必要とするすべての物質を，細胞質中に含んだものである．それに加えて，精子と接触してから後の反応に関与する物質も含まれており（15.2 節参照），この物質（表層顆粒 cortical granule）は卵の表層部に存在し，受精反応の初期に 2 匹目以降の精子をシャットアウトするのを助ける．卵と融合する精子は，ただ 1 匹でなくてはならないのだ！

卵に貯蔵された物質には以下のものが含まれる．

- （タンパク質とリポタンパク質の）卵黄球 yolk sphere（Box 14.7 参照）．しばしば高分子量タンパク質ビテリンを含む．
- 脂質の小滴
- ミトコンドリア
- 豊富なリボソーム（rRNA）
- 表層構造—顆粒および/または胞室 alveolus
- 貯蔵された雑多な遺伝子転写物（mRNA）

これらの物質は同心円をなす放射状パターンに配列していることがある．その場合は最初の細胞分裂（卵割，図 15.8 参照）の前，受精のときにそのパターンは変化する．

多くの無脊椎動物では卵形成の段階で明瞭な体軸の方向性が確立し，比較的卵黄の少ない「動物」極 animal pole と，より卵黄の多い「植物」極 vegetal pole を区別することができる．昆虫ショウジョウバエでは，この極性は濾胞中における卵の配置によって決まる（Box 14.7(c)(ii) 参照）．この場合，極性は将来の前後軸の決定に対して重要な役割を果たす．卵細胞の細胞質は転写された遺伝子産物（貯蔵 mRNA）を含む．これらの遺伝子転写物はあるやり方で「マスク」されており，機能するタンパク質へとすぐに翻訳されるわけではない．したがって，これらの転写物の卵細胞質中の位置は Box 15.1 で説明するように，のちの発生過程に重大な影響をもつ場合がある．

初期発生における形態形成は母性遺伝子によって

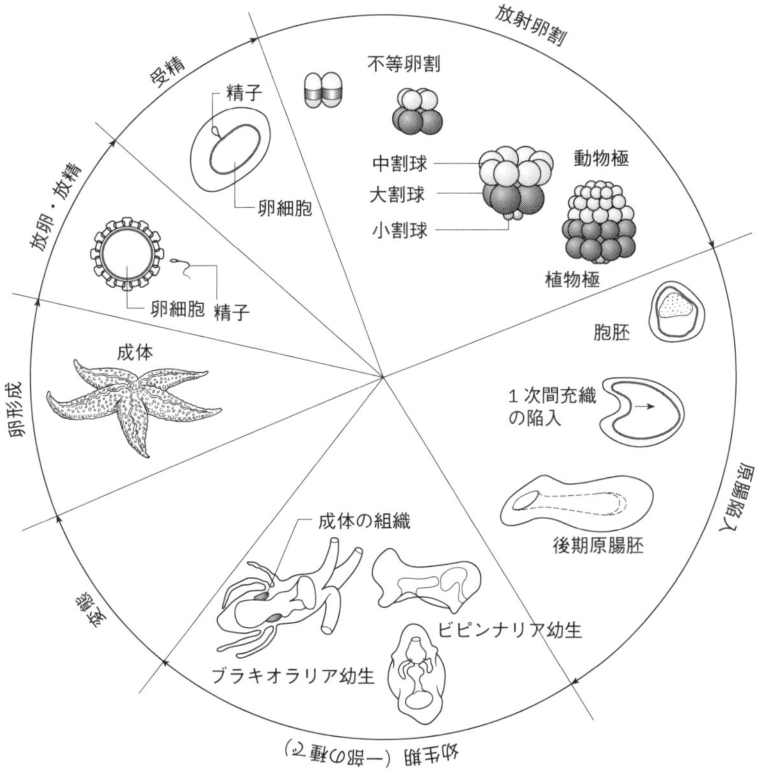

図 15.1　発生の輪．動物の発生は輪の形に表すことができ，その中で動物の成体は生殖細胞を生産し，それが受精時に接合子を形成してそれが再び成体へと成長する．鍵になる過程は，受精，卵割，原腸陥入，幼生の発生，変態と器官形成である（この図表は一部，ニューカッスル大学の動物学専攻の 2 年生 Rebecca Platt の観察に基づく）．

制御されており，接合子のゲノムだけで制御されるのではないことが，ウニを用いた実験によって確立された（図 15.2）．これらの実験は，動物発生における貯蔵 mRNA の役割に最初の光をあてたのである．

15.1.3　受精と発生の開始

受精は複雑な過程である．そのおもな要素は，以下のとおり．

1. 配偶子が物理的に隣りあって並ぶ．
2. 精子と卵の融合につながる表面膜の相互作用．
3. さらに精子が侵入するのを防ぐ，卵表面で起こる生理的反応．これは通常「多精受精 polyspermy の阻止」とよばれる．
4. 卵細胞代謝の活性化．
5. 生殖核の融合による接合子の新しい二倍体ゲノムの形成．
6. 初期の卵割の開始．

体外受精をする海産無脊椎動物は，この過程の一般的原理を確立するのにとくに重要な役割を果たしてきた．物事の起こる正確な順序は，配偶子が融合するときの「卵」の成熟度に依存する（表 15.1）．多くの海産無脊椎動物の卵と精子は海水中に放出され，受精が起こるのはこの媒体の中である．精子の運動は海水と混ざったときの pH の変化によって活性化されることがあり，そのランダムな動きは（卵も海水中に漂うときには）卵との接触の可能性を増すことになる．精子と卵が近い距離にあるときには，化学物質による相互作用が精子を卵表面に導くことを示す証拠が集まりつつある．

15.1.4　離れた精子と卵の相互作用

精子と卵の間に化学走性があるという最初の明瞭な実験的証拠は，群体性ヒドロ虫 *Campanularia*（ヒラタアシナガコップガヤの仲間）で得られた．この卵は海水中に放出されるのではなく，フラスコ

Box 15.1　ショウジョウバエにおける mRNA の細胞質中の局在と前後軸の確立

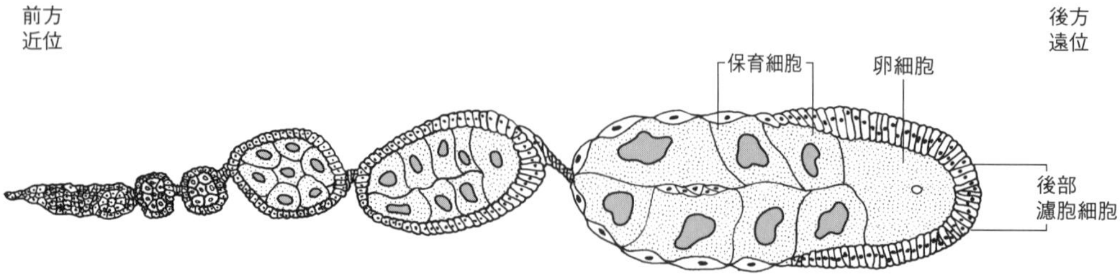

1. キイロショウジョウバエ *Drosophila melanogaster* は，動物発生の遺伝子解析にとって重要なモデル動物である．この動物は，形態形成の分子生物学的基礎に関する研究の出発点を提供してきた．

2. ショウジョウバエの卵は上に示すように，紐状の卵巣小管 ovariole の中で形成されてくる．卵巣小管は集まって卵巣を形成する

それぞれの卵巣小管は形成されつつある卵細胞と，それを包む濾胞 follicle が紐状につながったものである．生殖幹細胞はそれぞれの卵巣小管の近位の末端に位置し，遠位の末端から受精と産卵が可能な成熟卵が現れる 1 つの生産ラインとして，卵巣小管をみなすことができる．

3. 1 個の幹細胞は分裂して 1 個の娘細胞をつくり，それが卵巣小管の生産ラインに乗って移動をはじめる．ショウジョウバエではそれぞれの娘細胞（1 次卵母細胞）の核は 4 回分裂するが，細胞質分裂が不完全なため 16 細胞からなるシンシチウムが形成される

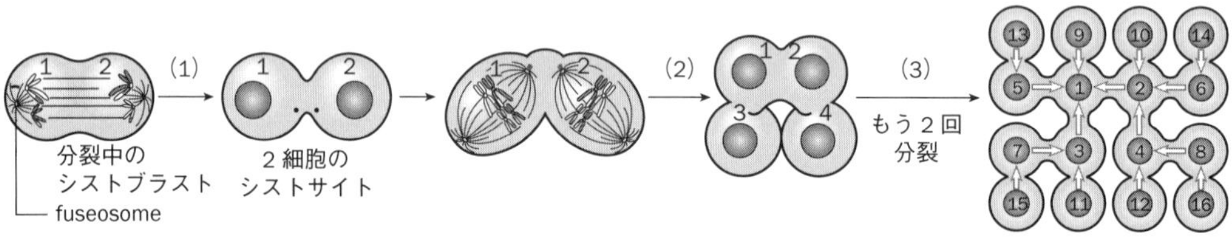

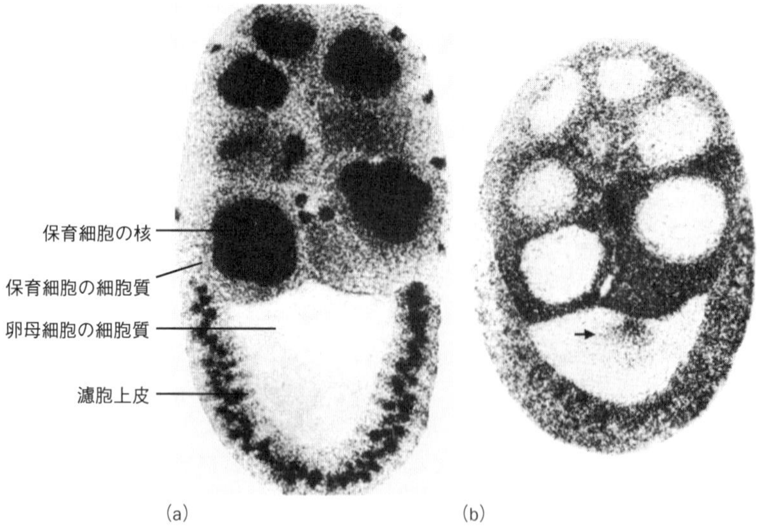

ハエの保育細胞から卵母細胞への mRNA の輸送．(a)，(b) [^{3}H]シチジン存在下でインキュベートしたイエバエ *Musca domestica* の濾胞細胞のオートラジオグラム．(a) 放射性ラベル導入直後に固定した卵室．保育細胞の核は強く標識され，核が新しい RNA を合成していることがわかる．卵母細胞は標識されていない．(b) 同様の卵室を 5 時間後に固定したもの．標識は保育細胞の核からは消え，細胞質に移動している．さらに，放射性 RNA は保育細胞と卵母細胞の間にある通路を通って卵母細胞へと移っていく様子がみえる（矢印）．

Box 15.1　（つづき）

(すべての昆虫がそうではないが)．このシンシチウムの中で細胞は細胞質の通路（細胞質連絡 ring canal）によって非常に正確なパターンを形成して互いに結ばれる（前ページ中段の図）．

注意：互いに結ばれた細胞のうち 2 個は他のものより多くの細胞質連絡をもち，このうちの 1 個が卵母細胞となり，他の 15 個は保育細胞 nurse cell になる．

4. 保育細胞は RNA（mRNA とリボソーム）生産のための一種の増幅器としてはたらく．保育細胞の核内でかなりの量の RNA が合成され，まず保育細胞の細胞質へ，ついで細胞質連絡を通って卵細胞質へと輸送される．

前ページ下の写真は Bier によって出版されたもので，mRNA が保育細胞から卵細胞へ輸送されることを最初に示した劇的な写真である．

5. 卵母細胞-保育細胞複合体は，体細胞（濾胞細胞）に包まれて，これらは卵形の成熟した卵濾胞となる．

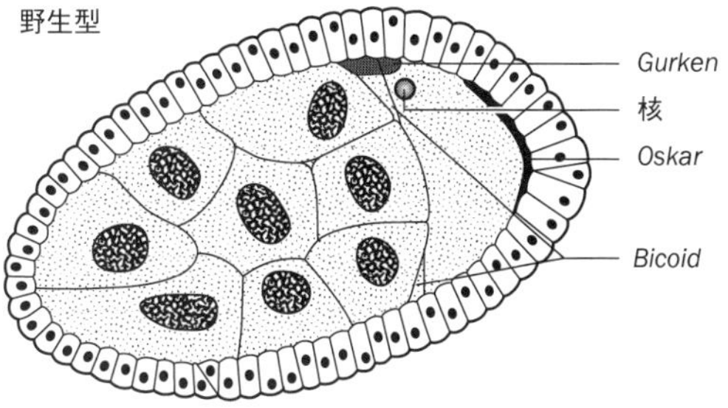

6. 卵細胞質の極性の出現．卵は一方の極で濾胞細胞と，他方の極で保育細胞と接触する．したがって，

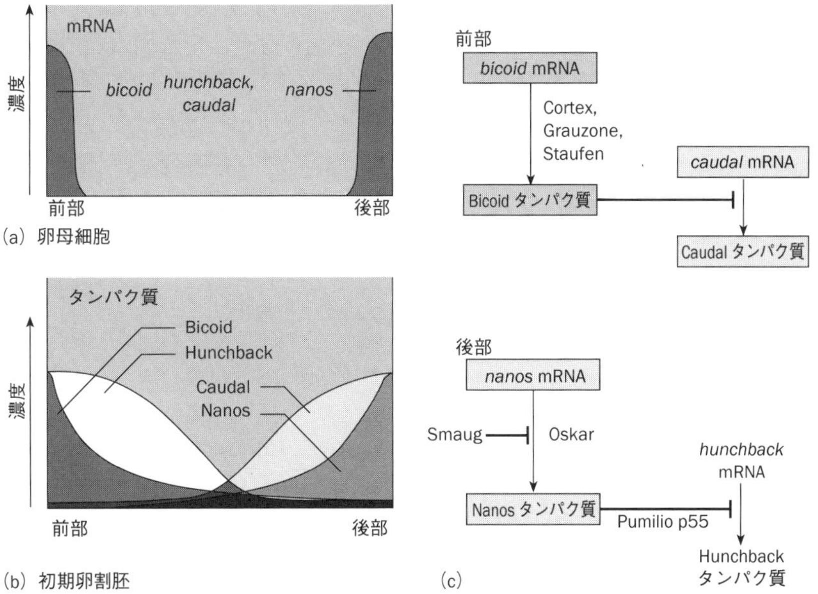

母性効果遺伝子による前後軸パターン形成のモデル．(a) *bicoid*, *nanos*, *hunchback*, *caudal* 各遺伝子の mRNA が卵巣保育細胞により卵母細胞内に配置される．*bicoid* mRNA は前方に蓄積する．*nanos* mRNA は後方の極へ輸送される．(b) 翻訳時，Bicoid タンパク質の勾配は前方から後方に伸び，Nanos タンパク質の勾配は後方から前方に伸びる．Nanos は *hunchback* mRNA の翻訳を抑制し（後部において），一方 Bicoid は *caudal* mRNA の翻訳を抑制する（前部において）．これにより，Caudal と Hunchback の反対向きの勾配ができる．Hunchback の勾配は，前方の核による *hunchback* 遺伝子の転写によって 2 次的に増強される（Bicoid が *hunchback* の転写を活性化する転写因子としてはたらくため）．(c) 前方と後方で並行して起こる翻訳遺伝子の調節によって，ショウジョウバエ胚の前後軸パターンが確立される．胚の前部では，*bicoid* mRNA が前方の細胞骨格に結合し，短いポリアデニン配列を末端にもつことで翻訳が抑制された状態にある．受精時に，この末端は Cortex, Grauzone, Staufen タンパク質に依存した方法で伸長され，*bicoid* mRNA が翻訳されるようになる．Bicoid タンパク質は *caudal* mRNA が翻訳されるのを抑制する．胚の後部では，*nanos* mRNA が卵母細胞中で Smaug タンパク質（3′UTR に結合する）により抑制されている．受精時に Oscar がその翻訳を助け，Nanos タンパク質は *hunchback* mRNA の翻訳抑制因子としてはたらく（Gilbert, 1997 および Macdonald & Smibert：Current Opinion Genetics & Development, **6**, 403-407, 1996）．

Box 15.1　（つづき）

これは極性のある配置であり，この空間配置は後に胚の前後軸として具体化する．その分子的ステップも現在理解されつつある．

卵母細胞の核それ自身は少数の遺伝子を転写するのみで，その1つが *gurken* 遺伝子である．これは隣接する濾胞細胞に対して効果をもつ調節遺伝子である．gurken 遺伝子産物に影響された濾胞細胞は後極濾胞細胞 posterior polar follicle cell（PPFC）とよばれる．この細胞は影響された結果，さまざまな他の遺伝子を転写し翻訳する．その産物は，さらに濾胞細胞が接触する卵細胞表層の微小管タンパク質に影響を与える．このようにして，卵母細胞と周囲の濾胞細胞とは互いに情報をやりとりする．

7. 部域の信号の情報．最終的な卵母細胞が成長するにつれ，まわりをかこんでいた濾胞細胞は最終的に崩壊するが，その下にある卵には以前の位置の刻印と分子活動が残っている．これが，保育細胞から卵細胞に移動した（上記参照）2つの非常に重要な遺伝子産物の空間配置を決めることになる．それらは部域の位置づけを決める *bicoid* 遺伝子の転写産物 bicoid mRNA と *nanos* 遺伝子の転写産物 nanos mRNA である．転写産物 nanos mRNA の分布は，後極濾胞細胞により影響された卵母細胞の細胞質の領域内に制限される．対照的に，2つ目の転写産物 bicoid mRNA は卵の反対側の端に蓄積する，つまり後極濾胞細胞に影響された卵表層領域とは反対の保育細胞に近いほうである．このようにして，卵は分子的意味においても極性をもつ．

これらの2つの転写産物 bicoid と nanos mRNA はそれ以降，部域ごとに他の遺伝子産物の転写・翻訳の一方または両方を調節することにより，体軸に沿った正しい構造の順序（頭部，胸部，腹部）を確立するのに重要な役割を果たす．このストーリーの詳細が現在明らかになりつつあり，15.4.2 項 Box 15.9 でさらに解説する．

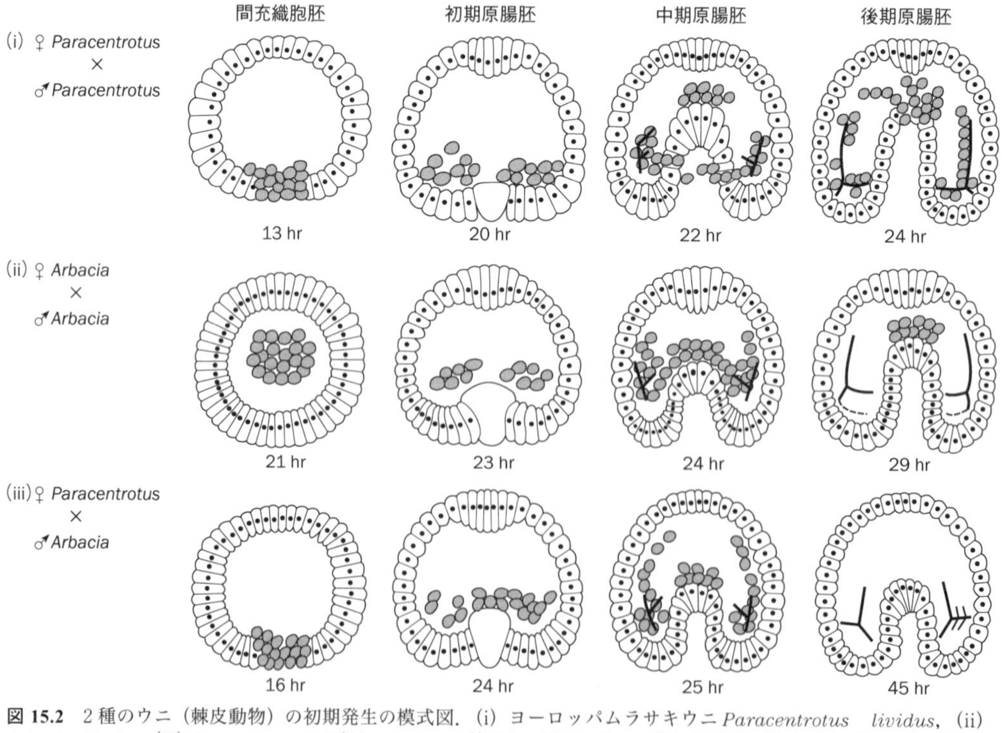

図 15.2　2種のウニ（棘皮動物）の初期発生の模式図．(i) ヨーロッパムラサキウニ *Paracentrotus lividus*，(ii) *Arbacia lixula*，(iii) *Paracentrotus* の卵と *Arbacia* の精子との受精によって生じた雑種．雑種の胚は約45時間発生をつづけるが，母方の形態を引き継ぐ（A. H. Whitley と F. Baltzer, 1958 に基づいた Davidson：Gene Action in Early Development, Academic press，N. Y., 1968 の図）．

表 15.1　受精待ちの間，で減数分裂の途中で細胞分裂が停止するが，どの段階で止まるかは，動物によりさまざまである．その具体例．

ビテリン形成前：始原卵細胞	ビテリン形成後			
	前期 I	中期 I	中期 II	後─中期 II
プラナリア─*Otomesostoma*（ヒメヒラウズムシの仲間） 多毛類─*Dinophilus*（ウジムシゴカイの仲間） *Saccocirrus*（ムカシゴカイの仲間） 有爪動物─*Periopatopsis*	線形動物─*Ascaris*（カイチュウ） 中生動物─*Dicyema*（ミサキニハイチュウの仲間） 海綿動物─*Grantia*（グランチカイメン） 多毛類─*Nereis*（ゴカイ） 軟体動物─*Spisula*（ウバガイの仲間） ユムシ動物─*Urechis*（ユムシ）	紐形動物─*Cerebratulus*（オロチヒモムシの仲間） 多毛綱─ *Chaetopterus*（ツバサゴカイ） *Arenicola*（クロムシ） *Pectiniaria* 軟体動物─*Dentalium* 棘皮動物ヒトデ綱─ *Asterias*（マヒトデの仲間） *Asterina*（イトマキヒトデ）	脊索動物─ *Branchiostoma*（ナメクジウオ）	刺胞動物 棘皮動物ウニ綱─ *Psamechinus*, *Echinus*（ヨーロッパオオウニの仲間） *Arbacia*
通常とはかけ離れた雌雄性に伴うもので，一般的ではない．Box14.3 参照	精子の融合が減数分裂を再活性化する．精子受容能と発生能をどう結びつけるかが問題	ホルモンの信号が放卵と前期から中期 I への移行を結びつける．第 16 章 16.11.4 項参照．ヒトデでは 1 メチルアデニン信号．GVBD と未受精卵は前期 II の後に G1 期に移行	脊索動物を除く無脊椎動物では一般的ではない．ほとんどの脊椎動物と共通のパターン	ウニは，受精の結果生化学的にどうなるのかを研究するのに好適なモデルとして用いられてきた

形の生殖管 gonangium 中に収められていて，精子が卵に達するにはその狭い開口部を通らなければならない．映画記録により，それぞれの精子の道筋はでたらめではなく，生殖管の開口部に向かうことが示された（図 15.3）．精子を誘引するであろう物質が生殖管の開口部から抽出された．

現在では，近い距離で精子が卵へ誘引されることは珍しいことではないと考えられており，卵がカプセルで保護されている種だけでなく水中に放出される種でも観察されている．誘引に関する説得力のある証拠は，上記ヒドロ虫綱のほかに環形動物，軟体動物，ホヤ，棘皮動物の卵でも得られており，関与する化学物質も同定されつつある．棘皮動物ではウニ *Arbacia* の卵から単離された精子誘引物質がわずか 14 のアミノ酸残基からなる短鎖のペプチド（1.4 kDa）であることがわかっている．このペプチド（レスアクト resact, respiration-activating peptide）は，産卵の際に卵をとりかこんでいるゼリー中に存在する．精子はこのペプチドがナノモル量で存在すれば，濃度の高いほうへ泳いでいくこと

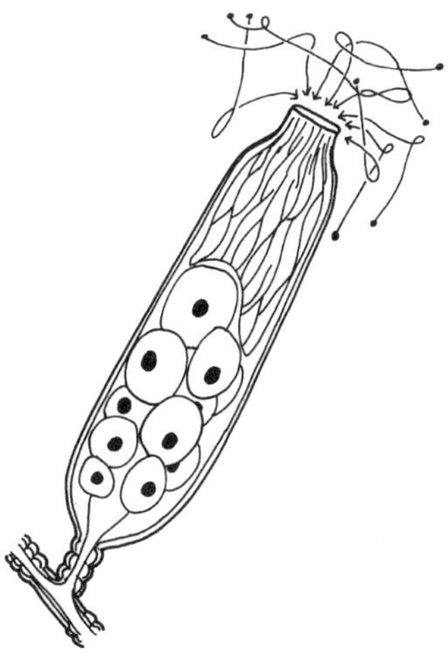

図 15.3　ヒドロ虫 *Campanularia*（ヒラタアシナガコップガヤの仲間）の生殖管と映画撮影で記録された精子の軌跡．これは精子と卵の間に化学走性があることを示した最初の例の 1 つである．これはこの種に固有のものではなく，現在では尾索類，軟体動物，環形動物にも存在することが知られ，おそらく普遍的な現象である（Miller, 1966）．

ができる．*Arbacia* の精子のレスアクト分子への反応は種特異的であるが，これはすべての精子誘引物質に共通の性質ではない．より大きな 12.5 kDa のスタートラック Startrac (STARfish aTRACtant) と名づけられたペプチドがヒトデの卵から単離されているが，この物質によって引き起こされる精子の反応はそれほど種特異的ではないことがわかっている．

精子の化学走性は，おそらく卵の径の 2 倍（0.2～0.5 mm）を超えて離れてしまうと効果が落ちる．それでも卵やそのゼリーから拡散する物質は，精子の運動性を高めることがあるだろう．たとえば，レスアクトは，ウニ卵のゼリー層にあって精子の運動性を高めて酸素消費量を上昇させる多数の物質の中の 1 つである．

クロムシ（タマシキゴカイ）*Arenicola marina* では異なる（運動性を高める）機構がはたらいている．雄の放精は，脂肪酸（8.11.14-エイコサトリエノイン酸）の放出が引き金となる．干潮時，このゴカイがすむ砂の表面に精子の塊が放出される．精子は体腔の中でシンシチウム状の細胞塊として発達し，放精の際にはこれがばらばらの精子になる．しかしばらばらになっても，つぎの潮位上昇により海水と混合するまでは運動性が低いまま塊の中にとどまる．海水（pH＝8.2）と混合する際の pH 変化が精子の活性化と運動性の獲得の引き金となる．

15.1.5　精子と卵の接触：先体反応

無脊椎動物の精子と卵の相互作用についての多くの観察は，実質的に動物発生の開始点となるこの重要な反応をよりよく理解するうえで役立ってきた．20 世紀初頭，ウニ卵から海水中へ拡散する物質が精子を凝集させたり結合させたりすることが観察されていた．現在では，その物質はタンパク質に結合したオリゴ糖であることが知られている．ほとんどの卵は，表面に種特異的な精子凝集物質をもつが，ウニ卵の場合のようにまわりの溶媒に溶け出すのは一部のケースのみである．

このタンパク質結合オリゴ糖が，精子頭部の種特異的受容体分子に結合することが，受精反応の際の一連の膜融合の最初の段階を開始させる．外水精子（14.4.2.a.参照）の大部分には，頭部先端に多かれ少なかれ複雑な構造の小胞（先体小胞 acrosome vesicle）が存在する．ここが，受精反応での最初の

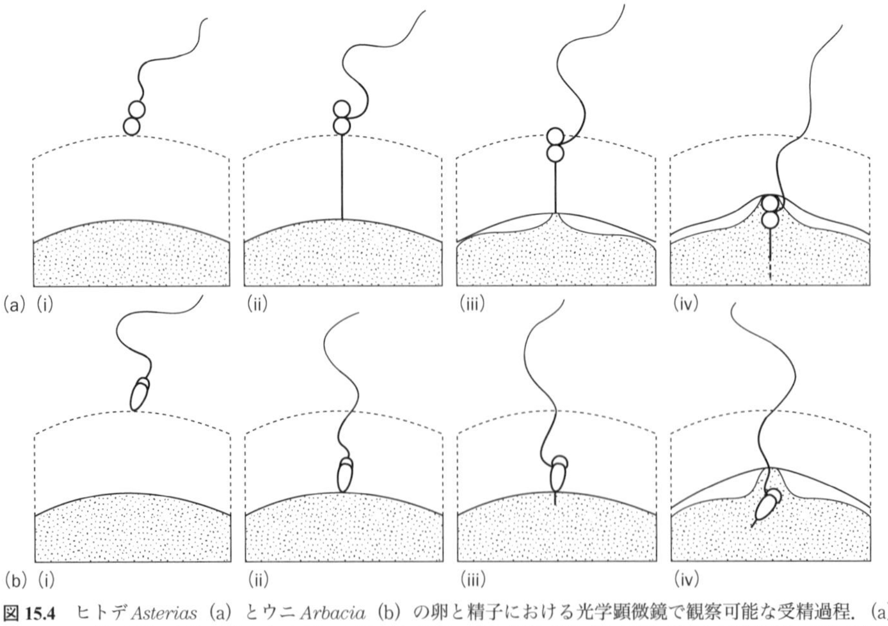

図 15.4　ヒトデ *Asterias*（a）とウニ *Arbacia*（b）の卵と精子における光学顕微鏡で観察可能な受精過程．(a) *Asterias*：(i) ゼリー層におおわれた卵への精子の接近，(ii) 先体が精子の先端（精子の運動方向の意味において）にある，(iii) 最初の接触点から受精反応が広がる，(iv) 精子が卵細胞質の円錐状の突起に飲み込まれる．(b) *Arbacia*：(i) ゼリー層への精子の接近，(ii) ゼリー層中の精子の通過，(iii) 精子頭部の卵黄膜への接触．図示したように，非常に小さい先体繊維のみえることがある，(iv) 受精反応と精子核の取込み（Austin, 1965）．

変化が起きる場所である．ここで何が起きるかは，光学顕微鏡ではかろうじて観察できるだけだが（図15.4），電子顕微鏡を使うと，一連の現象を容易に見ることができる．精子が卵表面に近づくにつれ，直接卵に接する以前に，先体小胞の膜と精子細胞膜の融合がはじまる（図15.5(a)(i)(ii)，(b)(i)(ii)）．

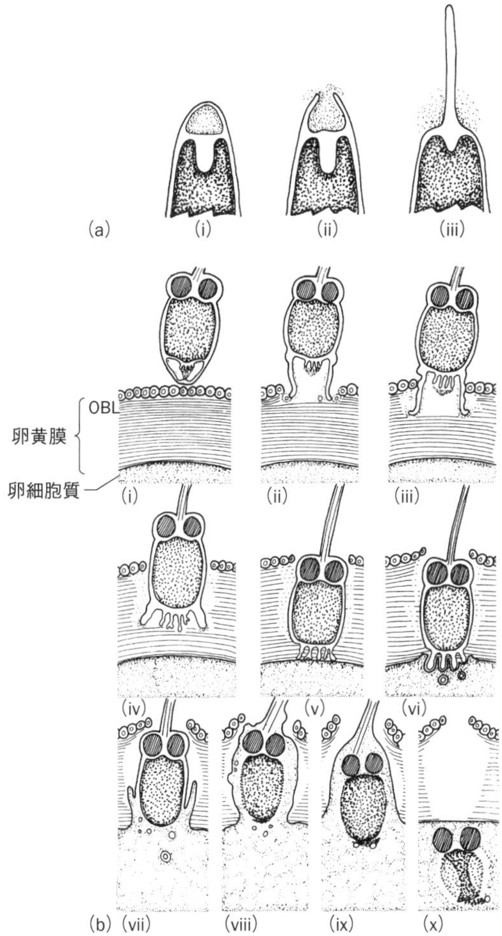

図 15.5　電子顕微鏡で観察した受精．(a) ウニ *Arbacia* の先体反応．この種の先体繊維は小さく，光学顕微鏡で見るのは難しい：(i) 電子顕微鏡で観察した精子頭部の前部，(ii) 先体の膜と精子細胞膜の融合．先体の内容物が放出される，(iii) 先体繊維の伸長，(b) 電子顕微鏡観察により明らかにされた多毛綱 *Hydroides*（エゾカサネカンザシの仲間）の受精過程の詳細な解析，(i) 卵黄膜外側境界層（OBL）への精子の接近．OBL は卵細胞表面の刷子縁の先端から形成される．(ii)，(iii) 先体の膜の融合による先体内容物の放出．卵黄膜への貫通のはじまり，(iv) 精子の貫通がつづき，多数の先体小管が伸長する，(v)，(vi) 先体小管と卵細胞膜の接触と最終的な融合，(vii)，(viii) 卵細胞と精子の膜の融合部位へ卵細胞質が入っていき，精子がとりこまれる（膜融合による）．(ix) 取込みがさらに進行．(x) 精子の核とミトコンドリアが卵細胞質へとりこまれる．卵黄膜に残された穴に注意（Colwin & Colwin，1961 の電子顕微鏡像の再描画）．

この融合により，先体小胞に含まれていた酵素の放出が起こり，さらにつづく溶解によって，先体小管 acrosome tubule（または先体繊維 acrosome filament）が伸長して卵の被膜を貫き卵細胞膜に接触することが可能になる．

受精過程のつぎの段階は，精子と卵の細胞膜同士の融合である．これにより，新しい1個の融合細胞が実質上できあがる．ここでも，初期の実験においては，棘皮動物が優れた試料として，何が起きているかを知るのに役立った．先体反応は精子の最も先端の部分，つまり先体小管を露出する．棘皮動物と腸鰓綱 *Saccoglossus*（ギタギボシムシの仲間）（図15.5(a)）では，先体小管は急速に伸びる1本の繊維である．一部の環形動物では，多数の小管が集まった構造であるが（図15.5(b)），その他のしくみは棘皮動物などと類似している．

卵の表面（またはゼリー層）にある精子凝集物質が，精子に存在する種特異的な受容体に結合すると，先体の膜と精子の膜の融合が起きるが，これはカルシウムイオンの流入と水素イオンの流出が引き金になって起こる．これらのイオンによる信号はアクチンの重合を引き起こし，これが小管を伸長させATPアーゼ活性を高める．このATPアーゼ活性の上昇は，精子の運動性を特徴的に高める．受精のつぎの段階は精子と卵の膜の融合である．

先体反応により，精子はあるタンパク質を露出させる．それは卵表面の種特異的受容体部位に結合するタンパク質である．ウニでは種特異的な30,500 Daのタンパク質（バインディン bindin）であり，単離した卵黄膜 vitelline membrane またはゼリー層を取り除いた卵に結合することができる．このような種特異的結合の後，卵と精子の融合が開始する．

15.1.6　受精に対する卵の反応

a.　多精受精の阻止

バインディン-抗バインディン間の反応と，卵・精子の融合とに対して起こる最初の反応は，しばしば「多精受精の阻止」とよばれる．これには2つの要素がある．① 目にみえないが，卵表面の電位の変化が関与しているもの．その数秒後には，② 表層の反応が精子-卵の接触点から広がっていくのが目にみえる．この反応には，卵形成時につくられた表層顆粒の膜と卵細胞膜の融合が関与している．融合の結果，表層顆粒の内容物が卵黄膜と卵細胞間のスペースに放出される．この結果が図 15.6 に示したような受精膜の形成である．このようなタイプの反応はほとんど普遍的にみられる．ゼリー層の放出につながることもあり（図 15.6(b)），この段階に達した卵は他の精子と融合することはできない．

このときには，卵は大幅な代謝の変化をはじめている．未受精卵は，いわばアニメを途中で止めた状態にあるのであり，バインディンが卵細胞膜の抗バインディン受容体部位に結合することで一連の変化が開始される（図 15.7 にまとめてある）．大きな酸素消費量の上昇があり，そのピークは受精膜形成時の 1 分以内に現れるが，その後も酸素消費レベルは

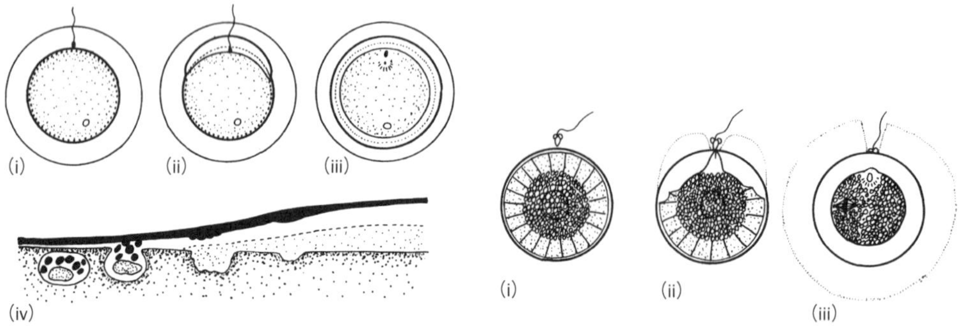

図 15.6　受精反応：受精膜の上昇．(a) ウニ *Arbacia*：(i) 精子の卵細胞膜への接触．表層顆粒はそのまま，(ii) 表層顆粒が崩壊し，受精膜が上がる．この反応は接触点から順次広がっていく，(iii) 受精卵．ゼリー層は受精以前に存在していることに注意，(iv) 電子顕微鏡で観察される一連の出来事の模式図．(b) 多毛綱ゴカイ *Nereis*：(i) 精子が卵へ接近する．この時点でゼリー層は存在していない，(ii) 接触点から受精反応が順次広がる．卵の外層は大きな表層胞で占められ，これは，受精過程の際に崩壊する，(iii) 受精卵．ほとんどの種では，表層胞の中身は受精膜（以前の卵黄膜）を通って外へと抜け出して，新しいゼリー層を形成する（Austin, 1965）．

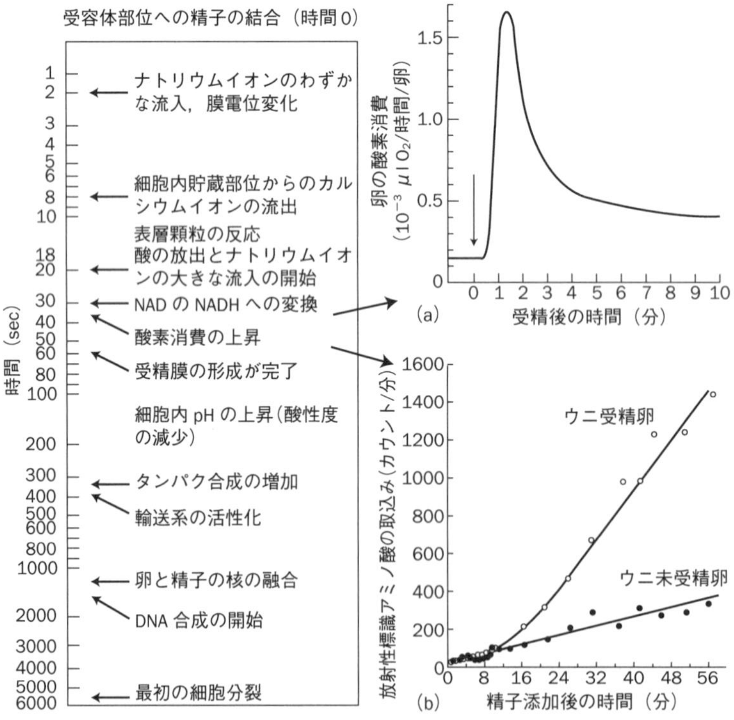

図 15.7　ウニ受精の際，精子と卵の接触につづいて起こる一連の出来事（Epel, 1977）．右の図はこのシナリオを支持する実験データの例．(a) 酸素消費（Ohnishi & Sugiyama, 1963），(b) タンパク質合成（Epel, 1967）．

未受精卵よりもずっと高く保たれる．つづいて，卵形成時に卵細胞質に蓄えられ，マスクされていたメッセンジャー RNA (mRNA) 分子が活性化されるにつれてタンパク質合成の速度も上昇する．最初の卵割は，受精後のある一定時間後に起こるが，それよりも前に，細胞質の内容物の分布に重要な変化が観察されることがある．

左右相称動物では，このような細胞質の移動が（前後・背腹の側をはっきり区別することによって）卵割前の段階で将来の胚の主要な体軸を確立する．細胞質の移動はホヤで最初に記載された．このこととさらに最近の進展について以下に解説する．

b. 卵細胞質の活性化と胚の主要な体軸の確立

最近，形態形成の仕組みが分子レベルで理解できるようになってきたが，これら最近の進展は草分けの頃の研究結果を裏づけることとなった．胚の主要な体軸の決定が，分子生物学的には，前後方向・背腹方向の勾配の形成によることが，ショウジョウバエを用いた研究により急速に判明してきた．これは Box 15.1 に解説しておいた．

ショウジョウバエではこれらの体軸は受精前に確立するが，他の大部分の生物では胚の体軸は受精の時点で確立されるか，または固定される．精子が卵のどこに進入するかというようなランダムな過程は最も重大な結果をもたらす．受精前のホヤ卵は放射相称で，卵黄の分布は動物-植物極軸に沿っている（図 15.8）．しかし受精後まもなく，最初の卵割が完了する前に，背腹軸を決定する不均一性が生じてくる．

精子が卵と融合するとき，精子の進入点からカルシウムスパイク（正味のカルシウムイオンの増加）が広がっていく．これは表面直下のアクチンフィラメントの，動物極から遠ざかる方向への収縮を引き起こし，その結果，卵黄の動物-植物極軸に沿った分布の勾配が一層極端なものになる．その一方で精子の進入そのものが非対称性をつくり出している，すなわち，精子星状体（卵の生殖核と精子の生殖核の融合に関与する微小管でできた構造）の形成である．星状体の形成は，動物-植物極とは垂直方向の2番目の軸を確立し，これが将来の前後軸を決定することになる．興味深いことに，この2番目の軸の信号が発せられる時期は，ホヤとショウジョウバエで大幅に異なっている．ホヤでは，受精後まで背腹軸の信号が発せられないのに対し，ショウジョウバエでは卵形成中に背腹軸が確立する（Box 15.1）．エレガンスセンチュウは体軸決定の分子メカニズムが解明されつつある3番目の例であり（図 15.9），ここでは，体軸は受精の瞬間に確立される．

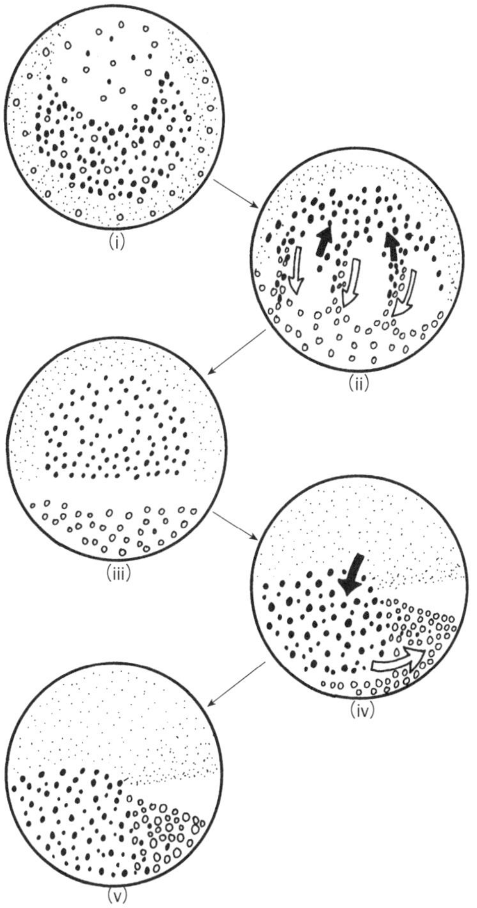

図 15.8 細胞質の動き．みた目に明らかに異なるタイプの細胞質が移動している．ホヤ（フタスジボヤ *Styela partita*）を用い，20世紀初期に記載されたもの．これらの観察は，細胞運命の決定に対する細胞質因子の意義を証明するうえで重要なものであった．(i) 放射相称の未受精卵，(ii)，(iii)「黄色」細胞質の植物極（図の下方）への移動と，「灰色」細胞質の卵の中央への分離，(iv) 黄色細胞質と透明細胞質の分離と卵の片側への移動．卵は左右相称になる，(v) 左右相称の卵細胞（最初の卵割の時点における細胞質の配置をもつ）(Box 15.4 および 15.5 も参照)．

c. 貯蔵 mRNA の活性化

卵細胞質には，さまざまな種類の mRNA が貯蔵されており，これらは受精後まもなく翻訳される．マスクされた mRNA は発生初期にはたらくさまざまなタンパク質をコードした転写物を含んでいる．この中には，卵割のパターンを制御するサイクリン

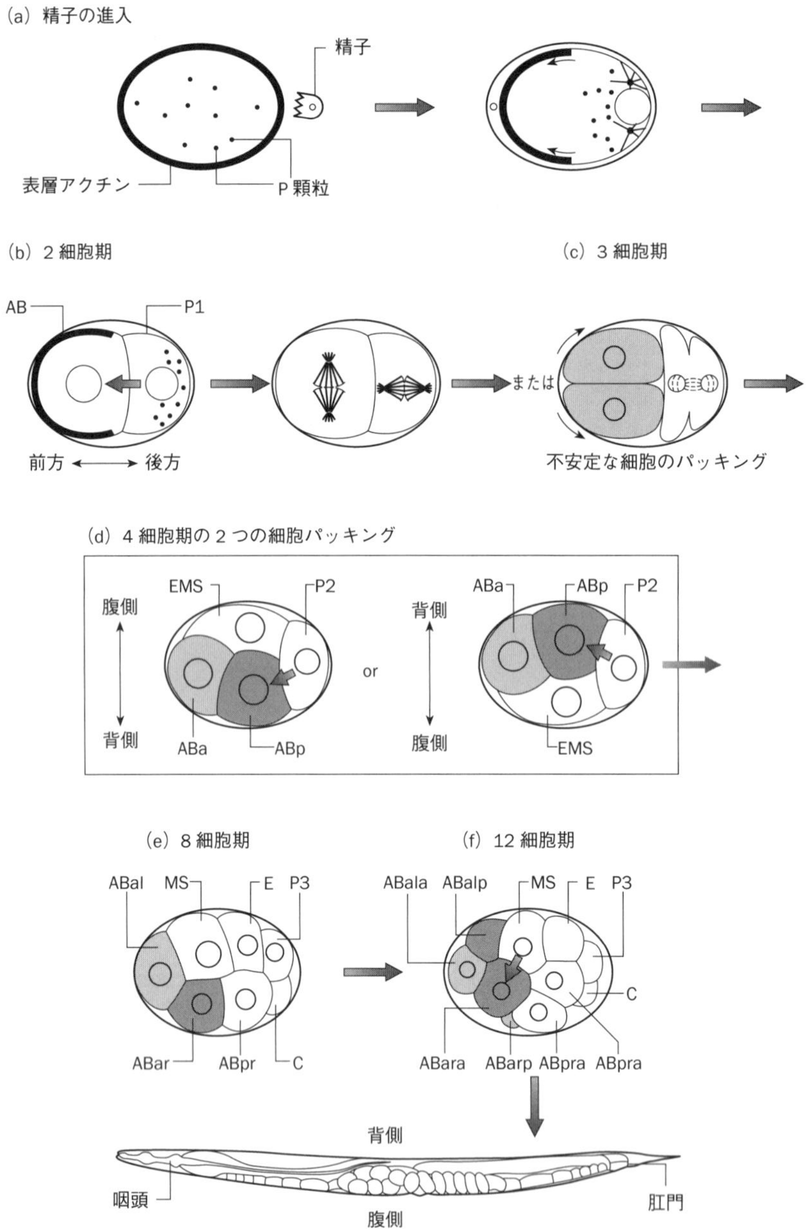

図 15.9　線形動物（エレガンスセンチュウ *Caenorhabditis elegans*）における前後軸の決定．(a) 精子の進入点が極性をもった細胞質の構築を確立する，(b) 最初の卵割により，前後軸に沿って並んだ AB と P の 2 個の細胞ができる，(c) 3 細胞期となり，2 種のいずれかの異なる安定な細胞配置をもつ 4 細胞期 (d) へ移行する．さらに，卵割が進むと (e) から (f) の細胞配置となり，将来の成体の体制が確立する．

や，核分裂や細胞質分裂に関与するチューブリン，それにビコイドやナノスのような「母性効果」遺伝子の産物がある．ビコイドとナノスは，Box 15.1 で解説したようにショウジョウバエの前後軸勾配を形成させるものである．

マスクされた mRNA の活性化は，受精の結果起こる重要なことである．貯蔵 mRNA の重要性を最初に示したのはウニを用いた実験で，初期に得られた証拠を図 15.2 と図 15.7 に示した．受精は，放射性標識したアミノ酸のタンパク質への取込み速度を上昇させる（新規タンパク質合成を示す）．受精の瞬間からタンパク質合成の開始までには特徴的な遅れがあり（図 15.7(b) では 9 分），この結果からイペル（David Epel）は，これが卵細胞質中の mRNA のマスクが外れるのに要する時間であると考えた．この分子メカニズムの詳細は，現在明らかになりつつある．軟体動物ウバガイの仲間 *Spisula* の卵細胞はサイクリン-A をコードする mRNA を含んでいる．このタンパク質の mRNA と他の mRNA 分子種は，未受精卵では 82 kDa のマスクタンパク質と結合している．受精は cdc 2 キナーゼの活性化につながるイオンの変化を起こし，これによる cdc-2 のリン酸化がサイクリン-A の mRNA を遊離させ，こうしてサイクリン-A の翻訳がはじまる．貯蔵 mRNA の翻訳を制御する仕組みはほかにもみつかっている．これらは，ポリアデニン尾部の切断/形成，内部 pH の制御，mRNA 配列末端へのキャッピングの付加/削除であり，これらの過程は明らかに動物発生初期において重要性が非常に高いものである．

15.2 初期発生のパターン

15.2.1 卵 割

いったん有糸分裂がはじまると，ほとんどの動物では正確に決定されたパターンに従って卵割が起こり，この際，比較的大型の卵の細胞質がより小さな細胞単位に分割されていく．卵割は，多細胞の胚になっても受精卵当時の細胞質の空間的配置がそのまま保たれるようなやり方で起こり，ほとんどの動物では細胞でできた中空のボール「胞胚」blastula が生じる．

前口動物の多くの門（たとえば，紐形動物，環形動物，星口動物，ユムシ動物，軟体動物とおそらく有鬚動物）では，Box 15.2 で多少詳しく解説するような，らせん卵割 spiral cleavage を行う．これらの動物門がらせん卵割を行うことは，系統学的な類縁性を示すものだといわれる．しかしこの考えの解釈には注意が必要がある．これらが共通してらせん卵割を示すことは，これらの動物門の進化が保守的なことを示すだけであって，1 つの共通の系統から最近になって分化した証拠とみなすことはできない．一方，太古の扁形動物の卵割パターンがらせん卵割だったとして，それと異なる卵割パターンをいくつかの動物門が示したなら，これらの動物門は，より最近になって分岐したことを示唆するだろう．たとえば，後口動物の各門がその例である．その多くは「放射卵割」radial cleavage とよばれる，らせん卵割とは異なったパターンの卵割を示し，最初の縦方向の分裂により生じた割球は上下に重なったままである．比較的単純な例として，ナマコ *Synapta*（オオイカリナマコの仲間）の場合を図 15.10 に示す．すべての割球は，実質上同一サイズで，胚はだんだんと中空のボール状の胞胚ステージへと発生する．

実験発生学研究に広く用いられてきたウニでは，より複雑な放射卵割パターンがみられる．最初の 2 回の卵割が等卵割のため個々の細胞を同定することはできないが，Box 15.3 で解説するように，64 細胞期では異なった細胞の層を同定することができる．

卵黄の多い節足動物，とくに昆虫の卵はまた違った卵割パターンを示す．この卵は中央に卵黄が集中していることを反映して「内黄卵」endolecithal egg とよばれ，その卵割パターンは「表割」superficial cleavage とよばれる．細胞質は表層に限られ，初期の核分裂は細胞分裂を伴わない．核は最終的には表層に移動し，そのまわりに細胞の境界が形成される（図 15.11）．

エレガンスセンチュウ *Caenorhabditis elegans* は，動物発生の解析にとってもう 1 つの鍵となる動物種になった．この種の成体は，きわめて少数の正確に運命が決定された細胞からできているため，細胞分化の研究にはとくに有用である．卵の最初の極性は受精のときに確立する．最初の卵割で生じる細胞は大きさが異なり，大きいほうを A 細胞，小さ

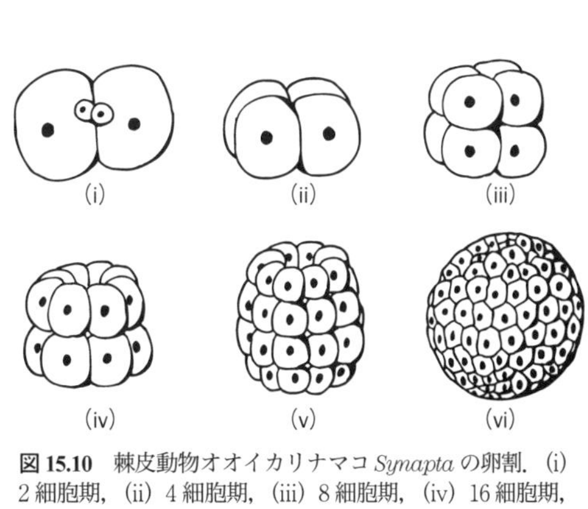

図 15.10 棘皮動物オオイカリナマコ *Synapta* の卵割．(i) 2 細胞期，(ii) 4 細胞期，(iii) 8 細胞期，(iv) 16 細胞期，(v) 卵割後期，(vi) 胞胚期．

Box 15.2　らせん卵割

この卵割様式は紐形動物，環形動物，星口動物，ユムシ動物，軟体動物を含むいくつかの前口動物門に特徴的であり，海産の多毛綱や軟体動物のように卵黄が比較的少ない胚で容易に観察できる．

1.　未受精卵は動物極（より卵黄が少ない）と植物極を結ぶ軸に関して放射相称である（図(i)）．すなわち動物-植物極軸を含む面で切った切片はすべて等価である．

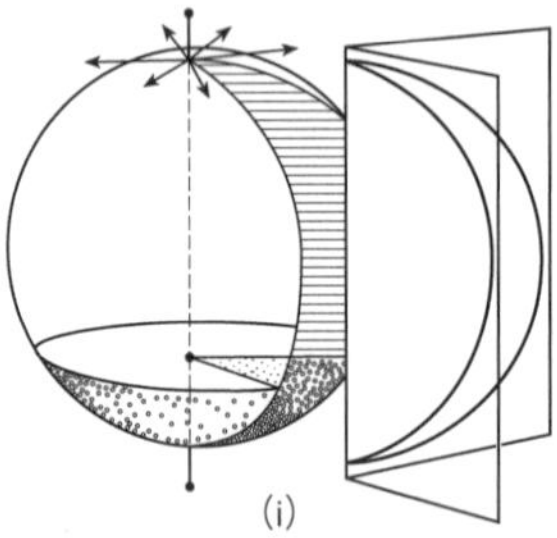

(i)

2.　受精後，卵は左右相称になる．その後，胚の主要な面が認識できるようになる（(ii)～(iv)）．

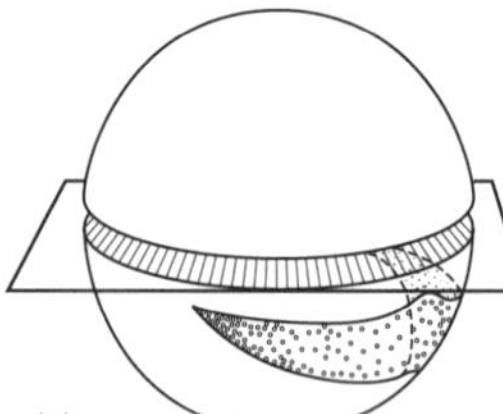

(ii)

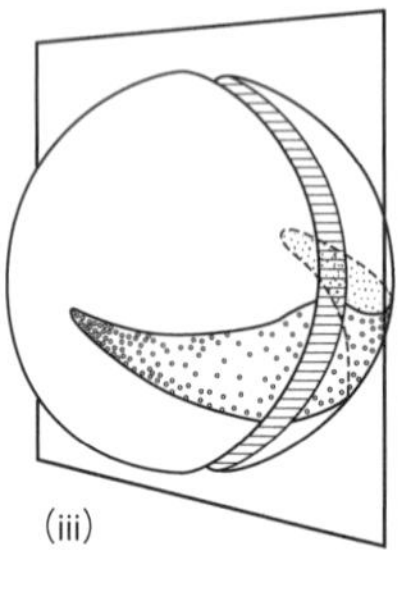

(iii)

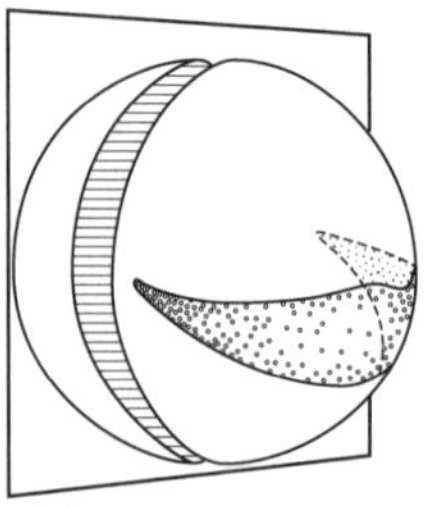

(iv)

ii）横断面transverse plane：前方と後方を分ける対称面
iii）矢状面sagittal plane：左右を分ける対称面
iv）前額面frontal plane：背面と腹面を分ける対称面

3.　最初の2つの卵割面は長軸に沿ったもので，前額面と矢状面のなす角を2分する（v）．

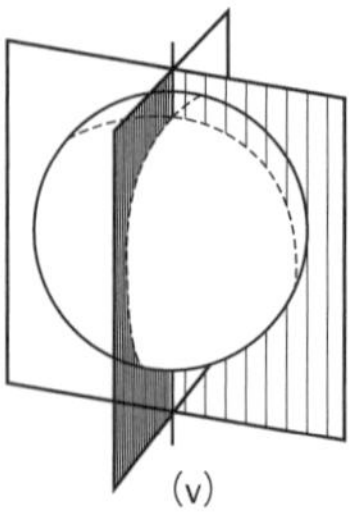

(v)

AB細胞は，通常CD細胞より大きい．第1卵割はABとCDの2細胞を生じ（vi），第2卵割はA，B，C，Dの4細胞を生じる（vii）．

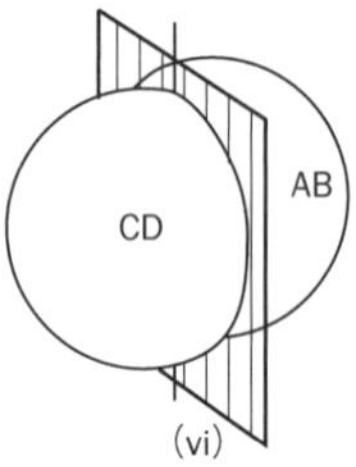

(vi)

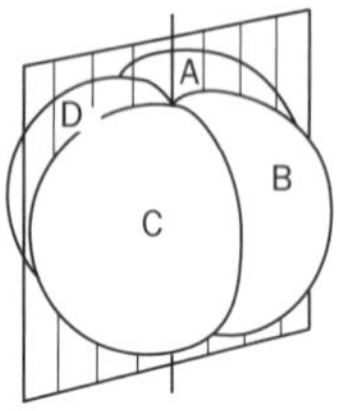

(vii)

D細胞は通常他の3つの細胞より大きく，この細胞を参照して以後の卵割で生じる細胞をすべて同定し，名づけることができる．

4.　第3卵割の面は横断方向であり，赤道よりも上を通る．したがって，動物極側に小さめの4細胞が，植物極側に大きめの4細胞ができる（viii）．

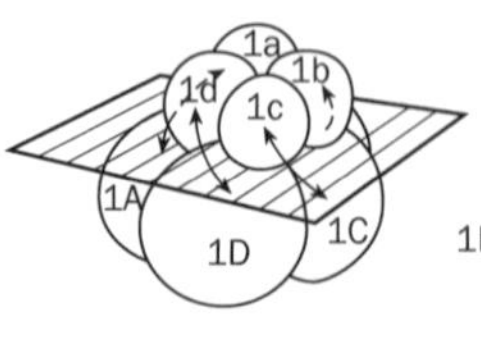

(viii)

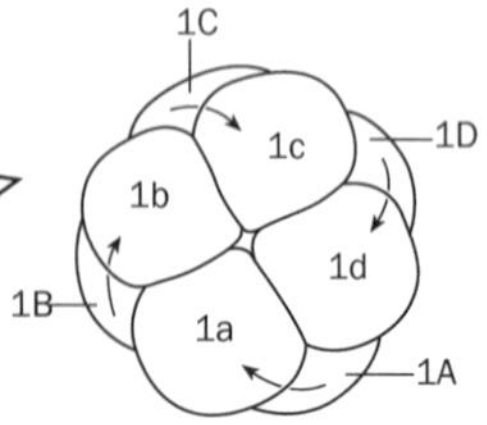

(ix)

4個の小さめの細胞は，最初の小割球micromereの4個組みとよばれる．卵割面が胚の長軸方向に傾いているため，小割球は，大割球の細胞たちの境界上に位置する．動物極側からみると，小割球は時計方向に回転しているようにみえる．

5.　いまや，胚の8個の細胞はそれぞれ以下のように同定することができる．

Box 15.2 （つづき）

1 a	1 b	1 c	1 d
1 A	1 B	1 C	1 D

その後のすべての卵割は横断方向であり，すでに存在する小割球をさらに分割するとともに大割球 macromere の不等卵割により新しい小割球の 4 個組みを生み出すことになる．

第 4 卵割は 16 個の細胞をもつ胚を形成する．この段階で細胞は以下のように同定される．

最初の 4 個組みが	$1a^1$	$1b^1$	$1c^1$	$1d^1$
分裂したもの	⇕	⇕	⇕	⇕
	$1a^2$	$1b^2$	$1c^2$	$1d^2$
2 番目の 4 個組み	2 a	2 b	2 c	2 d
	⇕	⇕	⇕	⇕
大割球	2 A	2 B	2 C	2 D

個々の卵割面は長軸方向に傾いて起こるが，その傾き方は，小割球が交互に時計まわり・反時計まわりに回転するようになっている．

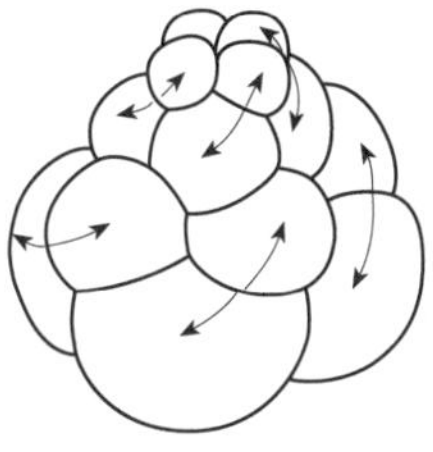

(x)

6. 従来，64 細胞期まで個々の細胞が同定できる命名法が開発されいた（右の図）．正式な命名法（重要な D 細胞の系列だけしか完成していない）では逆の命名になっている．

本文と Box 15.3，15.4 でさらに解説するように，D 細胞の系列はとりわけ重要である．

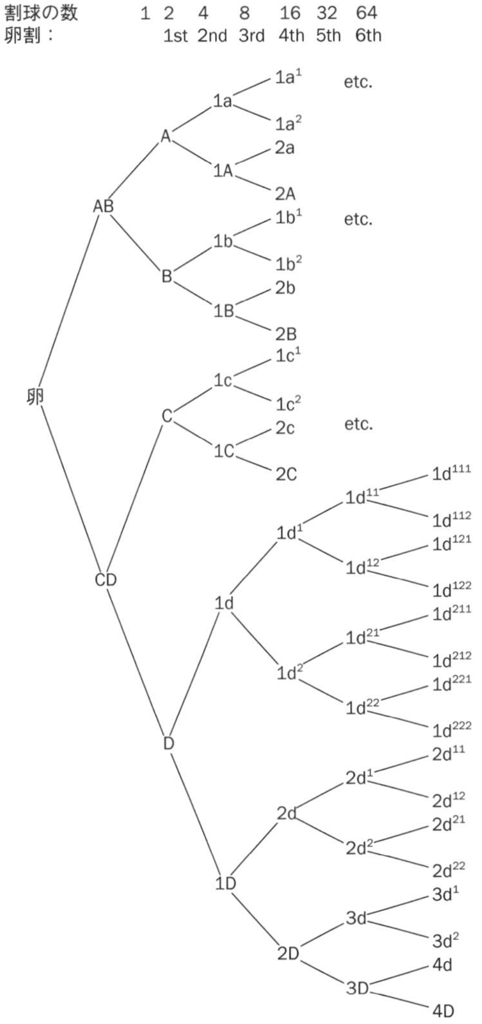

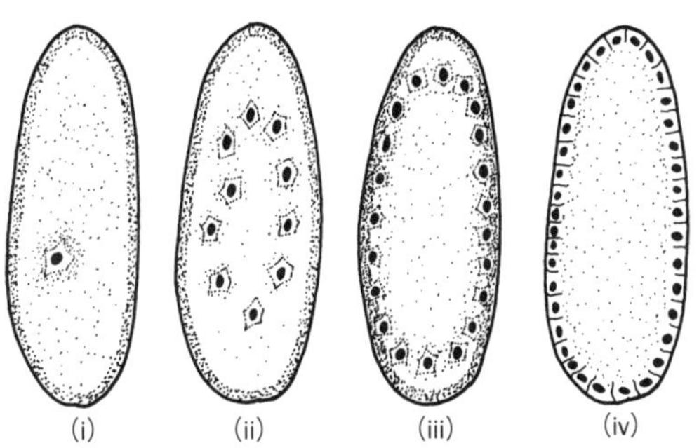

図 15.11 節足動物（昆虫）卵の表割．(i) 1 個の核が卵中央の卵黄の多い部分にある，(ii) 核分裂により数個の核が現れるが，細胞の境界はない，(iii) 核が卵黄の比較的少ない周辺細胞質に移動する，(iv) 核と核の間に放射状の細胞膜が現れる（図中の核の数は正確に描いたものではない），(iv) において極細胞が形成されることに注意．

いほうを P 細胞とよぶ．卵割のパターンは正確に制御され，P 細胞が分裂する前に A 細胞が分裂して特徴的な 3 細胞期を生じる (図 15.9)．興味深いことに P 細胞はナノス様の mRNA を含んでおり，これから生じた細胞のみが将来生殖細胞になることができる．昆虫では，ナノスの mRNA は卵の将来後端になる部分にのみ含まれていて（Box 15.1），後部の極細胞質 pole plasm を引き継いだ細胞のみが生殖細胞（図 15.11）になれることを思い出してほしい．細胞の発生運命が初期に決定されるとき，(かならずしも近縁でないと考えられる生物でも) 共通の分子経路が関与していることが現在では知ら

Box 15.3　放射卵割

環形動物や軟体動物のものとは対照的な卵割の様式が，たとえば棘皮動物にみられ，それが変形したものは脊索動物にもみられる．ウニでは非常に正確な卵割パターンが観察される．

1.　卵割パターン．受精卵は左右相称である（i）．最初の2回の卵割の面は動物/植物軸に沿ったもので，同じ大きさの2個または4個の細胞を生じる（ii と iii）．

第3卵割は横断方向の不等卵割で，その面は赤道のほんの少し上を通る（iv）．これにより，4個の「中割球」mesomere と，それより少し大きな4個の「大割球」ができる．

第4卵割の様式は，卵の上半分と下半分で異なる．上半分での卵割は縦方向で，その結果8個の細胞の輪ができる．下半分での卵割は，横断方向で極端な不等分割により4個の「小割球」が生じる．この例では，小割球は植物極側にある（v）．

つぎの2回の卵割は上半分では横断方向，下半分では縦方向につづいて横断方向で，（vi）に示したような64細胞期になる．

2.　細胞の同定．最初の4細胞は構造的に等価のため，個々の細胞の同定は不可能である．しかし，細胞の層は同定可能である．64細胞期において，従来つぎのような分類表に従って細胞層が同定されてきた．

動物極第1層＝An 1＝上側の16細胞
動物極第2層＝An 2＝動物半球の下側の16細胞
植物極第1層＝Veg 1
　　　　　　　＝赤道直下の8個の大割球の輪
植物極第2層＝Veg 2
　　　　　　　＝植物半球の下側の8個の大割球の輪
小割球＝Mic＝植物極の，はるかに小さな細胞群

3.　胞胚．卵割が進むと（vii）に示すような胞胚となる．これは，繊毛細胞でできた中空のボールである．原腸陥入は小割球の陥入によって始まる（viii）．

原腸陥入については15.2.2項と図15.12でさらに解説する．

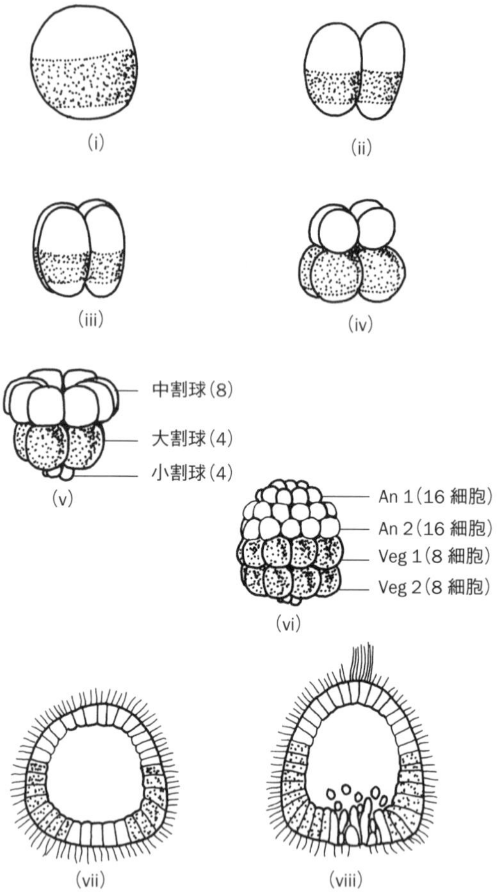

れている．結論は，現在の多様な動物門の初期の祖先の段階で，これらの分子機構がすでに存在していたこと，またこれらの機構が非常に保守的に現在まで保たれてきたことである．このような発見を契機として，発生機構の進化学という新しい学問領域が勃興しつつある．

このあとのエレガンスセンチュウの発生パターンは，細胞の空間配置と，線形動物の典型的な硬い殻の中のごく狭い空間内で動きながら細胞がどう接触するかということに非常に依存する．

15.2.2　原腸陥入

板形動物，中生動物，海綿動物と2つの腔腸動物に属する門を除き，無脊椎動物は三胚葉性の動物である．つまり，これらの動物の体は発生学的に異なる3つの細胞層，すなわち外胚葉，中胚葉，内胚葉に由来する（一部の動物，たとえば有鬚動物の成体の内胚葉は痕跡もなくなっているが）．しかし，初期の卵割から生じる胚，すなわち胞胚にはただ1層の細胞しかない．このあと起こる原腸陥入 gastrulation によって，3層の細胞からなる胚ができ，

そこで外胚葉，中胚葉，内胚葉の層が認識できるようになる．原腸陥入の際，細胞が移動して物理的にも視覚的にも複雑な胚ができるだけでなく，細胞のその後の発生運命もより制限されたものになる．いいかえれば，発生運命に関してより「決定された」determinedことになる．原腸陥入には文字どおり，細胞の陥入が関与することが多い．正確な詳細は種によって異なり，あまりに違うので，無脊椎動物には原腸陥入の仕組みの研究上で非常によく知られたモデルがいくつも存在する．ここでは，3つの異なる原腸陥入のパターンについて述べよう．すなわち棘皮動物と，環形動物や軟体動物のような前口動物，それに昆虫である．しかし，多量の卵黄が卵に存在するときには，これらの中（とくに棘皮動物と前口動物）にもパターンの変形がみられる．

原腸陥入は多くの棘皮動物，たとえばウニのように卵黄が比較的少なく透明な胚の場合には，とくに容易に研究できる（図15.12）．64細胞期胚の小割球（Box 15.3参照）に由来する1次間充織細胞primary mesenchyme cellは，胞胚腔に向かって陥入invaginateするが，内壁との接触は保ったままである．内部へ入っていった1次小割球は特定の位置を占め，そこで細胞塊を形成してプルテウス幼生の腕を支える炭酸カルシウムの骨片を分泌する．

原腸陥入のつぎの段階は，植物極の細胞が内側へと「しわが寄る」bucklingことである．これは受精後48時間の生きたウニやヒトデ胚で容易に観察

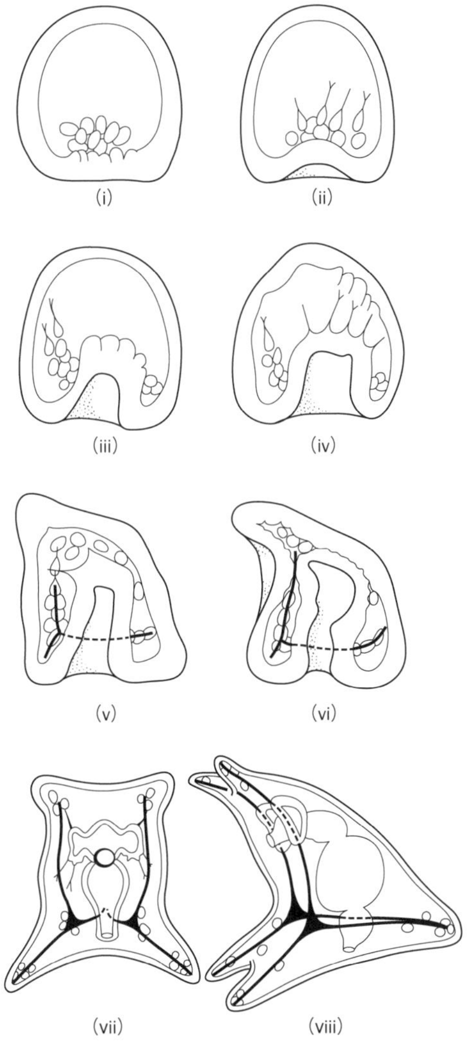

図15.12 ウニにおける原腸陥入．(i) 初期原腸陥入．1次間充織が陥入，(ii)，(iii) 間充織の移動と陥入の開始，(iv) 2次間充織の糸状仮足による接触の開始，(v) 後期原腸胚．1次間充織により分泌された骨片の出現，(vi) 完全な原腸胚（プリズム幼生），口領域の形成開始，(vii) 口側から見た初期プルテウス幼生，(viii) 側面から見た初期プルテウス幼生（Trinkaus, 1969）．

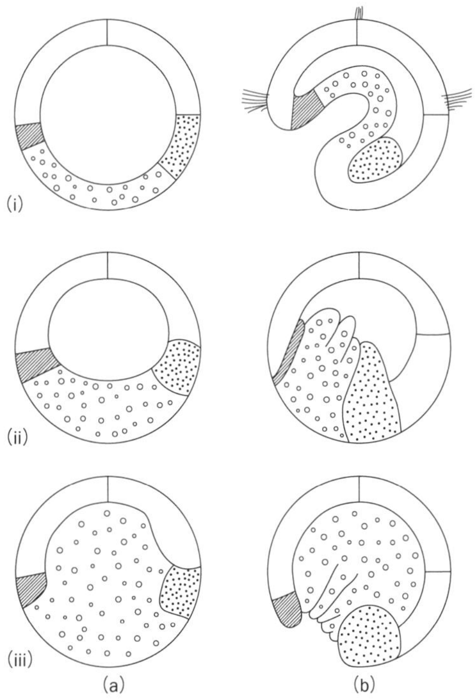

図15.13 前口動物の原腸陥入（これらの例は異なる量の卵黄をもつ3種の多毛綱の研究に基づく）．(a) 胞胚の構造，(b) 中期原腸胚．形態学的に重要な，4d細胞に由来し成体の中胚葉を形成する細胞を点で，口部を形成する細胞を斜線で，消化管を形成する細胞を丸で表す：(i) 卵黄の比較的少ないもの，(ii) 中程度に卵黄の多いもの，(iii) 卵黄が多く，原腸陥入が被包により起こるもの．

でき，その様子を図 15.12(i)～(iv) に示す．内側への陥入の最初の相は，胞胚の外表面をおおっている透明層の中で生じた力によるものかもしれない．この層は 2 層からなり，そのような構造ではつねにそうであるが，2 層の伸びる量が異なると曲がる［訳注：バイメタルのように］．伸びの違いは，植物極の細胞から分泌されるコンドロイチン硫酸-プロテオグリカン（略して csgp）によって引き起こされると考えられる．この物質が透明層の内側の層に拡散するにつれて水分を吸収し，局所的な伸長が起こると，その張力を解放するには層が内側へと曲がる必要がある．これによって，植物極の細胞の内側への移動が開始する．

原腸陥入の後期の相では，植物極側で部分的に陥入した細胞が広がって，移動していく．これは，最終的に幼生の後腸，すなわち「原腸」archenteron の形成につながる．ウニ胚では，この内側への動きは 2 次間充織細胞 secondary mesenchyme cell（図 15.12(iv) 参照）と胞胚腔の内表面の間にできる糸状仮足 filopodium の直接接触によって助けられる．このような糸状仮足は原腸陥入にとって必須ではなく，ヒトデ胚ではこのような接触はみられない．

1 次間充織細胞が胞胚の壁から離れはじめる正確にその瞬間，細胞表面に特異的なタンパクがはじめ

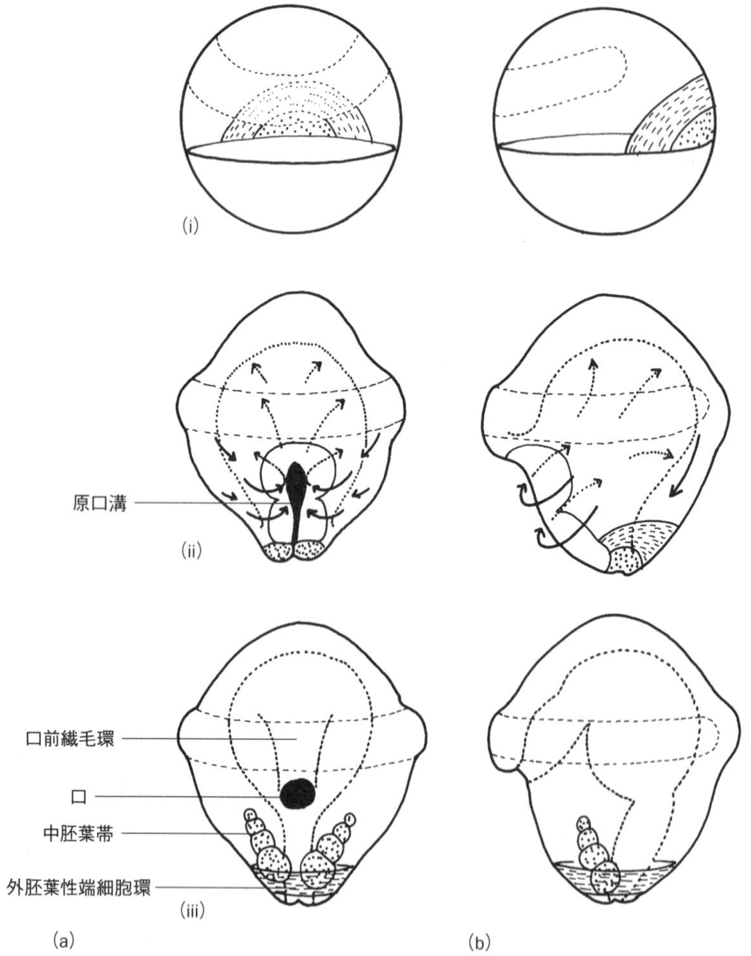

図 15.14　前口動物の原腸陥入（例として多毛綱のもの）．(a) 腹面図，(b) 左側側面図：(i) 単純化した発生運命の模式図，(ii) 原腸陥入に伴う動き．太線は細胞の原口への移動経路を，破線は陥入後の細胞の動きを示す．口（口陥）が原口前縁への細胞陥入によって形成されることに注意．中胚葉の帯は，原口後縁から移動してくる対の中内胚葉母細胞 mesentoblast から形成される，(iii) 最終的なトロコフォア幼生．対の中胚葉の帯と，肛節前面に成体のときまで残る外胚葉性端細胞の芽体をもつ．したがって，口前葉，囲口節，肛節は体節構造ではない（一部は Anderson, 1964）．

て検出される．2次間充織の糸状仮足と胞胚壁の恒久的な接触が起こるのは，胞胚壁の限定された部分に特異的タンパクが出現するのと同時である．

原腸陥入の終わりの時期には，胚は，外側の外胚葉の層と，内側の管（これは後端に原口 blastopore という開口部がある），そしていくつかの間充織をもつようになる．そのような胚のことを「原腸胚」gastrula とよぶ．この段階では，成体の中胚葉はまだ原腸から層として分離していない．この間充織細胞は成体の中胚葉を形成するわけではないが，幼生の骨格と筋肉に寄与するかもしれない（これらは変態によって失われてしまう）．中胚葉の形成に関しては 15.4 節で述べる．

後口動物では，原口は活動する幼生の肛門になる．口は外胚葉の陥入により形成されるだろう．

軟体動物や環形動物の原腸陥入はやや異なっている．ここでも内胚葉と考えられる細胞と将来成体の中胚葉になる少数の細胞の内在化が関与している．比較的卵黄の少ないものでは，棘皮動物と同様の陥入が起こるが（図 15.13(i)），卵黄がより多い卵では，卵黄に満ちた比較的不活性な内胚葉の中へと細胞がアメーバ運動で移動していくことで原腸陥入が起こる（図 15.13(ii)，(iii)）．

原口の唇の部分は幼生の口を形成する細胞を含んでおり，この特徴こそが初期発生において根本的なことだと考えられるので，この特徴を示す門は前口動物としてまとめられている．

卵黄の多い卵では基本的な卵割パターンはよくわからなくなり，原腸陥入も容易には観察できない．植物極にある内胚葉細胞だと思われている細胞は，動物極の細胞が増殖してその上をおおうことにより，卵の内部に入ることになる．この動物極細胞が広がっておおいかぶさっていくことを「被包」epiboly という．

図 15.14 に示した環形動物の幼生では，すべての体節構造は対になった中胚葉の帯と外胚葉性端細胞環 ectoteloblast ring から生まれる．トロコフォア幼生の他の部分から生じる構造に口前葉と肛節があり（4.14 節参照），これらは非体節性の構造と考えられる．

かなり異なった形態の原腸陥入が節足動物にみられる（図 15.15）．たとえば，昆虫では原口は溝のような形態で，将来体の筋肉，消化管壁，生殖層になっていく帯状の部分がそこから陥入していく．この胚の内部は空の空間ではなくて，非細胞質の卵黄で満たされている．体節に分かれた昆虫神経系の細胞もこの時期に陥入する．

昆虫の原腸陥入は，動物発生の研究上非常に重視されてきた．その理由は，昆虫を用いることで原腸陥入に伴う細胞発生運命の決定機構に関する研究が非常に進んだからである．現在では組織の基本的な3つの層（外胚葉，中胚葉，内胚葉）を，原腸陥入

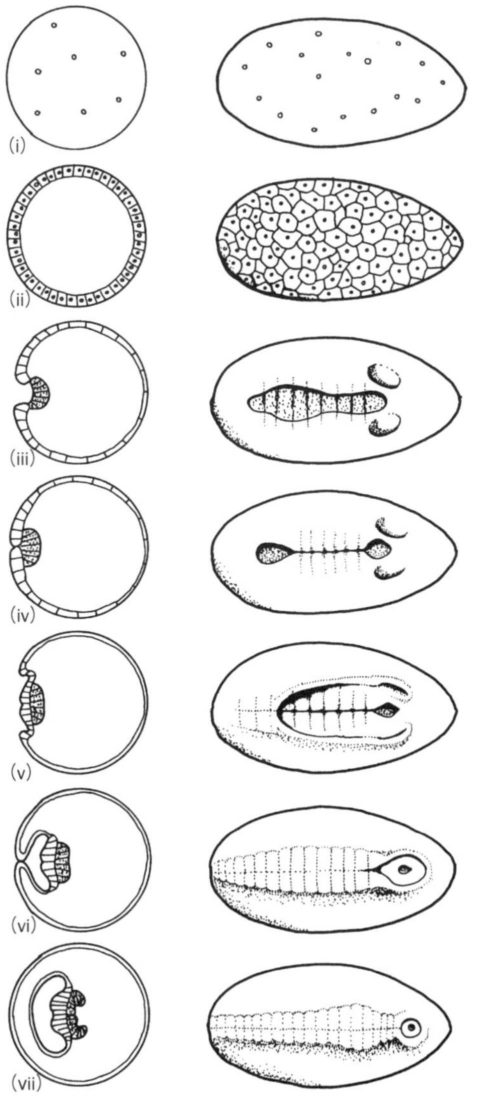

図 15.15 昆虫の原腸陥入．(a) 横断面，(b) 腹面図：(i) 初期の核分裂期，(ii) 表割期，(iii)，(iv) 中胚葉の陥入，(v)，(vi) 神経外胚葉の体節化，胚体外膜の形成，(vii) 完成した原腸胚（Slack, 1983）．

時に発現する遺伝子によって定義することが可能である．

ショウジョウバエ胚で最初に陥入し，卵黄で満たされた内部へ移動していく細胞は，原腸陥入溝の中腹部に沿って存在し，これらの細胞は中枢神経系になる（図 15.15(iii)，(iv)）．つづいて腹溝 ventral furrow の幼生域の中央に見いだされる中胚葉形成細胞の陥入が起こり（図 15.15(v)～(vii)），最後に溝の両端にある予定内胚葉細胞の陥入が起こる．陥入していく内胚葉細胞につづいて，将来の昆虫の前腸と後腸になる外胚葉成分も陥入する．中胚葉細胞は扁平な管を形成する（図 15.15(vi)，(vii)）．ショウジョウバエ胚の断面は，胚がそれ自身の上に折りたたまれているため横断面が同時に 2 つみえ，一層複雑な外観を呈する．

15.3　無脊椎動物の実験発生学：細胞発生運命の決定

15.3.1　導　入

複雑な多細胞動物も，1 個の未分化で分化全能の細胞，すなわち受精卵から生じる．それは発生の過程で，形態的・化学組成的・機能的に異なる細胞の群からなる，より多くの細胞の集合体へと発生していく．実験発生学とは，発生中の胚においてこのような特定の機能をもった細胞群がどのように生じてくるかを調べる学問であり，無脊椎動物の胚や幼生は，これに関与する過程を解析するのに最適なモデル系を提供してきた．最近では 2 つのモデル系がとくに注目を浴びている．その 1 つ，エレガンスセンチュウ *Caenorhabditis elegans* は，発生にかかわる個々の遺伝子を同定し機能決定を行い，個々の細胞の発生系譜をたどるような基礎研究の対象に選ばれている．このような研究が可能なのは，成体が少数で一定数の細胞からなり，それらの発生パターンが厳密に決定されているからである．もう 1 つ，昆虫のショウジョウバエ *Drosophila* はほぼ 1 世紀にわたって真核生物遺伝学のモデルとして用いられてきた．この動物の遺伝学は，他のいかなる動物よりもはるかによく知られている．以下に簡潔に説明するように，遺伝子による発生過程の制御，とくに部位の組織化の制御の解明に関して目覚ましい進展があった．

胚発生初期には，卵細胞質に蓄えられた母性遺伝子が，胚発生活動の維持に用いられる．

そうではあっても最終的には接合子自身の新規ゲノムが活動を開始し，また多数の異なるタイプの細胞が最終的には発生するのだから，接合子の核内の情報を制御する必要がある．その制御が行われる可能性のある個所は発生中多数あり，それぞれについて以下に記すステップの一部またはすべてが番号順に行われる．

1. 接合子の核内遺伝情報
2. 娘細胞への情報の割りあて
3. 遺伝情報の転写
4. mRNA 分子の数
5. 核から細胞質への mRNA の輸出
6. 娘細胞の細胞質における情報分子の数
7. mRNA 分子の情報の翻訳
8. 細胞特異的タンパク質の合成
9. 特異的分子の機能

大部分の生物では，分化した細胞の核は受精卵の核と同じ遺伝的情報をもつ．その証拠は以下の結果に基づく．

- 分化した細胞の核を，あらかじめ核を取り除いておいた卵の細胞質へ移植する実験
- 初期卵割中の染色体の細胞学的研究
- 初期卵割中の巨大染色体のバンドパターンの比

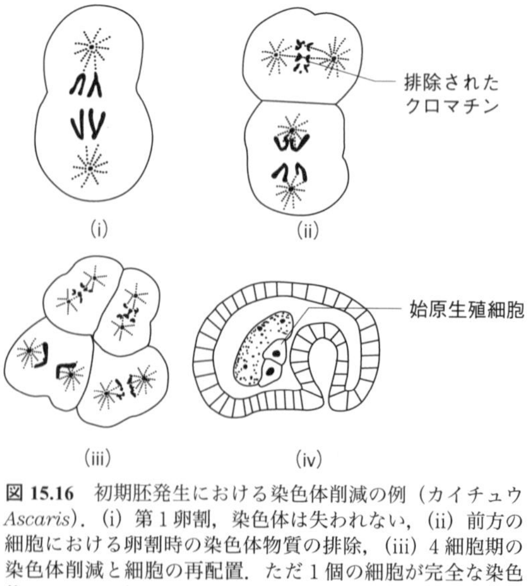

図 15.16　初期胚発生における染色体削減の例（カイチュウ *Ascaris*）．(i) 第 1 卵割，染色体は失われない，(ii) 前方の細胞における卵割時の染色体物質の排除，(iii) 4 細胞期の染色体削減と細胞の再配置．ただ 1 個の細胞が完全な染色体のセットを保ち，したがって，分化全能で残る，(iv) 生殖細胞の細胞質と完全な染色体のセットをもつ細胞は，原腸胚の 2 個の始原生殖細胞まで元をたどることができる．

Box 15.4　調節的発生とモザイク的発生 I

19 世紀末から 20 世紀初頭にかけて，2～4 細胞期の海産無脊椎動物胚を構成する個々の細胞の発生能を調べることが可能になった．その結果は，動物種により非常に異なっていた．

1.　棘皮動物胚

4 細胞期に単離した細胞は正常な（しかし小さな）プルテウス幼生を生じる．このようなものを調節性という．

4 細胞期から分離した割球は分裂して 2 個の中割球と 1 個ずつの大割球と小割球になる．すなわち，正常な胚の卵割パターンに従い（Box 15.3 参照），発生をつづけて正常な幼生になる．

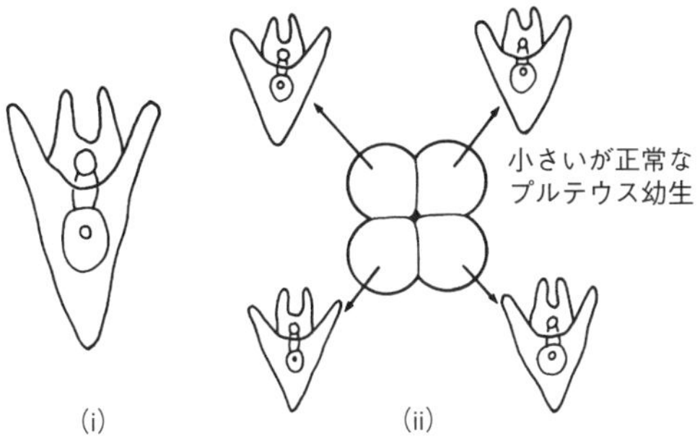

(i) 正常なプルテウス幼生
(ii) 細胞分離の結果

2.　軟体動物胚

2 または 4 細胞期に分離した細胞はバランスの崩れた，または欠陥のある胚をとなる．単離した D 細胞から発生する胚は，通常 A，B，C 細胞から発生するものより正常に近い．

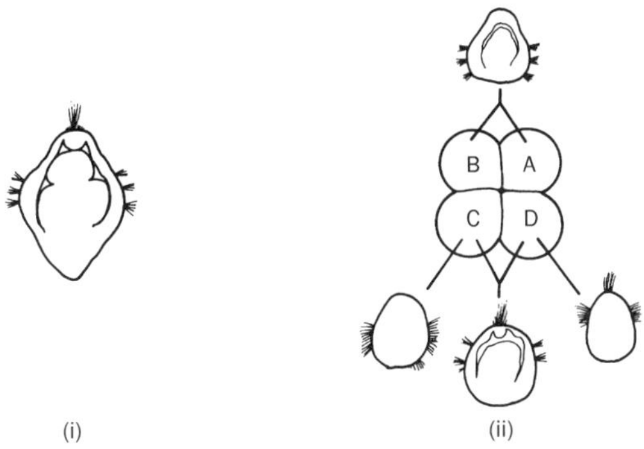

(i) *Patella*（カサガイの仲間）の正常なトロコフォア幼生
(ii) 分離した細胞から発生した異常なトロコフォア幼生

3.　ホヤ胚

ホヤの卵の細胞質はしばしば外観上明瞭に異なる部位に分かれており（図 15.6 参照），これらの部位は異なる細胞に分配される．

分離した割球からは非常に異なる胚が発生し，それは分離せずに発生をつづけた際に形成したであろう構造を反映したものになる．

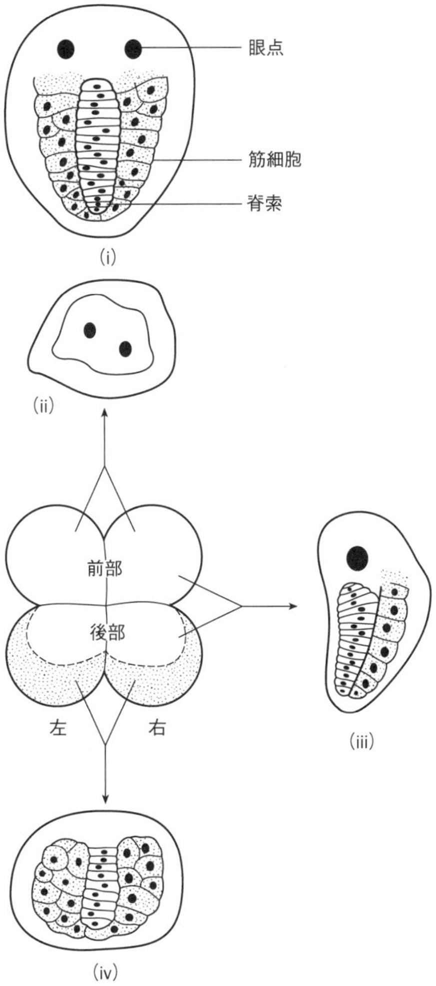

(i) 対になった眼，脊索，対になった筋肉塊をもつ正常な「オタマジャクシ」胚
(ii) 分離した前方の 2 細胞
(iii) 分離した右側の 2 細胞
(iv) 分離した後方の 2 細胞

Box 15.5　細胞発生運命，発生運命地図と細胞質局在：ホヤ胚

1. 自然のマーカー（目印）．受精後，一部の胚は明瞭に異なる細胞質の分布と左右相称性をもつようになる．図は，(i) ホヤ卵の異なる部位の細胞質がどのようにして植物極側の細胞に分配されていくか，(ii) 植物極の前方および後方の細胞がどのようにしてさらに色の異なる卵黄によって区別されていくか（黄色の卵黄は，オタマジャクシ幼生の筋細胞を形成する植物極細胞のマーカーである），(iii, iv)原腸陥入時にこれらの細胞がどのように陥入していくかを示す．原腸陥入後，視覚的に異なる細胞質を受け継いだ細胞は胚の異なる構造を形成する（v, vi）．ここで生じる疑問は，「これらの自然の細胞質マーカーが細胞の発生運命を決定するのだろうか？」ということである．

2. ホヤでは，細胞質因子が確かに細胞の発生運命を決定する．黄色細胞質をもつ領域がオタマジャクシ幼生の筋細胞の自然マーカーとなるのである（Box 15.3(3)）．

3. 酵素アセチルコリンエステラーゼは発生中の筋細胞に特異的で，細胞質中で染色することができる．

つぎのような実験結果が得られている．

（a）酵素は発生開始から8時間で出現する．

（b）薬物を用いて細胞分裂を阻害しても，酵素は予定された時期に出現する．

（c）酵素の出現は5時間アクチノマイシンDを投与するか，7時間ピューロマイシンを投与すると阻害される．

（d）卵割中に卵を押しつぶすと，黄色の細胞質は予定外の細胞に分配され，その細胞はアセチルコリンエステラーゼ活性を示すようになる．これらの実験は，細胞が黄色い細胞質に含まれる因子を受け継いだときだけにアセチルコリンエステラーゼをコードする遺伝子の転写が起こることを示唆する．

以上の結果は，遺伝子の転写と翻訳が細胞内時計による制御を受けており，それが細胞分裂とは独立にはたらくことを示す．

4. 核を除去した断片に幼生の核を移植すると，移植された細胞は核ではなく細胞質固有の構造を形成する．これは，細胞発生運命の決定に対する細胞質の重要性を支持する結果である．もちろん，細胞質の決定因子の局在を決めるのは遺伝子なのであって，昆虫の幼虫を材料にしてこれに関する研究が現在進行中なのは15.4.2項で解説するとおりである．

5. 卵の「黄色細胞質」に蓄えられ，筋細胞の運命決定に重要な役割を果たす母性因子（図15.8参照）は，すでに同定されている．この細胞質は，*macho-1*遺伝子のmRNAを含む．*macho-1*は塩基配列が決定され，ジンクフィンガータンパク質の1つをコードすることがわかっている．このmRNAを除くと，幼生から1次筋細胞が失われる．原腸胚期にこのmRNAをもつ細胞はわずか2個である．この仕事は，100年前に存在が予想された筋細胞決定因子の存在を立証したものである．

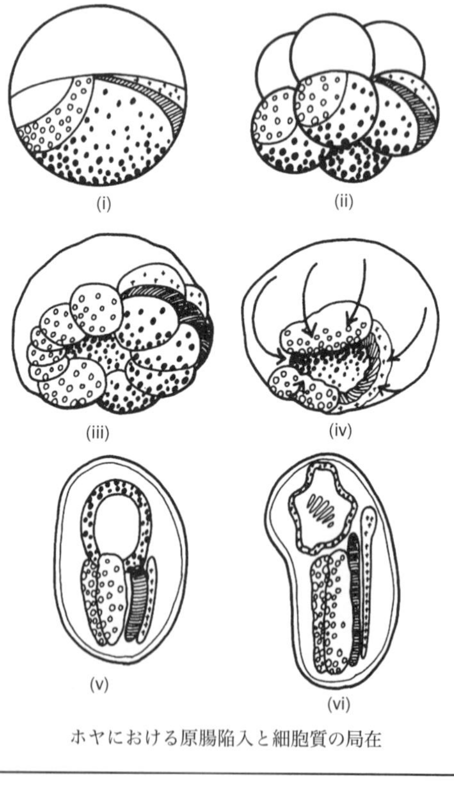

ホヤにおける原腸陥入と細胞質の局在

較

・再生中の分化と脱分化の研究（15.6節も参照）

・異なる組織のDNAの「指紋」fingerprintの解析

ただし，この一般的規則には例外が存在する．たとえば，線形動物カイチュウ *Ascaris* では始原生殖細胞のみが染色体のすべての成分を受け取る細胞である．他の系列の細胞では，図15.16に説明するように，染色体は初期卵割の段階で削減される．削除された後でも，すべての体細胞は同じ遺伝子成分をもつため，染色体削減や染色体消失は分化メカニズムの1つとして起こるわけではない．同様のことが

Box 15.6　調節的発生とモザイク的発生 II：海産巻貝 *Nassarius obsoletus* の発生

1. *Nassarius*（ムシロガイの仲間）のベリジャー幼生の体のつくり．幼生のそれぞれの部位とその中の構造は，特定の細胞系列に由来する．幼生の構造とその細胞の由来する小割球の4つ組み（1 a, 1 b, 1 c, 1 d）との関係を図（i）に示す．

2. ベリジャー幼生の細胞系譜．細胞系譜の研究により，初期卵割の際に同定され命名された個々の細胞から幼生のどの構造が発生するかがわかっている．

29細胞期の個々の細胞から発生する幼生の構造の割りあてを示す細胞系譜図が，Box 15.2 に示す命名法を用いてつくられている．

2 d 細胞と 4 d 細胞は，ベリジャー幼生の形成にとくに重要な役割を果たす．4 d 細胞は中内胚葉母細胞 mesentoblast とよばれる．

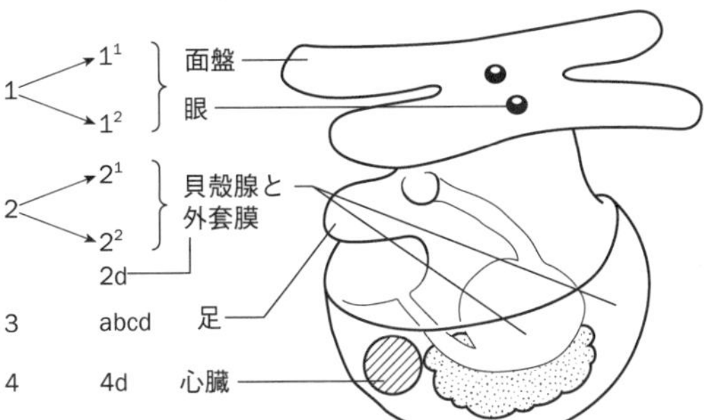

(i)

ベリジャー幼生の体のつくり

3. 構造秩序に対する極細胞質の役割．この巻貝では，特殊な細胞質をもつ顕著な極葉が第1・第2卵割の直前に出現する（図 ii, iii）．極葉の細胞質（極細胞質）は，D 細胞の系列に受け継がれる．極葉は，初期卵割の段階で顕微手術によって容易に取り除くことができ，その結果は劇的である．

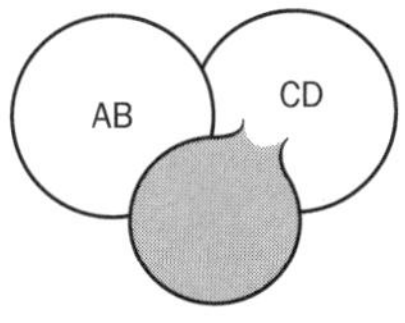

(ii)

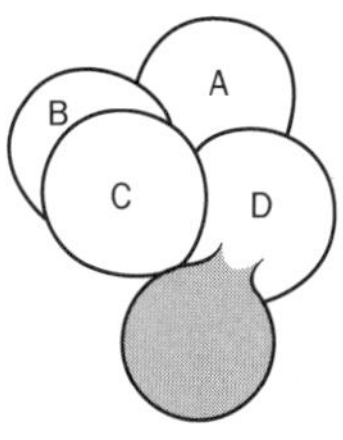

(iii)

こうしてつくり出した無極葉の幼生は構造の秩序をまったく欠いているが，細胞分化の兆候は多少ある．一例を図 iv に示す．これを正常に発生した幼生（上，(i)）と比較されたい．

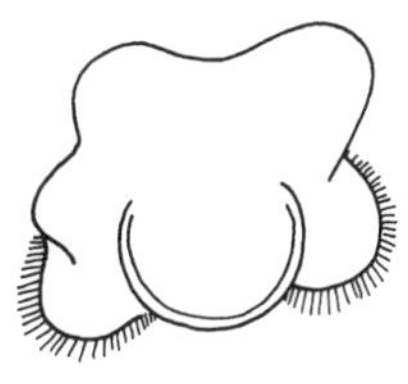

(iv)

一連の古典的な実験の中でクレメント（A. C. Clement）は D 系列の細胞を順に除去したときの発生に対する影響を調べた．その結果を表 B.1 に示す．

表 B.1　*Nassarius*（ムシロガイの仲間）の D 系列細胞を順次除去したときの影響のまとめ（A.C. Clement, 1962 のデータより）

破壊した細胞	胚	生じた欠陥
1 D 細胞（Box15.2 参照）	ABC	無極葉幼生として消化管，心臓，殻，足，平衡胞，眼を欠く
2 1D 細胞	ABC＋1d	ABC と同様
3 2D 細胞	ABC＋1d＋2d	ABC と同様
4 3D 細胞	ABC＋1d＋2d＋3d	貝殻はあるものとないものがみられる，消化管と心臓を欠く
5 4D 細胞	ABC＋1d＋2d ＋3d＋4d	欠陥なし

4. 解釈：誘導的相互作用．次ページの細胞系譜図と上の表をみると，眼は 1 a と 1 c に由来する細胞から形成され，貝殻腺は 2 d 細胞から生じるのがわかる．表に示した一連の実験の中で，1 a と 1 b 細胞はすべてに存在するのだが，眼は実験（4）と（5）からしか生じてこない．なぜか？　答えは，眼は（少なくとも 3 d 細胞ができるまでは）D 細胞系列の存在下でしか形成されないからである．

正常な貝殻腺が形成されるのは（少なくとも 3 d 細胞ができるまでは）2 d 細胞が D 系列の細胞と一緒に存在しているときのみである．

モザイク的発生の証拠：眼は通常 1 a と 1 c 細胞から生じ，1 a または 1 c 細胞を破壊すると眼が形成されない．

結論：1 a と 1 c に由来する細胞のみが眼を形成できるが，これらの細胞は D 系列の細胞の誘導的作用がなければ予定運命どおりに発生できない．

心臓は通常 4 d 細胞から生じ，4 d 細胞のみが分化した心臓を形成する能力をもつ（さらに詳しい議論については本文参照）．

Box 15.6 （つづき）

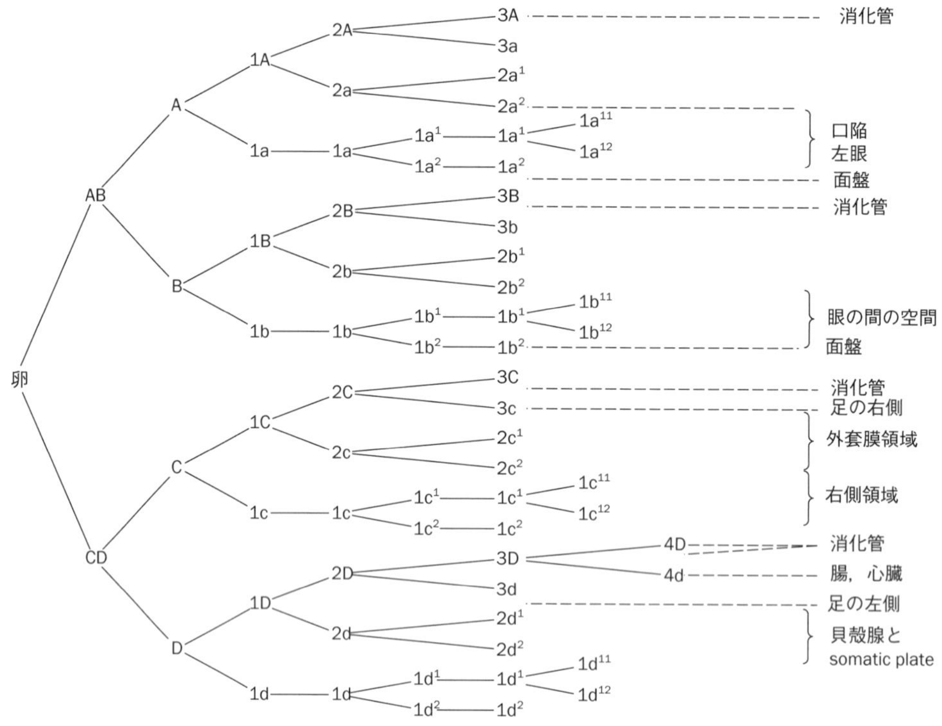

細胞系譜図

他のごく少数の動物でも起こることが知られており，染色体削減は，動物の分化の制御とは無関係と結論することができる．

体の後部の機能の分化はナノス遺伝子の発現と関係しており（Box 15.1），異なる生物の間で部位の分化の遺伝子機構が類似していることを示唆している．この部位分化機構のみかけ上の保守性については以下にさらに詳しく論じる．

もし発生中の胚の核がすべて同じ遺伝情報をもつなら，分化は細胞質中の情報と核の遺伝情報との相互作用の結果であるに違いない．

15.3.2　モザイク的発生 vs. 調節的発生

20 世紀の初期までに実験発生学者は，無脊椎動物の胚から単離した細胞が，正常に発生する能力があるかについて調べていた．ある場合には（たとえばウニ），4 細胞期に単離した割球の 1 個 1 個が完全でまったく正常なプルテウス幼生に発生することがわかった（Box 15.4(1) 参照）．そのような胚は，調節能があるといわれた．ある場合には，4 細胞期に単離した割球から発生した胚は大きな欠陥を示した（Box 15.4(2) および (3) 参照）．そのような胚では一部の細胞が特定のタイプの細胞質を受け継いでおり，その細胞質が細胞の予定運命を決定しているように思われた．これらの結果をさらに解析するには，個々の細胞の正常な予定運命に関する知識が必要であり，それは卵割前の卵細胞質または胞胚の予定運命地図として表現される．この地図は，細胞質の特定部位を染色し，染色された細胞の運命を追跡するという地道な作業によって作成される．ところがフタスジボヤ *Styela partita* の場合，正常予定運命地図は，受精後の卵の注意深い観察によって確立された（図 15.8 参照）．受精後，このホヤの卵は細胞質の移動のため，左右相称になるのが目で見えるからである．細胞質の部位の中でもとくに目立つのが，黄色みがかった三日月状の細胞質で，この部位は，初期の卵割の段階からオタマジャクシ幼生の筋肉塊までたどることができる．すべて

Box 15.7 調節的発生とモザイク的発生 III：ウニ胚発生の実験的解析

1. 細胞の層. ウニ卵の卵割の様子は Box 15.3 に解説した. 64 細胞期の主要な細胞層は,

An 1 細胞層（16 細胞）
An 2 細胞層（16 細胞）
Veg 1 細胞層（8 細胞）
Veg 2 細胞層（8 細胞）
小割球

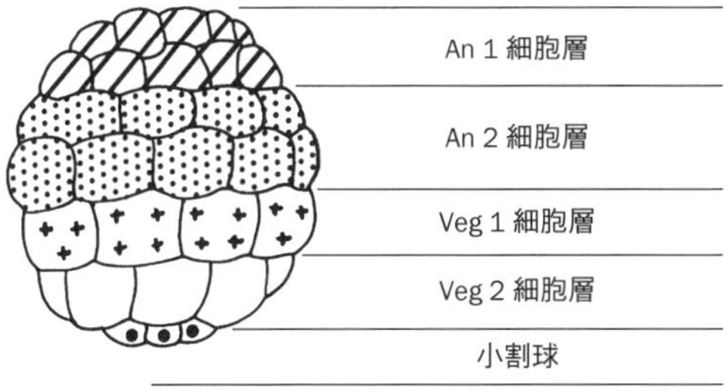

細胞層と原腸胚・初期プルテウス幼生との関係

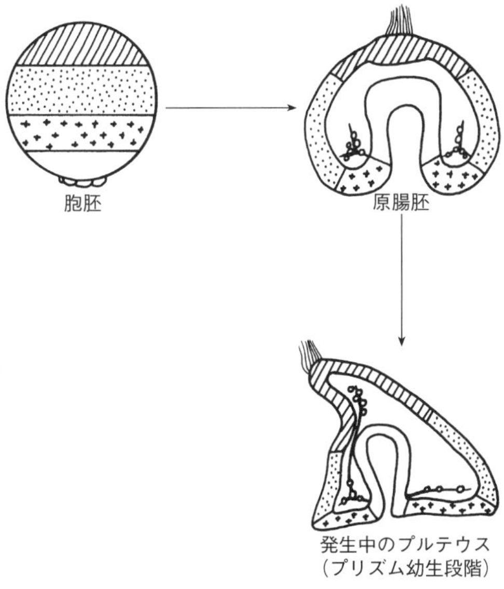

2. 2 分割して分離した胚の発生. 半分に分割した胚の動物極側は, 過剰に発達した項毛をもつ永久胞胚になる. 植物極側の半分は, 多かれ少なかれ正常な胚に発生するが, 消化管は過剰発達する. このようなものを植物極化したという.

これらの観察は, 初期の細胞層が自己分化するのだとする, 発生の「モザイク説」を裏づけるようにみえる. しかし, さらに実験を重ねると, これが正しくないことがわかる.

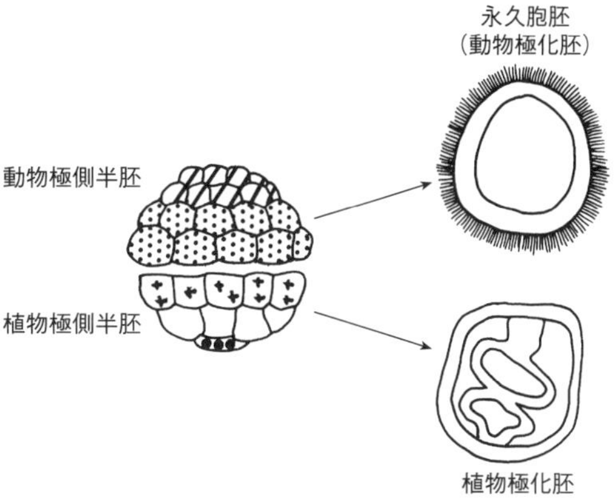

3. 発生の勾配説に対する証拠. 動物極側の半胚は, 4 個の小割球と組み合わせれば正常なプルテウス幼生へと発生する.

この実験において, 4 個の小割球は An 2 層の細胞に原腸形成能を「誘導した」ということもできる.

通常は起こらないことだが, An 2 層の細胞は原腸へと分化する能力をもっているのである.

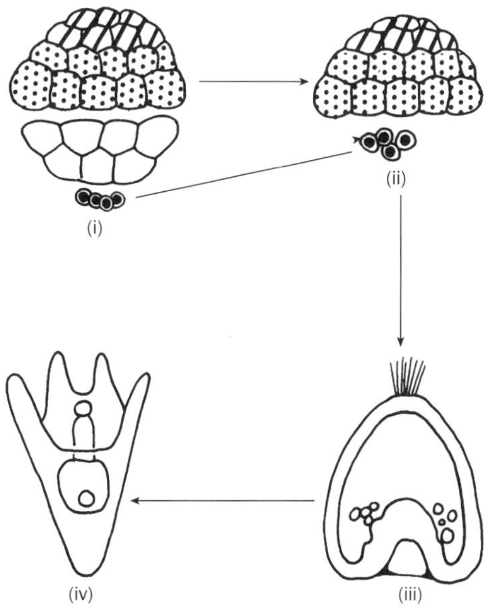

(i) 胚の分割
(ii) 動物側半球と小割球を組み合わせる
(iii) 原腸陥入
(iv) 正常なプルテウス幼生

4. 数多くの発生実験が, 胚の種々の細胞層を単離したり組み合わせたりして行われてきた.

そのような一連の実験の結果を以下にまとめてあ

Box 15.7　(つづき)

る．植物極化する傾向と動物極化する傾向のバランスをうまくとると，正常な幼生を発生させることができる．

An 1 層と 4 個の小割球を組み合わせると，正常なプルテウスが発生する．

An 2 層と 2 個の小割球を組み合わせると，正常なプルテウスが発生する．

Veg 1 層と 1 個の小割球を組み合わせると，植物極化した幼生が発生する．

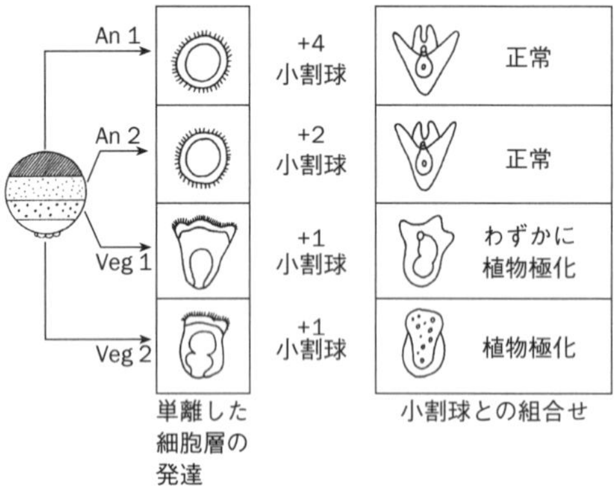

5.　下に示すように，これらの結果は 2 つの勾配系が表現されたものだと解釈できる．正常な胚では，細胞層の相対位置はこの 2 つの勾配の中の位置で決まると考えられる．

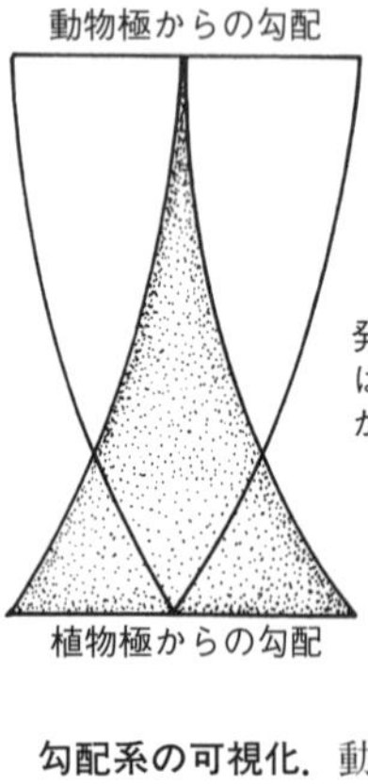

発生の勾配説．正常発生には 2 つの勾配の「バランス」が必要である

6.　勾配系の可視化． 動物極化剤と植物極化剤．特定の物質は，胚を植物極側・動物極側に分割したときに得られるような植物極化または動物極化した異常胚を形成させる．

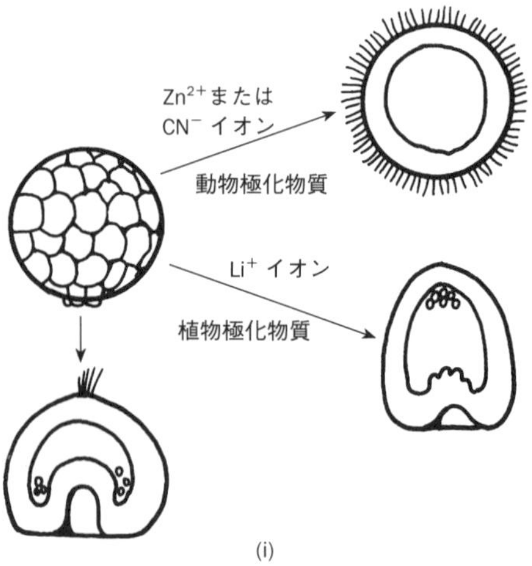

(i)

リチウムイオンは強力な植物極化の効果をもつ．
亜鉛イオンと青酸イオンは動物極化の効果をもつ．

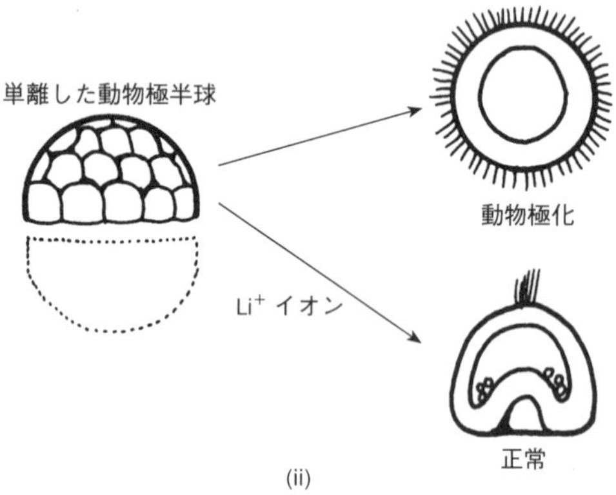

(ii)

しかし，リチウムイオンは単離した動物極半球に正常な原腸陥入を起こすことができる．

7.　代謝活性の勾配の可視化． 初期原腸胚の両極で，代謝活性に勾配があることの直接的証拠がヤヌスグリーンによる生体染色で得られる．この色素は，代謝活性により還元され，ピンク色に，つづいて無色になる．

Box 15.7　（つづき）

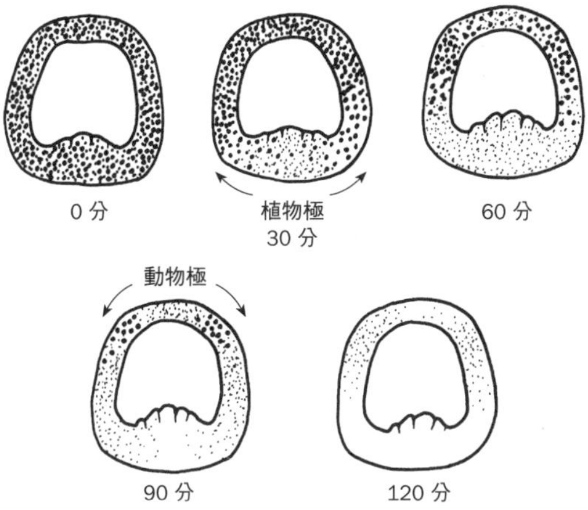

正常胚における色素の還元される経過．還元の中心が動物極と植物極の両方から放射状に広がっていくことに注意．

リチウムイオンは動物半球を正常に発生させる．

リチウムイオンは動物極側の色素還元の中心を抑制する．

8.　勾配系は形態形成の分子的基礎を反映したものである．棘皮動物の勾配系の実体は十分に理解されていないが，他の動物の系とも共通点があり，昆虫胚では部位の分化の遺伝子による制御機構の解析は急速に進みつつある．15.4 節および Box 15.9 参照．

の予定筋肉細胞は，この黄色の細胞質を受け継いでいる（Box 15.5 参照）．

Box 15.5 の実験は，細胞質の局在が細胞予定運命の決定に果たす役割の重要性について説得力ある証拠を提供し，これらの初期の洞察は現在では完全に実証されつつある．

昆虫細胞の実験も同様に，それぞれの核の予定運命は核の移動先の細胞質の性質によって決定されることを示している．卵割のパターンを図 15.11 に示す．卵の後端部にはしばしば他と異なる細胞質（極細胞質 pole plasm）が存在する．この極細胞質に進入した核のみが生殖細胞形成能をもち（つまり完全な分化能を保つ），極細胞質を胚から取り除くと不妊になる．遺伝的に同定されたショウジョウバエから極細胞質をとり，これを異なる遺伝子型の卵の前方に注入すると，この胚の前方の細胞も生殖細胞に分化する．

とはいえ，発生は細胞質中の決定因子の分布の結果だけで理解できるものではない．細胞同士の相互作用の関与もある．泥中にすむ巻貝 *Nassarius obsoletus*（ムシロガイの仲間，古い名称 *Ilyanassa* でよばれることもある）を用いた詳細な実験は，発生中に細胞質の決定因子がどのように相互作用するかを明らかにした．その結果を以下に簡潔に述べる（より詳しく Box 15.6 に述べてある）．*Nassarius obsoletus* はらせん卵割を示し（Box 15.2 参照），第 1 卵割と第 2 卵割で顕著な極葉 polar lobe が出現する．この特殊な極細胞質は D 細胞に特異的に割りあてられる．極葉を取り除いた胚は左右相称になり，D 細胞固有の卵割のタイミングは乱れて胚は重大な欠陥をもつ「無極葉」幼生へと発生する（Box 15.6 参照）．「無極葉」幼生は目，平衡胞，足，面盤，貝殻，心臓，秩序だった腸を欠いている．

しかし，細胞分化の産物はある程度認められる．Box 15.6 に示した細胞系譜図は，無極葉幼生の観察結果には重大な意味があることを明らかにしている．極葉に依存した構造の多くは，極葉の物質を引き継いだ細胞に由来するわけではない．1 a および 1 c 細胞に由来する細胞の予定運命は目であり，2 d 細胞は貝殻である．これらの予定運命の決定には，それぞれの細胞が引き継いだ細胞質だけでなく，2 d 細胞の出現から 4 d 細胞の出現までの間の臨界的な期間に，D 細胞由来の細胞と相互作用することも必要なのである．同様に，貝殻腺を生じる能力のある細胞はただ 1 個，2 d 細胞に由来するものだが，この際にも D 細胞由来の細胞とあらかじめ相互作用していることが必要である．

ウニ胚では，異なる層の細胞の発生運命が，胚の中の相対的位置によって決定される程度が，さらに大きい．これらの細胞の発生運命は，引き継がれる細胞質によって固定されているわけではない．ウニ幼生の主要な構成要素は，つぎのような分類表に従って後期卵割期の胚の細胞層までたどることができる．

An 1 細胞	項毛
An 2 細胞	口陥
Veg 1 細胞	外胚葉
Veg 2 細胞	原腸と体腔嚢
小割球	1 次・2 次間充織

この関係は，Box 15.7 でさらに詳しく解説してある．この縦方向の区分により，異なる発生能をもつ材料に明瞭に分離されるが，胚は単純にそれぞれの部分のモザイクとして発生するわけではない．胚には動物極から植物極へと減少するものと，逆に植物極から動物極へと減少するものとの，2 つの勾配が存在し，それぞれの細胞層は，それらの勾配に対する相対位置に従って発生するのである．このような概念的な枠組みを導いた重要な実験のいくつかを Box 15.7 に要約してある．

これは古典的な時期の実験発生学が生み出したかなり抽象的な概念であるが，今やそれを基礎づける分子機構が，ショウジョウバエを用いた実験によって劇的に明らかにされつつある．

15.4　キイロショウジョウバエの発生遺伝学

キイロショウジョウバエ *Drosophila melanogaster* は，現代の動物発生学の研究においてきわめて特別な役割を果たすようになった．その理由はたくさんあるが，多くは他の生物とは比べものにならないほど豊かな遺伝に関する情報によるものである．また，幼虫や一部の成虫の細胞にみられる巨大な多糸染色体 polytene chromosome に可視化された遺伝情報や，成虫原基の独特の性質もその理由の一部である．

完全変態をする昆虫では，胚発生初期に一群の細胞が未分化のまま残され，それらは変態のときにならなければ分化しない．この時点でこれらの成虫細胞は分散した網目のようになるか，またはよく組織化された「成虫原基」imaginal disc となり，外胚葉全体や唾腺その他の内部器官を生じる．ハエ目幼虫の成虫原基の配列と，成虫の構造との関係を図 15.17 に示す．

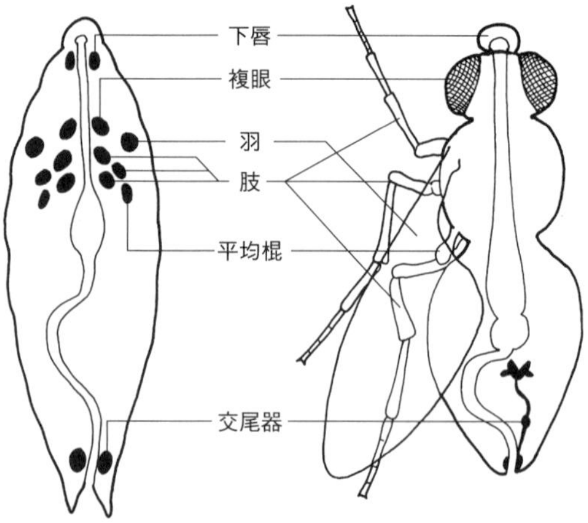

図 15.17　ハエ目（たとえばショウジョウバエ）の成虫原基系．幼虫の中の原基の位置と将来それらが形成する成虫の構造を示す．消化器系は変態によって置き換えられないことに注意．

15.4.1　成虫原基系：細胞運命の決定と決定転換

ハエ目昆虫キイロショウジョウバエでは，初期卵割により 2 つのはっきり異なる細胞群が生じる．① 約 1 万個の細胞が幼虫の構造を形成する．これらの細胞は，相同な DNA が最高 1000 本まで平行に並んだ多糸染色体をもつ．これらは大型の細胞で，幼虫期と蛹期で機能する（15.5 節も参照）．② 将来の成虫の細胞は大部分が多糸染色体をもたない．幼虫期には機能しておらず，約 1000 個の細胞が成虫原基の中に未分化のまま残されている．これらの細胞の分化は，蛹化時のホルモン環境の変化によって開始する．このとき，変態ホルモン（20-ヒドロキシエクジソン）が幼虫の細胞を退化させ，成虫原基の細胞を成虫の構造や組織に分化させる．

（分化はしていないけれど）成虫原基は，非常にはっきりした構造をもち，調節胚よりはモザイク胚的性格をもつものである．しかし，その発生運命の決定は勾配系に基づいている証拠がある．1 つの成虫原基の運命地図は，そのいろいろな部分を切除したうえで終齢幼虫に移植することで決定できる．変態時に，成虫原基のどの部分を切除したかによって不完全な成虫の構造ができてくる．たとえば，脚の原基の運命地図は同心円状のパターンをもつ（図 15.18(a)）．外側の層は脚の基部の構造を生じ，内側の層は脚の末端の構造を生じる（図 15.18(b)，(c)）．脚の原基は，部分切除ののち若齢幼虫に移植することもできる．この場合は，原基に代償成長による再生が起こる．ときには原基断片は完全な原基にまで再生するが，ときにはその断片が原基のどの部分に由来するかによって欠陥が残る．このことから原基の構造に階層性のあることがわかる．

未分化な細胞の将来の分化パターンが固定されていて，まわりの細胞的環境に影響されないことが実験的に示される場合，その細胞はしばしば発生運命に関して「決定済み」determined であるといわれる．昆虫の成虫原基の細胞は，このような性質をもっている．成虫原基における発生運命の決定と細胞の性質の分子的基礎を理解すべく，学問が急速に進んでいる．

成虫原基は，胚から単離して別の胚の異なる部位に移植することもでき（図 15.19），こうするとたいてい，もともとあった場所での性質に従って発生をつづける．いいかえれば，それが将来の脚の原基であるならば，脚へと発生しつづけるのである．ここで発生運命の決定に関しては，2 つの要素を考えることができるだろう．

・原基全体が将来何の構造へ分化するか．
・原基中の個々の細胞が構造のどの部分へと分化するか．この決定により，秩序だった構造への分化が可能になる．

成虫原基の細胞は増殖（有糸分裂）可能で，原基の成長は正常な発生の一部である．成虫原基はまた代償成長を行うことができ，先に説明したように原基の断片は完全な原基に再生することができる．

成虫のホルモン環境は，成虫原基の細胞の増殖を起こすことはできるが，原基の分化を起こすことはできない．分化が起きるのは，原基が終齢幼虫や蛹のホルモン環境に置かれたときだけである．これらの事実を利用して，実験生物学者は多くの興味深い実験を行ってきた．それらの結果はしばしば予想外のものであった．

成虫原基はハエの成虫の体内で継代培養することによって，本来なら変態を起こす時期を過ぎても未分化のまま保つことができる．成虫の血リンパ中の脱皮ホルモン（ヒドロキシエクジソン）の濃度は低いため，原基の細胞は増殖はできても変態を起こすことはできないからである．

成虫原基の断片は何世代にもわたって植え継ぐことができ，その発生運命決定の段階はそれを終齢幼虫に移植することでいつでもチェックできる．その

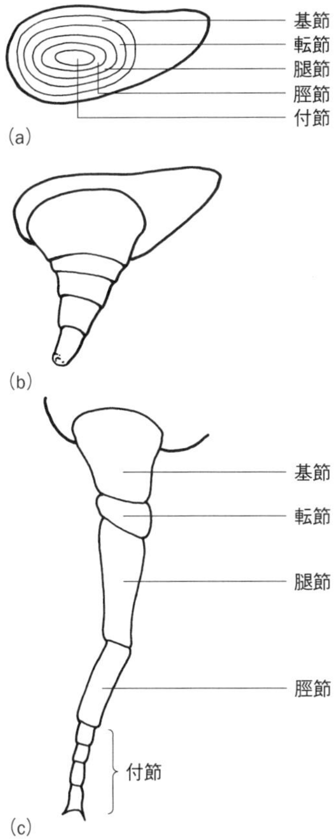

図 15.18　昆虫の付属肢が，その成虫原基から発生する様子．(a) 選択的切除によって決定された成虫原基の発生運命予定図，(b) 成虫原基からの付属肢の漸進的な成長，(c) 完成した付属肢とその構成要素．

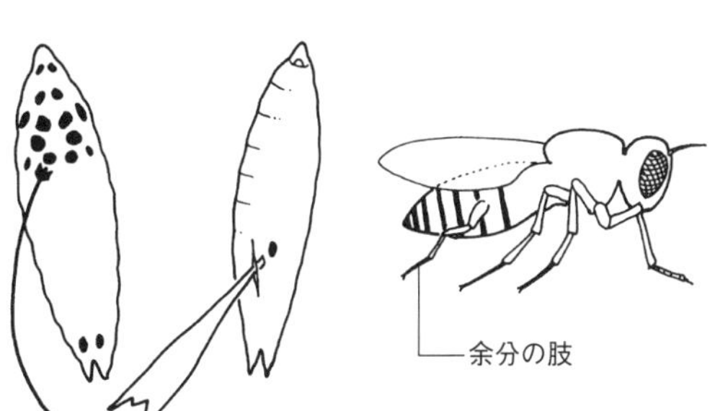

図 15.19　成虫原基の位置特性は固定されている（例外は Box 15.8 を参照）．ハエ目幼虫の肢の原基を (i) 解剖により単離し，(ii) 宿主幼虫の腹部に移植したところ．最終的に幼虫は変態を完了し，(iii) 腹部に余計な肢をもった成虫が羽化する．

Box 15.8　成虫原基の連続移植と決定転換の発見

1. 連続移植の技術を用い，1個の原基に由来する原基断片の決定状態を何回でも試験することができる．

もし，最初の原基の決定状態が維持されるなら，それぞれの試験移植片は最初の原基の性質を反映するはずである．通常はそのとおりとなり，決定状態は安定である．

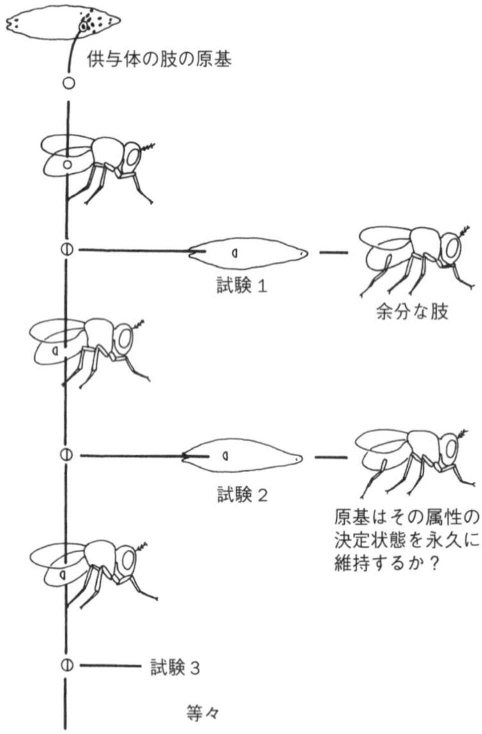

連続移植の技術

2. しかし，移植を非常に多く繰り返すと，決定状態の自発的な転換が起きることがある．すべての自発的転換が可能なわけではなく，ショウジョウバエでこれまでに観察されたものの一部を下に示す．

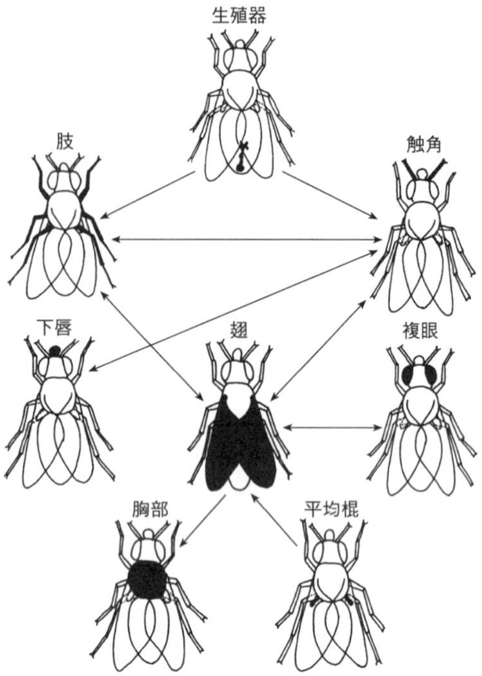

矢印は，原基から生じた構造の決定状態の，自発的転換の方向を示す．たとえば，Box 15.10 に示すように触角の原基は肢へ転換しうる．

たとえば，肢の原基は翅，触角，口器へ転換しうるが，複眼，平均棍，生殖器へは転換しない．

原基には種々の異なる細胞が含まれるが，これらがすべて自発的転換を起こし新しい発生運命をたどる．しかし部位の秩序を保った構造が形成されてくるため，これらの細胞が位置特性を保つ必要があることに注意．そのような自発的転換を決定転換という．

やり方を図 15.20 に示す．

このようなやり方で試験した成虫原基の細胞は通常，最初にもっていた性質を保っており，当初の原基の発生運命に依存して複眼，触角，翅，その他の構造へと変態をつづけることができる．しかし，部位によって発生運命が固定されているというのは絶対なものではない．ときとして原基の断片が，胚のほかの部位に期待されるような構造を生じることがある (Box 15.8)．この現象は「決定転換」transdetermination とよばれる．じつに驚くべきことだが，この状況においても原基のいろいろな細胞が決定された運命に従い，統制のとれたふるまいをすることである．細胞は当初とは異なる完全な発生運命地図に従って行動しているかのようである．

決定転換については多くの観察がなされ，ある決定転換は他のものより頻繁に起こることが知られている（詳しくは Box 15.8 参照）．このようにして原基のすべての細胞が突然その決定状態を変化させ

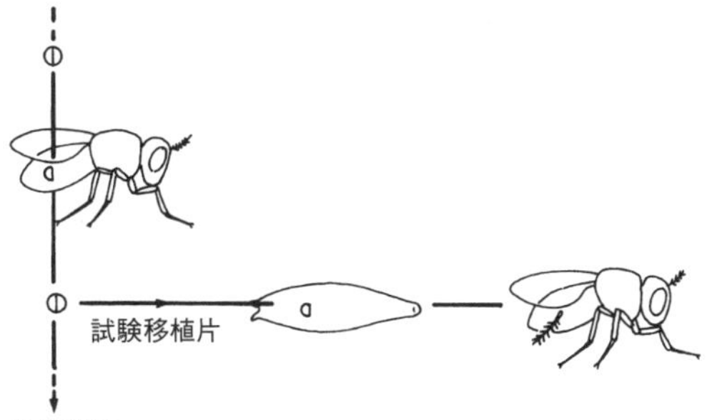

図 15.20 成虫原基の連続移植法．1個の原基を提供者の幼虫から摘出し，分割して1頭の成虫の腹部に移植すると，原基はそこで増殖し再生する．再生した原基を宿主のハエから回収し，再び分割して1片は終齢幼虫で発生能力の試験に用い，他の断片は再び成虫に移植して培養をつづけることができる．Box 15.8 も参照．

るとき，そこにはなんらかの上位の制御系が存在するかのようであり，その遺伝的基礎については次節で論じることにしよう．

15.4.2 ショウジョウバエにおける，部位の発生の遺伝子による制御

ショウジョウバエ幼虫の成虫原基は部位により発生運命が決まっており，Box 15.8 で説明したとおり，最初の発生運命は予想可能なやり方で自発的に変化できる．同様に，ショウジョウバエでは怪物のような異常な形態を生じる突然変異が多数分離されているが，これらは部位の秩序に変異が起きているのである．形態に異様な変化が起きる「ホメオティック変異」とよばれる突然変異は，19 世紀末にベーツソン（Bateson）によって記載された．この変異は，ショウジョウバエではしばしば成虫の付属肢や感覚器の部位の特性に変化を起こす．たとえば，触角の部位に肢が生えるもの（アンテナペディア Antennapedia（Antp）という優性変異），また平均棍が翅になるもの（ウルトラバイソラックス Ultrabithorax（Ubx）という優性変異）のようなホメオティック変異がある．これらの変異を起こすホメオティック調節遺伝子は，現在では階層的なパターン形成システムの一部を構成することがわかっている．ショウジョウバエのこのパターン形成は，卵細胞質の極性を決める遺伝子群が起こすパターン形成にまで遡ることができる（Box 15.1 参照）．

a. ホメオティック変異，ホメオボックスとホメオドメイン

ショウジョウバエの発生制御の理解と，DNA 転写・mRNA 翻訳の分子機構の解明は，手を携えて進んできた．ホメオティック変異の影響は広範に及ぶが，それはこの遺伝子が「転写因子」をコードする非常に多くのものからなる一群の遺伝子群の一部をなすものだからである．転写因子というのは他の遺伝子の転写を調節するタンパク質で，ときにそれらの活性を増強する共同調節遺伝子とともに作用する．

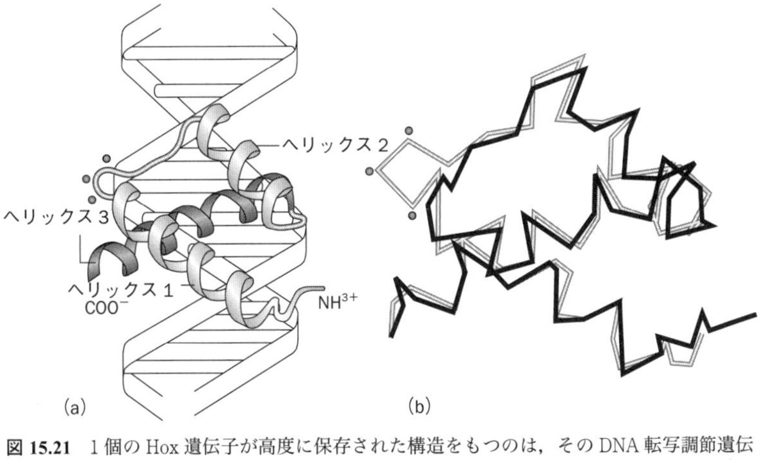

図 15.21 1個の Hox 遺伝子が高度に保存された構造をもつのは，その DNA 転写調節遺伝子としての機能の結果である．(a) その遺伝子産物のホメオドメイン領域は DNA の二重らせんに結合できるような3次元構造をもつ．このため，Hox 遺伝子群のホメオドメイン領域の配列は高度に保存されているのである，(b) ショウジョウバエのホメオドメインペプチド主鎖を酵母の Hox 遺伝子産物である MATα2 と重ねたところ．無脊椎動物の数十億年の進化の過程にもかかわらず，2つの遺伝子産物が酷似することに注目（Gerhart と Kirschner, 1997）．

転写因子をコードする大きな一群の遺伝子たちは共通のDNA配列をもっており，これは（ベーツソンによって1世紀以上も前にこれの関係する突然変異に対してつけられた名称をとり）「ホメオボックス」homeoboxとよばれている．ホメオボックスは高度に保存された180塩基対のDNA配列である．ホメオボックスは60アミノ酸配列からなる「ホメオドメイン」homeodomainをコードしており，調節タンパク質であるこの部位の特徴は，タンパク質をDNAへ結合できるようにすることによって，他のタンパク質の転写を調節することである．2つの遺伝子が共同してはたらくとき正確な結合が起こる．たとえば，Hox遺伝子*Ubx*(以下参照）の産物が標的DNAへ結合するときがそうで，ショウジョウバエのホメオドメイン遺伝子*Exd*の産物であるextradenticleが存在すると正確に結合する．ホメオボックスの詳細とホメオドメインの構造を図15.21に示す．

b.　ショウジョウバエの，部位の構造化にかかわる遺伝子の階層性

昆虫において，成虫のそれぞれの部位は幼虫の特定の部分から生じてくる．そして成虫原基は分化していないけれど，それがもつ位置に関する情報ははっきりと固定されている．成虫と幼虫の体節の対応を図15.22に示す．胸部の体節は，1つ1つが特定の構造をもつことに注意してほしい．体節T2は正常なものでは翅をもち，T3は翅の変形した構造（平均棍とよばれる感覚器）をもつ．1つの体節の中でもさらに部位の細分化がみられる．

幼虫の部域独自性regional identityの決定機構に関し，明瞭なモデルができつつある．そのモデルでは，関係する遺伝子の多くは階層構造をもつ群に整理される．

・母性効果遺伝子群maternal effect genes：これらの遺伝子は，形態形成にかかわるタンパク質の，濃度勾配の形成を制御する．一部は形態形成物質をコードする．たとえば，ビコイド遺伝子は前部オーガナイザーの1つをコードする．他のものは，ビコイドタンパク質を卵細胞質の前部の領域に固定するのに関わる物質をコードする．

・ギャップ遺伝子群gap genes：ギャップと名づけられたのは，この遺伝子群の産物がないと胚の構造配置に重大な欠失が現れるからである．ギャップ遺伝子は，核が特定濃度の形態形成物質にさらされたとき活性化されたり抑制されたりする（つまりこれは濃度勾配システムに対する遺伝子的反応である）．したがって，ギャップ遺伝子群は母性効果遺伝子産物によって制御される．

・ペアルール遺伝子群pair rule genes：この発現はギャップ遺伝子群の産物によって制御される．ペアルール遺伝子群は胚を2始原体節の長さごとに分割する．

・セグメントポラリティsegment polarityとホメオティックhomeotic遺伝子群：セグメント

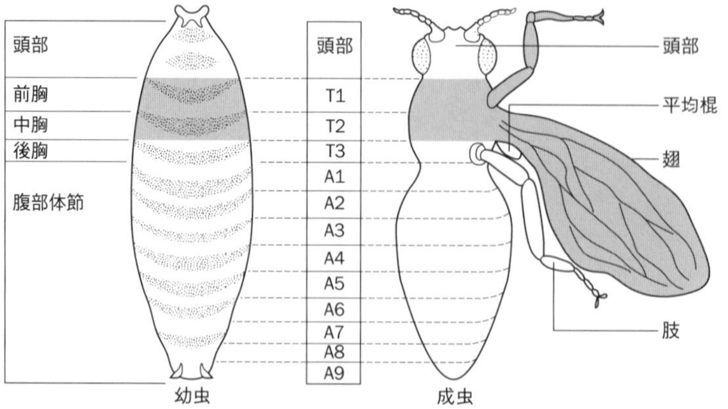

図15.22　ショウジョウバエの幼虫と成虫の体節構造．3つの胸部体節は付属肢の違いにより区別できる．幼虫の体節ごとに剛毛の帯があることに注意．この帯のパターンにより，一部の突然変異の効果を体節構造の変化との関連で解釈することができる（Gilbert，1990）．

ポラリティ遺伝子群は，胚をさらに1個1個の体節ごとに分割し，ペアルール遺伝子群と共同して，どのホメオティック遺伝子を活性化するかを決定する．このようにして，それぞれの体節の部域の独自性と形態を決定する．

実験発生学者が用いてきた無脊椎動物のモデルは，しばしば初期胚に，実体はわからないなんらかの形態形成物質の，濃度勾配が生じることを仮定して説明されてきた．個々の細胞の発生運命は多くの場合，そのような勾配系に基づくモデルでうまく説明できる．たとえば棘皮動物胚を用いた実験は，これで説明されてきた（Box 15.7 参照）．

そのような勾配系の分子生物学的基礎は，現在ではショウジョウバエを用いて非常に詳しく調べられ，その解析結果は，動物界全体を通じた部域独自性の決定機構の理解に重要な影響を与えつつある．

ショウジョウバエのような昆虫の胚では，部位特異的な分化がはじまるはるか以前からそれぞれの体節（つまり原基 primordium）は固有の独自性をもっている．母性遺伝子は未受精卵内に4つの局在化したパターン（図 15.23(a)）をあらかじめ形成し，部域独自性はそれによって影響される．母親によって供給されたそのようなパターンは，つぎに接合子の，前後軸に沿って少なくとも7つ（図 15.23(b)），背腹軸に沿って4つ（図 15.23(c)）の，特異的な帯状構造からなるパターンを形成する．このパターン形成に関与する遺伝子の発現と調節に関する知識は，近代的な分子生物学の手法を適用することによって急激に増えており，その一部は Box 15.9 と 15.10 に詳しく説明してある．

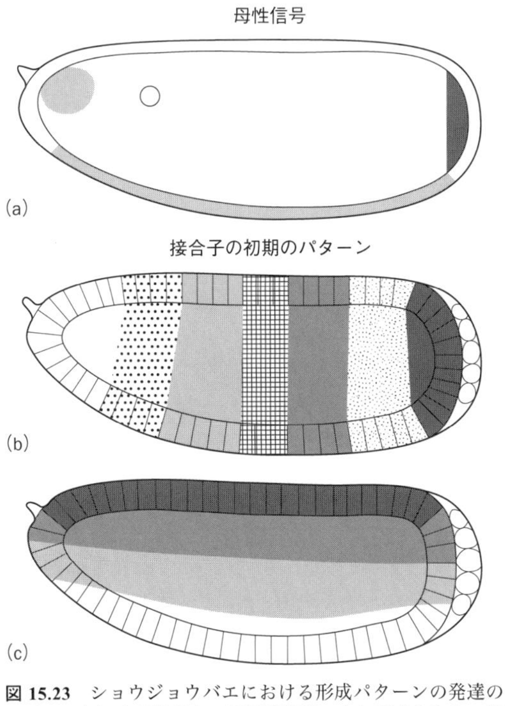

図 15.23　ショウジョウバエにおける形成パターンの発達のモデル．(a) 未受精卵中で母性遺伝子により形成される，前もってのパターンは4つの局在化した要素をもつ，(b) 接合子の前後軸に沿った形態形成．少なくとも7個の領域からなる，(c) 背腹軸に沿った形態形成．少なくとも4個の領域からなる（Nusslein-Volhard, 1991）．

c.　動物界にみられる，遺伝子と体の部位の，並び方の平行性

ショウジョウバエの Hox 遺伝子群は，ホメオドメイン/ホメオティック遺伝子ファミリーに属する一群の遺伝子で，体の前後に関する部域独自性の決定に関してはっきりした役割をもっている．したがって，Hox 遺伝子群に変異が起これば部域独自性は失われる．その結果，正常ならそれぞれ異なるはずの体節が同じようになってしまう．部域独自性が失われると，表現型としては当然非常に顕著なものとなる．その好例は *Ubx* の変異で，正常なら平均棍になるところが翅になり，有名な四枚翅のハエ目（双翅目，つまり翅が2枚が特徴）ができる（Box 15.10 参照）．これらの遺伝子の機能異常の表現型は，単にでたらめに奇怪なものが生じたものではなく，胚の基本的構築を反映したものになる．Hox 遺伝子の1つ1つは，胚の特異的部位において，他の遺伝子の発現を制御する．ショウジョウバエの Hox 遺伝子は8つあり，それらは *lab* (Labial)，*pb*（Proboscipedia），*Dfd*（Deformed），*Scr*（Sex combs reduced），*Antp*（Antennapedia），*Ubx*（Ultrabithorax），*AbdA*（Abdomen A），*AbdB*（Abdomen B）である．これらの遺伝子は，ショウジョウバエのゲノム中にばらばらに存在するわけではなく，1つの染色体の比較的短い領域にかたまって存在する．何よりも著しい特徴は，これらの遺伝子がその制御する胚の部位と同じ順番で並んでいることである．この発見の重要性は，ショウジョウバエの Hox 遺伝子のホモログ（相同遺伝子で，保存されたホメオボックス領域の外側も非常に類似した塩基配列をもっている）が，他の動物（脊索動物，脊椎動物，ヒトなど）にも存在することの

Box 15.9 ショウジョウバエ形態形成の遺伝子による制御：部域独自性

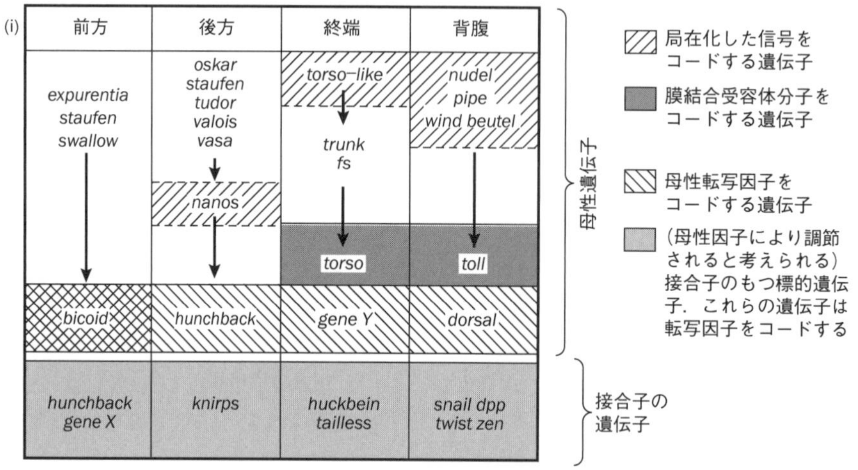

カスケード状の階層（Nusslein-Volhard, 1991）

1. 母性効果遺伝子群

母性効果遺伝子に突然変異が起こると，変異を起こしたハエの卵から発生する胚の部位の分化が影響を受ける．ショウジョウバエでは4つの体軸系を決定する母性効果遺伝子が知られている．その4つの体軸とは，

I　前方軸系：頭部と胸部の体節の秩序を調節する．

II　後方軸系：腹部の体節の秩序を調節する．

III　終端軸系：体節構造をもたない後部の尾節と先節を制御する．

IV　背腹軸系：背腹軸に沿ったパターンを制御する．

体軸決定のそれぞれの系は，相互作用する遺伝子群のカスケード（何段にも連続した滝）のような階層によって調節されている．そのカスケードの上位には，局在化された信号をコードする遺伝子がある．より下位のレベルには，非対称で部位ごとに分布する母性転写因子をコードする遺伝子があり，最下位には接合子の標的遺伝子があるが，これは母性効果に反応し，転写因子をコードしているものである．これらの転写因子は，下に解説するようなペアルール遺伝子・セグメントポラリティ遺伝子と相互作用する可能性があり，部位の特異性をさらに高める．

4つのカスケード階層は図（i）にまとめてある．前方軸系の場合，局在化された信号と母性転写因子の両方を *bicoid* 遺伝子がコードすることに注意（斜めの格子は右斜線と左斜線の重なったもの）（図には完全を期すためすべての遺伝子をリストしているが本文では言及していない）．

I　前方軸系

bicoid 遺伝子の機能欠失型のホモ接合の雌の子孫は，頭部構造を完全に欠く．図（ii）（a）に示すように，胚は尾節—腹部—尾節として発生する．野生型の *bicoid* 遺伝子の産物は，前部モルフォゲン morphogen である．この遺伝子を欠くハエは異常な卵をつくる（頭部の構造がない）．この遺伝子は接合子の遺伝子の1つである，いわゆるギャップ遺伝子の1つ *hunchback*（*hb*）の転写に影響を及ぼす．この遺伝子座の突然変異は，特定の部位の異常を起こす．

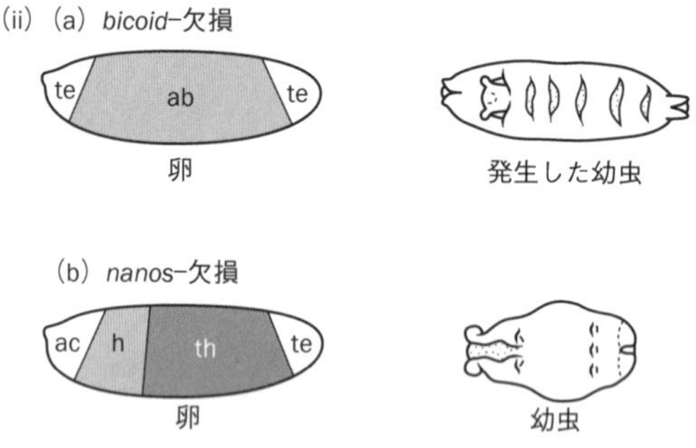

部位の異常を示す幼虫の例．ac：先節，h：頭部，th：胸部，te：尾節，ab：腹部（Gilbert, 1990）

II　後方軸系

雌成虫に欠損していたら，腹部領域に異常のある幼虫が生まれるような母性効果遺伝子がいくつか発見されている．これらの後部に影響する遺伝子の産物は，*nanos* 遺伝子の転写を活性化することが判明している．野生型の *nanos* 遺伝子は，*hunchback* の翻訳を抑制するタンパク質をコードする mRNA を転写する．*nanos* を欠損する胚の外観を図（ii）（b）に示し，この調節系を図（iii）に図解してある．

2. ギャップ遺伝子群

ギャップ遺伝子は，その突然変異により胚の特定の

Box 15.9　（つづき）

(iii) 後部極性系

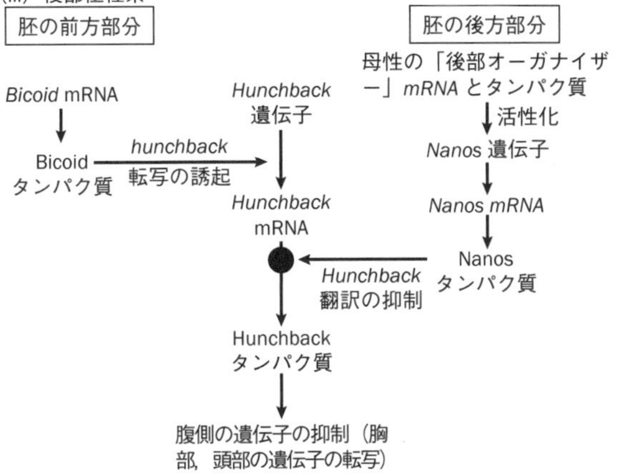

(iv)

	先節	Max	Max	下唇	T1	T2	T3	A1	A2	A3	A4	A5	A6	A7	A8	尾節
野生型（正常）	✓	✓	✓	✓	✓	✓	✓	✓	✓	✓	✓	✓	✓	✓	✓	✓
Krüppel	✓	✓	✓	✓	−	−	−	−	−	−	−	−	✓	✓	✓	✓
Hunchback	?	?	?	−	−	−	−	✓	✓	✓	✓	✓	✓	✓	?	✓
Knirps	✓	✓	✓	✓	✓	✓	✓	−	−	−	−	−	−	−	✓	✓

Max＝小顎ⅠとⅡ

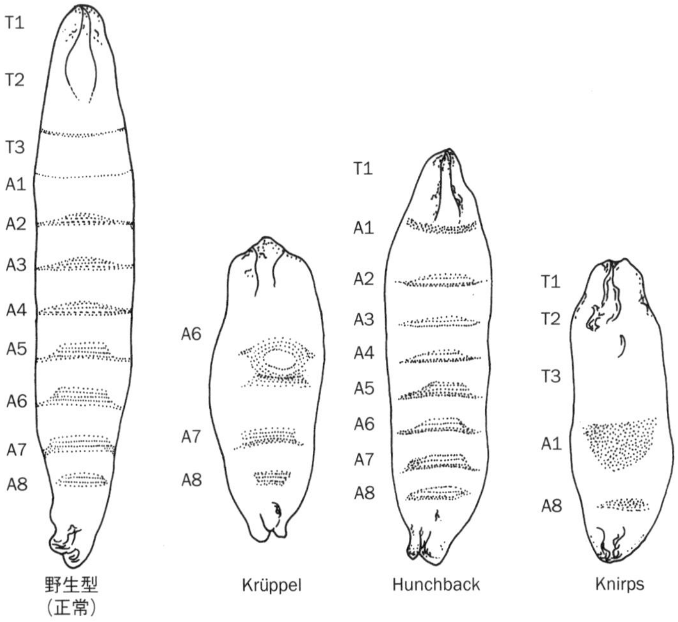

野生型と，3種のギャップ遺伝子変異体（*krüppel*，*hunchback*，*knirps*）のホモ接合体の幼虫の外観（Gaulo Jacle, 1990 および Weigel ら，1990 および Gilbert, 1990）．上の表中の—は，その部位の欠失を表す．

Box 15.9　（つづき）

部位が失われるものとして定義される．図（iv）はいくつかのギャップ遺伝子の突然変異がホモ接合になったときに現れる異常の例で，特定の体節の部位が欠損してる．

3.　ペアルール遺伝子群とセグメントポラリティ遺伝子群

ペアルール遺伝子は，胚を15の体節の境界に対応する帯（縞）に分割する役割を担う．

少なくとも8個のペアルール遺伝子が発生初期にははたらいていて，それらの活性はギャップ遺伝子によって調節されている．また，他のものは発生のより遅い時期に活性をもつ．これらの遺伝子の重要な特徴は，これらが転写パターンの安定化を導くプロモーターやリプレッサーに対して感受性をもつことである．

セグメントポラリティ遺伝子は，それぞれの体節領域につき染色体のわずか1個のバンドからしか転写されない．これにより，胚の部位特異性をさらに高めることになる．

体節パターンの3つの異なるタイプの変異を図（v）に図示する．それぞれにおいて，細かい点を打って影をつけた部分は野生型遺伝子によりコードされた特異的遺伝子産物が転写されている領域である．ホモ接合型の変異体ではこれらの領域は消失している，つまり，遺伝子産物の転写が起こっていないので特異的領域が失われているのである．

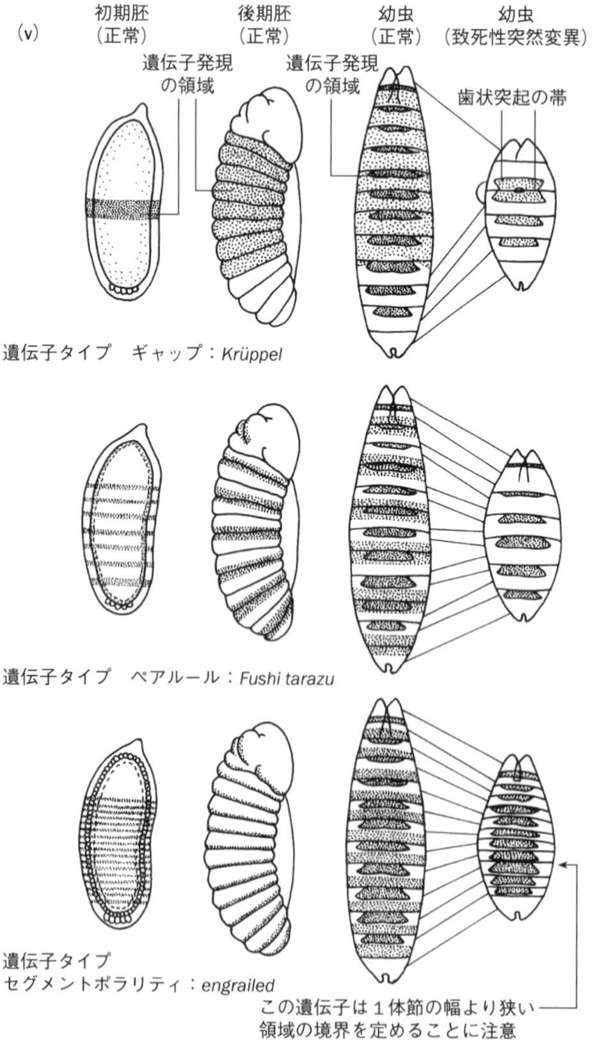

ペアルールとセグメントポーラリティ遺伝子

Box 15.10 ホメオボックス（HOX）遺伝子群と形態形成の調節

1. ショウジョウバエの体節化と部域組織化

ハエ目ショウジョウバエの体は，一定数の体節からできている．成虫の体節は，それぞれがはっきり定められた構造をもち，ときにそれは体節固有の付属肢その他の外胚葉性の構造という目に見える形をとる．付属肢その他の外胚葉性構造は成虫原基より生じ，成虫への脱皮（変態）時に現れる．幼虫の体節の部域独自性は，おもに体節の境界に生じる剛毛のパターンとして目にみえる．

体の領域は：

頭部：大顎，小顎，下唇の各体節

胸部：

T 1　前肢－翅なし

T 2　中肢－翅

T 3　後肢－平均棍

腹部：A 1 から A 8 まで

以上のように，体は頭部複合体，胸部の 3 体節と腹部の 8 体節からなる（図 i）．

2. ショウジョウバエのホメオティック突然変異体

ショウジョウバエの突然変異体は，古く 1894 年にベーツソンにより発見された．その変異は，隣り合った体節たちに類似した構造を生じさせるもので，このことからベーツソンは変異をホメオティックと名づけた．そのようなホメオティック変異の 1 つにウルトラバイソラックスがあり，これは 3 番目の胸部体節に平均棍ではなく翅を生じさせるものである．もう 1 つの例はアンテナペディアで，頭部の触角の生じる位置に胸部の肢が生じる（図 ii）．

正常発生において，これらの遺伝子がコードするタンパク質は体節間の違いと部域独自性を維持する役割を担う．突然変異（すなわち正しくない DNA 塩基配列，したがって欠陥のある遺伝子産物のタンパク質）は正しい部位の構造を生じさせることができなくな

(i)

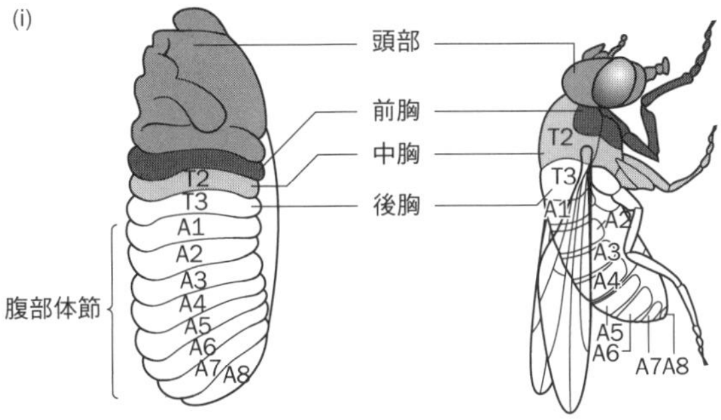

ショウジョウバエの幼虫と成虫の体節の比較．胸部の 3 体節は付属肢により区別できる．
T1（前胸）は肢のみをもつ．
T2（中胸）は翅と肢をもつ．
T3（後胸）は平均棍と肢をもつ．

(ii)

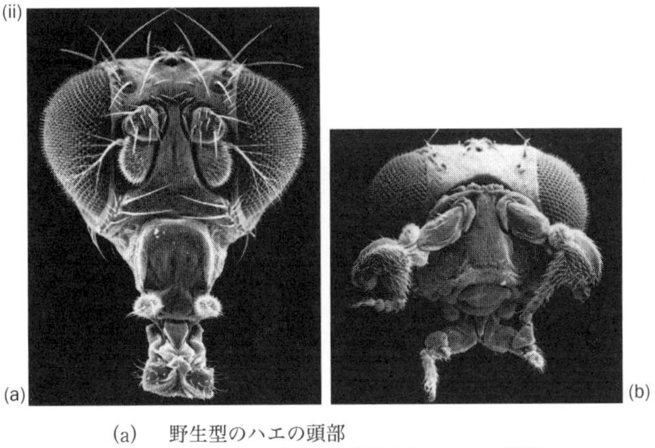

(a)　野生型のハエの頭部
(b)　アンテナペディアの変異をもつハエの頭部

Box 15.10　（つづき）

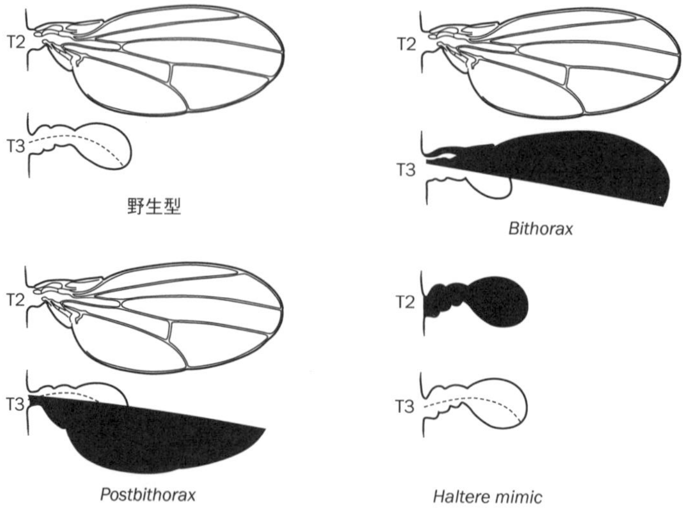

Ubx 遺伝子の調節能にかかわる突然変異．野生型では，T２は翅を，T３は平均棍を生じる（図左上）．*bithorax* 突然変異では，T３の前半部が翅の前半部に変換される（図右上）．*postbithorax* 突然変異はT３の後半を翅に変換するが（図左下），*Haltere mimic* 突然変異はT２をもう１つの平均棍に変換する（図右中）．*bithorax* と *postbithorax* の両変異が同時に起こると４枚の翅をもったハエが生じる（図右下）．

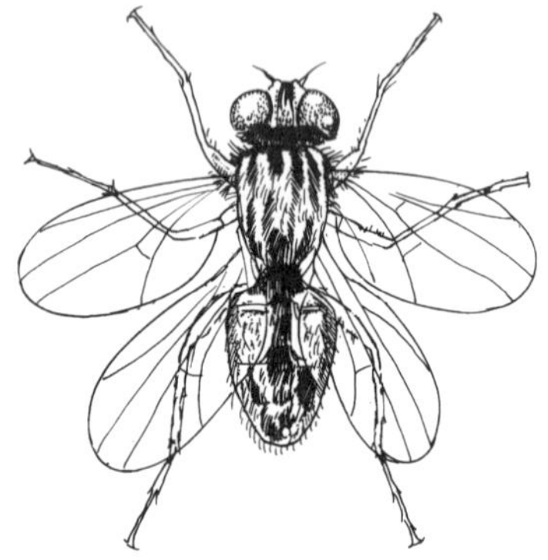

る．

２つの主要なホメオティック遺伝子群（アンテナペディア複合体とバイソラックス複合体）は，ショウジョウバエの第３染色体上にある．

ホメオティック遺伝子の役割が，集中的に研究されている．ウルトラバイソラックス突然変異 *Ubx* は胸部第３体節があたかも第２体節になったかのように２対の翅を生じさせる．*bithorax* 複合体の変異は，部分的な変化を起こすことができる．たとえば，*anterobithorax*（*abx*）や *bithorax*（*bx*）突然変異は平均棍の前半を翅として発生させる一方で，後半は平均棍のまま残す．対照的に，*postbithorax*（*pbx*）突然変異は後半を翅のように変化させる．以前はこれらは異なる遺伝子座を占める変異と考えられていたが，現在では *Ubx* 遺伝子が部位特異的な発現を生じる複雑な内部のシス調節を受けると考えられている．したがって，*pbx*，*bx*，*abx* は *Ubx* 領域内部のエンハンサー要素の突然変異である．

3.　ホメオティック遺伝子の高度に保存された配列

ホメオティック遺伝子は調節遺伝子，つまり他の標的遺伝子の発現を調節する遺伝子である．これらの遺伝子は，ホメオドメインとよばれる高度に保存された60アミノ酸残基の配列によって特徴づけられる．ホメオドメインの存在により，ホメオティック遺伝子は，他の遺伝子の発現調節に関与する特定のタイプのタンパク質をコードする一群の遺伝子として認識される．

これと相同の遺伝子は，実質上すべての生物に見いだされ，現在ではHox遺伝子とよばれている．ショウジョウバエのホメオティック遺伝子は，さらに上位のホメオボックス遺伝子群に属する小群（Hox遺伝子）として認識されている．

4.　部域の組織化，遺伝子の隣接する位置関係と異なる生物中のパターン

ショウジョウバエの成虫における前後軸に沿った構造の位置関係（このBoxの **1.** を参照）は，８個の隣り合ったホメオティック（Hox）遺伝子の配列に反映されている．通常は，最前部に発現されるものから順に左から右に並べるのが習慣であり，そうして描いた図が次のページのものである．

Box 15.10　（つづき）

ショウジョウバエの Hox 遺伝子は，

（i）Anntenapedia 複合体，すなわち *Labial*（*lab*）；*Proboscipedia*（*pb*）；*Deformed*（*Dfd*）；*Sex combs reduced*（*Scr*）；*Antennapedia*（*Antp*）．

（ii）Bithorax 複合体，すなわち *Ultrabithorax*（*Ubx*）；*Abdominal-A*（*Abd-A*）；*Abdominal-B*（*Abd-B*）；*Caudal*（*cad*）．

これらの遺伝子は第 3 染色体上に直線的に並んでおり，他の生物の相同遺伝子も同様な並び方をしている（ときに遺伝子重複を伴っている，下図参照）．

（注意：現在では，脊椎動物における命名法が他の生物にも適用されている．この命名法では HoxA, HoxB, HoxC, HoxD のようによばれる．たとえば，マウスの Hox a 1 はショウジョウバエの lab，Hox a 2 はショウジョウバエの pb と同義である．）

これらの発見はじつに驚くべきことであり，進化過程の研究に新しい時代を開くことになった．そして，現在「発生過程の進化学」という新しい学問が生まれつつある．Hox 遺伝子の重複は，脊椎動物がナメクジウオ *Amphioxus* のような脊索動物の祖先から分岐した際に 1 回，また顎のある魚が無顎類の祖先から分岐した際にもう 1 回起きたと考えられる（Holland, P. W. H., Garcia-Fernandez, J., Williams, A. A & Sidow, A：Gene duplication and the origins of vertebrates. Development（supplement），pp. 125-133, 1994 参照）．

5.　前後勾配と卵の部域組織化：母性効果遺伝子 *bicoid* と *nanos*

卵母細胞の将来の前端に *bicoid* の mRNA

卵母細胞の将来の後端に *nanos* の mRNA

この分布パターンは，卵母細胞をおおう濾胞細胞に対する卵母細胞自身の効果によって影響される．これは，*gurken* 遺伝子にコードされるタンパク質が卵母細胞から分泌され，これが卵母細胞をおおう濾胞細胞に影響を及ぼしてそれらを後極濾胞細胞に変化させるからである．後極濾胞細胞は，今度は逆に *bicoid* と *nanos* の mRNA の分布に影響を与える物質を分泌する．この種の遺伝子を「母性効果遺伝子」といい，これらに欠陥のある卵は正常な野生型の精子と受精しても欠陥は救済されない．

- Bicoid 転写因子は，胚前部の他の遺伝子の転写を活性化したり抑制したりする．
- Nanos 転写因子は，特定の mRNA 分子種と結合することでその翻訳を阻害する．
- Nanos 転写因子は，*hunchback* の翻訳を阻害する．

Hunchback はもう 1 つの母性効果遺伝子で，その

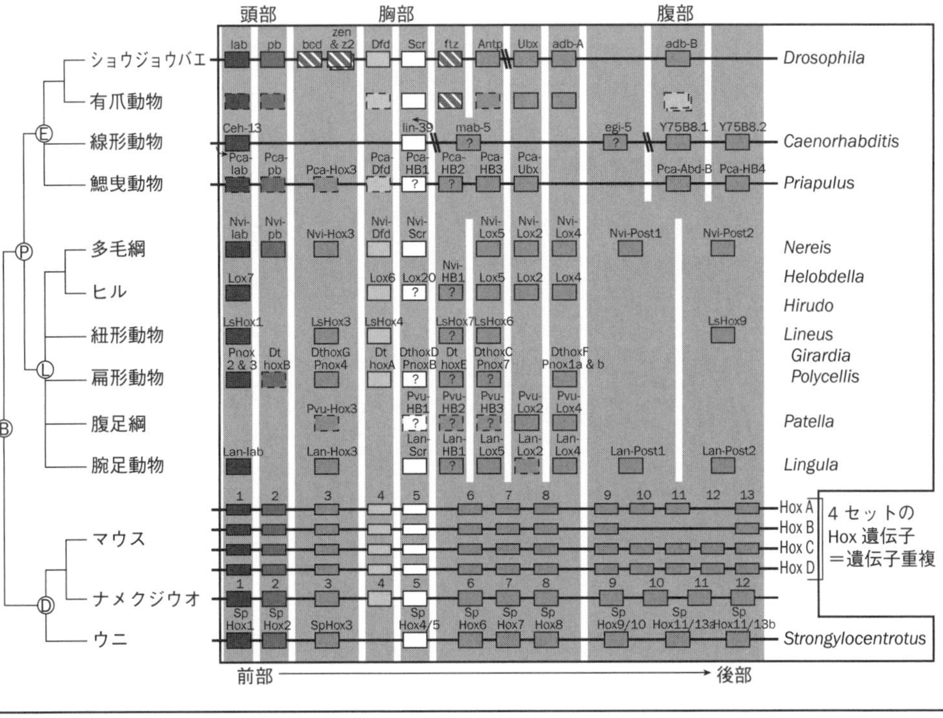

Box 15.10　（つづき）

mRNA は卵母細胞の細胞質に蓄積し，それはだいたい均一に卵母細胞内に分布する．それに加えて，bicoid は *hunchback* の転写を活発に刺激する．卵の細胞質につくられた勾配は，さらにカスケード階層をなす他の数々の遺伝子（Box 15.9 参照）の活性を調節する．

6. ギャップ遺伝子，ペアルール遺伝子，セグメントポラリティ遺伝子

ショウジョウバエの部位の調節は，ニュスライン=フォルハルト（C. Nüsslein-Volhard）によって理解が進んだ（ノーベル賞受賞）．彼女はショウジョウバエの致死突然変異を数多く集めて幼虫に対する影響を調べ，幼虫の剛毛パターンへの影響をもとにすべての突然変異を整理した．この仕事は，何千もの突然変異を含む労作である．現在，この仕事は突破口と考えられ，配列が決定された遺伝子は日増しに増加し，胚の遺伝子発現のパターンが，胚と将来の成虫の部位を順次決定していく過程に重要な役割を果たしていることが明らかとなった．最終的にこれらの遺伝子はホメオティック遺伝子の発現を調節しているのである．

これらの遺伝子は，体節構造をより複雑なものにしていく活動の時系列にしたがって整理することができる．また，これらの遺伝子は幼虫の各体節の境界を定めるだけでなく，個々の体節の前半部・後半部の決定にもかかわることが明らかとなっている．

ギャップ遺伝子群

この遺伝子群に関し，突然変異の遺伝子型をもつ幼虫は表現型として体の特定の部分が欠けるという特徴を示す．遺伝子が同定され，その配列が決定された現在，発現のパターンを以下のように記述することができる．8 個のギャップ遺伝子は *huckbein*（*hkb*）; *tailless*（*tll*）; *giant*（*gt*）; *empty spiracles*（*ems*）; *orthodenticle*（*otd*）; *krüppel*（*kr*）; *knirps*（*kni*）である．各遺伝子は，母性効果遺伝子とそれに依存する転写因子の勾配にしたがって，胚の比較的狭い特定の部位で発現する（棘皮動物の発生を説明するための勾配仮説を思い起こしてほしい．Box 15.7 参照）．

ペアルール遺伝子群

これらの遺伝子の突然変異は，その表現型が奇数番目または偶数番目の体節が欠けるが，両方が同時に欠けることはないという特徴を示すため，この名がつけられた．

ギャップ遺伝子が発現している一過的な，非繰り返しの 8 本の帯があれば，それで 8 個のペアルール遺伝子の新しいパターンをつくり上げるのに十分である．これらの遺伝子は，それぞれが繰り返しのパターンの中に発現される．最初のパターンには，3 個の 1 次ペアルール遺伝子が関与する．これらは *runt*; *hairy*; *even-skipped*（*eve*）である．それぞれの遺伝子は 7 個の繰り返しパターンをもつが，発現が起こる領域は互いに少しずつずれている．したがって，たとえば *runt* は T1 と T2 に発現し，*hairy* は T2 と T3 の境界に発現する．他の遺伝子はこのパターンとの関連において発現する．その一例に *fushi-tarazu*（ftz）（日本語で「体節が足りない」）がある．

セグメントポラリティ遺伝子群

さらに細かい空間的階層性がセグメントポラリティ遺伝子群とよばれる，帯状に発現する多数の遺伝子に

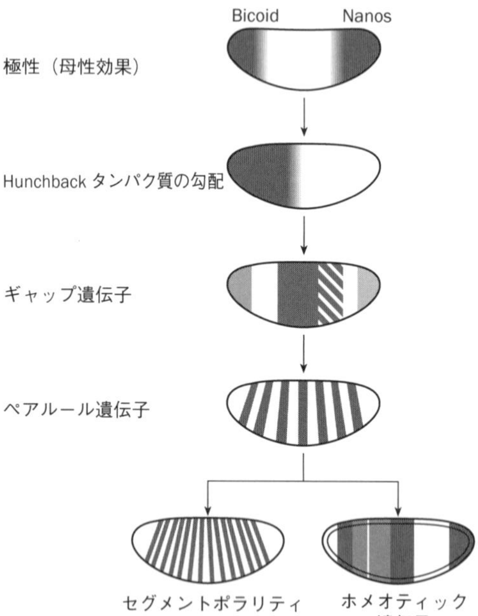

一般化されたショウジョウバエのパターン形成のモデル．パターンは母性効果遺伝子によってうちたてられるが，それらの遺伝子は形態形成タンパク質の勾配と分布を決めている．形態形成タンパク質は hunchback タンパク質の勾配を形成する．hunchback タンパク質はギャップ遺伝子の活性化の程度を部位により変えることで，胚のおおよその領域区分を決定する．ギャップ遺伝子はペアルール遺伝子の発現を可能にする．個々のペアルール遺伝子は胚をおよそ 2 体節原基の幅に分割する．その後，セグメントポラリティ遺伝子は胚を前後軸に沿って 1 体節幅の単位に分割する．これらの遺伝子の効果は，全体としてそれぞれの体節の特性を確立するホメオティック遺伝子の空間領域を確定することである．こうして周期をもたない構造から周期が生まれ，それぞれの体節には固有の独自性が与えられる．

Box 15.10　（つづき）

よってもたらされ，その構造周期は，14 の体節よりも繰り返し頻度の高いものになる．最もよく知られる遺伝子に *engrailed*（*en*）; *wingless*（*wg*）; *hedgehog*（*hh*）がある．*en* 遺伝子はそれぞれの体節の後側の境界面に 14 条の筋となって発現する．

ホメオティック（Hox）遺伝子の活性化と調節

Hox 遺伝子の活性は，ギャップ遺伝子発現の空間分布と，それぞれの受けもつ体節の構造を構築するペアルール遺伝子とセグメントポラリティ遺伝子の効果によって調節される．

卵における最初の遺伝子産物の勾配（前後軸に沿った勾配）は，高度に構造化された体節をすでに定義しており，それぞれの体節はすでに固有の独自性をもっている．この状態になると，各部位にある成虫原基にとりわけておかれていた細胞で，異なるホメオティック（Hox）遺伝子が発現されるようになり，したがってそれぞれの体節は自身の固有の構造を発達させるようになる．

7.　背腹軸の極性の決定

ここまで前後軸に沿った部域独自性が時間を追って組織化されてくる様子をみてきた．同様なやり方で背腹軸の極性も，卵の細胞質の極性にまで遡ることができ，背腹軸に沿った組織化と原腸陥入にいたる胚の発生の様子を時間を追って追跡することができる．

この組織化のパターンに関する研究も致死性突然変異が起こす胚の異常に関するニュスライン=フォルハルトの業績によって刺激されたものである．

背腹軸の極性は *dorsal* 遺伝子の発現まで遡ぼることができる．dorsal 遺伝子の転写物はどこにでも存在するが，胚の将来の腹側の卵割腔細胞の核にしかとりこまれない．この現象の分子生物学・遺伝学は複雑で，他の多くの遺伝子が関与するが，最終的には卵母細胞核の非対称な配置にまで遡ることができる．

dorsal 遺伝子転写物を受け取った核は腹側化し，原腸陥入運動に関係することになる．dorsal 遺伝子転写物の標的は *rhomboid*，*twist*，*snail* で，また dorsal 遺伝子転写物は他の遺伝子，たとえば *tolloid* や *decapentaplegic* の転写を阻害する．

ホメオティック（Hox）遺伝子の鍵となる特徴は，その転写産物であるタンパク質が DNA の特異的認識部位に結合する能力で，それによって他の遺伝子産物の転写を調節できることである．

下図の番号の説明：

1：卵母細胞核が卵母細胞の前方背側に移動する．核は *cornichon* と *gurken* の mRNA を集める．

2：*cornichon* と *gurken* の mRNA が翻訳される．gurken タンパク質は中期卵形成時に torpedo タンパク質と結合する．

3a：torpedo の信号は濾胞細胞に背側の形態をとらせる．

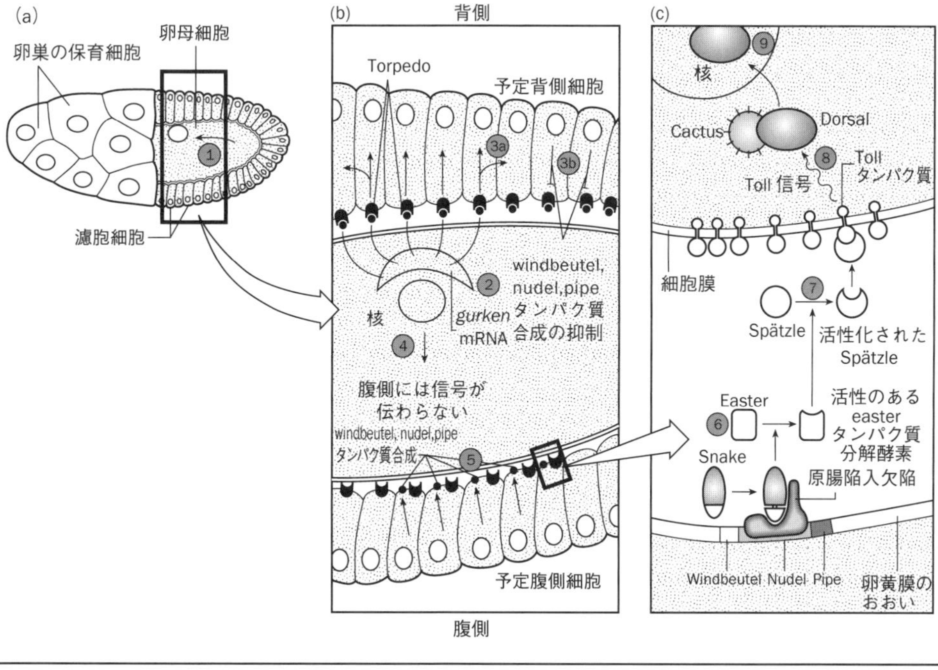

Box 15.10 （つづき）

3b：背側の濾胞細胞中では windbeutel，nudel，pipe タンパク質の合成が抑制される．
4：cornichon と gurken タンパク質は腹側には拡散していかない．
5：腹側の濾胞細胞は windbeutel，nudel，pipe タンパク質を合成する．
6：腹側の濾胞細胞は snake と gastrulation-defective タンパク質を吸収し easter 酵素前駆体を切断し，活性のある easter タンパク質分解酵素を腹側にのみ生成する．
7：easter は spätzle を切断し，切断された spätzle は toll 受容体タンパク質と結合する．
8：toll の信号は cactus タンパク質のリン酸化と分解を引き起こし，それを dorsal から遊離させる．
9：cactus から遊離した dorsal は核に入り，細胞を腹側化する．

発見によって一層顕著なものとなった．さらに，脊索動物の相同遺伝子も部域独自性を制御しており，それらの相同遺伝子たちは染色体上に1列に並んでおり，その順番が，制御している胚の部域の並び順と一致することが判明している（詳しくは Box 15.10 参照）．

このように遺伝子と部域の平行性が多くの動物にみられることは，これらが共通の祖先（それは分化した部域の構造をもち，位置特性の発現を制御する遺伝子が直線上に並んでいた）から進化したことを示す可能性がある．進化の途上で Hox 遺伝子にいくらかの多様化や遺伝子重複が起こったが，もとのパターンは明瞭なまま残った．無脊椎の脊索動物ナメクジウオ *Amphioxus* は1列に並んだ12の Hox 遺伝子をもち，これらとショウジョウバエの8個の Hox 遺伝子との相同性を調べた結果，これらが遺伝子重複によって直線的に並んでいる順番に従って複製されたことが明らかになった．さらに脊索動物の祖先から脊椎動物が生じたとき，全体の遺伝子群の並びに複数回の遺伝子重複が起こり，マウスでは相同の Hox 遺伝子群が4組存在することがわかっている．

18S リボソーム RNA の配列に基づく系統解析によると，左右相称動物の系統樹は3本の単系統群，すなわち脊椎動物を含む後口動物と，大きな2群の前口動物（冠輪動物と脱皮動物）からなっている．さまざまな無脊椎動物の Hox 遺伝子の解析結果は，こうして推定された系統を反映しているようにみえる．なぜなら，（冠輪動物とされる）腕足動物と環形動物多毛綱の後部 Hox 遺伝子は類似しているが，これとは異なる後部 Hox 遺伝子が（脱皮動物とされる）鰓曳動物，線形動物と節足動物に共通して発見されているからである．この研究をした人たちの考えでは「これらの主要な2系統の前口動物の祖先は，少なくとも8～10個の Hox 遺伝子をもっていて」，この2系統の分岐の後に起きた Hox 遺伝子の重複の時期は，「3つの大きな左右相称動物の各系統の放散の前だった」と示唆している．

ショウジョウバエの Hox 遺伝子は，当初それぞれの制御する部位にちなんで名づけられたが，動物間で共通の名称を用いるほうが有利と考えられるようになり，ショウジョウバエのホモログもショウジョウバエ Hox 1，Hox 2 などとよばれることが多くなった．

無脊椎動物と脊椎動物の背腹軸も共通の分子メカニズムで制御されていることが発見され，このため一部の研究者は脊索動物と無脊椎前口動物の背中側（反神経側）と腹側（神経側）は相同だという考えを改めるべきだと主張している．この新しい考えを「事実」として，無脊椎動物学の教科書に記載することは時期尚早であろうが，この本の読者は，脊椎動物と無脊椎動物の間の伝統的な区別は便宜的なものにすぎないことに注意すべきである．むしろここ数年のうちに脊椎動物と無脊椎動物が共通な発生経路をもつという証拠は増大するであろうし，この2者を2分する考え（この本のタイトルは，それを支持しているかのようだが）には系統学的に何の根拠もないと考えられるようになるだろう．

15.5　幼生の発生と変態

海産無脊椎動物の繊毛の生えた幼生は漂泳生活に

適応したものであり，彼らに移動能力を与える繊毛環は，より大型の成体にとっては不十分なものである（第10章参照）．したがって，これらの動物は変態の過程で繊毛を失い，筋細胞が移動力を担う生活形態に変化することが多い．

軟体動物腹足綱では，ベリジャー幼生の変態は段階的に進み，その過程で面盤が徐々に退化し，最終的には発育の進む巻貝の移動を面盤がまかなえなくなり，主要な移動器官として腹足に置き換えられる．二枚貝綱の変態はより速く，面盤は突然消失する．

幼生は移動しなければならないし，成体段階へ向けて発生しなければならない．この2つの必要性は腹足綱では相容れないが，同様の例は環形動物多毛綱でもみられる．ここでは胚または幼生期に，体節が徐々に追加されていく（15.2.2項参照）．体節は対になった体節芽体（segmental blastema，幼生後部腹側の帯状の部分）に由来する．その芽体の中胚葉性細胞は，典型的ならせん卵割で生じる4d細胞からできる対になった中内胚葉母細胞に由来する（15.2.1項，図15.13およびBox 15.2参照）．

体節芽体は，中胚葉性と外胚葉性の要素を含む．2条の中胚葉産生細胞は一連の組織の塊を生じ，その中に体腔が形成される．以下に記す棘皮動物とは異なり，これらの動物では，中胚葉は原腸の内腔から生じるのではなく，このようなものは裂体腔schizocoelとよばれる．体節は中胚葉組織と外胚葉組織の協調した器官形成によって生じ，この際，腹側の神経索が主要なオーガナイザーとして誘導の役割を担う．新しく生成した体節が肛節の前に生じるにつれ，幼生の体重は増加する．漂泳性の幼生ではほとんどの場合，個々の体節には運動または浮遊に用いられる構造がそなわっている．

棘皮動物は，動物界の中でも最も劇的な変態を，発生中に行うものの1つである．十分に成長した棘皮動物の幼生は左右相称である．しかし，棘皮動物成体の主要な相称性は5放射相称である（これに2次的な左右相称が付加されることも一部にあるが，7.3.2項参照）．棘皮動物の腸体腔嚢は原腸陥入完了のしばらく後，原腸の先端が外側に拡張することによって生じる（図15.12参照）．したがって，体腔の形成は「腸体腔型」といわれる．現生の棘皮動物を用いた研究によると，腸体腔嚢は祖先形では3対あったことを示唆している．それらは軸腔嚢axocoel，水腔嚢hydrocoel，体腔嚢somatocoelとよばれる．これらの体腔空間の発達とそれにつづく変態の様子を図15.24に示す．現生棘皮動物の大部分では，右側の軸腔嚢と水腔嚢は退化するか，完全に消失している．左側の水腔嚢はさらに水腔嚢とそこから成長した部分に分割され，後者は石管stone canalと水孔hydroporeを形成する（図15.24(i)～(iv)）．

これらの原始的な体腔の原基を9日目のプルテウス幼生について図15.24(v)に示す．左右の体腔嚢は胃の上に広がり，成体の体腔を形成する．左側の水腔嚢は，後に成体の水管系となる5放射相称の液体に満ちた原基を形成する．将来の成体の口は水腔嚢の中央に形成され，これがウニの口の表面となる．したがって，成体の口-反口軸は大体プルテウス幼生の左右軸に沿ったものになる（図15.24(vi)）．ウニやヒトデの成体の構造は「成体原基」として現れ，それは変態時に，幼生の外胚葉性表皮が萎縮し捨てられるのと同時に傘を広げるように発達をはじめる（図15.24(vii)，(viii)）．

外骨格をもつ動物は連続的に発生・成長することができず，脱皮を繰り返さないといけない．脱皮のたびに古い外骨格は捨てられ，新しい外骨格が硬化する前に，体の膨張が起こる．この好例は甲殻動物である．甲殻動物は発生途上で形態的にはっきり異なる一連の幼生期のあと，最終的に脱皮により成体の形になることが多い（Box 14.5と第8章参照）．甲殻動物では，成体の形になった後も脱皮を繰り返して成長をつづけることが多い．しかし，有翅昆虫では成体（成虫）の形になった後に成長をつづけることはない．

海産無脊椎動物では，若い成体がその後の生育に適した環境に身を置けるようにするのは，幼生の責任である．これは動物の生活史の中で重要な段階であり，成体が定着性または固着性の生物にとって，適切な基質を選ぶのは生存にかかわることである．

海産生物の研究者は，変態したばかりの幼生の群れが生存できないような基質の上に一見ランダムに定着していくのを時々観察することがある．しかし，通常はこのようなことは起こらない．漂泳性の幼生がいかに正確に適切な基質を選ぶことができるかを示す研究は多い．これに関与する過程は以下の

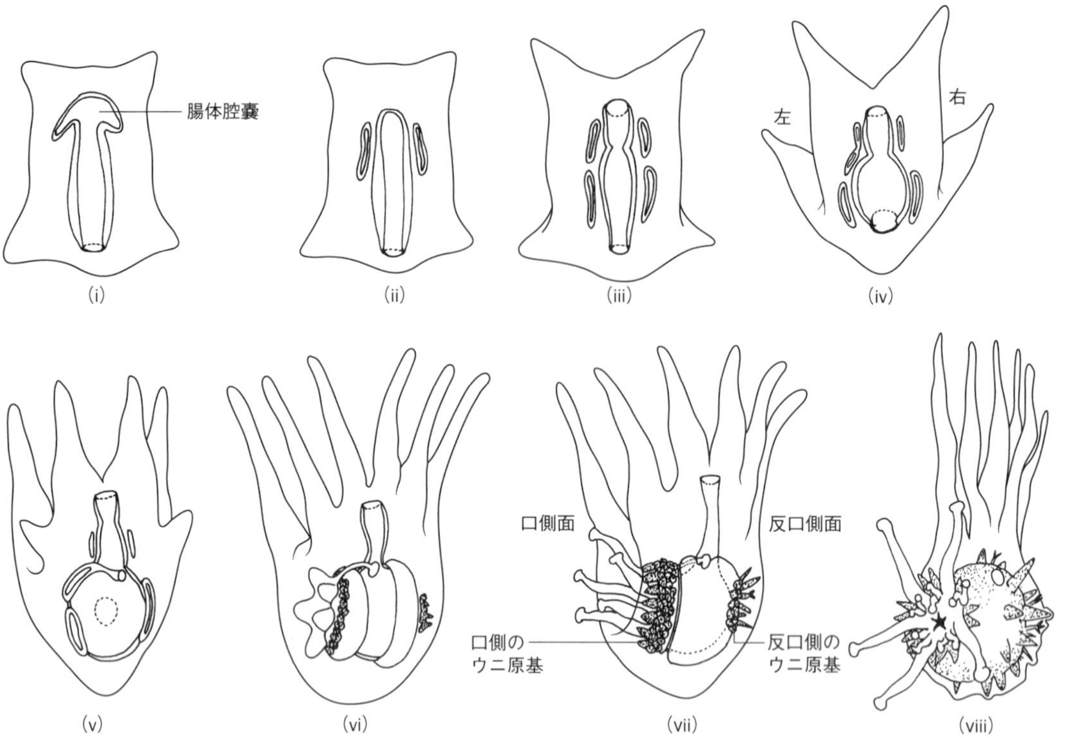

図 15.24　ウニの体腔系の発達と成体形への変態．(i) 原腸陥入完了後，原腸先端部の外側への拡張による腸体腔囊の形成，(ii) 対になった体腔囊，(iii)，(iv) 体腔囊がさらに分割，(v) 2 番目の左側体腔が水腔囊と石管-水孔複合体へと分化し，左右の 3 番目の体腔囊が拡張する．*Psammechinus* では，プランクトンとして発生をつづける 9 日目でこの段階に達する，(vi) 五放射相称の環状水管が組織化され，これが発生中のウニの口側面を決定し，口-反口軸を確立する，(vii) 口側と反口側の「成体原基」(ウニでは「ウニ原基」とよばれる) が徐々に発達．これはプルテウス幼生の運動器官である繊毛帯の拡張によって支えられる，(viii) 変態完了直前の *Psammechinus* の幼生．幼生の組織は捨てられ，成体の原基は融合して最終的なウニが形成される．

とおり．

- 幼生を適切な基質に接触させる一連の行動
- 適切な基質がないときの変態の遅延
- 適切な基質の区別と選択
- 群居性行動および同種の成体または幼生があらかじめ生息する表面の化学感覚による検出

たとえば，海産軟体動物のムラサキイガイ *Mytilus edulis* の幼生は，その成長の間に一連の複雑な行動変化を示す．

多くの種の幼生は，定着する基質の選択性が非常に高いことが知られている．棲管性の *Spirorbis* (ウズマキゴカイの仲間) の成体は，近縁種が特徴的に異なる基質上に見いだされるが，その幼生たちが異なる定着表面を選ぶことを多岐選択実験によって示したのが Box 15.11 である．

フジツボのキプリス幼生も定着前に目を見張るような複雑な行動を示し，これによって変態に適切な場所を選択できる．幼生は表面の材質にも反応するが (粗いか穴のあいた表面を好む)，何よりも同種のフジツボやその幼生，または古いフジツボの死に殻に強く反応する．幼生が反応する物質の化学組成はさかんに研究されているが，そうする理由は，(生物学に基づく新世代の) 毒性のない固着生物防止塗料を開発するためである．

15.5.1　昆虫の成長と変態

単肢動物門は，一般的に昆虫とよばれる動物の大きな群 (六脚動物亜門) を含んでいるが，この昆虫という集合体の中には 3 種類の異なる成長パターンをもつ動物群が存在する．多足亜門に似たグループ，たとえばトビムシ目やシミ目は翅をもたず，脱皮を繰り返して徐々に成長する．これらの動物の形態は著しく変わることがないので変態をするということはできず (図 15.25(a))，無変態 ametabolous とよばれる．これらの発生は，多くの種が完全卵割をするという原始的な特徴を示す．興味深いこと

Box 15.11　海産動物幼生の変態と定着基質の選択

1.　多くの底生生物は，その種に固有な基質の上に見いだされる．しばしばいくつかの近縁種が同所的にみられるが，定着している基質は異なっていることがある．成体の分布として観察されるものは，幼生が基質を識別することによって生じる．このことはウズマキゴカイ属 *Spirorbis*（棲管性の多毛綱）を用いて実験的に示されている．

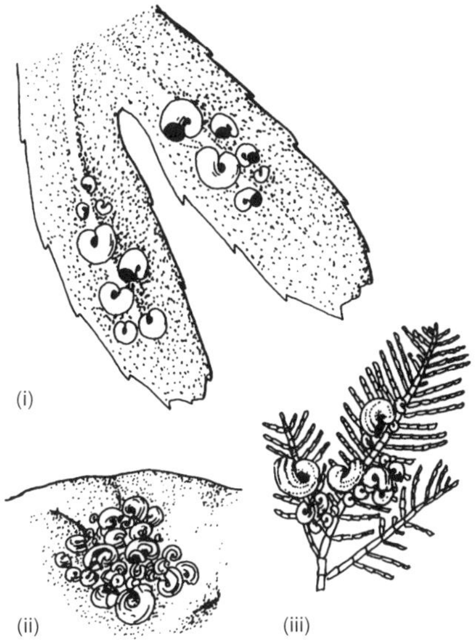

(i) *Spirorbis borealis* は *Fucus serratus*（海藻ヒバマタ）上に，
(ii) *Spirorbis tridentatus* は露出した岩上に，
(iii) *Spirorbis corallinae* は *Corallina officinalis*（海藻サンゴモ）上にすむ．

2者選択方式の実験において，これらの種の幼生は基質の好みに違いがあることを明瞭に示した（表B.2）．

表 B.2　多毛綱 *Spirorbis* 属の異なる種の幼生による定着基質の選択実験（De Silva, 1962 のデータより）

種	基　質	幼生の総数
Spirorbis borealis	*Fucus serratus*	1297
	Corallina officinalis	18
	Fucus serratus	457
	薄膜状にした岩	295
Spirorbis tridentatus	*Fucus serratus*	0
	薄膜状にした岩	52
	Corallina officinalis	0
	薄膜状にした岩	55
Spirorbis corallinae	*Corallina officinalis*	63
	Fucus serratus	2

2.　フジツボのキプリス幼生は定着場所に関して好みがうるさい．

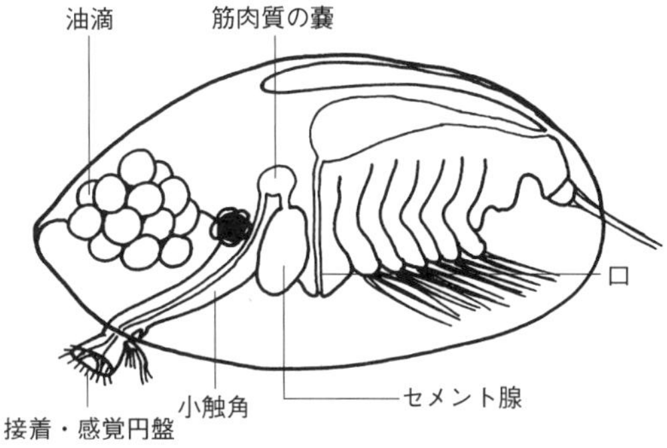

最終的に定着場所を決定する前に，幼生は可能性のある表面を動きまわり，探索するかのような行動を示す．場合によっては泳ぎ去り，別の場所を選択することもある．

3.　フジツボの幼生が特定の表面を選択する確率を高める数多くの要因がある．

定着と変態を促す要因をいくつかあげると，

（a）粗い表面
（b）溝や凹みのある表面
（c）古いフジツボの殻
（d）新たに定着したキプリス幼生の存在

これらの中で最も重要なのは，他のフジツボが存在するかどうかに関係したことである．

幼生の好まない表面も，フジツボの組織の抽出物に浸すことによって幼生を誘引するようになる．この誘引物質はタンパク質で，キプリス幼生はこれを単分子層として認識する．

に，一部の種では卵割が最終的には有翅昆虫のものに似てくるが，最初は完全卵割である．

他の昆虫は成長の途上で多かれ少なかれ劇的な変態を示し，成虫になるまでの齢数は一定である．より進化した昆虫の発生はいくつかのやり方で類別することができる．一部のいわゆる「長胚型昆虫」

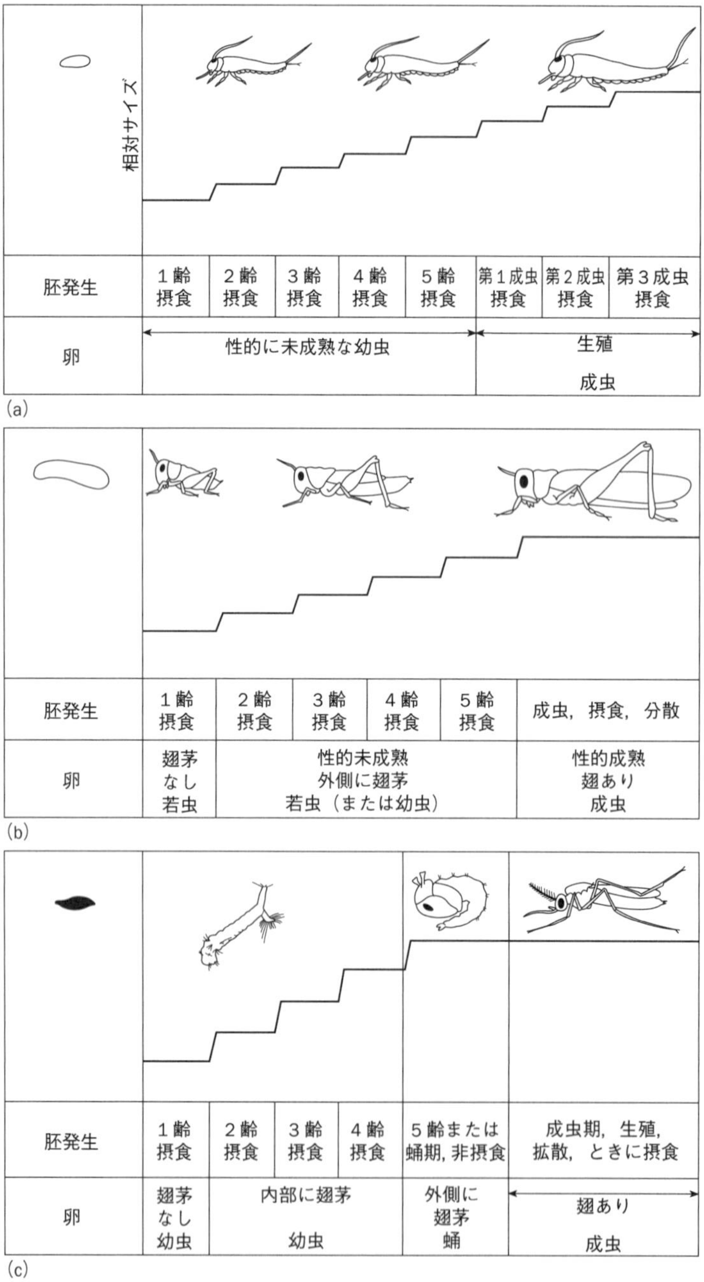
相対サイズ
胚発生
1齢
摂食
2齢
摂食
3齢
摂食
4齢
摂食
5齢
摂食
第1成虫
摂食
第2成虫
摂食
第3成虫
摂食
卵
性的に未成熟な幼虫
生殖
成虫
(a)
胚発生
1齢
摂食
2齢
摂食
3齢
摂食
4齢
摂食
5齢
摂食
成虫，摂食，分散
卵
翅芽
なし
若虫
性的未成熟
外側に翅芽
若虫（または幼虫）
性的成熟
翅あり
成虫
(b)
胚発生
1齢
摂食
2齢
摂食
3齢
摂食
4齢
摂食
5齢または
蛹期，非摂食
成虫期，生殖，
拡散，ときに摂食
卵
翅芽
なし
幼虫
内部に翅芽
幼虫
外側に
翅芽
蛹
翅あり
成虫
(c)

図 15.25　昆虫の発生と成長の模式図．(a) 無変態．変態が起こらない．この例では生殖可能になっても成長がつづく，(b) 不完全変態．不完全または部分的な変態が起こる．この例では，翅が2齢以降に外側の翅芽として現れる．羽が完全に成長するのは最後の5回目の脱皮の際である．それぞれの脱皮の直後に体のサイズが増大する，(c) 完全変態．完全な変態が起こる．この例では，4齢の幼虫期の後，幼虫の齢期の変形である蛹の時期につづいて成虫が現れる．成長は幼虫期の脱皮直後に限られることに注意．

long germ-band insects では，成虫の体節は卵の発生の初期に確立する．すべての昆虫がこのような初期に体節形成をするわけではなく，（むしろ多毛綱や脊索動物のように）徐々に体節が増加するものもあり，これらは「短胚型発生」short germ-band development を行うという．これら長胚型や短胚型の昆虫におけるホメオティック遺伝子の発現パターンはすでに確実に解明されつつあり，この2つの発生モデルにおいて同じ遺伝子群がどのように関与しているかがわかる．

昆虫のいくつかの目では成虫の前段階の「若虫」nymph（水生のものでは「ナイアッド」naiad とよばれる）は体の外側に出ている翅芽 wing bud をもっており，変態は極端なものではない．このような昆虫にはトンボやバッタが含まれる．これらは外翅類 exopterygota とよばれることがあり，その成長様式は「不完全変態」hemimetabolous とよばれる．バッタ類の場合（図15.25(b)），若虫は成虫と同様のニッチを占め，終齢幼虫から成虫への変態の際に，体の大きな再編成は起こらない．若虫が水生の場合はかなり大きな形態の変化があることが多く，それは若虫と成虫が異なるニッチを占めることと関連している．しかしこれらの昆虫の変態も，内部に翅芽をもつ昆虫（内翅類 endopterygota，その成長様式は完全変態 holometabolous とよばれる）ほど劇的ではない．完全変態の昆虫では，図15.25(c) と図8.33に示すように，終齢幼虫と成虫の間に蛹という移行期がある．蛹は非常に変化した終齢幼虫と解釈するのが最も適当である．完全変態

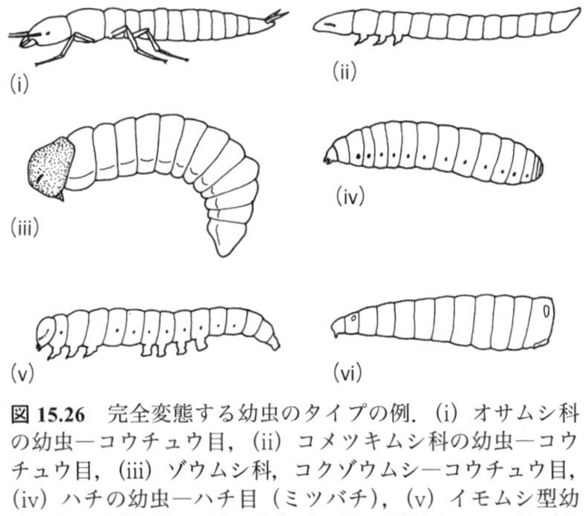

図 15.26　完全変態する幼虫のタイプの例．(i) オサムシ科の幼虫―コウチュウ目，(ii) コメツキムシ科の幼虫―コウチュウ目，(iii) ゾウムシ科，コクゾウムシ―コウチュウ目，(iv) ハチの幼虫―ハチ目（ミツバチ），(v) イモムシ型幼虫―チョウ目（チョウ），(vi) ウジムシ型幼虫―ハエ目（キンバエ）．いずれの場合も幼虫の形態は成虫と著しく異なる．

昆虫の幼虫には図15.26に示すような多くのタイプがあり，しばしばケムシ，イモムシ，ウジといった一般名でよばれる．第14章や図15.25(c) で説明したように，これらの幼虫は分散を行わない摂食に特化したステージであり，それに対して成虫は分散と生殖に特化したものである．蛹は移動や摂食を行わず，その間に体の構造に大きな再編成が起こる．

15.6　再　　生

15.6.1　導　入

再生は，事故や自切により失った体の部分を代償成長と分化によって復元する能力と定義することができる．このようなやり方で体の失った部分を再生する能力は，たとえば海綿動物，有櫛動物，扁形動物，紐形動物，環形動物，それに一部の棘皮動物のような体の軟らかい無脊椎動物の著しい特徴である．このような動物は分裂による無性生殖も行い（第14章参照），この2つの過程は明らかに関連している．一方，硬い外被におおわれた節足動物のグループ，袋形動物の各門と軟体動物の再生能力は乏しく，これらは分裂による無性生殖は，ふつう行わない．節足動物の場合，再生は通常，肢の再生に限られており，それは動物の脱皮の際に行われる．

再生には，正常な発生の際に起こるものと類似した数々の過程が関与している．これらの中には以下のようなものがある．

- （胞胚で起こるような）未分化細胞の増殖と芽体 blastema の形成
- 空間における階層中での，パターン形成と細胞の組織化
- 分化とパターンの発現

したがって，再生は発生の諸現象の研究にとって便利なモデルとなる．一部の動物では脱分化が関与しており，これは正常発生にはみられない現象である．

再生が起こるためには，動物が体の一部を失ったことに対して反応することが重要であり，その反応には① 体節芽体の増殖と，② そこから形成される細胞が正しいパターンに従って発生することの両方が必要である．

15.6.2 再生芽体の起源

再生的成長が起こるとき，新しい細胞は未分化の分化全能細胞の蓄えから供給されるか，すでに分化した細胞の脱分化によって供給されるかのいずれかでなければならない．この2つの可能性のどちらが正しいかについて，かなりの論争があった．刺胞動物はとくに再生能力が高いが，この動物は間細胞 interstitial cell の蓄えをもち，この中から刺細胞のような種々の細胞が生じて置き換えられる（図 15.27）．

ヒドラ *Hydra* では，間細胞（I 細胞）は移動性の備蓄細胞であり，通常は出芽による無性生殖に先立って，出芽の起こる外胚葉部位に集合する．傷が生じると，そこが出芽部位と競合して I 細胞を引きつけ，集まった I 細胞はそこで再生芽体 regeneration blastema を形成する．刺胞動物のすべてがそうではないが，ヒドラでは I 細胞が一生増殖しつづけるため，再生のための細胞がつねに供給される．しかし，I 細胞が自己保存のための予備細胞の蓄えで再生には不可欠なものなのだという考えは単純すぎる．I 細胞を化学処理によって破壊してもヒドラの再生能力はなくならないし，I 細胞を含まないヒドラの断片も再生できる．その上，適切な溶媒の中で，ヒドラから切り出した組織は間細胞に分化し，増殖し，さらに別のタイプの細胞に再分化できる．通常の分化には I 細胞の蓄えが動員されるとしても，それが唯一の道筋ではないのである．

「新成細胞」neoblast とよばれる未分化の予備細胞 reserve cell もまた，自由生活性扁形動物の驚異的な再生能力に関与している．この動物は，再生研究の好適な材料として 100 年以上用いられてきた．プラナリア（ナミウズムシ）を横切りにすると，2頭の完全なプラナリアに再生し（図 15.28(a)），同様に小さな横切り断片や縦方向に薄切りした断片からも完全な個体が再生する（図 15.28(b)）．再生の第1段階は創傷芽体 wound blastema の形成で，これに新成細胞の進入がつづく．これらの予備細胞の役割は，照射実験・移植実験により証明されてきた．3000 ラドの X 線照射をすると，プラナリアを殺さずに新成細胞の増殖を止めることができる．照射されたプラナリアは再生できないが，照射されていない個体の断片を移植すれば再生が可能になる．さらに，移植された組織が移植先のものと区別できるなら（たとえば色が異なるなら），再生した部分は移植片固有の色をもったものになる（図 15.29）．

分化全能 totipotent の予備細胞は，再生に普遍的に関与するわけではなく，プラナリアの場合のように顕著な役割を果たすケースは，現実には，むしろ例外である．

環形動物の場合，再生芽体の形成に，独立した分化全能の予備細胞は関与せず，むしろ外胚葉や中胚葉層の分化した細胞が脱分化のうえ再動員される．たとえば尾部の体節を失うと，体腔細胞が損傷表面に移動して創傷治癒 wound healing が起こり，球状の核と顕著な核小体をもつ特徴的な細胞からなる成長帯が再生される．ゴカイ科多毛綱では，体節原基の分化には脳の成長ホルモンが必要で，体節の外胚葉性要素（剛毛嚢や疣足）の形成は腹側神経近傍

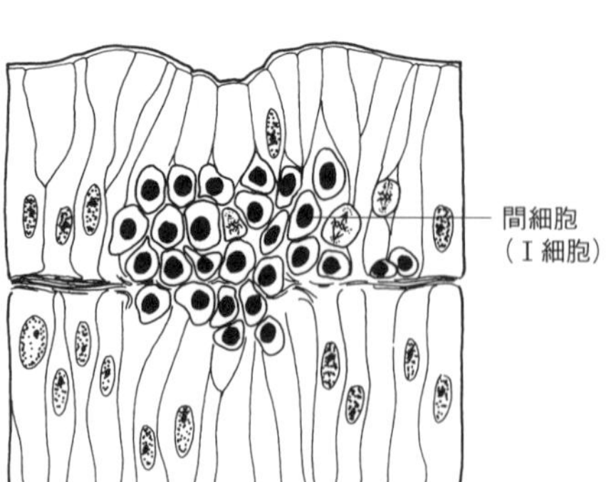

図 15.27　刺胞動物の断面．再生に先立って間細胞が増殖する様子を示す．

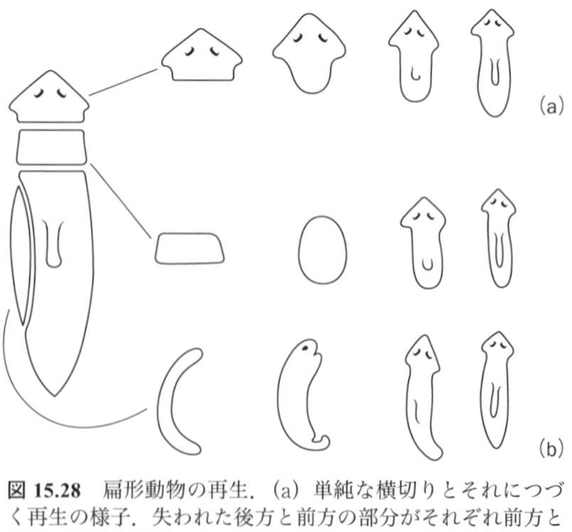

図 15.28　扁形動物の再生．(a) 単純な横切りとそれにつづく再生の様子．失われた後方と前方の部分がそれぞれ前方と後方の断片から再生する，(b) 断片からさらに小さな断片をつくっても，完全な動物を再生できる．小さな断片でも部域独自性を保っているためである．

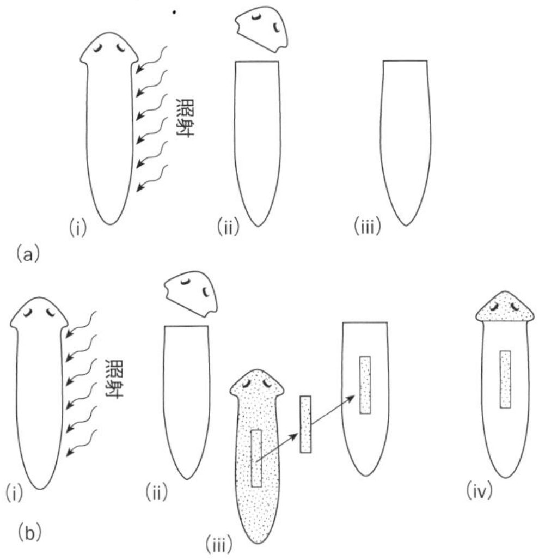

図 15.29 プラナリアの再生における新成細胞の特別な役割．(a)：(i) 実験動物に高エネルギーの X 線を照射，(ii) 頭部の除去，(iii) 後部の断片は再生できない，(b)：(i)，(ii) は (a) と同様，(iii) 遺伝的にはっきりと異なる個体の断片を中央部に移植，(iv) 今度は再生が可能となり，再生した頭部は移植した断片の遺伝的特徴をもつ．

で起こる．これらのことから，体節の形成には誘導的な影響があると考えられ，その遺伝子発現調節は腹側神経索近傍で起こるのであろう．

15.6.3　再生と部域組織化

体の軟らかい無脊椎動物の多くは，非常に小さな体の断片から完全な構造を再生することができる(図 15.28 および図 14.3(a)，(b) 参照)．図 14.3 は，多毛綱が自発的に自切した断片から無性的に生殖する様子を示したものである．

今まで述べたすべての例に共通することは，パターンの一部から完全なパターンが再構成されることである．いずれの場合も断片はもとの極性を保っており，代償成長により断片が体制のもとの位置に収まるように再生される．図 15.28 は，プラナリアの頭部の断片は失われた尾部を再生し，尾部の断片は失われた頭部を再生する様子を示している．体のそれぞれの部分は全体の中での部域独自性を保っており，再生中にそれは保存される．体節性の動物では部域独自性はより正確に決まっており，それぞれの体節の独自性は直線状の階層の中に位置づけられている．昆虫の胚には一定数の体節があり，それぞれの体節に特定の構造が発生してくるだろう．部域独自性の遺伝子による制御はキイロショウジョウバエを用いて非常に詳しく解明されつつあることは 15.4 節に述べたとおりである．遺伝子の中には 1 個の体節よりさらに細かい分解能で部域独自性を決定するものがあり，これによって発達中の昆虫の幼虫にはっきりした体節以下の境界線が引かれる．

節足動物は失われた体節を再生できないが，同じ体節性でも環形動物の多くはそれが可能である．多くの (おそらくすべての) 環形動物では，それぞれの体節が固有の特性をもちながら，統制された体全体の一部を構成する．このことの現れの 1 つは，ほとんどの環形動物が一定数の体節をもつということである．ゴカイ科多毛綱では，尾部の再生に脳ホルモンが必要であるが，これはこの動物が厳密な 1 回繁殖の生殖方式に関連した 2 次的適応と思われる (14.3 および 14.4 節参照)．それにもかかわらず，体節の増殖速度は依然，位置の制御を受ける (Box 15.12)．左右相称動物において Hox 遺伝子群が部域独自性の制御に対し，古くて深層に位置する役割をもっているが，環形動物その他のグループを用いた Hox 遺伝子発現の研究を行えば，これらの動物群で昔から知られている情報の再解釈に道を開くものとなる．発生過程の研究を通じて，われわれは体型の進化の理解に向けて大きな飛躍を期待できる．

15.6.4　再生，成長，生殖

再生は生物における，資源に対する要求の一形態で，有性生殖よりも現在生きている生物の体の機能に対して，より多くの資源を要求するものと考えられる．もしそうなら，再生と有性生殖の間に衝突が起こる可能性があり，この 2 つの過程をうまく調停する仕組みが存在すると期待される．とくに 1 回繁殖の生物が生殖組織の発達に取り組んでいる最中には，(自身または子孫の生存にかかわるときや子孫の繁栄につながるときを除いて) 生殖組織の資源を再生的成長に流用すべきではない．

このような調停機構は，上に示したように 1 回繁殖でありながら後部体節を失うと再生できるゴカイ科の動物に存在するはずである．動物が成熟に近づくと，資源は有無をいわせずに生殖に割りあてられ，生殖の後はすぐに死んでしまう．このような状況では，生殖の最終期で体節を再生しても無意味であり，内分泌機構は，生活環のこの時期に再生が起

Box 15.12　環形動物における位置の情報と尾部の再生

1. 体節数. 環形動物の体は以下の領域からなる(図 4.49 も参照).

（a）口前葉

（b）ある一定数の体節

（c）体節のさらに後ろにある肛節

一部の多毛綱と，ヒル亜綱のすべてでは，体節数は実に少ない．たとえば，

Clymenella torquata（タケフシゴカイの仲間）—22 体節.

Ophryotrocha puerillis（ゴカイの仲間）—25 体節.

他のものでは体節数はずっと多いが，体節数が種によって決まっていることに変わりはない.

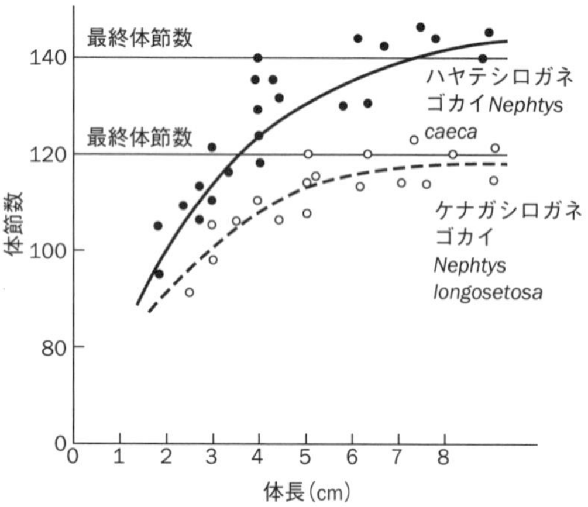

Nephtys（シロガネゴカイの仲間）2 種の体節数と体長の関係

若い個体では体節数が速く増加するが，より成熟してくると，成長は，個々の体節が大きくなることの寄与が増す．そうなったものでも，尾部の体節を切断すると，若い個体に特徴的な速い体節数増加率が回復する．体を切断してその傷が癒えた後には，新しい体節増殖帯が確立するのである．フツウゴカイの仲間 *Nereis* では体節の増加率は取り去った体節数に直接比例する（Golding, 1967）.

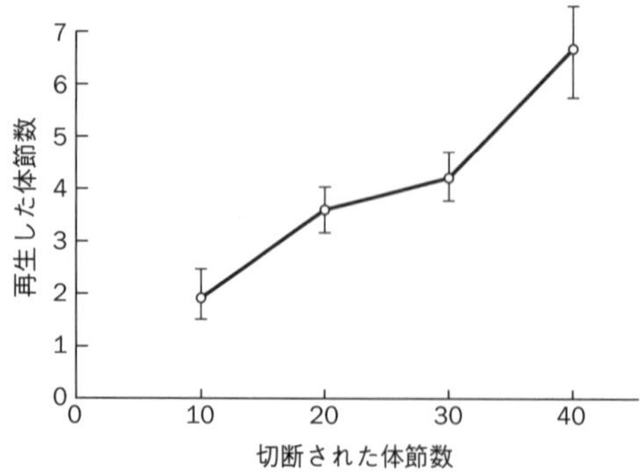

2. 体節の独自性. 環形動物の各体節は，あたかも統合された個体の一部のようにふるまう．すべての環形動物において，それぞれの体節は自身の特定の構造と独自性をもつ．これは図 9.4(a) に示すように，棲管性のツバサゴカイ *Chaetopterus variopedatus* でとりわけ明らかである．この外見上複雑なゴカイから取り出したただ 1 個の体節は，その前方と後方の体節を再生して完全な個体を復元できるのだ！

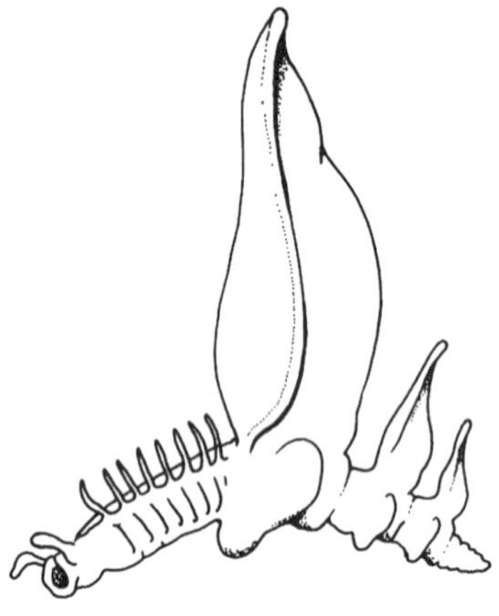

ツバサゴカイ *Chaetopterus variopedatus* の 1 個の「つばさ」体節から完全なゴカイが再生する途中の 1 段階

それぞれの体節が部域独自性をもつことは，*Clymenella torquata*（タケフシゴカイの仲間）の断

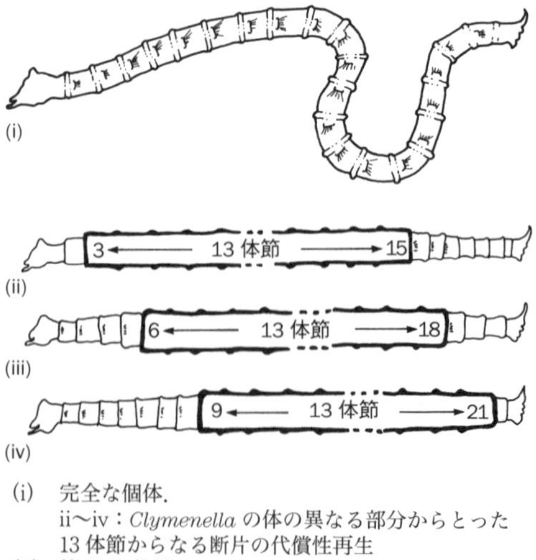

(i)　完全な個体.
　　ii～iv：*Clymenella* の体の異なる部分からとった 13 体節からなる断片の代償性再生
(ii)　第 3-15 体節
(iii)　第 6-18 体節
(iv)　第 9-21 体節
13 体節の断片はもともとの序列の同じ位置に収まることに注意

Box 15.12 （つづき）

片の再生においても明らかである（この種の成体は正確に 22 体節をもつ）.

3. 形態調節. 一部の多毛綱では頭部体節を失うと残りの体節の形態的再構成が起こる．この過程は形態調節 morphallaxis とよばれることがある．それは体全体の序列の中で，体節があたかも自分の位置を再定義するかのようである．

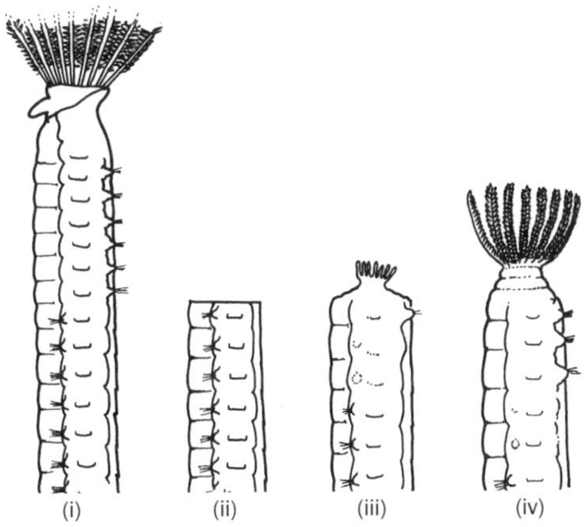

(i) 完全な *Sabella*（ホンケヤリムシ）の個体
(ii) 口前葉，囲口節とすべての胸部体節を切除
(iii) 再生と形態調節の初期の段階
(iv) 再生の過程で，触手の冠，囲口節と 1 個の胸部体節が形成中のところ．適当な数の腹部体節が胸部体節に変換される．このようにして摂食器官の触手はすばやく再生されるが，それぞれの体節もまた，前後勾配の位置に従って，特徴的な構造をとるよう再構成されることも明らかである

この現象は *Sabella*（ホンケヤリムシの仲間）などで観察されていて，その様子を左図に示す．ホンケヤリムシは魚による捕食によって，その摂食器官である触手の冠を失うが，触手は再生できる．

ホンケヤリムシは複雑な触手の冠をもった口前葉，囲口節，他の体節と異なる配置のいぼ足をもった一定数の胸部体節，そして多数の互いに類似した腹部体節をもつ (i)．再生される胸部体節は 3 個までで，もしそれ以上が失われると，腹部体節は剛毛を失って胸部体節に変換される (ii～iv)．

4. 再生のモデル. 多くの観察はつぎのような単純なモデルでうまく説明できる．

（A） 口前葉は位置価 0 をもつ．
（B） 肛節は「1＋(その種に固有な体節数)」の位置価をもつ．
（C） 体節芽体は肛節の前面にある．
（D） 体節増加数は最後の体節と肛節の位置価の違いに比例し，それが 1 のとき増加の速さは 0 である．
（E） 体節増加は最も古い体節と肛節の位置価の違いが 1 になるまでつづく．
（F） 尾部の体節をまるごと失うと，固有の高い位置価をもった肛節が再形成される．

このモデルを多毛綱 *Ophryotrocha*（ノリコイソメの仲間）について下図に示す．このモデルは，正常な発生過程 (a) と再生による成長 (b) の両方にあてはめることができる．

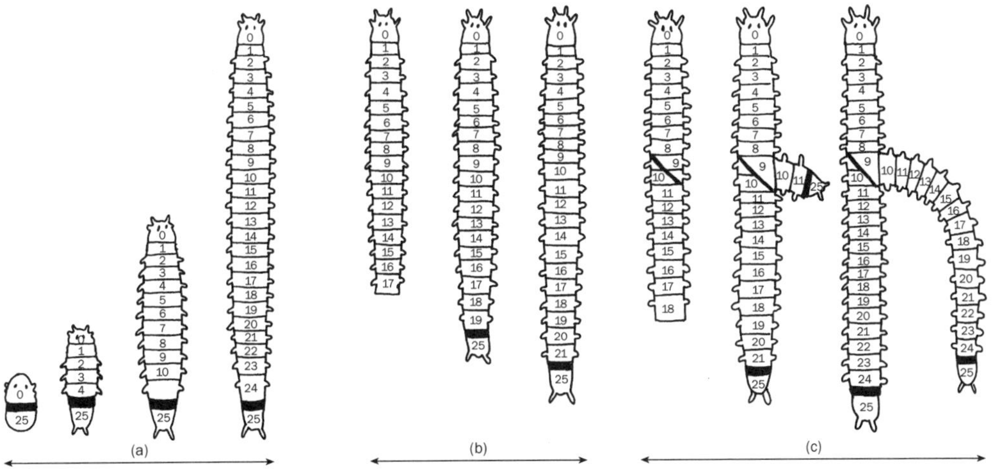

(a) ノリコイソメの仲間 *Ophryotrocha* の正常な成長．口前葉は位置価 0，肛節は 25 をもつ．成長はこの 2 つの構造の間に順序だった位置価をもつ体節を挿入していくことで起こる．(b) *Ophryotrocha* の再生時の成長．尾部の切断により，最後の体節と再形成された肛節の位置価に不連続性を生じる．(c) 腹側神経索の外科的操作による余分な尾部の形成（Pfannenstiel, 1984）

Box 15.12 （つづき）

(c) に示した実験は，神経索が位置の情報をもつことを示唆する．神経索を正常の位置からずらすと（たとえば第 9 体節の位置で），余計な肛節が形成される．この余計に形成された尾部は上のルールに従って増殖していく．

類似した尾部が 2 つある個体は自然状態でもときどきみつかり，また 2 個体の断片を移植することによってもつくり出すことができる．いずれの場合にも，それぞれの肛節からの体節増加は正常な成長のルールに従い，形成される体節数は最後の体節と芽体の位置価の違いに比例する．

こらないように保障している．性的成熟の間，脳ホルモンの分泌は徐々に減少し，循環するホルモンの濃度低下によって生殖細胞成熟の最終段階が完了する（14.4 節参照）．同時に，ホルモンの濃度低下は生殖に向けた体の変化を開始させる．このホルモンは尾部の再生に不可欠のため，性的に成熟したゴカイは尾部を失っても再生できない．何年もの間繰り返して有性生殖を行う多毛綱では，このような内分泌機構は存在しない．成熟した個体でも再生は起こり，再生した部分はまたつぎの年の有性生殖の際に同じように役立つことになる．

15.7　結論：無脊椎動物の発生と遺伝子プログラム

無脊椎動物発生学の実験研究は，19 世紀末まで遡ることができる．したがって，この学問は遺伝学や，細胞遺伝学の分子的基礎の発見，そして急速に発展してきた分子生物学と平行して発達してきたことになる．これから解決すべき大きな課題は，これらの学問の統一であり，無脊椎動物はそれに対して便利なモデル系を豊富に提供する．かなりの進歩がすでになされ，本章でとりあげた材料の多くは，今や分子生物学的視点から再評価することができるだろう．

動物細胞の情報伝達分子は mRNA で，その配列は核内の DNA 配列を解読したものである．本章の最初のほうの節で，接合子の核の DNA 配列は，ほとんどすべての動物で初期卵割を通して娘細胞にそのまま引き継がれることを学んだ．これらの mRNA 分子は，現代分子生物学の技術を用いて研究することができる．卵形成の際に（第 4 章参照），母性 mRNA 分子は卵母細胞の細胞質に蓄えられる．これらのマスクされた mRNA 分子は受精によってその抑制を解かれ，初期のタンパク質合成のための材料を提供する．さらに重要なことは，この過程が調節タンパク質の合成を導き，これがさらにその後の遺伝子転写過程を調節することである．

最終的には，接合子の核にあるゲノムが遺伝情報の源となる．しかし，卵細胞質の重要な役割は，分化と秩序形成の中心として残る．広範囲の無脊椎動物において，細胞核の機能と最終的にどのメッセージが転写され翻訳されるかは，胚の中での核の履歴によって決定されることをわれわれはみてきた．

ある例では，細胞質中の特定の物質が酵素発現の特定のパターンを活性化するようにみえる（たとえばフタスジボヤ *Styela* の発生を参照）．別の例では，細胞同士の接触が機能的反応を引き起こすようにみえる．このような相互作用の証拠は，たとえば軟体動物やウニの胚を用いた実験をあげて解説した．最も興奮させるいくつかの研究の進展は昆虫胚，とくにキイロショウジョウバエを用いた実験を通じてなされ，そこでは豊かな遺伝学的知見を，便利な実験モデル動物に結びつけることができる．将来も無脊椎動物の胚が動物発生の複雑さを解き明かすのに最適な材料のいくつかを供給しつづけることは間違いない．

15.8　さらに学びたい人へ（参考文献）

Berril, N.J. 1971. *Developmental Biology*, McGraw-Hill, New York.

Brookbank, J.W. 1978. *Developmental Biology: Embryos, Plants and Regeneration*. Harper & Row, New York.

Browder, L.W. 1984. *Developmental Biology*, 2nd edn. Saunders, New York.

Carroll, S., Grenier, J. & Weatherbee, S. 2001. *From DNA to Diversity*. Blackwell Science, Oxford.

Davidson, E.H. 1968. *Gene Action in Early Development*. Academic Press, New York.

Epel, D. 1977. The program of fertilisation. *Sci. Am.*, **237**, 129–138.

Gerhart, J. & Kirschner, M. 1997. *Cells, Embryos, and Evolution*. Blackwell Science, Oxford.

Gehring, W.J. 1985. The molecular basis of development. *Sci. Am.*, **253**, 137–146.

Gilbert F.S. 1990. *Developmental Biology*, 3rd edn. Sinauer Associates, Massachusetts.

Gilbert F.S. 1997. *Developmental Biology*, 5th edn. Sinauer Associates, Massachusetts.

Ingham, P.W. 1988. The molecular genetics of embryonic pattern formation in *Drosophila*. *Nature*, **335**, 25–34.

Nishida, H. & Sawada, K. 2001. *Macho-1* encodes a localised mRNA in ascidian eggs that specifies muscle cell fate during embryogenesis. *Nature* **409**, 724–729.

Nüsslein-Volhard, C. 1991. Determination of the embryonic axes of *Drosophila*. *Development, Supplement*, **1**, 1–10.

Oppenheimer, S.B. 1980. *Introduction to Embryonic Development*. Allyn & Bacon, New York.

Reverberi, G. 1971. *Experimental Embryology of Marine and Freshwater Invertebrates*. Amsterdam.

Rosa de, R., Grenier, J.K., Andreva, T., Cook, C.E., Adoutte, A., Akami, M., Carrol, S.B. & Balavoine, G. 1999. Hox genes in brachiopods and priapulids and protostome evolution. *Nature*, **399**, 772–776.

Slack, J.M.W. 1983. *From Egg to Embryo*. Cambridge University Press, Cambridge.

Stearns, L.W. 1974. *Sea Urchin Development: Cellular and Molecular Aspects*. Dowden, Hutchinson & Ross, Pennsylvania.

Whittaker, J.R. 1987. Cell lineages and determination of cell fate in development. *Am. Zool.*, **27**, 607–622.

第16章

制御系

Control Systems

第3部のここまでの章では，個別の機能システム（摂食，運動，呼吸など）をとりあげてきた．しかし，この章の中心命題は，自然選択がこれらの個別の機能に単独で作用するのではなく，動物個体全体に作用するということである．個体のもつすべての遺伝子は，すべて一緒に成功するか失敗するかなのである．本章では，動物のもつ多様な機能を制御し，生命活動をまとめあげるために重要な役割を果たすシステムについて述べる．

感覚系は**情報収集**に適合したシステムであり，それによって動物は体の内外の環境変化をモニターしている．神経系は体内での**コミュニケーション**の役割をもち，感覚系からのデータを統合し，何が重要な情報かの見極めを行う．神経系はさらに高度な**制御** control 機能を発揮し，自発的な活動を引き出したり，その種に適切な行動パターンの形成を行ったり，過去の経験に照らして，刺激に対する応答の調節を行ったりする．さらに，神経系と内分泌系からのシグナルは筋肉系やその他の効果器の機能を**調節** regulate している．

動物行動学 ethology（動物行動の科学的研究）は神経生物学の研究にとって貴重な集約点となっている．このことは神経生物学が直接，細胞や分子レベルでの現象を中心に扱うようになったとしても変わらない．このような視点をもつことによって，「動物全体があたかも神経筋標本のように扱われる（Pantin）」ような，貧困な発想に陥ることを回避できるのである．一方，動物まるごとの行動だけを観察することは，（計算機やコンピュータのような）「ブラックボックス」を研究していることになぞらえることができる．実際に，動作中の観察や入力と出力の比較等を行うことによって，装置の特性の多くを知ることができる．しかし，神経生物学では，そのような研究を発展させて「ブラックボックスを開き」，その内部構造やさまざまな構成要素の特性を研究する．そして神経行動学という科学は，これらの構成要素が機能を発現し，調節を行うメカニズムを研究する．

多くの無脊椎動物の神経系やその構成要素はとくに研究に使用しやすいため，基礎研究の「モデル」となり，多くの画期的成果をもたらしてきた．この点において最も著しいものは，巨大神経軸索，すなわちイカ *Loligo*（ヤリイカの仲間）の神経繊維である．これ以外にも軟体動物の神経には，直径が1 mm にも及ぶ大きな細胞体をもつものも珍しくない．神経生物学者にとって，信号を記録したり電流刺激を行うために，これらの細胞に4本くらいの電極を挿入するのはごく普通のことなのである．

神経系の示す複雑さの範囲（たとえばヒドラの神経系からタコのものまで）は，これまでに知られているどんなシステムよりも広い．これまでに，より単純なシステムを対象として，その構造やシステムを構成する要素間の機能的な連携に関する記載が徹底的になされてきた．無脊椎動物でのそうした記載が急速にできるようになりつつある一方で，脊椎動物に関してはいまだそのようなことは遠い夢の段階でしかない．無脊椎動物での研究例として，エレガンスセンチュウ *Caenorhabditis elegans* の全神経系や，甲殻動物の周辺心臓神経節 peripheral cardiac ganglion および口胃神経節 stomatogastric ganglion などをあげることができる．

無脊椎動物の神経系には，典型的なステレオタイプの組織化がみられる．いろいろな実験材料について多くの神経細胞が同定され，その構造や生理学的役割が研究されてきた．実際，類似の神経細胞が，大きな分類上の境界を超えて，たとえばバッタ，ガ，ハエなどで同定されている．同定された神経細胞を用いることができることが，行動の神経学的基礎を研究するうえでの無脊椎動物の有用性を示している．現実に，無脊椎動物を用いた仕事は成功を収めたのだが，1つの問題が生じてきている．それは，記載されてきた細胞が多様であることと，異なった方法で細胞が分類されているために起こる問題である．

ショウジョウバエ *Drosophila* は，神経機能と行動の遺伝学の研究にとって有用な，ユニークな生き物として位置づけられる．行動の異常に基づいて同定された突然変異体が，動物行動の形態学的，生化学的および遺伝学的基礎を研究する際に用いられてきた．たとえば，shaker という突然変異は40年以上前から知られていたが，その後の研究によって K^+ チャネルの異常に基づくものであることがわかり，最近，チャネルの遺伝子の解読に利用された．エレガンスセンチュウもまたこのような目的に広く用いられてきた．彼らは6本の染色体（ショウジョウバエは4本）とたった3000～5000の遺伝子しかもっていない．突然変異体は，たとえ大きな異常をもったもの（たとえば，運動性欠損のもの）でさえ，培養液の中で維持することができ，生殖も可能なのである．なぜならこのセンチュウは雌雄同体の個体もつくり出し，これは自家受精するからである．1984年という早い時期までに228の突然変異体が知られていた．それらは14の遺伝子に変異があり，その中には接触刺激に対する応答性を欠損しているものもあった．近い将来，無脊椎動物での研究システムが神経疾患の研究モデルとして重要になるかもしれない．一例として，ショウジョウバエの遺伝子を操作してハッチントン病に関連したタンパク質（のホモログ）に変異を起こさせた場合，急激な視細胞の退化がみられたというような研究があげられる．

モデルシステムでの研究が，これまでに多く分野の研究をリードしてきたことは確かである．しかしそれは単に，動物の世界を理解するうえでの断片的な知識を与えるものでしかなく，モデルシステムでの研究成果を過度に一般化すると間違う可能性がある．動物界にみられる広範な多様性を踏まえた研究をすることによって，このような危険は回避され，神経機構の進化の起源を洞察可能な，真の比較生物学的説明が得られるのである．

16.1 電　　位

16.1.1 膜

流動モザイクモデルによると，細胞膜のほとんどは，親水性の極を外側に向けた脂質分子の二重膜でできている．隣りあった細胞の細胞膜同士は，約20 nm幅の，電子密度の低い細胞間隙で隔てられている．二重膜はイオンなどが拡散する際のおもな障壁となっている．二重膜中にはタンパク質や糖タンパク質分子が埋め込まれており，それらの多くは膜を貫き，それらを通してイオンの移動が起こる「チャネル」や「ポンプ」などとしてはたらけるように，うまい位置に配置されているのである．細胞膜を構成する分子のあるものは，刺激受容や神経伝達等のために分化した細胞表面に固定されているが，多くは細胞膜内を自由に浮遊している．

細胞の中のイオン濃度と，そのまわりの液体（細胞間液）のイオン濃度は，拡散のような受動的な輸送と，能動的な輸送の，2つの作用によって決まる．神経繊維は膜内に「ナトリウムポンプ」をもっており（以下を参照），それがNa^+を外に，K^+を内部に輸送する．この輸送は電気化学勾配に逆らって起こるものであり，代謝によって生み出されたエネルギーに依存している．ポンプはいわゆるNa^+-K^+-活性化ATPaseとして知られている酵素からできており，この酵素はATPを分解し，そこからエネルギーを得ている．

16.1.2 電　位

神経系の研究に用いられる手法として，まずはじめに細胞内電極とオシロスコープを用いた測定法があげられ，これを用いて電位差を記録することができる．最近になって「パッチ・クランプ」patch-clamp法が開発され，電極の先端の開口部に吸いつけた細胞膜の微小部分を用い，個々の膜チャネルの機能が研究されるようになった．

膜を横切っての電位差が存在することは，生きた細胞のもつ一般的な性質である．電位差はイオンの分布が膜をはさんでの細胞の内外で異なることや，またおのおののイオンに対する膜の透過性が異なることに基づいて形成される．通常，Na^+とK^+イオンとが最も重要である．多くの細胞では，不活性時には細胞膜はおもにK^+を透過しやすい．K^+は細胞内で濃度が高くなっているため，膜を通してのK^+の拡散により，細胞の外側が正で内側が負となる電位が形成される．この膜を介しての静止電位はK^+の流出を妨げ，電気化学的な平衡状態をつくり出す．このような機構が作用していることは，細胞のまわりの液中のK^+イオンの濃度を変えることで簡単に確かめられる．さらには，イカの巨大軸索（Box 16.1）を用いて，軸索中の細胞質を絞り出し，かわりに実験液を軸索内に詰める実験によっても証明されている．こうして通常とは逆のK^+の濃度差をつくり出すと，巨大軸索細胞は，仮説どおりに静止電位を逆転させるのだ！

神経の活動時には，Na^+が膜を透過するようになる．Na^+は通常，細胞外の濃度が高く，平衡状態では細胞の内側がプラスとなる．細胞外から加えられた作用による膜電位の変化（以下参照）に加えて，Ca^{2+}を細胞内に流入させる特別なチャネルの作用などにより，透過性の変化が自発的に生じることがある．このような単純なイオン透過性の変化が，神経系の内部で起こっている信号伝達の基礎となっている．

16.1.3 変　換

感覚細胞や神経細胞は，異なるエネルギー形態をとった多様なシグナルを受けとる．そのようなシグナルは，細胞での応答が可能なように「共通の通貨」に変換される必要がある．通貨の役割を果たすのが，細胞膜を介しての電位差として生ずる電気エ

Box 16.1 ヤリイカ *Loligo* の巨大神経系

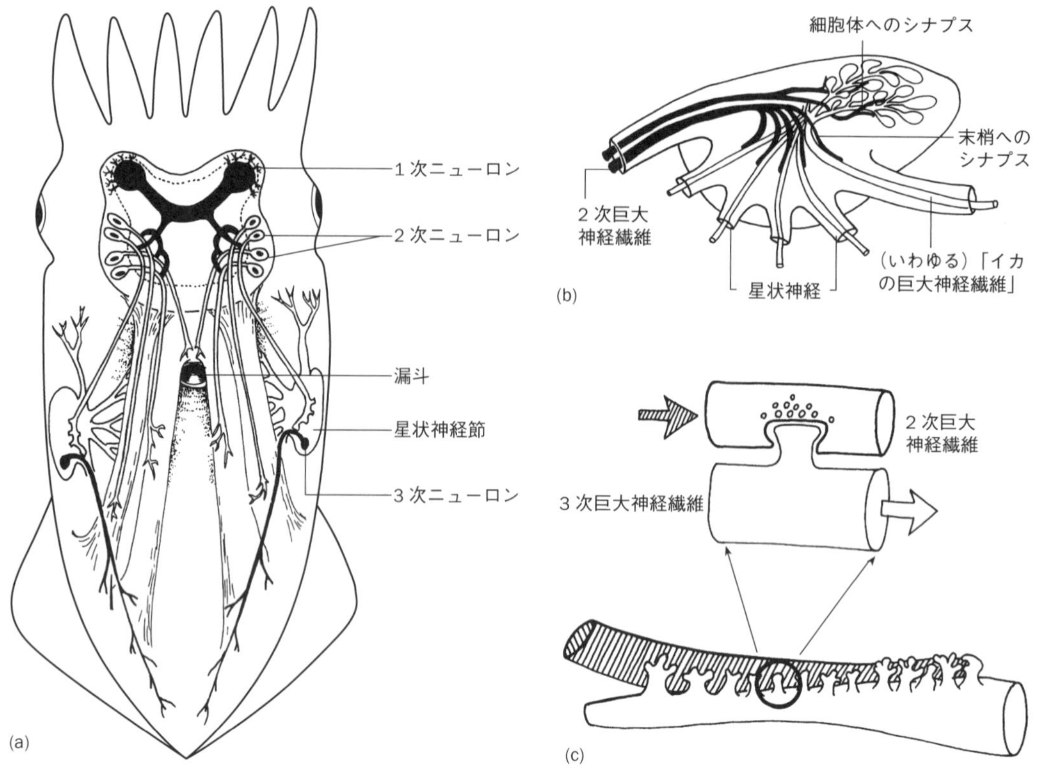

(a) 2つの1次ニューロンは正中線部分で融合し，脳の後半部にあるいくつかの2次ニューロンに接続している．2次ニューロン（多くは運動神経であり，頭部や漏斗部分の筋肉を直接制御している）のうちの2つが星状神経節に軸索を伸ばし，3次ニューロンにシナプスを介して接続している（Young, 1939）．(b) 星状神経節 stellate ganglion．各2次巨大ニューロンは3次巨大ニューロンの末梢にシナプスをつくるが，もう1つの巨大ニューロンは細胞体にシナプスを形成する．各3次ニューロンは多くの細胞が融合して発生し，各星状神経（図ではそのうちの5本のみを示している）の中に1本の巨大軸索を生じる．星状神経のうちの最も後ろ側に位置するものが，神経科学者によって好んで実験に用いられる巨大神経軸索である．(c) 2次と3次のニューロンの間に形成されるシナプス．2つの神経は，多くの接合部によって生理的に結合される．おのおのの接合部では後シナプスの突起が前シナプス側に入り込んでいる．矢印は神経インパルスの伝わる方向を示す．

ネルギーであり，それへの転換プロセスを「変換」transducion とよぶ．

現在のところおもに2つの変換機構が知られており，どちらにも細胞膜に埋まった受容体分子がかかわっている（図16.1）．受容細胞に加えられた機械的刺激は，イオンチャネルの透過性を変化させ，膜電位の変化を引き起こす（イオンチャネルは，細胞膜に埋まっているそのような分子からできている）．いくつかの味覚受容や，シナプスでの「速い」化学伝達（16.2.3項）も同様の機構による．

対照的に，匂いやある種の味刺激，光，「遅い」伝達物質，多くのホルモンなどは，受容体分子を活性化して膜電位に効果をおよぼすが，それはGタンパク質と細胞内2次メッセンジャーによって仲介される（図16.1）．この過程の2段目（つまり2次メッセンジャーのかかわる部分）では信号を増幅できる．ただしその増幅率はそれほどは大きくない（カブトガニ *Limulus* の視細胞では受容体分子であ

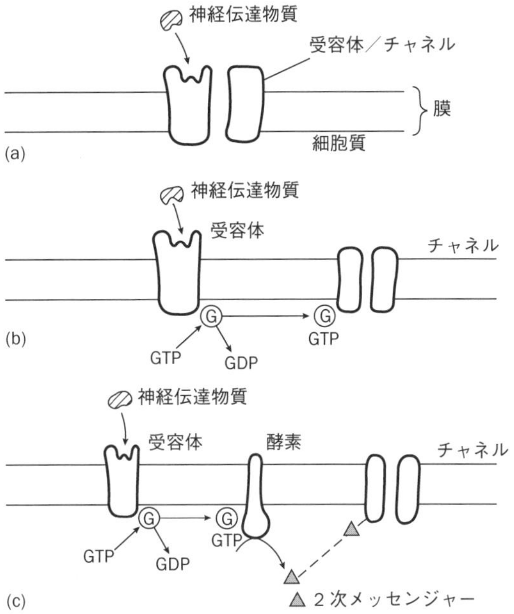

図 16.1　神経伝達物質の作用を例とした変換機構の説明．(a) 受容体に加えられた刺激がイオンチャネルに直接作用する場合，(b) 刺激により活性化された受容体がGタンパク質を介してイオンチャネルに作用する場合，(c) Gタンパク質の作用が，さらに引きつづき細胞内の2次メッセンジャーによって媒介される場合．

るロドプシン1分子あたり8分子のGタンパク質が活性化されるし，脊椎動物では数百の分子が活性化される）．無脊椎動物（カブトガニ，イカ，ハエ）の視細胞での2次メッセンジャーは，一般的に $InsP_3$（イノシトール3リン酸）と考えられているが，その機能の詳細についてはまだ議論の余地がある．アメフラシ *Aplysia* の学習（Box 16.2）にかかわる細胞内機構の2次メッセンジャーは，cAMP（環状アデノシン1リン酸）とアラキドン酸である．Gタンパク質を仲介とする変換機構は動物界全般で驚くほど共通しており，それは，軟体動物から得られた活性化ロドプシンが，脊椎動物の視覚における一連の生化学反応を引き起こす能力があることからも明らかである．

16.1.4　段階的電位 graded potential の伝導

神経要素の主要な役割は，体のある部位から他の部位へ情報を運ぶことである．それは膜電位の変化を伝えることによって達成される．神経繊維はそれ自体が導電ケーブルとしての特性をもっているため，局所的に発生した電位は繊維に沿って広がっていく（伝播する）．そのような伝導は「受動的」passive もしくは「電気緊張性伝播」electrotonic spread とよばれ，伝播に伴ってだんだん減少する性質のものである．伝播していく電位の大きさは発生した電位の大きさに依存し，伝導に伴い，細胞膜を通してつぎつぎと電流が漏れ出ていくことで，次第に減衰していく――ハエの目の光受容器細胞では，神経軸索の末端で半分になってしまう．このことは，池に投げ入れた小石の影響にたとえることができるだろう．石がつくり出す波の高さは石のサイズに依存し，それは中心部から離れるにつれて次第に小さくなる．活動電位を発生しない「非スパイク性」non-spiking ニューロン（以下参照）の多くはこのようにしてすべての機能を果たしているようだし，また，すべてのニューロンは電気緊張的伝播を行う部域をもっている．

16.1.5　活動電位

多くの場合，体の軸索内の部分的な脱分極は，急激な膜電位の減少と電位の逆転を引き起こす（図16.2）．この活動電位（よりくだけたいい方だと

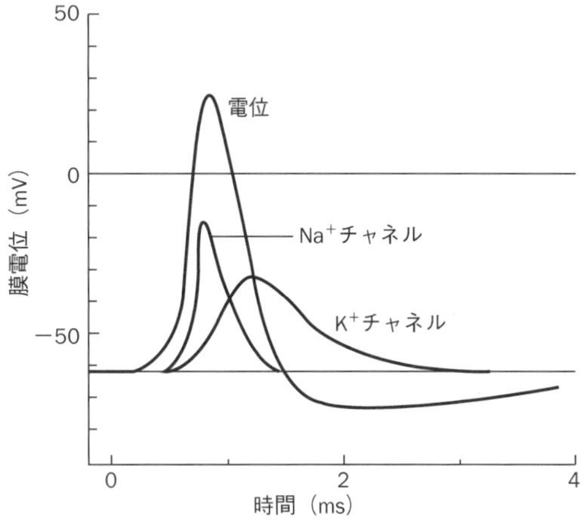

図 16.2　イカ巨大軸索の活動電位．グラフは膜電位変化の時間経過と，開いている Na^+チャネルおよび K^+チャネルの数とを対応させて示している．チャネルはイオン選択的であり，その開閉は電位依存的である．Na^+チャネルは脱分極時にその構造を変化させてゲートを開き，Na^+イオンを細胞内に流入させる．それは一過的に開き，その後急速に不活性化される．電位依存的な K^+チャネルは Na^+チャネルの後で開き，K^+イオンの拡散により膜電位を静止レベルに戻す（このために必要とされる K^+イオンは細胞にある K^+全体の $1/10^7$ である）．活動電位発生の基礎の発見に対して1963年にノーベル賞が贈られた（Hodgkin & Huxley, 1952 による）．

Box 16.2 学習の細胞生物学

学習の基本形は動物界全般を通して共通しているが，その細胞生物学的機構の解明はつい最近になってカンデル（Kandel）らによってなされたばかりである．

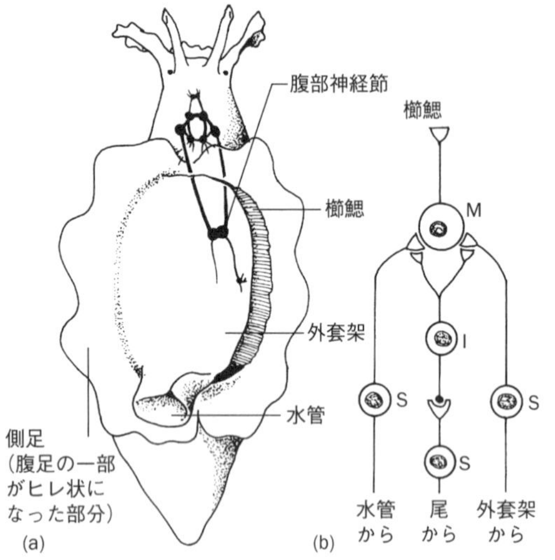

(a) アメフラシの神経系と呼吸室の配置を上から見た模式図．(b) 腹部神経節にあるニューロンによって形成されるシナプス結合．S：感覚ニューロン，I：介在ニューロン，M：運動ニューロン（Kandel & Schwartz, 1982）

軟体動物アメフラシ *Aplysia* の外套腔には水管と保護の役割をもつ外套架 shelf がある．軽く触れるだけで，これらからの感覚入力経路が活性化される．経路にある感覚ニューロンは，櫛鰓を収縮させる防衛行動を調節している運動ニューロンに，直接シナプスを形成している（単シナプス反射弓，16.8.3 項参照）．尾からの入力を送る感覚ニューロンは，上記の 2 つの感覚ニューロンのシナプス前末端の上にシナプスを形成する．

感覚ニューロンのシナプス前末端での活動が変化することで行動の修正（すなわち学習）が行われる．呼吸器官への刺激が頻繁に行われると，シナプス末端へ活動電位が繰り返し到着し，Ca^{2+} チャネルの段階的な不活性化が引き起こされる（16.2.3 項）．それにより，1 回の刺激で放出される伝達物質の量が減り，行動応答の鈍化（「慣（な）れ」habituation とよばれる最も単純な学習）が起こる．

もしも強力で有害な刺激が尾に加えられると，他のさまざまな刺激（呼吸器官が軽く触れられる刺激も含む）に対する応答が強調されるようになる．このような形の非連合学習は鋭敏化 sensitization（感作）として知られるものであり，5-HT（5-ヒドロキシトリプタミン）や神経ペプチドのような伝達物質が介在ニューロンから放出されることによって媒介されている．それらの伝達物質は感覚ニューロンの末端において，以下に示すような代謝反応のカスケードを開始する．

5-HT → cAMP の合成 → タンパク質キナーゼ（リン酸化酵素）の活性化 → K^+ チャネルのリン酸化 → K^+ チャネルの不活性化 → 活動電位の持続時間の増大 → Ca^{2+} 流入量の増大 → 神経伝達物質放出の増大．

条件づけは連合学習の一種である（パブロフの犬を覚えていますか？）．たとえばもし，外套架に軽い刺激を連続して加え，そのすぐ後に強い刺激を尾に加えるということをやっていると，アメフラシは外套架への刺激だけで，かなり激しい（たとえば水管への刺激にする応答よりも激しい）応答を示すようになるだろう．このようにして与えた対の刺激は，介在ニューロンからの 5-HT 放出を引き起こし，それはすべての感覚神経末端中での cAMP 合成を導くのだが，それと同時に，活動電位の到着による刺激で起こる末端内の Ca^{2+} レベルの増加は，外套架の感覚神経のみで起こるようにするのである．Ca^{2+} は cAMP の作用を増強し，それによって鋭敏化の際にみられる以上に，伝達物質の放出が増加する．これに関連して，ショウジョウバエの dunce 突然変異（学習の欠如した突然変異）では cAMP の代謝に異常がみられることに注目すべきだろう．

cAMP が媒介する機構は，アメフラシの条件づけの基礎をなす機構群の 1 つにすぎない．上述のような学習方法では，短期的な（数分から長くとも数時間程度しか持続しない）成果しか得られない．しかしながら長期の学習記憶（アメフラシにおいては 3 週間にも及ぶ）をもたらすようなトレーニングプログラムも導入可能である．そのような場合には，一過的な代謝ではなく，構造的な変化が起こる．長期の鋭敏化においては，シナプス部位の数とそのサイズ，そしてシナプス小胞の数などが，すべて有意に増加し，慣れではそれらが減少する．

「スパイク」spike）は，刺激が，ある最小レベルを超えたときにのみ発生することから，閾値効果をもつことがわかる．さらに刺激強度を上げても，活動電位は大きくならないので，これは全か無か all-or-nothing の応答である．生体内において活動電位が誘起されるのは，自発的な活動や（上で述べた）

刺激変換に伴う電位変化によってであり，これらの電位変化は生じた場所から活動電位の発生能をもつ膜領域まで電気緊張的に伝播し，そこで活動電位を発生させるのである．この活動電位により生じた脱分極が伝播し，隣接した部域を活性化して，つぎつぎと活動電位を発生する．こうして細胞膜の上を活動電位が伝わっていく．これは減衰を伴わない，自己永続的な現象であり，導火線の上を火が伝わっていく現象にたとえることができる．

活動電位の伝導速度はおもに神経繊維の直径に依存するため，多くの無脊椎動物では迅速な逃避応答などを媒介するために巨大な神経繊維を発達させている．海産の環形動物ロウトケヤリ *Myxicola* では，1 mm 以上の直径をもち，伝導速度が 20 m s^{-1} に及ぶ神経繊維がみつかっている．いくつかの例では神経繊維のまわりをグリア細胞がとりかこみ，絶縁性を高めることで伝導速度が格段に高められている（16.2.2 項）．そのような場合，伝導は絶縁されていない膜の部分を跳躍するように（すなわち，絶縁部分をつぎつぎと飛び越えるように）して起こり，それぞれの部位では自己再生的に活動電位が発生する．ミミズの巨大神経ではそのような「ホットスポット」hot spot が体節ごとに 2 つずつ神経繊維の背面に存在する．エビの神経軸索（動物界での伝導速度の金メダリスト，20℃において 200 m s^{-1}）ではそのようなスポットは軸索の分岐点に存在する．

16.1.6　スパイク性ニューロンと非スパイク性ニューロン

非スパイク性ニューロンは一般に受容器（たとえば昆虫の光受容器）や，介在ニューロンで運動神経に連絡するもの（たとえばヒドロ虫綱のクラゲであるキタカミクラゲ *Polyorchis* の神経系）などにみられる．スパイク性ニューロンは 2 組の分枝（一方はおもに情報の受容にかかわり，他方はおもに情報の伝達にかかわる）をもっているものだが，昆虫の場合，非スパイク性ニューロンの典型的なものには，これらがない．運動ニューロンで非スパイク性のものは，カイチュウ *Ascaris*（線形動物）の体壁筋の運動ニューロンが知られているだけである．

なぜ，ニューロンのあるものは段階的電位を使い，他は活動電位を使っているのかはわからない．オオジャコガイ *Tridacna* の目の光受容器細胞にはどちらのタイプも存在する．また，バッタの飛行を調節している介在ニューロンはすべてスパイク性であるが，脚の動きを調節しているニューロンの多くは非スパイク性である．この問題は，単純に神経の長さから説明できるわけではない．確かに，大きな無脊椎動物では足の先端まで伝わっていく電位が必要なことは疑いのないことだが，1 cm の長さをもつフジツボの光受容器細胞は段階的な信号を使っている一方で，それよりはるかに短い細胞，たとえばアマクリン細胞（16.2.1 項）も，小さな卵細胞や腺細胞も活動電位を発生する．

段階的電位を用いる多くの細胞ではつねに神経伝達物質の放出が起こっており，膜電位の微小な変化（ハエの光受容器細胞では 0.3 mV 程度）により，その放出量を増減させることができる．制御にかかわる細胞が少数のときであっても（これは無脊椎動物のシステムにはよくみられること），段階的電位を用いたなら，たとえば脚がとるさまざまな姿勢の制御に必要とされる滑らかな調節が可能である．一方，スパイク性ニューロンを用いて同じ効果を得ようとするならば，多数のニューロンの出力を加算する必要がある．活動電位のもつメッセージは「モールス符号のドットの並び以上の複雑さはもっていない」（Adrian, 1932）．しかし，スパイクの頻度やパターンおよびその持続時間を組み合わせることで，きわめて精巧な信号体系をつくれるだろう．よくみられるのは，これら両極端の中間のものである．細胞はするどい刺激にはスパイクを発生し，それ以外のときには非スパイク性の機能を示すかもしれない．そのような細胞では，細胞膜の小さな部域でスパイクを発生するが，それは電気緊張的に末端まで伝わるうちに減衰していく．このような電位の減衰に対して，軸索に沿って配置された電位依存的な Ca^{2+} チャネルが，電位を維持する機能をもつかもしれない（維持するといっても，やはり段階的な電位であることにはかわりない）．これと似たような Ca^{2+} チャネルが末端にあり，到着した段階的電位を増幅しているかもしれない．

16.2　ニューロンとその結合

16.2.1　ニューロン

ニューロン（すなわち神経細胞）の構造は光学顕

微鏡や電子顕微鏡を用いて研究されている．そこでは色素（たとえばプロシオンイエロー Procion yellow など）や高密度素材（たとえばコバルトイオン，Box 16.6 参照）を細胞質に注入する手法が取り入れられ，神経突起の分布や他の神経細胞との連絡などが調べられている．

ニューロンの特徴は，細長い突起をもち，電位を伝えられることである．神経は伝統的に，以下のように分類される（図 16.3）．中枢神経系に情報を送る感覚（求心性）ニューロン，中枢から効果器（筋肉や分泌腺など）に指令を送る運動（遠心性）ニューロン，そしてこれらの 2 つをつなぐ介在ニューロン（局所的な介在ニューロンは長い突起をもつ点により，中継細胞とは区別される）．また，血流へホルモンを放出する神経分泌細胞もニューロンとして分類される．これら以外にも，感覚ニューロンと運動ニューロンの両方の特性をもつものや，他の機能を併せもつニューロンもみつかっている．

神経細胞にはしばしば，共通した機能形態学上のパターンがみられる（図 16.4）．入力ゾーン（樹状突起）は，感覚ニューロンでは刺激の受容が行われ，他のニューロンではシナプスによる結合が形成される部域である．段階的電位である受容器電位やシナプス電位はここで発生し，細胞膜上を電気緊張

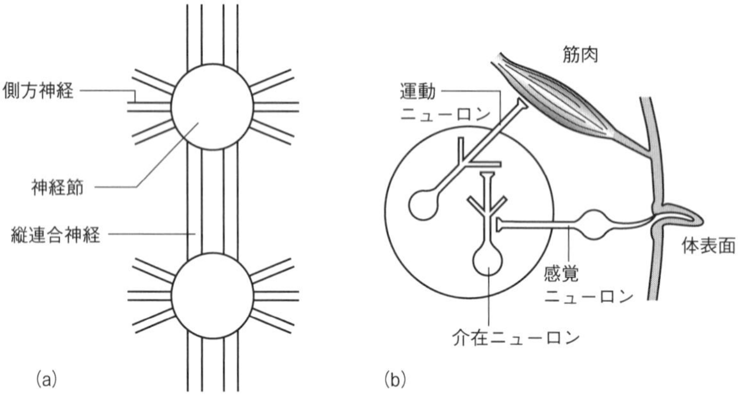

図 16.3 神経系の基本構成．節足動物の場合を例として示す．(a) 2つの体節神経節．各神経節には側方神経と縦連合神経がみられる．(b) 3つの異なったタイプのニューロン（Simmons & Young，1999）．

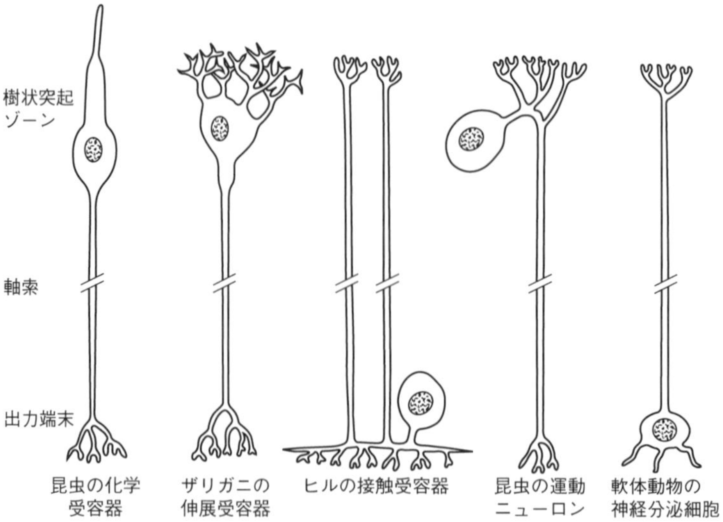

図 16.4 さまざまな形態と機能をもつニューロンでみられる機能上の極性．細胞体の位置はニューロンの機能構成とは無関係である．ニューロンのあるものは単極性（細胞体から 1 本の突起がのびている場合）であるが，他は双極性，もしくは多極性である．

的に広がっていく．スパイク性ニューロンにはインパルス発生ゾーンがあり，そこでは，段階的電位が閾値に達したときに活動電位が誘発される．活動電位は軸索（のゾーン）を伝導し，神経末端（のゾーン）でシナプス伝達（すなわち，別の神経細胞とのコミュニケーション）が行われる．

このような，ニューロンのもつ機能上の極性という概念には，多少の修正が必要である．たとえば，多くの樹状突起では情報の受容とともに伝達も行われており，またシナプス前末端は情報を渡すだけでなく，情報を受けとる機能をもつものもある（図16.5）．さらに，軸索はおそらく両方向にインパルスを伝えることができるが，アマクリン細胞のように軸索に相当する突起をもたず，互いに独立した機能をもつと思われる分岐をもつものもある．

16.2.2　グリア細胞

神経系に存在する第2のカテゴリーの細胞は「神経グリア」neuroglia とよばれている（図16.6）．その細胞の役割として，① 機械的なもの．神経細胞を支えたり，隔離したり，そのまわりをとりかこんだりする役割である．② 電気的なもの．神経細胞を電気的に絶縁し，伝導速度を高める役割．③ 代謝に関するもの．神経系内のイオン環境を調節したり，分泌された神経伝達物質を分解する役割がある．

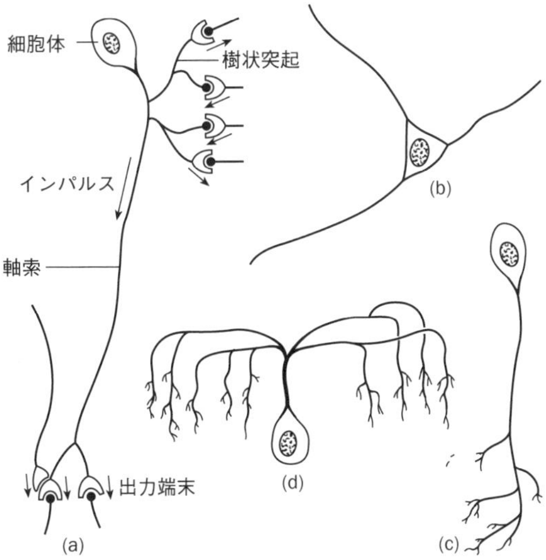

図 16.5　単純な機能上の極性がみられないニューロンの例．(a) 甲殻類の口胃神経節の運動ニューロンや他の多くのものでも，樹状突起において，情報を受けとることも渡すことも行われている．また，ニューロンの出力末端も他の神経繊維の後シナプスとなることもある．しかしながら，軸索上でのインパルスの伝播は，通常一方向である．(b) 刺胞動物にみられる等極性 isopolar ニューロン．(c) 多毛綱の有柄体 corpora pedunculata のニューロン．このようなニューロンでは，みかけ上，機能上の極性はみられない．(d) アマクリン細胞．たとえば，昆虫の視葉にあるものでは，軸索として同定できるような1本だけの長い突起がない．

ニューロンとグリア細胞との協調関係を示す著しい例として，ハチの複眼があげられる（図16.7）．光があたったときに起こる活動を維持するために，光受容器（すなわち感覚ニューロン）はピルビン酸を代謝している．受容器細胞内ではピルビン酸はアミノ酸のアラニンからつくられ，その際にアンモニウムイオンが発生する．アンモニウムイオンは受容体から放出され，隣接したグリア細胞における，グルコースの取込みとアンモニウムイオンをアラニンへと変換するのを促進する．こうしてできたアラニンがつぎに受容器細胞に手渡され，そこでの代謝に用いられている．

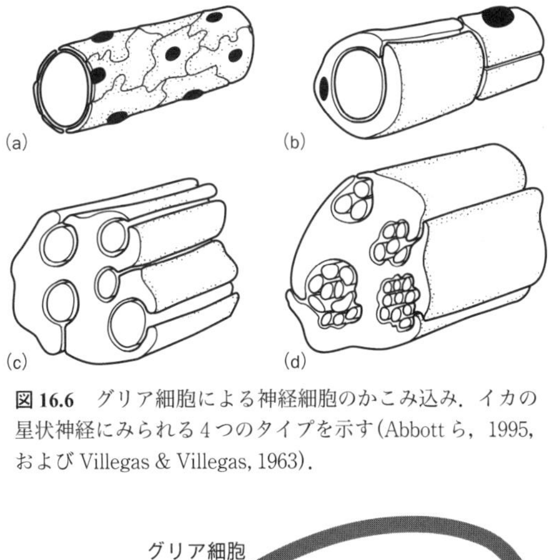

図 16.6　グリア細胞による神経細胞のかこみ込み．イカの星状神経にみられる4つのタイプを示す（Abbott ら，1995，および Villegas & Villegas, 1963）．

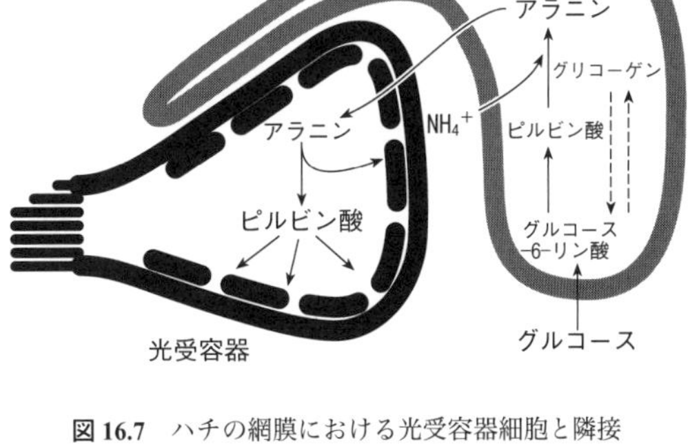

図 16.7　ハチの網膜における光受容器細胞と隣接するグリア細胞との間にみられる代謝の相互作用（Tsacopoulos ら，1994）．

グリア細胞は活動電位を発生できないが，例外的な場合には，これまで考えられてきた以上に能動的にはっきりと神経機能に関与している．イカの巨大軸索に付随しているグリア細胞は，この神経の活動に伴って放出される神経伝達物質（以下参照）であるピルビン酸に対する受容体をもっている．ピルビン酸受容体が活性化すると，グリア細胞からアセチルコリンの放出が起こる．グリア細胞は，自分自身の出したアセチルコリンに応答して K^+ の透過性を高め，静止電位を大きくする．たぶんこうすることによって，神経の活動に伴って細胞間隙に放出された K^+ の取込みが促進されることになる．

先ほどふれたように（16.1.5 項），活動電位の伝導速度は，グリア細胞が神経細胞表面を被覆することによって増大する．脊椎動物にみられるようなグリア細胞によるミエリン鞘の形成は，無脊椎動物ではごくまれにしかみられない（海洋性の橈脚綱がそのまれな例である）．ミエリン鞘の被覆のおかげで，橈脚綱は 2〜6 ms で逃避反応を起こすことができる．このことが，橈脚綱が外洋性の生物社会において占有種となっている重要な一因かもしれない．

16.2.3 化学シナプス

ほとんどのニューロンは「神経伝達物質」neurotransmitter とよばれる化学物質を分泌することで，情報の伝達を行っている．一般に，分泌性の細胞（腺細胞）では，分泌物はより遠く広く伝わっていくが，ニューロンの分泌はきわめて局所的かつ選択的であり，特別な「シナプス」synapse とよばれる結合部において行われる．

化学シナプスが最も頻繁にみられるのは，神経繊維の末端部である．化学シナプスでは細胞同士が接触するが，それには末端が球状に膨れたり，神経繊維の途中が膨れた「膨隆部」varicosity という形をとることがある．多くのシナプスはそのようなかなり特徴的な微細構造をもっているため，その電子顕微鏡像からだけでも機能的な連絡があることが推定できる．もっとも，この構造と機能との関連については，つねに議論の対象となってはいる．さらに言っておくに値することとしては，2 つの細胞の間の機能的な「シナプス接続」synaptic contact は，実際には（1ヵ所の接続ではなく）電子顕微鏡によって識別できる数千の接続部分（ロブスターの口胃神経節では 25000）によっているかもしれないことである．

シナプスの機能の基本機構の研究は，シナプス前およびシナプス後末端が，電極を挿入できるほど大きいことから，イカの巨大神経系に存在するシナプス（図 16.1(c)）を用いて行われてきた．リナス（Llinas）たちは活動電位が到達することで，シナプス前膜にある電位依存性の Ca^{2+} チャネルが開き，末端部での Ca^{2+} 濃度が増加すること，そして活動電位による脱分極そのものではなく，Ca^{2+} 濃度の増加こそが伝達物質の放出を引き起こすことを示した．

放出された伝達物質はシナプス間隙を拡散していき，シナプス後膜に埋め込まれた受容体タンパク質分子と結合する（さらにもっと離れた部分にある標的分子にまで到達するかもしれない）．「速い伝達物質」は，それ自体が選択的なイオンチャネルとなっている受容体（たとえば多くのアセチルコリン受容体）を活性化し，膜電位を変化させる．このような反応はきわめて速く，シナプスでの遅延時間は 0.4 ミリ秒（ms）程度であり，その継続時間も数 ms である．一方，「遅い伝達物質」（たとえばオクトパミンや神経ペプチド）は，より長い遅延時間を要し，その継続時間も長いだろう．これはイオンチャネルへの作用が 2 次メッセンジャーを介してなされるためである（16.1.3 項）．

1 つの細胞はふつう，多数のシナプスからの入力を受けるだろう．それらのシナプスは，それぞれに異なった伝達物質をもち，興奮性（脱分極性）および抑制性（多くは過分極性）のシナプス後電位を発生させる．また，神経伝達物質として用いられている化合物が神経調節物質としてはたらく場合もある．神経調節物質 neuromodulator は，その効果が神経伝達物質に比べてはっきりしていないため，こうよばれている．たとえば，ある調節物質はそれ自身では神経細胞にはっきりした効果を与えないが，他の刺激に対する感受性を高める機能をもっている（16.9.4 項参照）．伝達物質や調節物質の作用は，それらが酵素により分解されたり（アセチルコリンやペプチド），シナプス前末端に吸収される（アミンやアミノ酸）ことですみやかに終了する．

化学シナプスの利点の 1 つは，信号を増幅できることである．たとえば，ハエの光受容器ニューロンは，脱分極に応じて伝達物質（おそらくヒスタミン）を放出するが，それによって後シナプスニューロンに過分極が生じる．このとき後シナプス側での電位変化は，シナプス前側のものの7～14倍となっている．化学シナプスのもつ，神経系になくてはならないもう1つの特性は，それらが高い柔軟性（可塑性）をもつことであり，実際にこの特性が基礎となって，さまざまなタイプの学習がなされている証拠がある（Box 16.2）．

16.2.4 神経伝達物質

近年，生化学や分子生物学の技術を応用することによって，飛躍的に情報量が増大してきている．神経伝達物質や，ホルモンおよび受容体分子などは化学的に同定され，その遺伝子が読みとられ，その分子に対する抗体がつくれるようになってきた．

神経伝達物質は，その合成，貯蔵および放出のパターンに応じて3つの主要なクラスに分類される．第1のクラスには，アセチルコリン（これは脊椎動物でもよく知られている），および（主要伝達物質としては）無脊椎動物特有のものであるオクトパミンがある．これらは神経繊維の末端において，酵素の触媒反応によるかなり単純な合成経路によってつくられ，おもにシナプス小胞（ふつう直径は30～50 nm）に蓄えられる．伝達物質の放出は，一般に小胞の膜がシナプスの膜と融合する，つまりエクソサイトーシス exocytosis によると考えられている．融合は，肥厚や帯状の形態で区別できるシナプス前膜の特殊化した部分で起こり，融合後，小胞の中身がシナプス間隙に放出される．伝達物質は静止状態においても，低いレベルではあるが，明らかに放出されているが，活動電位が到達することによって，多くの小胞が同時にエクソサイトーシスを起こす．

伝達物資の第2のクラスは神経ペプチドである．無脊椎動物から最初に単離された神経ペプチドはプロクトリン proctolin である．これは5つのアミノ酸残基（Arg-Tyr-Leu-Pro-Thr）をもち，Staratt と Brown によって1975年にゴキブリから単離された．ペプチドはそれぞれの種において，しばしばペプチドファミリーとして存在し（表16.1），そのファミリーの構成員はよく似た化学組成や生物活性をもっている．研究対象となる動物が増えるごとにファミリーは拡大してきた．そればかりでなく，人工的に他のメンバー（類似体 analogue）を合成することもできる．近年になって，神経ペプチドに関する知見が爆発的に増えてきている．1984年から1989年の間に，昆虫においてだけでも，同定されたペプチドの数は4から40以上にまで増えた．その最後の年には，線虫でペプチドが発見され，その後の10年で50近くのペプチドが同定されたが，それらのすべてはFMRFamideファミリーに属している（表16.1）．この分野の研究は，エレガンスセンチュウ *Caenohabditis* ゲノムプロジェクトの進行と完了によって加速度的に進んだ．

ペプチドは神経細胞体内部の粗面小胞体で合成され，ゴルジ装置によって，直径が70～200 nmの小胞に格納される．はじめに合成されるのは，大きな前駆体（プロペプチド propeptide）であり，それは1種類のペプチドのコピーを多数もっている（FMRFamideの場合で28コピーほど）か，異なる種類のペプチドをいろいろもっている．ペプチド分子はプロペプチドから酵素によって「切り出される」．このようにして，1つのニューロンもしくはニューロンのグループは，（通常の伝達物質に加えて）ペプチドの「カクテル」をつくり出すことができ，それを使って，神経系や他の器官の中でのさまざまなできごとを協調させている（16.11.3項）．分泌顆粒もやはりエクソサイトーシスによって放出されるが（図16.8），シナプスにおいてではなく，末端の表面の形態的に特殊化していない部分の広い範囲で放出が起こる．

表16.1 FMRFamide*は，はじめに軟体動物より同定され，その後，いくつかのファミリーペプチドがエレガンスセンチュウ *Caenorhabditis elegance* において同定されている（Brownlee & Fairweather, 1999による）．アミノ酸の一次配列をその一文字表記とともに示してある．

F M R F amide Phe-Met-Arg-Phe-NH_2
P N F L R F amide Pro-Asn-Phe-Leu-Arg-Phe-NH_2
K P S F V R F amide Lys-Pro-Ser-Phe-Val-Arg-Phe-NH_2
S P R E P I R F amide Ser-Pro-Arg-Glu-Pro-Ile-Arg-Phe-NH_2
S D P N F L R F amide Ser-Asp-Pro-Asn-Phe-Leu-Arg-Phe-NH_2
E A E E P L G T M R F amide Glu-Ala-Glu-Glu-Pro-Leu-Gly-Thr-Met-Arg-Phe-NH_2

* 通常「ファマーファマイド」と発音される．

多くの無脊椎動物のニューロンは，その分泌ペプチドが脊椎動物のペプチドに対しても免疫親和性をもつことを利用して，識別することができる（そのような物質や受容体は，原生動物や海綿動物においてさえも存在する）．このような，系統が違っても保存されている最も注目すべき例として，もともとは刺胞動物から単離された１つのペプチド（head activator）があげられる．同じペプチドが哺乳類の脳の中でもみつかっており，その機能はヒドラ *Hydra* の場合と同じで，神経前駆細胞の分裂を調節することである．

神経伝達物質の第３のクラスは，気体からなっている．その中で最も注目すべきは一酸化窒素（NO）で，小胞や顆粒の中に蓄えられないため，細胞が活性化されるたびに酵素反応によってつくり出される．NO は隣接する細胞まで自由に拡散していき，そこでのサイクリック GMP の合成を促す．昆虫の網膜にある光受容器と（2 次）単極性細胞では，興味深いことに，双方向のシナプス伝達が行われている（図 16.9）．光受容器から単極性細胞への信号の伝達は，ヒスタミンを放出することで行われる．刺激を受けとると，単極性細胞は NO を合成し，それが見かけ上の逆行伝達物質（受容器細胞に向けて逆方向の伝達を行うもの）としてはたらく．

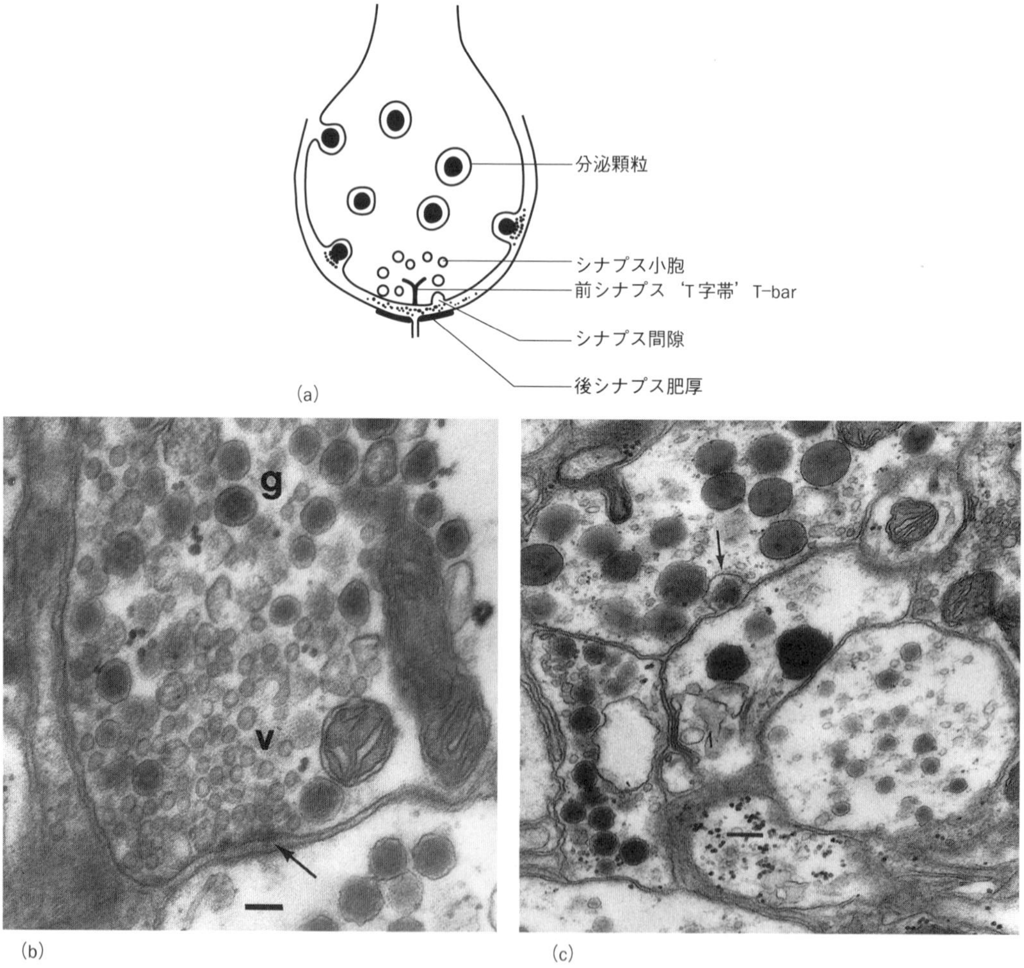

図 16.8　化学シナプスの微細構造．(a) 節足動物のシナプスの模式図，分泌放出のパターンを示す（Golding，1988）．ここに示されたパターンのすべてが１つのシナプスでみられるわけではない．(b) ツリミミズの一種 *Lumbricus* の脳神経節のシナプスの電子顕微鏡写真．ぼんやりとしたシナプス前膜の肥厚部分(矢印) がみられる．g：分泌顆粒，v：シナプス小胞；スケールバーは 100 nm（Golding & May, 1982）．(c) ツリミミズの一種 *Lumbricus* のニューロパイルの神経末端にみられる，多様なタイプの分泌顆粒．矢印はエクソサイトーシスを行っている顆粒を示す．スケールバーは 200 nm（Golding & Pow, 1988）．

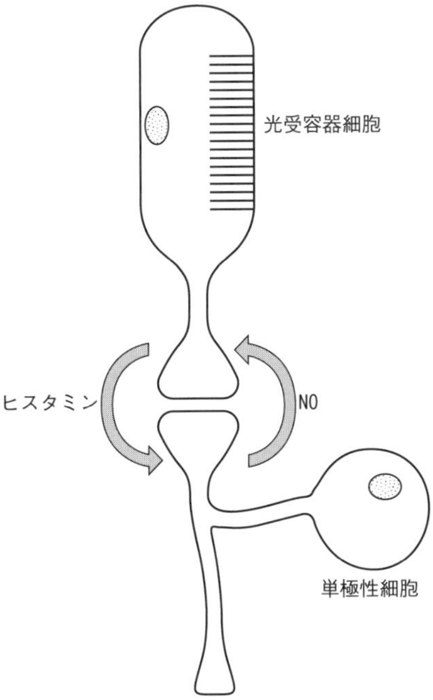

図 16.9　神経細胞間のトークバック．昆虫の複眼において，光受容器細胞はシナプスから既知の伝達物質であるヒスタミンを放出することで単極性細胞に入力を送っている．単極性細胞は一酸化窒素（NO）を放出することで，受容器細胞にフィードバックしていると考えられている．

16.2.5　電気シナプス

生物学の歴史において最も大きな論争の1つは，シナプス伝達のメカニズムに関するものであった．この論争が，脊椎動物の末梢神経結合の研究に基づき，化学伝達仮説に軍配があがったのが1959年である．大変皮肉なことに，この年にファーシュパン（Furshpan）とポッター（Potter）によって，ザリガニで電気シナプスが発見された（Box 16.8をみよ）．電気シナプスにより，伝達物質や受容体の介在なしに，細胞が直接別の細胞を刺激できる．伝達はギャップ結合 gap junction* を通して行われる．そこでは「コネクソン」connexon とよばれるタンパク質により中空の円筒構造がつくられており，そこを流れた電流が，細胞間隙を通り越して，隣の細胞を直接脱分極させる．電気シナプスでの伝達は速く，遅延時間は化学シナプスの数分の1である．多くの場合，伝達は双方向である．しかし，整流作用がみられる場合もある．そのようなシナプスはシナプス間の電位の方向によって変わり，一方の方向への抵抗が低く，電位を逆転すると高抵抗となり，電流が流れなくなる．

ある場合には，多くの細胞が単一の機能単位をつくり上げるのに，電気シナプスが使われている．それによって細胞集団による出力を同調させられる．そのような例として，バッタの複眼を構成する個眼や，軟体動物にみられる放卵・放精ホルモンを分泌する神経分泌細胞（また，多くの腺細胞や筋細胞も）などがあげられる．巨大繊維をもつニューロン同士はふつう，電気シナプスで結合されている．そうすることにより，単一の巨大な細胞のもつ高速伝導に迫る機能を達成している．

胚の神経は，きわめて多くのギャップ結合により結合されている．その結合は，生後にイオンチャネルや化学シナプスが発生していくにつれて消滅していく．

16.3　神経システムの組織化

16.3.1　「ニューロイド系」neuroid system（類神経系）

海綿動物は神経系をもたない．しかしながら体全体や，出水孔のまわりを収縮させる活動を示す．またあるものでは，水流をパッと逆流させて水路を掃除したり，水流に乗せて幼生を放出するような，明らかな協調的収縮活動がみられる．刺激に対する反応の多くは，機械的な作用（たとえばミオサイトが縮んで隣の細胞を引き延ばすといった作用）によって伝播するかもしれない．マッキー（Mackie）らは，六放海綿綱ツリガネカイメン *Rhabdocalyptus* において全か無かの電気インパルスが $0.26\ \mathrm{cm\ s^{-1}}$ の速度で，カイメンの体全体に伝播することを見いだした．インパルスは襟細胞まで直接伝播し，鞭毛運動を停止させることで水流を遮断する．

$3 \sim 35\ \mathrm{cm\ s^{-1}}$ の速度で伝わる上皮性伝導が，ヒドロクラゲや尾索動物亜門において重要なはたらきをする．ある場合には，これによって上皮全体が大きな表面積をもつ1つの受容器として機能する．たと

＊　ギャップ結合と「タイトジャンクション」（密着結合）tight junction とを混同してはならない．タイトジャンクションでは二重膜の外葉同士が融合し，細胞間隙を通しての拡散を阻止している．それによって血液脳関門がつくられ，昆虫や頭足類などでは（脊椎動物でも同様に），神経系をとりまく体液環境が調節されている．

えばサルシアウミヒドラ *Sarsia*（ヒドロ虫綱のクラゲ）の場合，傘の外表面のどこにおいても，加えられた機械刺激によって活動電位が発生し，それがギャップ結合を介して上皮全体に伝播する．典型的な場合には，上皮性伝導は神経系への入力となっている（尾索動物亜門オタマボヤ *Oikpleura* では電気シナプスを介して表皮の感覚ニューロンに伝達される）．運動の制御にも使われており，筋繊維のシートや繊毛上皮（尾索動物亜門の鰓嚢）を興奮が伝播する例が知られている．

16.3.2 神経網

神経網 nerve net は双極性および多極性の神経からできており，散在する 2 次元の網目状構造（神経叢 plexus）をなしている（図 16.10）．これは刺胞動物段階の組織化を示す動物の神経系として特徴的なものである．神経網は上皮細胞層の基底部と中膠の層との間に位置している．それらは 2 つの層のどちらか，もしくは両方に入り込んでおり，後者の場合，中膠を横切って情報の伝達が行われる．神経網の伝導速度は 10～100 cm s^{-1} である．

神経網のもつ他とは違う特性は，刺激を受けたどの点からでも，電気的活動がさまざまな方向に伝播していくことである．初期の研究者は，刺胞動物の体壁を曲りくねったいろいろな形に切りとり，その上を活動が伝わっていけることを示した．ある神経網は貫通伝導する through-conducting（端から端まで刺激が伝わる）が，他のものでは，途中で減衰

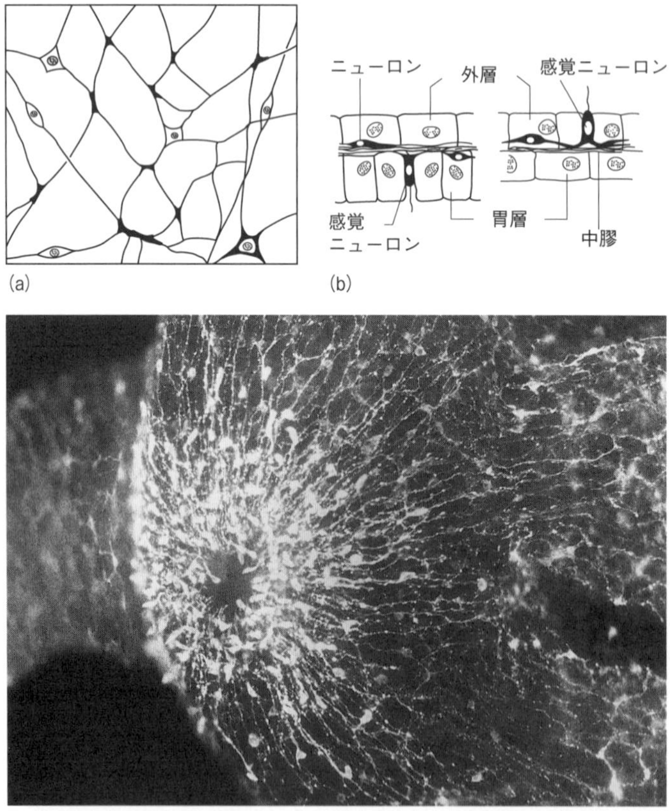

図 16.10 刺胞動物の神経網．(a) 表面から見た図．刺胞動物の神経網はおもに等極性および双極性のニューロンによって構成されている（シナプスの詳細は示されていない）．(b) ヒドラ *Hydra* の体壁．外層と胃層の両方にある神経網を示している．感覚ニューロンは柱状部では胃層のみに（左），触手では外層のみに（右）限られている（Bode ら，1989）．(c) 神経ペプチドの断片（arg-phe-amide，表 16.1 参照）に対する抗体による，ヒドラ触手の神経網の免疫蛍光染色像．口のまわりにニューロンが集中している点に注意（Grimmelikhuijzen, 1985）．

する（伝導距離が長くなるにつれて小さくなって途中で消えてしまう）場合もある（16.8.3項）．

1つの神経網内部で，部域による分化がみられることがある．たとえば，イソギンチャクの隔膜には多くの双極性ニューロンがあり，それらが垂直方向に配置され，速い貫通型の伝導経路をつくっている．ヒドラでは，神経網内部が小集団に分かれており，それぞれが産生するペプチドの違いによって識別される（16.2.4項）（1つの細胞は，はじめに1種類のペプチドを発現し，つづいて別のペプチドを発現する）．さらに，2つの異なった神経網が同じ上皮組織内に存在する場合もある．鉢虫綱のクラゲ（たとえばミズクラゲ *Aurelia*）では多くの神経節が傘の周辺部に存在する．神経節は散在神経網から感覚入力を受けとり，より速い伝導を行う「巨大繊維神経網」giant fibre nerve net（これはシェーファー（Schafer）によって1879年に神経網としては初めて記載されたもの）を介して遊泳に用いる筋肉に出力を送る．これら2つの神経網は傘の下表面をおおっているが，互いに直接情報のやりとりを行うことはない．

鉢虫綱と花虫亜門の神経網は，ヒドロ虫綱のものとは明らかに異なっている．前者では神経網の中でのニューロンの伝達は，化学シナプス（多くは対称性すなわち双方向性の伝達を行う）によって行われており，電気シナプスや上皮性伝導は存在しない．しかし，ヒドロ虫綱ではニューロン間の電気的結合（および上皮性伝導）が広くみられる．神経網と神経網の間の伝達は，おもには一方向性の化学シナプスを介して行われており，これは3つの分類群で同じである．

刺胞動物でも速い化学伝達が行われている（たとえば，鉢虫綱の対称性シナプスでの伝導遅延は1 ms）．これは，“古典的な”伝達物質が関与していることを示唆している（16.2.3項および16.2.4項）が，さらにウェストフォール（Westfall）らは最近になって，ドーパミンや5-ヒドロキシトリプタミンなどのアミンが存在する証拠を提出した．それとは対照的に神経ペプチドのほうだと，*Anthopleura elegantissima*（ヨロイイソギンチャクの仲間）1種からでも，優に1ダース以上もの神経ペプチドが単離されているのである．

刺胞動物，たとえばイソギンチャクが示す行動パターンには，捕食，遊泳，共生しているヤドカリへの付着，同種間の攻撃，触手を使った「歩行」，足盤の運動，掘る行動がある．これらの複雑でよく統合された行動が，低い組織化レベルの神経系によってなされていることは驚くべきことであるが，イソギンチャクや他の刺胞動物における神経系の適応は，きわめてエレガントで効果的なことは，はっきりとした事実である．

扁形動物には，異なった組織層ごとにそれに付随した神経網があり，それらは刺胞動物の神経網と同じような機能的特性をもっている．神経網は体の深部で神経索と連絡している．他のグループの動物においても神経網は，たぶん重要なはたらきをしているだろう．例としてあげれば，棘皮動物，軟体動物の足，さらには腸（脊椎動物も含む）の神経支配に神経網が関与していると思われる．

16.3.3　中枢と末梢の神経系

中枢神経系（神経索や神経節からなっている）と，末梢神経系（受容器とそれにつながる神経細胞などからなっている）との間には重要な相違がある．中枢系は，感覚入力のたどりつくべき目的地であり，シナプス統合のセンターとして，また運動調節の起点として機能する．一方，末梢の神経はおもには情報の伝達経路としてのはたらきをもつ（神経網はその両方をそなえている）．小さな末梢神経節はその中間のはたらきをし，つねに中枢と結びついて，その影響下に置かれている．ただしそれらは，自身でかなりな程度，独立した活動をこなすことができる．そのような例として，ある種の棘皮動物にみられる小さなハサミのような防衛器官（叉棘），甲殻動物の心臓神経節，環形動物多毛綱の疣足神経節などがあげられる．

無脊椎動物の感覚ニューロンは，実質上すべて，細胞体は末梢部に存在すると考えられてきた．ところが，いまや多くの動物で，細胞体が中枢部に位置することが明らかとなっている．線形動物，ある種の扁形動物や棘皮動物には奇妙な特徴がみられる．それは，運動ニューロンが筋肉に神経繊維を伸ばすのではなく，筋細胞自体が神経軸索に似た長い突起を伸ばし，神経索の表面に後シナプス末端を形成することである．

ヒドロクラゲは，傘の周辺部に2本の環状の神経索をもっている．2本のうちの内側にあるものが中枢（髄）的 medullary な特徴をもち，細胞体（多くは双極性）が全体にわたってほぼ均等に配置され，それから出た神経繊維が互いに平行に配置されている．扁形動物においては，髄的神経索 medullary cord は，直行するパターンにのっとって配置されていることがあり（図 16.11(a)），これが前口動物の基本プランだとみなされている．神経索の前端部は単なる肥厚である場合が多いが，高等な扁形動物ではよく分化した脳神経節 cerebral ganglion（もしくは「脳」brain）がみられる．

多くの環形動物では，各体節にある1組の外胚葉性の神経節原基が，縦連合 connective によって連結していき，全長にわたる1本の腹部神経索を形成するのが典型的である（図 16.11(b)）．各体節中では，神経がペアとなって末梢へと伸びている．神経索の前端は食道上神経節 supraoesophageal ganglion を形成し，多くの多毛綱ではよく発達した触角や，眼および嗅覚器官からの神経が，この脳とおぼしき神経節の各部分に入力している．節足動物も同様に，体節化した神経索をもっている．しかし節足動物の多くのグループでは，神経節原基がまとまっていき，複合神経節をつくり上げる傾向が強い（図 16.11(c)）．通常，よく発達した脳が形成され，脳には前大脳 protocerebrum，中大脳 deuterocerebrum，後大脳 tritocerebrum の分化がみられる．

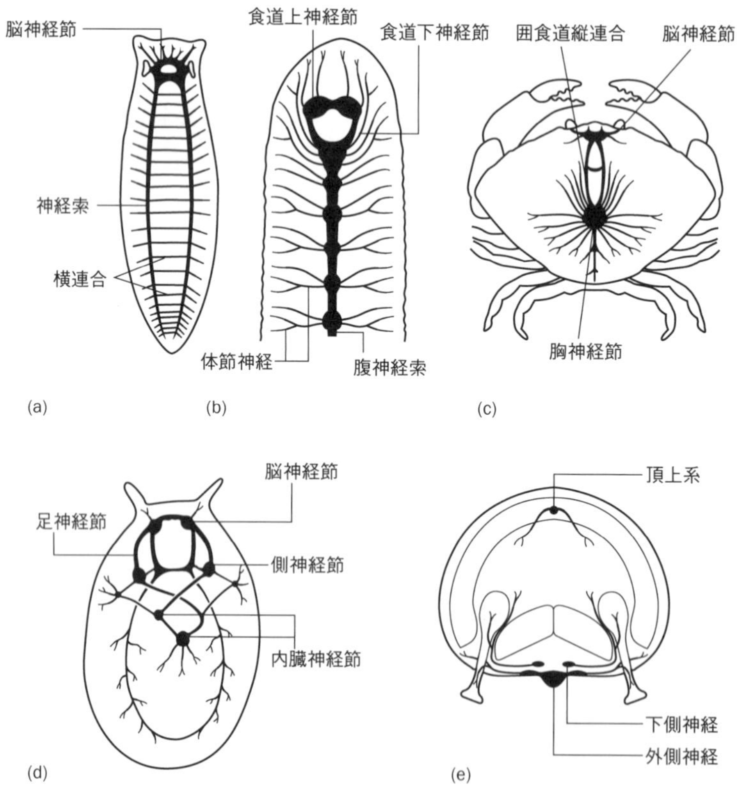

図 16.11 無脊椎動物神経系の多様性．(a) 扁形動物における直交型のパターン（はしご型神経系）．2本の神経索とその間に配置された横連合よりなる．(b) 分節化されたヒルの腹神経索には，細胞体のあるよく発達した神経節と，それらをつなぐ神経繊維を含む縦連合がみられる．食道下神経節は多くの神経節が集まってできている．(c) 甲殻動物十脚目にみられる高度に集約された中枢神経系．(d) 軟体動物カサガイの仲間 *Patella* の神経系．主要な神経節と，捩れた内臓縦連合を示す．最も原始的な軟体動物では，その神経系は扁形動物のものとほとんど変わりはないが，頭足綱のように，魚類に匹敵する脳をもち，複雑な行動を示すものもいる．(e) ヒトデの腕の断面図．外側神経系より伸びた神経繊維は下側神経系の表面に到達しているが，両者の間に直接的な連絡はない（もしくはほとんどない）．

軟体動物は多くの神経節をもち，それらが横連合 commissure と縦連合 connective によって連結され，神経節から出た神経が末梢に向かって伸びている．興味深い特徴の1つに，原始的な腹足綱において，神経節間の縦連合が8の字型をしていることがある．これは，成長の途中でみられる捩れ torsion によるものである（5.1.3.e.参照）．軟体動物の多くのグループでは神経節が集中して，食道神経環 circumoesophageal ring が形成される傾向がある．

線形動物は，体軸に沿って伸びる多くの髄的神経索をもっている（カイチュウ *Ascaris* には主要な2本と細い4本の神経索がある）．それらは食道をとりかこむ神経環でつながっている．棘皮動物では，ヒトデに代表されるように，外胚葉性神経組織が内部に移動せずに，表皮表面という原始的な位置にとどまっており，感覚性と運動性を併せもつような外側神経系 ectoneural system となっている（図16.11(e)）．1本の放射神経が腕の下表面に伸び，体の中心部には周口神経環がある．体の内部には運動性に特化した下側神経系 hyponeural system があり，反口側には頂上系 apical system がある（これはウミユリ綱においては主要な神経系となっている）．ホヤでは，入水管と出水管の間に単一の頭神経節があり，そこから神経が末梢に伸びているが，「オタマジャクシ幼生」では，脊椎動物のものと相同と思われる神経管が頭神経節から尾部に沿って伸びている．

16.3.4　正しい接続の形成

最終的にはきわめて複雑なものとなるにしても，神経系は単純な上皮組織から発生してくる．胚の細胞から伸びる繊維の先端は，仮足などをそなえたアメーバ状の成長円錐 growth cone となっている．「正しい」接続をつくることは，将来の神経系の活動にとってきわめて重要であり，それにかかわる機構について研究されてきた．そのような研究には，バッタなどの昆虫が材料として用いられてきた．胚の神経節がきわめて透明で内部が観察しやすく，また，そこに含まれる細胞の数が限られているからである．各腹神経節中の61個の神経芽細胞（胚性神経細胞）から由来する細胞の系譜が明らかにされ，それらから伸びていく軸索が正確に識別されている．

バッタ胚の神経節にある各細胞から神経繊維が伸びる際には，明らかな順序がある．最初に伸びるのは「パイオニア細胞」pioneer fibre とよばれている．1つの神経節から伸び出て他の神経節へつながる場合でも，表皮の感覚細胞から伸び出して中枢へ入り込む場合でも，パイオニア細胞はあらかじめ決められた道筋を通って伸びていく．このとき，末梢部では，障害物（たとえば節足動物での脚-体節間の境界）が形成される以前に接続を完成することが重要となる．

成長円錐は，周囲からもたらされるさまざまな「手がかり」によってガイドされるようにみえるが，どうもとりわけ基底膜とグリア細胞に導かれるようである．成長円錐の動きは，少なくとも4つのタイプの化学シグナルの影響を受けている．すなわち，遠く離れた発生源からの拡散によって濃度勾配を形成するような誘引因子および忌避因子となる物質，さらには直接の接触によって効果を発揮するような誘引因子および忌避因子である（図16.12）．これらの因子の作用が一般的にみられるのは，神経軸索が，特別のグリア細胞の集中した神経節の正中線に向かって伸びていくような場合である．軸索の動きは，正中線部分を横切り（横連合を形成し），つぎに体軸方向に伸張して再び横切ることはないというパターンか，正中線を横切らずに体軸方向に伸張するパターンかのいずれかとなる．この場合，成長円錐の動きをガイドするのは，拡散性の誘引物質（たとえばネトリン netrin）と忌避物質（たとえば正中線部位でつくられる *robo* タンパク質（round

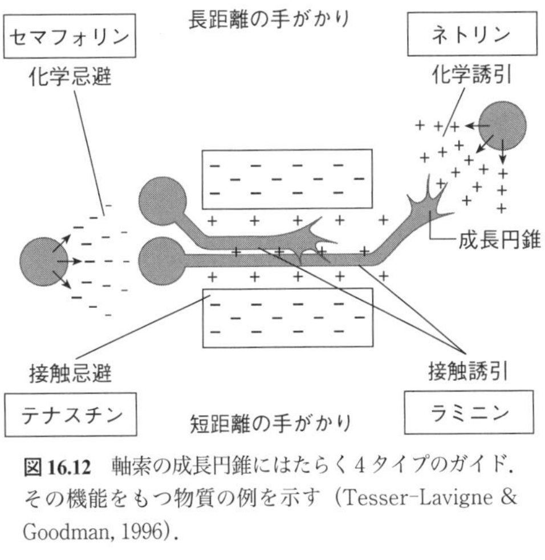

図16.12　軸索の成長円錐にはたらく4タイプのガイド．その機能をもつ物質の例を示す（Tesser-Lavigne & Goodman, 1996）．

about 迂回)) である．したがって，*robo* の受容体を多くもつ軸索は正中線には向かわず，あまりもたない繊維は正中線を横切り，横連合を形成する．その過程で，受容体の合成が促進され，それ以降は横切ることはなくなる．ショウジョウバエの *robo* 突然変異では，軸索は迷走し，自由に正中線を横切ったり，また引き返したりする．

パイオニア細胞が伸長した後，それに追随するように神経細胞が伸びていくことが多い．レーザーを用いた微細手術によって，パイオニア細胞になる胚細胞を取り去ると，神経細胞は正しい方向に伸長できなくなる（図 16.13）．もし，ある細胞の発生を実験的に遅れさせたとしても，それから伸びる軸索は，他の多くの付随する特性がすでに発現しているにもかかわらず，正しい道筋をとろうとする．ある1つの同定されたニューロンに注目すると，その樹状突起の完成したパターンをはじめ，明らかに個体により違いがみられるが，その細胞はほとんどすべての場合において，（個体によらず）同じシナプス結合をつくりあげている．目的を達した後，パイオニア細胞は死ぬか，従来どおりの（通常の神経細胞としての）役割を果たすようになる．

末梢の器官が神経の発生に及ぼす影響はさまざまに変わる．昆虫の胚では，神経索上にあるさまざまな神経節中の細胞数は同じだが，成長した後には，腹部の神経節からはいくつかの細胞が失われるのに対し，胸部の神経節ではそれに相当する細胞が脚の調節をするように発達する．これには末梢の構造は関与せず，たとえ脚が取り除かれても発達するのである．これとは対照的にチスイビル *Hirudo* では，生殖器官をもつ体節の神経節の細胞が，生殖器官からの作用に応じて増殖する（このような応答は生殖器官をもつ体節に限られている）．細胞のうちのいくつかは生殖器官に神経繊維を送り，その機能の発揮に必要と思われるシナプス入力をもつようになる．他の体節では，これに相当する細胞は体壁に向けて神経繊維を送り出している．もし，生殖器官が発生の途中で取り除かれると，細胞は「通常の」ターゲット（である体壁）に繊維を送り，その調節を行うようになる．この場合，末梢の器官は運動神経を引き寄せる機能をもつだけでなく，中枢神経系中の運動単位の樹状突起がどんな接続をつくるかを特定しなければならない．

同じようなことが雄のガの触角にある嗅覚細胞でもみられる．嗅覚細胞は雌がつくり出すフェロモンに敏感に応答するが（16.10.5 項），その細胞は脳の触覚葉 antennal lobe に神経繊維を送り，雄特有の顕著なシナプス複合体の形成を誘導する．シュナイダーマン（Schneiderman）らは，雌の触角原基を雄のものと交換すると，雌の脳に雄と同じようなシナプス複合体が形成され，フェロモンに応答して雄固有の行動（風上に向かう飛行）が誘導されることを示している．

神経系の修復や再生でも，同じような識別の過程がたぶんみられるだろう．軸索が切断されると，その軸索は切れた部分を探し出し，結合して元に戻る

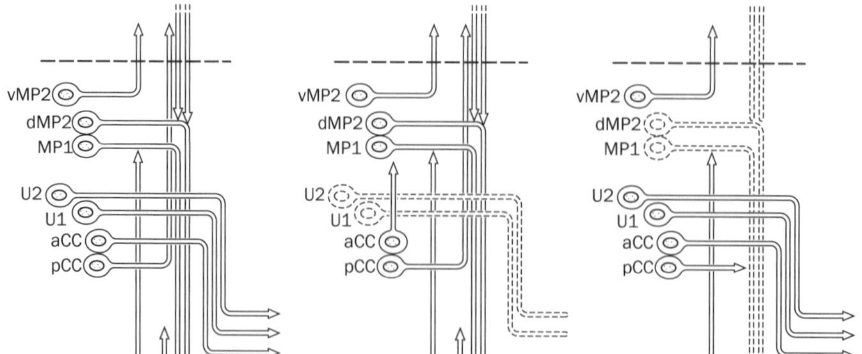

図 16.13 (a) 20 日目のバッタ胚の第 7 体節神経節における神経経路の発達．(b) パイオニアニューロン U1 と U2 をとり去ると，神経細胞 aCC は正しい方向に伸長しなくなる．(c) この神経節および隣接する神経節からパイオニアニューロン MP1 と dMP2 をとり去ると，神経細胞 pCC は正しい方向に伸長しなくなる（Bastiani ら，1985）．

ことができる．運動神経の再生では，はじめのうちは間違った接続がつくられることもあるが，それらは取り除かれて，「正しい」接続が回復する．扁形動物ウスヒラムシ *Notoplana* では，脳から発した神経は正しい目標をみつけ出すことができ，行動の調節を行う（16.3.8項参照）が，脳を尾部に移植してもそれができるのだ！

内翅類の昆虫は，成長段階に応じた特徴的な行動のレパートリーをもち，変態では，それにかかわる神経回路が大幅に変更される．その際，ホルモンのエクジソン（16.11.5項）が余分なニューロンの核に特異的に結合し，他の細胞死を誘導するし，他の多くの細胞の樹状突起やそれらの間でのシナプス結合が大幅に再構成される（Box 16.3）．

16.3.5　ニューロパイルの分化

神経索や神経節には，組織学上少なくとも3つの異なった組織化のパターンを見分けることができる（図16.14）．ⓐごく一般的にみられるのは，分化したニューロパイル neuropile の部分をもつものである．神経細胞体は，しばしばグリア細胞に包まれて，神経索や神経節内の周辺の領域（周辺細胞層 rind）に分布している．そこから伸び出して分岐した神経繊維が複雑に絡み合って，中心部すなわちニューロパイルを形成している．シナプス結合のほとんどはニューロパイルでつくられるが，細胞と結合をつくるものもある（たとえば軟体動物）．

ⓑ線形動物の神経索やヒドロクラゲの内側神経環には，並行に配列されたニューロンがみられる．細胞体は組織学的にみて隔離されておらず，シナプス結合は隣接した細胞同士でのみつくられている．とくに，線形動物ではおのおののニューロンは単一の突起しかもたず（エレガンスセンチュウ *Caenorhabditis* では分岐せず，カイチュウ *Ascaris* でも多くとも2カ所しか分岐点をもっていない），シナプス結合が可能な相手は隣接したものに限定されている（これらは「ご近所」を構成している）．

ⓒ最後はタコ *Octopus* の脳にみられる，島状パターンに組織化されたものである．そこでは，細胞体は周辺細胞層だけにとどまらず，ニューロパイル

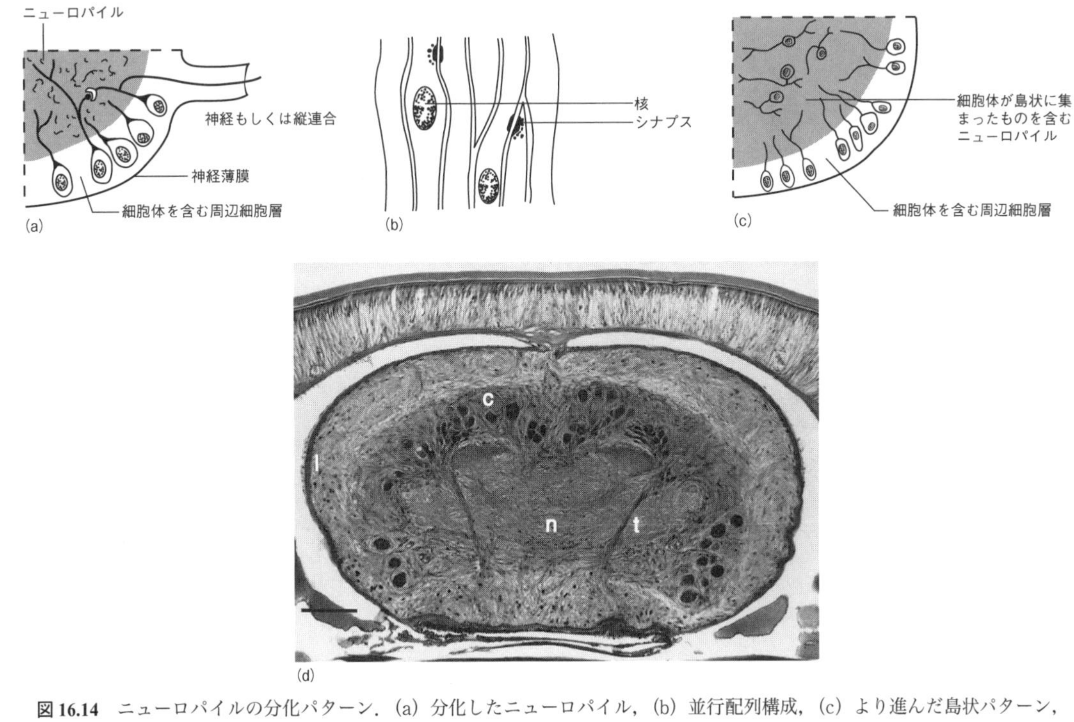

図16.14　ニューロパイルの分化パターン．(a) 分化したニューロパイル，(b) 並行配列構成，(c) より進んだ島状パターン，(d) 環形動物多毛綱ゴカイ *Nereis* の頭神経節の横断面，c：神経細胞体，l：神経薄膜（脳カプセル），n：ニューロパイル，t：脳底にある神経血管領域（図16.43参照）に向かって伸びる神経分泌細胞の軸索の束，スケールバーは100 μm（Golding & Whitte, 1974）．

Box 16.3 神経系のリモデリング

胚発生の過程では，発達をつづける細胞がある一方，他のものは余分だとして取り除かれる．エレガンスセンチュウ *Caenorhaditis* では，雌雄同体の個体は302個のニューロンをもつ．一方，雄ではさらに79個の生殖機能に関連した細胞がある．この違いを生み出すプログラムされた細胞死は，遺伝的に決定されている．死ぬ細胞も，生き残るものと同じ発生プログラムをもっている．死が選択されるのは，内蔵された「自殺プログラム」のスイッチが入ることによる．エレガンスセンチュウの最も興味深い突然変異の1つ（*ced-3* 遺伝子における変異）ではこの現象がみられない．通常なら死ぬべき細胞が生き残り，機能しうる接続を形成するが，個体はこのことに気づいてさえいないようにみえるのだ！

エレガンスセンチュウのいくつかの運動ニューロンでは，幼生発生途中で情報伝達の方向が完全に逆転するが，形態的にはまったく変化が起こらない．つまり1齢幼生では背中側からシナプス入力を受け，腹側の筋肉に出力するが，後期の幼生や成体ではこの状況が逆転している．

内翅類の昆虫（たとえばチョウ目）では，幼生の体をつくっているほとんどすべての細胞は，変態の間に壊され，成虫の組織はまったく新たに成虫原基からつくり出される．それとは対照的に，成虫の中枢神経にあるニューロンは幼虫の神経系にすでにあったものから派生してくる．しかしながら変態の間に神経系では，全体の形（図(a)）も細胞の構造も，大幅な改造が行われる．こうするのは，環境，体の構造，感覚能力，運動，行動などにおいて，幼虫とはまったく異なっている成虫の暮らしのためである．この改造のほとんどは，変態を支配する内分泌体制の変化によって引き起こされる（16.11.5項）．

チョウ目では，ほとんどの運動ニューロンの増殖と分化は胚発生の間に完了し，これらの細胞は幼生中で機能している．しかし，それらはかなり違った運命をたどる（図(a)）．幼生に特異的な機能に関連していたニューロンのいくつかは，蛹の間に取り除かれる．羽化の際にはたらくニューロンは，羽化のすぐ後で死

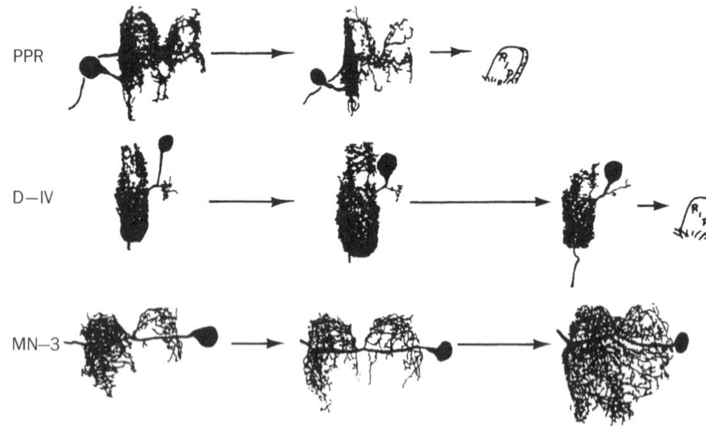

(a) スズメガの一種 *Manduca* の変態の間にみられる運動ニューロン（左端に識別記号を示す）の運命の違い．左：幼虫の最終段階，中央：蛹化の段階，右：羽化時の成虫（Truman, 1996）［訳注：墓石中のRIPは「安らかに休みたまえ！」の意味］

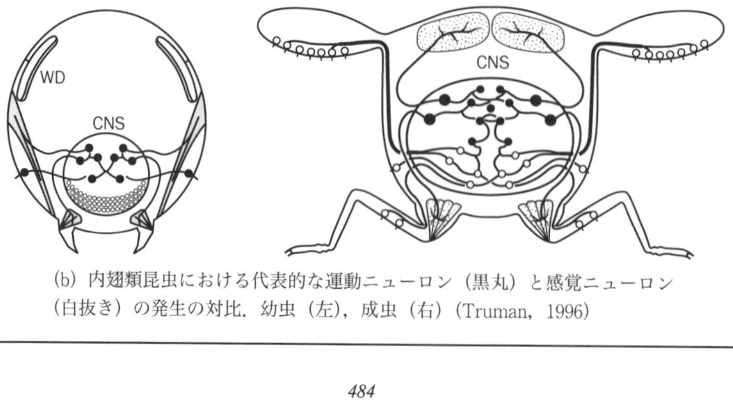

(b) 内翅類昆虫における代表的な運動ニューロン（黒丸）と感覚ニューロン（白抜き）の発生の対比．幼虫（左），成虫（右）（Truman, 1996）

Box 16.3　（つづき）

ぬようにプログラムされている．さらにその他のニューロンでは成虫の機能に合わせて，分岐や接続パターンの大幅な改造が行われる．典型的には，幼生の間に合成されていたような従来タイプの伝達物質は成虫でも引きつづき使われるが，神経ペプチドは変化するかもしれない．

対照的に，感覚ニューロンや介在ニューロンの元になる多くの神経芽細胞は幼生の間に分裂は完了するものの，発生は停止している．これらのニューロンはほとんど機能せず，限られた程度の分化しか示さないままで，変態前には十分に発生することはない（図(b)）．

の中に小島 islet となって存在する．これは脊椎動物の灰白質に類似したパターンである．

16.3.6　体節配列

多くの細長い体をした動物（たとえば環形動物）の運動は，体の一部が収縮し，それが全長にわたって，前や後ろに移動するパターンをとる．そのような動物では，筋肉が，一連の直列の筋肉ブロック somite となって配置されており，それらが順番に活動するようになっている．神経系に関してみると，各体節 segment は神経細胞で構成される 1 つの「基本セット」をもっており，その繰り返しが全長にわたって配置されている（もちろん，体節によっては独自の特性をもつ場合もある．16.3.4 項参照）．いくつかの無脊椎動物で，こうしたユニットとユニット間の連結が同定されており，その例として，ヒルにみられる，遊泳行動調節の「配線図」wiring diagram を図 16.15 に示してある．

基本セットには，筋肉に軸索を送っている運動ニューロン，適正な活動パターンを生み出すための介在ニューロン（16.9.2 項参照），そして運動の調和をとるために各セットを結ぶリレー（介在）ニューロン（ヒルでは抑制性のニューロン）などが含まれている．図には示されていないが，体制感覚に基づくフィードバックの機能をもつ感覚ニューロンや遊泳の開始を促す感覚ニューロンなども基本セットに含まれている．

直列に連なった繰り返しは，体節構造が明らかな動物だけに限らない．棘皮動物の放射神経や軟体動物頭足綱の腕の神経索にも，細胞体の集合，ニューロパイルの部分，末梢へ向けての両側へ伸びる神経の伸展パターンなどの点で，繰り返し構造がみられる．線形動物カイチュウ *Ascaris* には 5 セットの運動神経があり，各セットは体長に沿って直列に配置された 11 個の細胞からできている．

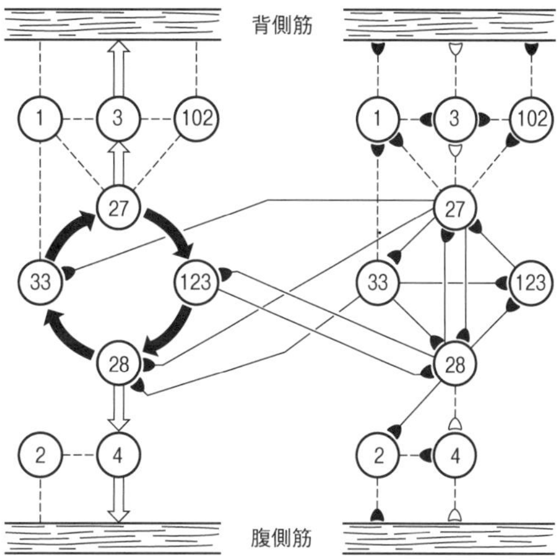

図 16.15　体節ごとの繰り返し構造をとっているヒルの遊泳調節を行うニューロンの組（各ニューロンは番号によって識別されている）．体の前方の神経節（左）では，4 つが組みとなった細胞によって周期的な活動が形成されており，それによって，背部と腹部の筋肉をそれぞれ制御する運動ニューロン 3 と 4 が交互に活性化される．後方の神経節（右）では，神経節内部でのシナプス結合と神経節間を結ぶ結合とが示されている．白抜きの末端は興奮性，黒塗りは抑制性の化学シナプスを示す．整流性の電気シナプスが細胞 33 と 28 との間に形成されている（Friesen ら，1976）．

16.3.7　緊急ホットライン

穴から頭を出したミミズが，ことわざどおりに「早起き鳥」につつかれたときには［訳注：The early bird catches the worm.（早起きは三文の得）］，上で述べたような体節間のリレー活動（伝導速度約 3 cm s^{-1}）に頼っていては間に合わない．素早い逃避行動のためには，貫通伝導経路 through-conducting pathway が必要となる．そのような経路として，「巨大軸索」（16.1.5 項）が用いられることが多い．ミミズを例にとると，巨大軸索は，各神経節ごとに1個ある細胞が縦に連なり，それらが一部はシンシチウムをつくり，また残りは電気シナプスで連結することで形成されている．淡水産の貧毛亜綱エラミミズ *Branchiura* では，後端の体節すべてが縮むのに7ms しかからない．これは無脊椎動物中最速の逃避行動といわれている．

ヒドロクラゲでは，それぞれが電気シナプスで連結された巨大繊維の束が内側神経環全体にすばやく興奮を伝え，その結果，遊泳に必要な傘の対称的な収縮を引き起こす．フタナリクラゲ *Amphogona* の環状巨大軸索は8本の運動神経にシナプス結合し，その8本は傘の下面にある筋肉に繊維を伸ばしている．運動神経へのシナプスが低レベルの刺激を受けると，運動神経上を小振幅でゆっくりと伝わる活動電位（16.1.5項）が誘発される．これは Ca^{2+} チャネルの活性に基づくものであり，この活動電位は摂餌行動にみられるゆっくりとした脈動をつくり出す．逃避反応が引き起こされるときには，シナプスでの激しい刺激により，運動神経に Na^{+} 依存性の速く伝わる大きな振幅の活動電位が誘発される．それが傘の激しい収縮を引き起こし，摂餌時の脈動運動の5倍もの推進力が生み出される．このニューロンの性質は，Ca^{2+} と Na^{+} スパイクが互いに影響を及ぼすことがないようになっているのである．マッキー（Mackie）と彼の同僚が行ったこの研究は，1つの細胞が2つのタイプの活動電位を発生する能力をもつことをはじめて示したものであり，刺胞動物が無駄を節減していることの顕著な例である．

体節構造をとる他の動物においては，体節系の活性パターンが体節間のリレーニューロンにより細かく制御されており（図16.33），その制御に対して，貫通伝導系は（刺激的や抑制的という形の）一般的な影響を与えている．もちろん，神経索中の多くの神経繊維は上記のリレー型と貫通型という両極端の中間の性質を示し，数体節にわたって効果をもつものが多い．

16.3.8 脳の力

高等な無脊椎動物ではとくに，体の前部にある神経節がとりわけ発達し，複雑になっている場合が多い．この傾向は，より一般的な過程である頭化 encephalization，つまり頭部発達としてとらえられる．

まず第1に，この現象が，動きまわる左右相称の動物では，感覚器官が必然的に体の前端部に集中することと大きく関連していることは疑いようがない．感覚入力の処理と統合と感覚入力に対する応答における脳の役割は，昆虫においてはっきりと示されている．眼からの情報は，大きな視葉をもつ前大脳が受けとる．よく発達した化学受容器をそなえた触角からの情報は中大脳が受けとる．そして，消化管の前部からの情報は後大脳が受けとる．多くの節足動物の前大脳での目につく特徴は，有柄体 corpora pedunculata（キノコ体）が存在することである．同じ構造は，高等な多毛綱やさらには扁形動物の脳神経節にもみられる．それらは，小さなニューロン（昆虫では直径3μm以下）が多数集まってつくられており，それらから出た神経軸索の束が「柄」の部分を構成している．その機能は，頭部にある別々の感覚器官から入力される情報と，体の他の部分からの情報とを統合することだと考えられている．また，連合学習に関する機能をもつとも考えられている．

第2の「前端での仕事」の例は，摂餌行動にかかわる神経機構が存在することである．環形動物では食道上神経節および食道下神経節の両方もしくはどちらか一方を取り除くと摂餌行動がみられなくなる．ニクバエの摂餌行動の生理学については，デシーア（Dethier）がその著書『腹ぺこのハエ』（“*The Hungry Fly*”, 1976）で詳細に記述している．はじめに脚の先端部の化学受容器，つづいて口吻の先端にある化学受容器によって餌物質を検出すると，神経インパルスが食道下神経節に送られる．そこでは，介在ニューロンと運動ニューロンが活性化され，口吻を伸ばし，食道にあるポンプを使って餌を吸い上げる行動が引き起こされる．

第3に，体の前方の神経節は，反射や「低次」レベルでの自発的な活動を，支配的に制御する高次の中枢としての役割を果たしている．扁形動物ウスヒラムシ *Notoplana* では，運動中なら餌は直接口に運ばれる．ところが停止中だと餌は，まず判定のために前端部に運ばれる．脳を切除した動物では後者のような行動調節は行われず，さらには腸が満杯でも餌をとりつづける．ザリガニでは脳から出た神経が驚愕応答（Box 16.8）を抑制する機能をもち，体節ごとのシナプス結合へのはたらきかけによって慣れの発生に影響を及ぼしている．これらの発見は，脳がいろいろな感覚から情報を受けとって，低次の中枢の反射活動を調節することにより，「戦略的決断」を行うことを示している．ただし，実際に活動の詳細を組織する機構をもっているのは低次の中枢である．脳を切除された動物は一般に，活動が活発すぎることが，いろいろな無脊椎動物で示されている．

第4に，高次の中枢は動物の「覚醒」arousal 状況，すなわち「ムード」を調節する役割をもつ．覚醒状況は，神経系中で広範囲にわたる効果をもつ．たとえば，バッタは脳からの神経入力によって引き起こされる覚醒状況に応じて，眼のニューロンの感受性を大幅に増強することができる．このとき，運動の中枢も同時に刺激されている．

最後に，脳は高次の神経機能と進歩した行動を成し遂げるうえでの鍵となる役割を果たす．ミツバチは訓練によって，9種もの異なる餌と，そこを訪れるのに適した時刻を記憶できる．このような複雑な「記憶の痕跡」memory trace は有柄体に保存されている．すなわち，単純な学習形態にみられるような，主要な感覚・運動経路として残される(Box 16.2) のではなく，より高次の中枢の中に記憶されるのである．ミツバチはたった1回の経験だけで，においと，成功の報酬として受けとる糖分とを関連づけて学習し，その記憶を数日間維持できる．微量（わずか5 nL）の神経伝達物質を有柄体に注射する実験から，記憶を形成することとそれをよび起こすこととは違う過程であることが示された．たとえば，訓練とその結果の試験を行っている間に，異なる時期に神経伝達物質を与えると，それは最初の過程（記憶の形成）には影響を及ぼさないが，2回目の過程（記憶の引き出し）を阻害することがわかる．

ヤング（Young）の研究により，タコ（マダコ）*Octopus* では脳の各部分がいろいろなタイプの感覚情報に関連した学習に用いられることがわかっている（図 16.16）．視覚からの経路は視葉から上位前額葉 superior frontal lobe を経由し，頭項葉 vertical lobe に入り込む．一方，触覚にかかわる学習には下位前額葉 inferior frontal lobe，下前額葉 subfrontal lobe および頭項葉が関係している．これらの経路では，それぞれにおいて，情報が一連の中枢によって中継されていく．たとえば，頭項葉内に視覚入力に関連する4つの中枢が同定されている．さらに，頭項葉から視葉へ逆行する神経繊維もある．記憶は，どの系においても1つ以上の階層の中に保持されている．したがって頭項葉を除去すると，視覚に関連した記憶のほとんどが失われるが，その痕跡のいくつかは脳の他の領域に残される．さらに，体の片側にだけ刺激を与えて脳の片側で生じた記憶は，数時間にわたって反対側でも共有される．

学習に関する前出のコメントから想定されること(Box 16.2) とは異なり，高次の神経機能には多くの数の神経単位が必要とされる．たとえば，マダコ *Octopus* の「最高位の」中枢である頭項葉は，2500万個の「微小ニューロン」microneuron を含んでいる（多くのものは軸索をもっていない）．このよ

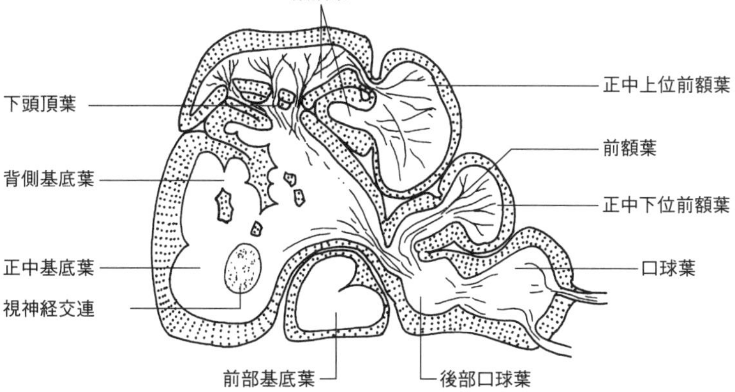

図 16.16　マダコ *Octopus* の脳の食道上領域の縦断面図．独自の機能をもつ25の領域のうちのいくつかを示している（Young, 1963）．

うな中枢部は学習過程を促進し，それは状況を符号化して表現することによってなされるのであろう．そしてこのことが，動物がもつ，1つの事柄から類似のものを一般化できる，注目すべき能力の基礎となっているのであろう．

16.4 受 容 器

16.4.1 基本特性

環境からの影響に対して感受性をもつことは，生きている細胞のもつ一般的な特性であり，それは明らかな構造的分化を伴わない場合でさえみられている．最もよく知られた眼球外光受容器の1つは，Prosser (1934) により発見されたザリガニの腹部最終神経節から出ている1対のニューロンである．その細胞は負の光走性を引き起こすだけではなく，尾部における機械刺激受容器からの情報も受けとっている．

このような一般的な感受性に加え，多くの動物では一群の特殊化した受容器細胞が発達し，それらが集まって感覚器官を形成している (Box 16.4)．ほとんどの受容器細胞では，細胞の感じる部分は繊毛 cilia か微絨毛 microvilli（ある場合にはその両方）をもとに構造的に分化したものである（図 16.17）．構造的には感覚繊毛から派生したものが多いが，それらが担う感覚機能にはほとんど関連性はみられない．これらの細胞小器官の意味は，おそらく表面積を増加させることにあると思われる．ある場合（たとえばザリガニの眼）では，電子顕微鏡でみることのできる膜内粒子（感光性色素である視物質だと想定されている）が微絨毛膜の内部に集中していることから，微絨毛が感じる場所だと思われる．また他の例（たとえばショウジョウバエ *Drosophila*）では，微絨毛部分の粒子の集中度がまわりの細胞膜と変わらないことから，感じる場所は，もっと分散しているのだろう．

16.4.2 受容器の分類

アリストテレスはいわゆる「五感」に気付いていたが，それ以外の感覚もみつかってきており，それらの中にはかなり風変わりなものもある（たとえば，ミツバチは磁場に対してかなり精密に調整された感受性を示している）．感覚の種類は「感覚モダリティー」sensory modality（感覚様式）とよばれている．現代における感覚の分類は，それがかかわる刺激の物理的特性に基づいている（たとえば，光，機械，化学など）．しかしながら以下のような区別もできるだろう．外部からの作用に感受性をもつ外受容器 exteroceptors，内部の要因に応答する内受容器 interoceptors，そして筋肉や関節の動きや位置に関する情報を発する自己受容器 proprioceptors などの区別があるし，また，環境の変化に応答する相動性受容器 phasic receptors と刺激の大きさそのものに応答する緊張性受容器 tonic receptors の区別ができるだろう（ただし，多くの受容

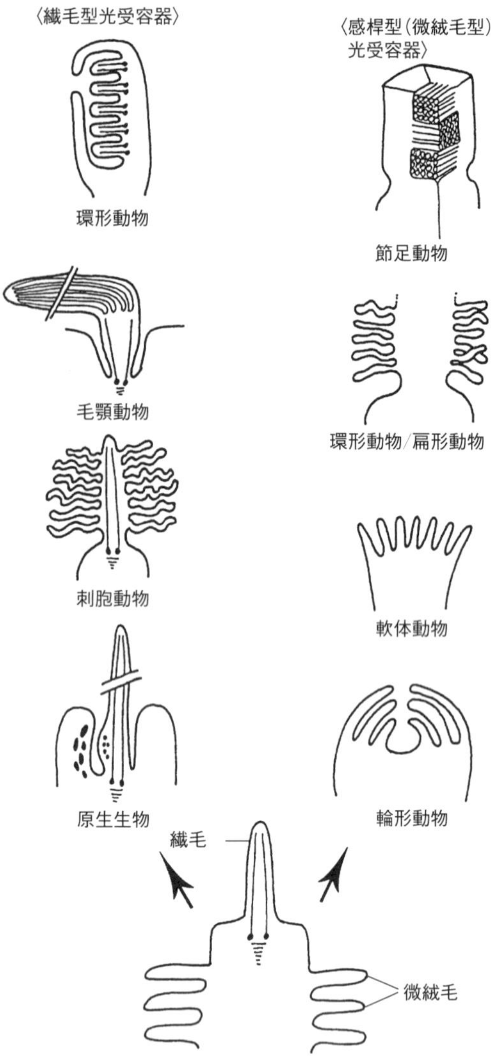

図 16.17 繊毛型光受容器および感桿型光受容器の多様化（多くは Eakin, 1968）

Box 16.4 昆虫の感覚子

昆虫はクチクラでできた，毛や先細りの突起や板や穴などに，受容器ニューロンを配し，感覚子 sensilla とよばれる驚くほど多様な感覚器官をつくり上げている．昆虫の体には，このような「アンテナ」が林立しているのである．この感覚器を構成している細胞のすべては，1つの母細胞の分裂によって生み出される（図(a)）．

化学受容器．味覚に関係するにしろ，嗅覚に関係するにしろ，化学受容器は他の動物のものとよく似ている．双極性の受容器ニューロンのおのおのの樹状突起（「内節」inner segment）が感覚器官の根本まで伸び，そこで突起は1ないし数本の繊毛（「外節」outer segment）となってさらに伸びる．化学物質は，1つもしくは多数（1本に付き1500個くらいまで）の孔を通して入り込み，細胞小器官を浸している特別な体液を通して繊毛まで到達する．ガが同種間のシグナルとして使用するにおい物質（すなわちフェロモン，16.10.5項参照）の受容器は触角にあり，そこでにおい物質は体液に存在する特殊なタンパク質と結合して速やかに失活し，その後，酵素によって分解される．

機械受容器．機械受容器はよく発達しており，他の多くの動物同様，繊毛をもっている．クチクラの毛が動くことで繊毛が変形し，受容器細胞が刺激される．鐘状感覚子 campaniform sensilla はそれぞれが単一のニューロンのみをもっており，固いクチクラのおおいをもち，そのクチクラにかかる応力を検出する．弦音感覚子 chordotonal sensilla は，関節の位置や動きに関する情報を提供する．弦音感覚子は，鼓膜器官 tympanic organ（昆虫の体のかなり離れた部分にもみられる聴覚器官）中において，感覚を担う要素にもなっている．鼓膜器官は，気管が変形してできた気嚢をもち，音に応じて鼓膜が振動することで付随する機械受容器を刺激する．単一の（ちょうど「1つ目巨人」の眼のような）耳がカマキリの正中腹面の胸部の壁にある．これは超音波に敏感で，おそらく昆虫をとらえて食べるコウモリから逃れるための装備であると考えられている．

昆虫はみかけ上，重力や加速度の感覚器官をもっておらず，関節などに付属する感覚器によって同等の情報を得ているものと思われる．しかし，ハエは平均棍 haltere をそなえている（図(b)）．これは後翅に相当する器官（ハエは1組の翅しかもっていない）であ

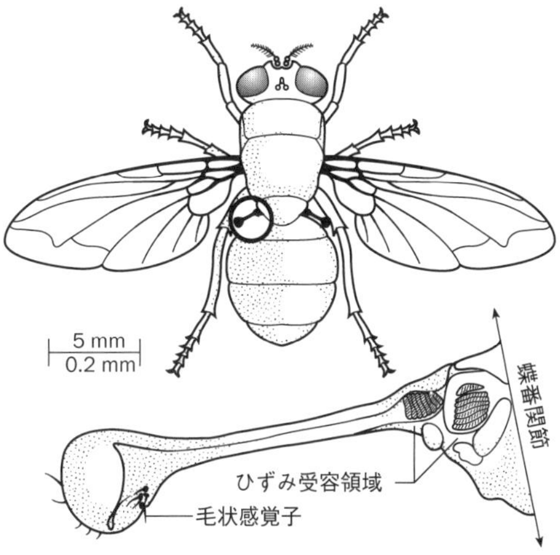

(b) クロバエの仲間 *Calliphora vicinia* の平均棍（Hengstenberg，1998）

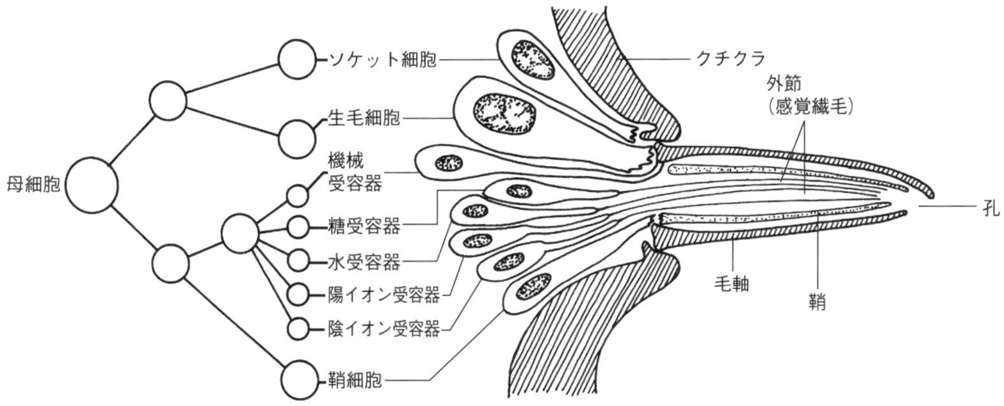

(a) 昆虫の感覚子の発生と構造．ソケット細胞 tormogen cell が根本のソケット部分を，生毛細胞 trichogen cell が先端の毛の部分をつくり出す（両方の細胞は体液の生成も行う）．鞘細胞 sheath cell が繊毛をとりかこむ鞘の部分をつくる．個々の感覚子には多様な感覚にかかわる受容器細胞が含まれている点に注意．この図では，受容器細胞から中枢神経システムに向かって伸びる神経繊維は示されていない（Dethier, 1976 および Hansen, 1978）

Box 16.4 （つづき）

り，ジャイロスコープのように，飛行中の立体的な回転の信号を送っている．平均棍は亜鈴のような形をしており，根元の関節を中心に上下に振動している．その振動運動は，翅の羽ばたきにかかわる筋肉と相同のものによってつくり出され，さらに，本来なら方向転換の際にはたらく11の小さな筋肉によって調節されている（これらは眼からの神経の入力を受けている）．335個もの伸展受容器が根元に存在し，そのほかにも多くの感覚毛が先端部に配置されている．

器はこの両方の性質を組み合わせてもっているが）．

1つのモダリティーに対する感受性は，別のモダリティーへの情報提供に利用される場合もある．たとえば，平衡胞 statocyst とよばれる重力の感知にかかわる受容器は，機械受容器の特殊化したものである（図16.18）．平衡胞は多くの無脊椎動物がもっており，たとえば，クラゲでは傘の縁にあり（図3.17），マダコ *Octopus* にも存在する．平衡胞は小嚢でできているが，その中には平衡石 statolith とよばれる1個（またはそれ以上）の重い物体がとりこまれている．平衡石が重力の影響によって下に動くと，それが感覚繊毛に触れて変形させることで受容器細胞を活性化する．尾索動物亜門のオタマボヤ *Oikopleura* では，平衡石の代わりに水よりも軽いメラニンの小滴が使われており，それが浮き上がることで重力の方向を示すようになっている．

エビの仲間における平衡石の役割は，1893年にクライドル（Kreidl）によって示された．この動物では脱皮のたびに平衡石を捨て去り，代わりにまわりにある砂粒をとりこむ．クライドルは砂粒の代わりに鉄粒をエビにとりこませ，磁石を使って上下逆さや横向きに泳がせたりすることができた．これは，磁場が重力の代わりをしたことによる．平衡胞は加速度の検出が可能であり，ある種の無脊椎動物では，脊椎動物の三半規管と同等な，内部の液体の動きが受容器細胞を刺激するようにつくられた管状のシステムが存在する（たとえばマダコ *Octopus*）．

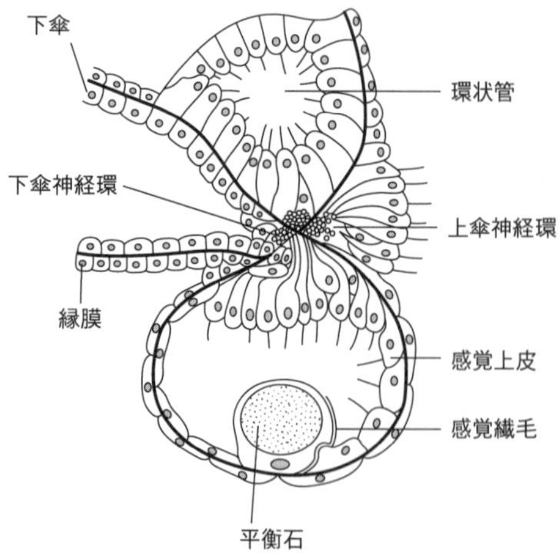

図16.18 ヒドロクラゲの平衡胞（Barnes, 1980）

16.4.3 専用器と汎用器

ある特定の感覚モダリティーに特化した受容器は，一般にそのモダリティーに対応するエネルギー形態に対して感受性が高められている．そのことは同じ大きさの刺激に対しても，閾値が低かったり，より強く応答することによりわかる．あるモダリティーに特化しているとはいえ，そのモダリティー中でも専用の受容器としてはたらくものがある一方で，汎用器としてはたらくものもある．嗅覚の専用器は，それぞれがにおい物質に対してかなり限定された応答スペクトルをもっている．単一分子にしか反応しない例としては，同種の個体から放出される化学シグナルであるフェロモンの受容体がある．また，餌に関連したにおい物質にしか応答しないものもある．ショウジョウバエ *Drosophila* には，約50のタイプの異なる細胞があるが，そのおのおのはたった1つもしくはごく少数の嗅覚遺伝子を発現しているだけである．嗅覚に関する汎用器はより広い範囲のにおい刺激に対して応答する．たとえばエレガンスセンチュウ *Caenorhabditis* では15種類の細胞しか存在しないが，各細胞が多くの異なる受容分子をもっている．そうではあっても，活性化される受容分子の組合せを変えることで，どんな物質をも見分けることが可能となる．このことは，個々の汎用器でも，それぞれが独自の感受性パターンをもっている可能性を示している．

16.4.4 強度の符号化

受容体からは単に刺激が「ある」「ない」だけでなく，「どれくらい強いのか」についての情報も提供される．スパイク性のニューロンでは，この情報は神経繊維上で発生するインパルスによって符号化され，その発生頻度は刺激強度の対数（もしくは似たような関数）に比例している．動物が関知できる刺激強度の範囲は，受容器の感度を調節することによって拡張される．この調節は頭足綱の平衡胞にみられるように，受容器に接続した遠心性神経（インパルスの伝導方向が末梢に向かう神経）によってなされる（図 16.19）．この特徴は，とくに無脊椎動物においてよく発達している．最後に，刺激強度の広い範囲を部分ごとに異なった細胞が担当していることを付け加えておこう．ニコルス（Nicholls）らの古典的な研究によると，ヒルの機械受容器は複数のタイプをもっており，それぞれについて同定された細胞体が腹部神経索の神経節中にある．「接触」（T）細胞は（軽くさわることに対してのみではなく）水流に対してまでも感受性を示す．「圧力」（P）細胞は，実験プローブによって加えられた力が 7 g となったときに応答を開始する．さらに，「侵害受容器」nociceptor（N）細胞は，激しい傷害を起こすような刺激に応答する．

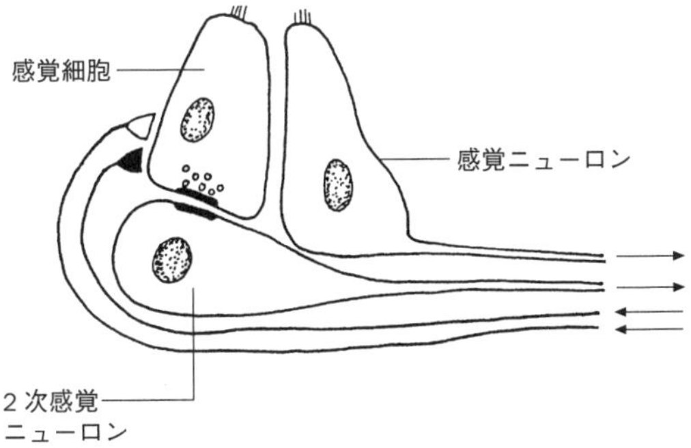

図 16.19 頭足綱の平衡胞内の加速度検出受容器．この器官は，感覚ニューロンと感覚細胞の両方を含んでいる．感覚細胞は化学シナプスを介して 2 次感覚ニューロンと接続することにより，中枢神経系と連絡をとっている．これらタイプの異なる構成要素のそれぞれには，興奮性（白抜き）と抑制性（黒塗り）の遠心性シナプスが接続している（図では感覚細胞についてだけこれを示してある）（Williamson, 1989）．

16.4.5 感覚細胞と感覚神経

脊椎動物の多くの感覚器官は，神経繊維をもたない感覚細胞によって構成されている．それらの細胞からの情報は，シナプスでの化学伝達によって感覚神経の末端に受け渡され，その感覚ニューロンは中枢神経系に向かって軸索を伸ばしている（情報の流れていく順番とは逆に，この感覚ニューロンが 1 次 primary 細胞，末梢側にある感覚細胞が 2 次 secondary 細胞としばしば混乱してよばれている）．これとは別に，受容体自身がニューロンである場合があり，無脊椎動物の感覚系の多くがこの特徴をそなえている．その例外は，尾索動物亜門オタマボヤ *Oikopleura* のランゲルハンス受容器と刺胞動物ヒクラゲ *Tamoya* の光受容器である．頭足綱の平衡胞における加速度検出系は感覚細胞と感覚ニューロンの両方を取り入れている（図 16.19）．

16.5 視　　覚

16.5.1 視物質（視色素）visual pigments

視覚はわれわれ人間にとって，世界に関する最も多くの情報を提供してくれる感覚モダリティーである．同じことが多くの高等無脊椎動物についてもあてはまり，それは，これらの動物が洗練された眼をもつことからもうかがい知ることができる．

光（電磁波スペクトルの中の狭いバンド）に対する感受性は，光受容分子（すなわち視物質）をもつことによって成立する．その分子は放射エネルギーを吸収して自由エネルギーを放出する．視物質の 1 つロドプシンは，カロテノイドの一種であるレチナール（ビタミン A の誘導体）とタンパク質のオプシンからなる複合体である．これはかなり普遍的な物質であり，藻類のオオヒゲマワリ *Volvox* からヒトにいたるまでの多様な生物でみつかっている．光にさらされることにより，レチナールは 11-*cis* から 11-*trans* の異性体構造をとる．これによって，レチナールとオプシンが解離し，視物質の漂白 bleaching が起こる．この変化が，2 次メッセンジャーを介して，光受容器細胞の細胞膜にあるイオンチャネルに影響を及ぼす（16.1.3 項参照）．ロドプシンは酵素反応によって再生される．

ロドプシンには，異なる型のレチナールと異なる型のオプシンの組合せによって，いろいろな形のものがある．夕暮れに活動するホタルは，黄色い光を出して仲間に信号を送るが，日没後に活動するホタルは緑色の光を放つ．それぞれがもつロドプシンは，対応する光に最も高い感受性をもつように調整されている．

色覚は多くの甲殻動物や昆虫，クモ綱において重要である（驚くべきことにマダコ *Octopus* は色盲である）．色覚は，複数のタイプの光受容器（それぞれの受容器は，光のスペクトルの異なる部分に敏感な視物質をそなえている）に基づいている．たとえばハチは，黄緑（540 nm），青（440 nm）および紫外線（340 nm）を感知する受容器ニューロンをもっている．チョウは赤色光にも敏感である．ハエの受容器の大半は奇妙な二重の光感受性（青緑と紫外線）を示すが，これは，受容器がロドプシンとそれ以外の視物質の両方をもつことによる．他にも，ある範囲のスペクトルに感受性をもつ受容器が知られているが，そうなる理由の一部は，フィルターの役割をする色素をもっており，それがある波長域の光を遮断するからで，受容器はその帯域以外の光にのみ応答することになる．甲殻動物ホソユビジャコの仲間 *Pseudosquilla* では，少なくとも 10 の違ったスペクトルタイプの受容器細胞が知られている（ヒトはたったの 3 つのみ！）．

偏光に応答し，その偏光面を感知することができる眼をもつものもある．ハエでは，複眼の周辺を構成する個眼がこの機能に特化している．ハチは空の偏光パターンによって太陽の位置を知り，それをもとに飛行経路を決める．これなら曇りの日でも迷わない．マダコ *Octopus* は偏光を感知する能力を使い，魚の反射擬態 silvery camouflage を見破っているかもしれない．

16.5.2 繊毛型と感桿型の眼

イーキン（Eakin）によって示されたように，光受容器の多くは，2 つの型のどちらかに属している（図 16.17）．一方の型では，繊毛もしくはそれに由来する膜をもった細胞小器官が感覚機能をもつと考えられている（たとえば脊椎動物）．もう一方の型では，同じ機能をもつ細胞小器官は微絨毛であり，規則正しい配列構造を形成している場合には，感桿（棒状体）rhabdome とよばれる．注目すべきことに，微絨毛をもつ樹状突起はその先端に繊毛もしくはその痕跡があり，これは感桿の発生に関して繊毛とそのまわりの構造体がなんらかの役割を果たしていることを示唆している．さらにカンザシゴカイ科（環形動物）では，同一の細胞の異なる部位に，繊毛と感桿をもつ受容器があることが報告されている．またキタカミクラゲ *Polyorchis*（刺胞動物）では微絨毛が繊毛膜由来の構造と絡み合っている．さらに他にも両者が混在していると思われる例が 2，3 知られている．

どちらのタイプのものでも，多くの光受容器では膜の大部分の領域で，1 日のうちに大規模な破壊と再生とが行われる．夜行性のクモ *Dinopus* で感桿の占める割合は日中だと受容器細胞の体積の 15% にすぎないが，日没後 1 時間でそれが 90% に増加し，光子の受容効率が 6% から 74% に増大する．増加した膜は日の出から 2 時間以内に破壊され，元に戻る．

多くの繊毛型の受容器は「オフ応答」受容器である．暗くなることによって（通常）Na^+ チャネルが開き，脱分極することによって末端から神経伝達物質を放出する．対照的に，感桿型（微絨毛型）の受容器は典型的な「オン応答」を行う．すなわち光にさらされると，繊毛型と同じ応答が引き起こされるのである．このような違いは，ホタテガイ *Pecten* ではっきりとみることができる．ホタテガイの目は，上部が繊毛型の「オフ受容器」で，下部が感桿型タイプの「オン受容器」をもっている．この規則性の例外として，軟体動物腹足綱のイソアワモチ *Onchidium* では，微絨毛型の受容器がオフ応答を行うし，またサルパ（尾索動物亜門）では繊毛型と微絨毛型の両方がオフ応答を行う．両方の型が混在してどんなふうにはたらいているのかがわかるとおもしろいだろう．ケヤリの仲間やホタテガイの繊毛型受容器は「陰影反射」（明かりの突然の減少に反応する防衛反応）を担うように適応してきた．しかしフジツボでは，微絨毛型のオン受容器がこのような応答に関与しており，明かりの減少は受容器を過分極させて抑制性の伝達物質の放出を押さえ，こうして，受容器に接続しているニューロンが脳内で活性化される．

2 つの型の光受容器は系統学的な違いを反映したものとかつては考えられてきた．すなわち，繊毛型の受容器は刺胞動物と後口動物に，微絨毛型のものは前口動物に特異的なものとみなされてきた．しかしいまや多くの例外が知られている．ヒトデは微絨毛型の受容器をもち，ホタテガイの眼には両方の型がある．さらに，扁形動物渦虫類マダラニセツノヒラムシ *Pseudoceros* の右側の単眼は数個の微絨毛型の受容器でできているが，左の単眼には3個の微絨毛型に加えて1個の繊毛型の受容器がある．

多くの鞭毛虫は鞭毛（長い繊毛）の一部が受容器としての機能をもつとともに，光の方向を感じる眼点 stigma を別にもっている．最も驚くべきことは，渦鞭毛藻類のあるものは単眼に相当する構造をもっていることである．すなわち細胞の一部が，眼に類似した，角膜やレンズ，さらには色素層に裏打ちされた透明体と網膜に相当する部分となり，結像機能までもつといわれている．

16.5.3　単眼 ocellus と眼 eye

無脊椎動物の光受容器官の構成にはいろいろな段階があり，さまざまなパターンがみられる（図16.20 と 16.21）．より単純な器官は単眼とよばれ，光の強さと方向に関する情報のみを与える．

結像能力をもつ眼は，「カメラ眼」とよばれる．この眼は，まず第1に受容器が，シート状に広がってできている網膜をもつ必要がある（受容器細胞は光の進入方向を向く場合と逆側に向く場合とがある（図 16.21））．つぎに，光に焦点を結ばせるためのレンズが必要となる．もっとも，網膜が厚くて，そのすぐ側にレンズがあるような場合には，あまりよい像を得ることはできない．高機能の視覚をもつことは，捕食者にとってきわめて重要である．たとえばハエトリグモでは，獲物の速度を判断できなければならない（すべてのクモは，色素細胞をもつ胚状眼 pigmented eye-cup にレンズがついた型の眼を

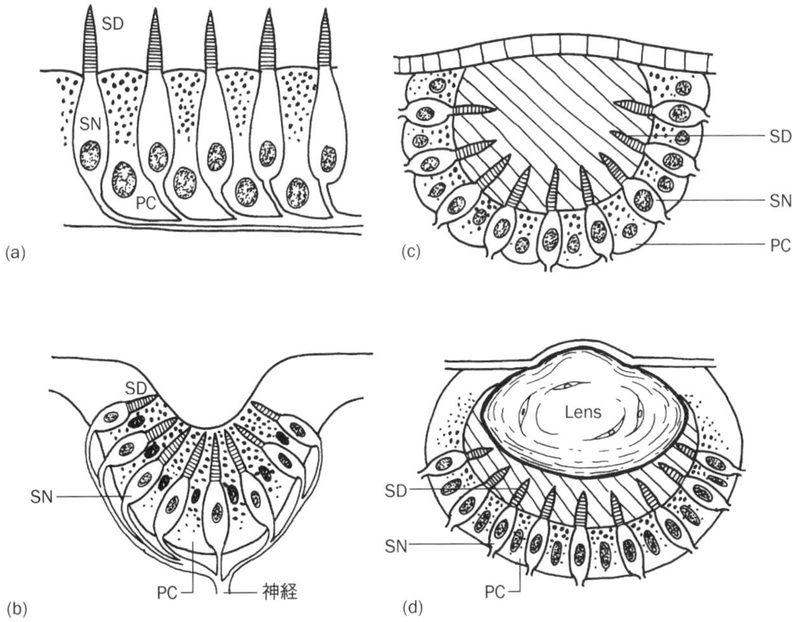

図 16.20　色素細胞をもつ杯状眼と眼でみられる，次第に複雑さの増す組織化の段階．そのような順序立った組織化の系列は多くの門でみられており（「40～65もの複雑化の系統」がある，Salvini-Plawen & Mayr, 1977），それらに基づいてこの模式図はつくられている．刺胞動物での例として，エボシクラゲ *Leukartiara* の色素上皮（a）から，エダクラゲ *Bougainvillia* の原始的な単眼（c）を経由して，ヒクラゲ *Tamoya* のレンズをもった眼（d）に及ぶ複雑化の範囲を示す．軟体動物では，カサガイの仲間にみられる単純な開放型杯状眼 open eye-cup（b，ツタノハ *Patella* の例があげてある）や，裸鰓目でみられる5個の細胞からなる眼点から，中間的なアマガイ *Nerita*（c）やミズシタダミの一種 *Valvata*（d）の構造を経て，ヒトの眼に匹敵する2千万個の受容器細胞をもつ頭足綱の眼にいたる．PC：色素細胞，SD：感覚樹状突起，SN：感覚ニューロン．樹状突起は繊毛もしくは微絨毛をもっている．

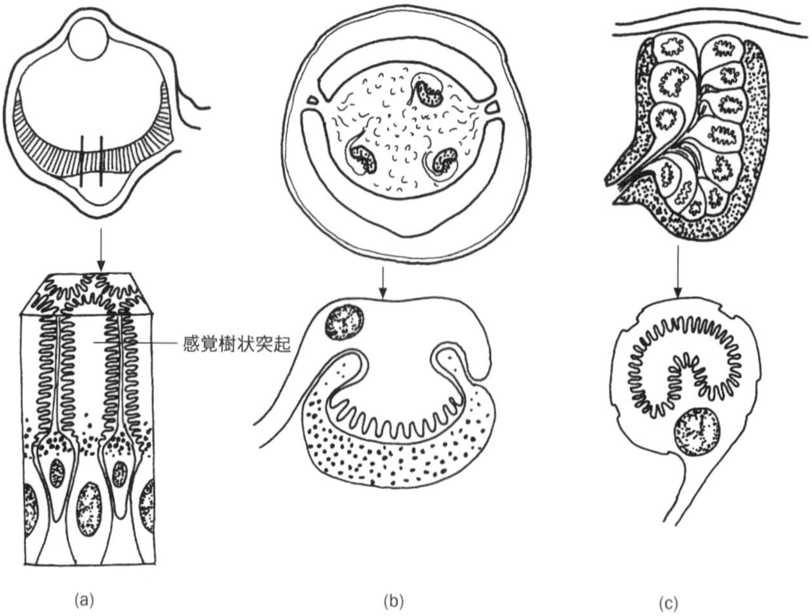

図 16.21　環形動物において，光受容器細胞が，光の入射方向（矢印）に向いたものと逆方向に向いたものの例．下段が光受容器細胞を示す拡大図．(a) 多毛綱ウキゴカイの仲間 *Vanadis* の光の方向に向いた杯状眼（Herman & Eakin, 1974）．(b) 多毛綱オフェリアゴカイの仲間 *Armandia* の脳にみられる逆方向の杯状眼．3 個描かれているが，各杯状眼は単一の感覚ニューロンと 1 個の杯状の色素細胞からできている（Herman & Cloney, 1966）．受容部位は入射光とは逆の方向に向いている．(c) チスイビル *Hirudo* にみられる，感覚ニューロンをもった杯状眼．各杯状眼が小胞状の「光体」（細胞内腔所）phaosome をもっている．これは 2 つのカテゴリーには属さず，入射方向と一定の関係は示さない（Hess, 1897）．光体はおそらく，繊毛タイプおよび微絨毛タイプの受容器の両方でつくられている．

もっている）．

カメラ眼は，タコとその仲間で最もよく発達している（図 5.25(b)）．眼はまぶたと，大きさを調整できる瞳，可動式のレンズをそなえ，また，眼を動かす筋肉がついていて（平衡胞からの入力と連動して）体の動きに関係なく視点を対象物に固定することができる．頭足綱は動物の中で最大の眼をもっている．ダイオウイカ *Architeuthis* の眼は直径 40 cm であり，網膜には 10^{10} 個の細胞がある（ヒトは 10^{8} 個）．オウムガイ *Nautilus* の眼は不思議で，レンズも角膜もない．おそらくピンホールカメラのようにはたらくのだろうが，解像度や感度は低いと考えられる．

16.5.3　レンズと鏡

陸生の種（たとえばクモ）では，凸面状の角膜が光を屈折させる主役である．水生動物ではレンズがすべての役割を果たさなければならない．レンズは球形であるため，球面収差という欠陥をもつと考えられる．Matthiessen (1886) は，動物のレンズは中心部で屈折率が高く，周辺部にいくにつれて低くなっていると示唆した．実際にそのようなレンズが，頭足綱，ある種の軟体動物腹足綱や甲殻動物橈脚綱，多毛綱ウキゴカイの仲間 *Alciopa*，（そして魚）で発見されている．「生物素材を用いて適正なレンズをつくるには 1 つの方法しかない（Land, 1984）」のは明白なことなのだ！

鏡も，それ単独もしくはレンズとの組合せによって，眼の中で光の焦点を結ぶ重要なはたらきをもっている．鏡はまた，受容器細胞を通った光を反転して再度受容器を通すことにより，実質的に有効な光量を倍加させるようにはたらいている可能性がある（ある種のクモ）．また，受容器細胞の 1 つの層がレンズによって集められた光を感知し，もう 1 つの層で鏡によって再度焦点を結んだ光を感知している例もある（ある種の甲殻動物）．

16.5.4 複 眼

複眼は，ほぼ同じユニット（個眼 ommatidium）が多数，幾何学的に配置された器官である．複眼はしばしばモザイク眼ともよばれるが，それは複眼がつくる像が，個眼のそれぞれがとらえた像すべてをパーツとして組み合わせたものだからである．複眼は動きをとらえるためによく発達した器官であり，その解像力はせいぜい1度程度（ハエは例外）であり，マダコ *Octopus* や脊椎動物の1分という解像力とは比較にならない．複眼の網膜はつねに凸面をなしており，正立像がつくられる（一方，色素層をもつ杯状眼から発生した凹面の網膜には倒立像が投影される，図16.22）．典型的な複眼は多くの節足動物でみられる（ただしクモやヤスデなどにはみられない）．このタイプの複眼は，ケヤリの仲間の触手や，軟体動物二枚貝ワシノハ *Arca* にもみられ，ヒトデでは腕の先端に「光枕」optic cushion となって存在している．

複眼の精度は，各個眼の分離角度に依存する．ミジンコ *Daphnia* の眼は22個の個眼からなるが，それぞれがとなりの個眼に対して38度の分離角度で配置されている．一方，イワガニの仲間 *Leptograpsus* では数千の個眼があり，それらの分離角度は1.5度である．トンボの個眼の数は約3万にものぼる．数の多いほうが解像力は高い．それは，小さいピースでつくられたモザイク画のほうが大きいピースを使ったものより優れているのと一緒である．ただし，個眼を増やし，解像力を上げることは感度の低下につながる．ちょうど脊椎動物の眼が中心窩をもつように，ある種のカニでは，複眼の中に分離角度が小さい個眼が集中した帯状の部域をもっている．解像度と感度との間の妥協点をみつけ出すのが，眼をつくり上げるうえで，つねに突きあたる問題となる．

節足動物では，ユニットとなる個々の個眼は細長く，その典型的なものは，1個の角膜レンズ corneal lens，1個の円錐晶体 crystalline cone，いくつかの受容器細胞（網膜細胞 retinular cell，ミジンコでは4個，カニとハエでは8個，カブトガニ *Limulus* では10～15個）およびそれらの周囲に配置された色素細胞からできている（図16.23(a)）．網膜細胞はオレンジの房のように並んでいる．各網膜細胞の内側のへりには微絨毛が規則正しく突き出して並んでいる．この微絨毛の列が感桿分体 rhabdomere である．各網膜細胞から突き出した感桿分体同士は（個眼の中軸で）互いに融合して感桿 rhabdome（棒状体）を形成し，これが光を感じる部位である．多くの複眼では，隣りあった個眼が受けもつ視野は重複している場合が多い．節足動物タルマワシの仲間 *Phronima* の中心眼 medial eye の各個眼は4度の視野からの光を受けとれるが，個眼の分離角度はわずかに0.5度である．しかしながら，最も驚くべき特徴をもったものとして，シャコの仲間の甲殻動物にみられる複眼をあげることができる．ヒトでは，両眼を使うことで2つの像をとらえているが，シャコは6つの像をとらえている．シャコのおのおのの眼では，同じ方向を向いている個眼が3つのバンドに配列されているためである．タルマワシやシャコの例は，複眼の能力を解明するには，受容器からの情報の分析と，その解釈にかかわる脳の「計算能力」を考慮しなければ意味がないことを示している（16.6節参照）．

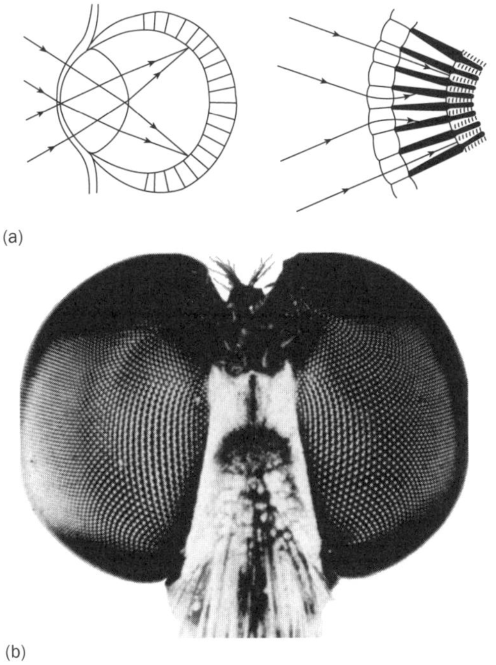

図 16.22　(a) 杯状眼（左）と複眼（右）の構造比較．(b) ムシヒキアブの頭部．複眼の前端部にある大きな個眼面 facet は直径約60 μm（サセックス大学ランド（Land）教授のご厚意により掲載）．

個眼の機能的分離がどのようにして，またどの程度まで行われているかで，節足動物の複眼を分類す

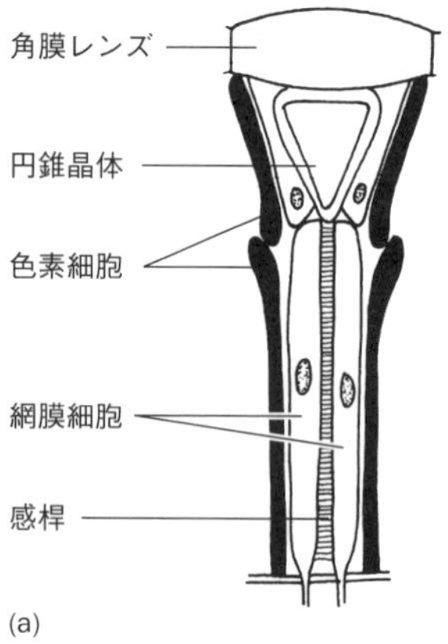

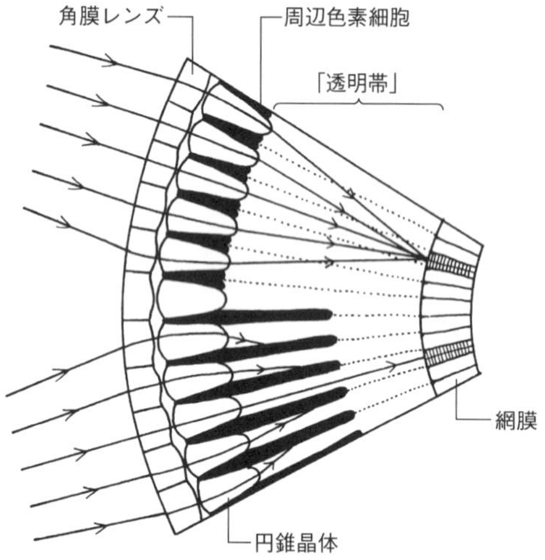

図 16.23 連立像眼の個眼の縦断面（Wigglesworth, 1970）.（b）重複像眼での入射光の経路．明順応の場合（下）と暗順応の場合（上）.

ることができる．ミツバチなどにみられる連立像眼 apposition eye は，明るい環境に適応したものである（図 16.23(a)）．そこでは，感桿を包み込んでいる色素細胞が光を遮蔽し，その感桿の角膜レンズから入ってきた光のみが感桿に達する．

エビやガにみられる重複像眼 superposition eye では感桿は短く，円錐晶体と感桿の間に広い「透明帯」が挿入されている．重複像眼では，個眼をとりまく色素細胞による遮光機能を調節できる．明るい環境では色素細胞が伸びて透明帯をおおい隠す．その結果，各個眼は連立像眼と同じように機能し，複眼としての最大限の分解能を引き出す．しかしほの暗いところでは，伸びていた色素細胞を元に戻す（もしくは細胞内色素顆粒を分散させない）ことで集光の範囲を広くし，1 つの個眼だけではなく，その周囲の個眼に入ってきた光も同時に，感桿にあたるようにする．すなわち，1 つの光点からでた光を異なる個眼を経由してとりこむことで，1 つの感桿に入射する光量が増幅される．こうすると分解能は低下するものの，薄明でも最大限の感度を引き出すことができる．色素細胞の活動は，拮抗的な神経やホルモンにより制御されている．

上で述べた眼では，1 個の個眼内の異なる網膜細胞からの情報を，分離しておくことはできない．なぜなら感桿は「閉じている」（つまり異なる網膜細胞からの微絨毛が互いに組み合わせた指のように組み合わさって融合している）からである．また，各網膜細胞は，その真下にあるカートリッジ（少数のニューロンが集まった塊）にシナプス結合をつくる．このような状況とは異なるものがハエの眼でみられ（Box 16.5），これにおける神経情報の重ね合わせ機構は，節足動物の光学の発達の頂点に立つものである．

16.6 感覚情報処理

16.6.1 世界を知覚する

内部および外部の環境に関する情報は受容器細胞で収集され，そこでの膜電位の変化として符号化されるだけでなく，処理されなければならない——すなわち，その動物にとって適応的な意味をもつように修正と変更が施されなければならない．たとえば，バッタの頭部項上にある単純な単眼を例にとろう．この単眼は，ぼやけたイメージしかつくらない．けれども大規模な集約化が起こる．すなわち 1000 個の受容器細胞から発せられた各情報は比較的少数（25 個）の 2 次ニューロンに集約される．この単眼は飛行中，地平線の位置はだいたいどの辺かをすばやく感知するのに用いられる．一方，側面にある複眼はより細かい細部を識別するのに使われている（後述）．

節足動物は，感覚とそれにかかわる精巧な神経機構を発達させた．それがよくわかるのは，多くの似たようなものの中から，ある特別な特徴，もしくはその組合せを識別する場合である．「アリが食べ物の在処を知らせに巣に戻ろうとするとき，…何度も

Box 16.5　神経による重合せ機構をもつ重複像眼

神経による重合せ機構を装備した光学系は，通常の複眼の100倍にも及ぶ解像力を発揮する．このような眼では，1つの個眼の中で個々の感桿が「開いて」いる（感桿分体同士が分離している）．個々の感桿分体は一定方向からの入射光を受けとり，その感桿分体の細胞は軸索を1つのカートリッジに伸ばしている．同一個眼内の細胞は同カートリッジに軸索をの伸ばすことはなく，同じカートリッジに伸びてくるのは，まわりの個眼で同一の光軸を共有する感桿分体の細胞である．その結果，同方向から出た光が，隣りあった6個の個眼の網膜細胞でとらえられ，1つの神経情報として集約される．これらの細胞からの神経繊維はらせん状の経路をたどり，視神経節内の同じカートリッジにシナプス結合をつくる．

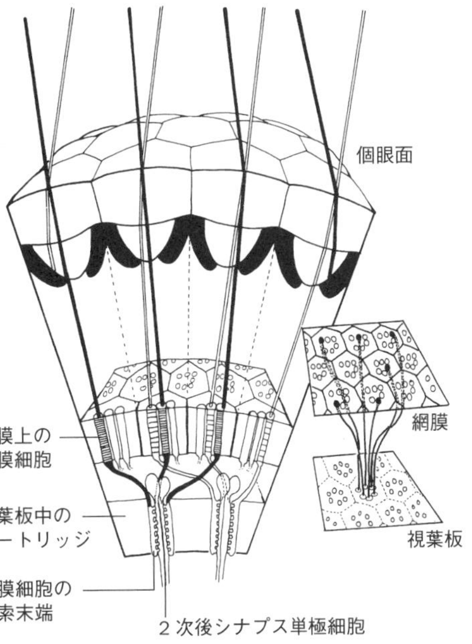

視界の中の2つの点から出た光（白抜きと黒塗りの線）と，それらが隣りあった個眼の網膜細胞に投射する様子，およびその光線によって活性化された網膜細胞からの神経繊維が視葉板 lamina のカートリッジに収斂する様子（右図）．同一の点から発した光は，隣接する個眼の別々の網膜細胞でとらえられ，それらから伸びた軸索は1つのカートリッジにまとめられる．1つの個眼には8個の網膜細胞があるが，そのうちの1〜6までがこのような神経重複機構に関与している．

戻ってきては目印となるものを見つめ…，いろいろな視点からの『スナップショット』をとっている」(Judd and Collett, 1998)．そして，その情報をつぎに戻ってくるときに使う．ハチも同じような行動をとる．南米のハチは，毎日同じ花（ラン）を順番に訪れる．ハチはそれぞれの花の位置を記憶していて，一定のルートに沿って20 km以上も移動する．

視覚的な目印がない場合でも，アリは帰り道を「経路積分」path integrationによってみつけられる（図16.24）．アリは，これまでにたどってきた経路の方向とそれぞれの距離を内部に記録し，それに基づいて帰路を設定するようにみえる．そのためには，地上を歩きながら，そのつど適切な移動ベクトルを更新しなければならない．

感覚情報処理の最も顕著な例の1つを，ミツバチにみることができる．ミツバチは餌のありかまでの方向と距離を，巣の入口で他のはたらき蜂が繰り広げる「8の字ダンス」waggle (figure 8) danceからだけでなく，彼らが発する「歌」（翅の振動によって発生する音）からも類推している（8の字ダンスは1950年にフォン=フリッシュ（Von Frisch）によって示された）．したがって，歌を歌えない「小型翅」diminutive wingsとよばれる突然変異のハチは，仲間を餌集めに誘うことができない．

16.6.2　感覚系

感覚情報は感覚神経経路を通って中枢神経系に伝えられる．その途中，シナプスによる相互連絡を行う中枢をつぎつぎと通り，改変されていく（図16.25）．1つのレベルにおいては，一連のモジュール（それぞれのモジュールは，ほとんど同じシナプス中枢）が存在している．モジュール同士はしばし

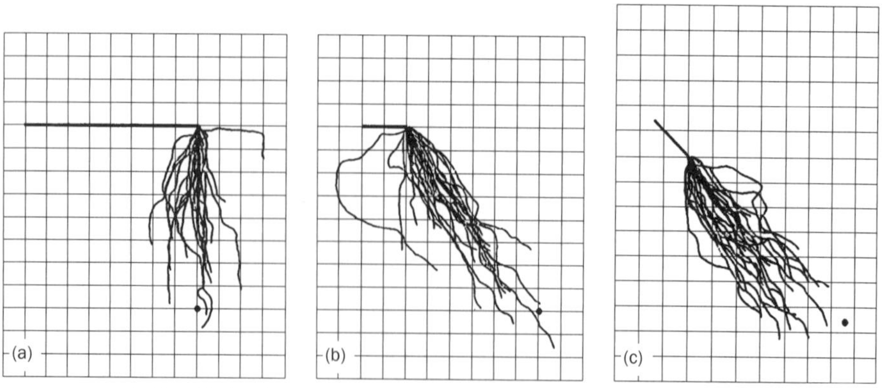

図 16.24 経路積分．巣（黒丸）からでて平坦な地面と狭いトンネルを通って餌場（はるか左上）に向かうようにアリを訓練した．(a) そのようなアリは，足跡をたどって戻ることができる．(b) もし，トンネルを短くすると，アリはトンネルをでる角度を（少なくとも部分的に）調節する．(c) トンネルを回転して方向を変えても同じことが起こる（Collett ら, 1998）．

ば近くにある介在ニューロンによって結合され，互いに影響を及ぼしあっている．このような相互作用の最もよく知られた例は側方抑制であり，ハートライン（Hartline）による，カブトガニ *Limulus* を用いた古典的な研究によってはじめて記載された．単一の個眼は，同じ入射光量であっても，その個眼のみが照射された場合のほうが，広い範囲を周囲の個眼と一緒に照射された場合よりも，強く反応する．後者の場合には，各個眼が隣りあった個眼から抑制を受けるからである．感覚系はまた，階層性をもつ組織化を示す．すなわち，情報は順次高次の中枢へと伝えられていく．

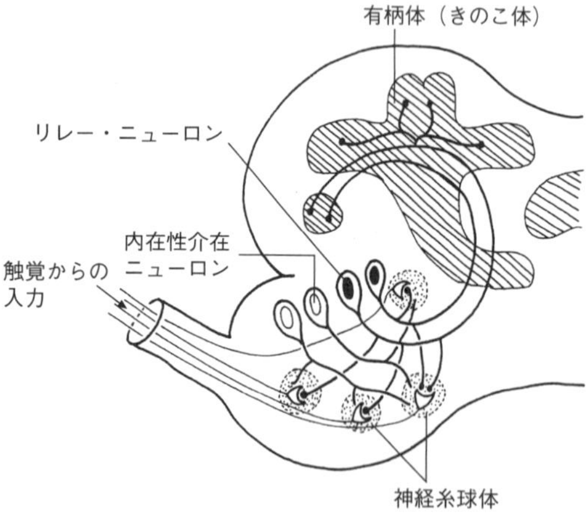

図 16.25 ゴキブリの嗅覚神経経路．神経糸球体 glomeruli はシナプス連結の中枢であり，神経要素の3つ組 triad，すなわち感覚入力の末端，脳の内在性介在ニューロン，およびより高次の中枢に処理情報を送るリレー・ニューロンをもっている（Boeckh ら, 1975）．

昆虫の視覚の経路には前大脳に加えて，脳にある3つのはっきりと区別できる領域，つまり視葉 optic lobe の3つの部分である視葉板 laminar region，視髄 medulla region，視小葉 lobular region が含まれている．複眼内の個眼は，視葉板で2次ニューロンのモジュール（カートリッジ）につながり，つづいて視髄にある3次ニューロンの柱状線維束 column につながる．この網膜指向 retinotropy 原理の意味するものは，眼に入ってきた光の照射パターンが，形態的に秩序立った活性のパターンとして，4つの異なる視覚系のレベルにおいて，繰り返し反映されることである．ラモニ・カハールは言った：「昆虫の網膜（すなわち視葉）の複雑さは，途方もないもの，人を混乱に陥れるもので，他の動物にはこんな例はみあたらない．複眼が示す絡みあった茂みを覗こうとするとき，3つの壮大な網膜の部位中のニューロンの迷路や神経繊維の絡みあいに踏み込んだとき，…人は完全に打ちのめされてしまう」（Ramon y Cajal, 1937）．

16.6.3 収束と発散

神経経路の収束 convergence は，昆虫の単眼を特徴づけているものだが，これは多くの感覚系の典型である．関連したものとして，感覚野 sensory field という概念がある．それは，神経経路において，1個の細胞（もしくは1個の中枢）へと感覚入力を提供している，ずらりと並んである一定区域に存在する受容器の存在部位のことである．たとえば，ミミズの3本の巨大神経繊維のうちの中央に位置するものは体の前方に感覚野をもっている――すなわち，その神経へのおもな入力は前方にある受容器から送られてくる．一方，両側の2本は体の後方に感覚野をもっている．2つの感覚野は体の中央で重なっている．

感覚神経経路は，発散 divergence によっても特徴づけられる．なぜなら一個の受容器（もしくは受容器群）からの情報が複数の並行した経路によって中枢に運ばれるからである．そのような経路は，異なるタイプの情報を抽出したり分別するのに用いることが可能である．発散はまた，別な意味でも感覚系を特徴づけるものである．ふつう，1つの系は単一の感覚モダリティーにのみ反応するが，発散により，多くの運動中枢への出力を用意でき，結局，いくつかの異なるタイプの行動に影響を与えることが可能となる．

16.6.4　標識された経路

神経が伝える信号は，神経伝達物質の化学的多様性などによって区別されているが，その一方で，神経系によって伝えられる情報に含まれる多くの異なった項目が，みかけはそっくりのパターンをもつ電気的変化や同じ化学物質で伝えられている．メッセージの意味が伝わるのは，どの神経要素がそれを伝えているかによるのであり，そういう要素は「標識された」labelled ものとよばれる．

逃避反応が起こる際にも，この原則が発揮される．この反応は方向感受性に基づくもので，コオロギでは聴覚に，ヒルでは光受容に関連している．これらでは，同側の ipsilateral 介在ニューロンが刺激され，対側の contralateral 介在ニューロンが抑制される．

コオロギやゴキブリにとってヒキガエルは天敵であるが，カエルが繰り出す舌による突出攻撃は空気の流れを起こし，それが昆虫の肛門付近にある尾角 circus によって検出される（尾角を除去されると攻撃を回避する確率が下がる）．尾角の毛（感覚子）はたくさんの柱状に配列し，いろいろな方向からの風を感知できる．柱ごとに，どの巨大介在ニューロン（これは胸部にまで伸びている）と接続するかについては，決まった組み合わせがあり，さまざまな巨大介在ニューロンは間接的に異なる運動ニューロンを刺激する．たとえば，第5巨大ニューロンは体の後半の1/4の範囲を担当し，このニューロンのある側に空気を吹きかけられると応答する．それによってその側の遅い下制筋 depressor の運動ニューロン（とその先にある筋肉）を刺激し，風の源から逃げる回転運動を引き起こす．尾角の向いている方向を実験的に回してやると，動物は「騙され」，まるで違う方向から空気が吹きつけられているように反応する．

ヒルにみられる接触刺激に対する方向感受性は，標識された神経経路とインパルス頻度の組合せを使っている．各体節にある4個のニューロンは，触られた場所が，そのニューロンからどっちの方向かによって，最も敏感に反応する方向をもっており，4個それぞれの敏感な方向は互いに直角になっている．2個のニューロンの中間のどの地点に触れられても，ニューロンと接触地点とのなす角度に応じた

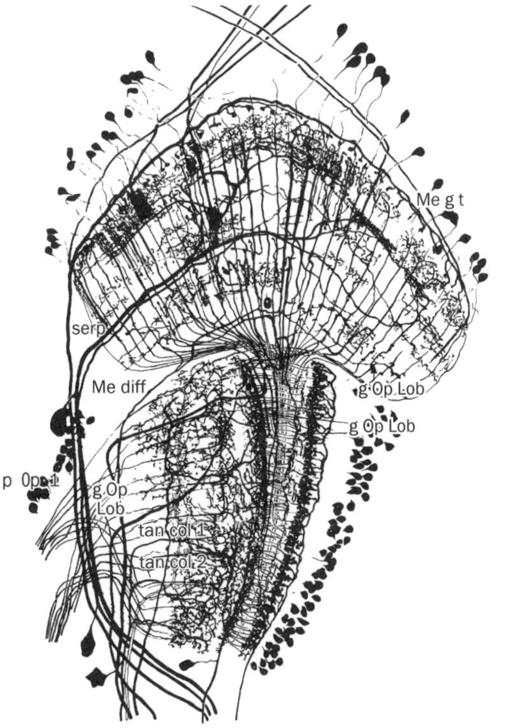

図 16.26　イエバエ *Musca domestica* の視葉．視葉板（ここには示されていない）においては，すべての細胞とそれらの間の結合のほとんどが同定されており，その多くは電気生理学的に研究されている．さらに，視髄（図の上部）と視小葉（下部）に関する研究でも大きな発展があった（Strausfeld & Nassel, 1981）．

Box 16.6　動きの方向の検出

上述したように（16.6.2項），一連の網膜指向の投射は昆虫の視葉にまで及ぶ．ハエでは，H1ニューロンが「方向感受性運動検出器」であり，目に向かって動いてくる物体によってのみ活性化される．これは，各個眼中の網膜細胞1と6がこの順番で刺激されたときのみに起こり，逆の順番では起こらない（Box 16.5）．

バッタでは，網膜からの経路は視小葉内巨大運動検出ニューロン(LGMD)（図(a)）に入力する．これは大きな扇状の樹状突起をもち，視野の中のどの部位を受けもつユニットが刺激されても，その刺激を受けとれるようになっている．リンド（F. C. Rind）はバッタに，よく知られた宇宙映画のビデオをみせながら神経の活動を記録した．LGMDニューロンは，視野の中の物体が動いているときにのみ刺激される．LGMDニューロンにシナプス入力している神経単位の活動は一過性であり，いったんインパルスを出した後，静止状態をとる．物体が動くことによって，これらの神経単位はつぎつぎと刺激され，そのたびに一過性の応答がどこかの単位で起こる．その結果，LGMDニューロンは連続的に刺激され，持続的に活性化される．さらに，このニューロンは物体が接近してくるとき，すなわち網膜上につくられる像が速い速度で拡大していくときに激しく応答し，急激な活性レベルの増大を示す（図(b)）．ほんの少し（2～3度）方向がそれるだけで応答はかなり減少することから，明らかに，この神経システムが衝突しそうな危険状況を感知するために調整されていることがわかる．

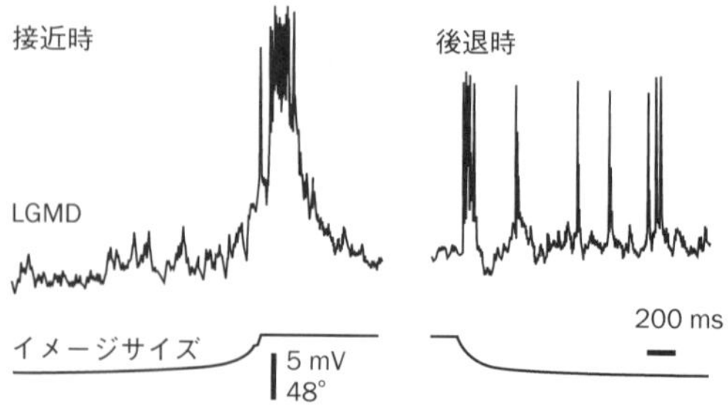

(b) バッタLGMDニューロンによる方向感受性運動検出．物体が3.5 m s^{-1}で近づき，その後遠ざかっていくような視覚刺激に応答した細胞内電位記録（上段の線）(Rind, 1996)

LGMDニューロンへの作用の強さは，視髄からの複数の入力に応じて決まるが，それらの入力はLGMDニューロンを刺激する一方で，互いの間では抑制しあっている（図(c)）．このシステムを模したコンピューターモデルがつくられ，期待通りに機能することが確かめられている．

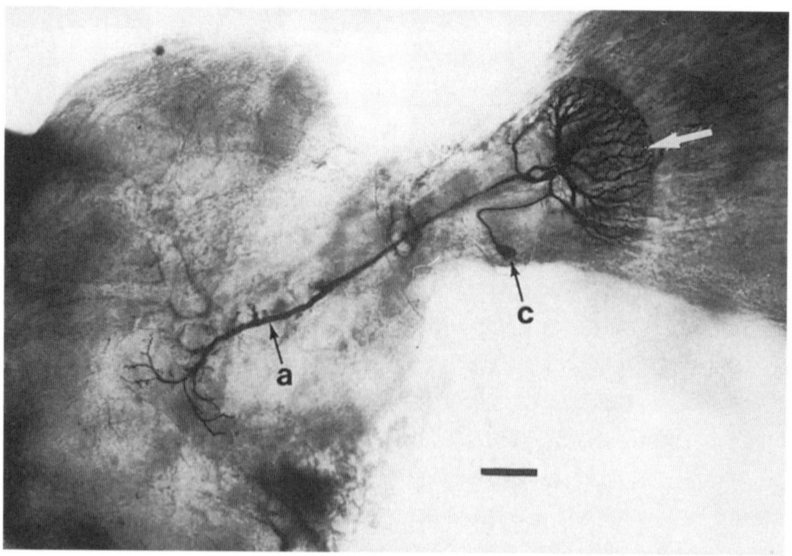

(a) バッタの視葉にあるLGMDニューロンに塩化コバルト溶液を注入したもの．白矢印：視葉中の扇状に配列した樹状突起，c：細胞体，a：脳（図の左側）に向かって伸びている軸索，横棒は100 μm（ニューカッスル大学Claire Rind博士からの提供）

Box 16.6 （つづき）

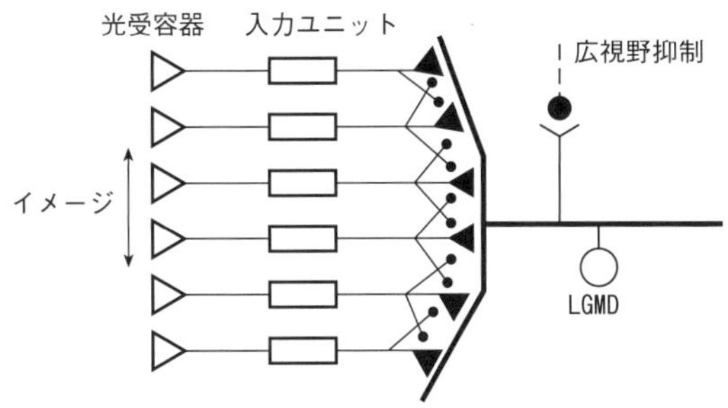

(c) LGMDニューロンによる運動検出のもとになっていると考えられる神経回路図．入力ユニットはLGMDを刺激する（黒三角）と同時に，互いに抑制しあう（黒丸）(Simmon & Young, 1999)

正確に数学的な関係に従って，各ニューロンに反応が引き起こされる．この2つの応答をまとめて（すなわち，2つの刺激のベクトル合成から）接触点が特定され，接触から遠ざかる体の曲げ運動が引き起こされる．

16.6.5 特徴の抽出

光子は1個でも光受容器細胞の膜電位に変化を引き起こすことができるし，化学受容器においても1個の分子が同様な応答を引き起こせる．1個体が数百万の受容器をもっていることもあるのだから，受けとる感覚情報の中から意味のある特徴や目立つ部分を抽出し，残りは捨ててしまうような処理が行われていることは明らかであろう．方向感受性運動検出は，特性抽出処理の1つの例であり，そのための神経機構の研究が精力的に進められてきた (Box 16.6 参照)．

節足動物は特徴的な行動パターンを示す．たとえば，シオマネキが雌を引きつけるためにみせるハサミ振りなどは，型にはまった際だった行動である．このような行動は「信号刺激」sign stimulius（もしくは「解発因」releaser）として作用し，同種の個体から特有な行動を引き出すが，他種にとってはまったく意味をなさない．感覚と神経のシステムが，このような信号を検出し，伝導し，さらに増幅を行う一方で，他の刺激は無視するように組織されているのは，明らかである．

16.6.6 遠心性制御

感覚伝達系路中の情報の流れは，一方通行ではない．どのレベルからでも神経繊維は，そこよりも末梢の中枢に向かって（すなわち，遠心性，図16.19参照）伸びることがあり，たとえば負のフィードバック作用を果たす．バッタにある運動検出ニューロンは，脳からの抑制性と促進性の両方の遠心性繊維の影響を受けている．バッタがすばやく首を動かすとき，下降性対側運動検出ニューロン descending contralateral movement detector (DCMD) neuron は抑制されるが，それは，視小葉巨大運動検出ニューロン lobular giant movement detector (LGMD) neuron の制御を受けている (Box 16.6 参照)．なぜなら，抑制しないと，視界を横切るどんな小さな静止物体に対しても，検出システムが応答してしまうだろう．逆に，バッタが極度の警戒状態にあるときは，視覚刺激に対してシステムの感受性を高めることができるようになっている．

16.7 自 発 性

16.7.1 神経による開始

反射弓の研究は神経生物学に多大な貢献をしたが，残念な副作用を生み出してしまった．それは，神経系が，スイッチを切ったコンピュータのように，外部からの刺激にのみ頼って作動していると考えてしまう傾向である．これは真実からまったくかけ離れており，そのことは動物（ヒドラからタコまで）の行動をちょっとでも観察すればわかるだろう．自発的活動は，物事を開始する役割をもつが，神経系がどれだけ自発的活動能をもつかは，環境の変化に応答する能力同様，きわめて重要なものである．

神経系の発生が完了してしまえば，内発的に活動を開始することが可能となる．しかし多くの自発性の活動はリズミカルで，それが短い時間間隔で発生するときには，自発的な電位の発生に起因するだろう（16.1.2 項）．多数の神経細胞が同調したリズミカルな爆発的活動（「脳波」）は，脊椎動物やヒトでよく知られた現象である．無脊椎動物にも広くみられるが，一般に高い周波数（50 Hz 以上）を示す（図 16.27）．ただし，マダコ *Octopus* は例外で，興味深いことに脊椎動物と同じ程度の周波数（25 Hz 以下）である．そのほかのリズムははるかに長い周期をもち，異なった細胞生物学的基礎に基づいて発生する（Box 16.7）．

16.7.2 運 動

ヒドラ *Hydra* では，自発的な収縮が表皮につぎつぎと起こり，そのつど体の出っ張りを引き込んで，最後には小さなボールのように丸まってしまう．これらの収縮は一連の「収縮パルス」（体表からでも測定できる電気インパルス）によって引き起こされる．このパルスは，特異的な神経毒であるコルヒチンで 2 度処理することによって消失することから，口円錐のすぐ下の部位にある神経ネットからパルスが始まることがわかる．いったん発生したパルスはおそらく，神経ネットと上皮組織の両方を通って貫通型の様式で伝わっていく．

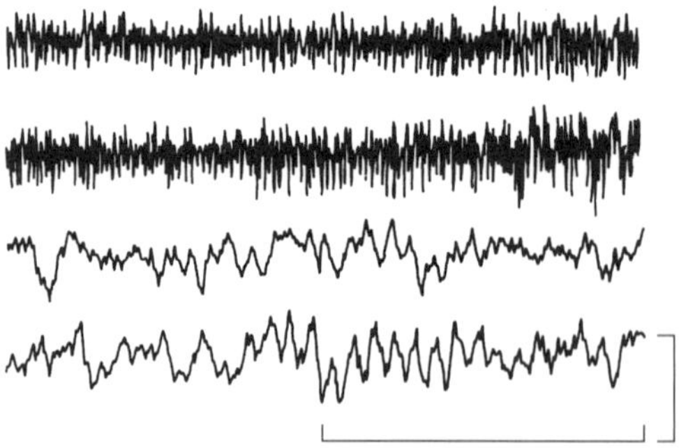

図 16.27 ザリガニ（上部の 2 本の信号トレース）とカエル（下部の信号トレース）の対照的な脳波（脳の表面に置かれた微小電極によって検出されたもの）．横棒は 1 秒，縦棒は 50 μV（Bullock & Basar，1988）．

鉢虫綱のクラゲでは，傘の周辺にある縁弁神経節 marginal ganglion の一部で自発的な活動が発生し，それにより遊泳中のリズミカルな傘の運動がつくり出されている．その際，ある 1 つの神経節がしばらくの間自発的活動をリードし，つづいて他の神経節がそれに代わる．リーダーとなる神経節では，一定の間隔で活動電位が発生している．その間隔は，たとえば，2 cm の大きさの動物では約 2 秒，20 cm のものでは約 20 秒となっている．これらの活動電位は，傘の下表面にある「巨大神経網」を通って広がっていく（16.3.2 項）．活動電位は遊泳筋を刺激するとともに，他の神経節の活動をリセットし，それらが活動しないようにしてリズムを乱すのを防いでいる．

活動後には休息が必要である．それは忙しいハチ busy bee［訳注：「はたらき者」という慣用語］にとっても同じこと．ミツバチは夜になると深い休息に入り，それは睡眠現象とよく似ている．動きや，筋肉の緊張，体温，刺激への感受性のすべてが低下する．哺乳類の「深い睡眠状態」deep sleep に相当するものが，睡眠の終了間際に顕著に現れるが，この睡眠パターンは，（睡眠に入ってすぐに深い睡眠の現れる）哺乳類とは対照的である．

16.7.3 自律機能 autonomic function

環形動物クロムシ *Arenicola* は，砂の中につくった巣穴にすんでいて（図 9.30），呼吸のためにその内部の海水の入れ換えをする（11.4.5 項）．クロムシは約 40 分ごとに水換え運動を繰り返し，鰓が新鮮な海水や空気の泡に触れるようにしている．これには，一連の複雑な運動が含まれている．まずはじめに，クロムシは巣穴の後側に移動する．つづいて，体壁が前方に向けて蠕動運動を起こし，その際，体が巣穴の前方に少々移動する．最後に，換水の方向が短期間逆転する．この活動は，酸素の減少に応じて起こる反射ではなく（もっとも，酸素濃度に応じて，その運動が調節されてはいるが），腹部神経索にあって調和してはたらく複数のペースメーカーによってつくり出されるものである．同様に，もう少し短い周期（約 7 分）で起こる自発的な摂餌

Box 16.7 時計機能の分子生物学

アメフラシ *Aplysia* のもつ時計機能の研究では，初期段階で，アニソマイシン anisomysin を投与することが試みられた．この薬品は，リボソームのサブユニットと結合することで，細胞内のタンパク質合成を阻害する．アニソマイシンをほんの短時間パルス投与すると一時的に時計が停止し，遅れが生ずる（ただし暗期に投与したときのみ）．Jacklet（1981）は，概日時計が機能するにはその日ごとにタンパク質が合成される必要があると結論した．

ショウジョウバエ *Drosophila* の概日リズムの研究から，*period* 遺伝子がコノプカ（R. J. Konopka）とベンザー（S. Benzer）によって 1971 年に発見され，それ以来，数個の「時計遺伝子」が同定されている．時計機構の分子的基礎はアカパンカビ *Neurospora* から哺乳類までの多様な生物において本質的に同じものであり，それが細胞内の振動に起因していることが今やわかっている．この振動現象は，神経活動にみられるもっと速い振動のように細胞同士の連絡に依存したもの（例として図 16.34 参照）とは明らかに異なっている．1 つの遺伝子を活性化する（そしてその機能が薄れていくのを妨げる）ポジティブな要素が，ネガティブフィードバックに関与する要素と共役している．

ショウジョウバエでは，以下のような特性をもつ概日時計のモデルが提唱されている（図(a)）．*clock* 遺伝子と *cycle* 遺伝子がはたらいて，ポジティブ要素であるタンパク質 CLK と CYC の合成へと導く．これらはヘテロ二量体（1 分子の CLK と 1 分子の CYC からなる）を形成し，行動や代謝のリズムに実際にかかわる物質をつくる遺伝子を活性化するのである．

CLK と CYC のヘテロ二量体は *period* と *timeless* の 2 つの遺伝子をも活性化する．これらからつくられる PER（約 1200 のアミノ酸残基よりなるタンパク質）と TIM は，十分な量存在すると，ヘテロ二量体を形成する．PER/TIM ヘテロ二量体となることで，これらは核内に移行できるようになり，核内で CLK/CYC ヘテロ二量体の活動を阻止する（これによって，結果的に自分たちの合成も阻止される）．

なぜ，PER/TIM ヘテロ二量体のネガティブフィードバック効果によってシステムが安定状態（リズムを示さない状態）にならないのだろうか？　その理由

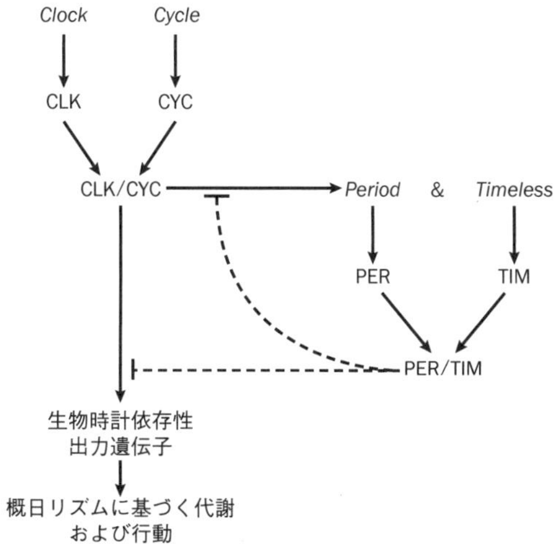

(a) ショウジョウバエにおける概日時計機能のモデル．先に横棒をつけた破線は抑制的フィードバックを示す（Dunlap, 1999）

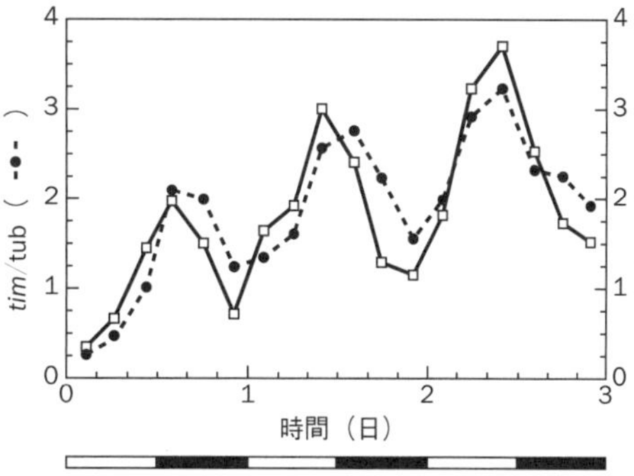

(b) 自由継続状態（連続暗黒状態）での *tim* RNA（黒丸）と *per* RNA（白四角）の周期的な生成［訳注：チューブリン（tubulin）mRNA の発現量に対する相対値（左縦軸：*tim*，右縦軸：*per*）で示す］．正常な照明パターンを下に示す．*tim* と *per* の発現が協調していることに注意（Sehgal ら，1995）

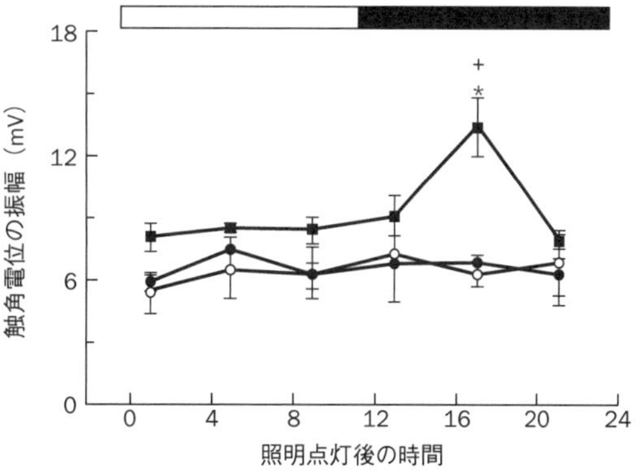

(c) 嗅覚応答に関するショウジョウバエの概日リズム．連続照明状態での自由継続の 1 日目における，正常個体（黒四角）のリズム．白丸と黒丸はそれぞれ，*per* と *tim* 遺伝子の変異体．変異体では，リズムが消失することを示す．上の横棒は正常の照明パターンを示す（Krishnan ら，1999）

Box 16.7 （つづき）

はおそらく，PER と TIM の蓄積と二量体化の際の時間的遅れが関係していると思われる．この遅れがオーバーシュート効果を引き起こし，CLK/CYC ヘテロ二量体の作用を停止させることができるのだろう．いったん PER/TIM ヘテロ二量体が壊され（この過程でも時間遅れが生じる），新たなサイクルが始まる．リズムの光による調整は，TIM の分解を加速することによる．

period 遺伝子のさまざまな突然変異体が同定されている．たとえば 19 時間のリズムをもつ per^s，29 時間のリズムをもつ per^l，リズムがみられない per^0（図(c)）などがある．興味深いことに，これらの変異種では，55 秒間の求愛ソングのリズムにも違いがみられている．遺伝子の塩基配列が解明され，それに基づいて遺伝子操作をすると，突然変異種は通常のリズムを回復した．

行動は，食道部にある神経要素によってつくり出されている．

呼吸運動と同様に，心臓の拍動も，最も明らかなリズムをもつ機能の1つである．尾索動物亜門のホヤでは，心臓の拍動は筋原性 myogenic であり，リズムの発生源は心臓の筋肉内部にある．ホヤの心臓は，他とは違って神経の入力がない．昆虫の心臓でも拍動は筋原性であるが，局所的な神経の影響や，腹神経索から放出されるホルモンによる調節を受けている（たとえば飛んでいるときなど）．ヒルでは，1つの神経調節ペプチドが，複数ある心臓の，自発的な運動を維持するように作用し，促進性と抑制性の神経伝達物質が拍動のタイミングを調節している．対照的に，甲殻動物では心臓の拍動は神経原性 neurogenic であり，そのリズムの発生源は心臓神経節の活動にある．この，小規模のニューロンのアンサンブル（集合体）は，小宇宙の神経系を代表するものである．すべての細胞は自発的な活動を示すが，常時は，それらはペースメーカーとなる1つの細胞により調整されている．この神経節は，より高次の中枢の影響下にある（すなわち，中枢神経系からのシナプス入力を受けている）とともに，心臓にある感覚ニューロンからのフィードバック作用や，内分泌系の影響をも受けている．

16.7.4 生物時計

いくつかの周期的な現象は，1日の時間の進み具合や時間の経過を見守る「時計」機構がはたらいていることを暗示している．この機構に関する古典的な研究はピッテンドリー（Pittendrigh）によって行われた，ウスグロショウジョウバエ *Drosophila pseudoobscura* の羽化にみられる概日リズム（circadian rhythm；*circa dies* は約1日の意味）に関するものである．

ハチやアリのように，太陽によって航路決定をする動物にとって，時計は必需品である．そのような動物は，目にみえる太陽の動きに対して補正しながら，時間が経過しても適正なコースを維持することができる．また多くの動物は，日長の変化に対応する能力をもっている．たとえば，秋が近づいてくるにつれて発達や生殖のパターンを変化させたりする（14.4.4 項参照）．これには，動物が昼（もしくは夜）の長さを測る能力がかかわっている．そして注目すべき特性として，その機構は温度補正がなされている（すなわち，周囲の温度の影響を受けない）ことがあるが，これがなければ，変温無脊椎動物では測定に大きな誤差が生じてしまう．

概日リズムは照明の日周サイクルに応じてリセットされるため，照明の周期に同調する．しかし，動物は定常的な照明条件下に置かれた場合でも，しばらくの間は概日リズムを維持している（ただし，1周期の長さがほんの少し変わるが）．この自由継続リズム free-running rhythm は，マデラゴキブリの仲間 *Leucophaea* の場合，発生の過程で経験した日周長によって決まり，それ以降は調整されない．時計機構はしばしばおおい隠されたままになっており，振動をしつづけて構わない状況になってはじめて発現する．

軟体動物アメフラシ *Aplysia* ではリズム活動は中枢神経系のいたるところでみられ，その活性は神経節を取り出して培養しても数週間は持続する．ニューロンは個々に固有のリズムをもっているが，常時には眼の中にある「D 細胞」に存在する「親時計」により同調させられている（D 細胞は，光受容器細胞から直接シナプス入力を受けている細胞であり，受容器そのものではない)．概日リズムは摘出した眼でも検出され，D細胞は，(かつて想定されていたホルモンによってではなく）ほぼ神経系の全体にわたって伸びているD細胞の軸索を介して影響を与えている．これとは対照的にショウジョウバエ *Drosophila* では，自律的な概日時計が広くみられている．ハエの視葉にある1組のニューロンによってつくり出された振動が，よく知られた移動運動のリズムを支配している．このリズムとは独立に，触覚にある化学受容細胞が時計機能を発揮し，嗅覚機能のリズムを調節している（Box 16.7 参照）(同様に，カブトガニ *Limulus* の脳にある時計は複眼の感受性を調節している)．

16.8　行動の神経的基礎

16.8.1　独立効果器

細胞によっては，自分自身が受けとった刺激に対して適応的応答を示すことがあり，そのような細胞は独立効果器 independent effector とよばれる．ある種の腺細胞や筋細胞がこの範疇に入るし，多くの生物にみられる色素細胞も，自身のもつロドプシン様分子により光を感じて応答する．さらに，繊毛にみられる協調運動は隣りあった繊毛同士（つまり細胞小器官同士）の機械的な相互作用によってつくり出されている．

原生生物は必然的に独立効果器であるが，それでも多細胞動物なら神経によってされるような制御機構をもっている．ゾウリムシが前端で何かに衝突すると，膜が脱分極する．これは通常とは異なり，段階的活動電位 graded action potential の例であり，繊毛膜にある Ca^{2+} チャネルの作用によって発生する．衝突による脱分極の発生とともに，ゾウリムシは一瞬，遊泳を停止する．より強い刺激が加えられると，細胞内に流入した Ca^{2+} が繊毛打の方向を逆転させる．それに付随して，Ca^{2+} による Na^+ チャネルの活性化が起こり，これも逆転の維持にかかわると思われている．細胞の後端を刺激すると，K^+ の透過性が増加することで静止電位が深くなり，繊毛が速く打つようになる．ダンサーと名づけられた突然変異体は，前に行ったり後退したりするのでこう名づけられているが，これは過敏な Ca^{2+} チャネルをもつ．

刺細胞（刺胞動物の刺胞を含む細胞，図 3.14 参照）には神経がシナプス結合していることが知られており，栄養状態（空腹か満腹か）が刺細胞の機能に影響を及ぼしているのは疑いない．これらの神経はまた，イソギンチャクにみられるように，細胞の境界を超えて刺胞の発射を伝搬する役割を，たぶん担っている．しかしながら，刺細胞はそれ自身で独立して応答することもできる．細胞がもつ化学受容器と機械受容器の両方が刺激を受けると，受容器電位が発生する．このとき，Ca^{2+} が細胞膜中の電位依存性のチャネルを通って細胞内に入り，刺胞のエキソサイトーシスを引き起こし，刺胞が発射される．

16.8.2　行動の単位

ほとんどの効果器は，独立して機能するわけではない．動物の行動は，典型的には神経系内で自発的に発生する活動に基づいて発現するか，刺激に対する応答を表現しているものである．反射とよばれるいくつかの行動の単位は，定型的で比較的単純な運動を伴う活動である．活動は，それぞれの活動ごとに特異的な刺激によって引き起こされ，活動の強さや持続時間（もしくはその両方）は刺激の大きさに依存して変化する．

別の順序だった行動があり，「固定活動パターン」もしくは最近の用語では「運動パターン」motor pattern とよばれている．そのようなパターンは動物種に特徴的な定型的活動であり，しばしばかなり複雑な様相を呈することがあるが，これは刺激の大きさが変化しても変わらない．これらは自発的に現れることもあるが，刺激によって引き起こされる場合には，刺激は単に引き金としてのみはたらく．その結果，まったく異なる刺激が同じ運動パターンを引き起こすことがある．たとえば，ザリガニは各種の脅し刺激に対し，1つの特徴的は防衛姿勢を示す．運動パターンは遺伝的に決定されたものであり，正確な「プログラム」の実行は，神経系の「配線」に組み込まれている．そのようなパターンに対してフィードバック効果はなんの役目ももっていない．

だから反射と運動パターンという2つの概念は，おもに，刺激の果たす役割で区別されるだろう．刺激が，ちょうどピアノを弾くときの指の動きのような一連の反射を引き起こす役割をもつ場合と，運動パターンの発現のように，刺激がレコードプレーヤーのスイッチを押すためだけにはたらく場合である．

16.8.3 反射活動

多くの刺胞動物は，軽い接触刺激に対して局所的な収縮による応答を示し，その収縮の程度は，加えられた刺激の大きさ，回数，頻度などに依存する．パンティン（Pantin）によって提唱された古典的な説では，この応答は神経網におけるシナプス伝達の促通 facilitation によるものと説明される．すなわち，2回目以降の刺激で発生したインパルスが到着することによりシナプスの伝達活性が促進され，最初の刺激ではできなかった応答を引き出せるようになるとするものである．しかし，ヒドロ虫エダヒドラ *Cordylophora* やサンゴの一種ハマサンゴ *Porites* では，同じ現象が異なる機構によって引き起こされている．前者では上皮性伝導（16.3.1項）が促通に関与していることがわかっている．

ザリガニの伸展受容器が関与する反射は，ヒトの膝蓋腱反射と同様，単シナプス反射である．すなわち受容器と運動ニューロンの接続は1個の化学シナプスを介するだけである（図16.29）．この反射はザリガニの姿勢維持にはたらいている．すなわち，伸展受容器のところにある筋肉が引き伸ばされると受容器が活性化され，それが運動ニューロンを経て筋肉に伝わり，伸びを解消するように収縮が起こる．この回路は，中枢神経系から筋肉への指令を実行させる役割も担っている．

多くの逃避反応や驚愕反応には，巨大軸索が関与していることをみてきた（16.1.5項）．ヒルには巨大軸索がみあたらないものの，神経索に，全身の体壁筋をすばやく収縮させる貫通型伝導経路が存在する．それは体節ごとにある「S-細胞」の体軸方向に走る軸索が電気シナプスを介して連なったものである（図16.30）．逃避反応を担う神経回路において，電気シナプス（すなわち速いシナプス伝達，16.2.5項）が重要なはたらきをしていることが，この例によりよくわかる．またヒルでは，体壁にあるいろいろなタイプの機械受容器が，同じ体節内の運動ニューロンとの間に単シナプス反射弓を形成している．

おそらくこれまでに知られている中で最も奇妙な反射は，サルパ（尾索動物亜門）でみられるものだろう．ある種のサルパでは，20にも及ぶ「個虫」が付着器官 epidermal plaque を介して鎖のように連なっている（図16.31）．1つの個虫での刺激に伴う興奮は，付着器官から隣の個虫の感覚神経を通って脳に伝えられ，そこから運動神経を経て表皮に伝わり，それが上皮性伝導によってつぎの個虫へと，つぎつぎに伝わっていく．

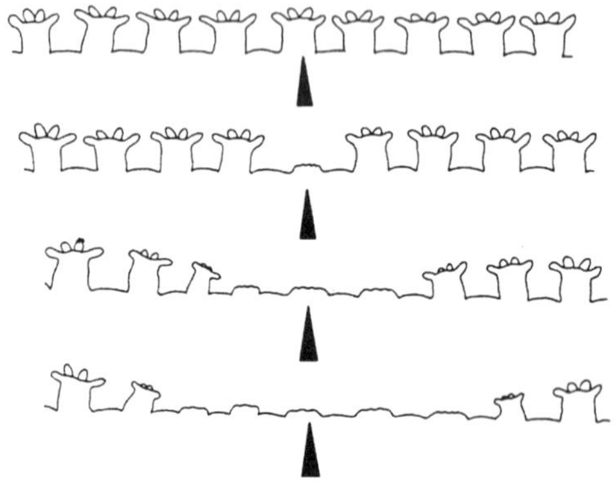

図 16.28 ハマサンゴ *Porites* でみられる，一連の電気刺激に対する促通応答（促通的という言葉の代わりに「漸減的」decremental もしくは「漸増的」incremental という用語が用いられることがある）．1回ごとのどの刺激に際しても，電位は神経網全体に伝わっているが，収縮応答の範囲は刺激が重ねられるごとに次第に広がっていく（Shelton, 1975）．

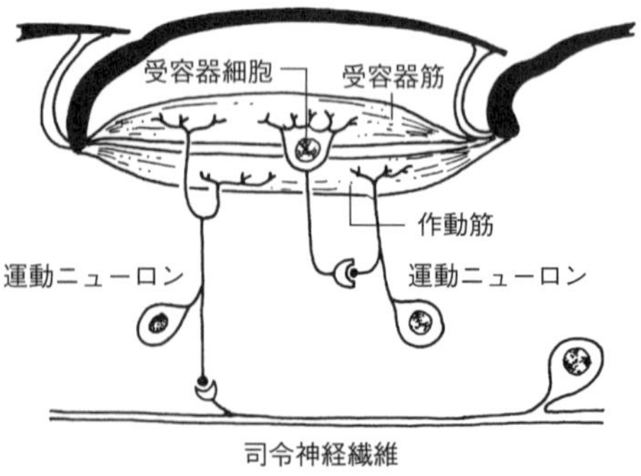

図 16.29 ザリガニの伸展受容器を含む神経回路．もし，運動神経の活動による「作動」筋 working muscle や受容器筋 receptor muscle の収縮が，外部の要因により妨げられると，受容器細胞が活性化され，より強く筋肉を刺激するようになる．この受容器はまた，単シナプス性の伸展反射も仲介する（遠心性神経による，受容器への抑制性入力は図に描かれていない）（Kennedy, 1976）．

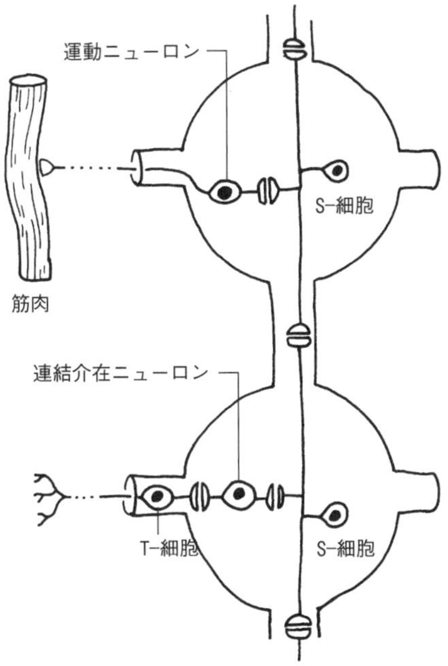

図 16.30　ヒルの驚愕反応に関与する神経回路．感覚受容を行う T-細胞からの興奮は，連結介在ニューロンを経て一連の S-細胞に伝達され，運動ニューロンにいたる．この間の伝達は，すべて電気シナプスによっている（神経筋接合部だけは化学シナプス）．隣りあった 2 つの神経節の片側のみを図示している．感覚ニューロン，介在ニューロンそして運動ニューロンとつながる古典的な反射パターンに注目．

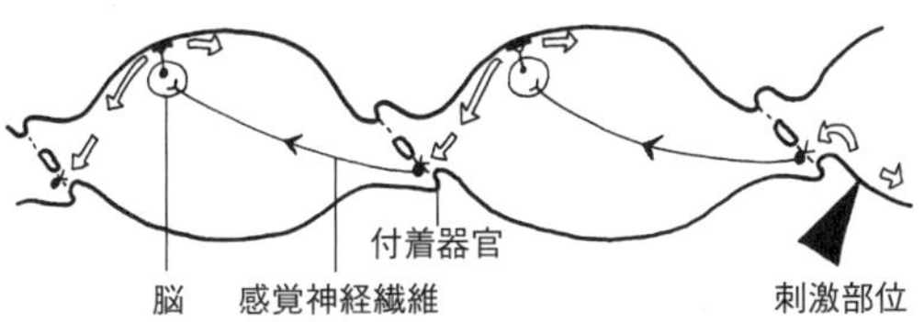

図 16.31　サルパ *Salpa* の群体の各個虫における反射経路．隣りあった個虫は付着器官で連結している．付着器官の出力側の細胞はシナプス前端末とよく似た微細構造をとっており，これに向きあって 6〜12 個の繊毛性感覚細胞が配置している．神経インパルスが全体に及ぶことで，群体が解離することがある（Anderson & Bone，1980）．

16.8.4　運動パターン

中枢神経系には，ひとまとまりの動作パターンをつくり出し，その調節を行う能力が本来そなわっていることは，多くの動物で明らかにされてきた．「オオノガイ *Mya* が外套膜を引き込み殻を閉じる行動，…交尾行動…飛行リズム，歩行…呼吸運動…心臓の拍動…クラゲの遊泳行動など，これらは，その厳密性に違いがあっても，そのすべてが中枢によって調節されているのである」(Bullock, 1977).

ウミウシの一種 *Tritonia* は天敵のヒトデに触られると，激しく 30 秒ほど泳いで逃げる．背側と腹側の筋肉を交互に収縮させて泳ぐため，これは中枢でつくられたパターンに基づくか，一連の反射（最初の刺激で背側の筋肉が縮むと，反射弓を通しての感覚神経のフィードバックにより腹側の筋肉が刺激され，つぎにまた反射で背側の筋肉が刺激され…とつづく一連の反射）の，どちらかだろうと想像できる．そこで脳を切り出した標本をつくって，切断された感覚神経を刺激した．すると，正常な運動ニューロンでみられる特徴的な神経活動パターンが，切り出した脳にもみられた．それゆえこの遊泳パターンの発生には，筋肉からの感覚フィードバックが (たとえあったとしてもそれが) 必須ではないのは明白である（Box 16.9 参照）．

16.8.5　2 つの主題に基づく変奏曲

行動の単位の多くのものは，少なくとも，反射活動と中枢での運動パターン発生との 2 つの側面をもっている（Box 16.8）．バッタでは，翅の蝶番にある単一の伸展受容器が，翅の打ち上げの終わりに活性化される．このことから，一連の反射弓で形成されている系が存在するかとも想像されるが，ウィルソン（D. M. Wilson）による古典的研究はそれを否定した．動物から取り出された胸部神経節でも，感覚神経からの入力なしで，飛行時にみられる活動パターンを発生できる（また，このパターンは翅がまだ発生していない幼虫でもつくり出せる）．伸展受容器の役割は，パターン発生ではなく，そのときどきの翅の動きの中で運動ニューロンの活動を調節したり，リズムをリセットしたりすることに限られている．

バッタの LGMD ニューロン（Box 16.6 参照）は，1 組の DCMD にシナプス出力を送り出している．各 DCMD は第 3 胸部神経節まで伸び，そこでさらに 2 つの同定されたニューロン（C と M）に接続している（図 16.32）．C ニューロンはそれぞれ，後肢（最も大きい肢）の「太もも」(腿節) にある 2 つの拮抗筋の運動ニューロンにシナプス接続しているが，これらは脛節（太ももにつづく部分）を伸ばす伸筋と曲げる屈筋である．

まず C 細胞のはたらきによって，① 脛節が体の

Box 16.8 ザリガニの跳躍逃避（テール・フリップ）

ザリガニはその尾部を激しく屈曲させる跳躍逃避行動（テール・フリップ tail-flips）を示すが，それは運動パターン（固定活動パターン）の典型的な例である．ザリガニを驚かすような刺激が突然加えられ，その刺激が十分に大きければ，巨大神経繊維に単一のインパルスが発生し，すばやい，きわめて定型的な逃避行動であるテール・フリップが発現する．これは，腹部体節にあるすべての屈筋が同時に収縮することによって起こる．この行動は一瞬にして終了してしまうものであり，フィードバック調節を受けつける余地はない．

巨大神経繊維に発生したインパルスは伸筋（屈筋に対する拮抗筋）を支配する運動ニューロンを抑制する．抑制は伸筋そのものや，伸筋内部の伸展受容器にも及び，これにより伸筋の収縮は完全に抑えられ，テール・フリップをじゃますることなく，屈筋の張力が最大限に発揮される．このとき，巨大神経繊維は司令ニューロンとしてはたらいており（16.9.1節），その出力が多くの協調的な活動を同時に引き起こしている．

テール・フリップによって屈曲した腹部は，伸筋が収縮することで元に戻る．この回復運動は，屈曲に引きつづいてかならず生じるものであるが，神経中枢の支配のもとに行われるものではなく，連鎖的な反射反応である．伸展受容器が抑制から解放されることによ

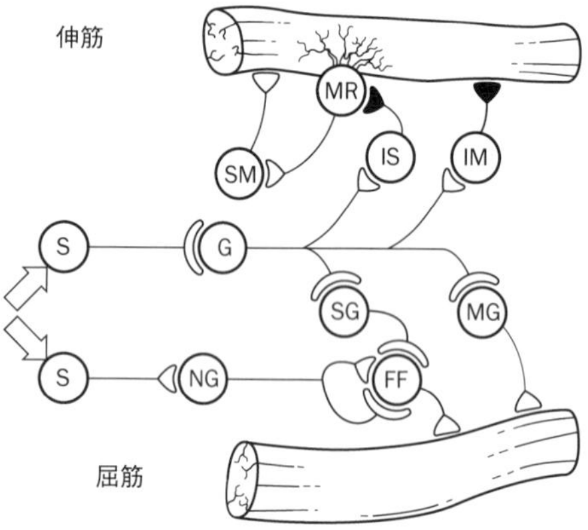

(a) ザリガニのテール・フリップにかかわる腹部神経節の神経回路の簡略図．巨大神経繊維による経路と，それに並行する巨大神経によらない経路を示してある．化学シナプスは膨れた末端で示し，電気シナプスは扁平な末端で示してある．この系は外部からの刺激（矢印）によって活性化される．FF：速い屈筋運動ニューロン，G：巨大司令ニューロン，IM：抑制性運動ニューロン，IS：伸展受容器への抑制性入力，MG：巨大運動ニューロン，MR：筋伸展受容器，NG：非巨大神経による経路，S：感覚ニューロン，SG：体節内巨大神経，SM：刺激性運動ニューロン．巨大司令ニューロン（G）と巨大運動ニューロン（MG）との間のシナプスは電気シナプスとして初めて発見されたものである

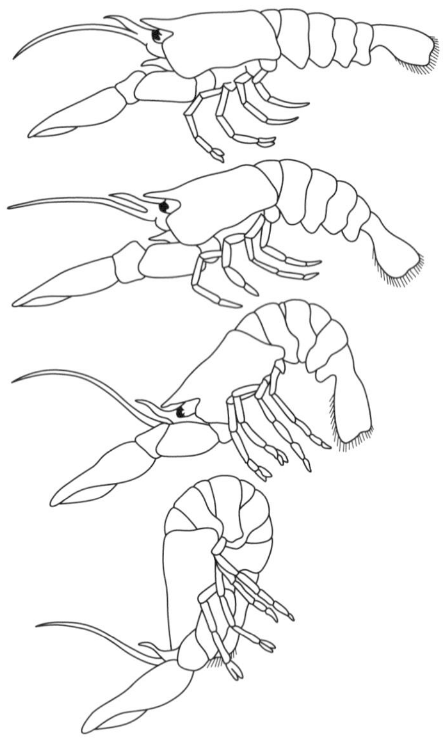

(b) ザリガニのテール・フリップ（Wine & Krasne, 1982）

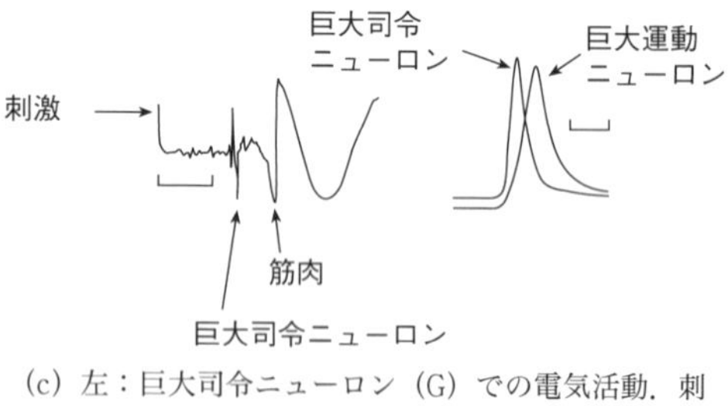

(c) 左：巨大司令ニューロン（G）での電気活動．刺激が加えられてから約7 ms後にスパイクが現れ，引きつづいて（刺激から約10 ms後）筋肉の活動が起こる．横棒は5 ms．潜時 latency が短いのが逃避行動の特徴である．右：巨大司令ニューロン（G）での電気活動の直後（約0.1 ms）に巨大運動ニューロン（MG）の活動が起こる．これは電気シナプスの関与を示すものである．横棒は1 ms（Simmons & Young, 1999）

Box 16.8　(つづき)

って筋肉の伸展を感じとり，反射弓を介して伸筋を収縮させる (16.8.3項)．さらに，2回目以降のテール・フリップは，巨大神経系ではなく，それと並行した神経経路による．そこでは同じ感覚入力を受けとるものの，その情報はゆっくりと伝えられ，またこの経路によって方向に関する情報も伝えられて，刺激源から遠ざかる方向へ動物を進ませる．

下になるように肢が折りたたまれ (撃鉄を上げた「かまえ」の姿勢 cocking)，② 拮抗筋の両方の同時収縮が引き起こされ，この収縮によって腿節のクチクラが弾性変形する．つづいて，クチクラにある応力受容器からの出力によるポジティブフィードバックにより，伸筋への運動ニューロンが活性化され，収縮が増強される．最後に，同時収縮によって活性化されたもう1つの受容器セットからのフィードバックによってM細胞が刺激される．もし，このときにM細胞へのDCMDなどからの入力がつづいていたならば，M細胞は活性化され，屈筋の運動ニューロンが抑制される．これによって，クチクラに蓄えられていた弾性エネルギーが解放され，バッタは跳ねる．明らかに，感覚フィードバックが跳躍調節機構中に組み込まれており，それによって，この機構全体の準備が十分に整うまでは外部からの刺激によって跳ねないように制御されている (10.6.2.d. 参照)．

結論をいえば，われわれは (反射だ運動パターンだなどと) カテゴリーに分けるが，自然はそんなカテゴリーにはとらわれないことに気づかねばならぬ，ということである．神経系は明らかに，統合された運動プログラムを発生する能力を内包している．しかし，固定された活動パターンといっても，その固定化の程度には違いがあり (たとえば，巨大

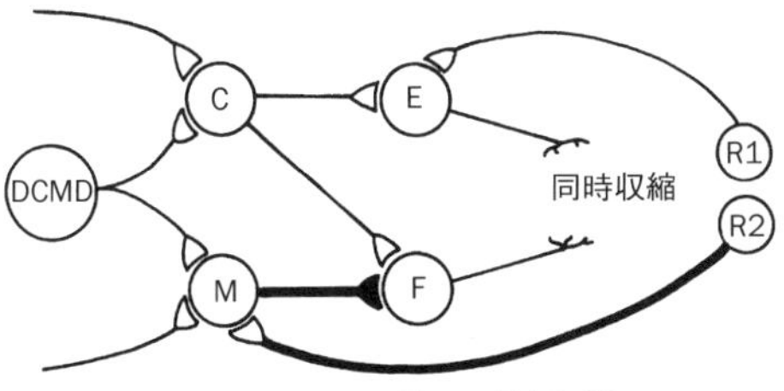

図 16.32　バッタの跳躍を調節する神経回路．DCMD：運動検出ニューロン，C：Cニューロン，M：Mニューロン，E・F：伸筋および屈筋の運動ニューロン，R1・R2：同時収縮へのフィードバックを行う感覚ニューロン．太線は屈筋を抑制する経路 (Pearson，1983)．

神経が関係する環形動物の引込み行動は刺激の大きさに依存する段階的なものだが，ほかのものでは全か無かの行動である)，そして行動のパターンが (それが向けられているようにみえる) 目標に到達するうえで，フィードバック効果はしばしば主要な手段の1つをなしているのである．

16.9　運動出力の組織化

16.9.1　司令ニューロン

運動出力を制御するニューロンの系は，感覚系と同様に，しばしば階層的な組織化を示す．これはザリガニの腹部付属肢 (腹肢 pleopod) の運動制御回路の構成によく現れている (図16.33)．司令ニューロン command　neurone はウイルスマ (Wiersma) により，甲殻動物においてはじめて発見された．ウイルスマは，特定の1つの細胞を刺激することで，協調的な行動パターンが引き起こされることを見いだした．司令ニューロンは意志決定者である．ちょうど，感覚経路が発散していき，複数の運動中枢に出力を送り出す (16.6.3項) のと同じように，多様な感覚器官からの入力が運動系内の司令

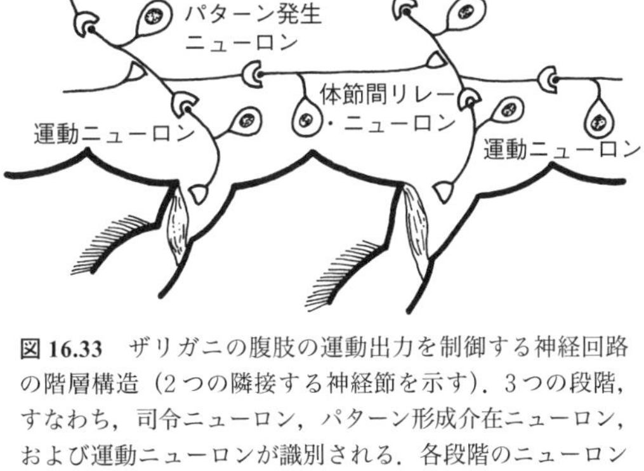

図 16.33　ザリガニの腹肢の運動出力を制御する神経回路の階層構造 (2つの隣接する神経節を示す)．3つの段階，すなわち，司令ニューロン，パターン形成介在ニューロン，および運動ニューロンが識別される．各段階のニューロンは1個以上あるのが普通である．司令ニューロンには刺激性のものと抑制性のものが存在している (Stein，1971)．

細胞に集中し，そこが統合の中心となる．その結果として，この細胞での活性が発現する（もしくは消失する）ことで，運動活動が引き起こされるかどうかが決まる．したがって，司令ニューロンの活動が行動発現にとって必要かつ十分な要因である．司令ニューロンは通常，自らが運動リズムを形成する必要はなく，階層のつぎの段階に位置するパターン発生ニューロンに持続性の刺激を与えている．

ヒルでは，遊泳制御のための神経回路がほぼ完全に解明されている．そこでは，感覚受容からパターン化した運動出力発生までの経路において，2 つの段階で，司令機能をもつニューロンが同定されている．脳（食道下神経節）にある 1 対の「トリガー細胞」は，体中にある 150 以上の表皮機械刺激受容器からの入力を直接受けとり，体節神経節ごとに存在する一群の「ゲート細胞」を制御している．ゲート細胞は，一度刺激されると，トリガー細胞からの入力が途絶えたあとも活動を維持しつづける．一方，ゲート細胞はパターン発生細胞（階層構造のつぎの段階の細胞群）を活性化するが，活性化はゲート細胞が活動している間に限られている．

多くの運動系では，1 個の細胞（もしくは細胞のグループ）が，1 つの司令単位に対応しているわけではない（たとえば，図 16.32）．さらに，魚類や水生両生類においてマウスナー細胞 Mauthner's cell が司令ニューロンとして機能してはいるものの，この司令ニューロンという概念は脊椎動物一般にあてはまるものではない．

16.9.2 中枢のパターン発生器

司令ニューロンは行動を発現するかどうかを決定するが，それ自身は運動パターン形成の機能を担っているわけではない．通常，運動ニューロンもそのような役割はもたず，これら 2 つのニューロンの橋渡しをする介在ニューロンがその機能を果たしている（図 16.33）．ザリガニでは，個々の体節にある 1 個の非スパイク性介在ニューロンが膜電位を自発的に振動させている．脱分極とそれに伴う神経伝達物質の放出により，腹肢の有効打 power stroke にかかわる筋肉の運動ニューロンが活性化され，同時に回復打にかかわる運動ニューロンが抑制される．パターン発生に介在ニューロンがどのような役割を果たしているかを確認できるのは，膜電位の振動を実験的に加速したり減速したりすることにより，リズムがリセットされたときである．そのとき，ただ前のものに合わせてパターンを回復するのではない．他の介在ニューロンが，体節間の腹肢同士が継時リズム metachronal rhythm を示して協調して打つのを仲介している．

この階層構造は，いつもこれほどはっきりとしているわけではない．たとえば，軟体動物ヨーロッパモノアラガイ *Lymnaea* の CV 1 細胞は明らかに，摂餌行動の中枢パターン発生器 central pattern generator（CPG，中枢プログラム）に対する司令ニューロンとみなすことができる．しかしながら，CPG から CV 1 へのフィードバックがあり，これによって CV 1 の活性が変化し，CPG への作用の修飾がなされている．この場合，司令ニューロンもパターン発生機構の一部となっている．

神経ネットワークによるパターン発生には，活性化のきっかけが必要である．それは，司令ニューロンからの入力でもよければ，ネットワークの構成要素の 1 つ（もしくはそれ以上）による自発的活動でもよい．外部からの影響を排除した場合，CPG の出力特性は，個々のニューロンのもつ特性（たとえば固有の活動速度）とそれらの間でのシナプス結合の性質の両方によって決定されている（Box 16.9 参照）．

上述のパターン発生の原則は，ヒルの心臓の拍動制御系によく現れている．この系の CPG は，本質的には 2 個の交互に活性化されるニューロンでできた振動子であり（図 16.34），これは最も単純なものの 1 つで多くの無脊椎動物にみられる．2 つの要素は自発的に活性化し，交互に抑制効果を及ぼす．一方が他方をずっと支配してしまわないように，2 つの機構が用意されている．1 つは，活性化状態の細胞からのシナプス出力が時間とともに弱まり，相手方への作用が減少していくこと．もう 1 つは抑制された細胞内での自動的な跳ね返り効果である．これは，たとえば，過分極がある種のイオンチャネルの遅延活性化をもたらし，細胞を結果的に脱分極させるといった方法で，抑制後の再活性化を可能としている．

CPG を構成するニューロンの性質やシナプスでの相互作用を，神経伝達物質によって修飾することにより，多様なパターンの発生が可能となる（Box

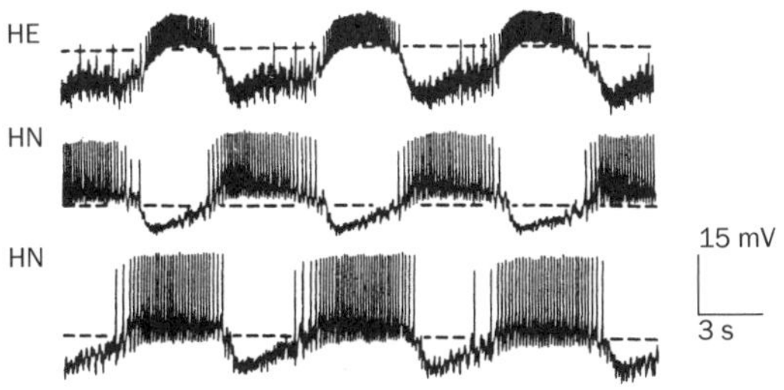

図 16.34　ヒルの心臓の拍動制御にかかわるパターン発生．互いに抑制作用を及ぼしあう2つの介在ニューロン（HN）と，これら上位の介在ニューロンによる抑制制御を受ける運動ニューロン（HE）におけるリズム活動の細胞内同時記録（Arbas & Calabrese，1987）．

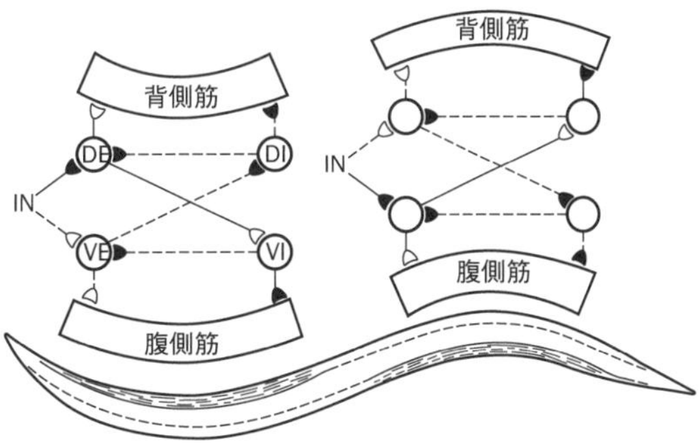

図 16.35　カイチュウ *Ascaris* の遊泳を制御する神経回路．遊泳では背側（左）および腹側（右）の筋肉の収縮が交互に起こる．IN：介在ニューロン，DE・VE・DI・VI：それぞれ，背側および腹側の興奮性と抑制性の運動ニューロンを示す．白抜き：興奮性シナプス，黒塗り：抑制性シナプス（Stretton ほか，1985）．

16.9）．同様に，パターン修飾はその発生にかかわる細胞のアイデンティティを変化させることによっても行うことができる．このような事実に沿うものとして，バローズ（Burrows）の発見がある．それによると，バッタの肢の筋肉に接続する1本の運動ニューロンには少なくとも12本の介在ニューロンが影響を及ぼしており，それらの組合せは運動ニューロンごとに異なっている．多様な活動パターンを発生する能力をもつ介在ニューロンの系が存在することで，個々の運動ニューロンがそれぞれ異なる用途に使用されたり，筋肉へ接続するニューロンが不必要に重複するのを防げるようになっている．

16.9.3　運動ニューロン

運動パターンの発生はしばしば介在ニューロンの受けもちとなるが，運動ニューロンの多くも密接な相互作用を示し，それを介して運動パターン発生にかかわっている．線形動物カイチュウ *Ascaris* では，5本の大きな介在ニューロンが体の全長にわたって伸び，遊泳のために持続的な刺激をつくり出している．体の各「体節」の背側筋へ伸びる興奮性運動ニューロンは，腹側筋への抑制性ニューロンを刺激すると同時に，それを介して腹側筋への興奮性ニューロンを抑制する（図 16.35）．また，腹側筋への運動ニューロンの活性化の場合も，同じような効果が生み出される．背側と腹側のニューロンの間で活性化が交互に起こり，それに伴って筋肉が交互に収縮する．このような振動の頻度とその強度は，介在ニューロンからの刺激の大きさに依存している．その他の細胞は体の隣接部域の橋渡しを行うリレーとしてはたらき，協調的な活動を生み出す．

運動単位 motor unit によってパターン発生が行われる場合には，運動単位が二重にあることが必要だと予測され，カイチュウ *Ascaris* において，予想の正しいことが実証されているようだ．なぜなら，カイチュウの前進遊泳を制御する運動ニューロンと，後退遊泳を制御する運動ニューロンとは，別のタイプらしいからである．このような重複はカイチュウにとって，ほとんど問題にならないだろう．なぜならそんなに多くの行動のレパートリーをもっていないからであり，同じような状況が無脊椎動物の多くの運動システムにあてはまるものと思われる．

受けとる入力に応じて，同じ運動ニューロンの組が異なる目的のために使用されるのだという規則は，逃避行動に用いられる運動単位ではかならずしも守られていない．イカの巨大軸索はジェット推進によるすばやい逃避行動を引き起こし，一方，それ以外の細い神経群は呼吸運動にかかわる筋収縮を制御している．ツリガネクラゲ *Aglantha* の逃避行動では，傘を1～3回激しく収縮させる．この行動は，下傘面の表面の下を走る8本の巨大運動神経と，それよりも細い側方運動ニューロンとによって仲介されるが，通常の遊泳では，この細い神経群だけが使われる．同様に，ザリガニの外側巨大軸索は，融通のきく flexible 逃避行動の発現に用いられる5～9本の「速伸筋」運動ニューロンに（1対の中央巨大神経を介して）興奮を引き起こすのみならず，定型的なテール・フリップ行動のためだけにとっておかれている（各体節にある1対の）巨大運動ニューロ

Box 16.9 神経中枢でのパターン発生の多用途性

神経ネットワークによってつくられるパターンと，ネットワークを構成している要素の活性は，神経系と内分泌系による修飾を受けることが可能である．

ホクヨウウミウシの仲間 *Tritonia* の遊泳用中枢パターン発生器 CPG の特徴の 1 つ（図(a)）は，内在性修飾 intrinsic modulation である．感覚刺激が，脳の両側に 1 個ずつある司令ニューロン（背側ランプ介在ニューロン dorsal ramp interneuron, DRI）を活性化する．DRI は自身でパターンを発生するのではなく，他の 6 個の介在ニューロンを刺激して，それらに遊泳パターンを発生させる．個々の介在ニューロンは，それ自身ではリズミカルな活動を行わないが，相互作用しあうことで運動パターンが形成される．5-HT（セロトニン）は背側遊泳介在ニューロン dorsal swim interneuron（DSI）の活動に伴って放出され，さまざまな効果を発揮する．5-HT は介在ニューロンのネットワークを再構成し，いろいろな行動パターンの発現レパートリーの中から，遊泳パターンの発生を可能にする．この現象は，その作動因子が神経系内に含まれることから，内在性修飾とよばれている．

ロブスターでは，口胃神経節にある神経ネットワークが 3 つの異なる CPG を形成し，それらがおのおの，胃の異なる 3 カ所の筋肉を制御している．たとえば，幽門部での筋肉の収縮パターンは，1 つの介在ニューロンと 13 個の運動ニューロンによって形成される（CPG では運動ニューロンが支配的になることはほとんどなく，これは例外的なものである）．少なくとも 9 種類の神経伝達物質が，他の神経節から伸びているニューロンから分泌され，口胃神経節からの出力に影響を与えている（図(b)）．この調節により，胃が，異なる消化段階の異なる食物に対処できるようになる．そのほかのネットワークは，それぞれが食道や胃咀嚼器のパターンを発生し，消化管内の異なる部域での筋収縮を制御している．他の神経節から発して口胃神経節にシナプス入力をもつ，1 対の噴門部抑制ニューロンが活性化すると，ネットワークが再構成され，燕下運動を引き起こす単一の統合リズムを発生するようになる（図(c)）．このような外在性修飾 extrinsic modulation では，神経システムの外部にある要素の影響がかかわっている．

同じようにして，タバコスズメガ *Manduca* の腹部神経節にある CPG は，幼虫や蛹に脱皮を起こす特徴的な行動パターンを発生する．成虫では，同じ神経システムによって，幼虫や蛹とは異なる，地中からはい出る行動パターンがつくり出される．しかし，胸部神経節と腹部神経節との連絡を切断すると，成虫の行動は幼虫や蛹のタイプに退行してしまう．明らかに，幼虫の時期に使用された神経システムが成虫でも保持さ

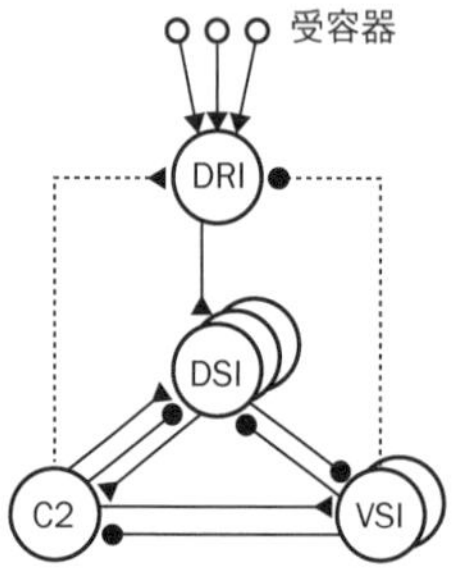

(a) ホクヨウウミウシの一種 *Tritonia* の逃避遊泳用運動パターン発生器．司令ニューロン(DRI)が持続的な刺激を発生し，3 つの背側遊泳介在ニューロン(DSI)，2 つの腹側遊泳介在ニューロン ventral swim interneurones (VSI)，および 1 つの C2 介在ニューロンによって遊泳パターンが形成される．DSI から放出される 5-HT がこの系の機能特性を修飾している（Frost & Katz，1996）

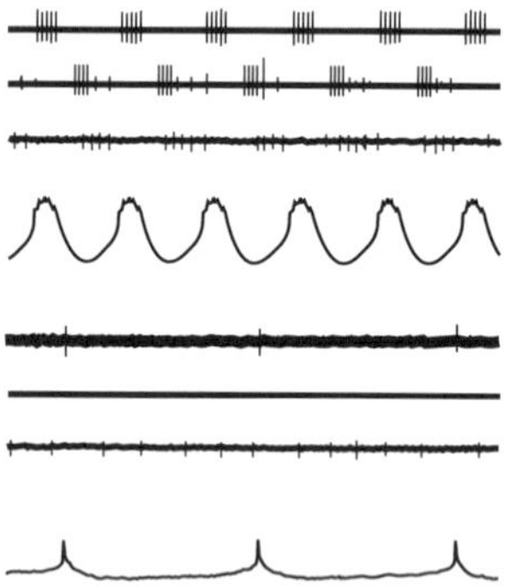

(b) ロブスターの口胃神経節の幽門部 CPG が発生する信号パターンに対する，連鎖神経節 commissural ganglion と食道神経節からのシナプス入力の影響．上部の記録は，通常のパターン（異なる 3 本の運動ニューロンからの外部誘導記録と 1 つの介在ニューロンからの細胞内記録）を示し，下部の記録はシナプス入力が加えられたときの活動パターンを示す（Harris-Warrick & Flamm，1986）

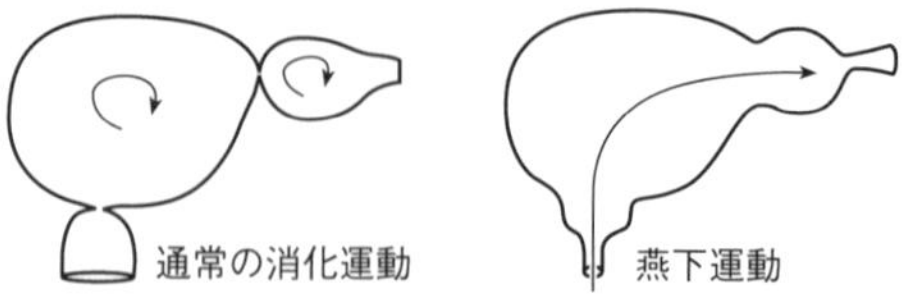

(c) 外在性修飾による口胃神経節機能の再構成．食道部，幽門部，胃咀嚼器のリズム発生に関するネットワークはそれぞれが独立して機能しているが，燕下運動を行うときには 1 つの統合リズムを発生するように再構成される（Meyrand ほか，1994）

Box 16.9　(つづき)

れ，新しい，より適当な一連の行動を引き起こすように調節されている*．これらの観察は，CPGのための神経システムはかならずしも「固定配線」hard-wiredされている必要はなく，その出力はシステムの駆動プログラムに依存して決まることを示している．

*　他の多くの場合のように，回路は物理的にリモデリングされている（Box 16.3参照）．

ンにも興奮を引き起こす．

16.9.4　神経筋接続

筋肉の収縮は，神経末端と筋細胞との間のシナプス（神経筋接合部 neuromuscular junction）での神経伝達物質の放出によって制御される（16.2.3項）．筋肉への神経接続のパターンにはさまざまなものがある．また，筋細胞上を伝播する活動電位の有無や，筋細胞間でのギャップ結合を介しての伝達の有無も，制御に関して重要なものである．

無脊椎動物の典型的な筋肉は（脊椎動物の骨格筋とは対照的に），複雑な複ニューロン神経支配 polyneuronal innervationを受けている．「意志決定」はしばしば末梢部に委ねられており，末梢部では相反する影響同士が衝突する．カニの抑制性神経は，興奮性の神経末端上に接続したシナプスから γ-アミノ酪酸 γ-aminobutyric acid（GABA）を放出し，興奮性の伝達物質であるグルタミン酸の放出を抑える（シナプス前抑制）．また，同じ神経が筋繊維上へもシナプス結合し，筋肉にもたらされた興奮を相殺する（シナプス後抑制）（図16.36）．

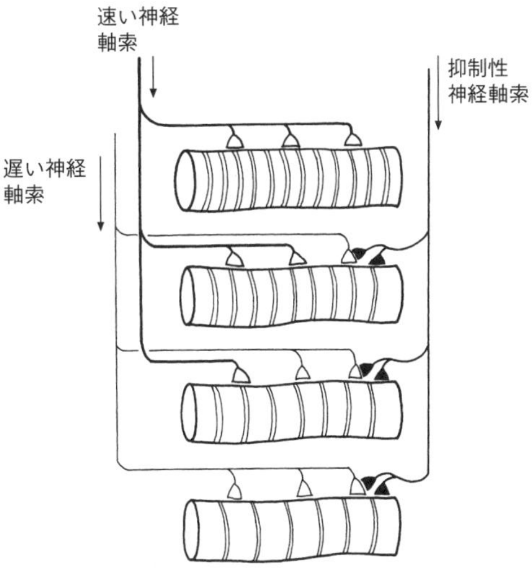

図16.36　甲殻動物における筋収縮の制御．カニの各筋肉は，異なった構造や機能をもつ筋繊維によって構成されている．即座に活動電位を発生して急激な張力の発生を行う筋繊維もあれば，おもに段階的な電位応答をし，ゆっくりとした張力発生を行うものもある．1本の速い伝導速度の神経が，分岐した軸索を，おもに収縮の速いさまざまな筋繊維に送り出している．細い神経繊維は神経終末を収縮の遅い筋繊維により多く送っており，繰り返し刺激により，収縮の促通 facilitation［訳注：2個以上の刺激を加えたとき，単独刺激の和より反応が大きくなること］がみられる．したがって，収縮の強さを調節するために，脊椎動物のように活性化する神経筋単位の数を増やすのではなく，筋繊維の収縮そのものを段階的に変化させている．

バッタの後肢伸筋は，4本の神経によって制御されている．2本の興奮性神経繊維と1本の抑制性神経繊維は，それぞれグルタミン酸とGABAを放出し，それに加えて，オクトパミンがDUM（dorsal unpaired median）ニューロンの末端より放出されて修飾作用をもつ．オクトパミンは，それ自身単独ではほとんど効果をもたない．おもな作用は筋肉に対してで，オクトパミンがない場合，筋肉は姿勢維持のために持続的な張力を発生するが，オクトパミンにより，移動運動に適したより強い収縮と速やかな弛緩を行う能力を発揮するようになる．ある種の昆虫の筋肉において，グルタミン酸とペプチドのプロクトリン（16.2.4項）は協働伝達物質 co-transmitterとして機能する．神経の活動が低レベルの場合にはグルタミン酸のみが放出されるが，繰り返し刺激が加えられている間には，両方の伝達物質が放出される．グルタミン酸は筋細胞を脱分極させ，単収縮様の収縮を起こすが，プロクトリンは膜電位に影響を与えずに，収縮が維持性になるようにする．

二枚貝の閉介筋はじつに粘り強い筋肉であり，何時間も，さらには何日にもわたって殻を閉じつづけられる．これは捕食されないための有効な防衛方法である．筋肉の収縮は興奮性のニューロンが活性化し，アセチルコリンが放出されることによって起こる．しかしいったん張力が発生すると，筋肉は「キャッチ」catch 状態となり（その間 O_2 消費は低下する），さらなる刺激が加えられなくともその状態が維持される．キャッチ状態の解除は，抑制性の神経が活性化することによって行われる．その際，5-HT が神経伝達物質として作用するようだが，キャッチ解除ペプチド catch-relaxing peptide (CARP) もこの制御にかかわっている可能性がある．

直接飛翔筋をもつ昆虫では，神経繊維の発生するインパルスに同期して収縮が起こる（10.6.2 項）．対照的に，特別仕様の間接飛翔筋をもつ昆虫，たとえばハエでは，翅の振動数は 1000 回/秒にも及ぶが，神経や筋細胞での活動電位の発生は 5〜10 回/秒程度である．この場合，収縮と弛緩は筋繊維内部の「反射反応」によるものであり，反射は筋肉が引っ張られることにより引き起こされる．神経は筋細胞に持続的な効果をおよぼして筋肉を「活動状態」active state にするだけである．

クモヒトデでは，「傍靱帯神経細胞」juxtaligamental nerve cell が結合組織に入り込み，その硬さを調節している．伝達物質様の物質が，結合組織の細胞外基質の特性を変化させ，基質中のコラーゲン繊維同士を滑りやすくしたり，滑りにくくして結合組織を硬くする．おそらくこの機構は，棘皮動物のもつ，重い石灰質の骨片をうまく扱うための適応であり，じつに素晴らしい運動系だと驚くほかはない．

16.10 化学コミュニケーション

16.10.1 化学コミュニケーションのさまざま

神経伝達物質はニューロンによって分泌される物質であり，影響を及ぼす相手の細胞のすぐ近くで分泌されるのが典型的である．その結果，神経が効果をおよぼす範囲は，空間的にも時間的にもかなり特定されたものとなる．対照的に，ホルモンは遠くにある細胞に対して，血液や他の体液によって届けられる化学メッセンジャーである．多くのホルモンは，ニューロン（神経分泌細胞，Box 16.10）によってつくられるが，他のホルモンは非神経細胞によってつくられ，それらの細胞は集まって腺となることがよくみられる．ホルモンを分泌する腺は内分泌腺とよばれる．腺の生成物が体内の循環系へと分泌されるからである．一方，粘液や酵素を分泌するような外分泌腺では，生成物は体外，しばしば排出管へと放出される．

神経のはたらきを電話にたとえるとしたら，ホルモンは拡声器に相当するかもしれない．ホルモンはしばしば体内の広範囲にわたってその影響を及ぼす．しかし，これはホルモン機能の特異性が低いことを意味しているわけではない．標的となる細胞が対応する受容体分子をもっていることにより，ホルモンの作用は特異的に発揮される．たとえば，異なる範疇の色素細胞は（たとえ同じ色の色素胞をもっている場合であっても）それぞれに異なるホルモンに対して感受性をもつ場合がある．

「フェロモン」pheromone とよばれる物質もあり，これは，外部環境に放出されることで同種の異個体に対して重要な作用を及ぼす*．フェロモンは，原生生物のレベルから社会性昆虫までの広い範囲でみられ，原生生物では粘菌アメーバの凝集を促すし，社会性昆虫とはまさに Wilson (1975) が形容したように，「歩く外分泌腺の一群」といっていい．

16.10.2 質と量

ある器官を内分泌器官として認めるには，多くの判定基準を満たす必要がある．まとめると，外科的にその器官を取り除いたときに，その器官から放出されるホルモンが引き起こすと思われる影響が消えてしまうこと．このとき，他の器官を取り出しても，何の影響もないこと（これは対照実験となる）．また，交換実験で失われた影響が元に戻ること——すなわち，取り出した器官（他の対照器官ではなく）の再移植やそれからの抽出液を注射することで影響が回復すること．この規準は並体接合 parabiosis や移植というやり方でも満たすことができる（図 16.37）．でなければ，細胞や器官をインヴィトロ（ガラス容器内）*in vitro* で培養する方法もある．培養しているものに，内分泌腺やそれからの抽出液を加えて，その効果を確かめることができ

* 個体間の相互作用を仲介するものを情報化学物質 semiochemical (semio は信号の意味) とよぶ．情報化学物質のうちでも，同種内の個体間ではたらくものをフェロモン，異種間ではたらくものをアレロケミカル allelochemiacal とよぶ．

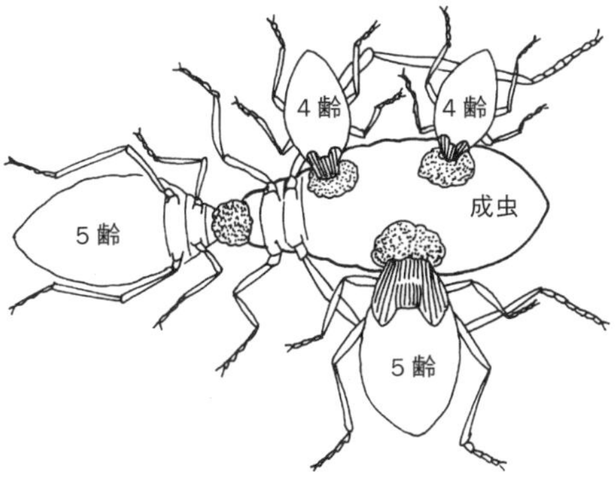

図 16.37　5齢および4齢の幼虫が2匹ずつ，サシガメ *Rhodnis* の成虫に並体接合され，循環系を共有している（接合部はワックスで濡れないように封じてある）．幼虫は脱皮と幼若化のホルモンを出して，成虫に再び脱皮を起こさせる．その際に，成虫では幼若化した形態への退行がみられる（Wigglesworth, 1940）．

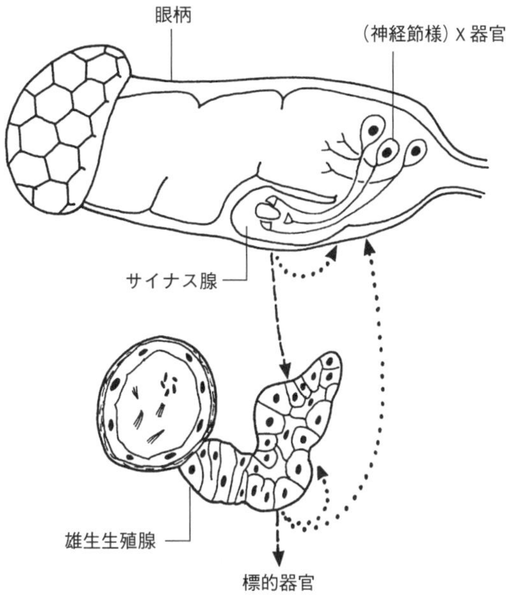

図 16.38　甲殻動物の神経内分泌系．外部環境の影響や体内からの刺激のもとで，眼柄にある神経分泌細胞（神経節様の X 器官を構成している）によって多くの種類のホルモンが生産される．ホルモンは神経軸索を通って神経血管器官（サイナス腺）に輸送され，血液中に放出される．1つのホルモンは輸精管に接する雄生生殖腺に抑制効果を及ぼす．雄生生殖腺の分泌するホルモンは精子形成を促し，2次性徴（たとえば大きな鋏）を発現させる．このほかにも，フィードバック効果もあり得て，短いループと長いループを点線で示した．

る．最終的には，腺をすりつぶしてそれから関与している分泌物質を抽出精製し，その化学構造を決定しなければならない．

分泌腺や組織抽出液もしくは血液などに含まれるホルモンの量を決定するには，高感度の定量法を開発しなければならない．エクジソン ecdysone（節足動物の脱皮を促すステロイドホルモン，16.11.5項）に関しては，カールソン（Karlson）により開発されたクロバエ *Calliphora* テストが用いられてきた．ハエの幼虫の体を縛ってその部分にホルモンがこなくなった部位をつくり，そこにテストするホルモンを与えて幼虫に蛹化が誘導されるかを調べるものである．最近では，ラジオイムノアッセイ radioimmune assay が広く用いられている．エクジソン-タンパク質複合体に対する抗体は，放射標識されたエクジソンと結合する．結合する量は，同時に存在する標識されていない物質の量に依存する（両者が結合部位に対して競合する）ため，測りたいエクジソンの量（標識していないエクジソンの量）が測れることになる．

16.10.3　神経内分泌系

神経系と内分泌系は体の中でそれぞれ単独で機能しているわけではなく，両者が統合された複雑な神経内分泌系が構成されている．これに関して，神経分泌細胞がしばしば重要な役割を担う（Box 16.10）．感覚を受容し，それを介在ニューロンによって統合し，効果器を制御するという反射経路において，ホルモンがかかわるのはその最後の段階だろう．高等な無脊椎動物において，内分泌系は階層構造をなしていることがあり，「第1次」内分泌細胞の分泌物が「第2次」の要素の分泌活性を制御し，それがさらに次の…となっている．この系のさまざまな階層においてフィードバックループを形成することにより，系の活性を制御することが可能となる（図 16.38）．神経もシナプス接合を介して，非神経性の内分泌腺の調節を行うことがある．

16.10.4　ホルモンの作用機構

ペプチドホルモンは，標的器官の細胞膜の受容体分子により仲介される（前脳腺刺激ホルモンの例は 6.11.5 項参照）．受容体が活性化され，それは，2次メッセンジャーの濃度変化を引き起こし（16.1.3項），典型的な例では，その細胞の代謝経路を活性化する．それに対してステロイドホルモンは細胞の

Box 16.10 神経分泌

エルンスト・シャラー (Ernst Scharrer) は，ある種の神経細胞 (神経分泌細胞) はニューロンとしての特性と内分泌腺細胞としての特性を併せもっているという考えを提出した．ベルタ・シャラー (Berta Scharrer) やハンストロム (Hanstrom) らは，このアイデアを無脊椎動物について検討し，そのような細胞が広く存在していることを明らかにした．とくに，昆虫を用いた研究により，この仮説の決定的な証拠が出された．

神経分泌細胞の細胞体は，典型的には，中枢神経系の中で密集した集団となって神経節様の神経核を形成している．細胞体から伸びた軸索は，血管と近接する場所で膨らんだ神経末端を形成する．この末端部分は，凝集してはっきりした構造である「神経血管器官」neurohaemoral organ を形成する場合もあれば，神経節や神経の表面にある「神経血管接合部」neurohaemoral area と交わるように伸びている場合もある．神経分泌物質は細胞体でつくられ，軸索を通って先端に運ばれ，末端部分に蓄積される．電子顕微鏡で観察すると，分泌物質が他の神経にみられるような微小な分泌顆粒を形成しているのがわかる (16.2.4 項)．

神経分泌細胞は自発的に活性化したり，シナプスか

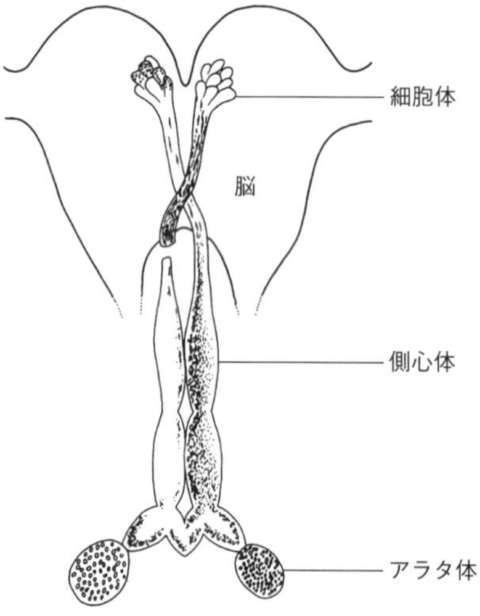

(a) 無脊椎動物の神経分泌に関する古典的な研究．マデラゴキブリ *Leucophaea* では，脳にある細胞体から軸索を通して分泌物質が運ばれる．軸索を切断すると，分泌物質は切り口の上流部分に集まるが，それより下流には届かない．側心体とアラタ体は脳にある神経分泌細胞の神経血管器官であり，これらは独自の intrinsic 腺細胞ももっている (Scharrer, 1952)

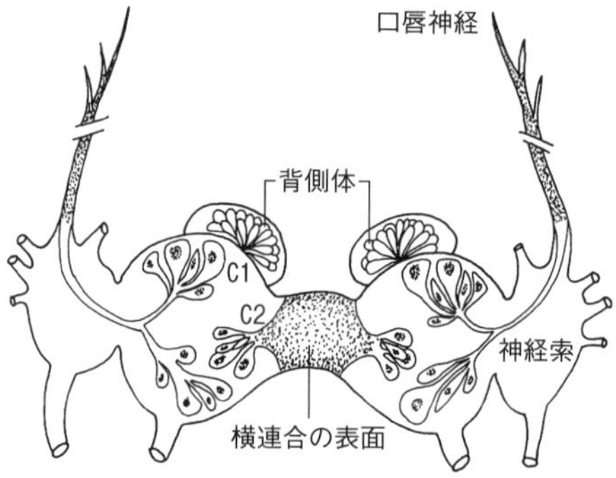

(b) 軟体動物ヨーロッパモノアラガイ *Lymnaea* の脳神経節では，神経束が2種の神経分泌細胞から発し，それぞれ，横連合の表面と口唇神経 lip nerve にある，神経血管接合部に伸びている．C1：成長の制御にかかわる「薄緑」細胞，C2：産卵の制御にかかわる「尾背側」細胞，「背側体」dorsal body は非神経性の内分泌腺で，生殖腺刺激ホルモンを分泌する (Joose & Geraerts, 1983)

らの刺激に応じて活性化したりする．活性化すると，活動電位が軸索を伝わっていって末端部分で Ca^{2+} の流入を引き起こし，それによってホルモンが血液中に放出される．神経分泌物質の放出はエキソサイトーシスによって起こり，この過程はノーマン (Normann) によって 1965 年に，無脊椎動物，とくにクロバエ *Calliphora* の研究を通してはじめて明らかにされた．

研究が進むにつれ，神経分泌細胞と「通常の」ニューロンとの区別がはっきりしなくなってきている．神経分泌細胞によく似た細胞が，循環系をもたない刺胞動物や扁形動物でも発見されている．高等な無脊椎動物でも，神経分泌細胞としての機能 (すなわちホルモンの放出) をもっていると認められてはいても，神経分泌細胞特有の細胞学上の特徴をもたないニューロンのあることが知られている．逆に，神経分泌細胞と同じ細胞学上の特徴をもちながら，神経分泌細胞としての機能をもたないものもある．後者の場合は，細胞は循環系に対して分泌物質を放出するのではなく，軸索を伸ばして標的となる細胞と直接接触している．1つのニューロンが，中枢神経系ではシナプスから神経伝達物質を放出し，さらに同じ物質を神経血管接合部の末端から血液中にも放出してそれが，ホルモンとして作用することもある．その例として，ロブスターの支配/服従姿勢 dominant/submissive posture 制御にかかわるオクトパミンがあげられる．

神経分泌細胞と神経細胞とが本質的に類似していることは，ペプチドが分泌されるという現象によっても

Box 16.10 （つづき）

示されている．ペプチドの分泌はもともと，神経系において神経分泌細胞に限定された現象と思われていたが，今や多くの，おそらくは（通常の神経伝達物質をつくるニューロンを含めて）すべてのニューロンにそなわった機能だと認識されるようになってきた．

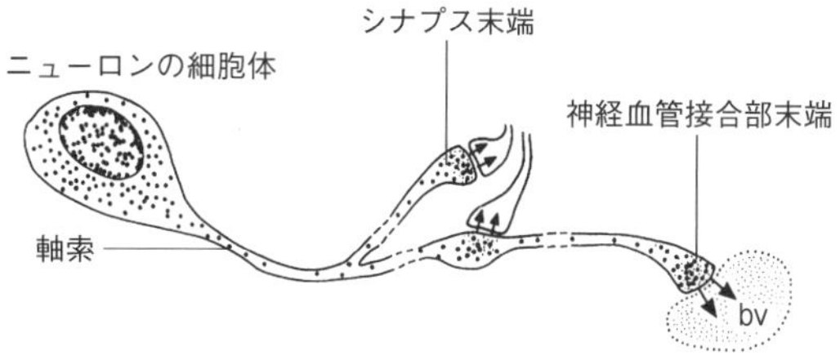

(d) 神経分泌に関する現在の概念．神経分泌細胞は神経血管接合部にある末端から血管（blood vessel：bv）に対してホルモンを放出し，中枢神経系にある通常のシナプス接合部では神経伝達物質を放出する（Golding & Whittle, 1977）

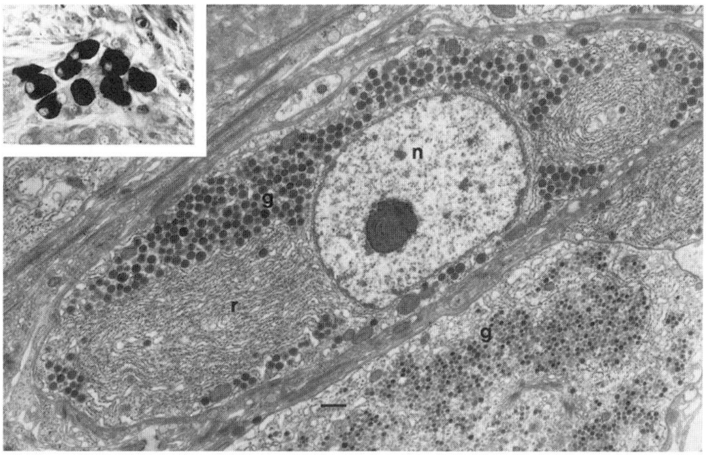

(c) ミミズの仲間 *Lumbricus* の神経分泌細胞の電子顕微鏡写真．分泌物質が非常に多くの微小な分泌顆粒（g）を形成している．隣の細胞には違うタイプの分泌顆粒があることに注意．n：核，r：粗面小胞体，横棒（中央下）は 1 μm（Golding & Pow, 1988）．挿入写真：環形動物マダラウロコムシ *Harmothoe* の脳にある神経分泌細胞の光学顕微鏡写真．細胞質が分泌物質でいっぱいになっている．非染色部分が核に相当する（Golding, 1973）

中へと入りこむが，それは拡散と，一部は特別な取込み機構による．エクジソンの場合，機能的な受容体は核に存在し，いわゆる受容体分子（EcR）とウルトラスピラクル ultraspiracle タンパク質（USP）から構成されるヘテロ二量体である（それぞれの分子単独では，エクジソンとの結合能が低い（EcR）かまったくない（USP））．活性化された受容体は，引きつづいて遺伝子機構に作用する．

ハエはステロイドホルモンの作用機構を研究するうえで有用な材料であるが，それはハエの唾液腺が通常のものよりも 10 倍長くて 100 倍太い「巨大」染色体をもっているためである．発生の過程で，染色体上にみられるさまざまなバンドが大きく膨らむのが観察される．そのような膨らみ「パフ」は，RNA 合成をさかんに行っている活性化された遺伝子の位置を示している（図 16.39）．実験的にエクジソンを与えることによって，通常の脱皮に先だって染色体にみられるのとまったく同様に，早いパフ群と遅いパフ群が時間をおいて特定の順番で出現するのが観察される．アシュバーナー（Ashburner）らの解析によると，最も早いパフはエクジソン投与後 5 分以内に現れる．これはエクジソン単独の作用によるものである．遅いパフは，早いパフを示した遺伝子由来のタンパク質の作用で出現する．単一

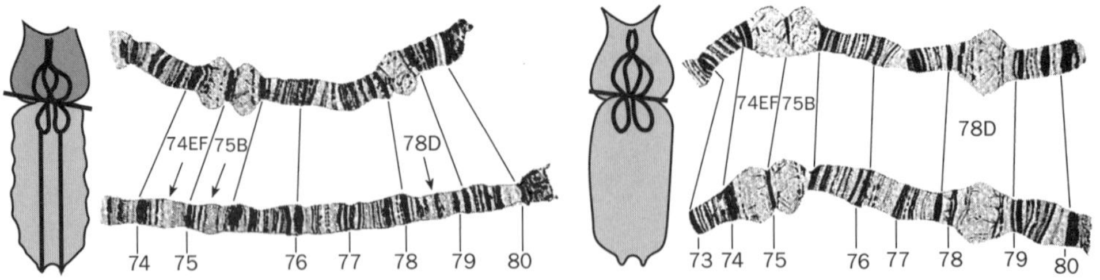

図 16.39 初期の最終齢幼虫（エクジソンが血液中に放出される以前）を結索すると，通常のパフ形成パターン（左上の染色体にみられるもの）は結索部よりも前側にのみみられ，後側にはみられない．その時期を過ぎてからの結索では，結索の後部でもパフ形成が起こる（右側の2本の染色体）(Becker，1962)．

（もしくは少数）の染色体上のバンドを切り出すことができ，エクジソン感受性遺伝子のヌクレオチド配列が同定されている．

16.10.5 フェロモン

最初に同定されたフェロモンはカイコ *Bombyx mori* の雌から分泌される物質ボンビコール bombykol であり，これはブテナント（Butenandt）と彼の協働研究者によって達成された．彼らはこの物質の同定のために約50万個のカイコ腹部神経節を使った．驚くべきことに，雄の触角の嗅覚受容器は，たった1個の分子でも検出可能だと思われており，200分子で行動反応を引き起こすには十分である．雄は特徴的なジグザグの運動パターンをとりながら風上に向かう（図16.41）．昆虫からだけでもすでに数百のフェロモンが同定されており，GC（ガスクロマトグラフィー）と触角電位を組み合わせた測定系（図16.42）の導入により，その発見のペースが加速されている．たとえば，雌のガの体内にある多くの揮発性物質のどの成分がフェロモンとして作用するのかを同定するために，サンプルを

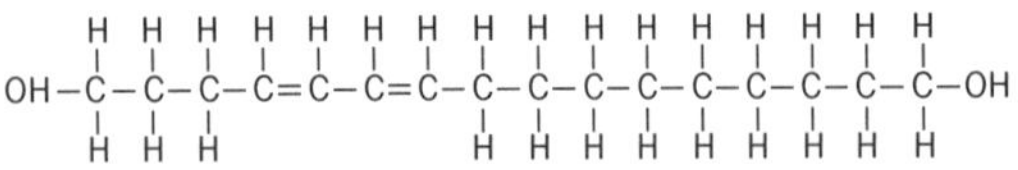

図 16.40 フェロモン「ボンビコール」の分子構造

GCカラムに通して分離し，成分ごとに2つに分け，一方をGCの検出器に通し，同時にもう一方を記録電極に接続された触角に与える．双方の出力を比較することで，ピンポイントでフェロモンを探し出すことが可能となる．その後，質量分析器によって，物質の化学的な同定が行われる．今や，フェロモンレベルの検出ができるポータブルの触角電位計が売られており，温室内の害虫駆除に用いられている（16.12節）．

最近の研究によって，成分のブレンドが重要であることがわかってきた．化学物質のある組合せが（たとえば異性誘引剤として）最初の効果を引き起こすのかもしれない．もしくは，組合せの中の，ある物質が主要な長距離作用（たとえば誘引作用）をもち，もう1つの物質が接近時での効果（たとえば交尾行動のリリーサー）を担っているのかもしれない．ボンビコールの場合は，飛行を抑制する作用をもつもう1つの似た物質（ボンビカール bombykal）と一緒に分泌される．ある種のガの雄は近距離まで近づくと，自身，刺激されて，雌の応答を引き起こす性フェロモンを分泌する．

フェロモンは，社会性昆虫における階級（カースト）構造を統制するうえでも重要である．最もよく知られた例は，ミツバチの女王が大顎腺から分泌する女王物質である．その中の2つの成分（9-オキシ

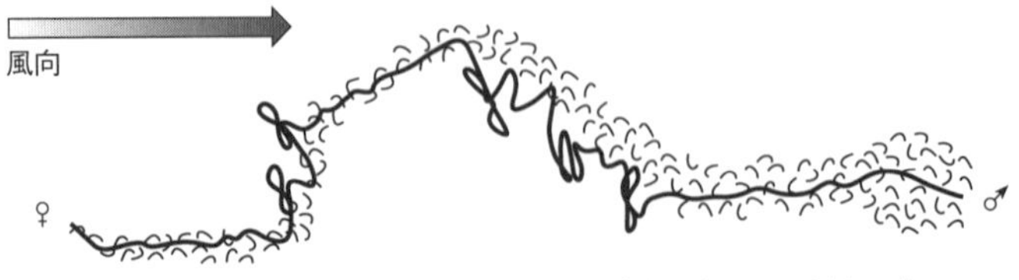

図 16.41 雌が放出するフェロモンの煙を追うようにして風上に向かう雄のガの飛行経路（実線）(Doving，1990)．

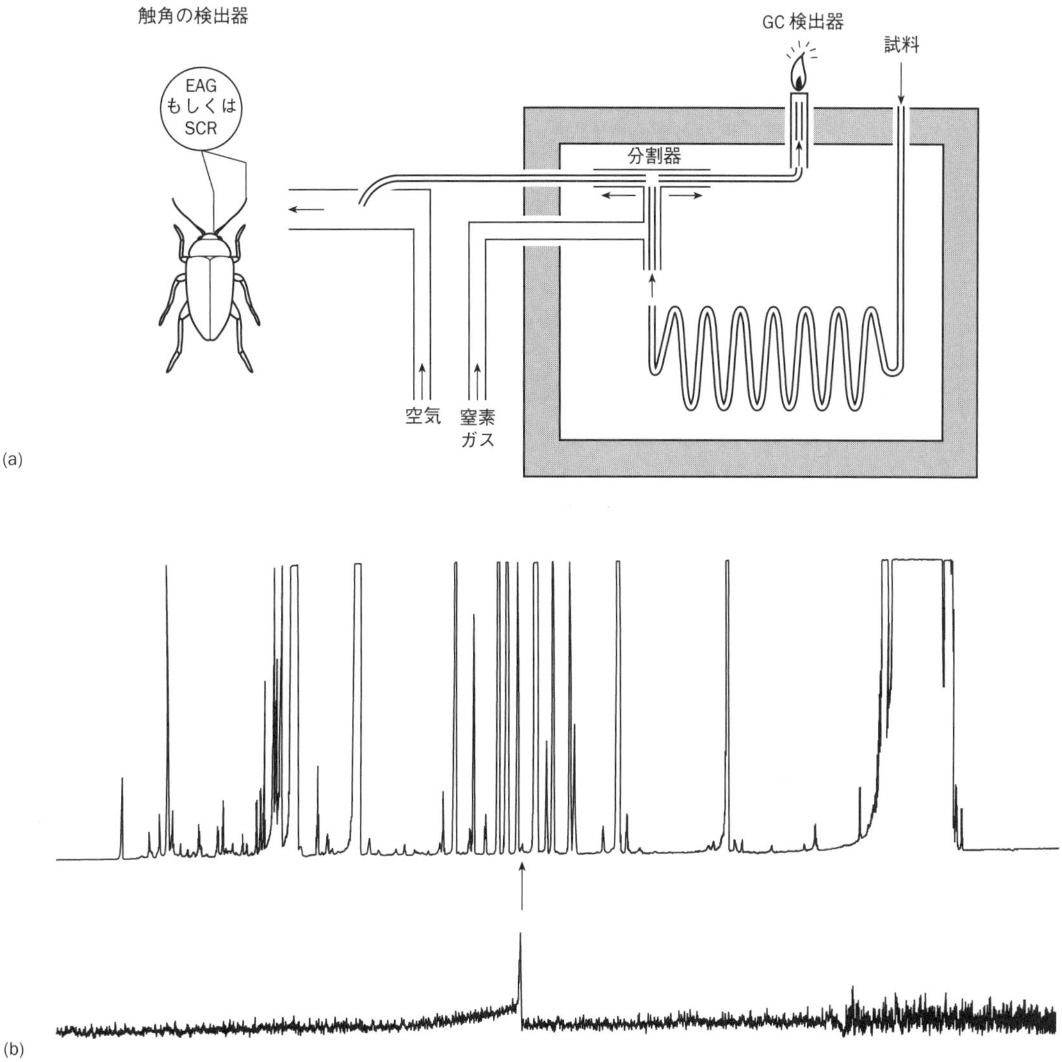

図 16.42 (a) ガスクロマトグラフィー (GC) と触角電位 (EAG) か単一細胞記録 (SCR) を組み合わせた測定系 (Angelopoulos ら, 1999). (b) ウイキョウの揮発成分の GC 検出結果 (上部) と, それに対応するキスイモドキの仲間 (raspberry beetle) の嗅覚細胞の応答 (下部) (IACR-Rothamsted の Chistine M. Woodcock 博士提供).

デカン酸 9-oxydecanoic acid と 9-ヒドロキシデカン酸 9-hydroxydecanoic acid) がプライマー効果をもち, はたらきバチの生殖腺の発達を阻害するとともに, 王台 (その中で幼虫が女王に成長する特殊な巣穴) をつくるのも阻害する. 女王を巣から取り去ると抑制作用が取り除かれ, 生殖能力をもつ雌が現れ, 古い女王に取って代わる. 同じ物質がリリーサーとしての活性ももち, 異性誘因や分封の際に重要なはたらきをする.

多くの共生生物の間の関係は, アレロケミカルを仲介として成り立っている. さらに昆虫では, 同種の個体間ではフェロモンとして作用する物質が, 異種の個体に対してはアレロケミカルとしてはたらくことがあり, たとえば, その物質が寄生生物を引きつける. ホルモンにおいても同様で, 寄生生物が宿主の内分泌シグナルを利用しているらしい. 「一致者」は宿主のシグナルに同調し, 自分の成長を宿主の成長に合わせている. 「調節者」は自分の都合がよいように宿主の内分泌体制を操作している. たとえば, 寄生生物が宿主の循環系に幼若ホルモン (16.11.5 項) を分泌することで宿主の幼虫時期を延長し, 最適な栄養条件を長引かせることがある.

そのほか，ガの性フェロモンの合成を活発にする神経分泌ペプチドや，神経伝達物質（もしくはホルモン）と同時にフェロモンとしても使われる多くの物質が，化学コミュニケーションの例としてあげられる．

16.11 内分泌系の役割

ホルモンは，無脊椎動物中で繰り広げられる多くの過程の調節に関与している．以下に違ったタイプ例をいくつか紹介する．

16.11.1 ゴカイ *Nereis* における生殖と老化の制御

ゴカイの内分泌調節パターンは比較的単純で，同じようなパターンが紐形動物や他のいくつかの無脊椎動物にもみられる（ただし，他の多くの環形動物ではみられない）．ダーション（Durchon）がはじめて示したように，ゴカイの脳（図 16.43）を除去するとゴカイは早熟になる．生活環の最終段階において，ゴカイの種のほとんどのものでは変態してヘテロネレイス型となるが（これは海表面での集団放卵/放精に適した形態である，図 4.57），この過程も脳からのホルモンによって抑制されている．しかし，同じホルモンが体節を増やしていく過程にも欠かせない機能をもつ（15.6.3 および 15.6.4 項参照）．

早い時期に脳の除去を行うと卵細胞が退化し，変態は不完全なものとなる．これは，このホルモンが二重の機能をもつことを示唆している．1つは促進性で，体の成長や初期の配偶子形成を維持している．もう1つは，発生の最終段階にいたる過程を抑制する作用である．このホルモンの分泌速度の低下により，変態が協調的に起こり，同時に配偶子が成熟する．成熟した配偶子から分泌される物質が脳の内分泌活性を低下させ，配偶子形成を加速させるなどの正のフィードバック効果をもたらす．

性的な成熟は体の老化を伴っている．それは，餌をとらなくなることや，後部の体節の再生能力が減少することなどに現れてくる．放卵/放精を終えた個体は，すぐに死んでしまう．しかし，若い個体から取り出した脳を移植して実験的に脳ホルモンのレベルを上昇させると，放卵/放精が抑制され，摂餌や再生能力を取り戻し，生命が永続する．

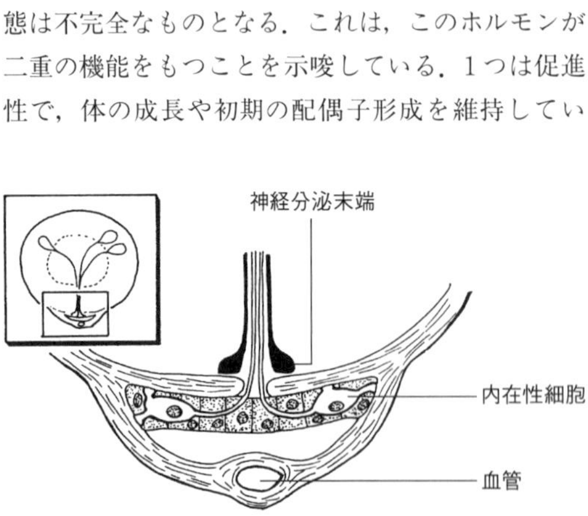

図 16.43 ゴカイ *Nereis* の脳（挿入図）と下脳腺 infracerebral gland．脳にある神経分泌細胞の軸索は脳底に末端をもつ．他の細胞（内在性細胞）は分泌腺内部にある（Golding，1992）．

16.11.2 甲殻動物における体色変化の調節

生体の機能には，単一のホルモン分泌によるのではなく，拮抗作用をもつ複数の因子のバランスによって調節されるものがある．糖の代謝や，塩類と水のバランスなどの多くはこのような方法で調節されており，これらによって内分泌効果の急速な逆転がもたらされる．

甲殻動物では，体色の変化は生理的な特徴をもち，色素の量を変えずに，細胞内での色素顆粒の「移動」によってなされている．色素胞とよばれる細胞は，位置や形を変えることはない．色素胞の調節にかかわるホルモン（そのうちのいくつかは，眼柄にあるサイナス腺から放出される，図 16.44）は，外部環境からの刺激（背景の明るさなど）に応じて分泌される．また，概日リズムや潮汐周期に応じて分泌されるものもある．調節には通常，2つの拮抗的なホルモンが関与している．1つは色素顆粒を拡散させる作用を，もう1つは凝集させる作用をもつ．しかし，1種類の色の色素胞に対して複数の因子が調節を行っている場合があり，それによって異なる体色パターンの発現が可能となる．ホルモンは網膜色素の移動にも影響を与え，複眼（図 16.22(b)）での視覚の生理機能の変化を媒介している．

16.11.3 軟体動物における放卵/放精行動の統合

神経分泌細胞によるペプチドの分泌では，1種類のペプチドだけではなく，通常複数の物質の「カクテル」が分泌される．これは，行動発現にかかわる神経ネットワークや他の器官の機能に協調的な影響を及ぼすための適応である．アメフラシ *Aplysia* では，産卵ホルモンが嚢細胞 bag cell から血液中に分泌され，これが卵巣からの配偶子放出を誘導する．このホルモンは同時に脳神経節を刺激し，産卵行動を誘発する．嚢細胞が産出するもう 1 つのホルモンである α-嚢細胞ペプチドは神経血管複合体にある神経末端を刺激し，活性化される神経末端の数を最大限に増加させる．ほかにも嚢細胞には，腹部神経節にある特定のニューロンに作用を及ぼすホルモンも存在し（図 16.45），これらのニューロンが活性化することにより，心臓や鰓，さらには生殖管の機能が影響を受ける．

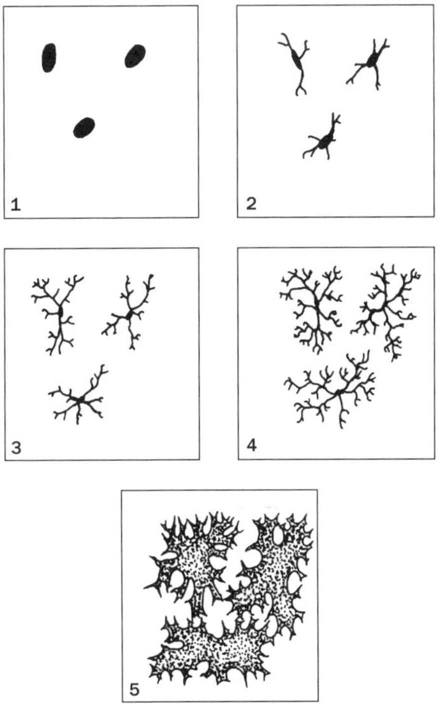

図 16.44　色素胞．数字は色素顆粒の拡散の程度を相対的に示したもの．

16.11.4　ヒトデにおける内分泌カスケードの開始

成熟したヒトデの体腔に，放射神経の抽出物を注射すると産卵が誘発される．奇妙なことに，産卵誘起に関するホルモン（生殖腺刺激物質 gonad stimulating substance，GSS）は放射神経や神経環の全体にわたって存在している．この物質の合成と放出を行う部位，および体腔液が組織への輸送に使われ

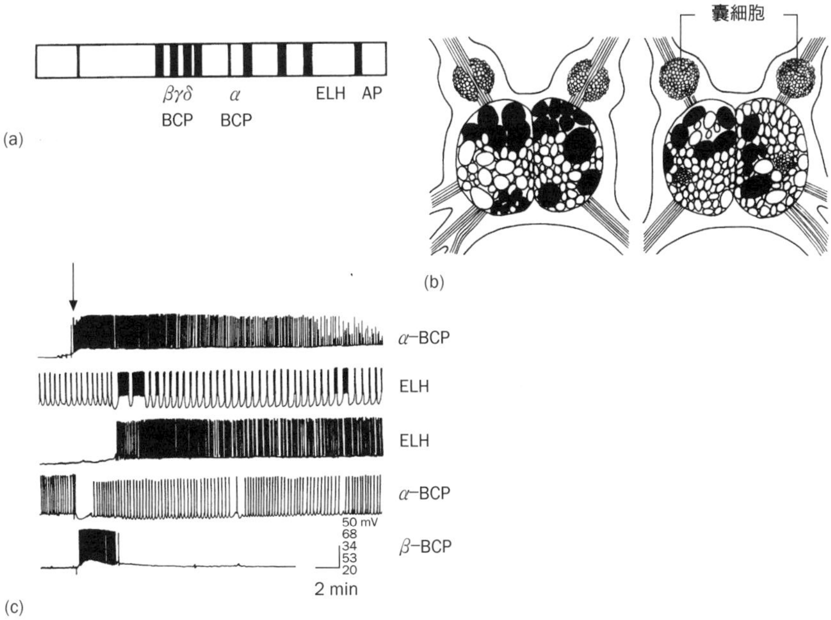

図 16.45　嚢細胞とその産生ペプチド，およびアメフラシの一種 *Aplysia californica* の腹部神経節でのそれらのペプチドの作用．(a) プロペプチドとその中に含まれる既知の分泌物（16.2.4 項参照）．BCP：α-，β-，γ-，および δ-嚢細胞ペプチド，ELH：産卵ホルモン，AP：酸性ペプチド．(b) 嚢細胞群とその分泌物に応答する同定ニューロン（黒塗りの細胞）の位置．左：背面，右：腹面．(c) 特定のニューロンの電気活動に対する種々の嚢細胞ペプチドの効果．矢印の時点でペプチドを添加した（Mayeri & Rothman, 1985）．

ているかどうか，についてはいまだ結論は出ていない（合成部位は，たぶん神経の表面直下にある支持細胞だろう）．

GSS は卵巣内での卵成熟を引き起こす．この作用は，卵巣断片を用いた実験でも確認され，これは GSS が直接卵巣に作用することを示している．実際に GSS は卵巣の濾胞細胞での 2 次物質の産生と放出を促進する（図 16.46）．2 次物質は減数分裂誘導物質 meiosis-inducing substance（MIS）であり，金谷晴夫によって，非常に単純な物質である 1-メチルアデニンであることが示された．

MIS は内分泌と旁分泌 paraendocrine の奇妙な組合せの役割をもつ．旁分泌作用として MIS は，細胞間の隙間を拡散していき，卵母細胞膜の受容体分子に結合し，第 3 の物質である成熟促進因子 maturation promoting factor（MPF）の合成を促す．MPF は卵成熟を促すとともに，濾胞外被を壊して卵が放出されやすくする．内分泌作用として MIS は，体腔液中を拡散していき，筋肉を刺激して収縮させることにより放卵を助ける．またある種では MIS が哺育行動を引き起こす．雄では MIS は精子の活性化と放精を誘導する．

ヒトデの生殖の内分泌学として出発した研究が，さらに進んで，細胞分裂の知見の基盤を形成するうえで重要な貢献をしてきた．MPF は，今や「M 期促進因子」M-phase promoting factor を意味している．その実体は，サイクリン B と cdc 2 タンパク質との複合体であり，すべての真核生物において細胞分裂の制御を担っている．未熟の卵母細胞では，MPF のほとんどが不活性型となっている．G タンパク質とリンクした 1-メチルアデニン受容体が活性化することで MPF は活性型となる．この変化には 2 つの経路があり，1 つは MPF の活性化因子を刺激する経路であり，もう 1 つは，不活性化因子を抑制する経路である．これらの活性化因子と不活性化因子への，活性型 MPF による 2 次的な正のフィードバック作用が，MPF の効果を増強する．さらに，卵核胞の内容物による同様の 3 次的な作用もある．

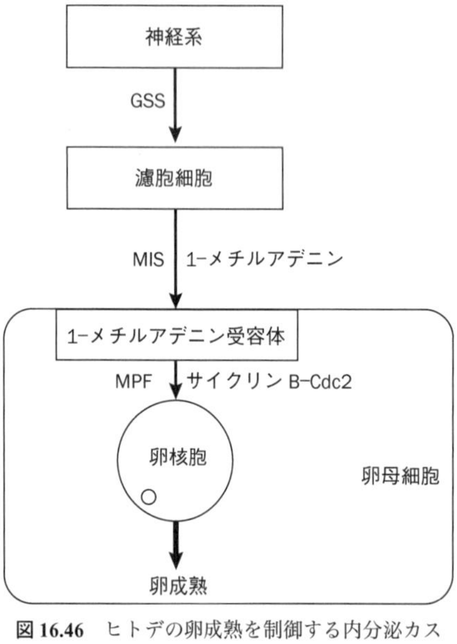

図 16.46 ヒトデの卵成熟を制御する内分泌カスケード．1 次（GSS），2 次（MIS）および 3 次（MPF，サイクリン B-cdc2 タンパク質複合体）の媒介者を示す（Kishimoto，1999）．

16.11.5 昆虫における内分泌オーケストラ

脳の重要性は最初にコペック（S. Kopec）によって 1917 年から 1923 年にかけて明らかにされた．マイマイガ *Lymantria dispar* の幼虫が蛹になるためには，最短でも，ある期間（脳臨界期 head critical period）は脳からの影響を受ける必要がある．この現象にかかわるホルモンは，前胸腺刺激ホルモン prothoracicotropic hormone（PTTH）（Box 16.11）であり，これは生活環の各段階での脱皮に不可欠のホルモンである．サシガメ *Rhodnius*（図 16.37）では，餌である血液を吸い込んで腹部が膨れることが PTTH 分泌の引き金となる（空気で腹部を膨らませても「騙されて」ホルモンが分泌される）．タバコスズメガ *Manduca sexta* においては，体重が閾値以上になることが必要であり，分泌は概日リズムによって支配されていて，脳にある時計機構（16.7.4 項）により，夜間にだけ分泌が起こる．

サシガメでは，PTTH の分泌は幼虫の間の脳臨界期を過ぎても，さらには成虫になってもつづく．このことは，PTTH にはまだ知られていない何らかの役割があることを示している．

前胸腺のもつ役割は，ヤママユガの一種，セクロピアサンの蛹を用いた実験によって明らかにされた．単離した腹部は，そこに活動状態にある脳を移植しても脱皮をしないが，脳と一緒に不活性な前胸腺を移植することで発生が進行する．このことは，PTTH が前胸腺もしくはその相同器官を刺激し，

Box 16.11　無脊椎動物ホルモンの聖盃：昆虫の脳ホルモン

昆虫の脱皮と発達が脳の内分泌活動に依存していることを確立したコペックの仕事（16.11.5項）と，それにかかわるホルモン（今やPTTHだとわかっている）の化学構造の解明との間に，約70年の歳月が流

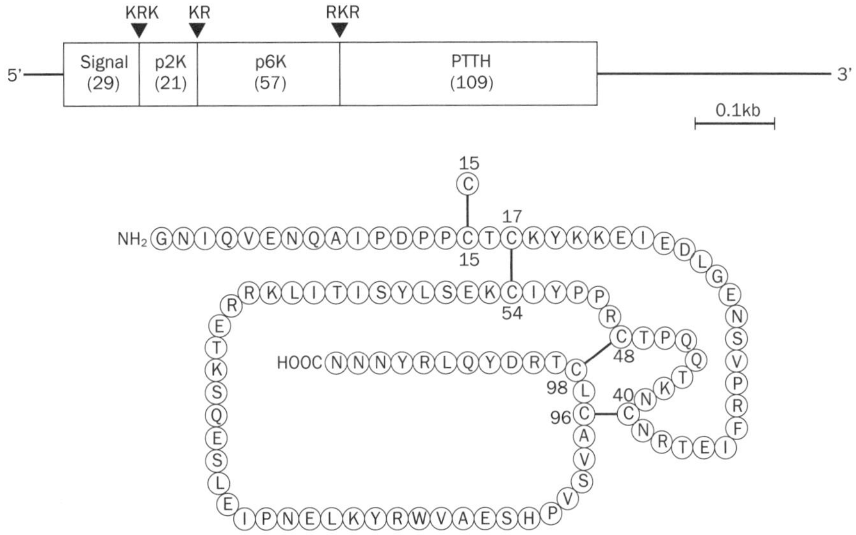

(a) 上段，カイコ *Bombyx mori* のPTTHのプレプロペプチド prepropeptide（大きな分子量の前駆体）．黒三角は切断位置を示す（Kawakami ら，1990）．下段，PTTHのサブユニットのアミノ酸配列．機能化したホルモンはホモ二量体を形成し，ジスルフィド結合により架橋されている（15番目の位置）（Ishibashi ら，1994）

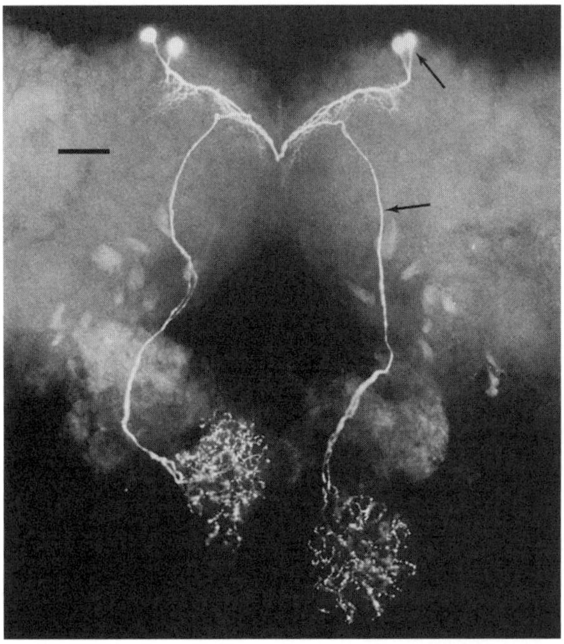

(b) タバコスズメガ *Manduca* の蛹における「大PTTH」分泌細胞の免疫蛍光染色像．脳にある（ニューロンの）細胞体とそこから伸びる軸索が矢印で示されている．軸索は分岐して，1組のアラタ体（下方）の中に広がっている．横棒は100 μm（Watson ら，1989）

Box 16.11 (つづき)

れ，何百万という昆虫の脳が使われた．

PTTHの構造（図(a)）とそのプロペプチドとそれの遺伝子は，1990年石崎宏矩と彼の同僚によってカイコ *Bombyx mori* においてはじめて決定された．それは，2つの相同なペプチド鎖からなるホモ二量体であり，それぞれ109個のアミノ酸からなる．ペプチドはジスルフィド結合を形成し二量体となる（分子量は約30 kDa）．タバコスズメガ *Manduca* で示されたように（図(b)），PTTHは脳の両側面にある2つの細胞によってつくられ，アラタ体より放出される．ホルモンの同定には，何十年ものひたむきな研究を要したが，現在では数カ月もあれば，遺伝子操作した培養大腸菌400 mLから1万匹分の蛹の脳にあるものと同量のホルモンをつくり出すことができる．「大PTTH」と「小PTTH」（分子量はそれぞれ22～28 kDaと4～7 kDa）の両方がタバコスズメガには存在している．

そこから2番目のホルモンが分泌されることを示している．そのホルモンは，エクジソン ecdysone（もしくはエクジステロイドとして知られている物質群の中の1つ）である（図16.47）．カールソン（Karlson）と彼の同僚は500 kgの蛹から200 mgの物質を精製した（1965年）．これが，無脊椎動物ではじめて化学的に同定されたホルモンとなった．

PTTHは前胸腺細胞内へのCa^{2+}の流入を引き起こし，cAMPを増加させ，こうしてコレステロールからのエクジソンの合成を促す．その結果，血液中のエクジソンの濃度は急上昇する．エクジソンがピーク濃度に達すると，表皮での古いクチクラの内層（内クチクラ）を構成するタンパク質の合成が抑制される．さらに，アポリシス（表皮とクチクラとの分離）がはじまり，表皮の細胞分裂と新しい上クチクラの形成が起こる．引きつづいてエクジソンの濃度が減少することが，脱皮の後期段階に進むためには必要となる．その段階では，古いクチクラが部分的に消化されるとともに，新しい内クチクラ層が分泌される．EH（羽化ホルモン eclosion hormone，後述）の放出抑制が解除され，脱皮が急速に進む．

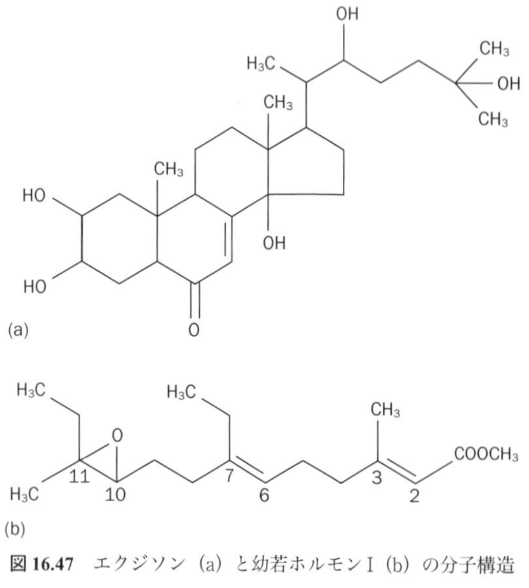

図16.47 エクジソン（a）と幼若ホルモンI（b）の分子構造

第3のホルモンである幼若ホルモン juvenile hormone（JH）（図16.47）がアラタ体の腺細胞から分泌される．このホルモンには，3つの形の異なるおもなものが知られており，その役割は，アラタ体を除去したり，異なる発生段階の個体間でアラタ体を移植する実験（図16.48）や並体接合実験（図16.37）を通して明らかにされている．JHは現状維持ホルモンである．すなわち，エクジソンによって脱皮が開始されたときに，このホルモンが存在することで，脱皮以降もそれ以前の幼虫齢と同じ体制をとることが保証されている．

バッタのような外翅類では，JHがない状態でエクジソンが分泌されると，成虫への発生が開始される．内翅類では，この状況はもっと複雑であり，タバコスズメガ（図16.49）の幼虫から蛹へ変わる時期の脱皮には，通常2回のエクジソン濃度のピークが必要であると考えられている．5齢幼虫の3～4日目に現れる小さなピークは，約20時間の間に起こる3回のPTTHの突発的放出によってもたらされる．このときJHは存在せず，エクジソンは幼虫の組織を再プログラムして，多くの幼虫特異的な遺伝子を恒久的に抑制してしまう．つづいて7～9日目にエクジソンの大きな「蛹化前ピーク」が起きる（これもやはりPTTHの作用による）．しかし今回

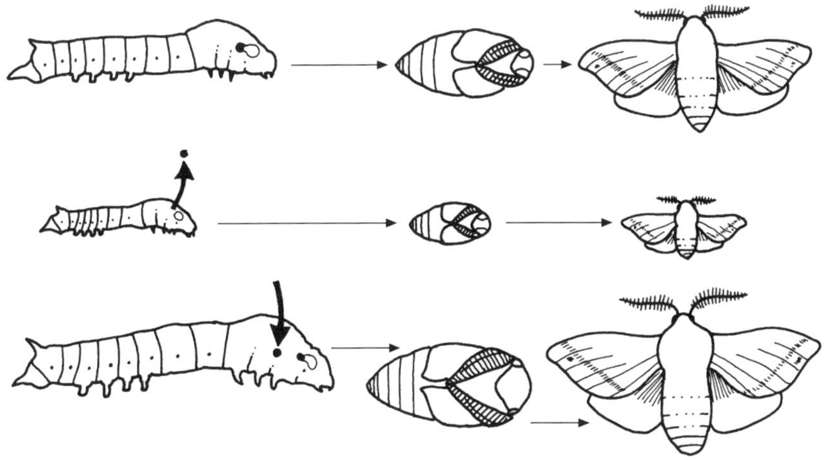

図 16.48 カイコ *Bombyx mori* におけるアラタ体の役割を示す実験．(a) 正常発生による5齢幼虫，蛹および成虫．(b) 3齢幼虫からアラタ体を除去した後に起こる発生の加速．(c) 活動状態にあるアラタ体を5齢幼虫に移植することでつくり出された巨大な第6齢幼虫とそれから発生する巨大蛹および成虫（Turner，1966）．

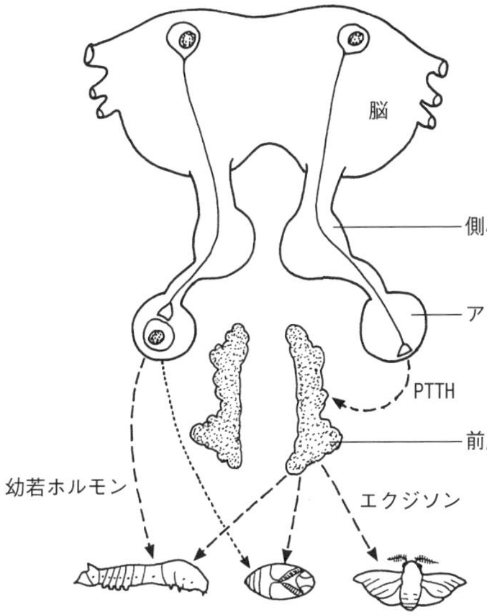

図 16.49 内翅類昆虫タバコスズメガ *Manduca* の発生に対する神経内分泌制御．脳にある神経分泌細胞（右側に示した細胞）はアラタ体に神経末端をもち，PTTHを分泌して前胸腺の活動を制御する．別のニューロン（左側に示したもの）はアラタ体にある腺細胞を制御している．制御の一部は少なくとも，ニューロンからの分泌物質を介して行われている．幼虫-蛹-成虫という進行は，エクジソンと幼若ホルモンによって制御されている．

はJHが存在しているため，幼虫は脱皮をして蛹になる．蛹の期間に，実質的にJHが存在しないままにエクジソンの濃度が高まることで，蛹は刺激されて脱皮を経て成虫となる．もしこのときに実験的にJHを与えると，2回目の蛹となる．

エクジソンとJHの両方とも，ここに述べたことに加えて多くの機能をもっている．たとえば，胚発生や配偶子形成および社会性昆虫における階級統制などでの機能である．

羽化ホルモン（EH）は，トルーマン（Truman）と協働研究者により最も詳しく研究されてきた．タバコスズメガでは，EHは初期には腹部神経節から分泌されるが，蛹から成虫への脱皮のときには，脳/側心体/アラタ体の複合体より分泌されるようになる．気門の近くに位置するインカ細胞 Inka cell より分泌される脱皮誘発ホルモン ecdysis-triggering hormone と一緒になって，EHは古いクチクラを脱ぎ捨てるという脱皮に伴う一連の複雑な活動を開始させる．たとえば，蛹期の末期に，ガは古いクチクラを脱ぎ捨てて地中をはい上がる．そして地表にたどりついて止まり木をみつけ，そこで翅を広げる行動を開始する．地中に閉じ込められていた状態から解放されることによって腹部神経節（すでにEHの作用によって活動の引き金が引かれている）が刺激され，心臓促進ペプチド cardioacceleratory peptides が分泌されて翅の伸展を助け，さらにバーシコン bursicon が分泌されて伸展行動に作用し，引きつづきクチクラのなめし現象を促進する．

甲殻動物にも昆虫にみられるのと同じ脱皮ホルモン（20-ヒドロキシエクジソン）が存在し，非神経系の内分泌腺であるY器官から分泌される．ホルモンの産生は，眼柄（図16.38）にある神経分泌細胞によって制御されている．昆虫のPTTHが促進作用をもつのとは異なり，眼柄ペプチドはY器官を抑制しているため，眼柄を除去することで脱皮が促進されたり，つづけざまに脱皮が何度も起きたりする．ただしどちらのペプチドも2次メッセンジャーとしてcAMPを使用していることは共通している（16.10.4項）．最後にふれておくと，最近ローファー（Laufer）と彼の同僚の研究によって，甲殻動物でも触角腺からJH様物質が分泌されており，昆虫のJHと同様の作用をすることが示された．

16.12 応　　用

有害無脊椎動物の生理機能を破壊する薬品をデザインする際，神経や内分泌系がおもな標的となっている．動物の生命活動において制御機構が重要だという見方をすれば，これは驚くべきことではない．自然の天敵（たとえばクモなど）も人間と同じことをやっている．将来，経済的に重要な問題の解決に，制御機構に関する知見が応用されることが劇的に増えるだろうことは疑いようがない．

16.12.1 黄金時代から暗黒時代へ

殺虫剤として，はじめて大きな衝撃をもたらしたのは，植物から単離されたニコチンなどの物質であった．ニコチンはアセチルコリン受容体を活性化する擬似神経伝達物質として作用し，神経活動を破壊する．その後ニコチンは，代わりに合成された類似化合物（イミダクロプリド imidaclopridなど）にとってかわられた．除虫菊は広く使われつづけており，この有効成分群であるピレスロイド pyrethroidsの標的は神経繊維にある電位依存性Na^+チャネル（図16.2）である．1990年代には，ニームノキ［訳注：センダン科の熱帯産樹木］からとれるアザジラクチン azadirachtinに注目が集まった．

ミュラー（Müller）は1939年に，合成化合物のDDT（塩素化炭化水素の一種）が殺虫効果をもつことを発見し，その功績により1948年ノーベル医学生理学賞を受賞した．DDTもNa^+チャネルを刺激する．その有効性は驚くべきものであり，「カが媒介する病気は撲滅されるだろう」（図16.50）という予測までたてられるほどであった．そして，発見以降40年間にわたって，40億kgの塩素化炭化水素が世界中で使用されたのだ！

1950年代から60年代にかけて，DDTの安全性と環境へのダメージ（DDTはほとんど分解されない）についての関心が高まっていった．その中で最も特筆すべきは，1962年にレイチェル・カーソン（Rachel Karson）による著作『沈黙の春』（"*Silent Spring*"）が出版されたことである．そこには，「まったく未開の科学が自らを最新式の強力な武器で武装し，……それを地球に向けたことは，人類への警鐘となる不幸な出来事である」と記されている．人工の殺虫剤の導入がなされたときに予言された‘黄金時代’の到来とはまったくかけ離れて，1940年代から60年代にかけては‘害虫駆除の暗黒時代’（Newsom, 1980）とみなされるようになってしまった．1970年代の初期には，DDTの使用は厳しく制限されるか，全面禁止になった．

20世紀終盤には，DDTの代わりとなる殺虫物質の探査に向けて研究努力が集中した（Box 16.12）．こうした研究は，安全性への関心だけでなく，（短い生活環をもつ）昆虫が薬剤への抵抗性をすぐに獲得する能力に苦慮して，推し進められたものである．たとえば，GABA受容体分子の302番目のアミノ酸であるアラニンたった1つが，セリン（もしくはグリシン）に置き換わることで，ディルドリン dieldrinに対する抵抗性が獲得されてしまう．

害虫駆除に最も有効な化合物は，典型的には，自

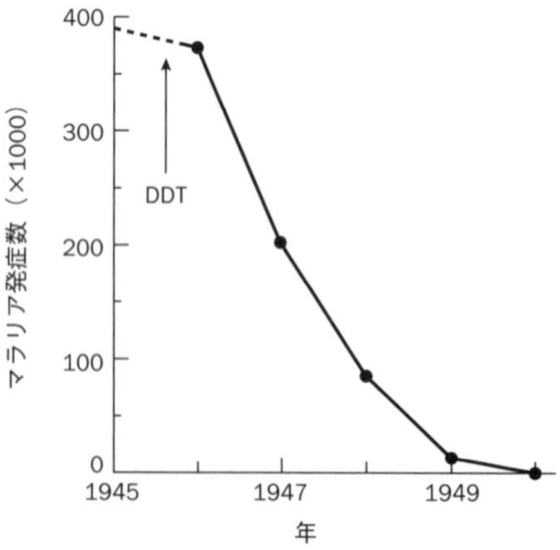

図16.50 DDTの使用によって減少したイタリアでのマラリア発症数（Müller, 1959）

Box 16.12 過去と現在の化学兵器：おもな殺虫剤の作用機構

- DDT とピレスロイド（除虫菊の成分）：電位依存性 Na^{+} チャネルの活性化.
- 他の塩素化炭化水素（たとえばエンドスルファン endosulfan, リンデン lindane）：抑制性神経伝達物質 GABA の Cl^{-} チャネルを阻害して過剰興奮を誘導.
- ニコチン（およびその合成類似物）：アセチルコリン受容体の活性化.
- 有機リン化合物とメチルカルバミン酸：アセチルコリンエステラーゼを阻害して過剰興奮を誘導.
- エバーメクチン avermectin（放線菌 *Streptomyces* より単離）：複雑な分子（ここでは構造は示していない）で,（GABA 依存性, グルタミン酸依存性, 電位依存性の）Cl^{-} チャネルを活性化して麻痺を起こさせる. イベルメクチン ivermectin は主要な駆虫薬であり, その作用は線虫において, 食道での燕下運動を阻害することである.
- ビスアシルヒドラジン bisacylhydrazine：エクジソンの非ステロイド作動薬（すなわち疑似物質）. Rhom and Haas Company の科学者によって開発された薬品であり, エクジソンの過剰状態「hyperecdysonism」をつくり出し, 未熟時期での脱皮（これは致命的行為）を誘導する. RH-5992（MIMIC[R] など）はチョウ目の幼虫には高い毒性を示すが, 他の「益」虫には害を及ぼさない.
- 幼若ホルモンの類似物：昆虫の成長/発生の調整物質の1つの分類群. ノミの駆除に用いられ, 成虫への発達を阻止する. カーペットなどに使うと殺虫効果があり, 数カ月から1年間効力が持続する.

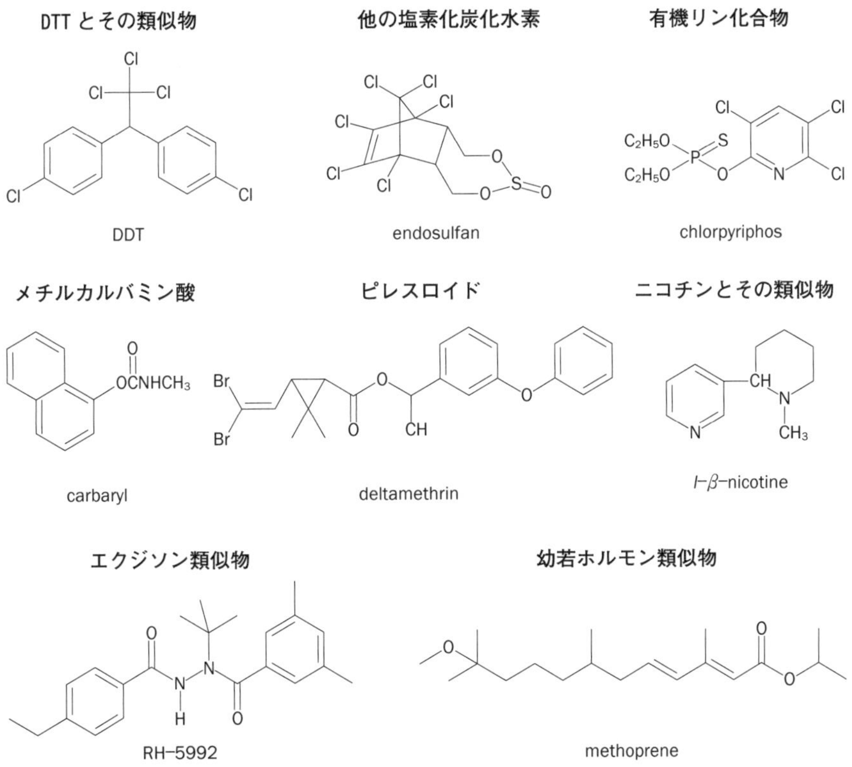

殺虫剤. 化合物の分類群（構造式の上）とその中での代表例の構造式とその名称（Casida & Quistad, 1998 および Dhadialla ら, 1998）

然に存在する物質の類似物である．すなわち，偽物に本物のまねをさせるわけである．類似物は天然の物質と構造が似ている場合もあればない場合もある．それらは作動薬として受容体分子を活性化する場合もあれば，拮抗薬としてその機能を遮断する場合もある．JH（16.11.5項）類似物のいくつか（たとえばメトプレン methoprene）はすでに害虫駆除に使用されている．最近になって，一群のエクジソン類似物が発見されている（エクジソンとJHも，長い間カイコによる絹の生産増加に利用されてきた）．

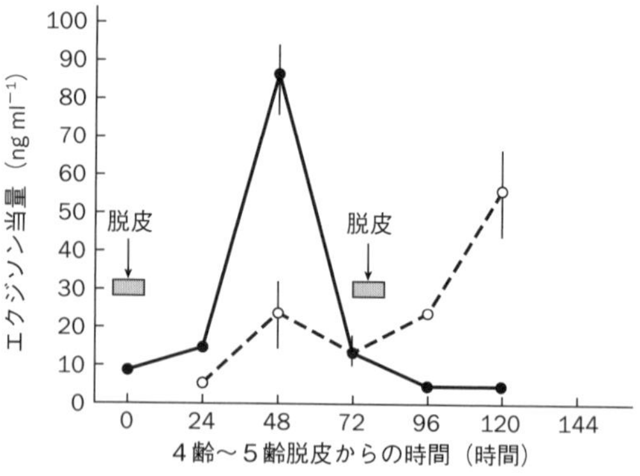

図 16.51 シロスジヨトウ *Lacanobia oleracea*（tomato hawk moth）幼虫の体液中のエクジステロイドのレベル，黒丸：非寄生個体，白丸：外部寄生者のハチ *Eulophus pennicornis*（ヒメコバチの仲間）に寄生された個体．寄生個体の脱皮は阻止された（Weaver，1997）．

16.12.2 生物学的合理殺虫剤 biorational による有害動物の制御

生物由来の分子の特性を利用して，有害動物の制御を行うことは，環境保全の立場からは最も受け入れられやすい方法である．そのような物質の多くは生物，たとえば昆虫に特異的であり，脊椎動物には無毒であり，さらに生物による分解を受ける．エクジソン（16.11.5項）は多くの植物によって，節足動物の体内にみられるよりもはるかに大量につくり出されており，これは自然の「有害動物管理戦略」であることは疑いようがない（もっとも，この戦略に対抗して解毒方法をすでに身につけた昆虫も存在しているが）．これに関連する遺伝子を農作物に導入することは大いに将来性が期待できる（しかし，同時に激しい議論の的でもあるが）．有害動物の制御において神経ペプチドを応用するにあたっては，投薬方法に問題がある．ペプチドは昆虫のクチクラを通過できないし，消化管の中では分解されてしまう．本来のペプチドよりも安定な類似物を用いることができれば，消化されずに吸収されるかもしれない．他の方法としては，チョウ目の昆虫へ感染するバキュロウィルス（baculovirus）にペプチドの遺伝子を導入するやり方もあるだろう（後述）．

フェロモンを市販している会社は1社だけだが，経済上重要な70種以上の昆虫のフェロモンを扱っている．大がかりな使い方としては，異性誘引フェロモンを野外に散布して，雌雄の交配を妨げるというやり方がとられている．例としては，綿花農場でのワタアカミムシガ *Pectinophora gossypiella* の被害を避けるために，同種の性フェロモン（gossyplure）が用いられている．しかしフェロモンは，総合的有害動物管理の一環として用いられるのが最も効果的である．たとえば，トラップの中に仕込んで害虫を捕獲し，その成長状況や被害の規模を監視するのに使うことが可能であり，その結果に応じて，ここぞというときに駆除剤を散布すればよい．駆除剤や病原菌類をフェロモンと一緒にトラップに仕掛けるならば，農作物に直接化学物質を与えることなく，害虫を駆除できる．

いくつかの情報化学物質を組み合わせて使うことは，「刺激―抑制（プッシュ＝プル）牽制戦略」とよばれる戦略中で展開される場合がある．たとえば，フェロモンを使って天敵や捕食寄生者を誘引し，それに加えて，有害動物を引きつけるアレロケミカルをつくる「罠作物」を近くに植える．

有害動物の制御にホルモンを用いる際，最も受け入れられやすい方法は，当然，その動物の天敵をうまく利用することである．ある種の寄生バチは，宿主昆虫の体表や体内に卵を産みつけるが，その前にハチは宿主に毒を注入する．それは宿主を殺すほどではないが，エクジソンのレベルの上昇を抑えて，脱皮を阻止する（図16.51）．

16.12.3 遺伝子操作により改変されたウィルス

有害動物の制御の観点から，バキュロウィルスがますます注目を集めている．このウィルスが脊椎動物を汚染せず，なんの毒性ももっていないことによる．実際このウィルスは典型的な，属特異性か種特異性を示す．欠点は殺す速度の遅いことである．遺伝子操作技術を用いてこの問題に取り組んだ結果，バキュロウィルスによって，たとえばPTTHやEHを昆虫の体内で持続的に分泌させられるようになった．しかしこのようなホルモン駆除剤に関する初期の取組みは期待どおりではなかったが，宿主昆虫の体内でサソリ毒（神経のNa^+チャネルを活性化する作用をもつ）を産生させるように遺伝子操作されたウィルスは，とくに低濃度の除虫菊成分と併用すると，きわめて効果的になる．

ウィルスの感染により宿主の幼虫期間（摂餌期間）が延長される場合もあるが，奇妙なことに，関連遺伝子を遺伝子操作によって除去することで，殺すまでの時間が短縮される．組換え，すなわち遺伝子操作した生物を野外に放出することには，賛否両論があるが，遺伝子を除去することは新たなものを挿入することに比べてさほど問題ではないと考えられており，このようなやり方によってはじめて，遺伝子操作バキュロウィルスの商業使用が認可されるようになるだろう．

16.12.4　複眼の技術

応用生物学のまったく別の例として，節足動物の複眼に関する知見の利用があげられる．感桿（微絨毛によって構成された光感受性の棒状構造，16.5.4項参照）の，軸方向に対して少しだけ角度をもって入射した光は，感桿の高い屈折率によってその壁面で反射を繰り返す．すなわち，感桿が光のガイドとして機能するのである（図16.52）．この原理に基づいて光ファイバーによる光学通信システムが開発され，世界中に張りめぐらされている．また，複眼の構成組織とその神経回路にヒントを得て，小型ロボットの眼や誘導システムが開発され，障害物を回避して目的地まで到達できるような製品がつくられている．

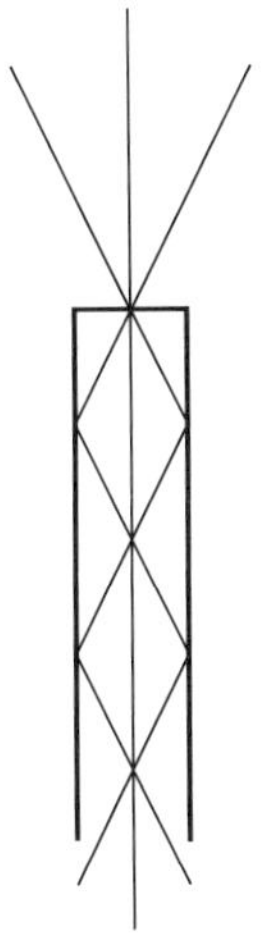

図16.52　複眼を構成する個眼の感桿は，軸方向からくる光を内部で反射することで，波動（光）ガイドとして機能する（Van Hateren，1989）．

16.13　結　　論

ここまでの，無脊椎動物の制御系に関する概説のまとめとして，2つの例をとりあげてみよう．それぞれが最近の研究を代表し，動物の行動や生理機能を，神経機構の観点から理解することを目指しているものである．

土壌中のエレガンスセンチュウ *Caenohabiditis elegans* はケンブリッジ大学のブレンナー（Brenner）と彼の同僚によってきわめて詳細に研究されてきた．この線虫はほぼ透明で1 mmの体長しかなく，実験室で20℃で培養した場合，その生活環は約3.5日である．神経系の構造は電子顕微鏡での連続切片の写真から完全に再構築されている．

雌雄同体の個体は正確に302個のニューロンをもち，それぞれの位置と形態は完全に把握されている．さらにそれらの間の「配線図」も完備している．すなわち個々の細胞がつくるシナプス接続はすべてわかっている．その数や形態に多少の変化があるものの，1つの個体について，約600のギャップ結合，約5000の化学シナプスと約2000の神経筋接合部が形成されている．

すべてのニューロンの細胞系譜が調べられており(その他の細胞についても同様に調べられている)，発生のどの段階で，どのニューロンが分化し，シナプス結合を変化させるのかが明らかになっている．

海産軟体動物ウミフクロウの一種 *Pleurobranchia californica* に関するカリフォルニア大学サンタクルーズ校のデービス（Davis）らの研究は，ほとんどすべての動物にみられるであろう行動の基礎となる神経機構の解明に成功した．

動物行動のそれぞれの局面は，階層構造をもって構成されている．たとえば逃避行動は摂餌行動に優先しているのであり，逃避行動を引き起こす刺激は，摂餌行動を制御している単一の「司会」ニューロンへの抑制性シナプスを活性化する．摂餌への動機づけは，ごく普通に，直近にどれだけ餌をとったかに依存し，餌の摂取状況を感知する感覚神経経路が活性化されることにより，摂餌司令ニューロンが抑制される．競合する刺激は，刺激の相対的な強さに応じてさまざまな応答を引き起こす．動物はふつう同時に複数の行動をとることはないのだから，動物はどちらをするかの意志決定能力をもっていなければならない．これが神経系内部での感覚入力の統合の基礎となる．たとえば，もし摂餌を誘発する刺激が，口のまわりのおおい（口覆）の引き込みを起こさせる刺激と同時に加えられたならば，2つのニューロンが活性化し，口覆の引き込みを起こす運動ニューロンの出力が抑制されるために，摂餌行動が優先される．対照的に，もし餌からの刺激が弱かったり，動物が満腹であったりすると，別の回路が活性化されて，引き込み運動が優先する．内分泌系も関与しており，産卵誘発ホルモンが口球神経節 buccal ganglion のニューロンに作用し，摂餌行動を抑制する．動物行動は組織だったものであるとともに，適応性ももつ．そういう意味において，行動は，動物が被るさまざまな競合的影響とは異なるものである．

無脊椎動物の神経科学の成果は，動物の行動学的および生理学的特性の基礎となる，組織化された神経のパターンの多くを明らかにしてきた．しかしながら，まだやらねばならぬことが数多く残っている．一例をあげれば，エレガンスセンチュウゲノムプロジェクトは完了したのだが，それによると，この動物内ではたらいている核内受容体ファミリーにはなんと 50 もの構成員があり，エクジソンはその中のたった1つなのである．

16.14　さらに学びたい人へ（参考文献）

Aidley, D.J. 1998. *The Physiology of Excitable Cells*, 4th edn. Cambridge University Press, Cambridge.

Bullock, T.H. & Horridge, G.A. 1965. *Structure and Function in the Nervous Systems of Invertebrates*. Freeman, San Francisco.

Breidbach, O. & Kutsch W. (Eds) 1995. *The Nervous Systems of Invertebrates: An Evolutionary and Comparative Approach*. Birkhauser, Basel.

Eaton, R.C. (Ed.) 1984. *Neural Mechanisms of Startle Behaviour*. Plenum Press, New York.

International Society for Neuroethology web site: www.neurobio.arizona.edu/isn/

Laufer, H. & Downer, R.G.H. 1988. *Endocrinology of Selected Invertebrate Types*. Alan Liss, New York.

Manning, A. & Dawkins, M.S. 1998. *An Introduction to Animal Behaviour*, 5th edn. Cambridge University Press, Cambridge.

Simmons, P.J. & Young, D. 1999. *Nerve Cells and Animal Behaviour*, 2nd edn. Cambridge University Press, Cambridge.

第17章

基本原理再訪

Basic Principles Revisited

17.1　表現形の基本的な生理的特徴

動物は資源を必要とする．その資源を使って，新しい組織（体組織と生殖組織）をつくる建築資材とし，また消耗した体組織を交換し，そしてこれらの過程を動かす燃料として使う．独立栄養生物（無機物質と太陽光などのエネルギー源から必要な有機物をつくり出すことができる生物）とは異なり，動物は他の生物から食料を得て**摂食**しなければならない（第9章でとりあげた）．この**従属栄養**の出現によって，資源をみつけ捕獲するために，また他の動物に食べられるのを防ぐために，動ける必要が生じたのである．いったん移動運動が進化すると（第10章参照），捕食者とその餌となる動物には，より効率的に動けるように共進化する圧力がかかることとなった．移動運動にもまた動力源が必要である（第11章）．同様に，他の生物が餌資源を開拓するのに対抗して自身を防衛する手段となるようなさまざまな作用や構造をつくることにも，資源を投資する必要がある（第13章で述べた）．

食物として獲得した高分子は，**消化**として知られる（酵素が介在する）作用を経て小さな単位に分解され，その後に (a) 高分子の**再合成（同化作用）**に利用するため，もしくは (b) この作用を進めるのに必要なエネルギーを放出するための分解（**異化作用**）に利用するために，組織へと吸収される．必要量を超える資源（とくにアミノ酸）や，「使用済みの」組織のタンパク質もまた異化作用を受け，**排出**される（第12章参照）．

生物の物質代謝（＝同化作用＋異化作用）のおもな燃料は炭水化物（通常は単糖類）であるが，使用する前に，多糖類（グリコーゲンなど）か脂質またはその両方として貯蔵できる．この燃料から異化的な酸化によってエネルギーが放出される．しかし，生命の誕生から光合成の起源までの期間は，地球上の大気には酸素がなかったため（第1，2章），この異化作用は酸素ではなく，有機成分への電子の移動によって行われていたはずである．こうしてできた有機成分は，還元状態で最終生成物として蓄積された．酸化的な大気の出現によって，より完全な酸化が可能となり，より効率的な方法が進化した．これには外界からの酸素の供給と，この方法によって最終生成物の1つとしてつくられる二酸化炭素を除去することが必要である．**酸素呼吸**は現在動物界に最も広まっているが，**無酸素呼吸**もまだ一部の種では主要な方法となっている．これらの異化作用によって放出されるエネルギーの短期間の貯蔵と受け渡しに，普遍的に用いられている重要な化合物が，アデノシン三リン酸（ATP）である（アデニン（核酸の1つ）がリン酸化されたもの）．これは，その二リン酸化したもの（ADP）から呼吸に伴う反応によって生じる．ATPはエネルギーを放出した後にはADPの状態に戻り，リサイクルされる．呼吸の過程については，第11章で述べた．

これらの基本的な生理的特徴を図17.1にまとめてある．生物への資源の流入は，資源獲得過程と摂

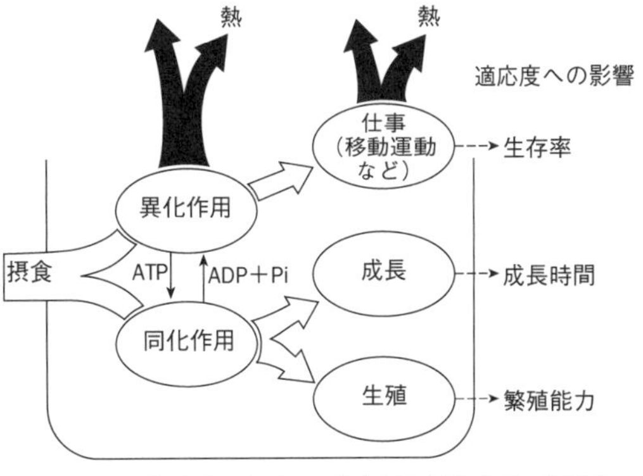

図17.1　食物由来の資源を同化作用と異化作用へ分配することは動物の生理の基本である（Calow, 1986）．

食の構造によって制限されることに注意してほしい．したがって，環境中の食物が無制限に利用可能だったとしても，物質代謝で利用可能な量は有限であり制限されているのである．その結果，1つの代謝の要求に投資すればするほど，他の要求にまわる分は少なくなる．どちらの用途にどんな速度でまわすかは酵素によって調節されており，それゆえ，最終的には遺伝子によって特定されている．限られた資源を分配する方法は，さまざまなレベルで個体の生物学に決定的な影響を与える．すなわち，同化作用と異化作用への分配率はその生物の**生理**に影響を与え，異なる活動同士への分配率はその生物の**行動**に影響を及ぼし，また，限られた量の同化産物の，異なる構造間への分配率は動物の**形態**に影響を与え，そして，体細胞と生殖細胞への分配率はその生物の**生殖**と**生活史**の生物学に影響するのである．そのうえ，これらの異なる要求がそれぞれどの程度満たされているかによって，生存率や繁殖率が大きく変わり，結果的に適応度を左右する．だからダーウィンの原理に従えば，遺伝子によって決められている資源分配と利用のパターン（しばしば**戦略**とよばれる）は，そのパターンをコードしている遺伝子の伝達が最大になるものが選択により残されていく．それゆえ，すべての生物体の生理現象は，1つの共通の組織だった体制に基づいているが，それらの生理現象は，自然選択により，その現象がはたらく生態的状況に合うように「調整」されているだろう——そしてこれこそが**適応**という言葉が意味するものなのである．

生物に関するこれらの事実から，生物体は統合された1つのまとまりとしてはたらいていることは明らかである．物質代謝における投資にはトレードオフがあり，それは適応度の各要素間のトレードオフにつながるだろう．たとえば移動運動への投資を増加させると生存率が高まるかもしれないが，それによって生殖に利用できる資源が減ってしまう．生物体の統合の原則は，形態学的な構造にとっても重要である．なぜなら，1つの構造の発生は他の構造と矛盾するものであってはならないからである．このことから2つの結論が導かれる．1つは，形態形成，行動や生理学的機能の発現全体にわたって近接（直接）的な**制御**がなされねばならないこと．その制御系（第16章参照）には，化学的ならびに電気的信号が含まれている．2つ目は，統合に関して究極的な選択が存在すること．すなわち，遺伝子によって決定されている特性は，それが発現する体内環境と整合性がなければならないし，外部環境との相互作用によって生存率や生殖の利得をもたらさねばならない．それゆえ，遺伝子と遺伝子が特定する特性は，**生物体という文脈**の中で選択されていくものである．この，**生物体指向**または**全体指向**は，生物を分離可能な**「利己的な」遺伝子** selfish genes の集合体としてとらえる「遺伝子プール主義」からはある程度かけ離れた考え方であるが，生物体指向こそがこれまでの章でわれわれが採用した方向性なのである．

17.2 複製と生殖の優越

生物にとって，非常に（おそらくは最も）重要な資源の投資は生殖へと向けられるものである．資源は，遺伝子伝達の運び屋となる伝達小体 propagule をつくるのに使われる．伝達小体のつくり方には2つのやり方がある．

ゲノムの完全な複製をもった1つの細胞ないし細胞のグループが親から分離することがときどきある（これは前に述べた，14.2節）．このような無性生殖の過程の中心をなすのは，体細胞分裂である（図17.2）．体細胞分裂によって伝達小体となる細胞が形成され，それがその後，体細胞分裂によって，複製個体をつくり出すこととなる．

もう1つのやり方では，1個の細胞からなる配偶子細胞（配偶子）が生物体内（ふつうは特別な器官である生殖巣において）でつくられる．新しい個体

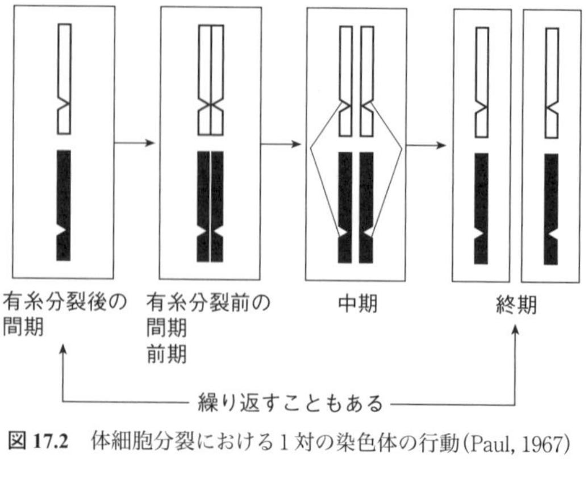

図 17.2 体細胞分裂における1対の染色体の行動（Paul, 1967）

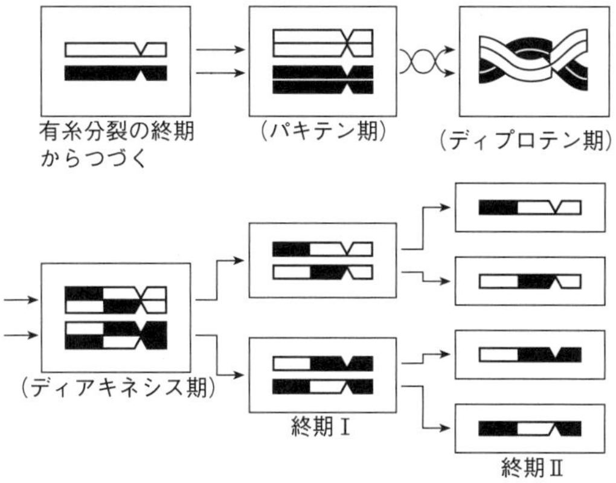

図 17.3 減数分裂における1対の染色体の行動．交叉によって，遺伝子の配列が子孫では親と同じではなくなることに注意（Paul, 1967）．

をつくり出すには，これらが別の配偶子細胞と融合しなければならない．配偶子細胞は減数分裂によってつくられる．すなわち，通常の体細胞の半分の染色体とDNAしかもっていない細胞に分かれるような細胞分裂の方法によってつくられるのである（図17.3）．他の配偶子細胞との融合（配偶子合体，受精）によって，完全な染色体のセットに戻る．染色体のセットはしばしば異なる親に由来するため，この子孫は2つの遺伝プログラムが混ざりあったものをもつこととなる．これが**有性生殖**として知られているものであり，この詳細な過程は第14章で述べた．

17.3 個体発生

定義からいって，生殖によって生じてくるものは，親よりも小さく，通常はより単純である．有性生殖の産物は単細胞であるが，その親は多数の機能的に分化した細胞からできているだろう．したがって，**発生** development（すなわち**個体発生** ontogeny）は，大きさの増大（**成長**）と細胞の特殊化（**分化**）を成し遂げるために，細胞分裂をかならず伴う必要がある．ある個体の特定の場所に特定の細胞が生じることになるので，**パターン形成**が必要である．そして成体は複雑な形状であり，一方，生殖によって生じたものは通常多少なりとも球形なので，なんらかの形づくり（**形態形成**）が必要となる．

細胞分裂（受精卵の**卵割**）は，体細胞分裂の過程によって起こる．この過程は，もともとの遺伝子を忠実に複製していくことになるのは，上で述べたとおりである．初期の発生学者のうちの何人か（とくにアウグスト・ワイスマン August Weismann, 1834-1914）は，**分化**の過程で，特定の細胞系列において，遺伝物質の不要な部分を徐々に捨て去っていくと考えた．しかし，体細胞分裂の理解が進んだことと，いくつかの無脊椎動物が体細胞組織のほんの一部から完全に再生しうることが知られたことにより，どの体細胞も元の遺伝子のほぼ完全な複製を所有していると考えられるようになった．とすると，分化においては，異なる細胞において，遺伝プログラムの特定の部分のスイッチを，オン・オフする仕組みがなければならない．このようにして，同一の遺伝プログラムをもちながらも，異なる細胞が異なるタンパク質を生産し，その結果，異なる機能を果たしているのである．

無脊椎動物（真核生物）が遺伝子発現を調節する理由とその調節機構は，細菌（原核生物）でみられるものとは非常に違う．細菌の遺伝子調節は，細胞の活動をそのときどきの周囲の環境に適合させるようにはたらく．細菌は遺伝子発現のスイッチを，アクチベーター経由で入れるか，リプレッサー経由で切るかによって，調節を行う．遺伝子のすべてのスイッチは，RNAポリメラーゼが特定のプロモーター（プロモーターとは，転写を開始するためにRNAポリメラーゼが付着する部位）へと結合するのを，妨げるか増進するかによって，オン・オフする．ところが無脊椎動物をはじめとする他のすべての真核動物では，細胞内の遺伝子発現の調節は，細胞の置かれた直接の環境に応答することはあまりせず，生物体全体を調節するようにはたらくのである．それゆえに，真核生物における遺伝子発現の変化は，①体内の恒常性（内部環境を一定に保つこと）を維持するためにはたらき，②生物体をどうつくりあげるかを決定するのを仲介する．後者においては，発生の過程で，きっちりと規定されたとおりの順序で，正しいときに適切な細胞において，適切な遺伝子が発現し，多くの場合，遺伝子は1度だけ活性化され，その効果は不可逆的であることもまれではない．この真核動物の発生プログラムを決定している「一度限りの」遺伝子の発現は，細菌の，環境を介する可逆的な反応とは根本的に異なるものである．さらに，細菌の調節方法にはとりうる複雑さに限界がある．限られた数のスイッチだけしか1つのプロモーター部位やその近くにくっつけないからである．真核生物では，このような物理的な制限を，「距離をおいた調節」によって克服している．そのような方法であれば，染色体上に分散したたくさんの調節配列が，ある特定の遺伝子の転写に影響を与えることが可能である．この仕組みには，細菌にはみられない2つの新しい特徴が組み込まれている．① RNA ポリメラーゼがプロモーターに結合するのを補助する一群のタンパク質，② 離れた部位に結合する2群のモジュール構造の調節タンパク質，の2つである．真核生物のほとんどの遺伝子調節は，転写開始に関するものだが，たくさんの転写後の調節過程もまた存在している．

無脊椎動物のパターン形成に関する理解は，この数年で著しく進展した．これは，ほぼ同量のDNAをもつ2つの動物，複雑な動物の代表であるショウジョウバエと単純な動物の代表であるエレガンスセンチュウを用い，発生における調節を解明しようと努力を集中したことによって成し遂げられたものである．驚くべきことは，共通点がなんと多いのだろう！　ということであり，これに哺乳類の代表であるマウスを含めて考えてもそうなのである．

形態形成の主要な特色は誘導である．これは，細胞がモルフォゲンとよばれる化学物質を産出することによって隣接する細胞に影響を与え，その発生運命を変えられる能力である．すべての特定の細胞が最後にどこにいくかは，その細胞につけられた「ラベル」によって正確に決まっている．たとえばショウジョウバエでは，体節制を決定する位置のラベルが，(母方の遺伝子の指令に基づいてできた) 卵内部の化学物質の濃度勾配によって与えられている．体節内における構造の相対的な位置は，組織化された一連の遺伝子 (ホメオティック遺伝子とよばれる) によって決定されている．ホメオボックスドメインを含むホメオティック遺伝子は，ショウジョウバエだけのものではなく，すべての動物に存在すると今では考えられている．

形態形成は細胞の動きと差分成長の組合せによって起こる．その最初の過程は，ウニの初期発生で非常によく記載されているが (図 17.4(a) および第15章を参照)，これはおもにウニの胚は透明であり，細胞内部を観察しやすく，低速度撮影で記録さえできるからである．初期の段階では，胚は細胞でできた中空の球 (胞胚) となる．この段階の後，一部の細胞は内側へと移動し，腸のような体内器官を形成する．この過程は原腸形成として知られ，2つの段階からなる．最初は，個々の細胞の内側へ向かっての移動があり，その後に大規模な陥入が起こる．細胞の移動は細胞同士の接触がゆるむことからはじまり，胞胚腔 (胞胚の内側の空間) へと移動し，その後，細胞は，糸状仮足を伸ばしてから収縮することによって，内表面にそって移動する．陥入は2つの段階からなり，内側へと屈曲するゆっくりと進む段階の後，間をおいて，急速な陥入がつづく．最初の段階は，おそらく細胞の粘着力の変化によって生じる．すなわち細胞同士の粘着力が弱まるが，基底膜への接着は維持されるため，細胞は洋梨型となり，図 17.4(b) に示すように内側へ屈曲することとなる．その後の急速な陥入段階は，おそらく，この内側に曲がったところにある細胞が糸状仮足をつくり，胞胚腔の天井に付着してから収縮することで起こるのであろう．これらの過程は，細胞同士の細胞膜による相互作用と，糸状仮足による活発な移動とを伴っており，一般的な形態形成による変化の典型であろう．しかしながら未解決の重要な問題は，そのような過程がどのように制御されて，結

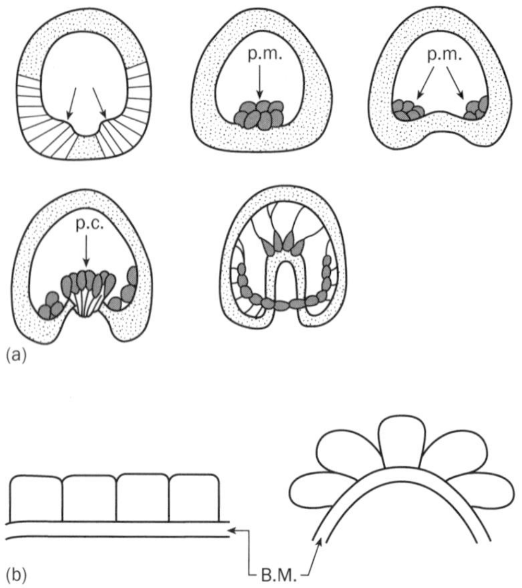

図 17.4　(a) ウニの初期発生．p.m.：第1次間充織細胞—これらは糸状仮足を用いて胚の「隅」へと移動する，p.c.：洋梨型の細胞 (Gustafson & Wolpert, 1967)．(b) 陥入が生じている点での細胞の形の変化．B.M.：基底膜．

果として完全に組織化された個体というものが生み出されるのかである.

最後になったが，体外および体内器官の差分成長 differential growth は，形をつくる原因となりうる．ジュリアン・ハクスリ（Julian Huxley）は彼の著書，『相対成長の問題』（"*Problems of Relative Growth*", 1932）の中で，もしある個体の体の一部のサイズと，体の別の部分のサイズ（もしくは生物体全体のサイズ）とをともに対数でプロットすると，点はしばしば直線上に並ぶことを見いだした（図 17.5）．対数軸上での等間隔は，等倍になっていることを意味するので，これらの直線は，ある器官が他の器官と比べてある特定の割合で成長することを示唆している．相対成長 allometric relationship は生物の形づくりに重大な影響を与えていることは明らかである．

この節では，発生の基本的な過程（分化，パターン形成，形態形成）についてまとめ，それらがどのように制御されているかについて解説してきた．第 15 章では，これらの過程の詳細について，無脊椎動物に適用して論じた.

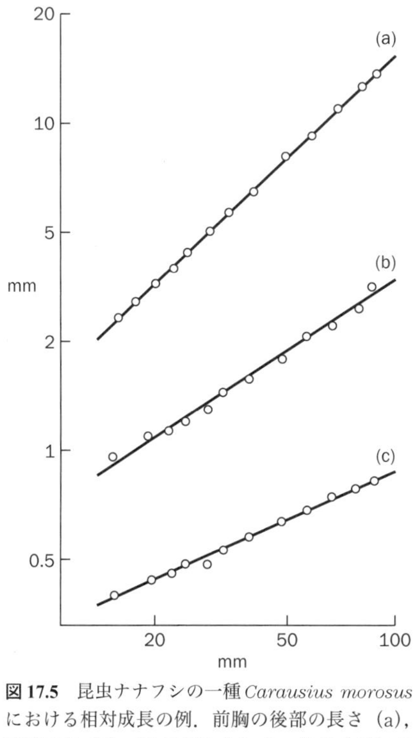

図 17.5　昆虫ナナフシの一種 *Carausius morosus* における相対成長の例．前胸の後部の長さ（a），頭部の幅（b），眼の直径（c）を，体の全長に対してプロットしたもの．縦軸も横軸も対数になっている（Wigglesworth, 1972）.

17.4　個体発生と系統発生

個体発生 ontogeny も系統発生 phylogeny もみかけ上は前進的であるため，後者は前者に付け加わるように起こると仮定したくなるのも無理もない．そうすると「個体発生は系統発生を繰り返す」というエルンスト・ヘッケル（Ernst Haeckel, 19 世紀末期）の見方になる．この見方に従えば，より「高等な」生物の個体発生は，組織化の基準でより下等な生物の成体の形をつぎつぎと繰り返す（recapitulate，要点を繰り返す）ものとされる．ヘッケルと同時代に生きたフォン・ベーア（Von Baer）は，これに対して，より高等な生物がより下等な生物の成体段階を繰り返すわけではなく，発生というのはつねに未分化な状態から分化した状態へと進むものなのだから，発生の初期段階は異なる動物門でも保存されているに違いないと考えた．異なる系統において繰り返されているのは，成体よりもむしろ胚の形態のほうなのであり，このことは前節で述べた発生の原理とまさに整合する.

終端への付加は，ラマルクの獲得形質の理論とぴったり合致する，なぜなら獲得形質というのは，通常は発生の後期に獲得され，すでにある構造に対して加えられるものだからである．しかし一方，メンデル遺伝では，突然変異は発生のどの段階でも変化をもたらすのだから，このような終端付加の見方の根底を徐々に堀り崩していった．現在では遺伝子が発生の速度を制御することが知られており，発生の速度の変化は，発生を止める（「年寄りの」成体を取り除く）か，通常の終了点を越えても発生しつづけるようにはたらくことによって，重大な変化を引き起こすことができるのである．ウォルター・ガースタング（Walter Garstang, 1868-1949）は，発生における遺伝の重要性と，発生の速度やタイミングのこのような変化によって，進化上の変化がもたらされる可能性の両方に，はじめて気付いた動物学者の 1 人である.

図 17.6 は，このような方法によって生じうる進化的なシフトを網羅して，分類して示したものである．各正方形内には**発生の軌跡**，すなわち形態が体のサイズや年齢とともにどう変化するかが描かれて

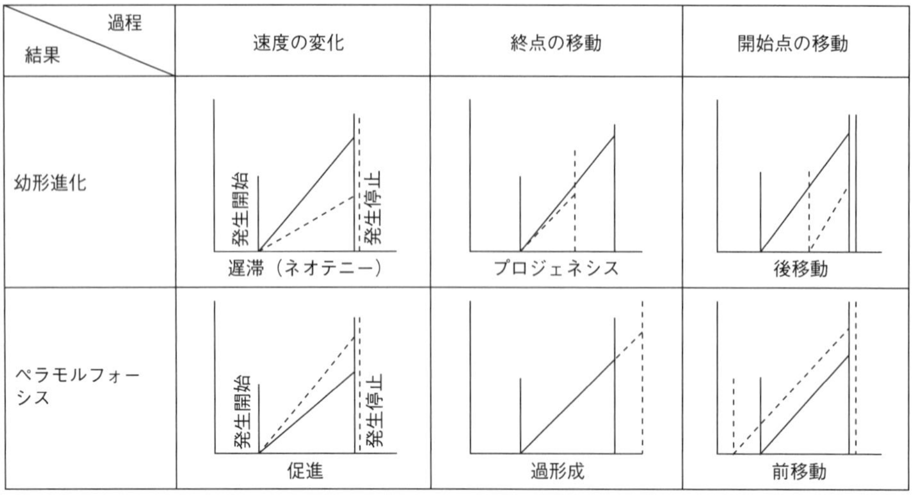

図 17.6　発生において考えうる進化的シフトの分類．横軸は発生の時間または体のサイズ，縦軸は形態の変化．破線がシフト後を示す（Calow, 1983）．

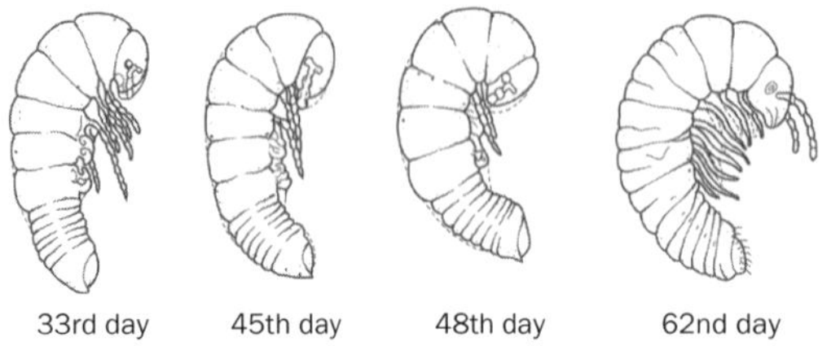

図 17.7　多足動物亜門の発生段階．6 足期（第 33 日目）は，昆虫が幼形進化起源で生じたことの証拠としてときどき使われている（Gould, 1977 も参照のこと）．

いる．実線は祖先の軌跡を示し，破線は子孫の軌跡を示す．上の列では，発生の速度が低下するか，打ち切られて短くなるかであり，これらの変化は幼形進化 paedomorphosis とよばれる．速度が低下する（ネオテニー）か，短くなる（プロジェネシス）かのどちらによっても，胚や幼生や幼稚体の特徴が，成体に現れるようになる．下の列はその逆を示し，ペラモルフォーシスとよばれる．

ウォルター・ガースタングはとくに幼生の形態に興味をもち，幼形進化が進化において支配的な効果をもたらしたと考えた．実際，幼形進化は多くの例で重要なことが示されている（第 2 章）．たとえば現存する種では，いくつかのユムシ動物や甲殻動物（および魚類）の小さな雄が，はるかに大きな雌（しばしば数桁も大きい）に「寄生虫のように」くっついているが，そんな小さくてもその雄は性成熟しているのである．六脚の昆虫類が多足の祖先から進化したのは幼形進化によるかもしれない（図

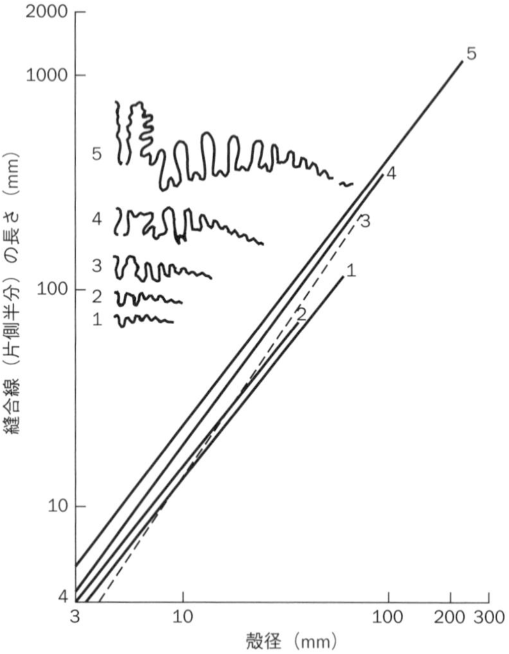

図 17.8　アンモナイトにおける発生の変化は，いくつかのものが混合している．1 が祖先種で，2 ～ 5 が子孫種．縫合線の図では，右のほうが成長の早い（若い）段階の部分である（Newell, 1949．Calow, 1983 も参照のこと）．

17.7）．そして最後に，脊椎動物は，現在のホヤ類の自由遊泳のオタマジャクシ型幼生に似た幼生的な祖先から派生したのだとする考えは，広く受け入れられている（図 7.30 も参照すること）．

ただし促進的なシフトもまた 1 つの可能性として

考えられる．アンモナイトの殻にみられる，縫合線のパターンの進化上の傾向を考えてみよう．図17.8をみると，① 子孫種の傾きのほうが祖先種の傾きよりも急になっており，**促進**が起こっている．また，② 子孫の縫合線の成長は，祖先の成長限度を超えており，**過形成** hypermorphosis（図17.6）も示唆される．さらに，③ 子孫における軌跡が祖先のものより「高い」位置にあるので，子孫では早く成長を開始していて，このことは**前移動** predisplacement（図17.6）を示唆している．

まとめると，個体発生は系統発生を繰り返すわけではない．発生においては分類群にかかわらず，ある共通のことを行わなければならない．あらゆる動物に共通している基本的な過程——体細胞分裂，選択的遺伝子発現，細胞運動，差分成長——に基づき，発生は共通のことを行わなければならないのである．これらはすべて，フォン・ベーアが考えたように，初期発生にはある程度の共通性が必ずあるという事実を示している．それにもかかわらず，これらの過程の**速度**やタイミングが，わずかな遺伝的変化によって変わり，その小さな変化が，系統に大きな効果を及ぼすことは大いにありえることなのである．そのような変化は，間接的には，先に第1，2章で述べたような組織化のレベルをまたぐような量子的な跳躍の，一部を引き起こす手段となってきたのであり，これこそがウォルター・ガースタングによって主張された考えなのである．

17.5　サイズと形：スケーリング

サイズと体形とは，幾何学的関係で結びついており，この関係は，スケーリングの関係とよばれている．スケーリング研究への1つのアプローチはその関係の背後にある幾何学的な規則を明らかにし，個体発生と系統との両方をこの観点から理解することである．この考え方は，20世紀初頭に著名な古典学者であり動物学者でもあったダーシー・トムソン(D'Arcy Thompson）が，その著書『生物のかたち』(“*On Growth and Form*”, 1917）ではじめたものである．もう1つのアプローチはスケーリングの関係の意味を生物の機能から考えるやり方であり，これは，形がどのようにして機能を制約し，前節で述べたような類（たぐい）の外形の変化によって，どのようにこれらの制約から逃れられるかを説明する．ここでは，それぞれのアプローチを順番に例とともにみていきたいと思う．

17.5.1　等角らせん

ダーシー・トムソンのアプローチでよく知られている例は，巻貝の貝殻と，（いわゆる）等角らせんの幾何学的な特性である．

ヨーロッパミズヒラマキガイ *Planorbis* のような平面らせん形の殻（形態的には図5.16の柄眼目 Stylommatophora に似ている）をもつ巻貝をとりあげて，中心から縁へと1本の半径を引き，その半径に沿ってそれぞれの螺層の縁における接線を引いていくと，これらの接線は互いに平行になる，つまりそれらの接線と半径の角度は一定に保たれている．じつは，殻の縁のまわりのどこで接線を引いても，それと半径との角度は一定になるであろう．このことが，まさに等角らせんの意味することなのである．等角であるということは，殻の形が，貝が成長しても一定に保たれていることを意味している．

大きさが増大しても形が一定に保たれるのは，限られた形状でのみ可能であり，この幾何学は，ダーシー・トムソンによって探究された．ヒラマキガイ類の貝殻の外側の線はらせんを描いている．角度 θ をらせんのまわりに動かしていくと，そのときの半径 r はつぎの式で与えられる．

$$r = r_0 W^{\theta}$$

ここで，W は定数である．この式は r の値が1回転ごとに一定の倍率で増加していくことを意味している．つまり，ある1つの半径上においてそれぞれの螺層（すなわち，1回転ごと）における r の値を，そのときの螺層の数に対して対数目盛でプロットすると，直線関係が得られることとなる．このため，等角らせんはしばしば対数らせんともよばれる．

もし，そのらせんが平面上になく，リンゴマイマイ *Helix*（エスカルゴの仲間）のようにらせん状にせり上がっていく場合を考えると，角度 θ 分だけらせんに沿って移動したとき，軸に沿って距離 y だけ上がっていくこととなる．もし，成長しても貝殻の形が変わらないとすると，そのときは，

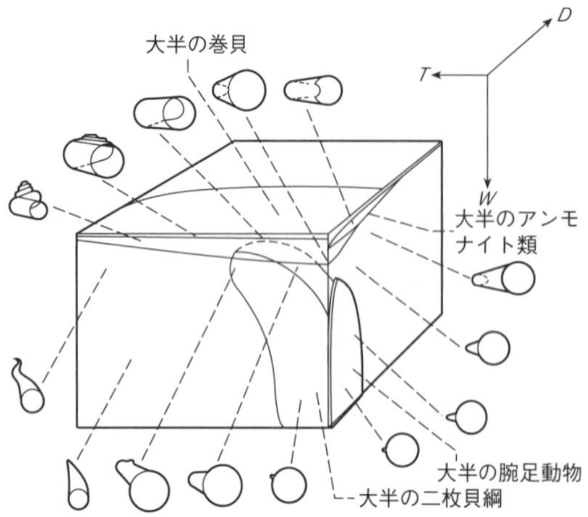

図 17.9 貝殻の形の範囲がどのように T,D,W に関連しているか（詳しい説明は本文を参照）(Raup, 1966).

$$y = T(r - r_0)$$

という関係になる．ここで，T はもう 1 つの定数であり，貝殻が，らせんを描くときに上がっていく程度を示す．

つぎに，それぞれの螺層の内側のへりの半径について考えてみよう．貝殻の半径が r のときの，螺層内側のへりの半径を r' とする．貝殻の形を一定に保つとすると，r' は r に比例したつぎの関係で大きくならないといけない．

$$r' = r(1-D)/(1+D)$$

D はさらに別の定数で，実際には，らせんの巻軸から殻（螺管）の内側の縁がどれくらい離れているかを示す値である．

W，T，D の相対的な値が等角らせんでつくりうる形の範囲をきっちりと定めている．ラウプ（D. M. Raup）の図 17.9 は，実際にさまざまな動物にみられる形の範囲を示している．ほとんどの巻貝では W の値は小さいが，T や D は大きく変化する．二枚貝では，W が大きいが，T や S はたいへんに小さい．オウムガイ類や絶滅したアンモナイト類の大半は $T=0$ の平面のらせんとなっており W も小さい．

17.5.2 形と機能

以前のページで最も頻繁に出会ったスケーリングの関係は，表面積と体積との関係である．これは，無脊椎動物の機能にとって基礎をなしている．なぜなら，無脊椎動物は，栄養や酸素の摂取について，また動きについてもある程度，環境と表面で相互作用をするが，代謝のほうは生物体量 biomass の体積に比例して起こっているからである．表面積と体積との関係と，ここから生じてくる制約は，食物と酸素摂取速度との関係などの例について，第 11.6.1 項で扱った．面積は 2 次元で成長するが生物体量は 3 次元で成長するため，生物体量の活動性は，（幾何学的に予測可能な形で）面積によって制約を受けるだろう．

この体積と表面積との緊張した関係は，栄養やガスが中実の（中身の詰まった）生物体内を通って拡散することの困難さとともにはたらいて，① 球形の体をしたままだったら達しうる形の大きさに上限を加え（これが多細胞性への進化圧の 1 つとなる，3.1 節），② 中実のままだと制限があるために，体腔（2.3.1 項）や血管系（11.4.2 項）の進化への進化圧となり，また複雑な体表（11.4.4 項）の進化圧ともなる．

このようなタイプのスケーリング関係は，他にもいろいろある．たとえば，外骨格の強度に関するもので，脚が体を支えるのに必要な強度．また，雌の生殖系の大きさと，その伝達小体の大きさとの関係など．これらの詳細は，以下の文献欄にあげたスケーリングに関する良書でとりあげられている．

17.6 さらに学びたい人へ（参考文献）

Bennett, A.F. 1997. Adaptation and the evolution of physiological characters. In: Dantzler, W.H. (Ed.) *Handbook of Physiology. Section 13. Comparative Physiology*, Vol. I, Chapter 1, pp. 3–16. Oxford University Press, Oxford.

Calder, W.A. III 1995. *Size, Function and Life History*. Dover, New York.

Gould, S.J. 1977. *Ontogeny and Phylogeny*. Harvard University Press, Cambridge, Massachusetts.

Hoffman, A.A. & Parsons, P.A. 1997. *Extreme Environmental Change and Evolution*. Cambridge University Press, Cambridge.

Huxley, J.S. 1932. *Problems of Relative Growth*. Methuen, London.

Kozlowski, J. & Weiner, J. 1997. Interspecific allometries are by-products of body size optimisation. *Amer. Nat.*, **149**, 352–380.

Lewin, B. 1998. *Genes VI*. Oxford University Press, Oxford.

McGowan, C. 1994. *Diatoms to Dinosaurs. The Size and Scale of Living Things*. Island Press, New York.

McKinney, M.L. & McNamara, K.J. 1991. *Heterochrony: The Evolution of Ontogeny*. Plenum Press, New York.

McNamara, K.J. 1988. Patterns of heterochrony in the fossil record. *Trends Ecol. Evol.*, **3**, 176–180.

McNamara, K.J. (Ed.) 1995. *Evolutionary Change and*

Heterochrony. Wiley, Chichester.
McNeill Alexander, R. 1999. *Energy for Animal Life*. Oxford University Press, Oxford.
McMahon, T.A. & Bonner, J.T. 1983. *On Size and Life*: W.H. Freeman & Co., New York.
Maynard Smith, J. 1986. *The Problems of Biology*. Oxford University Press, Oxford.
Peters, R.H. 1983. *The Ecological Implications of Body Size*. Cambridge University Press, Cambridge.
Raff, R.A. 1996. *The Shape of Life*. University of Chicago Press, Chicago.
Raup, D.M. 1966. Geometrical analysis of shell coiling: general problems. *J. Palaeontol.*, **40**, 1178–1190.
Schmidt-Nielsen, K. 1984. *Scaling: Why is Animal Size so Important*? Cambridge University Press, Cambridge.
Thomson, K.S. 1988. *Morphogenesis and Evolution*. Oxford University Press, New York.
Weibel, E.R., Taylor, C.R. & Bolis, L. (Eds) 1998. *Principles of Animal Design. The Optimisation and Symmorphosis Debate*. Cambridge University Press, Cambridge.
West, G.B., Brown, J.H. & Enquist, B.J. 1997. A general model for the origin of allometric scaling laws in biology. *Science*, **276**, 122–126.

用 語 解 説

解説文中の * を付した語については，その語の項をみよ．

亜鋏状〈あきょうじょう〉subchelate
　節足動物の肢で，末端の節が，末端から 2 番目の節の上へとそり返って，末端部に関節のあるつかむための器官を形づくっているものを記述する言葉．[訳注：カニの鋏は刃が 2 枚だが，（和鋏のように）1 枚の刃が折りたたまれて鋏になっている状態]

顎〈あご〉jaw
　前腸の前部に存在する硬い構造物で，突き出せるものもよくみられる（節足動物では口前腔* の横に並んで存在する）．食物獲得，および（または）食物をばらばらにするはたらきをする．左右で 1 対になったものが多いが，上下の対や，対ではなく 3 個・4 個・5 個，それ以上の数のこともある．ときどき防衛に使われる（「大顎」を参照）．

アデノシン三リン酸（ATP）〈あでのしんさんりんさん〉adenosine triphosphate（ATP）
　生物におけるエネルギーを運ぶおもな分子．

アポミクシス　apomixis
　「無性生殖」をみよ．

異化〈いか〉catabolism
　「代謝」をみよ．

囲心腔〈いしんこう〉pericardial cavity
　心臓が中に入っている腔．

1 回繁殖の〈いっかいはんしょくの〉semelparous
　ただ一度だけ繁殖して死ぬ．

陰茎〈いんけい〉penis
　勃起性の交尾器官（外転* 性ではない）（「交接突起」や「生殖肢」を参照）．

飲作用〈いんさよう〉pinocytosis
　細胞による，小さな液滴の取込み．

咽頭〈いんとう〉pharynx
　前腸* の一部であり，口腔の後で食道の前に位置する．

咽頭裂〈いんとうれつ〉pharyngeal cleft
　咽頭* の壁の孔で，体を突き抜けて外表面まで伸びている．口を通してとりこんだ水をそこから出すことができる．

隠蔽性〈いんぺいせい〉cryptic
　隠れた（たとえば，まわりのものに似ることによって）．

羽化〈うか〉eclosion
　昆虫（とくに成虫）が蛹* から現れること．

羽枝，羽状突起〈うし，うじょうとっき〉pinnule
　触手状の器官の小さな脇枝．

エイジング（加齢）　ageing
　個体中で起こる，時間とともに非可逆的に劣化してより傷つきやすくなり活力が減退する変化（＝老化 senescence）．

枝〈えだ〉ramus
　分枝（たとえば肢の）．

襟細胞〈えりさいぼう〉choanocyte
　海綿動物に特徴的な，鞭毛をもつ細胞．

横連合〈おうれんごう〉commissure
　神経索もしくは神経節* の間の，横の結合（縦連合 connective と対）．

大型物食〈おおがたぶつしょく〉macrophagous
　比較的大きな食物粒子を食べる（「微小物食」を参照）．

外温動物〈がいおんどうぶつ〉ectotherm
　熱を，（自身の代謝よりはむしろ）外界から得ている生物．

外肢〈がいし〉exopod
　節足動物の二枝型* 付属肢の外側の枝（「内肢」と「副肢」を参照）．

外転可能〈がいてんかのう〉eversible
　内側を外に裏返すことにより突き出すことができること．ふつう静水圧* により伸ばし，引き込めるのは筋肉の活動による．

外套腔〈がいとうこう〉mantle cavity
　軟体動物と腕足動物の，殻の内部に包みこまれた外環境の部分で，そこに呼吸器官と摂食器官がある．

外胚葉〈がいはいよう〉ectoderm
外側の胚葉，すなわち原腸胚*をおおっているもの（「内胚葉」と「中胚葉」を参照）.

外皮〈がいひ〉integument
体壁の，筋肉ではない層.

外被〈がいひ〉tegument
寄生性扁形動物の外側の上皮で，シンシチウム*になっている.

化学合成〈かがくごうせい〉chemosynthesis
エネルギーを使い，つぎの一般式に従って行われる有機物の合成.

$$CO_2+2H_2X \rightarrow (CH_2O)+H_2O+2X$$

無機物質（Fe^{2+}，CH_4，NH_3，NO_2^-，H^+，S など）の酸化（＝化学合成無機栄養 chemolithotrophy）や，あらかじめ存在する有機物（酢酸塩，蟻酸塩など）の酸化によって遊離されるエネルギー（そしてしばしば還元力）を使う．酸素のある状況で，細菌中でのみ行われる（「光合成」を参照）.

化学独立栄養〈かがくどくりつえいよう〉chemoautotrophy
個体内で化学合成*により，必要な栄養すべてを合成できる細菌の栄養形式.

芽球〈がきゅう〉gemmule
海綿動物のいくつかにみられる多細胞性の無性的な伝達小体*で，防衛の殻の中に入っている.

殻皮層〈かくひそう〉periostracum
軟体動物や腕足動物の，殻をおおうタンパク質性の層.

隔膜〈かくまく〉septum
体の一部分を，他の部分から隔離している膜.

傘〈かさ〉umbrella
クラゲ*の，上側の（ふつう凸になった）表面.

下傘〈かさん〉subumbrella
クラゲ*の下側の（ふつう凹になった）表面.

花状体〈かじょうたい〉floscula
いくつかの鰓曳動物・胴甲動物・動吻動物の胴にみられる微小で突き出た感覚器官であり，先端がたくさんの小乳頭状突起で終わっている.（＝フロスキュラ）

仮足〈かそく〉pseudopodium
アメーバ状の細胞が，運動や食作用*などをする際に一時的に形成される，原形質の小葉状の突起.

芽体〈がたい〉blastema
未分化の分裂している細胞のグループで，それから分化した細胞ができてくる可能性のあるもの（「分化」を参照）.

額角〈がっかく〉rostrum
体の前部で正中線上にある突起物を指す，あいまいな言葉.

褐虫藻〈かっちゅうそう〉zooxanthella
さまざまな（おもに海産）無脊椎動物の組織中にみられる，渦鞭毛藻の仲間の共生藻に与えらた一般名.

過分極する〈かぶんきょくする〉hyperpolarize
電位差が増加する（ふつう，細胞膜をはさんでの電位差）（「脱分極する」を参照）.

殻〈から〉test
外部，もしくはほとんど外部にある体を保護するおおいで，ふつう，多くの要素からできている.

感桿〈かんかん〉rhabdome
光受容性の微絨毛*の秩序だった配列．たとえば複眼*中にみられる.

冠棘〈かんきょく〉scalid
動吻動物・胴甲動物・鰓曳動物・類線形動物（類線形動物の場合は幼生）の陥入吻*のまわりをとりまいている環状に並んだ表皮の突起で，突起の形は棘状，棍棒状，羽毛や鱗状などさまざまなものがある．感覚・移動運動・餌の捕獲・突き刺す機能をもつ.

間隙の〈かんげきの〉interstitial
堆積物中の間隙に属する（これ以外の interstitial の用法としては，刺胞動物の全能性の表皮細胞を間細胞 interstitial cell とよぶ）.

間充織，間葉〈かんじゅうしき，かんよう〉mesenchyme
分散した結合組織の細胞で，ゲル状の基質中に入っている.

管生〈かんせい〉tubicolous
管にすむ.

間接発生〈かんせつはっせい〉indirect development
幼生*段階を経る発生（「直接発生」を参照）.

環帯〈かんたい〉clitellum
繭をつくりだす分泌上皮で，とくに環帯綱 clitellate（ミミズとヒル）の環形動物にみられる.

陥入吻〈かんにゅうふん〉introvert
外転可能*で，かつ引き込み可能な，体の前方の部分.

環紋をもつ〈かんもんをもつ〉annulate
円柱形の生物や器官などで，その外表面が，環 annulus と溝が繰り返して環が連なったように分かれていて，体節のようにみえることを表す言葉.

器官〈きかん〉organ
1つもしくはそれ以上の組織が，1つの構造的で機能的なユニットを構成しているもの．

気管〈きかん〉trachea
外界から組織へと直接，空気を運ぶ管．

気管小枝，毛細気管〈きかんしょうし，もうさいきかん〉tracheole
気管* の末端の（毛細血管様の）分枝．

擬似交尾〈ぎじこうび〉pseudocopulation
体外受精をする生殖行動中の動物のペアが，配偶子* を放出する間，密接していること．それゆえ卵* は雌の生殖口* を出るとすぐに受精する．

寄生虫〈きせいちゅう〉parasite
(一時的もしくは終身）他の個体の中に入ったり，上に付着したりして，それに害を与える個体．

基節囊〈きせつのう〉coxal sac
ある種の単肢動物の脚の基部にある外転可能* な壁の薄い小囊で，外界からの水の摂取にはたらく．同様な小胞が有爪動物にもみられる．

擬態〈ぎたい〉mimicry
物体や他の生物に似ること．それにより，他のものに間違われて，結果として隠蔽される可能性がある．

偽体腔〈ぎたいこう〉pseudocoel
体の腔のうち，体腔* ではないものはどれであれこうよばれる．

キチン　chitin
窒素を含む多糖類の一種．

基底膜〈きていまく〉basement membrane
上皮* の下にある無定型なシートであり，特定の型のコラーゲンと炭水化物でできている．

擬糞〈ぎふん〉pseudofaeces
濾過摂食者により水中の懸濁物から取り出されたが，その後，拒否された物質の糞のような小粒（すなわち，集められたけれどとりこまれなかった粒子）．

気門〈きもん〉spiracle
気管* 系が体表で開く開口部．

逆成長〈ぎゃくせいちょう〉degrowth
飢えた動物が縮小すること．

休芽〈きゅうが〉statoblast
苔虫動物のあるものでみられる，多細胞の無性的な伝達小体* で，保護被膜中に入っている．

嗅検器〈きゅうけんき〉osphradium
軟体動物の外套腔* 中にある化学受容性の組織もしくは器官．

休眠〈きゅうみん〉diapause
生活史の中での休止相であり，代謝活性が低く逆境に耐えうる状態．

鋏状〈きょうじょう〉chelate
節足動物の脚の末端が，一対の鋏もしくはピンセットになっている状態．

共生〈きょうせい〉symbiosis
似ていない2つの生物が互いに影響しあう密接な提携．ふつう一方が他方に頼っている．

胸部〈きょうぶ〉thorax
3つのはっきりした部分に分けられた体の，中間の部分をよぶ言葉であり，前の部分は頭（「腹部」を参照）．

緊張性〈きんちょうせい〉tonic
持続した．

クチクラ　cuticle
非細胞性で抵抗力のある体のおおいであり，表皮* により分泌され，定期的に脱皮される．しばしば部分的に装飾されたり，厚くなって板となる．

口の〈くちの〉oral
口に属する．

クラゲ　medusa
刺胞動物の2つの体形のうちの1つ．脈動するように体を動かし，ふつう漂泳性* で，円盤状や鐘形や傘形をしており，しばしばゼラチン状である（「ポリプ」を参照）．

グリア　glia
ニューロン* とともにある付属的な細胞（＝神経膠 neuroglia）．

クレード　clade
生物のグループで，それに属するすべてのものが同じ祖先形質を共有しているもの（「グレード」を参照）．

グレード　grade
同じ型の体の構成を共有しているが，それを1つの共通の祖先形から受け継いでいるのではない一群の動物（「クレード」を参照）．

群体性〈ぐんたいせい〉colonial
無性的につくられたものが互いに結合したままとどまっている生物を記述する言葉．多くの動物において，不完全な出芽の結果，他のポリプ* すなわち個虫* と組織の接触を保っている（「モジュール構造の」も参照）．空間的に半永久的な集合をなしている有性的につくられた個体の集合を記述するのにも使われる．

警戒色〈けいかいしょく〉warning coloration

はっきりと区別のつく，あざやかでコントラストの強い配色（たとえば，黒と黄，黒と赤）．多くは，餌にされそうな種のもつ有害性や有毒性と関係づけられている．

継時性リズム〈けいじせいりずむ〉metachronal rhythm

繊毛* や多数の脚の示す同期した運動パターンであり，各要素の動きが，他のものと一定の位相関係をもつもの．

系統発生〈けいとうはっせい〉phylogeny

進化上の由来と関係の道筋．

血体腔〈けったいこう〉haemocoel

血洞によってつくられる体の腔で，しばしば胞胚腔* に由来する（「体腔」と「偽体腔」を参照）．

決定的発生〈けっていてきはっせい〉determinate development

「モザイク発生」をみよ．

限外濾過〈げんがいろか〉ultrafiltration

圧力をかけながら半透膜を横切って液を通すこと．

原核生物〈げんかくせいぶつ〉prokaryote

膜で包まれた細胞小器官と核膜を，細胞中に欠いているもの（「真核生物」を参照）．細菌は原核生物である．

嫌気的〈けんきてき〉anaerobic

酸素のない．酸素を使わずに行うエネルギーを生産する代謝* 過程を形容するのに，よく使われる．

原基分布図〈げんきぶんぷず〉fate map

接合子* や胚* や成虫原基* の中での，細胞や部位の空間的分布の正式な記載であり，その細胞や部位が，通常，個体の異なる部分をつくる．

原口〈げんこう〉blastopore

原腸胚* において，胚の腸が外界と連絡する開口部．

原真核生物〈げんしんかくせいぶつ〉protoeukaryote

仮想上の，最初の真核細胞．おそらく食作用を示し，細胞内共生をするいろいろな原核生物* の宿主となった細胞で，これらの共生したものとともに，最初の真核細胞を形成した．

原腎管〈げんじんかん〉protonephridium

盲端となった腎管* で，細胞内の管をもっている（「腎管」を参照）．

原腸陥入〈げんちょうかんにゅう〉gastrulation

原腸胚* が，胞胚* からできてくる過程．

原腸胚〈げんちょうはい〉gastrula

胞胚* につづく胚の段階であり，この時期に，1層の細胞だったものが，細胞移動や移入 ingrowth などにより2層の状態になり，そしてこの時期に中胚葉* の細胞が増殖する．

口円錐〈こうえんすい〉hypostome

刺胞動物の，盛り上がった丘状の組織で，そこに口がある．

恒温動物〈こうおんどうぶつ〉homiotherm

体温がある程度一定のレベルに保たれる生物（＝homoiotherm，homeotherm）（「変温動物」を参照）．

硬化した〈こうかした〉sclerotized

タンニング（なめし）過程の結果，クチクラ* の部分が化学的に硬化（そして暗色化）した状態．

光合成〈こうごうせい〉photosynthesis

太陽光のもつエネルギーを使い，クロロフィル分子を通して以下の一般式に基づいて行われる有機物合成．

$$CO_2 + 2\,H_2X \rightarrow (CH_2O) + H_2O + 2\,X$$

すべての真核生物の光合成や，いくつかの細菌が行う酸素を発生する光合成においては，X＝酸素．他のいくつかの細菌が行う酸素を発生しない光合成では，X は酸素であることは決してなく，しばしば（いつもではない）硫黄であり，そのときは H_2X は H_2S となる．

後口動物〈こうこうどうぶつ〉deuterostome

胞胚口* が口にならない状態（胞胚口が肛門になるかもしれないが．「前口動物」を参照）．この段階を示す動物を指すのにも使われる．

光周性〈こうしゅうせい〉photoperiodism

相対的な日長の変化の結果に対して，生理的反応を示す能力．

後腎管〈こうじんかん〉metanephridium

開いた腎管* であり，細胞外の管をもつ（「原腎管」を参照）．

肛節〈こうせつ〉pygidium

環形動物の後部にある，体節に分かれていない部分．

交接突起〈こうせつとっき〉cirrus

外転可能* な交接器官（「陰茎」と「生殖肢」を参照）．

口前腔〈こうぜんこう〉preoral cavity
口の前の空間であり，その中で，口器が機能するか体外での前消化が起こる．

口前葉〈こうぜんよう〉prostomium
環形動物の前部にある体節に分かれていない部分．

後体〈こうたい〉metasome
体が3部に分かれた少体節性*の動物の，3番目の部分．その体腔*である後体腔が主体腔となる(「前体」と「中体」を参照)．

後体部〈こうたいぶ〉opisthosoma
鋏角動物の体は，外見が2つの異なる部分に分かれているが，その後のほう（「前体部」を参照)．体が2部に分かれている他のタイプの動物でも，同様に使われることがある．

後腸〈こうちょう〉hind-gut
腸の後半の，外胚葉*起源の部分とその内張り(「前腸」と「中腸」を参照)．

硬皮〈こうひ〉sclerite
外骨格の一部分をなす板．

交尾〈こうび〉copulation
個体が1つの器官を用いて，精子を他個体の体もしくは管や嚢へと移す行為．広くみられるが，体内受精の先駆者に限ってみられるものではない．

交尾嚢〈こうびのう〉bursa copulatrix
交尾*中に精子*を受けとる袋．

剛毛〈ごうもう〉
(a) chaeta：環形動物，有鬚動物，ユムシ動物がもつ小さくて硬くて突き出たキチン*性の毛．
(b) seta：荒い毛のようなクチクラ*の突起物で，細胞を含む場合も含まない場合もある．

呼吸色素〈こきゅうしきそ〉respiratory pigment
酸素と可逆的に結合することにより，酸素の運搬や貯蔵にはたらく分子．

個体発生〈こたいはっせい〉ontogeny
個々の生物が接合子*から成体へと発生する道筋．

固着性〈こちゃくせい〉sessile
恒久的に基盤に付着した状態を指す形容詞．移動運動は不可能．

個虫〈こちゅう〉zooid
不完全な出芽*を繰り返すことによりつくられた群体*システムの，基本構成単位となっている個体．このようなシステムをとるすべての動物で使われる．

骨格〈こっかく〉skeleton
筋肉の力を伝えたり，体を支持する系．

コホート　cohort
ある個体群中の個体のグループで，すべてがほぼ同時に生まれたもの．

固有宿主〈こゆうしゅくしゅ〉definitive host, primary host
寄生虫*がその中で有性生殖*する宿主．

コラーゲン　collagen
繊維状のタンパク質の一種で，通常，結合組織やクチクラの格子と関連して存在する．

混成腎管〈こんせいじんかん〉mixonephridium, nephromixium
後腎管*様の器官で，外胚葉*起源の部分と中胚葉*起源の部分の両方がある．

再生〈さいせい〉regeneration
うめあわせの成長と分化*により，個体の失われた部分を置き換えること．

叉棘〈さきょく〉pedicellaria
複雑な，関節をもつ骨でできた棘で，ある種の棘皮動物においてピンセットとしての機能をもつ．

叉状器〈さじょうき〉furca
甲殻動物の尾節*から出ている対になった突起．いろいろな形のものがある．

蛹〈さなぎ〉pupa
昆虫の発生において，幼虫段階と成虫との間にみられる動かない過渡的段階．

砂嚢〈さのう〉gizzard
腸の筋肉質の部分で，その中で食物が，すり砕かれる．

左右相称〈さゆうそうしょう〉bilateral symmetry
体が2つ，それもただ2つの鏡像関係の半分ずつに分けることができる相称性．

三胚葉性の〈さんはいようせいの〉triploblastic
3つの組織の層，すなわち外胚葉*，中胚葉*，内胚葉*が認められる胚の状態．

産卵管〈さんらんかん〉ovipositor
昆虫の管状の器官で，特定の微小生息場所へと卵を産みつけるのに使われる．

色素胞〈しきそほう〉chromatophore
色素を含む細胞．

刺細胞〈しさいぼう〉cnidocyte
刺胞動物の細胞で刺胞*を含んでいるもの．

糸状仮足〈しじょうかそく〉filopodia
細胞質が細胞から突き出た糸状の突起．

自切〈じせつ〉autotomy
付属肢もしくは体の部分をみずから切り離すこと．たとえば，捕食者から逃れる手段としてや，出芽*や分裂*（分体）の際に起こる．

自然選択〈しぜんせんたく〉natural selection
資源の限られた環境において，生存と生殖の成功に違いのあることに基づく進化の機構．C. R. ダーウィンによって提案された．

自然発生〈しぜんはっせい〉spontaneous generation
生物は，生きていない物質（たとえば泥）から，直接自発的に発生可能だという考え．

櫛鰓〈しっさい〉ctenidium
軟体動物に限定された鰓の形式で，（原始的なものは）中央の軸の両側から出ている積み重なった繊維からなっている．

櫛状体〈しつじょうたい〉pectine
サソリの後体部*にある櫛状の感覚器官．

シナプス synapse
2つの細胞（少なくとも一方はニューロン*）の接合部で，そこを通して情報が渡される．渡すほうの細胞は「前シナプス細胞」，受け取るほうは「後シナプス細胞」とよばれる．

刺胞〈しほう〉nematocyst
刺胞動物の細胞小器官で，刺細胞*の中に入っており，外転できるぐるぐる巻いた糸をもち，餌をとらえたり，防衛などに使われる．

若虫〈じゃくちゅう，わかむし〉nymph
昆虫において，大きさと，成虫でのみみられる器官系の発達（たとえば翅と生殖巣）を除いては，成虫とほとんど違わない幼虫 juvenile．特徴として，翅原基は外部にあらわれており，その点で幼虫* larva とはっきりと異なる．

雌雄異体の〈しゆういたいの〉gonochoristic
性別に分かれている（=dioecious）（「雌雄同体」を参照）．

収縮胞〈しゅうしゅくほう〉contractile vacuole
細胞内にある膜に包まれた胞で，浸透圧調節にかかわっており，液体で満ち，突然収縮してその液体を外界へ吐き出す．

従属栄養の〈じゅうぞくえいようの〉heterotrophic
他でつくられた有機物を摂取する必要のある栄養様式．

柔組織〈じゅうそしき〉parenchyma
空胞を含む細胞からなる散漫な組織*で，しばしば無体腔動物*の，表皮と腸の間の空間を満たしている．

雌雄同体の〈しゆうどうたいの〉hermaphroditic
卵*と精子*の両方を，同時もしくは順次に生産できる（「雌雄異体」を参照）．

受精〈じゅせい〉fertilization
配偶子*同士の融合過程であり，接合子*をつくる．

出芽〈しゅつが〉budding
無性的増殖の形式で，新しい個体が，親の体から伸び出るものとして生命を始めるもの．これはつぎに，親から離れて独立な存在となる場合もあれば，連結したまま（もしくは別のやり方で結合して）群体*をつくる場合もある．

出糸突起〈しゅつしとっき〉spinneret
体外への噴出口で，絹糸を生産する腺の分泌物をそこから出す．

出水の，呼気の〈しゅっすいの，こきの〉exhalent
呼吸もしくは摂食のための流れで，外向きのものを表す言葉（「入水の，吸気の」を参照）．

順化〈じゅんか〉acclimation
違う環境に生物がさらされた結果として生理が変わること．

小顎〈しょうがく〉maxilla
節足動物の主要な口器で，（大顎*に付加的に）大顎の後にあるもの．多毛綱イソメ目の顎の要素のあるものに対しても使われる．

小割球〈しょうかっきゅう〉micromere
初期の胚*中の，卵黄をもたない小さな細胞（「大割球」を参照）．

小孔〈しょうこう〉ostia
小さな孔．たとえばそこを通して水が入ってくる海綿動物の小孔，もしくは，そこを通して血液が心臓に入る（解放血管系をもつ動物）の心門．

小進化〈しょうしんか〉microevolution
1つの個体群中での，時間を追っての遺伝子頻度の変化（「大進化」を参照）．

少体節性〈しょうたいせつせい〉oligomeric
少し（2か3個）の体節*でできた体をもつ状態（「単体節性」や「体節性」を参照）．

上皮〈じょうひ〉epithelium
自由表面をおおっているシート状もしくは管状の組織*で，たとえば体腔を裏打ちしているもの．

食作用〈しょくさよう〉phagocytosis
アメーバ状の細胞の仮足*が，粒子をとりまいて流れ，空胞の中へと飲み込む過程．

触手〈しょくしゅ〉tentacle
何であれ，細長くて屈曲性をもつ突き出た構造物．しばしば感覚の機能をもち，餌をとらえるために用いられるものもときどきある．

触手冠〈しょくしゅかん〉lophophore
摂食のための触手．水圧ではたらく系で繊毛が生えており，体壁が伸び出て，口のまわり（肛門のまわりではない）をとりまく．

触角〈しょっかく〉antenna
いくつかの節足動物や多毛綱や，有爪動物などの頭にある，糸状でしばしば長く伸びた化学感受性の付属肢．

進化〈しんか〉evolution
起源と，（それ以降に時間とともに起こる）変化．

真核生物〈しんかくせいぶつ〉eukaryote
細胞の中に膜で包まれた核と細胞小器官をもっているもの（「原核生物」を参照）．細菌を除いて，すべての生物は真核生物である．

腎管〈じんかん〉nephridium
外胚葉* 起源の浸透圧調節，または/かつ，排出器官（「体腔管」を参照）．

神経節〈しんけいせつ〉ganglion
明確に他から区別される神経組織の塊でニューロン* を含んでいる．

神経分泌細胞〈しんけいぶんぴさいぼう〉neurosecretory cell
腺機能をもったニューロン* で，ふつう，ホルモンを生産する．

シンシチウム syncytium
細胞の境界が部分的か完全にない多細胞の構造体であり，部分に分かれているようにはみえない細胞質の塊で核を多く含むものから，ほとんど完璧な細胞が，細胞間の橋を通して細胞質のつながりをもってネットワークになっているものまで，いろいろある．

真皮〈しんぴ〉dermis
表皮* の下にあり，中胚葉* 起源の体壁をつくっている筋肉ではない層．

水圧の〈すいあつの〉hydraulic
水圧で作動する．

垂棍〈すいこん〉lemniscus
鉤頭動物と少なくともいくつかのヒルガタワムシでみられる，吻に付随した管状の嚢．基本的には表皮の陥入したもので，おそらく水圧ではたらくための貯水池の機能をもっているだろう．

ズークロレラ zoochlorellae
さまざまな（おもに淡水産の）無脊椎動物の組織中にみられる，緑色植物の仲間の共生藻に与えらた一般名．

精子〈せいし〉spermatozoon
雄の配偶子* で，ふつう，能動的に移動運動可能（＝sperm）．

生殖口〈せいしょくこう〉gonopore
配偶子が放出される穴．

生殖肢〈せいしょくし〉gonopod
脚の変化したもので交尾器としてはたらく（「交接突起」と「陰茎」を参照）．

静水力学的〈せいすいりきがくてき〉hydrostatic
筋肉の出す力が，体腔中の水や組織中の水により伝えられる骨格系を記述する言葉．

成虫原基〈せいちゅうげんき〉imaginal disc
幼虫* にある未分化の細胞群で，これから特定の器官系が発達する．

生物攪乱〈せいぶつかくらん〉bioturbation
底生* の堆積物が，動物の活動により攪乱されること．

精包〈せいほう〉spermatophore
なんらかの保護の覆い中に入った精子* の小包．

生命力〈せいめいりょく〉vital force
かつて考えられた神秘的で非物理的な力で，生物に「命」を与え，発生と進化へと導くとされたもの．

脊索〈せきさく〉notochord
背中側にある弾性的な骨格の棒で，脊索動物を特徴づけるもの．共通の鞘中にある空胞をたくさん含む細胞に由来する．

接合子〈せつごうし〉zygote
受精において，精子* と卵* との合体によってつくられる1個の細胞．

節要素〈せつようそ〉article
関節のある付属肢を構成しているユニットの1つ．すなわち隣りあった2つの関節間の曲がらない部分．

前口動物〈ぜんこうどうぶつ〉protostome
胞胚口* が口となっている状態（「後口動物」を参照）．この状態を示す動物を指すのにも使われる．

染色体〈せんしょくたい〉chromosome
細胞核内の糸状の構造で，遺伝情報を含んでいる．

腺性棒状小体 〈せんせいぼうじょうしょうたい〉 rhabdite
「棒状小体」をみよ．

先節 〈せんせつ〉 acron
節足動物の前端の，体節に分かれていない部分．

先体 〈せんたい〉 acrosome
精子* 前端の繊維状の管で，受精* の際，これが収縮して卵* の細胞膜と融合する．

前体 〈ぜんたい〉 prosome
体が3つの部分に分かれている少体節性* の動物の最初の部分．その体腔が前体腔である（「中体」と「後体」を参照）．

前体部 〈ぜんたいぶ〉 prosoma
鋏角動物のうち，体がはっきりと2つの部分に分けられる仲間における前部（これには頭も含まれる）を指す言葉（「後体部」を参照）．体が2つの部分に分かれている他の動物でも，同様に使われることがある．

前腸 〈ぜんちょう〉 fore-gut
腸のはじめの外胚葉* 起源の部分とその内張り．

蠕動 〈ぜんどう〉 peristalsis
管状の器官や生物において，それに沿って環状筋と縦走筋の収縮の波が伝わっていき，推進効果をもつ運動．

繊毛 〈せんもう〉 cilium
突き出た細胞小器官で，推進力を出すピンと伸びた有効打と，へにゃへにゃの回復打を，平面内で繰り返し打つことにより推進力を出す．長さはふつう比較的短く，細胞あたり数本～多数本生えている．動かない繊毛は感覚受容に特殊化したものである．真核生物* にのみみられる（「鞭毛」を参照）．

繊毛冠 〈せんもうかん〉 corona
輪形動物の，繊毛* の環からなっている移動運動装置．

叢，網 〈そう，もう〉 plexus
ネットワーク．

走根，芽茎 〈そうこん，がけい〉 stolon
茎や根に似た構造であり，それにより動物が互いに接続したり基盤に付着する．もしくはそれから無性芽が遊離することもある．

双櫛状 〈そうしつじょう〉 bipectinate
軟体動物の櫛鰓* で，中心軸の両側に鰓糸をもつ原始的な状態（「単櫛状」を参照）．

総排出腔 〈そうはいしゅつこう〉 cloaca
腸の終端の膨大した部分で，ほかの器官系からの排出物を受け取る．

組織 〈そしき〉 tissue
同じ種類（もしくは数種類）の細胞が集まって，同じ機能を果たしている細胞の連合．ふつう細胞間物質により結び合わされている（「器官」を参照）．

組織分解 〈そしきぶんかい〉 histolysis
組織の分解．

蘇生能のある 〈そせいのうのある〉 cryptobiotic
逆境の環境の期間（ふつう水が不足した期間）に，生命活動を停止して抵抗力のある状態に入る能力をもった（＝anabiotic）．

体… 〈たい…〉 somatic
体に属する．たとえば性細胞とは，はっきりと異なることを示すために体細胞 somatic cell のように用いる．

大顎 〈だいがく〉 mandible
多くの節足動物の口の部分の，対になった付属肢の最前端のもの．ふつう太く短く関節のない構造であり，噛みついたりかみ砕いたりする顎* となっている．ある種の多毛綱の顎の要素にもこの語は用いられる．

大割球 〈だいかっきゅう〉 macromere
初期胚* の大きくて卵黄が詰まっている細胞（「小割球」を参照）．

体腔 〈たいこう〉 coelom
中胚葉* 起源の組織内にある体液に満たされた腔で，中胚葉の膜で包まれているもの（「偽体腔」と「血体腔」を参照）．体腔の大きさは，腹膜* に囲まれた静水力学的な大きな腔（「裂体腔」と「腸体腔」をみよ）から，中胚葉性の器官内の上皮* にふちどりされた空所（こういうものも定義上体腔に入る）まで，さまざまである．

体腔管 〈たいこうかん〉 coelomoduct
(a) 末端が盲管になっている浸透圧調節，または/かつ，排出の腺と管で，中胚葉起源のもの（「腎管」を参照）．もしくは (b) 体腔* から外界へと開口する中胚葉性の管で，配偶子もしくは体腔液を排出する役割を果たすもの．

体腔球 〈たいこうきゅう〉 coelomocyte
体腔液中に浮いている細胞．

代謝 〈たいしゃ〉 metabolism
生体内で起こる化学過程であり，構造と物質を，壊したり（異化）つくり上げたりする（同化）．

大進化 〈だいしんか〉 macroevolution
分類群の変異の起源，すなわち種のレベルか種より高いレベルでの進化的変化（「小進化」を参照）．

胎生 〈たいせい〉 viviparity

親の体の中で胚*が発生することで，親から胚へと直接渡される資源を，一部であれ発生に用いる．

堆積物食 〈たいせきぶつしょく〉 deposit feeding

デトリタス*や，デトリタスとともに混在して基盤の上や中にいる生物を食べること．

体節 〈たいせつ〉 segment

直列に繰り返しつながって体をつくっている，半独立の単位．体壁とそれに関連した構造だけが節に分かれている場合もあれば，体のほとんどすべてが節に分かれている場合もある．

体節性 〈たいせつせい〉 metameric

体のほとんどが，直線的に連なった少数～多数の体節*からできている状態（「単体節性」や「少体節性」を参照）．

多型 〈たけい〉 polymorphic

2つ以上のはっきりと異なる体形をとっている（「単型」や「二型」を参照）．

多系統の 〈たけいとうの〉 polyphyletic

1つ以上の祖先形に由来する生物たちを1つのグループにまとめたもの．

多数回繁殖の 〈たすうかいはんしょくの〉 iteroparous

一生に数回繁殖する（「1回繁殖の」を参照）．

脱分極する 〈だつぶんきょくする〉 depolarize

電位差が減少する（ふつう，細胞膜をはさんでの電位差）（「過分極する」を参照）．

単為生殖 〈たんいせいしょく〉 parthenogenesis

無性的な増殖で，卵*が受精*することなく新しい個体へと発生すること．

単眼 〈たんがん〉 ocellus

光に感受性の単純な器官（「複眼」を参照）．

単型 〈たんけい〉 monomorphic

体形を1つだけもっている（「二型」と「多型」を参照）．

単枝型 〈たんしけい〉 uniramous

枝を1つもつ（「二枝型」を参照）．節足動物の脚に用いられる．

単櫛状 〈たんしつじょう〉 monopectinate

軟体動物の進歩した櫛鰓*であり，鰓糸が中心軸の片側だけにあるものを記述する言葉（「双櫛状」を参照）．

単体節性 〈たんたいせつせい〉 monomeric

体の内部が，仕切られて体節*に分けられてはいない状態（「少体節性」と「体節性」を参照）．

チトクロム cytochrome

ミトコンドリア中にある呼吸酵素で，ヘモグロビンと似た構造をもっている．

中膠 〈ちゅうこう〉 mesoglea

腔腸動物の，外側の細胞層と内側の細胞層の間のゲル様の物質で，厚い場合も薄い場合もあり，またその中に細胞を含む場合も含まない場合もある．

中体 〈ちゅうたい〉 mesosome

体が3つの部分に分かれている少体節性*の動物の2番目の部分．その体腔である中体腔が触手冠*を支えている場合がある（「前体」と「後体」を参照）．

中腸 〈ちゅうちょう〉 mig-gut

腸の内胚葉*起源の部分とその内張（「前腸」と「後腸」を参照）．

中胚葉 〈ちゅうはいよう〉 mesoderm

外胚葉*と内胚葉*の間につくり出された胚葉．

中間宿主 〈ちゅかんしゅくしゅ〉 intermediate host

「二次宿主」をみよ．

調節的発生（＝非決定的発生） 〈ちょうせつてきはっせい（ひけっていてきはっせい）〉 regulative （＝indeterminate） development

発生運命が胚の遅い時期になって定められるため，胚が細胞を失っても，それを補って正常な幼生や成体をつくることができる発生（「モザイク発生」を参照）．

腸体腔 〈ちょうたいこう〉 enterocoel

胚の腸から膨出した嚢によりつくられた体腔*（「裂体腔」を参照）．

直接発生 〈ちょくせつはっせい〉 direct development

幼生*期を経ない発生（「間接発生」を参照）．

貯精嚢 〈ちょせいのう〉 spermatheca

精子*を受け取った動物が，自身の卵*にそれを放出して受精*させる前に，精子を蓄えておく嚢．

低酸素 〈ていさんそ〉 hypoxia

酸素が手に入りにくい状態．

定住性 〈ていじゅうせい〉 sedentary

遠くには動いていかない傾向をもつ．

底生 〈ていせい〉 benthic

水域の系の底や基盤に属する（「漂遊性」を参照）．

デトリタス detritus

粒子状の分解された（もしくは分解されつつある）物質で，それの上にすんでいる微小生物も含み，水中もしくは基盤上にある．

伝達小体 〈でんたつしょうたい〉 propagule

親から離れる繁殖体．多細胞の場合もあるし（栄養繁殖的），単細胞の場合もある（配偶子的）．もし単細胞なら，それは減数分裂でつくられることもあるし（有性生殖的），体細胞分裂か異常な減数分裂の形で遺伝子が減少しないでつくられる（無性生殖的）．

頭化 〈とうか〉 cephalization

系統発生* もしくは個体発生* の間に頭が発生すること．

頭胸部 〈とうきょうぶ〉 cephalothorax

いくつかの甲殻動物でみられる体の部分で，頭部と胸部* の融合で形づくられたもの．

頭部の 〈とうぶの〉 cephalic

頭に属する．

棘突起 〈とげとっき〉 stylus

微小な，関節をもたない一組の付属肢様の突起で，いくつかの多足動物亜門の脚の基部にみられるものであり，また，ほとんどの無翅類の昆虫の，腹部のいくつかの体節（まれには胸部の体節にも）の同等の部分にみられる．

トロコフォア，担輪子幼生 〈とろこふぉあ，たんりんしようせい〉 trochophore

多くの海産の動物の，初期の幼生段階．口の前をぐるりと1回りする繊毛の二重の帯で特徴づけられる．

ナイアッド　naiad

水中生活への特別な適応（たとえば水中での餌をとらえるためや，水に溶けた呼吸用の気体の取込みのためへの適応）の結果，成虫の形とはかなり異なっている，ある種の昆虫の水生若虫*．

内肢 〈ないし〉 endopod

節足動物の二枝型* 付属肢の内側の枝（「副肢」と「外肢」を参照）．

内突起 〈ないとっき〉 apodeme

節足動物の外骨格で，内部に向かって突き出た突起．

内胚葉 〈ないはいよう〉 endoderm

内側の胚葉，すなわち原腸胚* の腸を形づくっているもの（「外胚葉」と「中胚葉」を参照）．

ナノプランクトン　nanoplankton

プランクトン* で，体の一番長い部分が 2〜20 μm のもの．

二型 〈にけい〉 dimorphic

2つの異なる型（ふつうは形態学的な形）をもつ（「単型」や「多型」を参照）．

二枝型 〈にしけい〉 biramous

枝を2つもつ．節足動物の脚に用いられる（「単枝型」を参照）．

二次宿主 〈にじしゅくしゅ〉 secondary host

寄生虫* が，その中でまったく生殖しないか無性生殖* だけをする宿主．

二倍体 〈にばいたい〉 diploid

個々の体細胞中に，各染色体についても2本ずつもった状態（「半数体」と「倍数体」を参照）．

二放射 〈にほうしゃ〉 biradial

球状の生物や胚の段階で，四半分のどれもが反対の四半分と同じだが隣のものとは異なる状態．

入水の，吸気の 〈にゅうすいの，きゅうきの〉 inhalent

呼吸もしくは摂食のための流れで，内向きのものを表す言葉（「出水の，呼気の」を参照）．

ニューロパイル　neuropile

神経系の部分で，そこでは神経繊維とその末端がシナプス* を形成している．

ニューロン　neurone（＝nerve cell）

電気信号の伝導と情報の伝達に特化した細胞（＝神経細胞）．

ネオテニー，幼形成熟 〈ようけいせいじゅく〉 neoteny

「幼形進化」をみよ．

ネクトン　nekton

漂泳性* の動物で，自然の水の流れに逆らって進むことができるもの（「プランクトン」を参照）．

粘液 〈ねんえき〉 mucus

粘液細胞が分泌するムコタンパク質（ムコ多糖がタンパク質に結合したもの）の混合物．

嚢子 〈のうし〉 cyst

生活史の中での，カプセルに包まれた乾燥に抵抗できる段階．

能動輸送 〈のうどうゆそう〉 active transport

濃度勾配に逆らった溶質の移動で，エネルギーを使う過程によるもの．

胚 〈はい〉 embryo

発生の初期段階で，卵* から孵化するか，もしくは卵中に保持されており，独立した生活ができないもの．

配偶子 〈はいぐうし〉 gamete
半数体の生殖細胞であり，反対の性の生殖細胞と融合して接合子* をつくることができる（「精子」と「卵」をみよ）．

背甲 〈はいこう〉 carapace
節足動物の，体すべてもしくは背面と側面の一部をおおう保護用の外骨格の盾板．

倍数体 〈ばいすうたい〉 polyploid
それぞれの体細胞中に，各染色体のコピーが２つ以上ある状態（「半数体」と「二倍体」を参照）．

背板 〈はいばん〉 tergite
節足動物の，体節を構成している外骨格の，背側の要素．

発酵 〈はっこう〉 fermentation
酵素によって媒介された，有機物の分解で，無酸素* 条件下で ATP を生成する．

反口側 〈はんこうそく〉 aboral
口のある表面とは反対側の体の表面を指す言葉．口が上表面か下表面の中央にある動物で使う．

半数体 〈はんすうたい〉 haploid
各体細胞もしくは性細胞中に，各染色体について１本だけもっている状態（「二倍体」と「倍数体」を参照）．

半数倍数性単為生殖 〈はんすうばいすうせいたんいせいしょく〉 haplodiploidy
「雄性産生単為生殖」をみよ．

尾角 〈びかく〉 cercus
多くの昆虫の腹部の最後の体節にある１対の付属肢で，いろいろな形のものがある．

光受容器 〈ひかりじゅようき〉 photoreceptor
光に感受性をもつ細胞．

非決定的発生 〈ひけっていてきはっせい〉 indeterminate development
「調節的発生」をみよ．

被甲，ロリカ 〈ひこう〉 lorica
肥厚したクチクラ* でできた花瓶形の保護ケース．

尾肢，尾脚 〈びし，びきゃく〉 uropod
甲殻動物十脚目の腹部* の最後尾の一対の付属肢で，尾節* とともに尾扇を形成する．

微絨毛 〈びじゅうもう〉 microvillus
細胞の自由表面から突き出した多数の小さな指状の突起であり，吸収や，（特殊化した形では）感覚受容にはたらく．条虫では微小毛とよばれる．

微小毛 〈びしょうもう〉 microtrich
「微絨毛」をみよ．

微小物食 〈びしょうぶつしょく〉 microphagous
小さい食物粒子や微小な食物粒子を食べる（「大型物食」を参照）．

尾節 〈びせつ〉 telson
節足動物の後部の，体節に分かれていない部分．

尾部 〈びぶ〉 urosome
橈脚綱の後体部* に用いる言葉．

被包 〈ひほう〉 epiboly
原腸陥入* において，卵黄をもたない移動可能な細胞が，卵黄を含む細胞の上に広がっていくこと．

漂泳性 〈ひょうえいせい〉 pelagic
海洋系の水塊に属することを指す形容詞（「底生」を参照）．

表割 〈ひょうかつ〉 superficial cleavage
卵割* のパターンの１つで，接合子* が１個のシンシチウム* をつくりだす．シンシチウムの多数の核は表面へと移動する．つぎに細胞の仕切りが核のまわりに構成される．

表在性 〈ひょうざいせい〉 epifaunal
基盤表面にいる底生* 動物を記述する言葉（「埋在性」を参照）．

表皮 〈ひょうひ〉 epidermis
いちばん外側にある，外胚葉* からなる細胞層で，体をおおっているもの．

複眼 〈ふくがん〉 compound eye
個別の光学的ユニットである個眼が数個～多数集まってつくられた１個の目．個眼は自身のレンズ・視野・受容細胞などをもっている（「単眼」を参照）．

腹脚，腹部遊泳肢 〈ふくきゃく，ふくぶゆうえいし〉 pleopod
多くの甲殻動物の腹部* の付属肢で，しばしば遊泳に用いられる．

副肢 〈ふくし〉 epipod
節足動物の肢の基部の節要素* から出ている突起（棘突起* はおそらく副肢である）（「内肢」と「外肢」を参照）．

腹板 〈ふくばん〉 sternite
節足動物の，体節を構成している外骨格の，腹側の要素．

腹部 〈ふくぶ〉 abdomen
体がはっきりと３つの部分に分かれている場合の，体の後の部分を指す言葉．前の部分が頭（「胸部」を参照）．

腹膜〈ふくまく〉peritoneum
体腔* の境界をなしている中胚葉の膜.

プランクトン plankton
漂泳性* 生物で，事実上，水中に浮遊しており，水の動きに逆らって進むことのできないもの（「ネクトン」を参照）.

プランクトン食の〈ぷらんくとんしょくの〉planktotrophic
プランクトンから得られた物質を食べる食性を指す言葉（他のものも食べてもかまわない）．とくに海産の幼生に用いられる（「卵黄食の」を参照）.

吻〈ふん〉proboscis
頭や体の前部にある木の幹のような形をした突起で，摂食に関連するものを指す一般的な言葉.

分化〈ぶんか〉differentiation
全能性をもつ胚の細胞が，異なる機能を果たすように特殊化する過程.

分化全能〈ぶんかぜんのう〉totipotent
多細胞生物の細胞について，どの特殊化した細胞へでも分化* 可能なことを指す言葉.

噴気孔〈ふんきこう〉fumarole
地殻の部分で，そこから熱水と還元物質が出てくるところ.

吻針〈ふんしん〉stylet
硬く尖った投げ矢のような構造物で，細胞や組織に突き刺さるために使用される.（＝軸針，刺針）

分裂〈ぶんれつ〉fission
体が2つやそれ以上の部分に分かれることを伴う無性的増殖の形式であり，分かれた各部分，もしくはすべてが新しい個体へと成長できる.

閉殻筋〈へいかくきん〉adductor muscle
殻を閉じたり，閉じたまま保っておいたりする筋肉.

平衡胞〈へいこうほう〉statocyst
重力や加速度に感受性をもつ器官.

閉鎖…〈へいさ…〉cleidoic
「保護の外皮の中に包まれた」という意味の，卵* を形容する言葉.

変温動物〈へんおんどうぶつ〉poikilotherm
体温が環境の温度とともに変わる動物（「恒温動物」を参照）.

変形細胞〈へんけいさいぼう〉amoebocyte
アメーバ運動のできる細胞.

変形体〈へんけいたい〉plasmodium
1つの細胞膜に包まれた多核のアメーバ状の塊.

片節〈へんせつ〉proglottid
条虫の体をつくっている連続して繰り返す単位.

変態〈へんたい〉metamorphosis
幼生* を成体へと改造するのに必要とされる，体の形の激烈な変化.

偏平上皮〈へんぺいじょうひ〉squamous epithelium
偏平な細胞でできた上皮*.

鞭毛〈べんもう〉flagellum
突き出た推進性の細胞小器官で，回るように，またはコルクの栓抜きのように打つもの．ふつう比較的長く，細胞に1本か2本ある．真核生物* にのみみられる（細菌の鞭毛はまったく異なる形のものである）（「繊毛」を参照）.

片利共生の〈へんりきょうせいの〉commensal
個体が，異なるタイプの他の個体のごく近く（たとえば他個体の穴）にすみ，（調べた限り）他個体に影響を与えてはいないと思われる場合，この個体を記述する言葉.

放射相称〈ほうしゃそうしょう〉radial symmetry
体の口/反口軸を通るどの面についても対称なもの.

放射卵割〈ほうしゃらんかつ〉radial cleavage
細胞分裂の一形式で，卵割面が胞胚* の極を結ぶ軸と平行か垂直なもの（「らせん卵割」を参照）.

棒状小体〈ぼうじょうしょうたい〉rhabdoid
扁形動物と扁形動物様の動物の表皮* 中にみられる棒のような構造のもので機能は不明．あるものは腺細胞に由来し腺性棒状小体* とよばれる.

棒腸類〈ぼうちょうるい〉rhabdocoel
扁形動物渦中類で，側枝つまり岐腸のない単純な腸をもつ複数のグループを指す一般的な言葉.

胞胚〈ほうはい〉blastula
胚発生中に，接合子が卵割* してできた細胞がつくる中空の球.

胞胚腔〈ほうはいこう〉blastocoel
胞胚* 中の腔.

炎細胞〈ほのおさいぼう〉flame cell
原腎管* の基部の端にある繊毛の生えた細胞.

ポリプ polyp
刺胞動物の2つの体形の1つ．定住性* かつ固着性* で円柱形をしており，口のまわりを1個の環のように触手がとりまいている．しばしば群体* を形成する．ポリプという言葉は個虫* と交換可能に使われることがときどきある.

埋在性 〈まいざいせい〉 infaunal

埋もれて生活している，もしくは基盤中の穴の中で生活している底生* 動物を記述する言葉（「表在性」を参照）.

マルピーギ管 〈まるぴーぎかん〉 Malpighian tubule

腸の側室で，管状で末端が行き止まりとなっている排出用のもの.

無酸素の 〈むさんその〉 anoxic

自由酸素のない.

無翅昆虫類の 〈むしこんちゅうるいの〉 apterygote

翅のない（昆虫に使う）.

無性生殖 〈むせいせいしょく〉 asexual reproduction

減数分裂や配偶子* の融合を伴わない増殖の形式（＝アポミクシス，「有性生殖」を参照）.

無体腔の 〈むたいこうの〉 acoelomate

（腸の内肛や器官系の中の腔を除いて）体の中の腔をもっていない状態.

目的論的 〈もくてきろんてき〉 teleological

目的をもった，目的に向かった.

モザイク発生（＝決定的発生） 〈もざいくはっせい〉 mosaic（＝determinate）development

発生において，胚* の細胞の発生運命が胚の早い段階で（母性細胞質を受け継ぐことにより）決まっており，その結果初期胚は，一部を取り除くとその欠損要素を置き換える能力をほとんどもたない一定のパターンからできていることになる（「調節的発生」を参照）.

モジュール構造の 〈もじゅーるこうぞうの〉 modular

無性生殖的に生み出されたモジュール，すなわちユニット（もしくは「個体」）が繰り返されて互いに連結されている群体性の動物を記述する言葉.

雄性産生単為生殖 〈ゆうせいさんせいたんいせいしょく〉 arrhenotoky

単為生殖* の形式の１つで，未受精卵が（半数体の）雄に発生し，他方受精卵は（二倍体の）雌に発生するもの（＝半数倍数性単為生殖）.

有性生殖 〈ゆうせいせいしょく〉 sexual reproduction

増殖の一形態で，減数分裂の間に染色体物質の交換が起こり，配偶子* は受精* の過程で合体する（「無性生殖」を参照）.

ユーテリー eutely

成体においては細胞分裂が起こらない状態．それゆえ，成体の細胞数は決まっており（ふつうは少数），成体の成長は，細胞が大きくなることだけで起こる.

幼形進化 〈ようけいしんか〉 paedomorphosis

幼若化の過程であり，そこにおいては，成体が幼い特徴を保持する「ネオテニー」か，形や年齢が幼いままで生殖的に成熟する「プロジェネシス」が起きる.

幼生，幼虫 〈ようせい，ようちゅう〉 larva

成体とは形態や生態が明らかに異なる幼形の相.

葉緑体 〈ようりょくたい〉 chloroplast

真核生物の細胞小器官で，この中で光合成が行われる．原生生物のいくつかのものと，ほとんどの植物にある.

らせん卵割 〈らせんらんかつ〉 spiral cleavage

細胞分裂の一形式であり，卵割面が，胞胚の極を通る軸に斜めになっており，4 細胞期の後の横分裂では，極を通る軸のまわりに時計回りと反時計回りの回転を交互に繰り返す（「放射卵割」を参照）.

卵 〈らん〉

(a) egg：動物発生の最初の段階を指す一般的な言葉であり，共通の１つの殻や被嚢に包まれた中に，ovum，接合子*，もしくは細胞の塊や発生中の胚，食物の蓄えなどが入っているもの.

(b) ovum：雌の配偶子*.

卵黄食の 〈らんおうしょくの〉 lecithotrophic

雌の親が用意してくれた内部の資源（すなわち卵黄）を消費する発生．とくに海産の幼生に用いられる（「プランクトン食の」を参照）.

卵割 〈らんかつ〉 cleavage

接合子* を分割して，多細胞だが未分化の胚* をつくる有糸細胞分裂．この過程では細胞の成長は起こらない.

卵生の 〈らんせいの〉 oviparous

卵を産む.

齢 〈れい〉 instar

幼虫* のいくつかある段階の１つで，他の段階とは脱皮により隔てられているもの.

裂体腔 〈れったいこう〉 schizocoel

中胚葉* 性の組織の塊の中に空洞形成によりつくられる体腔*（「腸体腔」を参照）.

濾過摂食 〈ろかせっしょく〉 suspension feeding

水中の懸濁物を捕捉して食べる．捕捉はふつう，なんらかのフィルターによって行われる.

図の出典

Abbott, N.J., Williamson, R. & Maddock, L. 1995. *Cephalopod Neurobiology*. Oxford University Press.

Agelopoulos, N., Birkett, M.A., Hick, A.J., Hooper, A.M., Pickett, J.A., Pow, E.M., Smart, L.E., Smiley, D.W.M., Wadhams, L.J. & Woodcock, C.M. 1999. *Pesticide Science*, **55**, 225–235.

Aidley, D.J. 1998. *The Physiology of Excitable Cells*. (4th ed.), Cambridge University Press.

Alexander, R. McN. 1979. *The Invertebrates*. Cambridge University Press, Cambridge.

Alldredge, A. 1976. *Sci. Am.*, **235** (1), 94–102.

Anderson, D.T. 1964. *Embryology and Phylogeny in Annelids and Arthropods*. Pergamon Press, New York.

Anderson, P.A.V. & Bone, Q. 1980. *Proc. R. Soc. Lond(B)*, **210**, 559–574.

Arbas, E.A. & Calabrese, R.L. 1987. *J. Neurosci.*, **7**, 3945–3952.

Atkins, D. 1933. *J. Mar. Biol. Assoc., UK*, **19**, 233–252.

Atwood, H.L. 1973. *Am. J. Zool.*, **13**, 357–378.

Austin, C.R. 1965. *Fertilisation*. Prentice Hall Inc., New Jersey.

Baehr, J.C., Porcheron, P. & Dray, F. 1978. *C.R. Acad. Sci. (Paris)*, **287D**, 523–525.

Baer, J. & Joyeux, C. 1961. Classe des Trématodes. In: Grassé, P.-P. (Ed.) *Traité de Zoologie*, **4**, *Platyhelminthes, Mésozoaires, Acanthocéphales, Némertiens*, pp. 561–692. Masson, Paris.

Baker, A.N., Rowe, F.W.E. & Clark, H.E.S. 1986. *Nature, Lond.*, **321**, 862–864.

Baker, T.C. 1990. In Døving, K.B. (Ed). *Proceedings of the 10th International Symposium on Olfaction and Taste*, pp. 18–25.

Barnes, R.D. 1980. *Invertebrate Zoology*, 4th edn. Saunders, Philadelphia.

Barnes, R.S.K. & Hughes, R.N. 1982. *An Introduction to Marine Ecology*. Blackwell Scientific Publications, Oxford.

Bastiani, M.J., Doe, C.Q., Helfand, S.L. & Goodman, C.S. 1985. *Trends Neurosci.*, **8**, 257–266.

Bayne, B.L., Thompson, R.J. & Widdows, J. 1976. In: B.L. Bayne (Ed.) *Marine Mussels: Their Physiology and Ecology*. Cambridge University Press, Cambridge.

Becker, G. 1937. *Z. Morph. Ökol. Tiere*, **33**, 72–127.

Becker, H.J. 1962. *Chromosoma*, **13**, 341–384.

Belk, D. 1982. In: Parker, S.P. (Ed.) *Synopsis and Classification of Living Organisms*, **2**, 174–180. McGraw-Hill, New York.

Bergquist, P.R. 1978. *Sponges*. Hutchinson, London.

Berrill, N.J. 1950. *The Tunicata*. Ray Society, London.

Bicker, G. 1998. *Trends in Neuroscience*, **21**, 349–355.

Biscardi, H.M. & Webster, G.C. 1977. *Exp. Gerontol.*, **12**, 201–205.

Blower, J.G. 1985. *Millipedes*. Brill, Leiden.

Bode, H.R., Heimfeld, S., Koizumi, O., Littlefield, C.L. & Yaross, M.S. 1989. *Am. Zool.*, **28**, 1053–1063.

Boeckh, J., Ernst, K-D., Sass, H. & Waldow, U. 1975. In: Denton, D. (Ed.) *Olfaction and Taste*, **V**, 239–245. Academic Press, New York.

Boss, K.J. 1982: In: Parker, S.P. (Ed.) *Synopsis and Classification of Living Organisms*, **1**, 945–1166. McGraw-Hill, New York.

Boxshall, G.A. & Lincoln, R.J. 1987. *Phil. Trans. Roy. Soc. Lond. (B)*, **315**, 267–303.

Brill, B. 1973. *Z. Zellforsch.*, **144**, 231–245.

Brownlee, D.J.A. & Fairweather, I. 1999. *Trends in Neuroscience*, **22**, 16–24.

Buchsbaum, R. 1951. *Animals Without Backbones*, Vol. 1. Pelican, Harmondsworth.

Bullock, T.H. & Basar, E. 1988. *Brain Res. Rev.*, **13**, 57–76.

Bullough, W.S. 1958. *Practical Invertebrate Anatomy*, 2nd edn. Macmillan, London.

Cain, A.J. & Sheppard, P.M. 1954. *Genetics*, **39**, 89–116.

Calkins, G.N. 1926. *The Biology of the Protozoa*. Baillière Tindall & Cox, London.

Calow, P. 1985. Causes de la mort i costos d'autoproteccio. In: *Biologia Avui*. Fundacio Caixa de Pensions, Barcelona.

Calow, P. 1986. In: Peberdy, R. & Gardner, P. (Eds) *The Collins Encyclopedia of Animal Evolution*, pp. 90–91. Equinox, Oxford.

Calow, P. & Read, D.A. 1986. In: Tyler, S. (Ed.) *Advances in the Biology of Turbellarians and Related Platyhelminthes*, pp. 263–272. D.W. Junk, Dordrecht.

Campbell, R.D. 1967. Tissue dynamics of steady-state growth in *Hydra Littoralis*. II. Patterns of tissue movement. *J. Morphol.*, **121**, 19–28.

Carpenter, W.B. 1866. *Phil. Trans. Roy. Soc. Lond.*, **156**, 671–756.

Casida, J.E. & Quistad, G.B. 1998. *Annual Review of Entomology*, **43**, 1–16.

Caullery, M. & Mesnil, F. 1901. *Arch. Anat. Microsc.*, **4**, 381–470.

Clark, A.H. 1915. *US Natn. Mus. Bull*, **82**, Vol. 1(1), 1–406.

Clark, R.B. 1964. *Dynamics in Metazoan Evolution*. Clarendon Press, Oxford.

Clarke, K.U. 1973. *The Biology of the Arthropoda*. Arnold, London.

Clarkson, E.N.K. 1986. *Invertebrate Palaeontology and Evolution*, 2nd edn. Allen & Unwin, London.

Clement, A.C. 1962. *J. Exp. Zool.*, **149**, 193–215.

Cloudsley-Thompson, J. 1958. *Spiders, Scorpions, Centipedes and Mites*. Pergamon Press, London.

Cohen, A.C. 1982. In: Parker, S.P. (Ed.) *Synopsis and Classification of Living Organisms*, **2**, 181–202. McGraw-Hill, New York.

Collett, M., Collett, T.S., Bisch, S. & Wehner, R. 1998. *Nature*, **394**, 269–272.

Colwin, L.H. & Colwin, A.L. 1961. *J. Biophys. Biochem. Cytol.*, **10**: 231–254.

Conway Morris, S. 1979. *Ann. Rev. Ecol. Syst.*, **10**, 327–349.

Conway Morris, S. 1985. *Phil. Trans. Roy. Soc. Lond. (B)*, **307**, 507–582.

Conway Morris, S. 1995. A new phylum from the lobster's lips. *Nature, Lond.*, **378**, 661–662.

Corliss, J.O. 1979. *The Ciliated Protozoa*, 2nd edn. Pergamon Press, Oxford.

Cottrell, G.A. 1989. *Comp. Biochem. Physiol. (A)*, **93**, 41–45.

Cuénot, L. 1949. In: Grassé, P-P. (Ed.) *Traité de Zoologie*, **VI**, 3–75. Masson, Paris.

Danielsson, D. 1892. *Norw. N-Atlantic Exped. (1876–1878) Rep. Zool.*, **21**, 1–28.

Davies, I. 1983. *Ageing*. Edward Arnold, London.

Dehorne, A. 1933. *Bull. Biol. Fr. Belgique*, **67**, 298–326.

Dethier, V.E. 1976. *The Hungry Fly*. Harvard University Press, Cambridge, Mass.

Dhadialla, T.S., Carlson, G.R. & Le, D.P. 1998. *Annual Review of Entomology*, **43**, 545–569.

Dixon, A.F.G. 1973. *Biology of Aphids*. Studies in Biology No. 44. Edward Arnold, London.

Dunlap, J.C. 1999. *Cell*, **96**, 271–290.

Durchon, M. 1967. *L'endocrinologie chez le Vers et les Molluscs*. Masson, Paris.

Eakin, R.M. 1968. *Evol. Biol.*, **2**, 194–242.

Elner, R.W. & Hughes, R.N. 1978. *J. Anim. Ecol.*, **47**, 103–116.

Epel, D. 1977. *Sci. Am.*, **237** (5), 129–138.

Fewkes, J. 1883. *Bull. Mus. Comp. Zool., Harvard*, **11**, 167–208.

Fingerman, M. 1976. *Animal Diversity*, 2nd edn. Holt, Rinehart & Winston, New York.

Fox, H.M., Wingfield, C.A. & Simmonds, B.G. 1937. *J. Exp. Biol.*, **14**,

210–218.
Fraser, J.H. 1982. *British Pelagic Tunicates*. Cambridge University Press, Cambridge.
Fretter, V. & Graham, A. 1976. *A Functional Anatomy of Invertebrates*. Academic Press, London and New York.
Friesen, W.Q., Poon, W. & Stent, G.S. 1976. *Proc. Nat. Acad. Sci. (USA)*, **73**, 3734–3738.
Frost, W.N. & Katz, P.S. 1996. *Proceedings of the National Academy of Sciences USA*, **93**, 422–426.
Funch, P. & Kristensen, R.M. 1995. Cycliophora is a new phylum with affinities to Entoprocta and Ectoprocta. *Nature, London*, **378**, 711–714.
Gage, J.D. & Tyler, P.A. 1991. *Deep-sea Biology*. Cambridge University Press, Cambridge.
Geraerts, W.P.M., Ter Maat, A. & Vreugdenhil, E. 1988. In: Laufer, H. & Downer, R.G.H. (Eds) *Endocrinology of Selected Invertebrate Types*, pp. 141–231. Liss, New York.
George, J.D. & Southward, E.C. 1973. *J. Mar. Biol. Assoc. UK*, **53**, 403–424.
Gibson, P.H. & Clark, R.B. 1976. *J. Mar. Biol. Assoc. UK*, **56**, 649–674.
Gibson, R. 1982. In: Parker, S.P. (Ed.) *Synopsis and Classification of Living Organisms*, pp. 823–846. McGraw-Hill, New York.
Gilbert, S.C. 1990. *Developmental Biology*, 3rd edn. Sinauer Associates, Massachusetts.
Gilbert, L.E. 1982. *Sci. Am.*, **247** (2), 102–107B.
Gilbert, L.I. 1989. In: Koolman, J. (Ed.) *Ecdysone: From Chemistry to Mode of Action*, pp. 448–471. Thieme, Stuttgart.
Glaessner, M.F. & Wade, M. 1966. *Palaeontology*, **9**, 599–628.
Gnaiger, E. 1983. *J. Exp. Zool.*, **228**, 471–490.
Golding, D.W. 1967. *J. Embryol. Exp. Morph.*, **18**, 79–80.
Golding, D.W. 1973. *Acta Zool. (Stockh.)*, **54**, 101–120.
Golding, D.W. 1988. *New Scientist*, **119**, 52–55.
Golding, D.W. 1992. In: Harrison, F.W. & Gardiner, S. (Eds) *Microscopic Anatomy of Invertebrates*, **7**, 153–179. Liss, New York.
Golding, D.W. & May, B.A. 1982. *Acta Zool. (Stockh.)*, **63**, 229–238.
Golding, D.W. & Pow, D.V. 1988. In Thorndyke M.C. & Goldsworthy G.J. (Eds) *Neurohormones in Invertebrates*. Cambridge University Press, pp. 7–18.
Golding, D.W. & Whittle, A.C. 1974. *Tissue & Cell*, **6**, 599–611.
Golding, D.W. & Whittle, A.C. 1977. *Int. Rev. Cytol. Suppl.*, **5**, 189–302.
Goodrich, E.S. 1945. *Q.J. Microsc. Sci.*, **86**, 113–393.
Gordon, D.P. 1975. *Cah. Biol. Mar.*, **16**, 367–382.
Grassé, P.-P. (Ed.). 1948. *Traité de Zoologie*, **XI**. Masson, Paris.
Grassé, P.-P. 1961. Classe des Dicyémides. In: Grassé, P.-P. (Ed.) *Traité de Zoologie*, **4**, *Platyhelminthes, Mésozoaires, Acanthocéphales, Némertiens*, pp. 707–729. Masson, Paris.
Grassé, P.-P. (Ed.). 1965. *Traité de Zoologie*, **IV**. Masson, Paris.
Green, J. 1961. *A Biology of Crustacea*. Witherby, London.
Grimmelikhuijzen, C.J.P. 1985. *Cell & Tissue Research*, **241**, 171–182.
Gupta, B.L. & Berridge, M.J. 1966. *J. Morphol.*, **120**, 23–82.
Gustafson, T. & Wolpert, L. 1967. *Biol. Rev.*, **42**, 442–498.
Hackman, R.H. 1971. In: Florkin, M. & Scheer, B.T. (Eds) *Chemical Zoology*, **6**, 1–62. Academic Press, New York.
Hansen, K. 1978. In: Hazelbauer, G.I. (Ed.) *Taxis and Behaviour Receptors and Recognition*, **5B**, 231–292. Chapman & Hall, London.
Hardy, A.C. 1956. *The Open Sea. The World of Plankton*. Collins, London.
Harris-Warwick, R.M. & Flamm, R.E. 1986. *Trends in Neurosciences*, **9**, 432–437.
Hedgpeth, J.W. 1982. In: Parker, S.P. (Ed.) *Synopsis and Classification of Living Organisms*, **2**, 169–173. McGraw-Hill, New York.
Hengstenberg, R. 1998. *Nature*, **392**, 757–758.
Hermans, C.O. & Cloney, R.A. 1966. *Z. Zellforsch.*, **72**, 583–596.
Hermans, C.O. & Eakin, R.M. 1974. *Z. Morph. Tiere*, **79**, 245–267.
Hescheler, K. 1900. In: Lang, A. (Ed.) *Lehrbuch der Vergleichenden Anatomie der Wirbellosen Thiere*, 3rd edn. Fischer, Jena.
Hess, R. 1887. *Z. Wiss. Zool.*, **62**, 247–283.
Higgins, R.P. 1983. *Smithsonian Contrib. Mar. Sci.*, **18**, 1–131.
Hines, A.H. 1979. In: Stancyk, S.E. (Ed.) *Reproductive Ecology of Marine Invertebrates*, pp. 213–234. University of South Carolina Press, Columbia SC.
Hodgkin, A.L. & Huxley, A.F. 1952. *J. Physiol.*, **117**, 500–544.
Holland, N.D., Grimmer, T.C. & Kubota, H. 1975. *Biol. Bull.*, **148**, 219–242.
Holt, C.S. & Waters, T.F. 1967. *Ecology*, **48**, 225–234.
Hughes, T.E. 1959. *Mites or the Acari*. Athlone, London.
Hummon, W.D. 1982. In: Parker, S.P. (Ed.) *Synopsis and Classification of Living Organisms*, **1**, 857–863. McGraw-Hill, New York.
Hyman, L.H. 1940. *The Invertebrates*, Vol. I: *Protozoa through Ctenophora*. McGraw-Hill, New York.
Hyman, L.H. 1951. *The Invertebrates*, Vol. II: *Platyhelminthes & Rhynchocoela*. McGraw-Hill, New York.
Imms, A.D. 1964. *A General Textbook of Entomology*, 9th edn, revised reprint. Methuen, London.
Ishibashi, J., Kataoka, H., Isogai, A., Kawakami, A., Saegusa, H., Yagi, Y., Mizoguchi, A., Ishizaki, H. & Suzuki, A. 1994. *Biochemistry*, **33**, 5912–5919.
Ito, Y. 1980. *Comparative Ecology*. Cambridge University Press, Cambridge.
Jägersten, G. 1973. *The Evolution of the Metazoan Life Cycle*. Academic Press, New York.
Jeannel, R. 1960. *Introduction to Entomology*. Hutchinson, London.
Joose, J. & Geraerts, W.P.M. 1983. In Saleudin, A.S.M. & Wilbur, K.M. (Eds) *The Mollusca*, Vol. 5. Academic Press, New York.
Jouin, C. 1971. *Smithsonian Contributions in Zoology*, **76**, 47–56.
Jones, A.M. & Baxter, J.M. 1987. *Molluscs: Caudofoveata, Solenogastres, Polylacophora and Scaphopoda*. Brill, Leiden.
Jones, J.D. 1955. *J. Exp. Biol.*, **32**, 110–125.
Jones, M.L. 1985. In: Conway Morris, *S. et al.* (Eds) *The Origin and Relationships of Lower Invertebrates*, pp. 327–342. Clarendon Press, Oxford.
Joosse, J. & Geraerts, W.P.M. 1983. In: Saleudin, A.S.M. & Wilbur, K.M. (Eds) *The Mollusca*, Vol. 5. Academic Press, New York.
Joyeux, C. & Baer, J-G. 1961. Classe des Cestodes. In: Grassé, P.-P. (Ed.) *Traité de Zoologie*, **4**, *Platyhelminthes, Mésozoaires, Acanthocéphales, Némertiens*, pp. 347–560. Masson, Paris.
Kandel, E.R. & Schwartz, J.H. 1982. *Science*, **218**, 433–443.
Kawakami, A., Katoaka, H., Oka, T., Mizoguchi, A., Kimura-Kawakami, M., Adachi, T., Iwami, M., Nagasawa, H., Suzuki, A. & Ishizaki, H. 1990. *Science*, **247**, 1333–1335.
Kennedy, D. 1976. In: Fentress, J.C. (Ed.) *Simpler Networks and Behaviour*. Sinauer, Sunderland, Massachusetts.
Kershaw, D.R. 1983. *Animal Diversity*. University Tutorial Press, Slough.
Kishimoto, T. 1999. *Encyclopedia of Reproduction*, Vol. 3, pp. 481–488.
Koolman, J. 1990. *Zool. Sci.*, **7**, 563–580.
Kozloff, E.N. 1990. *Invertebrates*. Saunders, Philadelphia.
Krebs, J.R., Erichsen, J.T., Webber, M.I. & Charnov, E.L. 1977. *Anim. Behav.*, **25**, 30–38.
Krishnan, B., Dryer, S.E. & Hardin, P.E. 1999. *Nature*, **400**, 375–378.
Kudo, R.R. 1946. *Protozoology*, 3rd edn. Thomas, Springfield, Illinois.
Lacaze-Duthiers, F.J.H. de. 1861. *Ann. Sci. Nat. (Zool.)*, **15**, 259–330.
Lamb, M.J. 1977. *Biology of Ageing*. Blackie, Glasgow.
Lemche, H. & Wingfield, K.G. 1959. *Galathea Rep.*, **3**, 9–71.
Lester, S.M. 1985. *Mar. Biol.*, **85**, 263–268.
Lewis, J.G.E. 1981. *The Biology of Centipedes*. Cambridge University Press, Cambridge.
Lewis, J.G.E. 1987. In Stearns, S.C. (Ed.) *The Evolution of Sex and its Consequences*. Birkhauser Verlag, Basel.
McArthur, V.E. 1996. The Ecology of East Anglian Coastal Lagoons. PhD Thesis, University of Cambridge.
McFarland, W.N., Pough, F.N., Cade, T.J. & Heiser, J.B. 1979. *Vertebrate Life*. Macmillan, New York.
MacKinnon, D.L. & Haws, R.S.J. 1961. *An Introduction to the Study of Protozoa*. Clarendon Press, Oxford.
McLaughlin, P.A. 1980. *Comparative Morphology of Recent Crustacea*. Freeman, San Francisco.
Manton, S.M. 1952. *J. Linn, Soc. (Zool.)*, **42**, 93–117.
Manton, S.M. 1965. *J. Linn. Soc. (Zool.)*, **45**, 251–483.
Marcus, E. 1929. *Klassen und Ordnungen des Tierreichs*, **5**, 1–608.
Margulis, L. & Schwartz, K.V. 1982. *Five Kingdoms*. Freeman, San Francisco.

Marion, M.A.-F. 1886. *Arch. Zool. Exp. Gén. (2)*, **4**, 304–326.
Marshall, A.J. & Williams, W.D. (Eds) 1972. *Textbook of Zoology. Invertebrates*. Macmillan, London.
Mayeri, E. & Rothman, B.S. 1985. In: Selverston, A.I. (Ed.) *Model Networks and Behavior*, pp. 285–301. Plenum, New York.
Meglitsch, P.A. 1972. *Invertebrate Zoology*, 2nd edn. Oxford University Press, Oxford.
Meyrand, P., Simmers, A.J. & Moulins, M. 1994. *Nature*, **351**, 60–63.
Millar, R.H. 1970. *British Ascidians*. Academic Press, London.
Miller, R.L. 1966. *J. Exp. Zool.*, **162**, 23–44.
Miyan, J.A. & Ewing, A.W. 1986. *J. Exp. Biol.*, **116**, 313–322.
Moore, R.C. (Ed.). 1957. *Treatise on Invertebrate Paleontology, Part L. Mollusca*, **4**. University of Kansas Press, Lawrence.
Moore, R.C. (Ed.). 1965. *Treatise on Invertebrate Paleontology, Part H. Brachiopoda*. University of Kansas Press, Lawrence.
Morgan, C.I. 1982. In: Parker, S.P. (Ed.) *Synopsis and Classification of Living Organisms*, **2**, 731–739. McGraw-Hill, New York.
Morgan, C.I. & King, P.E. 1976. *British Tardigrades*. Academic Press, London.
Mortensen, T. 1928–51. *A Monograph of the Echinoidea*. 5 vols. Reitsel, Copenhagen.
Müller, P. 1959. *The Insecticide Dichlorodiphenyltrichoroethane and its Significance*. Vol. 2. Berkhaüser, Basel. 570pp.
Muscatine, L. *et al.*, 1975. *Symp. Soc. Exp. Biol.*, **29**, 175–203.
Newell, N.D. 1949. *Evolution*, **3**, 103–240.
Nichols, D. 1962. *Echinoderms*, 3rd edn. Hutchinson, London.
Nichols, D. 1969. *Echinoderms*, 4th edn. Hutchinson, London.
Noble, E.R. & Noble, G.A. 1976. *Parasitology*. Lea & Febiger, Philadelphia.
Nusslein-Volhard, C. 1991. *Development*. Suppl. **1**, 1–10.
Ohnishi, T. & Sugiyama, M. 1963. *Embryologia*, **8**, 79–88.
Olive, P.J.W. 1980. In: Rhoads, D.C. & Lutz, R.A. (Eds), *Skeletal Growth in Aquatic Organisms*. Plenum Press, New York.
Olive, P.J.W. 1985a. *Symp. Soc. Exp. Biol.*, **39**, 267–300.
Olive, P.J.W. 1985b. In: *Syst. Association*, series **28**, 42–59. Oxford University Press, Oxford.
Oschman, J.L. & Berridge, M.J. 1971. *Federation Proceedings, Federation of American Societies for Experimental Biology*, **30**, 49–56.
Pashley, H.E. 1985. The foraging behaviour of Nereis diversicolor (*Polychaeta*). PhD thesis, University of Cambridge.
Pearson, K.G. 1983. *J. Physiol. (Paris)*, **78**, 765–771.
Pennak, R.W. 1978. *Fresh-water Invertebrates of the United States*, 2nd edn. Wiley, New York.
Pfannestiel, H.D. 1984. *Wilhem Roux's Arch. Dev. Biol.*, **194**, 32–36.
Phillipson, J. 1981. In: Townsend, C.R. & Calow, P. (Eds) *Physiological Ecology*, pp. 20–45. Blackwell Scientific Publications, Oxford.
Pierrot-Bults, A.C. & Chidgey, K.C. 1987. *Chaetognatha*. Brill, Leiden.
Pringle, J.W.S. 1975. *Insect Flight*. Oxford University Press, Oxford.
Rice, M. 1985. In: Conway Morris, S., George, J.D., Gibson, R. & Platt, H.M. (Eds) *Origins and Relationships of Lower Invertebrates*. Clarendon Press, Oxford.
Rind, E.C. 1996. *Journal of Neurophysiology*, **75**, 986–995.
Ritter-Zahony, R. von. 1911. *Das Tierreich*, **29**, 1–35.
Robbins, T.E. & Shick, J.M. 1980. In: *Nutrition in the Lower Metazoa*, Pergamon Press, Oxford.
Ruppert, E.E. & Barnes, R.D. 1994. *Invertebrate Zoology*, 6th edn. Saunders, Fort Worth.
Russell-Hunter, W.D. 1979. *A Life of Invertebrates*. Macmillan, New York.
Sanders, D.S. 1982. *Insect Clocks*, 2nd edn. Pergamon Press, Oxford.
Sanders, H.L. 1957. *Syst. Zool.*, **6**, 112–128.
Satterlie, R.A. & Spencer, A.N. 1987. In: Ali, M.A. (Ed.) *Nervous Systems in Invertebrates*, pp. 213–264. Plenum, New York.
Savory, T.H. 1935. *The Arachnida*. Edward Arnold, London.
Scharrer, B. 1952. *Biol. Bull. (Woods Hole)*, **102**, 261–272.
Schepotieff, A. 1909. *Zool. Jb. Syst.*, **28**, 429–448.
Schmidt-Nielsen K. 1984. *Scaling: Why is animal size so important?* Cambridge University Press, Cambridge.
Sebens, K.P. & De Riemer, K. 1977. *Mar. Biol.*, **43**, 247–256.
Sedgwick, A. 1888. *Q.J. Microsc, Sci.*, **28**, 431–493.
Sehgal, A., Rothenfluh-Hilfiker H., Hunter-Ensor, M., Chen, Y., Myers, M.P. & Young, M.W. 1995. *Science*, **270**, 808–810.
Shelton, G.A.B. 1975. *Proc. R. Soc. Lond. B.*, **190**, 239–256.
Sheppard, P.M. 1958. *Natural Selection and Heredity*. Hutchinson, London.
Shick, P.M. & Dykens, J.A. 1985. *Oecologia*, **66**, 33–41.
Sibly, R.M. & Calow, P. 1986. Physiological Ecology of Animals: an Evolutionary Approach. Blackwell Scientific Publications, Oxford.
Silva, P.H.D.H. de. 1962. *J. Exp. Biol.*, **39**, 483–490.
Simmons, P.J. & Young, D. 1999. *Nerve Cells and Animal Behaviour*, 2nd edn. Cambridge University Press.
Sleigh, M.A., Dodge, J.D. & Patterson, D.J. 1984. In: Barnes, R.S.K. (Ed.) *A Synoptic Classification of Living Organisms*, pp. 25–88. Blackwell Scientific Publications, Oxford.
Smart, P. 1976. *The Illustrated Encyclopedia of the Butterfly World*. Hamlyn, London.
Smyth, J.D. 1962. *Introduction to Animal Parasitology*. English Universities Press, London.
Smyth, J.D. & Halton, D.W. 1983. *The Physiology of Trematodes*. Cambridge University Press, Cambridge.
Snodgrass, R.E. 1935. *Principles of Insect Morphology*. McGraw-Hill, New York.
Snow, K.R. 1970. *The Arachnids: An Introduction*. Routledge & Kegan Paul, London.
Southward, E.C. 1980. *Zool. Jb. Anat. Ontog.*, **103**, 264–275.
Southward, E.C. 1982. *J. Mar. Biol. Assoc., UK*, **62**, 889–906.
Spengel, J.W. 1932. *Sci. Res. Michael Sars N. Atlantic Deep Sea Exped.*, **5** (5), 1–27.
Stein, P.S.G. 1971. *J. Neurophysiol.*, **34**, 310–318.
Sterrer, W.E. 1982. In: Parker, S.P. (Ed.) *Synopsis and Classification of Living Organisms*, **1**, 847–851. McGraw-Hill, New York.
Stiasny, G. 1914. *Z. Wiss. Zool.*, **110**, 36–75.
Strausfeld, N.J. & Nassel, D.R. 1981. In: Autrum, H. (Ed.) *Handbook of Sensory Physiology*, Vol. VII/6B. Springer-Verlag, Berlin.
Stretton, A.O.W., Davis, R.E., Angstadt, J.D., Donmoyer, J.E. & Johnson, C.D. 1985. *Trends Neurosci.*, **8**, 294–299.
Strumwasser, F. 1974. *Neurosciences Third Study Program*, 459–478.
Tessier-Lavigne, M. & Goodman, C.S. 1996. *Science*, **274**, 1123–1233.
Treherne, J.E. & Foster, W.A. 1980. *Anim. Behav.*, **28**, 1119–1122.
Trench, R.K. 1975. *Symp. Soc. Exp. Biol.*, **29**, 229–265.
Trinkaus, J.P. 1969. *Cells into Organs*. Prentice-Hall, New Jersey.
Trueman, E.R. & Foster-Smith, R. 1976. *J. Zool., Lond.*, **179**, 373–386.
Truman, J.W. 1988. *Adv. Ins. Physiol.*, **21**, 1–34.
Truman, J.W. 1996. In Gilbert, L.I., Tata, J.R. & Atkinson, B.G. (Eds) *Metamorphosis: Postembryonic Reprogramming of Gene Expression in Amphibian and Insect Cells*, pp. 283–320. Academic Press, San Diego.
Tsacopoulos, M. 1994. *Journal of Neuroscience*, **14**, 1339–1351.
Turner, C.D. 1966. *General Endocrinology*. Saunders, Philadelphia.
Valentine, J.W. & Moores, E.M. 1974. *Sci. Am.*, **230** (4), 80–89.
Van Hateren, J.H. 1989. In Stavenga, D.G. & Hardie, R.C. (Eds) *Facets of Vision*, pp. 74–89. Springer, Berlin.
Villegas, G.M. & Villegas, R. 1968. *Journal of General Physiology*, **51**, 44–60.
Wallace, M.M.H. & Mackerras, I.M. 1970. In: C.S.I.R.O., *The Insects of Australia*, pp. 205–216. Melbourne University Press, Melbourne.
Warner, G.F. 1977. *The Biology of Crabs*. Elek, London.
Waterman, T.H. 1960. *The Physiology of Crustacea*. Academic Press, New York.
Watson, R.D., Spaziani, E. & Bollenbacher, W.E. 1989. In: Koolman, J. (Ed.) *Ecdysone: From Chemistry to Mode of Action*, pp. 188–203. Thieme, Stuttgart.
Weaver, R.J., Marris, G.C., Olieff, S., Mosson, J.H. & Edwards, J.P. 1997. *Archives of Insect Biochemistry and Physiology*, **35**, 169–178.
Weeks, J.C., Jacobs, G.A. & Miles, C.I. 1989. *Am. Zool.*, **29**, 1331–1344.
Welsch, U. & Storch, V. 1976. *Comparative Animal Cytology*. Sidgwick & Jackson, London.
Wenyon, C.M. 1926. *Protozoology*. Baillière, Tindall & Cox, London.
Whittington, H.B. 1979. In: House, M.R. (Ed.) *The Origin of Major Invertebrate Groups*, pp. 253–268. Academic Press, London.

Widdows, J. & Bayne, B.L. 1971. *J. Mar. Biol. Assoc., UK*, **51**, 827–843.
Wigglesworth, V.B. 1940. *J. Exp. Biol.*, **17**, 201–222.
Wigglesworth, V.B. 1972. *Principles of Insect Physiology*, 7th edn. Chapman & Hall, London.
Williamson, R. 1989. *J. Comp. Physiol. (A)*, **165**, 847–860.
Wine, J.J. & Krasne, F.B. 1982. In: Sandeman, D.C. & Atwood, H.L. (Eds) *The Biology of Crustacea*, Vol, 4, 241–292. Academic Press, New York.
Wright, A.D. 1979. In: House, M.R. (Ed.) *The Origin of Major Invertebrate Groups*, pp. 235–252. Academic Press, London.
Wrona, F.J. & Davies, R.W. 1984. *Can. J. Fish. Aquatic Sci.*, **41**, 380–385.
Yager, J. & Schram, F.R. 1986. *Proc. Biol. Soc. Wash.*, **99** (1), 65–70.
Young, J.Z. 1939. *Phil. Trans. Roy. Soc. Lond. B.*, **229**, 465–503.
Young, J.Z. 1962. *The Life of Vertebrates*, 2nd edn. Clarendon Press, Oxford.
Young, J.Z. 1963. *Nature (Lond)*, **198**, 636–640.
Zullo, V.Z. 1982. In: Parker, S.P. (Ed.) *Synopsis and Classification of Living Organisms*, **2**, 220–228. McGraw-Hill, New York.

監訳者あとがき

近年，生物多様性という言葉をよく耳にする．でも，多様な生物について，われわれはどのくらい知っているのだろう．動物といってすぐ想い浮かぶのは，犬，猫，牛，魚——みな脊椎動物．これらを食料とし，またペットとして愛玩している．ところが動物のほとんどは無脊椎動物なのである．動物の種の3/4は昆虫である．昆虫以外の種々様々な体のつくりをもつ無脊椎動物の大半は，海にすんでいるものたち．食料になるわずかなもの以外，それらの無脊椎動物は，ほとんどわれわれになじみがない．

動物学のプロにとっても，事態は似たようなもので，これほど生物学が進んだといわれていながら，研究者が集中して詳しく調べられているのは，ヒト，ネズミ，ゼブラフィッシュ，ショウジョウバエ，エレガンス線虫くらいだろう．われわれの動物理解は，ほんのわずかの種に基づくものでしかない．生物多様性は重要だとされながら，われわれはあまりにも多様な生物について無知なのである．

生物多様性は重要である．多様な生物には多様な遺伝子があり，その中には，有用な医薬品をつくれるものや，食糧増産に役立つものがあるだろう．多様な生物の中には，われわれヒトの体のメカニズムを理解するうえで，研究しやすいモデル生物も見つかるだろう．また生物が多様だと，生態系が安定して，われわれが安寧に生きていけるだろう．

生物多様性はかくも大切なのだが，特にもう１つ大切だとする理由を付け加えておきたい．多様な環境に適応して，多様な動物が進化してきた．各動物は，おのおの独自の世界を築き上げてきたといっていい．何百万種もの無脊椎動物が，それぞれの世界をもち，それぞれの歴史をもっている．そのような多様な世界があり，その中でわれわれが生きているからこそ，地球はにぎやかで豊かなものとして感じられるのだと私は思う．生物多様性はかけがえのない歴史遺産であり，かつ自然がわれわれにくれた贈り物．それは知的にも情緒的にも，楽しみの宝庫なのである．１つの動物の世界を読み解くたびに，われわれの知の世界は広がり豊かになっていく．

異なる動物群の世界を，１つひとつ読み解いていくのが動物学者の仕事であり，それが知の地平を創造していく営為なのだと信じつつ，私はナマコの世界を理解しようと努めてきた．サンゴやホヤや貝の世界も覗いてみた．そうしてその面白さを講義してきた．

悩みの種は，学生にすすめられる日本語で読める手頃な教科書がないこと．こんな姿形をした動物がいるよ，とだけ書いてあっても，その動物の世界は見えてこない．生理や生態という，動物の働きの説明があってはじめて，その動物の世界が見えてくる．じつはそのような教科書は，世界中さがしても，本書だけなのである．

本書は便利かつすぐれた，そしてかけがえのない教科書である．多様な無脊椎動物の分類群が一目でわかり，さらに，無脊椎動物の生理と生態（摂食・運動・発生・生殖など）が手際よく，そして最新の知識を盛り込んで書かれており，きわめて便利．原著“*The Invertebrates : a synthesis*”

の初版が出たとき，さっそく買い求めて講義の参考とした．もう20年以上前のことである．その後，系統学の世界に大激震が起こった．分岐分類と遺伝子配列による解析が行われるにつれ，無脊椎動物の類縁関係が，旧来のものとは一変してしまったのである．それに対応すべく，原著も，2版，3版と内容を一新した．3版が出てから少々時間がたつが，最近はそれほど大改訂が必要な事態も出来（しゅったい）していないためだろう．そこで翻訳することにした．

訳し始めて，しまった！　と思った．じつは（手抜きなことに）最新版を手にしたのは，訳すと決めた後．初版は大きな活字で，パイプをくわえたタコのイラストなどもあり，じつに余裕のあるつくりだった．そのイメージでとりかかったらなんと，今度の版は小さな活字がぎっしりと詰まっていて老眼にはこたえる．もっとこたえたのは，文章のわかりにくさ．改訂のたびにつぎはぎしていったものだから，文の構造も，話しの論理展開も複雑になっており，きわめて読みにくい．そのためだろう，分担訳者から送られてきた原稿は，よくよく考えないと意味の通らない文が多数含まれていた．そこで失礼とは思いながらも，手を加えはじめたのだが，やりはじめると，こうしたほうが，もっとわかりやすくなるなあと，どんどんエスカレートしていく．結局すべての文を推敲し，ほとんど個人訳に近いものになってしまった．

というわけで，かなり苦労したので自己宣伝しておく．ふつう，訳本は原著よりも読みにくくなるものだが，本書に限り，論理のつながりが原著よりもずっとつかみやすくなっているはずだし，同一人の文体で通してあるので，読みやすくなっているのは間違いないと思う．

著者のRichard Barnesはケンブリッジ大学動物学科の上級講師．汽水域の生態学が専門で，世界各地で汽水域の巻貝やカニを調べている．すでに何冊か本を出版している．Peter Calowは元シェフィールド大学教授で，現在はコペンハーゲンの環境アセス研究所所長．大変に幅の広い人で，生理生態学の実験的論文から環境政策までカバーし，多くの著書がある．Peter Oliveはニューカッスル大学海洋科学・工学科教授．海産無脊椎動物の発生・リズムの基礎研究のみならず，ゴカイの養殖にも関わっている．David Goldingはニューカッスル大学海洋科学・工学科の客員研究員．環形動物の神経分泌に関する多数の論文がある．John Spicerはプリマス大学生物学科教授．環境適応の生理学が専門．たくさんの著書がある．

このようにみていくと，著者すべてが生態学と生理学の両方に興味をもって，さまざまな無脊椎動物を研究している人たちである．だから無脊椎動物学の教科書に，おうおうにありがちな，こんな動物がいる，こんな器官がある，という単なる羅列には終わらずに，機能や環境との関連性を考えさせる教科書に仕上がっているのである．こんな得難いものだからこそ，苦労しても翻訳した．

なお，原書の書名は「無脊椎動物—統合」．各動物群の各論と，生理学や生態学という無脊椎動物全体を考える切り口とを統合したスタイルが，本書の最大の特徴だからである．ただし訳書は『図説 無脊椎動物学』とさせていただいた．すべての動物門について目のレベルまで，動物の体形をもらさず図示してあることをはじめ，図がふんだんに使われているのも，本書の特徴だからである．

三校に至ってもまだ大量に赤を入れ続ける監訳者に，最後まで付き合って下さった朝倉書店編集部に感謝する．

2009年5月吉日

本川達雄

索　　　引

数字のイタリック体は，用語解説に掲載されているページを示す．

和 文 索 引

オ

カ

キ

ス

セ

ソ

タ

チ

ツ

欧 文 索 引

監訳者略歴

本川達雄（もとかわたつお）

1948年　宮城県に生まれる

1973年　東京大学大学院理学研究科修士課程修了

現　在　東京工業大学大学院生命理工学研究科・教授

理学博士

著　書『ゾウの時間　ネズミの時間—サイズの生物学—』

（中公新書，1992）

『ヒトデ学』（東海大学出版会，2001）

『ナマコガイドブック』（阪急コミュニケーションズ，2003）

『サンゴとサンゴ礁のはなし—南の海のふしぎな生態系—』

（中公新書，2008）

『世界平和はナマコとともに』（阪急コミュニケーションズ，2009）

『ウニ学』（東海大学出版会，2009）

翻　訳『サンゴ礁の自然誌』

（Charles R.C. Sheppard 著，平河出版社，1986）

『生物の形とバイオメカニクス』

（Stephen A. Wainwright 著，東海大学出版会，1989）

図説 無脊椎動物学　　定価は外函に表示

2009年 6月25日　初版第1刷

監訳者　本　川　達　雄

発行者　朝　倉　邦　造

発行所　株式会社　朝　倉　書　店

東京都新宿区新小川町 6-29

郵便番号　162-8707

電　話　03(3260)0141

FAX　03(3260)0180

http://www.asakura.co.jp

〈検印省略〉

中央印刷・渡辺製本

ISBN 978-4-254-17132-7　C 3045　Printed in Japan